信息技术重点图书 · 雷达

本书获中国大学出版社图书奖优秀教材奖

现代雷达系统分析与设计

(第二版)

陈伯孝　孙光才　朱　伟　杨　林　**编著**

西安电子科技大学出版社

内容简介

本书系统地讲述了现代雷达系统分析与设计的全过程，涵盖雷达原理与雷达系统两部分，全书共12章。书中以雷达系统为主线，主要介绍雷达系统的基本知识、雷达信号波形设计、雷达信号处理、杂波抑制、干扰抑制方法，以及从检测到参数测量与跟踪等方面的基本理论和实际知识，并提供了一些非常经典的MATLAB程序，以便读者理解和实践应用。本书还介绍了相控阵与数字阵列雷达、雷达成像技术，最后给出了典型的雷达系统设计案例和虚拟仿真实验。

本书内容新颖，系统性强，理论联系实际，突出工程实践和应用，既可以作为高等学校电子工程相关专业研究生和高年级本科生的雷达课程教材或参考书，又可以帮助雷达工程技术人员掌握雷达系统的分析和设计方法，分析并解决有关实际问题。

图书在版编目（CIP）数据

现代雷达系统分析与设计 / 陈伯孝等编著. -- 2版. -- 西安 ：西安电子科技大学出版社，2024. 7（2024. 11重印）. -- ISBN 978-7-5606-7281-6

Ⅰ. TN95

中国国家版本馆CIP数据核字第20249RP829号

策　　划　李惠萍
责任编辑　李惠萍
出版发行　西安电子科技大学出版社（西安市太白南路2号）
电　　话　(029) 88202421　88201467　　邮　　编　710071
网　　址　www.xduph.com　　电子邮箱　xdupfxb001@163.com
经　　销　新华书店
印刷单位　陕西博文印务有限责任公司
版　　次　2024年7月第2版　2024年11月第2次印刷
开　　本　787毫米×1092毫米　1/16　印张38.5　彩插2
字　　数　922千字
定　　价　98.00元
ISBN 978-7-5606-7281-6

XDUP 7583002-2

序

雷达作为一种可自主地，全天时、全天候、远距离获取目标信息的探测手段，在第二次世界大战中开始被采用，战后又得到了持续发展。近年来，由于计算机、微电子、新材料、新生产工艺等雷达相关技术的进步，在雷达探测的目标种类繁多并且隐蔽性强，以及武器系统要求雷达测量距离和角度的精度显著提高等军事需求推动下，雷达技术发展非常迅速。同时，雷达在遥感遥测、汽车自动驾驶等民用领域也得到了广泛应用。这正是学习雷达技术，从事雷达与雷达相关技术研制、生产与推广应用的需求日益增多的根本原因。本书的出版将有助于这一需求的满足。

雷达技术的进步反映在许多方面，作为雷达基本构成的发射机、接收机、天线、信号处理器、终端显示及信息传输等都发生了很大变化，特别是计算机技术、固态功率放大器件、超大规模集成电路对相控阵、数字阵列雷达的发展带来的影响尤为显著，雷达探测距离已达 10^4 千米以上。采用宽带信号与大孔径天线，雷达已能实现很高的距离和角度分辨率，并使雷达目标识别技术获得了明显进步。利用合成孔径与逆合成孔径技术，雷达已实现了高分辨成像。在宽带与多波段技术的发展基础上，雷达还可将通信、导航、电子对抗与反对抗等功能集成于一体。复杂信号设计与信号处理技术的进步，使雷达具备了越来越多的自适应功能。单部雷达探测发展为多部雷达组网探测，双基地与多基地雷达、无源探测雷达也获得了较快发展。通信技术中的多输入多输出(MIMO)概念与相控阵天线的结合，推动了 MIMO 相控阵雷达技术的发展。各种新的雷达平台，如机载、星载雷达(SBR)平台的有效应用，也充分反映了雷达技术的进步。

雷达技术的快速进步与现代战争对雷达的作战需求密切相关。信息化作战首先要求能快速获取信息，因而对雷达提出了许多新要求。例如，需要探测不断出现的新目标、作战平台；需要探测隐身目标、低反射面积目标与低空目标；需要提高雷达探测距离，扩大信息获取范围；需要对某些战略目标进行长期动态监视，连续获取有关信息；需要获取更多、更精确的目标信息，以便对探测目标进行成像、识别与解译。此外，雷达还应能被集成到新的武器平台，以提高其信息化水平与作战性能。特别重要的是，在现代战争中，雷达要适应复杂的目标环境与工作环境，具有较高的抗干扰能力与杂波抑制能力，在恶劣环境中维持其探测性能；还需要甄别并拒绝上报敌方人为制造的虚假目标信息。

要满足上述需求，需要进一步推动雷达技术的快速发展与创新，所以培养掌握雷达系统基本理论的创新人才尤为重要。本书的出版将有利于此。本书作者根据30年来在雷达领域科研与教学工作的经验，系统地讲述了现代雷达系统分析与设计的全过程，在简单介绍了雷达基本构成中的发射机、接收机、天线、信息处理与终端设备的基本原理与性能后，重点介绍了雷达信号设计与信号处理、杂波与干扰抑制等，深入讨论了雷达信号检测、目标参数估计、跟踪过程等，还介绍了目前应用日益广泛的相控阵雷达、数字阵列雷达、成像雷达等。

本书内容新颖，系统性强，理论联系实际，突出工程实现和应用。特别值得称道的是，对于书中讨论的主要内容，作者均给出了MATLAB仿真程序，有利于有关人员学习、参考，增加了本书的使用价值。相信本书的出版，将会对雷达与有关专业的教学以及对雷达领域的科研和工程技术人员起到很好的帮助作用。

中国工程院院士 张光义

2024年5月

前 言

雷达作为一种全天时、全天候、远距离工作的传感器，可以安置在地面、车辆、舰船、飞机、导弹、卫星等多种平台上，在军、民众多领域都具有重要的应用价值。本书结合现代雷达技术的发展状况，系统地介绍了雷达的基本理论、工程实践和系统案例，以使读者具备必要的雷达背景知识，从而可以更好地从事雷达系统的分析与设计工作。

本书是在第1版的基础上修订完成的，此次修订的具体工作为：修正了原书中发现的错误；调整了部分章节的内容与顺序，例如将信号波形与脉压放在同一章；增加了空域信号处理、极化信息处理、智能检测、雷达对抗主瓣干扰等内容；补充了一些虚拟仿真实验。

全书分12章：

第1章绪论，给出了雷达的发展概况，并概述了雷达工作原理与分类、雷达的基本组成、雷达的主要战术与技术指标、雷达的生存与对抗(即抗干扰、抗反辐射导弹、反低空入侵、反隐身)技术等知识。

第2章雷达系统的基本知识，从雷达系统的角度简单介绍了雷达的发射机、接收机、天线的基本组成和主要性能指标，以及终端设备及其信息处理等方面的基本知识，以便读者能对雷达系统有一个全面的认识和了解。

第3章雷达方程及其影响因素，从基本雷达方程入手，介绍了目标的散射截面积(RCS)、电波传播、系统损耗等影响因素，以及几种体制的雷达方程和几种干扰下的雷达方程。

第4章雷达信号波形及其脉冲压缩，首先给出了雷达信号的数学表示及其分类；然后介绍了模糊函数的概念和雷达分辨理论，重点介绍了调频脉冲、相位编码脉冲、步进频率脉冲信号的特征及其脉压处理；讨论了脉冲雷达的距离和多普勒模糊问题，以及连续波雷达；最后介绍了利用直接数字频率合成(DDS)技术产生常用雷达波形的方法。

第5章雷达信号处理，在介绍雷达信号处理的任务与分类基础上，主要介绍了数字中频正交采样、相干积累、空域信号处理、极化信息处理等，以及FFT、窗函数在雷达信号处理中的应用。

第6章杂波与杂波抑制，介绍了杂波的类型及其特征，主要介绍了抑制杂波的MTI、AMTI、MTD滤波器的设计方法和仿真，以及杂波图和杂波自适应控制等相关知识。

第7章干扰与抗干扰技术，介绍了雷达干扰的类型、特征，概述了雷达常用的抗干扰措施，重点介绍了副瓣对消、副瓣匿隐等抗副瓣干扰和现代雷达对抗主瓣干扰的几种信号处理方法。

第8章雷达信号检测，介绍了基本检测过程、雷达信号的最佳检测、脉冲积累的检测性能、几种均值类CFAR、智能检测等方面的基本知识，推导了不同情况下检测性能的计算公式。

第9章参数测量与跟踪，介绍雷达测量的基本原理、角度测量与跟踪、距离测量、多普勒测量，以及$\alpha\beta\gamma$滤波器和卡尔曼滤波器在目标跟踪中的应用。

第 10 章相控阵雷达与数字阵列雷达，介绍了相控阵雷达、数字阵列雷达的工作原理、组成与分类，重点介绍了阵列雷达的自适应数字波束形成(ADBF)以及数字单脉冲测角等。

第 11 章雷达成像技术，介绍雷达成像的基本概念、SAR 成像原理及其信号处理方法等，简单介绍了单脉冲三维成像技术。

第 12 章雷达系统设计案例与虚拟仿真实验，介绍了雷达系统设计的一般流程，给出了地面制导雷达、末制导雷达、阵列雷达这三种体制雷达的设计案例，以及 10 个虚拟仿真实验和两个综合设计训练。

本书的主要特点可以概括为：

(1) 系统全面，由浅入深，适合不同层次的读者；

(2) 图文并茂，给出的 400 多幅插图直观生动，便于读者更好地理解；

(3) 理论联系实际，将大量工程实践融入其中，给出大量实测数据处理结果；

(4) 给出了非常经典的 MATLAB 仿真程序，为读者提供了雷达系统分析与设计的手把手的经验。

MATLAB 作为雷达工程技术人员必不可少的工具，它的运算以矩阵为单元，书中程序设计尽量不用“for”循环语句，读者可从本书给出的 MATLAB 程序中仔细体会其中的奥妙。

本书作者长期从事雷达系统与雷达信号处理的理论研究与工程实现，先后参加了我国 9 种型号雷达的研制，以及 5 个预研试验系统的研制，具有深厚的专业知识和丰富的实际经验。本书是作者在过去 30 年从事雷达系统理论与工程设计、教学工作的结晶，融入了作者丰富的工程实践、教学经验和许多科研成果，其目的是使读者能系统、全面、深入地了解和掌握雷达系统的分析与设计方法。书中详细阐述了雷达的一些基本概念及其物理含义，使得本书既适合雷达方面的初学者，让读者明白如何利用过去学习的电子信息工程专业的基础知识去解决实际问题，同时也兼顾了雷达工程技术人员，给出了作者的一些最新研究成果，内容丰富。因此，本书既适合作为高等院校相关专业的雷达课程教材或教学参考书，又适合一般雷达工程技术人员和雷达领域研究人员参考。由于本书内容丰富，涉及面较广，建议本科生的雷达相关课程可以从中选择部分章节的内容进行讲授。

本书第 1、4、5、7、8、9、12 章由陈伯孝撰写，第 2、3 章由陈伯孝、杨林撰写，第 6、10 章由陈伯孝、朱伟撰写，第 11 章由孙光才、陈伯孝撰写。全书由陈伯孝策划并统稿。在本书的撰写过程中，得到了雷达信号处理全国重点实验室各位同仁和“雷达原理与系统”课程组各位老师的大力支持，得到了博士研究生叶倾知、李昕蕊、王湖升、陈建康、陈宇和硕士研究生张泽、徐镜天、井佳秋、侯宇豪等同学的帮助，在此我们一并表示衷心的感谢。

本书的出版得到了西安电子科技大学杭州研究院和西安电子科技大学教育教改项目的大力支持。同时感谢雷达信号处理全国重点实验室和西安电子科技大学出版社的支持，感谢责任编辑李惠萍对本书编辑出版付出的辛勤劳动。

由于雷达技术发展迅速，新的技术不断涌现，因此本书不能将所有最新技术都反映出来，敬请读者谅解。此外由于作者的水平有限，书中难免存在错误和不足之处，敬请广大读者批评指正。

陈伯孝

2024 年 5 月

目　录

第 1 章 绪 论

1.1 雷达的发展概况

雷达是英文"Radio detection and ranging"缩写 Radar 的音译，其含义是指利用无线电对目标进行探测和测距。它的基本功能是利用目标对电磁波的散射来发现目标，并测定目标的空间位置。雷达经历了它的诞生和发展初期后，在 20 世纪六七十年代进入大发展时期。随着微电子技术的迅速发展，在 20 世纪中后期，雷达技术进入了一个新的发展阶段，出现了许多新型雷达，例如合成孔径雷达、脉冲多普勒雷达、相控阵雷达等。现代雷达的功能已超出了最早定义雷达的"无线电探测和测距"的含义，已赋予新的内涵——提取目标的更多信息，例如目标的属性、目标成像、目标识别和战场侦察等，从而实现对目标的分类或识别。

下面简单回顾现代雷达发展史上的一些重大事件：

1. 雷达的诞生及发展初期

1886 年，Heinrich Hertz(海因里奇·赫兹)验证了电磁波的产生、接收和散射。

1886—1888 年，Christian Hulsmeyer(克里斯琴·赫尔斯姆耶)研制出原始的船用防撞雷达。

1937 年，Robert Watson Watt(沃森·瓦特)设计出第一部可用的雷达——Chain Home，并在英国建成。

1938 年，美国信号公司制造的 SCR－268 成为第一部实用的防空火控雷达，其工作频率为 200 MHz，作用距离为 180 km。这种雷达共生产了 3100 部。

1939 年，美国无线电公司(RCA)研制出第一部实用舰载雷达——XAF，安装在"纽约号"战舰上，对飞机的探测距离为 160 km，对舰船的探测距离为 20 km。

2. 二战中的雷达

在第二次世界大战中，雷达发挥了重要作用。用雷达控制高射炮击落一架飞机平均所用炮弹数由 5000 发降为 50 发，命中率提高 99 倍。因此，雷达被誉为第二次世界大战的"天之骄子"。

3. 20世纪五六十年代的雷达

在这期间，由于航天技术的飞速发展，飞机、导弹、人造卫星以及宇宙飞船等均采用雷达作为探测和控制手段。反洲际弹道导弹系统要求雷达具有高精度、远距离、高分辨率和多目标测量能力，使雷达技术进入蓬勃发展时期；大功率速调管放大器应用于雷达，发射功率比磁控管高两个数量级；这一时期研制的大型雷达用于观察月亮、极光、流星；单脉冲跟踪雷达AN/FPS-16的角跟踪精度达0.1 mrad；合成孔径雷达利用装在飞机上较小的侧视天线可产生地面上的一个条状地图；机载脉冲多普勒雷达应用于“波马克”空空导弹的下视和制导；“麦德雷”高频超视距雷达作用距离达3700 km；S波段防空相控阵雷达AN/SPS-33在方位维采用铁氧体移相器控制进行电扫，在俯仰维采用频扫方式；超远程相控阵雷达AN/FPS-85用于外空监视和洲际弹道导弹预警；等等。

4. 20世纪七八十年代的雷达

这一时期合成孔径雷达、相控阵雷达和脉冲多普勒雷达得到了迅速发展。相控阵用于战术雷达。同期，美国研制出E-3预警机等。

5. 20世纪90年代的雷达

20世纪90年代，随着微电子技术的迅速发展，雷达进一步向数字化、智能化方向发展。同时，反雷达的对抗技术也迅速发展起来。一些主要军事大国纷纷研制出了一些新体制雷达，例如无源雷达、双(多)基地雷达、机(或星)载预警雷达、稀布阵雷达、多载频雷达、微波成像雷达、毫米波雷达、激光雷达等。

总之，雷达技术发展到目前可以大致划分为四个阶段(见表1.1)：第一阶段为雷达技术发展初期以及“二战”期间的非相参雷达技术；第二阶段是以高功率速调管、行波管技术为代表的相参雷达技术，出现了用于观察月亮、极光、流星的超远程雷达、脉冲多普勒雷达和相控阵雷达等；第三阶段是以SiC和GaN等第三代半导体功率器件为代表的全固态发射与大规模数字化技术，出现了合成孔径雷达、大型数字阵列雷达等；第四阶段是以大规模数字T/R(发射/接收)技术为代表的数字阵列雷达技术。

表1.1 雷达技术发展阶段

阶段	典型技术	典型代表
第一阶段	非相参雷达技术	英国“Chain Home”、防空火控雷达SCR-268、SCR-584等
第二阶段	以速调管、行波管等为代表的相参雷达技术	观察月亮、极光、流星的超远程雷达、脉冲多普勒雷达、相控阵雷达等
第三阶段	全固态发射与大规模数字化技术	合成孔径雷达、大型相控阵雷达、双基地雷达、机(或星)载预警雷达、稀布阵雷达等
第四阶段	以大规模数字T/R为代表的数字阵列雷达技术	超宽带合成孔径雷达、大型数字阵列雷达、高性能反隐身雷达等

6. 新世纪的雷达

在新世纪，随着现代战争的需要，雷达将是高性能、多功能的综合体，即雷达集侦（侦查）、干（干扰）、探（探测）、通（通信）于一体，同时具备指挥控制、电子战等功能。雷达的发展方向主要体现在以下几个方面：

（1）**分布式**。为了减小天线孔径、提高机动性并降低成本，雷达将由过去集中式大孔径天线向分布式小孔径天线方向发展。

（2）**数字化**。从频率源、发射信号产生，到接收机、信号处理，雷达已从模拟向数字化方向发展，例如射频数字化、数字接收机，提出了数字化雷达的概念。数字化雷达在每个脉冲重复周期采用不同的信号形式，有利于提高抗干扰能力。

（3）**智能化**。从信号处理、检测、跟踪、识别的角度，雷达将向智能化方向发展，例如智能检测、智能识别、智能抗干扰等。深度学习等人工智能技术将应用于雷达领域。

（4）**网络化**。网络化体现在两个方面：一是综合利用多部雷达的点迹或航迹进行融合处理与协同探测，即多部雷达组网，提高雷达的探测能力和覆盖范围。二是将雷达天线分布于民用设施（如通信基站），在不同位置的天线辐射并接收信号，利用通信网络传输数据，在网络中心站利用各节点接收信号并进行信号处理，重组一部或多部雷达，在信号层面进行相参处理。这才是真正的网络化雷达。

（5）**精细化**。过去雷达的处理手段相对单一，例如，一般只发射一种波形，在脉冲之间发射信号波形不变，而现代雷达为了抗干扰，在脉冲之间发射信号波形变化灵活；检测方法单一，由于杂波和干扰背景复杂，雷达需要根据目标周围的环境灵活选择不同参数的检测方法。

当然，在雷达技术得到迅速发展的同时，由于敌我双方军事斗争的需要，雷达亦面临着生存和发展的双重挑战。雷达面临的威胁主要有如下四个方面：

一是隐身技术。由于采用隐身技术，使得目标的散射截面积（RCS）大幅度降低，雷达接收目标散射回波信号微乎其微，以至于雷达难以发现目标。

二是综合电子干扰（ECM）。由于快速应变的电子侦察和强烈的电子干扰，雷达难以正确地发现并跟踪目标。

三是反辐射导弹（ARM）。高速反辐射导弹已成为雷达的克星，雷达一开机，只要被敌方侦察到，就很容易利用 ARM 将雷达摧毁。

四是低空突防。雷达一般难以发现具有掠地、掠海能力的低空、超低空飞机和巡航导弹。

这就是人们常说的雷达面临的“四大威胁”。

1.2　雷达工作原理与分类

1.2.1　雷达的工作原理

雷达通常是主动发射电磁波到达目标，目标再散射电磁波到达雷达接收天线，从而发现目标，这就是雷达工作的最基本原理。雷达的工作原理可以概述为几个方面：

(1) 由于电磁波沿直线传播，根据雷达与目标之间的距离与光速的比值，测定发射电磁波到接收目标散射电磁波的时延，从而获得目标的距离。

(2) 为了使能量集中往一个方向辐射，雷达天线通常是强方向性的，根据波束指向和测量目标偏离波束中心的程度，得到目标的方位和仰角。

(3) 根据目标相对于雷达视线的径向运动产生的多普勒效应，可以获得目标的径向速度。特别是不同目标在不同部位的运动特征导致微多普勒差异，例如，直升机螺旋桨的微多普勒特征，通常用于目标的分类与识别。

(4) 根据目标不同部位散射特性的差异，提取目标的细微特征，从而实现对目标的识别或分类。

1.2.2 基本组成

雷达系统的基本组成如图 1.1 所示。雷达系统通常包括波形产生器、发射机、接收机、模/数(A/D)变换、信号处理机、信息处理计算机、终端显示器、天线及其伺服控制、电源等部分。波形产生器产生一定工作频率、一定调制方式的射频激励信号，也称为激励源，同时，产生相干本振信号送给接收机；发射机对激励源提供的射频激励信号进行功率放大，再经收发开关馈电至天线，由天线辐射出去；目标回波信号经天线和收发开关至接收机，再由接收机对接收信号进行低噪声放大、混频和滤波等处理；信号处理的作用是抑制非期望信号(杂波、干扰)，通过脉压、相干积累或非相干积累等措施以提高有用信号的信噪比，并对目标进行自动检测与参数测量等。信息处理计算机完成目标航迹的关联、跟踪滤波、航迹管理等，也称为雷达的数据处理。目标航迹、回波信号等相关信息在终端显示器上显示的同时，通过网络等设备传输至各级指挥系统。天线用于发射和接收电磁波，由于雷达的类型不同、工作方式不同，伺服控制系统根据雷达的搜索空域，控制天线的波束指向及其搜索方式。一般警戒雷达为大功率设备，需要专门的供电设备。

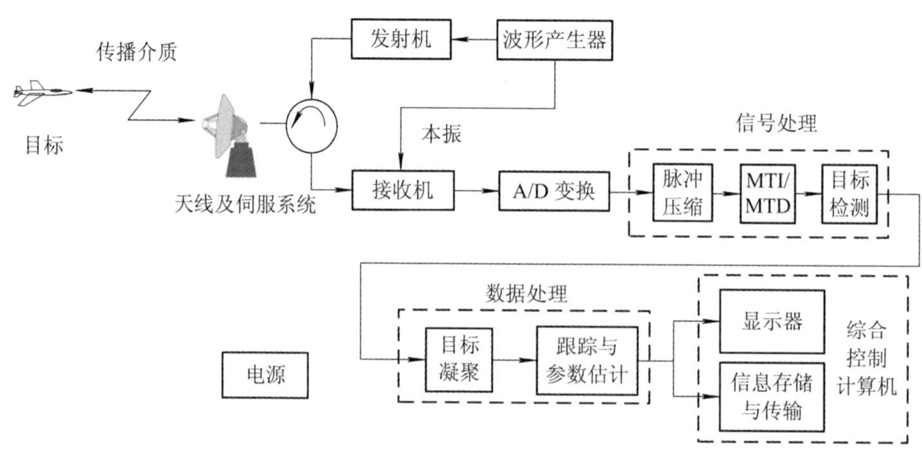

图 1.1 雷达系统的基本组成

雷达各主要分系统的功能及其现代技术发展见表 1.2。

表 1.2 雷达各主要分系统及其现代技术发展

分系统	功 能	现代技术发展
天线与伺服控制	天线辐射大功率射频信号，接收目标回波的微弱信号；伺服系统控制天线的转速等	天线：① 低副瓣、超低副瓣；② 大带宽、多频段复用；③ 相控阵、共性天线；④ 变极化与极化控制；⑤ 天线材料隐身、超材料。 伺服：自动化程度高，架拆便利
频综（波形产生器）	产生一定工作频率、一定调制方式的射频激励信号，同时产生相干本振信号	① DDS 频率合成、波形合成；② 数字下变频；③ 波形捷变
发射机	射频激励信号进行功率放大，再经收发开关馈电至天线	① 全固态；② 频率捷变；③ 发射 DBF；④ 高占空比
接收机	对接收信号进行低噪声放大、混频和滤波等处理	① 数字接收机；② 大动态、宽带
信号处理	抑制非期望信号(杂波、干扰)，通过脉压、积累等措施以提高有用信号的信噪比，并对目标进行自动检测与参数测量等	① 脉冲压缩；② MTI、MTD、PD；③ 副瓣对消、副瓣匿影；④ DBF、ADBF；⑤ 空时自适应处理；⑥ CFAR、智能检测；⑦ 雷达成像；⑧ 目标分类或识别
数据处理	目标航迹的关联、跟踪滤波、航迹管理等	① 多目标跟踪；② 高机动目标跟踪；③ 数据融合；④ 人工智能
综合控制计算机	雷达工作模式、工作参数的设置，故障自动检测，显示等	① 雷达资源管理；② 工作调度；③ 故障自动检测；④ 人工智能

1.2.3 雷达分类

雷达根据其功能、工作方式，有多种分类方法。

1）按作用分类

雷达按作用可分为军用和民用两大类。军用雷达根据其作战平台所处位置又分为地面雷达、舰载雷达、机载雷达、星载雷达、弹载雷达(末制导雷达)等。地面雷达按其功能又包括监视雷达(警戒雷达)、跟踪雷达、火控雷达、目标引导与指示雷达等。机载雷达包括机载预警雷达、机载火控雷达、轰炸雷达、机载气象雷达、机载空中侦察雷达、机载测高雷达等。

民用雷达主要包括空中交通管制雷达、港口管制雷达、气象雷达、探地雷达、汽车防撞或自动驾驶雷达、道路车辆测速雷达等。

2）按信号形式分类

雷达按信号形式分为脉冲雷达和连续波雷达，以及介于两者之间的准连续波雷达。脉冲雷达的信号形式主要有线性/非线性调频脉冲、相位编码脉冲、频率步进/频率捷变脉冲等。根据信号带宽可分为窄带雷达、宽带雷达和超宽带雷达。根据信号的相参性可分为相参雷达和非相参雷达。现代雷达一般都为相参雷达。

3）按天线波束扫描形式分类

雷达按天线波束扫描形式分为机械扫描雷达、电扫描雷达，以及机械扫描与电扫描相结合的雷达。现代搜索雷达一般在方位维机械扫描，在俯仰维电扫描。相控阵雷达一般在方位和俯仰两维电扫描。

4）按测量的目标参数分类

雷达按测量的目标参数可分为两坐标(距离、方位)雷达、三坐标(距离、方位、仰角或高度)雷达、测高雷达、测速雷达、敌我识别雷达、成像雷达等。

5）按角度测量方式分类

跟踪雷达按角度测量方式可分为圆锥扫描雷达、单脉冲雷达。

1.2.4 雷达的工作频率

雷达的工作频率范围较广，从几 MHz 到几十 GHz。工程上将雷达的工作频率分为不同的频段，表 1.3 列出了雷达频段和频率的对应关系以及各频段的主要应用场合和特点。例如，L 波段波长以 22 cm 为中心，S 波段波长以 10 cm 为中心，C 波段波长以 5 cm 为中心，X 波段波长以 3 cm 为中心，Ku 波段波长以 2.2 cm 为中心，Ka 波段波长以 8 mm 为中心。根据工作波长，雷达可分为超短波雷达、米波雷达、分米波雷达、厘米波雷达、毫米波雷达等。(注：这里字母表示的频段名称不能代表雷达工作的实际频率。)

表 1.3 雷达的工作频率

波段名称	频率范围 f	波长 λ	主要应用场合及特点	国际电信联盟分配的雷达频率范围
HF	3～30 MHz	100～10 m	天波、地波超视距雷达，天波利用电离层折射，作用距离很远，地波通过海表面传播对海超视距探测；但分辨率和精度低，天线物理尺寸大	—
VHF	30～300 MHz	1000～100 cm	远程监视(约 200～600 km)，具有中等分辨率和精度；波长较长，减小目标的 RCS 困难，有利于探测隐身目标	—
UHF (P)	300～1000 MHz	100～30 cm	远程监视，具有中等分辨率和精度；适用于监视宇宙飞船、弹道导弹等	420～450 MHz 890～942 MHz
L	1～2 GHz	30～15 cm	远程监视，具有中等分辨率，为地面远程对空警戒/引导雷达首选频段，也适用于外层空间远距离目标的探测	1215～1400 MHz
S	2～4 GHz	15～7.5 cm	中程监视(约 100～300 km)和远程跟踪(约 50～150 km)，具有中等精度，在雪和暴雨下气象效应严重；适用于对空中程监视、警戒/引导等雷达	2.3～2.5 GHz 2.7～3.7 GHz

续表

波段名称	频率范围 f	波长 λ	主要应用场合及特点	国际电信联盟分配的雷达频率范围
C	4～8 GHz	7.5～3.75 cm	中近程监视、跟踪和制导，高精度，在雪和中雨下气象效应严重；常用于多功能相控阵防空雷达、中程气象雷达等	5.25～5.925 GHz
X	8～12 GHz	3.75～2.5 cm	近程监视；高精度远程跟踪，在雨中减为中程或近程(约 25～50 km)；常用于军用武器控制(跟踪)雷达、民用雷达等	8.5～10.68 GHz
Ku	12～18 GHz	2.5～1.67 cm	近程跟踪和制导(约 1～25 km)，专门用于天线尺寸有限且不需要全天候工作的场合；常用于机载雷达、末制导雷达、机场地面交通定位等	13.4～14 GHz 15.7～17.7 GHz
K	18～27 GHz	1.67～1.11 cm		24.05～24.25 GHz
Ka	27～40 GHz	11.1～7.5 mm		33.4～36 GHz
V	40～75 GHz	7.5～4.29 mm	很近距离的检测、跟踪和制导(5 km 内)；常用于末制导雷达、汽车防撞与自动驾驶雷达、安检雷达等	59～64 GHz
W	75～110 GHz	4.29～2.7 mm		76～81 GHz 92～100 GHz
mm	110～300 GHz	＜2.7 mm		

注：$f=c/\lambda$，c 为光速，$c=3\times10^8$ m/s。

1.2.5　从雷达回波提取的目标信息

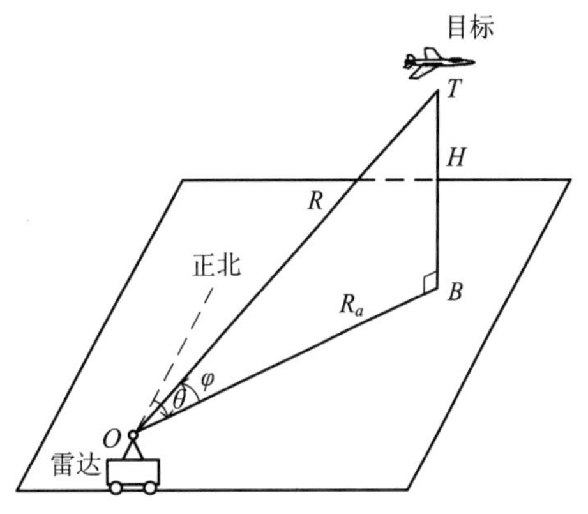

图 1.2　目标位置的极坐标表示

雷达探测到目标后，需要从目标回波中提取目标的距离、方位、仰角(高度)、多普勒频率、尺寸和形状等信息，根据回波信号的功率可以估算目标的散射截面积(RCS)。目标的位置可以用多种坐标系表示，通常是以雷达天线的中心作为坐标原点，建立直角坐标系或极(球)坐标系，如图 1.2 所示。空间任一目标 T 所在位置，可用三个坐标值表示：① 目标的斜距 R，即雷达到目标的直线距离 $|OT|$，又称为雷达视线方向的距离，一般提到目标的距离均指该斜距；② 方位角 θ，即目标斜距在水平面上的投影 OB 与某一起始方向(通常为正北)在水平面的夹角；③ 仰角 φ，即斜距与其投影 OB 在垂直面上的夹角。下面分别介绍。

1) 距离

普通脉冲雷达是通过测量发射信号传播到目标并返回来的时间来测定目标的距离的，如图 1.3 所示。假设延迟时间为 τ，$\tau=2R/c$，则目标的距离 R 为

$$R = \frac{c \cdot \tau}{2} \tag{1.2.1}$$

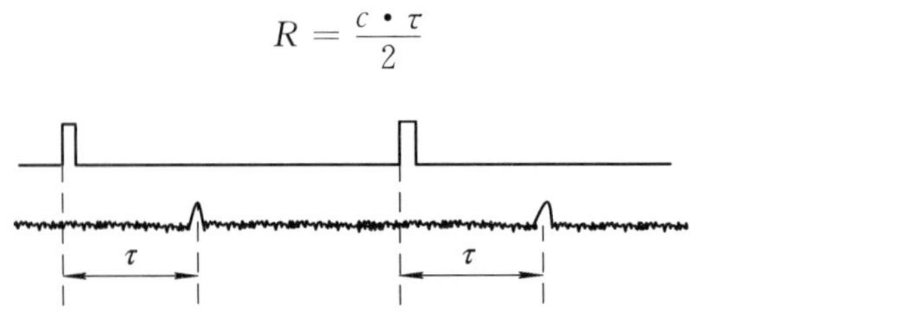

图 1.3　发射脉冲和目标回波的延时示意图

这种基于窄脉冲的测距方法，脉冲越窄，测距精度越高。但是在峰值功率受限的情况下，发射窄脉冲辐射的能量有限。另一种测距方法是采用脉冲压缩波形，即宽脉冲信号，将在第 4 章中介绍。

另外，在汽车雷达、靶场测量雷达中一般发射调频连续波信号，将距离的测量转换为频率的测量。这部分内容将在第 4、9 章中介绍。

2) 方向(方位和仰角)

目标的方向是通过测量回波的波前到达雷达的角度来确定的。雷达一般使用方向性天线，即用具有窄辐射方向图的天线进行波束方位维和俯仰维的扫描。当接收信号的能量最大时，天线所指的方向就是目标所在的方向。这种或其它测量方向的方法都假定大气不扰乱无线电波的直线传播。

搜索雷达将在波束扫描到目标，回波信号幅度最大时波束的指向作为目标的方向，在航迹关联时对当前点迹与多帧航迹进行平滑、滤波，得到目标的方位和仰角。跟踪雷达要求获得更高的测量精度，通常采用两组或多组天线，通过比较多组天线入射波前的幅度或相位，即测量两个分离的天线所接收信号的相位差或幅度差，获得入射波前与两个天线连线的夹角，就是目标偏离波束指向中心的相对方位或仰角。两个天线分开越远精度越高，然而如果天线分得太开，就会在两个天线的合成方向图中出现分裂或栅瓣而产生模糊的测量结果。因此，两个天线的波束中心夹角一般不超过一个波束宽度。

3) 高度或仰角

假设目标的斜距为 R，仰角为 φ，则目标的高度为

$$H = R \cdot \sin\varphi + h_a \tag{1.2.2}$$

其中，h_a 为天线高度。如果考虑地球曲率半径 ρ 的影响，则目标的高度为

$$H = R \cdot \sin\varphi + h_a + \frac{R^2}{2\rho} \tag{1.2.3}$$

4) 目标的尺寸和形状

利用目标的一维距离像可以大致确定目标在距离维的尺寸和散射点的分布。利用合成孔径雷达成像，可以实现对地形和地面目标的侦察、战场态势的评估；利用逆合成孔径雷达成像，可以实现对目标的识别。通过对目标的三维成像，特别是单脉冲三维成像，可以对目标的三维尺寸和形状进行特征提取。

1.2.6　多普勒频率

当目标与雷达之间存在相对运动时，由于目标运动，导致雷达发射信号与接收信号在

频率上的差异，称之为多普勒频率，常用 f_d 表示。将这种由于目标相对辐射源的运动而导致回波信号频率的变化称为多普勒效应。若雷达发射信号的工作频率为 f_0，则接收信号的频率为 f_0+f_d。为了推导多普勒频率，图 1.4 给出了一个以径向速度 v_r 向着雷达运动的目标，在 t_0 时刻(参考时间)的距离为 R_0，在 t 时刻目标的距离及其时延分别为

$$R(t)=R_0-v_r(t-t_0) \tag{1.2.4}$$

$$t_r(t)=\frac{2R(t)}{c}=\frac{2}{c}(R_0-v_r(t-t_0)) \tag{1.2.5}$$

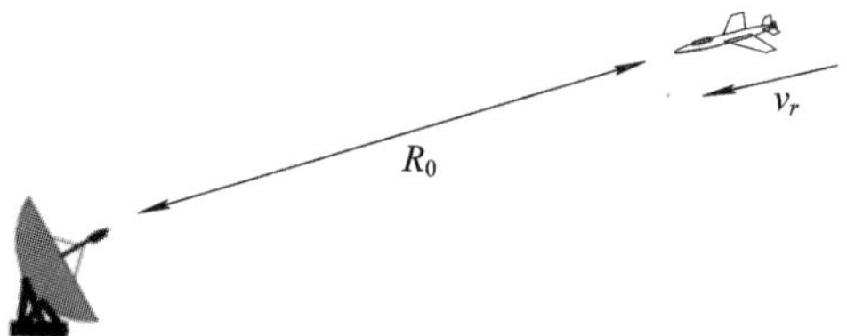

图 1.4　以速度 v_r 向着雷达运动的目标

考虑一般情况，若雷达发射信号为

$$s(t)=y(t)\cos\omega_0 t \tag{1.2.6}$$

式中，$\omega=2\pi f_0$，f_0 为载频，即雷达工作的中心频率；$y(t)$为发射信号的调制函数，$y(t)$的傅里叶变换为 $Y(\omega)$，$Y(\omega)$的带宽远小于 f_0。若不考虑信号的衰减，则接收信号及其傅里叶变换为

$$s_r(t)=s(t-t_r(t))=s\left(\left(1+\frac{2v_r}{c}\right)t-\psi_0\right)=y(\gamma t-\psi_0)\cos(\omega_0\gamma t-\psi_0) \tag{1.2.7}$$

$$s_r(t)\xrightarrow{\text{FT}}S_r(\omega)=\frac{1}{2\gamma}\left[Y\left(\frac{\omega}{\gamma}-\omega_0\right)+Y\left(\frac{\omega}{\gamma}+\omega_0\right)\right] \tag{1.2.8}$$

这里 $\psi_0=\frac{2}{c}(R_0+v_r t_0)$与时间 t 无关，为相位常数，在式 (1.2.8)中被忽略。式(1.2.7)中变量 t 前面的比例系数 γ 也称为压缩因子，即

$$\gamma=1+\frac{2v_r}{c} \tag{1.2.9}$$

因此，接收信号的频谱出现在以 $\gamma\omega_0$ 为中心处，而不是以 ω_0 为中心处。与静止目标的回波相比，运动目标的回波信号是时间压缩形式，因此，根据傅里叶变换的比例特性：时间压缩信号的频谱将以因子 γ 扩展。当然，由于 $v_r\ll c$，$\gamma\approx 1$，对信号频谱的扩展效应可以不考虑，但是运动目标的频谱发生了位移，即接收信号与发射信号的频率之差对应的多普勒角频率为

$$\omega_d=\gamma\omega_0-\omega_0 \tag{1.2.10}$$

将式(1.2.9)代入式(1.2.10)，多普勒频率为

$$f_d=\frac{\omega_d}{2\pi}=\frac{2v_r}{c}f_0=\frac{2v_r}{\lambda} \tag{1.2.11}$$

由此可见，多普勒频率与目标的径向速度 v_r 成正比，与波长 λ 成反比。

同理，如果目标以速度 v_r 远离雷达，则多普勒频率 $f_d=-\frac{2v_r}{\lambda}$。如图 1.5 所示，当目标向着雷达运动时，多普勒频率为正；当目标远离雷达时，多普勒频率为负。照射到目标上

的波形具有间隔为λ(波长)的等相位波前，靠近雷达的目标导致反射回波的等相位波前相互靠近(较短波长)，$\lambda>\lambda'$(λ'为反射波波长)；反之，远离雷达运动的目标导致反射回波的等相位波前相互扩展(较长波长)，$\lambda<\lambda'$。

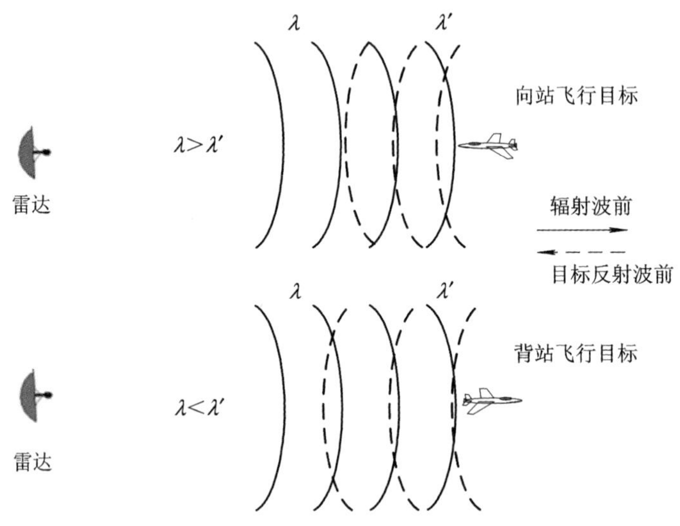

图 1.5　运动目标对反射的等相位波前的影响

图 1.6(a)给出了雷达中心频率 f_0 分别为 35、10、3 GHz 和 450、150 MHz 时的多普勒频率与径向速度之间的关系曲线，图 1.6(b)给出了径向速度 v_r 分别为 10、100、1000 m/s 时的多普勒频率与波长之间的关系曲线。

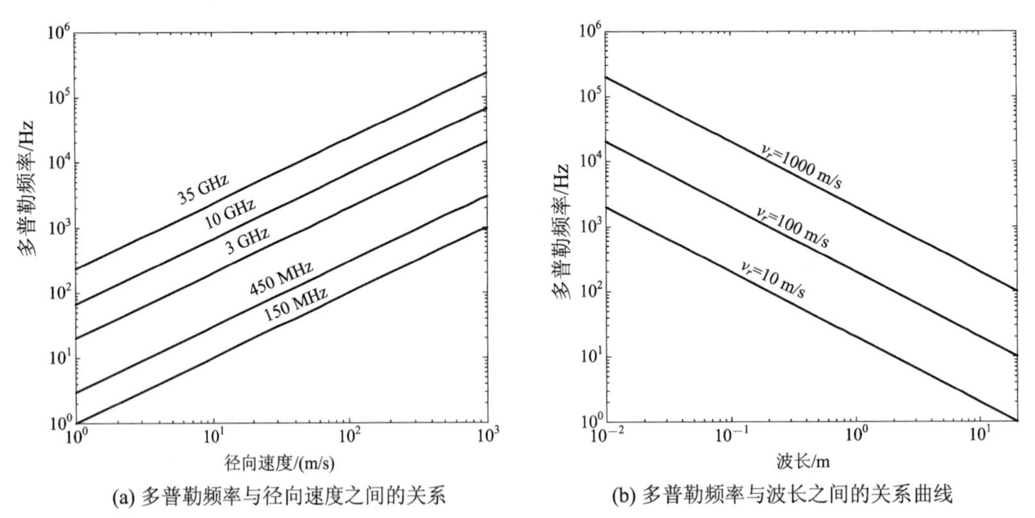

图 1.6　多普勒频率与径向速度、波长之间的关系

多普勒频率和雷达视线与目标运动方向之间的夹角有关，如图 1.7 所示，当雷达视线与目标运动方向之间的夹角为 θ 时，$v_r=v_t\cos\theta$，为目标速度 v_t 投影到雷达视线上的径向速度，多普勒频率为 $f_d=2v_t\cos\theta/\lambda$。

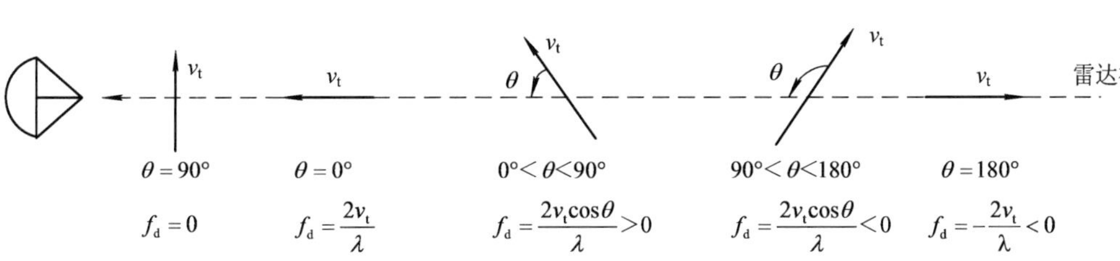

雷达视线

$\theta=90°$ $\quad f_d=0$

$\theta=0°$ $\quad f_d=\dfrac{2v_t}{\lambda}$

$0°<\theta<90°$ $\quad f_d=\dfrac{2v_t\cos\theta}{\lambda}>0$

$90°<\theta<180°$ $\quad f_d=\dfrac{2v_t\cos\theta}{\lambda}<0$

$\theta=180°$ $\quad f_d=-\dfrac{2v_t}{\lambda}<0$

图 1.7　多普勒频率与雷达视线的关系

若雷达平台也在运动，如图 1.8 所示，例如，在导弹上的导引头末制导雷达，在某一时刻弹载雷达的波束与雷达运动方向的夹角为 θ_a，导弹相对于大地的速度为 v_a，目标相对于大地的速度为 v_t，与雷达视线的夹角为 θ，则目标回波的多普勒频率为

$$f_d=\frac{2v_a\cos\theta_a}{\lambda}+\frac{2v_t\cos\theta}{\lambda}=\frac{2(v_a\cos\theta_a+v_t\cos\theta)}{\lambda} \tag{1.2.12}$$

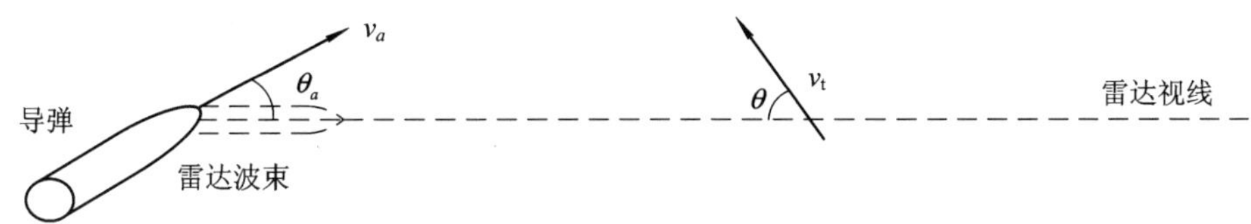

图 1.8　运动平台上雷达的多普勒频率

针对双基地雷达，如图 1.9 所示，目标速度 v_t 与发射站和接收站的夹角分别为 θ_t 和 θ_r，则目标回波的多普勒频率为

$$f_d=\frac{v_t\cos\theta_t}{\lambda}+\frac{v_t\cos\theta_r}{\lambda}=\frac{2v_t}{\lambda}\cos\frac{\beta}{2}\cos\frac{\theta_t-\theta_r}{2} \tag{1.2.13}$$

其中，$\beta=\theta_t+\theta_r$，为双基地角。

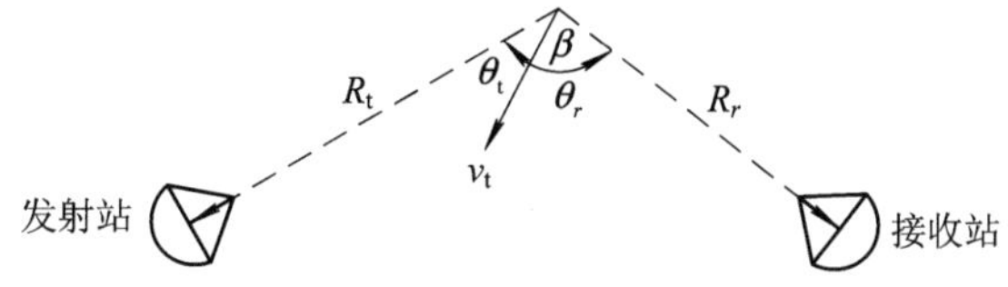

图 1.9　双基地雷达的运动关系

若目标的运动方向相对于雷达视线的方位和仰角分别为 θ_a 和 θ_e，如图 1.10 所示，则目标回波的多普勒频率为

$$f_d=\frac{2v_t}{\lambda}\cos\theta=\frac{2v_t}{\lambda}\cos\theta_e\cos\theta_a \tag{1.2.14}$$

式中，$\cos\theta=\cos\theta_e\cos\theta_a$，为方向余弦，目标速度 v_t 投影到雷达视线的径向速度为

$$v_r=v_t\cos\theta=v_t\cos\theta_e\cos\theta_a$$

当然，对距离的连续测量也可获得距离对时间的变化率，即相对速度。但通过对动目标产生的多普勒频率的测量可获得更精确的实时相对速度，因此实际中通常采用多普勒测量的方法。任何对速度的测量都需要一定的时间。假定信噪比保持不变，则测量时间越长，精度就越高。虽然多普勒频移在某些应用中是用来测量相对速度的(例如公路上的测速雷达和卫星探测雷达等)，但它更广泛地应用于从固定杂波中鉴别动目标，例如动目标显示

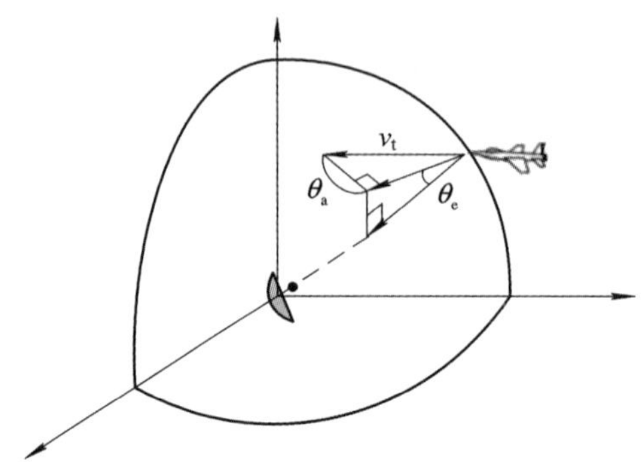

图 1.10　径向速度与方位和仰角的关系

(MTI)、动目标检测(MTD)、脉冲多普勒雷达等方面，即利用目标和杂波的多普勒频率的差异实现对杂波的抑制。

多普勒频率是雷达中最常用且非常重要的物理量，其主要应用如下：

(1) 利用目标与杂波的多普勒频率的差异，抑制杂波，检测动目标；

(2) 根据目标的多普勒频率，在相干积累过程中提高目标回波的信噪比；

(3) 在合成孔径雷达(SAR)和逆合成孔径雷达(ISAR)中，利用各散射单元多普勒频率的差异，实现横向高分辨；

(4) 利用目标的微多普勒效应差异，实现对螺旋桨直升机等不同类型飞机的识别，以及对地面车辆、行人姿态的识别；

(5) 在气象雷达中，利用云雨回波的多普勒频率和功率，估计降雨量等气象等级；

(6) 在自动驾驶雷达中，利用多普勒频率，实现对车辆运动速度的判断，以及应用于公路边的测速雷达。

1.3　雷达的主要战术与技术指标

1.3.1　主要战术指标

雷达的战术指标由雷达的功能决定，主要战术指标有探测范围、测量精度、分辨率、数据率、抗干扰能力等。

1) 探测范围

雷达对目标进行连续观测的空域，叫作探测范围，又称威力范围，它以图形的方式描述，又称为威力图。它表征了雷达的最小作用距离 R_{min}、最大作用距离 R_{max}、仰角的探测范围。图 1.11 为某雷达的威力图，下边的横坐标为距离 R，左边的纵坐标为高度 h，右边的纵坐标(含上边的横向坐标)为仰角 θ_e。这里假设天线的高度为 7 m，目标的散射截面积(RCS)为[0.1, 2] m^2，发射脉冲宽度分别为[20, 180] μs。该图表明了雷达对不同类型目标的探测范围。威力图反映了一部雷达对一定 RCS 目标的作用距离，以及在仰角(或高度)上的探测范围，由于雷达在方位维是机扫或相扫，所以威力图默认在所有方位上的探测性能相同。它与雷达的各项参数，以及地面反射系数、天线在俯仰维的方向图等有关。

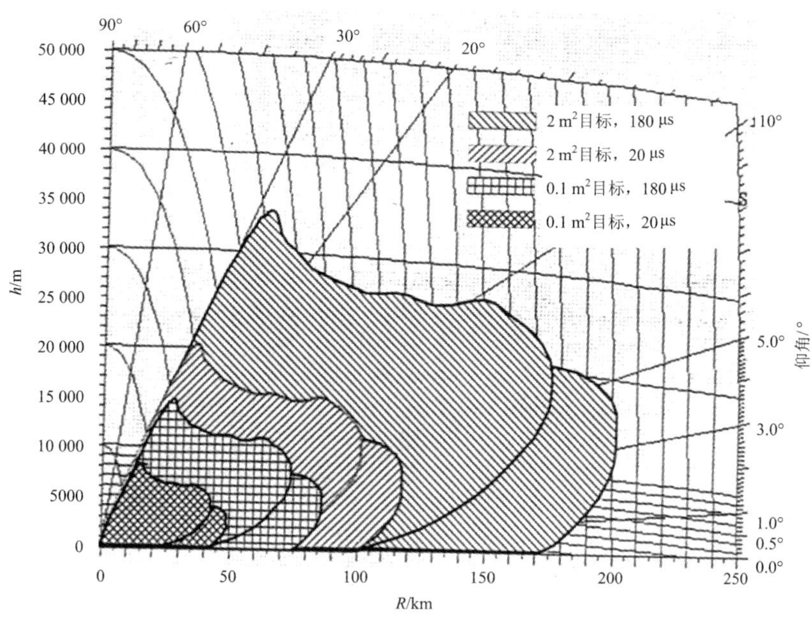

图 1.11　雷达的威力图

2）分辨率

分辨率是指对两个相邻目标的分辨能力。雷达通常包括距离和方位两维，甚至包括仰角维和速度维。在这四维中只要在其中一维能区分目标就认为目标是可以分辨的。针对距离维而言，两个目标在同一角度但处在不同距离上，其最小可区分的距离$(\Delta R)_{\min}$称为距离分辨率。其定义为：对于脉冲雷达(或在脉冲压缩后)，当第一个目标的回波脉冲的后沿与第二个目标的回波脉冲的前沿相接近以致不能区分出是两个目标时，作为可分辨的极限，这个极限间距就是距离分辨率。距离分辨率一般用 ΔR 表示：

$$\Delta R = \frac{c \cdot T_e}{2} = \frac{c}{2B} \tag{1.3.1}$$

其中 T_e为发射脉冲宽度或脉冲压缩后的等效脉冲宽度。可见脉冲宽度越窄，即发射信号的带宽 B 越宽，ΔR 值越小，距离分辨率就越高。例如，当 $T_e=1\ \mu s$ 时，$\Delta R=150$ m；当 $T_e=0.1\ \mu s$ 时，$\Delta R=15$ m。

雷达系统通常设计在最小作用距离 $R_{\min}$和最大作用距离 $R_{\max}$之间工作，并将 $R_{\min}$和 $R_{\max}$之间的距离量化为 M 个距离单元(通常称为“波门”)，若采样周期为 T_s，则量化的每个距离单元大小为 $\Delta R_s=c \cdot T_s/2$(实际中取小于或等于 ΔR)，则有

$$M = \frac{R_{\max} - R_{\min}}{\Delta R_s} \tag{1.3.2}$$

当两个目标处在相同距离上但角位置有所不同时，最小能够区分的角度称为角分辨率(在水平面内的分辨率称为方位分辨率，在垂直面内的分辨率称为俯仰角分辨率)。它与波束宽度有关，波束愈窄，角分辨率愈高。半功率波束宽度 $\theta_{0.5} \approx \lambda/D$，其中，$\lambda$ 为波长，D 为天线的有效孔径。

雷达在空间分辨单元的大小如图 1.12 所示，对距离为 R 的空间分辨单元大小的描述如表 1.4 所示。

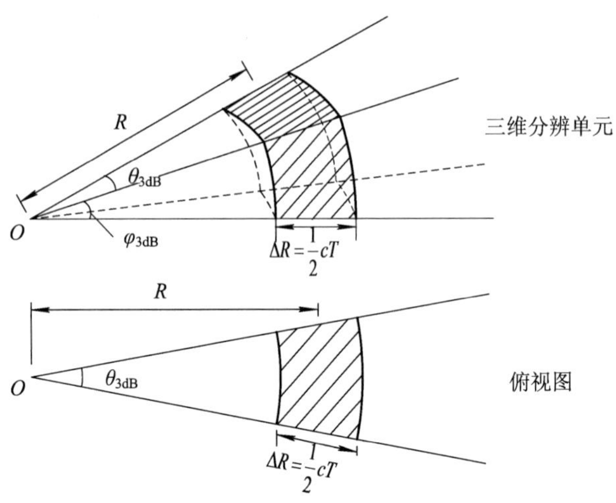

图 1.12　空间分辨单元大小

表 1.4　空间分辨单元大小的描述

名称	表达式	描　　述
距离分辨率	$\Delta R=\frac{c\cdot T}{2}=\frac{c}{2B}$	取决于发射信号带宽 B 或脉冲宽度 T
距离量化单元大小	$\Delta R_s=\frac{c\cdot T_s}{2}\leqslant\Delta R$	取决于采样周期 T_s 和距离分辨率
方位分辨率	$\Delta\theta=\theta_{3dB}\approx\frac{\lambda}{D_a}$	取决于天线在方位维的有效孔径 D_a 和波长 λ
方位维横向距离分辨单元大小	$R_{az}=R\theta_{3dB}\approx R\frac{\lambda}{D_a}$	与距离 R 和方位分辨率成正比
俯仰角分辨率	$\Delta\varphi=\varphi_{3dB}\approx\frac{\lambda}{D_e}$	取决于天线在俯仰维的有效孔径 D_e 和波长 λ
俯仰维横向距离分辨单元大小	$R_{el}=R\varphi_{3dB}\approx R\frac{\lambda}{D_e}$	与距离 R 和俯仰角分辨率成正比
分辨单元的体积	$V=R^2\theta_{3dB}\varphi_{3dB}\Delta R$	与距离的平方、两维角分辨率和距离分辨率成正比

图 1.13 给出了目标分辨示意图，“情况 1”中两个目标在同一个距离单元，在距离维不可分辨，但在方位维可以分辨；“情况 2”中两个目标在同一个方位单元，在方位维不可分辨，但在距离维可以分辨；“情况 3”中两个目标在不同的方位单元和不同的距离单元，因此在方位维和距离维均可以分辨。

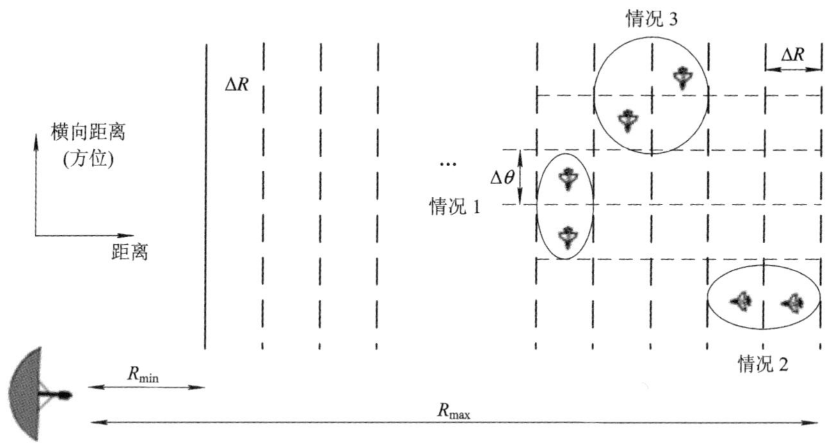

图 1.13　目标分辨示意图

3）测量精度（或误差）

雷达测量精度是以测量误差的均方根值来衡量的，测量方法不同，测量精度也不同；误差越小，精度越高。雷达测量误差通常可分为系统误差和随机误差，其中系统误差可以采取一定的措施进行修正，实际中影响测量精度的主要是随机误差。所以往往对测量结果规定一个误差范围，例如，规定一般警戒雷达的距离测量精度 δ_R 取距离分辨率 ΔR 的 1/3 左右；最大值法的测角精度为 $\delta_\theta=(0.1\sim0.2)\theta_{0.5}$；等信号法的测角精度比最大值法的测角精度高。对于跟踪雷达，信噪比较高时，单脉冲跟踪雷达的 $\delta_\theta=(0.02\sim0.1)\theta_{0.5}$，圆锥扫描雷达的 δ_θ 可达 $(0.05)\theta_{0.5}$。其中 $\theta_{0.5}$ 为半功率波束宽度，有时也用 θ_{3dB} 表示。

4）数据率

数据率是雷达对整个威力范围完成一次探测（即对整个威力范围内所有目标提供一次信息）所需时间的倒数，也就是单位时间内雷达对每个目标提供目标信息相关数据的次数。它表征搜索雷达的工作速度。例如，一部在 10 s 时间内对威力区范围完成一次搜索的雷达，其数据率为每分钟 6 次。一般搜索雷达的数据率为 10 s 一次，而跟踪雷达的数据率要高一些，它主要取决于天线控制的伺服系统带宽和测量精度。

5）抗干扰能力

雷达通常在各种自然干扰和人为干扰（ECM）的条件下工作，其中主要是敌方施放的干扰（包括无源干扰和有源干扰）。这些干扰将使雷达的性能急剧降低，严重时可能使雷达失去工作能力。所以现代雷达必须具有一定程度的抗干扰能力。

6）工作的可靠性与可维修性

雷达通常需要长时间可靠地工作，甚至需要在野外工作，可靠性要求较高。雷达的可靠性，通常用两次故障之间的平均时间间隔来表示，称为平均无故障时间，记为 MTBF。这一平均时间越长，可靠性就越高。关于可靠性的另一指标是发生故障以后的平均修复时间，记为 MTTR，它越短越好。现代雷达中大量使用计算机，可靠性包括硬件的可靠性和软件的可靠性。一般雷达的 MTBF 在数千小时，而机场航管雷达要求在数万小时。军用雷达还要考虑战争条件下雷达的生存能力，包括雷达的抗轰炸能力和机动性能。

7) 观察与跟踪的目标数

观察与跟踪的目标数取决于雷达终端对目标的数据处理能力。搜索雷达通常要求对数百个批次的目标进行航迹的管理与处理。

8) 工作环境条件

雷达一般要有三防(防水、防腐蚀、防盐雾)措施，特别是在户外的设备均需要有三防措施。

1.3.2 主要技术指标

1) 天馈线的性能指标

天馈线系统的主要性能指标有天线孔径、天线增益、波束宽度、波束形状、副瓣电平、极化方式、损耗、带宽等。波束形状有针状、扇形、余割平方形等，如图 1.14 所示。

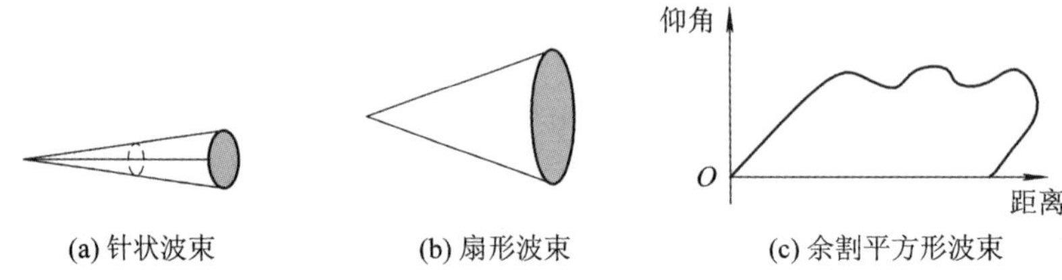

图 1.14 常用波束形状

2) 发射机性能指标

发射机的性能指标主要有峰值功率 P_t、平均功率 P_{av} 和发射机总效率及功率放大链总增益等。一般远程警戒雷达的脉冲功率为几百千瓦至兆瓦级。由于发射机属大功率设备，需采用一定的冷却措施。常用的冷却方式有风冷、水冷。

3) 雷达信号形式

雷达信号特征包括工作频率、信号带宽、脉冲重复频率、发射脉冲宽度和调制方式等。雷达的工作频率主要根据目标的特性、电波传播条件、天线尺寸、高频器件的性能、雷达的测量精确度和功能等要求来决定。雷达的工作带宽主要根据距离分辨的要求来决定。一般要求工作带宽为5%～10%，超宽带雷达为25%以上。雷达的调制方式主要有频率调制、相位调制等。

4) 接收机性能指标

接收机的性能指标主要有噪声温度(或噪声系数)、动态范围和灵敏度等。

5) 雷达信号处理指标

不同体制雷达需采用不同的处理方法。雷达信号处理常用的指标有：MTI、MTD 对杂波的改善因子；视频或相参积累方式及其信噪比的改善程度；干扰对消比；恒虚警(CFAR)处理方法及其检测性能等。

6) 雷达数据处理能力

雷达数据处理能力指雷达能处理的目标批次数。

这些性能指标将在后继章节中具体介绍。

1.4　雷达的生存与对抗

由于军事上的需要，现代雷达在迅速发展的同时，亦面临着生存的挑战。通常人们所说的雷达面临的“四大威胁”是指综合电子干扰、低空/超低空突防、反辐射导弹(ARM)和隐身技术。下面就雷达面临的威胁及其对抗措施分别进行简单介绍。

1.4.1　电子干扰与抗干扰技术

电子战(EW)的组成如图 1.15 所示，主要包括三个方面：

(1) 电子支援侦察(ESM)措施，即对敌辐射源进行截获、识别、分析和定位。

(2) 电子对抗(ECM)措施，即破坏敌方电子装置或降低其效能，甚至摧毁其设备。

(3) 电子反对抗(ECCM)措施，是为保障己方电子设备在敌方实施电子对抗条件下仍然正常工作的战术技术手段。

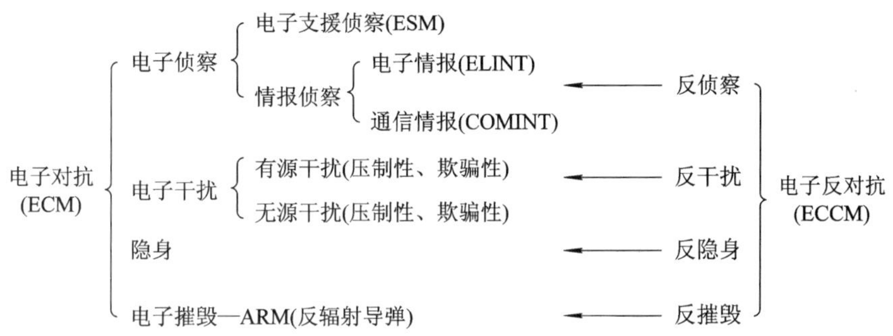

图 1.15　电子战(EW)组成示意图

1. 对雷达的电子侦察及雷达反侦察技术

电子战中对雷达的电子侦察包括：

(1) **雷达情报侦察**。以侦察飞机、卫星、舰船和地面侦察站来侦测雷达的特征参数，判断雷达的属性、类型、用途、配置及所控制的武器等有关战术技术情报。

(2) **雷达对抗支援侦察**。凭借所截获的雷达信号，分析、识别雷达的类型、数量、威胁性及其等级等有关情报，为作战指挥实施雷达告警、战役战术行动、引导干扰和引导杀伤武器等提供依据。

(3) **雷达寻的和告警**。作战中实时发现雷达和导弹系统并发出告警。

(4) **引导干扰**。侦察是实现有效干扰的前提和依据。

(5) **辐射源定位**。为武器精确摧毁敌方雷达提供依据，也可以起引导杀伤武器的作用。

雷达为了自己的生存，首先必须具备良好的反侦察能力，最重要的是设法使敌方收不到己方雷达信号或收到假信号。雷达的主要反侦察措施如下：

(1) 将雷达设计成低截获概率(LPI)雷达。这种雷达的最大特点是低峰值功率，宽带、高占空比发射波形，低副瓣的发射天线，自适应发射功率管理技术等。

(2) 控制雷达开机时间。在保证完成任务的前提下，开机时间尽量短，次数尽量少。战时开机必须按规定权限批准。值班雷达的开机时间和顺序应无规律地改变。

(3) 控制雷达工作频率。对现役雷达要按规定使用常用频率工作；同一体制的雷达，

应规定它们以相近的频率工作；禁止擅自改变雷达的工作频率，若采用跳频反干扰，也必须经过批准，并按预定方案进行。对现役雷达的备用频率要严加控制。

(4) 隐藏雷达和新式雷达的启用必须经过批准。

(5) 适时更换可能被敌方侦察的雷达阵地。

(6) 设置假雷达，并发射假的雷达信号。

2. 电子干扰

针对雷达的对抗措施有三种：一是告警和回避；二是火力摧毁，属硬对抗；三是干扰，属软对抗。

雷达干扰是指利用雷达干扰设备发射干扰电磁波或利用能反射、散射、衰减以及吸波的材料反射或衰减雷达波，从而扰乱敌方雷达的正常工作或降低雷达的效能。雷达干扰能造成敌方雷达迷盲，使它不能发现和探测目标或引起其判断错误，不能正确实施告警；另外，它还能造成雷达跟踪出错，并使武器系统失控、威力不能正常发挥等。这是雷达对抗设备与雷达作斗争时最常用的一种手段。

雷达干扰主要包括有源干扰和无源干扰两大类。有源干扰主要有各种欺骗性干扰、噪声阻塞式干扰等。无源干扰主要有箔条、角反射体假目标干扰。

3. 雷达常用的电子抗干扰技术

雷达常用的电子抗干扰技术主要从以下方面考虑：

在天线方面，采用高增益、低副瓣、窄波束、低交叉极化响应的天线，采用辅助天线进行副瓣对消、副瓣消隐，电子扫描相控阵、单脉冲测角等技术。

在发射方面，采用高有效辐射功率、复杂的脉冲压缩波形、宽带频率跳变技术。

在接收方面，采用宽动态范围、高镜频抑制、单脉冲/辅助接收系统的信道匹配。

在信号与信息处理方面，采用目标回波微小变化识别、多目标跟踪、杂波抑制、干扰对消、智能信号处理等。

其它几种有效的雷达抗干扰技术有：

(1) **低截获概率雷达(LPIR)技术**。采用编码扩谱和降低峰值功率等措施，将雷达信号设计成低截获概率信号，使侦察接收机难以侦察，甚至侦收不到这种信号，从而保护雷达不受电子干扰。

(2) **MIMO雷达与稀布阵综合脉冲孔径雷达(SIAR)技术**。SIAR是一种米波段采用大孔径稀疏布阵、全向辐射、在接收端通过信号处理而综合形成发射波束的新体制雷达技术，是一种典型的MIMO雷达。由于同时工作频率多，侦察接收机无法区分每个天线采用的工作频率以及每个天线的相对位置，即使侦察到信号也无法获得发射天线阵列的增益。由包括N_e个发射单元组成的MIMO雷达辐射的功率只有从相控阵(PAR)主瓣截获的功率的$1/N_e$，在所有方向辐射的功率与PAR的平均副瓣功率相当。因此这些雷达具有信号截获概率低等优点，是一种反干扰能力强的新雷达体制。

(3) **双/多基地雷达技术**。双基地雷达在接收站不发射信号，有利于对抗针对发射波束方向的有源定向干扰和反辐射导弹对接收站的攻击。

(4) **无源探测技术**。这是一种自身不发射信号，靠接收目标发射或散射信号来发现目标的一种探测技术。例如，利用调频电台、电视台发射并由目标散射的信号而对目标进行定位，这种技术称为基于外辐射源的探测技术。无源探测既不会被侦察，也不会被干扰。

1.4.2　雷达抗反辐射导弹技术

第二次世界大战以来，雷达在战争中的巨大作用已为世人所公认，这自然也就使雷达成为战争中首当其冲的被消灭对象。在海湾战争中，多国部队仅反辐射导弹(ARM)就发射了数千枚，使伊方雷达多数被摧毁。雷达面临着 ARM 的严重威胁，抗 ARM 的战术技术措施成了雷达设计师和军用雷达用户所共同关心的问题。

1. ARM 的特点

ARM 又称为反雷达导弹。它利用雷达辐射的电磁波束进行制导来准确地击中雷达。目前的 ARM 具有以下特点：

(1) 采用多种制导方式，一般有被动雷达/被动红外、电视制导以及捷联惯性制导等体制。

(2) ARM 导引头频率覆盖范围为 0.5～18 GHz；已由最初只能攻击炮瞄雷达发展成了可以攻击单脉冲雷达、脉冲压缩雷达、频率捷变雷达和连续波雷达。

(3) 引信和战斗部：早期的"百舌鸟"ARM 使用的是无源比相雷达引信，而现在的"哈姆"ARM 采用激光有源引信，抗干扰能力较强。

(4) 目前，采用了计算机与人工智能技术，具有记忆跟踪能力。即使雷达突然关机，也能够准确地定位攻击。能自动切换制导方式，自动搜索和截获目标，从而大大提高了对目标攻击的准确性和杀伤能力。

2. 抗 ARM 的战术技术措施

目前已有许多对抗 ARM 的技术战术措施，归纳起来大致可以分为两大类，即主动措施和被动措施。主动抗 ARM 措施即直接击毁 ARM(或其载机)，使它在到达目标雷达前就失去作用。被动抗 ARM 技术与措施主要有：

(1) **设法使 ARM 难以截获并跟踪雷达信号**。通常载机的电子支援系统先截获、识别并定位敌方雷达，然后将其有关参数(如脉冲功率、脉冲重复间隔和频率等)送交 ARM 寻的器，阻止或干扰 ARM 获取雷达的这些信息，就可以达到对抗 ARM 的目的。雷达方的具体对抗措施如下：

① 提高雷达空间、结构、频率、时间及极化的隐蔽性。这种方法能增加反辐射导弹的导向误差，诸如缩短雷达工作时间，间断工作，只向预定扇区辐射或频繁更换雷达阵地；采用各种调制(如调频、调幅以及宽频谱调制)的复杂信号和极化调制信号等。

② 瞬时改变雷达辐射脉冲参数。

③ 将发射站和接收站分开放置。发射站与接收站不在一个阵地上，使 ARM 无法确定接收站阵地位置，这样也就谈不上将它击毁，当然发射阵地还得另有对抗 ARM 的措施。这样配置的好处是不易遭到电子干扰，还可以扩大雷达探测范围。双/多基地雷达就是抗 ARM 的雷达体制之一。

④ 尽量降低雷达带外辐射与热辐射。ARM 可能采用微波无源和红外综合导引头，因此必须减少雷达本身及其辅助设备的热辐射和带外辐射。这需要使用专门的吸收材料和屏蔽材料，或采用多层管道冷却系统，甚至将雷达的电源设备置于掩体内；还应选择合理的

信号形式，使用带阻滤波器抑制谐波和复合辐射。

⑤ 尽量将雷达设计成低截获概率雷达。其途径有三：(a) 应用一种能将雷达频谱扩展到尽可能宽的频率上的编码波形，ARM 截获接收机难以对它实现匹配滤波；(b) 应用超低副瓣天线(副瓣低于−40 dB)；(c) 对雷达实施功率管理，旨在控制辐射的时机和电平的大小。

⑥ 雷达采用超高频(UHF)和甚高频(VHF)波段。雷达工作波长与 ARM 弹体尺寸相当时，由于谐振效应，ARM 的雷达截面积将增加，有利于雷达及早发现 ARM。另外，ARM 尺寸有限，难于安装低频天线，所以低频率(<0.5 GHz)的雷达不易受到 ARM 的攻击。这种低频雷达也可以作为负责顶空区域、提供高探测概率的辅助雷达。由于 ARM 多利用雷达上方探测能力最弱这个弱点来攻击主力雷达，所以用这种辅助雷达对 ARM 提供早期预警是非常必要的。

图 1.16 给出了某导弹的尺寸及其散射截面积(RCS)的测量结果(为导弹前方±60°范围内的平均 RCS 值)。从图中可以看出，导弹长 3 m，谐振频率点在 150 MHz 附近；雷达工作在 150 MHz 与工作在 1000 MHz 相比，RCS 相差约 15 dB；工作在 500 MHz 以下的 RCS 比工作在 1000 MHz 的约大 10 dB，这表明在 500 MHz 以下该导弹存在谐振效应。

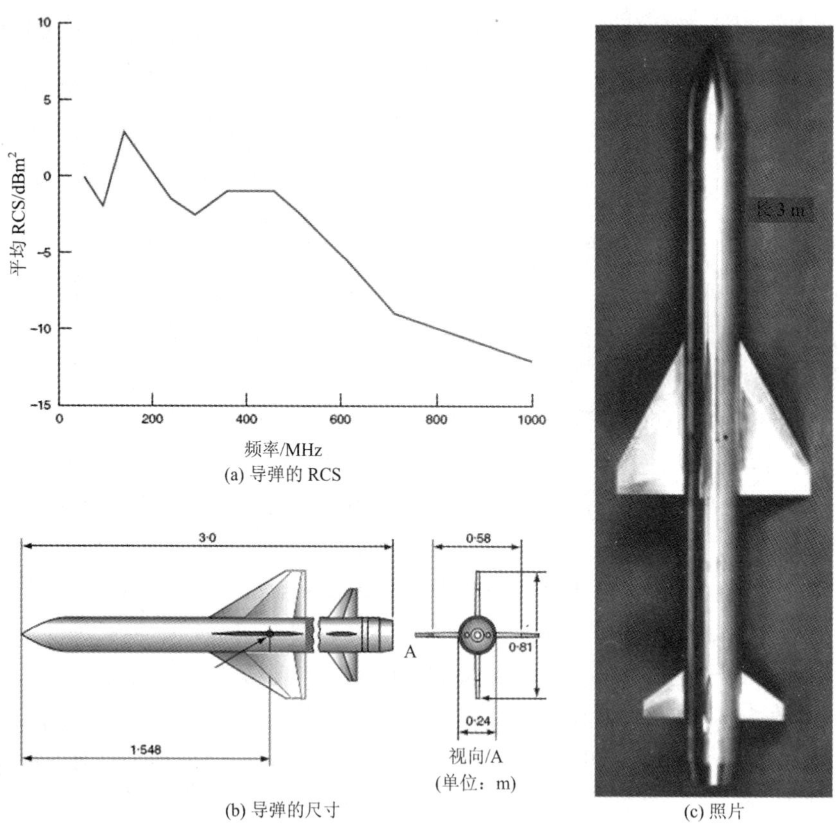

图 1.16　某导弹的尺寸及其 RCS 值

利用某 VHF 频段的反辐射导弹告警雷达进行试验，图 1.17 是某导弹回波的距离-多普勒等高线图，从图中可以清楚地看到有两个目标(即飞机和导弹)，以及这两个目标的距离和多普勒频率，导弹的速度大于 2 马赫(Ma)，飞机的速度约 1 马赫。由此可见，在导弹与其载机分离后，通过速度和加速度比较容易区分是飞机还是导弹。图 1.18 分别给出了飞机和导弹所在多普勒通道的时域信号。由此可见，飞机和导弹的距离相差不到 3 km，但经脉冲压缩、相干积累处理后两者的信噪比差不多，这表明即使导弹比飞机体积小得多，但是由于谐振效应，使得导弹的 RCS 显著增强，从而达到与飞机相当的 RCS，所以二者回波信号强度差不多。

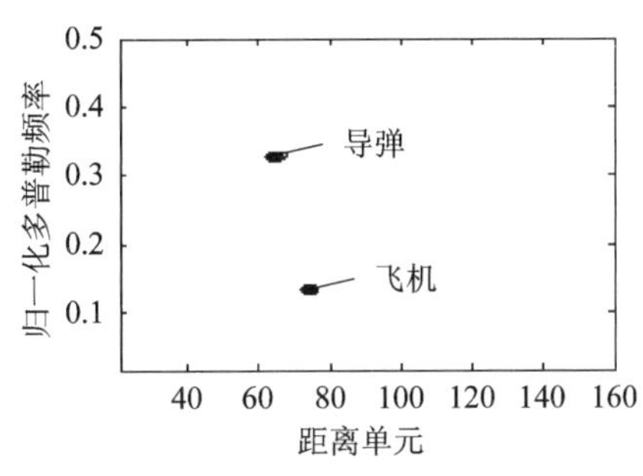

图 1.17　距离-多普勒等高线图

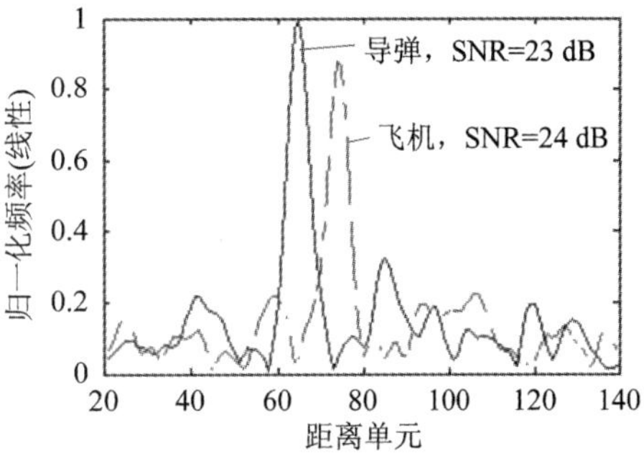

图 1.18　飞机和导弹所在多普勒通道的处理结果

(2) **施放干扰或采取诱骗措施**。可用有源或无源诱饵使 ARM 不能击中目标，或施放干扰，破坏和扰乱 ARM 导引头的工作。

① 使用附加辐射源和诱饵发射机。在美国战术空军控制系统 AN/TPS－75 雷达中抗 ARM 的诱饵由 3 部发射机组成，模拟雷达信号特征(包括频率捷变)，遮盖雷达天线副瓣，分散放置。如果在这种综合系统中配备告警装置，根据它提供的 ARM 信息将几个假发射机的照射扇区不断切换，这样 ARM 就要不断瞄准，可能最终导向一个假发射机。

② 雷达组网反 ARM。

③ 施放各种调制的有源干扰。除用射频干扰 ARM 导引头外，由于 ARM 可能采用光学、红外或综合导引头，所以还应采取干扰这类导引头的措施，诸如干扰其角度信息。

1.4.3　雷达反低空入侵技术

1. 低空/超低空突防的威胁

低空/超低空系指地表面之上 300 m 以下的空间。从军事上讲，利用低空/超低空突防具有这样一些特殊优势：低空/超低空空域是大多数雷达的盲区；低空/超低空是现代防空火力最薄弱的空域。西方军事专家认为，目前飞机和巡航导弹低空突防最佳高度在海上为 15 m，在平原地区为 60 m，在丘陵和山地为 120 m。就保证突防成功而言，降低飞行高度比增加飞行速度更有利于提高飞行器的生存概率。现在，各发达国家都在积极研制超低空飞行器。

飞行目标的低空/超低空突防对雷达的战术技术性能会造成以下影响：

(1) **地形遮挡**。地球是一个球体，“地球曲率”会大大缩减雷达的有效探测距离。

(2) **多径效应**。雷达电磁波的直射波、地面反射波和目标反射波的组合产生多径干涉效应，导致仰角上波束分裂。而且，在低高度上，这种效应会导致目标回波按 R^8(而不是在自由空间中通常按 R^4)的规律衰减。多径效应与平坦地形的特性有关，而地形遮挡效应则发生在起伏地形状态。

(3) **强表面杂波**。要探测低空目标，雷达势必会接收到强地面/海面反射的背景杂波，这是与目标回波处于相同雷达分辨单元的表面反射波。为了探测巡航导弹和雷达截面积小的飞行目标，必须要求很高的杂波可见度(SCV)。SCV是描述脉冲多普勒雷达或动目标显示雷达检测地杂波背景中目标的一个品质系数。

2. 雷达反低空突防措施

雷达反低空突防(入侵)方面的措施，归纳起来有两大类：一为技术措施，主要是反杂波技术；二为战术措施，主要是物理上的反遮挡。要达到雷达反低空突防的目的，主要可采取以下方法：

(1) 设计反杂波性能优良的低空监视雷达。

(2) 研制利用电离层折射特性的天波超视距雷达来提高探测距离(比普通微波雷达的探测距离可大若干倍，例如可达到3000～4000 km)，并进行俯视探测，使低空飞行目标难以利用地形遮挡逃脱雷达对它的探测。地波超视距雷达发射的电磁波以绕射方式沿地面(或海面)传播，其探测距离一般为200～400 km，它不但能探测地面或海面上的目标，还能监视低空和掠海飞行目标。

(3) 通过提高雷达平台高度(如气球载雷达或飞艇载雷达)来增加雷达水平视距，延长预警时间。

(4) 发挥雷达组网的群体优势来对付低空突防飞行目标。单部雷达的视野毕竟有限，难以完成解决地形遮挡的影响问题，何况在实战中往往又是多种对抗手段同时施展的。因此，解决低空目标探测问题的最有效的方案是部署既有地面低空探测雷达，又有各种空中平台监视系统的灵活而有效的多层次、多种体制雷达，以及由其组成立体融合探测网。例如利用气球载雷达或飞艇载雷达、机载预警机、卫星、地面雷达等组成联合探测网，提高对低空目标的探测能力。

1.4.4　飞机隐身与雷达反隐身技术

1. 隐身飞机及其主要隐身方法

隐身飞机(Stealthy Aircraft)是自20世纪80年代以来军用雷达面临的最严重的电子战威胁。隐身飞机的特点就是显著地减小了目标的散射截面积(RCS)。目前隐身飞机对微波雷达的RCS减小了20～30 dB，表1.5给出了目前几种隐身飞机在微波频段的RCS。根据一些研究资料报道：隐身目标在微波段的RCS很小，如美国隐身战斗机F-117A在微波波段的RCS仅约0.01 m^2，而在主谐振区的散射截面积却高达10～20 m^2，提高了近1000～2000倍。

表1.5　几种隐身飞机在微波频段的RCS

飞机类型	非隐身战斗机	非隐身轰炸机B-52	F-117A	F-22	B-2
RCS/m^2	1～5	40	0.02	0.05	1～0.1

雷达探测入侵飞机时主要是依靠飞机鼻锥方向的RCS，这时RCS主要由大后掠角的机翼的前沿决定，RCS值与波长成正比。根据国外公布的一些数据，在常用雷达频段，常规战斗机根据机型大小不同，RCS约按1～5 m^2来推算，隐身飞机迎头方向的RCS见表

1.6。可见，隐身飞机的 RCS 减少了十几分贝至 30 分贝(dB)。

表 1.6　隐身飞机在不同频段的 RCS

波段范围	RCS 范围/m^2	RCS 平均值/m^2	RCS 减少/dB
X 波段(10 GHz)	0.001～0.005	0.003	30
C 波段(5 GHz)	0.002～0.01	0.006	27
S 波段(3 GHz)	0.003～0.016	0.01	25
L 波段(1 GHz)	0.01～0.05	0.03	20
UHF 波段(600 MHz)	0.017～0.082	0.05	17.8
VHF 波段(300 MHz)	0.067～0.33	0.2	12
VHF 波段(100 MHz)	0.1～0.5	0.2	12

图 1.19 给出了对类似 F-117A 的 RCS 的测量结果，测量频率范围为 0.1～2 GHz。可见，在低频率段(300 MHz 以下)，迎头方向的 RCS 在 0～10 dBm^2。这是因为 F-117A 翼展长 12.99 m，其谐振频率约为 16.22 MHz，谐振区频率范围为 16～160 MHz。

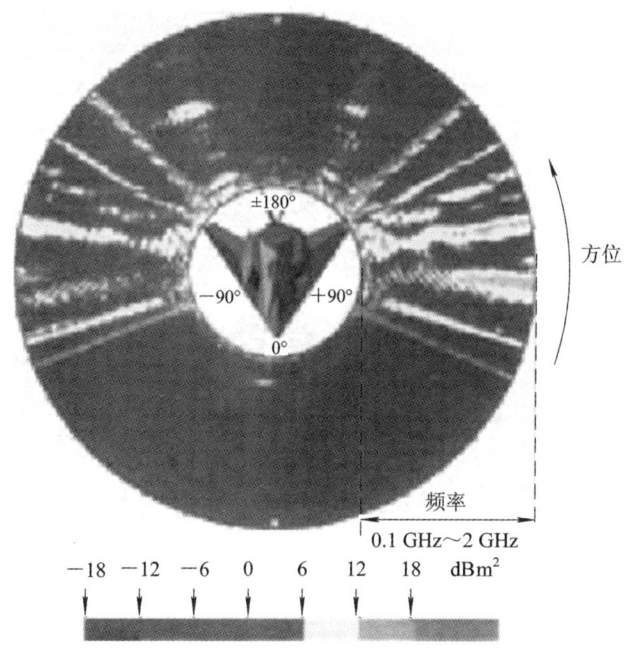

图 1.19　对类似 F-117A 的 RCS 测量结果

减小雷达截面积的技术途径主要有外形隐身、雷达吸波材料隐身、无源对消和有源对消等技术，其中最常用、最为有效的技术是前两种。另外等离子体隐身技术亦具有较好的应用前景，因而不少国家已开始进行更深入的研究。

1) 外形隐身技术

外形隐身技术是通过修改目标的形状，在一定角域范围内显著地减小其 RCS 特征，一般是修改目标的表面和边缘，使其强散射的方向偏离单站雷达入射波的方向。但是它不可能在全部的立体角范围内对所有的观察角都达到这一点，因为雷达入射波总会在一些观察角上垂直入射到目标的表面，这时目标的 RCS 就很大。外形隐身的目的就是将这些高 RCS 区域移至威胁相对较小的空域中。如对飞机采用翼身融合技术，大部分采用圆滑过渡，从而取消了在宽角范围内有强反射特性的直角反射结构，显著降低了目标的截面积。例如，图 1.20(a)为美国的 F－117A，是世界上第一部优化外形结构的隐身飞机，采用了 66.5°的大后掠角，其光学和雷达的散射特征最低。F－117A 由机翼和机身以及垂尾和平尾构成了强反向源，并采用非直角结构显著地降低了这些两面角的反射。如机身机翼两面角约为 130°，在侧向一个很大的俯仰范围内比直角结构的反射要低 20 dB 左右。垂尾采用 V 形外倾结构，与平尾夹角约为 50°，且超出平尾和机身，向后延伸成菱形尾翼，显著地减小了角反射器效应。图 1.20(b)为隐身轰炸机 B－2。

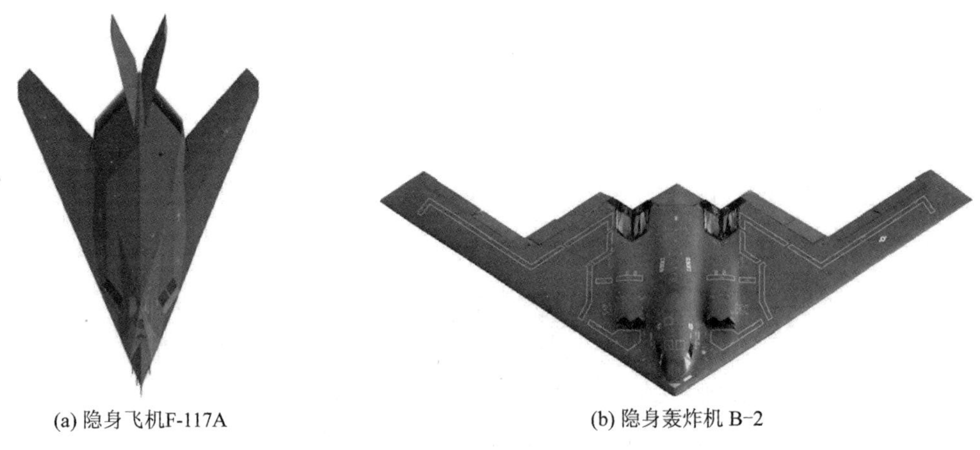

(a) 隐身飞机F-117A　　(b) 隐身轰炸机 B-2

图 1.20　隐身飞机

2) 吸波材料隐身技术

吸波材料隐身技术基于通过吸收电磁波能量来减小反射回波的能量，它是最早实际应用于隐身的技术。吸波材料主要有表面涂层材料和结构型复合材料两类。目前大量使用的表面涂层材料是铁氧体吸波材料，其可使一定频带内的反射回波降低 20～30 dB。为了扩展吸收频带，采用分层结构或参数渐变结构，如一种优化的 4 层磁性吸波材料在 1～15 GHz范围内具有最小的反射率，而自身厚度不超过 7.5 mm。还有很多种其它涂层吸收剂，如对电磁波具有吸收、透波和偏振功能的金属及其氧化物磁性超细粉末，吸波性能良好的碳化硅耐高温陶瓷，能减少入射电磁波的反射及吸收电磁波的属性材料，能减弱电磁波反射的电子型高聚物材料，对电磁波具有良好吸收性能的纳米材料等。

结构型吸波材料是一种复合材料，其以环氧树脂、热塑料等为基体，填充了铁氧体、石墨等吸波材料，并由具有低介电常数的石英纤维、玻璃纤维等组成。这种材料既能减弱电磁波散射，又比一般金属材料铝、钢等重量轻、刚度强、强度高。

还有像碳纤维玻璃钢类透波材料以及正在研制的智能型隐身材料，均是有一定潜力的隐身材料。

无源对消技术由于其适应频率范围很窄，已被排除在有效的 RCS 缩减技术之外。有源对消技术因其需要目标产生辐射，并使产生的辐射能自适应地抵消目标反射的能量，实施上极为复杂且难度很大，目前虽尚未实际应用，但仍是重点发展的技术。

3) 等离子体隐身技术

利用等离子发生体在飞机、导弹等兵器表面形成一层等离子云，通过对离子体的能量、电离度、振荡频率和碰撞频率等参数的设计，使照射到等离子体上的电磁波部分被吸收，部分被改变传播方向，从而使直接反射的电磁波大为减小。

等离子体隐身技术的主要优点是：隐身频带宽，隐身效果较好，使用简便，使用时间长，费用较低，维护费用也大大降低，而且不需要改变飞行器的外形设计。但这种技术也存在一些问题，如在飞行器上安装等离子体发生器的部位目前尚无法隐身，而且要求的电源功率较大，设备体积也就显得过于庞大。随着研究的不断进展，等离体隐身技术必将在飞行器等隐身中得到广泛的应用。

目前这些隐身技术存在一定的局限性：

(1) 当被照射物体大小与波长相近时，从物体反射的反射回波产生谐振现象，形成较强的反射波；

(2) 对于波长较长的雷达，吸波涂层难以达到所要求的厚度，吸波效果不明显；

(3) 在高频区(20 GHz 以上)，机体不平滑部位产生角反射，导致 RCS 增大，特别是在某些方向上的 RCS 明显增大；

(4) 当目标散射角大于 130°时，RCS 明显增加；

(5) 隐身目标的 RCS 减小通常是对单基地的后向散射而言，其侧面、背面腹部是隐身技术的薄弱环节；

(6) 隐身飞行器所采用的隐身外形、涂层只在一定的频率范围内起作用。

2. 雷达反隐身技术

根据隐身技术的局限性，现代雷达的反隐身手段或措施主要有：

(1) **短波超视距雷达技术**。该项技术的优点是：① 超视距雷达工作在 3～60 MHz，被照射目标产生较强的谐振型后向散射；② ARM 和外形隐身技术对该雷达影响很小。

(2) **甚高频(VHF)与超高频频段(UHF)雷达技术**。波长较长的甚高频(100～300 MHz)和超高频(300～500 MHz)雷达，当克服了目前存在的抗干扰能力低、测角精度和角分辨能力差等缺陷后，可成为对中远距离飞行的隐身飞机进行警戒的地面雷达，甚至实现引导、拦截飞机的有效手段，也有希望作为预警机上效率较高的雷达，完成对超低空飞行的隐身飞机执行警戒和引导飞机实现对其拦截的任务。

(3) **多基地雷达技术**。多基地雷达的优点是从多个角度观察目标，降低了隐身目标的隐身效能，且生存力强。其缺点是仅能在发射波束与接收波束的作用范围交叉的区域发现目标，需要进行空域的同步等。

(4) **采用空载平台雷达**。从空中俯视目标的上部，将系统装在空中平台上，因为隐身机的上边部分的隐身性能差。

(5) **采用天基测量系统**。将系统安装在卫星上。

(6) **采用超宽带雷达**。所发射的极窄脉冲具有很宽的频率范围(覆盖整个 L、C 和 S 波段)；不是利用多普勒效应测速，而是利用某种编码来识别目标。

(7) **提高雷达发射能量**。采用大时宽的脉冲压缩技术，或采用有源相控阵技术。其优点是可增加探测距离，而不降低其分辨率；可将多个发射阵元的功率在空间合成，形成高能脉冲。

(8) **长时间相干积累与微弱信号检测技术**。针对重点方向，增加波束驻留时间，进行长时间的相干积累处理。例如，隐身目标的 RCS 降低 10 dB，但如果相干积累脉冲数变为原来的 10 倍，理论上就可以弥补回波的能量，当然，相干积累时间增长，需要考虑对目标进行运动补偿。

(9) **雷达网的数据融合技术**。当雷达网中的众多单基地雷达从不同方向观测隐身飞机时，某些雷达就有可能在短瞬间观测到较大雷达截面积，从而提高发现隐身飞机的机会。尽管只是短短的一瞥，但利用雷达网中多部雷达的数据进行融合，就有可能得到隐身飞机的航迹。

尽管隐身技术使得一般雷达难以发现隐身目标，但是现代雷达可以综合利用频率域、空域的技术手段或措施，空－天－地多基地雷达和雷达组网等，以及优先发展低频段雷达技术，就可以实现对隐身目标的探测。

练 习 题

1-1 已知脉冲雷达中心频率 $f_0=3000$ MHz，回波信号相对发射信号的延迟时间为 1000 μs，回波信号的频率为 3000.01 MHz，目标运动方向与波束指向的夹角为 60°，计算目标距离、径向速度与线速度。

1-2 已知导弹的速度为 3 Ma，飞机的速度为 1 Ma，雷达波长 $\lambda=0.03$ m，导弹的运行方向指向飞机，且飞机运动方向与导弹飞行方向之间的夹角 α 为：(1) 0°；(2) 30°。分别计算导弹上末制导雷达接收飞机回波信号的多普勒频率。

1-3 已知雷达发射脉冲宽度为 2 μs，在方位维的波束宽度为 5°。关于分辨率的计算：

(1) 目标的距离分辨率是多少？是否可以分辨同一波束内距离 100 m 的两个目标？

(2) 目标距离分别为 100 km、300 km 时在方位维横向分辨单元的大小为多少？

(3) 若两架飞机编队航行，与雷达的距离为 300 km，横向距离为 1 km，雷达是否可以在方位维分辨出两架飞机？

(4) 若(2)不能分辨两架飞机，雷达需采用哪些措施提高目标在方位维的分辨能力？

1-4 雷达的反隐身措施有哪些？查阅资料，概述您对雷达探测隐身目标的认识。

1-5 谈谈雷达未来的发展趋势有哪些。

第 2 章　雷达系统的基本知识

本章从雷达系统的角度简单介绍雷达发射机、接收机、天线的基本组成和主要性能指标；介绍终端设备和终端信息处理与数据处理方面的基本知识，以便读者对雷达系统有一个系统的认识和了解。

2.1　雷达系统的基本组成

雷达系统的基本组成框图如图 2.1 所示，包括天线及其伺服控制、发射机、波形产生器(频综)、接收机、信号处理机、数据处理机、终端显示等设备。

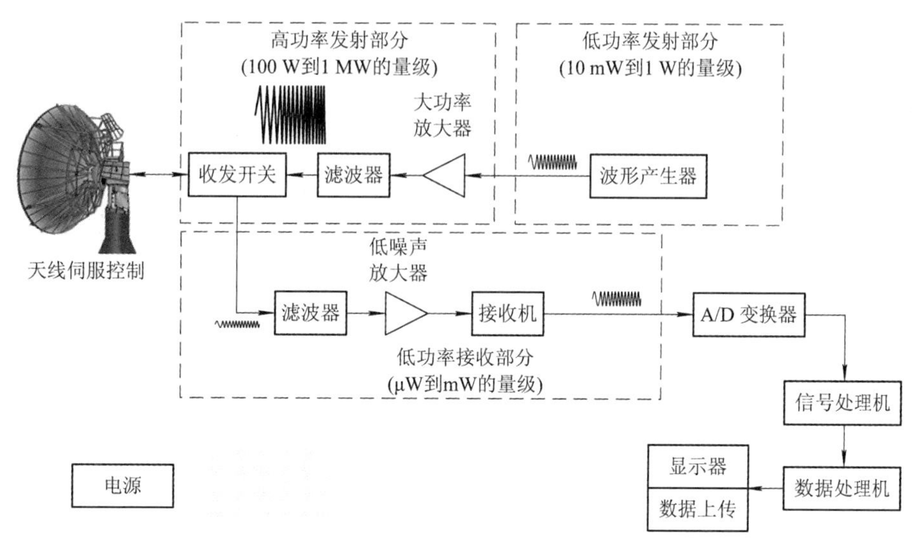

图 2.1　雷达系统的基本组成框图

各部分的功能简要概述如下：

(1) **天线及其伺服控制**。天线用来辐射大功率信号，接收目标散射回波信号。为了提高雷达的探测能力，雷达基本上是采用方向性强的天线。伺服控制系统用来控制天线的转动速度和转动方式。雷达为了实现对广大空域的探测，波束扫描方式有机械扫描(简称机扫)和电扫描(也称相位扫描，简称电扫或相扫)。一般警戒雷达需要在 360°方位搜索目标，需要在方位维 360°旋转。三坐标雷达一般在方位维机扫，而在俯仰维相扫。相控阵雷达通常在方位和俯仰两维上相扫，需要采用3～4个天线阵面覆盖方位360°。导弹上的末制导雷达一般只需要在方位±45°或±30°范围内搜索目标，伺服电机控制天线在扇区转动。

(2) **波形产生器，也称频率综合器(简称频综)**。根据雷达工作的信号形式，波形产生器产生不同调制类型、输出功率10 mW到1 W量级的射频激励信号，送给雷达发射机，同时给雷达接收机提供相干本振信号。由于现代雷达均为相参雷达，要求雷达在每个脉冲重复周期，发射信号频率稳定性高、初始相位恒定，对频综的性能有较高的要求。

(3) **发射机即高功率放大部分**。对射频激励信号进行放大、滤波。警戒雷达的发射机输出功率一般在100 W到1 MW的量级，弹载雷达的发射机输出功率一般在几十瓦到百瓦的量级。

(4) **接收机即低功率接收部分**。雷达接收信号的功率一般在μW到mW的量级，对接收信号进行放大、混频、滤波等。特别是目标距离远，要求雷达接收机的灵敏度较高。过去雷达接收机大多经过正交检波器，输出基带回波信号的同相分量和正交分量，而现代雷达接收机一般输出中频信号，利用数字接收机进行数字中频正交检波，得到回波的基带数字信号。

(5) **收发开关，也称为环形器**。作为单基地雷达，一般收发共用天线，在发射期间，大功率信号经过收发开关、馈线至天线，由于发射功率大，收发开关需要保护接收机，阻止或减少大功率信号进入接收机。在接收期间，天线接收信号经过收发开关几乎无插损地进入接收机。

(6) **信号处理机**。接收机输出信号经A/D采样、中频数字正交检波后，信号处理机完成脉冲压缩、MTI/MTD、检测、点迹凝聚等处理，提高目标回波的信噪比，同时抑制杂波和干扰。为了抑制干扰，通常需要进行副瓣对消(SLC)、副瓣匿影(SLB)等处理。在干扰对消之前，通常需要对干扰的功率和大致类型进行判断，甚至提取干扰的特征。不同体制的雷达，信号处理的差异也较大，例如，阵列雷达需要进行数字波束形成(DBF)或自适应数字波束形成(ADBF)等处理。

(7) **数据处理机**。数据处理是指在多帧之间进行方位、俯仰维的凝聚，以及在帧与帧之间对点迹进行航迹关联、航迹滤波、航迹管理等，航迹信息送雷达终端显示器，并生成航迹文件。

(8) **终端显示与数据传输**。终端设备显示回波信号的原始视频、航迹；上传目标的点迹信息。终端显示包括幅度显示(如A显)、目标位置的极坐标(PPI)显示，及综合显示系统等。

(9) **监控设备**。监控设备的作用主要有：设置雷达的各工作参数，调整雷达的工作方式；监控雷达各分系统的工作状态等。若出现故障，监控设备就给出报警或提示信息，提示雷达操作员。

(10) **电源与供电设备**。雷达一般为大功率设备，通常配有专门的发电设备进行供电。

2.2 雷达发射机

2.2.1 发射机的基本组成

雷达是利用物体反射电磁波的特性来发现目标并确定目标的距离、方位、高度和速度等参数的，因此，雷达工作时要求发射一种特定的大功率信号。发射机为雷达提供一个载波受到调制的大功率射频信号，经馈线和收发开关由天线辐射出去。

雷达发射机按产生射频信号的方式不同，分为单级振荡式和主振放大式两类；按产生大功率射频能量所采用的器件不同，分为真空管发射机和全固态发射机；按功率合成方式的不同，分为集中式发射机和分布式发射机。根据雷达输出功率的要求不同、使用器件的不同，雷达发射机的组成也不相同。下面分别介绍单级振荡式和主振放大式发射机的组成。

单级振荡式发射机是直接利用射频振荡器产生高功率的射频信号，主要由脉冲调制器、大功率射频振荡器、高压电源等组成，如图 2.2(a)所示。其工作过程是在触发脉冲的作用下，脉冲调制器产生大功率的调制脉冲，在调制脉冲作用期间，射频振荡器自激振荡输出大功率射频脉冲信号，经收发开关送到天线；在调制脉冲间歇期，射频振荡器不工作，无射频信号输出。单级振荡式发射机的大功率射频振荡器主要有两种：一种是工作在米波、分米波的真空三极管、四极管振荡式发射机；另一种是工作在厘米波至毫米波的磁控管振荡式发射机。

主振放大式发射机的组成如图 2.2(b)所示。它的特点是由多级组成。从各级功能来看，一是主控振荡器用来产生低功率、高稳定的射频信号；二是放大射频信号，即提高信号的功率电平，达到发射所需要的功率，称为射频放大链。主振放大式的名称就是由此而来的。

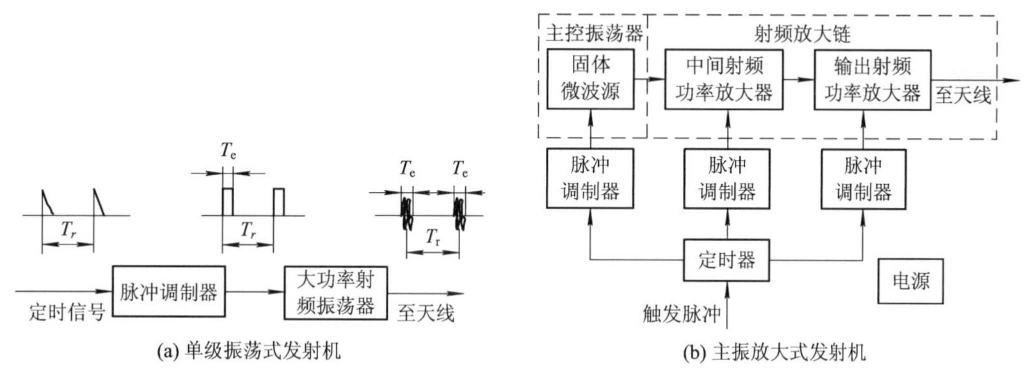

图 2.2　发射机的组成

脉冲调制器主要由调制开关、储能元件、隔离元件和充电旁路元件等四部分组成，如图 2.3 所示，图中输入为高压电源，负载为射频振荡器或真空管放大器。脉冲调制器用来产生一定形状、一定脉宽的大功率调制脉冲，控制微波真空管中电子注的通断以及电子注电流大小，为射频信号的放大提供能量。在调制开关断开期间，高压电源通过隔离元件和充电旁路元件向储能元件充电，充电回路如图中虚线；在调制开关接通的短暂时间内，储能元件通过调制开关向负载放电，放电回路如图中实线。脉冲调制器主要有软性开关脉冲调制器、刚性开关脉冲调制器和浮动板调制器，限于篇幅，本书不介绍这些调制器的组成和工作原理。为了知识的完整性，表 2.1 只对几种主要调制器进行比较。现代雷达大多控制 DDS(直接数字频率合成)可直接产生调制信号，基本不采用这些脉冲调制器。

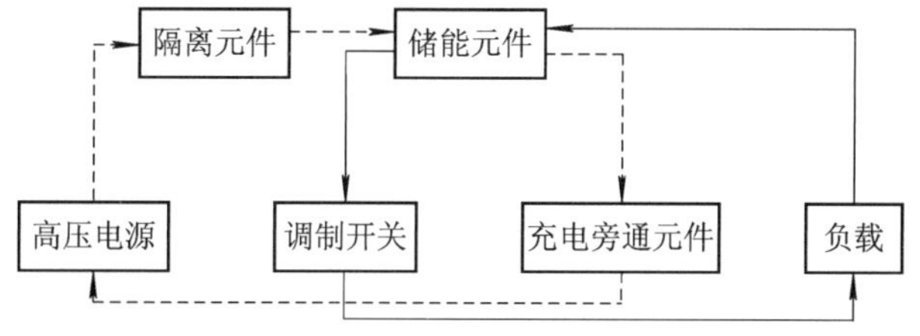

图 2.3　脉冲调制器组成框图

表 2.1　几种脉冲调制器对比

特性	类　型		
	软性开关脉冲调制器	刚性开关脉冲调制器	浮动板调制器
脉冲波形	取决于仿真线与脉冲变压器的联合设计	较好，波形易受分布参数影响	好
脉冲宽度变化	较难，取决于仿真线	容易	容易、灵活
脉冲宽度	较宽，由仿真线与脉冲变压器决定	不宜太宽，否则顶降难以做小	易实现宽的脉冲
时间抖动	较大，5～50 ns	较小，1～10 ns	较小，1～10 ns
失配要求	对匹配有要求，失配不能超过±30%	对匹配要求不严，允许失配	无匹配要求
所需高压电源	电压较低，体积小，重量较轻	电压较高，体积小，重量较重	电压较低，功率小，需浮在高电位上
线路复杂性	简单	较复杂	较简单
效率	较高	较低	较低
功率容量	大，数十千瓦至数十兆瓦	较大，数千瓦至数兆瓦	较小
成本	较低	较高	较低
主要应用	大功率阴极调制微波管，如大功率阴极调制的O型管和M型管	主要应用于电压高、功率大、波形要求不太严格、脉冲宽度不变的线性电子注阴极调制微波管	具有调制阴极、栅极、聚焦电极和控制电极的O型微波管和前向波管等

振荡器是连续工作的。主振放大器的脉冲实际上是从连续波上“切”下来的，如图 2.4 所示。若键控开关的时钟是以振荡器为时钟基准产生的，则其脉冲是相干的，对于脉冲信号而言，所谓相干性(也称相参性)，是指从一个脉冲到下一个脉冲的相位具有一致性或连续性。若脉冲与脉冲之间的初始相位是随机的，则发射信号是不相干的。

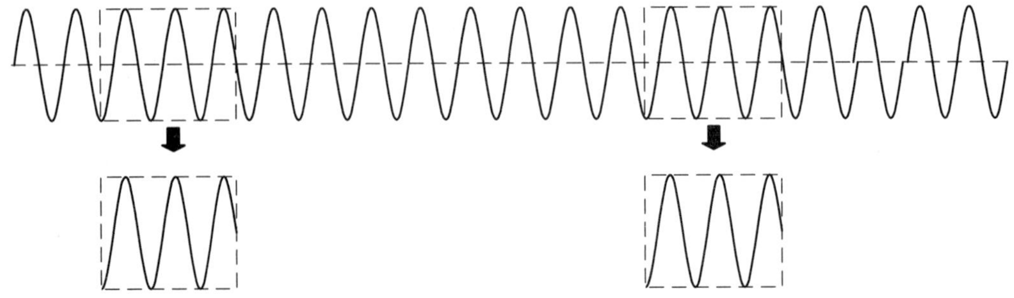

图 2.4　脉冲相参性的示意图

射频放大链如图 2.5 所示，通常采用多级放大器组成。末级的高功率放大器经常采用多个放大器并联工作，再通过大功率合成器达到要求的发射功率。

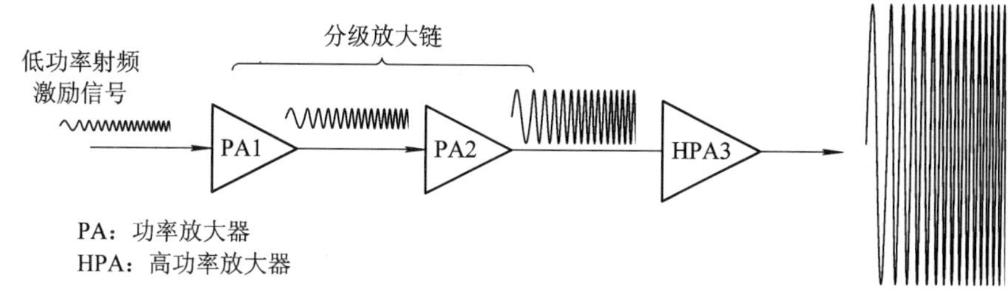

图 2.5　射频放大链

单级振荡式发射机与主振放大式发射机相比，主要优点是结构简单、成本低、比较轻便，缺点是频率稳定性差，发射信号在每个脉冲之间不具备相干特性，不适合复杂波形的应用场合。这种雷达也无法利用目标回波的多普勒信息。当整机对发射机有较高要求时，单级振荡式发射机往往无法满足实际需要，而必须采用主振放大式发射机。现代雷达大多采用主振放大式发射机。

主振放大式发射机的组成相对复杂，其主要特点有：

(1) 具有很高的频率稳定度。

(2) 发射相参信号，可实现脉冲多普勒测速。在要求发射相参信号的雷达系统(例如脉冲多普勒雷达等)中，必须采用主振放大式发射机。相参性是指两个信号(两个脉冲重复周期之间雷达发射的信号)的相位之间存在着确定的关系。只要主振荡器有良好的频率稳定度，射频放大器有足够的相位稳定度，发射信号就可以具有良好的相参性，而具有这些特性的发射机就称为相参发射机。发射信号、本振电压、相参振荡电压和定时器的触发脉冲等均由同一时钟基准信号提供，所有这些信号之间保持相位相参性，这样的发射系统称为全相参系统。

(3) 适用于雷达工作频率捷变的情形。

(4) 能产生复杂波形，例如线性/非线性调频信号、相位编码信号等。

发射机功率放大器的主要器件有磁控管、正交场放大器、速调管、行波管、固态晶体管放大器等。其中除磁控制外，其余都是功率放大器。

(1) 磁控管(Magnetron)：是一个由调制器启动的振荡器，但是开始振荡时，初始相位是随机的，因此不易实现脉冲之间的“相干性”，难以利用多普勒频率来区分目标和杂波，宽带噪声分量也会辐射出去。

(2) 正交场放大器(CFA)：由于其效率高(25%～65%)和低工作电压的原因而用于很多功率较高的地面雷达系统。它是线性放大的，调制起来比较容易。不过，其增益相当低(7～16 dB)，而且必须用其它 CFA、TWT 或速调管来激励。其噪声输出要比磁控管低得多，但比其它器件高。

(3) 速调管(Klystron)放大器：具有高功率、高增益、寿命长(几万小时)的特点。高功率(兆瓦)和高可靠性的速调管器件多用于 3 GHz 的交通管制和远程气象雷达，数千瓦级的速调管已扩展到毫米波段。速调管的噪声输出非常小，适用于相干多脉冲波形。速调管的缺点是相对带宽窄(8%左右)，要达到高功率及高效率就需要更高的电压。如果牺牲其它一些性能，则带宽可以适当增大。

(4) 行波管(Traveling Wave Tube，TWT)放大器：与速调管一样，也可以输出低噪声的高功率信号，工作频率可达到毫米波段。但行波管的功率、增益、效率都比速调管稍低一些。它还可以在非常高的带宽范围内使用。TWT 的增益往往会超过 45 dB，而且相位对工作电压变化的敏感性比 CFA 高得多。稳定性问题主要涉及到高性能的电源设计。

表 2.2 对常用真空微波管的主要性能进行了比较，表中主要以 L 或 X 波段为例，给出参数的典型值。

表 2.2　常用真空微波管的主要性能比较

特征	线性电子注管(LBT)				正交场管(CFT)	
	速调管	多注速调管	螺旋行波管	耦合腔行波管	正交场放大器(CFA)	磁控管
应用	放大器	放大器	放大器	放大器	放大器	振荡器
频率范围	UHF～Ka	L～Ku	L～Ka	UHF～Ka	UHF～Ka	UHF～Ka
最大峰值功率	L 波段 5 MW	L 波段 0.8 MW	L 波段 20 kW	UHF 波段 240 kW	S 波段 5 MW	L 波段 1 MW
最大平均功率	L 波段 5 MW X 波段>10 kW	L 波段 14 kW X 波段 17 kW	L 波段 1 kW Ka 波段 40 W	L 波段 12 kW X 波段 10 kW	L 波段 13 kW X 波段 2 kW	L 波段 1.2 kW X 波段 100 W
峰值功率下的阴极电压	L 波段 5 MW 时，达 125 kV	L 波段 0.8 MW 时，达 32 kV	L 波段 20 kW 时，达 25 kV	L 波段 0.2 MW 时，达 42 kV	L 波段 5 MW 时，达 65 kV	L 波段 1 MW 时，达 40 kV
相对带宽	窄带高增益时为 1%～10%	1%～10%	1%～10%	10%～40%	窄带高增益时为 5%～15%	锁定时为 1%，机械调谐时为 15%
增益/dB	30～65	40～45	30～65	30～65	10～20，阴极激励时可达 35	10
效率/%*	20～65	30～45	20～65	60	80	70
调制方式	高功率时为阴极调制，中、低功率时可用栅极或阳极调制	阴极调制或控制电极调制	栅极调制、阴极调制或聚焦电极或阳极调制	阴极调制、阳极调制或栅极调制或聚焦电极	阴极调制，还可以直流加熄灭电极	阴极调制
聚焦方式	线包或 PPM	PPM 或线包	PPM	PPM 或线包	永磁铁	PPM 或线包
热噪声	典型值为－90 dBc/MHz				比线束管差约 20 dB	
钛泵需求	峰值功率大于 1 MW 时需要				需要或自带泵	大于 1 MW 时需要

注：* 在带宽较窄、频率较低时，效率较高。在线性电子注管中可采用多级降压收集极来提高效率。

(5) 固态晶体管放大器：这种放大器的带宽比其它射频功率放大器的宽。它采用硅二极管和砷化镓场效应管，单个晶体管放大器的功率和增益都低，但是它们的工作电压低，可靠性高，容易维护且寿命长。为了提高功率，晶体管可以并联工作，而且可以用多级来提高其增益。为了提高效率，工作时的占空比 D(即发射脉宽与脉冲重复周期之比)较高，因而需要产生宽脉冲信号并且采用脉冲压缩技术。

发射机通常需要经过多级放大才能达到需要的高功率，射频放大链的组成及其特点如下：

(1) 行波管—行波管放大链，具有较宽的频带，可用较少的级数提供高的增益，结构较为简单。但是输出功率不大，效率也不是很高，常用于机载雷达及要求轻便的雷达系统。

(2) 行波管—速调管放大链，可以提供较大的功率，在增益和效率方面的性能也比较好，但是它的频带较窄，放大链较为笨重，所以这种放大链多用于地面雷达。

(3) 行波管—前向波管放大链，是一种比较好的折衷方案。行波管虽然效率低，但可以发挥其高增益的优点。后级可以采用增益较低的前向波管，而前向波管的高效率特性提高了整个放大链的效率。这种放大链频带较宽，体积重量相对不大，应用广泛。

2.2.2　发射机的主要性能指标

根据雷达的用途不同，需对发射机提出一些具体的技术要求和性能指标。发射机的具体组成和对各部分的要求都应该从这些性能指标出发进行考虑。下面对发射机的主要性能指标作简单介绍。

1. 工作频率或波段

雷达的工作频率或波段是根据雷达的用途确定的。为了提高雷达系统的工作性能和抗干扰能力，有时还要求它能在几个频点上跳变工作或同时工作。工作频率或波段的不同对发射机的设计影响很大，它首先涉及到发射管种类的选择，例如在 1000 MHz 以下(即 VHF、UHF 频段)主要采用微波三、四极管，在 1000 MHz 以上(即 L 波段、S 波段、C 波段和 X 波段等)则有多腔磁控管、大功率速调管、行波管及正交场放大管等。自 20 世纪 60 年代以来，微波功率晶体管技术飞速发展，固态放大器设计应用技术日趋成熟，全固态发射机也应运而生。新研制的雷达或老雷达技术改进过程中，大多采用全固态发射机。

2. 输出功率

发射机的输出功率直接影响雷达的威力和抗干扰能力。通常规定发射机送至天线输入端的功率为发射机的输出功率，有时为了测量方便，也可以规定在指定负载上(馈线上一定的电压驻波比)的功率为发射机的输出功率，并且规定在整个工作频带中输出功率的最低值，或者规定在一定工作频带内输出功率的变化不得大于多少分贝。

脉冲雷达发射机的输出功率又可分为峰值功率 P_t和平均功率 P_{av}。P_t是指发射脉冲期间射频放大的平均输出功率(注意不要与射频正弦振荡的最大瞬时功率相混淆)，P_{av}是指在脉冲重复周期内输出功率的平均值。如果发射波形是简单的矩形脉冲调制，发射脉冲宽度为 T_e，脉冲重复周期为 T_r，则有

$$P_{av} = P_t \frac{T_e}{T_r} = P_t T_e f_r \tag{2.2.1}$$

式中，$f_r=1/T_r$是脉冲重复频率。$T_e/T_r= T_e f_r=D$，称为雷达的工作比。常规的脉冲雷达工作比只有百分之几，最高达百分之几十；连续波雷达的 $D=1$。

单级振荡式发射机的输出功率取决于振荡管的功率容量，主振放大式发射机则取决于输出级(末级)发射管的功率容量。考虑到耐压和高功率击穿等问题，从发射机的角度，宁愿提高平均功率而不希望过分增大它的峰值功率。

3. 总效率

发射机的总效率是指发射机的输出功率与它的输入总功率之比。因为发射机通常在整机中是最耗电和需要冷却的部分，总效率越高，不仅可以省电，而且有利于减轻整机的体积和重量。对于主振放大式发射机，要提高总效率，特别要注意改善输出级的效率。

4. 信号形式(调制形式)

根据雷达体制的不同，可能选用各种各样的信号形式，常用的几种信号形式列于表2.3。雷达信号形式的不同对发射机的射频部分和调制器的要求也各不相同。对于常规雷达的简单脉冲波形而言，调制器主要应满足脉冲宽度、脉冲重复频率和脉冲波形(脉冲的上升沿、下降沿和顶部的不稳定)的要求，一般困难不大。但是对于复杂调制，射频放大器和调制器往往要采用一些特殊的措施才能满足要求。

表 2.3 雷达的常用信号形式

波　形	调制类型	工作比/%
简单脉冲	矩形振幅调制	0.01～1
脉内调制脉冲	线性/非线性调频 脉内相位编码	0.1～10
高工作比的 间断连续波	矩形调幅 线性调频	30～50
连续波	线性调频 正弦调频 相位编码	100

三种典型雷达信号和调制波形如图 2.6 所示：(a)表示简单的固定载频矩形脉冲调制信号；(b)表示线性调频脉冲信号；(c)表示相位编码脉冲信号(图中所示为 5 位巴克码信号)。后两种信号常用于脉冲压缩雷达。

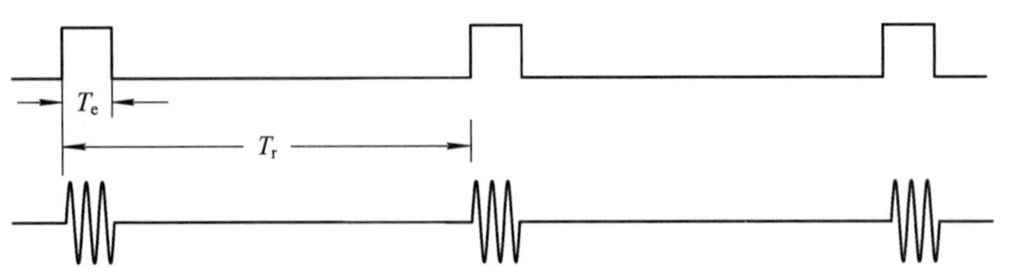

(a) 固定载频矩形脉冲调制信号

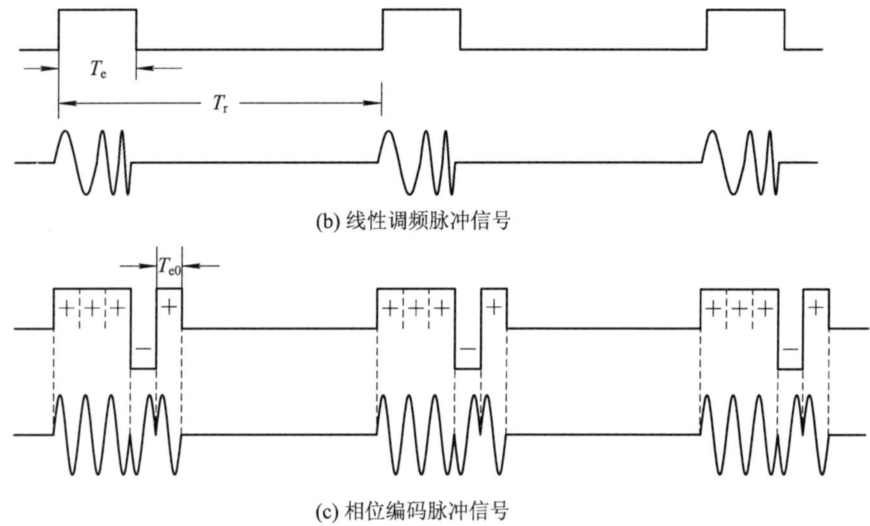

(c) 相位编码脉冲信号

图 2.6 三种典型雷达信号和调制波形

5. 1 dB 压缩点输出功率 P_{1dB} 与增益

当输入功率比较小时，功率放大器的输出功率与输入功率成线性关系，其增益称为小信号增益 G_0，当输入功率达到一定值时功率放大器的增益开始出现压缩，输出功率最终将不再增加而出现饱和，如图 2.7 所示。

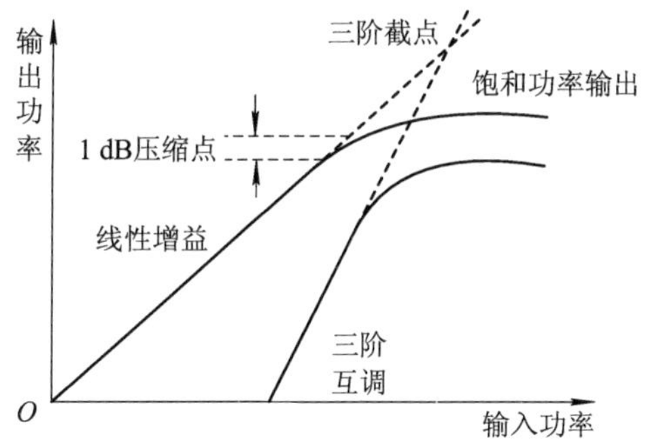

图 2.7 线性、三阶交调分量与输入功率的关系

当输出功率比理想线性放大器输出功率小 1 dB 时的功率称为 1 dB 压缩功率，通常用符号 P_{1dB} 表示。1 dB 压缩点处对应的增益记为 G_{1dB}，因此 $G_{1dB}=G_0-1$ dB，通常功率放大器和晶体管都用 P_{1dB} 表示其功率输出能力，单位是 dBm，其与输入信号功率 P_{in} 的关系为

$$P_{1dB}=P_{in(1dB)}+G_0-1 \quad (dB) \tag{2.2.2}$$

功率增益通常是指信源和负载都是 50 Ω 时输出功率 P_{out} 和输入功率 P_{in} 之比，以 dB 表示，即

$$G=10\lg\frac{P_{out}}{P_{in}} \quad (dB) \tag{2.2.3}$$

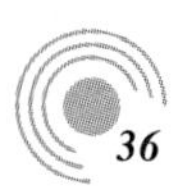

在功率放大器设计中，与增益有关的技术指标还有增益平坦度、增益稳定度和带外抑制等。大多数功率放大器都有带宽的指标要求，且要求在一定的频带宽度内功率放大器的增益尽可能一致。增益平坦度是指工作频带内增益的起伏，通常用最高增益 G_{max} 和最低增益 G_{min} 之差表示：

$$\Delta G = G_{max} - G_{min} \quad (dB) \tag{2.2.4}$$

增益平坦度表示功率放大器在一定频率范围内的变化大小；而增益的稳定度表示功率放大器在正常工作条件下增益随温度以及工作环境变化的稳定性；带外抑制表示功率放大器对带外信号的抑制程度。

另一方面，在脉冲雷达里，供电系统为功率放大器提供的通常是所需的发射信号的平均功率，这样给供电系统增加储能电容，可以补偿随着发射脉冲宽度的增加而产生的发射脉冲顶降变化。发射通道所需的储能电容按照下式计算：

$$C = \frac{I_p \cdot T}{d \cdot V_{cc}} \tag{2.2.5}$$

式中，I_p 为峰值电流，T 为脉冲宽度，d 为电压顶降，V_{cc} 为工作电压。

6. 信号的稳定性和频谱纯度

信号的稳定性是指信号的各项参数，例如振幅、频率(或相位)、脉冲宽度及脉冲重复频率等是否随时间作不应有的变化。雷达信号的任何不稳定都会给雷达整机性能带来不利的影响。例如，对动目标显示雷达，它会产生杂波对消剩余，在脉冲压缩系统中会抬高目标的距离旁瓣，以及在脉冲多普勒系统中会造成假目标等。信号参数的不稳定可分为有规律的和随机的两类，有规律的不稳定往往是由电源滤波不良而造成的；而随机性的不稳定则是由发射管的噪声和调制脉冲的随机起伏所引起的。信号的不稳定可以在时域或频域内衡量。在时域可用信号某项参数的方差来表示，例如信号的振幅方差 σ_A^2、相位方差 σ_φ^2、定时方差 σ_t^2 及脉冲宽度方差 $\sigma_{T_e}^2$ 等。

对于某些雷达体制可能采用信号稳定度的频域定义较为方便。信号稳定度在频域中的表示又称为信号的频谱纯度，所谓信号的频谱纯度就是指信号在应有的频谱之外的寄生输出。以典型的矩形调幅的射频脉冲信号为例，它的理想频谱(振幅谱)是以载频 f_0 为中心、包络呈 sinc 函数状、间隔为脉冲重复频率的梳齿状频谱，如图 2.8 所示。实际上，由于发射机各部分的不完善，发射信号会在理想的梳齿状谱线之外产生寄生输出，如图 2.9 所示。图中只画出了在主谱线周围的寄生输出，有时在远离信号主频谱的地方也会出现寄生输出。从图中还可看出，存在着两种类型的寄生输出：一类是离散的，一类是连续分布的。前者相应于信号的规律性不稳定，后者相应于信号的随机性不稳定。对于离散分量的寄生输出，信号频谱纯度定义为该离散分量的单边带功率与信号功率之比，以 dB(分贝)计。对于分布型的寄生输出则以偏离载频若干赫兹的每单位频带的单边带功率与信号功率之比来衡量，以 dB/Hz 计。由于连续分布型寄生输出相对于主频 f_m 的分布是不均匀的，所以信号频谱纯度是 f_m 的函数，通常用 $L(f_m)$ 表示。假如测量设备的有效带宽不是 1 Hz 而是 ΔB，那么所测得的分贝值与 $L(f_m)$ 的关系可认为近似等于

$$L(f_m) = 10 \cdot \lg \frac{\Delta B\text{ 带宽内的单边带功率}}{\text{信号功率}} - 10 \cdot \lg \Delta B \quad (dB/Hz) \tag{2.2.6}$$

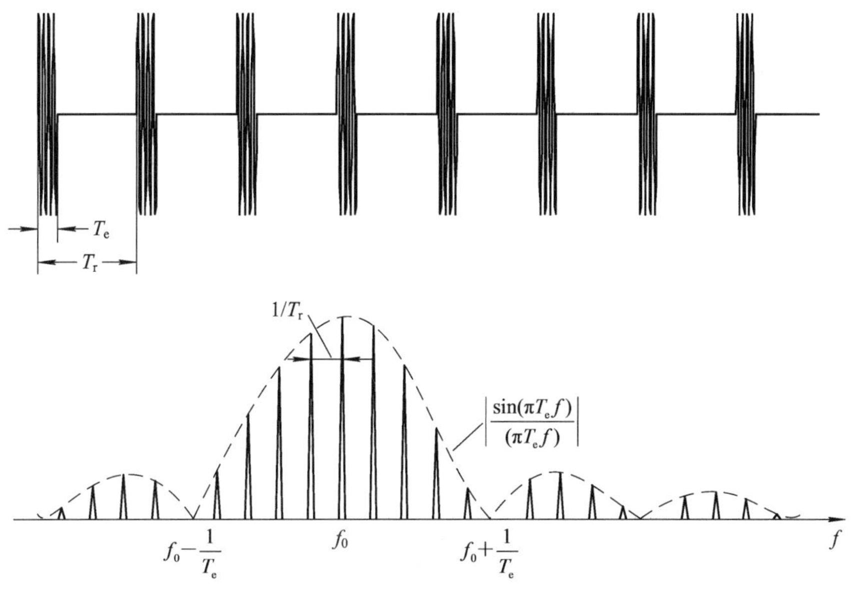

图 2.8　矩形射频脉冲的时域信号及其频谱

通常把偏离载波频率 f_m(Hz)，在 1 Hz 带宽内一个相位调制边带的功率 P_{SSB} 与载波功率 P_S 之比 $L(f_m)$ 称为"单边带相位噪声"，简称"相位噪声"，即

$$L(f_m)=\frac{P_{SSB}}{P_S}=10\cdot\lg\frac{\text{单边带功率密度(1 Hz 带宽内)}}{\text{载波功率}}\quad(\text{dB/Hz})\tag{2.2.7}$$

如果用 $S_{\Delta\varphi}(f_m)$ 表示相位噪声的功率谱密度，则有

$$S_{\Delta\varphi}(f_m)=\Delta\varphi_{rms}^2=2L(f_m)\tag{2.2.8}$$

其中，$\Delta\varphi_{rms}$ 为相位变化的均方根值。相位噪声的功率谱密度与频率起伏谱密度 $S_{\Delta f}(f_m)$ 之间的关系为

$$S_{\Delta f}(f_m)=f_m^2\cdot S_{\Delta\varphi}(f_m)=f_m^2\cdot\Delta\varphi_{rms}^2=2f_m^2\cdot L(f_m)\tag{2.2.9}$$

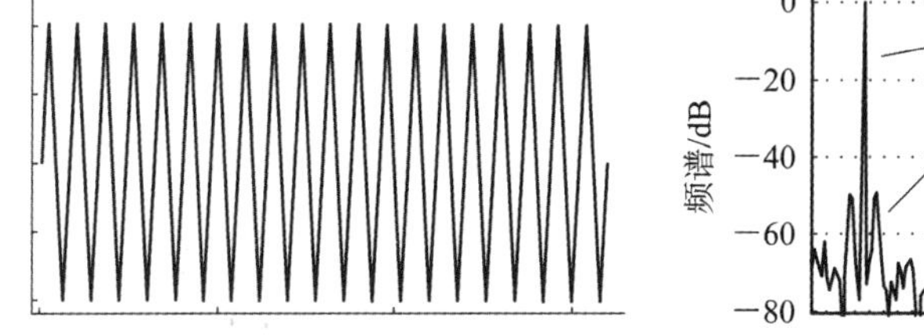
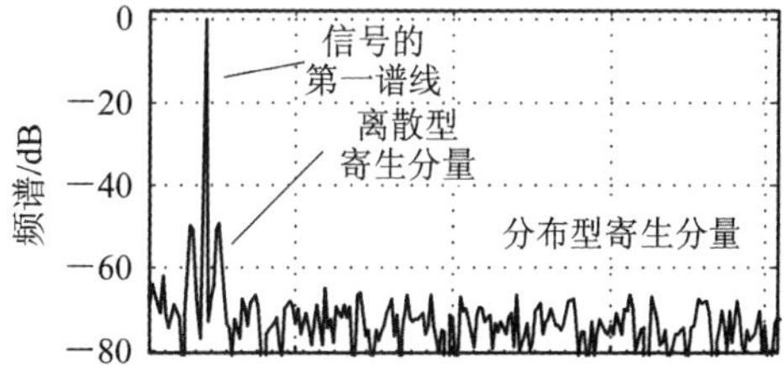

图 2.9　实际发射信号及其频谱

现代雷达对信号的频谱纯度提出了很高的要求，例如对于脉冲多普勒雷达，一个典型的要求是频谱纯度优于−80 dB。为了满足信号频谱纯度的要求，需要精心设计发射机。

除了上述对发射机的主要电性能要求外，还有结构上、使用上及其它方面的要求。在结构方面，应考虑发射机的体积和重量、通风散热方式(风冷、水冷)、防震防潮防盐等问题；就使用方面看，应考虑便于控制监视、便于检查维修、保证安全可靠等。由于发射机往

往是雷达系统中最昂贵的部分，所以还应考虑它的经济性。

2.2.3 固态发射机

固态发射机是应用先进的集成电路工艺和微波网络技术，将多个大功率晶体管的输出功率并行组合(高功率和高效率)，制成固态高功率放大器模块。如图 2.10 所示，固态发射机主要有两个两种典型的组合方式：

(a) 空间合成，即分布式空间合成有源相控阵发射机。这种发射机如图 2.10(a)所示，分两级组成：第一级包括 1∶N_1功率分配器、N_1路功率放大器和 N_1∶1 功率合成器；第二级包括 1∶N_2功率分配器、N_2路功率放大器，N_2路输出信号分别送给 N_2路发射天线，若每路的发射功率是 P_1，则在空间合成的功率为 $P= N_2 P_1$。这种发射机多用于相控阵雷达。由于没有微波功率合成网络的插入损耗，因此输出功率的效率高。

(b) 集中合成，即集中合成式全固态发射机。这种发射机如图 2.10(b)，分两级组成：第一级包括 1∶N_1功率分配器、N_1路功率放大器和 N_1∶1 功率合成器；第二级包括 1∶N_2功率分配器、N_2路功率放大器和 N_2∶1 大功率合成器，将 N_2路功率均为 P_1的功放输出信号经过大功率合成器后送给大功率天线。合成器输出功率为 $P= N_2 P_1-L$，L 为合成器的损耗。它可以单独作为中、小功率的雷达发射机辐射源，也可以用于相控阵雷达。由于有微波功率合成网络的插入损耗，它的效率比空间合成输出要低些。

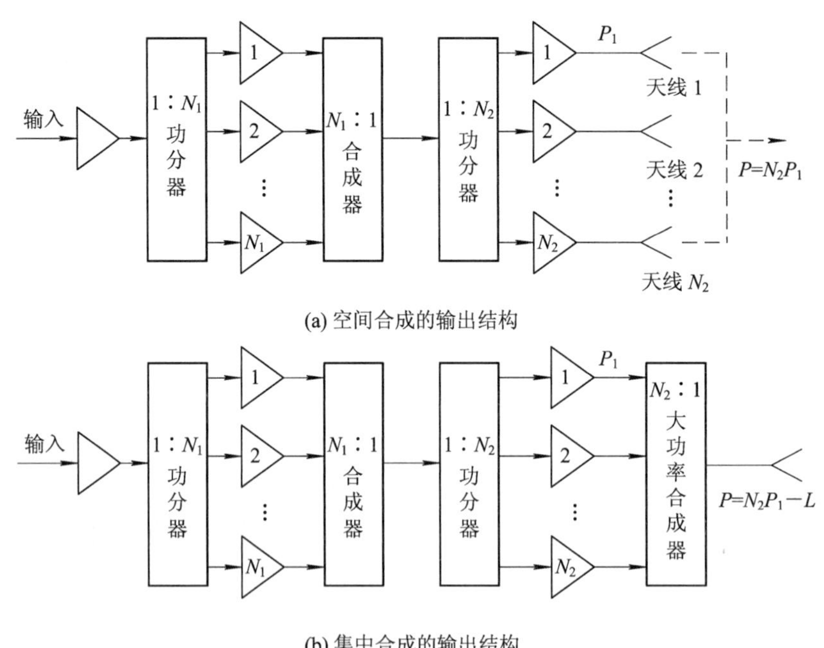

图 2.10 固态发射机的组合方式

固态发射机与真空管发射机(速调管、行波管、正交场管发射机等)相比，主要优点有：

(1) 不需要阴极加热，不需要预热时间，寿命长。

(2) 固态微波功率模块的工作电压低，一般低于 50 V。不需要体积庞大的高压电源，因此体积较小、重量较轻。

(3) 固态发射机功率模块工作在 C 类放大器状态，不需要大功率、高电压的脉冲调制器，进一步减小了体积和重量。

(4) 工作频带宽。高功率真空管发射机的瞬时带宽很难达到 10%～20%，而固态发射机的瞬时带宽可高达 30%～50%。

(5) 很适合高工作比、宽脉冲的工作方式，效率较高，一般可达 20%。而真空管发射机的效率仅为 10%左右。

(6) 具有很高的可靠性，模块的平均无故障间隔时间(MTBF)已超过 10 万～20 万小时。

(7) 采用标准化、模块化、商品化的功率放大组件和 T/R 组件，系统设计灵活，互换性强，固态发射模块可以满足多种雷达使用。

(8) 体积小、重量轻，维护方便，成本较低。

现代雷达要求射频信号的频率很稳定，常用固体微波源代表主控振荡器的作用，因为用一级振荡器很难完成，所以起到主控振荡器作用的固体微波源往往是一个比较复杂的系统。例如它先在较低的频率上利用石英晶体振荡器产生频率很稳定的连续波振荡，然后再经过若干级倍频器升高到微波波段。如果发射的信号要求某种形式的调制(例如线性调频)，那么还可以对它和波形发生器来的已经调制好的中频信号进行上变频合成。由于振荡器、倍频器及上变频器等都是由固体器件组成的，所以叫固体微波源。射频放大链一般由二至三级射频功率放大器级联组成，对于脉冲雷达而言，各级功率放大器都要受到各自的脉冲调制器的控制，并且还要有定时器协调它们的工作。

正因为全固态发射机在稳定性、可靠性、模块化等方面有诸多优点，现代雷达中大多采用全固态发射机。

某集中式全固态发射机的组成及其功率放大过程如图 2.11 所示，发射机的总输出功率不小于 6.0 kW，放大链总增益约为 38 dB。图 2.12 为其激励放大组件的组成框图。1 号放大器采用两级结构相似的由混合集成电路(HMIC)做成的功率放大管，信号放大后，经功率二分配器分配后送入 2 号放大器。2 号放大器采用 125 W 功率放大管，构成双管放大电路，输出功率为 160 W，最后两通道信号在功率二合成器中合成输出。

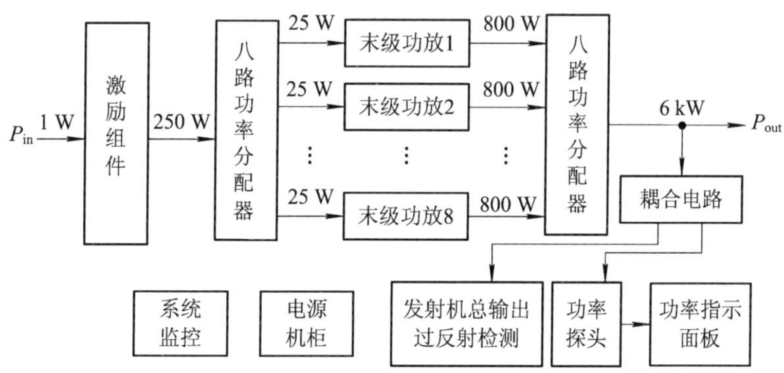

图 2.11 某集中式全固态发射机的组成及其功率放大过程

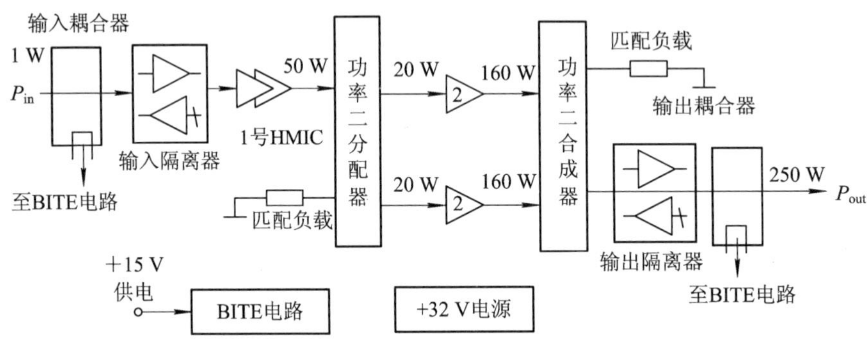

图 2.12 激励放大组件的组成框图

图 2.13 给出了某 S 波段有源相控阵雷达分布式全固态发射机的原理框图。该发射机的设计思路为：将来自频综的射频激励信号通过保护电路，输入到 MMIC 放大电路，当信号被放大到 1 W 后，经前级固态放大器放大，再经长的低损耗电缆传送至雷达天线阵面上，阵面放大器进行放大。然后通过 1∶2 的功率分配器分成两路，这两路信号分别传送至 1∶12 的功率分配器，得到 24 路射频信号。再将这 24 路射频信号分别送给 24 个列驱动器进行放大，每个列驱动器的输出又被传送至 1∶6 的功率分配器，这样射频信号被分成了 144 路。这 144 路射频信号被分别传送至天线阵面的 144 个小舱。在每个小舱内，信号又被 1∶4 分配后，分别加到 4 个 T/R 组件的输入端，经移相器和收发开关分别进入 567 个功率放大器被放大，最后经 2268 个辐射单元向空中辐射射频信号，并在空间进行合成。

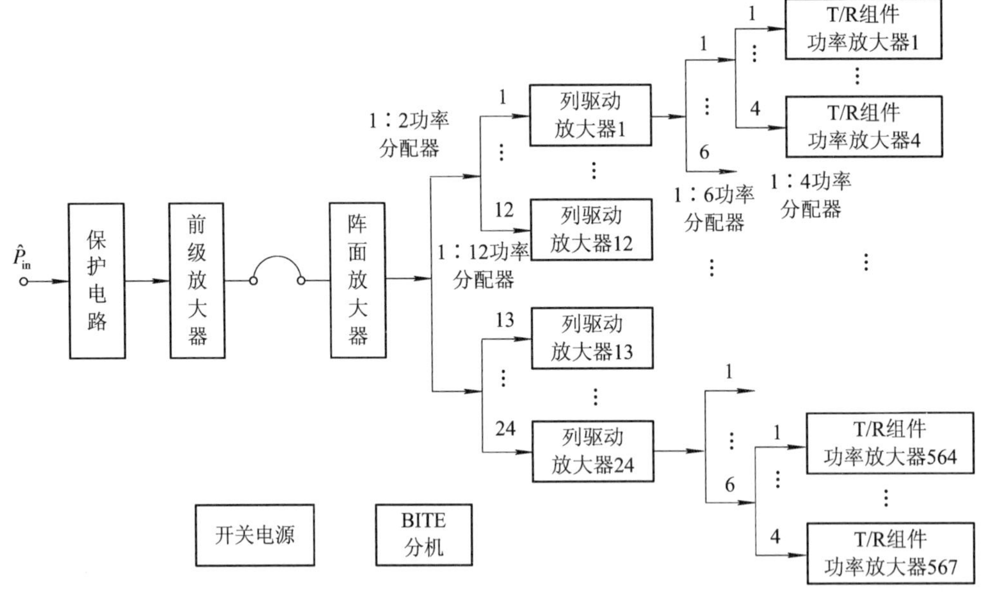

图 2.13 S 波段有源相控阵雷达分布式全固态发射机的原理框图

现代雷达对发射机的设计要求主要有：

(1) 提高发射信号频谱纯度和幅相稳定性；

(2) 提高发射机输出功率、降低损耗、提高效率；

(3) 开发更高频率、更高工作带宽的发射机；

(4) 小型化 T/R 单片微波集成电路设计；

(5) 降低制造成本，缩短研制周期，提高系统可靠性。

2.3 雷达接收机

雷达接收机的任务是通过适当的滤波将天线上接收到的微弱高频信号从伴随的噪声和干扰中提取出来，并经过滤波、放大、混频、中放、检波后，送至信号处理机或由计算机控制的雷达终端设备。雷达接收机分为超外差式、超再生式、晶体视放式和调谐高频(TRF)式等四种类型，其中超外差式雷达接收机具有灵敏度高、增益高、选择性好和适用性广等优点。实际上在所有的雷达系统中都采用超外差式接收机。

2.3.1 接收机的基本组成

超外差式雷达接收机的简化框图如图 2.14 所示。它的主要组成部分有：接收机前端、中频放大器、检波器和视频放大器。

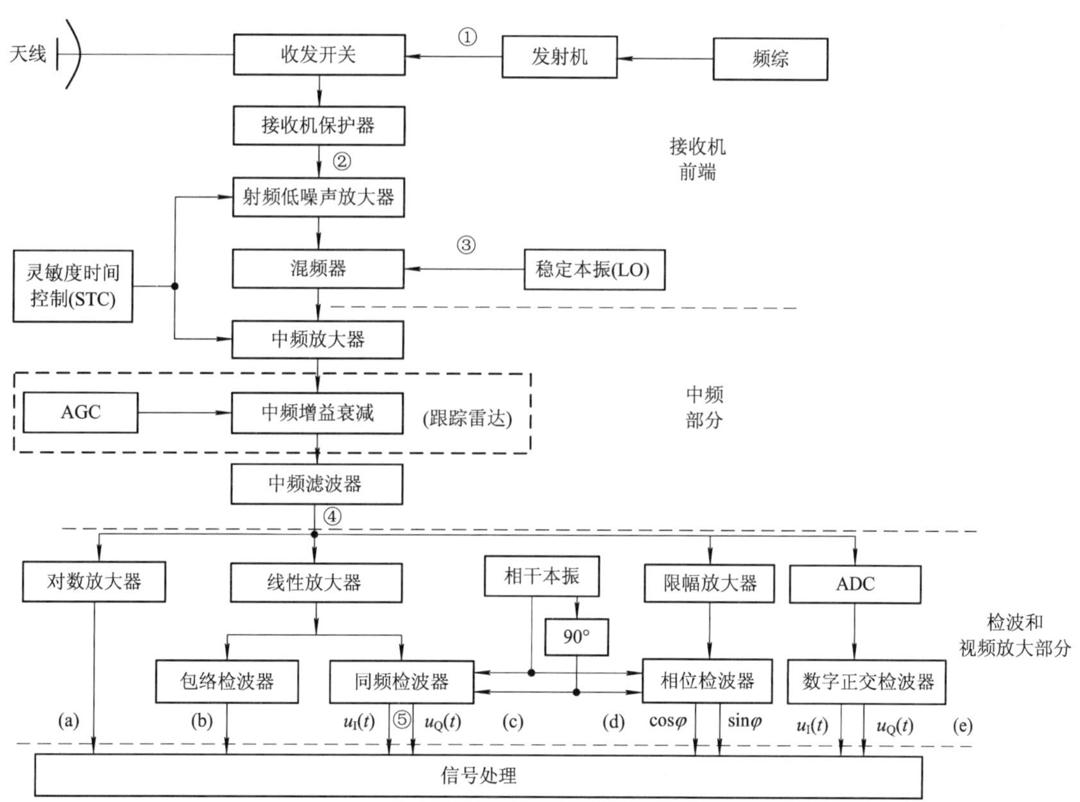

图 2.14　超外差式雷达接收机的一般组成框图

1. 接收机前端

由天线接收的信号通过收发开关进入接收机。收发开关是一种三端口微波器件，也称环形器，在发射期间，它将发射机输出导向天线，隔离接收机，起到保护接收机的作用；在接收期间，将天线接收信号导向接收机。现代雷达大多采用基于 PIN 二极管的固态开关。

根据发射/接收时间的切换，通过切换偏置电压使 PIN 二极管在低阻抗状态和高阻抗状态之间变换。高功率 PIN 二极管开关从高隔离状态到低插损状态的转换时间约为 20 ns。隔离度约为 20～30 dB。

经天线进入接收机的微弱信号，首先要经过射频低噪声放大器(LNA)进行放大，射频滤波器是为了抑制进入接收机的外部干扰而设置的，有时把这种滤波器称为预选器。对于不同波段的雷达接收机，射频滤波器可能放置在射频放大器之前或者之后，滤波器在放大器之前，对雷达抗干扰和抗饱和很有好处，但是滤波器的损耗增加了接收机的噪声；滤波器放置在低噪声放大器之后，对接收系统的灵敏度和噪声系数有好处，但是抗干扰和抗饱和能力将变差。

混频器将天线接收的射频信号变换成中频信号，中频放大器不仅比微波放大器成本低，增益高，稳定性好，而且容易对信号进行匹配滤波。当雷达工作在某一频段的不同频率时，可以通过改变本振频率，使混频器输出为固定中频频率和带宽的中频信号，有利于后继中频放大器的设计。

近程增益控制又称灵敏度时间控制(STC)和自动增益控制(AGC)，是雷达接收机抗饱和、扩展动态及保持接收机增益稳定的主要措施。STC 是根据距离的远近，将接收机的增益设置为时间(即对应为距离)的函数，以减小接收机的增益，从而减小近程杂波的功率。STC 可以在射频或中频实现，分别表示为 RFSTC 或 IFSTC。AGC 是一种反馈技术，用它调整接收机的增益，以便在系统跟踪环路中保持适当的增益范围。它对接收机在宽温、宽频带工作中保持增益稳定具有重要作用，对于多路接收机系统，它还有保持多路接收机增益平衡的作用，此时 AGC 也常称为 AGB(自动增益平衡)。

本机振荡器(LO)是雷达接收机的重要组成部分。在非相参雷达中，本机振荡器(简称本振)是一个自由振荡器，通过自动频率控制(AFC)电路将本振的频率调谐到接收射频信号所需要的频率上，所以 AFC 有时也称为自动频率微调，简称自频调。自频调电路首先搜索和跟踪信号，测定发射信号频率；然后把本机振荡器的频率调谐到比发射信号频率低(或高)一个中频的频率上，以便通过混频，使发射信号的回波信号能落入接收机的中频带宽之内。在相干接收机(也称为相参接收机)中，稳定的本机振荡器(STALO)是与发射信号相参的。在现代雷达接收机中，稳定的本机振荡器、发射信号、相干振荡器、全机时钟都是通过频率合成器产生的，频率合成器的频率则是以一个高稳定的晶体振荡器为基准，此时自频调就不需要了。

2. 中频放大器

混频器将射频信号变换成中频信号。中频信号通常需要通过一级或多级放大器来放大。中频放大器的成本比射频放大器低，且增益高，稳定性好，容易实现信号的匹配滤波。即使雷达工作在不同的载频，都通过改变本振频率，使中频信号的频率和带宽固定。

在中频放大过程中，还要插入中频滤波器和中频增益控制电路。在许多情况下，混频器和第一级中放电路组成一个部件(通常称混频前中)，以使混频一放大器的性能最佳。前置中放后面的中频放大器经常称为主中放。对于 P、L、S、C 和 X 波段的雷达接收机而言，典型的中频范围为 30～1000 MHz，由于考虑器件成本、增益、动态范围、保真度、稳定性和选择性等原因，一般希望使用的中频低一些。但当需要宽带信号时，便要使用较高的中频频率，比如成像雷达要求有较高的中频和较宽的中频带宽。

3. 检波器和视频放大器

中频放大之后，可采用几种方法来处理中频信号。图 2.14 所示的检波或视频放大部分有五种情况：(a)(b)两种情况只保留了信号的幅度信息，而没有相位信息，称之为非相参接收机。非相参接收机通常需要采用自动频率微调(AFC)电路，把本机振荡器调谐到比发射频率高或低一个中频的频率。其中情况(a)采用对数放大器作为检波器，增大了接收机的瞬时动态范围。对数放大器是一种输入与输出信号呈对数关系的瞬时压缩动态范围的放大器。在雷达、通信和遥测等系统中，接收机输入信号的动态范围通常很宽，信号幅度常会在很短的时间间隔内变化 70～120 dB，但若要求输出信号保持在 20～40 dB 范围内，对数放大器就可以满足这种要求，对数放大器能提供大于 80 dB 的有效动态范围。

情况(b)采用线性放大器和包络检波器，为后继检测电路和显示设备提供目标幅度信息。包络检波器只适用于调幅信号，主要用于标准调幅信号的解调，从接收信号中检测出包络信息，它的输出信号与输入信号包络呈线性关系。

情况(c)和情况(d)均保留了回波信号的相位信息，称之为相参接收机。在相参接收机中，稳定本机振荡器(STALO)的输出是由产生发射信号的相参源(频率合成器)提供的。输入的高频信号与稳定本机振荡信号或本机振荡器输出相混频，将信号频率降为中频。经过多级中频放大和匹配滤波后，有两种处理方法：情况(c)是对信号线性放大后再通过正交相干检波，得到信号的同相分量 $u_I(t)$ 和正交分量 $u_Q(t)$，既包含信号的幅度信息又包含信号的相位信息；情况(d)是将信号经过限幅放大(幅度恒定)后再进行相位检波，此时正交相位检波器只能保留回波信号的相位信息而不包含幅度信息，通常应用于比相单脉冲测角只需要相位信息的场合。

情况(e)是对中频信号先进行 A/D 采样，再进行数字正交鉴相，在数字域进行数字正交相位检波，得到接收信号的基带同相分量和正交分量，也称为数字正交采样或数字正交检波。这种数字正交检波与情况(c)的模拟正交检波相比，可以得到更高的镜频抑制比，提高雷达的改善因子，改善雷达的性能，因此，现代雷达基本都是采用这种对中频输出信号直接进行中频采样的工作方式。

下面以发射线性调频脉冲信号为例，表 2.4 和图 2.15 给出了图 2.14 中几个主要环节输出信号的表达式、波形及其时频关系示意图，这里不考虑幅度的影响。

表 2.4　几个主要环节输出信号的表达式

信号名称	表　达　式	参 数 说 明
① 发射信号	$s_e(t)=a(t)\cos(2\pi f_c t+\pi\mu t^2)$	发射机输出高功率的调频脉冲信号
② 目标回波	$s_{r0}(t)=a(t-\tau)\cos(2\pi(f_c+f_d)t+\pi\mu t^2)$	接收目标时延为 τ、多普勒频率为 f_d 的回波信号
③ 本振信号	$s_{LO}(t)=\cos(2\pi(f_c+f_{IF})t)$	频综器给接收机提供频率为 f_c+f_{IF} 或 f_c-f_{IF} 的连续波
④ 中频信号	$s_{r1}(t)=a(t-\tau)\cos(2\pi(f_{IF}+f_d)t+\pi\mu t^2)$	输出中频频率 f_{IF} 固定
⑤ 基带信号	$s_r(t)=a(t-\tau)\exp(j(2\pi f_d t+\pi\mu t^2))$	正交检波器输出基带信号

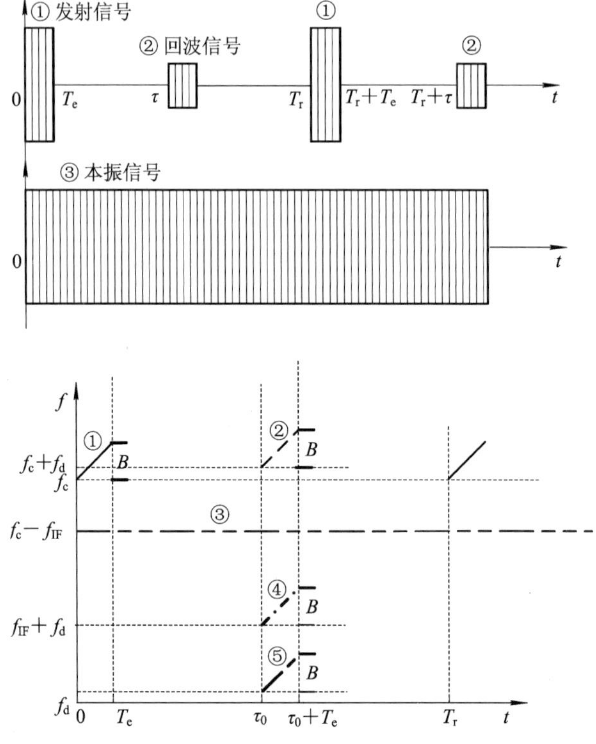

图 2.15 波形及其时频关系示意图

参数说明：f_c 为载频；f_{IF} 为中频；f_d 为多普勒频率；μ 为调频率。

现代雷达大多对中频输出信号直接进行中频采样，然后在数字域进行数字正交相位检波，得到信号的同相分量和正交分量，才能对接收信号进行相参信号处理。

2.3.2 接收机的主要性能指标

超外差式雷达接收机的主要性能指标如下：

1. 噪声系数与噪声温度

雷达接收机噪声的来源主要分为两种，即内部噪声和外部噪声。内部噪声主要由接收机中的馈线、放电保护器、高频放大器或混频器等产生。接收机内部噪声在时间上是连续的，而振幅和相位是随机的，通常称为“起伏噪声”，或简称为噪声。外部噪声是指从雷达天线进入接收机的各种人为干扰、天电干扰、工业干扰、宇宙干扰和天线热噪声等，其中以天线热噪声影响最大，天线热噪声也是一种起伏噪声。

1）电阻热噪声

电阻热噪声是由于导体中自由电子的无规则热运动形成的噪声。因为导体具有一定的温度，导体中每个自由电子的热运动方向和速度不规则地变化，因而在导体中形成了起伏噪声电流，在导体两端呈现起伏电压。

根据奈奎斯特定律，电阻产生的起伏噪声电压均方值为

$$\overline{u_n^2} = 4k \cdot T \cdot R \cdot B_n \tag{2.3.1}$$

式中：k 为玻尔兹曼常数，$k=1.38\times10^{-23}$ (J/K)；T 为电阻的热力学温度，以绝对温

度(K)计量，对于 17℃的室温，$T=T_0=290$ K，称为标准噪声温度；R 为电阻的阻值；B_n 为测试设备的通带，在这里就是接收机的带宽。

式(2.3.1)表明电阻热噪声的大小与电阻的阻值 R、温度 T 和测试设备的通带 B_n 成正比。常用电阻热噪声的功率谱密度 $p(f)$表示噪声频谱分布的重要统计特性，其表示式为

$$p(f) = 4kTR \tag{2.3.2}$$

显然，电阻热噪声的功率谱密度是与频率无关的常数。通常把功率谱密度为常数的噪声称为“白噪声”，电阻热噪声在无线电频率范围内就是白噪声的一个典型例子。

2) 额定噪声功率

根据电路基础理论，信号电动势为 E_s 而内阻抗为 $Z=R+jx$ 的信号源，当其负载阻抗 Z_L 与信号源内阻匹配，即其值为 $Z_L = Z^* = R-jx$(匹配)时，信号源输出的信号功率最大，此时输出的最大信号功率称为“额定”信号功率(有时也称为“资用”功率，或“有效”功率)，用 S_a 表示，其值是

$$S_a = \left(\frac{E_s}{2R}\right)^2 R = \frac{E_s^2}{4R} \tag{2.3.3}$$

用 $\overline{u}_n^2=4kTRB_n$ 代替 E_s，则噪声额定功率 $N_0=\dfrac{\overline{u}_n^2}{4R}=kTB_n$，显然额定噪声功率只与电阻的热力学温度和测试设备的通带有关。任何无源二端网络输出的额定噪声功率只与温度 T 和通带 B 有关。

3) 天线噪声

天线噪声是外部噪声，它包括天线的热噪声和宇宙噪声，前者是由天线周围介质微粒的热运动产生的噪声，后者是由太阳及银河星系产生的噪声，这种起伏噪声被天线吸收后进入接收机，就呈现为天线的热起伏噪声。天线噪声的大小用天线噪声温度 T_A 表示，其电压均方值为 $\overline{u}_{nA}^2=4kT_AB_nR_A$，$R_A$ 为天线等效电阻。

4) 噪声带宽

功率谱均匀的白噪声，通过具有频率选择性的接收线性系统后，输出的功率谱 $P_{n0}(f)$ 就不再是均匀的，如图 2.16 所示。为了分析和计算方便，通常把这个不均匀的噪声功率谱等效为在一定频带 B_n 内的均匀功率谱。这个频带 B_n 称为“等效噪声功率谱宽度”，一般简称“噪声带宽”。因此，噪声带宽可由下式求得

$$\int_0^\infty P_{n0}(f)\mathrm{d}f = P_{n0}(f_0)B_n \tag{2.3.4}$$

即

$$B_n = \frac{\int_0^\infty P_{n0}(f)\mathrm{d}f}{P_{n0}(f_0)} = \frac{\int_0^\infty |H(f)|^2\mathrm{d}f}{H^2(f_0)} \tag{2.3.5}$$

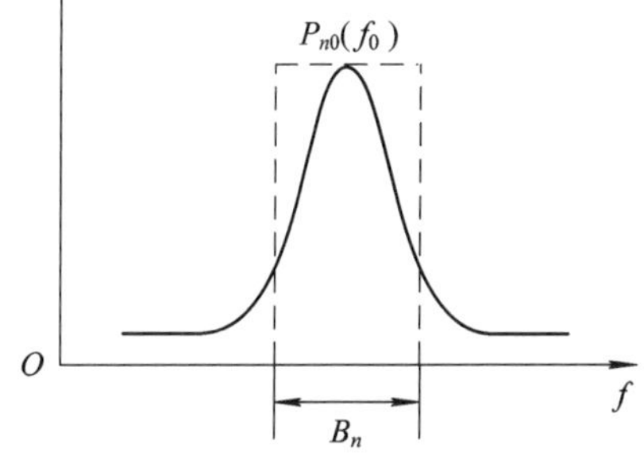

图 2.16　噪声带宽的示意图

其中，$H^2(f_0)$为线性电路在谐振频率 f_0 处的功率传输函数，噪声带宽 B_n 与信号带宽(即半功率带宽)B 一样，只由电路本身的参数决定。由表 2.5 可见，当谐振电路级数越多时，B_n 就越接近于 B。在雷达接收机中，通常可用信号带宽 B 直接代替噪声带宽 B_n。

表 2.5 噪声带宽与信号带宽的比较

电路型式	级数	B_n/B
单调谐	1	1.571
	2	1.220
	3	1.155
	4	1.129
	5	1.114
双调谐或两级参差调谐	1	1.110
	2	1.040
三级参差调谐	1	1.048
四级参差调谐	1	1.019
五级参差调谐	1	1.010
高斯型	1	1.065

5) 噪声系数和噪声温度

内部噪声对检测信号的影响，可以用接收机输入端的信号功率 S_i 与噪声功率 N_i 之比(简称信噪比 $\text{SNR}_i=S_i/N_i$)通过接收机后的相对变化来衡量。假如接收机中没有内部噪声，称为“理想接收机”，则其输出信噪比 $\text{SNR}_o(=S_o/N_o)$与输入信噪比 SNR_i相同。实际接收机总是有内部噪声的，将使 $\text{SNR}_o<\text{SNR}_i$，如果内部噪声越大，输出信噪比减小得越多，则表明接收机性能越差。通常用噪声系数和噪声温度来衡量接收机的噪声性能。

(1) 噪声系数。噪声系数是指接收机输入端信噪比 SNR_i与输出端信噪比 SNR_o的比值。它的物理意义是指由于接收机内部噪声的影响，使接收机输出端的信噪比相对其输入端的信噪比变坏的倍数。噪声系数可表示为

$$F=\frac{(\text{SNR})_i}{(\text{SNR})_o}=\frac{S_i/N_i}{S_o/N_o}=\frac{N_o}{N_iG_a} \tag{2.3.6}$$

其中，$N_i=kT_0B$，为输入噪声功率；T_0 为 290 K 标准温度(近似室温)；G_a为接收机的额定功率增益，$G_a=S_o/S_i$。假设接收机内部噪声的额定功率为 ΔN，输出噪声功率为

$$N_o=N_iG_a+\Delta N=kT_0B_nG_a+\Delta N \tag{2.3.7}$$

将式(2.3.7)代入式(2.3.6)，得

$$F=1+\frac{\Delta N}{N_iG_a}=1+\frac{\Delta N}{kT_0B_nG_a}\geqslant 1 \tag{2.3.8}$$

关于 F 的说明：

① 噪声系数只适用于接收机的线性电路或准线性电路，即检波器以前部分。检波器是非线性电路，而混频器可看成是准线性电路，因其输入信号和噪声都比本振电压小很多，输入信号与噪声间的相互作用可以忽略。

② 为使噪声系数 F 具有单值性，规定输入噪声以天线等效电阻 R_A 在室温 $T_0=290$ K(开尔文)时产生的热噪声为标准，噪声系数只由接收机本身的参数确定。

③ 噪声系数 F 是没有量纲的数值，通常用分贝(dB)表示，$F=10\lg F$ (dB)。

④ 噪声系数是由接收机的附加热噪声而产生的信噪比损失，输出信噪比为$(\mathrm{SNR})_o=(\mathrm{SNR})_i-F$ (dB)。

⑤ 噪声系数的概念与定义可推广到任何无源或有源的四端网络。

(2) 等效噪声温度。一个网络引进的噪声也可以用有效噪声温度来表示。

接收机内部噪声 ΔN 等效到输入端，可看成天线电阻 R_A 在 T_e 时产生的热噪声，$\Delta N=kT_eB_nG_a$，T_e 为接收机“等效噪声温度”或“噪声温度”。

$$F=1+\frac{kT_eB_nG_a}{kT_0B_nG_a}=1+\frac{T_e}{T_0}\Rightarrow T_e=(F-1)T_0=(F-1)\times 290\ \mathrm{K} \tag{2.3.9}$$

若接收机外部噪声可用天线噪声温度 T_A 表示，则系统总噪声温度 $T_s=T_A+T_e$。

[例 2-1] 某接收机的噪声系数为 $F=4$ dB，带宽为 $B=1$ MHz，输入电阻为 50 Ω，增益 $G=60$ dB，计算：

① 输入噪声功率及其均方电压；

② 接收机内部噪声在输出端呈现的额定噪声功率 ΔN；

③ 当输出信噪比 $\mathrm{SNR}_o=1$ 时，输入信号功率及其电压的均方根值；

④ 接收机的临界灵敏度 $S_{i,\min}$(见式(2.3.16))。

解　① 输入噪声功率为

$$N_i=kT_0B=4\times10^{-21}\times10^6=4.0\times10^{-15}(\mathrm{W})=-114\ (\mathrm{dBm})$$

假设为电压信号，则输入噪声的均方电压为

$$\langle U_n^2\rangle=4kT_0BR=4N_iR=4\times4.0\times10^{-15}\times50=8.0\times10^{-13}(\mathrm{V}^2)$$

② $F=4\ \mathrm{dB}=2.5119$，$\Delta N=(F-1)GN_i=10\lg(2.5119-1)+60-114=-52.2\ (\mathrm{dBm})$

③ 根据噪声系数的定义，输入信噪比为 $S_i/N_i=\mathrm{SNR}_o\cdot F$，则 $\mathrm{SNR}_o=1$ 时的输入信号功率为 $S_i=F\cdot N_i$，按 dB 计算，输入信号功率为 $S_i=4-114=-110$ (dBm)。

输入信号的均方电压为

$$\langle U_s^2\rangle=F\langle U_n^2\rangle=2.51\times8.0\times10^{-13}=2\times10^{-12}(\mathrm{V}^2)$$

所以，输入信号电压的均方根值为$\sqrt{\langle U_s^2\rangle}=\sqrt{2}\times10^{-6}(\mathrm{V})=1.414\ (\mu\mathrm{V})$。

④ 临界灵敏度 $S_{i,\min}=-114+10\lg(1)+4=-110$ (dBm)。

(3) 级联电路的噪声系数。对图 2.17 所示的两级级联电路，噪声系数和增益分别为(F_1, G_1)和(F_2, G_2)，输入噪声 $N_i=kT_0B_n$ 经该级联电路后的输出噪声功率为 $N_{o12}=kT_0B_nG_1G_2F_1$，由于内部噪声的影响，输出总的噪声功率为 $N_o=N_{o12}+\Delta N_2$，其中 $\Delta N_2=(F_2-1)kT_0B_nG_2$。

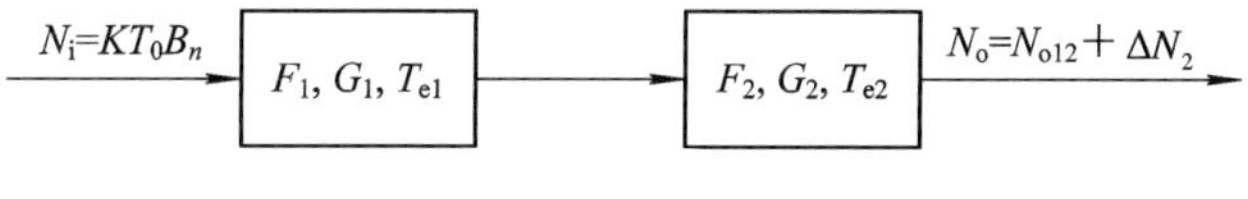

图 2.17　两级电路的级联

由式(2.3.6)得总的噪声系数为

$$F_o=\frac{N_o}{N_iG_a}=\frac{N_{o12}+\Delta N_2}{N_iG_1G_2}=\frac{kT_0B_nG_1G_2F_1+k(F_2-1)T_0B_nG_2}{kT_0B_nG_1G_2}=F_1+\frac{F_2-1}{G_1} \tag{2.3.10}$$

若有 n 级电路级联，则 n 级电路级联时的总噪声系数为

$$F = F_1 + \frac{F_2 - 1}{G_1} + \frac{F_3 - 1}{G_1 G_2} + \cdots + \frac{F_n - 1}{G_1 G_2 \cdots G_{n-1}} \tag{2.3.11}$$

n 级电路级联时的等效噪声温度：

$$T_e = T_{e1} + \frac{T_{e2}}{G_1} + \frac{T_{e3}}{G_1 G_2} + \cdots + \frac{T_{en}}{G_1 G_2 \cdots G_{n-1}} \tag{2.3.12}$$

［例 2-2］　一个雷达接收机组成如图 2.18 所示，计算总的噪声系数 F。

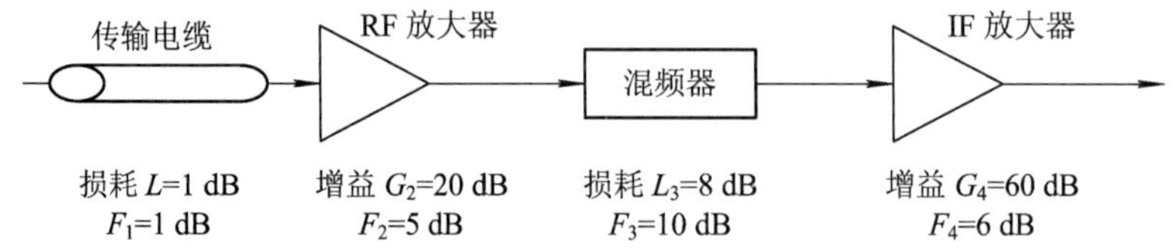

图 2.18　雷达接收机组成框图

解　将图中参数列入下表：

参数	G_1	G_2	G_3	G_4	F_1	F_2	F_3	F_4
(dB)	−1	20	−8	60	1	5	10	6
数值	0.7943	100	0.1585	10^6	1.2589	3.1623	10	3.9811

由于第 1 级为无源网络，$F_1 = 1/G_1$，则总的噪声系数为

$$\begin{aligned} F &= \frac{1}{G_1}\left(F_2 + \frac{F_3 - 1}{G_2} + \frac{F_4 - 1}{G_2 G_3}\right) \\ &= \frac{1}{0.7943}\left(3.1623 + \frac{10 - 1}{100} + \frac{3.9811 - 1}{100 \times 0.1585}\right) \\ &= 4.3313 \Rightarrow 6.367\ (\text{dB}) \end{aligned}$$

也可以按下式计算：

$$\begin{aligned} F &= F_1 + \frac{F_2 - 1}{G_1} + \frac{F_3 - 1}{G_1 G_2} + \frac{F_4 - 1}{G_1 G_2 G_3} \\ &= 1.2589 + \frac{3.1623 - 1}{0.7943} + \frac{10 - 1}{100 \times 0.7943} + \frac{3.9811 - 1}{0.7943 \times 100 \times 0.158} \\ &= 4.3320 \Rightarrow 6.367\ (\text{dB}) \end{aligned}$$

2. 灵敏度

灵敏度表示接收机接收微弱信号的能力。能接收的信号越微弱，则接收机的灵敏度越高，因而雷达的作用距离就越远。

雷达接收机的灵敏度通常用最小可检测信号功率 $S_{i,\min}$ 来表示。当接收机的输入信号功率达到 $S_{i,\min}$ 时，接收机就能正常接收并在输出端检测出这一信号。如果信号功率低于此值，信号将被淹没在噪声干扰之中，不能被可靠地检测出来。由于雷达接收机的灵敏度受噪声电平的限制，因此要想提高它的灵敏度，就必须尽力减小噪声电平，同时还应使接收机有足够的增益。目前，超外差式雷达接收机的灵敏度一般约为 $10^{-12} \sim 10^{-14}$ W，保证这

个灵敏度需增益为 10^6～10^8(120～160 dB)，主要由中频放大器来完成。

根据噪声系数的定义，接收信号的功率为

$$S_i = N_i F\left(\frac{S_o}{N_o}\right) = kT_0 B_n F\left(\frac{S_o}{N_o}\right) \tag{2.3.13}$$

为了保证检测系统发现目标的性能，要求$(S_o/N_o) \geqslant (S_i/N_i)_{min}$，接收机实际灵敏度为

$$S'_{i,\,min} = kT_0 B_n F\left(\frac{S_o}{N_o}\right)_{min} = kT_0 B_n FM = S_{i,\,min} M \tag{2.3.14}$$

式中，$M = (S_o/N_o)_{min}$为识别系数，即达到一定检测性能所要求的接收机输出信号的最小信噪比。为了提高接收机的灵敏度，即减少最小可检测信号功率 $S_{i,\,min}$，应做到：① 尽量降低接收机的总噪声系数 F，所以通常采用高增益、低噪声的高放；② 接收机中频放大器采用匹配滤波器，以便得到白噪声背景下输出最大信噪比；③ 式中的识别系数 M 与所要求的检测性能、天线波瓣宽度、扫描速度、雷达脉冲重复频率及检测方法等因素均有关系。在保证整机性能的前提下，应尽量减小 M 的值。

当 $M=1$ 时，$S_{i,\,min} = kT_0 B_n F$，这时接收机的灵敏度称为"临界灵敏度"。灵敏度用额定功率表示，常以相对 1 mW 的分贝数计值，即

$$S_{i,\,min} = 10 \cdot \lg \frac{S_{i,\,min}(\mathrm{w})}{10^{-3}} \quad (\mathrm{dBmW}) \tag{2.3.15}$$

一般超外差接收机的灵敏度为－90～－110 dBmW(单位 dBmW 经常简写为 dBm)。由于 $kT_0 = 1.38\times10^{-23}\times290 = 4\times10^{-21}$，即－204 dB，则

$$S_{i,\,min} = -114 + 10\lg B_n(\mathrm{MHz}) + F \quad (\mathrm{dBm}) \tag{2.3.16}$$

式中，B_n的单位为 MHz，F 的单位为 dB。于是最小可检测电压为 $U_{i,\,min} = \sqrt{S_{i,\,min}/R_i}$，约 10^{-6}～10^{-7} V。

3. 接收机的工作频带宽度

接收机的工作频带宽度表示接收机的瞬时工作频率范围。在复杂的电子对抗和干扰环境中，要求雷达发射机和接收机具有较宽的工作带宽，例如频率捷变雷达要求接收机的工作频带宽度为 10%～20%。接收机的工作频带宽度主要取决于高频部件(馈线系统、高频放大器和本机振荡器)的性能。但是，接收机的工作频带较宽时，必须选择较高的中频，以减少混频器输出的寄生响应对接收机性能的影响。

4. 增益和动态范围

增益表示接收机对回波信号的放大能力，定义为输出信号与输入信号的功率比，一般用符号 G 表示，即 $G = S_o/S_i$。接收机的增益并不是越大越好，它是由接收机设计时的具体要求确定的，在工程设计中，增益与噪声系数、动态范围等指标都有直接的相互制约关系，需要综合考虑。

动态范围表示接收机正常工作所容许的输入信号强度变化的范围。动态范围包括接收机的总动态范围和线性动态范围。总动态范围是线性动态范围与 RFSTC(射频时间灵敏度控制)和 IFSTC(中频时间灵敏度控制)范围的总和。一般所说的动态范围的测量是指线性动态范围的测量。

最小输入信号功率通常取为最小可检测信号功率 $S_{i,\,min}$，允许最大的输入信号强度则根据正常工作的要求而定。当输入信号太强时，接收机将发生饱和而失去放大作用，这种

现象称为过载。如图 2.19 所示，使接收机开始出现过载时的输入功率与最小可检测功率之比，叫作动态范围，用 DR 表示。它表示接收机抗过载性能的好坏。它是当接收机不发生过载时允许接收机输入信号强度的变化范围，即最大功率与最小功率之比，其定义式如下：

$$\mathrm{DR(dB)} = 10\ \lg \frac{P_{\mathrm{i,\ max}}}{P_{\mathrm{i,\ min}}} = 20\ \lg \frac{U_{\mathrm{i,\ max}}}{U_{\mathrm{i,\ min}}} \tag{2.3.17}$$

式中：$P_{\mathrm{i,\ min}}$、$U_{\mathrm{i,\ min}}$分别为最小可检测信号功率、电压；$P_{\mathrm{i,\ max}}$、$U_{\mathrm{i,\ max}}$分别为接收机不发生过载所允许接收机输入的最大信号功率、电压。

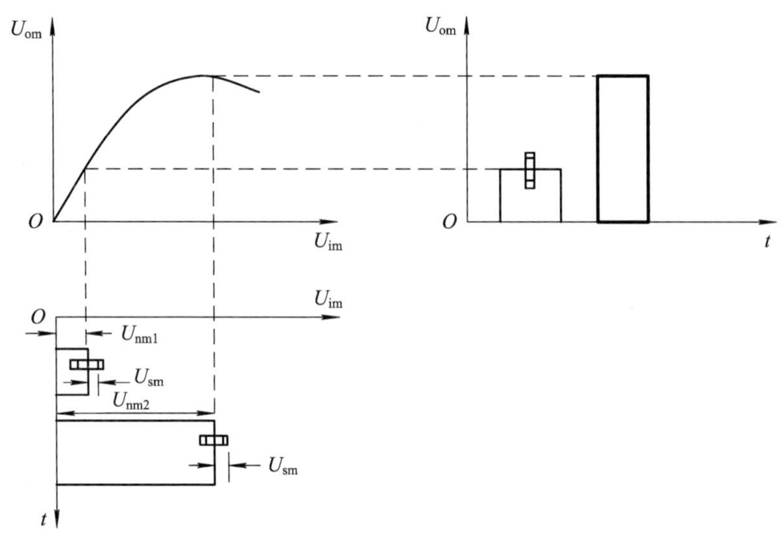

图 2.19　信号与宽脉冲干扰共同通过中频放大器的示意图

接收机线性动态范围有两种表征方法：1 dB 增益压缩点动态范围(DR_{-1})和无失真信号动态范围。

1 dB 增益压缩点动态范围 DR_{-1}的定义为：当接收机的输出功率大到产生 1 dB 增益压缩时，输入信号的功率与最小可检测信号功率或等效噪声功率之比，即

$$\mathrm{DR}_{-1} = \frac{P_{\mathrm{i-1}}}{P_{\mathrm{i,\ min}}} = \frac{P_{\mathrm{o-1}}}{P_{\mathrm{i,\ min}}G} = \frac{P_{\mathrm{o-1}}}{kT_{\mathrm{o}}BFMG} \tag{2.3.18}$$

式中，$P_{\mathrm{i-1}}$和 $P_{\mathrm{o-1}}$分别为产生 1 dB 压缩时接收机输入和输出端信号的功率；G 为接收机的增益；$P_{\mathrm{i,\ min}}$即灵敏度 $S_{\mathrm{i,\ min}}$；$M=1$ 为识别因子。将式(2.3.16)代入式(2.3.18)，有

$$\begin{aligned}\mathrm{DR}_{-1} &= P_{\mathrm{i-1}} + 114 - 10\ \lg B_n(\mathrm{MHz}) - F_0 \quad (\mathrm{dB}) \\ &= P_{\mathrm{o-1}} + 114 - 10\ \lg B_n(\mathrm{MHz}) - F_0 - G \quad (\mathrm{dB})\end{aligned} \tag{2.3.19}$$

无失真信号动态范围又称无虚假信号动态范围(Spurious Free Dynamic Range, SFDR)或无杂散动态范围，是指接收机的三阶互调分量的功率等于最小可检测信号功率时，接收机输入或输出与三阶互调信号功率之比，即

$$\mathrm{DR}_{\mathrm{sf}} = \frac{P_{\mathrm{isf}}}{P_{\mathrm{i,\ min}}} = \frac{P_{\mathrm{osf}}}{P_{\mathrm{i,\ min}}G} \tag{2.3.20}$$

式中，P_{isf}、P_{osf}分别是三阶互调分量的功率等于最小可检测信号功率时接收机输入和输出信号的功率。

三阶互调是一个与器件(如放大器、混频器)和接收机的动态范围都有关的量。图 2.20

给出了三阶互调的虚假信号分量示意图，在接收机通带范围内有两个幅度相同、频率分别为 f_1 和 f_2 的输入信号进入接收机，如果这两个信号增大到放大器的饱和电平，将产生两个频率分别为 $2f_1-f_2$ 和 $2f_2-f_1$ 的输出信号分量，这就是三阶互调。当两个频率接近时，三阶互调分量难以通过滤波器来消除。

计算三阶互调分量的常用方法是利用三阶截点。三阶截点可以从输入与输出以及输入与三阶互调的对应关系中获得。图 2.21 给出了无虚假动态范围的示意图。由于基波频率信号的输出与输入关系曲线是一条斜率为 1 的直线，而三阶互调产物与输入信号间的关系曲线是一条斜率为 3∶1 的直线，两条直线的交点就是三阶互调截点。图中 P_3 是三阶互调的功率；P_{osf} 是三阶互调分量的功率等于最小可检测信号功率时接收机输出的最大信号功率；Q_3 是接收机的三阶截点的功率。

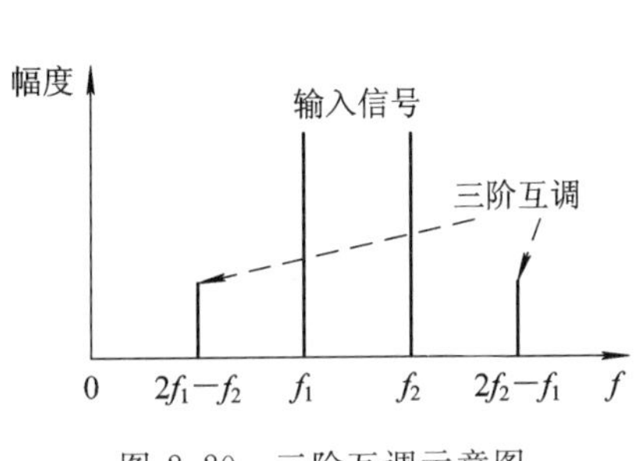

图 2.20　三阶互调示意图

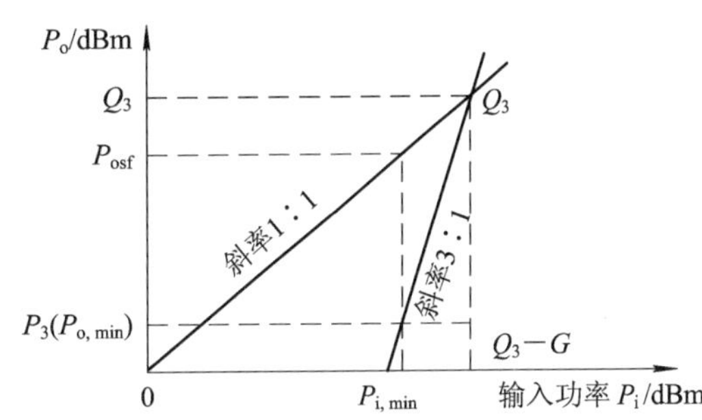

图 2.21　无虚假动态范围示意图

从理论上讲，当三阶互调分量很小时，输入信号增加 1 dB，则三阶互调分量相应增加 3 dB。但是，在实际中 3∶1 的比例很难得到，有时在某一数据点上获得三阶截点。三阶互调分量一般在接近基底噪声的电平上测量，所画的直线是通过该点并以 3∶1 的斜率达到三阶截点。从图中的几何关系可知，三阶互调的功率 P_3 与输入信号的功率呈线性关系，即

$$\frac{P_3-Q_3}{P_{i,\min}-(Q_3-G)}=3 \tag{2.3.21}$$

$$P_3=3(P_{i,\min}+G)-2Q_3=3P_o-2Q_3$$

无失真信号动态范围为

$$\mathrm{DR}_{sf}=\frac{2}{3}(Q_3-P_{o,\min})=\frac{2}{3}(Q_3-P_{i,\min}-G),\ P_{osf}=P_{o,\min}+\mathrm{DR}_{sf} \tag{2.3.22}$$

若忽略高阶分量和非线性所产生的相位失真到幅度失真的转换，则

$$Q_3=P_{o-1}+10.65\quad(\mathrm{dBm})$$

$$\mathrm{DR}_{sf}=\frac{2}{3}(P_{o-1}-P_{i,\min}-G+10.65)=\frac{2}{3}(\mathrm{DR}_{-1}+10.65)\quad(\mathrm{dB}) \tag{2.3.23}$$

例如，当 1 dB 增益压缩点动态范围为 80 dB 时，无失真信号动态范围则为 60 dB。

假设一部空中监视雷达检测飞机的距离从 4 n mile(海里)到 200 n mile，相当于回波信号功率变化为 40 lg(200/4)=68 dB。飞机的平均 RCS 可以从 2 m^2 到 100 m^2 变化 17 dB，而 RCS 的波动范围可能超过 30 dB，则目标回波信号功率总的变化值可达 115 dB 左右。若对更小的 RCS 目标，则要求更大的动态范围。

雷达接收机的增益是由接收机的灵敏度、动态范围以及接收机输出信号的处理方式所决定的。在现代雷达接收机中，接收机输出的是中频信号或基带信号(基带信号是指零中

频的输出信号，即信号的载波已混频至零，但信号中包含了回波信号的幅度和相位信息)，一般都要经过A/D变换器转换成数字信号再进行信号处理，所以，只要根据动态范围和噪声系数，为接收机选择适当的A/D变换器，接收机的系统增益就确定了。接收机的系统增益确定以后，就要对增益进行分配。增益分配首先要考虑接收机的噪声系数，一般来说，高频低噪声放大器的增益要比较高，以减少高频放大器后面的混频器和中频放大器的噪声对系统噪声系数的影响。但是，高频放大器的增益也不能太高，如果太高，一方面会影响放大器的工作稳定性，另一方面会影响接收机的动态范围。所以，增益、噪声系数和动态范围是三个相互关联而又相互制约的参数。下面举例说明增益、噪声系数和动态范围三者之间的关系。

[例2-3] 某S波段雷达接收机的组成及其增益分配方式如图2.22所示，其噪声系数 F_0 为2 dB，线性动态范围为60 dB，采用14位A/D变换器AD9240，最大输入信号电压的峰峰值 V_{pp} 为2 V(负载50 Ω)，接收机的信号匹配带宽为3.3 MHz。计算接收机的临界灵敏度、最大输入信号的功率、最大输出信号的功率、增益。

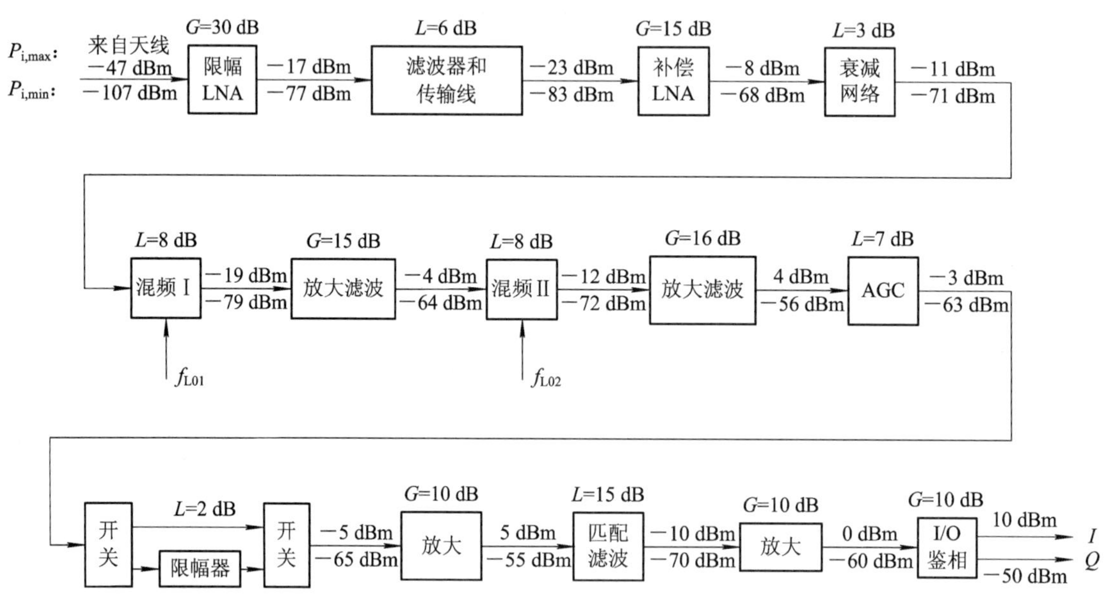

图2.22　接收机增益和信号电平关系示意图

解　接收机的临界灵敏度为

$$S_{i,\min}=-114+10\lg B_n(\text{MHz})+F_0\approx-107\quad(\text{dBm})$$

接收机输入端的最大信号(即1 dB增益压缩点输入信号)的功率为

$$P_{i-1}=S_{i,\min}+\text{DR}_{-1}=-107+60=-47\quad(\text{dBm})$$

接收机最大输出信号的功率为

$$P_{o-1}=\frac{1}{50}\left(\frac{V_{pp}}{2\sqrt{2}}\right)^2=0.01(\text{W})=10(\text{mW})=10\cdot\lg(10)(\text{dBm})=10\quad(\text{dBm})$$

则接收机的增益为 $G=P_{o-1}-P_{i-1}=10-(-47)=57$ dB。

接收机中各功能模块电路的增益及信号电平关系如图2.22所示。图中各功能电路模块连线上方的dBm值为信号的最大功率，下方为信号的最小功率，两者的差值为动态范围。

5. 中频的选择和滤波特性

接收机中频的选择和滤波特性与接收机的工作带宽以及高频部件和中频部件的性能有关。在现代雷达接收机中，中频的选择可以从 30 MHz 到 4 GHz。当需要在中频增加某些信号处理部件时，例如脉冲压缩、对数放大器和限幅器等，从技术实现来说，中频选择在 30 MHz 至 500 MHz 更合适。对于宽频带工作的接收机，应选择较高的中频，以便使虚假的寄生响应降至最小。

减小接收机噪声的关键参数是中频的滤波特性，如果中频滤波特性的带宽大于回波信号带宽，则有过多的噪声进入接收机；反之，如果所选择的带宽比信号带宽窄，信号能量将会损失。这两种情况都会使接收机输出端信噪比减小。在白噪声(即接收机热噪声)背景下，接收机的频率特性为“匹配滤波器”时，输出的信噪比最大。

6. 工作稳定性和频率稳定度

一般来说，工作稳定性是指当环境条件(例如温度、湿度、机械振动等)和电源电压发生变化时，接收机的性能参数(振幅特性、频率特性和相位特性等)受到影响的程度，希望影响越小越好。

大多数现代雷达系统需要对发射脉冲串的回波进行相参处理，这对本机振荡器的短期频率稳定度有极高的要求(高达 10^{-10} 或者更高)，因此必须采用频率稳定度和相位稳定度极高的本机振荡器，简称为“稳定本振”，如恒温晶振、原子钟等。

7. 抗干扰能力

在现代电子战和复杂的电磁干扰环境中，抗有源干扰和无源干扰是雷达系统的重要任务之一。有源干扰为敌方施放的各种杂波干扰和邻近雷达的异步脉冲干扰，无源干扰主要是从海浪、雨雪、地物等反射的杂波干扰和敌机施放的箔片干扰。这些干扰严重影响对目标的正常检测，甚至使整个雷达系统无法工作。现代雷达接收机必须具有抗各种干扰的能力。当雷达系统用频率捷变方法抗干扰时，接收机的本振应与发射机频率同步跳变。同时接收机应有足够大的动态范围，以保证后面的信号处理器有高的处理精度。

8. 微电子化和模块化结构

在现代有源相控阵雷达和数字波束形成(DBF)系统中，通常需要几十路甚至几千路接收机通道。如果采用常规的接收机工艺结构，无论在体积、重量、耗电、成本和技术实现上都有很大困难。微电子化和模块化的接收机结构可以解决上述困难，优选方案是采用单片集成电路，包括微波单片集成电路(MMIC)、中频单片集成电路(IMIC)和专用集成电路(ASIC)，它们的主要优点是体积小、重量轻，采用批量生产工艺可使芯片电性能一致性好，成本也比较低。用单片集成电路实现的模块化接收机特别适用于要求数量很大，幅相一致性严格的多路接收系统，例如，某有源相控阵接收系统和数字多波束形成系统，采用由砷化镓(GaAs)单片制成的 C 波段微波单片集成电路，包括完整的接收机高频电路，即五级高频放大器、可变衰减器、移相器、环行器和限幅开关电路等，噪声系数为 2.5 dB，可变增益为 30 dB。

2.3.3　接收机的增益控制

接收机的动态范围表示接收机能够正常工作所容许的输入信号强度范围。信号太弱，接收机不能检测出来；信号太强，它会发生饱和过载。为了防止强信号引起的过载，需要增大接收机的动态范围，这就必须要有增益控制电路，一般雷达都有增益控制。跟踪雷达需要得到归一化的角误差信号，使天线正确地跟踪运动目标，因此必须采用自动增益控制。

另外，由海浪等地物反射的杂波干扰、敌方干扰机施放的噪声调制干扰等，往往远大于有用信号，更会使接收机过载而不能正常工作。为使雷达具有良好的抗干扰性能，通常都要求接收机应有专门的抗过载电路，例如瞬时自动增益控制电路、灵敏度时间控制电路、对数放大器等。

雷达接收机的增益控制有下述三种类型：

1. 自动增益控制(Automatic Gain Control, AGC)

在跟踪雷达中，为了保证对目标的方向自动跟踪，要求接收机输出的角误差信号强度只与目标偏离天线轴线的夹角(称为"误差角")有关，而与目标距离的远近，目标反射面积的大小等因素无关。为了得到这种归一化的角误差信号，使天线正确地跟踪运动目标，必须采用自动增益控制(AGC)。

自动增益控制(AGC)采用反馈技术，根据信号的幅度(功率)自动调整接收机的增益，以便在雷达系统跟踪环路中保持适当的增益范围。图 2.23 为一种简单的 AGC 电路方框图，它由一级峰值检波器和低通滤波器组成。接收机输出的视频脉冲信号经过峰值检波，再由低通滤波器滤除高频成分之后，得到自动增益控制电压 E_{AGC}，将它加到被控的中频放大器中去，就完成了增益的自动控制作用。当输入信号增大时，视频放大器输出 u_o 也随之增大，则控制电压 E_{AGC} 也增加，使受控中频放大器的增益降低。当输入信号减小时，则起相反作用，中频放大器的增益将要增大，所以自动增益控制电路是一个负反馈系统。

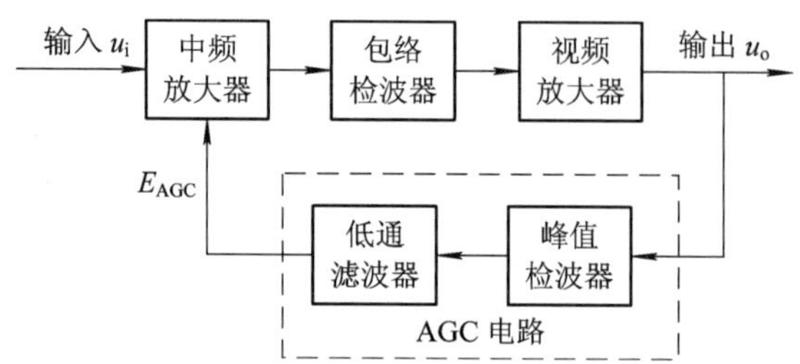

图 2.23 一种简单的 AGC 电路方框图

2. 瞬时自动增益控制(Instantaneous Automatic Gain Control, IAGC)

这是一种有效的中频放大器的抗过载电路，它能够防止等幅波干扰、宽脉冲干扰和低频调幅波干扰等引起的中频放大器过载。

图 2.24 是瞬时自动增益控制电路的组成方框图，它和一般的 AGC 电路原理相似，也是利用负反馈原理将输出电压检波后去控制中放级，自动地调整放大器的增益。

瞬时自动增益控制的目的是使干扰电压受到衰减(即要求控制电压 E_c 能瞬时地随着干扰电压而变化)，维持目标信号的增益尽量不变。因此，电路的时常数应这样选择：为了保证在干扰电压的持续时间 τ_n 内能迅速建立起控制电压 E_c，要求控制电路的时间常数 $\tau_i < \tau_n$；为了维持目标回波的增益尽量不变，必须保证在目标信号的脉宽 T 内使控制电压来不及建立，即 $\tau_i \geqslant T$，为此电路时间常数一般选为 $\tau_i = (5 \sim 20)T$。

干扰电压一般都很强，所以中频放大器不仅末级有过载的危险，前几级也有可能发生过载。为了得到较好的抗过载效果，增大允许的干扰电压范围，可以在中放的末级和相邻的前几级都加上瞬时自动增益控制电路。

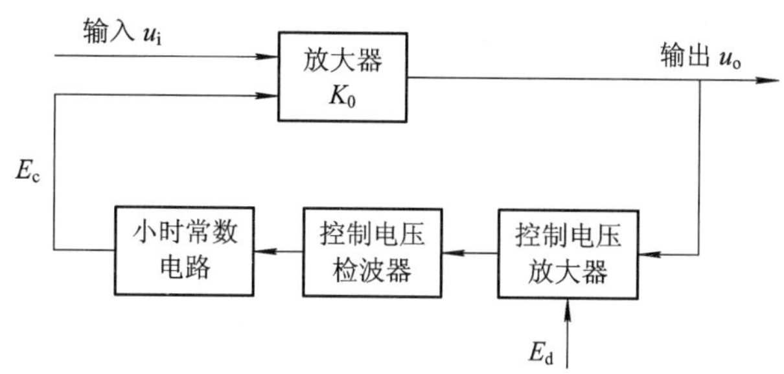

图 2.24　瞬时自动增益控制电路的组成方框图

3. 近程增益控制(Sensitivity Time Control, STC)

近程增益控制电路又称“时间增益控制电路”或“灵敏度时间控制(STC)电路”，它用来防止近程杂波所引起的放大器过载。其原理是：当发射机每次发射信号之后，接收机产生一个与杂波功率随时间的变化规律相“匹配”的控制电压 E_c，控制接收机的增益按此规律变化。所以 STC 实际上是一个使接收机灵敏度随时间而变化的控制电路，它可以使接收机不受近距离的杂波干扰而过载。

由于杂波（如地物杂波或海浪杂波等）主要出现在近距离，杂波功率随着距离的增加而相对平滑地减小，如图 2.25 所示。图中实线表示干扰功率与时间的关系，虚线表示控制电压与时间的关系。如果把发射信号时刻作为距离的起点，则横轴实际上也就是时间轴，即距离。在现代雷达中，STC 通常采用数控衰减器来实现。

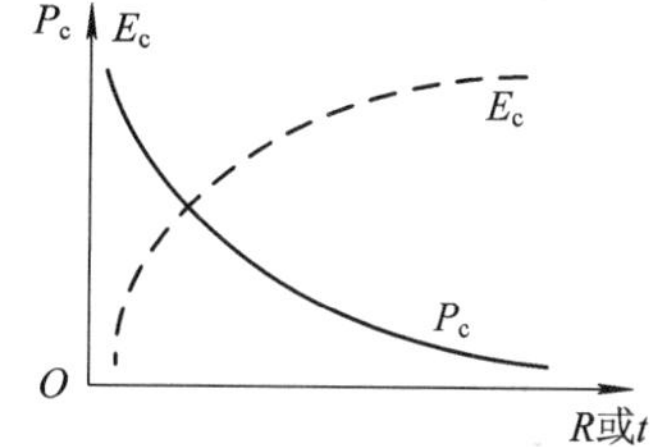

图 2.25　杂波干扰功率及控制电压与时间的关系

根据试验，地/海杂波功率 P_c 随距离 R 的变化规律为 $P_c = K \cdot R^{-a}$，其中 K 为比例常数，它与雷达的发射功率等因素有关；a 为由试验条件所确定的系数，它与天线波瓣形状等有关，按雷达方程，$a=4$，一般取 $a=2.7\sim4.7$。实际中可以根据雷达架设阵地的杂波情况进行调整。

杂波功率可能比噪声高出 60～70 dB，甚至更高。采用 STC 使雷达接收机增益随时间(距离)而变化。但是，不是所有雷达都能采用 STC 技术，例如脉冲多普勒雷达在高重频工作时，由于距离模糊，就不能采用 STC 技术。

2.3.4　滤波和接收机带宽

1. 匹配滤波器

匹配滤波器(Match Filter, MF)是当输入端出现信号与加性白噪声时，使其输出信噪比最大的滤波器，就是一个与输入信号相匹配的最佳滤波器。此噪声不必是高斯的。针对接收机而言，匹配滤波器是指其接收机的频率特性与发射信号的频谱特性相匹配。

设线性时不变滤波器的系统函数为 $H(\omega)$，脉冲响应为 $h(t)$。假设滤波器的输入信号 $x(t)$ 为

$$x(t) = s(t) + n(t) \tag{2.3.24}$$

其中，$s(t)$ 是能量为 E_s 的确知信号；$n(t)$ 是零均值平稳加性噪声。则利用线性系统叠加定理，滤波器的输出信号 $y(t)$ 为

$$y(t) = s_o(t) + n_o(t) \tag{2.3.25}$$

其中，输出 $s_o(t)$ 和 $n_o(t)$ 分别是滤波器对输入 $s(t)$ 和 $n(t)$ 的响应，如图 2.26 所示。

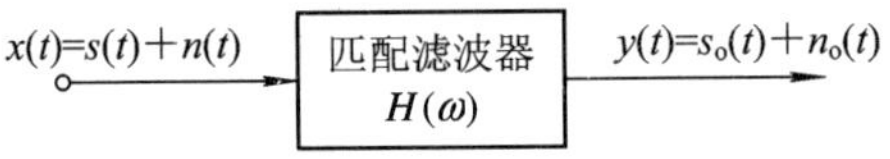

图 2.26　匹配滤波器

若输入信号 $s(t)$ 的能量有限，$E_s = \int_{-\infty}^{\infty} s^2(t)\mathrm{d}t < \infty$。信号 $s(t)$ 的傅里叶变换存在，且为

$$S(\omega) = \mathrm{FT}[s(t)] = \int_{-\infty}^{\infty} s(t)\mathrm{e}^{-\mathrm{j}\omega t}\,\mathrm{d}t \tag{2.3.26}$$

则输出信号 $s_o(t)$ 的傅里叶变换为

$$S_o(\omega) = H(\omega)S(\omega) \tag{2.3.27}$$

于是，输出信号 $s_o(t)$ 为

$$s_o(t) = \mathrm{IFT}[S_o(\omega)] = \frac{1}{2\pi}\int_{-\infty}^{\infty} H(\omega)S(\omega)\mathrm{e}^{\mathrm{j}\omega t}\,\mathrm{d}\omega \tag{2.3.28}$$

假设 $P_n(\omega)$ 为输入噪声 $n(t)$ 的功率谱密度，根据线性系统对随机过程的响应，输出噪声 $n_o(t)$ 的功率谱密度 $P_{n_o}(\omega)$ 为

$$P_{n_o}(\omega) = |H(\omega)|^2 P_n(\omega) \tag{2.3.29}$$

这样，滤波器输出噪声 $n_o(t)$ 的平均功率为

$$\mathrm{E}[n_o^2(t)] = \frac{1}{2\pi}\int_{-\infty}^{\infty} P_{n_o}(\omega)\mathrm{d}\omega = \frac{1}{2\pi}\int_{-\infty}^{\infty} |H(\omega)|^2 P_n(\omega)\mathrm{d}\omega \tag{2.3.30}$$

设滤波器输出信号 $s_o(t)$ 在 $t=t_o$ 时刻出现峰值，则有

$$s_o(t_o) = \frac{1}{2\pi}\int_{-\infty}^{\infty} H(\omega)S(\omega)\mathrm{e}^{\mathrm{j}\omega t_0}\,\mathrm{d}\omega \tag{2.3.31}$$

滤波器的输出信噪比定义为输出信号 $s_o(t)$ 的峰值功率与输出噪声 $n_o(t)$ 的平均功率之比，记为 SNR_o，即

$$\mathrm{SNR}_o = \frac{\text{输出信号 } s_o(t) \text{ 的峰值功率}}{\text{输出噪声 } n_o(t) \text{ 的平均功率}} = \frac{|s_o(t_o)|^2}{\mathrm{E}[n_o^2(t)]} \tag{2.3.32}$$

将式(2.3.30)和式(2.3.31)代入式(2.3.32)，得

$$\mathrm{SNR}_o = \frac{\left|\dfrac{1}{2\pi}\displaystyle\int_{-\infty}^{\infty} H(\omega)S(\omega)\mathrm{e}^{\mathrm{j}\omega t_0}\,\mathrm{d}\omega\right|^2}{\dfrac{1}{2\pi}\displaystyle\int_{-\infty}^{\infty} |H(\omega)|^2 P_n(\omega)\mathrm{d}\omega} \tag{2.3.33}$$

要得到使输出信噪比 SNR_o 达到最大的条件，可利用施瓦兹(Schwarz)不等式，有

$$\left|\frac{1}{2\pi}\int_{-\infty}^{\infty}F^*(t)Q(t)\mathrm{d}t\right|^2 \leqslant \frac{1}{2\pi}\int_{-\infty}^{\infty}F^*(t)F(t)\mathrm{d}t\,\frac{1}{2\pi}\int_{-\infty}^{\infty}Q^*(t)Q(t)\mathrm{d}t \tag{2.3.34}$$

其中，$F(t)$和 $Q(t)$为两个复数函数；“$*$”表示复共轭。当且仅当满足

$$Q(t) = \alpha F(t) \tag{2.3.35}$$

时，不等式(2.3.34)的等号才成立。其中，α 为任意非零常数。

为了将施瓦兹不等式用于式(2.3.33)，令

$$F^*(\omega) = \frac{S(\omega)\mathrm{e}^{\mathrm{j}\omega t_0}}{\sqrt{P_n(\omega)}} \tag{2.3.36}$$

$$Q(\omega) = \sqrt{P_n(\omega)}H(\omega) \tag{2.3.37}$$

根据帕斯瓦尔定理，输入信号 $s_o(t)$的能量为

$$E_s = \int_{-\infty}^{\infty}|s(t)|^2\mathrm{d}t = \frac{1}{2\pi}\int_{-\infty}^{\infty}|S(\omega)|^2\,\mathrm{d}\omega \tag{2.3.38}$$

这样，式(2.3.33)变为

$$\mathrm{SNR_o} = \frac{\left|\dfrac{1}{2\pi}\displaystyle\int_{-\infty}^{\infty}\left[H(\omega)\sqrt{P_n(\omega)}\right]\left[\dfrac{S(\omega)\mathrm{e}^{\mathrm{j}\omega t_0}}{\sqrt{P_n(\omega)}}\mathrm{e}^{\mathrm{j}\omega t_0}\right]\mathrm{d}\omega\right|^2}{\dfrac{1}{2\pi}\displaystyle\int_{-\infty}^{\infty}|H(\omega)|^2P_n(\omega)\mathrm{d}\omega}$$

$$\leqslant \frac{\dfrac{1}{2\pi}\displaystyle\int_{-\infty}^{\infty}|H(\omega)|^2P_n(\omega)\mathrm{d}\omega\,\dfrac{1}{2\pi}\displaystyle\int_{-\infty}^{\infty}\dfrac{|S(\omega)|^2}{P_n(\omega)}\mathrm{d}\omega}{\dfrac{1}{2\pi}\displaystyle\int_{-\infty}^{\infty}|H(\omega)|^2P_n(\omega)\mathrm{d}\omega}$$

即

$$\mathrm{SNR_o} \leqslant \frac{1}{2\pi}\int_{-\infty}^{\infty}\frac{|S(\omega)|^2}{P_n(\omega)}\,\mathrm{d}\omega \tag{2.3.39}$$

式(2.3.39)表明，该式取等号时滤波器的输出信噪比 $\mathrm{SNR_o}$最大。根据施瓦兹不等式取等号的条件，当且仅当

$$H(\omega) = \frac{\alpha S^*(\omega)}{P_n(\omega)}\mathrm{e}^{-\mathrm{j}\omega t_0} \tag{2.3.40}$$

时，式(2.3.39)中的等号成立。

在一般情况下噪声是非白的，即为色噪声，其功率谱密度为 $P_n(\omega)$。这时，式(2.3.40)表示的滤波器即为色平稳噪声时的匹配滤波器，通常称为广义匹配滤波器，它能使输出信噪比最大，即为

$$\mathrm{SNR_o} = \frac{1}{2\pi}\int_{-\infty}^{\infty}\frac{|S(\omega)|^2}{P_n(\omega)}\,\mathrm{d}\omega \tag{2.3.41}$$

当滤波器输入为功率谱密度 $P_n(\omega)=\dfrac{N_0}{2}$的白噪声时，匹配滤波器的传递函数为

$$H(\omega) = kS^*(\omega)\mathrm{e}^{-\mathrm{j}\omega t_0} \tag{2.3.42}$$

其中，$k=\dfrac{2\alpha}{N_0}$。最大输出信噪比为

$$\mathrm{SNR_o} = \frac{1}{2\pi}\int_{-\infty}^{\infty}\frac{|S(\omega)|^2}{N_0/2}\,\mathrm{d}\omega = \frac{2E_s}{N_0} \tag{2.3.43}$$

由此可见，匹配滤波器输出端的信号峰值功率与噪声的平均功率之比 $\mathrm{SNR_o}$等于两倍

的输入信号能量除以输入噪声功率。也就是说，匹配滤波器输出最大信噪比仅依赖于信号能量和输入噪声功率，而与雷达使用的波形无关。

滤波器的脉冲响应 $h(t)$ 和传递函数 $H(\omega)$ 构成一对傅里叶变换对。所以，在白噪声条件下，匹配滤波器的脉冲响应 $h(t)$ 为

$$h(t)=\mathrm{IFT}[H(\omega)]=\frac{1}{2\pi}\int_{-\infty}^{\infty}H(\omega)\mathrm{e}^{\mathrm{j}\omega t}\,\mathrm{d}\omega=\frac{1}{2\pi}\int_{-\infty}^{\infty}kS^{*}(\omega)\mathrm{e}^{-\mathrm{j}\omega t_0}\mathrm{e}^{\mathrm{j}\omega t}\,\mathrm{d}\omega$$
$$=\left[\frac{k}{2\pi}\int_{-\infty}^{\infty}S(\omega)\mathrm{e}^{\mathrm{j}\omega(t_0-t)}\,\mathrm{d}\omega\right]^{*}=ks^{*}(t_0-t) \tag{2.3.44}$$

式中，$s^{*}(t_0-t)$ 为输入信号的镜像，并有相应的时移 t_0，它与输入信号 $s(t)$ 的波形相同。

白噪声情况下，匹配滤波器的传递函数 $H(\omega)$ 和脉冲响应 $h(t)$ 的表达式中，非零常数 k 表示滤波器的相对放大量。因为我们关心的是滤波器的频率特性形状，而不是它的相对大小，所以在讨论中通常取 $k=1$。这样就有

$$\begin{cases}H(\omega)=S^{*}(\omega)\mathrm{e}^{-\mathrm{j}\omega t_0}\\ h(t)=s^{*}(t_0-t)\end{cases} \tag{2.3.45}$$

在讨论匹配滤波器时，时延 t_0 可以不予考虑，因此上述匹配滤波器可以简化为

$$\begin{cases}H(\omega)=S^{*}(\omega)\\ h(t)=s^{*}(-t)\end{cases} \tag{2.3.46}$$

例如，对幅度为 A、脉宽为 τ 的矩形脉冲调制的角频率为 ω_0 的信号，

$$s(t)=\begin{cases}A\cos(\omega_0 t), & |t|\leqslant\dfrac{\tau}{2}\\ 0, & |t|>\dfrac{\tau}{2}\end{cases} \tag{2.3.47}$$

匹配滤波器的传递函数为

$$H(\omega)=S^{*}(\omega)=\frac{A\tau}{2}\left[\mathrm{sinc}(\omega-\omega_0)\frac{\tau}{2}+\mathrm{sinc}(\omega+\omega_0)\frac{\tau}{2}\right] \tag{2.3.48}$$

由式(2.3.43)可得匹配滤波器的最大输出信噪比为

$$(\mathrm{SNR_o})_{\max}=\frac{2E_s}{N_0}=\frac{A^2\tau}{N_0} \tag{2.3.49}$$

像式(2.3.48)一样的理想滤波器的频率特性一般难于实现，因此需要考虑它的近似实现，即采用准匹配滤波器。

准匹配滤波器实际上是指利用容易实现的几种频率特性，如矩形、高斯形或其它形状的频率特性，近似实现理想匹配滤波器特性。通常适当选择该频率特性的通频带，可获得准匹配条件下的“最大信噪比”。

设矩形特性滤波器的角频率带宽为 W，传输函数为

$$H_{\approx}(\omega)=\begin{cases}1, & |\omega-\omega_0|\leqslant\dfrac{W}{2}\\ 0, & |\omega-\omega_0|>\dfrac{W}{2}\end{cases} \tag{2.3.50}$$

其频率特性如图 2.27 中的虚线所示。图中实线为理想的匹配滤波器的频率特性，这里假设 $\dfrac{A\tau}{2}=1$。

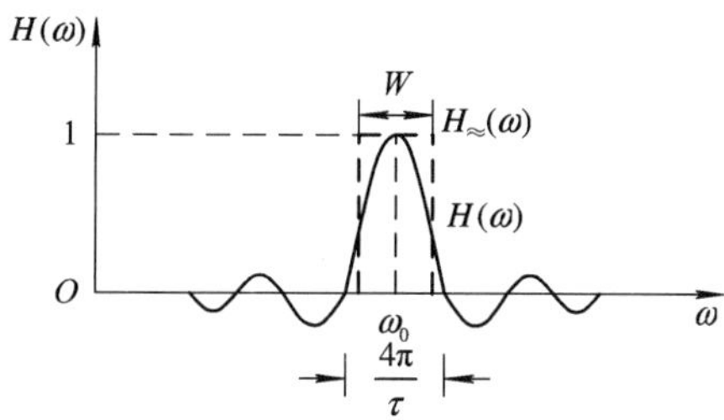

图 2.27　矩形特性近似的准匹配滤波器

准匹配滤波器的最大输出信噪比与理想匹配滤波器的最大输出信噪比的比值定义为失配损失 ρ。上述矩形近似的准匹配滤波器的失配损失，经过计算可求得

$$\rho=\frac{(S/N)_{\approx \max}}{(S/N)_{\max}}=\frac{8}{\pi W\tau}S_{i}^{2}\left(\frac{W\tau}{4}\right) \tag{2.3.51}$$

几种不同信号形状和不同滤波器通带特性的失配损失如表 2.6 所示(表中 B 为 3 dB 带宽)。由表可以看出，矩形脉冲通过带宽为 $B=1.37/\tau$ 的矩形特性滤波器时，这种准滤波器相对于理想匹配滤波器，其输出信噪比损失 0.85 dB；若采用高斯型滤波器，其信噪比损失只有 0.49 dB。

表 2.6　各种准匹配滤波器

脉冲信号形状	准匹配滤波器通带特性	最佳时宽带宽积 $B\tau$	失配损失 $\rho_{\max}$/dB
矩形	矩形	1.37	0.85
矩形	高斯	0.72	0.49
高斯	矩形	0.72	0.49
高斯	高斯	0.44	0
矩形	单调谐	0.40	0.88
矩形	两级参差调谐	0.61	0.56
矩形	五级参差调谐	0.67	0.56

对于输入信号 $s(t)$ 的匹配滤波器，其特性可以总结如下：

- 频率响应函数：$H(f)=S^{*}(f)$，$S(f)$ 为 $s(t)$ 的傅里叶变化；
- 最大输出信噪比：$2E/N_0$；
- 频率响应的幅度：$|H(f)|=|S(f)|$；
- 频率响应的相位：$\varphi_H(f)=-\varphi_S(f)$；
- 冲激响应函数：$h(t)=s^{*}(-t)$；
- 大信噪比的输出信号波形：$s(t)$ 的自相关函数；
- 对类似矩形脉冲和传统滤波器的带宽 B 与时宽 T 的关系：$BT=1$；
- 非白噪声的频率响应函数：$H(f)=S^{*}(f)/[N_i(f)]^2$。

匹配滤波器使雷达信号的检测不同于通信系统中的检测。匹配滤波器接收机的信号可检测性只是接收信号能量 E 和输入噪声频谱密度 N_0 的函数。雷达的检测能力和作用距离不依赖于信号的波形或接收机的带宽。因此可以选择不同发射信号的波形和带宽，用来优化信息的提取，而且理论上不影响检测。

2. 接收机带宽的选择

对于不同工作体制的雷达，接收机带宽的选择也大不相同。以一般脉冲雷达接收机为例，接收机带宽会影响接收机输出信噪比和波形失真，选用最佳带宽时，灵敏度最高，但这时波形失真较大，会影响测距精度。因此，接收机带宽的选择应根据雷达的不同用途而定。一般警戒雷达要求接收机的灵敏度高，而对波形失真的要求不严格，因此要求接收机线性部分(检波器之前的高、中频部分)的输出信噪比最大，即高、中频部分的通频带B_{RI}应取为最佳带宽B_{opt}，通频带需要增加约0.5 MHz。跟踪雷达(含精确测距雷达)要求波形失真小、接收机灵敏度高，要求接收机的总带宽B_0(含视频部分带宽B_v)大于最佳带宽。

考虑到目标速度会引起多普勒频移，接收机滤波器本身响应也会有些误差，这些都会使回波频谱与滤波器通带之间产生某些偏差，因此雷达接收机的带宽一般都要稍微超过最佳值。接收机带宽取宽后，虽然会使雷达容易受到雷达工作频率附近频带上窄带干扰的影响，但却减小了信号的波形失真，可以降低从脉冲干扰中恢复雷达正常工作所需要的时间。

2.3.5 数字接收机

数字接收机是近年来迅速发展的接收机技术。随着超高速数字电路技术的迅速发展，雷达接收机的数字化水平越来越高。特别是高速高精度A/D变换器(采样速率数百MHz，12 bit以上)和DDS技术的发展，以及高速数字信号处理芯片(DSP)和现场可编程门阵列器件(FPGA)的普遍使用，为雷达数字接收机提供了良好的硬件基础。由于使用FPGA、DSP芯片设计的数字接收机具有体积小、重量轻、易于算法实现、性能稳定、抗干扰能力强、灵活性强等优点，数字化接收机已经逐步取代传统模拟接收机。

图2.28为中频数字接收机的组成原理方框图，它是将经过低噪声放大和混频后的中频信号直接进行A/D采样，随后进行数字正交变换，然后将获得的数字I、Q基带信号送信号处理机进行数字信号处理。

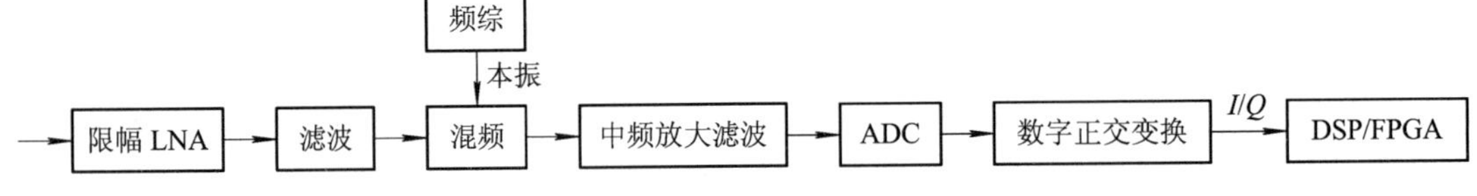

图2.28 中频数字接收机组成原理方框图

与传统的模拟I/Q解调相比，中频正交采样的优点是：

(1) I和Q不平衡几乎消除；

(2) 直流电平漂移几乎消除；

(3) 通道不一致性减小；

(4) 线性度更好；

(5) 带宽和采样率选择更加灵活；

(6) 滤波器误差范围小，相位线性、抗混叠滤波性能更好；

(7) 器件的价格低、尺寸小、质量轻且功耗小。

有关中频正交采样的知识将在第5章介绍。

2.3.6　A/D 变换器的选取

雷达接收机后面一般链接 A/D 变换器，如图 2.29 所示。A/D 变换器的功能是使接收机的回波模拟信号变换成二进制的数字信号。A/D 变换器的主要性能指标有：A/D 变换位数、变换灵敏度、最大输入电压 V_s、采样频率 f_s、信噪比、无杂散动态范围(SFDR)、孔径抖动、非线性误差等。

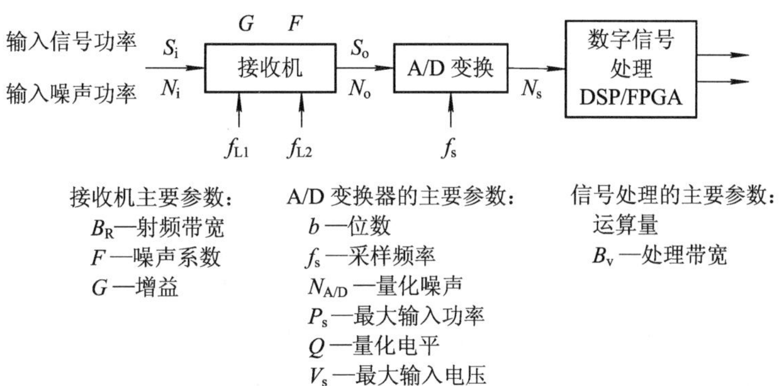

图 2.29　接收机与 A/D 变换器的连接

接收机输入端的噪声功率 N_i 和输出端的噪声功率 N_o 分别为

$$\begin{cases} N_i = N_1 + B_R \quad (\text{dBm}) \\ N_o = N_i + F + G \quad (\text{dBm}) \end{cases} \tag{2.3.52}$$

式中，$N_1 = kT_0 = -174$ dBm 为室温下单位带宽内的噪声功率。

对一个位数为 b 位的 A/D 变换器，输入电压峰峰值为 V_{pp}，变换灵敏度(又称量化电平)为 $Q = V_{pp}/2^b$，输入阻抗为 R(通常取 50 Ω)，量化噪声的功率为 $N_{A/D} = Q^2/(12R)$。显然，A/D 变换的位数越多，电压输入范围越小，灵敏度越高。

对一个理想的 A/D 变换器来说，当输入正弦波的幅度与 A/D 的最大输入电平一致时，最大功率为

$$P_{max} = \frac{1}{R}\left(\frac{V_{pp}}{2\sqrt{2}}\right)^2 = \frac{1}{R}\frac{2^{2b}Q^2}{8} \tag{2.3.53}$$

在没有噪声的情况下，最小输入电压被认为是量化电平，最小功率为

$$P_{min} = \frac{1}{R}\left(\frac{Q}{2\sqrt{2}}\right)^2 = \frac{1}{R}\frac{Q^2}{8} \tag{2.3.54}$$

故 A/D 的动态范围为

$$\text{DR}_{ADC} = 10\ \lg\frac{P_{max}}{P_{min}} = 20 \cdot \lg 2 \cdot b = 6 \cdot b \quad (\text{dB}) \tag{2.3.55}$$

由此可见，A/D 变换器每增加 1 位，动态范围增加 6 dB。

假设噪声是带限的，并且没有噪声通过 A/D 变换器反射回接收机，则 A/D 变换器的输出噪声功率 N_s 是接收机输出端的噪声 N_o 和量化噪声 $N_{A/D}$ 之和。因此，考虑 A/D 变换的量化噪声后，接收系统总的噪声系数为

$$F_s = \frac{N_s}{G \cdot N_i} = \frac{N_o + N_{A/D}}{G \cdot N_i} = F + \frac{N_{A/D}}{G \cdot N_i} \tag{2.3.56}$$

式中，$\dfrac{N_{A/D}}{G\cdot N_i}$为 A/D 变换器对噪声系数的恶化量。通常用接收机输出的噪声功率与 A/D 的量化噪声功率的比值来计算噪声系数，定义 $M=\dfrac{N_o}{N_{A/D}}$，其含义是利用量化噪声的功率来度量接收机输出的噪声功率，且定义 $M'=M+1$，代入上式有

$$F_s=\frac{N_o+\dfrac{N_o}{M}}{G\cdot N_i}=\frac{N_o}{G\cdot N_i}\left(1+\frac{1}{M}\right)=F\left(\frac{M+1}{M}\right)=\frac{F\cdot M'}{M} \tag{2.3.57}$$

用对数表示，系统总的噪声系数为

$$F_s=F+10\lg(M+1)-10\lg(M)=F+\Delta F_{A/D}\quad(\text{dB}) \tag{2.3.58}$$

其中，$\Delta F_{A/D}=10\lg(M+1)-10\lg(M)$(dB)，为 A/D 对噪声系数的恶化量。

从式(2.3.57)可以看出：

如果 $M=1$，则意味着量化噪声功率等于接收机输出的噪声功率，系统总的噪声系数为接收机噪声系数的 2 倍，即噪声系数增大了 3 dB。M 越大，噪声系数的恶化程度越小。

如果 $M<1$，则意味着量化噪声使得噪声系数将会较大，这是不希望的。为了增大 M 的值，放大器的增益必须要高。

如果 $M=9$，则 $M'=10$，$\Delta F_{A/D}=10\lg(10)-10\lg(9)=0.46$(dB)，这意味着噪声系数将恶化 0.46 dB。当 M 增大到一个较大的时值，M'(dB)$-M$(dB)的差值将变得很小。这时，系统噪声系数将接近接收机噪声系数，量化噪声可以忽略。

[例 2-4] 对图 2.29 所示的雷达接收机和 A/D 变换器，接收机的指标为：瞬时动态不小于 60 dB，系统带宽 $B=2$ MHz，灵敏度为 -108 dB，中频信号频率 $f_0=60$ MHz，增益 $G=52$ dB，噪声系数 $F=3.5$ dB。计算量化噪声时噪声系数的影响。

接收机前端到 A/D 输入端的噪声功率为 $P_{nR}=-108\text{ dB}+52\text{ dB}=-56\text{ dBm}$，折算到 $R=200\ \Omega$ 的 A/D 输入阻抗上的均方噪声电压为

$$V_{nR}^2=P_{nR}R=10^{(-56/10)}\times0.001\times200=5.0238\times10^{-7}\quad(\text{V}^2)$$

A/D 的均方噪声电压为 $V_{nA/D}^2=\left(\dfrac{V_{pp}}{2\sqrt{2}}\times10^{-\frac{\text{SNR}}{20}}\right)^2$，SNR 为 A/D 的信噪比。

根据中频正交采样定理，要求 A/D 的采样频率 $f_s=\dfrac{4}{2m+1}f_0=\dfrac{240}{2m+1}$(MHz)，且大于 $2B$。因此取 $f_s=16$ MHz。考虑选取两种不同位数的 A/D 变换器：

(1) 选取 12 位 A/D 变换器 AD10242 或 AD9042 时，实际 A/D 的 SNR 为 62 dB，则 A/D的均方噪声电压为

$$V_{nA/D}^2=\left(\frac{2}{2\sqrt{2}}\times10^{-\frac{62}{20}}\right)^2=3.1548\times10^{-7}\quad(\text{V}^2)$$

$$M=\frac{V_{nR}^2}{V_{nA/D}^2}=\frac{5.0238\times10^{-7}}{3.1548\times10^{-7}}=1.5924$$

A/D 对系统噪声系数的恶化量为 $\Delta F_{A/D}=10\lg(M+1)-10\lg(M)=2.1165$(dB)，显然比值太大，这是不可取的。

(2) 选取 14 位 A/D 变换器 AD6644 或 AD9244 时，实际 A/D 的 SNR 为 72 dB，则 A/D 的均方噪声电压为

$$V_{nA/D}^2=\left(\frac{2}{2\sqrt{2}}\times10^{-\frac{72}{20}}\right)^2=3.1548\times10^{-8}\quad(\mathrm{V}^2)$$

$$M=\frac{V_{nR}^2}{V_{nA/D}^2}=\frac{5.0238\times10^{-7}}{3.1548\times10^{-8}}=15.924$$

A/D 对系统噪声系数的恶化量为 $\Delta F_{A/D}=0.265(\mathrm{dB})$，可以忽略。因此，需要选取14位的A/D变换器，才能使量化噪声对系统的噪声系数影响较小。

由此可见，由于雷达目标回波信号非常弱，采样时尽量选择高精度、低噪声的A/D变换器。

2.4 天 线

1873年英国数学家麦克斯韦总结出电磁场方程——麦氏方程。该方程表明：不仅电荷能产生电场，电流能产生磁场，而且变化的电场也能产生磁场，变化的磁场又能产生电场，预言了电磁波的存在。1887年德国物理学家海因里希·赫兹为了验证电磁波的存在设计了第一个天线。1901年意大利物理学家古利莫·马可尼采用一种大型天线实现了远洋通信，从此有了无线通信。

天线经历一百余年的发展，在社会生活中的重要性与日俱增，天线无处不在。任何与无线电有关的系统(雷达、通信、导航、广播电视……)都离不开天线，天线是无线电系统中不可缺少的重要部分。IEEE(Institute of Electric and Electron Engineer，电气和电子工程师协会)对天线的标准定义为"发射或接收系统中，经设计用于辐射和接收电磁波的部分"。

天线的基本功能：用于发射时，将高频电流(或导波)能量转变为无线电波并按照预定的分布传送到空间；用于接收时，将空间传来的无线电波能量转变为高频电流(或导波)能量。因此，天线可认为是导波和辐射波的变换装置，是一个能量转换器件。

图2.30是从发射机经天线、电波传播到达接收机的信号传输的简单框图。在发射端，发射机输出的已调制的大功率高频电流经馈线传输到发射天线，发射天线将高频电流转变成无线电波——电磁波向预定的空间辐射；在接收端，电磁波通过接收天线转变为高频电流经馈线传输到接收机。

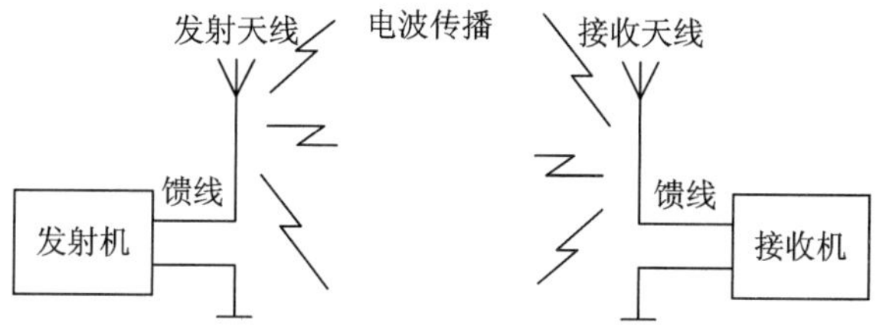

图2.30 信号传输的简单框图

2.4.1 雷达对天线的要求

作为雷达天线，它的作用是将发射机产生的导波场转换成空间辐射场，并接收目标反射回来的回波，将回波能量转换成导波场传送到接收机。雷达对天线的基本要求大

致包括:

(1) 在空间辐射场和传输线之间，提供有效的能量转换(用天线效率来度量)；高的天线效率表明能够有效地利用发射机所产生的射频能量。

(2) 将高频能量集中照射到目标方向的能力或从目标方向接收高频能量的能力较强(用天线增益来度量)。

(3) 根据雷达的作用空域可知空间辐射场在空间的能量分布(用天线方向图来度量)。

(4) 方便的极化控制与目标的极化特征相匹配。

(5) 适当的工作频率范围，即发射机的频率在一定范围改变时，辐射效率及波束宽度要求几乎不变。

(6) 牢固的机械结构和灵活的运转。对周围空间进行扫描，可有效地跟踪目标，并防止风力的影响。

(7) 符合战术上的要求，如机动性、易于伪装、符合特殊的用途等。

2.4.2 天线的主要类型

天线的类型很多，可以根据不同情况进行分类。

按照用途分类，有发射天线、接收天线和收发共用天线。单基地脉冲雷达大多采用收发共用天线。按照使用范围分类，有通信天线、雷达天线、导航天线、测向天线、广播天线、电视天线等。

按照天线特性分类：从方向特性分，有强方向性天线、弱方向性天线、定向天线、全向天线、针形波束天线、扇形波束天线等；从极化特性分，有线极化(垂直极化和水平极化)天线、圆极化天线和椭圆极化天线；从频带特性分，有窄频带天线、宽频带天线和超宽频带天线。

按照天线上的电流分类，有行波天线和驻波天线。

按照使用波段分类，有长波天线、超长波天线、中波天线、短波天线、超短波天线和微波天线。

按照天线外形分类，有T形天线、Γ形天线、V形天线、菱形天线、鱼骨形天线、环形天线、螺旋天线、喇叭天线、反射面天线等。

此外，还有一些新型天线，如单脉冲天线、相控阵天线、微带天线、自适应天线等。

从便于分析和研究天线的性能出发，可以将大部分天线按其结构形式分为两大类：一类是由半径远小于波长的金属构成的线状天线，称为线天线；另一类是用尺寸大于波长的金属或介质面构成的面状天线。线天线主要用于长、中、短波波段，面天线主要用于微波波段，超短波波段则两者兼用。

2.4.3 天线的主要性能指标

天线的主要性能指标有天线效率、输入阻抗、天线方向图、天线极化、天线增益、工作频带宽度等。

1. 天线效率

图 2.31 示出了信号源或发射机通过传输线或导波与天线连接的信号关系，发射机输出功率为 P_G，进入到天线的功率为 $P_{in}=(1-|\Gamma|^2)P_G$，天线辐射的功率为 P_Σ，Γ 是反射

系数，表示反射波与入射波的幅度之比。这是由于天线和传输线之间的失配而产生的。完全匹配时，$|\Gamma|=0$，没有能量反射，$P_{in}=P_G$。

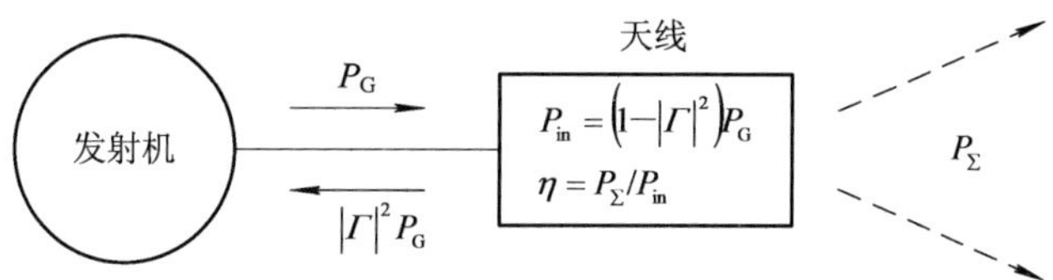

图 2.31　发射机与天线连接的能量传输示意图

天线的效率定义为

$$\eta_A=\frac{P_\Sigma}{P_{in}}=\frac{P_\Sigma}{P_\Sigma+P_{loss}} \tag{2.4.1}$$

式中，P_{loss}表示损耗功率，它是由天线的铜耗、介质损耗、加载元件的损耗以及接地损耗等造成的。仿照辐射功率和辐射电阻的关系，也可假设这部分功率为一电阻所吸收，称此电阻为损耗电阻，记以 R_{loss}，则

$$R_{loss}=\frac{2P_{loss}}{I_A^2} \tag{2.4.2}$$

式中，I_A是天线上某点的电流，则 R_{loss}是归算于此电流的损耗电阻。若天线阻抗为 R_Σ，则式(2.4.1)也可表示为

$$\eta_A=\frac{R_\Sigma}{R_\Sigma+R_{loss}} \tag{2.4.3}$$

注意，上式中 R_Σ和 R_{loss}应用同一个电流来换算。

一般来说，长、中波以及电尺寸很小的天线，R_Σ均较小。相对 R_Σ而言，地面及临近物体的吸收所造成的损耗电阻较大，因此天线效率很低，可能只有百分之几。而超短波和微波天线的电尺寸可以做得很大，辐射能力很强，其效率可接近于 1。

如果传输系统的效率设为 η_φ，则整个天线系统的效率 η 为

$$\eta=\eta_\varphi\cdot\eta_A \tag{2.4.4}$$

2. 输入阻抗

天线输入阻抗是指天线馈电点所呈现的阻抗值。它取决于天线本身的结构与尺寸、工作频率及临近天线周围物体的影响等，仅在极少数情况下才能严格地按理论计算出来。一般采用近似数值计算方法计算或直接由实验确定天线的输入阻抗。

输入阻抗 Z_{in}和输入端功率与电压、电流的关系是

$$Z_{in}=\frac{P_{in}}{|I_{in}|^2}=\frac{V_{in}}{I_{in}}=R_{in}+jX_{in} \tag{2.4.5}$$

式中，P_{in}为输入功率，包含实输入功率和虚输入功率；R_{in}和 X_{in}分别为输入电阻和输入电抗，对应于输入功率的实部和虚部。输入功率中包含辐射功率和损耗功率，若天线是理想无耗的，则输入阻抗应等于当输入电流 $I_{in}=I_0$（馈端电流）时的辐射阻抗，它的实部 R_{in}应等于辐射电阻 R_Σ。

3. 天线方向图

天线的方向性是指在远区相同距离 r 的条件下，天线辐射场的相对值与空间方向的关

系。天线的远区场强可以表示为

$$E(r,\ \theta,\ \varphi) = \frac{60I_A}{r}f(\theta,\ \varphi)\mathrm{e}^{-\mathrm{j}kr} \tag{2.4.6}$$

式中，$f(\theta,\ \varphi)$为方向函数，与距离 r 及天线电流 I_A 无关；θ，φ 分别为方位和俯仰角；$k=2\pi/\lambda$ 为波数，λ 为波长。

将方向函数用图形表示就称为天线的方向图。为了方便地在平面上作图，一般绘出两正交的主平面的方向图，例如 θ=常数或 φ=常数的平面。如果令空间方向图最大值等于1，则此方向图称为归一化方向图，相应的方向函数称为归一化方向函数，用 $F(\theta,\ \varphi)$表示，则

$$F(\theta,\ \varphi) = \frac{|E(\theta,\ \varphi)|}{|E_{\max}|} = \frac{f(\theta,\ \varphi)}{f_{\max}} \tag{2.4.7}$$

式中，$E_{\max}$是最大辐射方向上的电场强度，而 $E(\theta,\ \varphi)$为相同距离处在$(\theta,\ \varphi)$方向上的电场强度；$f_{\max}$为 $f(\theta,\ \varphi)$的最大值。

辐射的功率流密度与方向关系的方向图 $\Phi(\theta,\ \varphi)$，称为功率方向图。它与场强方向图的关系为

$$\Phi(\theta,\ \varphi) = F^2(\theta,\ \varphi) \tag{2.4.8}$$

天线方向图的主要参数如下：

1) 主瓣宽度与旁瓣电平

对于任一天线而言，在大多数情况下，其 E 面或 H 面的方向图一般呈花瓣状，故方向图又称为波瓣图。最大辐射方向所在的瓣称为主瓣，其余的瓣称为旁瓣。

主瓣宽度又分为半功率(或 3 dB)波瓣宽度和零功率波瓣宽度。见图 2.32，在主瓣最大值两侧，功率下降到一半(场强下降 0.707 倍)的两个方向之间的夹角称为半功率波瓣宽度，记以 $\theta_{0.5}$ 或 $\theta_{3\mathrm{dB}}$。两侧功率或场强下降到第一个零点的两个方向之间的夹角称为零功率波瓣宽度，记为 θ_0。为区分是 E 面还是 H 面，有时在下标中注明 E 或 H，如 $\theta_{0.5E}$ 或 $\theta_{0.5H}$。显然，主瓣宽度表示能量辐射集中的程度。对于主瓣以外的旁瓣而言，当然希望它越小越好，因为它的大小表示有部分能量辐射到了这些方向。旁瓣最大值与主瓣最大值之比称为峰值旁瓣电平，记为FSLL，通常以分贝表示：

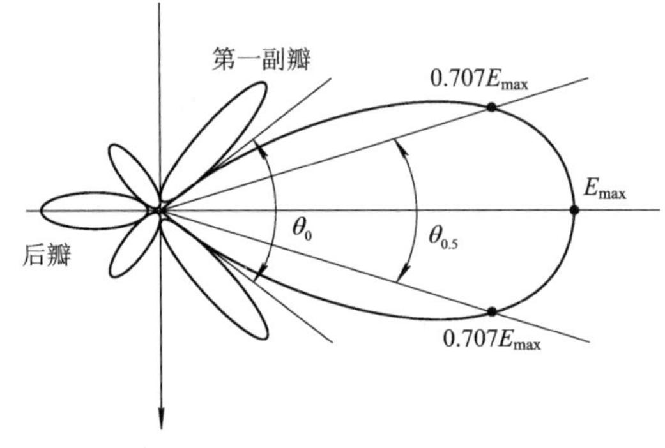

图 2.32　主瓣宽度与旁瓣电平

$$\mathrm{FSLL} = 10\ \lg\left(\frac{P_2}{P_1}\right) = 20\ \lg\left(\frac{|E_2|}{|E_1|}\right) \tag{2.4.9}$$

式中，P 为功率，下标 1 和 2 分别表示主瓣、旁瓣的最大值。

2) 方向系数

在同一距离及相同辐射功率条件下，天线在最大辐射方向上辐射的功率 $P_{\max}$(或$|E_{\max}|^2$)和无方向性天线(点源)的辐射功率 P_0(或$|E_0|^2$)之比称为此天线的方向系数，用符号 D 表示。

$$D = \frac{P_{max}}{P_0}\bigg|_{P_\Sigma 相同} = \frac{|E_{max}|^2}{|E_0|^2}\bigg|_{P_\Sigma 相同} \tag{2.4.10}$$

由于

$$P_0 = \frac{P_\Sigma}{4\pi r^2} = \frac{|E_0|^2}{240\pi} \tag{2.4.11}$$

故

$$|E_0| = \frac{\sqrt{60P_\Sigma}}{r} \tag{2.4.12}$$

将式(2.4.12)代入式(2.4.10)得

$$D = \frac{r^2|E_{max}|^2}{60P_\Sigma} \tag{2.4.13}$$

$$|E_{max}| = \frac{\sqrt{60DP_\Sigma}}{r} \tag{2.4.14}$$

比较式(2.4.12)和式(2.4.14)可知，在相同距离 r 处，某方向系数为 D 的天线，当辐射功率减少为原来的 $1/D$ 时，在最大辐射方向上得到与无方向性点源相等的场强，即 $|E_{max}|=|E_0|$。因此，称 DP_Σ 为等值辐射功率。

下面给出方向系数的另一种定义：在最大辐射方向上同一距离处，若得到相同的电场强度，某有方向性天线比无方向性点源天线辐射功率节省的倍数，称为天线的方向系数，即

$$D = \frac{P_{\Sigma 0}(点源)}{P_\Sigma}\bigg|_{E 相同} \tag{2.4.15}$$

设某天线的归一化方向函数为 $F(\theta, \varphi)$，则在任意方向上的场强为

$$|E(\theta, \varphi)| = |E_{max}||F(\theta, \varphi)| \tag{2.4.16}$$

辐射功率为

$$P_\Sigma = \frac{1}{240\pi}\int_0^{2\pi}\int_0^{\pi}|E(\theta, \varphi)|^2 r^2 \sin\theta \, d\theta \, d\varphi \tag{2.4.17}$$

将式(2.4.16)代入上式得

$$P_\Sigma = \frac{1}{240\pi}\int_0^{2\pi}\int_0^{\pi}|E_{max}|^2|F(\theta, \varphi)|^2 r^2 \sin\theta \, d\theta \, d\varphi \tag{2.4.18}$$

将上式代入式(2.4.13)，天线的方向系数为

$$D = \frac{4\pi}{\int_0^{2\pi}\int_0^{\pi}|F(\theta, \varphi)|^2 \sin\theta \, d\theta \, d\varphi} = \frac{120|f_{max}|^2}{P_\Sigma} \tag{2.4.19}$$

由式(2.4.19)知，若天线的主瓣较宽，式中分母的积分值就越大，方向系数 D 就越小。这是由于天线辐射的能量分布在较宽的角度范围内导致的。

4. 极化

极化是天线的一个重要特性。天线的发射极化是发射天线在该方向上辐射电磁波的电场矢量端点的运动状态，接收极化是接收天线在该方向入射平面波的电场矢量端点的运动状态。天线的极化是指时变电场矢量端点的运动状态，它与空间方向有关。实际使用的天线往往要对极化提出要求。

极化可分为线极化、圆极化和椭圆极化。如图 2.33 所示，其中图(a)中电场矢量端点的轨迹是一条直线，该直线与 x 轴的夹角不随时间变化，这种极化波称为线极化波。图(b)

中电场矢量端点的轨迹是一个在垂直于传播方向的平面内的圆，这种极化波称为圆极化波。沿传播方向观察，电场矢量顺时针方向旋转称为右旋圆极化波，逆时针旋转称为左旋圆极化波。迎着传播方向观察，右旋波为逆时针方向旋转，左旋波为顺时针方向旋转。图(c)中电场矢量端点的轨迹是一个倾斜的椭圆，它的旋向与圆极化波的旋向的规定相同。显然，线极化和圆极化是椭圆极化的特例。

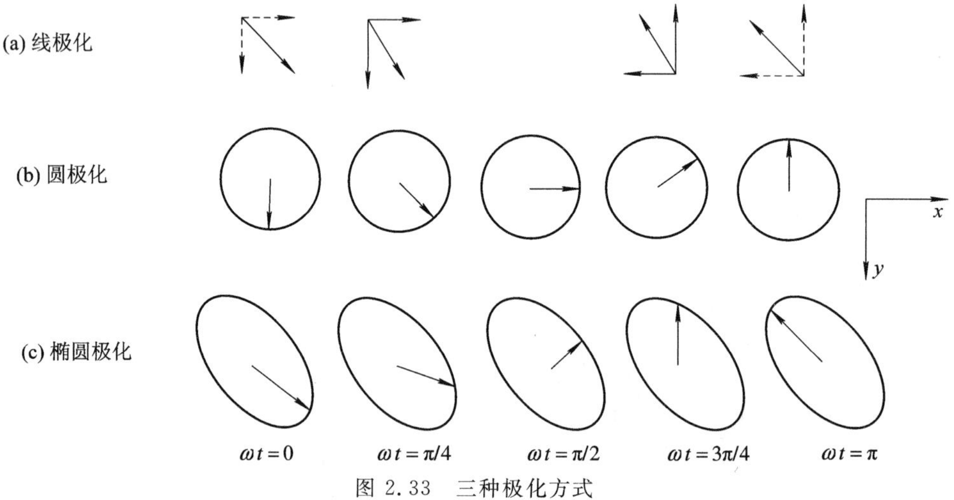

图 2.33 三种极化方式

5. 天线增益

天线增益表征天线辐射能量的集束程度和能量转换效率的总效益。

发射天线的增益定义为：在相同输入功率的条件下，天线在某方向某点产生的功率 P_1(或$|E_1|^2$)与理想点源(效率 100%)在同一点产生的功率 P_0(或$|E_0|^2$)的比值，即称为此天线在该方向的增益。用符号 G 表示，即

$$G=\left.\frac{P_1}{P_0}\right|_{P_{in}\text{相同}}=\left.\frac{|E_1|^2}{|E_0|^2}\right|_{P_{in}\text{相同}} \tag{2.4.20}$$

天线增益的另一种定义：在某方向某点产生相等电场强度的条件下，理想点源的输入功率 P_{in0} 与某天线输入功率 P_{in1} 的比值，称为该天线在该方向上的增益系数，即

$$G=\left.\frac{P_{in0}}{P_{in1}}\right|_{E\text{相同}} \tag{2.4.21}$$

将式(2.4.20)和式(2.4.15)代入上式得

$$G=\frac{P_{in0}}{P_{in1}}=\frac{P_{in0}}{P_{\Sigma}}=D\eta_A \tag{2.4.22}$$

此外，还有天线的相对增益，即该天线在某方向的增益与输入功率相等的参考天线在同一方向或最大辐射方向的增益之比。通常用增益容易计算的天线或增益已知的天线或常用天线作为参考天线，例如用基本振子、半波振子、喇叭天线作为参考天线。设某天线的相对增益为 G'，则

$$G'=\frac{G_A}{G_{A0}} \tag{2.4.23}$$

式中，G_A 和 G_{A0} 分别为天线和参考天线的增益。理想点源(无耗均匀辐射)的增益 $G_{A0}=\eta_{A0}D_{A0}=1$，故 $G=G'$，也就是说，天线增益是相对于理想点源的相对增益。

如果用自由空间中的无耗半波振子作参考天线，因为在最大辐射方向 $G_{A0}=1.64$。则天线相对半波振子的相对增益为

$$G'=\frac{G}{1.64} \tag{2.4.24}$$

增益常用分贝表示，即 $G(\text{dB})=10\lg G$。天线增益以理想点源作为参考天线来取分贝值的称为 dBi，而将以半波振子作为参考天线来取分贝值的称为 dBd。

6. 工作频带宽度

天线的所有电参数都是频率的函数。频率变化，电参数跟着变化，这就是天线的频率特性，可用工作频带或带宽表示。天线的带宽是天线的某个或某些性能参数符合要求时的工作频率范围。天线带宽取决于天线的频率特性和对天线提出的参数要求，不同的电参数，频率特性也不同。天线带宽是对某个或某些电参数来说的。

为了使用方便，有时使用相对带宽，它是绝对带宽与工作频带的中心频率之比。对于频率特性对称的电参数，可用 $2\Delta f$ 表示绝对带宽，Δf 是偏离中心频率 f_0 的最大频率差，在 $2\Delta f$ 范围内的电参数符合要求。

表 2.7 给出了 L 波段低空防空监视雷达 AN/TPS-63 的天线照片及其主要性能指标。该天线为垂直向线阵馈源的抛物柱反射面天线，俯仰波束赋形可以使大地的辐射最小。

表 2.7　L 波段低空防空监视雷达 AN/TPS-63 天线的主要性能指标

照　　片	主要指标	指标参数
	工作频段	L 频段，在 1225～1400 MHz 内 80 个频点
	覆盖范围	360°(方位)，40°(仰角)
	天线尺寸	4.9 m×5.5 m
	分辨率	2.9°(方位)，190 m(距离)
	天线增益	32.5 dB
	天线转速	6、12 或 15 r/min
	输出功率	45 kW(峰值)

2.4.4　天线的场区

天线周围的场强分布可视为离开天线距离和角坐标的函数。通常，根据离开天线距离 r 的不同将天线周围的场区划分为感应近区、辐射近区和辐射远区，如图 2.34 所示。

(1) 感应近区：$0\leqslant r\leqslant 0.62\sqrt{D^3/\lambda}$，这是最靠近天线的区域，在该区域内，感应场大于辐射场，电场能量和磁场能量交替地存储于天线附近的空间内。

(2) 辐射近区：$0.62\sqrt{D^3/\lambda}\leqslant r\leqslant 2D^2/\lambda$，在辐射近区(又称菲涅尔区)，辐射场占主导地位，天线的方向图与离开天线的距离有关，即在不同距离处的方向图是不同的。原因是：① 由天线各辐射源所建立的场之相对相位关系随距离而改变；② 这些场的相对振幅也随距离而改变，在辐射近区的内边界处天线方向图是一个主瓣和副瓣难分的起伏包络；③ 随着离开天线距离的增加直到靠近远场辐射区，天线方向图的主瓣和副瓣才明显形成，但零点电平和副瓣电平均较高。

(3) 辐射远区：$r\leqslant 2D^2/\lambda$，辐射近区的外边就是辐射远区(夫琅禾费区)，该区域辐射

场仍占主导地位，具有如下特点：① 天线的方向图与离开天线的距离无关；② 场的大小与离开天线的距离成反比；③ 方向图的主瓣、副瓣和零点已全部形成。

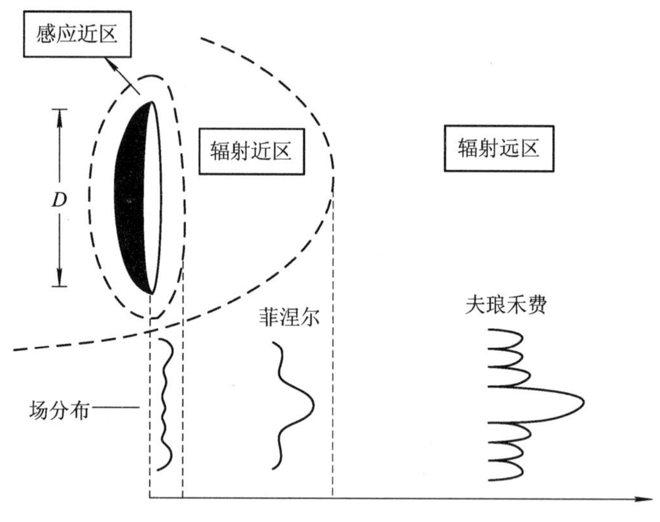

图 2.34　天线的场区

2.4.5　天线的测量

天线测量在实践中有很多方法，但其机制可以分为直接测量和间接测量两类，详细分类见图 2.35。直接测量可以分为远场测量、紧缩场测量、聚焦法测量。间接测量可以根据近场扫描面的不同分为三种类型：平面近场测量、柱面近场测量、球面近场测量。限于篇幅，本书不展开介绍。

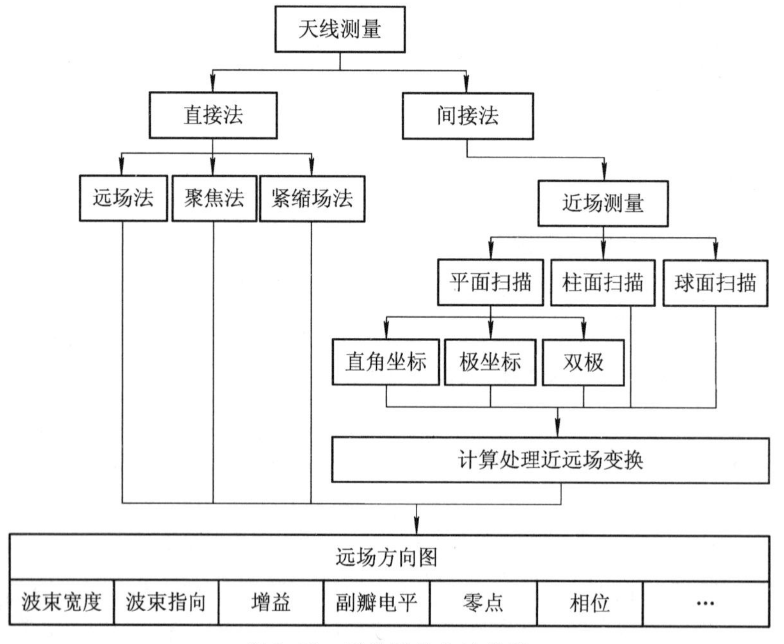

图 2.35　天线测量方法分类

2.5 终端信息处理

随着计算机技术在雷达中的广泛应用，计算机正逐步代替操作人员自动处理雷达回波数据，为指挥员提供所需的数据，并对雷达进行资源调度和故障自检与定位。

雷达信号处理分系统对雷达接收信号进行滤波处理，滤除不需要的噪声、杂波、干扰，并增强目标回波信号，完成目标检测。后继对目标参数的录取、数据处理与显示，则需要由雷达终端信息处理分系统完成。雷达终端是雷达整机中目标参数录取、数据处理、显示和信息传输接口等基本功能设备的总称。雷达终端信息处理主要包括航迹关联、航迹滤波、航迹起始与终止等雷达数据处理，完成高速、大容量、精确稳定的目标跟踪，把处理的航迹数据和原始的目标回波以操作员易于理解和灵活操作的方式呈现给操作人员，并直接上报指挥所或友邻部队，实现目标信息的探测、获取、处理、传输和显示的自动化。下面分别介绍目标参数录取、雷达数据处理、终端显示的基本知识。

2.5.1 终端信息处理系统的功能与组成

终端信息处理是将回波信号中有关目标的信息，经过必要的加工处理后，在显示器上以图形和数字等直观的形式展示给雷达操作员。其主要功能包括：

(1) **目标参数录取**。雷达信号处理检测过门限的点对应的目标距离、角度、径向速度、幅度的观测值或测量值，并将其以一定的格式输入到计算机上进行数据处理，也称为点迹录取。数据录取内容包括目标的距离、方位、幅度、高度、时间及目标类型等，并对目标进行编批。现代雷达为了便于分析并发现问题，可以对接收机采集的原始信号进行数据录取与存储。

(2) **雷达数据处理，包括点迹处理和航迹处理**。建立目标的航迹，实施航迹管理，即数据处理(情报综合)。航迹处理就是将同一目标点迹连成航迹的处理过程，一般包括航迹起始、相关和外推等。其作用是利用信号处理和数据录取获得的一系列测量数据，用计算机进行分类、目标截获、起始跟踪和航迹处理，求出精确的目标位置参数，并给出它们下一时刻的位置预测值。这通常是在计算机上利用数据处理软件实现的。

(3) **信息显示**。雷达信息显示功能以适合雷达操作员观察的形式显示目标航迹等。雷达信息显示是雷达系统人机交互的重要接口，显示格式有 A 型、PPI、B 型和三维立体显示等；显示器件有 CRT、液晶显示器等；扫描方式有随机扫描、光栅扫描等。

(4) **生成与传输文件**。生成航迹文件，并传输(传输给上级和友邻部队)、上报目标的相关信息。

(5) **对雷达进行资源调度和工作状态控制**。选择雷达的工作方式、工作参数等，设置雷达各分系统的工作参数，并显示各分系统的工作状态，一旦出现故障，操作员就可以发现故障的大致位置。现代雷达要求雷达各分系统都有自检与故障定位的功能。

终端信息处理的基本流程如图 2.36 所示。参数录取的目标数据反映的是目标信号的原始信息，常称为一次信息。数据处理得到的目标航迹数据(包括目标当前的位置、速度机动情况和大致属性信息)也称为二次信息。

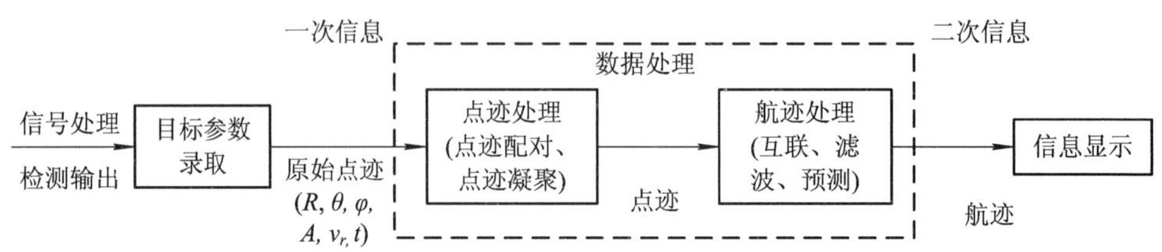

图 2.36　终端信息处理的基本流程

2.5.2　雷达信息的录取方式

雷达回波经信号处理后，需要对检测过门限信号进行参数测量，获得的目标空间位置、幅度、相对时间等参数按一定格式送入数据处理计算机，形成原始点迹数据。这一过程称为雷达信息的录取，也称参数录取、数据录取或点迹录取。一般原始点迹数据量较大，需要数据处理系统具有较强的处理能力和总线传输带宽。为实现对雷达威力范围内原始点迹数据的实时处理，一般采用手动、半自动、区域全自动、全自动四种录取方式。

1. 手动录取(人工录取)

早期的雷达完全由操作员进行目标发现和数据录取。操作人员通过观察显示屏上出现的目标，利用鼠标点击录取目标，利用显示器上的距离和方位刻度或指示盘，测读目标的坐标，并且估算目标的速度和航向。人工录取显然在速度、精度、容量等方面都不能满足现代雷达的要求，现代雷达采用半自动或全自动的录取方式。

2. 半自动录取

半自动录取由操作员人工通过显示器发现目标并录取第一点，以后的检测和数据录取由录取设备自动完成。在半自动录取过程中，有时为了将目标的某些特征数据与坐标数据一起编码，可由操作员通过人工干预的方式将其送数据处理计算机。

3. 全自动录取

全自动录取是指从发现目标到坐标数据录取，全部过程由录取设备自动完成。只有某些特征参数，如目标分类需要人工进行录取。

4. 区域全自动录取

这种方式即在某些区域内用全自动录取方式，其它位置用手动或半自动录取。例如，在清洁区或目标密度稀疏的区域用全自动录取。这样可以充分发挥各种录取方式的优势，既发挥了人工的作用，又利用计算机弥补了人工录取的不足。如果同时出现许多目标，人工来不及录取，设备可转入全自动录取状态，操作员监视计算机的自动跟踪情况，在必要时实施人工干预。

表 2.8 对比了几种雷达信息录取方式的优缺点。

表 2.8　几种雷达信息录取方式的优缺点

录取方式	优　点	缺　点
人工录取	可以发挥操作员的主观能力和经验	在速度、精度、容量等方面不能满足现代战争的要求
半自动录取	可按危险程度作出最优录取方案，对同一批次的后继目标回波无须操作员连续观测，可减轻操作员的负担；可避免录取杂波形成假航迹；易于在干扰背景中识别或提取目标	录取速度慢，在多目标复杂情况下会措手不及；操作员若疏忽，可能漏掉危险目标；人工操作繁杂，负担过重
全自动录取	录取速度快，能对付多目标情况；无需连续观测荧光屏，只需监视设备的工作情况，可减轻操作员的负担	可能造成虚假录取；可能漏掉杂波区内弱小目标
区域全自动录取	可以充分发挥各种录取方式的优势，既发挥了人工的作用，又利用计算机弥补了人工录取的不足	

2.5.3　录取的参数

录取的参数不仅包括目标的距离、方位、仰角或高度，还包括目标发现时间、机型识别、敌我识别、二次雷达数据等其它信息或参数的录取。

1. 目标距离的录取

搜索(警戒)雷达将检测过门限的点所在距离量化单元对应的距离作为目标的距离。若距离量化单元大小为 ΔR_s，过门限点的距离单元为 K，则该点迹的距离为 $R_t = K\Delta R_s + R_0$，R_0 为第 1 个采样点对应的距离。距离跟踪雷达通过距离内插，利用分裂波门测量目标的距离。

2. 目标角度的录取

搜索(警戒)雷达一般将检测过门限的点所在波位的波束指向作为该点迹的方位和仰角。机扫雷达的波束指向一般通过雷达伺服系统的角度传感器读取方位码盘的数据。方位计数采用 16 位的计数器，在正北方向时对其清零。雷达在一个 CPI 期间有多个脉冲，目标方位录取时取其中间位置的数值。单脉冲测量雷达是将角度测量值加上当前波束中心的指向作为目标的方位。仰角或高度的录取类似。

3. 目标发现时间的录取

当检测器检测出目标信息时，用“目标开始”“目标结束”或“目标发现”标志录取目标的距离和方位信息的同时去提取时间计数器的计数结果，目标的发现时间为

目标的发现时间＝对时标准＋计数值×计时单位

计时单位一般为 10 ms，对时标准一般由上级指挥机关对整个雷达网进行对时，得到统一的计时。

4. 机型识别

目前的机型识别主要依靠观测员来判断。因为机型不同，回波的宽度、强度、波形的起伏等情况都不相同，因而在显示器上的图像变化也有所不同。有经验的观测人员通过显示器上的图像变化情况，能够比较准确地判断机型。同一批目标的架数识别与机型识别类似，

操纵员可以借助高分辨信号处理和立体显示来判别，通过人工识别的方法进行录取。

用机器来识别机型目前常用的是间接的办法，也就是通过录取和计算目标的高度、速度、机动方式等运动参数来进行判断。一些现代雷达，增加了宽带处理通道的高分辨处理，通过提取目标的一维距离像、微多普勒特征等信息，来识别目标的大致类型，有的甚至通过深度学习的方法实现目标的识别。

5. 敌我识别(IFF)

操作员通过雷达显示控制台发出询问指令，询问机通过与雷达天线同步旋转的询问天线向空中目标发出询问信号，飞机上的应答器接收到询问信号以后，如果认出是己方的询问，就发回一个脉冲给地面站，表示"正常"或"遇险"，否则就不回答。应答信号由地面询问接收机接收、解密和处理，其"正常"或"遇险"信号一方面送显示器显示，另一方面对应答标志进行录取。

6. 二次雷达数据的录取

二次雷达和一次雷达的工作方式不同，它是问答式的、被动的雷达系统。例如对飞机导航时，地面设备发射询问信号，机上的应答设备接到以后，要加以识别，只有符合约定格式的询问信号才予以回答。地面设备只有在这种情况下才能收到目标的信号，否则，将是问而不答，不能发现目标。

按照国际标准，地面设备发射的询问信号的频率是1030 MHz，飞机上发射的应答信号的频率是1090 MHz，由于发射机的工作频率和接收机的工作频率不一样，因此，二次雷达不存在杂波干扰。另外，二次雷达共有六种不同的询问模式，分别作为军用或民用等。

2.5.4 雷达数据处理

雷达数据处理是对参数录取设备获取的目标位置及其运动参数等进行数据处理，消除由背景杂波和干扰造成的假目标，估计出目标数目，给出正确和精确的目标航迹数据，包括目标当前的位置、速度、机动情况、预测位置和属性识别信息。雷达数据处理框图如图2.37所示，主要包括点迹处理和航迹处理。点迹处理包含点迹配对和点迹凝聚。航迹处理包含航迹起始、数据关联、跟踪滤波、航迹终止等。

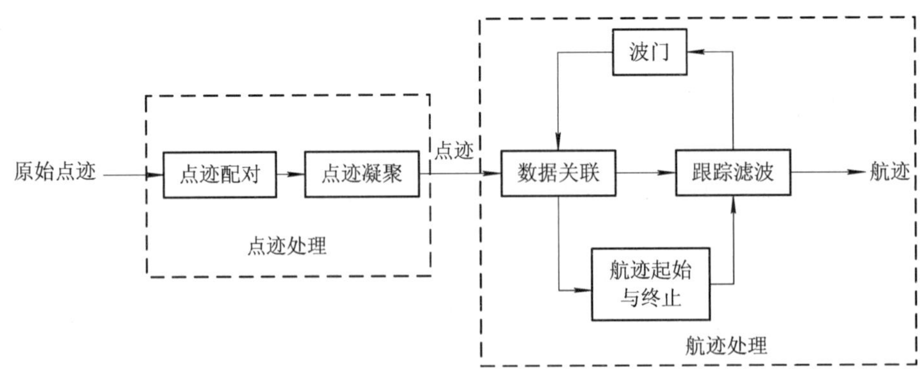

图2.37 雷达数据处理框图

1. 点迹处理

点迹，泛指满足检测准则过门限的回波，是由参数录取设备输出回波点相关的位置坐标等参数的一组数据。点迹一般是真实目标，也可能是噪声、杂波剩余或干扰产生的虚假点迹。真实目标回波可能占据多个距离量化单元或多个方位分辨单元，并通过检测门限形成多个点迹。从雷达数据处理的角度，人们希望一个点目标只有一组点迹数据。点迹处理是对录取的点迹数据进行剔除、配对和凝聚。点迹剔除是剔除由于副瓣产生的虚警点迹，或者是海尖峰等剩余杂波产生的虚警点迹。点迹配对是将原始点迹数据进行归类，将同一目标产生的点迹数据归到一起，便于点迹凝聚处理。点迹凝聚是将同一目标在距离维、方位维的多个点迹凝聚称为一个点迹，也称为归并。不同目标的点迹可能交叠在一起，需要利用幅度、回波宽度来判断是否可能为两个目标。

搜索(警戒)雷达一般将目标回波最大幅度所在距离单元作为目标的距离。检测后若相邻的多个距离单元均过检测门限，在距离维点迹凝聚过程中可以通过密度加权得到目标的距离。例如，若过检测门限相邻的 K 个距离单元对应的距离为 $\{R_1, R_2, \cdots, R_K\}$，幅度为 $\{A_1, A_2, \cdots, A_K\}$，则目标的距离(质心)为

$$R_{\mathrm{t}} = \frac{\sum_{k=1}^{K} A_k R_k}{\sum_{k=1}^{K} A_k} \tag{2.5.1}$$

当雷达的分辨率较高时，大型目标占据多个距离单元，可以根据连续过检测门限距离单元的数据，大致得到目标在距离维的尺寸。

同样，若在相同的距离单元、相邻的两个波束均过检测门限，在方位维和俯仰维点迹凝聚过程中也可以通过密度加权得到目标的方位和仰角。

2. 航迹处理

航迹是对多个目标的若干点迹进行处理后，将同一个目标在不同时刻的点迹连成的曲线。在不同使用场合，该曲线分别称为航迹、轨迹或弹道。航迹处理是将同一目标的点迹连成航迹的处理过程，一般包括航迹起始、数据关联、跟踪滤波、航迹终止等。

航迹起始是指建立第一点航迹。航迹起始是在雷达工作 3～5 圈以后，对这些圈的点迹数据，在一定的空域(距离－方位－仰角)范围内进行点迹关联，确认航迹的起始。常用的准则是：4 圈中有 3 圈测得目标点迹，或者 3 圈中有 2 圈测得目标点迹，即可确认航迹起始成功。

数据关联是指建立了第一点航迹后，下一次扫描时，获得同一目标的点迹数据，再将此点迹数据与航迹关联起来。进行点迹与航迹配对的过程，也称航迹相关。具体过程可参考第 12 章。观测点迹与航迹数据关联有三种可能：

(1) 把录取的点迹与已知的航迹进行比较，并确定正确配对。当配对之后，新的观测点迹数据才用于更新航迹数据，得到精确的目标位置和速度等估值；

(2) 没有与航迹关联的点迹，用于起始新的航迹，并经进一步的确认；

(3) 若连续多帧没有与点迹关联的航迹，进行航迹终止的判别。

跟踪滤波是针对同一目标点迹数据进行滤波，得到更精确的目标位置参数，并作为航迹输出。滤波方法主要有 αβγ 滤波、卡尔曼滤波、曲线拟合等。跟踪滤波可实现对目标下一点迹的预测，即根据已经确定的目标航迹文件，估计目标速度，预测下一圈目标的大致位置。可以以预测位置为中心形成一个搜索区域(波门)，在波门内找到的点迹即与已建立的航迹相关。波门的大小与系统对目标的测量误差、预测误差、关心的目标在一次扫描间

隔时间内发生的位移、雷达的分辨率有关。

图 2.38 给出了跟踪波门示意图。

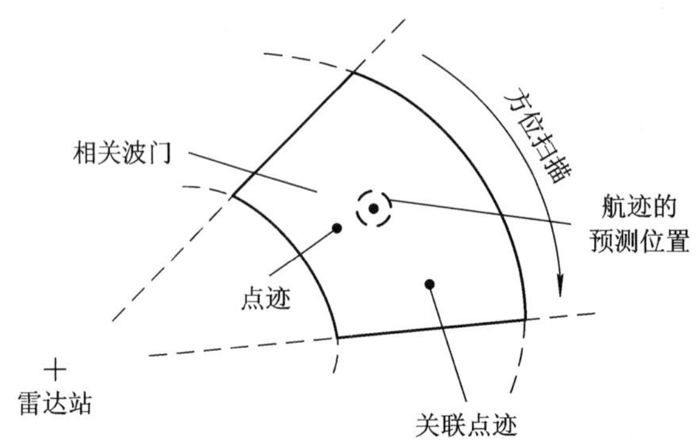

图 2.38　跟踪波门示意图

跟踪波门的选取原则如下：

(1) **跟踪波门**：以某批目标预测点为中心的空间区域，用于筛选属于已存在航迹的最新观测点迹，是限制不可能配对的关键环节，也是维持目标跟踪的先决条件。

(2) **波门的大小**：由正确接收回波的概率确定，应使落入波门中的真实观测(如果检测到目标)有很高的概率，同时又不允许波门内有过量的无关点迹(假定虚警和新目标在雷达威力范围内均匀分布)。

(3) **波门方程**：判决某个点迹是否与某个航迹相关联，这一过程可以看成是对两种假设的检验：

H_0：点迹和预测航迹不属于同一目标；

H_1：点迹和预测航迹属于同一目标。

点迹与波门关联的结果可能会出现以下情况：

一个点迹落入一个波门(正常配对)；

一个点迹落入波门外(机动或新目标)；

一个点迹落入多个波门(密集目标环境)；

波门内没有点迹(漏测或机动)；

多个点迹落入一个波门(杂波环境)；

多个点迹落入多个波门(复杂情况)。

当出现下列这些事件时航迹将终止：

(1) 连续 3～5 圈扫描都没有关联到新的点迹；

(2) 数据关联错误，形成错误航迹；

(3) 目标飞离雷达威力范围；

(4) 目标剧烈机动，飞出跟踪波门而丢失目标；

(5) 目标降落机场等。

2.5.5　雷达终端显示

传统雷达终端显示器以图像的形式表示雷达回波所包含的信息，是人和雷达联系的直接接口。显示内容不仅包括一次雷达信息，而且包括二次雷达的目标信息。现代雷达通常嵌入了以雷达位置为中心的电子地图，有的雷达还可以显示杂波轮廓图等。

终端显示器的主要类型见表 2.9，最常用的是幅度显示器(A 显)和平面位置显示器(PPI)。A 型显示器是最简单的一种雷达显示器，提供目标距离和信号强度信息，在 Y 轴(垂直)方向表示回波幅度，而在 X 轴(水平)方向表示目标到雷达的距离或时间延迟。PPI 显示器是一种亮度调制的距离—方位显示器，以极坐标形式表示雷达信息，沿径向以长度表示距离，目标角度则表示为极坐标角，各种目标是以光点的形式出现，可以根据目标亮弧的位置，测读目标的距离和方位角两个坐标。

表 2.9　雷达几种终端显示器的特征

显示类型	显示格式	特　征	显示内容
A 型显示器(A 显)	距离—幅度	提供目标距离和信号强度信息，纵坐标表示回波幅度(通常取 dB)，横坐标表示目标的距离或时间延迟	原始视频或综合视频
PPI 显示器	极坐标的距离—方位	以极坐标形式显示雷达信息，沿径向以长度表示距离，目标方位为极坐标角度	点迹
B 型显示器	直角坐标的距离—方位	提供目标距离和方位信息	点迹
RHI 显示器	距离—高度	提供目标距离和高度信息	点迹
综合显示器		综合显示目标的距离、方位、信号强度等信息	原始视频或综合视频、点迹

图 2.39 为某雷达的终端显示界面，可见现代雷达利用计算机，可以综合显示很多信息。

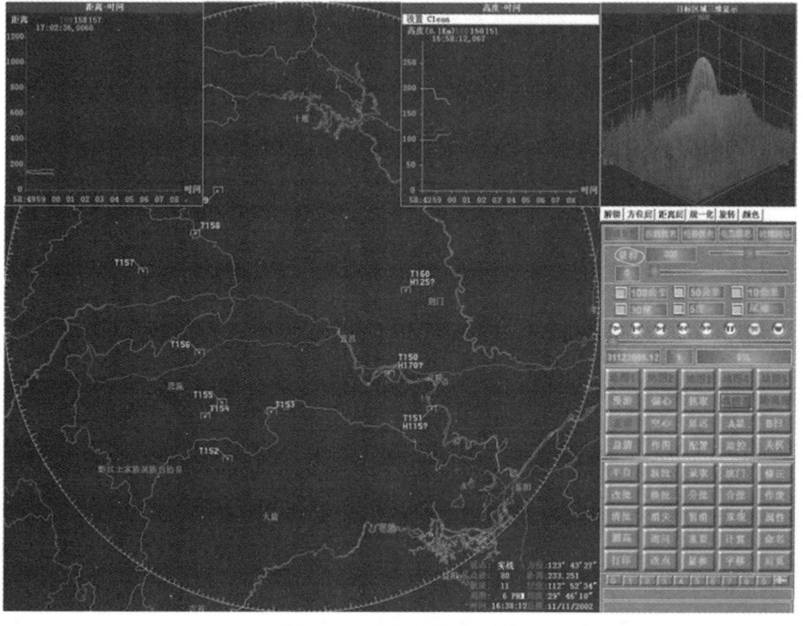

图 2.39　雷达终端显示

练 习 题

2-1 定义发射机效率的一种方法是用射频输出功率 P_{out} 除以输入的初级电源功率 P_{in}。

(1) 对固定输出功率而言，把耗散的功率 $P_{\mathrm{dis}}=P_{\mathrm{in}}-P_{\mathrm{out}}$ 绘制成发射机效率 ε 的函数。[使纵坐标为比率(耗散的功率/输出功率)。]

(2) 如果输出功率需要 30 kW，用效率 15%的发射机，耗散的功率是多少？

(3) 如果发射机效率可以提高到 50%，待耗散的功率是多少？

(4) 低效率时会出现什么缺点？

2-2 (1) 在有 300 个组件的固态发射机中，如果有 20 个组件坏了，则输出功率会降低多少？

(2) 这将使得雷达作用距离减少几分之几？

2-3 (1) 如果想要雷达发射机的带宽为 10%，雷达系统设计可选用的方案是什么？哪种射频功率源是最想要的？(可以作一些有关应用的假设。)

(2) 如果想要雷达发射机带宽为 40%，可用哪几种方案而且从这些方案中你可能选择哪一种？(包括你选择的理由。)

2-4 (1) 一部由噪声系数为 1.4 dB、增益为 15 dB 的低噪声射频放大器，变频损耗为 6.0 dB、噪声温度与标准温度(290 K)之比为 1.2 的混频器和噪声系数为 1.0 dB 的中频放大器组成的超外差接收机，求其总的噪声系数。

(2) 如果射频低噪声放大器的增益为 30 dB 而不是 15 dB，那么(1)中的接收机噪声系数为多大？

(3) 如果(1)中的中频放大器噪声系数为 3.0 dB 而不是 1.0 dB，那么接收机总的噪声系数应为多大？你认为这样的变化意味着什么？

2-5 (1) 当噪声系数为 F_r 的接收机连接到天线温度为 T_a 的天线上时，求证系统噪声系数 F[式(2.3.9)]可写为

$$F=\frac{T_a}{T_0}+F_r$$

式中，T_0 为标准温度 290 K。

(2) 如果天线温度为 300 K，传输线损耗为 1.5 dB，接收机噪声系数为 2.6 dB，那么系统噪声系数是多大？

2-6 (1) 实际温度为 T_{d}、损耗为 L 的天线罩与没有天线罩时的噪声温度为 T_a' 的天线一起使用时，求证由下式给出的天线噪声温度：

$$T_a=\frac{T_a'}{L}+T_{\mathrm{d}}\frac{(L-1)}{L}$$

(2) 根据上式，推导出由于天线罩的使用而使天线噪声温度 $\Delta T_a=T_a-T_a'$ 的变化。

(3) 采用(1)中的结果，系统噪声系数应是多大？

(4) 当接收机噪声系数为 2.6 dB，传输线损耗为 1.5 dB，天线噪声温度为 110 K，天线罩实际温度为 310 K 及天线罩损耗为 0.6 dB 时，系统噪声温度是多大？

第 3 章　雷达方程及其影响因素

雷达是依靠目标散射的回波能量来探测目标的。雷达方程定量地描述了作用距离和雷达参数及目标特性之间的关系。研究雷达方程主要有以下作用：

① 根据雷达参数来估算雷达的作用距离；

② 根据雷达的威力范围来估算雷达的发射功率；

③ 分析雷达参数对雷达作用距离的影响。

因此，雷达方程对雷达系统设计过程中正确选择系统参数有重要的指导作用。

本章从基本雷达方程入手，分别介绍基本雷达方程、目标的散射截面积(RCS)、电波传播对雷达探测的影响、雷达的系统损耗以及干扰器和几种体制的雷达方程。

3.1　基本雷达方程

基本雷达方程是在理想条件下进行的。理想条件是指雷达与目标之间的电波传播发生在自由空间，其条件是：

(1) 雷达与目标之间没有其它物体，电磁波不受地面及其它障碍物的影响，电波按直线传播；

(2) 空间的介质是均匀的，且各向同性；

(3) 电磁波在传播中没有损耗。

假设雷达发射功率为 P_t，当采用全向辐射天线时，与雷达的距离为 R_1 处任意点的功率密度 S_1' 为雷达发射功率 P_t 与球的表面积 $4\pi R_1^2$ 之比(假设球是以雷达为球心，雷达到目标的距离为半径，如图 3.1(a)所示)，即

$$S_1' = \frac{P_t}{4\pi R_1^2} \quad (\mathrm{W/m^2}) \tag{3.1.1}$$

为了增加在某一方向上的辐射功率密度，雷达通常采用方向性天线，如图 3.1(b)所示。天线增益 G_t 和天线等效面积 A_e 为方向性天线的两个重要参数，它们之间的关系为

$$A_e = \frac{G_t \lambda^2}{4\pi} \quad (\mathrm{m^2}) \tag{3.1.2}$$

其中，λ 表示波长，天线等效面积 A_e 和天线物理面积 A 之间的关系为 $A_e = \rho A$，ρ 是指天线

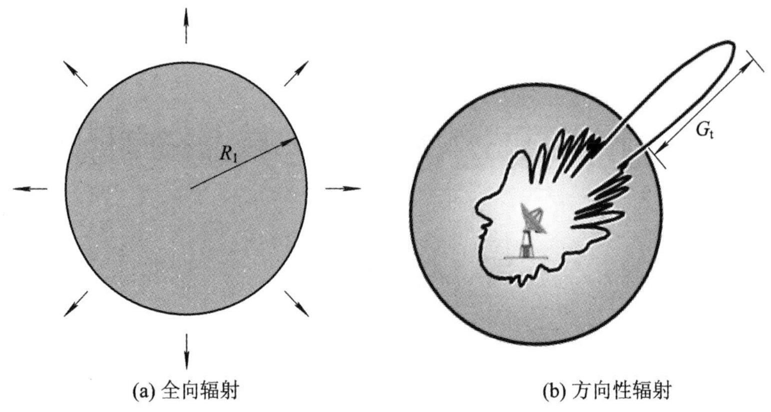

图 3.1 全向辐射与方向性辐射的功率密度示意图

的孔径效率(有效接收率)，$0\leqslant\rho\leqslant1$，性能好的天线要求 ρ 接近于 1。在实际中通常约取 ρ 为 0.7。本书提到的天线，除特殊声明外，A_e 和 A 是不加区别的。

增益与天线的方位和仰角波束宽度又有关系式：

$$G_t = K\frac{4\pi}{\theta_a\theta_e} \tag{3.1.3}$$

式中，$K\leqslant1$，且取决于天线的物理孔径形状，θ_a、θ_e 分别为天线的方位和仰角波束宽度(单位为 rad)。

在自由空间里，在雷达天线增益为 G_t 的辐射方向上，距离雷达天线为 R_1 的目标所在位置的功率密度 S_1 为

$$S_1 = S_1'G_t = \frac{P_tG_t}{4\pi R_1^2}\quad(\mathrm{W/m^2}) \tag{3.1.4}$$

目标受到电磁波的照射，因其散射特性将产生散射回波。散射功率的大小显然和目标所在点的发射功率密度 S_1 及目标的散射特性有关。用目标的散射截面积 σ(其量纲是面积)来表征其散射特性。若假定目标可将接收到的回波能量无损耗地辐射出来，就可以得到目标的散射功率(也称二次辐射或散射功率)为

$$P_2 = S_1\sigma = \frac{P_tG_t\sigma}{4\pi R_1^2}\quad(\mathrm{W}) \tag{3.1.5}$$

假设目标的散射回波(其功率为 P_2)全向辐射，接收天线与目标距离为 R_2，那么在接收天线处的回波功率密度为

$$S_2 = \frac{P_2}{4\pi R_2^2} = \frac{P_tG_t\sigma}{(4\pi)^2R_1^2R_2^2}\quad(\mathrm{W/m^2}) \tag{3.1.6}$$

如果雷达接收天线的有效接收面积为 A_r，天线增益 G_r 和有效面积 A_r 之间的关系为 $A_r = \dfrac{G_r\lambda^2}{4\pi}$，则接收回波的功率 P_r 为

$$P_r = A_rS_2 = \frac{P_tG_t\sigma A_r}{(4\pi)^2R_1^2R_2^2} = \frac{P_tG_tG_r\sigma\lambda^2}{(4\pi)^3R_1^2R_2^2}\quad(\mathrm{W}) \tag{3.1.7}$$

单基地脉冲雷达通常采用收发共用天线，则令 $G_t=G_r=G$，$A_r=A_t$，$R_1=R_2=R$，将此代入式(3.1.7)，有

$$P_r = \frac{P_t G^2 \lambda^2 \sigma}{(4\pi)^3 R^4} \quad (\mathrm{W}) \tag{3.1.8}$$

由式(3.1.8)可看出，接收的回波功率 P_r 与目标的距离 R 的四次方成反比。只有当接收到的功率 P_r 大于最小可检测信号功率(即接收机的灵敏度 $S_{i,\min}$)时，雷达才能可靠地发现目标。所以，当 P_r 正好等于 $S_{i,\min}$ 时，就可得到雷达检测目标的最大作用距离 $R_{\max}$。因为超过这个距离，接收的信号功率 P_r 进一步减小，就不能可靠地检测到目标。它们的关系式可以表示为

$$P_r = S_{i,\min} = \frac{P_t \sigma A_t^2}{4\pi\lambda^2 R_{\max}^4} = \frac{P_t G^2 \lambda^2 \sigma}{(4\pi)^3 R_{\max}^4} \quad (\mathrm{W}) \tag{3.1.9}$$

或

$$R_{\max} = \left[\frac{P_t \sigma A_r^2}{4\pi\lambda^2 S_{i,\min}}\right]^{\frac{1}{4}} = \left[\frac{P_t G^2 \lambda^2 \sigma}{(4\pi)^3 S_{i,\min}}\right]^{\frac{1}{4}} \quad (\mathrm{m}) \tag{3.1.10}$$

式(3.1.9)和式(3.1.10)表明了最大作用距离 $R_{\max}$ 和雷达参数以及目标特性之间的关系。在式(3.1.10)中，第一个等式里 $R_{\max}$ 与 $\lambda^{1/2}$ 成反比，而在第二个等式里 $R_{\max}$ 却和 $\lambda^{1/2}$ 成正比。这里看似矛盾，其实并不矛盾。这是由于在第一个等式中，当天线面积不变、波长 λ 增加时天线增益下降，导致作用距离减小；而在第二个等式中，当天线增益不变，波长增大时要求的天线面积亦相应增大，有效面积增加，其结果使作用距离加大。雷达的工作波长是整机的主要参数，它的选择将影响到诸如发射功率、接收灵敏度、天线尺寸和测量精度等众多因素，因而要全面考虑衡量。

上述雷达方程虽然给出了作用距离和各参数间的定量关系，但因未考虑设备的实际损耗和环境因素，而且方程中还有两个不可能准确预定的量：目标有效反射面积 σ 和最小可检测信号 $S_{\min}$，因此它常作为一个估算公式，用来考察雷达各参数对作用距离影响的程度。

在实际情况中，雷达接收的回波信号总会受接收机内部噪声和外部干扰的影响。为了描述这种影响，通常引入噪声系数这一概念。根据式(2.3.6)，接收机的噪声系数 F 为

$$F = \frac{(\mathrm{SNR})_i}{(\mathrm{SNR})_o} = \frac{S_i/N_i}{S_i G_a/N_o} = \frac{N_o}{N_i G_a} \tag{3.1.11}$$

其中，N_o 为实际接收机的输出噪声功率，N_i 为接收机的输入噪声功率，G_a 为接收机的增益。

由于接收机输入噪声功率 $N_i = kT_0B$(k 为波尔兹曼常数；T_0 为标准室温，一般取 290 K；B 为接收机带宽)，代入上式，输入端信号功率为

$$S_i = kT_0BF(\mathrm{SNR})_o \quad (\mathrm{W}) \tag{3.1.12}$$

若雷达的检测门限设置为最小输出信噪比 $(\mathrm{SNR})_{o\min}$，则最小可检测信号功率可表示为

$$S_{\min} = kT_0BF(\mathrm{SNR})_{o\min} \quad (\mathrm{W}) \tag{3.1.13}$$

将式(3.1.13)代入式(3.1.10)，并用 L 表示雷达各部分的损耗，得到

$$R_{\max} = \left[\frac{P_t G^2 \lambda^2 \sigma}{(4\pi)^3 kT_0BFL(S/N)_{o\min}}\right]^{\frac{1}{4}} = \left[\frac{P_t \sigma A_r^2}{4\pi\lambda^2 kT_0BFL(S/N)_{o\min}}\right]^{\frac{1}{4}} \tag{3.1.14}$$

$$(S/N)_{o\min} = \frac{P_t G^2 \lambda^2 \sigma}{(4\pi)^3 kT_0BFLR_{\max}^4} = \frac{P_t \sigma A_r^2}{4\pi\lambda^2 kT_0BFLR_{\max}^4} \tag{3.1.15}$$

式(3.1.14)和式(3.1.15)是雷达方程的两种基本形式。在早期雷达中，通常用各类显示器来观察和检测目标信号，所以称所需的$(\mathrm{SNR})_{\mathrm{omin}}$为识别系数或可见度因子$M$。现代雷达则用建立在统计检测理论基础上的统计判决方法来实现信号检测，检测目标信号所需的最小输出信噪比又称为检测因子(Detectability Factor)D_0，即$D_0=(\mathrm{SNR})_{\mathrm{omin}}$。$D_0$就是满足所需检测性能(即检测概率为$P_{\mathrm{d}}$和虚警概率为$P_{\mathrm{fa}}$)时，在检波器输入端单个脉冲所需要达到的最小信噪比，也经常表示为$D_0(1)$，这里“1”表示单个脉冲。而现代雷达通常需要对一个波位的多个脉冲回波信号进行积累，提高信噪比，在同样的检测性能下可以降低发射功率和对单个脉冲回波的信噪比的要求，因此，经常用$D_0(M)$表示目标检测前对M个脉冲回波信号进行积累时对单个脉冲回波信噪比的要求。

对于简单的脉冲雷达，可以近似认为发射信号带宽B为时宽T的倒数，即$B\approx 1/T$，$T\cdot B\approx 1$，时宽带宽积等于1。但是，现代雷达为了降低峰值功率，通常采用大时宽带宽积$(T\cdot B)$信号，即$T\cdot B\gg 1$。当用信号能量$E_{\mathrm{t}}=\int_0^T P_{\mathrm{t}}\mathrm{d}t=P_{\mathrm{t}}T$代替脉冲功率$P_{\mathrm{t}}$，用检测因子$D_0$代替$(\mathrm{SNR})_{\mathrm{omin}}$，并考虑接收机带宽失配所带来的信噪比损耗时，在雷达距离方程中增加带宽校正因子$C_{\mathrm{B}}\geqslant 1$(匹配时$C_{\mathrm{B}}=1$)，代入式(3.1.14)的雷达方程并整理后有

$$R_{\max}^4=\frac{(P_{\mathrm{t}}T)G^2\lambda^2\sigma}{(4\pi)^3kT_0FLC_{\mathrm{B}}D_0}=\frac{E_{\mathrm{t}}G^2\lambda^2\sigma}{(4\pi)^3kT_0FLC_{\mathrm{B}}D_0}=\frac{E_{\mathrm{t}}A_{\mathrm{r}}^2\sigma}{4\pi\lambda^2kT_0FLC_{\mathrm{B}}D_0}\tag{3.1.16}$$

上式针对单个脉冲，D_0为$D_0(1)$。当有n个脉冲可以相干积累时，辐射的总能量提高了n倍，若探测性能相同，上式可以表示为

$$R_{\max}^4=\frac{E_{\mathrm{t}}A_{\mathrm{r}}^2\sigma\cdot n}{4\pi\lambda^2kT_0FLC_{\mathrm{B}}D_0(1)}=\frac{E_{\mathrm{t}}A_{\mathrm{r}}^2\sigma}{4\pi\lambda^2kT_0FLC_{\mathrm{B}}D_0(n)}\tag{3.1.17}$$

用检测因子D_0和能量E_{t}表示的雷达方程在使用时有以下优点：

(1) 用能量表示的雷达方程适用于各种复杂脉压信号的情况。这里考虑了脉冲压缩处理带来的信噪比的提高，并且只要知道脉冲功率及发射脉宽，就可以估算作用距离，而不必考虑具体的波形参数。也就是说，只要发射信号的时宽带宽积相同，不管采用什么类型的调制波形，其作用距离也相同。

(2) 当有n个脉冲可以积累时，积累可改善信噪比，故检波器输入端的$D_0(n)$值可以下降。式(3.1.17)中$D_0(n)=D_0(1)/n$，也就是可以降低单个脉冲对信噪比的要求。

对于机扫雷达，积累脉冲数n取决于3 dB波束宽度内、雷达波束扫过目标的时间间隔内目标回波脉冲的个数，即

$$n=\frac{\theta_{3\mathrm{dB}}}{v_{\mathrm{scan}}}f_{\mathrm{r}}=\frac{\theta_{3\mathrm{dB}}}{6\omega_{\mathrm{m}}}f_{\mathrm{r}}\tag{3.1.18}$$

式中，$\theta_{3\mathrm{dB}}$为方位半功率波束宽度(单位为°)，v_{scan}为天线圆周扫描速度(°/s)，ω_{m}也为天线圆周扫描速度(r/min)，f_{r}为脉冲重复频率(Hz)。

这些基本雷达方程的主要适用场合：

(1) 未考虑电磁波在实际传播环境中，各种传播媒介(例如大气层的云雾、雨、雪等)以及地(海)面反射对电波传播产生的影响；

(2) 认为雷达波束指向目标，即天线方向图函数在方位和仰角维的最大值方向为目标方向。

［例 3-1］ 某 C 波段雷达收发共用天线，参数如下：工作频率 $f_0=5.6$ GHz，天线增益 $G_t=45$ dB，峰值功率 $P_t=1.5$ MW，脉冲宽度 $T=0.2\ \mu s$，接收机的有效温度 $T_0=290$ K，噪声系数 $F=3$ dB，系统损耗 $L=4$ dB。假设目标散射截面积 $\sigma=0.1\ m^2$，当雷达波束指向目标时，

(1) 若目标的距离为 75 km，计算目标所在位置的雷达辐射功率密度 S_1；

(2) 计算目标散射信号到达雷达天线的功率密度 S_2 和天线接收目标散射信号功率 P_r；

(3) 若要求检测门限为 $(SNR)_{omin}=15$ dB，计算雷达的最大作用距离 R_{max}。

解　雷达带宽：

$$B=\frac{1}{T}=\frac{1}{0.2\times10^{-6}}=5\ (\text{MHz})$$

波长：

$$\lambda=\frac{c}{f_0}=\frac{3\times10^8}{5.6\times10^9}=0.0536\ (\text{m})$$

(1) 目标所在位置的雷达辐射功率密度：

$$S_1=\frac{P_tG_t}{4\pi R^2}=\frac{1.5\times3.1623\times10^4}{4\pi\times75^2}=0.6711\ (\text{W/m}^2)$$

(2) 目标散射信号到达雷达天线的功率密度：

$$S_2=\frac{S_1\sigma}{4\pi R^2}=\frac{0.6711\times0.1}{4\pi\times(75\times10^3)^2}\approx9.4941\times10^{-13}(\text{W/m}^2)$$

天线的等效面积：

$$A_r=\frac{G_t\lambda^2}{4\pi}=\frac{31623\times0.0536^2}{4\pi}=7.23\ (\text{m}^2)$$

天线接收目标散射信号的功率：

$$P_r=A_rS_2=9.4941\times10^{-13}\times7.23=6.864\times10^{-12}(\text{W})$$

或者按 $P_r=A_rS_2=\dfrac{P_tG_t^2\lambda^2\sigma}{(4\pi)^3R^4}$，取 dB 计算：

$$P_r=61.76+90-25.42-10-33-40\times\lg(75\times10^3)=-111.66\ (\text{dBW})$$

可见，雷达接收目标回波信号的功率非常小。

(3) 利用雷达方程式(3.1.16)，可得

$$(R^4)_{dB}=40\lg R=(P_t+G_t^2+\lambda^2+\sigma-(4\pi)^3-kT_0-B-F-L-(SNR)_{omin})_{dB}$$

在计算之前，把每个参数换算成以 dB 为单位，如下表：

参数	P_t	G_t^2	λ^2	σ	$(4\pi)^3$	KT_0	B	F	L	$(SNR)_{omin}$
dB 值	61.76	90	−25.42	−10	33	−204	67	3	4	15

然后计算：

$$40\lg R=61.76+90-25.42-10-33+204-67-3-4-15=198.34\ (\text{dB})$$

作用距离为

$$R=10^{\frac{198.34}{40}}\times0.001\approx90.9\ (\text{km})$$

因此，雷达对该目标的最大检测距离为 90.9 km。

MATLAB 函数“radar_eq.m”可以计算式(3.1.14)的 SNR 与距离之间的关系。其语法如下：

$$[SNR] = \text{radar\_eq}(pt, freq, G, sigma, b, NF, L, range)$$

其中，各参数如表 3.1 所示。

表 3.1　参 数 定 义

符号	代表意义	单位	状态	图 3.2 中参数设置
pt	峰值功率	kW	输入	1500
freq	频率	Hz	输入	5.6e+9
G	天线增益	dB	输入	45
sigma	目标截面积(多个目标时为向量)	dBsm	输入	[−10, 0, 10]
b	带宽	Hz	输入	5.0e+6
NF	噪声系数	dB	输入	3
L	系统损耗	dB	输入	4
range	距离	km	输入	[20 : 1 : 100]
SNR	信噪比	dB	输出	

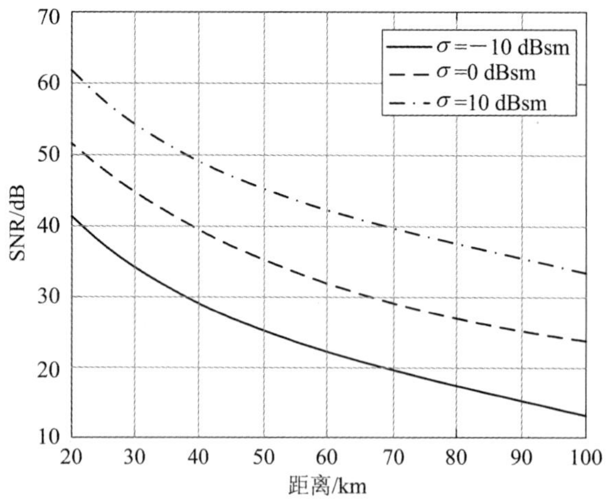

图 3.2　不同 RCS 时 SNR 与距离的关系

3.2　目标的散射截面(RCS)

目标散射回波信号的强弱与目标的散射特性有关。在雷达方程中通常采用目标的等效雷达截面(RCS，简称散射截面)来衡量目标的散射特性。影响 RCS 的主要因素有目标的结构、电尺寸、表面材料的介电参数以及雷达的频率(波长)、极化方式和雷达视线(目标姿态角)等。简单标准物体模型可以借助解析方法计算其 RCS，但目标通常是一个复杂体，可以通过计算或测量获得目标的 RCS。

在计算方法中，对于简单的标准物体(如金属球及板柱椎体等)，可以利用解析公式直接计算其 RCS；对于飞机、舰船等大型复杂目标，可以利用电磁数值计算方法进行目标建模和 RCS 分析计算，典型算法有高精度矩量法、有限元法，以及精度略差的几何光学和物理光学算法等。

在测试方法中，可以按照场地分为室内测试和室外测试，按照测试机理分为近场扫描和远场测试，按照测试策略分为直接测试法和对大型目标的缩比模型测试两种。

需要强调的是，对典型目标(如球体)的测试信号，由于其具有稳定的解析计算结果，可以同步作为测试信号的参考比对标准信号。而对于复杂目标，也经常进行仿真计算和测试结果的相互比对来进行验证。

此外，由于运动目标的 RCS 是时变的，在计算和测试结果的表示中常采用统计的方法来描述 RCS。

本节首先介绍目标的散射机理和 RCS 的定义，以及影响 RCS 的几个因素，RCS 的测量与计算方法，最后介绍统计意义上的雷达横截面积模型和模型对最小可检测信号的影响。

3.2.1　目标的散射机理

雷达是辐射电磁波到达目标，并激励其产生的电磁散射(也称二次辐射)功率来发现目标的。目标的散射现象主要有镜面反射、漫反射、谐振辐射和绕射四类。根据目标的尺寸 d、目标表面电磁波入射区域的曲率半径 ρ 与波长 λ 之间的关系，四类散射现象如图 3.3 和表 3.2 所示。大多数目标的散射主要是镜面反射和漫反射。单基地雷达主要依靠目标的后向散射，而双基地雷达主要依靠目标的前向散射。本节主要介绍单基地雷达的目标后向散射性能。

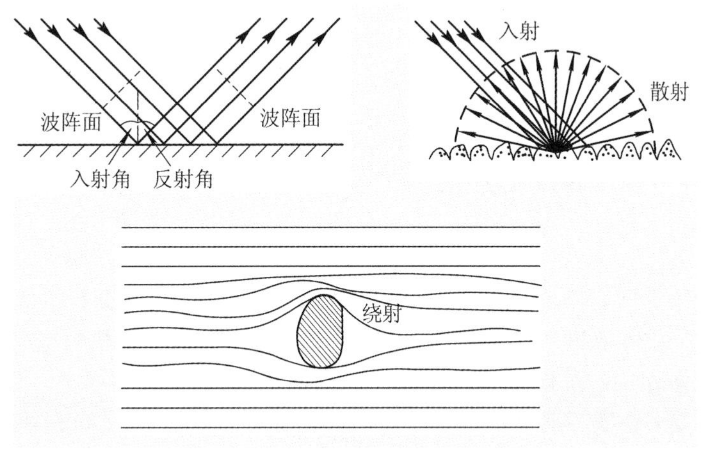

图 3.3　目标散射现象

表 3.2　目标散射类型比较

散射类型	条　　件	特　　点
镜面反射	$d \gg \lambda$，$\rho \gg \lambda$，即目标表面大而平整、激励和观察角度出现在镜面方向时，镜面反射效应突出	只有一个强散射方向，且入射角等于反射角。反射强度取决于目标表面的导电性能
漫反射	$d \gg \lambda$，$\rho < \lambda$，即目标表面大而不平整，对粗糙表面，表面起伏高度 $\Delta h > \dfrac{\lambda}{16\sin\psi}$（$\psi$ 为掠射角，也称擦地角）时，产生漫反射(又称散射)	散射向四周不同的方向，如粗糙海面等
谐振辐(散)射	当目标的谐振频率(含高次模)与雷达频率一致时，目标受激产生谐振并形成辐射。对于线体结构，若 $d = n\lambda/2(n=1, 2, \cdots)$，即目标或其部件接近半波振子尺寸，则产生谐振辐射	谐振辐射的强度远超过镜面反射和漫反射。例如米波与飞机的部件、导弹的长度或弹翼尺寸相当，产生谐振辐射。该特征被用于探测隐身飞机
绕射	$d \ll \lambda$ 时，即电磁波绕过目标的现象，称为绕射	电磁波绕过目标一直向前，散射的电磁能量很小

对于面目标，在工程上常用瑞利起伏度来衡量其表面的光滑程度，从而确定它们对电磁波的二次辐射是镜面反射还是漫反射。由图 3.4 可见，若目标表面起伏高度为 Δh，ψ 为擦地角(入射角的余角)，则两路反射波的行程差为

$$\Delta r = AB - AC = AB\left[1 - \sin\left(\frac{\pi}{2} - 2\psi\right)\right]$$

$$= 2AB\sin^2\psi = 2\Delta h \cdot \sin\psi \qquad (3.2.1)$$

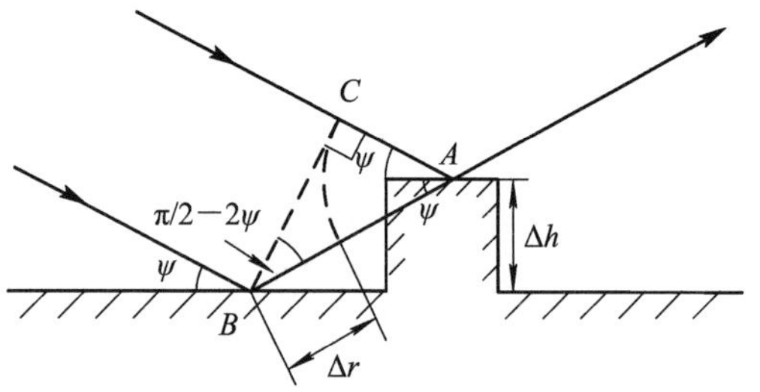

图 3.4　反射点高度不同时反射波的行程差示意图

由此引起的相位差为

$$\Delta\varphi = \frac{2\pi}{\lambda} \cdot 2\Delta h \cdot \sin\psi \qquad (3.2.2)$$

由几何光学原理可知，当 $\Delta\varphi \leqslant \pi/4$ 时，面结构局部多点产生的散射是集中的而不是发散的，即满足镜面反射允许目标表面起伏的条件为

$$\Delta h \leqslant \frac{\lambda}{16\sin\psi} \qquad (3.2.3)$$

不满足上式条件时，面结构产生的散射可归为漫散射。上式还表明瑞利起伏 Δh 除与波长 λ 有关外，还与擦地角 ψ 有关。例如，若波长 $\lambda = 0.03$ m，擦地角 $\psi = 2°$，则满足镜面反射允许目标表面起伏的条件为 $\Delta h \leqslant 5.37$ cm。

需要强调的是，在实际的散射过程中，往往是多种散射机理交织在一起，并且可能构成多次相互作用(多次散射)而形成一个整体的结果，这一结果可用 RCS 来表征。

3.2.2　RCS 的定义

假设雷达入射到距离为 R 处的目标位置的功率密度为 S_1，如图 3.5 所示，若目标的反

射功率为 P_2，则目标的 RCS(通常用 σ 表示)为

$$\sigma = \frac{P_2}{S_1} \tag{3.2.4}$$

注意这是一个定义式，并不是决定式。也就是说，并不是目标散射的总功率 P_2 变大，σ 就随之变大；也不是照射的功率密度 S_1 变大，σ 也随之变小。RCS 的大小与目标散射的功率和照射的功率密度比值相关，是目标在特定条件下的散射特性，不能说 RCS 与目标反射的功率成正比。

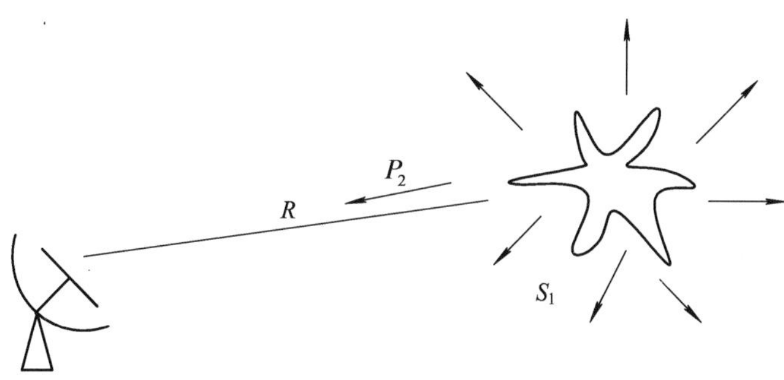

图 3.5　目标的散射特性

目标散射功率 $P_2(=S_1\sigma)$回到雷达天线位置的功率密度为

$$S_2 = \frac{P_2}{4\pi R^2} \tag{3.2.5}$$

目标的 RCS 可以进一步表示为

$$\sigma = 4\pi R^2 \frac{S_2}{S_1} \tag{3.2.6}$$

在有的教科书上，目标 RCS 也定义为

$$\sigma = \frac{\text{单位立体角内目标散射的功率}}{\text{入射功率密度}/(4\pi)} = 4\pi R^2 \frac{|E_r|^2}{|E_i|^2} \tag{3.2.7}$$

式中，E_i 为入射到目标的电场强度，E_r 为目标散射回到雷达的回波信号的电场强度。

以上情况假设目标离雷达足够远，即在远场条件下，入射波是平面波而不是球面波。由式(3.2.4)和式(3.2.6)定义的 RCS 经常称为后向散射 RCS 或单基地 RCS。有时目标的 RCS(σ)也被理解为目标处可以截获一部分入射功率，并将其各向均匀散射的一个(虚构的)面积。它在雷达处产生的回波功率等于真实目标在雷达处产生的回波功率。设目标所在位置的入射功率密度为 S_1，球体的几何投影面积为 A_1，则目标所截获的功率为 S_1A_1。假设该球体可以将截获的功率 S_1A_1 全部均匀地辐射到 4π 立体角内，该球目标的 RCS 为

$$\sigma = 4\pi R^2 \frac{S_2}{S_1} = 4\pi R^2 \frac{S_1A_1/(4\pi R^2)}{S_1} = A_1 \tag{3.2.8}$$

式(3.2.8)表明，导电性能良好的各向同性的电大尺寸球体，它的 RCS(σ)等于该球体的几何投影面积。也就是说，任何一个反射体的 RCS 都可以等效成一个具有各向同性的球体的截面积。等效的意思是指该球体在接收方向上每单位立体角所产生的功率与实际目标散射体所产生的功率相同，从而将目标散射截面积理解为一个等效的无耗且各向均匀散射

的截面积(投影面积)。当然，真实目标不会各向均匀地散射入射能量。由于实际目标的外形复杂，它的后向散射特性是各部分散射的矢量合成，因而在不同的照射方向，散射截面积 σ 也不同。图 3.6 为 F-117A 在 HH 极化、频率 70 MHz 时的 RCS 计算结果。该图的半径为 RCS 值(单位为 m^2)。从图中可以看出，在不同方向的 RCS 相差很大，特别是迎头向附近的 20°～30°范围内的 RCS 较小，这也体现出该目标对单基地雷达具有良好的隐身特性。

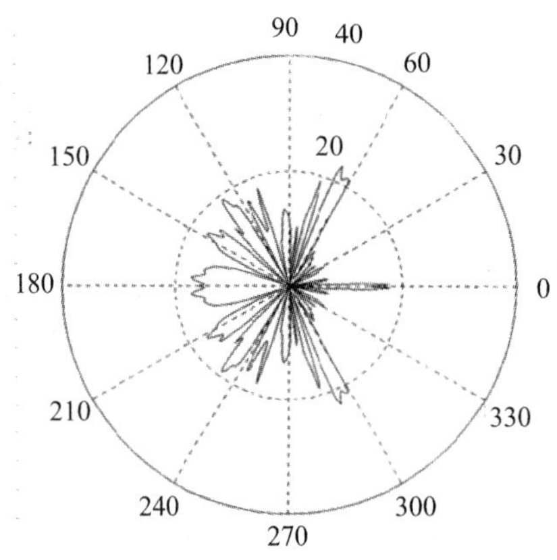

图 3.6 RCS 的频率-方位角分布(HH 极化)

除了后向散射特性外，有时需要测量和计算目标在其它方向的散射功率，例如双基地雷达工作时，可以按照同样的概念和方法来定义目标的双基地 RCS(σ_b)。对复杂目标来讲，σ_b 不仅与发射时的照射方向有关，而且还取决于目标相对于接收天线的方向。

RCS 是一个标量，单位为 m^2，由于目标 RCS 的变化范围很大，常以其相对于 1 m^2 的分贝数(符号为 dBm^2 或 dBsm)给出。

3.2.3 RCS 的计算

雷达利用目标的散射功率来发现目标，在式(3.2.3)中已定义了目标散射截面积 σ。脉冲雷达的特点是有一个“三维空间分辨单元”，分辨单元在角度上的大小取决于天线波束宽度(θ_{3dB}、φ_{3dB} 分别为方位和仰角维的半功率波束宽度，通常数值较小)；距离维的分辨单元大小 ΔR 取决于发射信号瞬时带宽 B 对应的等效脉冲宽度 T，$\Delta R=\frac{c}{2B}=c\cdot\frac{T}{2}$。此分辨单元就是雷达瞬时照射并散射的体积 V。设雷达波束的立体角为 Ω(以主平面波束宽度的半功率点来确定，$\Omega=\theta_{3dB}\varphi_{3dB}$)，则三维空间分辨单元的体积为

$$V=(\theta_{3dB}R)\cdot(\varphi_{3dB}R)\cdot\Delta R=\frac{\Omega R^2 c}{2B} \tag{3.2.9}$$

其中，R 为雷达至分辨单元的距离，Ω 的单位是弧度的平方。例如：某脉冲雷达的脉冲宽度为 $T=50$ ns，对应的距离分辨率为 7.5 m，天线 3 dB 波束宽度 $\theta_{3dB}=1.5°$，该雷达的分辨单元的体积 V 与距离的关系如图 3.7 所示，可见若距离增大 10 倍，则分辨单元的体积增大 100 倍。纵向分辨单元的大小与距离没有关系，仍为信号瞬时带宽对应的距离分辨单元。

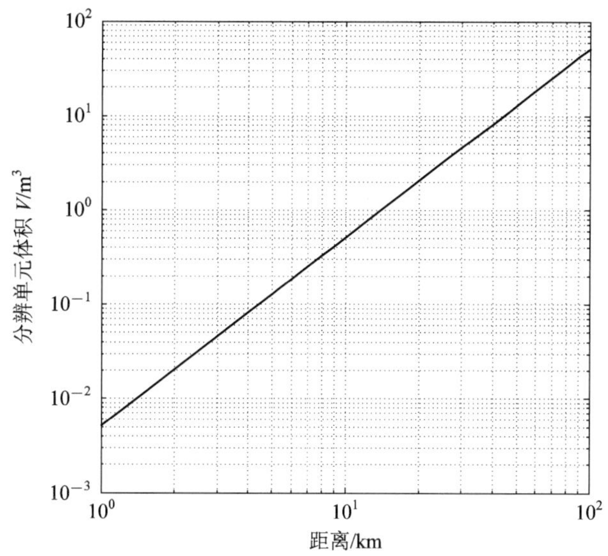

图 3.7　某脉冲雷达的分辨单元体积随距离变化图

如果一个目标全部包含在体积 V 中，便认为该目标属于点目标。实际上只有体积明显地小于 V 的目标才能真正算作点目标，像飞机、卫星、导弹、船只等这样一些雷达目标，当用低分辨率雷达观测时可以算是点目标，但对高分辨率的雷达来说，便不能算是点目标了。不属于点目标的目标有两类：一类是如果目标尺寸大于分辨单元且形状不规则，则它是一个实在的“大目标”，例如尺寸大于分辨单元的一艘大船；另一类是所谓分布目标，它是统计上均匀的散射体的集合。

1. 简单形状目标的 RCS

几何形状比较简单的目标，如球体、平板、圆柱、锥体等，它们的 RCS 有解析计算方法。对于非球体的目标，其 RCS 和视角有关。在所有简单目标中，常用金属球作为衡量截面积的标准，因为球有最简单的外形，而且其 RCS 与视角无关，所以金属球常用于校正数据和实验测定。这里给出球体的 RCS 的计算方法。

半径为 r 的理想导电球体的 RCS 与球的投影面积(即半径为 r 的圆的面积 πr^2)的比值是一个米氏(Mie)级数，即

$$\frac{\sigma}{\pi r^2} = \left(\frac{\mathrm{j}}{\kappa r}\right)\sum_{n=1}^{\infty}(-1)^2(2n+1)\left(\frac{\kappa r \mathrm{J}_{n-1}(\kappa r) - n\mathrm{J}_n(\kappa r)}{\kappa r H_{n-1}^{(1)}(\kappa r) - nH_n^{(1)}(\kappa r)} - \frac{\mathrm{J}_n(\kappa r)}{H_n^{(1)}(\kappa r)}\right) \tag{3.2.10}$$

其中，$\kappa=2\pi/\lambda$ 为波数，λ 为波长，J_n是第一类 n 阶贝塞尔(Bessel)函数，$H_n^{(1)}$ 是 n 阶汉克尔(Hankel)函数，为

$$H_n^{(1)}(\kappa r) = \mathrm{J}_n(\kappa r) + \mathrm{j}\mathrm{Y}_n(\kappa r) \tag{3.2.11}$$

其中，Y_n是第二类 n 阶贝塞尔函数。

图 3.8 给出了理想导电球体的 RCS 与波长间的依赖关系，纵坐标表示归一化后向散射 RCS，即 RCS 与投影面积(πr^2)的比值。可见 RCS 可以大致划分为光学区、瑞利区、谐振区三个区域。

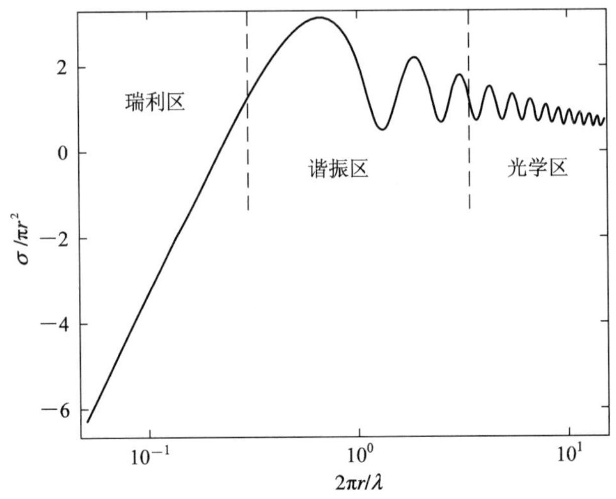

图 3.8 后向散射 RCS 与波长的关系

(1) 光学区(球的半径 r 远大于波长 λ，$2\pi r/\lambda>10$)，此时 RCS 接近投影面积，有

$$\sigma=\pi r^2,\ r\gg\lambda \tag{3.2.12}$$

光学区的名称来源是因为当目标尺寸远大于波长时，如果目标表面比较平滑，就可以通过几何光学的原理来确定目标的 RCS。在该区域根据 Mie 级数解的卡蒂-贝塞尔函数的近似，在光学区半径为 r 的球体 RCS 为 πr^2。

(2) 瑞利区(球的半径 r 远小于波长，$2\pi r/\lambda<1$)，在这个区域内，RCS 一般与波长的 4 次方成反比。这也是其它电小或电细结构的目标所共有的特征。对于在瑞利区的小球体，其 RCS 与半径 r 的六次方成正比(或者说与投影面积 πr^2 的三次方成正比)，与波长的四次方成反比，即

$$\lim_{r/\lambda\to 0}\sigma\approx\frac{9\lambda^2}{4\pi}(\kappa r)^6=\frac{9\lambda^2}{4\pi}\left(\frac{2\pi}{\lambda}r\right)^6=\frac{(12\pi)^2}{\lambda^4}(\pi r^2)^3 \tag{3.2.13}$$

绝大多数雷达目标都不处在这个区域中，但是气象微粒对常用的雷达波长来说是处在这个区域的(它们的尺寸远小于波长)。处于瑞利区的目标，决定它们的 RCS 的主要参数是体积而不是形状，形状不同的影响只作较小的修改。通常，雷达目标的尺寸较云雨微粒要大得多，因此降低雷达工作频率可减少云雨回波的功率。

(3) 谐振区($1<2\pi r/\lambda<10$)，在光学区和瑞利区之间的区域，由于各散射分量之间的干涉，RCS 随频率变化产生振荡性的起伏，RCS 的近似计算也非常困难。这种谐振现象在物理上可以解释为入射波直接照射目标产生的镜面反射和爬行波之间的干涉。表征镜面波和爬行波干涉特征的中间区域就是谐振区。当周长 $2\pi r=\lambda$ 时 RCS 到达峰值，为 $\sigma=3.7\pi r^2$，等效提高了目标的 RCS。由此，可以解释图 1.18 中为何在 VHF 频段，导弹和飞机的回波信号强度相当，就是因为在 VHF 频段，导弹的 RCS 比在微波段高 10 dB 左右(如图 1.15)。美国休斯顿公司分析了信号频率对外形隐身技术的影响，结果表明：隐身飞机在米波段比 S 波段的 RCS 要高 15 dB～30 dB。这就是因为飞机等的机架是米波段的共振区，所以，低频段是当前雷达探测隐身目标的首选频段。

除了球体外，在电尺寸较大的光学区，板柱锥体及抛物面均有解析的 RCS 计算公式。表 3.3 给出了几种简单几何形状的物体在特定视角方向上的 RCS，当视角方向改变时，RCS 变化较大(球体除外)。

表 3.3　几种简单几何形状的物体在特定视角方向上的 RCS

目标	视角方向	RCS	符号说明	备　注
球	任意	πr^2	r 为半径	RCS 与视角和方位角无关
大平板	法线	$4\pi A^2/\lambda^2$	A 为面积	强 RCS 源于镜面反射，偏离法向入射时急剧减小
三角形角反射器	轴向	$\pi a^4/(3\lambda^2)$	a 为边长	强的 RCS 源于三次反射
圆柱	与轴垂直	$2\pi rL^2/\lambda$	L 为圆柱长 r 为半径	较强的 RCS 源于镜面反射，随视角增大急剧减小
	与轴夹角为 θ	$\lambda r\sin\theta/(8\pi\cos^2\theta)$		
抛物面	轴向	$\pi\rho_0^2$	ρ_0 为顶部曲率半径	—
圆锥	轴向	$\frac{1}{16\pi}\lambda^2\tan^4\theta$	θ 为锥角	—

2. 复杂目标的 RCS

诸如飞机、舰船等复杂目标的 RCS，是视角和工作波长的复杂函数。尺寸大的复杂反射体常常可以近似分解成许多独立的散射单元，每一个独立散射单元的尺寸仍处于光学区，各部分没有相互作用，在这样的条件下总的 RCS 就是各部分 RCS 的复振幅叠加，即

$$\sigma=\left|\sum_k\sqrt{\sigma_k}\exp\left(\mathrm{j}\frac{4\pi d_k}{\lambda}\right)\right|^2 \tag{3.2.14}$$

这里 σ_k 是第 k 个散射单元的 RCS，d_k 是第 k 个散射单元与天线之间的距离。这一公式常用来确定由多个散射单元组成的复杂散射体的 RCS。各独立单元的散射回波具有不同的相位关系，可能是同相叠加得到大的 RCS，也可能是反相对消得到小的 RCS。复杂目标各散射单元的间隔是可以和工作波长相比的。因此当观察方向改变时，在接收到的各单元散射信号间的相位也在变化，使其叠加相应改变，这就形成了起伏的回波信号。

对于复杂目标的 RCS，只要稍微改变观察角或工作频率，就会引起 RCS 较大的起伏。但有时为了估算作用距离，必须对各类复杂目标给出一个代表其 RCS 大小的数值。至今尚无一个统一的标准来确定飞机等复杂目标 RCS。有时采用在一定方向范围内 RCS 的平均值或中值表示其 RCS，有时也用“最小值”(即差不多 95%以上时间的截面积都超过该值)来表示，或者根据外场试验测量的作用距离反推其 RCS。

复杂目标的 RCS 是视角的函数，通常雷达工作时，精确的目标姿态及视角是未知的，因为目标运动时，视角随时间变化，因此，最好的方法是用统计的概念来描述 RCS。所用统计模型应尽量和实际目标 RCS 的分布规律相同。大量试验表明，大型飞机截面积的概率分布接近瑞利分布，但是，小型飞机和某些飞机侧面截面积的分布与瑞利分布差别较大。

3.2.4 RCS 的测量

RCS 测量可以按照场地分为室内和室外测试，或者按照测试机理分为近场扫描和远场测试，也可以按照测试策略分为直接测试法和对大型目标的缩比模型测试两种。在工程中也有缩比模型测量、全尺寸目标静态测量和目标动态测量三个阶段，大型目标在微波暗室里通常采用缩比模型测量方法。缩比模型测量是将雷达波长、目标各部分的尺寸按相似电尺寸比例关系缩小，同步将材料介电参数等按电磁模型进行调整，从而可以在微波暗室内借助映射关系进行模拟测量，并由此推算实际尺寸目标的散射特征。

缩比模型测量方法的基本理论依据是全尺寸目标与目标缩比模型之间满足特定的电磁关系。比例为 1∶s 的缩比模型，其 RCS(σ')与折算成 1∶s 真实尺寸时的目标 RCS(σ)有如下关系：

$$\sigma = \sigma' + 10\ \lg s^2 \quad (\text{dB}) \tag{3.2.15}$$

相应地，缩比模型的测试频率 f' 应为全尺寸目标测试频率 f 的 s 倍。

在测量 RCS(σ')时采用相对标定法。相对标定法就是利用雷达所接收到的从目标散射回来的回波功率与目标 RCS 成正比的特性来完成对目标 RCS 的测量方法。在测量中，需要使用一个 RCS 已知的目标作为比较的标准，称之为定标体。

假设定标体的 RCS 为 σ_s，定标体与天线的距离为 r_s，则接收机接收到的回波功率可表示为

$$P_{rs} = K\frac{\sigma_s}{r_s^4} \tag{3.2.16}$$

若保持条件不变，被测目标给接收机提供的回波功率 P_{rt} 将服从同样的关系：

$$P_{rt} = K\frac{\sigma_t}{r_t^4} \tag{3.2.17}$$

式中，σ_t 为被测目标的 RCS，r_t 为被测目标与天线的距离。由式(3.2.16)和式(3.2.17)可得

$$\sigma_t = \sigma_s \cdot \frac{r_t^4 P_{rt}}{r_s^4 P_{rs}} = \sigma_s \cdot \frac{r_t^4 V_{rt}^2}{r_s^4 V_{rs}^2} \tag{3.2.18}$$

其中，r_s 和 r_t 通常相等，只要测出定标体和被测目标的回波功率 P_{rs} 和 P_{rt}(或电压的有效值 V_{rs} 和 V_{rt})就能根据上式求出被测目标的 RCS，即 σ_t。

相对标定法 RCS 测量的关键在于定标体的选取和定标体 RCS 理论值的计算。常用的定标体有金属导体球、金属平板以及二面角反射器等。

为了获得一定频率范围内的目标 RCS，现有测量系统大多采用宽带扫频测试的方法，即利用矢量网络分析仪发射端产生等间隔频率步进脉冲信号，经功率放大器送到发射天线，回波脉冲信号经另一接收天线送回到矢量网络分析仪接收端口中并存储下来，通过计算就可以测得设定频率范围内目标 RCS 的频率响应。

图 3.9 给出了某目标缩比模型的 RCS 测量结果，图(a)为发射-接收采用 HH、HV、VV、VH 这四种极化组合下某目标在迎头方向 10°范围内的平均 RCS；图(b)为 HH 极化下目标 RCS 的频率-方位角分布图。从图中可以看出，在与机翼垂直方向的 RCS 最大。

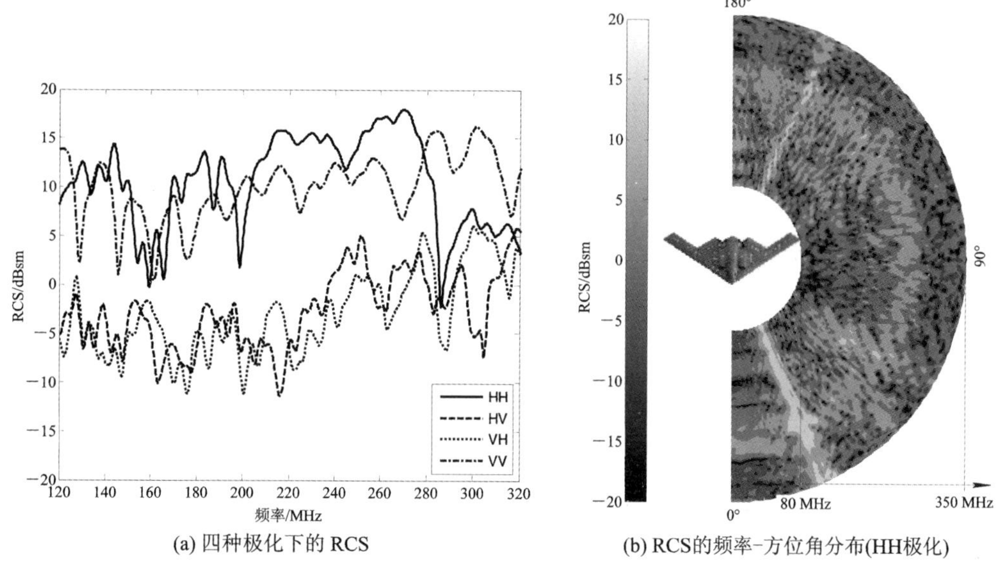

(a) 四种极化下的 RCS

(b) RCS的频率-方位角分布(HH极化)

图 3.9 某目标的 RCS 测量结果

3.2.5 目标起伏模型

前面介绍的 RCS 计算与测量都假设目标是静止的，在这种情况下后向散射 RCS 通常称为静态 RCS。然而，在实际雷达系统中，目标与雷达之间存在相对运动，目标的 RCS 在一段时间内会随着目标运动、目标视线角和频率的变化而起伏，这时的目标 RCS 也称为动态 RCS。

动态 RCS 体现在目标回波的幅度和相位在不同时刻可能会有起伏。相位起伏称为角闪烁，而幅度起伏称为幅度闪烁。角闪烁导致目标的远场后向散射波前变成非平面的，在对目标参数测量时产生测量误差。在高精度测量与跟踪雷达，例如精密跟踪雷达系统、导弹寻的器、飞机自动着陆系统，角闪烁可能严重影响测角精度。而在一般搜索雷达中，更关心的是目标回波的幅度。目标 RCS 的幅度闪烁可依据目标的尺寸、形状、动态特征以及相对于雷达的运动而快速或慢速变化。由于雷达需要探测的目标十分复杂而且多种多样，很难准确地得到各种目标截面积的概率分布和相关函数。通常是用一个接近而又合理的模型来估计目标起伏的影响，并进行数学上的分析。最早提出而且目前仍然广泛使用的起伏模型是斯威林(Swerling)模型。它把典型的目标起伏分为四种类型，用两种不同的概率密度函数，即自由度分别为 2 和 4 的χ^2分布，同时又分为两种不同的相关情况：一种是在天线一次扫描期间内脉冲之间的回波起伏是完全相关的，而不同扫描间完全不相关，称为慢起伏目标；另一种是快起伏目标，它们的回波起伏在脉冲之间是完全不相关的。

RCS 服从χ^2分布的目标类型很广，其概率密度函数为

$$p(\sigma)=\frac{m}{(m-1)!\bar{\sigma}}\left(\frac{m\sigma}{\bar{\sigma}}\right)^{m-1}\exp\left[-\frac{m\sigma}{\bar{\sigma}}\right],\ \sigma>0 \tag{3.2.19}$$

其中，$2m$ 为其自由度，m 为整数；$\bar{\sigma}$ 为平均值。

下面结合四种 Swerling 起伏模型进行描述:

第一种为 Swerling Ⅰ型。假定目标由随机组合的散射单元组成，且所有散射单元的权重相同。目标回波在任意一次扫描期间(即在一个波位的脉冲与脉冲之间)都是完全相关的，换言之，目标相对于雷达的方向变化缓慢。因此，目标回波幅度为慢起伏，目标散射截面积服从自由度为 2 的χ^2分布。

若不考虑天线波束形状对回波振幅的影响，式(3.2.19)中 $m=1$，χ^2分布简化为指数分布，起伏目标的 σ 的概率密度函数为

$$p(\sigma)=\frac{1}{\bar{\sigma}}\exp\left(-\frac{\sigma}{\bar{\sigma}}\right),\ \sigma\geqslant 0 \tag{3.2.20}$$

设目标回波振幅为 A，由于功率A^2正比于 σ，$\sigma=KA^2$，为方便对概率变化进行建模，令 $K=1$，$A^2=\sigma$，σ 的平均值$\bar{\sigma}=2A_0^2$，A_0 为振幅 A 的均值，则 A 的概率密度函数为

$$p(A)=\frac{p(A^2)}{\mathrm{d}A/\mathrm{d}\sigma}=2Ap(A^2) \tag{3.2.21}$$

将式(3.2.20)代入式(3.2.21)，得回波振幅 A 的概率密度函数为

$$p(A)=\frac{A}{A_0^2}\exp\left[-\frac{A^2}{2A_0^2}\right] \tag{3.2.22}$$

可见回波的振幅 A 服从瑞利分布。

第二种为 Swerling Ⅱ型。与 Swerling Ⅰ类似，目标相对于雷达的方向变化迅速，目标回波幅度为快起伏，即脉冲与脉冲间的起伏是统计独立的；目标散射截面积服从自由度为 2 的χ^2分布，概率密度函数与式(3.2.20)相同。

第三种为 Swerling Ⅲ型。假定目标由一个强散射体加若干个小的散射单元组成。目标回波在一次扫描内的脉冲与脉冲之间是相关的，目标相对于雷达的方向变化缓慢。因此，目标回波幅度为慢起伏，目标散射截面积服从自由度为 4 的χ^2分布。式(3.2.19)中 $m=2$，σ 的概率密度函数为

$$p(\sigma)=\frac{4\sigma}{\bar{\sigma}^2}\exp\left(-\frac{2\sigma}{\bar{\sigma}}\right) \tag{3.2.23}$$

根据$A^2=\sigma$，$\bar{\sigma}=4^2A_0/3$，回波振幅 A 的概率密度函数为

$$P(A)=\frac{9A^3}{2A_0^4}\exp\left[-\frac{3A^2}{2A_0^2}\right] \tag{3.2.24}$$

第四种为 Swerling Ⅳ型。与 Swerling Ⅲ类似，但是目标相对于雷达的方向变化迅速，脉冲之间是不相关的。目标回波幅度为快起伏，目标散射截面积服从自由度为 4 的χ^2分布。

自由度为 2 和 4 的χ^2分布的目标散射截面积和回波信号幅度的概率密度函数曲线如图 3.10 所示。这里假设 $\bar{\sigma}=2\ \mathrm{m}^2$。

Swerling Ⅲ中的起伏类似于 SwerlingⅠ，而 Swerling Ⅳ中的起伏类似于 Swerling Ⅱ。Swerling Ⅰ、Ⅱ型适用于物理尺寸近似相同的许多独立散射单元所构成的复杂目标。Swerling Ⅲ、Ⅳ型适用于由一个较大的主散射体和许多小反射单元构成的复杂目标。为了便于比较，将不起伏的目标也称为第五类 Swerling Ⅴ。根据上述不同类型目标回波幅度的概率模型，目标回波起伏如图 3.11 所示，图中假设每个波位有 10 个脉冲，左图表示多次

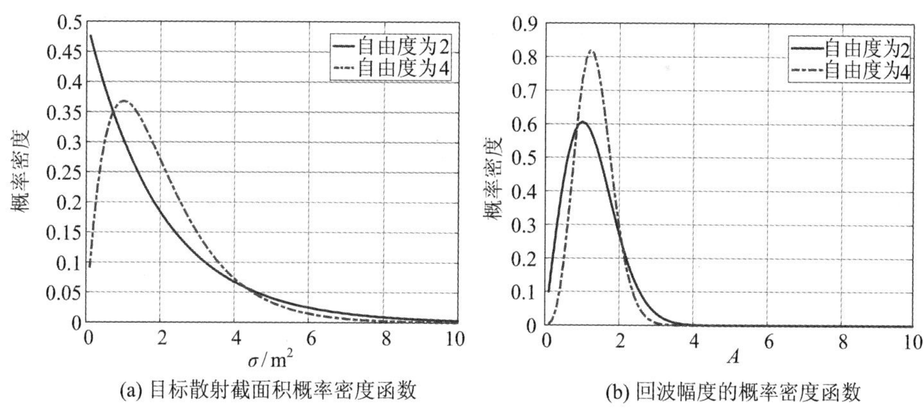

(a) 目标散射截面积概率密度函数 (b) 回波幅度的概率密度函数

图 3.10 关于 Swerling 模型的两个概率密度函数

扫描的示意图，右图是左图的局部放大图，每个台阶表示一个脉冲回波信号的幅度，每一束表示一次扫描的 10 个脉冲。由图可以直观地看出：

(1) Swerling Ⅱ型目标回波在脉冲之间起伏最大，其次是 Swerling Ⅳ型，Swerling Ⅲ型目标的起伏最小；

(2) Swerling Ⅱ和 Swerling Ⅳ型目标在一个波位的 10 个脉冲的回波起伏较大，不适合进行相干积累处理。表 3.4 对四种斯威林模型进行了比较。

表 3.4 四种斯威林模型的比较

斯威林类型	Swerling Ⅰ	Swerling Ⅱ	Swerling Ⅲ	Swerling Ⅳ
物理基础	由物理尺寸近似相同的许多独立散射单元所构成的复杂目标		由一个较大的主散射体和许多小反射单元合成的复杂目标	
目标运动特性	目标的运动方向变化缓慢	目标的运动方向快速变化	目标的运动方向变化缓慢	目标的运动方向快速变化
RCS 的统计特性	服从自由度为 2 的χ^2分布	服从自由度为 2 的χ^2分布	服从自由度为 4 的χ^2分布	服从自由度为 4 的χ^2分布
脉冲间回波幅度	慢起伏	快起伏	慢起伏	快起伏
脉冲间回波相关性	脉冲间回波相关，可以进行相干积累	脉冲间回波不相关，不适合进行相干积累	脉冲间回波相关，可以进行相干积累	脉冲间回波不相关，不适合进行相干积累
适用目标	适用于舰船	适用于被脉间频率捷变雷达探测的舰船	适用于现代飞机	适用于高度机动飞行的飞机或被脉间频率捷变雷达探测的飞机

斯威林的四种模型是考虑两类极端情况：扫描间独立和脉冲间独立。实际的目标起伏特性往往介于上述两种情况之间。其检测性能将在第 8 章介绍。

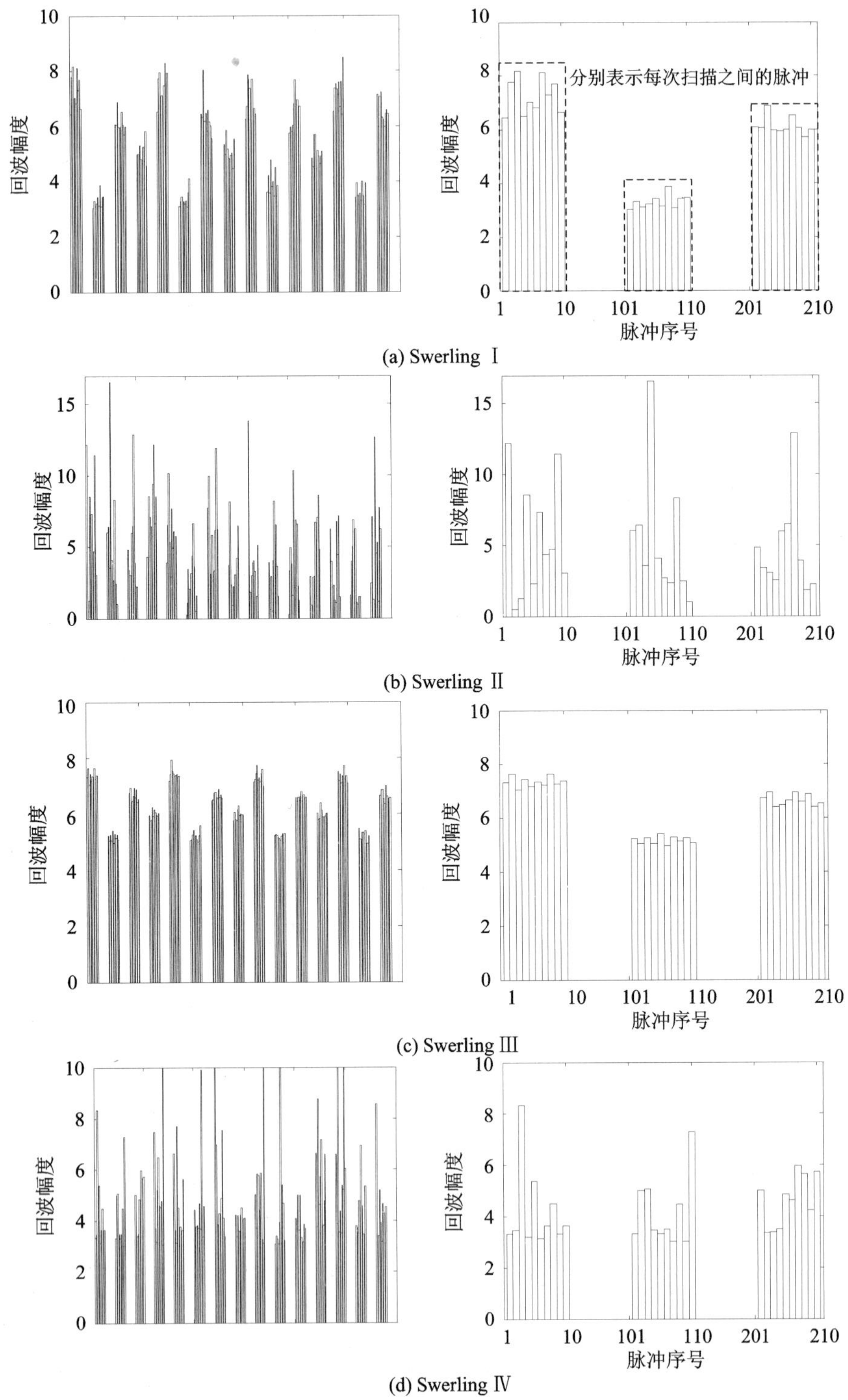

(a) Swerling Ⅰ

(b) Swerling Ⅱ

(c) Swerling Ⅲ

(d) Swerling Ⅳ

图 3.11 不同类型的起伏目标回波幅度示意图

3.3　电波传播对雷达探测的影响

3.1 节介绍的基本雷达方程是在理想条件下进行的，只考虑了雷达各分系统的技术指标和目标的 RCS 对作用距离的影响，而没有考虑雷达的具体工作环境。电磁波在实际传播环境中，各种传播媒介(例如大气层的云雾、雨、雪等)以及地(海)面反射，对电波传播产生影响。媒介的电特性对不同频段的无线电波的传播产生不同的影响。根据不同频段的电波在媒介中传播的物理过程，可将电波传播方式分为地波传播、对流层电波传播、波导传播、电离层电波传播、外大气层及行星际空间电波传播等。在传播过程中，媒介的不均匀性、地貌地物的影响、多径传播以及媒介的吸收，都可能引起无线电信号的畸变、衰落或改变电波的极化形式；引入干扰，使接收端信噪比下降；改变电波的传播方向，或传播速度等。这些都将直接影响雷达的工作性能。本节分别介绍地球曲率、大气和地面反射等对雷达探测性能的影响。

3.3.1　大气折射对雷达探测的影响

真空中的折射率 $n=1$，无线电波和光波都以光速(3×10^8 m/s)沿直线传播，而且多普勒频率正比于目标相对于观察点(雷达视线)的径向速度。但是，实际上的大气是非均匀的媒介，大气折射率 n 不等于 1，电波在大气中传播时，传播路径会发生折射而不再是直线，如图 3.12 所示，传播速度略小于光速，雷达测得的目标参量不再是真实的仰角、距离、高度与距离的变化率，而是目标视在的仰角、距离、高度与径向速度。大气折射对雷达的影响有两方面：(1) 改变雷达测量距离，产生距离测量误差；(2) 引起仰角测量误差。

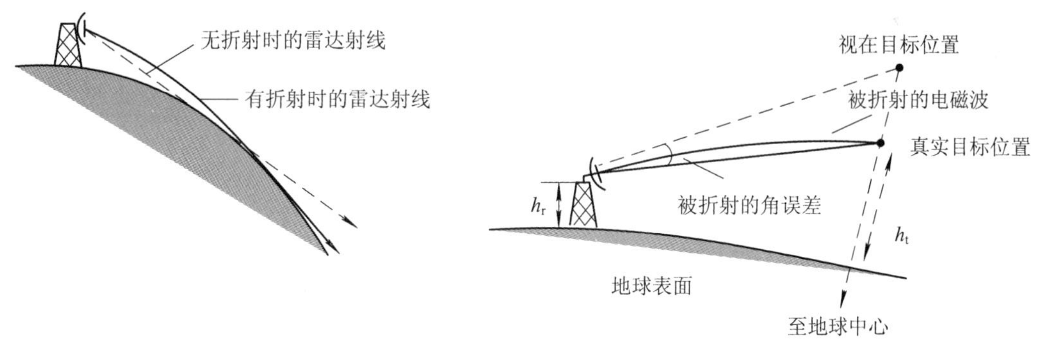

图 3.12　大气折射的影响

由于大气密度随高度的变化使得折射率随高度增加而减小，大气折射会使电波射线向下弯曲，其直接结果是增大了雷达的直视距离。因为目标的高度是不受雷达控制的，如果希望提高直视距离，只有加大雷达天线的高度，但这又往往会受到限制，尤其当雷达安装在舰船上时，由于雷达的架设高度有限，直视距离受到限制。采用天波或地波超视距雷达则可以很好地解决这个问题。

大气对电波的折射作用等效于增加了雷达的视线距离。一种处理折射的通用方法是用等效地球代替实际地球，假定等效地球半径 $r_e=kr_0$，这里 r_0 为实际地球半径(6371 km)，k 为

$$k = \frac{1}{1 + r_0 (\mathrm{d}n/\mathrm{d}h_t)} \tag{3.3.1}$$

式中，$n=c/v$ 为折射率，c 为电磁波在自由空间传播的速度，v 为媒介中电磁波传播的速度；h_t为目标高度；$\mathrm{d}n/\mathrm{d}h_t$是大气折射率梯度，即地球折射率 n 随高度 h_t的变化率。在温度为 15℃的海面以及温度随高度变化梯度为 6.5℃/km，大气折射率梯度为-3.9×10^{-5}/km(即在标准大气条件下，高度每升高 1 km，折射率 n 的值约减小 3.9×10^{-5})的情况下，$k\approx4/3$。这就是通常所说的“三分之四地球模型”，此时的地球等效曲率半径为

$$r_e = \frac{4}{3} r_0 = \frac{4}{3} \times 6371 \approx 8495\ (\mathrm{km}) \tag{3.3.2}$$

在低海拔(海拔高度小于 10 km)处，使用三分之四地球模型时，就可以假设雷达波束是直线传播而不考虑折射，如图 3.13 所示，大气折射的影响可以用等效地球半径($r_e=$ 8495 km)来表征，此时电磁波仍然看成是直线传播，即视距的增加用地球半径的增加来等效。测量目标高度的几何模型如图 3.14 所示，目标的距离为 R，仰角为 θ，则目标的高度为

$$h = h_r + R\sin\theta + \frac{(R\cos\theta)^2}{2r_e} \tag{3.3.3}$$

式中，h_r为雷达的高度。在低仰角时，高度近似为

$$h \approx h_r + R\sin\theta + \frac{R^2}{2r_e} \tag{3.3.4}$$

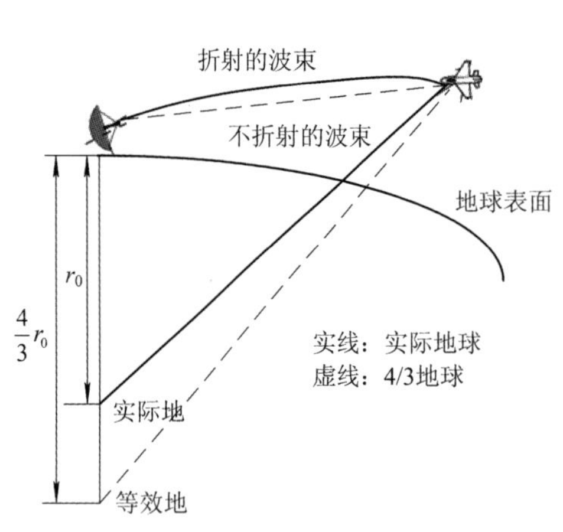

图 3.13 4/3 地球模型的几何关系

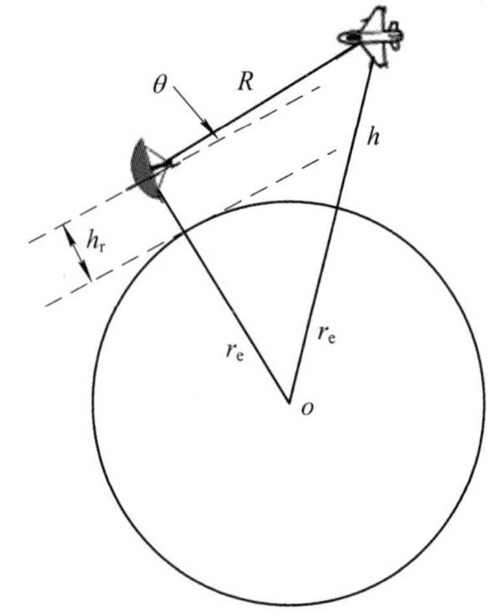

图 3.14 4/3 地球模型测量目标高度

3.3.2 地球曲率对雷达探测的影响

由于地球表面近似是球形的，而电磁波基本上是直线传播，因此远距离的目标若在地平线以下是无法被发现的。如图 3.15 所示，设雷达的架设高度为 h_r，目标高度为 h_t，雷达在地平线上的最大观测距离称为雷达的直视距离。若超过此距离，电磁波被地球表面阻挡而无法照射到目标，则视线 AC 以下的区域称为隐蔽区或“盲区”。直视距离 d_0为

$$d_0 = |AB| + |BC| = \sqrt{(r_e + h_r)^2 - r_e^2} + \sqrt{(r_e + h_t)^2 - r_e^2} \tag{3.3.5}$$

由于 $h_r \ll r_e$，$h_t \ll r_e$，故 d_0可以近似计算为

$$d_0 \approx \sqrt{2r_e}\left(\sqrt{h_r}+\sqrt{h_t}\right) \approx 4.12\left(\sqrt{h_r}+\sqrt{h_t}\right) \tag{3.3.6}$$

式中，h_r 和 h_t 的单位为 m，d_0 和 r_e 的单位为 km，有的教科书将 4.12 近似为 4.1。图 3.16 给出了雷达直视距离与目标高度的关系曲线，这里假定雷达天线的高度分别为[10，100，1000] m。可见地面雷达对海面和低空目标探测受直视距离的限制。

雷达的直视距离是由于地球表面弯曲引起的，由雷达天线的架设高度和目标高度决定，与雷达本身的性能无关。它和雷达的最大作用距离是两个不同的概念，后者与雷达的工作性能紧密相关。因此，地面雷达对远距离目标进行探测时，需要同时满足直视距离和最大作用距离的要求。

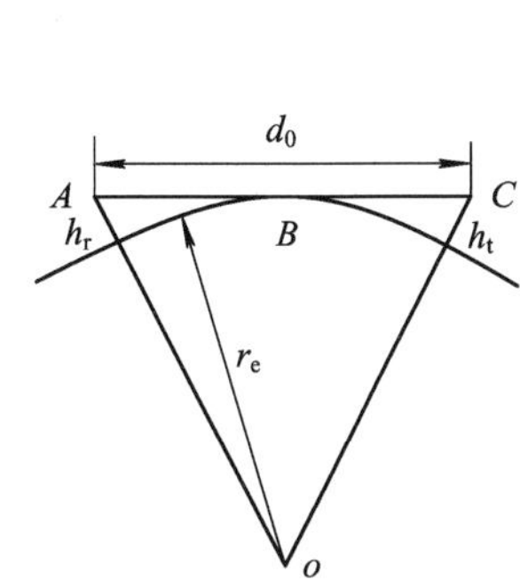

图 3.15　雷达直视距离计算

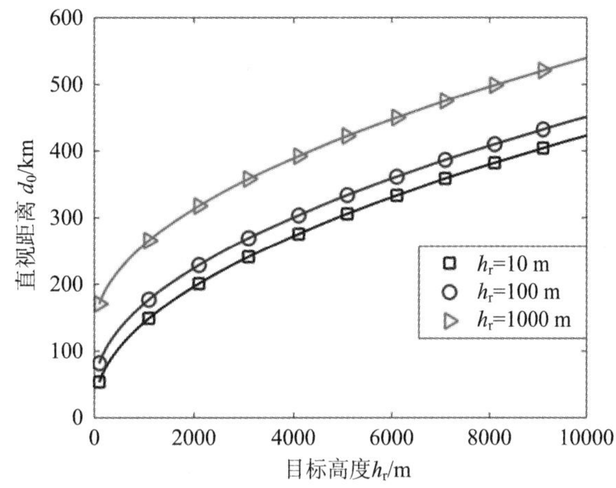

图 3.16　雷达直视距离

3.3.3　大气衰减对雷达探测的影响

地球大气层的组成如图 3.17 所示。第一层由地球表面延伸到约 20 km 的高度，称为对流层。电磁波在对流层传播时会产生折射(向下弯曲)现象。对流层折射效应与其介电常数(是压力、温度、水汽、气体含量等的函数)有关。大气层中的水汽和气体也会使雷达电磁波的能量产生损耗，在有雨、雾、灰尘和云层时能量损耗增大。这种损耗称为大气衰减。

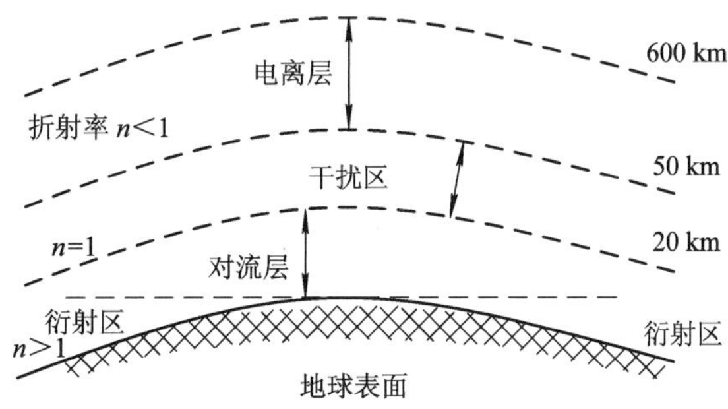

图 3.17　地球大气层

在地平线以下接近地球表面的区域称为衍射区。衍射用来描述物体周围电磁波的弯曲现象。对流层以上区域(高度从 20 km 到 50 km)与自由空间差不多，因此，该区域很少产生折射。

电离层从 50 km 延伸到约 600 km 的高度。与对流层相比，电离层气体含量非常低，但含有大量游离的自由电子(由太阳的紫外线和 X 射线引起)。电离层中的自由电子以不同的方式(如折射、吸收、噪声辐射、极化旋转)影响电磁波的传播。例如，频率低于 4 MHz 至 6 MHz 时，能量从电离层较低的区域完全反射回去；频率高于 30 MHz 时，电磁波会穿过电离层，但会出现一些能量衰减。一般来说，随着频率的上升，电离层效应逐渐减小。

实际上，电波在对流层传播时存在衰减，这种衰减主要是由于大气分子(主要为氧气)和水汽及由水汽凝聚成的降落颗粒(如云、雨、雪花、冰雹等)，以及电离层的电子对电波能量的吸收或散射引起的，也可能是由于电波绕过球形地面或障碍物的绕射引起的。这种衰减导致雷达探测距离的减小。电磁波在大气中的衰减程度用衰减系数 δ (dB/km)表示。大气中氧气和水蒸气是造成电磁波衰减的主要成分，其衰减系数如图 3.18 所示。图中实线为氧气引起的衰减，虚线为水蒸气引起的衰减。衰减系数 δ 与频率有关，当雷达工作频率大于 3 GHz 时必须考虑大气衰减，并且在有的频率上出现谐振现象，这时的衰减特别大。水蒸气的衰减谐振频率在 22.3 GHz 附近；氧气的衰减谐振频率在 60 GHz 和 120 GHz 附近。当工作频率低于 1 GHz 时，大气衰减可忽略，而当工作频率高于 10 GHz 时，频率越高，大气衰减越严重。因此，地面雷达的工作频率一般选在 10 GHz 以下。

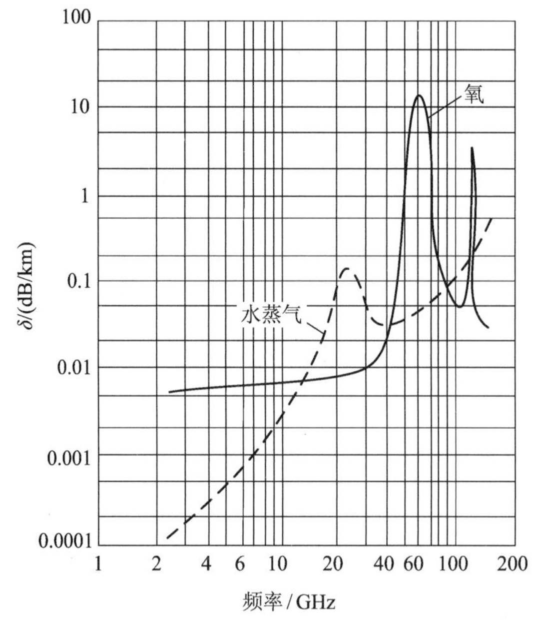

图 3.18 氧气和水蒸气的衰减系数

除正常大气外，在恶劣气候条件下大气中雨雾对电磁波的衰减更大。雨雾对电磁波的衰减曲线如图 3.19 所示，实线代表雨，虚线代表雾。降雨量越大，雾的含水量越大，则电磁波的衰减越大。

实际雷达工作时的传播衰减与雷达的作用距离以及目标高度有关。图 3.20(a)(b)分别给出了工作频率为[10, 3] GHz、仰角为[0°, 0.5°, 1°, 2°, 5°, 10°]时的双程衰减(dB)。可见，工作频率越高，衰减越大；而目标仰角越大，衰减也越小。

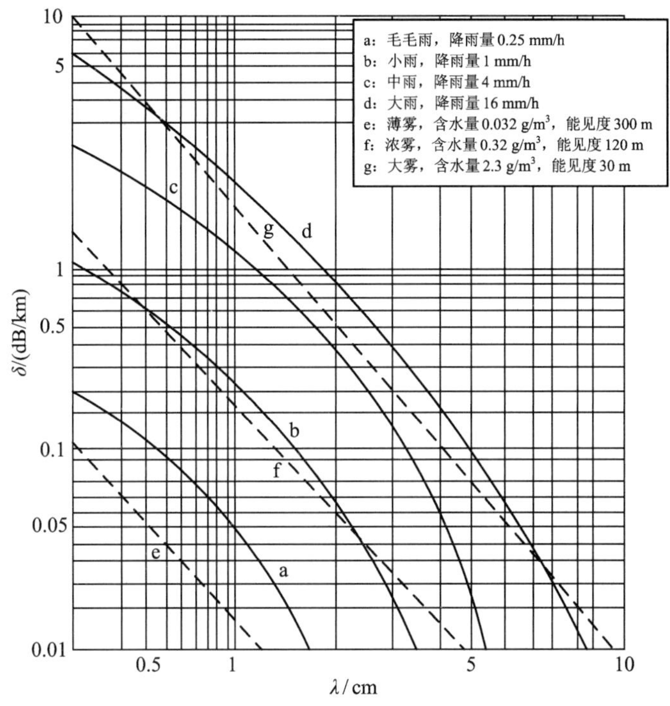

图 3.19　雨雾对电磁波的衰减曲线

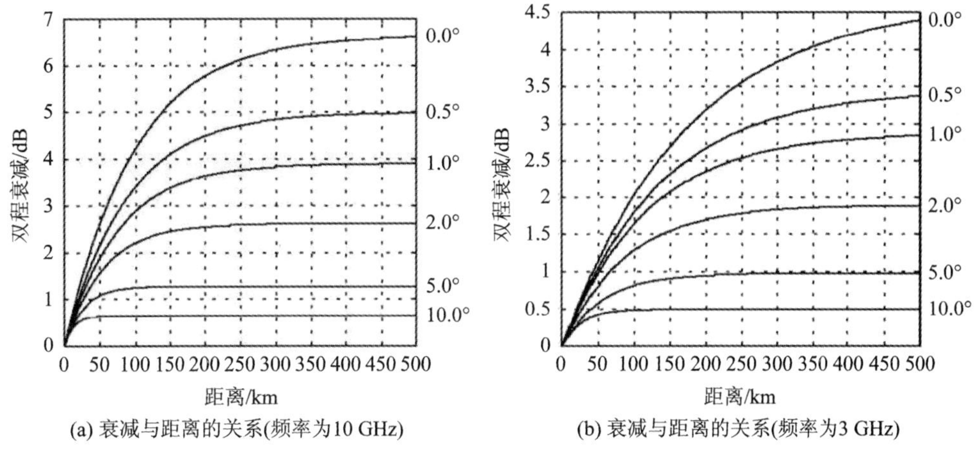

图 3.20　不同仰角时的双程衰减

若电波传播单程衰减系数为 δ，雷达接收距离为 R 的目标回波的功率密度 S_2' 与没有传播衰减的功率密度 S_2 的关系为

$$10\lg\frac{S_2}{S_2'}=\delta\times 2R \tag{3.3.7}$$

若没有传播衰减的最大作用距离为 $R_{\max}$，则当在作用距离全程上有均匀的传播衰减时，式(3.1.17)的雷达最大作用距离 $R_{\max}'$ 可修正为

$$R'_{max} = \left[\frac{P_t T G^2 \lambda^2 \sigma}{(4\pi)^3 k T_0 F_n D_0 C_B L}\right]^{1/4} 10^{-0.05\delta R'_{max}} = R_{max} 10^{-0.05\delta R'_{max}} = R_{max} e^{-0.115\delta R'_{max}} \tag{3.3.8}$$

式中，$\delta R'_{max}$为在最大作用距离下单程衰减的分贝数，所以大气衰减的结果总是降低雷达的作用距离。由于$\delta R'_{max}$是R'_{max}的函数，不能给出显式函数关系。为了便于计算有全程衰减时的雷达作用距离，可查图3.21中的曲线，图中纵坐标为无衰减时的最大作用距离R_{max}，横坐标为有衰减时的最大作用距离R'_{max}。

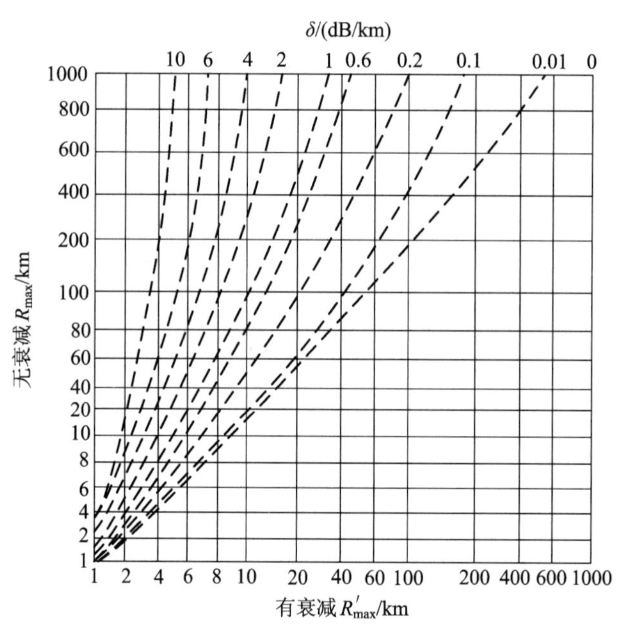

图3.21　全程衰减时雷达探测距离的计算曲线

[例3-2]　已知雷达的发射功率P_t=100 kW，天线增益G=40 dB，工作波长λ=5 cm，接收机灵敏度$S_{i,min}$=−110 dBm，目标的RCS(σ)=5 m²，计算：

(1) 理想情况下雷达的最大作用距离R_{max}；

(2) 当全程都有16 mm/h的大雨时的雷达最大作用距离R'_{max}；

(3) 在雷达站附近50 km区域内有16 mm/h的大雨时的雷达最大作用距离R'_{max}。

解　(1) 根据雷达方程$R_{max}^4 = \frac{P_t G^2 \lambda^2 \sigma}{(4\pi)^3 S_{i,min}}$，取dB计算：

$$40\lg R_{max} = 50 + 80 - 13 \times 2 + 7 - 33 - (-110 - 30) = 218\ (\text{dB})$$

雷达的最大作用距离为$R_{max} = 10^{218/40} \approx 282$ (km)。

(2) 降雨量为16 mm/h的大雨时，查图3.21知衰减系数为0.1 dB/km，这时雷达最大作用距离R'_{max}为

$$R'_{max} = R_{max} 10^{-0.05\delta R'_{max}} = 282 \times 10^{-0.05 \times 0.1 \times R'_{max}}$$

查图3.21，或通过下边程序的计算，可得R'_{max}约为94.7 km。

```
dlt1 =0.1;
Rmax0 =282; Rmax =[10:.1:Rmax0];
temp = Rmax. * 10.^(0.05 * dlt1 * Rmax);
[V,I]= min(abs(temp-Rmax0));
Rmax2 =Rmax(I)
```

(3) 50 km 小于 282 km，此时非全程衰减，这时雷达最大作用距离 $R''_{\max}$ 为

$$R''_{\max} = R_{\max} 10^{-0.05\delta R'_a} = 282 \times 10^{-0.05\times 0.1\times 50} \approx 158\ (\text{km})$$

由此可见，工作频率高的雷达的作用距离受气象影响较大。

3.3.4　地面反射对雷达探测的影响

当雷达波被地面反射后，其幅度会出现损失，相位也会出现变化。总的地面反射系数中引起这些变化的因素有三个：平滑表面的反射系数、地球曲率引起的发散因子和表面粗糙度。在低掠射角情况下，后两个因素影响较小，这里只介绍平滑表面的反射系数。

平滑表面反射系数取决于频率、表面介电系数、雷达掠射角。对于平滑表面，垂直极化和水平极化的反射系数分别为

$$\Gamma_v = \frac{\varepsilon \sin\psi_g - \sqrt{\varepsilon - (\cos\psi_g)^2}}{\varepsilon \sin\psi_g + \sqrt{\varepsilon - (\cos\psi_g)^2}} \tag{3.3.9}$$

$$\Gamma_h = \frac{\sin\psi_g - \sqrt{\varepsilon - (\cos\psi_g)^2}}{\sin\psi_g + \sqrt{\varepsilon - (\cos\psi_g)^2}} \tag{3.3.10}$$

式中，ψ_g 为掠射角(入射角，也称为擦地角)；ε 为表面的复介电常数：

$$\varepsilon = \varepsilon' - j\varepsilon'' = \varepsilon' - j60\lambda\sigma \tag{3.3.11}$$

式中，λ 是波长，σ 是介质传导率(单位为 Ω/m)。表 3.5～表 3.7 给出了油、湖水、海水的电介常数，ε' 和 ε'' 的典型值。

注意，当 $\psi_g=90°$(垂直照射)时，

$$\Gamma_h = \frac{1-\sqrt{\varepsilon}}{1+\sqrt{\varepsilon}} = -\frac{\varepsilon-\sqrt{\varepsilon}}{\varepsilon+\sqrt{\varepsilon}} = -\Gamma_v \tag{3.3.12}$$

而当掠射角很小时($\psi_g \approx 0$)，有

$$\Gamma_h = -1 = \Gamma_v \tag{3.3.13}$$

表 3.5　油的电磁特性

频率/GHz	含水量(按体积计算)							
	0.3%		10%		20%		30%	
	ε′	ε″	ε′	ε″	ε′	ε″	ε′	ε″
0.3	2.9	0.071	6.0	0.45	10.5	0.75	16.7	1.2
3.0	2.9	0.027	6.0	0.40	10.5	1.1	16.7	2.0
8.0	2.8	0.032	5.8	0.87	10.3	2.5	15.3	4.1
14.0	2.8	0.350	5.6	1.14	9.4	3.7	12.6	6.3
24.0	2.6	0.030	4.9	1.15	7.7	4.8	9.6	8.5

表 3.6 湖水的电磁特性

频率/GHz	温度					
	T=0℃		T=10℃		T=20℃	
	ε′	ε″	ε′	ε″	ε′	ε″
0.1	85.9	68.4	83.0	91.8	79.1	115.2
1.0	84.9	15.66	82.5	15.12	78.8	15.84
2.0	82.1	20.7	81.1	16.2	78.1	14.4
3.0	77.9	26.4	78.9	20.6	76.9	16.2
4.0	72.6	31.5	75.9	24.8	75.3	19.4
6.0	61.1	39.0	68.7	33.0	71.0	24.9
8.0	50.3	40.5	60.7	36.0	65.9	29.3

表 3.7 海水的电磁特性

频率/GHz	温度					
	T=0℃		T=10℃		T=20℃	
	ε′	ε″	ε′	ε″	ε′	ε″
0.1	77.8	522	75.6	684	72.5	864
1.0	77.0	59.4	75.2	73.8	72.3	90.0
2.0	74.0	41.4	74.0	45.0	71.6	50.4
3.0	71.0	38.4	72.1	38.4	70.5	40.2
4.0	66.5	39.6	69.5	36.9	69.1	36.0
6.0	56.5	42.0	63.2	39.0	65.4	36.0
8.0	47.0	42.8	56.2	40.5	60.8	36.0

例如，图 3.22(a)(b)分别给出了在 X 波段，20%含水量(按体积计算)的油、20℃湖水和海水的 Γ_h 和 Γ_v 的幅度和相位。

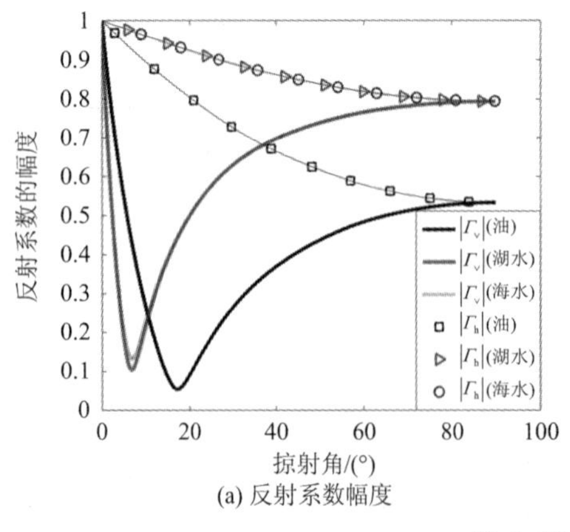

(a) 反射系数幅度

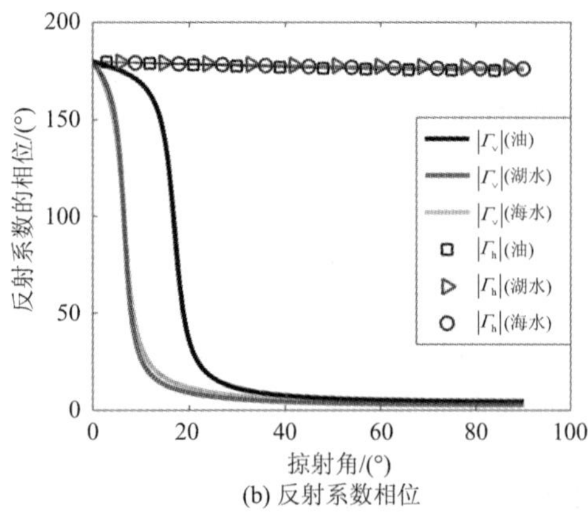

(b) 反射系数相位

图 3.22 反射系数

由图可以看出：

(1) 随着掠射角的增大，20℃的湖水和海水的变化趋势基本相同，而含水量 20%的油的反射系数幅度的变化趋势与前两者不同，$|\Gamma_h|$变化得越快，$|\Gamma_v|$变化得越慢。

(2) 三种介质的垂直极化反射系数的幅度都有一个很明显的最小值，对应这种条件的角称为 Brewster 角。因此，机载雷达的下视工作模式大多采用垂直极化，减小地面反射信号。

(3) 对于非常小的角度(小于 2°)，三种介质的$|\Gamma_h|$和$|\Gamma_v|$都接近 1，$\angle\Gamma_v$和$\angle\Gamma_h$都接近 π。因此当掠射角很小时，水平极化或垂直极化的传播几乎没有差别。

考虑地(海)面反射对雷达性能的影响，在雷达方程中加入方向图传播因子 F_p(简称传播因子)。传播因子 F_p是为了计算环境(地球表面和大气)传播对雷达影响而引入的一个参数。顾名思义，它包含了绕射、反射、折射与多径传播等各种效应和天线方向图的影响。传播因子定义为

$$F_p = \left|\frac{E}{E_0}\right| \tag{3.3.14}$$

其中，E 为地面多径影响的实际场强，E_0是自由空间的场强。

在地表附近，多径传播效应主要决定着传播因子的形成。传播因子描述了地球表面衍射电磁波的干涉效应干扰。下面以平坦的地球表面为例推导传播因子表达式。

根据图 3.23 的几何关系，A、C 分别为雷达和目标所处位置，雷达所处高度为 h_r，目标高度为 h_t，掠射角为 ψ_g。目标的仰角为 φ_d，多径反射波的入射仰角为 φ_i，$\varphi_i \approx \psi_g$。雷达天线发射的能量到达目标有两条路径："直达"的路径 AC 和"反射"的路径 ABC。若直达路径 AC 的距离为 R_d，目标的水平距离 $R=R_d\cos(\varphi_d)$，反射路径 ABC 的距离为 $R_i=R_1+R_2$，通常假设 $h_r \ll h_t \ll R_d$，即在远场的情况下，则有

$$R_i^2 = R_d^2 + (2h_r)^2 - 2R_d(2h_r)\cos\left(\frac{\pi}{2}+\varphi_d\right) \tag{3.3.15}$$

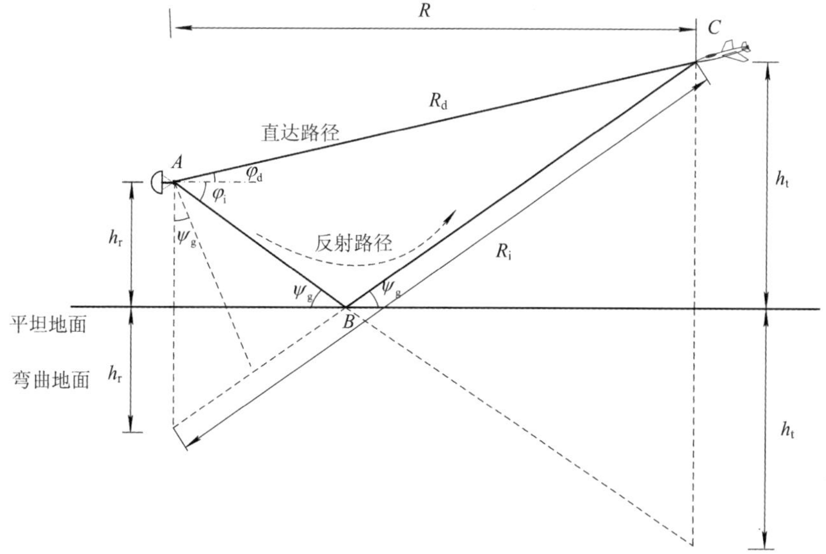

图 3.23　多径传播的几何图形

对上式进行化简，直达波与反射波的波程差为

$$\Delta R = R_i - R_d = \frac{4h_r^2}{R_i + R_d} + \frac{4R_d h_r \sin\varphi_d}{R_i + R_d} \tag{3.3.16}$$

由于 $h_r \ll R_d$，且 $R_i \approx R_d$，波程差对应的相位差为

$$\Delta\Phi = \frac{2\pi}{\lambda}\Delta R \approx \frac{4\pi h_r \sin\varphi_d}{\lambda} \tag{3.3.17}$$

当目标仰角大于波束宽度时，可以认为通过反射路径到达目标的信号幅度要比通过直达路径到达目标的信号幅度小。但是，若目标的仰角较小，直达波与地面反射波在一个波束宽度内，反射路径方向上的天线增益与直接路径方向上的天线增益相当，这时需要考虑多径的影响。电波通过地球表面 B 点反射的信号，其幅度和相位随地面反射系数 Γ 产生了变化，地面反射系数为

$$\Gamma = \rho e^{j\zeta} \tag{3.3.18}$$

式中，ρ 小于 1，ζ 表示由地表粗糙度引起的反射路径信号的相位偏移。

若信号的幅度取 1，直达波信号可写成

$$E_d = e^{j\omega_0 t} e^{-j\frac{2\pi}{\lambda}R_d} = e^{j\omega_0 t} e^{-j\kappa R_d} \tag{3.3.19}$$

式中，时间载波项 $\exp(j\omega_0 t)$ 表示信号的时间关系，指数项 $\exp(-j\kappa R_d)$ 表示信号的空间相位。到达目标的反射路径信号表示为

$$E_i = \Gamma e^{j\omega_0 t} e^{-j\frac{2\pi}{\lambda}R_i} = \rho e^{j\zeta} e^{j\omega_0 t} e^{-j\kappa R_i} \tag{3.3.20}$$

到达目标的总信号为

$$E = E_d + E_i = e^{j\omega_0 t} e^{-j\kappa R_d} (1 + \rho e^{j(\zeta + \kappa(R_i - R_d))}) \tag{3.3.21}$$

由于地面反射，到达目标的总的信号强度发生变化，其变化值为有地面反射时的信号强度与自由空间信号强度之比。将式(3.3.19)和式(3.3.21)代入式(3.3.14)，传播因子为

$$F_p = \left|\frac{E_d + E_i}{E_d}\right| = |1 + \rho e^{j\zeta} e^{j\Delta\Phi}| = |1 + \rho e^{j\alpha}| \tag{3.3.22}$$

式中，$\alpha = \Delta\Phi + \zeta$。利用欧拉恒等式($e^{j\alpha} = \cos\alpha + j\sin\alpha$)，按照功率计算传播因子的平方为

$$F_p^2 = 1 + \rho^2 + 2\rho\cos\alpha \approx 1 + \rho^2 + 2\rho\cos\left(\frac{4\pi h_r \sin\varphi_d}{\lambda} + \zeta\right) \tag{3.3.23}$$

对于平坦地面，水平极化的反射系数 $\Gamma \approx -1$，即 $\rho = 1$，$\zeta = \pi$，上式可以化简为

$$F_p^2 = 4\left(\sin\frac{2\pi h_r \sin\varphi_d}{\lambda}\right)^2 \tag{3.3.24}$$

根据式(3.3.24)，传播因子有以下特征：

(1) 当 $\frac{2\pi h_r \sin\varphi_d}{\lambda} = n\pi$，$n = 0, 1, 2, \cdots$ 时，传播因子出现零点，零点位置对应的目标仰角为

$$\varphi_d = \arcsin\left(\frac{n\lambda}{2h_r}\right), \ n = 0, 1, 2, \cdots \tag{3.3.25}$$

(2) 当 $\frac{2\pi h_r \sin\varphi_d}{\lambda} = \frac{\pi}{2} + n\pi$，$n = 0, 1, 2, \cdots$ 时，传播因子出现最大值，最大值位置对应的目标仰角为

$$\varphi_d = \arcsin\left(\frac{\lambda}{4h_r} + \frac{n\lambda}{2h_r}\right), \ n = 0, 1, 2, \cdots \tag{3.3.26}$$

基本雷达方程是在自由空间理想情况下推导的。自由空间无多径传播时的传播因子为 $F_p=1$。将雷达在自由空间(即 $F_p=1$)中的探测距离表示为 R_0。最大作用距离 R_{max} 是指波束轴线方向的探测距离，G 为雷达天线的最大增益，即 $G=G_{max}$。若考虑天线在俯仰维的归一化方向图函数 $F(\theta_d)$，式(3.1.16)的基本雷达方程可改写为

$$R_{max}=R_0=\left[\frac{P_t TG^2\lambda^2\sigma(F(\varphi_d))^4}{(4\pi)^3 kT_0 FLC_B D_0}\right]^{1/4} \tag{3.3.27}$$

则存在多径干扰时的探测距离为

$$R_1=\left[\frac{P_t TG^2\lambda^2\sigma\cdot(F(\varphi_d))^4\cdot F_p^4}{(4\pi)^3 kT_0 FLC_B D_0}\right]^{1/4}=R_0F_p \tag{3.3.28}$$

假设雷达高度 $h_r=5$ m，$\lambda=1$ m，图 3.24 给出了多路径干扰对传播因子的影响，图中实线为无多径的情况($F_p=1$)，点画线、点线分别为地面反射系数 $\Gamma=-1$、-0.3。由于存在地面多径反射，天线方向图在仰角方向上变成了瓣形结构，即波瓣分裂现象。当目标处于波瓣能量最大方向(如图中目标 A)时，雷达探测距离比自由空间中的探测距离远；而当目标处于波瓣间的凹口方向(如图中目标 B)时，探测距离将会比自由空间中的小。因此，在某些仰角上可能探测不到目标，解决措施主要有：一是频扫工作，不同频率的波瓣分裂位置不同，可以互补；二是架设多个不同高度的接收天线，由于不同高度天线的波瓣分裂位置不同，可以相互补充。

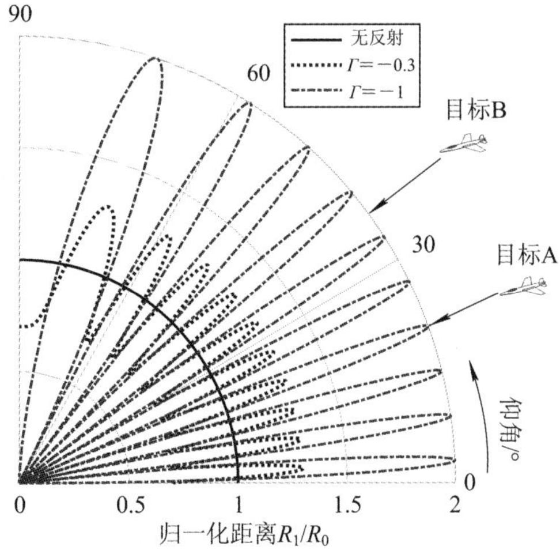

图 3.24　由反射面引起的仰角维的波瓣分裂现象

3.4　系统损耗

系统损耗从狭义上讲，是指发射机与天线之间的功率损耗或天线与接收机之间的功率损耗，它包括波导设备损耗(传输线损耗和双工器损耗)和天线损耗(波束形状损耗、扫描损耗、天线罩损耗、相控阵损耗)。从广义上讲，系统损耗还包括信号处理损耗(如非匹配滤波器、恒虚警处理、积累器、限幅器等产生的损耗，以及跨分辨单元损耗、采样损耗)。下面介绍几种主要的损耗。

实际雷达系统总是有各种损耗的，这些损耗将降低雷达的实际作用距离，因此在雷达方程中应引入损耗这一修正量。正如式(3.1.15)中用 L 表示损耗，加在雷达方程的分母中，L 是大于1的数值，一般用分贝数来表示。信噪比与雷达的损耗成反比，因为检测概率是信噪比的函数，雷达损耗的增加导致信噪比下降，从而降低检测概率。

3.4.1 传输损耗

传输损耗是指发生在雷达发射机与天线输入端口之间由波导引起的损耗(也称发射损耗)，以及在天线输出端口和接收机前端之间的损耗(也称接收损耗)。传输损耗包括传输链接波导的损耗、每一波导拐弯处的损耗和旋转关节的损耗等，也称为波导损耗。波导损耗的典型值为1～2 dB。

为了减少传输损耗，现代雷达的发射和接收设备大多直接安装在天线的背面，以减少天线与发射和接收设备的链接电缆，因此，波导损耗可以做到更低。

3.4.2 天线波束形状损耗

在雷达方程中，天线增益通常采用最大增益，即认为最大辐射方向对准目标。但在实际工作中天线是扫描的，当天线波束扫过目标时，收到的回波信号振幅按天线波束形状进行调制。实际收到的回波信号能量比按最大增益的等幅脉冲串收到的信号能量要小。信噪比的损耗是由于没有获得最大的天线增益而产生的，这种损耗叫做天线波束形状损耗。一旦选好了雷达的天线，天线波束损耗的总量可计算出来。例如，当回波是振幅调制的脉冲串时，在计算检测性能时可以按调制脉冲串进行计算。在这里采用的办法是利用等幅脉冲串已得到的检测性能计算结果，再加上"波束形状损耗"因子来修正振幅调制的影响。这个办法虽然不够精确，但却简单实用。设单程天线功率方向图用高斯函数近似为

$$G(\theta)=\exp\left(-\frac{2.776\theta^2}{2\theta_B^2}\right) \tag{3.4.1}$$

式中，θ 是从波束中心开始计算的角度，θ_B是半功率波束宽度。该方向图如图3.5所示，图中 $\theta_B=3°$。设 m_B为半功率波束宽度 θ_B内收到的脉冲数：m 为积累脉冲数，则波束形状损耗 L_B(相对于积累 m 个最大增益时的脉冲)为

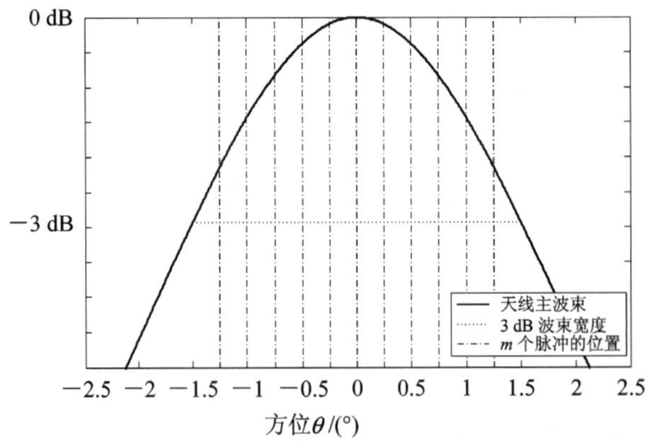

图3.25 高斯方向图及其3 dB波束宽度内每个发射脉冲的归一化幅度

$$L_B = \frac{m}{1 + 2\sum_{k=1}^{(m-1)/2} \exp(-5.55k^2/m_B^2)} \tag{3.4.2}$$

该式适用于中间一个脉冲出现在波束最大值处的奇数个脉冲。例如：若积累 11 个脉冲，它们均匀地排列在 3 dB 波束宽度以内，则其损耗为 1.67 dB。

以上讨论的是单平面波束的形状损耗，对应于扇形波束等情况。当波束内有许多脉冲进行积累时，通常对扇形波束扫描的形状损耗为 1.6 dB。而当两维扫描时，形状损耗取3.2 dB。

3.4.3　叠加损耗

实际工作中，常会碰到这样的情况：参加积累的脉冲，除了"信号加噪声"之外，还有单纯的"噪声"脉冲。这种额外噪声对天线噪声进行积累，会使积累后的信噪比变坏，这个损耗被称为叠加损耗 L_c。

产生叠加损耗可能有以下几种原因：在失掉距离信息的显示器(如方位一仰角显示器)上，如果不采用距离门选通，则在同一方位和仰角上所有距离单元的噪声脉冲必然要与目标单元上的"信号加噪声"脉冲一起积累；某些三坐标雷达采用单个平面位置显示器显示同方位所有仰角上的目标，往往只有一路有信号，其余各路是单纯的噪声；如果接收机视频带宽较窄，通过视放后的脉冲将展宽，结果有目标距离单元上的"信号加噪声"就要和邻近距离单元上展宽后的噪声脉冲相叠加，等等。这些情况都会产生叠加损耗。

假设"信号加噪声"的脉冲数为 m，只有噪声的脉冲数为 n，当这 $m+n$ 个脉冲进行积累时，叠加损耗为

$$L_c = \frac{m+n}{m} \tag{3.4.3}$$

3.4.4　信号处理损耗

1) 检波器近似

雷达采用线性接收机时，输出电压信号 $V(t)=\sqrt{V_I^2(t)+V_Q^2(t)}$，其中 $V_I(t)$，$V_Q(t)$是同相和正交分量。对于平方律检波器，$V^2(t)=V_I^2(t)+V_Q^2(t)$。在实际硬件中，平方根运算会占用较多时间，所以对检波器有许多近似的算法。近似的结果使信号功率损耗，通常为 0.5～1 dB。

2) 恒虚警概率(CFAR)损耗

在许多情况中，为了保持恒定的虚警概率，要不断地调整雷达的检测门限，使其随着接收机噪声变化。为此，恒虚警概率(CFAR)处理器用于在未知和变化的干扰背景下能够控制一定数量的虚警。恒虚警概率(CFAR)处理使信噪比下降约 1 dB。

3) 量化损耗

有限字长(比特数)和量化噪声使得模数(A/D)转换器输出的噪声功率增加。A/D 的噪声功率为 $q^2/12$，其中 q 为量化电平。

4) 距离门跨越

雷达接收信号通常包括一系列连续的距离门(单元)。每个距离门的作用如同一个与发射脉冲宽度相匹配的累加器。因为雷达接收机的作用如同一个平滑滤波器对接收的目标回

波滤波(平滑)。平滑后的目标回波包络经常跨越一个以上的距离门。

一般受影响的距离门有三个，分别叫前(距离)门、中(距离)门(目标距离门)和后(距离)门，如图 3.26 所示。如果一个点目标正好位于一个距离门中间，那么前距离门和后距离门的样本是相等的。然而当目标开始向下一个门移动时，后距离门的样本逐渐变大而前距离门的样本不断减小。任何情况下，三个样本的幅度相加的数值是大致相等的。图 3.26 给出了距离门跨越的概念。平滑后的目标回波包络很像高斯分布形状。因为目标很可能落在两个临界的距离门之间的任何地方，所以在距离门之间会有信噪比损耗。目标回波的能量分散在三个门间。通常距离跨越损耗大约为 2～3 dB。

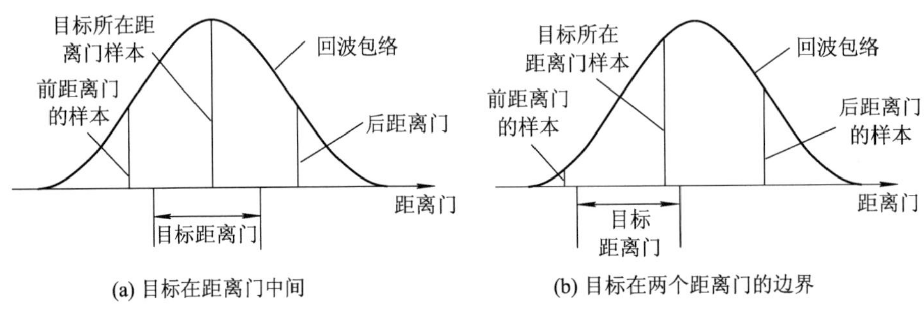

图 3.26 距离门跨越的示意图

5) 多普勒跨越

多普勒跨越类似于距离门跨越。然而，在这种情况下，由于采用加窗函数降低副瓣电平，多普勒频谱被展宽。因为目标多普勒频率可能落在两个多普勒分辨单元之间，所以有信号损耗。如图 3.27 所示，加权后，重叠频率 f_{co} 比滤波截止频率 f_c(相应 3 dB 频率点)要小。

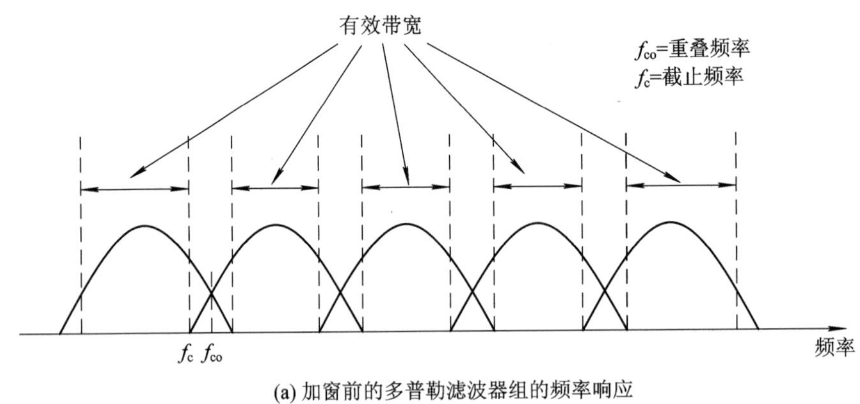

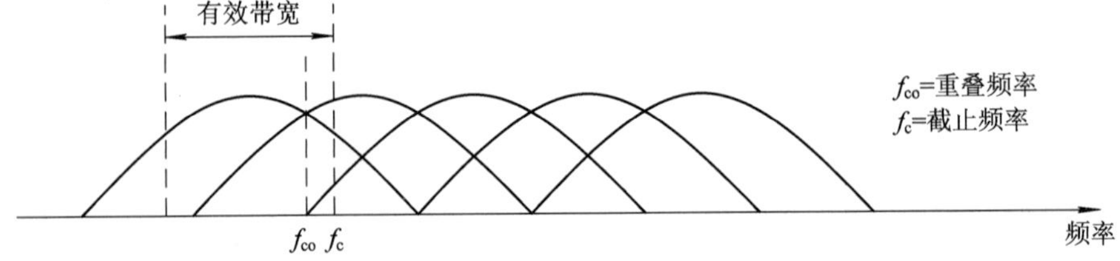

图 3.27 加窗后多普勒滤波器组的跨越损耗

3.5 雷达方程的几种形式

不同类型的雷达有不同的特点。本节根据不同类型雷达的特点，推导了双基地雷达方程、搜索雷达方程、低脉冲重复频率雷达方程和高脉冲重复频率雷达方程。

3.5.1 双基地雷达方程

发射站和接收站在同一个位置的雷达称为单基地雷达，且通常使用同一部天线(连续波雷达除外)。双基地雷达是指发射站和接收站分布在不同位置的雷达。图 3.28 给出了双基地雷达的几何关系。其中角度 β 称为双基地角。收发站之间的距离 R_d 较远，其值可与雷达的探测距离相比，一般在 100 km 左右。

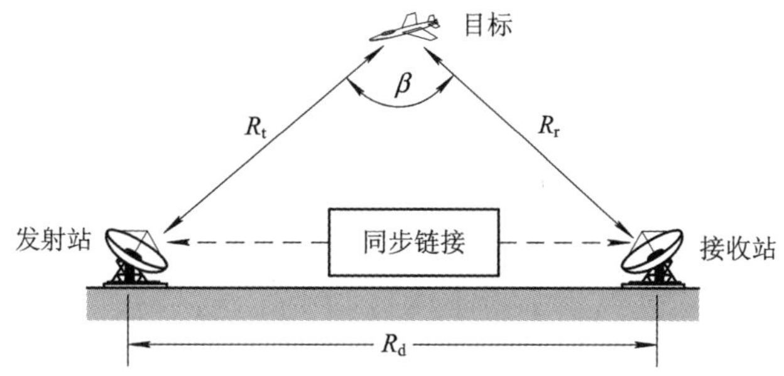

图 3.28 双基地雷达工作示意图

双基地雷达方程主要是在基本雷达方程的基础上引入收、发两个站点与目标的距离，推导过程和单基地雷达方程完全相同。设目标与发射站的距离为 R_t，目标经发射功率照射后在接收站方向也将产生散射功率，其散射功率的大小由双基地目标散射截面积 σ_b 来决定，如果目标与接收站的距离为 R_r，则可得到双基地雷达方程为

$$(R_r R_t)_{\max} = \left(\frac{P_t \tau G_t G_r \lambda^2 F_t^2 F_r^2 \sigma_b}{(4\pi)^3 k T_0 F L_t L_r D_0} \right)^{\frac{1}{2}} \tag{3.5.1}$$

式中，F_t、F_r 分别为发收天线的方向图传播因子，它主要考虑反射面多径效应产生的干涉现象的影响；L_t、L_r 分别为发射通道和接收通道的损耗。

从式(3.5.1)知，当 R_t 和 R_r 中一个非常小时，另一个可以任意大，事实上由于几何关系上的原因，R_t 和 R_r 受到以下两个基本限制：

$$|R_t - R_r| \leqslant R_d, \quad R_t + R_r \geqslant R_d \tag{3.5.2}$$

实际雷达观测时，目标均处于天线的远场区。

若不考虑多径效应的影响，$F_r = F_t = 1$，且式(3.5.1)中各项均不改变时，乘积 $R_t R_r = C$(常数)所形成的几何轮廓在任何含有发射-接收轴线的平面内都是卡西尼(Cassini)卵形线。曲线上所有点到两定点(发射站、接收站)的距离之积为常数。双基地雷达探测的几何关系较单基地雷达的要复杂得多，需要解决时间、频率、空间波束这三大同步问题。

[例 3-3] 某 C 波段双基地雷达参数如下：工作频率 $f_0 = 5.6$ GHz，发射和接收天线增益 $G = 45$ dB，峰值功率 $P_t = 1.5$ kW，脉冲宽度 $\tau = 200$ μs，噪声系数 $F = 3$ dB，雷达总损耗 $L = 8$ dB。假设目标散射截面积 $\sigma = 2$ m^2，发射站与接收站距离为 100 km。计算双基

地雷达的等信噪比曲线。

解 该雷达的等信噪比曲线如图 3.29 所示，也称等距离线，即距离积(R_tR_r)相等的曲线。图中曲线上的数字表示信噪比(以 dB 为单位)。其计算见 MATLAB 程序“shuangjidi_req. m”，语法如下：

[*snr*]=shuangjidi_req(*pt*, *freq*, *Gt*, *Gr*, *sigma*, *tao*, *r0*, *NF*, *L*, *range*)

其中，各参数说明如表 3.8 所示。

表 3.8 参 数 说 明

符号	含 义	单位	状态	图 3.29 仿真举例
pt	峰值功率	kW	输入	1.5
freq	频率	Hz	输入	5.6e+9
Gt	发射天线增益	dB	输入	45
Gr	接收天线增益	dB	输入	45
sigma	目标截面积	m^2	输入	2
tao	发射脉冲宽度	μs	输入	200
r0	双基地之间的距离	km	输入	100
L	雷达损耗	dB	输入	8
NF	噪声系数	dB	输入	3
range	计算距离范围	km	输入	[60 : 1 : 200]
snr	信噪比	dB	输出	

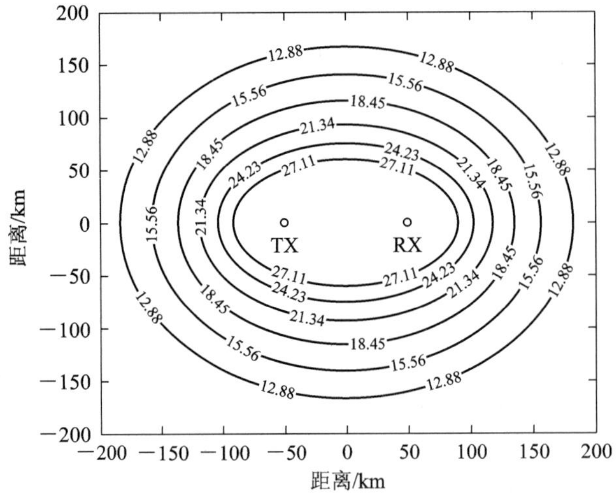

图 3.29 双基地雷达的等距离线图

双基地雷达方程的另一个特点是采用双基地目标散射截面积 σ_b。单基地目标散射截面积 σ_m 是由目标的后向散射决定的，它是姿态角(即观测目标的方向)的函数，即 $\sigma_m=\sigma_m(\theta, \varphi)$。双基地目标散射截面积不是由后向散射决定的，它是收、发两地姿态角的函数，即 $\sigma_b=\sigma_b(\theta_t, \varphi_t; \theta_r, \varphi_r)$。对于复杂目标，在双基地角很小的情况下，双基地的 RCS 与单基地的 RCS 类似；但双基地角大于 90°时，双基地的 RCS 变化很大。

3.5.2　搜索雷达方程

搜索雷达的任务是在指定空域进行目标搜索。搜索雷达方程主要是引入扫描整个空域的时间。图 3.30 给出了两种常用的搜索雷达的波束搜索模式，其中图(a)的波束宽度在仰角维足够宽，可以覆盖要求的搜索范围，而波束在方位维上扫描；图(b)为堆积波束搜索，需要在方位和仰角两维上时分波束扫描，这种模式通常应用于相控阵雷达。雷达究竟采用哪种模式，取决于雷达的总体设计和天线。

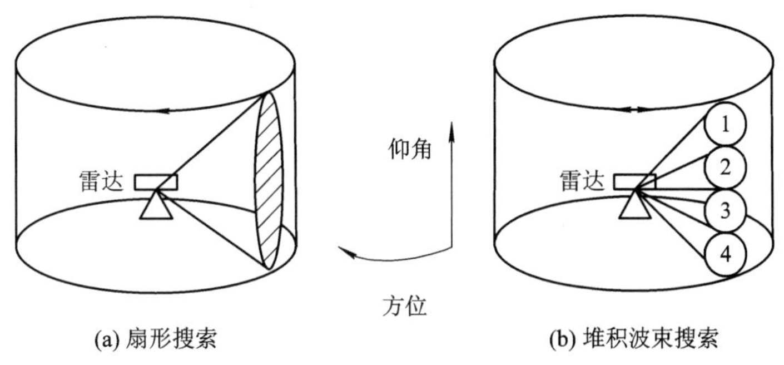

图 3.30　搜索雷达的波束搜索模式

假设整个搜索空域的立体角为 $\Omega=\Theta_a\Theta_e$（Θ_a、Θ_e 分别为雷达在方位和仰角上的搜索空域范围），天线在方位和仰角维的半功率波束宽度为 θ_a 和 θ_e，天线波束所张的立体角为 $\beta=\theta_a\theta_e$，则覆盖立体角 Ω 的天线波束的数量 n_B 为

$$n_B=\frac{\Omega}{\beta}=\frac{\Theta_a\Theta_e}{\theta_a\theta_e} \tag{3.5.3}$$

扫描整个空域的时间为 T_{sc}，而天线波束扫过目标所在波位的驻留时间为 T_i，则有

$$\frac{T_i}{T_{sc}}=\frac{\beta}{\Omega}=\frac{1}{n_B} \tag{3.5.4}$$

$$T_i=\frac{T_{sc}}{n_B}=\frac{T_{sc}}{\Omega}\theta_a\theta_e=n_pT_r \tag{3.5.5}$$

式中，n_p 为在一个波位驻留的脉冲数，T_r 为脉冲重复周期。

由此可见，当天线增益加大时，一方面使收发能量更集中，有利于提高作用距离，但同时天线波束宽度 β 减小，扫过目标的驻留时间缩短，可利用的脉冲数 n_p 减小，这又不利于发现目标。下面分析各参数之间的关系。

根据基本雷达方程，在一个波位发射的脉冲数为 n_p，理论上相干积累输出信噪比为

$$\frac{S}{N}=\mathrm{SNR}_1\cdot n_p=\frac{P_tG^2\lambda^2\sigma\cdot n_p}{(4\pi)^3kT_0BFLR^4}=\frac{P_tG^2\lambda^2\sigma}{(4\pi)^3kT_0BFLR^4}\frac{T_i}{T_r} \tag{3.5.6}$$

根据式(3.5.5)，有 $n_p=\dfrac{T_i}{T_r}=\dfrac{T_{sc}}{T_r}\dfrac{\theta_a\theta_e}{\Omega}$，并利用关系式 $T=1/B$、$P_{av}=\dfrac{P_tT}{T_r}$ 和天线增益 $G=\dfrac{4\pi A}{\lambda^2}=\dfrac{4\pi}{\theta_a\theta_e}$，$A$ 为天线的有效面积，代入上式，有

$$\frac{S}{N}=\frac{P_{av}T_r}{T}\frac{\lambda^2\sigma}{(4\pi)^3kT_0BFLR^4}\frac{4\pi A}{\lambda^2}\frac{4\pi}{\theta_a\theta_e}\frac{T_{sc}}{T_r}\frac{\theta_a\theta_e}{\Omega}=\frac{(P_{av}A)\cdot\sigma}{(4\pi)kT_0FLR^4}\frac{T_{sc}}{\Omega} \tag{3.5.7}$$

式中的量 $P_{av}A$ 称为功率孔径积（指发射的平均功率与天线的有效孔径的乘积）。实际中功

率孔径积广泛用于对雷达完成搜索任务的能力进行估算。对一个由搜索立体角 Ω 所限定的已知区域计算功率孔径积，以便满足一定 RCS 目标的 SNR 的要求。式(3.5.7)也可以表示为

$$P_{av}A = \frac{4\pi kT_0FLR^4(S/N)}{\sigma}\frac{\Omega}{T_{sc}} \tag{3.5.8}$$

引入检测因子 $D_0(1)=(S/N)_{omin}$ 和校正因子 C_B，雷达方程式(3.5.7)也可以表示为

$$R_{max} = \left[(P_{av}A)\frac{T_{sc}}{\Omega}\frac{\sigma}{4\pi kT_0FLC_BD_0(1)}\right]^{\frac{1}{4}} \tag{3.5.9}$$

可见，雷达的作用距离取决于发射机平均功率和天线有效面积的乘积($P_{av}A$)，并与搜索时间 T_{sc} 与搜索空域 Ω 的比值的四次方根成正比，而与工作波长无直接关系。这说明对搜索雷达而言，应着重考虑 $P_{av}A$ 乘积的大小。当然，功率孔径积是受各种条件约束和限制的，各个波段所能达到的 $P_{av}A$ 值也不相同。此外，搜索距离还和 T_{sc}、Ω 有关，允许的搜索时间加大或搜索空域减小，均能提高作用距离 R_{max}。

假设雷达采用直径为 D 的圆形孔径天线，3 dB 波束宽度为 $\theta_{3dB}\approx\lambda/D$，扫描时间 T_{sc} 与在目标上的驻留时间 T_i 的关系为

$$T_i = \frac{T_{sc}}{\Omega}\theta_a\theta_e = \frac{T_{sc}\lambda^2}{D^2\Omega} \tag{3.5.10}$$

将式(3.5.10)代入式(3.5.7)得到

$$\frac{S}{N} = \frac{P_{av}G^2\lambda^2\sigma}{(4\pi)^3kT_0FLR^4}\frac{T_{sc}\lambda^2}{D^2\Omega} \tag{3.5.11}$$

利用圆形孔径面积的关系式 $A\approx\pi D^2/4$，则圆形孔径天线的搜索雷达方程为

$$\frac{S}{N} = \frac{P_{av}A\cdot\sigma}{16kT_0FLR^4}\frac{T_{sc}}{\Omega} \tag{3.5.12}$$

利用书中 MATLAB 函数“power_aperture.m”可以计算搜索雷达的功率孔径积。其语法如下：

[*PAP*]=power_aperture(*range*, *snr*, *sigma*, *tsc*, *az_angle*, *el_angle*, *NF*, *L*)

其中，各参数说明见表 3.9。

表 3.9　参 数 说 明

符号	含　义	单位	状态	仿真举例
range	探测距离	km	输入	[20：1：250]
sigma	目标截面积	dBsm	输入	[−20，−10，0]
tsc	扫描时间	s	输入	2
az_angle	搜索区域的方位角范围	°	输入	180
el_angle	搜索区域的俯仰角范围	°	输入	135
L	雷达损耗	dB	输入	6
NF	噪声系数	dB	输入	8
snr	检测要求的信噪比	dB	输入	20
PAP	功率孔径积	dB	输出	

[例 3-4]　某搜索雷达的主要参数为：扫描时间 $T_{sc}=5$ s，搜索区域 $\Omega=6.6$ sr(球面

弧度)(即方位和仰角的搜索范围分别为 $\Theta_a=360°$，$\Theta_e=60°$)，噪声系数 $F=8$ dB，损耗 $L=6$ dB，要求检测的信噪比 SNR=15 dB。目标的 RCS 为 0.1 m^2。

(1) 计算功率孔径积与不同 RCS 目标探测距离的关系式，仿真 RCS(σ)=[−20，−10，0] dBsm 时功率孔径积与探测距离的关系曲线；

(2) 计算距离为 100 km 处的目标要求雷达的功率孔径积；

(3) 若以探测距离为 100 km 的功率孔径积作为要求，计算发射平均功率与孔径面积的关系曲线；若天线的有效面积为 10 m^2，计算发射平均功率。

解　(1) 根据雷达方程 $P_{av}A=\frac{4\pi kT_0FLD_0R^4}{\sigma}\frac{\Omega}{T_{sc}}$，取 dB 计算，功率孔径积为

物理量	4π	KT_0	F	L	Ω	T_{sc}	D_0
[dB]	11	−204	8	6	8.18	7	15

$$P_{av}A=11-204+8+6+15+8.18-7+40\lg(R)-10\lg(\sigma)$$
$$=-162.82+40\lg(R)-10\lg(\sigma)\ (\text{dB})$$

图 3.31(a)给出了目标 RCS 分别为[−20，−10，0] dBsm 情况下功率孔径积与距离之间的关系曲线。

(2) 距离为 100 km 处的目标要求雷达的功率孔径积 $P_{av}A=-162.82+200-(-10)=47.18$ (dB W·m^2)。

(3) 探测距离为 100 km 的功率孔径积为 47.18 (dB W·m^2)，图 3.31(b)给出了发射平均功率与有效孔径大小的关系曲线。

当天线的有效面积为 10 m^2 时，发射平均功率为 $P_{av}=47.18-10=37.18$ dBW≈5.23 kW。

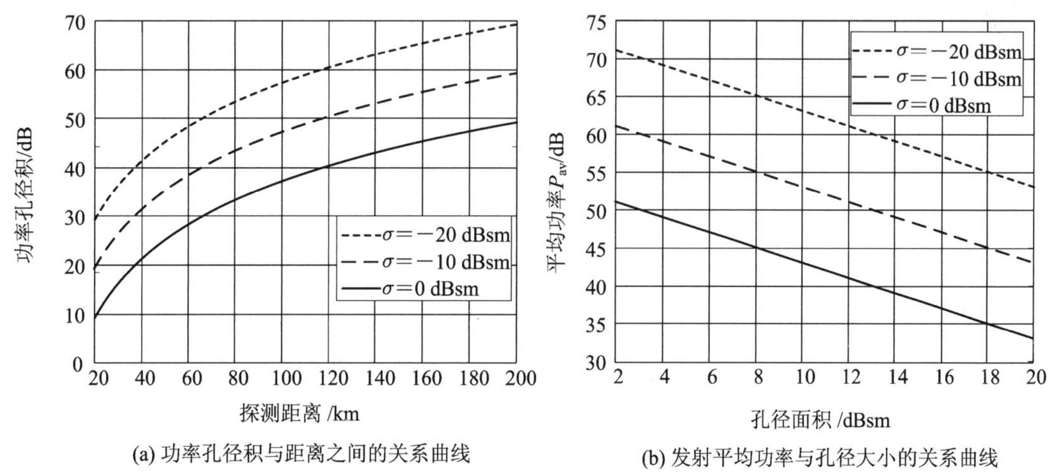

(a) 功率孔径积与距离之间的关系曲线　　(b) 发射平均功率与孔径大小的关系曲线

图 3.31　搜索雷达方程的计算结果

3.5.3　低脉冲重复频率的雷达方程

考虑一个脉冲雷达：其脉冲宽度为 τ，脉冲重复周期为 T_r，脉冲重复频率为 f_r，发射

峰值功率为 P_t，平均功率 $P_{av}=d_tP_t$，其中 $d_t=\tau/T_r$ 是雷达的发射工作比，也称发射占空因子。同样可以定义接收占空因子 $d_r=(T_r-\tau)/T_r=1-\tau f_r$。对于低脉冲重复频率雷达，$T_r\gg\tau$，接收占空因子 $d_r\approx 1$。则单个脉冲的雷达方程为

$$(\mathrm{SNR})_1=\frac{P_tG^2\lambda^2\sigma}{(4\pi)^3kT_0BFLR^4}\tag{3.5.13}$$

假定在一个波束宽度内发射的脉冲数为 n_p，即波束照射目标的时间为 T_i，通常称之为"驻留时间"，

$$T_i=n_pT_r=\frac{n_p}{f_r}\quad\Rightarrow\quad n_p=T_if_r\tag{3.5.14}$$

则对 n_p 个发射脉冲的目标回波信号进行相干积累，理论上比单个脉冲回波的信噪比提高 n_p 倍，这时雷达方程为

$$(\mathrm{SNR})_{n_p}=n_p(\mathrm{SNR})_1=\frac{P_tG^2\lambda^2n_p\sigma}{(4\pi)^3kT_0BFLR^4}=\frac{P_tG^2\lambda^2\sigma T_if_r\tau}{(4\pi)^3kT_0FLR^4}\tag{3.5.15}$$

计算式(3.5.15)的低脉冲重复频率的雷达方程的 MATLAB 程序为"lprf_req.m"，语法说明如下：

[*snr*] =lprf_req(*pt*, *freq*, *G*, *sigma*, *tao*, *range*, *NF*, *L*, *np*)

其中，各参数说明如表 3.10。

表 3.10　参 数 说 明

符号	含　义	单位	状态	仿真举例
pt	峰值功率	kW	输入	1.5
freq	频率	Hz	输入	5.6
G	天线增益	dB	输入	45
sigma	目标截面积	m^2	输入	0.1
tao	脉冲宽度	μs	输入	100
NF	噪声系数	dB	输入	3
L	雷达损耗	dB	输入	6
range	目标距离	km	输入	(25：5：300)
np	相干积累脉冲个数		输入	[1, 10, 100]
snr	SNR	dB	输出	

[例 3-5]　某低 PRF 雷达的参数如下：工作频率 $f_0=5.6$ GHz，天线增益 $G=45$ dB，峰值功率 $P_t=1.5$ kW，调频信号的脉冲宽度 $T=100$ μs，噪声系数 $F=3$ dB，系统损耗 $L=6$ dB，假设目标截面积 $\sigma=0.1$ m²。当目标距离 $R=100$ km 时，计算单个脉冲的 SNR。若要求检测的信噪比达到 15 dB，计算相干积累需要的脉冲数。

解　根据式(3.5.15)，取对数，列表计算如下：

物理量	P_t	T	G^2	λ^2	σ	$(4\pi)^3$	KT_0	F	L	R^4
数值	1500	100e−6		0.0536^2	0.1					$(1e5)^4$
[dB]	31.76	−40	90	−25.42	−10	33	−204	3	6	200

单个脉冲的 SNR 为

$$(\mathrm{SNR})_1 = [P_t + T + G^2 + \lambda^2 + \sigma - (4\pi)^3 - kT_0 - F - L - R^4]_{(\mathrm{dB})}$$
$$= 31.76 - 40 + 90 - 25.42 - 10 - 33 + 204 - 3 - 4 - 200 = 8.34\ (\mathrm{dB})$$

由于$(n_p)_{(\mathrm{dB})} \geqslant (\mathrm{SNR})_o - (\mathrm{SNR})_1 = 15 - 8.34 = 6.66\ (\mathrm{dB}) \Rightarrow 4.63$，因此，理论上至少需要 5 个脉冲进行相干积累，才能达到信噪比 15 dB 的要求。当然实际中需要考虑积累损失的影响，相干积累取 8 个左右更合适。

根据上面列出的参数，利用函数 lprf_req. m 可以计算出相干积累脉冲数分别为[1，10，50]时$(\mathrm{SNR})_{np}$与距离的关系曲线如图 3.32 所示。由此可见，当目标距离 R=100 km 时，单个脉冲的 SNR 只有 8.3 dB。若要求检测的信噪比达到 15 dB，并考虑处理方便，取相干积累脉冲数为 8 个更好。

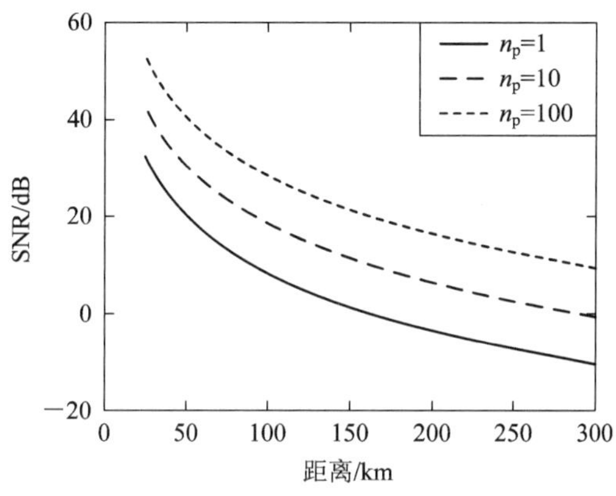

图 3.32　SNR 与距离的关系

3.5.4　高脉冲重复频率的雷达方程

高重复频率(简称高重频，HPRF)雷达发射信号是周期性脉冲串，若脉冲宽度为 T_e，脉冲重复周期为 T_r，脉冲重复频率为 f_r，发射占空因子 $d_t = T_e/T_r = T_e f_r$。脉冲串可以使用指数型傅里叶级数表示。这个级数的中心功率谱线(DC 分量)包含大部分信号功率，其值为 $P_t(T_e/T_r)^2 = P_t d_t^2$，$P_t$为单个脉冲的发射功率。高重频雷达的接收占空因子 d_r 与发射占空因子相当，即 $d_r \approx d_t$。高重频雷达通常需要对一个波位的 n_p个脉冲进行相干积累，相干处理带宽 B_i与雷达积累时间 T_i相匹配，即 $B_i = 1/T_i$，$T_i = n_p T_r$，$n_p = T_i/T_r$。则高重频的雷达方程可以表示为

$$(\mathrm{SNR})_{n_p} = \frac{P_t T_e G^2 \lambda^2 \sigma \cdot n_p}{(4\pi)^3 k T_0 F L R^4} = \frac{P_t T_i d_t G^2 \lambda^2 \sigma}{(4\pi)^3 k T_0 F L R^4} = \frac{P_{av} T_i G^2 \lambda^2 \sigma}{(4\pi)^3 k T_0 F L R^4} \tag{3.5.16}$$

其中，$P_{av} = P_t d_t$。注意乘积$(P_{av} T_i)$表示能量，也表示高脉冲重复频率雷达可以通过相对低的功率和较长的积累时间来增强探测性能。

利用 MATLAB 函数“hprf_req. m”可以计算式(3.5.16)对应的高脉冲重复频率下的雷达方程。函数 hprf_req. m 语法说明如下：

Function[*snr*] =hprf_req(*pt*,*freq*,*G*,*sigma*,*Ti*,*range*,*NF*,*L*,*dt*)

其中，各参数含义如表 3.11 所示。

表 3.11　参 数 说 明

符号	代表意义	单位	状态	仿真举例
pt	峰值功率	kW	输入	100
freq	工作频率	Hz	输入	5.6e9
G	天线增益	dB	输入	20
sigma	目标截面积	m^2	输入	0.01
Ti	驻留间隔	s	输入	2
range	目标距离	km	输入	[10 : 1 : 100]
dt	占空因子	none	输入	[0.3, 0.2, 0.1]
NF	噪声系数	dB	输入	4
L	雷达损耗	dB	输入	6
snr	SNR	dB	输出	

[例 3-6]　高 PRF 雷达的参数如下：天线增益 $G=20$ dB，工作频率 $f_0=5.6$ GHz，峰值功率 $P_t=100$ kW，驻留间隔 $T_i=2$ s，噪声系数 $F=4$ dB，雷达系统损耗 $L=6$ dB。假设目标截面积 $\sigma=0.01$ m^2。计算：(1) 在不同工作比下信噪比 SNR 与目标距离的关系式；(2) 占空因子 $d_t=0.3$、距离 $R=50$ km 时的 SNR。

解　根据式(3.5.16)，取对数，列表计算如下：

物理量	P_t	T_i	d_t	G^2	λ^2	σ	$(4\pi)^3$	KT_0	F	L	R^4
数值	100e3	2	0.3		0.0536^2	0.01					$(5e4)^4$
[dB]	50	3	−5.23	40	−25.42	−20	33	−204	4	6	187.96

在不同距离 R、不同工作比 d_t 下，信噪比的关系式为

$$\begin{aligned}\text{SNR} &= [P_t + T_i + G^2 + \lambda^2 + \sigma - (4\pi)^3 - kT_0 - F - L]_{(\text{dB})} + 10\lg d_t - 40\lg R \\ &= 50 + 3 + 40 - 25.42 - 20 - 33 + 204 - 4 - 6 + 10\lg d_t - 40\lg R \\ &= 208.58 + 10\lg d_t - 40\lg R\ (\text{dB})\end{aligned}$$

将距离 50 km、工作比 0.3 代入上式，计算这时的信噪比为

$$\text{SNR} = 208.58 - 5.23 - 187.96 = 15.39\ (\text{dB})$$

利用函数 hprf_req.m 计算在占空因子 $d_t=[0.3, 0.2, 0.1]$下 SNR 与距离的关系曲线，如图 3.33 所示。从图中可以看出，占空因子 $d_t=0.3$，距离 $R=50$ km 时的 SNR 达 15 dB。

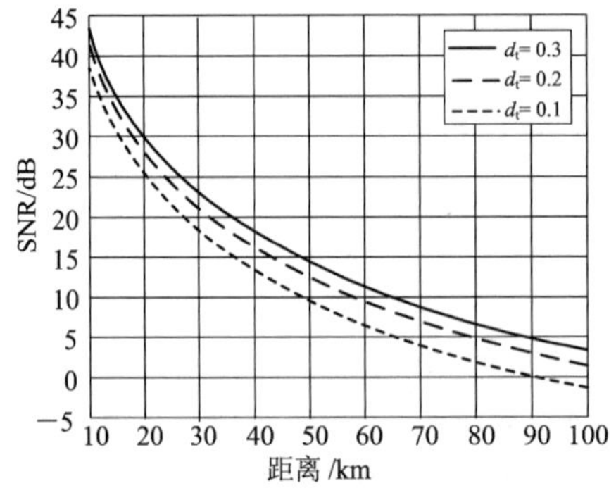

图 3.33　SNR 与距离的关系曲线

3.6　存在干扰时的雷达方程

电子对抗(ECM)是指“为了探测敌方无线电设备的电磁信息，削弱或破坏其使用效能所采取的一切战术、技术措施”。干扰器大体上可以分成两大类：噪声阻塞式干扰器和欺骗式干扰器(转发器)。

当雷达遇到强干扰时，检测性能主要由接收的目标回波信号与干扰的功率之比(信干比)决定，而不是由信噪比决定。噪声阻塞式干扰器试图增加雷达在整个工作带宽内的噪声电平，降低了接收机的信噪比。由于噪声阻塞式干扰器辐射的信号遮住了目标回波，因此雷达难以检测到目标。阻塞式干扰可以从雷达的主瓣或副瓣方向进入雷达。如果从主瓣方向进入，就可以利用天线的最大增益，把干扰器发射的噪声功率放大。而从副瓣方向进入雷达的阻塞式干扰器必须使用更大的功率，或者工作在比主波束干扰器更近的距离上。从主瓣接收的阻塞式干扰器可布置在攻击的运载工具上，或者作为目标的护航者。副瓣干扰器通常对特定的雷达进行干扰。

转发干扰器载有接收设备，用来分析雷达发射波形的参数及其工作情况，然后产生并发射类似于目标的虚假信号来干扰雷达。转发式干扰器主要有两类：点噪声转发器和欺骗式转发器。点噪声转发器先估测雷达发射信号的带宽，然后仅在特定频率上进行干扰。欺骗式转发器送回使目标出现在虚假位置的信号，这些信号使得目标出现在一些虚假的位置(欺骗点)。这些欺骗点可能出现在不是真正目标的不同距离和角度上。此外，一个干扰器可以产生多个欺骗的假目标信号。由于不需要干扰整个雷达带宽，转发干扰器能够更充分地利用干扰功率。

下面主要以阻塞式干扰为例介绍存在干扰时的雷达方程。

假定雷达的天线增益为 G，波长为 λ，天线接收面积为 A_r，接收机带宽为 B，接收机噪声系数为 F，接收机损耗为 L，峰值功率为 P_t，脉冲宽度为 τ，目标截面积为 σ，雷达接收距离为 R 的目标回波的单个脉冲信号的功率为

$$S=\frac{P_t G^2 \lambda^2 \sigma}{(4\pi)^3 R^4 L} \tag{3.6.1}$$

假设干扰机所在方向 θ_J 的雷达天线增益为 G'(通常认为是雷达的旁瓣平均增益)，雷达接收距离为 R_J 处干扰机辐射的功率为

$$J=\frac{P_J G_J}{4\pi R_J^2 L_J}\frac{\lambda^2 G'}{4\pi}\frac{B}{B_J}=\frac{P_{Je}\lambda^2 G'}{(4\pi)^2 R_J^2}\frac{B}{B_J} \tag{3.6.2}$$

其中，P_J、G_J、B_J、L_J 分别是干扰器的发射功率、天线增益、工作带宽和损耗。这里 P_{Je} 表示干扰器的有效辐射功率(ERP)，其计算为

$$P_{Je}=\frac{P_J G_J}{L_J} \tag{3.6.3}$$

干扰器在干扰频带的有效辐射功率谱密度(ERPD) $D_{JP}=\frac{P_J G_J}{B_J L_J}=\frac{P_{Je}}{B_J}$。

根据式(3.6.1)和式(3.6.2)，雷达接收的目标回波与干扰的功率之比为

$$\frac{S}{J}=\frac{P_t G^2 R_J^2 \sigma L_J}{4\pi P_J G_J G' R^4 L}\frac{B_J}{B}=\frac{P_t G^2 R_J^2 \sigma}{4\pi P_{Je} G' R^4 L}\frac{B_J}{B} \tag{3.6.4}$$

由于干扰器通常设计成能干扰不同带宽的各种雷达系统，且 $B_J > B$，即实际中干扰器接收机的带宽通常比雷达工作带宽要宽。由于干扰功率到达雷达是单程的，而目标回波包含发射、接收双程距离，因此，通常干扰功率要比目标信号功率大。换句话说，S/J 比 1 小。然而，必定在某个距离使得 S/J 比值等于 1，这个距离称作跨越距离或烧穿距离，这时雷达接收的目标回波与干扰的功率相等，所以，当目标距离大于该距离时，目标回波信号功率比干扰功率小。比值 S/J 比 1 足够大的距离段可视为探测距离。令 $S/J=1$，可以得到干扰器的跨越距离 R_{CO} 为

$$R_{CO} = \left(\frac{P_t G^2 R_J^2 \sigma}{4\pi P_{Je} G' L}\frac{B_J}{B}\right)^{1/4} \tag{3.6.5}$$

对于噪声阻塞式干扰，若雷达发射信号的时宽带宽积 $G_{PC}=B\tau$，则经过脉冲压缩处理后，目标回波与干扰的功率之比为

$$\frac{S}{J} = \frac{P_t G^2 R_J^2 \sigma G_{PC}}{4\pi P_{Je} G' R^4 L}\frac{B_J}{B} \tag{3.6.6}$$

对自卫式干扰器(简称 SSJ)，通常也叫自我保护干扰器或自屏蔽干扰器，被安装在需要保护的车辆、飞机等目标上。这时目标与干扰器在同一位置，$R_J=R$，$G'=G$，式(3.6.4)和式(3.6.5)可以分别表示为

$$\left(\frac{S}{J}\right)_{SSJ} = \frac{P_t G\sigma}{4\pi P_{Je} R^2 L}\frac{B_J}{B} \tag{3.6.7}$$

$$(R_{CO})_{SSJ} = \left(\frac{P_t G\sigma B_J L_J}{4\pi P_J G_J BL}\right)^{1/2} = \left(\frac{P_t G\sigma B_J}{4\pi P_{Je} BL}\right)^{1/2} \tag{3.6.8}$$

由于雷达接收的干扰的功率 J 远大于接收机噪声的功率 N，因此，在干扰的情况下，雷达的性能不再取决于 SNR，而是取决于信干噪比 $S/(J+N)$，或信干比 S/J。

为了与接收机的噪声功率进行比较，用 T_J 表示干扰的有效温度(即干扰的等效噪声温度)，假设干扰机输出功率密度为 J_0 的高斯类噪声的阻塞式干扰，雷达接收的干扰功率大小为

$$J = \frac{P_{Je}\lambda^2 G'}{(4\pi)^2 R_J^2}\frac{B}{B_J} = kT_J B \tag{3.6.9}$$

其中

$$T_J = \frac{P_{Je}\lambda^2 G'}{(4\pi)^2 kB_J R_J^2} \tag{3.6.10}$$

则存在干扰的情况下，雷达方程可以表示为

$$\frac{S}{J+N} = \frac{P_t G^2 \lambda^2 \sigma}{(4\pi)^3 k(T_J + T_0 F)BR^4 L} \tag{3.6.11}$$

若要求检测的信号与干扰的功率之比的最小值为 $(S/J)_{min}$，则检测距离为

$$R_D = \frac{R_{CO}}{\sqrt[4]{(S/J)_{min}}} \tag{3.6.12}$$

而无干扰时探测距离为 R 处目标回波的信噪比为

$$(SNR)_o = \frac{P_t G^2 \lambda^2 \sigma}{(4\pi)^3 kT_0 BFLR^4} \tag{3.6.13}$$

则存在干扰时，雷达有效的探测距离 R_{Dj} 减小为

$$R_{Dj} = R \times F_{RR} \tag{3.6.14}$$

其中，F_{RR}为距离减小因子(Range Reduction Factor，RRF)，表示由于干扰所引起的雷达探测距离的减少，根据式(3.6.13)和式(3.6.11)，两式的比值用dB表示为

$$\Upsilon=\frac{(\mathrm{SNR})_o}{S/(J+N)}=10\times\lg\left(1+\frac{T_J}{T_0F}\right)\ (\mathrm{dB}) \tag{3.6.15}$$

距离减小因子可以表示为

$$F_{RR}=\frac{R_{Dj}}{R}=10^{-\frac{\Upsilon}{40}} \tag{3.6.16}$$

[例3-7] 假设雷达和干扰器的参数如下表，雷达工作波长$\lambda=0.1$ m。雷达接收机的灵敏度为$S_{i,min}=-110$ dBm。目标截面积$\sigma=10$ m²，目标距离$R=50$ km。雷达与干扰器的距离$R_J=100$ km，在干扰器方向雷达天线增益$G'=10$ dB。

参　数	雷　达	干　扰　器
峰值功率	$P_t=50$ kW	$P_J=200$ kW
工作带宽	$B=1$ MHz	$B_J=20$ MHz
天线增益	$G=35$ dB	$G_J=30$ dB
损耗	$L=1$ dB	$L_J=1$ dB

(1) 计算雷达接收目标回波的功率、干扰信号的功率，以及无干扰时的信噪比和有干扰时的信干比；

(2) 仿真信干比(S/J)与距离R的关系曲线，计算跨越距离R_{CO}。

(3) 计算距离减小因子F_{RR}。

解 将部分参数转化成dB并填入下表：

物理量	P_t	G	B	R	σ	R_J	B_J	L，L_J	P_J	G_J	G'	4π
数值	50 kW		1 MHz	50 km	10	100 km	20 MHz		200 kW			
[dB]	47	35	60	47	10	50	73	1	53	30	10	10.99

(1) 雷达接收目标回波的功率$S=\dfrac{P_tG^2\lambda^2\sigma}{(4\pi)^3R^4L}$，按dB计算，有

$$S=47+70-20+10-(33+47\times4+1)=-105\ (\mathrm{dBW})$$

干扰信号的功率$J=\dfrac{P_JG_J}{4\pi R_J^2L_J}\dfrac{\lambda^2G'}{4\pi}\dfrac{B}{B_J}$，取dB计算，

$$J=53+30-20+10+60-(22+50\times2+1+73)=-63\ (\mathrm{dBW})$$

无干扰时的信噪比为

$$\mathrm{SNR}=\frac{P_tG^2\lambda^2\sigma}{(4\pi)^3S_{i,min}R^4L}=\frac{S}{S_{i,min}}=-105-(-110-30)=35\ (\mathrm{dB})$$

有干扰时的信干噪比$\mathrm{SJNR}=\dfrac{S}{J+S_{i,min}}$，由于$J$远大于噪声的功率，$\mathrm{SJNR}\approx\dfrac{S}{J}=-105+63=-42$ (dB)，表明干扰的功率比目标回波高约42 dB。

(2) 信干比与目标距离R的关系式为$\dfrac{S}{J}=\dfrac{P_tG^2R_J^2\sigma L_J}{4\pi P_JG_JG'R^4L}\dfrac{B_J}{B}$，取dB计算：

$$\mathrm{SJR}=47+70+100+10-(11+53+30+10)+13-40\lg(R)=136-40\lg(R)\ (\mathrm{dB})$$

图 3.34 为 SJR 与距离 R 的关系曲线。从图中可以看出，SJR=0 dB 时跨越距离 R_{CO} 为 2.5 km，也可以按式 $R_{CO}=\left(\dfrac{P_t G^2 R_J^2 \sigma L_J}{4\pi P_J G_J G' L}\dfrac{B_J}{B}\right)^{1/4}$ 计算得到。

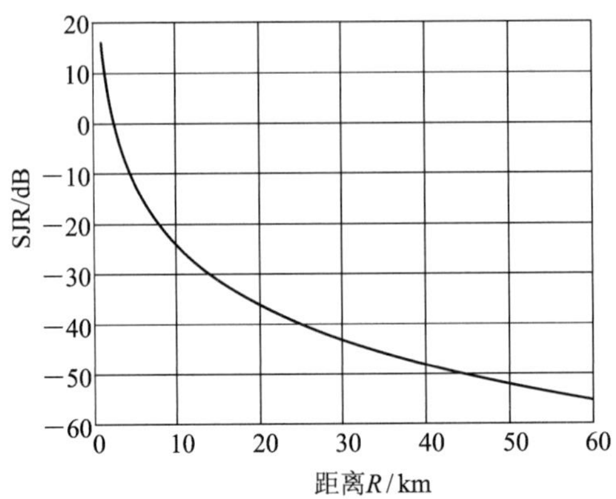

图 3.34 SJR 与距离 R 的关系曲线

(3) 由于 $\Upsilon=\dfrac{(\mathrm{SNR})_o}{\mathrm{SJNR}}\approx 35-(-42)=77$ (dB)，距离减小因子 $F_{RR}=10^{-77/40}=0.12$，表明存在干扰时雷达的作用距离减少为无干扰时的 12%，因此，雷达必须采用有效的抗干扰措施。

3.7 本章 MATLAB 程序

本节给出了在本章中用到的部分 MATLAB 程序或函数。为了提高读者对书中公式的理解，读者可以改变输入参数后，再运行这些程序。所有选择的参数和变量与文中的命名一致。

程序 3.1 基本雷达方程的计算 radar_eq.m

```
function [snr]=radar_eq(pt,freq,G,sigma,b,NF,L,range)
c=3.0e+8;
lamda=c/freq;
K0= 10 * log10(pt * 1.0e3 * lamda^2/(4.0 * pi)^3) +2 * G + sigma+204-NF-L;
range_db= 40 * log10(range * 1000);
snr=K0-range_db;
plot(range,snr); ylabel(' SNR/dB'); xlabel('距离/km');
```

程序 3.2 双基地雷达方程的计算 shuangjidi_req.m

```
function [snr]=shuangjidi_req(pt,freq,Gt,Gr,sigma,Te,r0,NF,L,range)
c=3.0e+8;
lamda=c/freq;
sita=(0:360) * pi/180;
[r1,s1]=meshgrid(range,sita);
K0=10 * log10(pt * 1.0e3 *  Te * lamda^2 *  sigma/(4.0 * pi)^3)+Gt+Gr+204-NF-L;
```

```
Rt=(r1. * cos(s1)+r0/2).^2+(r1. * sin(s1)).^2;
Rr=(r1. * cos(s1)-r0/2).^2+(r1. * sin(s1)).^2;
range_db=10 * log10(Rt * 1.0e6 . * Rr * 1.0e6);
snr=K0-range_db;
figure; [C,h] = contour(r1. * cos(s1),r1. * sin(s1),snr,6); grid; colormap cool;
set(h,'ShowText','on','TextStep',get(h,'LevelStep') * 4)
```

程序 3.3　搜索雷达功率孔径积的计算 power_aperture.m

```
function PAP=power_aperture(range,snr,sigma,tsc,az_angle,el_angle,NF,L)
omega=az_angle * el_angle/(57.296^2);
K0=10 * log10(4.0 * pi * omega/tsc)-204+NF+L+snr;
range_db = 40 * log10(range * 1000);
PAP = K0-sigma' +range_db;  % 新版本 MATLAB 可以将一个列向量与行向量直接相加
plot(range,PAP);xlabel('功率孔径积/dB');ylabel('探测距离/km');grid;
```

程序 3.4　低脉冲重复频率雷达方程的计算 lprf_req.m

```
function[snr_out]=lprf_req(pt,freq,G,sigma,tao,NF,L,range,np)
c=3.0e+8;
lamda=c/freq;
K0=10 * log10(pt * 1.0e3 * tao * lamda^2 * sigma/(4.0 * pi)^3)+2 * G+204-NF-L;
range_db=40 * log10(range * 1000.0);
snr=K0+10 * log10 (np)-range_db;
plot(range,snr); xlabel('距离/km');ylabel('SNR/dB');grid;
```

程序 3.5　高脉冲重复频率雷达方程的计算

```
function snr=hprf_req(pt,freq,G,sigma,ti,range,te,NF,L,dt)
c=3.0e+8;
lamda=c/freq;
K0=10 * log10(pt * 1000.0 * lamda.^2 * sigma * dt/(4.0 * pi)^3)+2. * G+204-NF-L;
range_db=40 * log10(range * 1000.0);
snr=K0+10 * log10(ti)-range_db;
plot(range,snr); xlabel('距离/km'); ylabel('SNR/dB');
```

练　习　题

3-1　某 L 波段雷达的各项参数如下：工作频率 $f_0=1500$ MHz，天线增益 $G=37$ dB，带宽 $B=5$ MHz，单脉冲信噪比为 15.4 dB，噪声系数 $F=5$ dB，温度 $T_0=290$ K，最大作用距离 $R_{max}=150$ km，目标的散射截面积 $\sigma=10$ m^2，求峰值功率、脉冲宽度以及雷达的最小可检测信号。

3-2　一部 C 波段低重频雷达的工作频率 $f_0=5$ GHz，圆孔径天线的天线半径为 2 m，峰值功率 $P_t=1$ MW，脉冲宽度 $\tau=2$ μs，重频(PRF) $f_r=250$ Hz，有效温度 $T=600$ K，雷达损耗 $L=15$ dB，目标的散射截面积(RCS)$\sigma=10$ m^2。

(1) 计算雷达的不模糊距离；

(2) 当输出信噪比 SNR=0 dB时，计算作用距离 R_0；

(3) 当 $R=0.75R_0$时，计算输出信噪比 SNR。

3-3 假设一个低重频雷达最大不模糊距离为 R_{max}。

(1) 计算$\frac{1}{2}R_{max}$和$\frac{3}{4}R_{max}$时的 SNR；

(2) 为了保证在 $R=\frac{3}{4}R_{max}$时目标回波的强度与当 $R=\frac{1}{2}R_{max}$时目标的散射截面积 $\sigma=10\ m^2$的目标强度一样，则该目标的散射截面积(RCS)是多少?

3-4 某L波段雷达(1500 MHz)，天线增益 $G=30$ dB，计算天线孔径；如其工作比 $d_t=0.2$且平均发射功率为25 kW，计算距离 $R=50$ km处的功率密度。

3-5 某C波段雷达的各项参数如下：峰值功率 $P_t=1$ MW，工作频率 $f_0=5.6$ GHz，天线增益 $G=40$ dB，有效温度 $T_e=290$ K，脉冲宽度 $\tau=0.2\ \mu s$，雷达检测门限$(SNR)_{min}=20$ dB，目标散射截面积 $\sigma=0.5\ m^2$。计算最大可检测距离。

3-6 某脉冲雷达，其峰值功率 $P_t=1$ kW，有两个脉冲重复频率(PRF)，且 $f_{r1}=10$ kHz，$f_{r2}=30$ kHz。假设平均发射能量保持不变且等于1500 W，求每个脉冲重复频率所对应的脉冲宽度，并计算每种情况下的脉冲能量。

3-7 某雷达发射矩形脉冲宽度为3 μs，接收机采用矩形频率特性匹配滤波，系统组成和参数如题3-7图所示，图中 t_c 为混频器的相对噪声温度(噪声温度比)，$t_c=F\times G=F/L$，L 为变频损耗。求：

(1) 接收机总噪声系数；

(2) 当天线噪声温度为380 K时计算系统噪声温度；

(3) 识别系数 $M=3$ dB时计算接收机灵敏度。

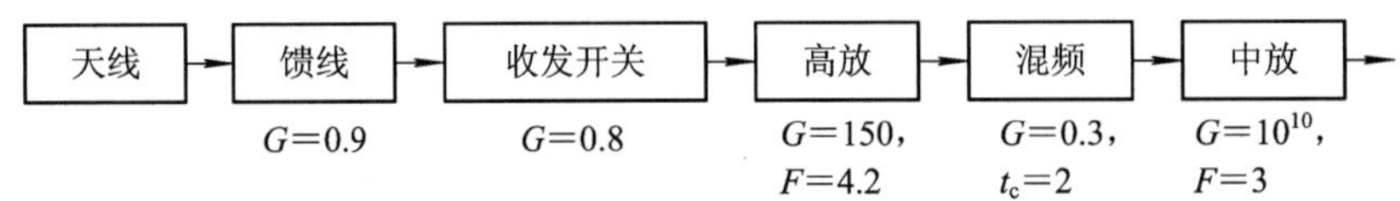

题3-7图

3-8 某雷达脉冲宽度为1 μs，重复频率为600 Hz，发射脉冲包络和接收机准匹配滤波器均为矩形特性，接收机噪声系数为3，天线噪声温度为290 K，求接收机临界灵敏度 $S_{i,min}$、等效噪声温度 T_e、最大的单值测距范围。

3-9 已知某雷达对于 $\sigma=5\ m^2$的大型歼击机最大探测距离为100 km，求：

(1) 如果该机采用隐身技术，使 σ 减小到0.1 m^2，此时的最大探测距离为多少?

(2) 在(1)条件下，如果雷达仍然要保持100 km的最大探测距离，并将发射功率提高到10倍，则接收机灵敏度还将提高到多少?

3-10 假设天线架设高度为3 m，在俯仰维的波束宽度为10°，波束中心的仰角指向为5°，方向图为高斯函数。雷达的工作频率为500 MHz。计算下面几种平坦的地(海)面的反射系数。

(1) $\varepsilon'=2.8$ 和 $\varepsilon''=0.032$(干燥土壤)；

(2) $\varepsilon'=47$ 和 $\varepsilon''=19$(0℃的海水)；

(3) $\varepsilon'=50.3$ 和 $\varepsilon''=18$(0℃的湖水)；

(4) 分别计算上面三种地(海)面反射的情况下的反射因子；

(5) 假设雷达在自由空间的作用距离 R_0 为 100 km，画出在地面反射情况下相对作用距离(R/R_0)与仰角的极坐标图。

3-11　一部高重频(PRF)雷达的各项参数如下：工作频率 $f_0=5.6$ GHz，天线增益 $G=20$ dB，峰值功率 $P_t=100$ kW，系统损耗 $L=5$ dB，噪声系数 $F=10$ dB，有效温度 $T_e=500$ K，驻留时间 $T_i=1.5$ s，工作比 $d_t=0.3$，目标距离 $R=75$ km，目标散射截面 $\sigma=0.01\ m^2$。求单脉冲输出信噪比 SNR。

3-12　大气衰减被当作系统损耗包含在雷达方程中，若一部 X 波段雷达，当大气衰减为 0.25 dB/km 时的可检测范围为 20 km，求没有大气损耗时的可检测范围。

3-13　某雷达受一 SSJ 干扰器的干扰，假定雷达和干扰器的参数为：雷达天线增益 $G=30$ dB，雷达的峰值功率 $P_t=55$ kW，雷达脉冲宽度 $\tau=2\ \mu s$，雷达损耗 $L=10$ dB；干扰器天线增益 $G_J=12$ dB，干扰器带宽 $B_J=50$ MHz，干扰器功率 $P_J=150$ W，干扰器损耗 $L_J=1$ dB。计算 RCS 为 5 m^2 目标的跨越距离。

第4章　雷达信号波形及其脉冲压缩

与通信系统发射的信号不同，雷达的发射信号只是信息的载体，它并不包含目标的任何信息，所有的目标信息都蕴含在发射信号经目标反(散)射的回波中。雷达的发射信号波形不仅决定了信号的处理方法，而且直接影响系统的分辨率、测量精度以及杂波抑制(抗干扰)能力等主要性能。因此，信号波形设计已成为现代雷达系统设计的重要方面之一。

早期的脉冲雷达采用简单矩形脉冲信号，这时信号能量 $E=P_tT$，P_t 为脉冲功率，T 为脉冲宽度。当要求增加雷达探测目标的作用距离时，需要增大信号能量 E。在发射管的峰值功率受限的情况下，可以通过增加脉冲宽度来提高信号能量。同时，简单矩形脉冲信号的时宽带宽积近似为1(即 $BT\approx1$)，脉冲宽度 T 直接决定了距离分辨率，如果增加脉冲宽度就不能保证距离分辨率。为了解决增加雷达探测能力和保证必需的距离分辨率这对矛盾，雷达必须采用时宽带宽积远大于1的较为复杂的信号形式。

本章首先给出雷达信号的数学表示及其分类；然后介绍雷达信号分析的模糊函数和雷达分辨理论；重点介绍雷达常用的几种大时宽带宽积信号：调频脉冲信号、相位编码脉冲信号、步进频率脉冲信号及其脉冲压缩；接着介绍距离和多普勒模糊与解模糊问题；再介绍连续波信号与连续波雷达；最后介绍利用DDS产生雷达常用波形的原理和工程实现方法，并给出本章主要插图的MATLAB程序代码。

4.1　雷达信号的数学表示与分类

4.1.1　雷达信号的数学表示

雷达的发射信号一般是除初相外其余参量均已知的确知信号(相参雷达的发射信号须与某一基准信号保持严格的相位关系)，而回波信号则是与噪声、干扰叠加成的随机信号。

信号可以用时间的实函数 $s(t)$ 表示，称为实信号，其特点是具有有限的能量或有限的功率。能量有限的信号称为能量信号；能量无限但功率有限的信号，称为功率信号。描述能量信号的频谱特性通常采用能量谱密度(ESD)函数(实际应用中常用振幅谱 $|S(\omega)|$)来描述；对于功率信号，则常用功率谱密度(PSD)函数来描述。

设信号为 $s(t)$，对于能量信号，能量谱密度(ESD)函数定义为

$$|S(\omega)|^2 = \left|\int_{-\infty}^{\infty} s(t)\mathrm{e}^{-\mathrm{j}\omega t}\,\mathrm{d}t\right|^2 \tag{4.1.1}$$

对于功率信号，功率谱密度(PSD)函数定义为

$$R_s(\omega) = \int_{-\infty}^{\infty} r_s(t)\mathrm{e}^{-\mathrm{j}\omega t}\,\mathrm{d}t \tag{4.1.2}$$

其中，$r_s(t) = \int_{-\infty}^{\infty} s^*(\tau)s(t+\tau)\mathrm{d}\tau$ 为信号 $s(t)$的自相关函数。

按照信号的频率组成，可将信号划分为低通(Low Pass)信号和带通(Band Pass)信号。通常所用的雷达信号，其带宽比载频小得多，称为窄带(通)信号。

一个实带通信号可表示为

$$x(t) = a(t)\cos(2\pi f_0 t + \psi_x(t)) \tag{4.1.3}$$

其中，$a(t)$为信号的幅度调制或包络，$\psi_x(t)$为相位调制项，f_0为载频。信号包络 $a(t)$的变化与相位调制和载波相比为时间的慢变化过程。对于低分辨雷达，在一个波位上发射的多个脉冲的目标回波的包络 $a(t)$通常近似认为不变。

信号 $x(t)$的频率调制函数 $f_{\mathrm{m}}(t)$和瞬时频率 $f_{\mathrm{i}}(t)$分别为

$$f_{\mathrm{m}}(t) = \frac{1}{2\pi}\frac{\mathrm{d}}{\mathrm{d}t}\psi_x(t) \tag{4.1.4}$$

$$f_{\mathrm{i}}(t) = \frac{1}{2\pi}\frac{\mathrm{d}}{\mathrm{d}t}(2\pi f_0 t + \psi_x(t)) = f_0 + f_{\mathrm{m}}(t) \tag{4.1.5}$$

实信号具有对称的双边频谱。对窄带信号来说，由于其带宽远小于载频，两个边带频谱互不重叠，此时用一个边带频谱就能完全确定信号波形。为了简化信号和系统的分析，通常采用具有单边频谱的复信号。

常用的复信号表示，即实信号的复数表示有两种：希尔伯特(Hilbert)变换表示法和指数表示法。对窄带信号来说，这两种表示方法是近似相同的。

1. 希尔伯特(Hilbert)变换表示法

一般地，复信号可表示为

$$s(t) = x(t) + \mathrm{j}y(t) \tag{4.1.6}$$

如果要求复信号具有单边频谱，那么就要对虚部有所限制。

如果实信号 $x(t) \Longleftrightarrow X(f)$($X(f)$为信号 $x(t)$的傅里叶变换)，定义其复解析信号为

$$s_{\mathrm{a}}(t) \Longleftrightarrow S_{\mathrm{a}}(f) = 2X(f)\cdot U(f) = \begin{cases} 2X(f), & f \geqslant 0 \\ 0, & f < 0 \end{cases} \tag{4.1.7}$$

其中，$U(f)$为频域的阶跃函数。利用傅里叶变换的性质可得

$$\begin{aligned} s_{\mathrm{a}}(t) &= 2\left(\frac{1}{2}\delta(t) - \frac{1}{\mathrm{j}2\pi t}\right)\otimes x(t) \\ &= \int_{-\infty}^{\infty} x(\tau)\delta(t-\tau)\mathrm{d}\tau - \frac{1}{\mathrm{j}\pi}\int_{-\infty}^{\infty}\frac{x(\tau)}{t-\tau}\mathrm{d}\tau \\ &= x(t) + \mathrm{j}\,\tilde{x}(t) \end{aligned} \tag{4.1.8}$$

其中，$\tilde{x}(t) = \frac{1}{\pi}\int_{-\infty}^{\infty}\frac{x(\tau)}{t-\tau}\mathrm{d}\tau$ 为 $x(t)$的 Hilbert 变换式。

这样，由式(4.1.8)构成的复信号的频谱就可以满足式(4.1.7)的要求，即使得原实信号的负频分量相抵消，而正频分量加倍。实信号 $x(t)$的能量和复解析信号 $s_{\mathrm{a}}(t)$的能量

分别为

$$E=\int_{-\infty}^{\infty}x^2(t)\mathrm{d}t=\int_{-\infty}^{\infty}|X(f)|^2\mathrm{d}f \tag{4.1.9}$$

$$E_a=\int_{-\infty}^{\infty}|s_a(t)|^2\mathrm{d}t=2\int_{-\infty}^{\infty}x^2(t)\mathrm{d}t=2E \tag{4.1.10}$$

2. 指数表示法

复解析信号在推导信号的一般特性时是有效的表示方式，但在分析具体信号时又极不方便，故常采用指数形式的复信号来代替复解析信号。

实信号用指数形式的复信号实部表示为

$$x(t)=a(t)\cos(2\pi f_0t+\psi_x(t))=\mathrm{Re}[s_e(t)]=\frac{1}{2}[s_e(t)+s_e^*(t)] \tag{4.1.11}$$

其中，$s_e(t)=a(t)\mathrm{e}^{\mathrm{j}[2\pi f_0t+\psi_x(t)]}=u(t)\mathrm{e}^{\mathrm{j}2\pi f_0t}$为实信号的复指数形式，而$u(t)=a(t)\mathrm{e}^{\mathrm{j}\psi_x(t)}$为复信号的复包络。

窄带实信号、复信号和复包络之间的关系可归纳如表4.1所述。

表4.1　窄带实信号、复信号和复包络之间的关系

信号	时域表示	频　谱	频谱特征	能量
实信号	$x(t)=a(t)\cos(2\pi f_0t+\psi_x(t))=\mathrm{Re}[s(t)]$	$X(f)=X^*(-f)$	对称谱	E
复信号	$s(t)=x(t)+\mathrm{j}\,\tilde{x}(t)\approx u(t)\mathrm{e}^{\mathrm{j}2\pi f_0t}$	$S(f)=\begin{cases}2X(f), & f\geqslant 0\\ 0, & f<0\end{cases}$	单边谱	$E_s=2E$
复包络	$u(t)=a(t)\mathrm{e}^{\mathrm{j}\psi_x(t)}$	$S(f)=U(f-f_0)$	单边谱	$E_u=2E$

窄带实信号、复信号和复包络间的能量关系为

$$E=\frac{1}{2}E_s=\frac{1}{2}E_u \tag{4.1.12}$$

其中，$E=\int_{-\infty}^{\infty}x^2(t)\mathrm{d}t$，$E_s=\int_{-\infty}^{\infty}|s(t)|^2\mathrm{d}t$，$E_u=\int_{-\infty}^{\infty}|u(t)|^2\mathrm{d}t$。

有时为了分析方便，常对信号能量进行归一化，即令

$$\int_{-\infty}^{\infty}|u(t)|^2\mathrm{d}t=\int_{-\infty}^{\infty}|U(f)|^2\mathrm{d}f=1 \tag{4.1.13}$$

窄带实信号$x(t)$的频谱$|X(f)|$，其对应的复解析信号的频谱$|S_a(f)|$和信号复包络频谱$|U(f)|$之间的关系如图4.1所示。

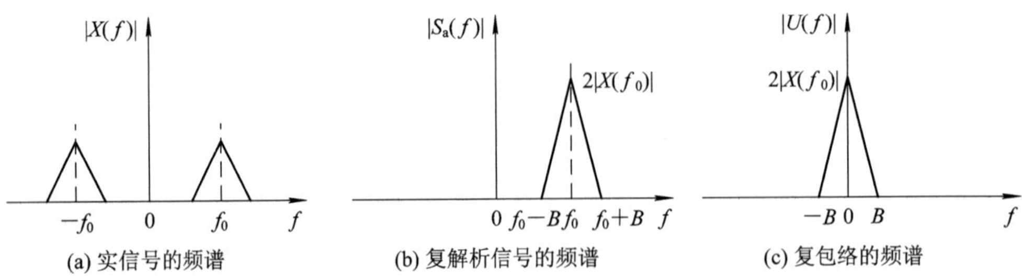

图4.1　窄带实信号、复解析信号及复包络频谱的关系

对于窄带雷达信号，可以用其复包络$u(t)$或对应的频谱$U(f)$完全描述。但适当的波

形参数有时更能方便地表示信号的某些特征。经常采用归一化二阶矩作为信号时宽、带宽的有效度量，分别定义信号有效时宽 β_t（也称为有效持续时间或均方根时宽）和有效带宽 β_f（也称为均方根带宽）为

$$\beta_t = 2\pi\left[\frac{\int_{-\infty}^{\infty} t^2 \left| u(t) \right|^2 \mathrm{d}t}{\int_{-\infty}^{\infty} \left| u(t) \right|^2 \mathrm{d}t}\right]^{\frac{1}{2}} = 2\pi\left[\frac{1}{E}\int_{-\infty}^{\infty} t^2 \left| u(t) \right|^2 \mathrm{d}t\right]^{\frac{1}{2}} \tag{4.1.14}$$

$$\beta_f = 2\pi\left[\frac{\int_{-\infty}^{\infty} f^2 \left| U(f) \right|^2 \mathrm{d}f}{\int_{-\infty}^{\infty} \left| U(f) \right|^2 \mathrm{d}f}\right]^{\frac{1}{2}} = 2\pi\left[\frac{1}{E}\int_{-\infty}^{\infty} f^2 \left| U(f) \right|^2 \mathrm{d}f\right]^{\frac{1}{2}} \tag{4.1.15}$$

由于噪声叠加在信号上的缘故，在测时（测距）和测频（测速）时就会出现随机偏移真实值的情况。以有效时宽 β_t 和有效带宽 β_f 来表示的时间测量和频率测量的均方根误差的近似式分别为

$$\sigma_t \approx \frac{1}{\beta_f \sqrt{S/N}} \tag{4.1.16}$$

$$\sigma_f \approx \frac{1}{\beta_t \sqrt{S/N}} \tag{4.1.17}$$

式中，S/N 表示测量之前的信噪比。对于普通脉冲信号，时宽带宽积 $BT=1$，因此匹配滤波器输出峰值信噪比 $\frac{S}{N}=\frac{2E/T}{N_0 B}=\frac{2E}{N_0 BT}=\frac{2E}{N_0}$，$2E$ 表示复信号的能量，N_0 表示输入噪声的功率谱密度。因此式（4.1.16）和式（4.1.17）经常表示为

$$\sigma_t = \frac{1}{\beta_f \sqrt{2E/N_0}} \tag{4.1.18}$$

$$\sigma_f = \frac{1}{\beta_t \sqrt{2E/N_0}} \tag{4.1.19}$$

由式（4.1.16）和式（4.1.17）可看出：

（1）输入信噪比愈大，测时误差和测频误差就愈小（精度愈高），精度和信噪比的开方具有正比关系。

（2）测时精度和等效带宽具有正比关系，测频精度和等效时宽具有正比关系，因此在信噪比相同的情况下，加大信号带宽就能提高测时精度，加大信号时宽就能提高测频精度。但测时和测频不能同时测的很准，这就是“雷达测不准原理”，将在 4.3.1 小节具体介绍。

4.1.2　雷达信号的分类

雷达信号形式多种多样，按照不同的分类原则有不同的分类方法，如按照雷达体制、调制方式、模糊图等进行分类。

按照雷达体制分类，雷达信号划分为脉冲信号和连续波信号（与之对应的雷达分别为脉冲雷达和连续波雷达）。它们可以是非调制的简单波形，也可以是经调制的复杂波形。进一步按调制方式分类，连续波信号包括：① 单频连续波，② 多频连续波，③ 间歇式连续波，④ 线性或非线性调频连续波，⑤ 二相编码连续波等；脉冲信号包括：① 单载频的普通脉冲信号，② 脉内、脉间或脉组间编码（相位、频率编码）脉冲信号，③ 相参脉冲串（均匀

脉冲串、参差脉冲串)信号等。

按调制方式，雷达信号的分类如图 4.2 所示。此外，还有不同于正弦载波波形的特殊雷达信号，如沃尔什函数信号、冲击信号、噪声信号等。

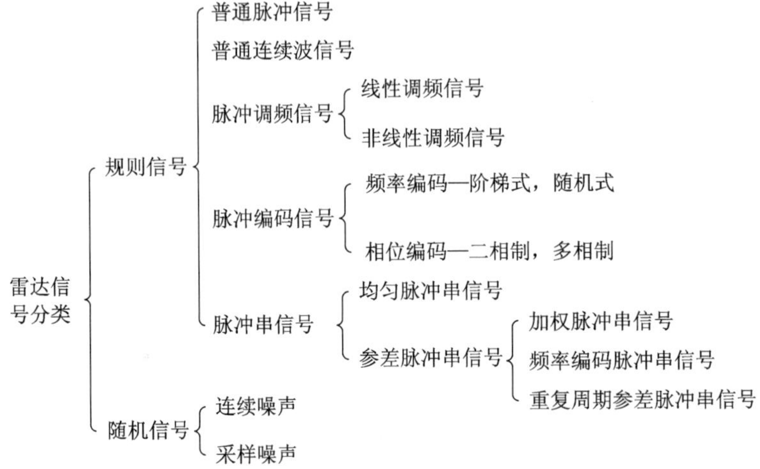

图 4.2　雷达信号波形分类

按照信号的模糊函数形式来划分，雷达信号有四种类型：A 类——正刀刃型，B1 类——图钉型、B2 类——剪切刀刃型，C 类——钉床型(见表 4.4)。显然，从信号分辨特性的角度来考虑，按照信号的模糊函数来分类是雷达中最为合理的一种分类方法。

雷达有各种不同的用途，如预警雷达、监视雷达、搜索与跟踪雷达、导航雷达等。不同用途的雷达往往采用不同的信号形式。多用途的雷达通常有多种可用的信号波形，可根据需要随时予以更换，以达到最佳的工作效果。综合雷达的实际任务和工作要求，表 4.2 列出了几种常用的雷达信号及其特点。

表 4.2　常用雷达信号的种类和特点

信号种类	信号特点	用途
简单脉冲信号	载频、重复频率和脉冲宽度不变	早期雷达常用信号
双脉冲信号	在每个 PRI 内有两个相邻脉冲(载频和/或调制方式不同)	用于抗回答式干扰信号
两路信号	具有一定相关性的两路不同 PRI 的脉冲同时发射，两路信号的频率可以相同也可不相同	用于反侦察及抗干扰信号
脉冲压缩信号	具有较大的时宽带宽积，包括线性和非线性调频信号、二(多)相编码信号、频率编码信号等	用于远程预警雷达和高分辨率雷达
脉冲编码信号	多为脉冲串形式，采用脉冲位置和脉冲幅度编码	用于航管、敌我识别和指令系统
相参脉冲串信号	在每个 CPI 内发射数个相邻脉冲，包括均匀脉冲串、非均匀脉冲串和频率编码脉冲串	用于近程补盲或与脉压信号组合使用，用于中远程预警雷达
频率捷变信号	脉冲载频(脉内、脉间、脉冲组间)快速变化	用于雷达抗干扰的频率捷变雷达

续表

信号种类	信 号 特 点	用　途
频率分集信号	同时或接近同时发射具有两个以上载频的信号	用于雷达抗干扰的多频率雷达
PRI 捷变信号	PRI(脉冲间或脉组间)快速变化，包括 PRI 参差、PRI 滑变、PRI 抖动等多种形式	用于动目标显示、脉冲多普勒雷达
极化捷变信号	射频信号的极化方式(脉内、脉间、脉冲组间)快速变化	用于雷达抗干扰的极化方式快速变化的信号
连续波信号	波形在时间上连续，包括单频连续波、多频连续波、调频连续波、二相编码连续波等	可用于目标速度的测量、雷达高度计和防撞雷达等

4.2　模糊函数与雷达分辨率

模糊函数(Ambiguity Function)是分析雷达信号和进行波形设计的有效工具。通过研究模糊函数，可以得到在采用最优信号处理技术和发射某种特定信号的条件下，雷达系统所具有的分辨率、模糊度、测量精度和抗干扰能力。

4.2.1　模糊函数的定义及其性质

1. 模糊函数的定义

模糊函数是为了研究雷达分辨率而提出的，目的是通过这一函数定量描述当系统工作于多目标环境下，发射一种波形并采用相应的滤波器时，系统对不同距离、不同速度目标的分辨能力。如图 4.3 所示，假设在一个波束宽度内有两个目标：目标 1 和目标 2。两个目标的距离差异对应的时延差为 τ，速度差异对应的多普勒频率差为 f_d。若其中一个目标为观测目标，另一个目标视为“干扰目标”，模糊函数定量地描述了“干扰目标”(即临近的目标)对观测目标的干扰程度。下面从分辨两个不同的目标出发，以最小均方误差为最佳分辨准则，推导模糊函数的定义式。

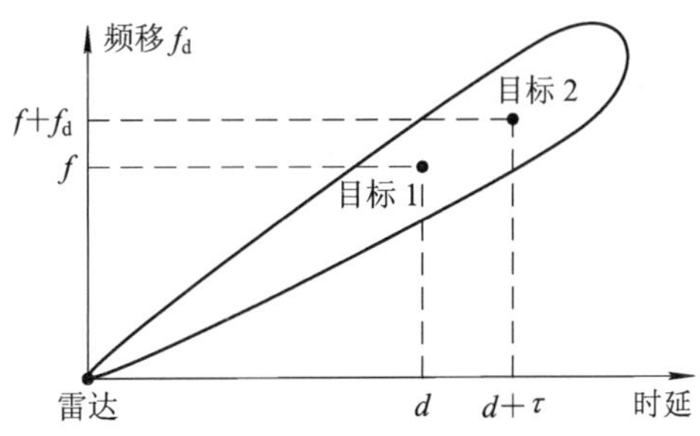

图 4.3　目标环境图

若雷达的发射信号为一单载频的窄带信号，用复信号可表示为

$$s_t(t) = u(t)e^{j2\pi f_0 t} \tag{4.2.1}$$

其中，$u(t)$为信号的复包络，f_0为载频。这里是为了分析模糊函数，实际中雷达发射实信号。

若采用理想的“点目标”模型，假设目标 1 和目标 2 的时延分别为 d 和 $d+\tau$，多普勒频

移分别为 f 和 $f+f_d$，且功率相同，两个目标的回波信号可表示为

$$\begin{aligned} s_{r1}(t) &= u(t-d)e^{j2\pi(f_0+f)(t-d)} \\ s_{r2}(t) &= u(t-(d+\tau))e^{j2\pi(f_0+(f+f_d))(t-(d+\tau))} \end{aligned} \tag{4.2.2}$$

于是，两个目标回波的均方差可表示为

$$\begin{aligned} \varepsilon^2 &= \int_{-\infty}^{\infty} \left| u(t-d)e^{j2\pi(f_0+f)(t-d)} - u(t-(d+\tau))e^{j2\pi(f_0+(f+f_d))(t-(d+\tau))} \right|^2 dt \\ &= \int_{-\infty}^{\infty} |u(t-d)|^2 dt + \int_{-\infty}^{\infty} |u(t-(d+\tau))|^2 dt - \\ &\quad 2\,\mathrm{Re}\int_{-\infty}^{\infty} u^*(t-d)u(t-(d+\tau))e^{j2\pi(f_d(t-d)-(f_0+f+f_d)\tau)} dt \end{aligned} \tag{4.2.3}$$

作变量代换，令 $t'=t-(d+\tau)$，并将 $\int_{-\infty}^{\infty} |u(t-d)|^2 dt$ 和 $\int_{-\infty}^{\infty} |u(t-(d+\tau))|^2 dt$ 用 $2E$ 代换，上式可简化为

$$\varepsilon^2 = 2\left\{2E - \mathrm{Re}\left(e^{-j2\pi(f_0+f)\tau} \int_{-\infty}^{\infty} u(t')u^*(t'+\tau)e^{j2\pi f_d t'} dt'\right)\right\} \tag{4.2.4}$$

将上式中积分项定义为

$$\chi(\tau, f_d) = \int_{-\infty}^{\infty} u(t)u^*(t+\tau)e^{j2\pi f_d t} dt \tag{4.2.5}$$

这就是模糊函数的表达式。可见射频信号 $s_t(t)$的模糊函数取决于其复包络 $u(t)$的模糊函数。式(4.2.4)可改写为

$$\varepsilon^2 = 2\{2E - \mathrm{Re}(e^{-j2\pi(f_0+f)\tau}\chi(\tau, f_d))\} \geqslant 2[2E - |\chi(\tau, f_d)|] \tag{4.2.6}$$

考虑到分辨目标一般是在检波之后进行，式(4.2.6)表明：$|\chi(\tau, f_d)|$为两个相邻目标回波信号的均方差提供了一个保守的估计。也就是说，$|\chi(\tau, f_d)|$是决定相邻目标距离—速度联合分辨率的唯一因素。

有的文献从匹配滤波器的输出出发，定义的模糊函数表达式为

$$\chi(\tau, f_d) = \int_{-\infty}^{\infty} u(t)u^*(t-\tau)e^{j2\pi f_d t} dt \tag{4.2.7}$$

上述两种定义的形式不同，物理含义也不完全相同。按照国际上的统一建议，称从分辨角度出发定义的模糊函数为正型模糊函数，而称从匹配滤波器输出得到的定义式为负型模糊函数。应用哪种定义形式取决于实际分析的需要。

在没有噪声的情况下，最优滤波器的输出为模糊函数图的再现，不同之处只是峰值点不在原点，对应的时延与频移发生了偏移。模糊函数图的峰值在原点；对目标回波而言，最优滤波器输出的峰值对应的位置为目标的距离和多普勒频率。

一般匹配滤波器的输出都经过线性检波器取出包络值，所以用$|\chi(\tau, f_d)|$来表示包络检波器的作用。而在实际分辨目标时，常采用功率响应$|\chi(\tau, f_d)|^2$更方便。也就是说，波形的分辨特性由匹配滤波器响应的模平方决定。因而有的文献也把$|\chi(\tau, f_d)|$和$|\chi(\tau, f_d)|^2$统一称为模糊函数。若不加特别说明，本书中所说的模糊函数均指$|\chi(\tau, f_d)|$。

利用帕塞瓦尔(Parseval)定理及傅里叶变换性质，式(4.2.5)还可改写为另外一种形式

$$\chi(\tau, f_d) = \int_{-\infty}^{\infty} U(f-f_d)U^*(f)e^{-j2\pi f\tau} df \tag{4.2.8}$$

式中，$U(f)$为$u(t)$的频谱。用三维图形表示的模糊函数称为模糊函数图，它全面表达了相邻目标的模糊度。模糊度图是幅度归一化模糊函数图在某一高度上(如－6 dB)的二维截面图，即模糊函数主瓣的轮廓图，也称为模糊椭圆，常用来表示模糊函数。

2. 模糊函数的性质

模糊函数有一些重要的性质，可以用来分析一些复杂的信号。其主要性质如下：

① 关于原点的对称性，即$|\chi(\tau, f_d)| = |\chi(-\tau, -f_d)|$。

② 在原点取最大值，即 $|\chi(\tau, f_d)| \leqslant |\chi(0, 0)| = 2E$，且在原点取值为 1，即归一化幅值。

③ 模糊体积不变性，即$\int_{-\infty}^{\infty}\int_{-\infty}^{\infty}|\chi(\tau, f_d)|^2 d\tau\, df_d = |\chi(0, 0)|^2 = (2E)^2$。该性质表明模糊函数曲面下的总容积只决定于信号能量，而与信号形式无关。

④ 自变换特性，即$\int_{-\infty}^{\infty}\int_{-\infty}^{\infty}|\chi(\tau, f_d)|^2 e^{j2\pi(f_d x - \tau y)} d\tau\, df_d = |\chi(x, y)|^2$。该性质表明模糊函数的二维傅里叶变换式仍为某一波形的模糊函数。但是，不能反证具有自变换性质的函数为模糊函数。

⑤ 模糊体积分布的限制，即

$$\int_{-\infty}^{\infty}|\chi(\tau, f_d)|^2 d\tau = \int_{-\infty}^{\infty}|\chi(\tau, 0)|^2 e^{-j2\pi\tau f_d} d\tau \tag{4.2.9}$$

$$\int_{-\infty}^{\infty}|\chi(\tau, f_d)|^2 df_d = \int_{-\infty}^{\infty}|\chi(0, f_d)|^2 e^{j2\pi\tau f_d} df_d \tag{4.2.10}$$

该性质表明了模糊体积沿 f_d轴的分布完全取决于发射信号复包络的自相关函数或信号的能量谱，而与信号的相位谱无关；模糊体积沿 τ 轴的分布完全取决于发射信号复包络的模值，而与信号的相位调制无关。

⑥ 组合性质：若 $c(t)=a(t)+b(t)$，则有

$$\chi_c(\tau, f_d) = \chi_a(\tau, f_d) + \chi_b(\tau, f_d) + \chi_{ab}(\tau, f_d) + e^{-j2\pi f_d \tau}\chi_{ab}^*(-\tau, -f_d) \tag{4.2.11}$$

该性质表明了两个信号相加的合成信号的模糊函数除两个信号本身的模糊函数外，还包括这两个信号的互模糊函数分量$\chi_{ab}(\tau, f_d)$。

⑦ 时间和频率变化的影响：$u(t)$的模糊函数和频谱分别为 $\chi_u(\tau, f_d)$和$U(f)$，

$$v(t) = u(t)e^{j\pi bt^2} \rightarrow \chi_v(\tau, f_d) = e^{-j\pi b\tau^2}\chi_u(\tau, f_d - b\tau) \text{（时域平方相位调制的影响）}$$

$$V(f) = U(f)e^{j\pi bf^2} \rightarrow \chi_v(\tau, f_d) = e^{j\pi bf_d^2}\chi_u(\tau + bf_d, f_d) \quad \text{（频域平方相位调制的影响）}$$

$$v(t) = u(\alpha t) \rightarrow \chi_v(\tau, f_d) = \frac{1}{|\alpha|}\chi_u\left(\alpha\tau, \frac{f_d}{\alpha}\right) \quad \text{（时间比例变化的影响）}$$

$$V(f) = U(\alpha f) \rightarrow \chi_v(\tau, f_d) = \frac{1}{|\alpha|}\chi_u\left(\frac{\tau}{\alpha}, \alpha f_d\right) \quad \text{（频率比例变化的影响）}$$

$$v(t) = u(t - t_0)e^{j2\pi\xi(t - t_0)} \rightarrow \chi_v(\tau, f_d) = e^{j2\pi(f_d t_0 - \xi\tau)}\chi_u(\tau - t_0, f_d + \xi)$$

⑧ 信号周期重复的影响：如果单个脉冲信号 $u(t)$的模糊函数为$\chi_u(\tau, f_d)$，将信号$u(t)$重复 N 个周期得到的信号 $v(t) = \sum_{i=0}^{N-1} c_i u(t - iT_r)$，其中 c_i表示复加权系数，T_r为脉冲重复

周期，则 $v(t)$ 的模糊函数为

$$\chi_v(\tau, f_d)=\sum_{m=1}^{N-1} e^{j2\pi f_d mT_r}\chi_u(\tau+mT_r, f_d)\sum_{i=0}^{N-1-m} c_i^* c_{i+m} e^{j2\pi f_d iT_r}+\sum_{m=0}^{N-1}\chi_u(\tau-mT_r, f_d)\sum_{i=0}^{N-1-m} c_i c_{i+m}^* e^{j2\pi f_d iT_r} \tag{4.2.12}$$

若 $c_i\equiv 1$，则 N 个脉冲的模糊函数为

$$\chi_v(\tau, f_d)=\sum_{m=-(N-1)}^{N-1} e^{j2\pi f_d mT_r}\chi_u(\tau+mT_r, f_d)\sum_{i=0}^{N-1-m} e^{j2\pi f_d iT_r} \tag{4.2.13}$$

因此，模糊函数的性质主要用来分析一些复杂信号的分辨性能。

4.2.2 雷达分辨理论

雷达分辨率是指在各种目标环境下区分两个或两个以上的邻近目标的能力。雷达分辨邻近目标的能力主要从距离、速度、方位和仰角四个方面考虑，其中方位和仰角的分辨率取决于波束宽度。一般雷达难以在这四维同时能分辨目标，在其中任意一维能分辨目标就认为具有目标分辨的能力。这里主要分析距离分辨率和速度分辨率与波形参数的关系，通过分辨常数和模糊函数来分析各种波形的分辨性能。

1. 距离分辨率

假定两个目标在同一角度但处在不同距离上，在不考虑相邻目标的多普勒频率差异时，由式(4.2.6)得到

$$\varepsilon^2\geqslant 2(2E-|\chi(\tau, 0)|) \tag{4.2.14}$$

令式(4.2.5)中 $f_d=0$ 可知，信号的距离模糊函数为

$$|\chi(\tau, 0)|=\left|\int_{-\infty}^{\infty}u(t)u^*(t+\tau)\mathrm{d}t\right| \tag{4.2.15}$$

当 $\tau=0$ 时，$|\chi(\tau, 0)|$ 有最大值。距离分辨率由 $|\chi(\tau, 0)|^2$ 的大小来衡量。若存在一些非零的 τ 值，使得 $|\chi(\tau, 0)|=|\chi(0, 0)|$，那么两个目标是不可分辨的。当 $\tau\neq 0$ 时，$|\chi(\tau, 0)|$ 随 τ 增大而下降得越快，距离分辨性能越好；若要求系统具有高距离分辨率，就要选择合适的信号形式使其通过匹配滤波器(或相关积分器)输出很窄的尖峰，而实际的滤波器的输出包络可能具有图 4.4 所示的三种典型形式。

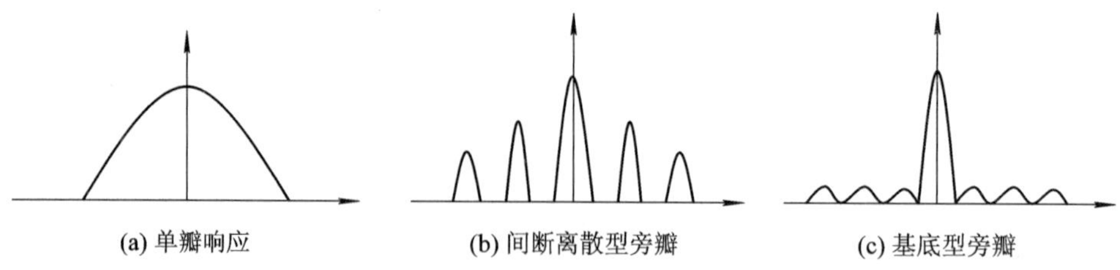

图 4.4 距离模糊函数类型

图 4.4(a)的响应是单瓣的，但如果主瓣很宽，临近目标就难以分辨。图 4.4(b)的响应主瓣很窄，对临近目标的分辨能力较好，但存在间断离散型旁瓣，若其间距为 $\Delta\tau$，当目标间距相当于 $\Delta\tau$ 的整数倍时，分辨就很困难。图 4.4(c)的响应主瓣也很尖，但存在类似噪声

的基底型旁瓣；虽然基底旁瓣不高，但强目标的响应基底有可能掩盖弱目标的响应主瓣；在多目标环境中，多个目标响应基底的合成甚至可能掩盖较强目标的主瓣，造成临近目标不能分辨。因此，雷达在脉压过程中，一般通过加窗过程，使得副瓣比主瓣低 35 dB 以上。

正因为如此，至今尚没有统一的反映信号分辨特性的参数。通常利用距离模糊函数和速度模糊函数主瓣的 3 dB 宽度(半功率宽度)来定义信号的固有分辨率，分别称为名义距离分辨率 τ_{nr}(简称距离分辨率)和名义速度分辨率 f_{nr}(简称速度分辨率)。名义分辨率(Nominal Resolution)只表示主瓣内邻近目标的分辨能力，而没有考虑旁瓣干扰对目标分辨的影响。有时为了方便，如遇到 sinc 函数，也采用 4 dB 宽度来表示名义分辨率。

时延分辨率为

$$\Delta\tau = \frac{\int_{-\infty}^{\infty} \left|\chi(\tau, 0)\right|^2 d\tau}{\left|\chi(0, 0)\right|^2} \tag{4.2.16}$$

根据 Parseval 定理，时延分辨率也可以表示为

$$\Delta\tau = 2\pi \frac{\int_{-\infty}^{\infty} \left|U(\omega)\right|^4 d\omega}{\left[\int_{-\infty}^{\infty} \left|U(\omega)\right|^2 d\omega\right]^2} = \frac{1}{B} \tag{4.2.17}$$

式中，B 为信号的有效带宽。因此，时延分辨率对应的距离分辨率(Range Resolution)为

$$\Delta R = \frac{c\Delta\tau}{2} = \frac{c}{2B} \tag{4.2.18}$$

其中，c 为光速，B 为信号带宽。ΔR 取决于信号带宽。例如：若信号带宽为 1 MHz，距离分辨率为 150 m；若信号带宽为 100 MHz，距离分辨率为 1.5 m。显然，信号带宽越宽，脉冲宽度(通常为脉压后的脉冲宽度)越窄，距离分辨率越高。

2. 速度分辨率

与距离分辨率类似，信号的速度分辨率取决于速度模糊函数：

$$\left|\chi(0, f_d)\right| = \int_{-\infty}^{\infty} \left|u(t)\right|^2 e^{j2\pi f_d t}\, dt \tag{4.2.19}$$

多普勒分辨率 Δf_d 为

$$\Delta f_d = \frac{\int_{-\infty}^{\infty} \left|\chi(0, f_d)\right|^2 df_d}{\left|\chi(0, 0)\right|^2} = \frac{\int_{-\infty}^{\infty} \left|u(t)\right|^4 dt}{\left|\int_{-\infty}^{\infty} \left|u(t)\right|^2 dt\right|^2} = \frac{1}{T_i} \tag{4.2.20}$$

式中，T_i 为信号持续时间。则相应的速度分辨率 Δv 为

$$\Delta v == \frac{c\Delta f_d}{2f_0} = \frac{c}{2f_0 T_i} = \frac{\lambda}{2T_i} \tag{4.2.21}$$

3. 距离-速度联合分辨率

类似地，可以用$\frac{|\chi(\tau, f_d)|^2}{|\chi(0, 0)|^2}$来表示距离-速度联合分辨率。定义模糊面积 AA 为

$$AA = \frac{\int_{-\infty}^{\infty}\int_{-\infty}^{\infty} \left|\chi(\tau, f_d)\right|^2 d\tau\, df_d}{\left|\chi(0, 0)\right|^2} \tag{4.2.22}$$

作为距离-速度(或时延-多普勒)联合分辨常数。

由模糊函数性质③可知，只要信号的能量一定，模糊面积即为定值。这就说明了时延与多普勒联合分辨率的限制。无论怎样使时延 τ 或多普勒 f_d 分辨率的某一方减小，其结果都将带来另一方的增大。这就是雷达模糊原理。设计雷达信号时，只能在模糊原理的约束下通过改变模糊曲面的形状，使之与特定的目标环境相匹配。

4.2.3　单载频脉冲信号的模糊函数

单载频脉冲信号是最基本的雷达信号，其时宽带宽积近似为 1。下面推导矩形包络和高斯包络脉冲信号的模糊函数及其分辨率参数。

1. 矩形脉冲

矩形脉冲信号的归一化包络可写为

$$u(t)=\begin{cases}\dfrac{1}{\sqrt{T}}, & -\dfrac{T}{2}<t<\dfrac{T}{2}\\ 0, & \text{其他}\end{cases}\tag{4.2.23}$$

其中，T 为脉冲宽度。将上式代入模糊函数定义式(4.2.5)可得

$$\chi(\tau,\ f_d)=\int_{-\infty}^{\infty}u(t)u^*(t+\tau)\mathrm{e}^{\mathrm{j}2\pi f_d t}\,\mathrm{d}t=\frac{1}{T}\int_a^b \mathrm{e}^{\mathrm{j}2\pi f_d t}\,\mathrm{d}t\tag{4.2.24}$$

对上式进行分段积分计算：

① 当 $0<\tau<T$ 时，积分限 $a=-\dfrac{T}{2}$，$b=-\tau+\dfrac{T}{2}$，则

$$\begin{aligned}\chi(\tau,\ f_d)&=\frac{1}{T}\int_{\frac{-T}{2}}^{\frac{-\tau+T}{2}}\mathrm{e}^{\mathrm{j}2\pi f_d t}\mathrm{d}t=\frac{1}{T}\frac{\mathrm{e}^{\mathrm{j}2\pi f_d t}}{\mathrm{j}2\pi f_d}\bigg|_{-T/2}^{-\tau+T/2}\\&=\frac{1}{T}\mathrm{e}^{-\mathrm{j}\pi f_d\tau}\left(\frac{\mathrm{e}^{\mathrm{j}\pi f_d(T-\tau)}-\mathrm{e}^{-\mathrm{j}\pi f_d(T-\tau)}}{\mathrm{j}2\pi f_d}\right)\\&=\mathrm{e}^{-\mathrm{j}\pi f_d\tau}\left(\frac{\sin\pi f_d(T-\tau)}{\pi f_d(T-\tau)}\right)\frac{T-\tau}{T}\end{aligned}\tag{4.2.25}$$

② 当 $-T<\tau<0$ 时，积分限 $a=-\dfrac{T}{2}-\tau$，$b=\dfrac{T}{2}$，则

$$\begin{aligned}\chi(\tau,\ f_d)&=\frac{1}{T}\int_{-T/2-\tau}^{T/2}\mathrm{e}^{\mathrm{j}2\pi f_d t}\mathrm{d}t=\frac{1}{T}\frac{\mathrm{e}^{\mathrm{j}2\pi f_d t}}{\mathrm{j}2\pi f_d}\bigg|_{-T/2-\tau}^{T/2}\\&=\frac{1}{T}\frac{\mathrm{e}^{\mathrm{j}\pi f_d T}-\mathrm{e}^{-\mathrm{j}2\pi f_d(T/2+\tau)}}{\mathrm{j}2\pi f_d}=\frac{1}{T}\mathrm{e}^{-\mathrm{j}\pi f_d\tau}\left(\frac{\mathrm{e}^{\mathrm{j}\pi f_d(T+\tau)}-\mathrm{e}^{-\mathrm{j}\pi f_d(T+\tau)}}{\mathrm{j}2\pi f_d}\right)\\&=\mathrm{e}^{-\mathrm{j}\pi f_d\tau}\left(\frac{\sin\pi f_d(T+\tau)}{\pi f_d(T+\tau)}\right)\frac{T+\tau}{T}\end{aligned}\tag{4.2.26}$$

③ 当 $|\tau|>T$ 时，因 $u(t)u^*(t+\tau)=0$，所以 $\chi(\tau,\ f_d)=0$。

综合以上三种情况，可得

$$\chi(\tau,\ f_d)=\begin{cases}\mathrm{e}^{-\mathrm{j}\pi f_d\tau}\left(\dfrac{\sin\pi f_d(T-|\tau|)}{\pi f_d(T-|\tau|)}\right)\left(1-\dfrac{|\tau|}{T}\right), & |\tau|<T\\ 0, & |\tau|>T\end{cases}\tag{4.2.27}$$

所以，矩形脉冲信号的模糊函数可表示为

$$|\chi(\tau, f_d)| = \begin{cases} \left|\dfrac{\sin\pi f_d(T-|\tau|)}{\pi f_d(T-|\tau|)}\left(1-\dfrac{|\tau|}{T}\right)\right|, & |\tau|<T \\ 0, & |\tau|>T \end{cases} \tag{4.2.28}$$

矩形脉冲信号的模糊图及模糊度图如图 4.5 所示(脉宽 $T=1\ \mu s$)。

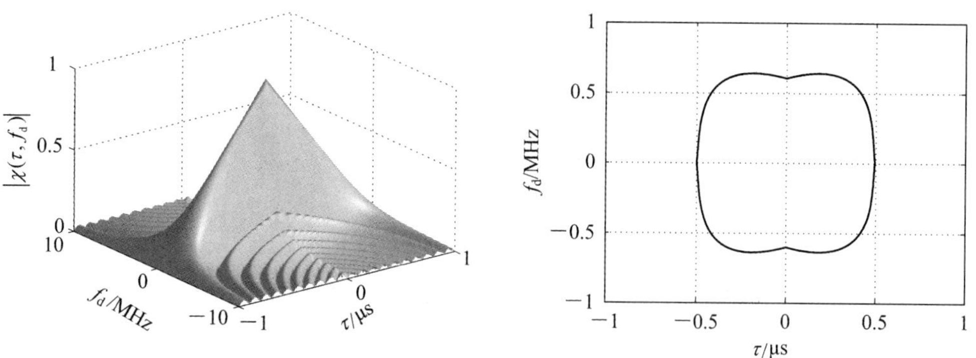

图 4.5 矩形脉冲信号的模糊函数图和模糊度图(−6 dB)

式(4.2.28)中,若令 $f_d=0$,可得到信号的距离模糊函数,即信号的自相关函数:

$$|\chi(\tau, 0)| = \begin{cases} \dfrac{T-|\tau|}{T}, & |\tau|<T \\ 0, & \text{其它} \end{cases} \tag{4.2.29}$$

同样,若令 $\tau=0$,则可得到信号的速度(多普勒)模糊函数:

$$|\chi(0, f_d)| = \left|\frac{\sin\pi f_d T}{\pi f_d T}\right| \tag{4.2.30}$$

图 4.6 给出了矩形脉冲信号(脉宽 $T=1\ \mu s$)的距离和速度模糊函数图。

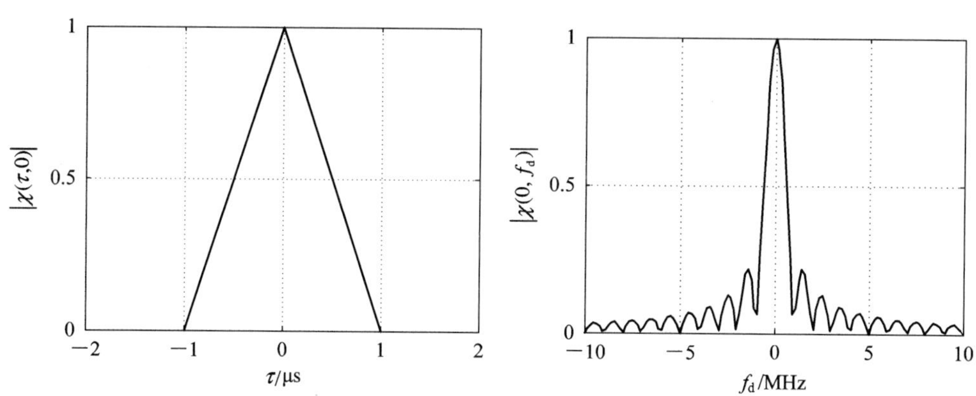

图 4.6 距离模糊函数图与速度模糊函数图

2. 高斯包络

高斯包络单载频脉冲信号的复包络可写为

$$u(t) = e^{-\frac{t^2}{2\sigma^2}}, \quad -\infty < t < \infty \tag{4.2.31}$$

其中,σ^2 表征高斯脉冲的均方时宽,其值越大,脉冲越宽。将上式代入模糊函数定义式(4.2.5)可得

$$\chi(\tau, f_d)=\int_{-\infty}^{\infty} e^{-t^2/(2\sigma^2)} e^{-(t+\tau)^2/(2\sigma^2)} e^{j2\pi f_d t}\, dt = e^{-\tau^2/4\sigma^2}\int_{-\infty}^{\infty} e^{-(t+\tau/2)^2/\sigma^2} e^{j2\pi f_d t}\, dt \tag{4.2.32}$$

作变量代换，令 $p=\dfrac{(t+\tau/2)}{\sqrt{\pi\sigma^2}}$，代入上式，可得

$$\begin{aligned}\chi(\tau, f_d)&=\sqrt{\pi\sigma^2}\, e^{-\tau^2/(4\sigma^2)} e^{-j\pi f_d \tau}\int_{-\infty}^{\infty} e^{-\pi p^2} e^{j2\pi(\sqrt{\pi\sigma^2} f_d)p}\, dp \\ &=\sqrt{\pi\sigma^2}\, e^{-(\tau^2/(4\sigma^2)+\pi^2\sigma^2 f_d^2)} e^{-j\pi f_d \tau}\end{aligned} \tag{4.2.33}$$

上式的计算中利用了傅里叶变换对：$e^{-\pi t^2} \Longleftrightarrow e^{-\pi f^2}$。注意：这里 $f=\sqrt{\pi\sigma^2} f_d$。

该信号的归一化模糊函数为

$$|\chi(\tau, f_d)| = \exp\left(-\frac{\tau^2}{4\sigma^2}+\pi^2\sigma^2 f_d^2\right) \tag{4.2.34}$$

高斯脉冲的模糊函数如图 4.7 所示，模糊度图如图 4.8 所示。图 4.7 中 $\sigma=1\ \mu s$，图 4.8 中 σ 分别为 1 μs 和 0.2 μs。

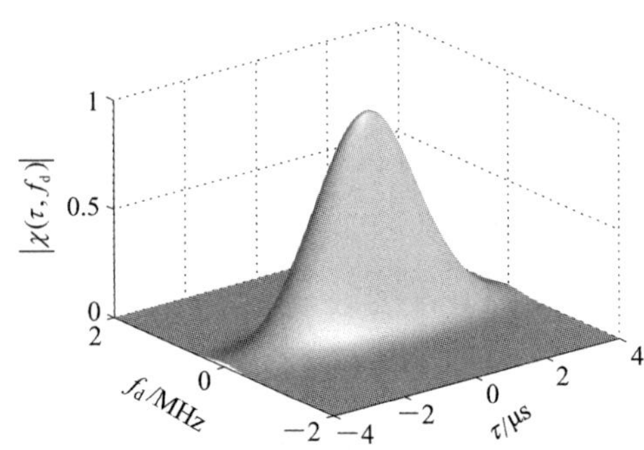

图 4.7 高斯脉冲的模糊函数($\sigma=1\ \mu s$)

图 4.8 模糊度图(−6 dB)

分别令 $\tau=0$，$f_d=0$，可得高斯脉冲信号的距离和多普勒模糊函数分别为

$$|\chi(\tau, 0)| = \exp\left(-\frac{\tau^2}{4\sigma^2}\right) \tag{4.2.35}$$

$$|\chi(0, f_d)| = \exp(-\pi^2\sigma^2 f_d^2) \tag{4.2.36}$$

高斯脉冲信号的距离模糊函数和多普勒模糊函数如图 4.9 所示。

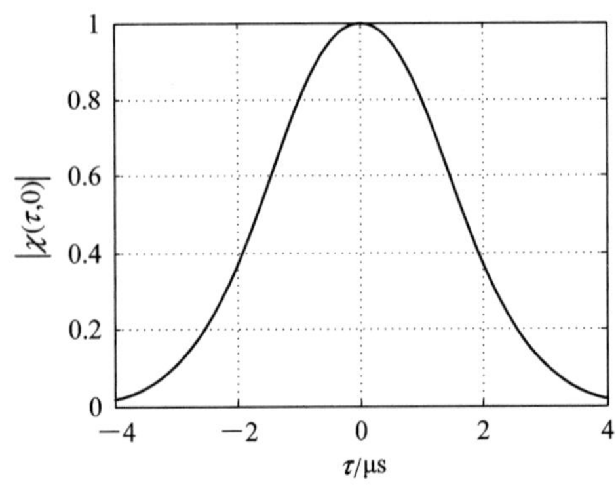

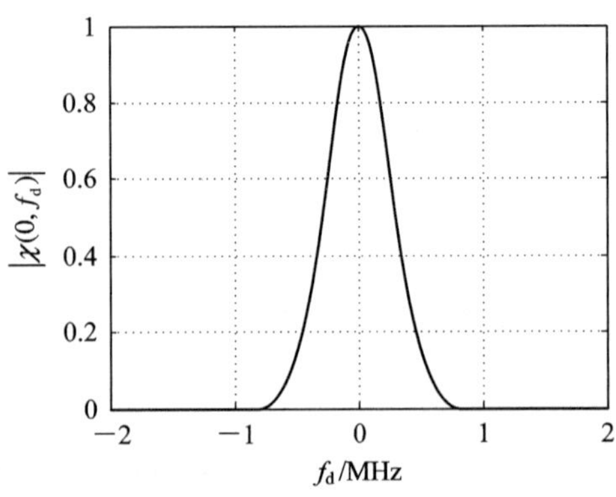

图 4.9 高斯脉冲的距离模糊函数和多普勒模糊函数($\sigma=1\ \mu s$)

如果将高斯脉冲按能量等效为矩形脉冲，则矩形脉冲的时宽 T_p 与高斯脉冲的均方时宽 σ^2 之间的关系为

$$T_p = \int_{-\infty}^{\infty} u^2(t)\,\mathrm{d}t = \sqrt{\pi\sigma^2} \tag{4.2.37}$$

表 4.3 对矩形脉冲和高斯脉冲的分辨性能进行了对比。

表 4.3　矩形脉冲和高斯脉冲的分辨性能比较

性　能	矩形脉冲	高斯脉冲
复包络	$u(t)=\begin{cases}1/\sqrt{T}, & -T/2<t<T/2\\0, & 其他\end{cases}$	$u(t)=\mathrm{e}^{-\frac{t^2}{2\sigma^2}},\ -\infty<t<\infty$
等效时宽	$T=\sqrt{\pi\sigma^2}$	
模糊函数 $\lvert\chi(\tau,\ f_d)\rvert$	$\left\lvert\dfrac{\sin\pi f_d(T-\lvert\tau\rvert)}{\pi f_d(T-\lvert\tau\rvert)}\cdot\dfrac{T-\lvert\tau\rvert}{T}\right\rvert$， $\lvert\tau\rvert<T$；否则为零	$\mathrm{e}^{-\left(\frac{\tau^2}{4\sigma^2}+\pi^2\sigma^2f_d^2\right)}$
距离模糊函数 $\lvert\chi(\tau,\ 0)\rvert$	$\begin{cases}\dfrac{T-\lvert\tau\rvert}{T}, & \lvert\tau\rvert<T\\0, & 其它\end{cases}$	$\mathrm{e}^{-\tau^2/(4\sigma^2)}$
多普勒模糊函数 $\lvert\chi(0,\ f_d)\rvert$	$\left\lvert\dfrac{\sin\pi f_d T}{\pi f_d T}\right\rvert$	$\mathrm{e}^{-\pi^2\sigma^2f_d^2}$
3 dB 带宽 （速度名义分辨率）B	$\dfrac{0.844}{T}\approx\dfrac{1}{T}$	$\dfrac{\sqrt{\ln 2/\pi}}{T_p}=\dfrac{0.4697}{T_p}\approx\dfrac{1}{2T_p}$
模糊面积 AA	1	

从前面的分析可以看出，单载频脉冲信号模糊图呈正刀刃形，其重要特征是模糊体积集中于与轴线重合的“山脊”上。窄脉冲沿频率轴取向，具有良好的距离分辨率；而宽脉冲沿时延轴取向，具有良好的速度分辨率。单载频脉冲信号的不足之处是不能同时提供距离和速度参量的高分辨率。由于单脉冲信号的产生和处理都比较简单，因此对目标测量精度以及多目标分辨率要求不高、作用距离又不太远的雷达，可采用此类信号，实际上这也是一般雷达最常用的一种信号形式。

从分辨特性角度来看，模糊函数有四种类型：A 类——正刀刃型，B1 类——图钉型，B2 类——剪切刀刃型(或斜刀刃型)，C 类——钉床型；相应地，常用的雷达信号按模糊函数也被划分成四类，如表 4.4 所示。

多普勒敏感性也称为多普勒失谐，表示由于目标的多普勒频率，导致不能直接采用发射信号的样本进行脉冲压缩处理。例如，相位编码信号在脉冲压缩之前，需要通过其它途径获取目标的速度，并进行速度补偿；或者针对慢速目标的应用场合，速度对相位的影响没有导致回波信号中码型的变化。

表 4.4　雷达信号按模糊函数分类表

类　型	A 类	B1 类	B2 类	C 类
时宽带宽乘积(TB)	1	≫1	>1	>1
模糊函数	正刀刃型	图钉型	剪切刀刃型	钉床型
信号形式	单个恒载频信号	非线性调频信号；伪随机相位编码脉冲信号；频率编码脉冲信号	线性调频信号；阶梯调频脉冲信号；脉间线性频移的相参脉冲串信号	均匀间距的相参脉冲串信号
多普勒敏感性	不敏感	敏感	不敏感	不敏感
信号的特点	优点：信号简单、处理简单 缺点：不能同时提供距离和速度两个参量的高分辨率，不能同时保证大的信号能量和良好的距离分辨率	优点：能够同时提供高的距离分辨率、速度分辨率和测量精度。 缺点：多普勒失谐影响脉冲压缩处理；在强杂波环境下，或者 RCS 相差很大的多目标情况下，高旁瓣影响弱小目标的检测	优点：多普勒失谐不大于信号带宽时，滤波器仍能起脉冲压缩作用，即多普勒频率不影响脉压处理。 缺点：脉压输出的主峰时延与多普勒失谐成正比，即多普勒对距离的耦合影响	在中心主峰周围有最大的清晰区面积，消除了 B1 类信号的基底旁瓣干扰，但出现了严重的测量模糊和尖峰干扰
适用场合	近区或雷达测试用	伪随机相位编码信号适用于慢速目标或目标速度大致已知的场合	应用最广泛	相参雷达均可

在实现最佳处理并保证一定信噪比的前提下，距离分辨率主要取决于信号的频率结构，为了提高距离分辨率，要求信号具有大的带宽；而速度分辨率则取决于信号的时间结构，为了提高速度分辨率，要求信号具有大的持续时间；测量精度和分辨率对信号有一致的要求。此外，为了提高雷达发现目标的能力，要求辐射信号具有大的能量。

因此，为了提高雷达系统的探测能力、测量精度和分辨能力，要求雷达信号具有大的时宽、带宽、能量之乘积。但在系统的发射和馈电设备峰值功率受限制的情况下，大的信号能量只能靠加大信号的时宽来得到。单载频脉冲信号的时宽带宽积接近于 1，大的时宽和带宽不可兼得，测距精度和距离分辨率同测速精度和速度分辨率以及作用距离之间是相互限制的。解决的方法之一是采用脉内非线性相位调制技术来提高信号的带宽，而同时又不减小信号的时宽。常用的脉内非线性相位调制技术有线性调频、非线性调频、相位编码以及频率编码等脉冲压缩信号，采用这种方法能获得大的时宽带宽积。相参脉冲串信号则是通过脉冲调幅，通过增大信号持续时间而不减小信号带宽的方法来得到大的时宽带宽积。下面几节分别对这些信号进行介绍。

4.3　调频脉冲信号及其脉冲压缩处理

调频脉冲压缩信号是通过非线性相位调制来获得大时宽带宽积的典型例子，包括线性调频和非线性调频信号，其中非线性调频脉冲压缩信号有多种调制方式，如：V 形调频、正弦调频、平方律调频等。

4.3.1　线性调频脉冲信号

线性调频信号是研究最早、应用最广泛的一种大时宽带宽积信号，它是在匹配滤波理论的基础上提出的。这种信号的突出优点是匹配滤波器对回波信号的多普勒频移不敏感，即使回波信号有较大的多普勒频移，匹配滤波器仍能起到脉冲压缩的作用，缺点是输出响应将产生与多普勒频移成正比的附加时延。

线性调频矩形脉冲信号的表达式可写为

$$s(t)=u(t)\mathrm{e}^{\mathrm{j}2\pi f_0 t}=\frac{1}{\sqrt{T}}\mathrm{rect}\left(\frac{t}{T}\right)\mathrm{e}^{\mathrm{j}(2\pi f_0 t+\pi\mu t^2)} \tag{4.3.1}$$

其中，信号的复包络为

$$u(t)=\frac{1}{\sqrt{T}}\mathrm{rect}\left(\frac{t}{T}\right)\mathrm{e}^{\mathrm{j}\pi\mu t^2},\quad \mathrm{rect}\left(\frac{t}{T}\right)=\begin{cases}1, & |t|\leqslant T/2\\ 0, & |t|>T/2\end{cases} \tag{4.3.2}$$

T 为脉冲宽度；$\mu=B/T$ 为调频斜率，B 为调频带宽，也称频偏。

信号的瞬时频率为

$$f_i(t)=\frac{1}{2\pi}\frac{\mathrm{d}}{\mathrm{d}t}[2\pi f_0 t+\pi\mu t^2]=f_0+\mu t \tag{4.3.3}$$

信号波形示意图如图 4.10 所示。

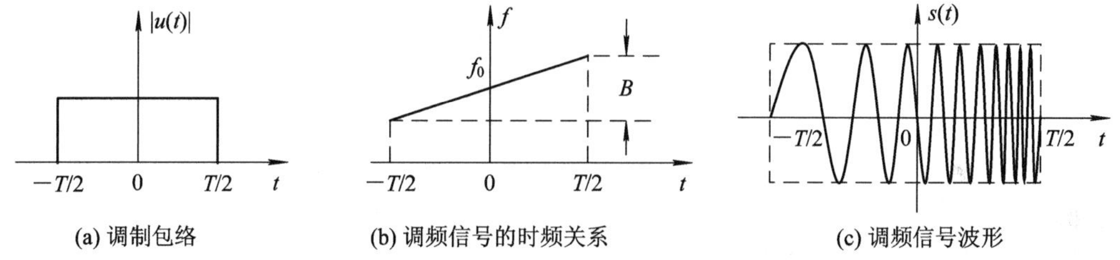

图 4.10　线性调频信号的波形示意图

1. 信号的频谱特性

线性调频信号的频谱由信号的复包络完全决定。对式(4.3.2)作傅里叶变换，可得

$$U(f)=\frac{1}{\sqrt{T}}\int_{-T/2}^{T/2}\mathrm{e}^{\mathrm{j}\pi\mu t^2}\,\mathrm{e}^{-\mathrm{j}2\pi ft}\,\mathrm{d}t=\frac{1}{\sqrt{T}}\mathrm{e}^{-\mathrm{j}\pi f^2/\mu}\int_{-T/2}^{T/2}\mathrm{e}^{\mathrm{j}(\pi/2)2\mu(t-f/\mu)^2}\,\mathrm{d}t \tag{4.3.4}$$

作变量代换，$x=\sqrt{2\mu}(t-f/\mu)$，上式即可化为

$$U(f)=\frac{1}{\sqrt{2\mu T}}\mathrm{e}^{-\mathrm{j}\pi f^2/\mu}\left(\int_{-v_2}^{v_1}\cos\left(\frac{\pi x^2}{2}\right)\mathrm{d}x+\mathrm{j}\int_{-v_2}^{v_1}\sin\left(\frac{\pi x^2}{2}\right)\mathrm{d}x\right) \tag{4.3.5}$$

其中，积分限

$$v_1=\sqrt{2\mu}\left(\frac{T}{2}-\frac{f}{\mu}\right),\quad v_2=\sqrt{2\mu}\left(\frac{T}{2}+\frac{f}{\mu}\right) \tag{4.3.6}$$

采用菲涅尔(Fresnel)积分公式：

$$c(v)=\int_0^v\cos\left(\frac{\pi x^2}{2}\right)\mathrm{d}x,\quad s(v)=\int_0^v\sin\left(\frac{\pi x^2}{2}\right)\mathrm{d}x \tag{4.3.7}$$

并考虑其对称性：

$$c(-v)=-c(v),\quad s(-v)=-s(v) \tag{4.3.8}$$

信号频谱可表示为

$$U(f)=\frac{1}{\sqrt{2\mu T}}\mathrm{e}^{-\mathrm{j}\pi f^2/\mu}\{[c(v_1)+c(v_2)]+\mathrm{j}[s(v_1)+s(v_2)]\} \tag{4.3.9a}$$

根据菲涅尔积分的性质，当 $BT\gg 1$ 时，信号 95%以上的能量集中在 $-B/2\sim B/2$ 的范围内，频谱接近于矩形。图 4.11 分别给出了 BT 值等于 20、80、160 时的频谱。可见 BT 越大，频谱的矩形系数越高。

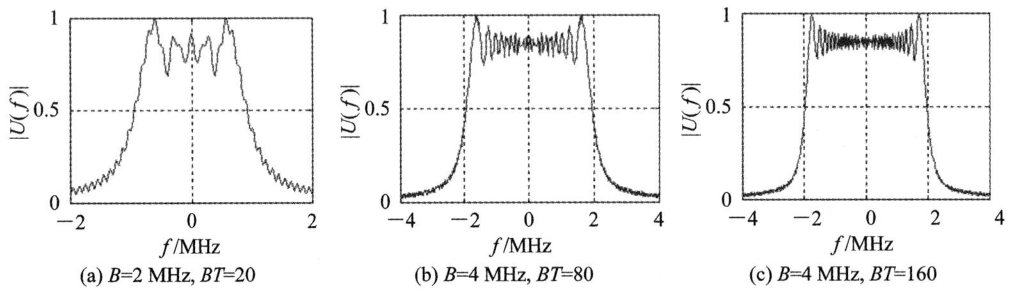

图 4.11 线性调频信号的频谱

当 $BT\gg 1$ 时，式(4.3.9a)的频谱可近似表示为

$$U(f)\approx\frac{1}{\sqrt{2\mu T}}\mathrm{e}^{\mathrm{j}\left(-\frac{\pi f^2}{\mu}+\frac{\pi}{4}\right)},\quad |f|\leqslant\frac{B}{2} \tag{4.3.9b}$$

这时，$U(f)$的幅度谱$|U(f)|$和相位谱 $\phi(f)$可近似表示为

$$|U(f)|\approx\frac{1}{\sqrt{2\mu T}},\quad |f|\leqslant\frac{B}{2} \tag{4.3.9c}$$

$$\phi(f)\approx-\frac{\pi f^2}{\mu}+\frac{\pi}{4},\quad |f|\leqslant\frac{B}{2} \tag{4.3.9d}$$

2. 线性调频信号的模糊函数

将式(4.3.2)信号的复包络代入模糊函数定义式(4.2.5)可得

$$\begin{aligned}\chi(\tau,f_{\mathrm{d}})&=\frac{1}{T}\int_{-\infty}^{\infty}\mathrm{rect}\left(\frac{t}{T}\right)\mathrm{e}^{\mathrm{j}\pi\mu t^2}\,\mathrm{rect}\left(\frac{t+\tau}{T}\right)\mathrm{e}^{-\mathrm{j}\pi\mu(t+\tau)^2}\,\mathrm{e}^{\mathrm{j}2\pi f_{\mathrm{d}}t}\,\mathrm{d}t\\&=\mathrm{e}^{-\mathrm{j}\pi\mu\tau^2}\,\frac{1}{T}\int_{-\infty}^{\infty}\mathrm{rect}\left(\frac{t}{T}\right)\mathrm{rect}\left(\frac{t+\tau}{T}\right)\mathrm{e}^{\mathrm{j}2\pi(f_{\mathrm{d}}-\mu\tau)t}\mathrm{d}t\end{aligned} \tag{4.3.10}$$

上式中积分项为单载频矩形脉冲的模糊函数，只是这里的频移项有一个偏移，即$(f_{\mathrm{d}}-\mu\tau)$。线性调频信号的模糊函数可表示为

$$|\chi(\tau,f_{\mathrm{d}})|=\begin{cases}\left|\left(1-\dfrac{|\tau|}{T}\right)\dfrac{\sin[\pi(f_{\mathrm{d}}-\mu\tau)(T-|\tau|)]}{\pi(f_{\mathrm{d}}-\mu\tau)(T-|\tau|)}\right|, & |\tau|<T\\0, & |\tau|>T\end{cases} \tag{4.3.11}$$

假设调频带宽 $B=4$ MHz，时宽 $T=2$ μs，图 4.12、图 4.13 分别给出了线性调频矩形脉冲信号的模糊图和模糊度图。可见模糊函数的峰值在(τ,f_{d})平面呈剪切刀刃型，即峰值在直线 $f_{\mathrm{d}}=\mu\tau$ 上。-6 dB 切割的模糊度图近似为椭圆形，不过其长轴偏离 τ、f_{d} 轴而倾斜一个角度 θ，θ 的正切($\tan\theta$)为该直线的斜率，即

$$\tan\theta=\frac{f_{\mathrm{d}}}{\tau}=\mu=\frac{B}{T} \tag{4.3.12}$$

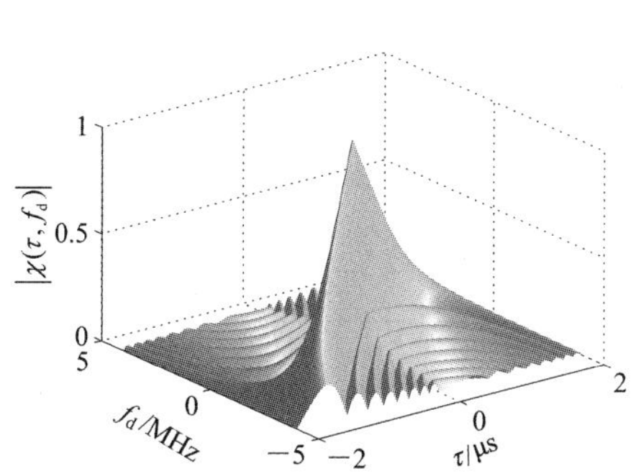

图 4.12　线性调频信号的模糊函数图
(B=4 MHz, T=2 μs)

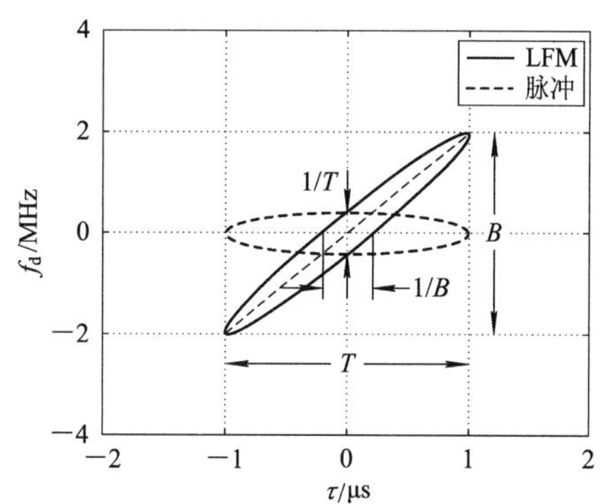

图 4.13　线性调频信号的模糊度图(−6 dB)

在 4.1.1 小节已提到四个波形参数，分别为信号的有效时宽 β_t 和有效带宽 β_f，以及时延测量的均方根误差 σ_t 和频率测量的均方根误差 σ_f。可以证明，有效时宽 β_t 和有效带宽 β_f 有如下关系：

$$\beta_t \beta_f \geqslant \pi \tag{4.3.13}$$

该关系式可根据式(4.1.14)和式(4.1.15)所给的 β_t 和 β_f 的定义，采用 Schwartz 不等式推导出来。它是波形时宽及其频谱之间的傅里叶变换关系的结果。波形持续时间越长，它的频谱越窄；频谱越宽，时间波形越窄。因此，信号的时宽及其频谱不能同时任意小。

式(4.3.13)有时称为雷达测不准原理，因为它与量子物理中的重要概念 Heisenberg 测不准原理相类似。物理测不准原理是指一个物体(例如亚原子粒子)的位置和速度不能同时被精确地测量出来。但是实际上，雷达测不准原理与物理上的测不准原理正好相反，由式(4.3.12)可知，对于雷达同时定位目标位置和确定目标速度来说，理论上不会存在精度限制。由式(4.1.16)和式(4.1.17)给出的均方根测时误差 σ_t 和均方根测频误差 σ_f 的定义，可得它们的乘积为

$$\sigma_t \sigma_f = \frac{1}{\beta_t \beta_f \mathrm{SNR}} \tag{4.3.14}$$

将不等式(4.3.13)代入式(4.3.14)得到

$$\sigma_t \sigma_f \leqslant \frac{1}{\pi \mathrm{SNR}} \tag{4.3.15}$$

这表明只要雷达的信噪比(SNR)足够大，或者对于一定的 SNR，选择具有大 $\beta_t \beta_f$ 乘积的波形，就可以同时测量时延和频率，并且具有设计雷达时所期望的任意小的理论误差。当然，大的 $\beta_t \beta_f$ 乘积需要长持续时间的波形和较宽的频谱宽度，例如采用脉冲的内部调制信号，使带宽比脉冲宽度的倒数大得多。

根据式(4.3.15)，距离测量精度 σ_R 和径向速度测量精度 σ_v 的乘积可以表示为

$$\sigma_R \sigma_v \leqslant \frac{c\lambda}{4\pi \mathrm{SNR}} \tag{4.3.16}$$

在雷达同时测距和测速中，没有任何理论上的“测不准”问题，所以不要同量子物理学中的测不准原理相混淆。在量子力学中，观察者对用来观察粒子的波形不能加以控制，而雷达工程师可以选择 $\beta_t \beta_f$ 的值并提高 SNR 来改善测量精度。雷达传统上的精度限制其实

不是理论上的必然，而是由于受到实际系统复杂性或系统成本等的限制。

线性调频信号的距离模糊函数或自相关函数为

$$|\chi(\tau,0)|=\begin{cases}\left|\left(1-\dfrac{|\tau|}{T}\right)\dfrac{\sin[\pi\mu\tau(T-|\tau|)]}{\pi\mu\tau(T-|\tau|)}\right|, & |\tau|<T \\ 0, & \text{其它}\end{cases} \tag{4.3.17}$$

图 4.12 模糊函数的距离和多普勒主截面如图 4.14 所示。

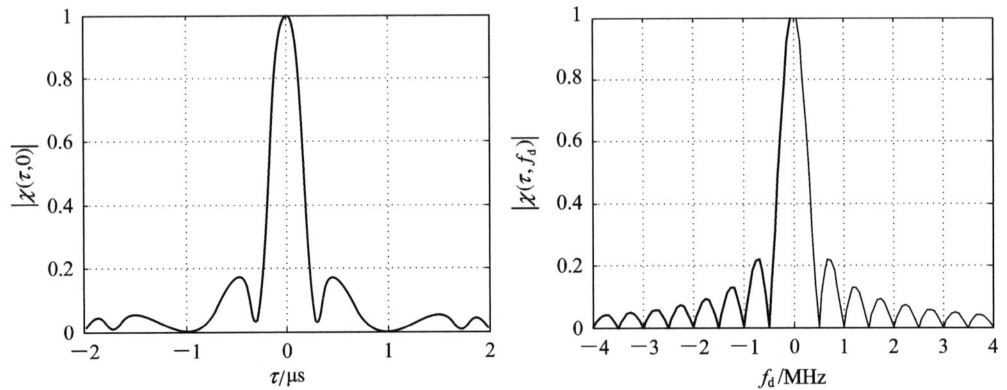

图 4.14 线性调频信号的距离模糊和多普勒模糊函数图

不难得到信号的时延分辨率(在−4 dB 处)和距离分辨率分别为

$$\Delta\tau=\frac{\int_{-\infty}^{\infty}|U(f)|^4\mathrm{d}f}{\left[\int_{-\infty}^{\infty}|U(f)|^2\mathrm{d}f\right]^2}\approx\frac{1}{\mu T}=\frac{1}{B} \tag{4.3.18}$$

$$\Delta R=\frac{c\cdot\Delta\tau}{2}=\frac{c}{2B} \tag{4.3.19}$$

因此，线性调频信号的距离分辨率只由调频带宽 B 决定，与脉冲宽度 T 无关，只要调频带宽 B 很大，就可以获得较高的距离分辨率。显然，信号带宽越宽，脉冲宽度越窄，距离分辨率越高。例如：若信号带宽为 1 MHz，则距离分辨率为 150 m；若信号带宽为 100 MHz，则距离分辨率为 1.5 m。一般警戒雷达的距离分辨率为几十米至百米量级，而成像雷达的距离分辨率在米级以下。

由图 4.13 不难看出，线性调频信号的模糊度图是单载频矩形脉冲信号的模糊度图旋转了一个角度。由此可知，线性调频信号的主要优点有：

(1) 当目标的距离已知时，可以有很高的测速精度；当目标速度已知时，可以有很高的测距精度。但是，实际中目标的距离和速度都是未知的。

(2) 在多目标环境中，当目标速度相同时，可以有很高的距离分辨率；当目标距离相同时，可以有很高的速度分辨率。

(3) 多普勒不敏感。尽管多普勒频率可能会导致脉压后目标的距离发生了位移，但是不影响脉压处理。

(4) 产生简单，工程实现方便。

线性调频信号的主要缺点是：

(1) 在多脉冲观测的场合，对于距离和速度都不知道的目标，只能测出其联合值；对于剪切刀刃附近的多目标，则完全无法分辨。当然，可以通过发射两个调频斜率相反的脉冲，克服联合测定的模糊。

(2) 匹配滤波器输出波形的旁瓣较高，当频移为零时，第一旁瓣约为-13.2 dB。可以通过加权来降低旁瓣，但会导致主瓣的展宽。这在下一章介绍。

(3) 当调频带宽较大时，接收通道的宽带宽要求较宽，A/D 的采样速率要求较高。

4.3.2　非线性调频脉冲信号

虽然线性调频信号通过脉压在一定程度上解决了现代雷达对大时宽带宽的要求，但是它仍存在主副瓣比较低的问题。通过加权匹配滤波器可以降低副瓣，但加权又带来了信噪比降低和主瓣展宽的问题。为了解决以上问题，现代雷达也经常采用非线性调频(NLFM)信号。

NLFM 信号有多种类型，下面主要介绍 V 形调频信号和运用逗留相位原理进行近似求解的非线性调频信号。

1. V 形调频信号

V 形调频信号的波形及其时频关系如图 4.15 所示。V 形调频信号的基带复包络可表示为

$$u(t)=\begin{cases}u_1(t)+u_2(t), & |t|<T\\ 0, & |t|>T\end{cases} \tag{4.3.20}$$

其中

$$u_1(t)=\begin{cases}\mathrm{e}^{-\mathrm{j}\pi\mu t^2}, & -T<t<0\\ 0, & \text{其它}\end{cases},\quad u_2(t)=\begin{cases}\mathrm{e}^{\mathrm{j}\pi\mu t^2}, & 0<t<T\\ 0, & \text{其它}\end{cases} \tag{4.3.21}$$

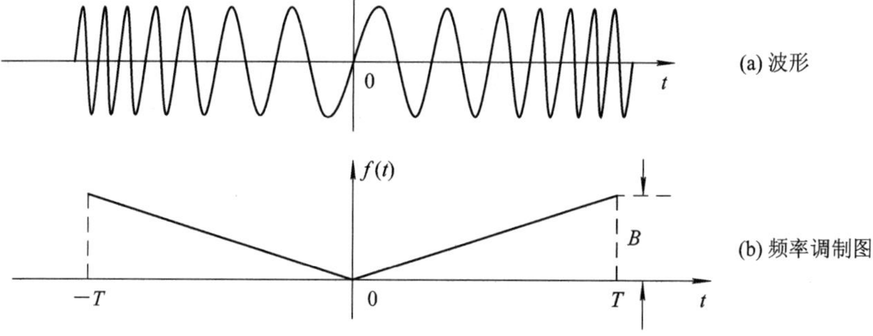

图 4.15　V 形调频信号的波形与时频关系

由模糊函数的组合性质，可得 V 形调频信号的模糊函数为

$$\chi(\tau,f_\mathrm{d})=\chi_{11}(\tau,f_\mathrm{d})+\chi_{22}(\tau,f_\mathrm{d})+\chi_{12}(\tau,f_\mathrm{d})+\mathrm{e}^{-\mathrm{j}2\pi f_\mathrm{d}\tau}\chi_{12}^*(\tau,f_\mathrm{d}) \tag{4.3.22}$$

其中：$\chi_{11}(\tau,f_\mathrm{d})$和$\chi_{22}(\tau,f_\mathrm{d})$分别为 $u_1(t)$和 $u_2(t)$的模糊函数；而$\chi_{12}(\tau,f_\mathrm{d})$表示$u_1(t)$和 $u_2(t)$的互模糊函数。由于 $u_1(t)=u_2^*(-t)$，所以有$\chi_{11}(\tau,f_\mathrm{d})=\chi_{22}^*(-\tau,f_\mathrm{d})$，具体表达式可参考式(4.3.11)。

互模糊函数$\chi_{12}(\tau,f_\mathrm{d})$按下式计算：

$$\chi_{12}(\tau,f_\mathrm{d})=\mathrm{e}^{-\mathrm{j}\pi f_\mathrm{d}\tau}\int_{-\infty}^{\infty}u_1\left(t-\frac{\tau}{2}\right)u_2^*\left(t+\frac{\tau}{2}\right)\mathrm{e}^{\mathrm{j}2\pi f_\mathrm{d}t}\,\mathrm{d}t \tag{4.3.23}$$

参照线性调频信号的模糊函数推导过程，可以求出

$$\chi_{12}(\tau, f_{\mathrm{d}})=\begin{cases}0, & \tau<0 \\ 1/\sqrt{4\mu}\exp\left[-\mathrm{j}\pi\left(f_{\mathrm{d}}\tau+\dfrac{\mu\tau^{2}}{2}-\dfrac{f_{\mathrm{d}}^{2}}{2\mu}\right)\right]\cdot & \\ \{[c(x_{1})+c(x_{2})]-\mathrm{j}[s(x_{1})+s(x_{1})]\}, & 0<\tau<2T \\ 0, & \tau>2T\end{cases} \tag{4.3.24}$$

其中，当 $0<\tau<T$ 时，

$$x_{1}=2\sqrt{\mu}\left(\frac{\tau}{2}-\frac{f_{\mathrm{d}}}{2\mu}\right), \qquad x_{2}=2\sqrt{\mu}\left(\frac{\tau}{2}+\frac{f_{\mathrm{d}}}{2\mu}\right)$$

当 $T<\tau<2T$ 时，

$$x_{1}=2\sqrt{\mu}\left(T-\frac{\tau}{2}-\frac{f_{\mathrm{d}}}{2\mu}\right), \qquad x_{2}=2\sqrt{\mu}\left(T-\frac{\tau}{2}+\frac{f_{\mathrm{d}}}{2\mu}\right)$$

由式(4.3.22)可知，V形调频信号的模糊函数是 $\chi_{11}(\tau, f_{\mathrm{d}})$、$\chi_{22}(\tau, f_{\mathrm{d}})$ 和 $\chi_{12}(\tau, f_{\mathrm{d}})$ 的矢量叠加。结果使原点处的主瓣高度增大一倍，倾斜刀刃的绝大部分由于取向不同，互不影响，形成旁瓣基台。图4.16为V形调频信号的模糊图。从图中也可以看出，模糊图接近图钉形，解决了距离、速度联合测量的模糊问题。但对于多目标环境，仍有一定的测量模糊。

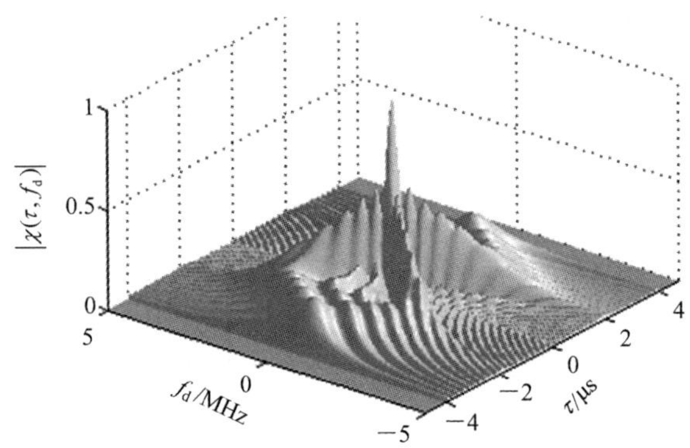

图4.16　V形调频信号的模糊图

2. 运用逗留相位原理进行近似求解的非线性调频信号

运用逗留相位原理来近似求解非线性调频信号，首先给定一个窗函数，这里采用hamming窗，其表达式为

$$W(f)=\begin{cases}0.54-0.46\cos\left(\dfrac{2\pi f}{B}\right), & |f|\leqslant\dfrac{B}{2} \\ 0, & |f|>\dfrac{B}{2}\end{cases} \tag{4.3.25}$$

对给定的窗函数 $W(f)$ 求得信号的群时延函数 $T(f)$，其中常系数 K_1 则根据具体的时延和频率偏移确定：

$$T(f)=K_{1}\int_{-\infty}^{f}W(x)\mathrm{d}x, \qquad -\frac{B}{2}\leqslant f\leqslant\frac{B}{2} \tag{4.3.26}$$

通常，$T(f)$ 是非线性函数，令 $t=T(f)$，可采用迭代或内插等数值计算方法确定 $T(f)$ 的反函数，即非线性调频信号的调频函数 $f(t)$ 为

$$f(t) = T^{-1}(f), \quad 0 \leqslant t \leqslant T \tag{4.3.27}$$

对该调频函数进行积分即可计算相位 $\theta(t)$：

$$\theta(t) = 2\pi \int_0^t f(x)\mathrm{d}x, \quad 0 \leqslant t \leqslant T \tag{4.3.28}$$

则该非线性调频信号为

$$S(t) = \cos[2\pi f_0 t + \theta(t)], \quad 0 \leqslant t \leqslant T \tag{4.3.29}$$

利用 MATLAB 工具，根据调频带宽确定采样率，可以用下列方法产生非线性调频信号。该方法适用于任何窗函数的综合，其实现过程为：

(1) 将瞬时频率按照调频带宽离散化，采样间隔 T_s 小于两倍带宽的倒数。

(2) 将调频时间按照采样频率的整数倍离散化，即时间向量 $\boldsymbol{t}=0:T_s:T_e$，T_e 为脉冲宽度。

(3) 根据所选的窗函数，由式(4.3.26)计算群时延 $T(f)$。

(4) 采用数值计算方法确定 $T(f)$的反函数 $f(t)$。(可直接调用 MATLAB 中内插函数 interp1)

(5) 按式(4.3.28)利用直接累加的方法求出离散点上的相位值。

图 4.17 为由 hamming 窗函数得到的 NLFM 信号的时频关系图和频谱，其时宽为 200 μs，调频带宽为 1 MHz。

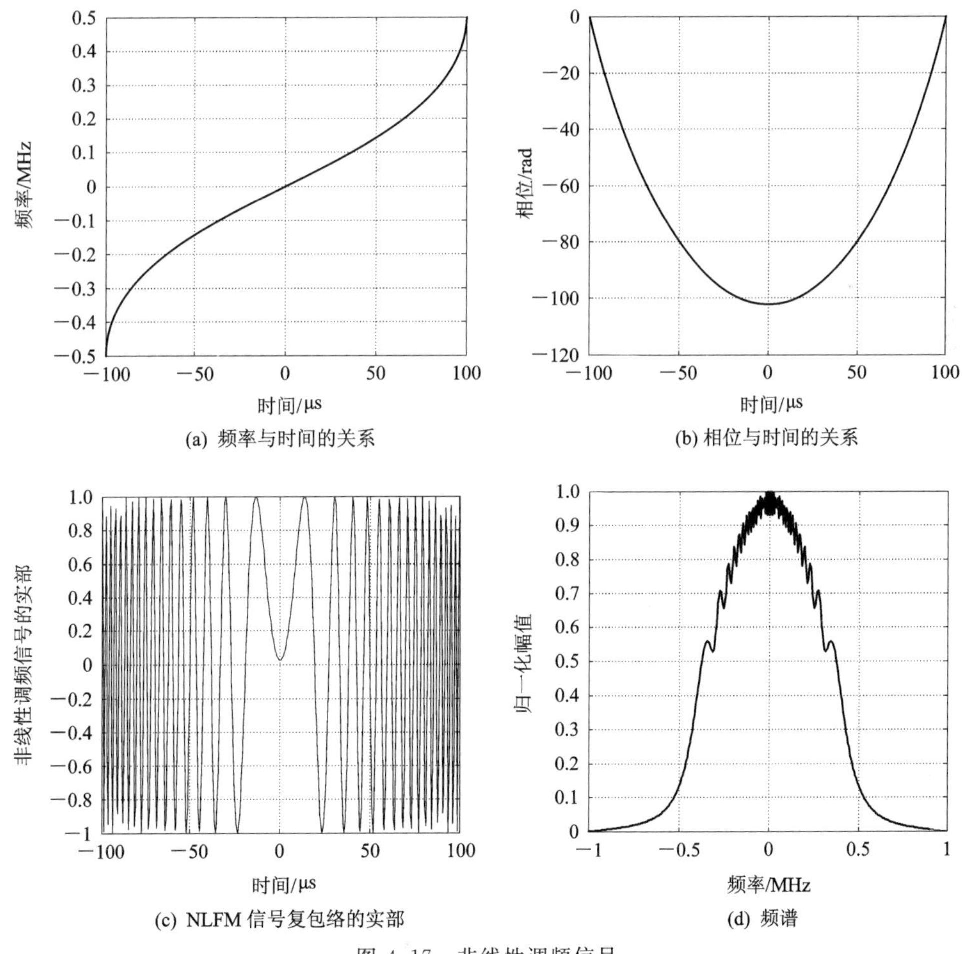

(a) 频率与时间的关系　　(b) 相位与时间的关系

(c) NLFM 信号复包络的实部　　(d) 频谱

图 4.17　非线性调频信号

4.3.3 调频脉冲信号的压缩处理

假设雷达发射的线性调频脉冲信号为

$$s_e(t) = a(t)\cos(2\pi f_0 t + \pi\mu t^2) \tag{4.3.30}$$

式中，$a(t)=1$，$|t|\leqslant\frac{1}{2}T$，T 为发射脉冲宽度，f_0 为中心载频，$\mu=B/T$ 为调频斜率，B 为调频带宽。

假定目标的初始距离为 R_0，径向速度为 v_r。若不考虑幅度的衰减，则接收信号及其相对于发射信号的时延 $\tau(t)$ 分别为

$$s_{r1}(t) = s_e(t-\tau(t)) = a(t-\tau(t))\cos(2\pi f_0(t-\tau(t)) + \pi\mu(t-\tau(t))^2) \tag{4.3.31}$$

$$\tau(t) = \frac{2(R_0 - v_r(t-\tau_0))}{c} = \tau_0 - \frac{2v_r}{c}(t-\tau_0) \tag{4.3.32}$$

其中，$\tau_0=2R_0/c$，c 是光速。对于调制包络，

$$a(t-\tau(t)) \approx a(t-\tau_0)$$

将式(4.3.32)代入式(4.3.31)得，

$$s_{r1}(t) = a(t-\tau_0)\cos\left(2\pi f_0(t-\tau(t)) + \pi\mu\left(1+\frac{2v_r}{c}\right)^2(t-\tau_0)^2\right) \tag{4.3.33}$$

由于 $v_r\ll c$，$1+\frac{2v_r}{c}=\gamma\approx1$，于是上式可简写为

$$s_{r1}(t) = a(t-\tau_0)\cos(2\pi f_0(t-\tau(t)) + \pi\mu(t-\tau_0)^2) \tag{4.3.34}$$

将接收信号与 $\cos(2\pi f_0 t)$ 和 $\sin(2\pi f_0 t)$ 分别进行复混频、滤波，得到接收的基带复信号模型为

$$s_r(t) = a(t-\tau_0)e^{-j2\pi f_0\tau(t)}e^{j\pi\mu(t-\tau_0)^2} \tag{4.3.35a}$$

$$= a(t-\tau_0)e^{j2\pi f_d(t-\tau_0)}e^{j\pi\mu(t-\tau_0)^2}e^{-j2\pi f_0\tau_0} \tag{4.3.35b}$$

式中，$f_d=\frac{2v_r}{c}f_0=\frac{2v_r}{\lambda}$ 为目标的多普勒频率，相位项 $e^{j2\pi f_d(t-\tau_0)}$ 表示多普勒频率对相位的影响；时延对应的相位项 $e^{-j2\pi f_0 t_0}$ 与时间 t 无关，包络检波时为常数。因此，式(4.3.35)可简写为

$$s_r(t) = a(t-\tau_0)e^{j2\pi f_d(t-\tau_0)}e^{j\pi\mu(t-\tau_0)^2} = e^{j2\pi f_d(t-\tau_0)}u(t-\tau_0) \tag{4.3.36}$$

其中，$u(t)$ 为发射信号的复包络，表示为

$$u(t) = a(t)e^{j\pi\mu t^2} \tag{4.3.37}$$

现代雷达几乎都是在数字域进行脉压处理，脉冲压缩本身就是实现信号的匹配滤波，只是在模拟域一般称为匹配滤波，而在数字域称为脉冲压缩。因此，令匹配滤波器的冲激响应 $h(t)=u^*(-t)$，则匹配滤波器的输出为

$$s_o(t) = h(t)\otimes s_r(t) = \int_{-\infty}^{\infty}h(\tau)s_r(t-\tau)\mathrm{d}\tau = \int_{-\infty}^{\infty}u^*(-\tau)s_r(t-\tau)\mathrm{d}\tau \tag{4.3.38}$$

式中，$\otimes$表示卷积。将式(4.3.37)代入式(4.3.38)，可得匹配滤波器输出为

$$s_o(t) = (T-|t-\tau_0|)e^{j\pi\mu(-t^2-\tau_0^2-2f_d\tau_0)}e^{j2\pi f_d(t-\tau_0)}\cdot$$
$$\mathrm{sinc}[\pi(f_d+\mu(t-\tau_0))(T-|t-\tau_0|)],\quad |t-\tau_0|<T \tag{4.3.39}$$

其模值为

$$|s_o(t)| = (T - |t-\tau_0|)\,|\mathrm{sinc}[\pi(f_d + \mu(t-\tau_0))(T - |t-\tau_0|)]|, \quad |t-\tau_0| < T \tag{4.3.40}$$

可见，输出信号在 $f_d+\mu(t-\tau_0)=0$，即 $t=\tau_0-f_d/\mu$ 处取得最大值。

脉压输出结果具有 sinc 函数的包络形状，其－4 dB 主瓣宽度为 $1/B$，第一旁瓣的归一化副瓣电平为－13.2 dB。如果输入脉冲幅度为 1，匹配滤波器在通带内传输系数的增益为 1，则输出脉冲的最大幅度为

$$\sqrt{T^2\mu} = \sqrt{TB} = \sqrt{D} \tag{4.3.41}$$

这里，$D=TB$ 表示输入脉冲和输出脉冲的宽度之比，称为压缩比，等于信号时宽与带宽的乘积。对于白噪声而言，脉压前其功率谱均匀分布在整个采样带 f_s 内。脉压输出时噪声的功率谱分布在 LFM 带宽 B 内，成为一种有色噪声，脉压对噪声的功率增益为 B/f_s。因此，脉压处理的信噪比增益为

$$G_{\mathrm{SNR}} = \frac{BT}{B/f_s} = f_s T \tag{4.3.42}$$

即信噪比增益为发射脉宽 T 内的采样点数。若 $f_s=B$，则脉压处理的信噪比增益为 D，即 $10\lg(D)$(dB)。现代雷达为了增大作用距离并降低发射功率，基本采用大时宽带宽积的信号。

式(4.3.40)表明线性调频信号通过压缩脉冲后，输出信号的包络近似为 sinc(x)形状。其峰值旁瓣比主瓣电平小－13.2 dB，其它旁瓣随其离主瓣的间隔 x 按 $1/x$ 的规律衰减，旁瓣零点间隔为 $1/B$。由于旁瓣电平高，在多目标环境中，强目标回波的旁瓣会埋没附近较小目标的主瓣，导致目标丢失。为了提高多目标的分辨能力，脉压时必须采用窗函数来降低旁瓣电平。

由式(4.3.40)可以看出，对于 LFM 信号，脉压对回波信号的多普勒频移不敏感，因而可以用一个匹配滤波器(脉压)来处理具有不同多普勒频移的信号，这将大大简化信号处理系统。另外，这类信号的产生和处理都比较容易。

现代雷达的脉冲压缩处理均采用数字信号处理的方式，实现方法有两种：当脉压比不太大时，经常采用时域相关的处理方式；当脉压比较大时，通常利用 FFT 在频域实现。工程中若采用 FPGA 实现脉压，大多采用时域脉压处理，对接收信号通过流水的方式进行处理。

假设对接收的基带信号 $s_r(t)$进行采样的周期为 T_s，A/D 采样的基带信号 $s_r(n)$和离散化的脉压系数 $h(n)$的离散傅里叶变换分别为 $H(f)$、$S_r(f)$。根据傅里叶变换的性质

$$\mathrm{FFT}\{h(t) \otimes s_r(t)\} = H(f) \cdot S_r(f) \tag{4.3.43}$$

频域脉冲压缩输出信号可以表示为

$$s_o(t) = \mathrm{IFFT}\{H(f) \cdot S_r(f)\} \tag{4.3.44}$$

实际中为了降低旁瓣，脉冲压缩时需要加窗函数，也就是将匹配滤波器系数 $h(n)$与窗函数 $w(n)$时域相乘(时域加窗)，即 $h_w(n)=h(n)\cdot w(n)$，或者频域加窗，即

$$H_w(f) = \mathrm{FFT}\{h(n) \cdot w(n)\} \tag{4.3.45}$$

图 4.18 为时域和频域调频信号数字脉压处理的框图。可以根据需要选取合适的窗函数。在 MATLAB 中将计算 $H_w(f)$，并预先存入 DSP 或 CPU 的脉压系数表中，不需要增加 $H_w(f)$的运算量。如果雷达每个脉冲重复周期的发射信号相同，则脉压系数 $H_w(f)$相同；如果雷达每个脉冲重复周期的发射信号不同，则每个周期需要调用对应的脉压系数

$H_w(f)$。但是需要注意的是，FFT/IFFT 的点数不是任意选取的。假设输入信号的时域采样点数为 N_R，脉压系数的长度为 L，那么经过脉压后的输出信号点数应为 N_R+L-1，则 FFT 处理的点数必须大于等于 N_R+L-1，通常取 2 的幂对应的数值大于等于 N_R+L-1。因此，对脉压系数及输入信号 $s_r(n)$进行 FFT 之前，要先对序列进行补零处理，使其长度为对应的 2 的幂。

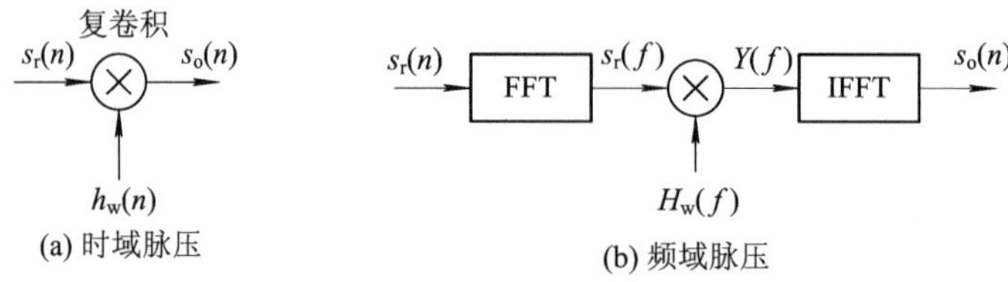

图 4.18 调频脉冲信号脉压处理框图

实际中脉压不一定需要在整个距离段上进行。假定雷达脉冲压缩处理的距离窗定义为

$$R_{rec}=R_{max}-R_{min} \tag{4.3.46}$$

其中，R_{max}和 R_{min}分别表示雷达探测的最大和最小作用距离。单基地雷达在发射期间不接收，因此雷达的最小作用距离取决于发射脉冲宽度，例如，若脉冲宽度 $T=200\ \mu s$，则 $R_{min}=30$ km，表明在近距离存在 30 km 的盲区。实际中脉压距离窗的最小距离单元取大于等于该盲区对应的距离单元，即 $R_{min}\geqslant Tc/2$。

对于带宽为 B 的基带复信号而言，假定复信号的采样频率 $f_s(\geqslant B)$，采样周期 $T_s=1/f_s$，对应的距离量化单元大小为 $\Delta R'=T_sc/2$(通常小于或等于距离分辨率 $\Delta R=c/(2B)$)，则式(4.3.46)对应的距离单元数为 $N_R=R_{rec}/\Delta R'$，因此，完成接收窗 R_{rec}信号的频域脉压需要的数据长度为

$$N=N_R+N_{min}=\frac{2R_{rec}}{T_sc}+\frac{T}{T_s} \tag{4.3.47}$$

实际中为了更好地实现 FFT，通过补零将 N 扩展为 2 的幂，即 FFT 的点数为

$$N_{FFT}=2^m\geqslant N,\ m\ 为正整数 \tag{4.3.48}$$

MATLAB 函数“LFM_comp.m”可以产生线性调频脉冲的目标回波信号，并给出脉压结果。语法如下：

[y]=LFM_comp(*Te*,*Bm*,*Ts*,*R0*,*Vr*,*SNR*,*Rmin*,*Rrec*,*Window*,*bos*)

其中，参数说明见表 4.5。

表 4.5 函数 LFM_comp.m 的参数说明

符号	描　　述	单位	状态	图 4.19 的示例
Te	发射脉冲宽度	s	输入	200 μs
Bm	调频带宽	Hz	输入	1 MHz
Ts	采样时钟	s	输入	0.5 μs
R0	目标的距离矢量(>R_{min}，在接收窗内)	m	输入	[80,85] km
Vr	目标的速度矢量	m/s	输入	[0,0] m/s
SNR	目标的信噪比矢量	dB	输入	[20,10] dB

续表

符号	描　述	单位	状态	图 4.19 的示例
Rmin	采样的最小距离	m	输入	20 km
Rrec	接收距离窗的大小	m	输入	150 km
Window	窗函数矢量		输入	泰勒窗
bos	波数，bos $=2\pi/\lambda$		输入	$2\pi/0.03$
y	脉压结果		输出	

图 4.19 给出了线性调频信号的目标回波及其脉压结果，参数见表 4.5，其中图(a)为匹配滤波系数的实部(未加窗)；图(b)为脉压输入信号的实部；图(c)是加泰勒窗后的脉压结果；图(d)是未加窗的脉压结果，副瓣比主瓣低－13.2 dB，为辛克函数的副瓣电平。

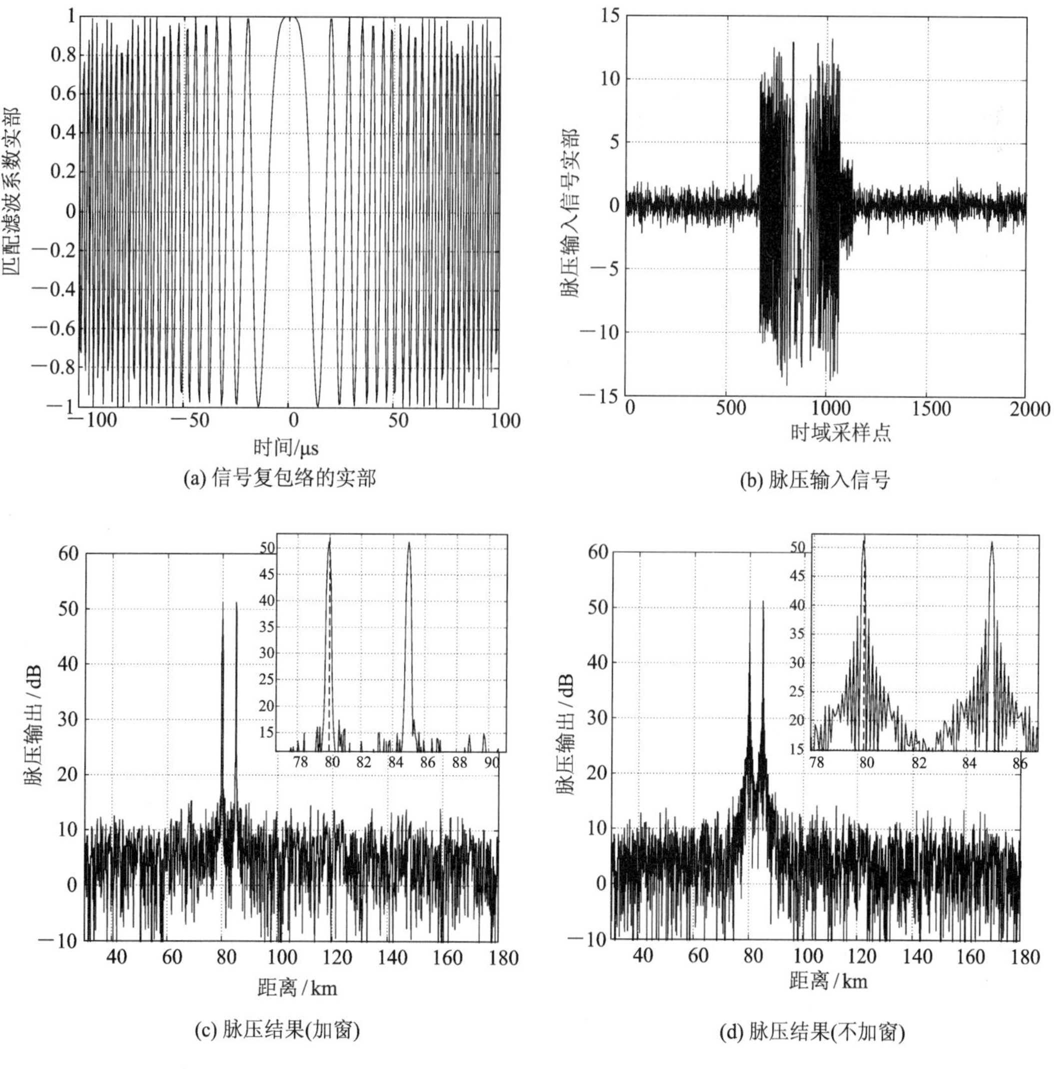

图 4.19　线性调频脉冲信号的脉压结果

4.3.4　距离-多普勒测不准原理

式(4.3.40)表明，当 $f_d \neq 0$ 或 $f_d = 0$ 时，脉压输出结果均具有 sinc 函数的包络形状。只是当 $f_d = 0$ 时，包络没有平移，峰值对应于真实目标位置。而当 $f_d \neq 0$ 时，sinc 包络将产生位移，引起测距误差；而且输出脉冲幅度下降、宽度加大、信噪比和距离分辨率有所下降。

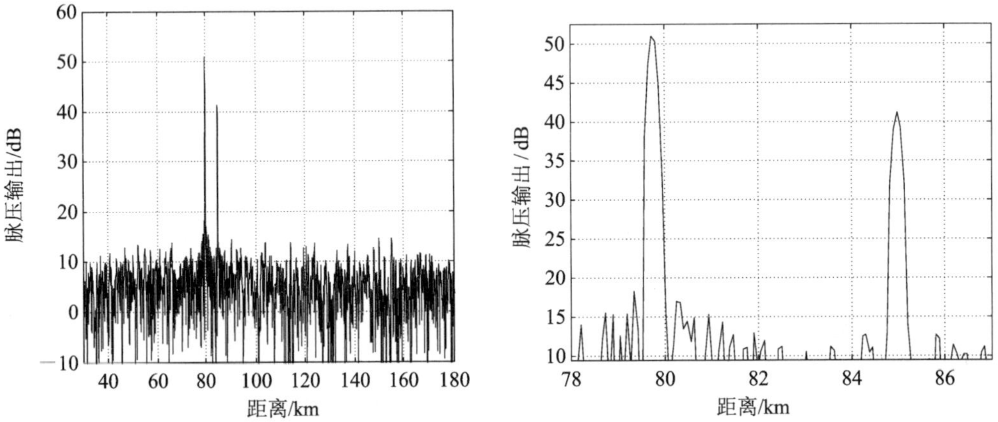

(距离为[80, 85] km，速度为[100, 0] m/s)

(a) 脉压结果(加窗)，右图是左图的局部放大

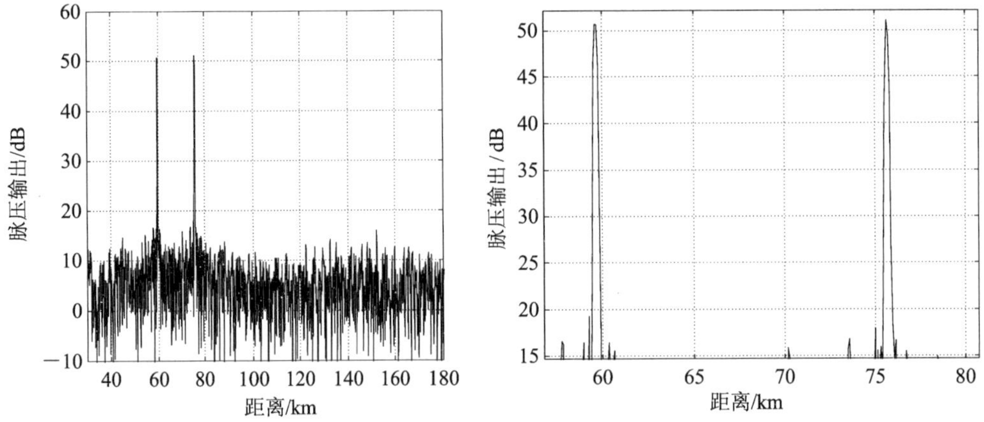

(距离为[60, 75] km，速度为[170, －340] m/s)

(b) 脉压结果(加窗)，右图是左图的局部放大

图 4.20　线性调频脉冲信号的脉压结果(运动目标)

图 4.20(a)、(b)分别是假设两个目标的速度为[100，0] m/s、[170，－340] m/s 的脉压结果，尽管速度并不影响线性调频信号的脉压处理，但是，目标的距离发生了位移。这就是线性调频信号的“测不准原理”。根据式(4.3.40)，脉压的峰值出现在 $f_d + \mu(\tau - \tau_0) = 0$ 的位置，其中 $f_d = \dfrac{2v_r}{\lambda}$，$\tau_0 = \dfrac{2R}{c}$，因此，当目标的径向速度为 v_r 时，由于速度测不准(未知)而产生的距离误差为

$$\varepsilon_R = -\frac{c}{2\mu}f_d = -\frac{c}{\lambda\mu}v_r \tag{4.3.49}$$

在图 4.20(b)中两目标的速度为[170，－340] m/s，产生的测距误差为[－340，680] m。当然，实际中如果根据航迹估计目标的速度，就可以按式(4.3.49)补偿后减小测距误差。

4.4　相位编码脉冲信号及其脉压处理

相位编码信号是另一种大时宽带宽积的脉冲压缩信号，其相位调制函数是离散的有限状态，称为离散编码脉冲压缩信号。由于相位编码采用伪随机序列，故又称为伪随机编码信号。

按照相移取值数目的不同，相位编码信号可以分为二相编码信号和多相编码信号。本节只介绍二相编码信号，并以巴克码序列和最大长度序列(M 序列)编码信号为例进行分析。

4.4.1　二相编码信号及其特征

1. 二相编码信号的波形

一般编码信号的复包络函数可写为

$$u(t) = a(t)e^{j\varphi(t)} \tag{4.4.1}$$

其中，$\varphi(t)$为相位调制函数。对二相编码信号来说，$\varphi(t)$ 只有 0 和 π 两种取值，对应序列用$\{c_K=1, -1\}$表示。取信号的包络为矩形，且码长为 P，每个码元的时宽为 T_1，P 个码元的总时宽 $T=PT_1$，即

$$a(t) = \begin{cases} \dfrac{1}{\sqrt{PT_1}}, & 0 < t < T = PT_1 \\ 0, & \text{其他} \end{cases} \tag{4.4.2}$$

若 $u_1(t)$为每个子脉冲的时域函数，利用 δ 函数的性质，则二相编码信号的复包络可写为

$$\begin{aligned} u(t) &= \begin{cases} \dfrac{1}{\sqrt{P}}\sum_{k=0}^{P-1} c_k u_1(t-kT_1), & 0 < t < T \\ 0, & \text{其他} \end{cases} \\ &= u_1(t)\otimes\frac{1}{\sqrt{P}}\sum_{k=0}^{P-1} c_k\delta(t-kT_1) = u_1(t)\otimes u_2(t) \end{aligned} \tag{4.4.3}$$

其中，

$$u_1(t) = \mathrm{rect}\left(\frac{t}{T_1}\right) = \begin{cases} \dfrac{1}{\sqrt{T_1}}, & 0 < t < T_1 \\ 0, & \text{其他} \end{cases} \tag{4.4.4}$$

$$u_2(t) = \frac{1}{\sqrt{P}}\sum_{k=0}^{P-1} c_k\delta(t-kT_1) \tag{4.4.5}$$

2. 二相编码信号的频谱

应用傅里叶变换对：$\mathrm{rect}\left(\frac{t}{T_1}\right)\xrightarrow{\mathrm{FT}}T_1\ \mathrm{sinc}(\pi f T_1)$，$\delta(t-kT_1)\xrightarrow{\mathrm{FT}}\mathrm{e}^{-\mathrm{j}2\pi fkT_1}$，不难得到二相编码信号的频谱为

$$U(f)=\sqrt{\frac{T_1}{P}}\mathrm{sinc}(\pi f T_1)\mathrm{e}^{-\mathrm{j}\pi fT_1}\left[\sum_{k=0}^{P-1}c_k\mathrm{e}^{-\mathrm{j}2\pi fkT_1}\right] \tag{4.4.6}$$

其功率谱为

$$|U(f)|^2=|U_1(f)|^2|U_2(f)|^2 \tag{4.4.7}$$

其中，

$$|U_1(f)|^2=T_1\cdot|\mathrm{sinc}(\pi fT_1)|^2 \tag{4.4.8a}$$

$$\begin{aligned}|U_2(f)|^2&=\frac{1}{P}\left[\sum_{k=0}^{P-1}c_k\mathrm{e}^{-\mathrm{j}2\pi fkT_1}\right]\left[\sum_{k=0}^{P-1}c_k\mathrm{e}^{\mathrm{j}2\pi fkT_1}\right]\\&=\frac{1}{P}\left[\sum_{k=0}^{P-1}c_k^2+\sum_{\substack{i=0\\i\neq k}}^{P-1}\sum_{k=0}^{P-1}c_ic_k\mathrm{e}^{\mathrm{j}2\pi f(i-k)T_1}\right]\\&=\frac{1}{P}\left[P+2\sum_{n=1}^{P-1}\sum_{k=0}^{P-1-n}C_kC_{k+n}\cos2\pi fnT_1\right]\\&=\frac{1}{P}\left[P+2\sum_{n=1}^{P-1}x_\mathrm{b}(n)\cos2\pi fnT_1\right]\end{aligned} \tag{4.4.8b}$$

这里 $x_\mathrm{b}(n)=\sum\limits_{k=0}^{P-1-n}c_kc_{k+n}$ 表示二相伪随机序列的非周期自相关函数。

通常，当 $P\gg1$ 时，伪随机序列的非周期自相关函数具有性质：

$$x_\mathrm{b}(n)=\begin{cases}P, & n=0\\ a\ll P, & n=1,2,\cdots,P-1\end{cases} \tag{4.4.9}$$

因此有

$$|U(f)|^2\approx|U_1(f)|^2 \tag{4.4.10}$$

上式说明，二相编码信号的频谱主要取决于子脉冲的频谱。若采用的伪随机序列具有良好的非周期自相关特性，则二相编码信号的频谱与子脉冲的频谱基本相同。

二相编码信号的带宽与子脉冲带宽相近，即 $B=1/T_1=P/T$，信号的脉冲压缩比或时宽带宽积为 $D=T\cdot B=P$。所以，采用较长的二相编码序列，就能够得到大的脉冲压缩比。

3. 二相编码信号的模糊函数

利用模糊函数的卷积性质，可得到二相编码信号的模糊函数为

$$\chi(\tau,f_\mathrm{d})=\chi_1(\tau,f_\mathrm{d})\otimes\chi_2(\tau,f_\mathrm{d})=\sum_{m=1-P}^{P-1}\chi_1(\tau-mT_1,f_\mathrm{d})\chi_2(mT_1,f_\mathrm{d}) \tag{4.4.11}$$

其中，$\chi_1(\tau,f_\mathrm{d})$为子脉冲(矩形脉冲)的模糊函数。而$\chi_2(\tau,f_\mathrm{d})$可按下式计算：

$$\chi_2(mT_1, f_d)=\begin{cases}\dfrac{1}{P}\sum\limits_{i=0}^{P-1-m}c_ic_{i+m}e^{j2\pi f_d iT_1}, & 0\leqslant m\leqslant P-1\\ \dfrac{1}{P}\sum\limits_{i=-m}^{P-1}c_ic_{i+m}e^{j2\pi f_d iT_1}, & 1-P\leqslant m\leqslant 0\end{cases} \tag{4.4.12}$$

利用式(4.4.11)和式(4.4.12)以及矩形脉冲的模糊函数式(4.2.28)，就可以计算出二相编码信号的模糊函数。

令 $f_d=0$，可得到信号的距离模糊函数即自相关函数为

$$\chi(\tau, 0)=\sum_{m=1-P}^{P-1}\chi_1(\tau-mT_1, 0)\chi_2(mT_1, 0) \tag{4.4.13}$$

其中，$\chi_1(\tau, 0)=\dfrac{T_1-|\tau|}{T_1}$，$|\tau|<T_1$ 为单个矩形脉冲的自相关函数，而$\chi_2(mT_1, 0)=\sum\limits_{i=0}^{P-1-m}c_ic_{i+m}$ 为归一化的二相伪随机序列的非周期自相关函数。

显然，二相编码信号的自相关函数主要取决于所用二相序列的自相关函数。

二相编码信号的速度模糊函数为

$$|\chi(0, f_d)|=\left|\int_{-\infty}^{\infty}|u(t)|^2e^{j2\pi f_d t}\,dt\right|=|\mathrm{sinc}(\pi f_d PT)| \tag{4.4.14}$$

下面介绍两种典型的伪随机序列编码信号。

4.4.2 巴克(Barker)码

巴克码序列具有理想的非周期自相关函数，即码长为 P 的巴克码的非周期自相关函数为

$$\chi(m, 0)=\sum_{i=0}^{P-1-|m|}c_ic_{i+m}=\begin{cases}P, & m=0\\0; \pm 1, & m\neq 0\end{cases} \tag{4.4.15}$$

它的副瓣电平等于 1，是最佳的有限二相序列，但是目前只找到 7 种巴克码(如表 4.6 所示)，最长的是 13 位。长度为 n 的巴克码表示为 B_n。

表 4.6 巴克码序列

码标识	长度 P	序列$\{c_n\}$	自相关函数	主旁瓣比/dB
B_2	2	++；−+	2，1；2，−1	6
B_3	3	++−	3，0，−1	9.6
B_4	4	++−+；+++−	4，−1，0，1；4，1，0，−1	12
B_5	5	+++−+	5，0，1，0，1	14
B_7	7	+++−−+−	7，0，−1，0，−1，0，−1	17
B_{11}	11	+++−−−+−−+−	11,0,−1,0,−1,0,−1,0,−1,0,−1	20.8
B_{13}	13	+++++−−++−+−+	13,0,1,0,1,0,1,0,1,0,1,0,1	22.2

长度 $P=13$、$T_1=1\ \mu s$ 的巴克码序列编码信号的波形和频谱如图 4.21 所示。

图 4.22 为 13 位巴克码的模糊函数图及模糊度图($P=13$、$T=1\ \mu s$)。

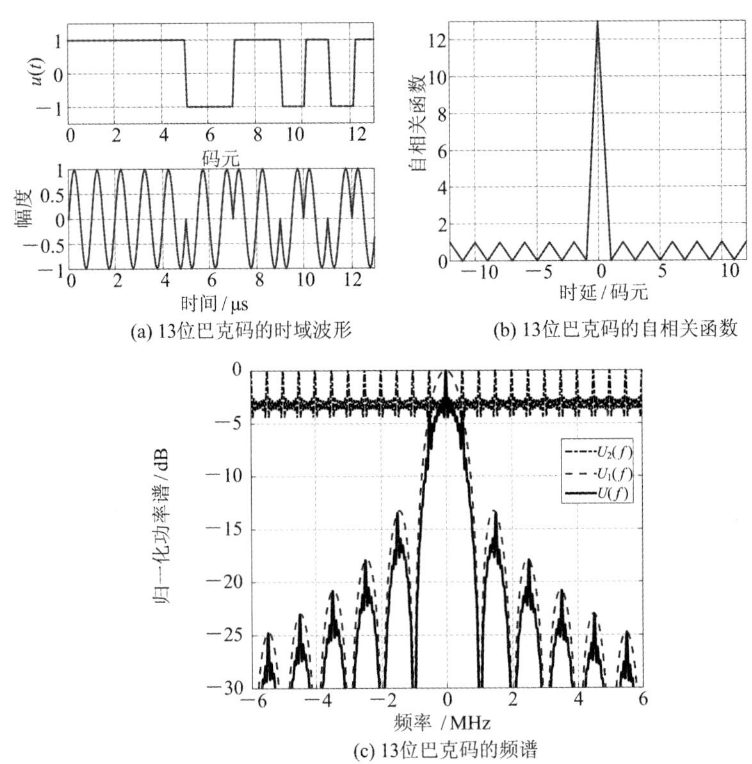

(a) 13位巴克码的时域波形
(b) 13位巴克码的自相关函数
(c) 13位巴克码的频谱

图 4.21 13 位巴克序列编码信号的波形与频谱

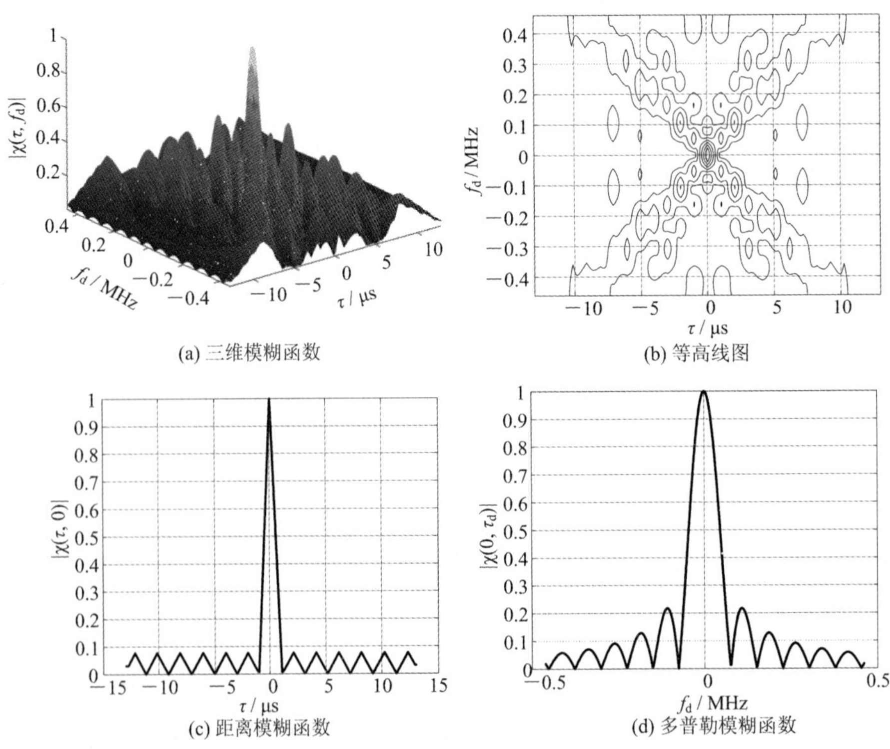

(a) 三维模糊函数
(b) 等高线图
(c) 距离模糊函数
(d) 多普勒模糊函数

图 4.22 13 位巴克码信号的模糊函数图及其主截面

目前所知的巴克码序列的长度都太短，巴克码提供的最好副瓣衰减是－22.2 dB，因而限制了它的应用。为了满足实际需要，人们提出了多项巴克序列和组合巴克序列。可以将B_m的码用于B_n的码，从而产生长度为mn的编码。例如，合成的B_{54}码可以表示为

$$B_{54}=\{11101,\ 11101,\ 00010,\ 11101\}$$

组合编码B_{mn}的压缩比为mn。但是，合成巴克码的自相关函数的副瓣不再等于1。

4.4.3　M 序列编码信号

伪随机编码也称最大长度序列(MLS)编码。这些码之所以称为伪随机的，原因在于其码元{＋1，－1}出现的概率统计特性与掷硬币序列类似。但最大长度序列又是周期性的，通常称 M 序列。M 序列为二相周期序列，长度为P的 M 序列可表示为

$$X_0=\{x_0,\ x_1,\ \cdots,\ x_{P-1}\},\ x_i\in(0,\ 1) \tag{4.4.16}$$

且满足下列关系式

$$(I\oplus D\oplus D^2\cdots\oplus D^n)X_0=0 \tag{4.4.17}$$

其中，⊕表示模 2 加；D表示移位单元；n为移位寄存器的位数。当$(I\oplus D\oplus D^2\cdots\oplus D^n)$为不可分解的多项式，且又是原本多项式时，序列$X_0$具有最大长度，其长度(周期)为$P=2^n-1$，所以称之为最大长度序列。实际应用中，通常采用线性逻辑反馈移位寄存器来产生 M 序列。下面举例说明如何产生 M 序列。

如果取$n=4$，则序列长度$P=15$。该序列码产生器框图如图 4.23 所示，包括四个同步级联的 D 触发器和一个异或门，反馈系数为[1,0,0,1]，即反馈连接为$D_1=Q_1\oplus Q_4$。假设寄存器初始值为{1，1，1，1}(初始值可以是除全零以外的任意值)，则在移位时钟脉冲的作用下，输出端将产生长度为 15 的 M 序列：$Q=\{1,1,1,1,0,1,0,1,1,0,0,1,0,0,0,\cdots\}$，或者写为$\Phi=\exp(\mathrm{j}\pi Q)=\{-1,\ -1,\ -1,\ -1,+1,\ -1,+1,\ -1,\ -1,\ +1,\ +1,\ -1,\ +1,\ +1,\ +1,\ \cdots\}$。

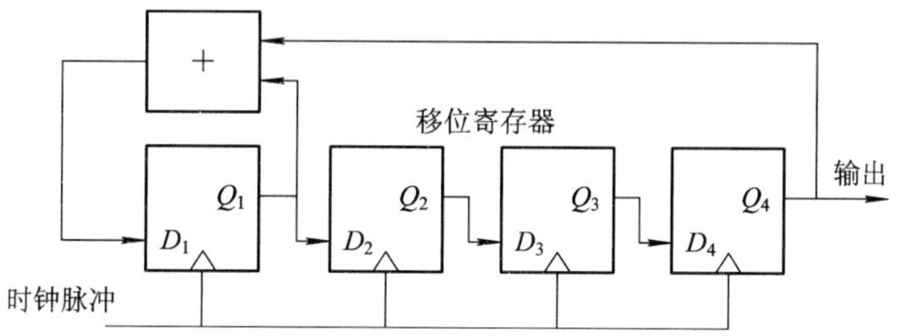

图 4.23　码长为 15 的 M 序列产生器框图

图 4.24 为码长$P=15$的 M 序列编码信号的模糊图及其主截面，这里每个码元时宽$T_1=1\ \mu\mathrm{s}$，信号的自相关函数($f_\mathrm{d}=0$的主截面)和多普勒模糊函数($\tau=0$的主截面)如图(b)(c)。

M 序列具有许多重要的性质，下面列出与波形设计相关的几条：

(1) 在一个周期内，“－1”的个数为$(P+1)/2$；“1”的个数为$(P-1)/2$。

(2) M 序列与其移位序列相乘，可得另一移位序列，即

$$(x_i)(x_{i+k})=(x_{i+h}),\ k\neq 0(\mathrm{mod}\ P) \tag{4.4.18}$$

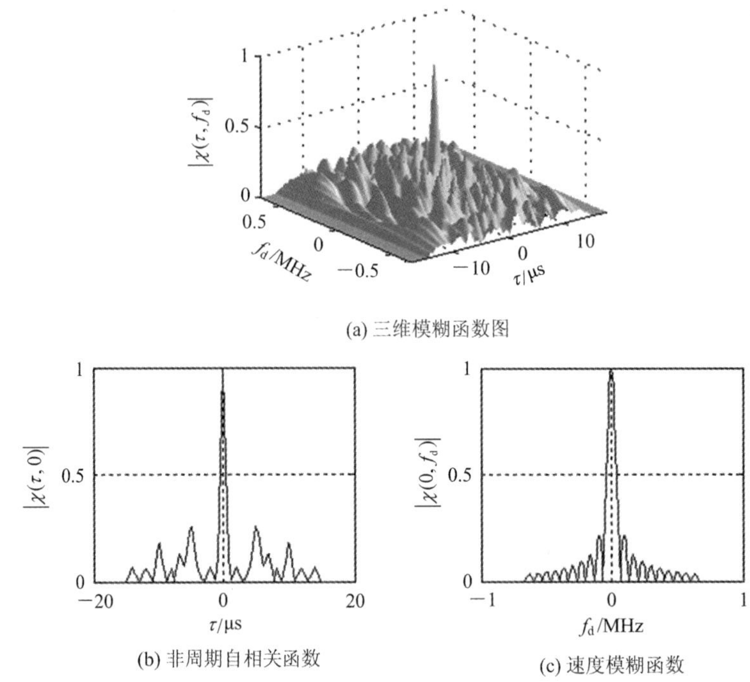

图 4.24　模糊函数图其及主截面

(3) M 序列的周期自相关函数为

$$x(m,0)=\sum_{i=0}^{P-1}x_i x_{i+m}=\begin{cases}P, & m=0(\mathrm{mod}\ P)\\ -1, & m\neq 0(\mathrm{mod}\ P)\end{cases} \tag{4.4.19}$$

长度 $P=15$ 的 M 序列的自相关函数如图 4.25 所示。可以看出，周期自相关函数的副瓣均为−1，而非周期自相关函数的峰值副瓣电平可以大于 1。雷达实际工作的过程中，在一个脉冲重复周期内发射一个周期的 M 序列信号，再对回波进行相关处理只能得到非周期自相关函数，因此，在雷达中希望非周期自相关函数的峰值副瓣电平尽可能低一些。(本书中提到自相关函数时若未特别指出，均为非周期自相关函数。)

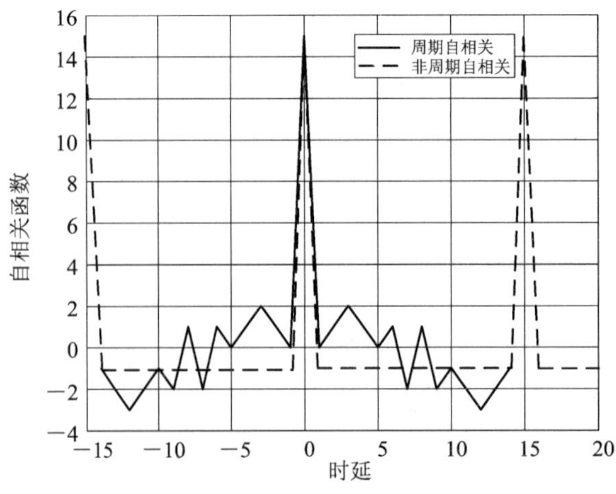

图 4.25　M 序列自相关函数($P=15$)

(4) M 序列的模糊函数为

$$\chi_{ks} = b_{ks}^2 = \left| \sum_n x_n x_{n+k}^* e^{j\frac{2\pi}{P}ns} \right|^2 = \begin{cases} P^2, & k = 0 \pmod P, s = 0 \pmod P \\ 0, & k = 0 \pmod P, s \neq 0 \pmod P \\ 1, & k \neq 0 \pmod P, s = 0 \pmod P \\ P+1, & k \neq 0 \pmod P, s \neq 0 \pmod P \end{cases} \tag{4.4.20}$$

(5) n 级移位寄存器，改变反馈连接，能获得的 M 序列总数为

$$N_L = \frac{\varphi(2^n - 1)}{n} \tag{4.4.21}$$

其中 $\varphi(p)$ 为欧拉-斐(Eulor-phi)函数，即

$$\varphi(p) = \begin{cases} p\prod_i \left(1 - \frac{1}{p_i}\right), & p \text{ 为合数}(p_i \text{ 为 } p \text{ 的质因数时，每个只用一次}) \\ p-1, & p \text{ 为质数} \end{cases} \tag{4.4.22}$$

例如，三阶移位寄存器产生的最大长度序列的个数为

$$N_L = \frac{\varphi(2^3 - 1)}{3} = \frac{\varphi(7)}{3} = \frac{7-1}{3} = 2 \tag{4.4.23}$$

而六阶移位寄存器产生的最大长度序列的个数为

$$N_L = \frac{\varphi(2^6 - 1)}{6} = \frac{\varphi(63)}{6} = \frac{63}{6} \times \frac{(3-1)}{3} \times \frac{(7-1)}{7} = 6 \tag{4.4.24}$$

表 4.7 给出了 $n \leqslant 10$ 的 M 序列反馈连接，由此可以产生不同长度的 M 序列。

表 4.7　M 序列的反馈连接

级数 n	长度 P	M 序列总个数 N_L	寄存器反馈连接
2	3	1	2，1
3	7	2	3，2
4	15	2	4，3；4，1
5	31	6	5，3
6	63	6	6，5
7	127	18	7，6
8	255	16	8，6，5，4
9	511	48	9，5
10	1023	60	10，7

伪随机序列具有理想的周期自相关函数，而且模糊函数呈各向均匀的钉耙型。但是非周期工作时，自相关函数有较高的旁瓣。一般码长越长，旁瓣越低。

二相伪随机序列除了巴克码序列以外，其它序列(L 序列、M 序列等)的非周期自相关函数都不太理想。除二相序列以外，弗兰克(Frank)序列和郝夫曼(Huffman)序列等复数多相序列具有良好的非周期自相关特性，它们属于多相编码信号，此处不进行讲述。

与线性调频脉冲压缩信号不同，对相位编码信号来说，如果回波信号与匹配滤波器存在多普勒失谐，滤波器无法起到脉冲压缩的作用。

相位编码脉冲信号的距离分辨率主要取决于每个码元的带宽。在雷达中若采用相位编码脉冲信号，应综合考虑作用距离和分辨率的要求，选择适当长度、合适带宽的伪随机编码脉冲信号。

4.4.4 相位编码信号的脉冲压缩处理

相位编码信号的脉冲压缩与 LFM 信号类似，也包括时域和频域脉压处理。在数字脉冲压缩过程中则采用移位寄存器来代替抽头延迟线。时域脉压的系数为

$$h(n) = a(n)\exp(j\varphi(n)) \tag{4.4.25}$$

其中，$\varphi(n)\in\{0, \pi\}$为所采用的二相编码序列对应的相位。

相位编码信号在频域脉冲压缩与 LFM 信号的频域脉压处理类似(如图 4.18)，也是利用正-反离散傅里叶变化的方法来实现。设 $S(\omega)$、$H(\omega)$分别为输入信号 $s(n)$和脉压系数 $h(n)$的傅里叶变换，则脉压处理输出信号 $y(n)$为

$$y(n) = \mathrm{IFFT}[S(\omega)H(\omega)] \tag{4.4.26}$$

在进行采样时，通常每个码元采样 1～2 个点。由于相位编码信号是多普勒敏感信号，脉压处理时需要根据目标的大致速度进行补偿。下面结合实例进行解释。

MATLAB 函数“PCM_comp.m”用来产生二相编码脉冲的目标回波信号，并给出其脉冲压缩结果。语法如下：

$$[y]=\mathrm{PCM\_comp}(Te, code, Ts, R0, Vr, SNR, Rmin, Rrec, bos)$$

其中，各参数的说明见表 4.8。

表 4.8　函数 PCM_comp.m 的参数说明

符号	描　述	单位	状态	图 4.26 的示例
Te	每个码元的脉冲宽度	s	输入	1 μs
code	二相编码序列		输入	码长 127 的 M 序列
Ts	采样时钟周期	s	输入	0.5 μs
*R*0	目标的距离矢量($>R_{min}$，在接收窗内)	m	输入	[60,90] km
Vr	目标的速度矢量	m/s	输入	[0,0]或[0,100] m/s
SNR	目标的信噪比矢量	dB	输入	[20,10] dB
Rmin	采样的最小距离	m	输入	20 km
Rrec	接收距离窗的大小	m	输入	150 km
bos	波数，bos $=2\pi/\lambda$		输入	$2\pi/0.03$
y	脉压结果		输出	

图 4.26 给出了二相编码脉冲信号及其脉冲压缩结果，其中图(a)为码长 127 的 M 序列，即匹配滤波系数的实部；图(b)是图(a)的 M 序列的非周期自相关函数；图(c)为脉压输入信号的实部；图(d)是两目标速度为零时的脉压结果；图(e)是两目标速度为[100，0] m/s 时的脉压结果，可见距离在 90 km 位置的目标几乎看不到，这是由于速度对脉压的影响，表明二相编码脉冲信号是多普勒敏感信号。

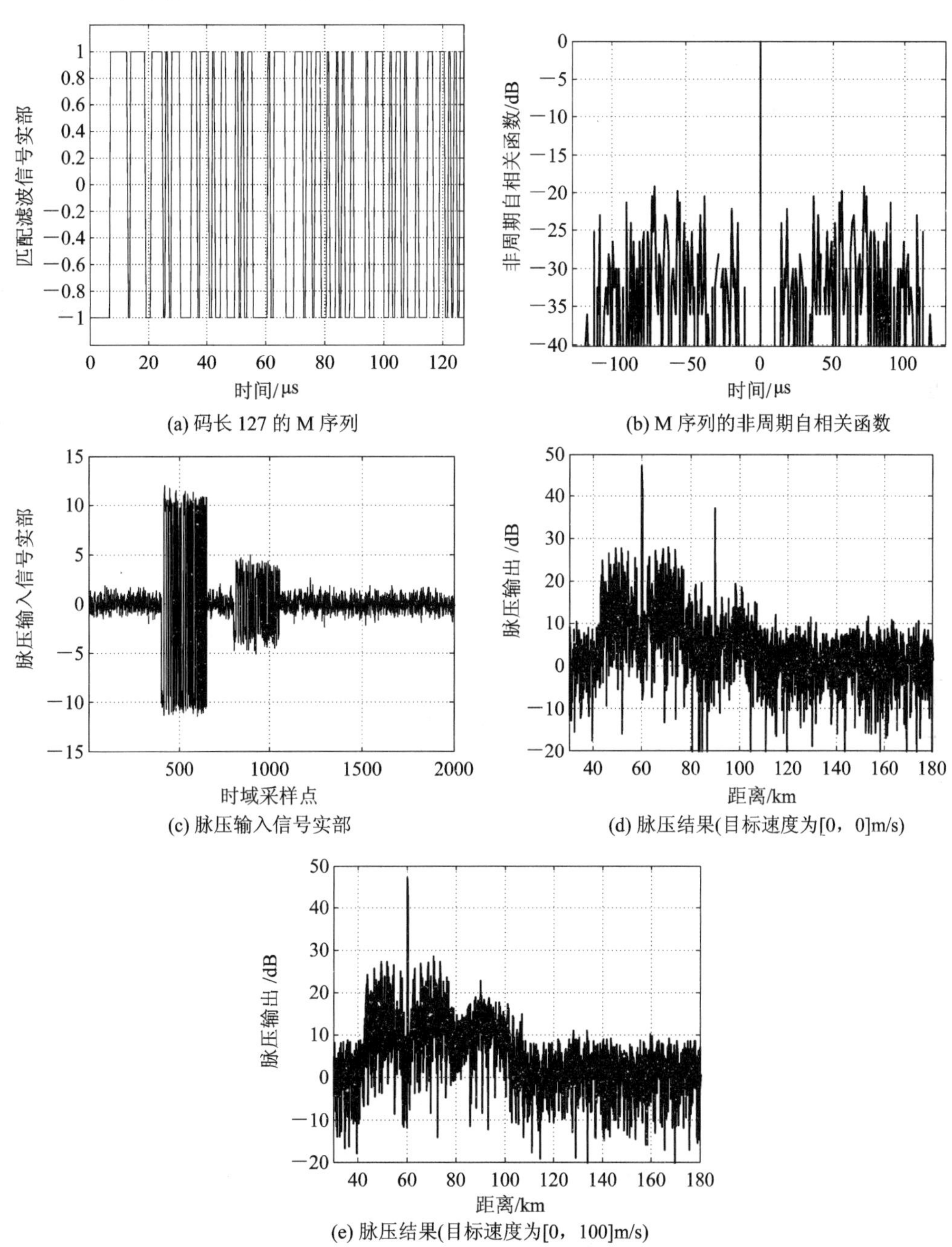

图 4.26　二相编码脉冲信号的脉冲压缩结果

二相编码脉冲信号的脉压处理时不能像线性调频信号那样，通过加窗处理降低副瓣电平。这种信号降低副瓣电平的措施主要有：

(1) **H 增加系列码的长度**。例如，GPS、北斗定位系统的每颗卫星均发射码长为 65535 的 M 序列，接收站进行相关处理时可以得到 65535 倍的增益，同时有利于降低副瓣电平。

(2) **采用互补码**。互补码是有两个码组成，雷达的每个脉冲重复周期交替发射这两个码，若不考虑噪声的影响，这两个码的自相关函数相加时副瓣为零，因此称为互补码，以降低副瓣电平。在我国某地波超视距雷达就采样这种互补码信号。图 4.27 给出了长度为 64 的互补码(A 码和 B 码)及其自相关函数图，可见，互补码自相关函数的副瓣为零，当然实际中由于噪声的影响，副瓣不可能为零。

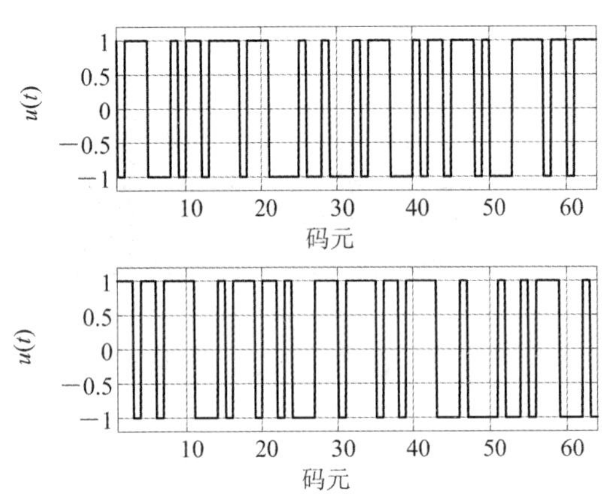

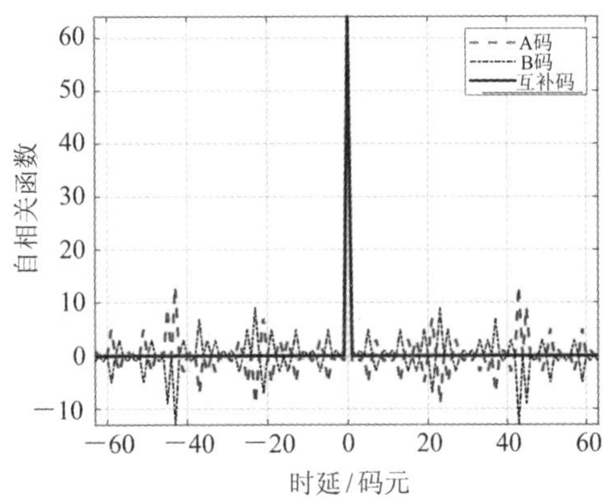

图 4.27　互补码及其自相关函数图

(3) **雷达在每个脉冲重复周期依次发射不同的 M 序列码**。由于每个周期脉压后的副瓣不同，在对一个波位内目标回波的相干积累过程中，相当于副瓣电平被“白化”，从而降低副瓣电平。

假设雷达在一个波位发射 32 组相同或不同的 M 序列，码长均为 127，输入信噪比都为 0 dB，图 4.28(a)为某一个脉冲重复周期的时域回波信号，图(b)、(c)分别给出了 32 个周期的脉冲压缩结果，图(d)为 32 个周期的相干积累结果。由此可见，脉间编码捷变可以降低二相编码信号的副瓣电平。尤其是对海观测雷达或反舰导弹上的末制导雷达，由于海面目标的速度较低，可以采用脉间编码捷变技术，降低其副瓣电平。

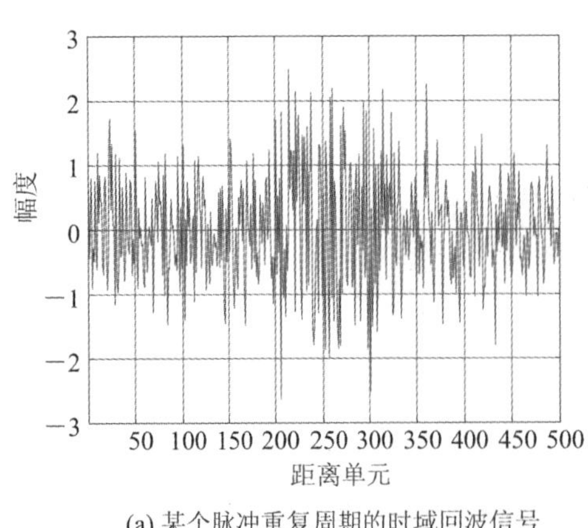

(a) 某个脉冲重复周期的时域回波信号

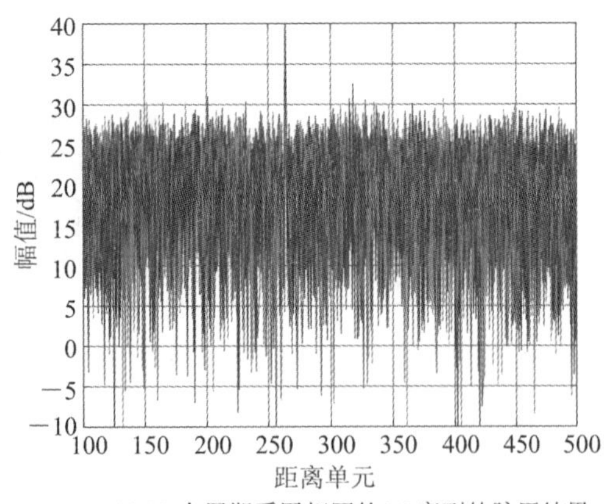

(b) 32 个周期采用相同的 M 序列的脉压结果

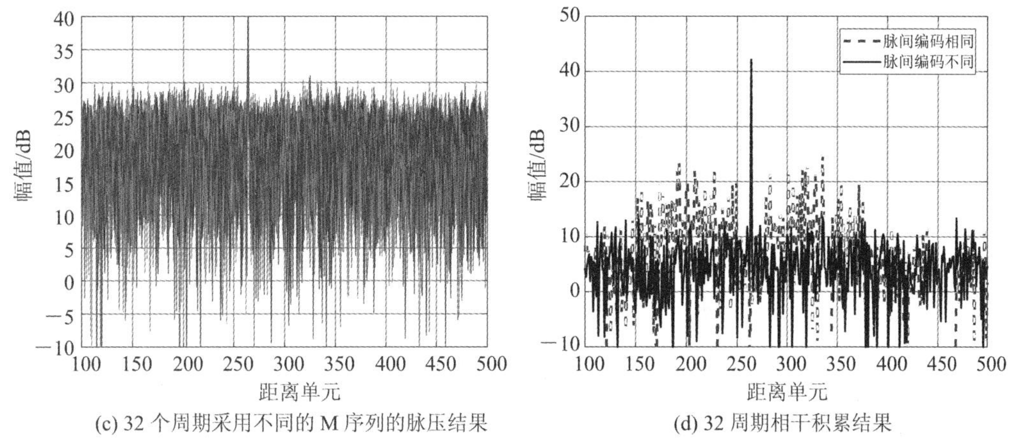

(c) 32 个周期采用不同的 M 序列的脉压结果　　(d) 32 周期相干积累结果

图 4.28 脉间相位编码捷变的仿真结果

4.4.5 相位编码信号的多普勒敏感性

假定雷达发射的二相编码脉冲信号模型为

$$s_e(t) = a(t)\cos(2\pi f_0 t + \varphi(t)) \tag{4.4.27}$$

其中，$\varphi(t) \in \{0, \pi\}$为所采用的二相编码序列对应的相位。假设目标相对雷达的径向速度为 v_r，雷达工作波长为 λ，目标的多普勒频率为 $f_d = 2v_r/\lambda$，目标距离对应的延时为 τ，则目标回波的基带复信号模型为

$$s_r(t) = a(t-\tau)\exp(j\varphi(t-\tau))\exp(j2\pi f_d(t-\tau)) \tag{4.4.28}$$

目标回波在发射脉冲宽度 T 时间内，由于多普勒频率而产生的总的相移为

$$\varphi_{f_d} = 2\pi f_d T \tag{4.4.29}$$

例如，若雷达采用 $P=127$ 的 M 序列，每个码元的时宽为 1 μs，总的发射脉冲宽度为 127 μs，目标的速度为 300 m/s，$\lambda = 0.03$ m，则目标回波在整个脉冲宽度内由于多普勒频率而产生的总的相移为

$$\varphi_{f_d} = 2\pi \times \left(2 \times \frac{300}{0.03}\right) \times 127 \times 10^{-6} = 5.08\pi > \frac{\pi}{2} \tag{4.4.30}$$

这样导致接收的目标回波里部分接收码元的相位与发射信号的调制相位不一致，因此，在脉冲压缩处理时产生脉压损失，甚至无法压缩出目标。下面结合仿真实例进行说明。

仿真实例：雷达发射 $P=127$ 的 M 序列，发射脉冲宽度为 127 μs，$\lambda = 0.03$ m，目标的速度分别为[25, 50, 300] m/s，目标的距离分别为[60, 90, 120] km，SNR 均为 20 dB。图 4.29 给出了目标回波的相位及其脉冲压缩结果，其中图(a)、(b)、(c)分别为三个目标回波的相位，图(a)中目标回波的相位变化不超过 90°，不会对脉压造成损失；图(b)中目标回波的相位变化有部分超过 90°，会对脉压造成一定的损失；图(c)中目标回波的相位变化较大，会对脉压造成影响；图(d)为对这三个目标回波的脉压结果。由此可见，速度为 25 m/s 的目标回波进行脉压处理后的 SNR 约提高 20 dB，速度为 50 m/s 的目标回波脉压处理的 SNR 改善比第 1 个目标低约 2 dB，速度为 300 m/s 的目标就不能压缩出来。

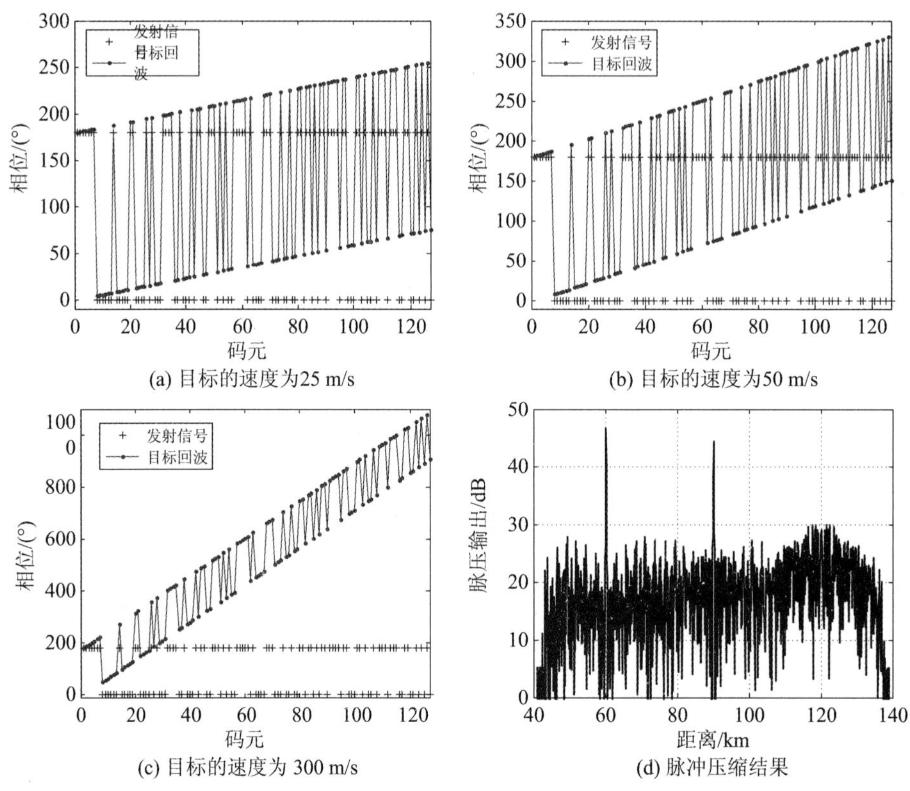

图 4.29 目标回波的相位及其脉冲压缩结果

图 4.30 给出了不同速度引起的脉压损失。当目标速度小于 40 m/s 时，脉压损失不到 2 dB。因此，二相编码脉冲信号需要在脉压之前对目标径向运动速度进行补偿。或者说二相编码脉冲信号只适合于慢速运动目标的场合(例如对海面舰船目标的探测)。

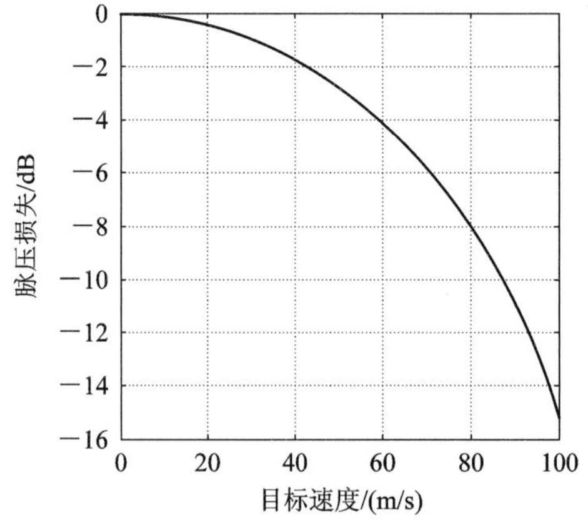

图 4.30 目标速度产生的脉压损失

4.4.6 LFM 与相位编码信号的比较

上面介绍了线性调频脉冲和二相编码脉冲这两种典型且常用的大时宽带宽积信号及其

脉压处理，表 4.9 对这两种信号及其脉压处理进行了比较。

表 4.9 LFM 和二相编码脉冲信号及其脉压处理的比较

特　征	LFM 脉冲信号	二相编码脉冲信号
调制方式	频率调制	相位调制
距离分辨率	取决于调频带宽	取决于每个码元时宽对应的带宽
多普勒敏感性	不敏感，尽管速度会引起脉压的距离发生位移，但并不影响脉压处理	敏感，速度引起脉压损失，甚至不能脉压
模糊函数主瓣	斜刀刃状	图钉型
距离与多普勒耦合	存在距离与多普勒的测不准问题	不存在，但需要对速度进行补偿
降低副瓣措施	利用窗函数降低副瓣	码长越长，副瓣越低；采用互补码；脉间相位编码便捷，通过多周期积累降低副瓣
适用场合	使用广泛	目标速度较小或目标速度大致已知的场合（否则需要对目标速度进行搜索）

4.5 步进频率脉冲信号

步进频率信号（Stepped-Frequency Waveform，SFW）是另一类宽带雷达信号。

步进频率脉冲信号包括若干个脉冲，每个脉冲的工作频率是在中心频率基础上以 Δf 均匀步进，且每个子脉冲可以是单载频脉冲，也可以是频率调制脉冲。子脉冲为单载频脉冲的步进频率往往称为步进频率（跳频）脉冲信号，而子脉冲采用线性频率调制的步进频率信号则称为调频步进信号（也有的文献把这两种信号归为一类信号）。步进频率脉冲信号也属于相参脉冲串信号。

4.5.1 步进频率（跳频）脉冲信号

1. 信号波形及表示

步进频率（跳频）脉冲的复信号可表示为

$$u(t)=\frac{1}{\sqrt{N}}\sum_{n=0}^{N-1}u_1(t-nT_r)e^{j2\pi(f_0+n\Delta f)t} \tag{4.5.1}$$

其中，$u_1(t)=\frac{1}{\sqrt{T_1}}\mathrm{rect}\left(\frac{t}{T_1}\right)$为每个脉冲包络；$T_1$ 为每个脉冲宽度，T_r 为脉冲重复周期；N 为步进频率脉冲的个数；步进频率信号的第 n 个脉冲的发射信号载频为

$$f_n=f_0+n\Delta f,\quad n=0\sim N-1 \tag{4.5.2}$$

f_0 为第一个脉冲的工作频率，且频率步进量 $\Delta f\ll f_0$。图 4.31 为步进频率信号的频率随时间的变化规律。

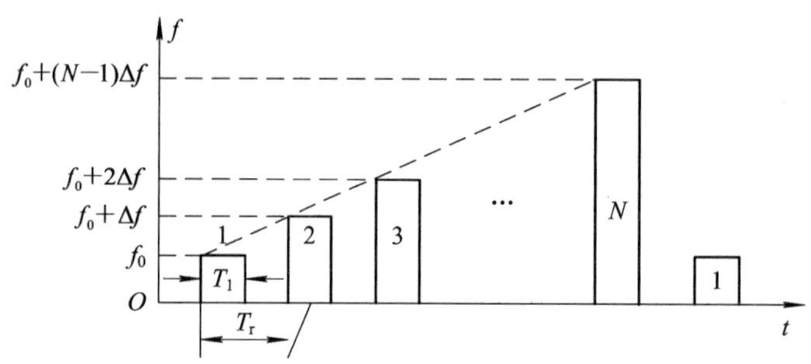

图 4.31　步进频率脉冲信号的时频关系

2. 模糊函数

将信号的复包络代入模糊函数的定义式(4.2.5)，经化简得到步进频率信号的模糊函数为

$$\chi(\tau, f_d)=\frac{1}{N}\sum_{n=0}^{N-1}\sum_{m=0}^{N-1}\mathrm{e}^{-\mathrm{j}2\pi m\Delta f\tau}\mathrm{e}^{\mathrm{j}2\pi[f_d-(m-n)\Delta f]nT_r}\chi_1[\tau-(m-n)T_r, f_d-(m-n)\Delta f] \tag{4.5.3}$$

取 $p=m-n$，进一步化简上式，可得步进频率脉冲信号的模糊函数为

$$|\chi(\tau, f_d)|=\frac{1}{N}\sum_{p=1-N}^{N-1}\left|\frac{\sin\{\pi(N-|p|)[(f_d-p\Delta f)T_r-\Delta f\tau]\}}{\sin\{\pi[(f_d-p\Delta f)T_r-\Delta f\tau]\}}\right|\,|\chi_1[\tau-pT_r, f_d-p\Delta f]| \tag{4.5.4}$$

其中，$\chi_1(\tau, f_d)$为单个脉冲的模糊函数，其表达式为

$$|\chi_1(\tau, f_d)|=\begin{cases}\left|\dfrac{\sin[\pi f_d(T_1-|\tau|)]}{\pi f_d(T_1-|\tau|)}\right|\dfrac{(T_1-|\tau|)}{T_1}, & |\tau|\leqslant T_1\\ 0, & 其他\end{cases} \tag{4.5.5}$$

在实际应用中，目标回波的时延 $\tau<T_r$，即目标位于雷达的无模糊探测距离内。为考察信号的高分辨性能，更关心的是模糊带中心，特别是模糊图中心主瓣的形状。令式(4.5.4)中的 $p=0$，即可得到步进频率信号模糊函数中心模糊带的表达式：

$$|\chi(\tau, f_d)|=\frac{1}{N}\left|\frac{\sin[N\pi(f_dT_r-\Delta f\tau)]}{\sin[\pi(f_dT_r-\Delta f\tau)]}\right|\,|\chi_1(\tau, f_d)| \tag{4.5.6}$$

令式(4.5.4)中 $f_d=0$，其距离模糊函数为

$$|\chi(\tau, 0)|=\frac{1}{N}\sum_{p=1-N}^{N-1}\left|\frac{\sin\{(N-|p|)\pi(p\Delta fT_r+\Delta f\tau)\}}{\sin\{\pi(p\Delta fT_r+\Delta f\tau)\}}\right|\,|\chi_1(\tau-pT_r, -p\Delta f)| \tag{4.5.7}$$

当 $p=0$ 时，其主瓣为

$$|\chi(\tau, 0)|=\frac{1}{N}\left|\frac{\sin(\pi N\Delta f\tau)}{\sin(\pi\Delta f\tau)}\right|\cdot|\chi_1(\tau, 0)|=\frac{1}{N}\left|\frac{\sin(\pi N\Delta f\tau)}{\sin(\pi\Delta f\tau)}\right|\frac{(T_1-|\tau|)}{T_1} \tag{4.5.8}$$

由上式可见，其主瓣包络近似为 sinc 函数，主瓣的−4 dB 宽度为 $\tau_{nr}=1/(N\Delta f)$。因此，步进频率信号的距离分辨率 ΔR 取决于步进频率总带宽($N\Delta f$)，即 $\Delta R=c/(N\Delta f)$。通过不同步进数 N 和频率步长 Δf 的组合可以实现不同的带宽。

同样在式(4.5.4)中令 $\tau=0$，得到步进频信号的多普勒模糊函数为

$$|\chi(0,\ f_d)|=\frac{1}{N}\sum_{p=1-N}^{N-1}\left|\frac{\sin[\pi(f_d-p\Delta f)(N-|p|)T_r]}{\sin[\pi(f_d-p\Delta f)T_r]}\right||\chi_1(-pT_r,\ f_d-p\Delta f)| \tag{4.5.9}$$

当 $p=0$ 时其主瓣为

$$|\chi(0,\ f_d)|=\frac{1}{N}\left|\frac{\sin(N\pi f_d T_r)}{\sin(\pi f_d T_r)}\right|\left|\frac{\sin(\pi f_d T_1)}{\pi f_d T_1}\right| \tag{4.5.10}$$

上式中第一项为快变的 sinc 函数，其第一零点位于 $f_d=\frac{1}{NT_r}$，并以$\frac{1}{T_r}$为间隔进行重复，因此步进频率信号的多普勒分辨率为 $\Delta f_d=\frac{1}{NT_r}$。第二项为缓变的 sinc 函数进行加权，第一零点位于 $1/T_1$ 处。

图 4.32 为步进脉冲数 $N=16$、脉宽 $T_1=1\ \mu s$、步进频 $\Delta f=1/T_1=1$ MHz、$T_r=5T_1$的步进频率脉冲信号的模糊函数及其两维主截面。步进频率信号的模糊函数主瓣类似线性调频信号，为“斜刀刃”形，因而存在距离-多普勒耦合现象。

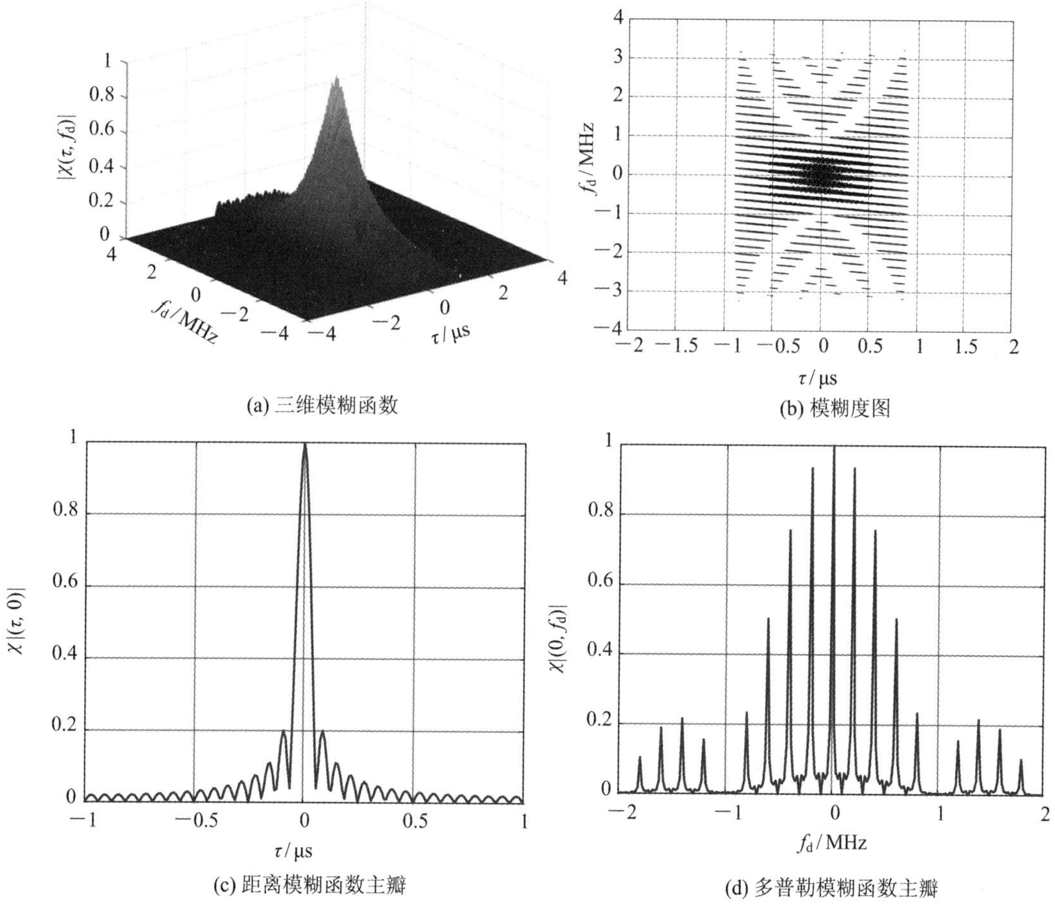

图 4.32　步进频率脉冲信号的模糊函数及其两维主截面

从图 4.32 可以看出，步进频率脉冲信号的模糊函数主瓣存在距离-多普勒耦合现象。

为了使得模糊函数的主瓣接近于理想的“图钉”形的响应，一种方式是采用科斯塔斯(Costas)编码打乱这 N 个频点的发射顺序。产生 Costas 编码的方法很多，这里只介绍一种。首先，令 q 是一个奇的素数，选择步进频率脉冲的个数为

$$N = q - 1 \tag{4.5.11}$$

第 n 个脉冲的发射频率 f_i 对应的编号 i 为

$$i = \alpha^n \bmod q, \quad n = 0 \sim N-1 \tag{4.5.12}$$

当 N 为 2 的幂时，即 $N=2^{\alpha+1}$，一般取 $\alpha=\mathrm{lb}N-1$。例如，当 $N=16$ 时，$\alpha=3$，按照 Costas 编码得到的发射频率顺序 n 依次为{0，2，8，9，12，4，14，10，15，13，7，6，2，11，1，5}。图 4.33 给出了 16 个频率的 Costas 编码得到的频率分配方案，其中“+”表示步进频率，“○”表示 Costas 编码得到的频率顺序，横轴表示发射脉冲编号 $n=0, 1, 2, \cdots, N-1$，纵轴表示频率序号。例如，第 2 个发射脉冲按步进编码的频率序号为 2，而按Costas 编码的频率序号为 8。

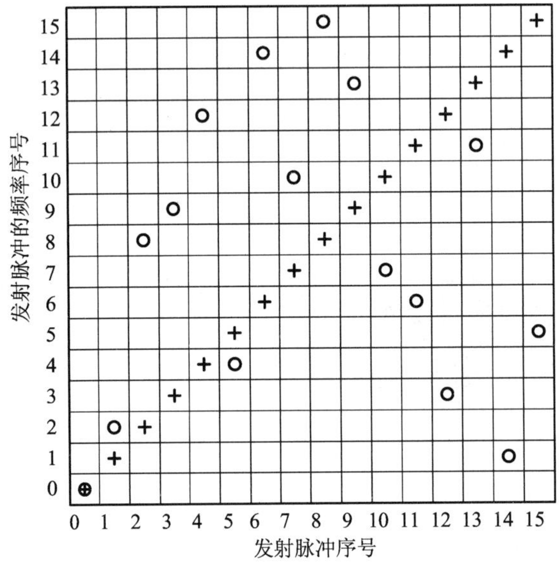

图 4.33 16 个脉冲的频率分配方案

Costas 频率编码信号的模糊函数为

$$\left|\chi(\tau, f_{\mathrm{d}})\right| = \frac{1}{N}\left|\sum_{k=0}^{N-1}\exp(\mathrm{j}2\pi k f_{\mathrm{d}}\tau)\left[\chi_{kk}(\tau, f_{\mathrm{d}}) + \sum_{\substack{l=0\\ l\neq k}}^{N-1}\chi_{kl}(\tau-(k-l)T_1, f_{\mathrm{d}})\right]\right| \tag{4.5.13}$$

式中，

$$\chi_{kl}(\tau, f_{\mathrm{d}}) = \left(T_1 - \frac{|\tau|}{T_1}\right)\frac{\sin\alpha}{\alpha}\exp(-\mathrm{j}\beta - \mathrm{j}2\pi f_{\mathrm{d}}\tau), \quad |\tau| \leqslant T_1$$

$$\alpha = \pi(f_{\mathrm{k}} - f_l - f_{\mathrm{d}})(T_1 - |\tau|), \qquad \beta = \pi(f_{\mathrm{k}} - f_l - f_{\mathrm{d}})(T_1 + |\tau|)$$

图 4.34 给出了与图 4.32 采用相同参数的 Costas 频率编码信号模糊函数及其模糊度图。与图 4.32 比较，模糊函数的主瓣更接近“图钉”形，从而避免了距离-多普勒耦合问题，具有良好的距离-多普勒联合分辨率。

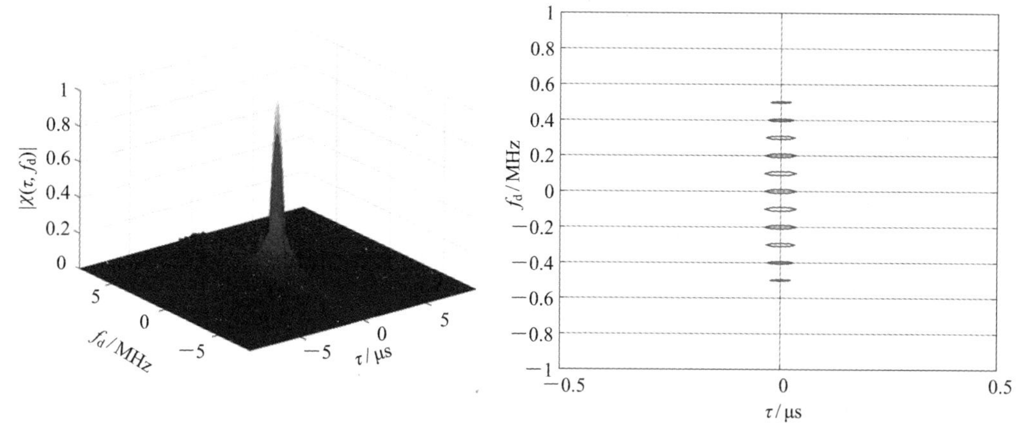

图 4.34　Costas 频率编码信号的模糊函数及其模糊度图

4.5.2　调频步进脉冲信号

调频步进脉冲信号的子脉冲为线性调频脉冲，其频率变化规律如图 4.35 所示。调频步进脉冲信号的数学表达式为

$$u(t)=\frac{1}{\sqrt{N}}\sum_{n=0}^{N-1}u_1(t-nT_r)e^{j2\pi(f_0+i\Delta f)t} \tag{4.5.14}$$

其中，$u_1(t)=\frac{1}{\sqrt{T_1}}\text{rect}\left(\frac{t}{T_1}\right)\exp(j\pi\mu t^2)$为线性调频子脉冲，$\mu$ 为调频系数；T_1 为子脉冲宽度，T_r为脉冲重复周期；为简单起见，记 $f_0+i\Delta f$ 为第 i 个子脉冲的调频初始频率，N 为子脉冲个数。图 4.35 中跳频间隔 $\Delta f=\mu T_r$，另一种跳频方式是考虑距离像的拼接，取 $\Delta f=\mu T_1$。

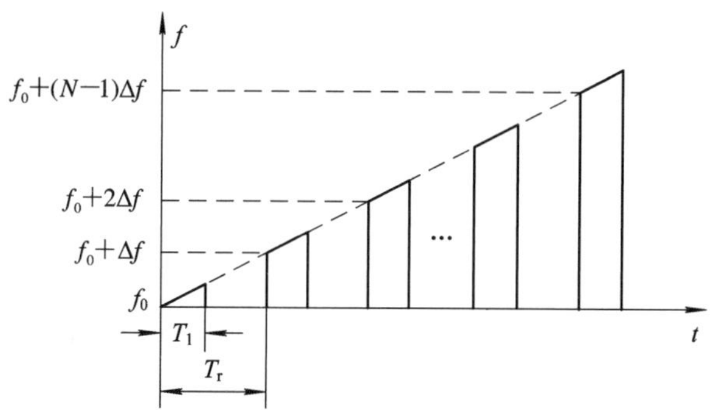

图 4.35　调频步进脉冲信号的时频关系

调频步进脉冲信号的模糊函数的推导与步进频率脉冲信号类似，区别仅在于子脉冲的模糊函数形式。读者参考步进频率(跳频)脉冲信号可以推导该信号的模糊函数。

步进频率脉冲信号在不增加信号的发射瞬时带宽的前提下，通过多个脉冲的相参合成处理实现高距离分辨率(HRR)。而接收机的瞬时带宽只需与子脉冲带宽相匹配，这要比线性调频信号的带宽小得多，因此，步进频率信号对雷达的工作带宽要求相对于线性调频信号可大大降低。但多脉冲相参合成需要脉冲之间保持严格的相位关系，这就要求雷达具有良好的相参性。

由于步进频率脉冲信号具有很高的距离分辨率，因而常用于对目标进行成像。考虑相参积累形成一幅距离像的时间较长，为了尽量减少目标姿态变化的影响，雷达一般应工作于高重频状态。

4.5.3 步进频率信号的综合处理

步进频率信号作为一种宽带雷达信号，是通过相参脉冲合成的方法来实现其高距离分辨率的，其基本过程为：序贯发射一组窄带单载频脉冲，其中每个脉冲的载频均匀步进；在接收时对这组脉冲的回波信号用与其载频相应的本振信号进行混频，混频后的零中频信号通过正交采样可得到一组目标回波的复采样值；对这组复采样信号进行离散傅里叶逆变换(IDFT)，则可得到目标的高分辨率距离像(HRRP)。这种获得高距离分辨率方法的实质是对目标回波进行频域采样，然后求其时域回波。而时域采样是通过发射离散化的频率步进信号来实现的，由于在多个脉冲的相参合成处理中单个脉冲信号为带宽较窄的信号，对系统带宽、采样率的要求可大大降低，有利于工程实现。步进频率雷达系统的组成如图 4.36 所示。

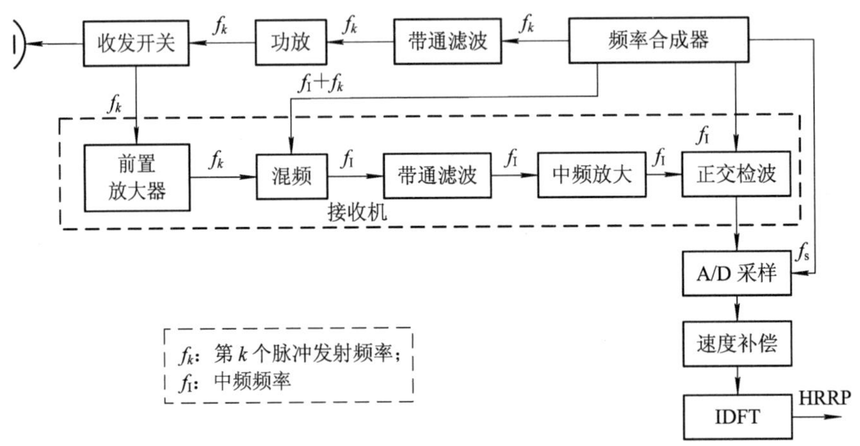

图 4.36 步进频率雷达系统组成原理框图

前面讨论的线性调频脉冲和相位编码脉冲雷达信号都是通过脉压处理，为了区别起见，多个脉冲的步进频率信号的相参处理称为步进频率脉冲综合处理。对于线性调频脉冲，当对距离分辨率要求较高时，信号带宽 B 就很大，这不但要求整个发射和接收系统具有相应的带宽，而且对采样率的要求也较高。对于相位编码信号，高距离分辨率也要求高的采样率。因此，当对距离分辨率要求很高时，基于匹配滤波器的脉冲压缩体制存在系统带宽大、采样及处理困难等问题。而对于步进频率信号，由于每个脉冲的发射信号带宽窄，每个脉冲采用不同的载频进行混频，因此可以大幅降低高距离分辨时对发射、接收以及对 A/D 采样率的要求。

设第 k 个步进频发射脉冲的信号模型为

$$s_{ek}(t)=a_{ek}\cos(2\pi f_k t+\theta_k),\quad kT_r\leqslant t\leqslant kT_r+T \tag{4.5.15}$$

其中，a_{ek}和 θ_k 分别为第 k 个脉冲的幅度和初相，$f_k=f_0+k\Delta f$ 为载频，取 $\Delta f=1/T$，T 和 T_r 分别为脉冲时宽和发射重复周期。

考虑静止点目标的情况(对于运动目标，经运动补偿后情况类似)。对应第 k 个脉冲的目标回波为

$$s_k(t)=a_k\cos(2\pi f_k(t-\tau)+\theta_k),\quad kT_r+\tau\leqslant t\leqslant kT_r+\tau+T \tag{4.5.16}$$

其中，a_k 为第 k 个脉冲回波的幅度，$\tau=2R/c$ 为目标时延，R 为目标距离。

第 k 个脉冲的回波信号分别与 $\cos(2\pi f_k t+\theta_k)$ 和 $\sin(2\pi f_k t+\theta_k)$ 进行复混频、低通滤波后，在 $t_k=kT_r+\tau+T/2$ 时刻，即目标所在距离单元的基带采样复信号为

$$\begin{aligned}S(k)&=A_k\exp(-\mathrm{j}2\pi f_k\tau)\\&=A_k\exp(-\mathrm{j}2\pi f_0\tau)\exp(-\mathrm{j}2\pi k\Delta f\tau),\quad k=0,1,\cdots,N-1\end{aligned} \tag{4.5.17}$$

其中，A_k 为第 k 个脉冲回波混频后的幅度。在 N 个脉冲之间 $\exp(-\mathrm{j}2\pi f_0\tau)$ 可看作常数项。N 个发射脉冲的目标回波 $\{S(k),k=0,1,\cdots,N-1\}$ 为频率采样，相当于一组逆傅氏基，因此 N 个发射脉冲回波信号的相参处理可以利用 IDFT 来实现。假设各脉冲回波的幅度相等，且 $A_k=1$，则对接收的 N 个回波信号采样值做 IDFT 处理，步进频率脉冲综合的输出为

$$\begin{aligned}y(n)&=\frac{1}{N}\sum_{k=0}^{N-1}\exp(-\mathrm{j}2\pi f_k\tau)\cdot\exp\left(\mathrm{j}\frac{2\pi}{N}k\cdot n\right)\\&=\exp(\mathrm{j}\Phi_n)\mathrm{sinc}\left[\pi\left(n-\frac{2N\Delta fR}{c}\right)\right],\quad n=0,1,\cdots,N-1\end{aligned} \tag{4.5.18}$$

其中，$\Phi_n=\pi\dfrac{(N-1)}{N}\left(n-\dfrac{2N\Delta fR}{c}\right)-2\pi f_0\dfrac{2R}{c}$。

对上式取模，步进频率综合处理的输出模值为

$$|y(n)|=\frac{1}{N}\left|\mathrm{sinc}\left[\pi\left(n-\frac{2N\Delta fR}{c}\right)\right]\right|,\quad n=0,1,\cdots,N-1 \tag{4.5.19}$$

由式(4.5.19)知，脉冲综合的结果是目标回波合成为一个主瓣宽度为 $\dfrac{1}{N\Delta f}=\dfrac{T}{N}$ 的 sinc 函数型窄脉冲。显然，目标距离分辨率是单个脉冲测量时的 N 倍。

由式(4.5.19)可知，合成窄脉冲的最大值位于 $\left(n-\dfrac{2N\Delta fR}{c}\right)=0,\ \pm1,\ \pm2,\ \cdots$ 处。设最大值所在的高分辨距离单元序数为 n_0，则相应的目标距离为

$$R=\frac{n_0c}{2N\cdot\Delta f},\ \frac{(n_0\mp1)c}{2N\cdot\Delta f},\ \frac{(n_0\mp2)c}{2N\cdot\Delta f},\ \cdots \tag{4.5.20}$$

显然，最大不模糊距离或称为不模糊距离窗的长度为

$$R_{\mathrm{sw}}=\frac{c}{2\cdot\Delta f} \tag{4.5.21}$$

为了避免造成距离模糊，应使系统的采样率满足一定的要求。设 T_s 为系统的采样间隔，则应有 $T_s\leqslant1/\Delta f$，即步进频率脉冲信号对系统采样率的要求仅为不低于单个脉冲的跳频步长即可。因此，系统对采样率的要求大为降低，易于工程实现。

另外，在实际应用中为了降低 sinc 函数脉冲响应的旁瓣，还须在进行 IDFT 处理前，对 N 个载频发射脉冲的回波信号采样值进行加权处理。

当目标相对于雷达存在径向运动时，步进频率脉冲相参合成处理的间隔会受到影响，必须进行补偿。假设目标相对于雷达的径向速度为 v_r，则第 k 个脉冲回波的复采样信号的相位为

$$\varphi_k=-2\pi f_k\frac{2}{c}(R_0-v_rt_k) \tag{4.5.22}$$

其中，R_0 为目标的起始位置；t_k 为回波零中频信号采样时间，若以回波包络中点为基准，可取 $t_k=kT_r$。忽略式(4.5.22)中与 k 无关的常数项，则相位关系可表示为

$$\varphi_k=-\frac{4\pi}{c}\Delta f R_0 k+\frac{4\pi}{c}f_0 T_r v_r k+\frac{4\pi}{c}\Delta f T_r v_r k^2,\ k=0,1,\cdots,N-1 \tag{4.5.23}$$

式中，第一项为包含目标距离信息的有效相位项；第二项为目标速度产生的线性相位项，在进行 IDFT 处理后将耦合为距离，使目标距离像产生距离徙动，徙动的高分辨单元数为 $2Nf_0T_rv_r/c$；第三项为目标速度因频差而产生的二次相位项，将导致合成目标距离像波形失真，表现为峰值降低和波形展宽。

因此，必须在相参合成之前对目标的运动速度加以补偿，以消除目标速度对相参合成处理的影响。可通过对采样序列乘以复补偿因子 $C(k)$ 来实现速度补偿，即

$$C(k)=\exp\left(-\mathrm{j}2\pi f_k\frac{2\hat{v}}{c}t_k\right),\quad k=0,1,\cdots,N-1 \tag{4.5.24}$$

其中，$\hat{v}$ 为目标速度的估计值。

步进频率脉冲信号与线性调频脉冲信号比较如表 4.10。用步进频率相参合成的方法实现高距离分辨率，发射的脉冲之间应保持严格的相位关系，这就要求雷达应具有良好的相参性。另外，由于多脉冲相参积累的处理时间较长，考虑到目标姿态变化的影响，脉冲重复周期 PRI 的取值一般不宜太大，因此，步进频雷达的重频较高，且距离不模糊，只适合近距离(几公里或几十公里)目标的探测。

表 4.10　步进频率脉冲信号与线性调频脉冲信号的比较

信号类型	线性调频脉冲信号	步进频率脉冲信号
发射信号模型	$s_e(t)=a_e\cos(2\pi f_0 t+\pi\mu t^2)$，$0\leqslant t\leqslant T$，$k=1\sim N$	发射 N 个脉冲，$s_{ek}(t)=a_{ek}\cos(2\pi f_k t)$，$kT_r\leqslant t\leqslant kT_r+T$
本振信号模型	$s_{LO}(t)=e^{j2\pi f_0 t}$，1 个本振频率	$s_{k,LO}(t)=e^{j2\pi f_k t}$，$N$ 个本振频率 f_k，$k=1\sim N$
宽带实现方式	发射单个脉冲的调频带宽 B，B 一般不超过 100 MHz 量级	发射 N 个脉冲，脉冲之间步进频 Δf，总带宽 $B=N\Delta f$，B 可达 GHz 量级
回波信号采样域	时域采样	频率采样
实现距离高分辨的机理	单个大时宽带宽积(BT)信号的脉冲压缩处理，得到等效时宽为 $1/B$ 的窄脉冲	多个脉冲回波采样为一组离散逆傅氏基，通过 IDFT 的相参合成处理实现距离高分辨
多普勒敏感性	多普勒不敏感	多普勒敏感，对运动目标需要先估计速度，并进行运动补偿
优点	多普勒不敏感；频率源相对简单一些	每个脉冲的带宽窄，发射和接收系统的工作带宽窄，A/D 采样频率较低
缺点	若调频带宽校宽，则需要发射和接收系统的工作带宽也宽，A/D 采样频率高	需要多个脉冲的相参合成，目标不能跨距离单元；对运动目标需要进行运动补偿
适用场合	远距离警戒雷达最常用的信号形式	适用于作用距离近、目标静止或速度慢的 SAR 成像雷达、反坦克弹的末制导雷达等

步进频率脉冲信号在不增加信号的发射瞬时带宽的前提下，通过多个脉冲的相参合成处理实现高距离分辨率(High Range Resolution，HRR)。而接收机的瞬时带宽只需与子脉冲带宽相匹配，这要比线性调频信号的带宽小得多，因此，步进频率信号对雷达发射和接

收系统的工作带宽要求相对于线性调频信号可大幅度降低。

由于步进频率脉冲信号的总带宽可达 GHz 量级，具有很高的距离分辨率，因而常用于对目标进行成像与识别。特别是利用一维高分辨距离像的场合，例如，反坦克导弹，利用坦克上炮筒的长度，通过一维高分辨距离像识别地面坦克一类的目标。

对于子脉冲为线性调频脉冲的调频步进信号的处理过程可概括为：首先对子脉冲进行脉冲压缩(基于匹配滤波器)，然后再对多脉冲进行相参积累的合成处理(也称为二次脉冲压缩)，得到目标的高分辨距离像。

MATLAB 函数“SFW_HRR.m”用来产生步进频率脉冲信号的目标回波以及步进频率脉冲综合处理的结果。语法如下：

[y]= SFW_HRR(Tp, $deltaf$, N, Fr, $R0$, Vr, SNR, $Rmin$, $Rrec$, $Window$, $f0$)

其中，各参数说明如表 4.11 所示。

表 4.11　SFW_HRR 的参数说明

符号	描　述	单位	状态	图 4.37 的仿真参数
Tp	脉冲宽度	s	输入	0.1 μs
$deltaf$	步进频率间隔	Hz	输入	10 MHz
N	步进频率脉冲数	无	输入	64
Fr	脉冲重复频率	Hz	输入	10 kHz
$R0$	散射点相对于 R_{min} 距离矢量(在接收窗内)	m	输入	[8, 10, 12, 23] m
Vr	目标的速度矢量	m/s	输入	[0, 0, 0, 0] m/s
SNR	目标的信噪比矢量	dB	输入	[30, 30, 30, 20] dB
$Rmin$	采样的最小距离	m	输入	900 m
$Rrec$	接收信号距离窗的大小	m	输入	100 m
$Window$	窗函数，长度为 N	无	输入	
$f0$	载频(起始频率)	Hz	输入	10 GHz
y	脉压结果	dB	输出	

假设有 4 个散射点，相对于接收窗的距离为[8, 10, 12, 23] m，散射点的速度均为 0，图 4.37(a)、(b)给出了不加窗和加窗的步进频率脉冲综合处理结果。图 4.37(c)是假设散射点的速度为[−100, 0, 100, 0]m/s，由此可以看出，速度不为 0 的散射点的距离发生了位移，不能正确反映散射点的距离。因此，步进频率脉冲信号也是多普勒敏感信号，脉冲综合处理时需要进行速度补偿。

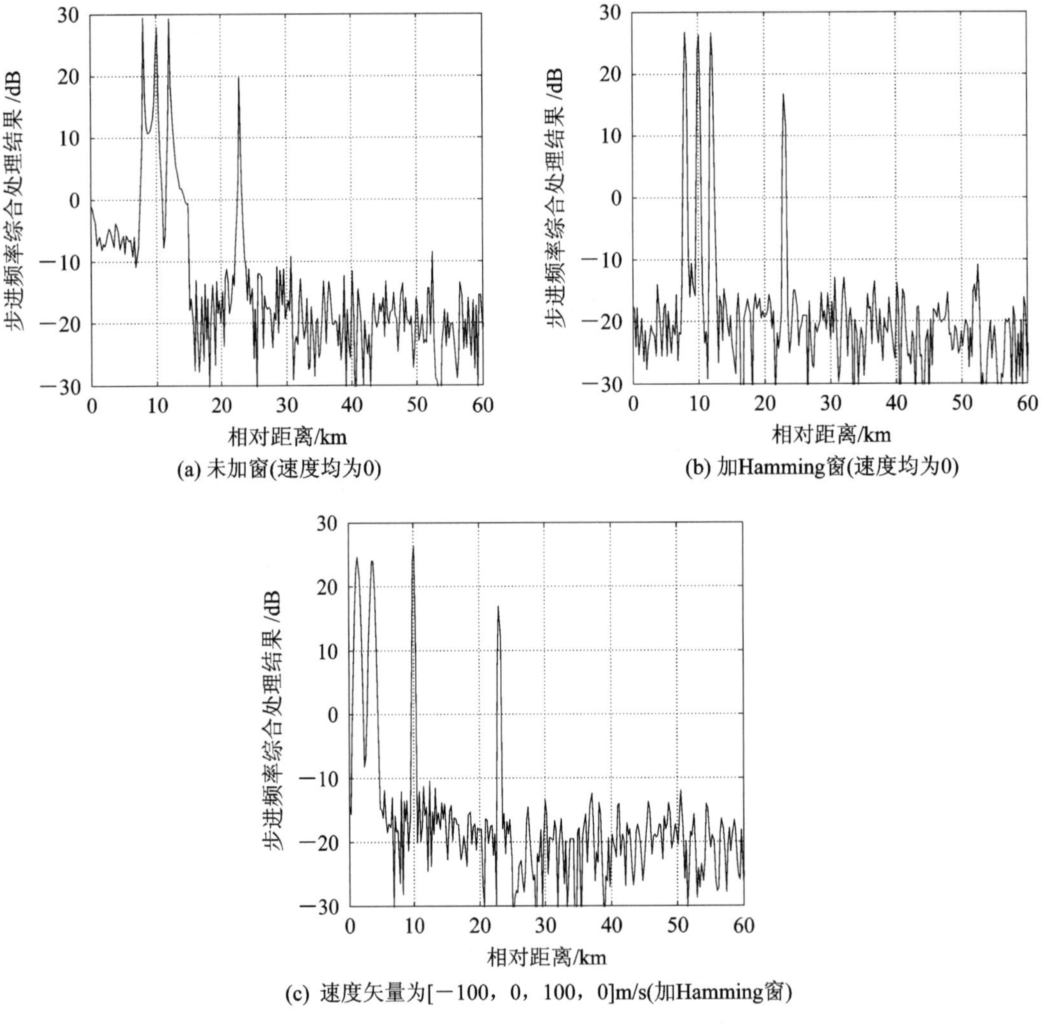

(a) 未加窗(速度均为0)

(b) 加Hamming窗(速度均为0)

(c) 速度矢量为[－100，0，100，0]m/s(加Hamming窗)

图 4.37　步进频率脉冲综合处理结果

4.6　正 交 波 形

正交波形是另一类重要的雷达波形，广泛应用于一些新体制雷达，例如综合脉冲孔径雷达(SIAR)、多输入多输出(MIMO)雷达、组网雷达等。正交波形需要采用多个天线同时发射相互正交的信号，即在整个积分时间内这些信号之间的互相关函数为零或近似为零，使得各天线辐射信号在空间不形成相干斑(表现为方向图)，以便在接收时能够对各发射信号分量进行分离。正交波形主要有正交多频信号、正交离散频率编码信号、正交频分复用线性调频(OFDM LFM)信号、正交多相编码信号、正交噪声信号、正交混沌信号等，下面仅以正交多频信号为例进行介绍。

假定 MIMO 雷达有 N_e 个发射天线。激励信号 $e(t)$ 是宽度为 T_e 的脉冲，它经编码网络 $\{C_k(t)\}$（即调制）后成为不同载频的信号，并分配给各个发射天线，则第 k 个发射天线辐射的信号模型可表示为

$$s_{ek}(t) = \text{rect}(t)\exp(\text{j}2\pi f_k t), \quad k = 1 \sim N_e \tag{4.6.1}$$

其中，$\text{rect}(t)=\begin{cases}1, & 0\leqslant t\leqslant T_e \\ 0, & \text{其它}\end{cases}$；$f_k$ 为第 k 个阵元发射信号的频率，$f_k=f_0+c_k\Delta f$，f_0 为中心载频，Δf 为发射信号之间的频率间隔，c_k 为第 k 个阵元发射信号频率编码，$c_k\in\{1, 2, \cdots, N_e\}$。

该信号到达空间任一点的信号可表示为

$$s_{ek}(t-\tau_{0k}) = \text{rect}(t-\tau_{0k})\exp(\text{j}2\pi f_k(t-\tau_{0k})), \quad k = 1 \sim N_e \tag{4.6.2}$$

其中，τ_{0k} 是第 k 个发射阵元到该点的时延。由于各阵元采用了异频发射方式，因而系统的距离分辨率就仅与发射信号的总带宽有关。另外，又因阵列孔径通常不是非常大（小于一个距离分辨单元），而综合的脉冲宽度又不是很窄，所以各阵元发射信号的包络时延可以近似相等，即窄带假设条件成立。式(4.6.2)可写成

$$s_{ek}(t-\tau_{0k}) = \text{rect}(t-\tau_0)\exp(\text{j}2\pi f_k(t-\tau_{0k})), \quad k = 1 \sim N_e \tag{4.6.3}$$

其中，$\tau_0\approx\tau_{0k}$。则任意两发射阵元(k, i)所辐射的信号到达任一点的互相关积分为

$$\int_{-\infty}^{+\infty} s_{ek}(t-\tau_{0k})s_{ei}^{*}(t-\tau_{0i})\text{d}t = \frac{\sin[\pi(c_k-c_i)\Delta f\cdot T_e]}{\pi(c_k-c_i)\Delta f\cdot T_e}\exp(\text{j}2\pi f_k\tau_{0k})\exp(-\text{j}2\pi f_i\tau_{0i}) \tag{4.6.4}$$

可见，只要 $T_e\Delta f$ 为任一整数，上式积分为零，则各阵元所发射信号彼此都是正交的。通常选取 $T_e\Delta f=1$，即在脉宽 T_e 内各天线辐射信号的频率 f_k 之间的间隔必须做到 $\Delta f=1/T_e$。这意味着将窄脉冲（脉宽为 T_e/N_e）的整个频谱分割成 N_e 等份，并分配给 N_e 个互不相关且位置上是分开的发射天线并辐射出去，发射信号的总带宽为 $B=N_e\Delta f$。图 4.38 给出了工作频带划分示意图。这相当于采用离散傅氏变换的一组正交基作为多频发射的调制信号，也便于从接收信号中分离各发射信号分量。图 4.39 给出了 $T_e\Delta f=1$（$T_e=50\ \mu\text{s}$，$\Delta f=0.02$ MHz）和 $T_e\Delta f=1.2$（$T_e=60\ \mu\text{s}$）情况下在全空域辐射功率分布图，可见 $T_e\Delta f\neq1$ 时在不同方向的辐射功率起伏较大。因此，它不像常规相控阵，各阵元以相同频率发射时会因干涉效应而在空间形成"相干斑"（表现为方向图）。

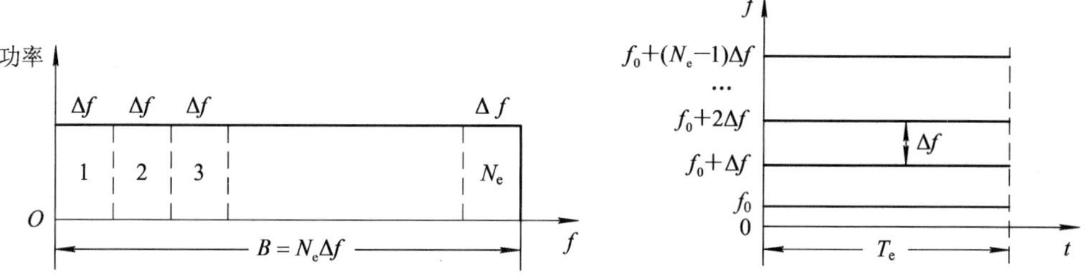

图 4.38　工作频带划分示意图

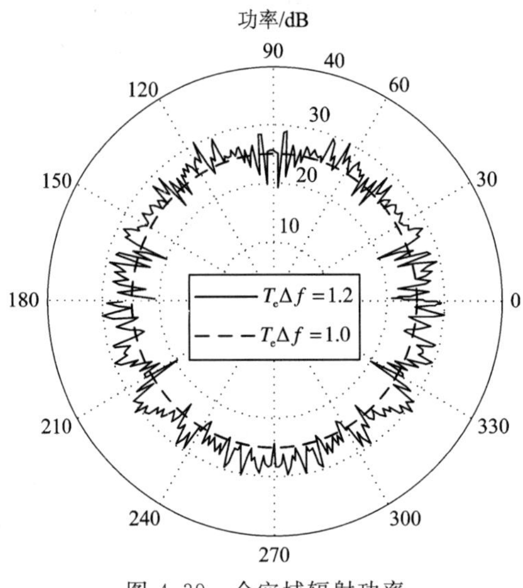

图 4.39　全空域辐射功率

4.7　距离与多普勒模糊

前面讨论的信号都属于调制(相位或频率调制)的或非调制的脉冲信号，发射脉冲信号的雷达称为脉冲雷达。脉冲雷达的发射信号除功率外，可以由以下参量完全描述：

(1) 载频(CF)：取决于具体设计要求和雷达的工作任务。

(2) 脉宽(Pulse Width) T：简单脉冲雷达的脉宽与带宽紧密相关，现代雷达为了降低峰值功率，通常增大发射信号的时宽，增加发射信号的能量。

(3) 带宽 B：取决于雷达的距离分辨率。

(4) 调制(Modulation)：包括相位调制和幅度调制(如加权脉冲串)。

(5) 重频(PRF) f_r：脉冲重复频率，其分类(高、中、低)取决于雷达的工作模式。

脉冲重复频率的选择必须考虑避免产生距离和多普勒模糊，并使得雷达的平均发射功率降到最低。不同的脉冲重复频率对应的距离和多普勒模糊如表 4.12 所示。

表 4.12　脉冲重复频率与距离模糊

性　能	PRF 类型		
	低(Low)重频	中(Medium)重频	高(High)重频
距离模糊(RA)	无模糊	模糊	严重模糊
多普勒模糊(DA)	严重模糊	模糊	无模糊
测速精度	很低	高	最高
主瓣杂波抑制措施	STC、MTI、MTD	MTD，不能采用 STC	MTD，不能采用 STC
分辨地面动目标和空中目标的能力	差	良	优
主要应用场合	中远距离的地面警戒雷达	制导雷达等	机载雷达、制导雷达

应该指出，脉冲重复频率的高、中、低之分并不是绝对的，即使是同样的 PRF，在不同的工作场合下，结果也可能是不同的。例如 PRF=3 kHz，当雷达的最大作用距离 R 不超过 30 km 时，被认为是低的 PRF；而当 R 大于 30 km 时，就被认为是中等 PRF。

一般脉冲重复频率 f_r 的选择应遵循以下原则：

(1) 天线扫描引起的干扰背景起伏为 $\left|\frac{\Delta U_a}{U_a}\right|=1.43\frac{\Omega_a}{\theta_{0.5}f_r}=\frac{1.43}{M}$，$\Omega_a$ 为天线转速，M 为积累脉冲数。为了减小背景起伏，f_r 应选择高一些。对于 MTI 雷达，雷达的“盲速”为 $v_{rbn}=n\frac{\lambda f_r}{2}$ ($n=1, 2, 3, \cdots$)，若要求感兴趣的目标速度 v_r 不超过第一盲速，即 $n=1$，$v_r\leqslant\frac{\lambda f_r}{2}$，为了提高不模糊速度范围，$f_r$ 应选择高一些。

(2) 为了保证测距的单值性，f_r 又不能太高，通常取 $f_{r,\max}=\frac{c}{(2.4\sim2.5)R_{\max}}$。

(3) 积累脉冲数 M 越大，信噪比的改善越大，在同样的发现概率下 $R_{\max}$ 越大，而 M 和 f_r 的关系为 $M=\frac{\theta_{0.5}}{\Omega_a}f_r$。

(4) 从发射管允许的最大平均功率来看，平均功率 $P_{av}=P_t T f_r$，P_{av} 越高，温度上升越快。若最大平均功率为 $P_{av,\max}$，则 $f_{r,\max}=P_{av,\max}/(P_t T)$。

脉冲宽度 T 的选择主要考虑以下因素：

(1) 对于非脉压的单载频脉冲信号，为了提高接收机的灵敏度，T 要选择宽一些。因为要使接收机的性能最佳，则要求接收机通频带 $B=1/T$，而灵敏度与 B 成反比，故灵敏度与 T 成正比。

(2) 从雷达距离分辨率和最小作用距离出发，脉冲雷达在每个发射脉冲期间，雷达不允许接收任何信号，直到该脉冲已经完全发射。这就限制了雷达的最小作用距离 $R_{\min}$（即近距离发射遮挡盲区），$R_{\min}$ 定义为

$$R_{\min}=\frac{cT}{2} \tag{4.7.1}$$

因此，T 可按下式选择：

$$T=\frac{2R_{\min}}{c}-t_r' \tag{4.7.2}$$

其中，t_r' 为收发开关恢复时间，一般取(1～2) μs。例如，若要求 $R_{\min}\leqslant15$ km，则要求脉宽 T 不超过 100 μs。

(3) 根据雷达的作用距离及其对能量的要求，对远距离的探测通常使用带调制的宽脉冲信号。为了解决近距离盲区的问题，经常发射窄脉冲补盲，也就是在发射宽脉冲之前，先发射一个窄脉冲，对近距离范围进行探测，再发射宽脉冲，对远距离范围进行探测。

图 4.40 给出了某雷达的发射信号的时间关系。该雷达的最大作用距离要求为 70 km，距离分辨率要优于 15 m。将雷达全部作用距离范围按由近到远分为近、中、远三个作用距离段，分别为 0.5 km～7 km、7 km～15 km 以及 15 km～70 km。在这三个距离段上分别采用窄脉冲、中脉冲(相对于窄脉冲和宽脉冲而言，发射时宽为中等宽度的脉冲，简称为“中脉冲”)和宽脉冲的工作方式。其中，窄脉冲为简单脉冲，脉冲宽度为 0.1 μs，负责探测

近距离段，中、宽脉冲为线性调频信号，时宽分别为 20 μs、100 μs，负责探测中距离段和远距离段。根据雷达方程可计算出三段脉冲的最小可测距离和最大作用距离，如表 4.13 所示。当然，三个作用距离段之间相互有一定的重叠。

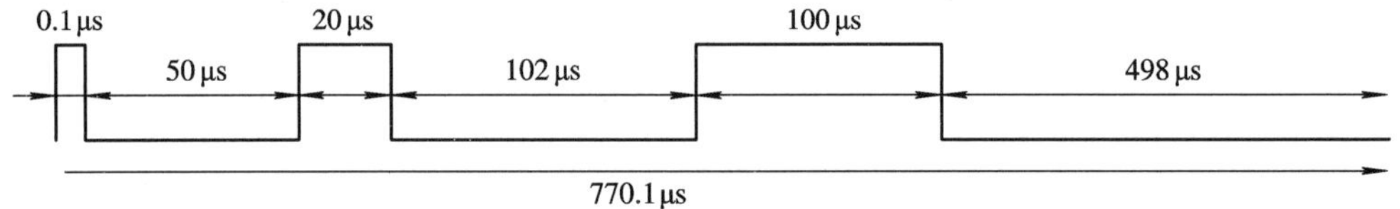

图 4.40　三段发射脉冲的时间关系

表 4.13　各段脉冲的作用距离

距离段	近距离段	中距离段	远距离段
发射脉宽/μs	0.1	20	100
最小作用距离(无遮挡)/m	15	3000	15000
无模糊距离/m	7500	15300	74700
按雷达方程计算的最大作用距离/m	12071	54200	81000

由表 4.13 可看出，由于窄脉冲的时宽很小，因此测距盲区很小，仅为 15 m。与此同时其测距范围超过了中脉冲的测距盲区，同样中脉冲的测距范围也超过了宽脉冲的测距盲区，并且三段脉冲的最大作用距离都超出了设定的距离探测范围。这样将三段脉冲的测距范围进行互补，从而可以在雷达全部作用距离范围内消除测距盲区。

下面分析距离和多普勒模糊的产生机理及解决方法。

4.7.1　距离模糊及其消除方法

一般雷达是通过计算发射信号和目标回波的时间差(即时延)来测量目标距离的。但如果雷达发射的第二个脉冲在接收到第一个脉冲的回波之前，就无法分辨回波信号对应的原发射脉冲，也就无法估计时延，这时就产生了距离模糊。

如图 4.41 所示，其中，图(a)为 10 个均匀脉冲的发射信号，脉冲重复频率 f_r对应的无模糊距离为 $R_u=\frac{c}{2f_r}$；图(b)为距离 r_1处的目标回波信号，且有 $r_1<\frac{c}{2f_r}$，不存在距离模糊；图(c)为 r_2处的目标回波，且有$\frac{c}{2f_r}<r_2<2\frac{c}{2f_r}$；图(d)为 r_3处的目标回波，且 $2\frac{c}{2f_r}<r_3<3\frac{c}{2f_r}$。比较图(b)、图(c)、图(d)三种情况，可以看出：距离 r_2处目标的第 k 个发射脉冲的回波将与距离 r_1处目标的第 $k+1$ 个发射脉冲的回波有着同样的位置；而距离 r_3处目标的第 k 个发射脉冲的回波信号将与距离 r_2处的第 $k+1$ 个脉冲的回波和距离 r_1处目标的第 $k+2$ 个发射脉冲的回波具有同样的位置(相对于发射脉冲的时延)。此时，我们就无法判断目标的确切位置。这就是所谓的距离模糊现象。

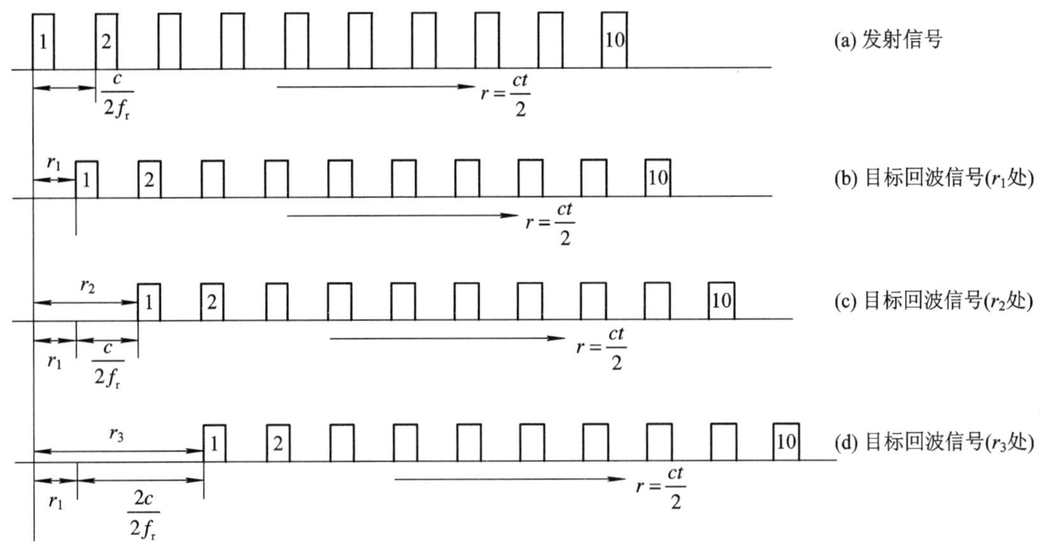

图 4.41　不同距离目标的脉冲回波

从理论上讲，距离满足下式：

$$r' = r + k\frac{c}{2f_r}, \quad k = 1, 2, \cdots \tag{4.7.3}$$

的目标与距离为 $r(r<\frac{c}{2f_r})$ 处的目标都会产生模糊。但是，如果雷达的最大作用距离为 R_{max}，在发射信号的 PRF 一定时，由图(b)可知，只要 $R_{max}<\frac{c}{2f_r}$，就不会产生距离模糊。

因此，在发射信号的 PRF 确定时的最大无模糊距离为

$$R_u = \frac{c}{2f_r} \tag{4.7.4}$$

一般来说，PRF 的选择应使得最大的无模糊距离充分满足雷达工作的要求。因此，远距离搜索(监视)雷达就要求相对较低的脉冲重复频率。

为了解决距离模糊问题，需采用多重频(Multiple PRF)，即间隔发射不同 PRF 信号的方法来消除模糊。图 4.42 为考虑采用两种 PRF 的情况。

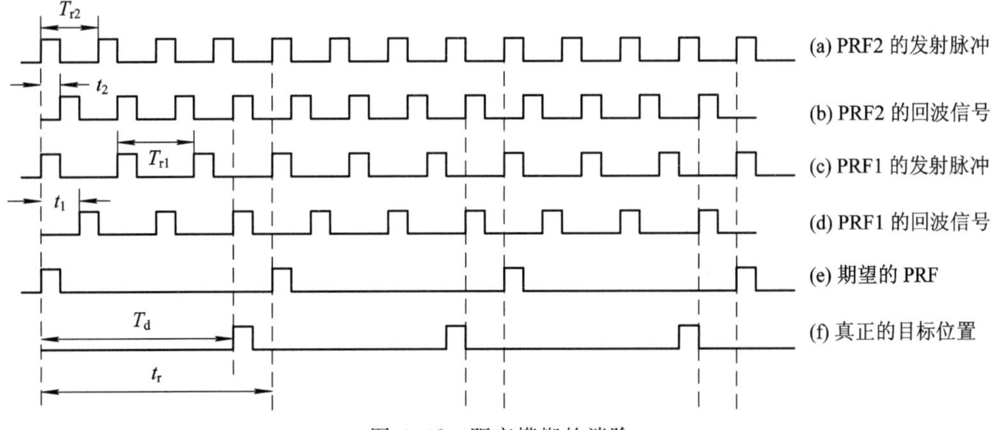

图 4.42　距离模糊的消除

设雷达发射信号的 PRF 分别为 f_{r1} 和 f_{r2}(脉冲重复周期为 T_{r1} 和 T_{r2}，且 $f_{r1}<f_{r2}$，$T_{r1}>T_{r2}$)，对应的不模糊距离分别为 $R_{u1}=\frac{c}{2f_{r1}}$ 和 $R_{u2}=\frac{c}{2f_{r2}}$，并且小于期望的不模糊距离 R_u(可以认为是一定工作模式下的最大不模糊距离)，对应的 PRF 为 f_{rd}，$R_u=c/(2f_{rd})$。

由于 f_{r1} 和 f_{r2} 都可能存在距离模糊，为了保证在一个期望的脉冲重复周期 PRI($T_{rd}=1/f_{rd}$)内不存在距离模糊，选取 f_{r1} 和 f_{r2} 具有公约频率 f_{rd}，即

$$f_{rd}=\frac{f_{r1}}{N}=\frac{f_{r2}}{N+a} \tag{4.7.5}$$

式中，N 和 a 都为正整数，常取 $a=1$，使 N 和 $N+a$ 为互质数。如选取 $f_{r1}=N\cdot f_{rd}$，$f_{r2}=(N+1)\cdot f_{rd}$。在一个期望的脉冲重复周期(PRI)T_{rd} 内，两种发射信号的回波仅在一个时延位置上重合，这就是真正的目标位置。假设雷达的重频为 f_{r1} 和 f_{r2} 时的距离模糊数分别为 M_1 和 M_2，也就是在一个期望的脉冲重复周期内，两种重频分别发射了 M_1 和 M_2 个脉冲，则目标的实际时延为

$$t_r=M_1T_{r1}+t_1=M_2T_{r2}+t_2=\frac{M_1}{f_{r1}}+t_1=\frac{M_2}{f_{r2}}+t_2 \tag{4.7.6}$$

式中，t_1 和 t_2 分别为模糊的时延，为相对于当前发射脉冲的时延，如图 4.42 所示。

在一个期望的脉冲重复周期内，有 $M_1=M_2=M$ 或 $M_1+1=M_2$ 两种可能，只需测出两种回波信号相对于当前发射脉冲的时延 t_1 和 t_2，即可求出目标的距离。由于两种 PRF 下发射的脉冲数目 M_1 和 M_2 互质，有下面三种情况：

(1) 当 $t_1<t_2$ 时，$M_1=M_2=M$ 成立，目标的实际时延为

$$t_r=MT_{r1}+t_1=MT_{r2}+t_2 \tag{4.7.7}$$

可以求得

$$M=\frac{t_2-t_1}{T_{r1}-T_{r2}} \tag{4.7.8}$$

所以，目标的距离为

$$R=\frac{ct_r}{2}=\frac{c}{2}\cdot\frac{t_2T_{r1}-t_1T_{r2}}{T_{r1}-T_{r2}} \tag{4.7.9}$$

(2) 当 $t_1>t_2$，$M_1+1=M_2$ 时，目标回波的实际时延为

$$t_r=M_1T_{r1}+t_1=(M_1+1)T_{r2}+t_2 \tag{4.7.10}$$

可求得

$$M_1=\frac{(t_2-t_1)+T_{r2}}{T_{r1}-T_{r2}} \tag{4.7.11}$$

因此，目标距离为

$$R=\frac{ct_r}{2}=\frac{c}{2}\cdot\frac{(t_2+T_{r2})T_{r1}-t_1T_{r2}}{T_{r1}-T_{r2}} \tag{4.7.12}$$

(3) 如果 $t_1=t_2$ 时，即不存在距离模糊，目标回波的时延为

$$t_{r2}=t_1=t_2 \tag{4.7.13}$$

目标距离为

$$R=\frac{ct_{r2}}{2} \tag{4.7.14}$$

因此，只要得到这两种 PRF 可能模糊的时延 t_1 和 t_2，就可以计算得到目标实际的距离。

由于单基地雷达在发射信号时无法接收信号，若这段时间内有目标回波，就会产生“盲距”现象(雷达无法发现此距离上的目标)。这种现象可以通过发射三种重频的信号来消除。同采用两重频一样，脉冲重复频率的选取要保证在期望的脉冲重复周期内发射的脉冲数互质。如取：

$$f_{r1} = N(N+1)f_{rd}$$

$$f_{r2} = N(N+2)f_{rd}$$

$$f_{r3} = (N+1)(N+2)f_{rd}$$

4.7.2 速度模糊及其消除方法

均匀脉冲串信号的速度模糊函数具有梳齿状的尖峰(称为速度模糊瓣)，其间隔为脉冲重复频率 PRF，这是由幅度因子

$$F(f_d)=\left|\frac{\sin(N\pi f_d/f_r)}{\sin(\pi f_d/f_r)}\right| \tag{4.7.15}$$

决定的。

如图 4.43 所示，如果目标的多普勒频移不超过单个滤波器带宽的一半，即 $f_d \in \left(-\frac{f_r}{2}, +\frac{f_r}{2}\right)$，多普勒滤波器组就可以分辨出目标的多普勒频移，否则就会产生多普勒模糊。也就是说，雷达发射脉冲的重复频率 PRF 不能低于目标的最大多普勒频移的 2 倍，否则雷达无法分辨目标的多普勒信息。

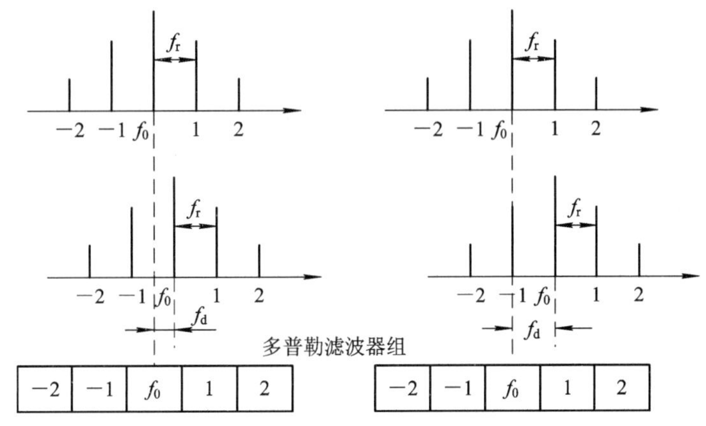

图 4.43　发射和接收信号的频谱及多普勒滤波器组

因此，若目标可能的最大径向速度及其对应的最大多普勒频移为 $v_{r,\max}$ 和 $f_{d,\max}$，则 PRF 应按下式选取

$$f_r \geqslant 2f_{d,\max} = \frac{4v_{r,\max}}{\lambda} \tag{4.7.16}$$

因此，要检测到高速目标且不至于产生多普勒模糊，就应该选择高的脉冲重复频率。如前所述，要提高雷达的作用距离且不产生距离模糊，就需要选择低的脉冲重复频率。显然，同时避免距离和多普勒模糊就产生了矛盾。

消除多普勒模糊的方法与消除距离模糊大致相同，也是采用多重频的方法。只不过这

里要用 f_{d1} 和 f_{d2} 替换 t_1 和 t_2，分析方法则完全相同。

若 $f_{d1}>f_{d2}$，有

$$M=\frac{(f_{d2}-f_{d1})+f_{r2}}{f_{r1}-f_{r2}} \tag{4.7.17}$$

若 $f_{d1}<f_{d2}$，有

$$M=\frac{f_{d2}-f_{d1}}{f_{r1}-f_{r2}} \tag{4.7.18}$$

可以得到真正的多普勒频移：

$$f_d=Mf_{r1}+f_{d1}=Mf_{r2}+f_{d2} \tag{4.7.19}$$

最后，若 $f_{d1}=f_{d2}$，多普勒频移为

$$f_d=f_{d1}=f_{d2} \tag{4.7.20}$$

综上所述，特别是中重频雷达，容易出现距离模糊和速度模糊。当使用多个脉冲重复频率 f_{r1}，f_{r2}，f_{r3}，…对目标进行观测时，目标的实际距离 R_{true} 可以表示为

$$R_{true}=R_{a1}+M_1R_{u1}=R_{a2}+M_2R_{u2}=R_{a3}+M_3R_{u3}=\cdots \tag{4.7.21}$$

式中，R_{a1}、R_{a2}、R_{a3} 分别是当前发射脉冲下对应的模糊距离；R_{u1}、R_{u2}、R_{u3} 分别是当前重频下对应的无模糊距离，$R_{ui}=c/(2f_{ri})$，$i=1\sim3$；M_1、M_2、M_3 分别是当前重频下距离模糊的次数。

同样，目标的实际速度或多普勒频率 f_{d_true} 可以表示为

$$f_{d\_true}=f_{d1}+N_1f_{r1}=f_{d2}+N_2f_{r2}=f_{d3}+N_3f_{r3}=\cdots \tag{4.7.22}$$

式中，f_{d1}、f_{d2}、f_{d3} 分别是三种重频下模糊的多普勒频率；N_1、N_2、N_3 分别是三种重频下多普勒频率模糊的次数。

解模糊约束有两种方法：一种适用于距离；另一种适用于多普勒频移。这些约束可总结为

$$\mathrm{LCM}(T_{r1}, T_{r2}, T_{r3}, \cdots, T_{rM})\geqslant\frac{2R_{max}}{c} \tag{4.7.23}$$

$$\mathrm{LCM}(f_{r1}, f_{r2}, f_{r3}, \cdots, f_{rM})\geqslant f_{dmax} \tag{4.7.24}$$

式中，LCM(Lowest Common Multiple)是最小公倍数。下面举例加以说明。

[例 4-1] 某雷达采用三种脉冲重复频率 $f_{r1}=15$ kHz、$f_{r2}=18$ kHz 和 $f_{r3}=21$ kHz 来消除多普勒模糊和“盲速”现象。雷达的工作频率 $f_0=9$GHz。

(1) 若目标径向速度为 550 m/s，试计算三种 PRF 下各自的频移位置；

(2) 若已知三种 PRF 下目标的频移分别为 8 kHz、2 kHz 和 17 kHz，试计算对应目标实际的频移 f_d 和速度。

(3) 试计算三种重频下的第一盲速。

解 (1) 目标的多普勒频移为

$$f_d=2\frac{vf_0}{c}=\frac{2\times550\times9\times10^9}{3\times10^8}=33\ (\mathrm{kHz})$$

由式(4.7.19)可得

$$f_d=15n_1+f_{d1}=18n_2+f_{d2}=21n_3+f_{d3}=33$$

由于 $f_{di}<f_{ri}$，$f_{di}<f_d$，$i=1, 2, 3$，所以不难得到模糊次数 $n_1=2$，$n_2=n_3=1$；于是就有 $f_{d1}=3$ kHz，$f_{d2}=15$ kHz，$f_{d3}=12$ kHz。频率位置如图 4.44 所示。

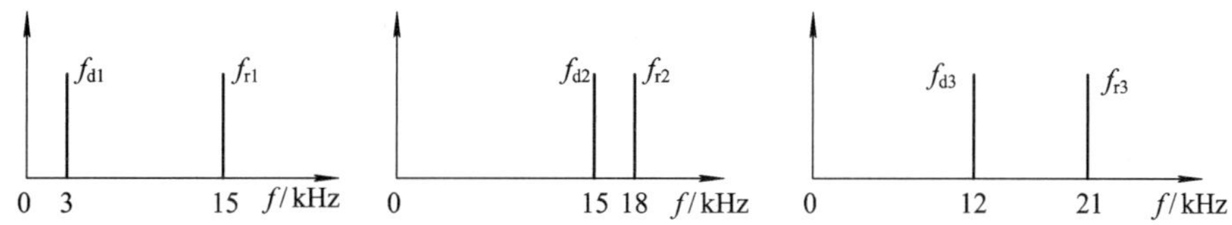

图 4.44　频率位置

(2) 目标的多普勒频率可由如下方程计算：

$$\begin{cases} f_d = 15n_1 + 8 \text{ (kHz)} \\ f_d = 18n_2 + 2 \text{ (kHz)} \\ f_d = 21n_3 + 17 \text{ (kHz)} \end{cases}$$

通过列表计算满足上式的最小整数 n_1、n_2、n_3 和 f_d 如下。

n	0	1	2	3	4
$f_d(n_1)$	8	23	<u>38</u>	53	68
$f_d(n_2)$	2	20	<u>38</u>	56	
$f_d(n_3)$	17	<u>38</u>	59		

所以有 $n_1=n_2=2$，$n_3=1$，目标的多普勒频移为 $f_d=38$ kHz。

从而求得目标的速度为

$$v_r = 38000 \times \frac{0.0333}{2} = 632.7 \text{ (m/s)}$$

(3) 三种重频的最小公倍数 f_{B1} 为 $5\times6\times7\times3=630$ kHz，则第一盲速为

$$v_{B1} = \frac{\lambda}{2} f_{B1} = \frac{0.0333}{2} \times 630 = 10\ 500 \text{ (m/s)}$$

表明只要目标速度小于此值，均可以解速度模糊。

当然，在解距离或速度模糊的时候，需要对同一个目标的距离和速度配对，因此，多种重频解模糊适用于没有杂波剩余并且目标个数较少的场合，例如，在目标跟踪状态下中、高重频雷达对距离或速度的测量。

[例 4-2]　某高重频雷达使用两种重频来测量距离，第一种重频 f_{r1} 为 14.706 kHz，第二种重频 f_{r2} 为 13.158 kHz。一个距离单元(距离门)为 150 m。在第一种 PRF 的回波中目标位于第 56 个距离门，在第二种 PRF 的回波中目标位于第 20 个距离门。计算：

(1) 两种重频下的无模糊距离，以及解距离模糊可以得到的最大无模糊距离；

(2) 目标的真实距离。

解　(1) 两种重频下的最大不模糊距离分别是

$$R_{u1} = \frac{c}{2f_{r1}} = \frac{300}{2\times14.706} = 10.2 \text{ (km)}$$

$$R_{u2} = \frac{c}{2f_{r2}} = \frac{300}{2\times13.158} = 11.4 \text{ (km)}$$

两种重频对应的脉冲重复周期分别为 $T_{r1}=68\ \mu s$，$T_{r2}=76\ \mu s$，两者的最小公倍周期为 $T_r=17\times19\times4\ \mu s=1292\ \mu s$，解距离模糊可以得到的最大无模糊距离为

$$R_u = \frac{cT_r}{2} = \frac{300 \times 1292}{2 \times 1000} = 193.8\ (\text{km})$$

(2) 每个距离门的大小为 1 μs，两种重频分别包括 68、76 个距离门，如图 4.45 所示，第 1 个距离门为发射时刻。目标回波分别位于第 56、20 个距离门处。

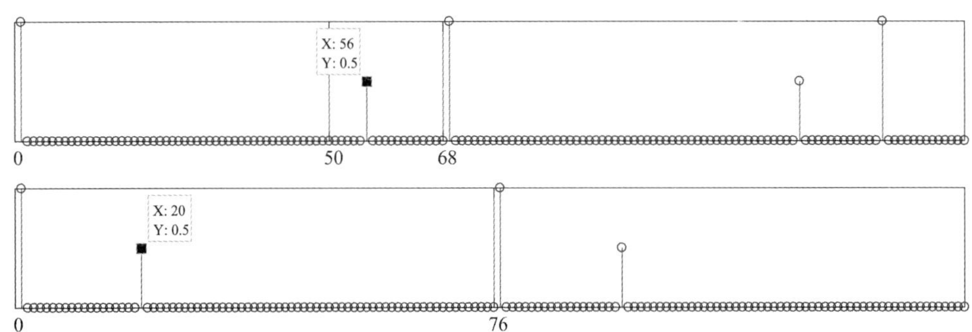

图 4.45　距离门

方法 1：列举计算在不同模糊数 n 的情况下两种重频下的距离，然后选取距离误差最小的一对距离作为目标所处距离范围。

两种重频下目标的真实距离计算公式如下：

$$R_1 = n * R_{u1} + 56 * 0.150 = n * 10.2 + 56 * 0.150\ (\text{km})$$

$$R_2 = n * R_{u2} + 20 * 0.150 = n * 11.4 + 20 * 0.150\ (\text{km})$$

具体计算如下表：

n	0	1	2	3	4	5	6
R_1/km	8.4	18.6	28.8	39.0	49.2	59.4	69.6
R_2/km	3.0	14.4	25.8	37.2	48.6	60.0	71.4
$\|R_2-R_1\|$/km	5.4	4.2	3.0	1.8	0.6	0.6	0.8

通过上表可以看出，当 n 取值为 4 或者 5 时，距离误差最小。因此目标距离可能为 48.6～49.2 km 或者 59.4～60.0 km 两个距离范围内。产生两个距离范围的原因是因为目标可能接近或者远离雷达。

方法 2：两种重频下模糊距离之差对应的距离门数为

$$N = \frac{R_{u2} - R_{u1}}{\Delta R} = \frac{11.4 - 10.2}{0.15} = 8$$

距离模糊数为

$$n = \frac{M_1 - M_2}{N} = \frac{56 - 20}{8} = 4.5$$

因此，距离模糊数 n 应取 4 或 5。当目标接近雷达时，则 n 取 4，目标的真实距离为

$$R_1 = 4 * 10.2 + 56 * 0.150 = 49.2\ (\text{km})$$

$$R_2 = 4 * 11.4 + 20 * 0.150 = 48.6\ (\text{km})$$

此时目标距离范围为 48.6 km～49.2 km。

当目标远离雷达时，则 n 取 5，目标的真实距离为

$$R_1 = 5 * 10.2 + 56 * 0.150 = 59.4\ (\text{km})$$

$$R_2 = 5 * 11.4 + 20 * 0.150 = 60.0\ (\text{km})$$

此时目标距离范围为59.4 km～60.0 km。由此可见，采用多种重频的高重频雷达尽管可以解距离模糊，但是测距精度有限。

4.8　调频连续波信号及其拉伸信号处理

与脉冲雷达不同，连续波(CW)雷达采用连续波信号。假设雷达发射的是单频正弦波信号

$$s(t) = A\sin(2\pi f_0 t) \tag{4.8.1}$$

若不考虑幅度的衰减，距离为 R 处的目标回波信号为

$$s_r(t) = A\sin(2\pi f_0 t - \varphi) \tag{4.8.2}$$

这里相移 φ 为

$$\varphi = 2\pi f_0 \frac{2R}{c} \tag{4.8.3}$$

将接收信号与发射信号通过鉴相器，根据相位差 φ 可以得到目标的距离为

$$R = \frac{c\varphi}{4\pi f_0} = \frac{\lambda\varphi}{4\pi} \tag{4.8.4}$$

由于 φ 的最大值为 2π，不模糊距离只有半波长，因此，单频连续波雷达不能得到目标的距离，通常只应用于公路边的测速雷达。为了解决连续波雷达测距，通常采用线性调频或多频连续波，相应的雷达称为线性调频连续波雷达或多频连续波雷达。特别是需要大带宽、距离高分辨的应用场合，例如成像雷达、汽车自动驾驶雷达。合成孔径雷达对地成像，由于载机的速度已知，地面静止，只需要距离的高分辨而不需要测速，因此只需要采用单调制的调频连续波，其时频关系如图 4.46(a)所示。而汽车自动驾驶雷达需要同时测量目标的距离和速度，通常采用正、负调制的调频连续波，如图 4.46(b)所示。图中实线为发射信号的时频关系；点线为混频用参考信号的时频关系，实际为发射的耦合信号，图中错开只是为了观察，参考信号的调频率与发射信号的相同；点画线为目标回波信号的时频关系，以及回波信号与参考信号混频、滤波后信号的时频关系。f_b 为发射信号与接收信号的频率差，与目标的距离相对应，也称位置频率(Beat Frequency)。

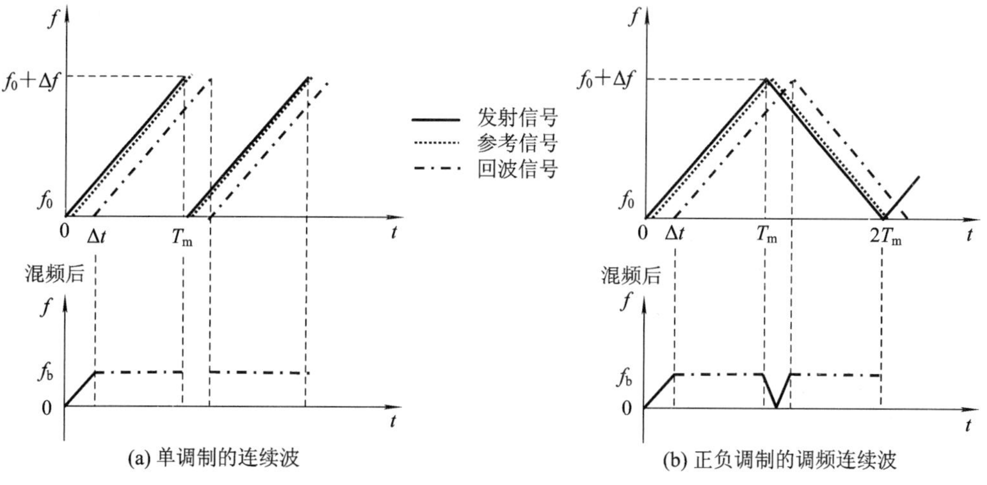

图 4.46　调频连续波信号的时频关系

这种利用调频信号作为参考信号进行混频的处理方法，称为拉伸(Stretch)处理，也叫作“有源相关”，通常用于处理带宽很宽的 LFM 信号。调频连续波雷达接收系统组成及其拉伸处理技术如图 4.47 所示，连续波雷达需要采用单独的发射和接收天线。图中给出了三个点目标或散射点的回波在处理过程中的时频变化关系示意图。其处理过程为：首先，雷达回波与一个发射信号波形的复制品(作为参考信号)混频；随后进行低通滤波和相干检波；再进行数模变换；最后，采用一组窄带滤波器(即 FFT)进行谱分析，提取与目标距离成正比的频率信息。这种拉伸处理有效地将目标距离对应的时延转换成了频率，接收的相同距离单元上的回波信号产生了同样的频率。参考信号是一个 LFM 信号(发射信号的耦合信号)，具有与发射的 LFM 信号相同的线性调频斜率。参考信号存在于雷达的“接收窗”的持续时间内，而持续时间由雷达的最大和最小作用距离的差值计算得到。

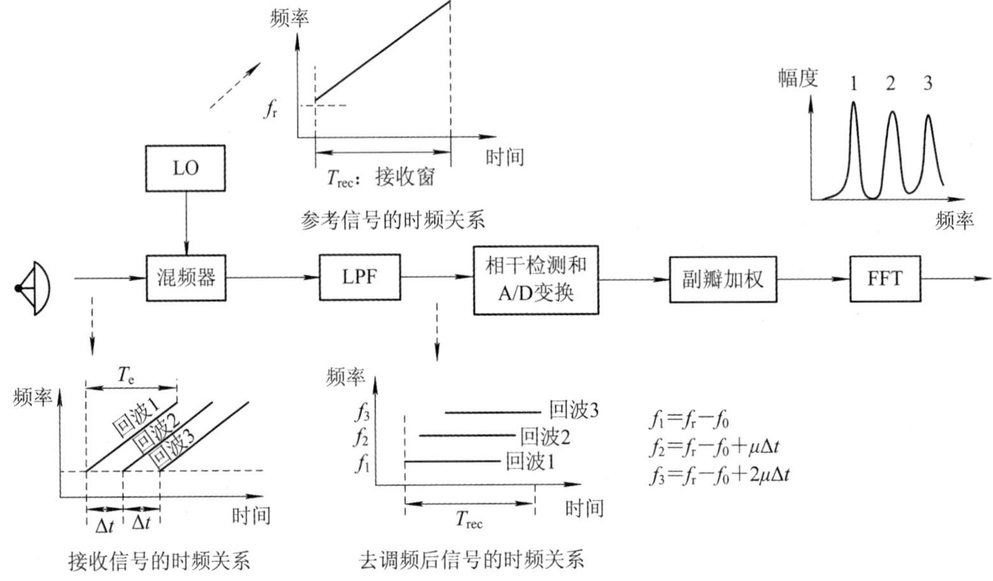

图 4.47　调频连续波雷达接收系统组成及其拉伸处理示意图

拉伸处理与 LFM 脉冲信号的主要区别之一是混频的参考信号不同。针对 LFM 脉冲信号，接收机中混频器是采用单载频信号作为参考信号，因此采样速率要求为调频带宽的两倍。例如，若距离分辨率为 0.3 m，则要求调频带宽为 500 MHz，采样速率要求达 1 GHz。而拉伸处理过程中，接收机中混频器是采用 LFM 信号作为参考信号，这时采样速率主要取决于目标最大距离对应的位置频率和接收窗的大小。接收窗的大小通常只有数千米甚至更小。

雷达的发射信号模型可表示为

$$s_1(t)=\cos(2\pi f_0 t+\pi\mu t^2),\quad 0\leqslant t\leqslant T_m \tag{4.8.5}$$

式中，$\mu=B/T_m$ 为 LFM 斜率，B 为调频带宽，T_m 为脉冲宽度(时宽)；f_0 为线性调频脉冲的起始频率。

假设在距离为 R 位置有一个点目标，雷达接收其回波信号为

$$s_r(t)=a\cos[2\pi f_0(t-\tau_0)+\pi\mu(t-\tau_0)^2],\quad 0\leqslant t-\tau_0\leqslant T_m \tag{4.8.6}$$

式中，a 为信号幅值，与目标 RCS、距离、天线增益等有关；$\tau_0=2R/c$ 为时延。

混频器输入的参考信号为

$$s_{\mathrm{ref}}(t)=\cos(2\pi f_{r0}t+\pi\mu t^2),\quad 0\leqslant t\leqslant T_{\mathrm{rec}} \tag{4.8.7}$$

式中，T_{rec}为接收窗对应的时间；f_{r0}为参考信号 LFM 的起始频率，由于参考信号一般为发射信号的耦合分量，则 $f_{r0}=f_0$，$T_{\mathrm{rec}}\leqslant T_m$。

接收信号与参考信号经混频、低通滤波后的复信号模型为

$$\begin{aligned}s_0(t)&=a\exp[\mathrm{j}(2\pi\mu\tau_0\cdot t+2\pi f_0\tau_0-\pi\mu\tau_0{}^2)]\\&=a\exp\left[\mathrm{j}\,\frac{4\pi\mu R}{c}t+\mathrm{j}\,\frac{2R}{c}\left(2\pi f_0-\frac{2\pi\mu R}{c}\right)\right]\end{aligned} \tag{4.8.8}$$

该信号的瞬时频率为

$$f_i=\frac{1}{2\pi}\frac{\mathrm{d}}{\mathrm{d}t}\left[\frac{4\pi\mu R}{c}t+\frac{2R}{c}\left(2\pi f_0-\frac{2\pi\mu R}{c}\right)\right]=\frac{2\mu R}{c}=f_b \tag{4.8.9}$$

上式表明，目标的距离与瞬时频率成正比。所以，对接收信号进行采样并对采样序列进行 FFT，在频率为 f_i 的峰值位置对应的目标距离为

$$R=\frac{f_b c}{2\mu}=\frac{f_b cT_m}{2B} \tag{4.8.10}$$

假设距离为 R_1、R_2、…、R_I 上有 I 个目标，根据式(4.8.8)，总的接收信号可表示为

$$s_0(t)=\sum_{i=1}^{I}a_i\exp\left[\mathrm{j}\,\frac{4\pi\mu R_i}{c}t+\mathrm{j}\,\frac{2R_i}{c}\left(2\pi f_0-\frac{2\pi\mu R_i}{c}\right)\right] \tag{4.8.11}$$

由此可见，不同距离的目标回波出现在不同的频率上。图 4.47 中给出了三个目标的回波信号示意图，对应的频率分别为 f_1、f_2、f_3。为了在 FFT 后能区分开不同散射点的频率，下面讨论采样率和 FFT 点数的确定方法。

假设感兴趣的接收窗 T_{rec} 所对应的距离范围为$(R_{\min},R_{\max})$，$T_{\mathrm{rec}}=\dfrac{2(R_{\max}-R_{\min})}{c}=\dfrac{2R_{\mathrm{rec}}}{c}$。根据采样定理，采样频率 f_s应大于等于最大距离 $R_{\max}$对应的位置频率 $f_{b,\max}$与最大多普勒频率 $f_{d,\max}$之和的两倍，即

$$f_s\geqslant 2(f_{b,\max}+f_{d,\max})=\frac{4\mu R_{\max}}{c}+2f_{d,\max} \tag{4.8.12}$$

若采样频率为 f_s，在一个调频周期 T_m内采样数据的长度 $N=f_sT_m$。N 点傅氏变换的频率分辨率为 $\Delta f_s=f_s/N$，对应的距离量化单元大小为

$$\Delta R_s=\frac{\Delta f_s c}{2\mu}=\frac{f_s cT_m}{2NB} \tag{4.8.13}$$

假设两个相邻的散射体或目标的距离为 R_1 和 R_2，距离间隔为 $\Delta R=R_2-R_1$，可以分辨这些散射体的最小频率间隔为

$$\Delta f=f_2-f_1=\frac{2\mu}{c}(R_2-R_1)=\frac{2\mu}{c}\Delta R \tag{4.8.14}$$

将 $\Delta R=c/(2B)$代入上式，得

$$\Delta f=\frac{2B}{cT_m}\frac{c}{2B}=\frac{1}{T_m} \tag{4.8.15}$$

由于 N 点 FFT 可分辨的最大频率限制在$\pm N\Delta f/2$ 范围内，最大可分辨频率为

$$\frac{N\Delta f}{2} \geqslant \frac{2B(R_{\max}-R_{\min})}{cT_{\mathrm{m}}}=\frac{2BR_{\mathrm{rec}}}{cT_{\mathrm{m}}} \tag{4.8.16}$$

将式(4.8.15)代入式(4.8.16)得

$$N \geqslant 2BT_{\mathrm{rec}} \tag{4.8.17}$$

实际中要求距离量化单元大小应小于等于距离分辨率 $\Delta R=c/(2B)$。选取 FFT 的点数为

$$N_{\mathrm{FFT}}=2^m \geqslant N \geqslant 2BT_{\mathrm{rec}} \tag{4.8.18}$$

式中，m 是一个非零的正整数。

FFT 对应的每个窄带滤波器(NBF)的带宽越窄，就越能更精确地测量频率并使得噪声功率最小。但实际中为了减少 FFT 的点数，不一定将一个调频周期 T_{m} 内采样数据都进行 FFT 处理，只是从中选取一部分数据。在 T_{rec} 期间采样点数为 $N_1=f_{\mathrm{s}}T_{\mathrm{rec}}$，这导致 FFT 的频率分辨率对应的距离量化单元大于距离分辨率。

例如：某成像雷达采用调频连续波，要求距离分辨率 ΔR 为 0.15 m，则调频带宽 B 为 1 GHz，调频时宽 T_{m} 为 0.1 s。若要求成像距离区域为(3 km，15 km)，则可以选取 f_{s} 为 2 MHz，在一个调频周期 T_{m} 内采样数据的长度 $N=2\times10^5$。若 FFT 的点数取 65 536，则频率分辨单元大小为 30.5176 Hz，对应的距离量化单元大小为 0.458 m。当然，这只是为了减少运算量而牺牲距离分辨的折中方案。

MATLAB 函数“stretch_comp.m”用来产生 stretch 处理的目标回波信号，并给出脉压结果。语法如下：

[y] = stretch_comp(*Tm*, *Bm*, *R0*, *Vr*, *SNR*, *Rmin*, *Rrec*, *f0*)

其中，各参数说明见表 4.14。

表 4.14　stretch_comp 的参数说明

符号	描　述	单位	状态	图 4.48～图 4.50 的仿真参数
Tm	调频周期	s	输入	10 ms
Bm	调频带宽	Hz	输入	1 GHz
R0	目标相对于 $R_{\min}$ 的距离矢量(在接收窗内)	m	输入	[5, 6.5, 15] m
Vr	目标的速度矢量	m/s	输入	[0,0,0] m/s
SNR	目标的信噪比矢量	dB	输入	[10,10,20] dB
Rmin	采样的最小距离	m	输入	3km
Rrec	接收距离窗的大小	m	输入	30 m
f0	载频(起始频率)	Hz	输入	5.6 GHz
y	脉压结果	dB	输出	

图 4.48～图 4.50 给出了不同情况下的 Stretch 处理结果，有关参数见表 4.14 和表 4.15。

表 4.15　图 4.48～图 4.50 中相关参数说明

图号	目标相对距离	速　度	结 果 分 析
图 4.48	[5, 6.5, 15] m	[0, 0, 0] m/s	3 个目标可以分辨
图 4.49	[5,5.15, 15] m	[0, 0, 0] m/s	尽管理论上距离分辨率为 $\Delta R = c/(2B_m) = 0.15$ m，但由于 FFT 加窗后主瓣展宽，使得两个目标相距 0.15 m 就不能分辨开
图 4.50	[5, 6.5, 15] m	[0,50, 100] m/s	由于速度的影响，两个目标的距离发生了位移且主瓣被展宽，因此，Stretch 处理前需要对目标的速度进行补偿

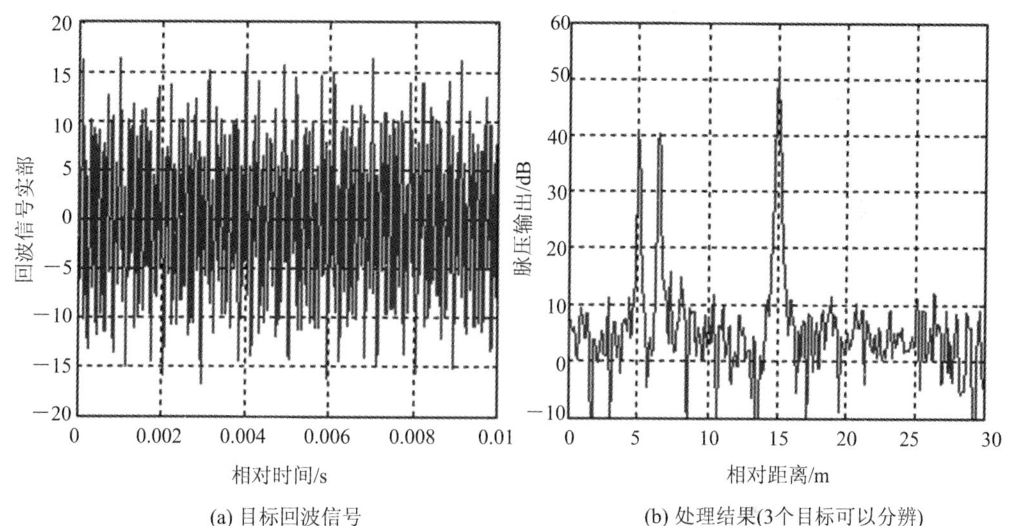

(a) 目标回波信号　(b) 处理结果(3个目标可以分辨)

图 4.48　Stretch 处理结果(目标相对距离[5, 6.5, 15] m，速度[0, 0, 0] m/s)

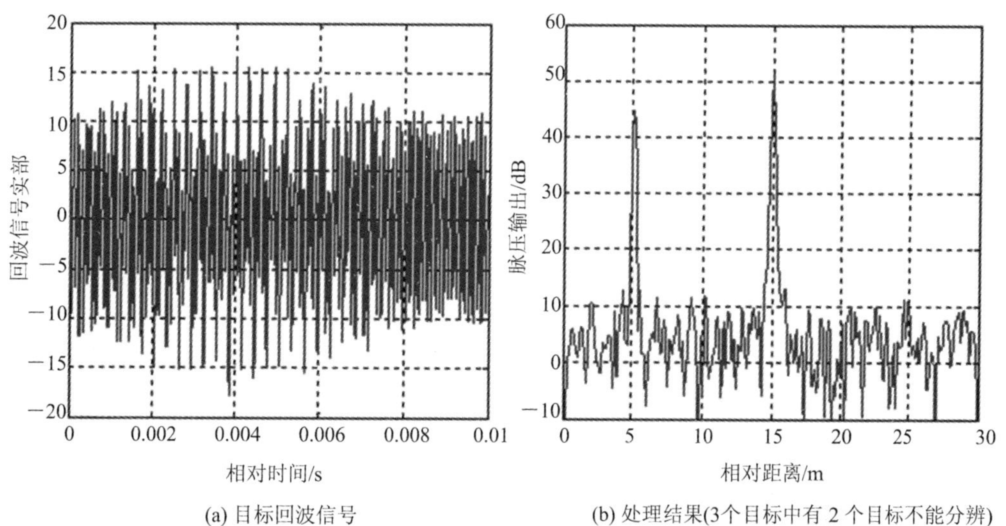

(a) 目标回波信号　(b) 处理结果(3个目标中有 2 个目标不能分辨)

图 4.49　Stretch 处理结果(目标相对距离[5, 5.15, 15] m，速度[0, 0, 0] m/s)

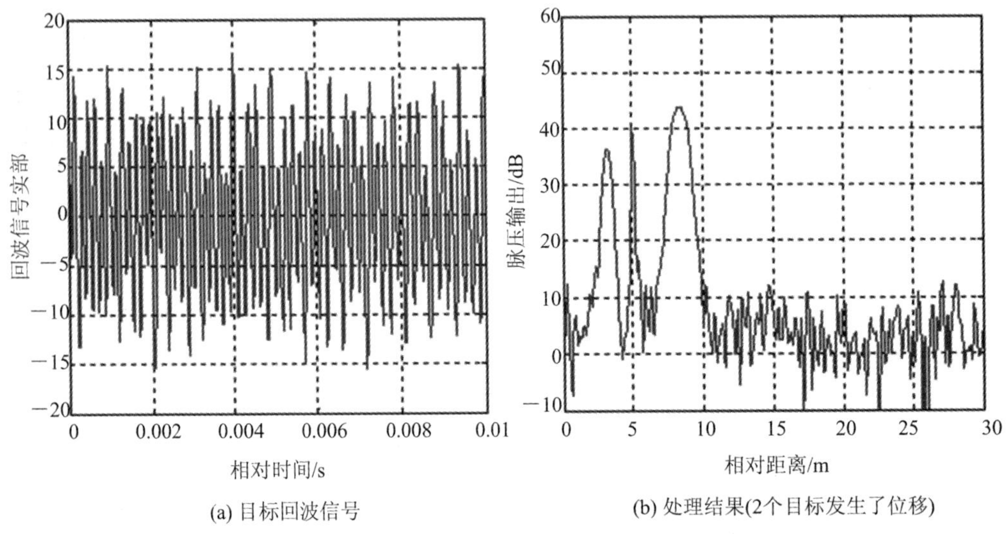

(a) 目标回波信号　　(b) 处理结果(2个目标发生了位移)

图 4.50 Stretch 处理结果(目标相对距离[5, 6.5, 15] m，速度[0, 50, 100] m/s)

4.9 基于 DDS 的任意波形产生方法

随着高速数字电路技术的发展，以前模拟波形产生方法已逐渐被数字产生方法所取代。模拟方法的最大缺点是不能实现波形捷变，而数字的方法不仅能实现多种波形的捷变，而且还可以实现幅相补偿以提高波形的质量。良好的灵活性和重复性(一致性)使得数字波形的产生方法越来越受到人们的重视。而基于直接数字频率合成技术的波形产生方法就是近些年来数字波形产生方法的典型代表。

4.9.1 DDS 技术简介

DDS 即直接数字频率合成(Direct Digital Frequency Synthesis，DDS)，是继直接频率合成技术和锁相环式频率合成技术之后的第三代频率合成技术，是从相位角度直接合成所需波形的频率合成技术。DDS 产生信号的主要优点有：频率切换快；频率分辨率高，频点数多；频率捷变时相位保持连续；低相位噪声和低漂移；输出波形灵活；易于集成，易于程控。当然，DDS 也有一定的局限性，如输出频带范围有限，杂散较大。

DDS 一般由相位累加器、加法器、波形存储器(ROM)、D/A 转换器和低通滤波器(LPF)构成。DDS 的原理框图如图 4.51 所示。其中 K 为频率控制字，P 为相位控制字，W 为波形控制字，f_c为参考时钟频率，N 为相位累加器的字长，D 为 ROM 数据位及 D/A 转换器的字长。相位累加器在时钟 f_c的控制下以步长 K 作累加，输出的 N 位二进制码与相位控制字 P、波形控制字 W 相加后作为波形 ROM 的地址，对波形 ROM 进行寻址，波形 ROM 输出 D 位的幅度码 $S(n)$经 D/A 转换器变成模拟信号 $S(t)$，再经过低通滤波器平滑后就可以得到合成的信号波形。合成的信号波形取决于波形 ROM 中存放的幅度码，因此用 DDS 可以产生任意波形。

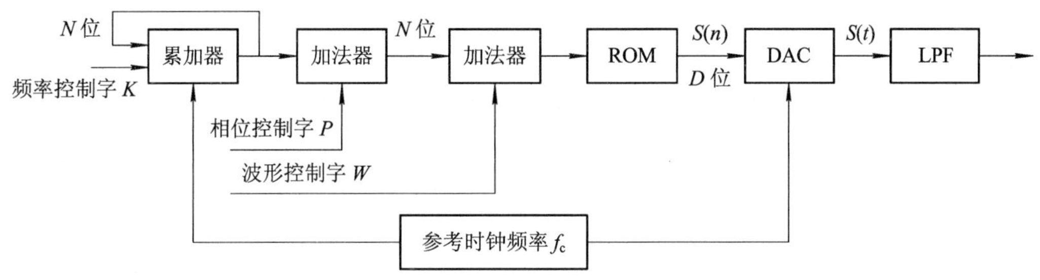

图 4.51　DDS 的基本原理框图

由图 4.51 可知，在每一个时钟沿，相位累加器与频率控制字 K 累加一次，当累加器大于 2^N 时，相位累加器相当于做一次模余运算。正弦查找表 ROM 在每一个时钟周期内，根据送给 ROM 的地址(相位累加器的前 P 位相位值)取出 ROM 中已存储的与该地址相对应的正弦幅值，最后将该值送给 DAC 和 LPF 实现量化幅值到正弦信号间的转换。由此可得到输出频率与时钟频率之间的关系为

$$f_o = K\frac{f_c}{2^N} \tag{4.9.1}$$

DDS 的最小频率分辨率为 $\dfrac{f_c}{2^N}$；DDS 的最小相位分辨率为 $\dfrac{2\pi}{2^P}$。

DDS 在相对带宽、频率转换时间、频率和相位分辨率、相位连续性、正交输出以及集成化程度等一系列性能指标方面远远超过了传统频率合成技术，为电子系统提供了优于模拟信号源的性能。但在实际的 DDS 电路中，为了达到足够小的频率分辨率，通常将相位累加器的位数取得较大，如 N 取 32、48 等。但受体积和成本限制，即使采用先进的存储压缩办法，ROM 的容量也远小于此。因此，就引入了相位舍位误差。其次，在存储波形的二进制数据时也不能用无限的代码精确表示，即存在幅度量化误差。另外，DAC 的有限分辨率也会引起误差。所以这些误差不可避免地会产生杂散分量，使得降低杂散成为 DDS 应用的一个主要问题。

由于 DDS 采用全数字结构，不可避免地引入了杂散。其来源主要有三个方面：相位累加器相位舍位误差造成的杂散；由存储器有限字长引起幅度量化误差所造成的杂散和 DAC 非理想特性造成的杂散。

4.9.2　基于 DDS 的波形产生器的设计

根据 DDS 可以进行灵活控制的特点，利用 DDS 既可以产生射频激励信号，也可以模拟雷达接收机的中频输出信号。当模拟雷达接收机的中频输出信号时，可以对目标的距离、速度、调制方式等进行灵活设置。

DDS 产生信号的主要类型有：

(1) 单频信号(主要用于验证系统工作的正确性和分析带外杂散的特征)；

(2) 调制信号：调制方式(ASK、FSK、PSK)和调制位数(2、4、8、16 位)都可以控制；

(3) 线性调频信号：中心频率、带宽、脉宽、重频、时延都可以由程序控制；

(4) 多普勒信号：回波信号在含有线性调频分量的同时含有多普勒分量和距离分量(即时延)。

目前市场上DDS器件较多，表4.16对ADI公司生产的DDS器件的主要性能和特点进行了比较。下面结合DDS芯片AD9959进行介绍。

表4.16 ADI-DDS器件主要功能比较

器件型号	调制功能	扫频功能	其它功能	数据接口
AD9959	16电平相位幅度频率调制	线性幅度相位频率扫描	4个同步DDS信道可独立进行频率相位幅度调制，信道隔离度为65 dB	800 Mb/s，串行SPI
AD9956	相位调制	线性扫描	鉴相鉴频器655 MHz，CML驱动8个频率相位偏移组	25 Mb/s，串行SPI
AD9954	相位幅度调制	线性或非线性扫描	超高速模拟比较器，集成1024×32 RAM	串行I/O
AD9858	—	线性扫描	集成2 GHz混频器，4个频率相位偏移组	8 bit并行、串行SPI
AD9854	FSK，BPSK PSK，AM	线性或非线性扫描，自动双向检测	超高速比较器，3 ps的RMS抖动 $\sin(x)/x$ 修正，两路正交DAC输出	10 MHz，串行SPI 100 MHz 8 bit并行
AD9852	FSK，BPSK PSK，AM	线性或非线性扫描，自动双向检测	超高速比较器，3 ps的RMS抖动 $\sin(x)/x$ 修正，两路正交DAC输出	10 MHz，串行SPI；100 MHz，8 bit并行

AD9959包括四个独立的通道，可以同时产生四路不同的信号。AD9959除提供四个独立DDS通道之外，每个通道的频率、相位和幅度都可以独立地控制。这种灵活性可用于校正正交信号之间由于模拟信号处理(如滤波、放大或PCB布线等)造成的不平衡，还可以通过自动同步专用管脚来实现多个AD9959芯片的同步工作。系统时钟最高可达500 MHz，理论上可以输出信号的最高频率为0～250 MHz。频率控制字为32位，频率分辨率达 $500\ \mathrm{MHz}/2^{32}\approx 0.12\ \mathrm{Hz}$。

DDS波形产生器实现方案如图4.52所示。主机通过USB接口向FPGA发送控制命

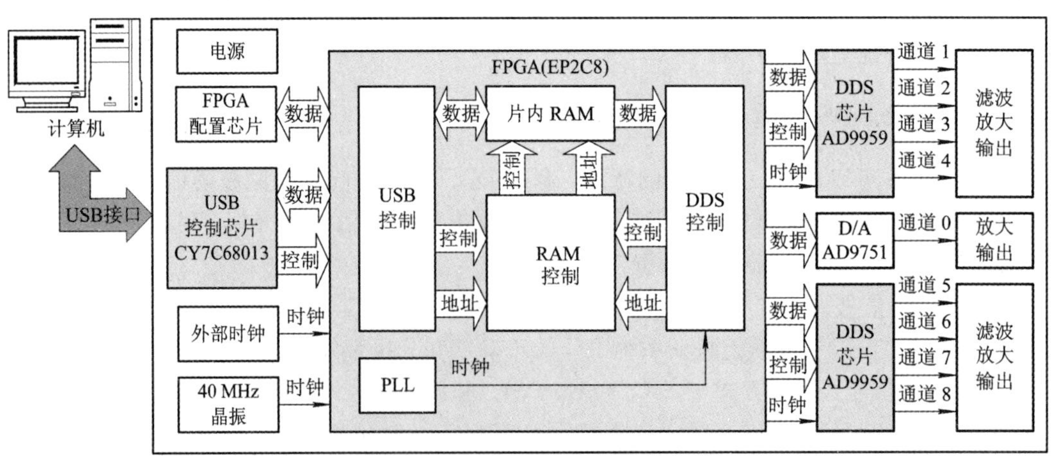

图4.52 DDS波形产生器的实现方案

令和控制参数，再由 FPGA 给 DDS 提供时钟、复位、写控制、数据更新等控制信号。为了提高输出信号的质量，采用对称设计、差分方式输出，然后经过差分放大器转换为单端方式。参数设置界面和雷达扫描界面分别如图 4.53 和图 4.54 所示，不仅可以对雷达的工作参数(如载频)进行设置，而且可以同时模拟 8 个目标的回波信号，且对每个目标的距离、速度、方位、幅度等分别进行设置。

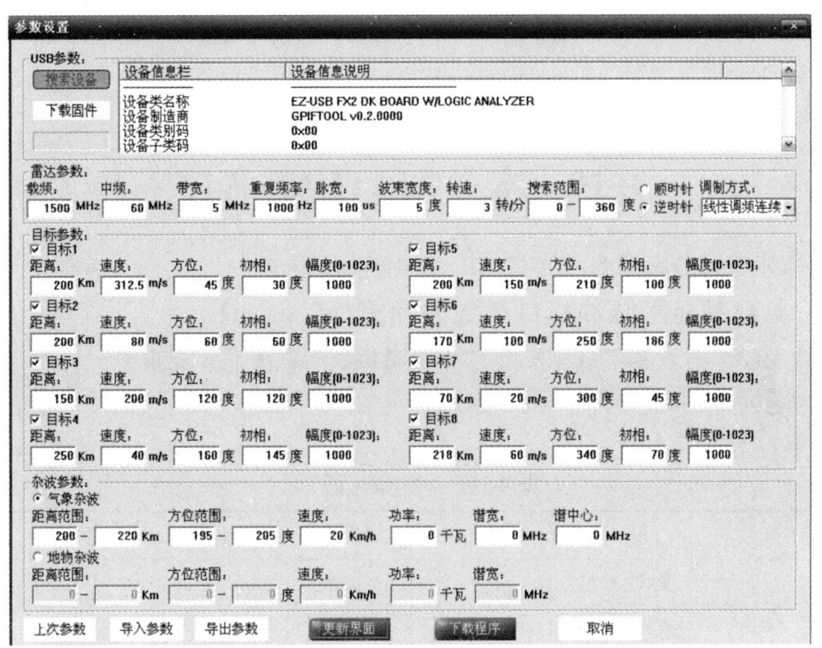

图 4.53　参数设置界面

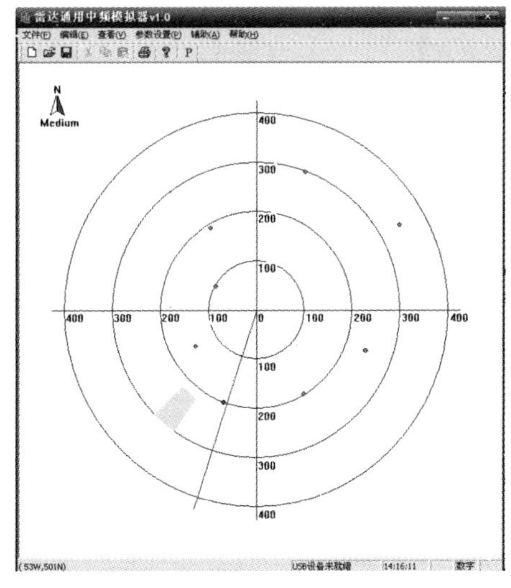

图 4.54　雷达扫描界面

图 4.55 给出了所产生的线性调频脉冲信号并利用示波器观测的时域信号。

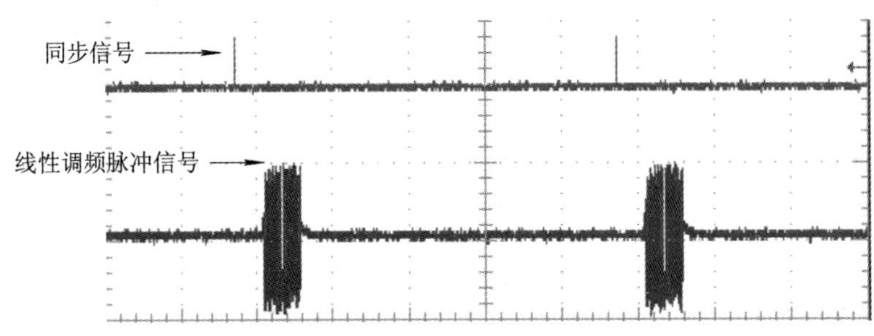

图 4.55　脉冲信号时域波形图

4.10　本章 MATLAB 程序

下面给出本章部分插图的 MATLAB 函数文件代码。

程序 4.1　单载频矩形脉冲模糊函数的计算(af_sp.m)

函数“af_sp.m”为计算单载频矩形脉冲模糊函数的程序，语法如下：

function [*amf*]=af_sp(*Tp*, *Grid*)

其中，各参数说明见表 4.17。

表 4.17　参 数 说 明

符号	说 明	单位	状态	仿 真 实 例
Tp	脉冲宽度	s	输入	1e−6
Grid	坐标轴点数	无	输入	64
amf	模糊函数值	无	输出	

```
function amf=af_sp(Tp, Grid)
%单个脉冲信号的模糊函数计算
t=-Tp:Tp/Grid:Tp;
f=-10/Tp:10/Tp/Grid:10/Tp;
[tau, fd]=meshgrid(t, f);
tau1=(Tp-abs(tau)) /Tp;
mul=pi*fd.*tau1;
mul=mul+eps;
amf=abs(sin(mul)./mul.*tau1);
figure(1); surfl(tau*1e6, fd*1e-6, amf);
figure(2); contour(tau*1e6, fd*1e-6, amf, 1, 'b');
figure(3); plot(t*1e6, tau1(Grid+1, :));
ff=abs(sin(mul)./mul);
ffd=ff(:, Grid+1);
figure(4); plot(fd*1e-6, ffd);
return;
```

程序 4.2　单载频高斯脉冲模糊函数的计算(af_gauss.m)

函数“af_gauss.m”为计算单载频高斯脉冲模糊函数的程序，语法如下：

function [*amf*]=af_gauss(*sigma*, *Tp*, *Grid*)

其中，各参数说明见表 4.18。

表 4.18 参 数 说 明

符号	说　　明	单位	状态	仿 真 实 例
sigma	高斯函数的均方根时宽	s	输入	1e−6
Tp	脉冲宽度	s	输入	4e−6
Grid	坐标轴点数	无	输入	64
amf	模糊函数值	无	输出	

```
function amf=af_gauss(sigma, Tp, Grid)
%单个高斯脉冲信号的模糊函数
t=-Tp:Tp/Grid:Tp;
f=-8/Tp:8/Tp/Grid:8/Tp;
[tau, fd]=meshgrid(t, f);
tau1=exp(-(tau.^2./(4*sigma.^2)));
mul=exp(-(pi.^2.*sigma.^2.*fd.^2));
mul=mul+eps;
amf=tau1.*mul;
figure(1); surfl(tau*1e6, fd*1e-6, amf); grid on;
figure(2); contour(tau*1e6, fd*1e-6, amf, 1, 'b'); grid on; ;
figure(3); plot(t*1e6, tau1(Grid+1, :)); grid on;
figure(4); plot(fd*1e-6, mul(:, Grid+1)); grid on;
return;
```

程序 4.3 线性调频脉冲信号模糊函数的计算(af_lfm.m)

函数“af_lfm.m”为计算线性调频脉冲信号模糊函数的程序，语法如下：

function [*amf*]=af_lfm(*B*, *Tp*, *Grid*)

其中，各参数说明见表 4.19。

表 4.19 参 数 说 明

符号	说　　明	单位	状态	仿 真 实 例
B	信号带宽	Hz	输入	4e6
Tp	脉冲宽度	s	输入	2e−6
Grid	坐标轴点数	无	输入	64
amf	模糊函数值	无	输出	

```
function amf=af_lfm(B, Tp, Grid)
%LFM信号的模糊函数
u=B/Tp;
t=-Tp:Tp/Grid:Tp;
f=-B:B/Grid:B;
[tau, fd]=meshgrid(t, f);
```

```
var1=Tp−abs(tau);
var2=pi*(fd−u*tau).*var1; var2=var2+eps;
amf=abs(sin(var2)./var2.*var1/Tp);
amf=amf/max(max(amf));
var3=pi*u*tau.*var1;
tau1=abs(sin(var3)./var3.*var1);
tau1=tau1/max(max(tau1)); %归一化距离模糊
mul=Tp.*abs(sin(pi*fd.*Tp)./(pi*fd.*Tp));
mul=mul/max(max(mul)); %归一化速度模糊
figure(1); surfl(tau*1e6, fd*1e−6, amf);
figure(2); contour(tau*1e6, fd*1e−6, amf, 1, 'b'); grid on;
figure(3); plot(t*1e6, tau1(Grid+1, :)); grid on;
figure(4); plot(fd*1e−6, mul(:, Grid+1)); grid on;
```

程序 4.4 巴克码序列的波形、频谱及模糊函数的计算(af_barker.m)

函数“af_barker.m”为计算巴克码序列模糊函数的程序，语法如下：

function [*amf*]= af_barker(*Barker_code*, *T*)

其中，各参数说明见表 4.20。

表 4.20 参数说明

符号	说明	单位	状态	仿真实例
Barker_code	输入的巴克码序列	无	输入	[1 1 1 1 1 −1 −1 1 1 −1 1 −1 1]
T	子脉冲宽度	s	输入	1e−6
amf	模糊函数值	无	输出	

```
function [amf] =af_barker (Barker_code, T)
%计算巴克码序列的波形、频谱及模糊函数
N = length(Barker_code);
tau = N*T;
samp_num = size(Barker_code, 2)*10;
n = ceil(log(samp_num)/log(2));
nfft = 2^n;
u(1:nfft) = 0;
u(1:samp_num)=kron(Barker_code, ones(1, 10));
delay = linspace(−tau, tau, nfft);
figure(1); plot(delay*1e6+N, u, ); grid on;
sampling_interval = tau/nfft;
freqlimit = 0.5/sampling_interval;
f = linspace(−freqlimit, freqlimit, nfft);
freq = fft(u, nfft);
vfft = freq;
freq = abs(freq)/max(abs(freq));
figure(2); plot(f*1e−6, fftshift(freq)); grid on;
freq_del = 12/tau/100;
```

```
freq1 = -6/tau:freq_del:6/tau;
for k=1:length(freq1)
    sp=u. * exp(j * 2 * pi * freq1(k). * delay);
    ufft = fft(sp, nfft);
    prod = ufft. * conj(vfft);
    amf (k, :) = fftshift(abs(ifft(prod)));
end
amf = amf. /max(max(amf));
[m, n] = find(amf==1.0);
figure(3); mesh(delay * 1e6, freq1 * 1e-6, amf);
figure(4); contour(delay * 1e6, freq1 * 1e-6, amf, 1, 'b'); grid on;
figure(5); plot(delay * 1e6, amf (m, :), 'k'); grid on;
figure(6); plot(freq2 * 1e-6, amf (:, n), 'k');
```

程序 4.5　步进频率脉冲信号模糊函数的计算(af_sfw.m)

函数“af_sfw.m”为计算步进频率脉冲信号模糊函数的程序，语法如下：

function [*amf*] =af_sfw(*Tp*, *Tr*, N, *delta_f*)

其中，各参数说明见表 4.21。

表 4.21　参 数 说 明

符号	说　明	单位	状态	仿 真 实 例
Tp	脉冲宽度	s	输入	1e-6
Tr	脉冲重复周期	s	输入	5e-6
N	脉冲个数	无	输入	4
delta_f	步进间隔	Hz	输入	1e6
amf	模糊函数值	无	输出	

```
function [amf] =af_sfw (Tp, Tr, N, delta_f)
delta_tau = Tp/10;                    %时间轴间隔
taumin = -(Tp+Tr);                    %时间轴最小值
delta_fd = delta_f/100;               %频率轴间隔
B = N* delta_f;
tau = taumin :delta_tau :-taumin;  %用于绘图的时间轴
fd = -B/2 :delta_fd :B/2;             %用于绘图的频率轴
eps = 0.0000001;
nf=length(fd);
nt = length(tau);
amf = zeros(nf, nt);
for k = 1:nt
    x_temp(length( -(N-1) :1 :(N-1)), nf)=0;
    for p = -(N-1) :1 :(N-1)
        if (abs(tau(k) - p * Tr) < Tp)
            t_f_temp = p * delta_f * Tr + fd * Tr + delta_f * tau(k);
```

```
            val1 = sin((N-abs(p)) * pi * t_f_temp + eps) ./sin(pi * t_f_temp + eps);
            t_temp = tau(k)-p * Tr;
            f_temp = fd+p * delta_f;
            val2_1 = 1-abs(t_temp) / Tp;
            val2_2 = sinc((f_temp+k * t_temp) * (Tp - abs(t_temp)));
            val2 = abs(val2_1 * val2_2);
            x_temp(p+(N-1)+1, :) = abs(val1). * abs(val2);
        else
            x_temp(p+(N-1)+1, :) = 0;
        end
    end
    amf (:, k) = sum(x_temp);
end
amf =abs(x)/max(max(abs(amf)));
[m, n]=find(amf ==1.0);
figure(1); mesh(tau * 1e6, fd * 1e-6, amf);
figure(2); contour(tau * 1e6, fd * 1e-6, amf, 1, 'b');
figure(3); plot(tau * 1e6, amf (m, :)); grid on;
figure(4); plot(fd * 1e-6, amf (:, n)); grid on;
```

程序 4.6　线性调频脉冲信号的回波产生与脉压程序(LFM_comp.m)

```
function [y]=LFM_comp(Tp, Bm, Ts, R0, Vr, SNR, Rmin, Rrec, Window, bos)
mu=Bm/Tp;       %调频率
c=3e8;
M=round(Tp/Ts); t1=(-M/2+0.5: M/2-0.5) * Ts;     %时间矢量
NR0=ceil(log2(2 * Rrec/c/Ts)); NR1= 2^NR0;
lfm=exp(j * pi * mu * t1.^2); W_t=lfm. * Window ;
game=(1+2 * Vr./c).^2;
sp=(0.707 * (randn(1, NR1)+j * randn(1, NR1)));        %噪声
for k=1: length(R0)
    NR=fix(2 * (R0(k)-Rmin)/c/Ts);
    Ri=2 * (R0(k)-Vr(k) * t1);
    spt=10^(SNR(k)/20) * exp(-j * bos * Ri) * exp(j * pi * mu * game(k) * t1.^2); %信号
    sp(NR: NR+M-1)=sp(NR: NR+M-1)+spt;        %信号+噪声
end;
spf=fft(sp, NR1); Wf_t=fft(W_t, NR1);
y=abs(ifft(spf. * conj(Wf_t), NR1)/NR0);
figure; plot(real(sp)); grid;
figure; plot(t1 * 1e6, real(lfm)); grid;
```

程序 4.7　二相编码脉冲信号的回波产生与脉压程序(PCM_comp.m)

```
function [y] = PCM_comp(Tp, code, Ts, R0, Vr, SNR, Rmin, Rrec, Window, bos)
M=round(Tp/Ts);
code2 = kron(code, ones(1, M));
```

```
c=3e8;
NR0=ceil(log2(2 * Rrec/c/Ts)); NR1= 2^NR0;
M2=M * length(code);
t1=(0: M2-1) * Ts;
sp=(0.707 * (randn(1, NR1)+1j * randn(1, NR1)));          %噪声
for k=1: length(R0)
   NR=fix(2 * (R0(k)-Rmin)/c/Ts);
   Ri=2 * (R0(k)-Vr(k) * t1);
   spt=(10^(SNR(k)/20)) * exp(-1j * bos * Ri). * code2;    %信号
   sp(NR: NR+M2-1)=sp(NR: NR+M2-1)+spt;                    %信号+噪声
end;
spf=fft(sp, NR1); Wf_t=fft(code2, NR1);
y=abs(ifft(spf. * conj(Wf_t), NR1))/NR0;
figure; plot(real(sp)); grid;
figure; plot(t1 * 1e6, real(code2)); grid;
```

程序 4.8　Stretch 信号的处理程序(stretch_lfm. m)

```
function[y, sp]=stretch_lfm(f0, Tm, Bm, Rmin, Rrec, R0, Vr, SNR)
mu=Bm/Te;                                                   %调频率
c=3e8; dltR=c/(2 * Bm);
Trec=2 * Rrec/c; N=2 * Bm * Trec;
m=ceil(log2(N)); Nfft=2^m;
Ts=Tm/Nfft; t1=(0: Nfft-1) * Ts;
Window=kaiser(Nfft, pi).';
sp=(0.707 * (randn(1, Nfft)+1j * randn(1, Nfft)));
for k=1: length(R0)
   tao=2 * (R0(k)-Rmin-Vr(k) * t1)/c;
   spt=(10^(SNR(k)/20)) * exp(1j * (2 * pi * mu * tao. * t1+(2 * pi * f0-pi * mu * tao). *
      tao));                                                %信号
   sp=sp+spt;                                               %信号+噪声
end;
y=(abs(fft(sp. * Window, Nfft)))/m;
figure; plot(t1, real(sp)); grid;
figure; plot((0: Nfft/2-1) * dltR, 20 * log10(y(1: Nfft/2))); grid;
```

程序 4.9　步进频率脉冲综合处理程序(SFW_HRR. m)

```
function [y] = SFW_HRR(Tp, deltaf, N, Fr, R0, Vr, SNR, Rmin, Rrec, Window, f0)
c=3e8;
Tr=1/Fr; dr=c/(N * deltaf);
Ts=Tp; t=(0: N-1)' * Tr+Tp/2;
fi=f0+(0:N-1)' * deltaf;
NR=round((2 * Rrec/c)/Ts);
sp=(0.707 * (randn(N, NR)+1j * randn(N, NR)));     %噪声
for k=1: length(R0)
```

```
    Rt=R0(k)+Rmin-Vr(k)*t;
    NR0=ceil(2*(R0(k))/c/Ts);
    sp(:,NR0)=sp(:,NR0)+(10^(SNR(k)/20))*exp(-1j*2*pi*fi.*(2*Rt/c));
end;
for k=1:NR
    y1=(abs(ifft(sp(:,k).*Window,N)));
    y((k-1)*N+(1:N))=y1((1:N));
end;
maiya=20*log10(y);
figure; plot((0:(N)*NR-1)*dr/2,maiya); grid;
```

练　习　题

4-1　推导下列信号的模糊函数的表达式$|\chi(\tau, f_d)|$；结合书中程序，仿真画出模糊函数图$|\chi(\tau, f_d)|$及其时延主截面$|\chi(\tau, 0)|$、多普勒主截面$|\chi(0, f_d)|$，并指出模糊图主瓣的形状及其距离分辨率。

(1) 矩形脉冲($T=1$ μs)；

(2) 高斯脉冲($\sigma=1$ μs)；

(3) LFM 脉冲信号(带宽 $B=10$ MHz，脉冲宽带 $\tau=1$ μs)。

4-2　设信号$s(t)$是一个时宽为 T、幅度为 A 的矩形脉冲，其数学表示式为 $s(t)=\begin{cases}A, & |t|\leqslant T/2\\ 0, & |t|>T/2\end{cases}$。现考虑该信号的匹配滤波问题。假定线性时不变滤波器的输入信号为 $x(t)=s(t)+n(t)$，其中，$n(t)$是均值为零、功率谱密度为 $P_n(w)=N_0/2$ 的白噪声。

(1) 求信号 $s(t)$的匹配滤波器的系统函数 $H(w)$和脉冲响应 $h(t)$；

(2) 求匹配滤波器的输出信号 $s_o(t)$，并画出波形；

(3) 求输出信号的信噪比 SNR_o。

4-3　假定两部雷达均采用带宽为 B、时宽为 T 的线性调频脉压信号：一部用于检测弹道导弹，$B=1$ MHz，$T=1$ ms，目标的多普勒频率 $f_d=100$ kHz；另一部用于检测飞机，$B=100$ MHz，$T=10$ s，目标的多普勒频率 $f_d=1$ kHz。计算：

(1) 两种情况下时延 t_r的变化；

(2) 两种情况下由多普勒效应引起的时移(距离)误差为多少(以米为单位)；

(3) 两种情况下由多普勒效应引起的时移与波形的时延分辨率的比值(可以假定为$1/B$)。

4-4　假设雷达发射 LFM 信号的带宽 $B=1$ MHz，脉冲宽带 $\tau=100$ μs，波长 $\lambda=3$ cm。目标距离和速度分别为 50 km、0 m/s，目标回波的峰峰值为[-100，+100](即 A/D 变换器的工作位数为 8 位)。

(1) 写出回波信号的复包络，画出接收基带信号的实部和虚部。

(2) 写出脉压处理输出信号的表达式(模值)。

(3) 在同一副图中画出加(a) 矩形窗、(b) 汉明(Hamming)窗、(c) -35 dB 泰勒窗三种情况下的脉压输出结果(横坐标为距离，纵坐标取 dB)；结合图形，指出三种窗函数情况下的主瓣展宽和峰值副瓣电平。为了主瓣光滑些，建议采样频率取 6 MHz。

(4) 假设输入噪声为高斯白噪声，输入信噪比为0 dB，在同一幅图中画出分别加有上述三种窗函数情况下的脉压输出结果，计算输出信噪比，分析输出信噪比比输入信噪比提高了多少dB，并解释原因。(建议采样频率取2 MHz)

(5) 假设目标速度为680 m/s，输入信噪比均为0 dB，加－35 dB泰勒窗，分别画出时域和频域脉压输出结果，对两种脉压方法进行比较，给出这两种脉压处理的MATLAB仿真程序和运算时间。(建议采样频率取2 MHz)

(6) 假设目标速度为680 m/s，输入信噪比均为0 dB，画出加－35 dB泰勒窗的脉压输出结果，指出速度对脉压的影响(目标距离发生的位移)。

(7*) 简述“测不准”原理。

(8*) 在同一幅图中分别画出目标速度 $v_t=[0、10、20]$ Ma的脉压结果。相对于目标速度 $v_t=0$ 的加权滤波器，画出目标速度为0～20 Ma(间隔1 Ma)时目标的峰值信号电平损耗(dB)与 v_t 的关系，以及目标速度对脉压产生的距离误差(测量的距离－真实的距离)。

4-5　模拟产生NLFM信号，带宽 $B=1$ MHz，脉冲宽带 $\tau=100$ μs，波长 $\lambda=3$ cm，采样频率为2 MHz。目标距离和速度分别为50 km、0 m/s，目标回波的峰峰值为[－100，＋100](即A/D变换器的工作位数为8位)。

(1) 画出产生的NLFM信号的时－频关系曲线。

(2) 画出脉压输出结果(横坐标为距离，总坐标取dB)，结合图形，指出峰值副瓣电平。

(3) 假设输入噪声为高斯白噪声，输入信噪比为0 dB，画出脉压输出结果，指出输出信噪比的变化，并解释原因。

(4) 假设目标速度680 m/s，输入信噪比均为0 dB，指出速度对脉压的影响(目标距离发生的位移)。

4-6　计算下列两种二相序列的非周期自相关函数和周期自相关函数，并比较它们的差异。

(1) 13位巴克码；

(2) 码长 $P=15$ 的M序列。

4-7　编写码长 $P=127$ 的M序列的产生程序，并画出其模糊函数图 $|\chi(\tau, f_d)|$ 及其－6 dB切割模糊度图、时延主截面 $|\chi(\tau, 0)|$、多普勒主截面 $|\chi(0, f_d)|$，指出模糊度图的形状。

4-8　假设雷达发射二相编码(码长 $P=127$ 的M序列)脉冲信号，每个码元的时宽为1 μs，波长 $\lambda=3$ cm，采样频率为2 MHz。目标距离为50 km，目标回波的幅值为1。

(1) 假设目标的多普勒频率为 f_d，写出目标回波的基带信号模型。

(2) 假设目标的速度为0，画出目标回波信号的相位-时间关系曲线；画出脉压输出(模值)结果(横坐标为距离，纵坐标取dB)，指出其峰值副瓣电平。

(3) 假设目标速度为340 m/s，重复(2)，分别画出目标回波信号的相位-时间关系曲线、脉压输出结果，分析脉压结果，并解释原因。

(4) 简述相位编码信号的多普勒敏感性；在同一幅图中画出目标的速度分别为0、50 m/s、100 m/s的脉压结果，并对结果进行解释。

(5) 画出目标速度 v_r 从0到100 m/s时目标所在距离单元的脉压损失(以速度为0的脉压结果归一化)，若要求脉压损失不超过3 dB，则速度应小于多少？

(6) 假设目标的速度为0，输入信噪比为10 dB，分别画出脉压前、后的时域信号，计

算输出信噪比，分析信噪比变化的原因。

(7*) 为了降低二相编码信号副瓣电平，可以对一个波位的各个发射脉冲采用相同长度的不同码形，脉压时采用不同的脉压系数，然后对一个波位的多个脉冲回波进行积累。假设在一个波位发射16个脉冲，目标的速度为0，输入信噪比为0 dB，画出前、后的时域信号和相干积累后的时域信号(纵坐标均取dB)，计算输出信噪比，分析信噪比变化的原因，以及积累输出结果，指出副瓣电平的变化情况。

4-9 某雷达采用三种PRF来解距离模糊。所希望的无模糊距离 $R_u=200$ km，选择 $N=43$。计算三种PRF f_{r1}、f_{r2}、f_{r3}，及其对应的无模糊距离 R_{u1}、R_{u2} 和 R_{u3}。

第 5 章　雷达信号处理

在雷达系统中，信号处理扮演着十分重要的角色。它既是区分老式雷达与现代雷达的重要标志，也是各种新体制雷达中的核心技术。

雷达信号处理是指对观测信号进行分析、变换、综合等处理，抑制干扰、杂波等非期望信号，增强有用信号，并估计有用信号的特征参数，或是将信号变成某种更符合要求的形式。信号处理的方式也从早期的模拟域发展到几乎都采用数字域。数字信号处理以数字或符号序列表示信号，用数值计算的方法完成对信号的各种处理。数字信号处理的主要方法有数字卷积(时域处理)、数字谱分析(频域处理)、数字滤波(包括有限冲激响应滤波器(FIR)和无限冲激响应滤波器(IIR))等。特别是随着微电子技术的迅速发展，高性能的数字信号处理器不断出现，这为实时处理带来了方便，过去在模拟域的处理现在都可以在数字域实现。

由于在第 4 章已介绍了脉冲压缩、步进频率综合、拉伸处理，本章先介绍雷达信号处理的分类和回波信号模型，然后介绍数字中频正交采样、空域信号处理和极化信息处理，最后介绍快速离散傅里叶变换(FFT)、窗函数在雷达信号处理中的应用。有关抑制杂波的信号处理方法将在第 6 章介绍，而抑制干扰的信号处理方法将在第 7 章介绍。阵列的自适应信号处理方法将在第 10 章介绍。

5.1　雷达信号处理的任务与分类

雷达信号处理的任务就是最大程度地抑制噪声和干扰，提取与目标属性有关的信息。从狭义上讲，雷达信号处理是指对雷达天线接收到的经接收机处理后的信号进行处理，主要包括脉压、干扰抑制、目标检测、信息提取等。从广义上讲，雷达信号处理涉及各种不同发射波形的选择、检测理论、性能评估以及天线和显示终端或数据处理计算机之间的硬件和软件，以完成所要求的信号之间的变换和参数提取。具体来说，信号处理包括信号产生、信号提取、信号变换三大类，其中信号产生包括调制、上变频、倍频、合成、放大和波束形成等；信号提取包括解调、下变频、分频、滤波、检测和成像等；信号变换包括频率变换、A/D 变换、相关、放大及延时等。

根据雷达的任务及其工作环境，对雷达信号处理的要求是：

(1) 能够处理海量信息。不仅能够获取目标的位置和数量等常规信息，还能获取目标的属性或图像信息。

(2) 实时性强。完成一次处理所用的时间与雷达的数据率相匹配。

(3) 鲁棒性好。能够在复杂的电磁环境(特别是强电磁干扰环境)下正常工作。

实现上述要求取决于五种能力：

(1) 杂波和干扰的有效抑制能力，具体措施分别在第6、7章介绍。

(2) 目标回波能量的有效收集能力，主要措施有：① 改善天线的主瓣增益，降低旁瓣；② 降低天线转速，增加每个波位的驻留时间；③ 选择能量利用率高的信号形式；④ 提高雷达发射信号的峰值功率；⑤ 距离维匹配滤波(脉冲压缩)；⑥ 方位维一次扫描周期内对一个波位的多个脉冲的相干和非相干积累；⑦ 扫描周期间的积累(航迹提取)；⑧ 其它，如双/多基地、变极化、扩充工作频段等。

(3) 高效的空间搜索能力。

(4) 良好的空间分辨能力，主要措施有：① 尽可能地增大天线的功率孔径积，提高角分辨能力；② 改进测角方式，提高角度测量精度；③ 使用距离波门(时域滑窗)进行距离跟踪，减小多目标在频域的混叠；④ 使用大带宽信号和脉冲压缩技术，提高距离分辨能力；⑤ 采用频率滤波，提高速度分辨能力；⑥ 通过合成孔径，提高方位分辨能力；⑦ 两幅天线干涉合成，提高俯仰角分辨能力。

(5) 良好的环境适应能力：① 自适应杂波抑制(自适应滤波、自适应CFAR、杂波图等)；② 自适应数字波束形成；③ 智能化特征抽取和目标识别算法；④ 多模式协同工作(例如预警机、多模式SAR)。

雷达信号处理的分类方法较多，按处理域分为时域信号处理、空域信号处理、频域信号处理、极化域信号处理和多域联合信号处理。按实现方式分为：① 基于通用数字信号处理器(DSP)的软件算法编程的信号处理实现方式；② 基于专用集成电路设计(ASIC)的全硬件的信号处理实现方式；③ 基于DSP、FPGA或ASIC相结合的并行高速信号处理实现方式；④ 基于GPU的高速信号处理实现方式。尽管DSP芯片已由单核发展到双核甚至多核，例如：德州仪器公司开发的TMS320C67XX包括6个内核，我国中电集团第三十八研究所自主开发的高性能DSP芯片(BWDSP100)有4个乘法器，但对一些需要同时完成数百个甚至数千个乘法运算的场合，DSP的运算能力仍不能满足要求，就需要采用FPGA或ASIC设计更多的乘法器运算模块。

表5.1给出了雷达信号处理的常用方法。

表5.1　雷达常用信号处理方法

信号处理方法	处理域或处理时间要求	作　　用	所在章节
数字正交采样	时域，每个采样点完成	对A/D采样的中频信号，得到数字基带I、Q信号	第5章
脉冲压缩	时域，在每个PRI内完成	得到带宽对应的窄脉冲，提高信噪比(SNR)	第4章

续表

信号处理方法	处理域或处理时间要求	作　　用	所在章节
相干积累	在相干积累处理间隔内完成	提高信噪比(SNR)，同时得到可能模糊的多普勒频率	第 5 章
非相干积累	在非相干积累处理间隔内完成	“白化”噪声，降低虚警，提高检测性能	第 5 章
动目标显示(MTI)	在多个脉冲之间处理	抑制杂波，提高信杂比(SCR)	第 6 章
动目标检测(MTD)	在多个脉冲之间处理	抑制杂波，提高 SNR 和 SCR，提供可能模糊的多普勒频率	第 6 章
旁瓣相消(SLC)	空域，对每个距离单元进行	干扰对消，降低干噪比(JNR)	第 7 章
数字波束形成(DBF)	空域，对每个距离单元进行	空域滤波，在目标方向形成接收波束，提高 SNR	第 5 章
自适应数字波束形成(ADBF)	空域，对每个距离单元进行	空域滤波，在干扰方向形成“零点”，抑制干扰；在目标方向形成接收波束，提高 SNR	第 10 章
超分辨处理	空域，点迹所在距离单元	空域超分辨处理，提高目标在空域(方法、仰角)的分辨能力	第 5 章
极化滤波	极化域	利用目标与干扰的极化特征差异，抑制干扰	第 5 章
恒虚警检测(CFAR)	对每个波位的数据进行	自动目标检测	第 8 章

5.2　雷达回波信号模型

雷达接收信号可以表述为

$$x(t)=S(t)+N(t)+C(t)+J(t) \tag{5.2.1}$$

其中，$S(t)$为目标回波信号，常称为有用信号；$N(t)$为噪声，包括接收机内部噪声及其天线和外部环境噪声；$C(t)$和 $J(t)$分别为杂波和干扰。

雷达杂波是指自然环境中不需要的回波，即传播路径中客观存在的各种“不需要”物体散射的回波信号。杂波包括来自地物、海洋、天气(特别是雨)、鸟群等的回波。在较低的雷达频率，电离的流星尾迹和极光的回波也能产生杂波。干扰是指人类活动过程中所发出的电磁波对雷达的影响。它包括两种类型：一类是人为有意造成的，其目的是为了影响雷达的正常工作而实施的敌对活动所发出的电磁波信号；另一类是人类活动过程中所发出的电磁波无意识地对雷达工作造成的影响，例如，电台等，对某些低频段雷达可能造成干扰，导致雷达在电台方向不能正常工作。人们通常说的干扰指第一种，即人为实施的。在有的书籍中也将杂波称为无源消极干扰。由于二者产生的机理不同，雷达抑制的措施也不同，表 5.2 简单地比较了杂波和干扰的不同，本书将在第 6、7 章分别介绍。

表 5.2 杂波和干扰的对比

特 征	杂 波	干 扰
产生机理	传播路径中客观存在的各种“不需要”物体产生的回波信号	① 人为敌对活动有意造成的； ② 电台等辐射的电磁波无意识地对雷达工作造成的影响
方向性	地面雷达杂波主要从主瓣方向进入雷达；机载雷达杂波包括从主瓣和副瓣方向进入雷达	干扰通常从副瓣或者主瓣方向进入雷达，分别称主瓣干扰和副瓣干扰
时域特性	通常在距离上是连片的，物理尺寸比雷达分辨单元大得多	连续或脉冲式。模拟目标在距离上进行欺骗，或者为噪声阻塞式干扰
频域特性	多普勒频率为零或多普勒频率较小，与目标多普勒频率有明显差别	箔条干扰与雨杂波类似； 欺骗式干扰可以在速度上进行欺骗
主要抑制措施	STC、MTI、MTD、杂波图等	SLC、SLB、ADBF 等
性能描述	改善因子、杂波衰减	干扰抑制比或对消比

雷达信号处理的目的就是抑制杂波和干扰，同时提高目标回波的信噪比，再进行目标检测与跟踪等。

对目标回波信号 $S(t)$ 而言，它包含与目标距离相对应的时延信息、与目标的径向速度对应的多普勒频率信息，以及目标的方向和信号的强度等信息。对一般警戒雷达，在模拟产生目标回波信号时，通常不考虑目标的方向与天线的方向图函数(认为目标在方向图函数最大值方向)，这时目标回波信号的基带复包络可表示为

$$\begin{aligned} S(t) &= As_{\mathrm{e}}(t-\tau(t)) \\ &\approx As_{\mathrm{e}}(t-\tau_0)\exp(\mathrm{j}2\pi f_{\mathrm{d}}t) \end{aligned} \tag{5.2.2}$$

其中，$s_{\mathrm{e}}(t)$ 为发射信号的复包络；A 为信号幅度，通常根据 SNR 设置；$\tau(t)=2R(t)/c=2(R_0-v_{\mathrm{r}}t)/c$，为目标时延，$R_0$ 为一个 CPI 内目标的初始距离；$f_{\mathrm{d}}=2v_{\mathrm{r}}/\lambda$，为多普勒频率。因此，在产生目标回波时，可以直接按时变的时延来产生，也可以直接用多普勒频率来模拟产生多个脉冲重复周期的目标回波信号。如果考虑目标回波的幅度起伏，则第 m 个脉冲重复周期的目标回波信号可以近似为

$$S_{\mathrm{m}}(t) = A_{\mathrm{m}}s_{\mathrm{e}}(t-\tau_0)\exp(\mathrm{j}2\pi f_{\mathrm{d}}t)\exp(\mathrm{j}2\pi f_{\mathrm{d}}mT_{\mathrm{r}}) \tag{5.2.3}$$

对多普勒敏感信号(如相位编码信号等)，建议直接用式(5.2.2)中第 1 个等式产生。读者可以从给出的 MATLAB 程序中体会。

而对方向测量和跟踪雷达，例如，单脉冲雷达需要模拟和、差通道的目标回波，这时需要考虑天线的方向图函数 $G(\theta, \varphi)$，目标回波信号的基带复包络可表示为

$$S_{\mathrm{m}}(t) = G(\theta-\theta_0, \varphi-\varphi_0)A_{\mathrm{m}}s_{\mathrm{e}}(t-\tau_0)\exp(\mathrm{j}2\pi f_{\mathrm{d}}t)\exp(\mathrm{j}2\pi f_{\mathrm{d}}mT_{\mathrm{r}}) \tag{5.2.4}$$

其中(θ_0, φ_0)为目标的方位角和仰角。

5.3　数字中频正交采样

5.3.1　模拟正交相干检波器的不足

传统雷达对接收信号经过模拟混频、滤波得到中频信号，再经过模拟正交相干检波器得到基带 I、Q 信号。模拟正交相干检波器如图 5.1 所示。再利用两路模-数变换器(ADC)同时对 I、Q 分量进行采样。根据奈奎斯特(Nyquist)采样定理，要求采样频率 f_s至少是信号最高频率 f_{max}的 2 倍。然而，如果信号的频率分布在某一有限频带上，而且信号的最高频率 f_{max}远大于信号的带宽，此时仍按 Nyquist 定理采样的话，则其采样频率会很高，以致难以实现，或是后续处理的速度不能满足要求。另外，由于模拟正交相干检波器需要两路完全正交的本振源、两个混频器和滤波器，如果这两路模拟器件的幅度和相位特性不一致，将导致 I、Q 不平衡，产生镜频分量，影响改善因子等。

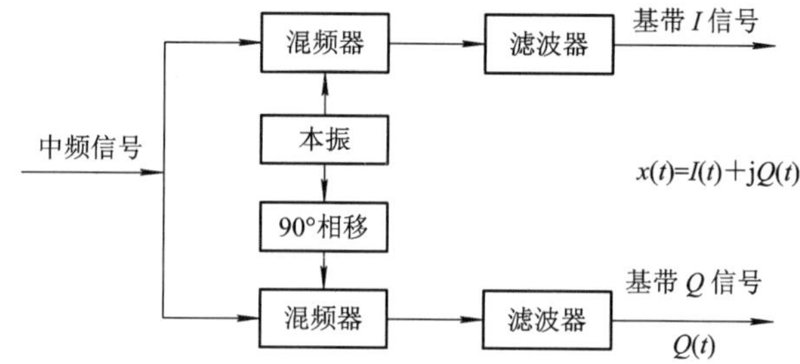

图 5.1　模拟正交相干检波器

若中频输入信号模型为 $s(t)=\cos(2\pi(f_0+f_d)t)$，则在理想情况下，正交两路混频器的参考信号和输出的基带信号分别为

$$\begin{cases} h_I(t) = \cos(2\pi f_0 t) \\ h_Q(t) = -\sin(2\pi f_0 t) \end{cases} \rightarrow \begin{cases} I(t) = \cos(2\pi f_d t) \\ Q(t) = \sin(2\pi f_d t) \end{cases} \tag{5.3.1}$$

若两个本振信号存在幅度相对误差 ε_A 和正交相位误差 ε_φ(即相位差不等于 90°)，正交两路混频器的参考信号和输出的基带信号分别为

$$\begin{cases} h_I(t) = (1+\varepsilon_A)\cos(2\pi f_0 t) \\ h_Q(t) = -\sin(2\pi f_0 t+\varepsilon_\varphi) \end{cases} \rightarrow \begin{cases} I(t) = (1+\varepsilon_A)\cos(2\pi f_d t) \\ Q(t) = -\sin(2\pi f_d t+\varepsilon_\varphi) \end{cases} \tag{5.3.2}$$

则在输出信号 $x(t)$单边带频谱的频率 f_d相对称的位置$(-f_d)$产生一个频谱分量，称为镜频分量。镜频分量与理想频谱分量的功率之比称为镜频抑制比，用 IR 表示。当幅度和相位误差分别为 ε_A、ε_φ 时，IR 可以近似计算为

$$\mathrm{IR} = 10\lg\left(\frac{\varepsilon_\varphi^2+\varepsilon_A^2}{4}\right) - 4.3|\varepsilon_A| \quad (\mathrm{dB}) \tag{5.3.3}$$

假设多普勒频率 $f_d=1000$ Hz，图 5.2 给出了幅相误差对 IR 的影响，其中图(a)上边是不存在幅相误差的基带复信号的归一化功率谱，下边是相位误差 ε_φ分别为 1°、5°时的功率谱，这时的 IR 分别为－41.2 dB、－27.2 dB；图(b)是镜频抑制比与幅相误差的关系，图中实线表示只有相位误差(单位：度)，虚线表示同时存在幅度和相位误差，例如，横坐标

的幅相误差为“1”表示相位误差为1°和幅度相对误差为1%。

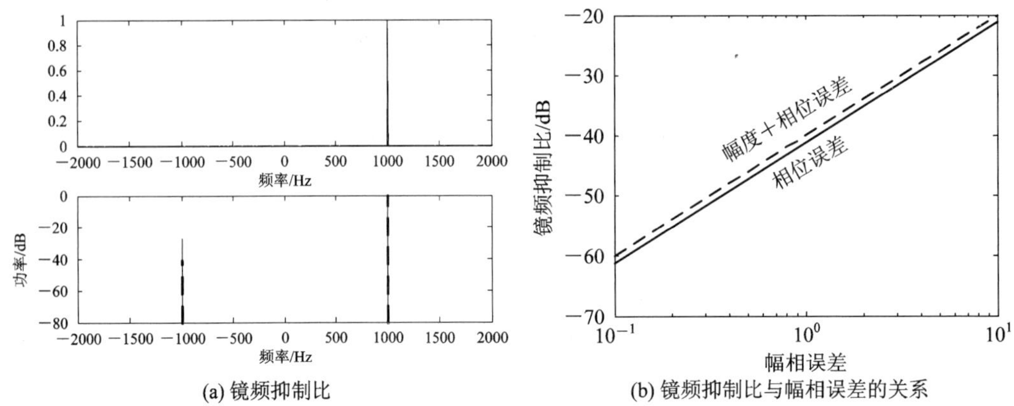

图 5.2 幅相误差对镜频抑制比的影响

为了达到较高的镜频抑制比，要使得图5.1中模拟正交相干检波器的同相和正交两通道的相位误差小于1°，这是非常困难的。因此，模拟正交相干检波器的镜频抑制比受到限制。现代雷达采用数字正交相干检波的方法得到基带 I、Q 信号。

5.3.2 数字中频正交采样的原理

为了克服模拟正交相干检波器的不足，通常采用数字正交采样的方法得到基带 I、Q 信号，而且由于通常需要处理的信号的带宽是有限的，因此可以直接对中频信号进行带通采样。带通采样的采样频率与低通采样不一样，它与信号的最高频率没有关系，只与信号带宽有关，最小可等于信号带宽的2倍，实际中常取信号带宽的4倍或更高。

带通采样定理：设一个频率带限信号为 $x(t)$，其频带限制在 (f_L, f_H) 内，如果采样速率满足：

$$f_s = \frac{2(f_L + f_H)}{2m-1} = \frac{4f_0}{2m-1} \tag{5.3.4}$$

$$f_s \geqslant 2(f_H - f_L) = 2B \tag{5.3.5}$$

式中，$f_0 = \dfrac{f_L + f_H}{2}$，为带限信号的中心频率；$B = f_H - f_L$，为信号频宽；$m$ 取能满足以上两式的正整数，则用 f_s 进行等间隔采样所得到的信号采样值能准确地确定原始信号。

上述带通采样只允许在其中一个频带上存在信号，而不允许在不同的频带上同时存在信号，否则将会引起信号混叠。为满足这样一个前提条件，可以采用跟踪滤波的办法来解决，即当需要对某一个中心频率的带通信号进行采样时，就先把跟踪滤波器调到与之对应的中心频率 f_0 上，滤出所感兴趣的带通信号，然后再进行采样，以防止信号混叠。该跟踪滤波器也称之为抗混叠滤波器。

一个带通信号可表示为

$$x(t) = a(t)\cos[\omega_0 t + \varphi(t)] = x_I(t)\cos\omega_0 t - x_Q(t)\sin\omega_0 t \tag{5.3.6}$$

其中，$x_I(t)$、$x_Q(t)$ 分别是 $x(t)$ 的同相分量和正交分量；ω_0 为载频或中频，$a(t)$、$\varphi(t)$ 分别为包络和相位调制函数。它们有如下关系：

$$x_I(t) = a(t)\cos\varphi(t) \tag{5.3.7}$$

$$x_Q(t) = a(t)\sin\varphi(t) \tag{5.3.8}$$

构成的复包络信号为 $\widetilde{X}(t)=x_I(t)+\mathrm{j}x_Q(t)=a(t)\mathrm{e}^{\mathrm{j}\varphi(t)}$。若采样频率 f_s 满足：

$$f_s = \frac{4f_0}{2m-1}, \quad f_s > 2B \tag{5.3.9}$$

并以采样周期 $t_s=\dfrac{1}{f_s}$ 对此信号采样，则采样后的输出为

$$\begin{aligned}
x(n) &= a(nt_s)\cos(2\pi f_0 nt_s + \varphi(nt_s)) = a(nt_s)\cos\left(\frac{2\pi f_0 n(2m-1)}{4f_0}\right)\cos(\varphi(nt_s)) \\
&\quad - a(nt_s)\sin\left(\frac{2\pi f_0 n(2m-1)}{4f_0}\right)\sin(\varphi(nt_s)) \\
&= a(nt_s)\cos(\varphi(nt_s))\cos\left(n\frac{\pi}{2}(2m-1)\right) - a(nt_s)\sin(\varphi(nt_s))\sin\left(n\frac{\pi}{2}(2m-1)\right) \\
&= I(n)\cos\left(mn\pi - \frac{n\pi}{2}\right) - Q(n)\sin\left(mn\pi - \frac{n\pi}{2}\right) \\
&= \begin{cases} (-1)^{n/2}I(n) & n\text{ 为偶数} \\ (-1)^m(-1)^{(n-1)/2}Q(n), & n\text{ 为奇数} \end{cases}
\end{aligned} \tag{5.3.10}$$

由上式可以看出，可直接由采样值交替得到信号的同相分量 $I(n)$ 和正交分量 $Q(n)$，不过在符号上需要进行修正。另外 I、Q 两路输出信号在时间上相差一个采样周期 t_s，但在信号处理中，要求是同一时刻的 I、Q 值，所以需要对其进行时域插值或频域滤波。下面介绍低通滤波法、插值法和多相滤波法这三种中频正交采样方法。

5.3.3　数字中频正交采样的实现方法

1. 低通滤波法

低通滤波法是一种仿照传统的模拟正交采样的实现方法，只是将频移放在了 A/D 变换之后，混频和滤波都是由数字系统来实现的，其原理框图如图 5.3 所示。

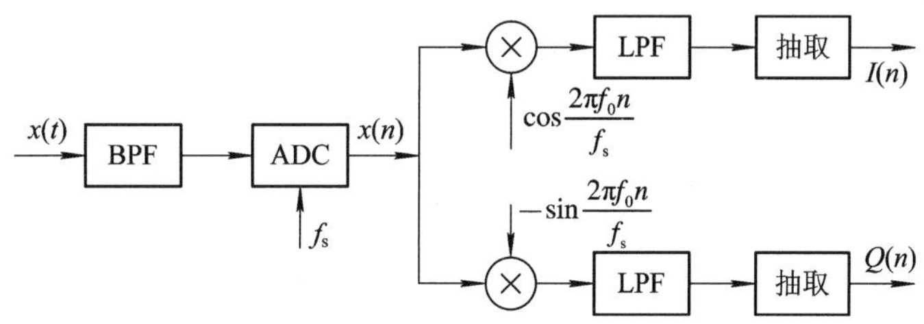

图 5.3　低通滤波法实现数字正交采样的原理框图

将中频输出信号 $x(n)$ 分别与 $-\sin\left(\dfrac{2\pi f_0 n}{f_s}\right)$ 和 $\cos\left(\dfrac{2\pi f_0 n}{f_s}\right)$ 相乘，即数字混频，得到

$$\begin{aligned}
x(n)\cos\left(\frac{2\pi f_0 n}{f_s}\right) &= a(nt_s)\cos(2\pi f_0 nt_s + \varphi(nt_s))\cos(2\pi f_0 nt_s) \\
&= \frac{a(nt_s)}{2}[\cos(4\pi f_0 nt_s + \varphi(nt_s)) + \cos(\varphi(nt_s))]
\end{aligned} \tag{5.3.11}$$

$$
\begin{aligned}
-x(n)\sin\left(\frac{2\pi f_0 n}{f_s}\right) &= -a(nt_s)\cos(2\pi f_0 nt_s+\varphi(nt_s))\sin(2\pi f_0 nt_s) \\
&= \frac{a(nt_s)}{2}[-\sin(4\pi f_0 nt_s+\varphi(nt_s))+\sin(\varphi(nt_s))]
\end{aligned} \tag{5.3.12}
$$

在频域上等同于将频谱左移 π/2(归一化频率为 1/4),这样就将正频谱的中心移到了零频,时域信号也相应地分解为实部和虚部,再让混频后的信号经过低通滤波器,滤除高频分量,即可得到所需的基带正交双路信号 $I(n)$和 $Q(n)$。

由于滤波器的输入数据交替为 0,因此可以对滤波器进行简化,I、Q 支路的滤波器系数分别为

$$
\begin{cases} h_I(n) = h(2n) \\ h_Q(n) = h(2n+1) \end{cases}, \quad n = 0, 1, \cdots, \frac{N}{2}-1 \tag{5.3.13}
$$

式中,$h(n)$为 FIR 原型滤波器的系数,N 为 $h(n)$的阶数。这样,滤波器的阶数降低了一半,同时完成了数据的 1/2 抽取。

低通滤波法对两路信号同时作变换,所用的滤波器系数相同,这样两路信号通过低通滤波器时由于非理想滤波所引起的失真是一致的,对 I、Q 两路信号的幅度一致性和相位正交性没有影响,从而具有很好的负频谱对消功能。

为获得较高的镜频抑制比,设计的低通滤波器阻带衰减要有一定的深度,最好使衰减后的镜频分量不大于量化噪声,同时过渡带要窄,这样在同样的采样率下,就可以允许更宽的输入信号。

2. 插值法

由式(5.3.10)可以看出,同相分量 $I(n)$和正交分量 $Q(n)$在时域上相差半个采样点。要得到同一时刻的 $I(n)$和 $Q(n)$的值,从时域处理的角度来看,最简单的办法就是采用插值法,即采用一个 N 阶的 FIR 滤波器对其中一路进行插值滤波,另一路作相应的延时处理。这样的处理相当于频域上的滤波,完成插值后,负频谱的分量就被滤除掉了,此后的采样率可以再降低,由此可得到插值法的结构框图如图 5.4 所示。

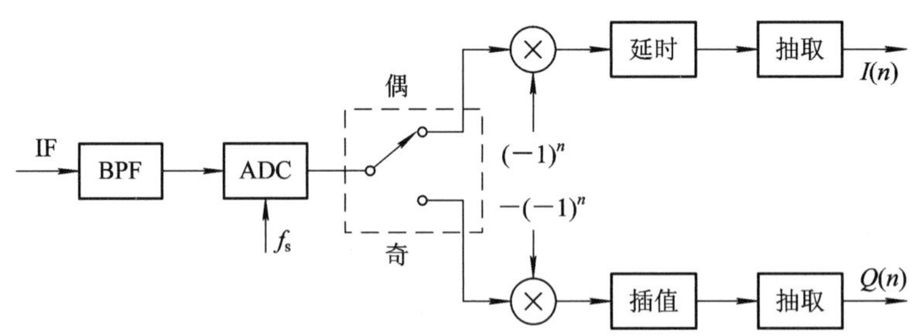

图 5.4 插值法实现数字正交采样的原理框图

插值函数有多种形式,按照香农(Shannon)采样定理可选用辛克函数 $\sin(x)/x$ 作为插值函数,而在数学上,还可以采用多项式插值,其中应用较多的是贝塞尔(Bessel)插值。Bessel 插值是用多项式来逼近一个带限函数,可以根据已有的奇数项 $Q(n)$的值进行 Bessel 内插得出偶数项 $Q(n)$的值。

n(n 为偶数)阶 Bessel 中点插值公式为

$$f(x_0+h/2)=\frac{y_0+y_1}{2}-\frac{1}{2!2^2}\cdot\frac{\Delta^2 y_0+\Delta^2 y_{-1}}{2}+\frac{1^2\cdot 3^2}{4!2^4}\cdot\frac{\Delta^4 y_{-1}+\Delta^4 y_{-2}}{2}+\cdots+(-1)^n\frac{1^2\cdot 3^2\cdot 5^2\cdot\cdots\cdot(2n-1)^2}{(2n)!2^{2n}}\cdot\frac{\Delta^{2n}y_{-n+1}+\Delta^{2n}y_{-n}}{2} \tag{5.3.14}$$

式中，$h=x_i-x_{i-1}$，为两个已知点之间的距离；$\Delta^n y_i$ 为 $y=f(x)$ 在 y_i 点的 n 阶差分：

$$\Delta^n y_i=\sum(-1)^j C_n^j y_{i+n-j} \tag{5.3.15}$$

各项的系数正好为 $(a-b)^n$ 展开的二项式系数。实际上，只要用 $Q(2i-1)$ 代替式中的 y_i，用 $f_s/2$ 代替 h，就可以得到对 $Q(2i)$ 的内插值。平移内插数据就可以实现对所有的偶数项 $Q(2i)$ 的内插。N 阶的 Bessel 内插实际上只有 $N/2$ 个不同的系数，且其分母为 2 的整数次幂，见表 5.3，因此 Bessel 插值在具体实现中很简单。

表 5.3　常用的 Bessel 插值相应的系数

阶　数	Bessel 插值的系数
4 阶	[−1, 9, 9, −1]/16
6 阶	[3, −25, 150, 150, −25, 3]/256
8 阶	[−5, 49, −245, 1225, 1225, −245, 49, −5]/2048
10 阶	[35, −405, 2268, −8820, 39690, 39690, −8820, 2268, −405, 35]/65536

假设式(5.3.4)中 $m=3$，则采样频率 $f_s=\dfrac{4f_0}{2m-1}=\dfrac{4}{5}f_0$，对窄带中频信号采样，则第 n 个采样点的离散形式为

$$S(nT_s)=a(nT_s)\cos(2\pi f_0 nT_s+\varphi(nT_s)) \tag{5.3.16}$$

式中，$T_s=\dfrac{1}{f_s}$，为采样间隔。将 $f_0=\dfrac{5}{4}f_s$ 代入式(5.3.12)，得到

$$S(nT_s)=a(nT_s)\cos\left[2\pi\times\frac{5}{4}f_s\times nT_s+\varphi(nT_s)\right]=a(nT_s)\cos\left[\frac{5}{2}\pi\times n+\varphi(nT_s)\right]$$

$$=\begin{cases}a(nT_s)\cos\varphi(nT_s), & n=4K，即\ n=0,4,8,\cdots\\ -a(nT_s)\sin\varphi(nT_s), & n=4K+1，即\ n=1,5,9,\cdots\\ -a(nT_s)\cos\varphi(nT_s), & n=4K+2，即\ n=2,6,10,\cdots\\ a(nT_s)\sin\varphi(nT_s), & n=4K+3，即\ n=3,7,11,\cdots\end{cases} \tag{5.3.17}$$

式中，$K=0, 1, 2, \cdots, M$。

对于采样时间序列：Q_1、I_2、Q_3、I_4、Q_5、I_6、Q_7、I_8，由 4 阶 Bessel 内插公式知，插值输出为

$$\hat{I}_5=\frac{1}{2}(I_4+I_6)+\frac{1}{8}\left[\frac{1}{2}(I_4+I_6)\right]-\frac{1}{16}(I_2+I_8) \tag{5.3.18}$$

式中，I_2、I_4、I_6、I_8 为采样值，$\hat{I}_5$ 为 I_2、I_4、I_6、I_8 的中值点。则 $\hat{I}_5$ 和 Q_5 即为同一时刻的正交信号。利用内插运算进行数字正交采样的实现框运算如图 5.5(a)所示，但考虑到运算精度，实际上求 $\hat{I}_5$ 的逻辑运算按图 5.5(b)完成。这里主要考虑了数字信号的特点和具体器件的使用技巧，即不需要采用乘法器，只需要进行简单的移位加法运算，即可完成正交通道的插值。

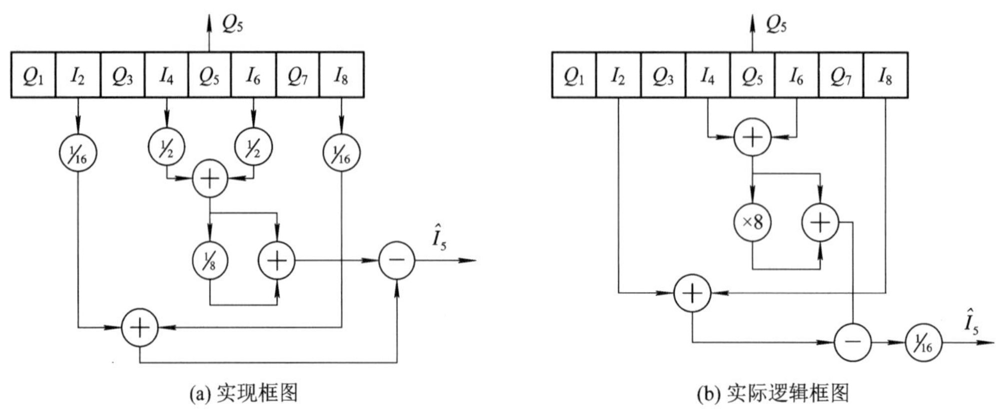

(a) 实现框图
(b) 实际逻辑框图

图 5.5 内插法进行数字正交采样的实现框图

3. 多相滤波法

一种更具实用性的中频正交采样方法是多相滤波法，其实现方法如图 5.6 所示。

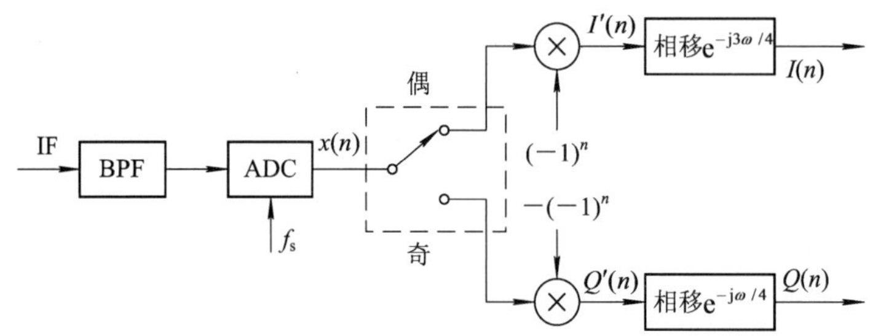

图 5.6 多相滤波法进行数字正交采样的原理框图

若对中频采样输出信号 $x(n)$进行奇偶抽选，所得到的偶数项记为 $I'(n)$，奇数项记为 $Q'(n)$。如前所述，$I'(n)$和 $Q'(n)$是两路采样周期为 $T=2T_s(T_s=1/f_s)$的基带信号，两者在时间上相差一个中频采样周期 T_s。内插法由于只对一路信号作变换，所得到的两路信号的幅度一致性和相位正交性受滤波器阶数的影响很大，而多相滤波法则不存在这种缺陷。在这种处理方法中，首先设计一个低通滤波器，从滤波器系数中选择一部分来对 $I'(n)$进行滤波，再选择一部分来对 $Q'(n)$进行滤波，适当选取这两部分滤波器系数，可使得后者的滤波延时比前者少半个样本周期。这样，$I'(n)$和 $Q'(n)$经滤波输出后将得到正交双路信号。而且，这两个滤波器的系数是从同一个低通滤波器的系数中有规律地选取出来的，具有相似的频响特性，即使所设计的低通滤波器的特性是非理想的，也不会给 I、Q 两路信号的正交性带来很大影响。

设计的低通滤波器实质上是一个插值滤波器。对于一个 L 倍内插滤波器而言，对其冲激响应进行 L 分选，可得到 L 路滤波器系数。将每一路滤波器系数单独作为冲激响应，即可构成 L 个滤波器。由插值理论可知，其中每一个滤波器实质上都是一个分数相移滤波器。这样每一个滤波器的滤波延时较前一个多 $1/L$ 个样本，则第 m 个和第 n 个滤波器的滤波延时相差$(m-n)/L$ 个样本。如果要使两个滤波器的滤波延时相差半个样本，则 L 必须为 2 的整数倍。以 $L=4$ 为例，将抽选出的第二路滤波器的系数作为 $h_Q(n)$，$Q'(n)$经过滤波器后延时$\frac{N-1}{2}+\frac{1}{4}$个样本(其中 N 为抽选出的滤波器阶数)，第四路滤波器的系数作为 $h_I(n)$，$I'(n)$经过滤波器后延时$\frac{N-1}{2}+\frac{3}{4}$个样本，这样经多相滤波后，恰好修正了 I、Q 两路信号在时间上的不一致性。

4. 三种方法的性能比较

为了分析比较上述三种方法的镜频抑制性能及其对宽带信号的适应性，对低通滤波法、插值法和多相滤波法进行计算机仿真。为了使结果具有可比性，支路滤波器的阶数统一为 16 阶，三种方法的原型滤波器分别为 32 阶、16 阶和 64 阶。对于低通滤波法，其理想的滤波器应该具有较陡的过渡带(较尖锐的截止特性)和较大的阻带衰减。低通滤波器的设计可以采用窗函数法或者最佳等波纹法。最佳等波纹法具有很高的阻带衰减，对镜频的抑制性能好，同时可以实现较尖锐的截止特性，因此选用此法进行低通滤波器的设计。滤波器的归一化通带截止频率和阻带起始频率分别为 0.25 和 0.60，利用 Remez 方法设计的低通滤波器的频率响应如图 5.7 所示，可见其具有一定的过渡带，阻带衰减可达 180 dB，在很大范围内都满足线性相位特性，因此可以获得较好的镜频抑制比。将滤波器系数按式(5.3.11)分别抽取偶数项和奇数项作为 I、Q 两路的滤波器系数。

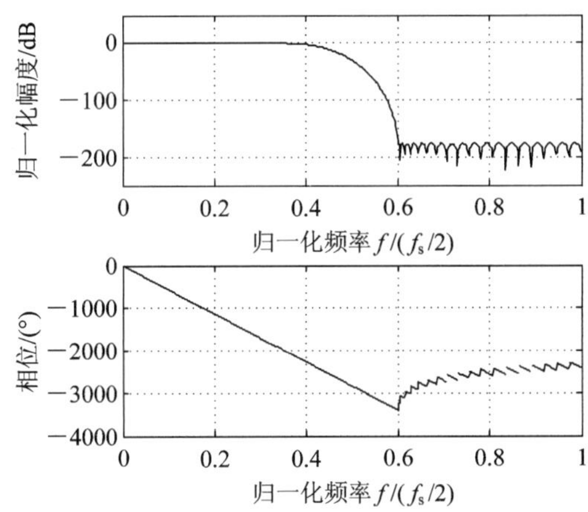

图 5.7 雷米兹(Remez)方法设计的低通滤波器的幅相特性

插值法采用 16 点的 Bessel 插值，具有 8 个非零的系数，由于这 8 个系数呈左右对称，故只有 4 个不同的系数。而对于多相滤波法，利用 Kaiser 窗函数先设计一个 1∶4 的内插低通滤波器(64 阶的 FIR 原型滤波器，归一化通带截止频率为 0.25)，其频率响应如图 5.8 所示，分别取 2、4 支路作为 Q、I 两路的滤波器系数(支路滤波器系数为 16 阶)。

假设输入中频信号带宽 $B=4$ MHz，$f_0=10$ MHz，$f_s=8$ MHz(相当于 $f_s=\frac{4f_0}{2m-1}$中 $m=3$)。信号形式为$s(n)=\cos\left[2\pi(f_0+f_d)\frac{n}{f_s}\right]$，式中 f_d 为输入信号频率相对于采样频率 f_s的频偏，其范围 $f_d\in[-2\text{ MHz}, 2\text{ MHz}]$。对输入信号分别用三种方法进行正交分解，对其输出结果进行 FFT 变换得到其频谱，然后分别计算镜频抑制比 $\text{IR}=20\lg\left|\frac{X(-f_d)}{X(f_d)}\right|$，结果

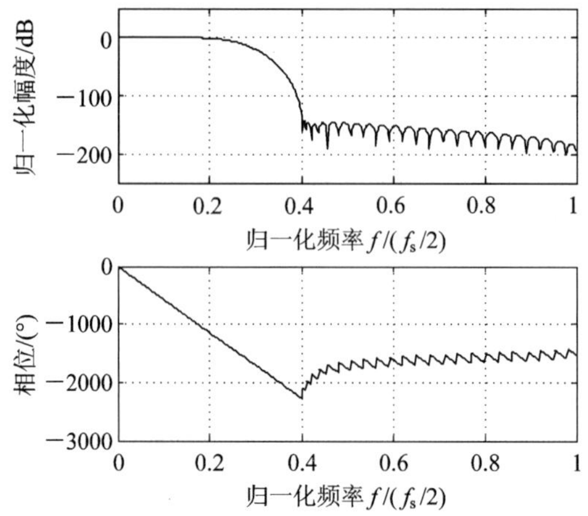

图 5.8 凯塞(Kasier)窗设计的低通滤波器的幅相特性

如图 5.9 所示。图中横坐标为信号的频率偏移分量 f_d 与采样频率 f_s 之比，即归一化带宽的一半(假设信号的中心在载频 f_0)，纵坐标为镜频抑制比 IR。由图可见，Bessel 插值法在较窄的频偏时具有很高的镜频抑制效果，最高可达到 280 dB，但其有效带宽比较小，在信号归一化带宽超过 10%时，镜频抑制比很快就衰减到较低的水平，故插值法适用于信号带宽较窄、信号的能量集中在频谱中心的情况，此时实现起来较为容易一些。

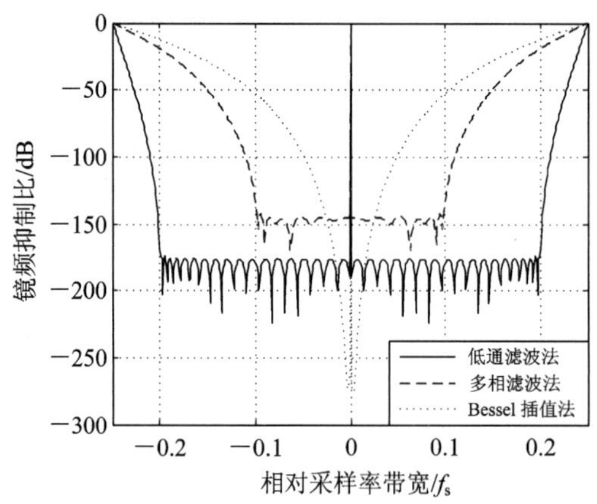

图 5.9 理想情况下三种方法的镜频抑制比

与插值法相比，多相滤波法的带宽较宽，当归一化带宽超过 20%时，其镜频抑制特性才会明显下降，而且实现时支路滤波器的阶数为原型滤波器的 $1/L$(L 为偶数，一般取 $L=4$)，能够以较低的滤波器阶数得到较高的镜频抑制比，故对于一定带宽内(20%以内)的宽带信号，多相滤波法是一种较为理想的实现方法。

而低通滤波法在整个频带内都具有相对较平坦的镜频抑制比，即使信号的归一化带宽在 40%左右时也可以达到 170 dB 左右的镜频抑制比，因此它适用于边带频谱较强的信号，故对宽带信号而言更适合采用低通滤波法进行正交变换。

另外考虑到实际实现时有限字长的影响，对输入、输出和滤波器系数进行量化，取 A/D采样后输入信号字长为 12 bit，滤波器系数和输出信号字长为 16 bit，所得结果如图

5.10所示。由图可以看出，受有限字长的影响，镜频抑制都有所下降，但在一定的带宽范围内，三种方法都可以达到 90 dB 左右的镜频抑制效果，能够满足工程实际的需要。

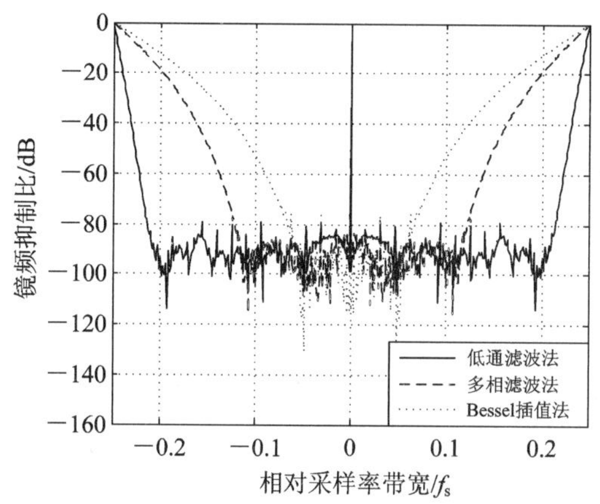

图 5.10 考虑量化噪声时的镜频抑制比

5. 数字中正交采样的 MATLAB 仿真

这里以基于低通滤波法为例，用 MATLAB 函数“IQ_LowFilter. m”来完成数字中频信号基于低通滤波法的数字正交检波处理，得到在一个波位多个脉冲重复周期的数字基带复信号。调用语法如下：

$$[siq] = \mathrm{IQ\_LowFilter}(st, B, fs, m, D, quantize\_en)$$

其中，各参数如表 5.4 所示。

表 5.4 IQ_LowFilter 的参数说明

符号	描　　述	单位	状态	说　　明
st	数字中频信号(通常模拟 A/D 变换的采样值)		输入	列向量或矩阵(Nr×Np)，Nr 为快时间采样点数，Np 为脉冲数
B	信号带宽	Hz	输入	
fs	中频信号的采样频率	Hz	输入	
m	采样频率与中频频率关系式中 *m* 的取值	正整数	输入	式(5.3.4)
D	抽取比	正整数	输入	*D* =1 时也进行了 1∶2 的抽取
quantize_en	量化标志，0：不量化；1：按 16 位量化	0/1	输入	量化时注意输入信号的位数为 A/D 变换的位数
siq	数字基带复信号		输出	

5.4 脉冲串信号与脉冲积累

5.4.1 相参脉冲串信号

雷达工作时，其天线波束总是以不同方式进行扫描，因而收到的目标回波总是有限个脉冲，常称之为脉冲串。在现代雷达中，多采用全相参脉冲信号发射，收到的回波信号就是相参脉冲串。相参脉冲串信号在不减小信号带宽的前提下加大了信号的持续时间，这样不仅保留了脉冲信号高距离分辨率的特点，而且兼具连续波雷达的速度分辨性能，因而成为广泛应用的雷达信号之一。

相参脉冲串信号种类很多，如均匀脉冲串、加权脉冲串、频率编码脉冲串以及重复周期参差脉冲串等。其中均匀脉冲串信号是最简单也最常用的一种，其波形如图 5.11 所示。

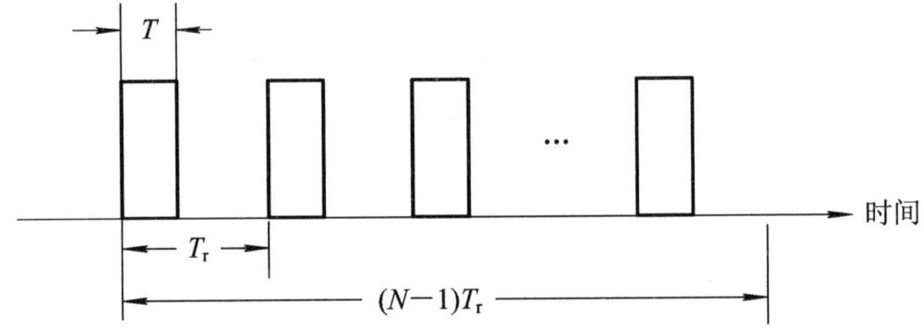

图 5.11　均匀脉冲串信号的波形图

均匀脉冲串信号的复包络可表示为

$$u(t)=\frac{1}{\sqrt{N}}\sum_{n=0}^{N-1}u_s(t-nT_r) \tag{5.4.1}$$

其中，$u_s(t)=a(t)e^{j\theta(t)}$ 为每个脉冲的复包络，$\theta(t)$为相位调制函数；N 为脉冲个数，T_r为子脉冲重复间隔或周期(PRI)。

当每个脉冲为矩形脉冲时

$$u_s(t)=\frac{1}{\sqrt{T}}\cdot \text{rect}\left(\frac{t}{T}\right) \tag{5.4.2}$$

其中，T 为每个脉冲宽度，且有 $T_r>2T$。实际中一般雷达的脉宽 T 不到 T_r 的 10%。

根据傅里叶变换的性质，不难得到均匀脉冲串信号的频谱为

$$u(t)\xrightarrow{\text{FT}}U(f)=\frac{1}{\sqrt{N}}U_s(f)\sum_{n=0}^{N-1}e^{-j2\pi fnT_r} \tag{5.4.3}$$

其中，$u_s(t)\xrightarrow{\text{FT}}U_s(f)=\sqrt{T}\ \text{sinc}(\pi fT)e^{-j\pi fT}$，为子脉冲的频谱。

化简式(5.4.3)，可得信号的频谱为

$$U(f)=\frac{1}{\sqrt{N}}\sqrt{T}\ \text{sinc}(\pi fT)\left(\frac{\sin(N\pi fT_r)}{\sin(\pi fT_r)}\right)e^{-j\pi f[(N-1)T_r+T]} \tag{5.4.4}$$

均匀脉冲串信号的振幅谱如图 5.12 所示。整个频谱呈梳齿状，齿的间隔为 $1/T_r$，齿的形状由 $\sin(N\pi fT_r)/\sin(\pi fT_r)$决定，齿的宽度取决于脉冲串的长度 NT_r，脉冲串越长，梳齿越窄。整个包络由 $\text{sinc}(\pi fT)$决定，每个脉冲越窄，频谱越宽。

相参脉冲串信号的模糊函数可表示为

$$\begin{aligned}\chi(\tau,f_d)&=\int_{-\infty}^{\infty}u(t)u^*(t+\tau)e^{j2\pi f_d t}\,dt\\&=\frac{1}{N}\sum_{p=0}^{N-1}e^{j2\pi f_d T_r}\chi_s(\tau+pT_r,f_d)\sum_{m=0}^{N-1-p}e^{j2\pi f_d mT_r}+\frac{1}{N}\sum_{p=0}^{N-1}\chi_s(\tau-pT_r,f_d)\sum_{n=0}^{N-1-p}e^{j2\pi f_d nT_r}\end{aligned} \tag{5.4.5}$$

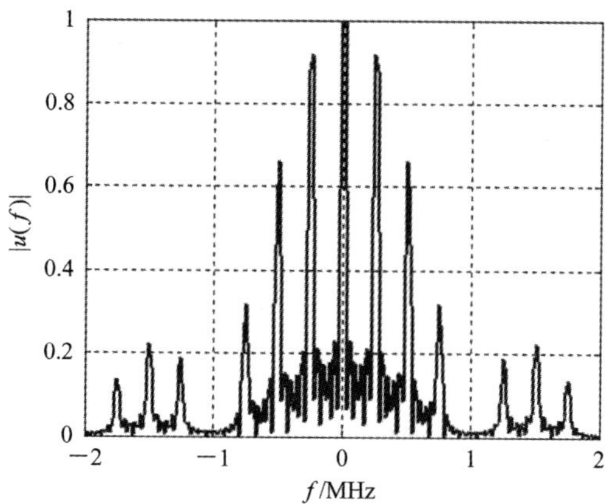

图 5.12　均匀脉冲串信号的频谱($N=6$, $T=1\ \mu s$, $T_r=4\ \mu s$)

利用下面的等式

$$e^{j2\pi f_d pT_r}\sum_{m=0}^{N-1-p}e^{j2\pi f_d mT_r}=e^{j\pi f_d(N-1+p)T_r}\left(\frac{\sin\pi f_d(N-p)T_r}{\sin\pi f_d T_r}\right)$$

$$\sum_{n=0}^{N-1-p}e^{j2\pi f_d nT_r}=e^{j\pi f_d(N-1-p)T_r}\left(\frac{\sin\pi f_d(N-p)T_r}{\sin\pi f_d T_r}\right)$$

式(5.4.5)可简化为

$$\chi(\tau, f_d)=\frac{1}{N}\sum_{p=-(N-1)}^{N-1}e^{j\pi f_d(N-1-p)}\left(\frac{\sin\pi f_d(N-|p|)T_r}{\sin\pi f_d T_r}\right)\chi_s(\tau-pT_r, f_d)\tag{5.4.6}$$

所以有

$$|\chi(\tau, f_d)|=\frac{1}{N}\sum_{p=-(N-1)}^{N-1}\left|\left(\frac{\sin\pi f_d(N-|p|)T_r}{\sin\pi f_d T_r}\right)\right||\chi_s(\tau-pT_r, f_d)|\tag{5.4.7}$$

其中

$$|\chi_s(\tau-pT_r, f_d)|=\begin{cases}\left|\dfrac{\sin\pi f_d(T-|\tau-pT_r|)}{\pi f_d(T-|\tau-pT_r|)}\right|\left(\dfrac{T-|\tau-pT_r|}{T}\right), & |\tau-pT_r|<T\\ 0, & |\tau-pT_r|\geqslant T\end{cases}\tag{5.4.8}$$

为单个脉冲的模糊函数。

图 5.13 为 $N=6$、$T/T_r=1/4$ 的均匀脉冲串信号的模糊函数图的中心部分，可见模糊函数图呈“钉床”状。图(b)为该均匀脉冲串信号的模糊度图(−6 dB 切割剖面图)。

均匀脉冲串信号的距离模糊函数(自相关函数)为

$$|\chi(\tau, 0)|=\frac{1}{N}\sum_{p=-(N-1)}^{N-1}(N-|p|)|\chi_s(\tau-pT_r, 0)|\tag{5.4.9}$$

如图 5.14(a)所示。它相当于单个脉冲的距离模糊函数按脉冲串的时间间隔 T_r 重复出现，若目标的延时大于 T_r，就会产生距离模糊。

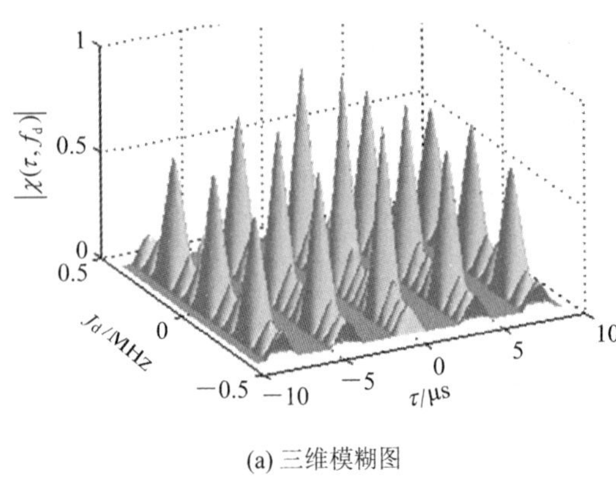

(a) 三维模糊图

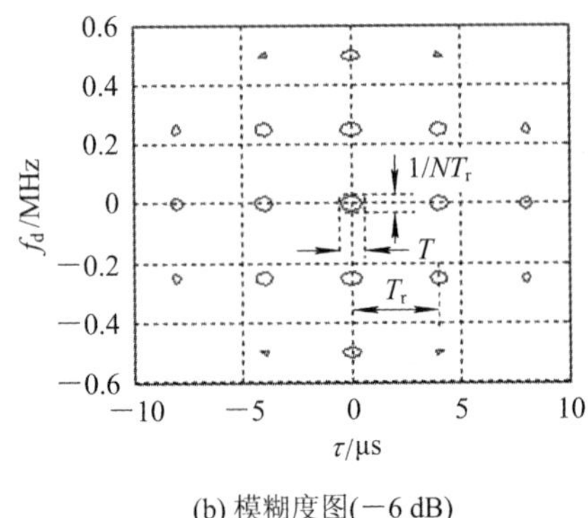

(b) 模糊度图(−6 dB)

图 5.13　均匀脉冲串信号的模糊图

均匀脉冲串信号的速度模糊函数为

$$\left|\chi(0,\ f_{\mathrm{d}})\right| = \left|\chi_{\mathrm{s}}(0,\ f_{\mathrm{d}})\right| \left|\frac{\sin\pi f_{\mathrm{d}} N T_{\mathrm{r}}}{N\sin\pi f_{\mathrm{d}} T_{\mathrm{r}}}\right|$$

$$= \left|\frac{\sin\pi f_{\mathrm{d}} T}{\pi f_{\mathrm{d}} T}\ \frac{\sin\pi f_{\mathrm{d}} N T_{\mathrm{r}}}{N\sin\pi f_{\mathrm{d}} T_{\mathrm{r}}}\right| \tag{5.4.10}$$

(a) 距离模糊图　　(b) 速度模糊图

图 5.14　均匀脉冲串的距离模糊函数图和速度模糊函数图

如图 5.14(b)所示，均匀脉冲串信号的速度模糊函数分裂为采样型的尖峰，该尖峰称为速度模糊瓣，尖峰宽度为 $1/(NT_{\mathrm{r}})$，间隔为 $1/T_{\mathrm{r}}$。在这些模糊瓣之间还存在正弦型旁瓣，称为多普勒旁瓣。在多目标环境中，即使目标的速度分布范围不超过 $1/T_{\mathrm{r}}$，这些多普勒旁瓣也将产生“自身杂波”干扰。

均匀脉冲串信号的优点是：大部分模糊体积移至远离原点的“模糊瓣”内，使得原点处的主瓣变得较窄，因而具有较高的距离和速度分辨率。其主要缺点是当目标的距离和速度分布范围超过清晰区域时，会产生距离和速度模糊。克服这一缺点的最简单方法是保证一维(如距离)不模糊的情况下，允许另一维(速度)模糊。例如：加大脉冲重复间隔，消除距离模糊而容忍速度模糊；或减小脉冲重复间隔，消除速度模糊而容忍距离模糊。当然，也可以通过对脉冲串信号附加幅度、相位或脉宽调制的办法，达到抑制多普勒旁瓣的目的；或通过脉间相位编码、频率编码和重复周期参差等办法，达到抑制距离旁瓣的目的。

5.4.2　多脉冲的相干积累处理

因为雷达单个脉冲的回波能量有限，通常不采用单个接收脉冲来进行检测判决。在判决之前，先对一个波位的多个脉冲串进行处理，以提高信噪比。这种基于脉冲串而非单个脉冲的处理方法称为积累。从时域上来说，积累是将一个波位内连续的 M 个重复周期同一距离单元的回波信号叠加(或加权叠加)，如图 5.15 所示。图右下角的数据矩阵的横坐标为距离单元，由快时间采样得到；纵坐标为每个脉冲重复周期，在雷达中经常称其为慢时间采样。

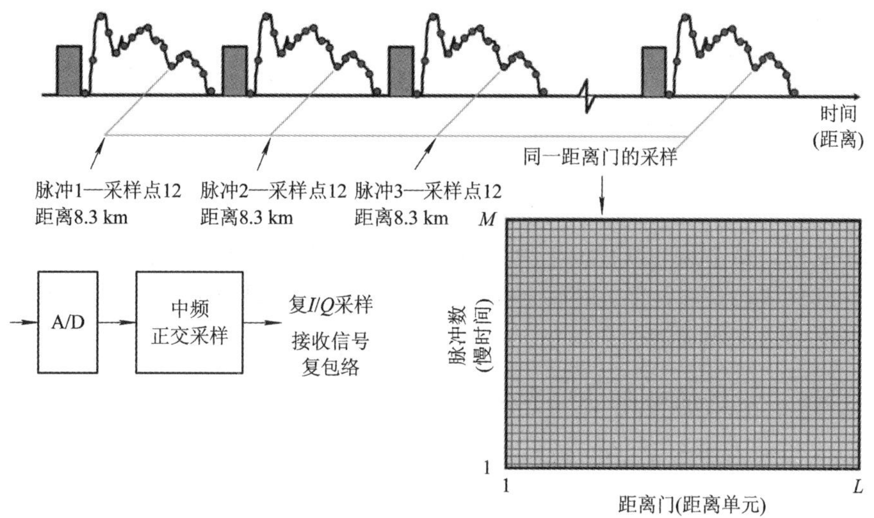

图 5.15　积累过程示意图

积累分相干积累和非相干积累两种。相干积累是在包络检波器之前进行，利用接收脉冲之间的相位关系，可以获得信号幅度的叠加。这种积累器可以把所有的雷达回波能量直接相加。

非相干积累是在包络检波以后进行，也称之为检波后积累或视频积累。由于信号在包络检波后失去了相位信息而只保留下幅度信息，所以检波后积累就不需要信号间有严格的相位关系，因此称为非相干积累。

由于运动目标的回波包括多普勒频率 f_d，当脉冲雷达的每个脉冲重复周期 T_r 相等(即等周期，通常简称为等 T)时，如果忽略目标回波的幅度起伏，则对目标所在距离单元的信号在每个 T_r 采样时，就可以看作是对频率为 f_d 的正弦波的采样，这时，第 i 个脉冲重复周期对目标的采样值可以表示为

$$x(i) = a\exp(\mathrm{j}2\pi f_d i T_r),\quad i = 0, 1, \cdots, M-1 \tag{5.4.11}$$

式中，M 表示在一个波位(半功率波束宽度)内发射的脉冲数。因此，相干积累通常采用 FFT 的处理方法实现。若 M 不是 2 的幂，则通过补零到 2 的幂(即 $N=2^n \geqslant M$)。如图 5.15 中包括 L 个距离单元，则需要进行 L 次 2^n 点的 FFT 处理。于是目标所在距离单元、所在多普勒通道的输出为

$$X(k) = \sum_{i=0}^{N-1} x(i)\mathrm{e}^{-\mathrm{j}\frac{2\pi}{N}k\cdot i} = \sum_{i=0}^{N-1} a\mathrm{e}^{\mathrm{j}\frac{2\pi}{N}(f_d T_r N-k)\cdot i} = a\frac{\sin[\pi(f_d T_r N-k)]}{\sin\left[\frac{\pi}{N}(f_d T_r N-k)\right]}\mathrm{e}^{\mathrm{j}\frac{N-1}{2}\frac{2\pi}{N}(f_d T_r N-k)} \tag{5.4.12}$$

上式只有当 $f_d = \frac{k}{T_r N} = \frac{k}{N} f_r$ 时才出现峰值。

相干积累具有以下特点：

(1) 相干积累时间或间隔(CPI)取决于一个波位的驻留时间和目标运动速度的限制。一般警戒雷达在一个 CPI 内目标运动不超过一个距离分辨单元，同时在一个 CPI 内目标运动的多普勒频率变化也不能超过一个多普勒分辨单元。否则，就需要像成像雷达中那样对包络进行补偿。

(2) 相干积累可以提供一定的多普勒分辨性能。如果目标的多普勒频率 $|f_d| < f_r/2$，则可以提供无模糊的多普勒频率，否则就存在多普勒模糊。

(3) 相干积累只适用于"等 T"(重频不变)的场合。如果脉间"变 T"(重频参差)，则不能采用 FFT 的处理方法进行相干积累。

(4) 相干积累是以一组 M 个脉冲为单位进行处理的，因此，在一个 CPI 才输出一次结果。

(5) 理论上，M 个脉冲进行相干积累的信噪比改善可以达到单个脉冲的 M 倍。也就是说，若要达到同样的检测性能，对单个脉冲的检测因子可以减低为 $1/M$。因此，有利于降低发射功率或提高检测性能。

5.4.3　非相干积累的常用处理方法

对于磁控管发射机的非相参雷达和脉间重频参差的相参雷达，不能直接进行相干积累。为了提高雷达的检测性能，通常利用一个波位的多个脉冲进行非相干积累。非相干积累的常用方法主要有滑窗积累器和反馈积累器等。

1. 滑窗积累器

滑窗积累器就是对每个距离分辨单元输出的连续 M 个发射脉冲的回波视频信号简单地滑动相加，又称为滑窗检波器，如图 5.16 所示。将接收的新脉冲输出累加到先前的和上，并减去前面的第 M 个脉冲，其表达式为

$$z(i) = \sum_{k=0}^{M-1} y(i-k) = z(i-1) + y(i) - y(i-M) \tag{5.4.13}$$

其中，$z(i)$ 是第 i 个脉冲处前 M 个脉冲之和，$y(i)$ 和 $y(i-M)$ 分别是当前第 i 个脉冲和第 $i-M$ 个脉冲的输入。

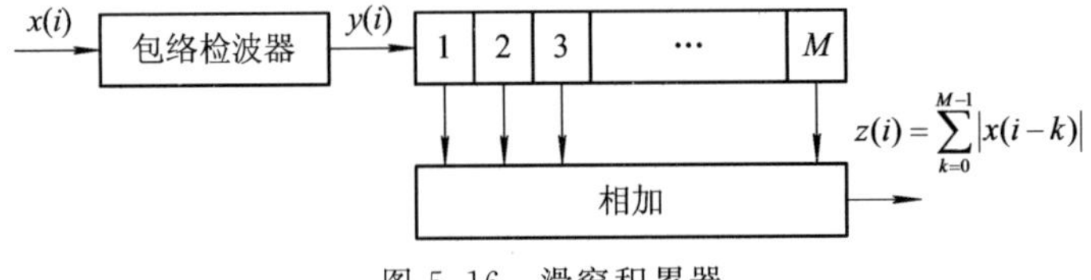

图 5.16　滑窗积累器

2. 反馈积累器

迟延线反馈积累器主要有单回路积累器和双回路积累器，如图 5.17 所示。

单回路积累器也就是单极点滤波器，其传递函数为

$$H_1(z) = \frac{Y(z)}{X(z)} = \frac{z^{-1}}{1 - Kz^{-1}} \tag{5.4.14}$$

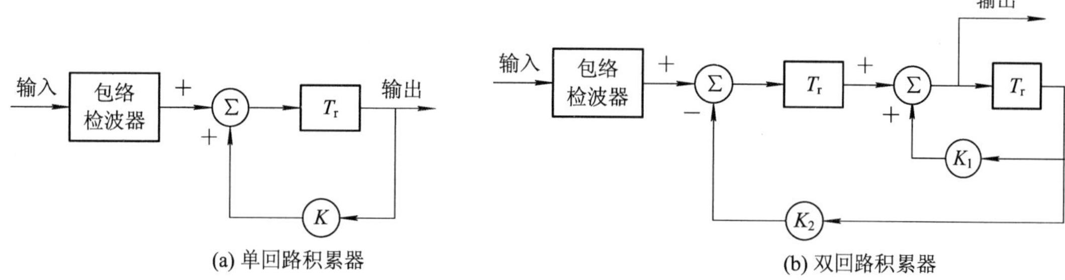

图 5.17　反馈积累器

将 $z=e^{sT_r}$、$s=j\omega$ 代入上式，得

$$H_1(\omega)=\frac{1}{e^{j\omega T_r}-K} \tag{5.4.15}$$

双回路积累器也就是双极点滤波器，其传递函数为

$$H(z)=\frac{z^{-1}}{1-K_1z^{-1}+K_2z^{-2}}=\frac{z}{z^2-K_1z+K_2} \tag{5.4.16}$$

两个极点的位置为

$$z_{1,2}=\frac{1}{2}\left(K_1\pm\sqrt{K_1^2-4K_2}\right) \tag{5.4.17}$$

常取 $K_1^2<4K_2$，且 $K_2<1$，则 $Z_{1,2}$ 为一对共轭极点。

对一个二阶系统，其传递函数为

$$H(s)=\frac{\omega_0^2}{s^2+2\xi\omega_0s+\omega_0^2}=\frac{\omega_d^2}{(1-\xi^2)[(s+\xi\omega_0)^2+\omega_d^2]} \tag{5.4.18}$$

其中，ξ 为阻尼系数；ω_0 为系统的自然谐振频率；$\omega_d=\omega_0\sqrt{1-\xi^2}$，为系统的阻尼振荡频率。

$$H(s)\rightarrow H(z)=\frac{\omega_0}{1-\xi^2}e^{-\xi\omega_0T_r}\sin(\omega_0T_r)\cdot\frac{z}{z^2-2e^{-\xi\omega_0T_r}\cos(\omega_dT_r)z+e^{-\xi\omega_0T_r}} \tag{5.4.19}$$

对比式(5.4.16)和式(5.4.19)，双极点滤波器的反馈系数 K_1 和 K_2 为

$$K_1=2e^{-\xi\omega_0T_r}\cos(\omega_dT_r) \tag{5.4.20}$$

$$K_2=e^{-2\xi\omega_0T_r} \tag{5.4.21}$$

若天线方向图函数为 $\sin x/x$(单程)，当所有的 M 都有 $\xi=0.63$ 和 $M\omega_dT_r=2.2$ 时，输出信噪比的提高最大。因此可以近似地得到

$$K_1=2e^{-1.78/M}\cos\left(\frac{2.2}{M}\right),\quad K_2=e^{-3.57/M} \tag{5.4.22}$$

其中，M 为最佳积累次数，通常取半功率波束宽度内的脉冲个数。例如，若波数宽度 $\theta_{3dB}=3.2°$，天线扫描速度 $v_s=36°/s$，重频 $f_r=720$ Hz，则半功率波束宽度内积累的脉冲数为

$$M=\frac{\theta_{opt}}{v_s}\cdot f_r=64 \tag{5.4.23}$$

代入式(5.4.22)计算双极点滤波器的反馈系数为 $K_1=1.943\ 992$，$K_2=0.945\ 746$。

5.4.4　相干积累与非相干积累的仿真

假设在同一方向有两个速度相同的目标，分别位于第 200、400 距离单元，单个脉冲的

输入信噪比分别为 10 dB、−10 dB。图 5.18 给出了在该波位 64 个脉冲重复周期的回波信号及其相干积累处理结果，其中图(a)为脉压前信号的实部；图(b)为目标所在波位中心的一个脉冲重复周期的脉压结果，第 400 距离单元的目标由于信噪比低，几乎看不见；图(c)为 64 个脉冲相干积累后目标所在多普勒通道的输出结果，图中虚线为积累前一个周期的脉压结果。由此可见，相干积累后两个目标的信噪比提高约 18 dB。

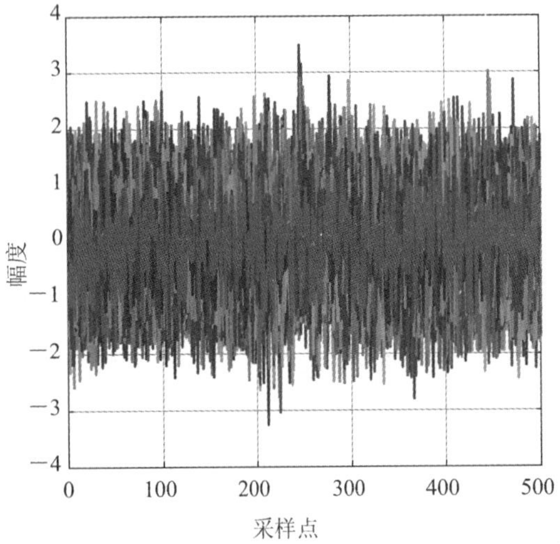

(a) 脉压前信号的实部

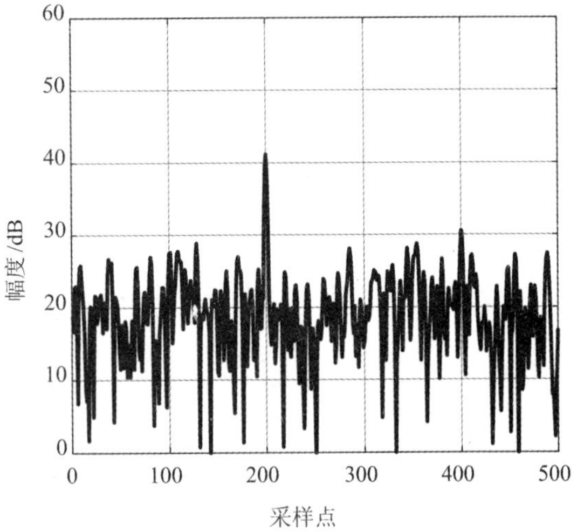

(b) 一个脉冲重复周期的脉压结果

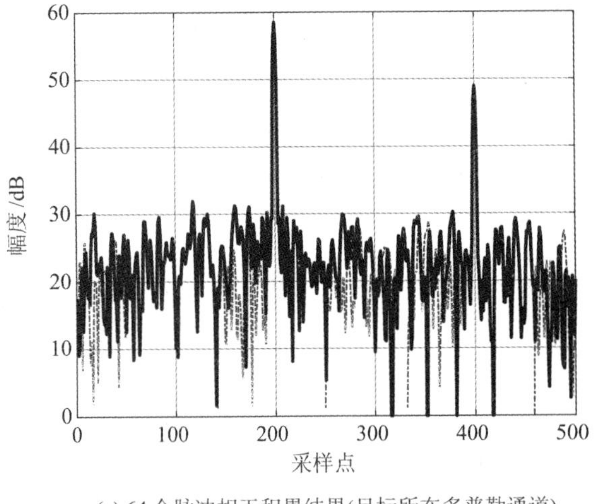

(c) 64 个脉冲相干积累结果(目标所在多普勒通道)

图 5.18　回波信号及其相干积累结果

图 5.19 给出了图 5.18 同样仿真条件下的非相干积累处理结果，其中图(a)为脉压信号基于双极点滤波的非相干积累结果；图(b)为非相干积累后输出的时域信号，图中实线为图(a)中目标峰值所在脉冲重复周期的输出结果，虚线为滑窗积累的处理结果，与图 5.18(b)比较，非相干积累后噪声的起伏明显减小了，有利于降低虚警；图(c)和图(d)分别为两个目标所在距离单元的非相干积累结果，可见采用双极点滤波进行非相干积累时存在暂态，在确定目标的方位时需要考虑暂态对目标角度测量的影响。

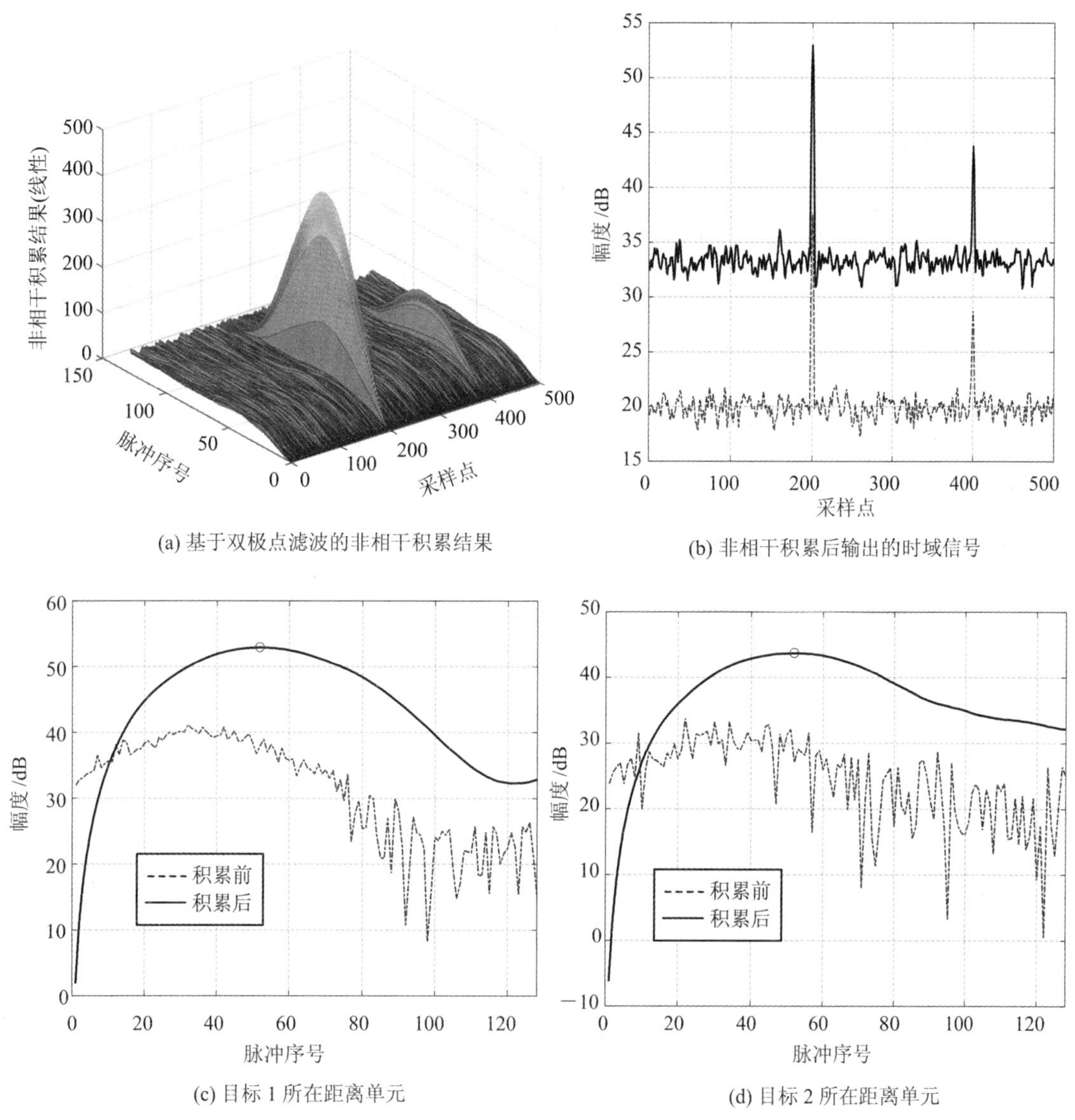

(a) 基于双极点滤波的非相干积累结果

(b) 非相干积累后输出的时域信号

(c) 目标 1 所在距离单元

(d) 目标 2 所在距离单元

图 5.19　非相干积累处理结果

图 5.20 给出了积累脉冲数为 128 的相干积累和非相干积累的仿真结果，这里假设输入信噪比为 0 dB。其中图 (a) 为 128 个脉冲重复周期脉压前信号的实部；图(b)为 128 个脉冲重复周期的脉压结果，脉压输出信噪比约为 18.85 dB；图(c)和图(d)分别是 $M=128$ 个脉冲时的相干、非相干积累结果，图中点画线是一个脉冲重复周期的脉压结果，相干积累和非相干积累输出信噪比约为 38.44 dB、20.24 dB。可见，相干积累的信噪比提高约 $10\lg(M)$ dB，而非相干积累的信噪比基本没有提升，但是，噪声被“白化”(平均)了，且随着 M 的增加，噪声更加“平直”了，这有利于降低单个脉冲检测时由于噪声起伏而产生的虚警。

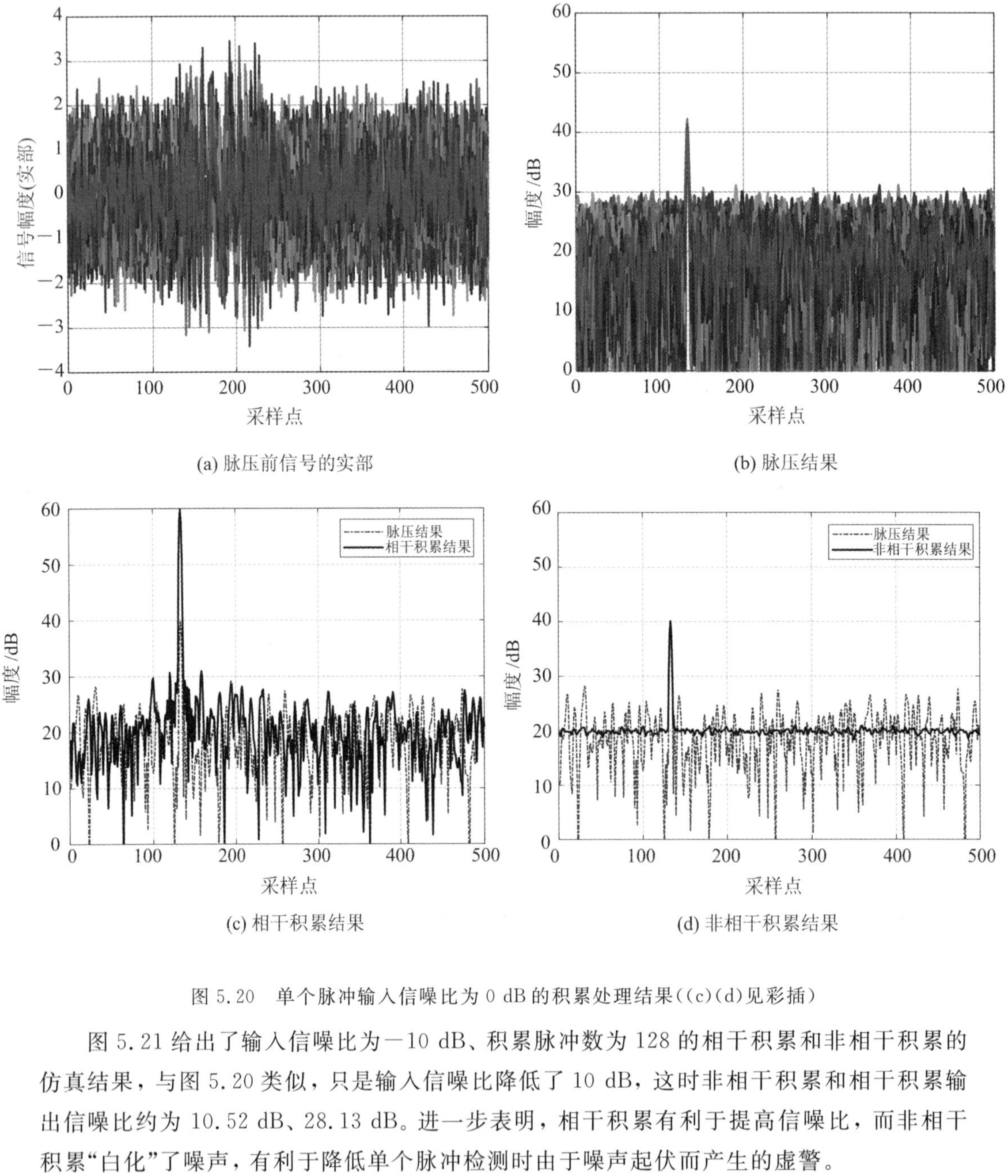

(a) 脉压前信号的实部

(b) 脉压结果

(c) 相干积累结果

(d) 非相干积累结果

图 5.20　单个脉冲输入信噪比为 0 dB 的积累处理结果((c)(d)见彩插)

图 5.21 给出了输入信噪比为－10 dB、积累脉冲数为 128 的相干积累和非相干积累的仿真结果，与图 5.20 类似，只是输入信噪比降低了 10 dB，这时非相干积累和相干积累输出信噪比约为 10.52 dB、28.13 dB。进一步表明，相干积累有利于提高信噪比，而非相干积累“白化”了噪声，有利于降低单个脉冲检测时由于噪声起伏而产生的虚警。

现在雷达均为相参雷达，大多利用在一个波位内所有发射脉冲的回波进行相干积累。但是若地面雷达在“变 T”工作时，为了平均不同 MTI 滤波器带内起伏的影响，可以对 MTI 滤波输出信号进行非相干积累，另外在建立杂波地图时，为了减小噪声的影响，也经常对一个波位的多个脉冲的回波进行非相干积累，得到杂波强度的估计值。

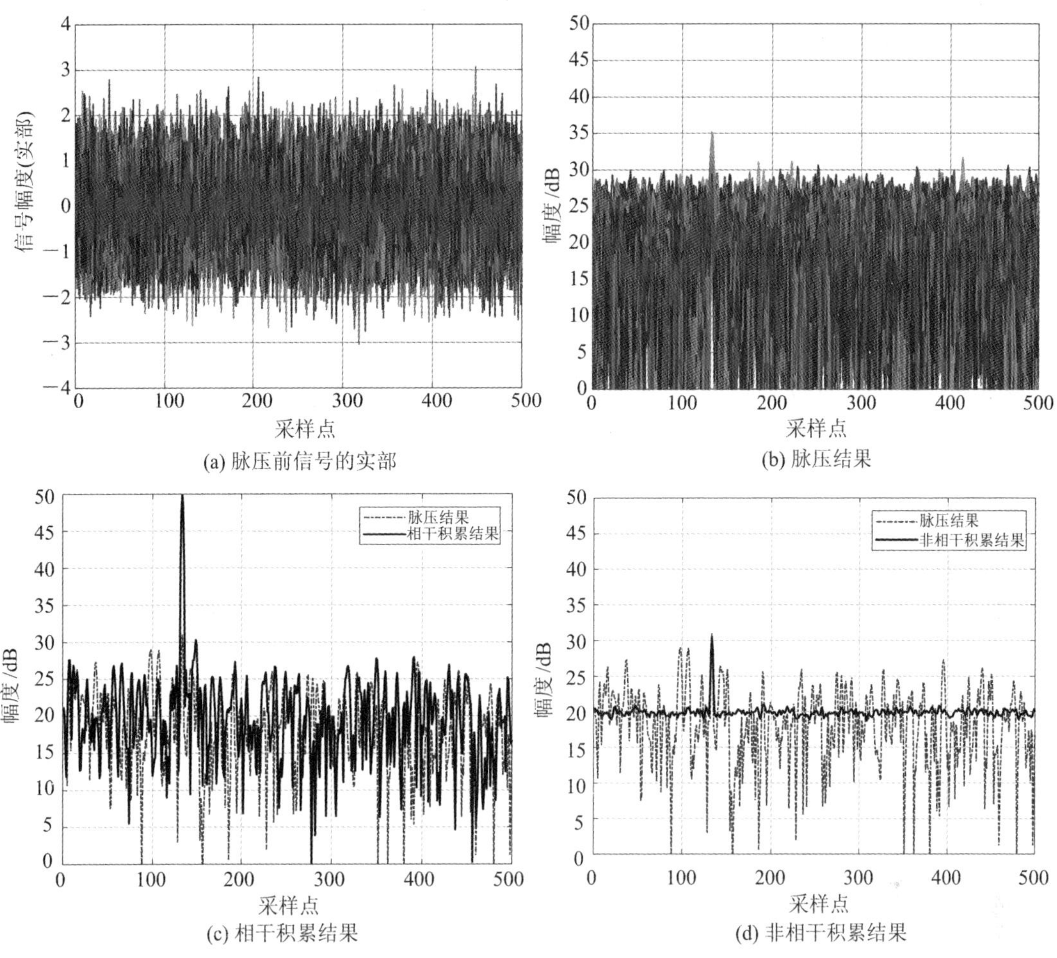

图 5.21 单个脉冲输入信噪比为－10 dB 的积累处理结果((c)(d)见彩插)

5.5 空域信号处理

空域信号处理主要是针对阵列雷达，对阵列天线接收的多通道信号在微波部分不进行合成，而是利用空域特征在基带进行数字信号处理。空域信号处理包括很多内容，本书只介绍数字波束形成和几种常用的超分辨处理算法。超分辨算法主要有两大类：一是特征子空间类算法(如 MUSIC、ESPRIT)；二是子空间拟合类算法(如 ML)。关于自适应波束形成将在第 10 章介绍。

5.5.1 数字波束形成(DBF)

数字波束形成 (Digital Beam Forming，DBF)技术是针对阵列天线，利用阵列天线的孔径，通过数字信号处理在期望的方向形成接收波束。DBF 的物理意义是：虽然单个天线的方向图是全向或弱方向性的，但对阵列多个接收通道的信号，利用数字处理方法，对某一方向的入射信号，补偿由于传感器在空间位置不同而引起的传播波程差导致的相位差，实现同相叠加，从而实现该方向的最大能量接收，完成该方向上的波束形成，来接收有用的期望信号，这种把阵列接收的方向增益聚集在一个指定的方向上，相当于形成了一个“波束”。可以通过改变权值，使得波束指向不同的方向，并实现波束的扫描。通过多通道的并行处理也可以同时形成多个波束，还可以选择合适的窗函数来降低副瓣电平。

DBF 技术属于阵列信号处理，在雷达、电子侦察与电子对抗、通信、声纳等领域中得到了广泛的应用。

1. DBF 的原理

DBF 一般是针对接收阵列天线而言的。对如图 5.22 所示的由 N 个等距线阵组成的接收天线，相邻阵元之间的间距为 d。考虑 p 个远场的窄带信号入射到空间某阵列上。这里假设阵元数等于通道数，即各阵元接收到信号后经各自的传输信道送到处理器，也就是说处理器接收来自 N 个通道的数据。接收信号矢量可以表示为

$$\boldsymbol{X}(t)=\boldsymbol{AS}(t)+\boldsymbol{N}(t) \tag{5.5.1}$$

其中，$\boldsymbol{X}(t)$为 $N\times 1$ 维阵列接收快拍数据矢量，$\boldsymbol{X}(t)=[x_1(t), x_2(t), \cdots, x_N(t)]^{\mathrm{T}}$，$\boldsymbol{S}(t)$为 $p\times 1$ 维信号矢量，$\boldsymbol{S}(t)=[s_1(t), s_2(t), \cdots, s_p(t)]^{\mathrm{T}}$，$\boldsymbol{N}(t)$为 $N\times 1$ 维噪声数据矢量，$\boldsymbol{N}(t)=[n_1(t), n_2(t), \cdots, n_N(t)]^{\mathrm{T}}$，$\boldsymbol{A}$ 为 $N\times p$ 维阵列流型矩阵(导向矢量矩阵)，且

$$\boldsymbol{A}=[\boldsymbol{a}(\theta_1)\quad \boldsymbol{a}(\theta_2)\quad \cdots\quad \boldsymbol{a}(\theta_p)] \tag{5.5.2}$$

其中，第 i 个信号的导向矢量

$$\boldsymbol{a}(\theta_i)=[1, \mathrm{e}^{\mathrm{j}\kappa d\sin\theta_i}, \cdots, \mathrm{e}^{\mathrm{j}\kappa(N-1)d\sin\theta_i}]^{\mathrm{T}},\quad i=1\sim p \tag{5.5.3}$$

式中，$\kappa=2\pi/\lambda$，为波数。

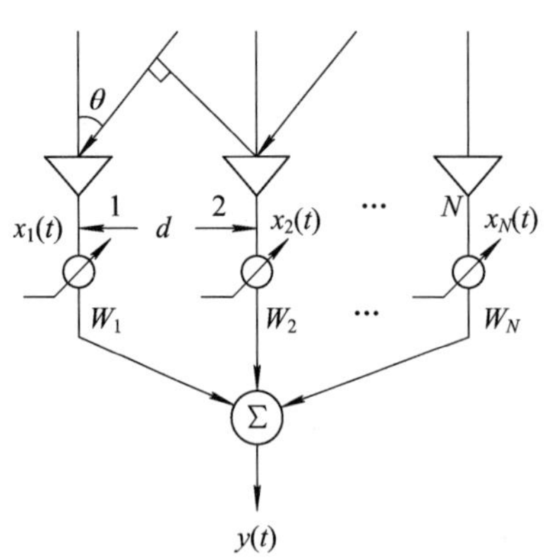

图 5.22　等距线阵空域滤波结构图

在 DBF 过程中，假设信号的来波方向为 θ，则在该方向的导向矢量为

$$\boldsymbol{a}(\theta)=[1, \mathrm{e}^{\mathrm{j}\kappa d\sin\theta}, \cdots, \mathrm{e}^{\mathrm{j}\kappa(N-1)d\sin\theta}]^{\mathrm{T}} \tag{5.5.4}$$

由式(5.5.1)知，对于单一信号源，$\boldsymbol{X}(t)=\boldsymbol{a}(\theta)s(t)+\boldsymbol{N}(t)$，波束形成技术与时间滤波类似，即对采样数据 $\boldsymbol{X}(t)$进行加权求和，加权后天线阵的输出为

$$y(t)=\boldsymbol{W}^{\mathrm{H}}\boldsymbol{X}(t)=s(t)\boldsymbol{W}^{\mathrm{H}}\boldsymbol{a}(\theta)+\boldsymbol{W}^{\mathrm{H}}\boldsymbol{N}(t) \tag{5.5.5}$$

式中，$\boldsymbol{W}=[W_1, W_2, \cdots, W_N]^{\mathrm{T}}$为 DBF 的权矢量；$\boldsymbol{X}(t)=[x_1(t), x_2(t), \cdots, x_N(t)]^{\mathrm{T}}$。

当 $\boldsymbol{W}$ 对某个方向为 θ_0的信号同相相加，即

$$\boldsymbol{W}=\boldsymbol{a}(\theta_0) \tag{5.5.6}$$

时，输出 $y(t)$ 的模值最大。因此波束形成实现了对方向角 θ_0 的选择，即实现空域滤波。

为了降低阵列的副瓣电平，需要对式(5.5.6)的 DBF 的权矢量进行加窗处理：

$$\boldsymbol{W}=\boldsymbol{a}(\theta_0)\cdot\boldsymbol{W}_{\text{win}} \tag{5.5.7}$$

式中，$\boldsymbol{W}_{\text{win}}$ 是长度为 N 的窗函数，例如，泰勒窗、海明窗等。

MATLAB 函数"line_array.m"给出了计算等距线阵的方向图和 DBF 的权矢量，其语法如下：

[*ww*, *pattern*]=line_array(*N*, *d_lamda*, *theta*0, *theta*, *win*)

其中，各参数说明见表 5.5。

表 5.5　参数说明

符号	描　述	单位	状态	图 5.23 的示例
N	阵元数	无	输入	16
d_lamda	阵元间隔与波长之比	无	输入	0.5
*theta*0	波束指向	度(°)	输入	0 或 30
theta	方向图扫描的角度范围	度(°)	输入	−90：0.1：90
win	窗函数矢量	无	输入	矩形窗，泰勒窗
ww	DBF 的权矢量	无	输出	
pattern	方向图函数	无	输出	

对一个 $N=16$ 的等距线阵，阵元间距为半波长，假设期望信号来波方向(即阵列波束指向)分别为 0°和 30°，经过 DBF 处理后，就在 0°或 30°方向形成主瓣，其余方向形成旁瓣，数字波束形成方向图，如图 5.23(a)，其旁瓣电平为−13.2 dB。图 5.23(b)给出了 DBF 时加泰勒(Taylor)的处理结果，这里控制副瓣电平为−25 dB。

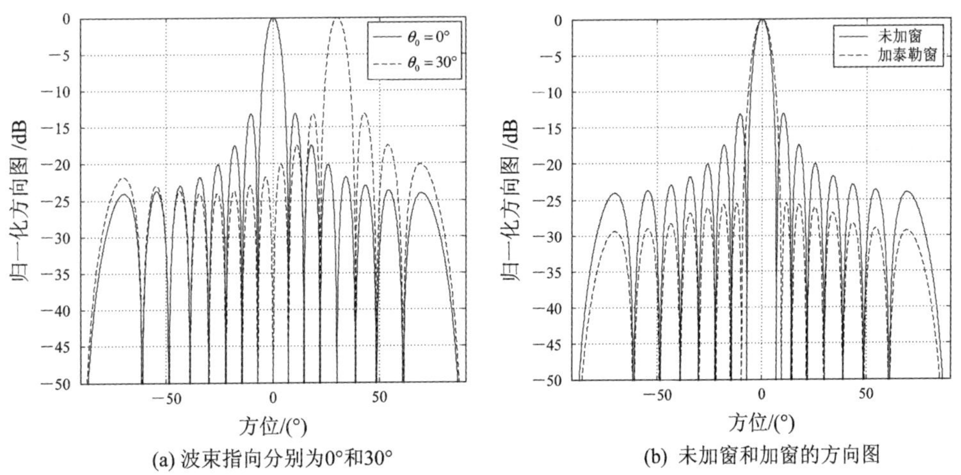

(a) 波束指向分别为0°和30°　　(b) 未加窗和加窗的方向图

图 5.23　数字波束形成方向图

2. 利用 DFT/FFT 进行 DBF

由式(5.5.6)知，在不同的方向进行 DBF 处理时需要采用不同的权矢量，对方向 θ 的

权矢量 $\boldsymbol{W}$ 为

$$\boldsymbol{W}(\theta)=[1,\ \mathrm{e}^{-\mathrm{j}\kappa d\sin\theta},\ \cdots,\ \mathrm{e}^{-\mathrm{j}\kappa(N-1)d\sin\theta}]^{\mathrm{T}} \tag{5.5.8}$$

第 n 个权值的相位为

$$\varphi_n=\kappa nd\sin\theta=\kappa nd\sin\theta,\quad n=0\sim N-1 \tag{5.5.9}$$

若将 DBF 处理搜索的波位的角度按下式进行量化：

$$u_q=\sin\theta_q=\frac{\lambda}{Nd}q,\quad q=0\sim N-1 \tag{5.5.10}$$

并将式(5.5.10)和式(5.5.9)代入式(5.5.8)，则权矢量 $\boldsymbol{W}$ 为

$$\boldsymbol{W}(u_q)=[1,\ \mathrm{e}^{-\mathrm{j}\frac{2\pi}{N}q},\ \cdots,\ \mathrm{e}^{-\mathrm{j}\frac{2\pi}{N}(N-1)q}]^{\mathrm{T}},\quad q=0\sim N-1 \tag{5.5.11}$$

由此可见，权矢量 $\boldsymbol{W}$ 为一组傅氏基，因此，可以利用 DFT 或 FFT 同时得到 N 个波位的 DBF 处理结果。若按式(5.5.8)对每个阵元在 N 个波位进行 DBF 处理，需要 N^2 次复乘运算，但若采用 FFT 就只需要 $(N/2)\mathrm{lb}(N)$ 次复乘运算。

[例 5-1] 假设 32 个阵元组成的间隔为半波长的等距线阵，在同一距离单元的两个目标的方位分别为 $-20°$ 和 $30°$，图 5.24 为对接收信号利用 FFT(加 -25 dB 的泰勒窗)进行 DBF 的结果。

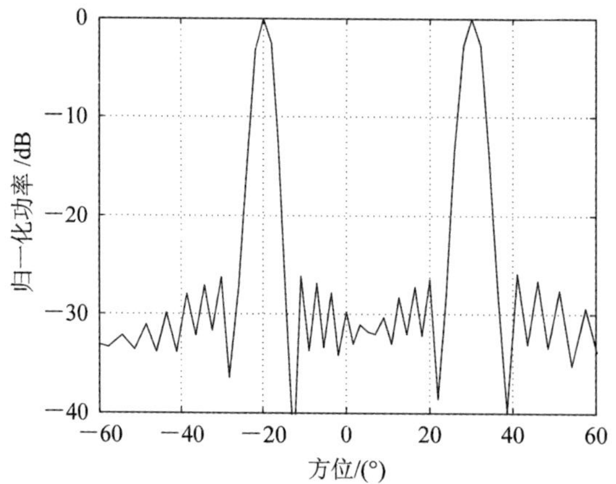

图 5.24 利用 FFT 进行 DBF

3. 信噪比的改善

若信号从方向 θ_0 入射，考虑噪声时等距线阵的输入矢量为

$$\boldsymbol{X}(t)=\boldsymbol{a}(\theta_0)s(t)+\boldsymbol{N}(t) \tag{5.5.12}$$

则在该 θ_0 方向，DBF 的权矢量为

$$\boldsymbol{W}=\boldsymbol{a}(\theta_0)=[1,\ \mathrm{e}^{\mathrm{j}\varphi_0},\ \cdots,\ \mathrm{e}^{\mathrm{j}(N-1)\varphi_0}]^{\mathrm{T}} \tag{5.5.13}$$

式中，$\varphi_0=\kappa d\sin\theta_0$，$\kappa=2\pi/\lambda$，称为波数。

在每个阵元上，输入信号和噪声的功率分别为

$$P_{\mathrm{s,\ in}}=P_{\mathrm{s}}=\mathrm{E}[s^2(t)] \tag{10.4.14}$$

$$P_{\mathrm{n,\ in}}=\mathrm{E}[|\boldsymbol{N}(t)|^2]=R_{\mathrm{n}}=\sigma_{\mathrm{n}}^2 \tag{5.5.15}$$

则阵列输入信噪比为

$$(\mathrm{SNR})_{\mathrm{in}}=\frac{P_{\mathrm{s,\ in}}}{P_{\mathrm{n,\ in}}}=\frac{P_{\mathrm{s}}}{\sigma^2} \tag{5.5.16}$$

DBF 处理后，在目标所在波位，阵列输出的信号和噪声的功率分别为

$$P_{\mathrm{s,\ out}} = \mathrm{E}[|\boldsymbol{W}^{\mathrm{H}}\boldsymbol{a}(\theta_0)s(t)|^2] = N^2 P_{\mathrm{s}} \tag{5.5.17}$$

$$P_{\mathrm{n,\ out}} = \mathrm{E}[|\boldsymbol{W}^{\mathrm{H}}\boldsymbol{N}(t)|^2] = N\sigma_{\mathrm{n}}^2 \tag{5.5.18}$$

则阵列输出的信噪比为

$$(\mathrm{SNR})_{\mathrm{out}} = \frac{P_{\mathrm{s,\ out}}}{P_{\mathrm{n,\ out}}} = N\left(\frac{P_{\mathrm{s}}}{\sigma_{\mathrm{n}}^2}\right) = N(\mathrm{SNR})_{\mathrm{in}} \tag{5.5.19}$$

由此可见，在不加任何幅度控制的情况下，DBF 处理信噪比的改善与阵元数成正比。当然加窗处理有一定的信噪比损失。

5.5.2　MUSIC 算法

多重信号分类(MUSIC)算法通过阵列接收信号的数学分解，例如特征值分解、奇异值分解、QR 分解，将接收信号划分为两个相互正交的子空间：一个是由信号源的阵列流型(导向矢量)张成的信号子空间，另一个是与信号子空间正交的噪声子空间。显然，源信号在信号子空间投影最大，而在噪声子空间投影为零。噪声子空间与噪声无关，不是由噪声决定的，而是由源信号决定的，是信号子空间的正交补空间。MUSIC 算法是噪声子空间类算法的代表，信号子空间类算法的代表是旋转不变子空间(ESPRIT)算法。

MUSIC 算法的基本思想是将阵列数据的协方差矩阵进行特征值分解，得到相互正交的信号子空间和噪声子空间，然后利用这两个子空间的正交性构造谱函数来估计波达方向。

1. MUSIC 算法

假设有 N 个等距线阵组成的阵列天线，阵元间隔为 d，P 个窄带远场信源的接收信号矢量模型为

$$\boldsymbol{X}(t) = \boldsymbol{A}\boldsymbol{S}(t) + \boldsymbol{N}(t),\quad t = 1 \sim K \tag{5.5.20}$$

式中，$\boldsymbol{S}(t)=[s_1(t),\ \cdots,\ s_P(t)]^{\mathrm{T}}$ 表示 $P(P<N)$ 个干扰信号的复包络，K 为快拍数；$\boldsymbol{N}(t)=[n_1(t),\ \cdots,\ n_N(t)]^{\mathrm{T}}$ 为噪声矢量；导向矩阵 $\boldsymbol{A}=[\boldsymbol{a}(\theta_1),\ \cdots,\ \boldsymbol{a}(\theta_P)]$，其中，

$$\boldsymbol{a}(\theta_p) = [1,\ \mathrm{e}^{\mathrm{j}\frac{2\pi}{\lambda}d\sin\theta_p},\ \cdots,\ \mathrm{e}^{\mathrm{j}\frac{2\pi}{\lambda}(N-1)d\sin\theta_p}]^{\mathrm{T}},\quad p = 1,\ 2,\ \cdots,\ P \tag{5.5.21}$$

表示 P 个信源的方向矢量，θ_p 为第 p 个信源的入射角。接收信号矢量 $\boldsymbol{X}(t)$的协方差矩阵为

$$\boldsymbol{R}_x = \mathrm{E}[\boldsymbol{X}(t)\boldsymbol{X}^{\mathrm{H}}(t)] = \boldsymbol{A}\boldsymbol{R}_{\mathrm{s}}\boldsymbol{A}^{\mathrm{H}} + \sigma_n^2\boldsymbol{I} \tag{5.5.22}$$

其中，$\boldsymbol{R}_{\mathrm{s}}$ 为信号的协方差矩阵。当信号间互不相关且信号与噪声相互独立时，协方差矩阵 $\boldsymbol{R}_x$ 可分解为两个子空间：信号子空间和噪声子空间，即

$$\boldsymbol{R}_x = \boldsymbol{U}_{\mathrm{s}}\boldsymbol{\Lambda}_{\mathrm{s}}\boldsymbol{U}_{\mathrm{s}}^{\mathrm{H}} + \boldsymbol{U}_{\mathrm{n}}\boldsymbol{\Lambda}_{\mathrm{n}}\boldsymbol{U}_{\mathrm{n}}^{\mathrm{H}} \tag{5.5.23}$$

其中，$\boldsymbol{\Lambda}_{\mathrm{s}}$ 为 P 个大特征值($\gamma_1 \geqslant \gamma_1 \cdots \geqslant \gamma_P > \sigma_{\mathrm{n}}^2$)组成的对角阵；$\boldsymbol{\Lambda}_{\mathrm{n}}$ 为 $M-P$ 个小特征值($\gamma_{P+1} \geqslant \gamma_{P+2} \cdots \geqslant \gamma_N = \sigma_{\mathrm{n}}^2$)组成的对角阵；$\boldsymbol{U}_{\mathrm{s}}$ 为 $\boldsymbol{\Lambda}_{\mathrm{s}}$ 对应的特征矢量张成的信号子空间；$\boldsymbol{U}_{\mathrm{n}}$ 为 $\boldsymbol{\Lambda}_{\mathrm{n}}$ 对应的特征矢量张成的噪声子空间。

由矩阵性质可知，在理想情况下信号子空间与噪声子空间是相互正交的，即信号子空间中的导向矢量与噪声子空间正交，有

$$\boldsymbol{a}^{\mathrm{H}}(\theta)\boldsymbol{U}_{\mathrm{n}} = \boldsymbol{0}_{1\times(N-P)} \tag{5.5.24}$$

根据信号子空间与噪声子空间相互正交，MUSIC 空间谱的估计公式为

$$P_{\mathrm{MUSIC}}(\theta)=\frac{1}{\boldsymbol{a}^{\mathrm{H}}(\theta)\boldsymbol{U}_{\mathrm{n}}\boldsymbol{U}_{\mathrm{n}}^{\mathrm{H}}\boldsymbol{a}(\theta)} \tag{5.5.25}$$

随着导向矢量逐渐逼近信号子空间，$\boldsymbol{a}^{\mathrm{H}}(\theta)\boldsymbol{U}_{\mathrm{n}}$ 将逐渐趋近于零，式(5.5.25)得到的空间谱将在来波方向得到尖锐的“谱峰”，该“针状”空间谱提高了算法的空域分辨率，通过谱峰搜索可以得到来波方向。

因此，MUSIC 算法可以归纳为：

(1) 根据 N 个天线、K 个快拍的接收信号矩阵计算协方差矩阵的估计值 $\boldsymbol{R}_x=\frac{1}{K}\sum_{t=1}^{K}\boldsymbol{X}(t)\boldsymbol{X}^{\mathrm{H}}(t)$；

(2) 对 $\boldsymbol{R}_x$ 进行特征值分解，按特征值的大小顺序，将 P 个大特征值对应的特征向量张成信号子空间，将剩下的 $M-P$ 个小特征值对应的特征向量张成噪声子空间，如式(5.5.23)；

(3) 改变 θ，按式(5.5.25)计算谱函数，通过搜索谱峰得到来波方向的估计值。

MUSIC 空间谱计算的 MATLAB 程序的调用函数为

[*Pmusic*]=MUSIC(*data*,*grid*, *N*,*d*,*lambda*,*N_sourse*)；

其中，各参数说明如表 5.6 所示。

表 5.6　MUSIC 的参数说明

符号	描　　述	单位	状态	说明或举例
data	阵列天线接收信号矩阵		输入	矩阵 $N\times N_p$ 维，N 为天线单元数，N_p 为快拍数
grid	搜索角度范围和间隔的向量	°	输入	[−60:0.1:60]
N	天线单元数	个	输入	20
d	天线之间的间隔	m	输入	$d\geqslant 0.5\lambda$
lambda	波长 λ	m	输入	
N_sourse	信源个数	个	输入	若未知，需要根据特征值的大小估计信源的个数
Pmusic	MUSIC 空间谱	dB	输出	

MUSIC 算法不适用于相干源的超分辨处理，为了对相干源进行超分辨处理，需要采用空间平滑解相干的 MUSIC 算法等。

2. 空间平滑 MUSIC 算法

经典 MUSIC 算法要求各信源相互独立。在相干源场景中，信号协方差矩阵会出现秩亏损，从而使得信号特征向量发散到噪声子空间去。因此，MUSIC 算法空间谱也就不会在波达方向上产生谱峰。针对相干源问题需要从解决矩阵的秩亏损入手，即解相干处理。针对均匀线阵，空间平滑(SS)是一种常用的解相干方法，下面将详细介绍基于空间平滑解相干的 MUSIC 算法。

对由 N 个阵元组成的均匀线阵，前后向空间平滑原理如图 5.25 所示，首先将均匀线

阵分成 L 个结构相同的子阵，每个子阵的阵元数为 m，则有 $m=N-L+1$。

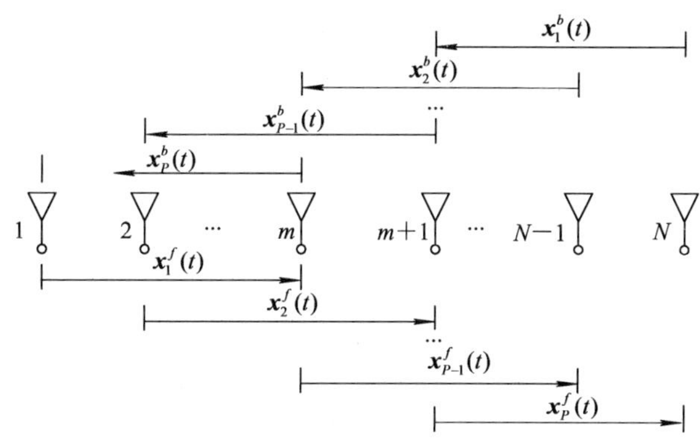

图 5.25　前后向空间平滑示意图

则前向空间平滑第 l 个子阵和后向平滑第 $L-l+1$ 个子阵的接收数据分别为

$$\boldsymbol{x}_l^f(t)=[\boldsymbol{x}_l(t),\ \cdots,\ \boldsymbol{x}_{l+m-1}(t)]^{\mathrm{T}},\quad l=1,\ 2,\ \cdots,\ L \tag{5.5.26}$$

$$\boldsymbol{x}_{L-l+1}^b(t)=[\boldsymbol{x}_{l+m-1}(t),\ \cdots,\ x_l(t)]^{\mathrm{H}},\quad l=1,\ 2,\ \cdots,\ L \tag{5.5.27}$$

根据式(5.5.20)，$\boldsymbol{x}_l^f(t)$和 $\boldsymbol{x}_{L-l+1}^b(t)$按矢量形式可表示为

$$\boldsymbol{x}_l^f(t)=\boldsymbol{A}\boldsymbol{D}^{(l-1)}\boldsymbol{s}(t)+\boldsymbol{n}_l(t) \tag{5.5.28}$$

$$\boldsymbol{x}_{L-l+1}^b(t)=\boldsymbol{J}(\boldsymbol{x}_l^b(t))^*=\boldsymbol{J}\boldsymbol{A}^*\boldsymbol{D}^{-(l-1)}\boldsymbol{s}^*(t)+\boldsymbol{J}\boldsymbol{n}_l^*(t) \tag{5.5.29}$$

其中，$(\cdot)^*$ 为取共轭，$\boldsymbol{J}$ 为置换矩阵，$\boldsymbol{D}$ 为对角阵，$\boldsymbol{J}$、$\boldsymbol{D}$ 形式如下：

$$\boldsymbol{J}=\begin{bmatrix}0 & \cdots & 0 & 1\\ 0 & \cdots & 1 & 0\\ \vdots & \iddots & \vdots & \vdots\\ 1 & 0 & \cdots & 0\end{bmatrix},\quad \boldsymbol{D}=\begin{bmatrix}\mathrm{e}^{\mathrm{j}\varphi_1} & 0 & \cdots & 0\\ 0 & \mathrm{e}^{\mathrm{j}\varphi_2} & \cdots & 0\\ \vdots & \vdots & \ddots & \vdots\\ 0 & 0 & \cdots & \mathrm{e}^{\mathrm{j}\varphi_P}\end{bmatrix} \tag{5.5.30}$$

其中，$\varphi_i=\dfrac{2\pi d}{\lambda}\sin(\theta_i)$，$i=1,\ 2,\ \cdots,\ P$。

则前向、后向观测矢量 $\boldsymbol{x}_l^f(t)$和 $\boldsymbol{x}_{L-l+1}^b(t)$对应的协方差矩阵可以分别表示为

$$\boldsymbol{R}_l^f=\boldsymbol{A}\boldsymbol{D}^{(l-1)}\boldsymbol{R}_{\mathrm{s}}(\boldsymbol{D}^{(l-1)})^{\mathrm{H}}\boldsymbol{A}^{\mathrm{H}}+\sigma^2\boldsymbol{I} \tag{5.5.31}$$

$$\boldsymbol{R}_{L-l+1}^b=\boldsymbol{J}\boldsymbol{A}^*\boldsymbol{D}^{-(l-1)}\boldsymbol{R}_{\mathrm{s}}^*(\boldsymbol{D}^{(l-1)})^{\mathrm{H}}(\boldsymbol{A}^{\mathrm{H}}\boldsymbol{J})^*+\sigma^2\boldsymbol{I} \tag{5.5.32}$$

由于 $\boldsymbol{J}\boldsymbol{A}^*=\boldsymbol{A}\boldsymbol{D}^{-(m-1)}$，则 $\boldsymbol{R}_{L-l+1}^b$可以简化为

$$\boldsymbol{R}_{L-l+1}^b=\boldsymbol{A}\boldsymbol{D}^{-(m+l-2)}\boldsymbol{R}_{\mathrm{s}}^*\boldsymbol{D}^{(m+l-2)}\boldsymbol{A}^{\mathrm{H}}+\sigma^2\boldsymbol{I} \tag{5.5.33}$$

则前后向空间平滑修正后的阵列输出数据的协方差矩阵 $\boldsymbol{R}^f$ 和 $\boldsymbol{R}^b$ 可分别表示为

$$\boldsymbol{R}^f=\frac{1}{L}\sum_{l=1}^{L}\boldsymbol{R}_l^f=\boldsymbol{A}\left(\frac{1}{L}\sum_{l=1}^{L}\boldsymbol{D}^{(l-1)}\boldsymbol{R}_{\mathrm{s}}(\boldsymbol{D}^{(l-1)})^{\mathrm{H}}\right)\boldsymbol{A}^{\mathrm{H}}+\sigma^2\boldsymbol{I} \tag{5.5.34}$$

$$\boldsymbol{R}^b=\frac{1}{L}\sum_{l=1}^{L}\boldsymbol{R}_{L-l+1}^b=\boldsymbol{A}\left(\frac{1}{L}\sum_{l=1}^{L}\boldsymbol{D}^{-(m+l-2)}\boldsymbol{R}_{\mathrm{s}}^*\boldsymbol{D}^{(m+l-2)}\right)\boldsymbol{A}^{\mathrm{H}}+\sigma^2\boldsymbol{I} \tag{5.5.35}$$

前后向空间平滑的协方差矩阵 $\boldsymbol{R}^{fb}$ 由 $\boldsymbol{R}^f$ 和 $\boldsymbol{R}^b$ 平均得到，即

$$\boldsymbol{R}^{fb}=\frac{\boldsymbol{R}^f+\boldsymbol{R}^b}{2} \tag{5.5.36}$$

对前后向空间平滑矩阵 $\boldsymbol{R}^{fb}$ 进行特征值分解，结果为

$$\boldsymbol{R}^{fb}=\boldsymbol{U}_s\boldsymbol{\Lambda}_s\boldsymbol{U}_s^H+\boldsymbol{U}_n\boldsymbol{\Lambda}_n\boldsymbol{U}_n^H \tag{5.5.37}$$

其中，$\boldsymbol{U}_s$ 和 $\boldsymbol{U}_n$ 分别表示信号子空间和噪声子空间，$\boldsymbol{\Lambda}_s$ 和 $\boldsymbol{\Lambda}_n$ 分别为以大特征值和小特征值为对角元素的对角矩阵。这时 $\boldsymbol{U}_s$ 和 $\boldsymbol{U}_n$ 相互正交，解相干 MUSIC 算法的谱估计公式为

$$P_{\text{SS-MUSIC}}=\frac{1}{\boldsymbol{a}^H(\theta)\hat{\boldsymbol{U}}_n\hat{\boldsymbol{U}}_n^H\boldsymbol{a}(\theta)} \tag{5.5.38}$$

其中，$\hat{\boldsymbol{U}}_n$ 为有限采样数据条件下噪声子空间的估计。

5.5.3　ESPRIT 算法

旋转不变子空间(ESPRIT)算法是对阵列接收数据协方差矩阵进行特征分解，并利用信号子空间的旋转不变特性而求得信源的入射方向。与 MUSIC 算法相比，ESPRIT 算法的优点在于计算量小，不需要进行谱峰搜索。

ESPRIT 算法假设存在两个完全相同的子阵，且两个子阵的间距 Δ 是已知的。由于两个子阵的结构完全相同，且子阵的阵元数为 m，对于同一个入射信号，两个子阵的输出只有一个相位差 $\boldsymbol{\varphi}_i$，$i=1, 2, \cdots, P$(P 个信源)。假设第一个子阵的接收数据为 $\boldsymbol{X}_1$，第二个子阵的接收数据为 $\boldsymbol{X}_2$，根据式(5.5.20)，两个子阵的接收信号模型为

$$\boldsymbol{X}_1=[\boldsymbol{a}(\theta_1)\quad \boldsymbol{a}(\theta_2)\quad \cdots\quad \boldsymbol{a}(\theta_P)]\boldsymbol{S}+\boldsymbol{N}_1=\boldsymbol{AS}+\boldsymbol{N}_1 \tag{5.5.39}$$

$$\boldsymbol{X}_2=[\boldsymbol{a}(\theta_1)\mathrm{e}^{\mathrm{j}\varphi_1}\quad \boldsymbol{a}(\theta_2)\mathrm{e}^{\mathrm{j}\varphi_2}\quad \cdots\quad \boldsymbol{a}(\theta_P)\mathrm{e}^{\mathrm{j}\varphi_P}]\boldsymbol{S}+\boldsymbol{N}_2=\boldsymbol{A\Phi S}+\boldsymbol{N}_2 \tag{5.5.40}$$

式中，$\boldsymbol{\Phi}$ 表示两个子阵间的旋转不变关系，是一个对角阵：

$$\boldsymbol{\Phi}=\mathrm{diag}[\mathrm{e}^{\mathrm{j}\varphi_1},\ \mathrm{e}^{\mathrm{j}\varphi_2},\ \cdots,\ \mathrm{e}^{\mathrm{j}\varphi_P}] \tag{5.5.41}$$

其中，$\varphi_i=(2\pi\Delta\sin\theta_i)/\lambda$，$i=1, 2, \cdots, P$。信源的方向包含在 $\boldsymbol{A}$ 和 $\boldsymbol{\Phi}$ 中。

将两个子阵的信号模型合并成一个矩阵，即

$$\boldsymbol{X}=\begin{bmatrix}\boldsymbol{X}_1\\ \boldsymbol{X}_2\end{bmatrix}=\begin{bmatrix}\boldsymbol{A}\\ \boldsymbol{A\Phi}\end{bmatrix}\boldsymbol{S}+\boldsymbol{N}=\bar{\boldsymbol{A}}\boldsymbol{S}+\boldsymbol{N} \tag{5.5.42}$$

在理想条件下，$\boldsymbol{X}$ 的协方差矩阵为

$$\boldsymbol{R}_x=E[\boldsymbol{XX}^H]=\bar{\boldsymbol{A}}\boldsymbol{R}_s\bar{\boldsymbol{A}}^H+\boldsymbol{R}_n \tag{5.5.43}$$

对上式进行特征分解：

$$\boldsymbol{R}_x=\sum_{i=1}^{2m}\lambda_i\boldsymbol{e}_i\boldsymbol{e}_i^H=\boldsymbol{U}_s\boldsymbol{\Lambda}_s\boldsymbol{U}_s^H+\boldsymbol{U}_n\boldsymbol{\Lambda}_n\boldsymbol{U}_n^H \tag{5.5.44}$$

式中，特征值 λ_i 有如下关系：

$$\gamma_1\geqslant\gamma_2\geqslant\cdots\geqslant\gamma_{P+1}=\cdots=\gamma_{2m}$$

$\boldsymbol{U}_s$ 为 P 个大特征值对应的特征矢量张成的信号子空间，$\boldsymbol{U}_n$ 为小特征值对应矢量张成的噪声子空间。此时，存在一个唯一的非奇异矩阵 $\boldsymbol{T}$，使得

$$\boldsymbol{U}_s=\bar{\boldsymbol{A}}(\theta)\boldsymbol{T}=\begin{bmatrix}\boldsymbol{U}_{s1}\\ \boldsymbol{U}_{s2}\end{bmatrix}=\begin{bmatrix}\boldsymbol{AT}\\ \boldsymbol{A\Phi T}\end{bmatrix} \tag{5.5.45}$$

很明显，由子阵 1 的大特征值张成的子空间 $\mathrm{span}\{\boldsymbol{U}_{s1}\}$、由子阵 2 的大特征值张成的子空间 $\mathrm{span}\{\boldsymbol{U}_{s2}\}$与阵列流型 $\boldsymbol{A}$ 张成的子空间 $\mathrm{span}\{\boldsymbol{A}(\theta)\}$三者相等，即

$$\mathrm{span}\{\boldsymbol{U}_{s1}\} = \mathrm{span}\{\boldsymbol{A}(\theta)\} = \mathrm{span}\{\boldsymbol{U}_{s2}\} \tag{5.5.46}$$

两个子阵的信号子空间的关系如下：

$$\boldsymbol{U}_{s2} = \boldsymbol{U}_{s1}\boldsymbol{T}^{-1}\boldsymbol{\Phi}\boldsymbol{T} = \boldsymbol{U}_{s1}\boldsymbol{\Psi} \tag{5.5.47}$$

上式反映了两个子阵的阵列流行间的旋转不变性，也反映了两个子阵的阵列接收数据的信号子空间的旋转不变性。

如果阵列流型是满秩矩阵，则由式(5.5.47)可以得到

$$\boldsymbol{\Phi} = \boldsymbol{T}\boldsymbol{\Psi}\boldsymbol{T}^{-1} \tag{5.5.48}$$

所以上式中 $\boldsymbol{\Psi}$ 的特征值组成的对角阵等于 $\boldsymbol{\Phi}$，而矩阵 $\boldsymbol{T}$ 的各列就是矩阵 $\boldsymbol{\Psi}$ 的特征矢量。所以，估计旋转不变关系矩阵 $\boldsymbol{\Psi}$，就可以直接利用式(5.5.41)计算信源的入射方向。

5.5.4 最大似然(ML)算法

最大似然算法是在白噪声背景下的贝叶斯最优估计，其基本思想是：已知样本集 $\{x(1), x(2), \cdots, x(L)\}$ 服从某概率模型 $p(x|\theta)$，其中 θ 为参数集合，使条件概率 $p(x(1), x(2), \cdots, x(L)|\theta)$ 最大的参数 θ 的估计为最大似然估计。

根据式(5.5.20)的阵列接收信号模型 $\boldsymbol{X}(t)$，假设不同快拍间噪声样本互不相关，且服从均值为 0、方差为 σ_n^2 的高斯分布。则阵列接收信号 $\boldsymbol{x}(1)$，$\boldsymbol{x}(2)$，…，$\boldsymbol{x}(L)$ 的联合后验概率密度函数为

$$p(\boldsymbol{x}(1), \boldsymbol{x}(2), \cdots, \boldsymbol{x}(L) \mid \theta) = \prod_{i=1}^{L} \frac{1}{\det\{\pi\sigma_n^2 \boldsymbol{I}\}} \exp\left(-\frac{|\boldsymbol{x}(i) - \boldsymbol{A}\boldsymbol{s}(i)|^2}{\sigma_n^2}\right) \tag{5.5.49}$$

对式(5.5.49)两边同时取对数：

$$-\ln p = L\ln\pi + NL\ln\sigma_n^2 + \frac{1}{\sigma_n^2}\sum_{i=1}^{L} |\boldsymbol{x}(i) - \boldsymbol{A}\boldsymbol{s}(i)|^2 \tag{5.5.50}$$

先估计 σ_n^2 使似然函数最大：

$$\hat{\sigma}_n^2 = \frac{1}{LN}\sum_{i=1}^{L} |\boldsymbol{x}(i) - \boldsymbol{A}\boldsymbol{s}(i)|^2 \tag{5.5.51}$$

将式(5.5.51)代入式(5.5.50)，同时忽略常数项，最大似然函数为

$$\max_{\theta, s}\left\{-LN\ln\left(\frac{1}{LN}\sum_{i=1}^{L} |\boldsymbol{x}(i) - \boldsymbol{A}\boldsymbol{s}(i)|^2\right)\right\} \tag{5.5.52}$$

固定 θ，对 $\boldsymbol{s}$ 进行估计：

$$\boldsymbol{s}(i) = [\boldsymbol{A}^{\mathrm{H}}\boldsymbol{A}]^{-1}\boldsymbol{A}^{\mathrm{H}}\boldsymbol{x}(i) \tag{5.5.53}$$

将式(5.5.53)代入式(5.5.52)，得到关于 θ 的估计为

$$\begin{aligned}\theta &= \min_{\theta}\left\{\sum_{i=1}^{L} |\boldsymbol{x}(i) - \boldsymbol{A}[\boldsymbol{A}^{\mathrm{H}}\boldsymbol{A}]^{-1}\boldsymbol{A}^{\mathrm{H}}\boldsymbol{x}(i)|^2\right\} \\ &= \min_{\theta}\left\{\sum_{i=1}^{L} |(\boldsymbol{I} - \boldsymbol{P}_A)\boldsymbol{x}(i)|^2\right\} \\ &= \min_{\theta}\left\{\sum_{i=1}^{L} \mathrm{tr}(\boldsymbol{P}_A^{\perp}\boldsymbol{x}(i)\boldsymbol{x}(i)^{\mathrm{H}})\right\}\end{aligned} \tag{5.5.54}$$

此时 θ 的最大似然估计转化为

$$\theta = \min_{\theta}\{\mathrm{tr}\{\boldsymbol{P}_A^{\perp}\boldsymbol{R}_x\}\} = \max_{\theta}\{\mathrm{tr}\{\boldsymbol{P}_A\boldsymbol{R}_x\}\} \tag{5.5.55}$$

其中，$\boldsymbol{P}_A=\boldsymbol{A}[\boldsymbol{A}^{\mathrm{H}}\boldsymbol{A}]^{-1}\boldsymbol{A}^{\mathrm{H}}$ 是投影到 $\boldsymbol{A}$ 的列矢量所展成的空间的投影算子，$\boldsymbol{P}_A^{\perp}=\boldsymbol{I}-\boldsymbol{P}_A$ 是 $\boldsymbol{A}$ 的正交投影算子。通过谱峰搜索式(5.5.55)的最大值，即估计信源方向。

最大似然算法渐进估计性能良好，尤其是在快拍数较少、信噪比较低时，可靠性更好。当存在多个信号源时，这类算法的实现需要进行多维非线性搜索，运算量较大，不能保证参数具有全局收敛性；当存在相干源时，这类算法的估计精度也会下降。为此已有学者提出了一系列的改进算法，例如交替投影最大似然算法(APML)和合成导向矢量最大似然算法(SVML)等，限于篇幅本书不做介绍。

5.5.5　算法仿真与实测数据分析

1. 算法仿真

仿真条件：采用 16 阵元均匀线阵，间距为半波长，3 dB 波束宽度为 6°，快拍数为 30。存在两个不相干信源。本节仿真中信噪比均指单个阵元输入的信噪比。

图 5.26 给出了两种情况下 DBF、MUSIC、ESPRIT 和 ML 算法空间谱或方向估计结果(单次)，其中图(a)假设两个信源入射方向为 0°和 3°，信噪比为 10 dB；图 (b) 假设两个信源入射方向为 0°和 5°，信噪比为 5 dB。可见 DBF 不能分辨一个波束宽度内的两个目标，而 MUSIC、ESPRIT 和 ML 算法在一定信噪比下可以分辨一个波束宽度内的两个目标。ESPRIT 和 ML 算法直接给出方向估计结果，但是，当两个信源的方向接近时，估计结果存在一定的偏差。

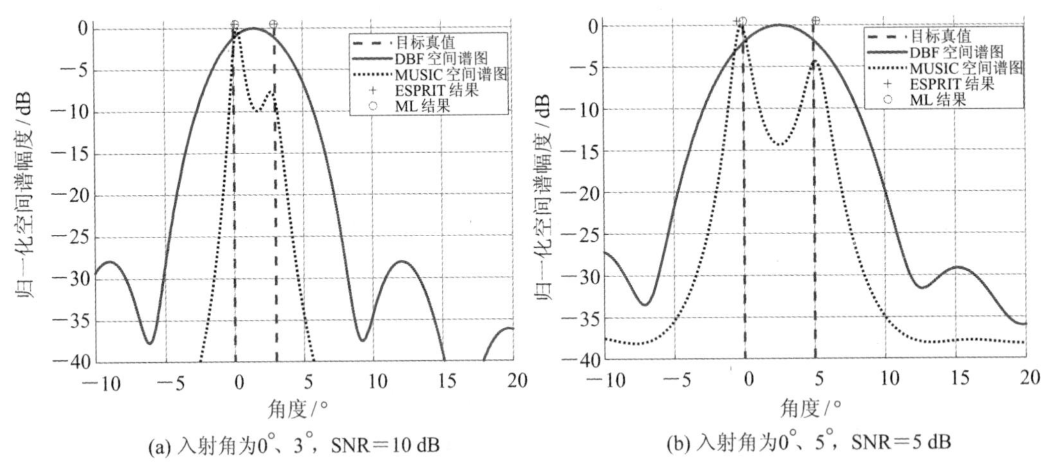

(a) 入射角为0°、3°，SNR＝10 dB　　(b) 入射角为0°、5°，SNR＝5 dB

图 5.26　不同入射角时空间谱图

假设两个不相干信源入射方向为 0°和 10°，在不同信噪比下进行 500 次蒙特卡洛统计分析，图 5.27 给出 DBF、MUSIC、ESPRIT 和 ML 算法在不同信噪比下的角度测量精度。可见使用超分辨算法的性能要好于 DBF 算法。

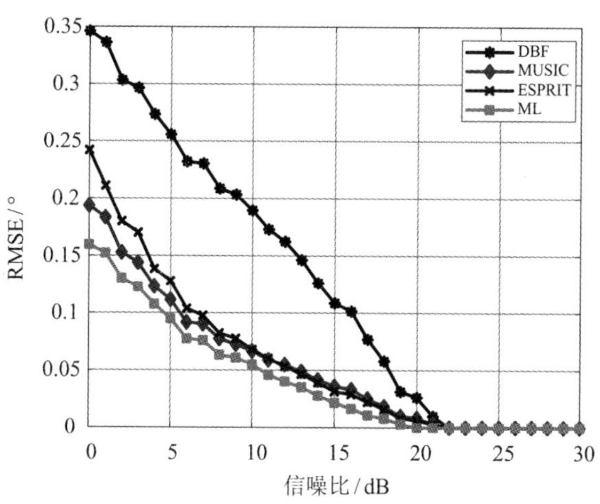

图 5.27 不同信噪比时的角度测量均方根误差

2. 某阵列雷达实测数据分析

某型号雷达在俯仰维采用 26 行天线，波束宽度约为 4°，天线中心与地面高度为 8 m。某批次目标航迹如图 5.28 所示，目标自东往西飞行，距离在 50 km 至 250 km 之间，目标飞行高度基本不变。雷达架设阵地较为平坦。该雷达实测数据经过正交中频采样、脉冲压缩等处理后，对目标所在距离单元的 26 行天线接收信号经预处理后进行仰角和高度的测量，图 5.29 给出了 DBF、SSMUSIC、APML 和 SVML 算法对目标仰角和高度的测量结果。其中图(a)为实测数据各点迹的仰角测量结果，图(b)为仰角测量误差，图(c)为高度测量结果，图(d)为高度测量误差。由此可见，在高仰角区，四种算法均可以得到较好的测角和测高效果；而在低仰角区，由于地面多径反射信号的影响，DBF、SSMUSIC 和 APML 算法的测角有一定的误差，SVML 算法由于利用了目标距离、雷达架高和地面反射系数等先验信息，具有最优的测角和测高效果，误差最小。

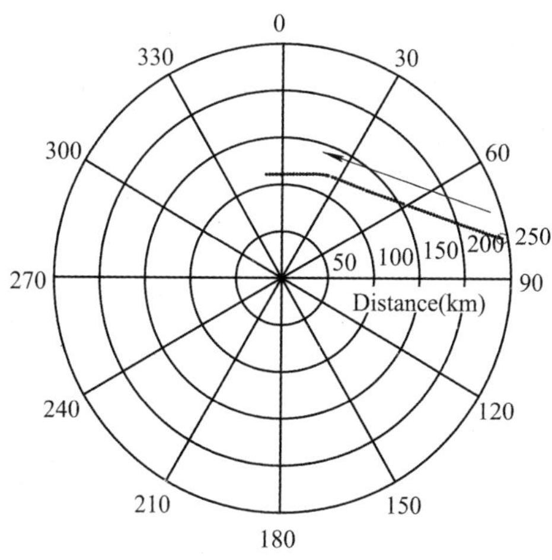

图 5.28 目标航迹图

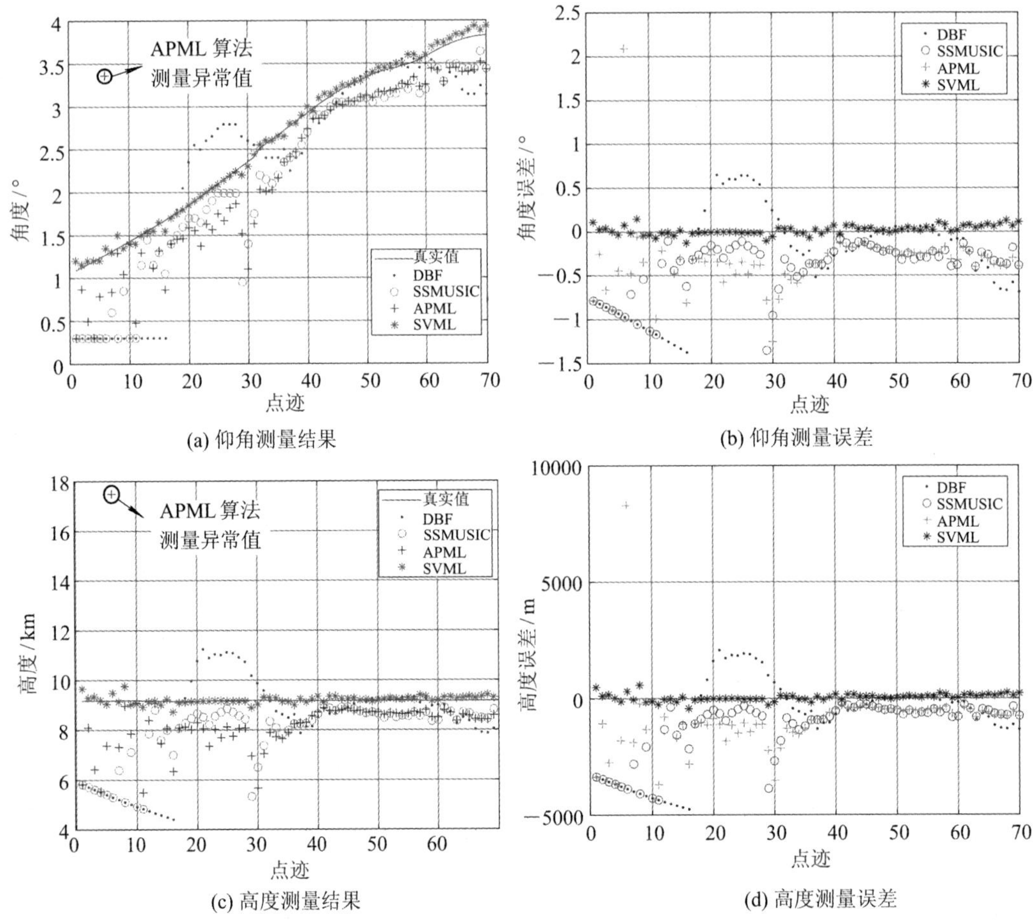

(a) 仰角测量结果

(b) 仰角测量误差

(c) 高度测量结果

(d) 高度测量误差

图 5.29 实测数据的仰角和高度测量结果

该航线包括 70 个点迹，剔除一个误差较大的点迹，四种算法的测角和测高的均方根误差如表 5.7 所示，可以看到，四种算法在高仰角区域的测角、测高性能较好。而在低仰角区域，DBF 不适合于相干源，估计性能最差；SSMUSIC 和 APML 算法尽管可以解相干，但是实际中由于低仰角的多径反射特征复杂，因此在低仰角的测角、测高性能有限；SVML 算法由于利用了先验信息，考虑了地面相干多径的影响，所以低仰角的测高性能较好，这种方法已推广应用于多种阵列雷达。

表 5.7 航迹不同算法测角和测高误差统计

算　　法	DBF 算法	SSMUSIC 算法	APML 算法	SVML 算法
仰角 RMSE/(°)	0.605	0.486	0.431	0.055
高度 RMSE/m	2104	1652	1358	155

5.6 极化信息处理

极化是电磁波的固有特征，其表征电磁波电场矢量(或磁场矢量)在空间中的指向随时间变化的情况。工程中一般以电场矢量的空间指向作为电磁波的极化方向。极化域是独立于时域、频域和空域以外的一个信息域。

根据在空间中某个固定点所观测到的电场矢量 $\boldsymbol{E}$ 矢端在垂直于波传播方向的平面内所移动的轨迹形状，电磁波的极化可分为线极化、圆极化和椭圆极化三种。线极化包括水平极化、垂直极化和 45°线极化。圆极化和椭圆极化都有左、右旋之分，沿电磁波传播方向看去，电场矢量随时间向左(即逆时针方向)旋转的称左旋极化，向右(即顺时针方向)旋转的称右旋极化。工程中应用最为普遍的是水平极化、垂直极化、圆极化和 45°线极化。

传统的雷达一般使用固定的单极化天线发射和接收信号，将场矢量描述的雷达接收的回波信号转换为标量信号。这样的信号处理方式会造成目标极化信息的丢失。为了利用极化信息，雷达系统需要通过矢量接收方式来保证回波信号极化信息的完整性。雷达极化信息获取是极化信息利用的前提和基础，而通常要获取的基本极化信息有两种：电磁波的极化状态和目标的极化散射矩阵。其中，前者反映了雷达接收电磁波电场取向的时变特性；后者则反映了雷达目标的极化特性。通过设计接收端为双极化天线或极化敏感阵列，即可对任意接收信号进行极化信息获取并进行极化参数估计。

雷达极化信息处理技术为目标检测、跟踪、成像、识别以及抗干扰等方面应用带来了革新。例如，机载拖曳式干扰、交叉眼干扰等大多采用圆极化天线，箔条干扰在风力的作用下其极化特征与目标的极化特征的差异较大。现代雷达为了提高抗干扰性能，可以利用目标和干扰回波的极化特征差异，设计相应的极化滤波器，从而实现干扰抑制。本节主要介绍电磁波的极化特征、目标极化特性表征以及极化滤波器的设计方法，并给出极化抗干扰的仿真和实测数据的处理结果。

5.6.1 电磁波极化表征

根据电磁波能否用静态定常参数描述，电磁波分为完全极化波(也称为“常定电磁波”，即满足电磁波电场矢端空间轨迹具有几何规则性和周期性的条件)、部分极化波和完全未极化波(后两者统称“非定常电磁波”)。这里只介绍完全极化波的极化表征。

为了方便描述电磁波的极化特征，根据电磁波极化状态的分类，引入不同极化表征方法来描述电磁波的极化状态及其所包含的极化信息。常见的正交极化基有水平－垂直极化基、左旋－右旋极化基。对于一个沿笛卡尔坐标系中 $+z$ 方向传播的单频信号(单色波)而言，在水平－垂直极化基($\hat{\boldsymbol{e}}_{\mathrm{H}}$，$\hat{\boldsymbol{e}}_{\mathrm{V}}$)下，空间坐标 z 处，在 t 时刻的电场矢量可以简记为

$$\boldsymbol{E}(z,\ t)=\begin{bmatrix}E_{\mathrm{H}}(z,\ t)\\ E_{\mathrm{V}}(z,\ t)\end{bmatrix}=\begin{bmatrix}A_{\mathrm{H}}\mathrm{e}^{\mathrm{j}\omega t-\kappa z+\varphi_{\mathrm{H}}}\\ A_{\mathrm{V}}\mathrm{e}^{\mathrm{j}\omega t-\kappa z+\varphi_{\mathrm{V}}}\end{bmatrix} \tag{5.6.1}$$

式中，$\kappa=2\pi/\lambda$，为波数，λ 为波长；φ_{H}、φ_{V} 为水平、垂直极化分量的相位；A_{H}、A_{V} 为水平、垂直极化分量的幅度。为简化表述，表达式中均省略了时间变量，例如：电场矢量式(5.6.1)可简记为 $\boldsymbol{E}=[E_{\mathrm{H}}\quad E_{\mathrm{V}}]^{\mathrm{T}}$，且默认电磁波由水平、垂直极化分量描述。

常见的极化表征有极化相位描述子、极化椭圆几何描述子、Stokes 矢量和庞加莱球等，下面对极化描述方式进行简要介绍。

1. 极化相位描述子

Jones(琼斯)矢量是利用水平、垂直两个正交分量 E_{H}、E_{V} 构成的列矩阵表示电场矢

量。对于该单色波而言，其 Jones 矢量为

$$\boldsymbol{E}=\begin{bmatrix}E_{\mathrm{H}}\\E_{\mathrm{V}}\end{bmatrix}=\begin{bmatrix}|E_{\mathrm{H}}|\mathrm{e}^{\mathrm{j}\varphi_{\mathrm{H}}}\\|E_{\mathrm{V}}|\mathrm{e}^{\mathrm{j}\varphi_{\mathrm{V}}}\end{bmatrix}=\begin{bmatrix}|E_{\mathrm{H}}|\cos\varphi_{H}+\mathrm{j}|E_{\mathrm{H}}|\sin\varphi_{\mathrm{H}}\\|E_{\mathrm{V}}|\cos\varphi_{\mathrm{V}}+\mathrm{j}|E_{\mathrm{V}}|\sin\varphi_{\mathrm{V}}\end{bmatrix} \tag{5.6.2}$$

由式(5.6.2)可以看出，Jones 矢量中既有电磁波的极化信息，也有其幅度和相位信息。上式可以改写为

$$\boldsymbol{E}=E_0\mathrm{e}^{\mathrm{j}\varphi_{\mathrm{H}}}(\cos\gamma\cdot\hat{\boldsymbol{e}}_{\mathrm{H}}+\sin\gamma\cdot\mathrm{e}^{\mathrm{j}\varphi}\cdot\hat{\boldsymbol{e}}_{\mathrm{V}}) \tag{5.6.3}$$

式中，$E_0=\sqrt{|E_{\mathrm{H}}|^2+|E_{\mathrm{V}}|^2}$，$\gamma=\arctan\left|\dfrac{E_{\mathrm{V}}}{E_{\mathrm{H}}}\right|$，$\varphi=\varphi_{\mathrm{V}}-\varphi_{\mathrm{H}}$。由此也可定义 Jones 矢量为

$$\boldsymbol{E}_{\mathrm{Jones}}=E_0\mathrm{e}^{\mathrm{j}\varphi_{\mathrm{H}}}\begin{bmatrix}\cos\gamma\\\sin\gamma\mathrm{e}^{\mathrm{j}\varphi}\end{bmatrix} \tag{5.6.4}$$

式中，γ 表示极化辅角，用于描述两正交极化分量之间的幅度比的反正切；φ 表示极化相角，用于描述两正交极化分量之间的相位差。两者合称为极化相位描述子(γ, φ)，其取值范围为 $\gamma\in[0, \pi/2]$，$\varphi\in[0, 2\pi]$。实际中常用归一化 Jones 矢量 $\boldsymbol{E}'_{\mathrm{Jones}}$ 表征电磁波的极化：

$$\boldsymbol{E}'_{\mathrm{Jones}}=\begin{bmatrix}\cos\gamma\\\sin\gamma\mathrm{e}^{\mathrm{j}\varphi}\end{bmatrix} \tag{5.6.5}$$

2. 极化椭圆几何描述子

电磁波极化矢量投影到与波传播方向垂直的同一横截面，矢端轨迹为一椭圆，称为极化椭圆。极化椭圆可以用极化倾角(也称极化角)τ、椭圆率 ε 进行表征，合称为极化椭圆描述子。参数的几何关系如图 5.30 所示。

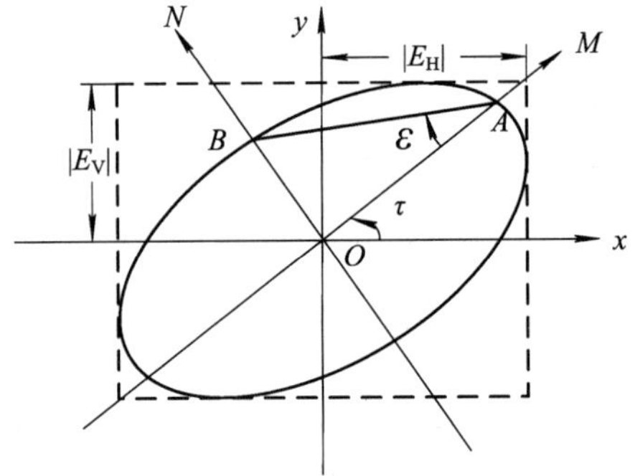

图 5.30　平面电磁波的极化椭圆

以右旋极化波为例，此时电磁波传播方向垂直纸面向外，电磁波电场矢量初始方向与 $+x$ 轴一致，$M-O-N$ 坐标系的坐标轴与椭圆的长短轴重合，A、B 分别为电磁波电场矢端与 M、N 轴第一次相交的交点，τ 表示从 $x-O-y$ 坐标系到 $M-O-N$ 坐标系的旋转角，ε 表示椭圆短轴$\overline{OB}$与长轴$\overline{OA}$之比的反正切。

$$\varepsilon=\arctan\frac{\overline{OB}}{\overline{OA}} \tag{5.5.6}$$

极化椭圆长轴和短轴构成的直角三角形的斜边长$\overline{AB}=\sqrt{\overline{OA}^2+\overline{OB}^2}$ 代表了电磁波的功率,反映了电磁波的能量信息。

极化椭圆几何描述子与极化相位描述子存在如下关系：

$$\begin{cases}\varepsilon=\dfrac{1}{2}\arcsin\dfrac{2|E_{\mathrm{H}}||E_{\mathrm{V}}|\sin\varphi}{|E_{\mathrm{H}}|^2+|E_{\mathrm{V}}|^2}\\[2ex]\tau=\dfrac{1}{2}\arctan\dfrac{2|E_{\mathrm{H}}||E_{\mathrm{V}}|\cos\varphi}{|E_{\mathrm{H}}|^2-|E_{\mathrm{V}}|^2}\end{cases} \tag{5.6.7}$$

变量 τ 在$[0, \pi)$连续区间内取值，变量 ε 在$(-\pi/4, \pi/4]$连续区间内取值。当 $\varepsilon>0$ 时，表示电磁波是右旋椭圆极化；当 $\varepsilon<0$，表示电磁波是左旋椭圆极化。变量(τ, ε)和

(γ, φ)可通过式(5.6.8)进行变换。

$$\begin{cases}\tan 2\tau = \tan 2\gamma \cos\varphi \\ \sin 2\varepsilon = \sin 2\gamma \sin\varphi\end{cases} \Leftrightarrow \begin{cases}\cos 2\gamma = \cos 2\tau \cos 2\varepsilon \\ \tan\varphi = \dfrac{\tan 2\varepsilon}{\sin 2\tau}\end{cases} \tag{5.6.8}$$

可见，极化椭圆几何描述子和极化相位描述子表征的信息量完全等价。

3. Stokes 矢量

针对完全极化电磁波，其 Stokes 矢量可以描述为

$$\boldsymbol{g} = \begin{bmatrix} g_0 \\ g_1 \\ g_2 \\ g_3 \end{bmatrix} = \begin{bmatrix} |E_{\mathrm{H}}|^2 + |E_{\mathrm{V}}|^2 \\ |E_{\mathrm{H}}|^2 - |E_{\mathrm{V}}|^2 \\ 2\mathrm{Re}\{E_{\mathrm{H}}^* E_{\mathrm{V}}\} \\ 2\mathrm{Im}\{E_{\mathrm{H}}^* E_{\mathrm{V}}\} \end{bmatrix} = \begin{bmatrix} |E_{\mathrm{H}}|^2 + |E_{\mathrm{V}}|^2 \\ |E_H|^2 - |E_{\mathrm{V}}|^2 \\ 2|E_{\mathrm{H}}||E_{\mathrm{V}}|\cos\varphi \\ 2|E_{\mathrm{H}}||E_{\mathrm{V}}|\sin\varphi \end{bmatrix} \tag{5.6.9}$$

其中，$g_0 = \sqrt{g_1^2 + g_2^2 + g_3^2}$表示电磁波的功率，$g_1$ 表示电磁波在水平－垂直极化基下两正交分量的功率之差，g_2 表示电磁波在(45°，－45°)线极化基下两正交分量的功率之差，g_3 表示电磁波在右旋－左旋圆极化基下两正交分量的功率之差，上标“＊”表示复共轭。

4. 庞加莱球

庞加莱球(Poincaré sphere)可以系统地描述 Stokes 矢量、极化几何描述子和极化相位描述子之间的关系，如图 5.31 所示。Stokes 矢量与极化相位描述子、极化几何描述子之间存在如下的关系：

$$\boldsymbol{g} = \begin{bmatrix} |OP| \\ |OP_1'| \\ |P'P_1'| \\ |PP'| \end{bmatrix} = \begin{bmatrix} g_0 \\ g_1 \\ g_2 \\ g_3 \end{bmatrix} = g_0 \begin{bmatrix} 1 \\ \cos 2\gamma \\ \sin 2\gamma \cos\varphi \\ \sin 2\gamma \sin\varphi \end{bmatrix} = g_0 \begin{bmatrix} 1 \\ \cos 2\varepsilon \cos 2\tau \\ \cos 2\varepsilon \sin 2\tau \\ \sin 2\varepsilon \end{bmatrix} \tag{5.6.10}$$

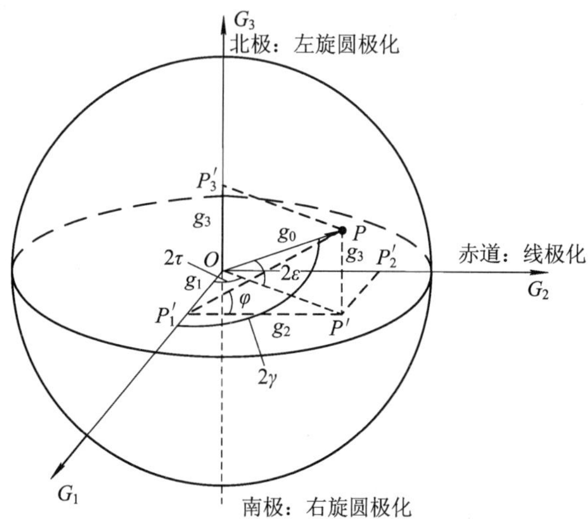

图 5.31 庞加莱球及球上极化状态的描述子特征

5.6.2 目标的极化特性及其表征

极化特性是目标电磁散射特性之一，在电子对抗、目标识别和导弹制导等应用领域发

挥着重要作用。下面主要介绍雷达目标的极化特性与表征。

雷达目标的极化特性可以由 Sinclair 极化散射矩阵完全表征。雷达目标散射波 $\boldsymbol{E}_{\mathrm{s}}=[E_{\mathrm{sH}},\ E_{\mathrm{sV}}]^{\mathrm{T}}$ 可由入射波 $\boldsymbol{E}_{\mathrm{i}}=[E_{\mathrm{iH}},\ E_{\mathrm{iV}}]^{\mathrm{T}}$ 经式(5.6.11)变换得到：

$$\boldsymbol{E}_{\mathrm{s}} = G(r)\boldsymbol{S}\boldsymbol{E}_{\mathrm{i}} \tag{5.6.11}$$

式中，E_{sH}、E_{sV}分别表示散射波的水平-垂直正交极化基下的复振幅；E_{iH}、E_{iV}分别表示入射波的复振幅；$G(r)=\dfrac{1}{r}\exp(-\mathrm{j}\kappa r)$表示极化散射矩阵的球面波因子，在下面的分析中不予考虑。则 Sinclair 极化散射矩阵可以表示为

$$\boldsymbol{S} = \begin{bmatrix} S_{\mathrm{HH}} & S_{\mathrm{HV}} \\ S_{\mathrm{VH}} & S_{\mathrm{VV}} \end{bmatrix} \tag{5.6.12}$$

其中，S_{HV}表示以垂直(V)极化电磁波照射目标时，接收的水平(H)极化分量。S_{HH}、S_{VH}、S_{VV}的物理含义与之类似。极化散射矩阵由目标自身的固有电磁散射特性和外界的观测条件等因素共同决定。$|S_{ij}|^2$ 与不同极化情况下的 RCS 成正比，$i,\ j\in\{\mathrm{H},\ \mathrm{V}\}$。

5.5.3　极化特征测量

雷达按照极化测量方式划分为三类：单极化测量、双极化测量和全极化测量。单极化测量指发射天线和接收天线均采用同一极化的工作模式，只能获取同一极化分量。下面主要对双极化测量和全极化测量进行介绍。

1. 双极化测量

双极化雷达采用单极化发射、双极化接收信号的工作模式。双极化雷达组成如图 5.32 所示。假设雷达以 H 极化天线发射信号，以 H 极化天线和 V 极化天线接收信号。双极化雷达在一个脉冲重复周期内可以接收到 HH 和 VH 两通道的极化信号，得到目标极化散射矩阵中的一列元素，具有部分极化信息获取和处理能力。两路信号的融合处理后可增强信噪比，抑制噪声阻塞式干扰、雨杂波等，提升对目标的检测能力。双极化雷达主要应用于制导、反导和气象探测等领域。但由于只能接收到两路极化信号，目标的极化特征信息缺失，在以极化特征为基础的目标识别和分类中其应用受限。

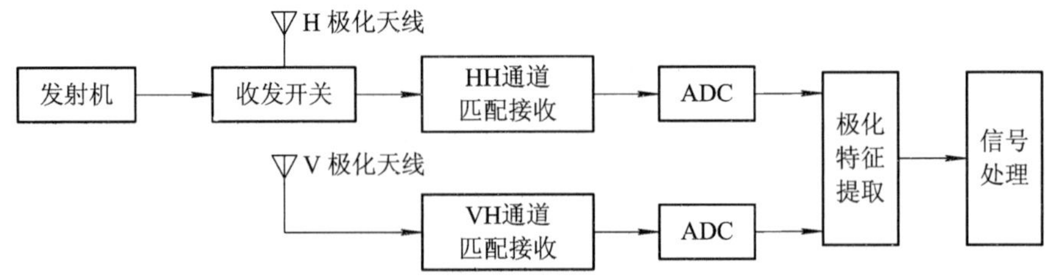

图 5.32　双极化雷达组成框图

2. 分时全极化测量

分时全极化雷达交替发射两个正交极化信号，双极化同时接收的工作模式。分时全极化雷达组成如图 5.33 所示，发射机通过极化选择开关控制发射信号的极化。假设雷达在

第一个脉冲重复周期，选择 H 极化天线发射，H 极化和 V 极化天线同时接收，通道 1 和通道 2 分别获取 HH 和 VH 两路信号；在第二个脉冲重复周期选择 V 极化天线发射，通道 1 和通道 2 分别获取 HV 和 VV 两路信号。雷达经过两个脉冲重复周期才能获得完整的目标极化散射矩阵。

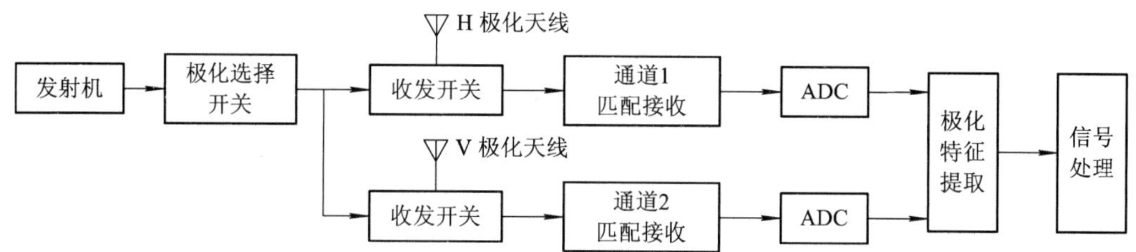

图 5.33　分时全极化雷达组成框图

分时全极化雷达在实现对目标全极化散射矩阵估计的同时存在如下问题：

(1) 由于分时全极化雷达需要两个连续的脉冲重复周期才能测得完整的目标极化散射矩阵，对于非平稳目标会产生去相关效应，对于运动目标极化散射矩阵的两列元素会产生相位差，相位差难以补偿；

(2) 极化选择开关对于硬件的极化隔离度要求也非常高。

3. 同时全极化测量

同时全极化雷达采用双极化信号同时发射、同时接收的工作模式，如图 5.34 所示。雷达的两种极化天线同时发射相互正交的信号以保证极化隔离度，在一个脉冲重复周期内获得目标极化散射矩阵的 S_{HH}、S_{VH}、S_{HV}、S_{VV} 四个元素。

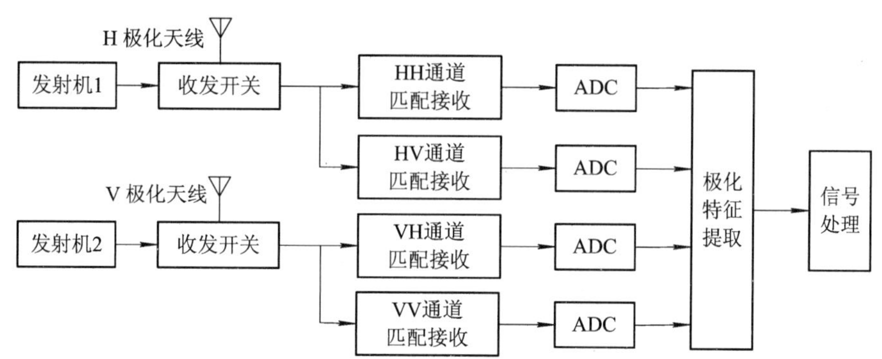

图 5.34　同时全极化雷达组成框图

与分时全极化测量相比，同时全极化测量具有以下优点：

(1) 仅需一个 PRI，其测量结果不会因两个 PRI 的时间延迟产生误差；

(2) 克服了快起伏目标极化散射矩阵的去相关效应和多普勒效应。

其缺点是增加了波形设计、信号处理等方面的复杂度。

表 5.8 对四种极化测量进行了对比分析。表中接收通道数只是从极化角度考虑，而没有考虑子阵或单脉冲天线的多个接收通道。

表 5.8　极化测量比较

对比内容	测量方式			
	单极化	双极化	分时全极化	同时全极化
天线极化隔离度	低	低	中	高
发射通道数	1	1	1	2
接收通道数	1	2	2	4
系统复杂度	低	中	中	高
成本	低	低	中	高
极化信息获取与处理能力	单一同极化分量	极化散射矩阵的一列元素	全极化信息(需要两个 PRI)	全极化信息(只需一个 PRI)

5.5.4　极化参数估计

极化滤波的核心是从极化域对干扰/杂波环境中目标信号的最优接收，主要包括极化状态参数估计和极化滤波器设计两个方面。极化状态参数估计是设计极化滤波器的前提。

这里以同时全极化雷达为例，对 HH、VH、HV、VV 四种极化方式的接收通道采样样本矩阵$\boldsymbol{X}_{ij}=\{x_1, x_2, \cdots, x_M\}_{ij}$，$i, j\in\{\mathrm{H}, \mathrm{V}\}$，极化相关矩阵$\boldsymbol{C}=E\{\boldsymbol{X}_{ij}\boldsymbol{X}_{ij}^{\mathrm{H}}\}$的最大似然(ML)估计为

$$\hat{\boldsymbol{C}}=\begin{bmatrix}\hat{C}_{\mathrm{HH}} & \hat{C}_{\mathrm{HV}}\\ \hat{C}_{\mathrm{VH}} & \hat{C}_{\mathrm{VV}}\end{bmatrix}=\frac{1}{M}\begin{bmatrix}\boldsymbol{X}_{\mathrm{HH}}\boldsymbol{X}_{\mathrm{HH}}^{\mathrm{H}} & \boldsymbol{X}_{\mathrm{HV}}\boldsymbol{X}_{\mathrm{HV}}^{\mathrm{H}}\\ \boldsymbol{X}_{\mathrm{VH}}\boldsymbol{X}_{\mathrm{VH}}^{\mathrm{H}} & \boldsymbol{X}_{\mathrm{VV}}\boldsymbol{X}_{\mathrm{VV}}^{\mathrm{H}}\end{bmatrix}\tag{5.6.13}$$

根据极化相关矩阵$\hat{\boldsymbol{C}}$，Stokes 矢量$\boldsymbol{g}$、极化辅角γ和极化相角φ的估计值分别为

$$\hat{\boldsymbol{g}}=\begin{bmatrix}\hat{g}_0\\ \hat{g}_1\\ \hat{g}_2\\ \hat{g}_3\end{bmatrix}=\begin{bmatrix}\hat{C}_{\mathrm{HH}}+\hat{C}_{\mathrm{VV}}\\ \hat{C}_{\mathrm{HH}}-\hat{C}_{\mathrm{VV}}\\ \mathrm{j}(\hat{C}_{\mathrm{HV}}+\hat{C}_{\mathrm{VH}})\\ \mathrm{j}(\hat{C}_{\mathrm{HV}}-\hat{C}_{\mathrm{VH}})\end{bmatrix}\tag{5.6.14}$$

$$\hat{\gamma}=\frac{1}{2}\arccos\left(\frac{\hat{g}_1}{\hat{g}_0}\right)=\frac{1}{2}\arccos\left(\frac{\hat{C}_{\mathrm{HH}}-\hat{C}_{\mathrm{VV}}}{\hat{C}_{\mathrm{HH}}+\hat{C}_{\mathrm{VV}}}\right)\tag{5.6.15}$$

$$\hat{\varphi}=\arctan\left(\frac{\hat{g}_3}{\hat{g}_2}\right)=\arctan\left(\frac{\hat{C}_{\mathrm{HV}}-\hat{C}_{\mathrm{VH}}}{\hat{C}_{\mathrm{HV}}+\hat{C}_{\mathrm{VH}}}\right)\tag{5.6.16}$$

针对同时全极化雷达，以极化压制式干扰为例，对干扰信号进行极化状态估计。具体仿真参数如表 5.9 所示，进行 100 次蒙特卡洛实验。图 5.35 给出了噪声压制式干扰的极化状态估计的均方根误差(RMSE)，可以看出随着干噪比(JNR)增大，噪声对干扰的极化参数估计精度影响越小，干扰极化状态估计精度越高。当 JNR>25 dB 时，一般认为是精确

估计。

表 5.9 极化状态估计仿真参数

干噪比(JNR)范围	15～40 dB
干扰极化状态(γ_J，φ_J)	(30°，50°)
载频/GHz	35
带宽/MHz	10
采样频率/MHz	40
脉冲宽度/μs	2
干扰形式	噪声压制式干扰

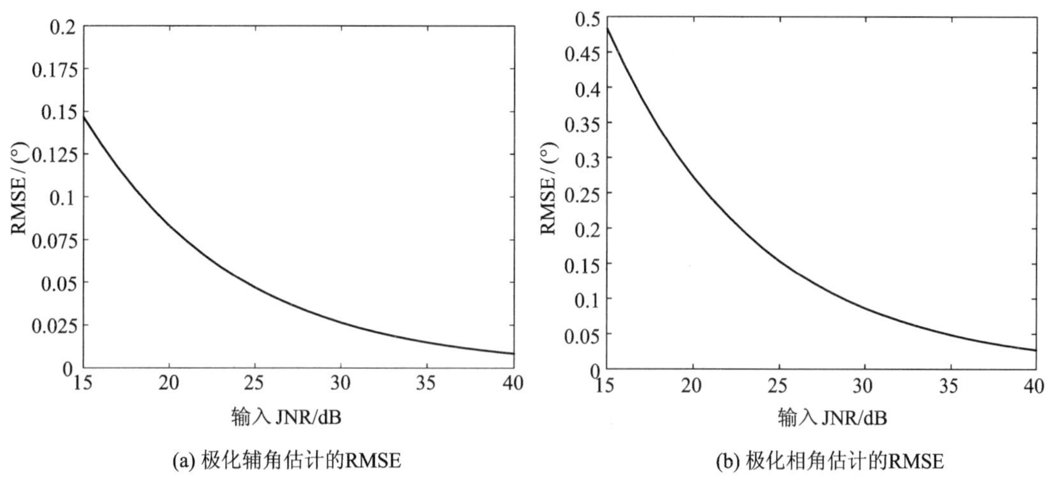

图 5.35 极化状态估计的 RMSE

5.6.5 极化滤波器设计

将两个正交极化天线的接收信号通过加权处理，在极化域抑制干扰等非期望信号、增强目标信号的滤波器称为极化滤波器。按照设计准则，极化滤波器分三类：以输出干扰功率最小为准则的干扰抑制极化滤波器；以输出目标功率最大为准则的目标匹配极化滤波器；以输出信干噪比(SINR)最大为准则的 SINR 极化滤波器。其中，目标匹配极化滤波器性能最优，但对先验信息要求很高，在抗干扰领域应用较少；SINR 极化滤波器需要获取干扰的干噪比和目标的信噪比，整体复杂度较高。输出干扰功率最小为准则的干扰抑制极化滤波器最为常见。极化滤波器有单凹口、多凹口极化滤波器以及自适应极化滤波器。

1. 单凹口极化滤波器设计

单凹口极化滤波器是以输出干扰功率最小为准则的干扰抑制极化滤波器。由于一般压制式干扰的极化状态固定，因此利用干扰样本估计干扰极化相关矩阵和极化相位描述子，根据输出干扰功率最小准则，将单凹口的滤波器设计为与干扰的极化特征正交即可。

设雷达在 t 时刻目标信号 $\boldsymbol{E}_s(t)$ 和干扰信号 $\boldsymbol{E}_J(t)$ 可以表示为

$$\boldsymbol{E}_s(t) = E_s(t)\begin{bmatrix} \cos\gamma_s \exp(j\omega_s t) \\ \sin\gamma_s \exp[j(\omega_s t + \varphi_s)] \end{bmatrix} \tag{5.6.17}$$

$$\boldsymbol{E}_J(t) = E_J(t)\begin{bmatrix} \cos\gamma_J \exp(j\omega_J t) \\ \sin\gamma_J \exp[j(\omega_J t + \varphi_J)] \end{bmatrix} \tag{5.6.18}$$

其中，下标"s"表示目标，下标"J"表示干扰。$E_s(t)$表示目标信号在 t 时刻的信号幅度，$E_J(t)$表示干扰信号在 t 时刻的信号幅度。ω_s 表示目标的角频率，ω_J 表示干扰的角频率。

假设干扰的极化辅角 γ_J 和极化相角 φ_J 的估计值为$(\hat{\gamma}_J, \hat{\varphi}_J)$，由于干扰的功率强，$\hat{\gamma}_J \approx \gamma_J$，$\hat{\varphi}_J \approx \varphi_J$。根据输出干扰功率最小准则，极化滤波器参数应与干扰极化状态正交，即

$$\gamma_F = \frac{\pi}{2} - \hat{\gamma}_J, \quad \varphi_F = \pi + \hat{\varphi}_J \tag{5.6.19}$$

式中，下标"F"表示与单凹口极化滤波器相关的参数，γ_F、φ_F 为极化滤波器的极化辅角和极化相角，单凹口极化滤波器的极化响应函数 $\boldsymbol{H}_F$ 可以表示为

$$\boldsymbol{H}_F - \begin{bmatrix} \cos\gamma_F \\ \sin\gamma_F \exp(j\varphi_F) \end{bmatrix} = \begin{bmatrix} \sin\hat{\gamma}_J \\ -\cos\hat{\gamma}_J \exp(-j\hat{\varphi}_J) \end{bmatrix} \tag{5.6.20}$$

结合式(5.6.18)和式(5.6.20)，在 t 时刻接收信号 $\boldsymbol{E}(t)$(包括目标信号 $\boldsymbol{E}_s(t)$和干扰信号 $\boldsymbol{E}_J(t)$)经过极化滤波器的输出为

$$\begin{aligned} Y_{sF}(t) &= \boldsymbol{H}_F^T \boldsymbol{E}(t) = \boldsymbol{H}_F^T[\boldsymbol{E}_s(t) + \boldsymbol{E}_J(t)] \\ &= \begin{bmatrix} \cos\gamma_F \\ \sin\gamma_F \exp(j\varphi_F) \end{bmatrix}^T \begin{bmatrix} E_{sH}(t) \\ E_{sV}(t) \end{bmatrix} + \begin{bmatrix} \cos\gamma_F \\ \sin\gamma_F \exp(j\varphi_F) \end{bmatrix}^T \begin{bmatrix} E_{JH}(t) \\ E_{JV}(t) \end{bmatrix} \\ &= E_s(t) \begin{bmatrix} \sin\hat{\gamma}_J \\ -\cos\hat{\gamma}_J \exp(-j\hat{\varphi}_J) \end{bmatrix}^T \begin{bmatrix} \cos\gamma_s \\ \sin\gamma_s \exp(j\varphi_s) \end{bmatrix} + E_J(t) \begin{bmatrix} \sin\hat{\gamma}_J \\ -\cos\hat{\gamma}_J \exp(-j\hat{\varphi}_J) \end{bmatrix}^T \begin{bmatrix} \cos\gamma_J \\ \sin\gamma_J \exp(j\varphi_J) \end{bmatrix} \\ &\approx E_s(t)(\sin\hat{\gamma}_J \cos\gamma_s - \cos\hat{\gamma}_J \sin\gamma_s \exp(j\varphi_s - j\hat{\varphi}_J)) + 0 \end{aligned} \tag{5.6.21}$$

其中，$E_{sH}(t)$、$E_{sV}(t)$表示目标回波的水平、垂直极化分量；$\boldsymbol{E}_{JH}(t)$、$\boldsymbol{E}_{JV}(t)$表示干扰的水平、垂直极化分量。式(5.6.21)表明干扰信号通过单凹口极化滤波器后能被有效抑制。

设干扰的极化相位描述子$(\gamma_J, \varphi_J) = (30°, 50°)$，图 5.36 给出了以输出干扰功率最小为准则设计的单凹口极化滤波器的极化响应，其中图(b)、(c)为图(a)的两个主截面。

雷达采用同时全极化测量，表 5.10 为压制式干扰和目标的仿真参数。根据式(5.6.15)和式(5.6.16)，得到干扰极化相位描述子的估计值为$(\hat{\gamma}_J, \hat{\varphi}_J) = (29.79°, 49.85°)$，设计的单凹口极化滤波器的极化相位描述子为$(\gamma_F, \gamma_F) = (60.21°, 310.15°)$，图 5.37 给出了单凹口极化滤波器抗干扰仿真结果，可见，极化滤波器具有良好干扰抑制性能。

表 5.10　单凹口极化滤波器抗干扰仿真参数

干 扰 类 型	噪声压制式干扰
干扰极化相位描述子(γ_J, φ_J)	(30°, 50°)
干噪比 JNR/dB	40
目标信噪比 SNR/dB	10
目标 Sinclair 极化散射矩阵	$S = \begin{bmatrix} 1 & 0.3j \\ 0.3j & 1 \end{bmatrix}$
目标位置	第 266 距离单元

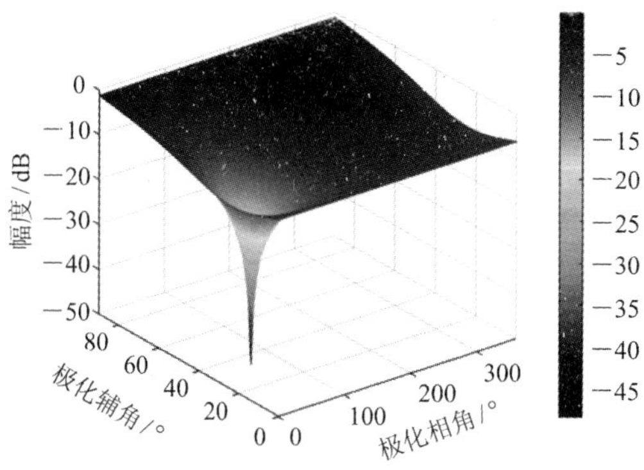

(a) 单凹口极化滤波器极化响应

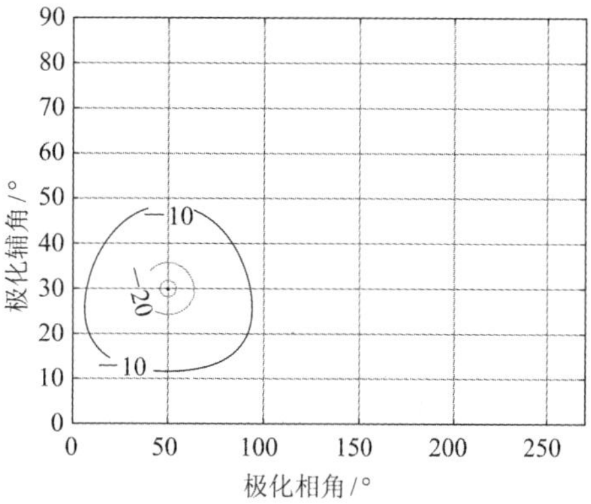

(b) 滤波器极化响应等高线图

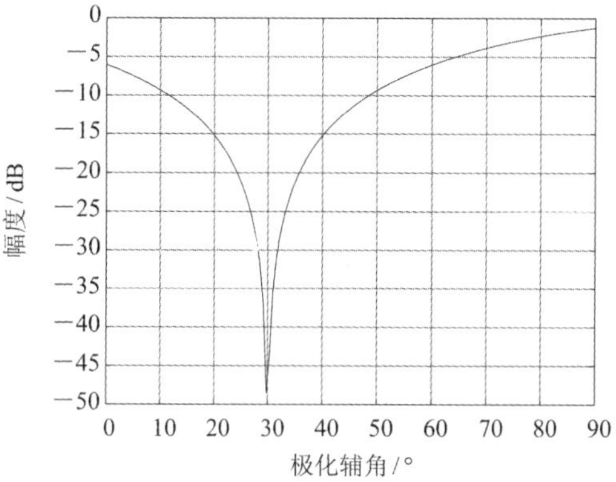

(c) 极化辅角 30° 截面图

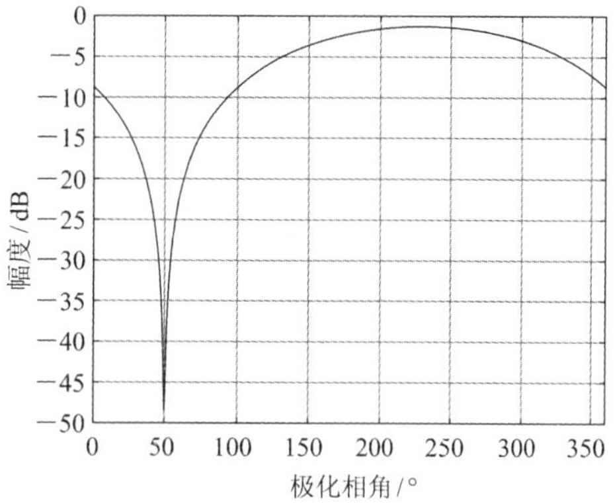

(d) 极化相角 50° 截面图

图 5.36　单凹口极化滤波器的极化响应

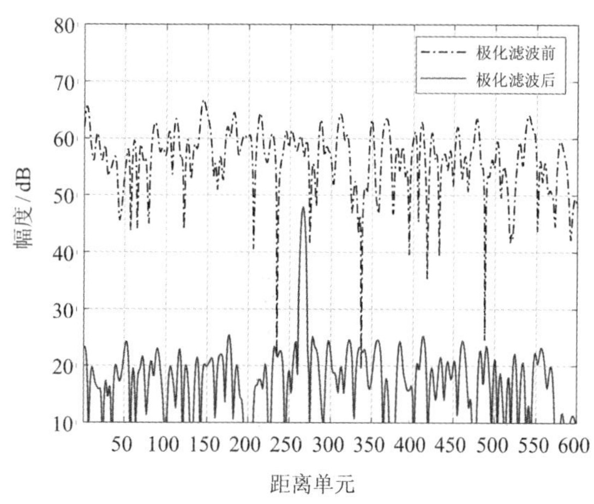

图 5.37　单凹口极化滤波器抗干扰仿真结果

某雷达发射垂直极化波，干扰为圆极化波。图 5.38 给出了一组实测数据的处理结果，图(a)、(b)为极化滤波前水平、垂直极化天线接收信号的脉压处理结果，存在一个假目标干扰和一个目标，两者的方位间隔 4°，频差为 100 kHz。图(c)为单凹口极化滤波结果，可见干扰分量被成功抑制，目标信号得到保留。

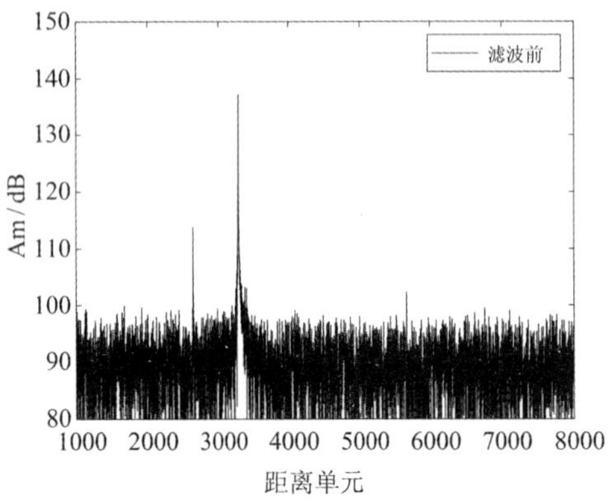

(a) 极化滤波前H接收通道信号的脉压结果

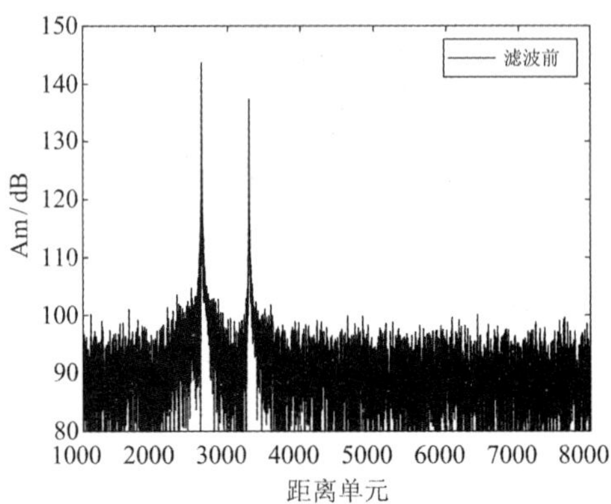

(b) 极化滤波前V接收通道信号的脉压结果

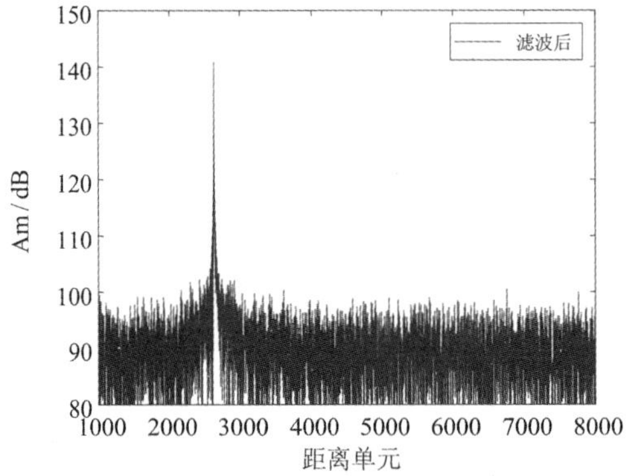

(c) 极化滤波后的脉压结果

图 5.38 极化滤波实测数据处理结果

2. 多凹口极化滤波器

当出现多个不同极化状态的干扰时，可以使用多凹口极化滤波器进行抑制。滤波器每个凹口的位置与各干扰的极化特征一一对应，对接收信号进行极化滤波，再通过逻辑积选择器处理滤波后的信号。图 5.39 为一个三凹口极化滤波器的极化响应，该极化滤波器的凹

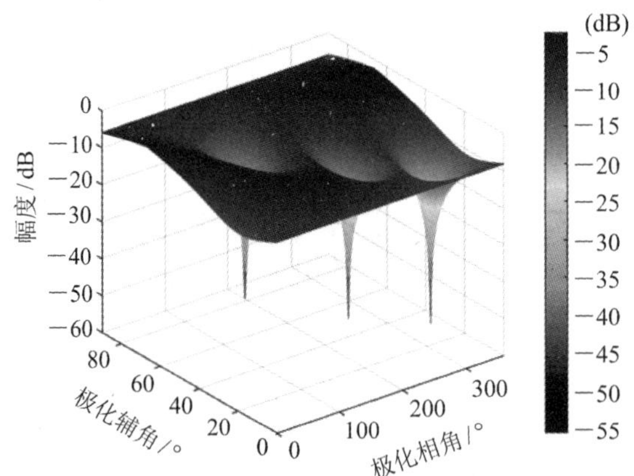

图 5.39 多凹口极化滤波器极化响应

口设置为(22.92°, 315.13°)、(36.10°, 225.17°)和(60.16°, 135.22°)。这些极化滤波器均需要先对干扰的极化参数进行估计，再设计相应的极化滤波器。

3. 自适应极化滤波器

自适应极化滤波器是指根据干扰的极化特征改变，能实现对滤波器参数自适应调整的极化滤波器，由自适应算法更新滤波器的时变系数。这里介绍一种跟踪式自适应极化滤波器设计。

干扰极化信息可以由极化相关矩阵完全表征，极化相关矩阵由式(5.6.14)估计得到。实际工程应用中，极化相关矩阵是不能先验得到的，假设雷达接收干扰的样本集为 $\boldsymbol{X}_n=\{x_1, x_2, \cdots, x_M\}_{ij}$, $i, j\in\{\mathrm{H}, \mathrm{V}\}$，且这 M 个样本中不含目标信号，根据式(5.6.14)，得到第 n 时刻极化相关矩阵 $\boldsymbol{C}$ 的最大似然(ML)估计 $\hat{\boldsymbol{C}}_n$。令在 $n+1$ 时刻接收信号样本集为 $\boldsymbol{X}_{n+1}$，利用 n 时刻的相关矩阵 $\hat{\boldsymbol{C}}_n$ 对 $n+1$ 时刻的相关矩阵 $\hat{\boldsymbol{C}}_{n+1}$ 进行更新：

$$\hat{\boldsymbol{C}}_{n+1}=(1-\zeta)\hat{\boldsymbol{C}}_n+\zeta\boldsymbol{X}_{n+1}\boldsymbol{X}_{n+1}^{\mathrm{H}}=\hat{\boldsymbol{C}}_n+\zeta(\boldsymbol{X}_{n+1}\boldsymbol{X}_{n+1}^{\mathrm{H}}-\hat{\boldsymbol{C}}_n) \tag{5.6.22}$$

其中，$\zeta\in[0, 1]$为修正因子，修正因子的倒数 $1/\zeta$ 可以近似为滑窗长度 $M=1/\zeta$。对于足够小的 ζ，修正项可以理解为 $\hat{\boldsymbol{C}}_n$ 的微小扰动。则上式化简为

$$\hat{\boldsymbol{C}}_{n+1}=\frac{M-1}{M}\hat{\boldsymbol{C}}_n+\frac{1}{M}\boldsymbol{X}_{n+1}\boldsymbol{X}_{n+1}^{\mathrm{H}} \tag{5.6.23}$$

定义极化新息矩阵为

$$\boldsymbol{G}=\boldsymbol{X}_{n+1}\boldsymbol{X}_{n+1}^{\mathrm{H}}-\hat{\boldsymbol{C}}_n \tag{5.6.24}$$

其反映了干扰极化特征的变化量。初始值 $\hat{\boldsymbol{C}}_0$ 可以取单位阵。

通过式(5.6.23)得到干扰的极化相关矩阵估计值，利用式(5.6.16)和式(5.6.17)计算第 n 时刻干扰的极化辅角估计值 $\hat{\gamma}_n$ 和极化相角估计值 $\hat{\varphi}_n$，则对应的自适应极化滤波器的极化响应为

$$\boldsymbol{H}_{\mathrm{F}}(n)=\begin{bmatrix}\cos\gamma_{\mathrm{F}}\\ \sin\gamma_{\mathrm{F}}\exp(\mathrm{j}\varphi_{\mathrm{F}})\end{bmatrix}=\begin{bmatrix}\sin\hat{\gamma}_n\\ -\cos\hat{\gamma}_n\exp(-\mathrm{j}\hat{\varphi}_n)\end{bmatrix} \tag{5.6.25}$$

下面对自适应极化滤波器进行仿真。

假设雷达载频为 35 GHz，带宽为 10 MHz，采样频率为 40 MHz，脉冲宽度为 2 μs，压制式干扰在 3 种极化状态之间切换：前 200 个采样单元干扰机处于第 1 种极化状态，干扰的极化相位描述子为(30°, 270°)；第 201 个采样单元到第 300 个采样单元干扰机处于第 2 个极化状态，干扰的极化相位描述子为(45°, 0°)；最后 200 个采样单元的干扰信号处于第 3 个极化状态，干扰的极化相位描述子为(60°, 45°)。干噪比 JNR 均为 30 dB。极化相关矩阵初始值 $\hat{\boldsymbol{C}}_0=\boldsymbol{I}_2=\begin{bmatrix}1 & 0\\ 0 & 1\end{bmatrix}$。图 5.40 给出了滑窗长度 M 分别取 1、3、15 时自适应极化滤波器抑制变极化的压制式噪声干扰的仿真结果。

由此可见，图 5.40(a)表明 $M=1$ 的滤波器干扰抑制性能较差，滑窗内采样信号过少，导致对干扰的极化特征参数估计不准确；图(b)表明 $M=3$ 的滤波器只在干扰极化状态切换的采样单元前后干扰抑制性能较差，性能下降由干扰信号极化状态切换导致；图(c)表明 $M=15$ 的滤波器在干扰极化状态切换后仍然有多个距离单元不能抑制干扰。因此，滤波器

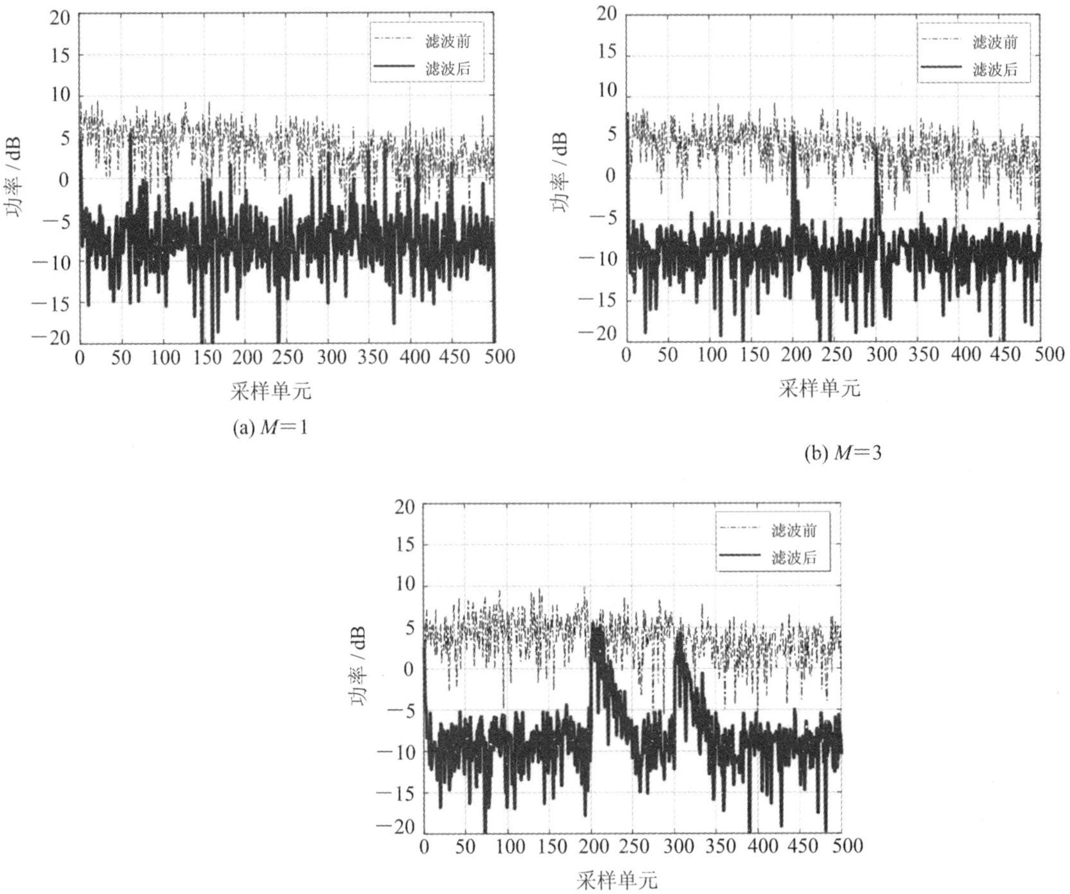

(a) $M=1$

(b) $M=3$

(c) $M=15$

图 5.40 自适应极化滤波器抗变极化压制式干扰仿真

滑窗窗长 M 取值过大，导致干扰极化状态切换后存在暂态；M 过小会导致极化参数估计精度有限。窗长 M 具体的取值需要根据实际工程需求进行调整。

5.7 FFT 在雷达信号处理中的应用

众所周知，FFT 是 DFT 的快速实现算法。FFT 和 IFFT 一直是最常用、最普遍的雷达信号处理方法。它们在雷达信号处理中的主要应用包括：

(1) 脉冲压缩。现代雷达的脉压比较大，由于时域脉压处理的运算量大，故大多采用频域脉冲压缩处理。无论是采用线性或非线性调频脉冲信号还是相位编码脉冲信号，均可采用 FFT 和 IFFT 实现脉冲压缩处理。

(2) 步进频率综合处理。针对利用步进频率实现高分辨的雷达系统，都采用 IFFT 实现多个脉冲回波的步进频率综合处理，实现高的距离分辨率。

(3) 拉伸处理。调频连续波雷达对线性调频信号的拉伸处理，即目标回波信号与发射信号的副本(耦合的发射泄漏信号)混频后，通过 FFT 将距离的测量转换为频率的测量，根据频率计算目标距离，通过频率的高分辨实现距离的高分辨。

(4) 相干积累和脉冲数较多的 MTD。对一个波位的多个脉冲在各距离单元通过 FFT 实现相干积累或 MTD 处理。

(5) 数字波束形成。针对均匀线阵，可以采用 FFT 实现多个波位的数字波束形成。

(6) 雷达成像。在雷达成像中，距离维的高分辨、合成孔径处理得到横向的高分辨大多是采用 FFT 实现的(在第 11 章介绍)。

(7) 通道均衡。针对多通道的宽带雷达系统，通过 FFT 实现通道之间在整个工作频带内幅相不一致的均衡处理。

5.8 窗函数及其应用

在脉冲压缩、相干积累、数字波束形成等大多数雷达信号处理中，输出均为 sinc(辛克)函数的形式，其峰值主副瓣比只有 −13.2 dB。在工程实际中高副瓣将影响对目标的检测，容易产生虚警或受到干扰等。因此，在雷达信号处理中，经常采用加窗技术。

长度均为 N 的序列 $x(n)$ 与窗函数 $w(n)$ 的乘积为

$$x_w(n) = x(n) \cdot w(n) \tag{5.8.1}$$

加窗过程应不影响截短序列 $x_w(n)$ 的相位响应，因此，窗函数 $w(n)$ 必须保持线性相位，这可以通过使窗函数相对于其中心点对称来实现。

如果对所有的 n 都有 $\omega(n)=1$，也就是矩形窗(即不加窗的情况)。矩形窗会造成吉布斯(Gibbs)现象，表现为在不连续点的前后出现过冲和纹波。图 5.41(a)给出了某个矩形窗的幅度谱，其第一副瓣比主瓣约低 −13.4 dB。若在边缘附近的采样点上加小权值的窗函数，则在不连续点位置有较小的过冲(即较低的副瓣)。当然，根据能量守恒定律，副瓣的降低会带来主瓣的展宽，所以选择合适的窗函数是指从副瓣降低、主瓣展宽、信噪比损失、旁瓣衰减速度等几个方面折中考虑。

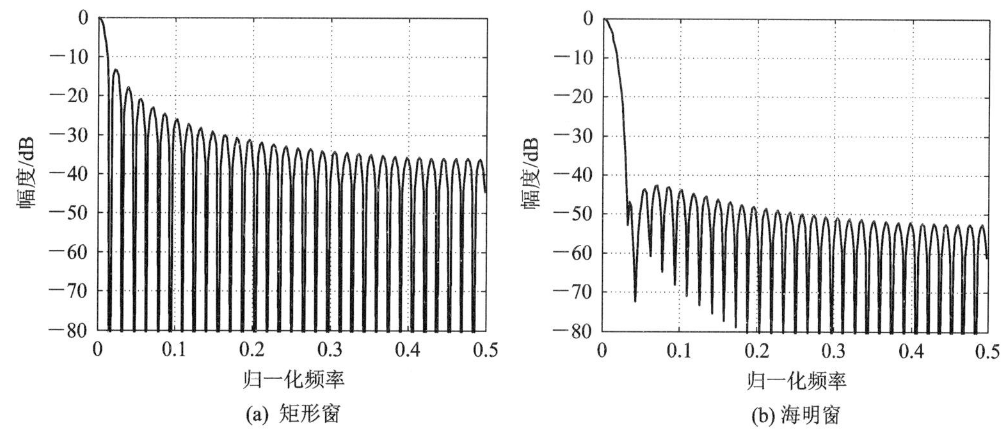

图 5.41 矩形与海明加权网络输出信号旁瓣结构($N=64$)

引入加权网络实质上是对信号进行失配处理，它在使旁瓣得到抑制的同时，也会使输出信号包络主瓣降低、变宽。因此，旁瓣抑制是以信噪比损失及距离分辨率变坏为代价的。如何选择加权函数，这涉及到最佳准则的确定。考虑到信号波形和频谱的关系与天线激励和远场的关系具有本质上的共性，应用天线设计中的旁瓣抑制理论，采用多尔夫-切比雪夫(Dolph-Chebshiev)函数作为最佳加权函数。尽管从天线设计的角度，这种理想的加权函数甚至其近似函数——泰勒(Taylor)函数都是难以实现的，但是从数字信号处理的角度，系统需要用到的窗函数可以通过近似计算算法预先计算，并存储在 ROM 中，工程应用时只需直接调用。

海明(Hamming)窗、余弦平方、余弦立方、余弦四次方等这几种加权函数的频谱可以统一表示为

$$H(f) = K + (1-K)\cos^n\left(\frac{\pi f}{B}\right) \tag{5.8.2}$$

式中，当 $K=0.08$，$n=2$ 时为海明加权。这是泰勒加权函数的特例，即泰勒函数中级数展开式只保留一项。当 $K=0.333$，$n=2$ 时为 3∶1 锥比加权函数。当 $K=0$，n 为 2、3、4 时分别为余弦平方、余弦立方、余弦四次方加权函数。

下面以一个加权网络为例，对几个主要性能指标进行定量分析与计算。

设线性调频脉冲经过匹配滤波器后，输出具有矩形频谱 $|U(f)|=\sqrt{\frac{T}{B}}\ \mathrm{rect}\left(\frac{f}{B}\right)$ 的 sinc 波形，多普勒频移 $\xi=0$。如果信号通过一个加权网络，其频率响应为

$$\begin{aligned}H(f) &= K + (1-K)\cos^2\left(\frac{\pi f}{B}\right) = K + (1-K)\left[\frac{\cos(2\pi f/B)+1}{2}\right]\\ &= \frac{1+K}{2} + \frac{(1-K)}{4}\left[\mathrm{e}^{\mathrm{j}2\pi f/B} + \mathrm{e}^{-\mathrm{j}2\pi f/B}\right]\end{aligned} \tag{5.8.3}$$

则加权网络输出信号为

$$\begin{aligned}y(t) &= \sqrt{\frac{T}{B}}\int_{-B/2}^{B/2} H(f)\mathrm{e}^{\mathrm{j}2\pi ft}\ \mathrm{d}f\\ &= \sqrt{\frac{T}{B}}\int_{-B/2}^{B/2}\left[\frac{1+K}{2} + \frac{(1-K)}{4}(\mathrm{e}^{\mathrm{j}2\pi f/B} + \mathrm{e}^{-\mathrm{j}2\pi f/B})\right]\mathrm{e}^{\mathrm{j}2\pi ft}\,\mathrm{d}f\end{aligned} \tag{5.8.4}$$

根据傅氏变换的线性性质，不难得到

$$y(t) = \sqrt{\frac{T}{B}}\left[y_1(t) + y_2(t) + y_3(t)\right] \tag{5.8.5}$$

其中

$$y_1(t) = \mathrm{IFFT}\left[\frac{1+K}{2}\mathrm{rect}\left(\frac{f}{B}\right)\right] = \frac{1+K}{2}B\ \mathrm{sinc}(Bt) \tag{5.8.6}$$

$$y_2(t) = \mathrm{IFFT}\left[\frac{1-K}{4}\mathrm{rect}\left(\frac{f}{B}\right)\mathrm{e}^{\mathrm{j}2\pi f/B}\right] = \frac{1-K}{4}B\ \mathrm{sinc}(Bt+1) \tag{5.8.7}$$

$$y_3(t) = \mathrm{IFFT}\left[\frac{1-K}{4}\mathrm{rect}\left(\frac{f}{B}\right)f^{-\mathrm{j}2\pi f/B}\right] = \frac{1-K}{4}B\ \mathrm{sinc}(Bt-1) \tag{5.8.8}$$

经整理，输出信号为

$$y(t) = \sqrt{\frac{T}{B}}\,\frac{1+K}{2}B\left[\mathrm{sinc}(Bt) + \frac{1-K}{2(1+K)}\{\mathrm{sinc}(Bt+1) + \mathrm{sinc}(Bt-1)\}\right] \tag{5.8.9}$$

下面计算脉冲压缩过程中加权的几个主要性能指标。

1. 加权引起的信噪比 SNR 损失

加权网络输出端的信噪比为

$$\left(\frac{S}{N}\right)_{\text{win}}=\frac{\left[\sqrt{\frac{T}{B}}\int_{-B/2}^{B/2}H(f)\mathrm{d}f\right]^2}{N_0\int_{-B/2}^{B/2}H^2(f)\mathrm{d}f} \tag{5.8.10}$$

匹配滤波器输出端的信噪比则为

$$\left(\frac{S}{N}\right)_{\text{匹配}}=\frac{BT}{(N_0B)}=\frac{T}{N_0} \tag{5.8.11}$$

由此得到加权引起的信噪比损失为

$$L_i=\frac{\left(\frac{S}{N}\right)_{\text{win}}}{\left(\frac{S}{N}\right)_{\text{匹配}}}=10\ \lg\frac{\left[\int_{-B/2}^{B/2}H(f)\mathrm{d}f\right]^2}{B\int_{-B/2}^{B/2}H^2(f)\mathrm{d}f} \tag{5.8.12}$$

将式(5.8.3)代入式(5.8.12)，化简得到

$$L_i=10\ \lg\frac{2(K^2+2K+1)}{3K^2+2K+3} \tag{5.8.13}$$

2. 主瓣峰值与最大旁瓣之比

令 $K=0.08$，即利用海明窗，式(5.8.9)的输出信号如图 5.42 所示。其旁瓣峰值出现在$Bt=3.5$，4.5，…位置。$t=0$ 为主瓣峰值位置。由式(5.8.9)，当 $t=0$ 时，得

$$y(t=0)=\sqrt{\frac{T}{B}}\left(\frac{1+K}{2}\right)B=0.54\sqrt{BT} \tag{5.8.14}$$

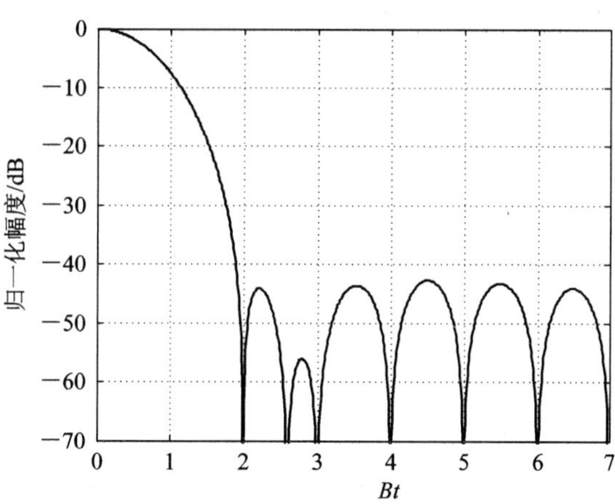

图 5.42　频域海明窗的时域副瓣结构图

从图 5.42 海明窗的旁瓣结构可以看出，最大旁瓣峰值出现在 $t=4.5/B$ 处，由式(5.8.9)可得最大旁瓣与主瓣峰值之比为

$$\begin{aligned}\text{MSB}&=20\ \lg\frac{y(t)\big|_{t=4.5/B}}{y(t)\big|_{t=0}}=20\ \lg\left\{\frac{1}{\pi}\left[\frac{2}{9}+\frac{1-K}{2(1+K)}\left(-\frac{2}{11}-\frac{2}{7}\right)\right]\right\}\\&=20\ \lg(7.349\times10^{-3})=-42.56\ (\text{dB})\end{aligned} \tag{5.8.15}$$

3. −3 dB 处主瓣展宽系数

主瓣展宽系数是指加窗后的主瓣宽度与不加窗时的主瓣宽度之比。为了确定加权后在−3 dB处的主瓣展宽系数，这里采用归一化输出响应。不加权时，输出为矩形频谱的sinc 波形。

$$\frac{y_1(t)}{y(t)\big|_{t=0}}=\mathrm{sinc}(Bt) \tag{5.8.16}$$

经过加权后的输出波形(归一化)可由式(5.8.9)得到

$$\frac{y_2(t)}{y_2(t)\big|_{t=0}}=\mathrm{sinc}(Bt)+\frac{1-K}{2(1+K)}[\mathrm{sinc}(Bt+1)+\mathrm{sinc}(Bt-1)] \tag{5.8.17}$$

应用上面的公式可以对不同的加权函数计算其输出响应的主要性能指标。表 5.11 列出了几种加权函数的性能指标，供选择加权函数时参考比较。

表 5.11　几种加权函数的性能比较

窗函数名称	窗函数表达式 $w(n)$	最大旁瓣电平/dB	信噪比损失/dB	−3 dB 主瓣加宽系数
矩形窗	1	−13.26	0	1.00
泰勒窗(Taylor)	$1+2\sum_{m=1}^{\bar{n}-1}F_m\cos\frac{2\pi mn}{N-1},\ \bar{n}=8$	−35 (*)	1.14	1.29
海明窗(Hamming)	$0.54-0.46\cos\frac{2\pi n}{N-1}$	−42.5	1.34	1.43
汉宁窗(Hanning)	$0.5\left(1-\cos\frac{2\pi n}{N-1}\right)$	−32	1.49	1.57
凯撒窗(Kaiser)	$\frac{I_0(\beta\sqrt{1-(2n/N)^2})}{I_0(\beta)}$	−44 ($\beta=6$)	1.52	1.57
切比雪夫窗(Chebyshev)	$\frac{N-1}{N-k}\sum_{m=0}^{k-1}\frac{(k-2)!(N-k)!\alpha^{m+1}}{m!(k-2-m)!(m+1)!(N-k-m-1)!}$	−35 (*)	1.37	1.29

表中，“*”表示旁瓣电平，可以根据需要设置；$I_0(\cdot)$是第一类零阶 Bessel 函数；$\alpha=\left[\tanh\frac{\mathrm{arccosh(SLR)}}{N-1}\right]^2$，SLR 为旁瓣电平。

$$F_m=F_{-m}=\begin{cases}\dfrac{0.5(-1)^{m+1}}{\prod\limits_{\substack{n=1\\(n\neq m)}}^{\bar{n}-1}\left(1-\dfrac{m^2}{n^2}\right)}\prod\limits_{n=1}^{\bar{n}-1}\left[1-\dfrac{\sigma^{-2}m^2}{A^2+\left(n-\dfrac{1}{2}\right)^2}\right], & 0<|m|<\bar{n}\\ 0, & |m|\geqslant\bar{n}\end{cases}$$

$$\sigma^2\equiv\frac{\bar{n}^2}{A^2+\left(\bar{n}-\dfrac{1}{2}\right)^2}$$

式中，A 取决于旁瓣电平 $\eta=(\cosh\pi A)^{-1}$。

图 5.43 给出了几种窗函数及其归一化幅度谱($N=64$)。使用 MATLAB 中的 wvtool 工具可以得到各种窗函数的时域和频域特性。在 MATLAB 中提供的窗函数除 Taylor 窗外，其它窗函数都是按最大值归一化的。

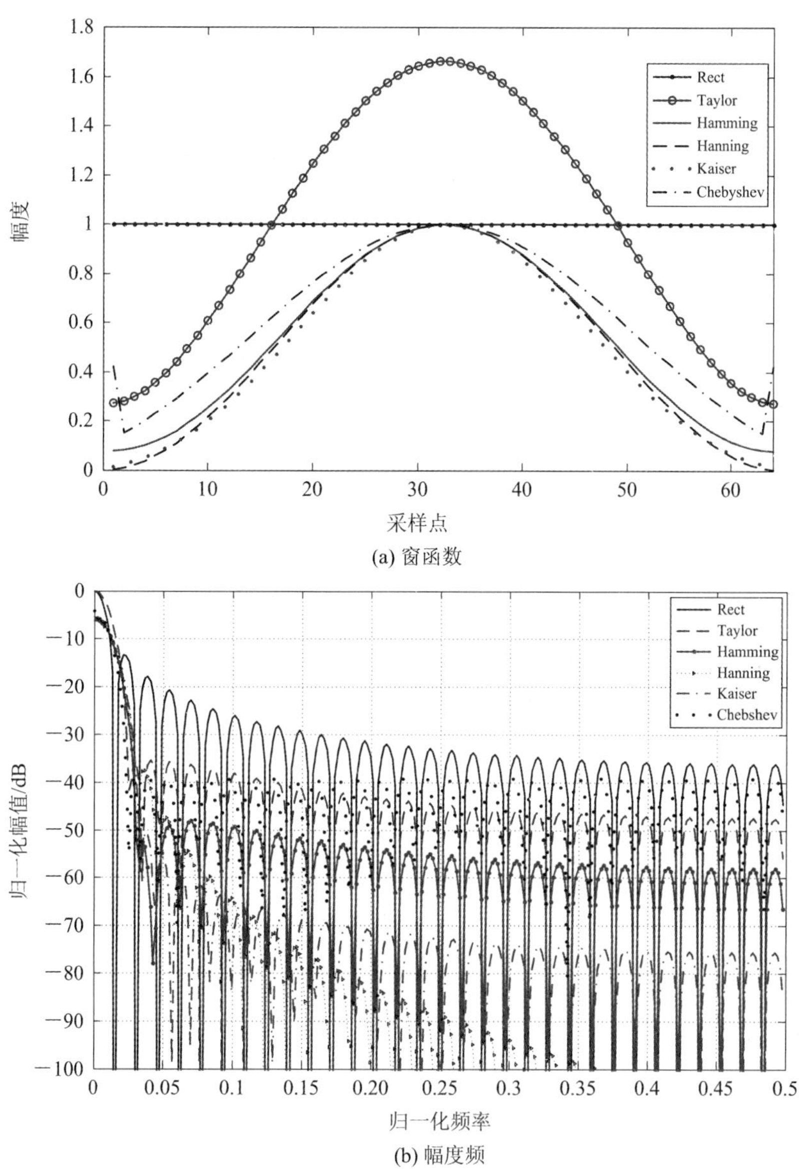

(a) 窗函数

(b) 幅度频

图 5.43 几种窗函数及其归一化幅度谱($N=64$)

5.9 本章 MATLAB 程序

下面给出本章部分插图的 MATLAB 函数程序代码。

程序 5.1 基于低通滤波法的数字正交检波程序

```
function [siq] =IQ_LowFilter(st,B,fs,m,D,quantize_en)
%基于低通滤波器设计数字正交检波器
%st:输入信号; D:抽取比; m: fs=4*f0/(2m−1)
```

```
%量化标志 quantize_en=0，为不量化；1 为量化，16 bit
[Nr,Np] =size(st); Nr1=ceil(Nr/4);              %Nr：快时间，距离单元数
buz4=rem(Nr,4);
if buz4~=0   st=[st; zeros(4-buz4,Np)]; end
Nf=63;   Nf1=Nf+1;                              %原型滤波器的阶数:64
ff=[0 B/fs+0.1  B/fs+0.3 1];
aa=[1 1 0 0];
bb_lp=remez(Nf,ff,aa);                          %remez 法，低通滤波法
if quantize_en==1
    bb_lp=round(bb_lp.*2^15/max(bb_lp));        %16 bit 量化
end
%figure;freqz(bb_lp),title('低通滤波法的原型滤波器的频率响应')
b1=bb_lp(1:2:Nf1);
b2=bb_lp(2:2:Nf1);
%%正交采样处理
if rem(m,2)==0 coef1=[1 1 -1 -1].'; else coef1=[1 -1 -1 1].'; end
sa=st.*kron(ones(Nr1,1),coef1);                 %符号修正
ii1=sa(1:2:end,:);                              %2 倍抽取
qq1=sa(2:2:end,:);
ii=filter(b2,1,ii1);                            %滤波
qq=filter(b1,1,qq1);
if quantize_en==1
    ii=ceil(ii./2^15);                          %输出量化为 16 位
    qq=ceil(qq./2^15);
end
siq=ii(1:D:end,:)+1j*qq(1:D:end,:);
siq=siq(9:end,:);
end
```

程序 5.2 计算 MUSIC 空间谱的程序

```
function[Pmusic]=MUSIC(data,grid, N,d,lambda,N_sourse)
% data:阵列接收数据; grid: 搜索角度栅格
%N: 阵元个数; d: 阵元间隔; lambda: 波长; N_sourse: 信号源个数
R= data * data'/size(data,2);
[U V]=eig(R);            %特征值分解
v=diag(V);
[v, rank]=sort(v);
U=U(:,rank);
Us=U(:,end-N_sourse+1:end);
Un=U(:,1:end-N_sourse);
A =exp(1j*2*pi*[ -(N-1)/2 : (N-1)/2 ]'*sind( grid ) * d / lambda);
Pmusic = zeros( length(grid),1 );
```

```
fori_grid = 1 : length(grid)
Pmusic(i_grid )= 1/abs( A(:,i_grid)' * Un * Un' * A(:,i_grid));
end
Pmusic = 20 * log10(Pmusic/max(Pmusic));
```

练　习　题

5-1　简述雷达目标回波中噪声、杂波、干扰三者之间的区别与联系。

5-2　假设雷达接收目标回波的中频信号为 $x(t)=a(t)\cos(2\pi f_{IF}t+2\pi f_d t)$，其中中频频率 f_{IF} 为 60 MHz，$a(t)$ 表示时宽为 100 μs、幅度为 1 的矩形脉冲，目标距离为 50 km。目标回波的多普勒频率 f_d 的最大值为 1 MHz。

(1) 采用模拟正交检波器，假设正交双通道的相位差 $\varepsilon_\varphi=10°$，写出模拟正交检波器输出信号 $I(t)$、$Q(t)$ 的表达式；

(2) 假设多普勒频率为 1 MHz，对 $I(t)$、$Q(t)$ 两路信号的采样频率为 16 MHz，画出(1)中两路信号的时域波形、李沙育图(正交圆图)，以及输出复信号的频谱，并计算镜频抑制比；

(3) 采用数字中频正交检波处理方式，选取中频采样频率，设计一种数字中频正交检波器，给出滤波器的系数(画图或列表)，画出该滤波器的频率响应曲线；

(4) 画出数字中频正交检波后 I、Q 两路输出信号的时域波形、李沙育图(正交圆图)，以及输出复信号的频谱，并计算镜频抑制比；

(5) 比较模拟、数字正交检波器的优缺点；

(6) 画出脉压输出的时域信号。

5-3　假设雷达发射 LFM 信号的带宽 $B=2$ MHz，脉冲宽带 $\tau=100$ μs，波长 $\lambda=3$ cm。接收机输出中频信号的频率为 60 MHz。目标距离和速度分别为 50 km、200 m/s，采用 14 位的 A/D 变换器，采样时目标回波占 A/D 变换器的工作位数为 10 位，而噪声的工作位数为 12 位，即 A/D 变换器的输入信噪比为 −12 dB。

(1) 写出目标回波的中频信号表达式，模拟产生 A/D 变换器的采样信号，并画出波形图；

(2) 设计一种数字中频正交检波器，画出该滤波器的频率响应曲线；

(3) 利用 FPGA 完成数字中频正交检波，输出基带信号的实部和虚部各占 16 位，画出波形图；

(4) 在同一副图中画出加矩形窗、−35 dB 泰勒窗两种情况下的脉压输出结果(横坐标为距离，纵坐标取 dB)，计算脉压输出信噪比。

(5) 若目标所在波位雷达发射 20 个脉冲，对 20 个脉冲的回波信号进行数字中频正交检波、脉压处理，再进行相干积累处理，画出数字中频正交检波、脉压处理、相干积累输出的时域波形，计算每步处理信噪比的变化。

5-4　X 波段雷达($\lambda=0.03$ m)发射一个宽度 $T=50$ μs 的脉冲，采用调频带宽 $B=1$ MHz的上扫线性调频。回波信号用海明加权滤波器进行处理。对接近雷达且速度为 0 到

2000 m/s 的目标。

(1) 计算并画出距离误差(测量的距离－真实的距离);

(2) 相对于速度 $v_t=0$ 的目标，对加权滤波器，画出峰值信号电平损耗(dB)与 v_t 的关系曲线;

(3) 相对于 $v_t=0$ 的匹配滤波器响应，对加权滤波器，画出损耗(dB)与 v_t 的关系曲线;

(4) 相对于 $v_t=0$ 的响应，对匹配滤波器，画出损耗(dB)与 v_t 的关系曲线。

第 6 章　杂波与杂波抑制

6.1　概　　述

雷达工程师常用术语“杂波”(Clutter，其英文原意为混乱、杂乱的状态)表示自然环境中客观存在的不需要的回波。杂波包括来自地面及地面人造物体和结构(例如楼房、桥梁、公路、铁路、车辆、高压电缆塔、风电设备等)、海洋、天气(特别是雨)、鸟群，以及昆虫等的回波。由于地形的不同(农地、林地、城市、沙漠等)，或者海面的不同(海况、相对于雷达观测角的风向)，杂波也会在相邻区域中发生变化。通常杂波的功率比目标回波强得多，容易产生假目标信息，或导致目标漏检，“扰乱了”雷达工作，使得雷达难以对目标进行有效的检测。因此，雷达需要抑制杂波信号。

雷达要探测的目标通常是运动的物体，如空中的飞机和导弹、海上的舰船、地面的车辆等。但在目标的周围经常存在着各种背景杂波，如各种地物、云雨、海浪、地面的车辆、空中的鸟群等。这些背景可能是完全不动的，如山和建筑物；也可能是缓慢运动的，如有风时的海浪、地面的树木和植被、鸟群的迁徙等，一般来说，其运动速度较慢。这些背景所产生的杂波(有的教科书上称为无源或消极干扰)和运动目标回波在雷达显示器上同时显示时，由于杂波功率太强而难以观测到目标。如果目标处在杂波背景内，弱的目标淹没在强杂波中，发现目标十分困难，即使目标不在杂波背景内，要在成片的杂波中检测出运动目标也是不容易的。

区分运动目标和固定杂波的基础是它们在速度上的差别。其机理是利用目标回波和杂波相对雷达运动速度不同而引起的多普勒差异，通过滤波来抑制掉杂波信号。常用方法有动目标显示(MTI)和动目标检测(MTD)。雷达在动目标显示和动目标检测过程中可以使用多种滤波器，滤除固定杂波而取出运动目标的回波，从而改善在杂波背景下检测运动目标的能力。

为了减少雷达回波中的杂波分量，雷达采取的措施主要有：

(1) 增加天线的架设高度(例如安装在高山上)、增加雷达天线的倾角、安装防杂波网以阻止杂波进入天线；

(2) 调整雷达天线的波束形状、提高信号带宽，降低雷达的分辨单元大小，从而减小杂波的功率；

(3) 在时域采用 CFAR 检测、杂波图检测，减小杂波的影响；

(4) 在频域应用 MTI、MTD 技术，抑制杂波的功率，提高信杂比；

(5) 地面雷达在低重频工作时，在接收机内采用 STC 抑制近程杂波(但是中、高重频时不能采用)；

(6) 机载雷达应尽量降低副瓣电平，减少副瓣杂波功率。

本章首先介绍杂波的类型及其特征；然后主要介绍抑制杂波的MTI滤波器的设计方法；对于气象杂波，介绍杂波图的建立和自适应MTI滤波器的设计方法；介绍多种MTD滤波器的设计方法，并分析杂波抑制的性能；针对慢速目标介绍零多普勒处理方法；最后给出杂波产生、滤波器设计等的MATLAB仿真程序。

6.2 雷达杂波

杂波通过天线主瓣进入雷达的寄生回波称为主瓣杂波，否则称为旁瓣杂波。杂波通常分为两大类：面杂波和体杂波。面杂波包括树木、植被、地表、人造建筑及海表面等散射的回波。体杂波通常指具有较大范围(尺寸)的云雨、鸟及昆虫等，有的教科书上也将金属箔条干扰看作体杂波，实际上箔条是一种无源干扰。

杂波是随机的，并具有类似热噪声的特性，因为单个的杂波成分(散射体)具有随机的相位和幅度。在很多情况下，杂波信号强度要比接收机内部噪声强度大得多。因此，雷达在强杂波背景下检测目标的能力主要取决于信杂比，而不是信噪比。

面杂波包括地杂波和海杂波，又被称为区域杂波。下边分别介绍面杂波和体杂波。

6.2.1　面杂波

白噪声通常在雷达所有距离单元内产生等强度的噪声功率，而杂波功率可能在某些距离单元内发生变化。杂波与雷达目标回波相似，与雷达利用目标散射截面积σ_t来描述目标回波功率类似，杂波功率也可以利用杂波散射截面积σ_c来描述。

面杂波的散射截面积σ_c定义为由杂波区(面积为A_c，通常取空间分辨单元的面积)散射造成的等效散射截面积。杂波的平均RCS由下式给出：

$$\sigma_c = \sigma^0 A_c \tag{6.2.1}$$

其中，σ^0(m^2/m^2)为杂波区的平均杂波散射系数，表示单位面积内杂波的等效散射截面积，为一个无量纲的标量，通常以dB表示。实际上，散射系数σ^0与雷达系统参数(波长、极化、照射区域)、表面的类型和粗糙度、照射方向(入射余角)等因素有关。对于地杂波，还与地表面地形、表面粗糙度、表层或覆盖层(趋肤深度之内)的复介电常数不均匀等地面实际参数有关；对于海杂波，还与风速、风向和海面蒸发等参数有关。

1. 地杂波

在机载雷达下视模式下，区域杂波会十分明显。对于地基雷达，当搜索低擦地角目标时，杂波是影响目标检测的主要因素。擦地角ψ_g是地表与波束中心之间的夹角，也称为入射余角，如图6.1所示。

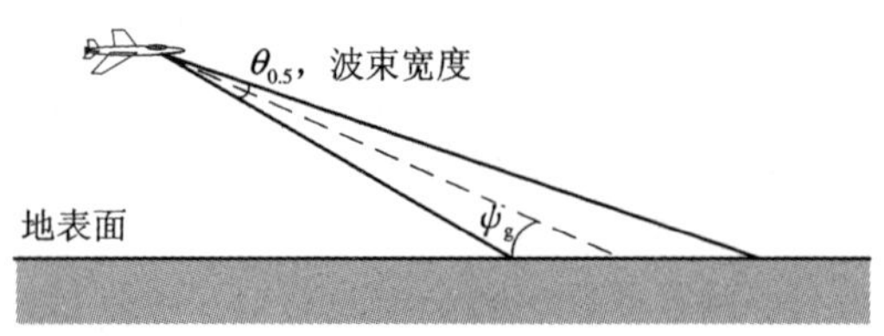

图6.1　擦地角的定义

影响雷达杂波散射系数的因素主要有擦地角ψ_g、表面粗糙度及其散射特性、雷达波长λ、极化方式等。一般来说，波长越短，杂波散射系数σ^0越大。σ^0与擦地角有关，图6.2描

述了 σ^0 与擦地角的关系示意图。根据擦地角的大小，σ^0 大致分为三个区域：低擦地角区、平坦区和高擦地角区。其特征如下：

（1）低擦地角区，又称干涉区，在这个区域的散射系数随着擦地角的增加而迅速增加。在低擦地角的区域杂波一般称为漫散射杂波，在此区域的雷达波束内有大量的杂波回波（非相干反射）。

（2）平坦区，在该区域散射系数 σ^0 随擦地角的变化较小，杂波以非相干散射为主。

（3）高擦地角区，也称为准镜面反射区。该区域以相干的镜向反射（相干反射）为主，散射系数随擦地角增大而快速增大，并且与地面的状况（如粗糙度和介电常数）等特性有关。此时漫散射杂波成分消失，这与低擦地角情形正好相反。

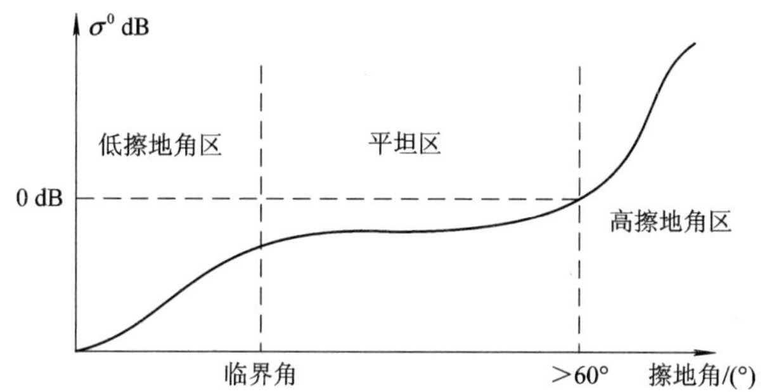

图 6.2　杂波散射系数与擦地角的关系示意图

低擦地角的范围从 0 到临界角附近。临界角是由瑞利（Rayleigh）定义为这样的一个角度：低于此角的表面被认为是光滑的；高于此角的表面即可认为是粗糙的；在高擦地角区，σ^0 随擦地角增大的变化较大。

假设电磁波入射到粗糙表面时，如图 6.3 所示。由于表面高度的起伏（表面粗糙度），设表面高度起伏的均方根值为 h_{rms}，“粗糙”路径的距离要比“平坦”路径长 $2h_{rms}\sin\psi_g$，这种路径上的差异转化成相位差 $\Delta\varphi$，即

$$\Delta\varphi = \frac{2\pi}{\lambda}2h_{rms}\sin\psi_g \tag{6.2.2}$$

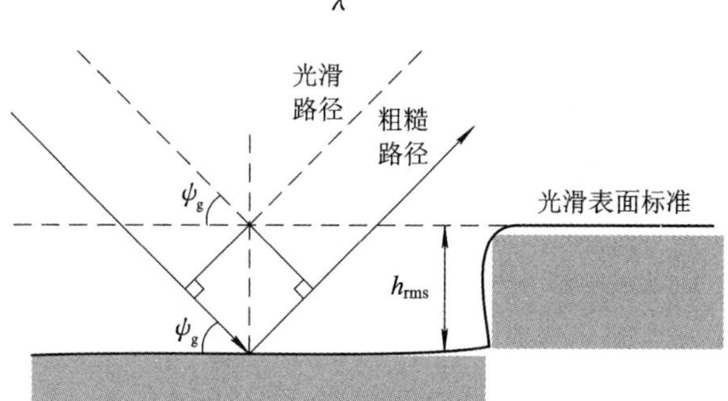

图 6.3　粗糙表面的定义

根据瑞利准则，当 $\Delta\varphi<\pi/2$ 时可认为表面是平坦的。

当 $\Delta\varphi=\pi$（第一个零点），临界角 ψ_{gc} 可以计算为

$$\frac{2\pi}{\lambda}2h_{rms}\sin\psi_{gc} = \pi \tag{6.2.3}$$

或者等价地，

$$\psi_{gc} = \arcsin \frac{\lambda}{4h_{rms}} \tag{6.2.4}$$

图 6.4 给出了几种典型陆地杂波散射系数与擦地角的关系曲线，图中每条曲线其实是至少 10 dB 宽的带状区域。地杂波在接近垂直入射时会变得特别强。

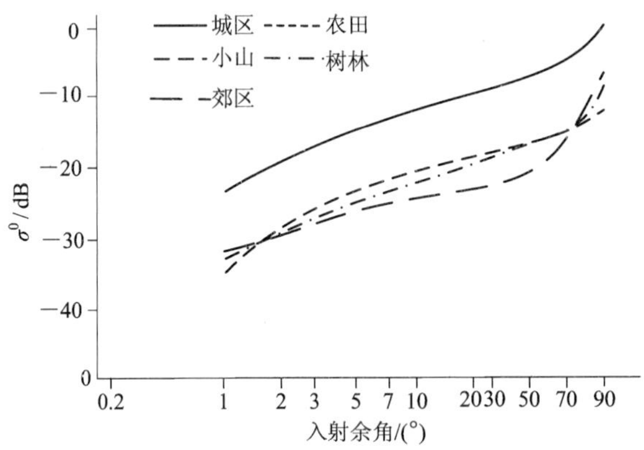

图 6.4　陆地杂波散射系数与擦地角的关系曲线

表 6.1 给出了在不同地形和频段，地杂波散射系数的中值，这是林肯实验室的测量统计结果，为统计平均值的中值。有的文献称该测量为 $\sigma^0 F^4$ 的结果，F 为传播因子，是雷达方程中考虑多径反射、衍射机衰减等传播影响。由于从传播效应中分离 σ^0 和 F 的测量是不可能的，因此一般文献中对 σ^0 的测量方法就是对 $\sigma^0 F^4$ 的测量。

表 6.1　对不同地形和频段，地杂波散射系数的中值(单位：dB)

地形			频段				
			VHF	UHF	L	S	X
城市			−20.9	−16.0	−12.6	−10.1	−10.8
山区			−7.6	−10.6	−17.5	−21.4	−21.6
森林	高起伏，地形坡度＞2°	高下俯角(＞1°)	−10.5	−16.1	−18.2	−23.6	−19.9
		低下俯角(≤0.2°)	−19.5	−16.8	−22.6	−24.6	−25.0
	低起伏，地形坡度＞2°	高下俯角(＞1°)	−14.2	−15.7	−20.8	−29.3	−26.5
		下俯角 0.4°～1°	−26.2	−29.2	−28.6	−32.1	−29.7
		低下俯角(≤0.2°)	−43.6	−44.1	−41.4	−38.9	−35.4
农田	高起伏，地形坡度＞2°		−32.4	−27.3	−26.9	−34.8	−28.8
	中度起伏，1°＜地形坡度＜2°		−27.5	−30.9	−28.1	−32.5	−28.4
	很低起伏，地形坡度＜1°		−56.0	−41.1	−31.6	−30.9	−31.5
沙漠、灌木和草地		高下俯角(＞1°)	−38.2	−39.4	−39.6	−37.9	−25.6
		低下俯角(≤0.3°)	−66.8	−74.0	−68.6	−54.4	−42.0

1) 机载雷达区域杂波的雷达方程

考虑如图 6.5 所示的下视模式下的机载雷达。天线波束与地面相交的区域形成了一个椭圆形状的“辐射区”。辐射区的大小是关于擦地角和方位波束宽度 θ_{3dB} 的函数，如图 6.6

所示。辐射区被分为多个地面距离单元，每个单元的长度为$\frac{c\tau}{2}\sec\psi_g$，即一个距离单元在地面的投影，这里 c 是光速，τ 是脉冲宽度或脉压后的脉冲宽度。

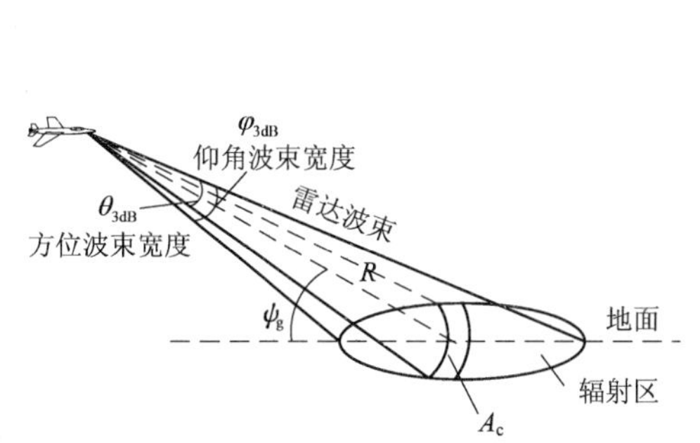

图 6.5　机载雷达下视模式的主波束杂波区

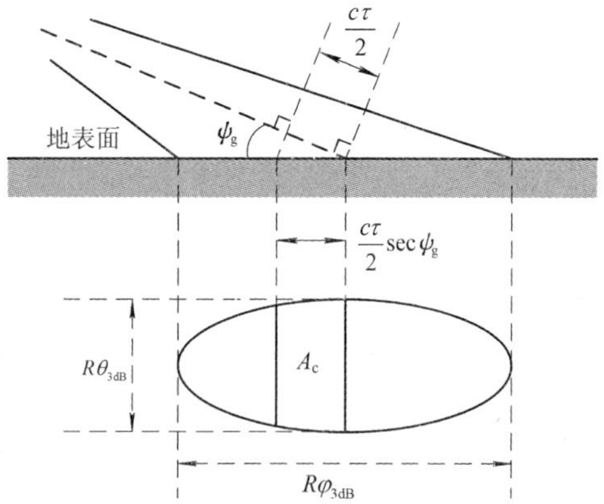

图 6.6　辐射区的大小

由图 6.6 知，该杂波单元的横向尺寸为 $R\theta_{3dB}$，杂波区域的面积 A_c 为

$$A_c \approx R\theta_{3dB}\frac{c\tau}{2}\sec\psi_g \tag{6.2.5}$$

该杂波的 RCS 为 $\sigma_c=\sigma^0 A_c$。雷达从该杂波区接收到的杂波功率为

$$S_c=\frac{P_t G^2\lambda^2\sigma_c}{(4\pi)^3R^4}=\frac{P_t G^2\lambda^2\sigma^0\theta_{3dB}(c\tau/2)\sec\psi_g}{(4\pi)^3R^3} \tag{6.2.6}$$

其中，P_t 是峰值发射功率，G 是天线增益，λ 是波长。各变量中下标 c 表示该参数为杂波分量。若在该区域存在 RCS 为 σ_t 的目标，其回波功率为

$$S_t=\frac{P_t G^2\lambda^2\sigma_t}{(4\pi)^3R^4} \tag{6.2.7}$$

通常杂波的功率比接收噪声强很多，将式(6.2.7)除以式(6.2.8)，就可以得到该距离单元的信杂比为

$$\text{SCR}=\frac{S_t}{S_c}=\frac{\sigma_t}{\sigma_c}=\frac{\sigma_t\cos\psi_g}{\sigma^0 R\theta_{3dB}(c\tau/2)} \tag{6.2.8}$$

如果最大作用距离 R_{max} 要求的最小信杂比为$(\text{SCR})_{min}$，则以低掠射角在面杂波下检测目标的雷达方程为

$$R_{max}=\frac{\sigma_t\cos\psi_g}{\sigma^0\theta_{3dB}(c\tau/2)\,(\text{SCR})_{min}} \tag{6.2.9}$$

式(6.2.9)所表示的表面杂波的雷达方程与第 2 章中接收机噪声占主导地位的雷达方程完全不同。这时，距离是以一次方出现的，而在第 2 章雷达方程中距离是以四次幂出现的。因此，以杂波为主导的雷达最大作用距离的变化比以噪声为主导的雷达要大得多。

[例 6-1]　考虑如图 6.5 所示的机载雷达。假设天线 3 dB 波束宽度为 0.02 rad，脉冲宽度为 2 μs，目标距离为 20 km，斜视角为 20°，目标 RCS 为 1 m²，并且假设杂波反射系数 $\sigma^0=0.0136\ \text{m}^2/\text{m}^2$。计算信杂比 SCR。

解　由式(6.2.9)知，

$$\text{SCR} = \frac{2\sigma_t \cos\psi_g}{\sigma^0 \theta_{3\text{dB}} R c \tau} \Rightarrow$$

$$(\text{SCR})_c = \frac{2 \times 1 \times \cos 20^\circ}{0.0136 \times 0.02 \times 20\,000 \times 3 \times 10^8 \times (2 \times 10^{-6})} = 5.76 \times 10^{-4}$$

$$\Rightarrow -32.4\ (\text{dB})$$

为了可靠地检测目标，雷达应该增加其 SCR 至少到(32＋X)dB，其中 X 值一般为 13 dB 至 15 dB，或者更高的量级。因此，雷达需要降低杂波的功率 45～50 dB，才能有效地检测目标。

在不同的应用场合，地面后向散射的信息不同。尽管杂波的回波比飞机强 50～60 dB，地面的雷达需要采用 MTI 或 MTD 来抑制强杂波。但是，在高度计中，测量飞机或飞船的高度时，地面或海面产生的强回波是有用的，因为在这种情况下，“杂波”就是目标，高度计在导弹制导和遥测中也用于“地图匹配”。对地观测雷达通过高分辨对地物进行成像，利用地物外形或与周围物品的对比度进行识别。

若雷达以接近垂直的入射角(大掠射角)观测表面杂波时，雷达观察的杂波面积是由两个主平面的天线波束宽度 $\theta_{3\text{dB}}$ 和 $\varphi_{3\text{dB}}$ 决定的。这时杂波区域的面积 A_c 为

$$A_c = \frac{\pi}{4} \frac{R\theta_{3\text{dB}} R\varphi_{3\text{dB}}}{\sin\psi_g} \tag{6.2.10}$$

式中，因子 π/4 代表照射面积的椭圆形状。若天线的有效孔径为 A_e，天线增益 $G=4\pi/(\theta_{3\text{dB}}\varphi_{3\text{dB}})$，雷达从该杂波区接收到的杂波功率为

$$S_c = \frac{P_t G A_e \sigma_c}{(4\pi)^2 R^4} = \frac{P_t A_e \sigma^0}{32 R^2 \sin\psi_g} \tag{6.2.11}$$

可见，杂波功率与距离的平方成反比。这个方程适用于雷达高度计或作为散射仪的遥感雷达接收的地面回波功率。

2) 地基雷达区域杂波的雷达方程

地基雷达的杂波包括从主瓣和旁瓣进入的杂波，因此 RCS 的计算可描述为

$$\sigma_c = \sigma_{\text{MBc}} + \sigma_{\text{SLc}} \tag{6.2.12}$$

其中，σ_{MBc} 是主瓣杂波 RCS，σ_{SLc} 是旁瓣杂波 RCS，如图 6.7 所示。

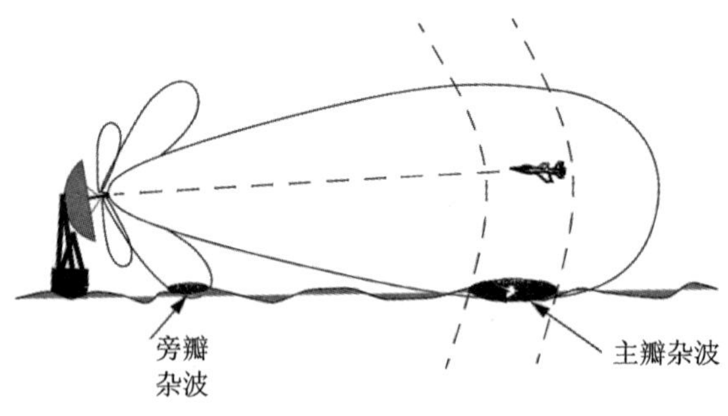

图 6.7 地基雷达杂波几何关系图

为了计算式(6.2.12)给出的总的杂波的 RCS，首先需要分别计算主瓣和旁瓣对应的杂波区域的面积。为了便于计算，设几何关系如图 6.8 所示。角度 θ_A 和 θ_E 分别表示方位和垂直维的 3 dB 波束宽度；雷达高度(从地面到天线相位中心)由 h_r 表示，目标高度由 h_t 表示；目标斜距是 R，其在地面上的投影为 R_g；距离分辨率是 ΔR，其在地面的投影为 ΔR_g；主瓣

杂波区的面积由 A_{MBc} 表示，旁瓣杂波区的面积由 A_{SLc} 表示。

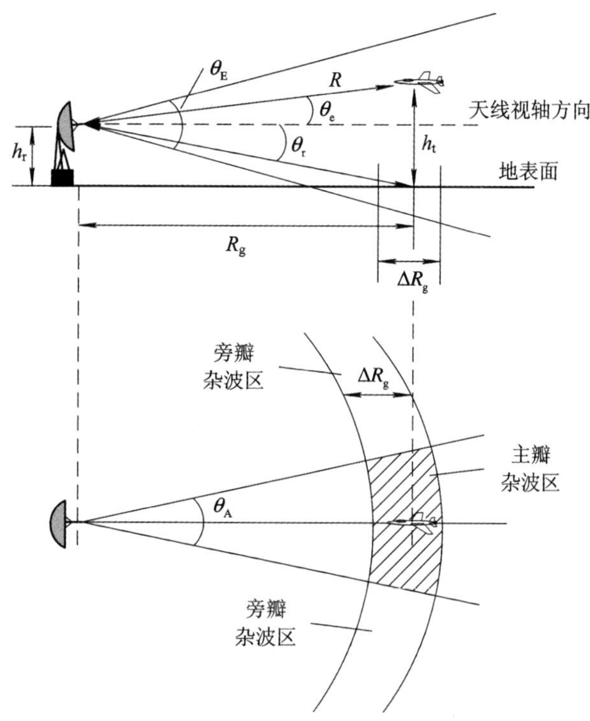

图 6.8　地基雷达杂波几何图(侧视图和下视图)

由图 6.8 可以导出如下关系：

$$\theta_r = \arctan\left(\frac{h_r}{R\cos\theta_e}\right) \tag{6.2.13}$$

$$\theta_e = \arcsin\left(\frac{h_t - h_r}{R}\right) \tag{6.2.14}$$

$$\Delta R_g = \Delta R \cos\theta_r \tag{6.2.15}$$

其中，ΔR 是雷达距离分辨率，斜距 R 在地面的投影为

$$R_g = R \cos\theta_e \tag{6.2.16}$$

由于雷达的波束宽度较小，因此，主瓣和旁瓣对应的杂波区的面积分别为

$$A_{MBc} = \Delta R_g R_g \theta_A \tag{6.2.17}$$

$$A_{SLc} = \Delta R_g R_g (\pi - \theta_A) \approx \Delta R_g R_g \pi \tag{6.2.18}$$

假设雷达天线波束方向图函数 $G(\theta)$ 为高斯型，即

$$G(\theta) = \exp\left(-\frac{2.776\theta^2}{\theta_E^2}\right) \tag{6.2.19}$$

此时，主瓣杂波和旁瓣杂波的 RCS 分别为

$$\sigma_{MBc} = \sigma^0 A_{MBc} = \sigma^0 \Delta R_g R_g \theta_A \tag{6.2.20}$$

和

$$\sigma_{SLc} = \sigma^0 A_{SLc} (SL_{rms})^2 = \sigma^0 \Delta R_g R_g \pi (SL_{rms})^2 \tag{6.2.21}$$

其中，SL_{rms} 为天线旁瓣电平的均方根值。

最后，为了说明杂波 RCS 与距离之间的变化关系，可以把总的杂波 RCS 作为距离的

函数来计算，由式(6.2.22)给出

$$\sigma_c(R)=\frac{\sigma_{MBc}+\sigma_{SLc}}{1+\left(\frac{R}{R_h}\right)^4}=\frac{\sigma^0\Delta R_g R_g(\theta_A+\pi(SL_{rms})^2)}{1+\left(\frac{R}{R_h}\right)^4} \tag{6.2.22}$$

其中，R_h是雷达到地平面的视线距离，$R_h\approx\sqrt{2h_r r_e}$，$r_e$为地球等效半径。

根据雷达方程，在距离为 R 处的目标的 SNR 为

$$\mathrm{SNR}=\frac{P_t G^2\lambda^2\sigma_t}{(4\pi)^3R^4kT_0BFL} \tag{6.2.23}$$

其中，P_t是峰值发射功率，G 是天线增益，λ 是波长，σ_t是目标 RCS，k 是波尔兹曼常数，T_0是标准噪声温度，B 是雷达工作带宽，F 是噪声系数，L 是总的雷达损耗。

雷达的杂噪比 CNR 为

$$\mathrm{CNR}=\frac{P_t G^2\lambda^2\sigma_c}{(4\pi)^3R^4kT_0BFL} \tag{6.2.24}$$

［例 6－2］ MATLAB 函数“clutter_rcs.m”：画出杂波 RCS 和 CNR 与雷达斜距之间的关系图，其输出包括杂波 RCS(dBsm)和 CNR(dB)。函数调用如下：

[*sigmaC*, *CNR*] = clutter_rcs(*sigma0*, *thetaE*, *thetaA*, *SL*, *range*, *hr*, *ht*, *pt*, *f0*, *b*, *F*, *L*, *ant_id*)

其中，各参数定义如表 6.2 所述。

表 6.2　clutter_rcs.m 参数定义

符号	描　　述	单位	状态	图 6.9 中参数设置
sigma0	杂波后向散射系数	dB	输入	−20
thetaE	天线 3 dB 垂直波束宽度	度	输入	2
thetaA	天线 3 dB 水平波束宽度	度	输入	1
SL	天线旁瓣电平	dB	输入	−20
range	距离单值或者向量	km	输入	linspace(2, 50, 100)
hr	雷达高度	m	输入	3
ht	目标高度	m	输入	100
pt	雷达峰值功率	kW	输入	75
f0	雷达工作频率	Hz	输入	5.6e9
b	带宽	Hz	输入	1e6
F	噪声系数	dB	输入	6
L	雷达损耗	dB	输入	10
ant_id	1 为 sinc 型；2 为高斯型	无	输入	1
sigmaC	杂波 RCS	dB	输出	
CNR	杂噪比	dB	输出	

使用表 6.2 中参数设置，可以得到图 6.9 所示的杂波 RCS 和 CNR 与斜距的关系图。

注意，在对应于主瓣与第一旁瓣间零点的擦地角，在非常近的距离会在杂波 RCS 上产生凹陷(dip)。

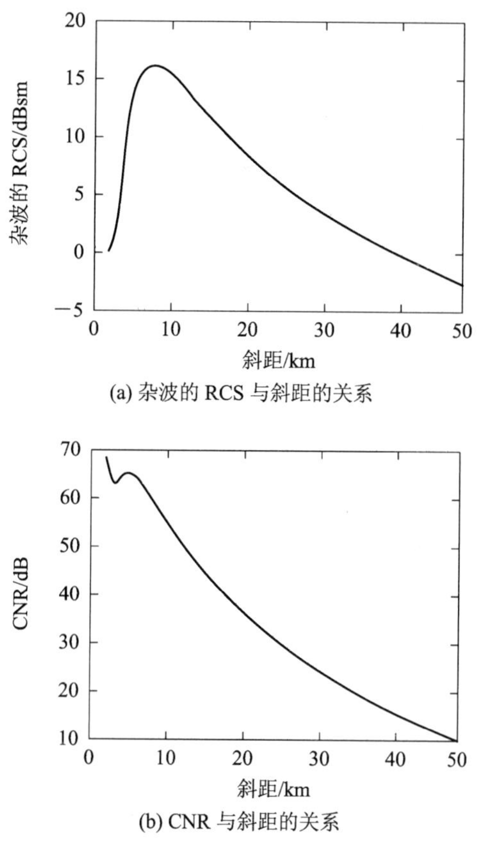

(a) 杂波的 RCS 与斜距的关系

(b) CNR 与斜距的关系

图 6.9　杂波 RCS 和 CNR 与斜距的关系图

地杂波的应用场合主要有：

(1) **对空目标探测**。雷达对空检测时，地杂波回波一般比飞机回波强 50～60 dB，通常采用 MTI 或 MTD 来抑制地杂波，从强杂波中检测运动目标。

(2) **地面动目标的检测**。通过适当的多普勒处理，可将车辆、行人与杂波区分开。

(3) **高度计**。测量飞机或飞船的高度时，地面或海面产生的强回波是有用的，"杂波"就是目标。高度计在导弹制导和遥测中也用于"地图匹配"。

(4) **合成孔径雷达(SAR)成像**。利用高分辨率成像，提取地物外形特征及其与周围物品的对比度来识别装甲车、坦克等不同目标；在遥测中用于提取地表特征。

2. 海杂波

海的雷达回波称为海杂波。海杂波的后向散射系数与海况、风速、波束相对于风向和波浪的观测角、入射余角、工作频率、极化方式等因素有关。图 6.10 给出了不同掠射角下的海杂波反射系数的统计结果，图中曲线是风速在 10～20 kt 下实测数据的统计结果。从图中可以看出：

(1) 在高掠射角(大约 45°以上)，海杂波散射系数与极化和频率基本无关。

(2) 在低掠射角(大约 45°以下)，垂直极化的海杂波比水平极化的强(当风速大时，两种极化的差异变小)。

(3) 垂直极化的海杂波的强度基本与频率无关。

(4) 在低掠射角，水平极化的海杂波散射系数随频率的下降而下降。

表 6.3 给出了不同海况的状态描述。

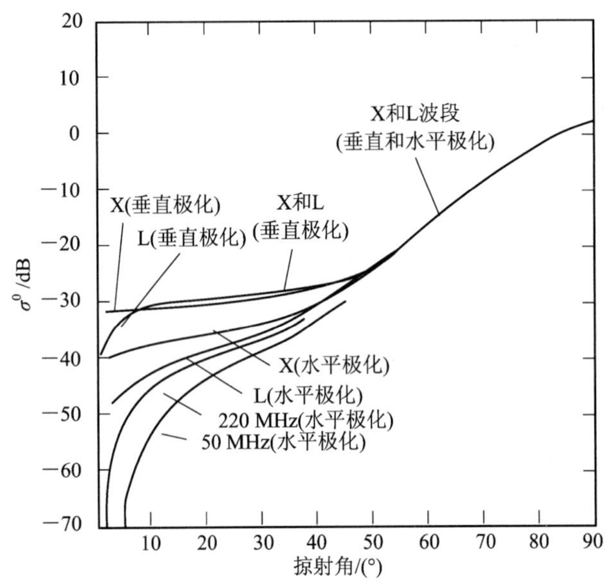

图 6.10　不同掠射角下海杂波反射系数的统计结果

表 6.3　不同海况的状态描述

海况等级	浪高		描述
	英尺	米	
0	0	0	像镜面般平静的海面
1	0～1/3	0～0.1	有小波纹的平静的海面
2	1/3～5/3	0.1～0.5	有小浪的光滑的海面
3	2～4	0.6～1.2	有轻微浪的海面
4	4～8	1.2～2.4	有中等浪的海面
5	8～13	2.4～4.0	有大浪的海面
6	13～20	4.0～6.0	有非常大的浪的海面
7	20～30	6.0～9.0	有巨浪的海面

图 6.11 给出了不同风速下海杂波后向散射系数的实测数据统计结果(雷达逆风照射)。可见，在较高的微波频率和低掠射角的情况下，海杂波随着风速的增加而增加，但在 15 kt～25 kt 的风速下散射系数变化较小。当以垂直入射观测(掠射角为 90°)时，在低风速下，海面有很强的回波直接返回雷达；随着风速的增加，σ^0 将减小。在低于约 1°的低掠射角下，很难获得风对海杂波影响的量化度量，这是因为存在海浪将部分海面遮挡、多路径干扰、

绕射、表面(电磁)波及其传播等许多因素。

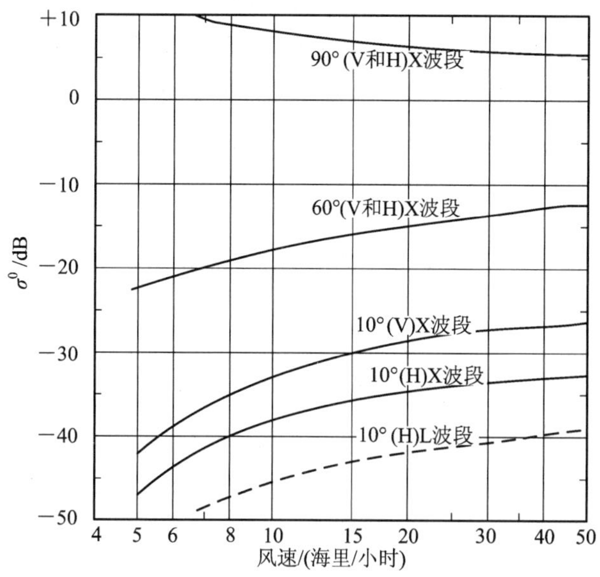

图 6.11　不同风速下海杂波的后向散射系数

海杂波在雷达逆风照射时最强，顺风照射时最弱。当天线在 360°方位上转动时，σ^0 有 5～15 dB 的变化。后向散射在较高的频率比在较低的频率对风速更敏感；在 UHF 频段，在掠射角大于 10°时，后向散射实际上对风速并不敏感。对于 5°～60°的掠射角，海杂波极化的正交分量(交叉极化分量)比发射的同极化的回波小 5～15 dB。

当用高分辨率雷达观测海面时，尤其是在较高的微波频率(例如 X 波段)，海杂波并不均匀，不能仅用 σ^0 来描述。在高分辨率下雷达观测的海面独立回波是有尖峰的，被称为海尖峰。海尖峰是分散的，持续时间仅为几秒钟。它们在时间上不确定，空间上不均匀，其概率密度函数是非瑞利的。在较高的微波频率及低掠射角下，海尖峰都是海杂波的主要成因。图 6.12 为某雷达在 1.5°掠射角时的海尖峰，在某些时刻，海尖峰的 RCS 接近 10 m^2，持续时间为 1 秒到几秒，当使用传统的基于高斯噪声检测器时，容易产生虚警。

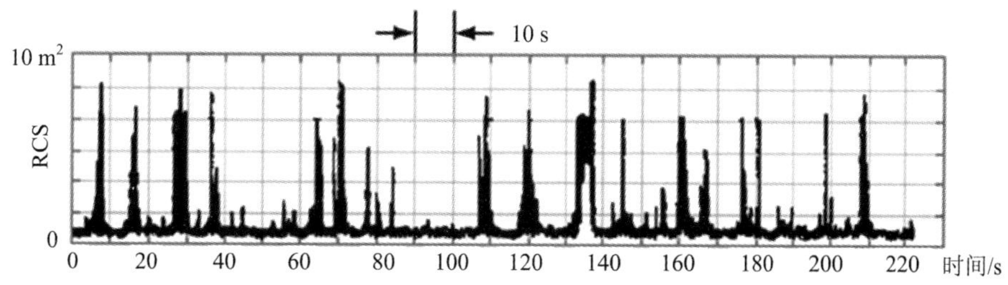

图 6.12　某雷达的海尖峰

6.2.2　体杂波

体杂波包括云雨、金属箔条、鸟群和昆虫等的散射回波。鸟、昆虫及其它飞行生物的回波被称为仙波(angel clutter)或生物杂波(biological clutter)。体杂波散射系数通常用单位体积分辨单元内的等效 RCS 平方米的 dB 数表示(dBm^2/m^3)。

气象或雨杂波要比金属箔条杂波更容易抑制，因为雨滴可以被认为是理想的小球。对于散射特性处于瑞利区的雨滴，可以用理想小球的瑞利近似式来估计雨滴的 RCS。若不考虑传播媒介的折射系数，雨滴的 RCS 的瑞利近似为

$$\sigma = 9\pi D_i^2 (kD_i)^4, \quad D_i \ll \lambda \tag{6.2.25}$$

其中，$k=2\pi/\lambda$，D_i 为雨滴的半径。

设 η 为单位体积内杂波的 RCS，它可用单位体积内所有独立散射体 RCS 的和来计算，η 与波长和降雨量之间的关系可以近似表示为

$$\eta = \sum_{i=1}^{N} \sigma_i = Tf^4 r^{1.6} \times 10^{-12} \ (\mathrm{m^2/m^3}) \tag{6.2.26}$$

式中，N 是在单位体积内散射体的总数目，f 为以 GHz 为单位的雷达工作频率，r 是以 mm/h 为单位的降雨量，T 为温度。图 6.13 给出了温度为 18℃时单位体积雨的后向散射截面积 η 与波长和降雨量之间的关系曲线。

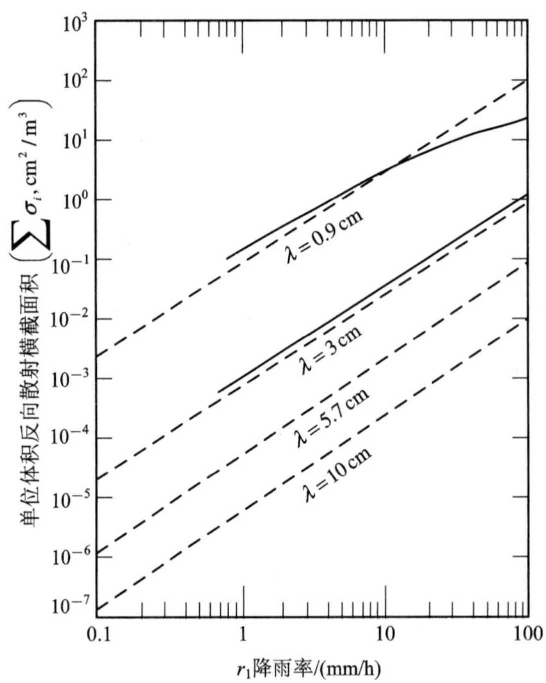

图 6.13 单位体积后向散射截面积与波长和降雨量之间的关系曲线

图 6.14 中一个空间分辨单元的体积可以近似为

$$V_W \approx \frac{\pi}{4}(R\theta_a)(R\theta_e)\frac{c\tau}{2} = \frac{\pi}{8}\theta_a\theta_e R^2 c\tau \tag{6.2.27}$$

其中，θ_a 和 θ_e 分别是以弧度表示的天线方位和仰角波束宽度，τ 为脉冲宽度或脉压后的等效脉冲宽度，c 是光速，R 是距离，因子 $\pi/4$ 是考虑天线波束投影区域的椭圆形状。

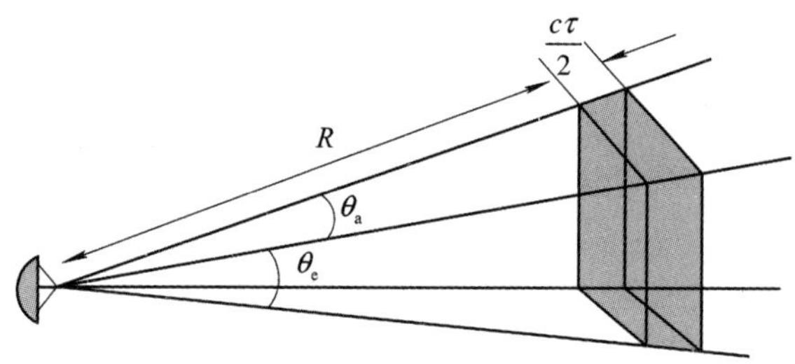

图 6.14　一个分辨体积单元的定义

因此，分辨单元 V_W 内的总 RCS 为

$$\sigma_W = \sum_{i=1}^{N} \sigma_i V_W = \eta V_W \tag{6.2.28}$$

与式(6.2.7)类似，雷达接收的气象杂波功率为

$$S_W = \frac{P_t G^2 \lambda^2 \sigma_W}{(4\pi)^3 R^4} \tag{6.2.29}$$

将式(6.2.27)和式(6.2.28)代入式(6.2.29)并整理，得到

$$S_W = \frac{P_t G^2 \lambda^2}{(4\pi)^3 R^4} \frac{\pi}{8} \theta_a \theta_e R^2 c\tau \sum_{i=1}^{N} \sigma_i \tag{6.2.30}$$

式(6.2.8)除以式(6.2.30)可以得到目标与气象杂波的功率之比$(SCR)_V$为

$$(SCR)_V = \frac{S_t}{S_W} = \frac{8\sigma_t}{\pi \theta_a \theta_e R^2 c\tau \sum_{i=1}^{N} \sigma_i} \tag{6.2.31}$$

其中，下标 V 表示体杂波。

6.2.3　杂波的统计特性

由于分辨单元(或体积)内的杂波是由大量具有随机相位和幅度的散射体组成的，因此通常用概率密度函数(PDF)来描述杂波的统计特性。许多不同的概率密度函数和杂波时域去相关模型已被用于描述来自不同类型地表的杂波。实际中杂波也经常以其服从的概率密度函数进行命名。常用的杂波概率密度函数为高斯函数，也称之为高斯杂波。还有其它分布的杂波，下面分别介绍。

1. 地杂波的统计特性

1) 高斯(瑞利)分布杂波

天线波束照射的杂波区面积越大和后向散射系数越大，则地杂波越强。根据实际测量，地杂波的强度最大可比接收机噪声大 60 dB 以上。地面生长的草、木、庄稼等会随风摆动，造成地杂波大小的起伏变化。地杂波的这种随机起伏特性可用概率密度函数和功率谱表示。因为地杂波是由天线波束照射区内大量散射单元回波合成的结果，所以地杂波的起伏特性一般符合高斯分布。对雷达接收的基带复信号，可以认为地杂波回波信号的实部 x_r 和虚部 x_i 分别为独立同分布的高斯随机过程，高斯概率密度函数可表示为

$$f(x) = \frac{1}{\sqrt{2\pi}\sigma} \exp\left(-\frac{(x-\bar{x})^2}{2\sigma^2}\right) \tag{6.2.32}$$

式中，$\bar{x}$ 是 x 的均值，σ^2 是 x 的方差。而地杂波的幅度(即复信号的模值)$x=|x_r+jx_i|$符合瑞利分布。瑞利分布的概率密度函数为

$$f(x)=\frac{x}{b^2}\exp\left(-\frac{x^2}{2b^2}\right),\quad x\geqslant 0,\ b>0 \tag{6.2.33}$$

式中，b 为瑞利系数。瑞利分布信号的均值 $\bar{x}$ 和方差 σ^2 分别为

$$\bar{x}=\mathrm{E}[x]=b\sqrt{\frac{\pi}{2}}\approx 1.25b \tag{6.2.34}$$

$$\sigma^2=\mathrm{E}[(x-\bar{x})^2]=\left(\frac{4-\pi}{2}\right)b^2\approx 0.429b \tag{6.2.35}$$

式中，$E[\cdot]$表示统计平均。

2) 莱斯分布杂波

如果在波束照射区内，不但有大量的小散射单元，还存在强的反射源(如水塔、风力发电架等)时，地杂波的分布不再符合高斯分布，其幅度分布也不符合瑞利分布，而更趋近于莱斯(Rice)分布，其概率密度函数可表示为

$$f(x)=\frac{x}{\sigma^2}\exp\left(-\frac{x^2+\mu^2}{2\sigma^2}\right)\mathrm{I}_0\left(\frac{\mu}{\sigma^2}x\right),\quad x\geqslant 0 \tag{6.2.36}$$

式中，σ^2 为方差，μ 为均值，$\mathrm{I}_0(\cdot)$为第一类零阶贝塞尔函数。对于高分辨雷达和小入射角情况，地杂波的幅度分布也可能服从其它非高斯分布。

图 6.15 给出了这三种分布的概率密度函数的曲线图。

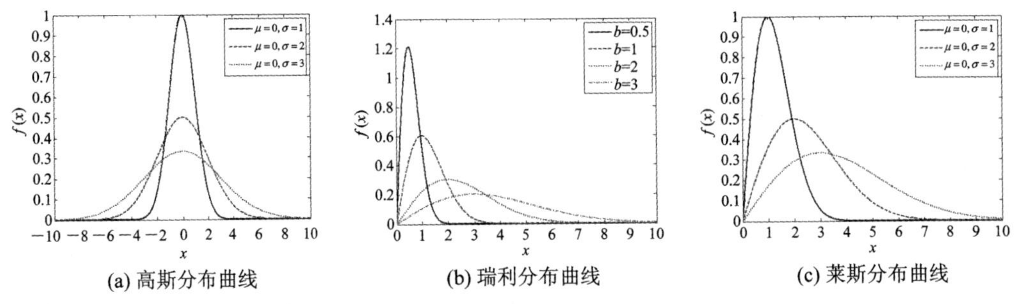

(a) 高斯分布曲线　(b) 瑞利分布曲线　(c) 莱斯分布曲线

图 6.15　高斯、瑞利和莱斯分布的概率密度函数

地杂波可看成是一种随机过程，除了其概率密度分布特性外，还必须考虑其相关特性。根据维纳理论，随机过程的自相关函数与功率谱是傅里叶变换对的关系。从滤波器的角度看，用功率谱来表示地杂波的相关特性更为直观。

通常，地杂波的功率谱可采用高斯模型表示，称为高斯谱，表达式为

$$S(f)=S_0\exp\left(-\frac{(f-f_d)^2}{2\sigma_f^2}\right) \tag{6.2.37}$$

式中，S_0为杂波平均功率，f_d为地杂波的中心多普勒频率，σ_f为地杂波功率谱的标准偏差(谱宽)，

$$\sigma_f=\frac{2\sigma_v}{\lambda} \tag{6.2.38}$$

式中，σ_v为杂波速度的标准偏差，与地杂波区植被类型和风速有关，如表 6.2 所示。

对于高分辨雷达和低擦地角的情况，地杂波功率谱中的高频分量会明显增大，所以需要用全极谱或指数谱表示，因为全极谱和指数谱的曲线具有比高斯谱曲线更长的拖尾，适合于表征其高频分量的增加。全极谱可表示为

$$S(f)=\frac{S_0}{1+|f-f_d|^n/\sigma_f} \tag{6.2.39}$$

式中，f_d为地杂波的多普勒频率中心，σ_f为截止频率，常取杂波功率谱－3 dB点的宽度。当$n=2$时的全极谱常称为柯西谱，$n=3$时的全极谱称为立方谱。

指数型功率谱也称为指数谱，其表达式为

$$S(f)=S_0\exp\left(-\frac{|f-f_d|}{\sigma_f}\right) \tag{6.2.40}$$

式中，f_d为地杂波的多普勒频率中心，σ_f为截止频率。

图 6.16 给出了 $f_d=0$ 时三种地杂波的功率谱曲线。

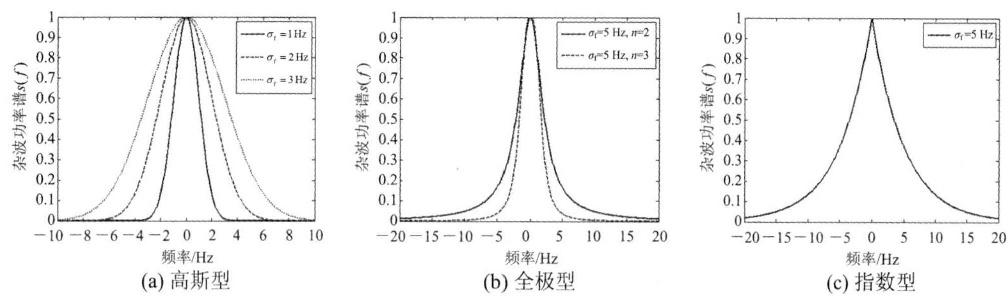

图 6.16　高斯型、全极型和指数型功率谱模型

2. 海杂波的统计特性

海杂波是指从海面散射的回波，由于海洋表面状态不仅与海面的风速风向有关，还受到洋流、涌波和海表面温度等各种因素的影响，所以海杂波不但与雷达的工作波长、极化方式和电磁波入射角有关，还与海面状态有关。海杂波的动态范围可以达 40 dB 以上。在分辨率不高的情况下，海杂波的概率分布也可以用高斯分布来表示，其幅度概率密度分布符合瑞利分布。

但是随着雷达分辨率的提高，人们发现海杂波的概率分布出现了更长的拖尾，其概率分布偏离了高斯分布，其概率密度函数需要采用对数正态(Log-Normal)分布、韦布尔(Weibull)分布和 K 分布等非高斯模型。

1) 对数正态分布

海杂波的幅度 x 取对数(即 $\ln x$)后服从正态分布，x 的对数正态分布的概率密度函数为

$$f(x)=\frac{1}{\sqrt{2\pi}\sigma_c x}\exp\left(\frac{(\ln x-\mu_m)^2}{2\sigma_c^2}\right),\quad x>0,\sigma_c>0,\mu_m>0 \tag{6.2.41}$$

式中，μ_m是尺度参数，为 $\ln x$ 的中值；σ_c是形状参数。对数正态分布的均值与方差分别为

$$\bar{x}=\mathrm{E}[x]=\exp\left(\mu_m+\frac{\sigma_c^2}{2}\right) \tag{6.2.42}$$

$$\sigma^2 = \mathrm{E}[(x-\bar{x})^2] = \mathrm{e}^{2\mu+\sigma_c^2}(\mathrm{e}^{\sigma_c^2}-1) \tag{6.2.43}$$

形状参数越大，对数正态分布曲线的拖尾越长，这时杂波取大幅度值的概率就越大。

图 6.17 给出了几种对数正态分布的概率分布曲线。

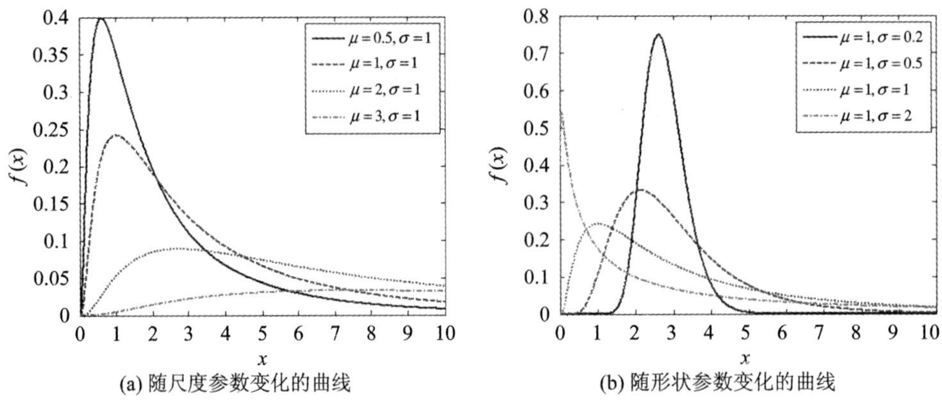

图 6.17　对数正态分布概率分布曲线

2) 韦布尔分布

海杂波的幅度 x 的韦布尔分布的概率密度函数为

$$f(x) = \frac{p}{q}\left(\frac{x}{q}\right)^{p-1}\exp\left[-\left(\frac{x}{q}\right)^{p}\right],\quad x\geqslant 0,\ p>0,\ q>0 \tag{6.2.44}$$

式中，p 为形状参数，q 为尺度参数。韦布尔分布的均值与方差分别为

$$\mu = \mathrm{E}[x] = q\Gamma[1+p^{-1}] \tag{6.2.45}$$

$$\sigma^2 = \mathrm{E}[(x-\mu)^2] = q^2\left\{\Gamma\left[1+\frac{2}{p}\right]-\Gamma^2\left[1+\frac{1}{p}\right]\right\} \tag{6.2.46}$$

式中，$\Gamma[\cdot]$是伽马函数。形状参数 $p=1$ 时的韦布尔分布退化为指数分布，而 $p=2$ 时退化为瑞利分布。调整韦布尔分布的参数，可以使韦布尔分布模型更好地与实际杂波数据匹配。所以韦布尔分布是一种适用范围较广的杂波概率分布模型。

图 6.18 给出了不同参数时韦布尔分布的概率密度曲线。

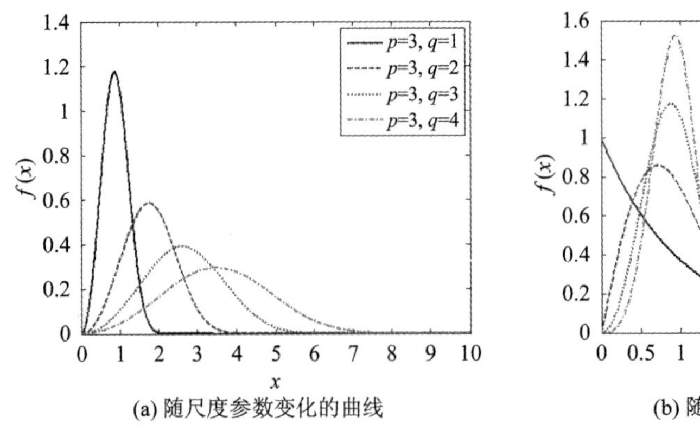

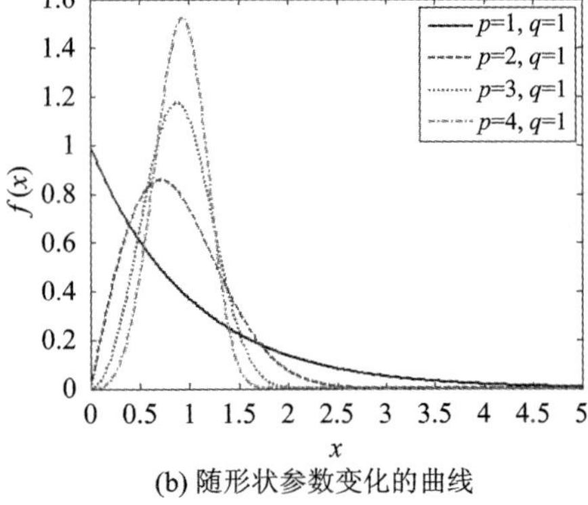

图 6.18　韦布尔分布概率分布曲线

3）K 分布

海杂波的幅度 x 服从 K 分布，其概率密度函数为

$$f(x)=\frac{2}{\alpha\Gamma[v+1]}\left(\frac{x}{2\alpha}\right)^{v+1}\mathrm{I}_v\left(\frac{x}{\alpha}\right),\quad x>0,\ v>-1,\ \alpha>0 \tag{6.2.47}$$

式中，v 是形状参数。当 $v\to 0$ 时，概率分布曲线有很长的拖尾，表示杂波有尖峰出现；当 $v\to\infty$ 时，概率分布曲线接近瑞利分布。α 是尺度参数，与杂波的均值大小有关。$\mathrm{I}_v[\cdot]$ 是第一类修正的 v 阶贝塞尔函数。K 分布的均值与方差分别为

$$\mu=\mathrm{E}[x]=\frac{2\alpha\Gamma[v+3/2]\Gamma[3/2]}{\Gamma[v+1]} \tag{6.2.48}$$

$$\sigma^2=\mathrm{E}[(x-\mu)^2]=4\alpha^2\left\{v+1-\frac{\Gamma^2[v+3/2]\Gamma^2[3/2]}{\Gamma^2[v+1]}\right\} \tag{6.2.49}$$

K 分布可以用于表征高分辨雷达在低入射角情况下海杂波的幅度分布。图 6.19 给出了不同参数时 K 分布的概率密度曲线。

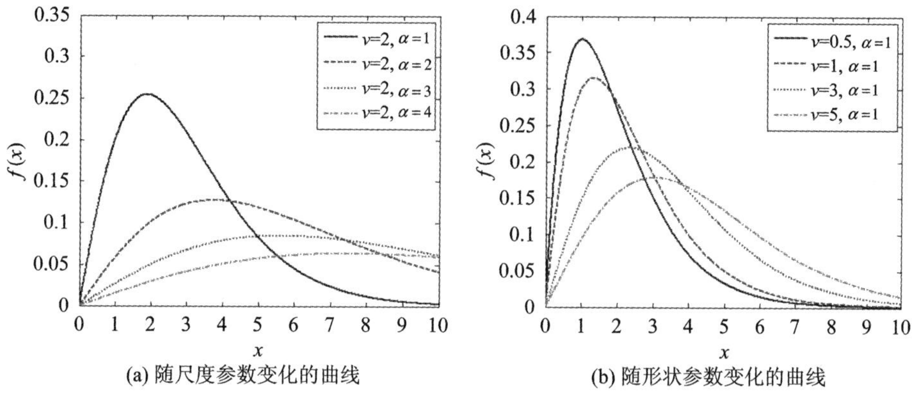

(a) 随尺度参数变化的曲线　　(b) 随形状参数变化的曲线

图 6.19　K 分布概率密度曲线

海杂波的功率谱与多种因素有关，短时谱的峰值频率与海浪的轨迹有关。逆风时，峰值频率为正；顺风时，峰值频率为负；侧风时，峰值频率为零。海杂波的功率谱也可用均值为零的高斯型功率谱表示，海杂波的标准偏差 σ_v 如表 6.4 所示。

表 6.4　杂波的标准偏差(谱宽)

杂波种类	风速/kn	σ_v/(m/s)	杂波种类	风速/kn	σ_v/(m/s)
稀疏的树木	无风	0.017	海浪回波	8～20	0.46～1.1
有树林的小山	10	0.04	海浪回波	大风	0.89
有树林的小山	20	0.22	海浪回波	—	0.37～0.91
有树林的小山	25	0.12	雷达箔条	25	1.2
有树林的小山	40	0.32	雷达箔条	—	1.1
海浪回波	—	0.7	云雨	—	1.8～4.0
海浪回波	—	0.75～1.0	云雨	—	2.0

注：1 kn=1 n mile/h。

3. 气象杂波的统计特性

云、雨和雪的散射回波称为气象杂波，是一种体杂波，它的强度与雷达天线波束照射的体积、距离分辨率，以及散射体的性质有关。从散射体性质来说，非降雨云的强度最小，从小雨、中雨到大雨，气象杂波强度逐渐增大。因为气象杂波是由大量微粒的散射形成的，所以其幅度一般符合高斯分布。气象杂波的功率谱也符合高斯分布模型，但由于风的作用，其功率谱中含有一个与风向风速有关的平均多普勒频率。

$$S_{气象}(f) = S_0 \exp\left(-\frac{(f-f_d)^2}{2\sigma_f^2}\right) \tag{6.2.50}$$

式中，f_d是平均多普勒频率，与风速风向有关，σ_f是功率谱的标准偏差，$\sigma_f = 2\sigma_v/\lambda$，云雨的标准偏差 σ_v如表 6.4 所示。在雷达设计时，通常取地杂波、云雨杂波和箔条的速度谱宽分别为 0.32 m/s、4.0 m/s、1.2 m/s。图 6.20 给出了地杂波、云雨杂波和箔条的典型谱宽对应的多普勒谱宽随波长 λ 的关系曲线。

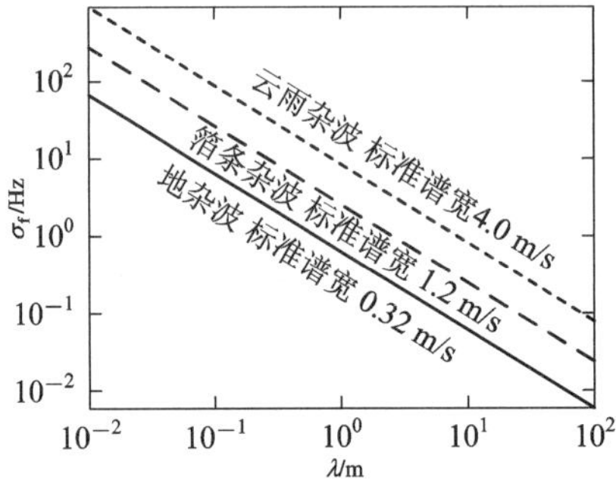

图 6.20　多普勒谱宽随波长的变化关系

4. 杂波的实测数据统计特性

图 6.21(a)给出了某 C 波段在某波位的实测数据脉压结果，这 16 个脉冲的 3000～4500 距离单元的海杂波幅度归一化到 0～10 之间，图(b)为海杂波的幅度分布。可以看出，该实测数据中海杂波幅度更近似对数正态分布，杂波拖尾较长。

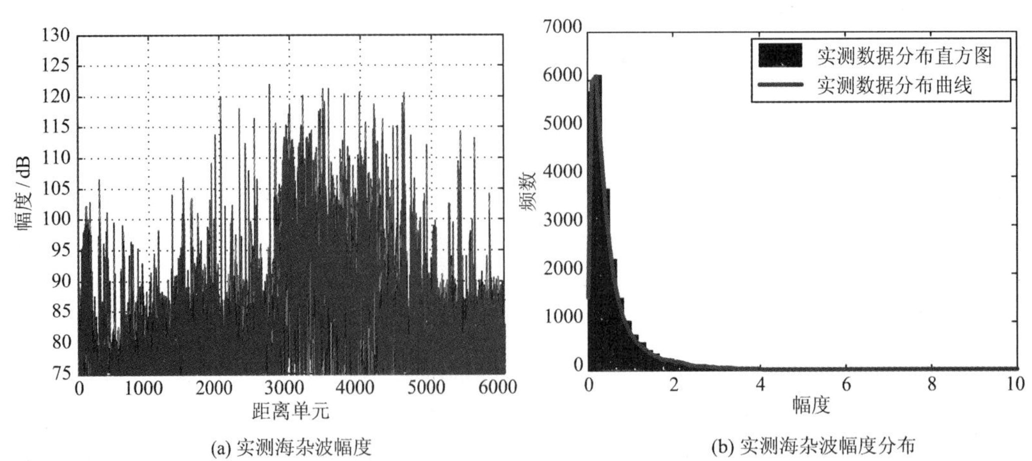

图 6.21　实测海杂波数据幅度分布

图 6.22(a)为采用迭代自适应算法（IAA）进行多普勒频率估计结果，可以看出，部分距离单元杂波的谱中心不为零，为 110 Hz 左右。图 6.22(b)给出了图(a)第 4200 距离单元海杂波谱的剖面图，以及利用高斯函数、双分量 Ward 拟合的功率谱和该实测数据海杂波功率谱拟合结果，这两种函数拟合的功率谱基本与杂波功率谱重叠，谱宽约为 45 Hz。

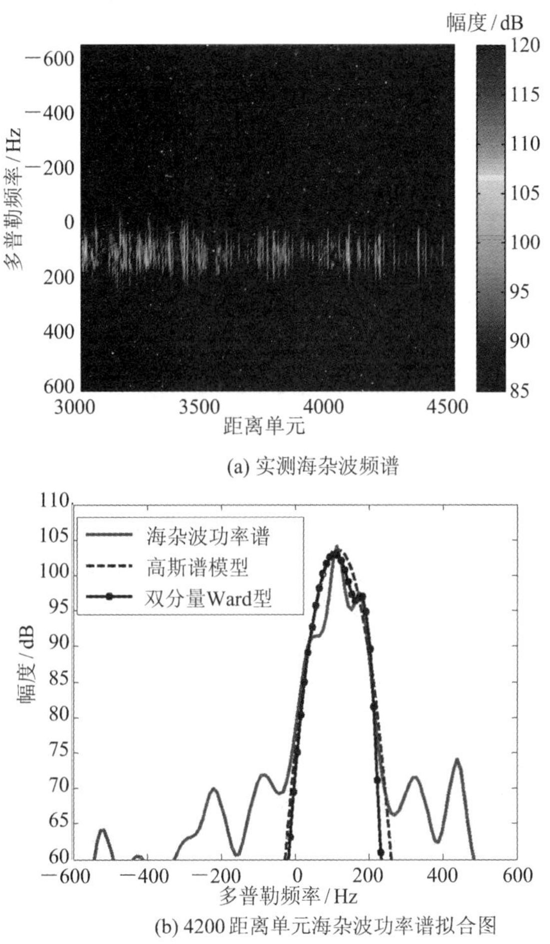

图 6.22　C 波段雷达实测海杂波的功率谱

6.2.4　天线扫描引起的杂波谱展宽

在计算杂波功率谱标准偏差时，只考虑杂波的标准差 σ_v 是不够的，在有些雷达中还需要考虑天线扫描引起的杂波功率谱的展宽。设天线方向图具有高斯形状，双程天线方向图对回波信号的幅度调制引起的杂波功率谱展宽可以用标准偏差 σ_s 表示为

$$\sigma_s = \frac{\sqrt{\ln 2}}{\pi}\frac{f_r}{n} = 0.265\frac{f_r}{n} = 0.265\left(\frac{2\pi}{\theta_{a,3dB}T_{scan}}\right) \tag{6.2.51}$$

式中，f_r 为雷达脉冲重复频率，n 为单程天线方向图 3 dB 宽度内目标的回波脉冲数，$\theta_{a,3dB}$ 为以弧度表示的 3 dB 方位波束宽度，T_{scan} 为天线扫描时间。如果天线方向图不是高斯形状，上式也基本可用。所以对于天线机械扫描工作的雷达，接收的杂波功率谱标准偏

差应为

$$\sigma_{c,\text{all}} = \sqrt{\sigma_f^2 + \sigma_s^2} \tag{6.2.52}$$

例如，波长为 1 m，重复频率为 300 Hz，天线转速为每分钟 6 圈，3 dB 波束宽度内目标的回波脉冲数为 10 时，表 6.5 给出了通常情况下地杂波、云雨杂波和箔条杂波的典型谱宽以及功率谱展宽后的杂波的标准偏差(谱宽)。

表 6.5　几种杂波的典型的标准偏差

杂波种类	$\sigma_v/(m/s)$	σ_f/Hz	σ_s/Hz	$\sigma_{c,\text{all}}/Hz$
地杂波	0.32	0.64	7.95	7.98
云雨杂波	4	8	7.95	11.28
箔条杂波	1.2	2.4	7.95	8.3

6.3　MTI/MTD 性能指标

雷达通常使用 MTI/MTD 进行杂波抑制，采用改善因子、杂波衰减、杂波中可见度来描述其性能。在介绍 MTI/MTD 之前，先介绍这些性能指标。

6.3.1　杂波衰减和对消比

杂波衰减(CA)定义为杂波抑制滤波器输入杂波功率 C_i 和输出杂波功率 C_o 的比值：

$$\text{CA} = \frac{C_i}{C_o} \tag{6.3.1}$$

有时也用对消比(CR)来表示。对消比定义为：对消后的剩余杂波电压与杂波未经对消时的电压比值。杂波衰减与对消比之间的关系为

$$\text{CA} = \frac{1}{(\text{CR})^2} \tag{6.3.2}$$

对消比不仅与雷达本身的特性有关(如工作的稳定性、滤波器特性等)，而且和杂波的性质有关，所以通常在同一工作环境下比较它们的对消比才有意义。

6.3.2　改善因子

改善因子(I)定义为杂波抑制滤波器输出信杂比(SCR_o)与输入信杂比(SCR_i)的比值，

$$I = \frac{\text{SCR}_o}{\text{SCR}_i} = \frac{S_o/C_o}{S_i/C_i} = \frac{S_o}{S_i}\cdot(\text{CA}) = G\cdot(\text{CA}) \tag{6.3.3}$$

式中，$G=S_o/S_i$，S_i 和 S_o 为杂波抑制滤波器在所有可能径向速度上取平均的信号功率，G 为系统对信号的平均功率增益。之所以要取平均是因为系统对不同的多普勒频率，滤波器响应也不同。

6.3.3　杂波中的可见度

杂波中可见度(SubClutter Visibility，SCV)是衡量雷达在杂波背景中对目标回波的检

测能力的物理量。杂波中可见度的定义为：雷达输出端（检测时）的信号与杂波功率之比（信杂比）等于可见度系数 V_0 时，雷达输入端的杂信比（杂波平均功率 C_i 与信号功率 S_i 之比），即

$$\text{SCV}=\left.\frac{C_i}{S_i}\right|_{V_0=S_o/C_o}=\frac{S_o/C_o}{S_i/C_i}/(S_o/C_o)=\frac{I}{V_0} \tag{6.3.4}$$

用分贝表示时，杂波中可见度比改善因子小一个可见度系数 V_0，即

$$\text{SCV(dB)}=I(\text{dB})-V_0(\text{dB})=I(\text{dB})-(\text{SCR})_{\text{out}}(\text{dB}) \tag{6.3.5}$$

可见度系数 V_0 也就是检测前要求的信杂比（即对消器输出的信杂比）。典型系统的杂波中可见度至少为 30 dB，也就是说，当目标回波功率只有杂波功率的 1/1000 时，雷达仍然可以从杂波中检测到运动目标。如图 6.23 所示，若 MTI 对消器的改善因子 I 为 50 dB，则 MTI 输出的信杂比 $(\text{SCR})_{\text{out}}=50-30=20$ dB。因此，杂波中可见度越大，则从杂波背景中检测动目标的能力越强。

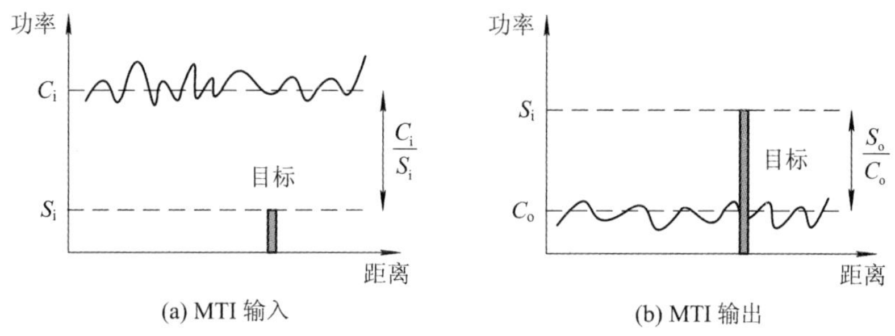

图 6.23　杂波中可见度示意图

杂波中可见度和改善因子都可用来描述雷达信号处理的杂波抑制能力。但即使两部雷达的杂波中可见度相同，在相同杂波环境中其工作性能可能会有很大的差别。因为除了信号处理的能力外，雷达在杂波中检测目标的能力还和其分辨单元大小有关。分辨单元越大，也就是雷达分辨率越低，进入雷达接收机的杂波功率 C_i 也越强，为了达到检测目标所需的信杂比，就要求雷达的改善因子或杂波中可见度进一步提高。

6.4　动目标显示(MTI)

MTI 是指利用杂波抑制滤波器来抑制各种杂波，提高雷达信号的信杂比，以利于运动目标检测的技术。以地杂波为例，杂波谱通常集中于直流（多普勒频率 $f_d=0$）和雷达重复频率 f_r 的整数倍处，如图 6.24(a)所示。在脉冲雷达中 MTI 滤波器就是利用杂波与运动目标的多普勒频率的差异，使得滤波器的频率响应在杂波谱的位置形成“凹口”，以抑制杂波，而让动目标回波通过后的损失尽量小或没有损失。为了有效地抑制杂波，MTI 滤波器需要在直流和 PRF 的整数倍处具有较深的阻带。图 6.24(b)显示了一个典型的 MTI 滤波器的频率响应图，图 6.24(c)显示了输入为图 6.24(a)所示的功率谱时的滤波器输出。下面介绍一些常用的 MTI 滤波器。

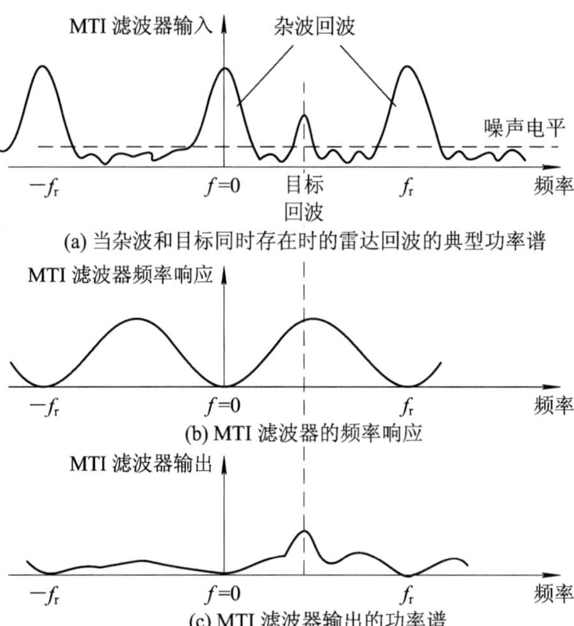

图 6.24　MTI 滤波器性能及其输入、输出功率谱示意图

6.4.1　延迟线对消器

延迟线对消器是最常用的 MTI 滤波器。根据对消次数的不同，又分为单延迟线对消器、双延迟线对消器和多延迟线对消器。

1. 单延迟线对消器

单延迟线对消器如图 6.25(a)所示。它由延迟时间等于发射脉冲重复周期 PRI(T_r)的延迟单元(数字延迟线)和加法器组成。单延迟线对消器经常称为“两脉冲对消器”或者“一次对消器”。

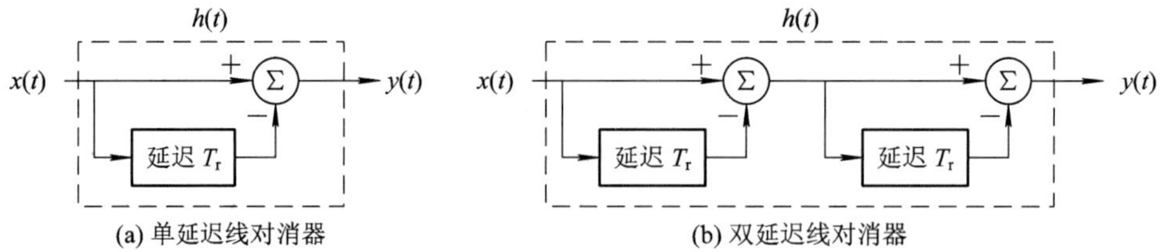

图 6.25　单延迟线对消器和双延迟线对消器模型

对消器的脉冲响应表示为 $h_1(t)$，输出 $y(t)$等于脉冲响应 $h_1(t)$与输入 $x(t)$之间的卷积。

输出信号 $y(t)$为

$$y(t) = x(t) - x(t - T_r) \tag{6.4.1}$$

对消器的脉冲响应为

$$h_1(t) = \delta(t) - \delta(t - T_r) \tag{6.4.2}$$

式中，$\delta(\cdot)$为 δ 函数。由此可以得到 $h_1(t)$的傅里叶变换(FT)，即频率响应为

$$H_1(\omega) = 1 - e^{-j\omega T_r} \tag{6.4.3}$$

式中，$\omega = 2\pi f$。

在 z 域，单延迟线对消器的传递函数为

$$H_1(z) = 1 - z^{-1} \tag{6.4.4}$$

单延迟线对消器的功率增益为

$$\begin{aligned} |H_1(\omega)|^2 &= H_1(\omega)H_1^* 1(\omega) = (1 - e^{-j\omega T_r})(1 - e^{j\omega T_r}) \\ &= 2(1 - \cos\omega T_r) = 4\left(\sin\left(\frac{\omega T_r}{2}\right)\right)^2 \end{aligned} \tag{6.4.5}$$

2. 双延迟线对消器

双延迟线对消器如图 6.25(b)所示。它由两个单延迟线对消器级联而成。双延迟线对消器经常称为“三脉冲对消器”或者“二次对消器”。

双延迟线对消器的脉冲响应为

$$h_2(t) = \delta(t) - 2\delta(t - T_r) + \delta(t - 2T_r) \tag{6.4.6}$$

双延迟线对消器的功率增益可以看作两个单延迟线对消器的功率增益 $|H_1(\omega)|^2$ 的乘积：

$$|H_2(\omega)|^2 = |H_1(\omega)|^2 |H_1(\omega)|^2 = 16\left(\sin\left(\frac{\omega T_r}{2}\right)\right)^4 \tag{6.4.7}$$

在 z 域，其传递函数为

$$H_2(z) = (1 - z^{-1})^2 = 1 - 2z^{-1} + z^{-2} \tag{6.4.8}$$

图 6.26 给出了单延迟线对消器和双延迟线对消器的归一化频率响应。从图中可以看出，双延迟线对消器比单延迟线对消器具有更好的响应(更深的凹口和更平坦的通带响应)。单延迟线对消器的频率响应较差，原因在于其阻带没有宽的凹口。而双延迟线对消器无论在阻带还是通带上都比单延迟线对消器有更好的频率响应，因此比单延迟线对消器得到了更广泛的应用。

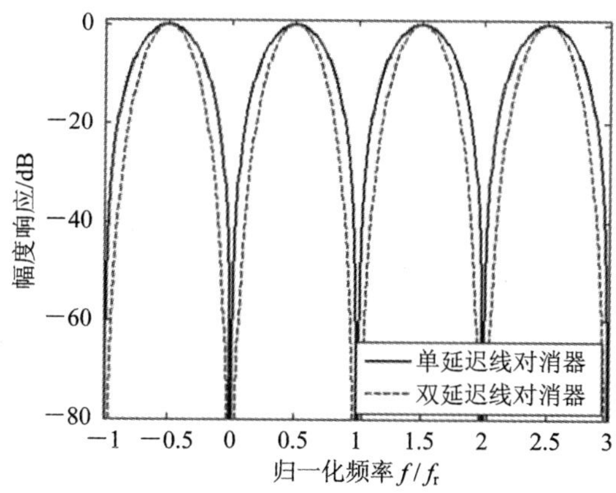

图 6.26　延迟线对消器归一化频率响应

单延迟线对消器是一个非常简单的滤波器。它的实现不需要乘法运算，每一个距离单元只需要一次减法运算。然而，与理想的高通滤波器相比，它是一个很差的近似。双延迟线对消器能够明显地改善零多普勒附近的凹口宽度，但并不能改善非零多普勒频率处的频

率响应。双延迟线对消器的每一个输出也只需要两次减法运算。

3. 多延迟线对消器

依次类推，多延迟线对消器是由多个单延迟线对消器级联而成，N 延迟线对消器的脉冲响应为

$$h(t)=\sum_{n=0}^{N} w_n\delta(t-nT_r) \tag{6.4.9}$$

式中，N 为对消器的次数，对消器的系数 w_n 为二项式系数，用下式计算：

$$w_n=(-1)^n C_N^n=(-1)^n\frac{N!}{(N-n)!n!},\ n=0,1,\cdots,N \tag{6.4.10}$$

所以，多延迟线对消器可用图 6.27 来统一表示。

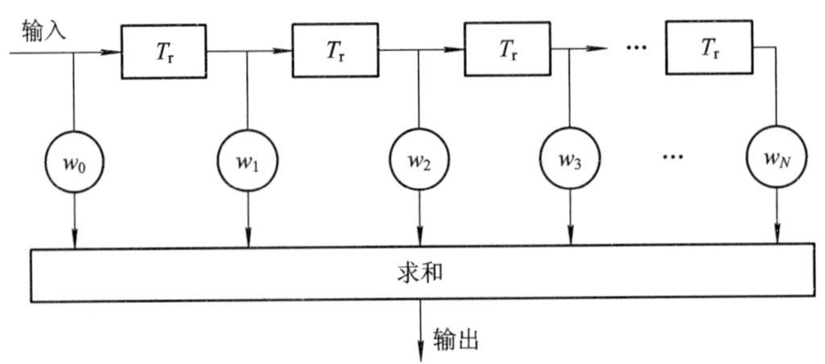

图 6.27　对消器的统一结构

N 次对消器传递函数为

$$H_N(z)=(1-z^{-1})^N=\sum_{n=0}^{N} w_n z^{-n} \tag{6.4.11}$$

从式(6.4.11)可见，N 次对消器在 $z=1$ 处有 N 重零点。N 次对消器的频率响应为

$$H_N(\omega)=(1-e^{-j\omega T_r})^N \tag{6.4.12}$$

其幅频响应和相频响应分别为

$$|H_N(\omega)|=\left|2\sin\left(\frac{\omega T_r}{2}\right)\right|^N \tag{6.4.13}$$

$$\phi(\omega)=N\left(\frac{\pi}{2}-\frac{\omega T_r}{2}\right) \tag{6.4.14}$$

可见，相位响应 $\phi(\omega)$ 与 ω 是线性关系。所以对消器是一种线性相位滤波器，回波信号通过它后，相位关系不产生非线性变化。

假设输入杂波具有中心频率为零的高斯型功率谱，其功率谱的标准偏差为 σ_f。根据式(6.2.37)，MTI 滤波器输入端的杂波功率为

$$C_i=\int_{-\infty}^{\infty}C(f)\mathrm{d}f=\int_{-\infty}^{\infty}\frac{S_0}{\sqrt{2\pi}\sigma_f}\exp\left(-\frac{f^2}{2\sigma_f^2}\right)\mathrm{d}f=S_0 \tag{6.4.15}$$

MTI 滤波器输出端的杂波功率为

$$C_o=\int_{-\infty}^{\infty}C(f)\ |H(f)|^2\mathrm{d}f \tag{6.4.16}$$

对两脉冲对消器而言，单延迟线对消器的功率增益如式(6.4.5)，用 f 代替 ω，代入上式，有

$$C_o = \int_{-\infty}^{\infty} \frac{S_0}{\sqrt{2\pi}\sigma_f} \exp\left(-\frac{f^2}{2\sigma_f^2}\right) 4 \left(\sin\left(\frac{\pi f}{f_r}\right)\right)^2 df \tag{6.4.17}$$

注意，既然杂波功率仅在 f 较小时才是显著的，因此比值 f/f_r 是非常小的量（几乎处处有 $\sigma_f \ll f_r$），$\sin(\pi f/f_r) \approx \pi f/f_r$，上式可近似为

$$\begin{aligned} C_o &\approx \int_{-\infty}^{\infty} \frac{4S_0}{\sqrt{2\pi}\sigma_f} \exp\left(-\frac{f^2}{2\sigma_f^2}\right) \left(\frac{\pi f}{f_r}\right)^2 df \\ &= \frac{4\pi^2 S_0}{f_r^2} \int_{-\infty}^{\infty} \frac{S_0}{\sqrt{2\pi\sigma_f^2}} \exp\left(-\frac{f^2}{2\sigma_f^2}\right) f^2 df \end{aligned} \tag{6.4.18}$$

式中，积分项是具有方差为 σ_f^2 的零均值高斯分布的二阶矩。用 σ_f^2 代替上式中的积分项，有

$$C_o \approx \frac{4\pi^2 S_0}{f_r^2} \sigma_f^2 = S_0 \left(\frac{2\pi\sigma_f}{f_r}\right)^2 \tag{6.4.19}$$

将式(6.4.19)代入式(6.3.1)，则杂波衰减为

$$CA = \frac{C_i}{C_o} = \left(\frac{f_r}{2\pi\sigma_f}\right)^2 \tag{6.4.20}$$

于是得到两脉冲对消器的改善因子为

$$I = \left(\frac{f_r}{2\pi\sigma_f}\right)^2 \frac{S_o}{S_i} \tag{6.4.21}$$

由于两脉冲对消器的 $|H(f)|$ 的周期为 f_r，则信号的功率增益比为

$$\frac{S_o}{S_i} = |H(f)|^2 = \frac{1}{f_r} \int_{-f_r/2}^{f_r/2} 4 \left(\sin\left(\frac{\pi f}{f_r}\right)\right)^2 df = \frac{1}{f_r} \int_{-f_r/2}^{f_r/2} 2\left(1 - \cos\left(\frac{2\pi f}{f_r}\right)\right) df = 2 \tag{6.4.22}$$

则该对消器的改善因子为

$$I = 2 \left(\frac{f_r}{2\pi\sigma_f}\right)^2 = 2K^{-2} \tag{6.4.23}$$

式中，$K = 2\pi\sigma_f/f_r$，为归一化谱宽。

因此，对消器的改善因子仅与 σ_f 和雷达重复频率 f_r 有关。注意：式(6.4.23)只有在满足 $\sigma_f \ll f_r$ 的条件下才成立。当条件不满足时，改善因子的准确表达式需要使用自相关函数计算。

同理，N 脉冲 MTI 改善因子的通用表达式为

$$I_N = \frac{\sum_{n=0}^{N-1} w_n^2}{(2(N-1)-1)!!} \left(\frac{f_r}{2\pi\sigma_f}\right)^{2(N-1)} = \frac{Q^2}{(2(N-1)-1)!!} K^{-2(N-1)} \tag{6.4.24}$$

式中，$Q^2 = \sum_{n=0}^{N-1} w_n^2$，为 MTI 滤波器的二项式系数的平方和；$K = 2\pi\sigma_f/f_r$；双阶乘符号的定义为

$$(2N-1)!! = 1 \times 3 \times 5 \times \cdots \times (2N-1), \quad 0!! = 1 \tag{6.4.25}$$

N 脉冲 MTI 对消器的系数 w_n 和改善因子见表 6.6。图 6.28 给出了改善因子与归一化谱宽(σ_f/f_r)之间的关系。可见，改善因子主要取决于杂波谱的归一化谱宽。

表 6.6 几种对消器的系数 w_n 及其改善因子

对消器类型	系 数	改善因子
两脉冲对消器	{1, −1}	$I_2 \approx 2K^{-2}$
三脉冲对消器	{1, −2, 1}	$I_3 \approx 2K^{-4}$
四脉冲对消器	{1, −3, 3, −1}	$I_4 \approx (4/3)K^{-6}$
五脉冲对消器	{1, −4, 6, −4, 1}	$I_5 \approx (2/3)K^{-8}$
六脉冲对消器	{1, −5, 10, −10, 5, −1}	$I_6 \approx (5/15)K^{-10}$

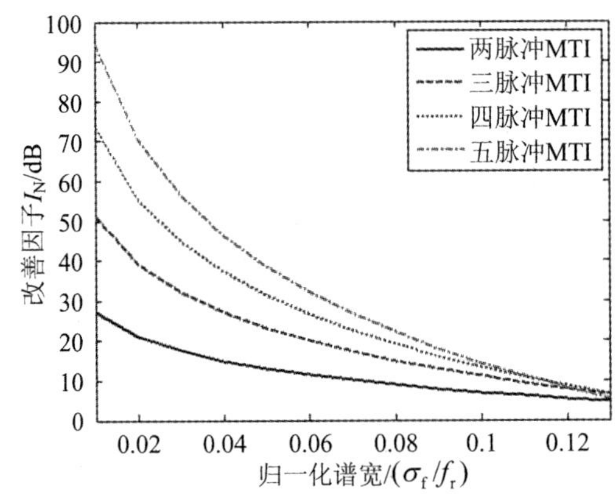

图 6.28 改善因子与归一化谱宽(σ_f/f_r)之间的关系

MTI 滤波器如果具有与杂波功率谱主峰宽度相适应的滤波凹口和相对平坦的通带，会使杂波抑制滤波器输出的目标信号在通带内不随 f_d 而变化。但是从图 6.24 可以看出，延迟线对消器不能满足这种要求，当目标的多普勒频率为雷达重复频率的整数倍时，目标将被对消掉。为了解决这个问题，需要采用脉间重复频率参差的方法，并优化设计 MTI 滤波器。

[例 6-3] 某雷达的波长 $\lambda=0.1$ m，脉冲重复频率 $f_r=1$ kHz，天线扫描周期 $T_{scan}=2$ s，天线 3 dB 方位波束宽度为 $\theta_{3dB}=1.325°$，针对地表杂波，假设风速的均方根值为 $\sigma_v=0.45$ m/s。

(1) 计算杂波谱宽、天线扫描引起的杂波谱展宽、总的杂波谱宽的均方根值；

(2) 计算两脉冲、三脉冲对消器的改善因子。

解 (1) 杂波谱宽的均方根值 $\sigma_f=\dfrac{2\sigma_v}{\lambda}=\dfrac{2\times 0.45}{0.1}=9$ (Hz)

天线扫描引起的杂波谱展宽的均方根值为

$$\sigma_s = 0.265\left(\frac{2\pi}{\theta_{3dB}T_{scan}}\right) = 0.265\times\frac{2\pi}{1.325\times\dfrac{\pi}{180}\times 2} = 36\ (\text{Hz})$$

总的杂波谱宽的均方根值 $\sigma_{f,\,all}=\sqrt{\sigma_f^2+\sigma_s^2}=\sqrt{9^2+36^2}=37.11$ (Hz)

(2) 由于总的杂波谱宽的均方根值 $\sigma_{f,\,all}\ll f_r$，因此两脉冲、三脉冲对消器的改善因子分别为

$$I_2 = 2\left(\frac{f_r}{2\pi\sigma_{f,\,all}}\right)^2 = 2\times\frac{1000^2}{(2\pi)^2\times 9^2\times 17} = 36.79 \Rightarrow 15.66\ \text{dB}$$

$$I_3 = 2\left(\frac{f_r}{2\pi\sigma_{f,\,all}}\right)^4 = 2\times\left(\frac{1000^2}{(2\pi)^2\times 9^2\times 17}\right)^2 = 676.77 \Rightarrow 28.3\ (\text{dB})$$

6.4.2　参差重复频率

从图 6.17 可以看出，对于脉冲重复频率为 f_r 的多脉冲延迟线对消器，除在零多普勒频率处形成凹口外，在频率为 f_r 的整数倍的位置也形成了凹口。若运动目标的多普勒频率等于 f_r 的整数倍时，就导致目标回波被抑制掉。这些多普勒频率(即脉冲重复频率的整数倍)的径向速度称为盲速。也就是说，系统对于这些速度的目标是“盲”的，无法检测到这些目标。从数字信号处理的角度，盲速代表那些模糊到零多普勒频率的目标速度。参差重复频率是一种可以用来防止盲速影响的措施。

1. 盲速

对于发射脉冲重复频率为 f_r 的脉冲雷达，如果运动目标相对雷达的径向速度 v_r 引起的相邻周期回波信号相位差 $\Delta\varphi=2\pi f_d T_r$，其中，$f_d=2v_r/\lambda$ 为多普勒频率，T_r 为雷达脉冲重复周期。当 $\Delta\varphi$ 为 2π 的整数倍时，由于脉冲雷达系统对目标多普勒频率取样的结果，相位检波器的输出为等幅脉冲，与固定目标相同，因此，若 f_d 等于 f_r 的整数倍，则 MTI 滤波器输出为零，这时的目标速度称为盲速，具体推导如下：

$$\Delta\varphi = 2\pi f_{bn} T_r = n2\pi,\quad n=1,\ 2,\ 3,\ \cdots \tag{6.4.26}$$

式中，f_{bn}为产生盲速时的目标多普勒频率。

$$f_{bn} = \frac{n}{T_r} = nf_r,\quad n=1,\ 2,\ 3,\ \cdots \tag{6.4.27}$$

所以，盲速 v_{bn}为

$$v_{bn} = \frac{1}{2}n\lambda f_r = \frac{n\lambda}{2T_r},\quad n=1,\ 2,\ 3,\ \cdots \tag{6.4.28}$$

对于一个给定的 f_r，无模糊距离为 $R_u=c/(2f_r)$。当增加 f_r 时，距离的不模糊范围 R_u 减小，而第一个盲速增加。

盲速使某些想要的运动目标与零频杂波一起抵消，严重地影响了 MTI 雷达的性能。为了减少盲速带来的影响，可以采用的方法主要有：

(1) **使用长的雷达波长(低频)。**

(2) **使用高的脉冲重复频率**。盲速可以通过选择足够高的 PRF 来避免，因为当 PRF 足够高时，可以使第一个盲速超过任何可能的实际目标速度。然而，遗憾的是，较高的 PRF 对应于较短的不模糊距离。因此，在“等 T”的情况下，无法得到一个 PRF 能够同时满足要求的不模糊距离和多普勒覆盖区。

(3) **使用多个脉冲重复频率**，即参差重复频率，这是常用的方法。它能大大提高第一个盲速，而不会减小不模糊距离。PRF 参差的实现既可以是脉间参差，也可以是脉组参差。

脉间参差的优点是能够在一个波位驻留时间内提高不模糊的多普勒覆盖区。但脉间参差的一个缺点是数据是非均匀采样的序列，这使得应用相干多普勒处理变得困难，而且也使分析变得复杂。另一个缺点是模糊的主瓣杂波会导致脉冲间的杂波幅度随着 PRF 的变化而变化，这是由于距离模糊的杂波(来自前面的脉冲)会随着 PRF 的变化而折叠到不同

的距离单元中去。因此，脉间 PRF 参差通常只用于无距离模糊的低 PRF 工作模式。

(4) **使用多个射频频率(变波长)**。这要求雷达的频率变化通常大于分配给雷达使用的频率范围，多个频率的使用要求更大的系统带宽，因此这便限制了该方法的使用。

2. 参差重复频率

当运动目标的径向速度在盲速或盲速附近时，采用恒定脉冲重复频率不能发现这些目标，而使用多个脉冲重复频率就能检测到这些运动目标。图 6.29 给出了一个简单的例子来进行说明，图中画出了脉冲重复频率分别为 f_{r1} 和 f_{r2} 的单延迟线对消器的频率响应曲线，且 $f_{r2}=2f_{r1}/3$。可见，在一个 PRF 的频率响应里因盲速不能检测的运动目标，在另一个 PRF 的频率响应变成可能。但当盲速在两个 PRF 里同时发生时，如 $3f_{r2}=2f_{r1}$，则两个 PRF 都不能发现目标。因此，f_{r1} 的第一盲速已增加了一倍。这说明，使用不止一个 PRF 有利于减少盲速，但是，采用 PRF 之比为 3/2 这样大的两个 PRF 是不实用的。

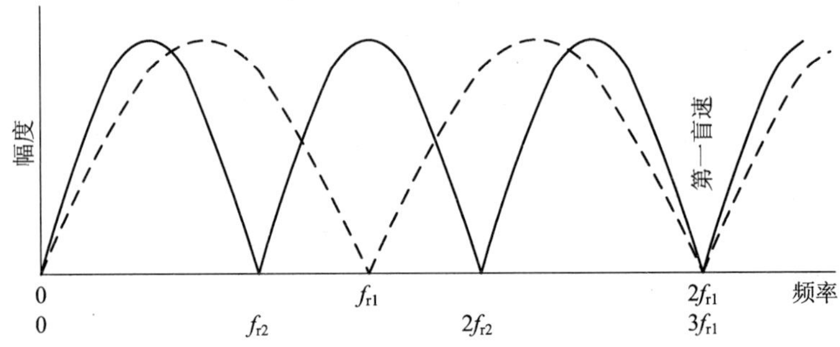

图 6.29　两种 PRF 且 $f_{r2}=2f_{r1}/3$ 的单延迟线对消器的频率响应曲线

利用多个 PRF 避免盲速导致的目标丢失，有几种改变 PRF 的方式：① 扫描到扫描；② 驻留到驻留；③ 脉冲到脉冲(通常称作参差 PRF)。驻留是指雷达波束在目标方向上的停留时间，通常是天线扫描时波束宽度或部分波束宽度的停留时间。如果仅用两个 PRF，一个 PRF 驻留可以是扫描半个波束宽度的时间，这在 MTD 处理时经常采用。在低重频雷达中，通常采用脉冲到脉冲之间的参差 PRF 的工作方式。

如果雷达采用 N 个脉冲重复频率 f_{r1}，f_{r2}，…，f_{rN}，它们的重复周期可以表示为

$$\begin{cases} T_{r1}=\dfrac{1}{f_{r1}}=K_1\Delta T \\ T_{r2}=\dfrac{1}{f_{r2}}=K_2\Delta T \\ \cdots \\ T_{rN}=\dfrac{1}{f_{rN}}=K_N\Delta T \end{cases} \tag{6.4.29}$$

式中，ΔT 为$[T_{r1}, T_{r2}, \cdots, T_{rN}]$的最大公约周期；$[K_1 : K_2 : \cdots : K_N]$为参差码，$K_i(i=1, 2, \cdots, N)$之间互异互素，则参差周期之比为

$$T_{r1} : T_{r2} : \cdots : T_{rN} = K_1 : K_2 : \cdots : K_N \tag{6.4.30}$$

参差码中最大值与最小值之比称为参差周期的最大变比 r：

$$r=\frac{\max[K_1, K_2, \cdots, K_N]}{\min[K_1, K_2, \cdots, K_N]} \tag{6.4.31}$$

这时第一个真正的盲速对应的多普勒频率 f_{bn} 为

$$f_{\text{bn}} = \frac{1}{\Delta T} \tag{6.4.32}$$

雷达的平均重复周期为

$$T_{\text{av}} = \frac{1}{N}\sum_{i=1}^{N} T_{\text{r}i} = K_{\text{av}}\Delta T \tag{6.4.33}$$

式中，K_{av} 为参差码的均值。因此

$$K_{\text{av}} = \frac{T_{\text{av}}}{\Delta T} = T_{\text{av}} f_{\text{bn}} = \frac{f_{\text{bn}}}{f_{\text{r}}} \tag{6.4.34}$$

$$f_{\text{bn}} = K_{\text{av}} f_{\text{r}} \tag{6.4.35}$$

因为 $f_{\text{r}}=1/T_{\text{av}}$ 是雷达平均重复频率，所以也称 K_{av} 为盲速扩展倍数。

根据参差 PRF 的周期的均方值 $\sigma_{\text{tr}}^2 = \frac{1}{N}\sum_{i=1}^{N}(T_{\text{r}i} - T_{\text{av}})^2$，可以估算最大改善因子为

$$I_{\max} = \frac{1}{4\pi^2\sigma_{\text{c}}^2\sigma_{\text{tr}}^2} \tag{6.4.36}$$

式中，σ_{c}^2 为高斯杂波谱宽的方差。可见改善因子仅与脉冲重复周期的扩展范围有关，而与参差脉冲的数量无关。通带内第一个凹口的深度近似为

$$P_{零深} = 40\left(\frac{\sigma_{\text{tr}}}{T_{\text{av}}}\right)^2 \tag{6.4.37}$$

该式适用于 $\sigma_{\text{tr}}/T_{\text{av}}$ 的值小于 0.09 的情况。当 $\sigma_{\text{tr}}/T_{\text{av}}$ 的值变大时，凹口深度缓慢地上升，在 $\sigma_{\text{tr}}/T_{\text{av}}\approx 0.3$ 时接近于零。由于凹口深度和改善因子都与参差周期的方差 σ_{tr}^2 有关，因此它们不能独立选择。

多个参差 PRF 的回波可用横向滤波器处理，只不过滤波器以非均匀的时间间隔采样多普勒频率，而不是像恒定 PRF 一样采用均匀时间间隔采样多普勒频率。滤波器的频率响应为

$$H(f) = w_0 + w_1 e^{j2\pi f T_{\text{r1}}} + w_2 e^{j2\pi f(T_{\text{r1}}+T_{\text{r2}})} + \cdots + w_n e^{j2\pi f(T_{\text{r1}}+T_{\text{r2}}+\cdots+T_{\text{r}n})} \tag{6.4.38}$$

权值 $w_i(n+1)$ 和脉冲重复周期 $T_{\text{r}i}$（n 个）的选择需要考虑以下因素：

(1) 最小脉冲重复周期不应出现距离模糊。

(2) 脉冲重复周期的选择应使发射机不因占空比超过限制而发生过载。

(3) 最大脉冲重复周期不应过长，因最大无模糊距离外的任何距离对雷达来说均代表“静止时间”。

(4) 为了在杂波中检测目标，MTI 滤波器的阻带响应达到所要求的改善因子。

(5) MTI 滤波器在通带的最深凹口发生在平均周期的倒数处，该凹口尽量浅。

(6) 通带内的响应变化(或纹波)应尽量小且相对均匀。

实际中并非这些条件都能同时满足，参差 PRF 的设计和处理经常是一种折中。

如果雷达依次采用三种重复频率$\{f_{\text{r1}}, f_{\text{r2}}, f_{\text{r3}}\}$，对应的脉冲重复周期为$\{T_{\text{r1}}, T_{\text{r2}}, T_{\text{r3}}\}$(常称为“三变 T”)。对四脉冲对消器来说，若第 n 个脉冲重复周期开始的四个脉冲的重复间隔依次为$\{T_{\text{r1}}, T_{\text{r2}}, T_{\text{r3}}\}$，对应的 MTI 滤波器系数为$\{w_{11}, w_{12}, w_{13}, w_{14}\}$；在第 $n+1$ 个脉冲重复周期开始四个脉冲的重复间隔依次为$\{T_{\text{r2}}, T_{\text{r3}}, T_{\text{r1}}\}$，对应的 MTI 滤波器系数为$\{w_{21}, w_{22}, w_{23}, w_{24}\}$；在第 $n+2$ 个脉冲重复周期开始四个脉冲的重复间隔依次为$\{T_{\text{r3}},$

T_{r1}，T_{r2}}，对应的 MTI 滤波器系数为{w_{31}，w_{32}，w_{33}，w_{34}}；在第 $n+3$ 个脉冲重复周期开始的四个脉冲的重复间隔又为{T_{r1}，T_{r2}，T_{r3}}，对应的 MTI 滤波器系数又为{w_{11}，w_{12}，w_{13}，w_{14}}；…；这样依次下去，如图 6.30 所示。由此可见，"三变 T"时有三组滤波器系数依次使用，这是一种时变滤波器。

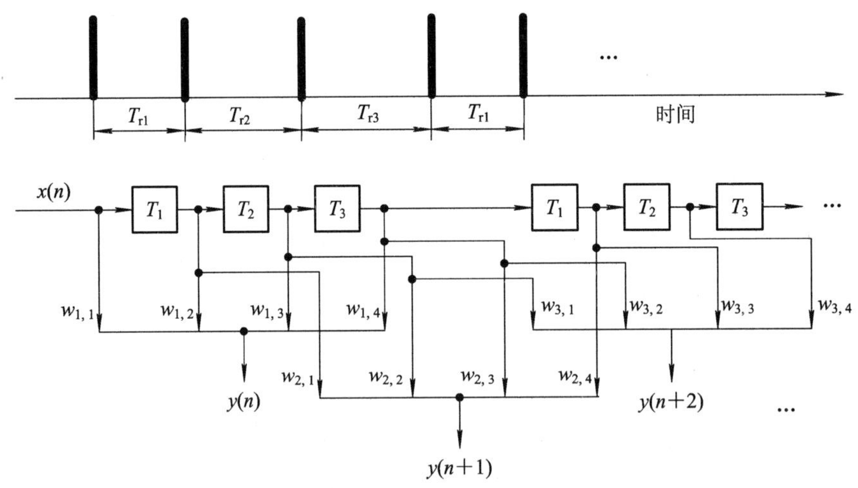

图 6.30　"三变 T"四脉冲对消器处理流程

参差 MTI 滤波器的频率响应取决于参差周期和滤波器权矢量。通过优化参差码和滤波器系数，使得阻带的凹口深度达到改善因子的要求，通带的第一凹口尽量浅，从而获得比较理想的滤波器特性。

变 T 码(也称参差比)为 27∶28∶29 时的三脉冲参差对消器的归一化频率响应曲线如图 6.31 所示。可以看出使用参差重复频率能在很大程度上提高第一盲速。

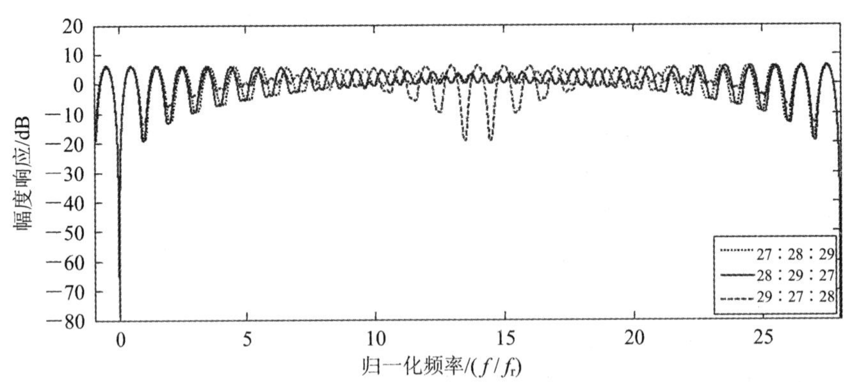

图 6.31　三脉冲参差对消器归一化频率响应

3. 参差码的优化设计

参差码决定了参差 MTI 滤波器的无盲速频率范围，参差码不同，参差 MTI 滤波器的特性不同。参差码的优化设计原则是在保证最大变比 r 不大于允许值 r_g，第一盲速点大于需要探测的目标的最大速度(即盲速扩展倍数 K_{av} 必须大于第一盲速点的对应扩展倍数 K_g)的条件下，使参差 MTI 滤波器的第一凹口(除零频处的杂波抑制凹口外，其它凹口中深度最大的凹口)的深度 D_0 尽可能小。这样的问题可以用一个离散非线性数学规划来表示

$$\begin{cases} D_0 = \min\{|H(f)|\}, & f \in D_t \cap \overline{D}_c \\ \text{s.t.} \quad r \leqslant r_g, & K_{av} > K_g \end{cases} \tag{6.4.39}$$

式中，D_t表示目标的多普勒频率分布区；D_c为杂波谱分布区，$\overline{D}_c$为D_c的补集，即杂波谱分布区以外的区域；$D_t \cap \overline{D}_c$表示D_t和$\overline{D}_c$的交集。因此式(6.4.28)中的第一项表示第一凹口的值D_0(即凹口深度)在目标多普勒分布区和杂波区以外的频率区域内达到最小。通过搜索运算就可以得到最优参差码。

这种搜索运算量较大，在设计中可以采取某些策略来减少运算量，例如，K_{av}必须大于要求值K_g，可以在($K_g \sim K_g + \Delta K$)之间进行搜索，ΔK的大小可以根据需要来调整。此外，互为倒序的参差码具有相同的第一凹口深度，因此运算量可以减半。

在实际中，经常遇到参差码组合数非常大的情况，如 12 脉冲参差 MTI 滤波器，如果参差码的取值范围为[46, 76]，则需要从 30 个K_i中任取 12 个值得到参差码的组合，则参差码的组合数为C_{32}^{12}=86 493 225，而每一种组合可能有 12!=479 001 600 种排列方式。在这种排列组合数目极大的情况下，全范围搜索显然很浪费时间，这时可以采用其它优化搜索方法，如遗传算法、粒子群算法等。

6.4.3　优化 MTI 滤波器

滤波器主要分为无限脉冲响应(IIR)滤波器和有限脉冲响应(FIR)滤波器。IIR 滤波器的优点是可用相对较少的阶数达到预期的滤波器响应，但是其相位特性是非线性的，在 MTI 滤波器中很少采用。而 FIR 滤波器具有线性相位特性，所以 MTI 滤波器主要采用 FIR 滤波器。延迟线对消器也是一种 FIR 滤波器，是系数符合二项式展开式的特殊 FIR 滤波器。MTI 滤波器的设计目标就是设计一组合适的滤波器系数，使其有效地抑制杂波，并保证目标信号能无损失地通过。MTI 滤波器的优化设计方法主要有特征矢量法和零点分配法。

1. 特征矢量法

特征矢量法是以平均改善因子最大为准则的杂波抑制方法。

通常假设杂波具有高斯型功率谱，谱中心为f_0，谱宽为σ_f，谱密度函数为

$$C(f) = \frac{1}{2\pi\sigma_f}\exp\left(-\frac{(f-f_0)^2}{2\sigma_f^2}\right) \tag{6.4.40}$$

根据维纳滤波理论，如果杂波是平稳随机过程，其功率谱与自相关函数是傅里叶变换对的关系。所以，杂波自相关函数$r_c(m, n)$为其功率谱$C(f)$的傅里叶逆变换

$$\begin{aligned} r_c(m, n) &= \int_{-\infty}^{+\infty} C(f)\exp(\mathrm{j}2\pi f(t_m - t_n))\mathrm{d}f \\ &= \int_{-\infty}^{+\infty} \frac{1}{2\pi\sigma_f}\exp\left[-\frac{(f-f_0)^2}{2\sigma_f^2}\right]\exp(\mathrm{j}2\pi f(t_m - t_n))\mathrm{d}f \end{aligned} \tag{6.4.41}$$

利用积分公式

$$\frac{1}{2\pi}\int_{-\infty}^{+\infty} \mathrm{e}^{-ax^2}\mathrm{e}^{\mathrm{j}\xi x}\mathrm{d}x = \frac{1}{\sqrt{2a}}\exp\left(\frac{\xi^2}{4a}\right) \tag{6.4.42}$$

经推导得到

$$r_c(m, n) = \exp(-2\pi^2\sigma_f^2\tau_{mn}^2)\exp(\mathrm{j}2\pi f_0\tau_{mn}) \tag{6.4.43}$$

式中，$\tau_{mn}=t_m-t_n$为相关时间。如果杂波谱的中心频率为零，这时

$$r_c(m,\ n)=\exp(-2\pi^2\sigma_f^2\tau_{mn}^2) \tag{6.4.44}$$

得到N个脉冲的杂波的自相关矩阵$\boldsymbol{R}_c$为

$$\boldsymbol{R}_c=\begin{bmatrix} r_c(0,\ 0) & r_c(0,\ 1) & \cdots & r_c(0,\ N-1) \\ r_c(1,\ 0) & r_c(1,\ 1) & \cdots & r_c(1,\ N-1) \\ \vdots & \vdots & \ddots & \vdots \\ r_c(N-1,\ 0) & r_c(N-1,\ 0) & \cdots & r_c(N-1,\ N-1) \end{bmatrix} \tag{6.4.45}$$

对于目标回波信号来说，其多普勒频率是未知的，假设其在区间$\left[-\dfrac{B}{2},\ \dfrac{B}{2}\right]$上为均匀分布，且$B\gg f_r$，则目标回波信号的多普勒频谱$S(f)$可表示为

$$S(f)=\begin{cases}1, & -\dfrac{B}{2}\leqslant f\leqslant\dfrac{B}{2}\\ 0, & \text{其它}\end{cases} \tag{6.4.46}$$

目标信号的自相关函数为

$$\begin{aligned} r_s(m,\ n)&=\frac{1}{B}\int_{-B/2}^{B/2}e^{j2\pi f\tau_{mn}}\,df=\frac{1}{j2\pi B\tau_{mn}}\left[e^{j2\pi B\tau_{mn}/2}-e^{-j2\pi B\tau_{mn}/2}\right] \\ &=\frac{\sin(\pi B\tau_{mn})}{\pi B\tau_{mn}}=\begin{cases}1, & m=n\\ 0, & m\neq n\end{cases}\end{aligned} \tag{6.4.47}$$

假设N脉冲MTI输入端的杂波数据和目标数据分别为

$$\boldsymbol{C}=[c(t_1),\ c(t_2),\ \cdots,\ c(t_N)]^T \tag{6.4.48}$$

$$\boldsymbol{S}=[s(t_1),\ s(t_2),\ \cdots,\ s(t_N)]^T \tag{6.4.49}$$

那么MTI输出端的杂波功率和信号功率分别为

$$\boldsymbol{C}_o=E[|\boldsymbol{w}^H\boldsymbol{C}|^2]=\boldsymbol{C}_i\boldsymbol{w}^H\boldsymbol{R}_c\boldsymbol{w} \tag{6.4.50}$$

$$\boldsymbol{S}_o=E[|\boldsymbol{w}^H\boldsymbol{C}|^2]=\boldsymbol{S}_i\boldsymbol{w}^H\boldsymbol{R}_s\boldsymbol{w} \tag{6.4.51}$$

式中，$\boldsymbol{C}_i$和$\boldsymbol{S}_i$分别表示MTI滤波器输入端的杂波功率和信号功率，$\boldsymbol{w}$为FIR滤波器权系数矢量。根据MTI滤波器的改善因子的定义

$$\boldsymbol{I}=\frac{\boldsymbol{S}_o/\boldsymbol{C}_o}{\boldsymbol{S}_i/\boldsymbol{C}_i}=\frac{\boldsymbol{S}_o}{\boldsymbol{S}_i}\times\frac{\boldsymbol{C}_i}{\boldsymbol{C}_o}=\frac{\boldsymbol{S}_i\boldsymbol{w}^H\boldsymbol{R}_s\boldsymbol{w}}{\boldsymbol{S}_i}\times\frac{\boldsymbol{C}_i}{\boldsymbol{C}_i\boldsymbol{w}^H\boldsymbol{R}_c\boldsymbol{w}}=\frac{\boldsymbol{w}^H\boldsymbol{R}_s\boldsymbol{w}}{\boldsymbol{w}^H\boldsymbol{R}_c\boldsymbol{w}} \tag{6.4.52}$$

由$r_s(m,\ n)$知，$\boldsymbol{R}_s$为单位阵，因此

$$\boldsymbol{I}=\frac{\boldsymbol{w}^H\boldsymbol{w}}{\boldsymbol{w}^H\boldsymbol{R}_c\boldsymbol{w}} \tag{6.4.53}$$

$\boldsymbol{R}_c$的特征方程为

$$\boldsymbol{R}_c\boldsymbol{w}_n=\lambda_n\boldsymbol{w}_n,\quad n=0,\ 1,\ \cdots,\ N \tag{6.4.54}$$

式中，$\boldsymbol{w}_n$为特征值λ_n所对应的特征向量，其中$\lambda_0\leqslant\lambda_1\leqslant\cdots\leqslant\lambda_n$。

在$\boldsymbol{R}_c$的特征值中，大特征值所对应的特征向量张成的子空间为信号子空间，杂波的主要分量位于这个子空间；小特征值所对应的特征向量张成的子空间为噪声子空间。因为噪声子空间与信号子空间是正交的，所以最小特征值λ_0所对应的特征向量$\boldsymbol{w}_0$被取为MTI滤波器的权系数向量，这就可以在最大程度上抑制杂波分量，使改善因子最大。

这种利用杂波自相关矩阵的特征分解，用其最小特征值所对应的特征向量设计MTI

滤波器的方法称为特征矢量法。这样设计的滤波器可以得到良好的杂波抑制性能，应用较广泛。

如果存在两种或两种以上的杂波，如地杂波和云雨杂波，两种杂波的谱中心可能分别位于频率轴上不同位置，对于多个高斯谱的混合杂波，其功率谱是它们各自功率谱之和，其自相关函数也由对应的多杂波分量之和构成。可以用特征矢量法设计具有两个凹口的滤波器，同时在两种杂波谱中心形成两个不同的凹口。

MATLAB 函数“eig_MTI. m”是利用特征矢量法设计 MTI 滤波器。其语法如下：

$$[ww] = \text{eig\_MTI}(firjie, fr, bianTr, fd, df)$$

其中，各参数定义如表 6.7 所述。

表 6.7　eig_MTI. m 参数定义

变量	描　述	单位	属性	图 6.32 中参数设置
$firjie$	MTI 滤波器的长度		输入	5
fr	平均脉冲重复频率	Hz	输入	300
$bianT$	变 T 码		输入	[25, 30,27,31]
fd	杂波谱中心	Hz	输入	0
df	杂波谱宽	Hz	输入	0.64
ww	MTI 滤波器的权矢量		输出	

[例 6-4]　假设雷达的平均重复频率为 300 Hz，参差比为[25：30：27：31]（四变 T），地杂波的中心频率为 0Hz，谱宽为 10 Hz。采用特征矢量法设计五脉冲对消 MTI 滤波器。

MTI 滤波器的平均频率响应曲线如图 6.32 所示，图中虚线是采用二项式系数的滤波器频率响应曲线。从零频附近的局部放大图可以看出，在变 T 的情况下特征矢量法设计的 MTI 滤波器性能优于二项式系数法。

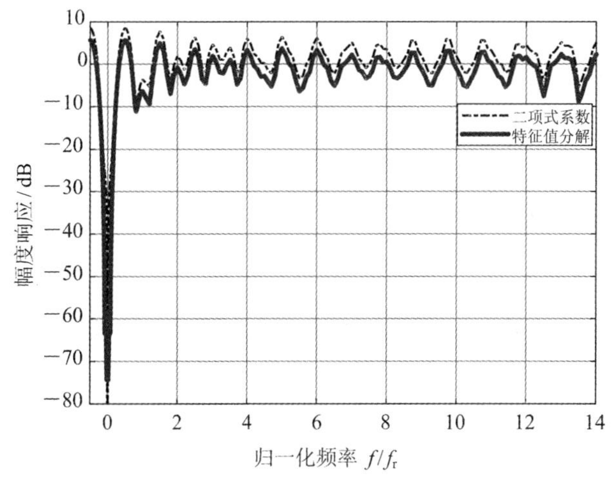

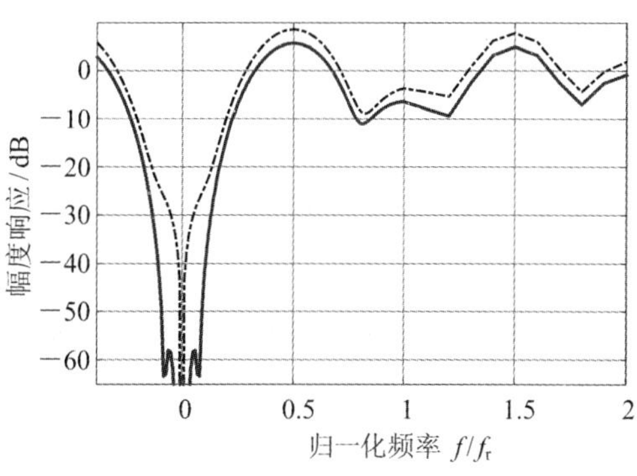

图 6.32　特征矢量法设计的 MTI 滤波器的平均频率响应曲线

2. 零点分配法

零点分配法是在设计带阻滤波器时，在凹口处设置频率响应零点的一种方法。在自适应杂波抑制的应用环境下，需要的理想滤波器是在杂波分布的频点处设置频率为零，最大限度地抑制杂波，而在其它频率点具有最大平坦幅度。

对于 N 阶 FIR 滤波器，滤波器的权系数为 $w_i(i=0, 1, 2, \cdots, N-1)$，滤波器的频率响应函数为

$$H(f) = \sum_{i=0}^{N} w_i \mathrm{e}^{-\mathrm{j}2\pi f T_i} \tag{6.4.55}$$

式中，$T_0=0$，$T_i = \sum_{k=1}^{i} T_{r,k}(i=1, 2, \cdots, N-1)$，$T_{r,k}$为每个脉冲之间的时间间隔。

将 $H(f)$在 $f=f_0$处展开成泰勒级数：

$$H(f) = H(f_0) + H'(f_0)\cdot(f-f_0) + \frac{H''(f_0)}{2!}(f-f_0)^2 + \cdots \tag{6.4.56}$$

式中，$H^{(k)}(f_0) = (-\mathrm{j}2\pi)^k \sum_{i=0}^{N-1} T_i^k w_i \mathrm{e}^{-\mathrm{j}2\pi f_0 T_i}$。

要在 $f=f_0$处设计带阻滤波器，则必须使泰勒级数展开式中$(f-f_0)^k$的系数为 0，即 $H^{(k)}(f_0)=0$。这样就产生了 N 个关于 $w_i(i=0, 1, 2, \cdots, N-1)$的齐次线性方程：

$$\sum_{i=0}^{N-1} T_i^k w_i \mathrm{e}^{-\mathrm{j}2\pi f_0 T_i} = 0, \quad k = 0, 1, \cdots, N-1 \tag{6.4.57}$$

其中，$T_i^0=1$，w_0为一个常数，通常设置为 1。将上式写成矩阵形式：

$$\boldsymbol{A}\boldsymbol{w} = -w_0\boldsymbol{U} \tag{6.4.58}$$

其中，$\boldsymbol{w}=[w_1, w_2, \cdots, w_N]^{\mathrm{T}}$，$U=[1, 0, \cdots, 0]^{\mathrm{T}}$，

$$\boldsymbol{A} = \begin{bmatrix} \mathrm{e}^{-\mathrm{j}2\pi f_0 T_1} & \mathrm{e}^{-\mathrm{j}2\pi f_0 T_2} & \cdots & \mathrm{e}^{-\mathrm{j}2\pi f_0 T_N} \\ T_1\mathrm{e}^{-\mathrm{j}2\pi f_0 T_1} & T_2\mathrm{e}^{-\mathrm{j}2\pi f_0 T_2} & \cdots & T_N\mathrm{e}^{-\mathrm{j}2\pi f_0 T_N} \\ \vdots & \vdots & & \vdots \\ T_1^{N-1}\mathrm{e}^{-\mathrm{j}2\pi f_0 T_1} & T_2^{N-1}\mathrm{e}^{-\mathrm{j}2\pi f_0 T_2} & \cdots & T_N^{N-1}\mathrm{e}^{-\mathrm{j}2\pi f_0 T_N} \end{bmatrix} \tag{6.4.59}$$

可以使用 Gauss-Jordan 法求解这一方程，得到当前时刻的滤波器权系数。

当阻带处于零频时，所设计的滤波器为零频处最大平坦阻带滤波器，此时 $\boldsymbol{A}$ 为 Vandermonde 矩阵：

$$\boldsymbol{A} = \begin{bmatrix} 1 & 1 & \cdots & 1 \\ T_1 & T_2 & \cdots & T_N \\ \vdots & \vdots & & \vdots \\ T_1^{N-1} & T_2^{N-1} & \cdots & T_N^{N-1} \end{bmatrix} \tag{6.4.60}$$

在单零点时，滤波器阻带凹口较窄。为此，可以在阻带内多设置几个零点，使其阻带拓宽。当然，滤波器的长度应大于零点的个数。

MATLAB 函数“zero_MTI. m”给出了使用零点分配法设计 MTI 滤波器的程序以及该滤波器的频率响应。其语法为

[*ww*]=zero_MTI(*mtijie*, *fr*, *bianT*, *fz*)

其中，各参数定义如表 6.8 所述。

表 6.8　zero _MTI. m 参数定义

变量	描　　述	单位	属性	图 6.33(a)中的参数设置
mtijie	MTI 滤波器的长度		输入	4
fr	平均脉冲重复频率	Hz	输入	100
bianT	变 T 码		输入	[27, 28, 29]
fz	零点位置矢量	Hz	输入	[−0.64, 0, 0.64]
ww	MTI 滤波器的权矢量		输出	

[例 6-5]　平均重复频率 100 Hz，参差比为 27∶28∶29，地杂波的中心频率为 0 Hz，谱宽为 0.64 Hz，使用零点分配算法设计单零点 4 脉冲对消滤波器。滤波器归一化频率响应如图 6.33(a)所示。图 6.33(b)是假设地杂波的中心频率为 0 Hz，谱宽为 0.64 Hz，云雨杂波的中心频率为 30 Hz，谱宽为 1.4 Hz，使用零点分配算法设计的多零点 6 脉冲对消滤波器的归一化频率响应曲线。

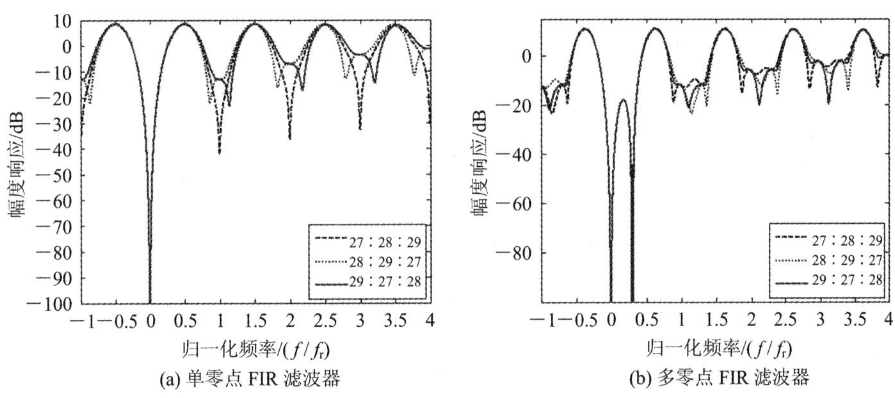

图 6.33　零点分配法设计的 MTI 滤波器幅频响应

[例 6-6]　假设雷达的平均重复频率为 300 Hz，参差比为[25∶30∶27∶31]，地杂波的中心频率为 0 Hz，谱宽为 10 Hz。采用零点分配算法设计五脉冲对消 MTI 滤波器，设置三个零点位置为[−7, 0, 7] Hz。使用零点分配算法设计的多零点 5 脉冲对消滤波器的归一化频率响应曲线如图 6.34 所示。图中虚线是采用二项式系数的滤波器频率响应曲线。从

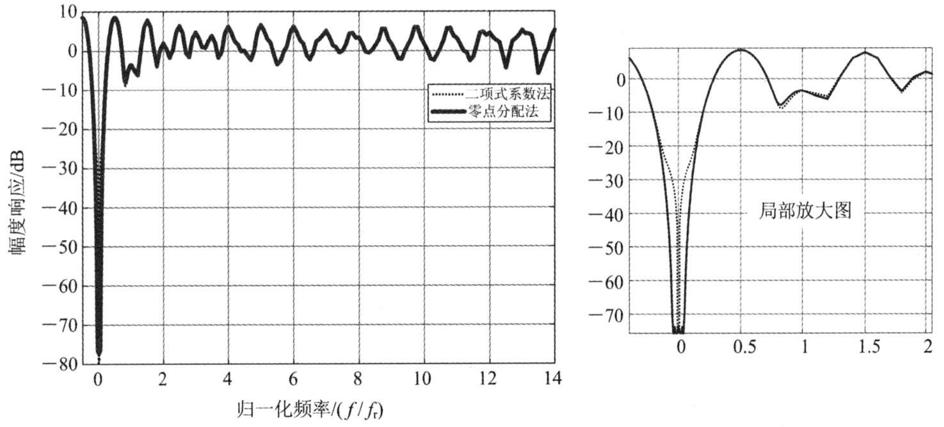

图 6.34　零点分配法设计的 MTI 滤波器幅频响应

零频附近的局部放大图可以看出，凹口宽度较窄，在变 T 的情况下零点分配算法设计的 MTI 滤波器性能也优于二项式系数法。

6.4.4 自适应 MTI (AMTI)

针对气象杂波和箔条干扰，由于风的影响，它们在空中是随风移动的，所以常称为运动杂波，其谱中心可能不在零频，而且是时变的。为了抑制此类运动杂波，需要采用自适应运动杂波抑制(AMTI)技术。

1. 运动杂波谱中心补偿抑制法

对于运动杂波，如果其频谱较窄，就可以先通过杂波谱中心估计，再对谱中心补偿，然后进行杂波抑制，这种方法称为运动杂波谱中心补偿抑制法，如图 6.35 所示。

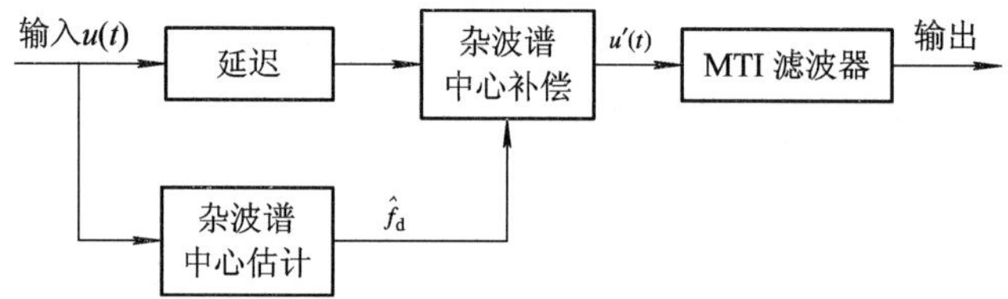

图 6.35 运动杂波谱中心补偿抑制法

在杂波区，对输入信号中运动杂波的谱中心 f_d进行估计，得到杂波谱中心的多普勒频率估计值$\hat{f}_d$，再用$\hat{f}_d$对输入信号进行杂波谱中心补偿，将其中心频率移到零，然后就可以使用前面介绍的 MTI 滤波器进行杂波抑制。当运动杂波谱中心 f_d随风力、风向等变化时，得到的杂波谱中心频率估计值$\hat{f}_d$也会随着 f_d变化，所以这种方法可以自适应地抑制运动杂波。自适应杂波抑制方法分 3 步进行：

(1) 估计运动杂波谱中心。

雷达接收的窄带杂波和噪声的复包络可以表示为

$$u(t)=A(t)\mathrm{e}^{\mathrm{j}(2\pi f_d t+\varphi_0)}+n(t) \tag{6.4.61}$$

其中，$A(t)$为幅值，f_d为杂波的多普勒频率，φ_0为初相，$n(t)$为加性噪声。噪声与杂波不相关，不同 PRI 之间的噪声互不相关。

延迟一个 PRI 后的信号为

$$u(t-T_r)=A(t-T_r)\mathrm{e}^{\mathrm{j}(2\pi f_d t(t-T_r)+\varphi_0)}+n(t-T_r) \tag{6.4.62}$$

式中，T_r为脉冲重复周期。

若不考虑噪声，$u(t)$和 $u(t-T_r)$的相关函数为

$$R(T_r)=\mathrm{E}[u(t)u^*(t-T_r)]=\mathrm{E}[A(t)A(t-T_r)]\mathrm{e}^{\mathrm{j}2\pi f_d t T_r} \tag{6.4.63}$$

因为 $A(t)$为窄带信号，即 $A(t)\approx A(t-T_r)$，那么 $\mathrm{E}[A(t)A(t-T_r)]=\mathrm{E}[|A(t)^2|]$为一实数。因此

$$f_d=\frac{1}{2\pi T_r}\arctan\frac{\mathrm{Im}[R(T_r)]}{\mathrm{Re}[R(T_r)]} \tag{6.4.64}$$

用时间平均来代替统计平均后，得到以下估计值：

$$\hat{R}(T_r)=\frac{1}{N}\sum_{i=1}^{N}[u_i(t)u_i^*(t-T_r)] \tag{6.4.65}$$

式中，i 表示杂波在不同脉冲上的独立采样序列号。杂波谱中心频率估计值 $\hat{f}_{\mathrm{d}}$ 为

$$\hat{f}_{\mathrm{d}} = \frac{1}{2\pi T_{\mathrm{r}}}\arctan\frac{\mathrm{Im}[\hat{R}(T_{\mathrm{r}})]}{\mathrm{Re}[\hat{R}(T_{\mathrm{r}})]} \tag{6.4.66}$$

（2）运动杂波谱中心补偿。

在得到运动杂波谱中心估计值 $\hat{f}_{\mathrm{d}}$ 后，在 $u(t)$ 上乘以 $\mathrm{e}^{-\mathrm{j}2\pi\hat{f}_{\mathrm{d}}t}$ 就可以将运动杂波中心移到零频附近，即

$$\begin{aligned} u'(t) &= u(t)\mathrm{e}^{-\mathrm{j}2\pi\hat{f}_{\mathrm{d}}t} = A(t)\mathrm{e}^{\mathrm{j}(2\pi f_{\mathrm{d}}t+\varphi_0)}\mathrm{e}^{-\mathrm{j}2\pi\hat{f}_{\mathrm{d}}t} + n(t)\mathrm{e}^{-\mathrm{j}2\pi\hat{f}_{\mathrm{d}}t} \\ &\approx A(t)\mathrm{e}^{\mathrm{j}\varphi_0} + n'(t), \quad (f_{\mathrm{d}} = \hat{f}_{\mathrm{d}}) \end{aligned} \tag{6.4.67}$$

（3）自适应 MTI 滤波。

利用凹口位于零频的 MTI 滤波器抑制谱中心已移到零频的运动杂波，就完成了对运动杂波的自适应抑制。

2. 权系数库和速度图法

根据式(6.4.66)在得到运动杂波谱中心的估计值 $\hat{f}_{\mathrm{d}}$ 之后，抑制杂波的方法有两种：一种方法是对回波信号进行运动杂波谱中心补偿，将运动杂波谱中心移到零频，再用凹口位于零频的 MTI 滤波器抑制运动杂波，即运动杂波谱中心补偿抑制法；另一种方法是不用对运动杂波谱中心进行补偿，采用凹口位于 $\hat{f}_{\mathrm{d}}$ 的 MTI 滤波器来直接抑制运动杂波，而凹口位于 $\hat{f}_{\mathrm{d}}$ 的 MTI 滤波器权系数可预先存储在一个滤波器权系数库中。这种方法称为基于权系数库的杂波抑制方法，如图 6.36 所示。

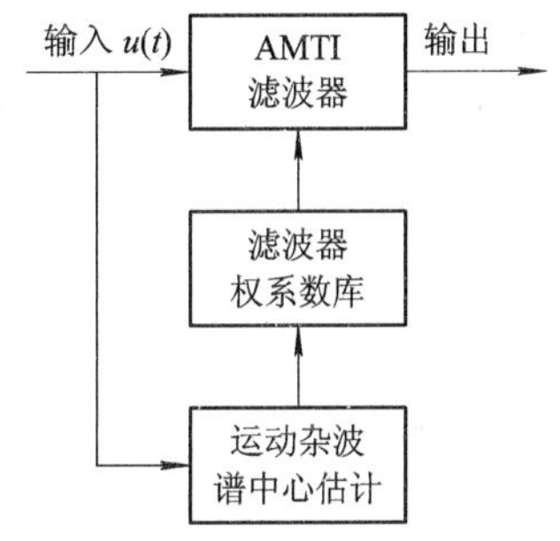

图 6.36 基于权系数库的杂波抑制方法图

首先需要设计一个凹口位于零频的 MTI 滤波器，它对多普勒频率为零的运动杂波的改善因子应满足指标要求，然后将这个滤波器在频率轴上平移，形成所需要的滤波器权系数库。假设凹口在零频的 MTI 滤波器权矢量为 $\boldsymbol{w}$，则凹口在 f_{d} 的 MTI 滤波器的权矢量为 $\boldsymbol{w}\odot\boldsymbol{a}(f_{\mathrm{d}})$，式中 $\boldsymbol{a}(f_{\mathrm{d}})=[1,\ \exp(\mathrm{j}2\pi f_{\mathrm{d}}T_{\mathrm{r}}),\ \cdots,\ \exp(\mathrm{j}2\pi f_{\mathrm{d}}(N-1)T_{\mathrm{r}})]^{\mathrm{T}}$，需要注意的是，权系数应覆盖运动杂波谱中心在频率轴上的所有可能分布区域。

在雷达中，运动杂波谱中心的估计值由于噪声的影响和可用数据的限制，存在估计误差，因而影响了杂波抑制性能。此外，雷达杂波在空间的分布是不均匀的，所以在实际应用权系数库时，为了提高自适应滤波的效果，常常用将权系数库与速度图相结合的方法完成自适应杂波抑制。

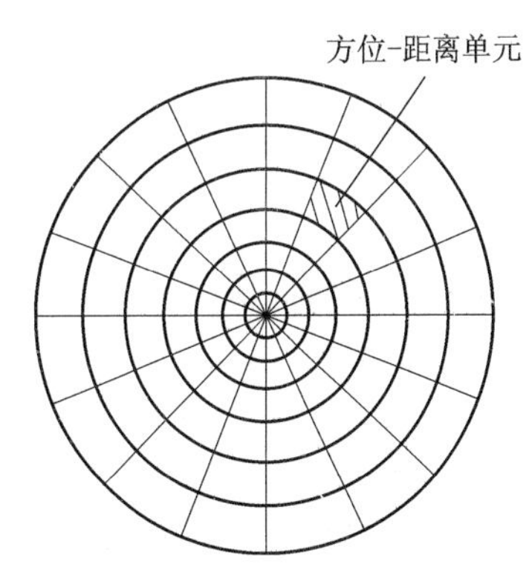

图 6.37 方位-距离单元的划分

速度图就是将雷达周围的监视区域分为许多方位-距离单元，如图 6.37 所示。每个方位-距离单元

存有两个信息：一个信息是杂波标志位，为 1 bit 信息，通常用“0”表示无杂波，“1”表示有杂波；另一个信息是杂波谱中心的估计值。

图 6.38 为权系数库与速度图相结合的自适应杂波抑制方法。输入信号首先通过一个地杂波滤波器滤除地杂波，以减少地杂波对运动杂波谱中心估计的影响。滤波结果再经过运动杂波谱中心估计，杂波谱中心估计值经过递归滤波后存入速度图。

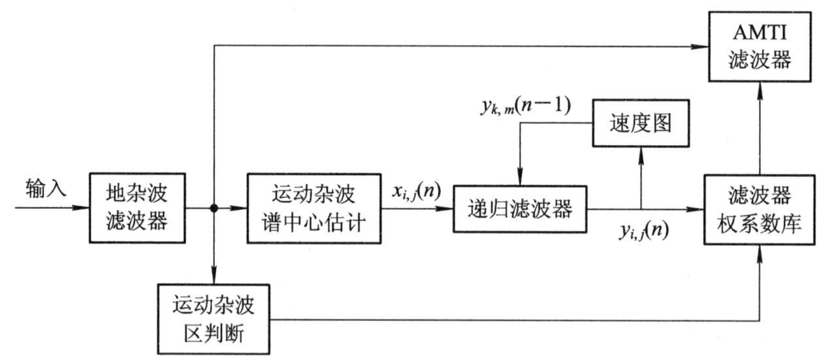

图 6.38 权系数库与速度图结合的自适应杂波抑制法

速度图中各个方位-距离单元中的信息更新是分别进行的，递归过程如图 6.39 所示。

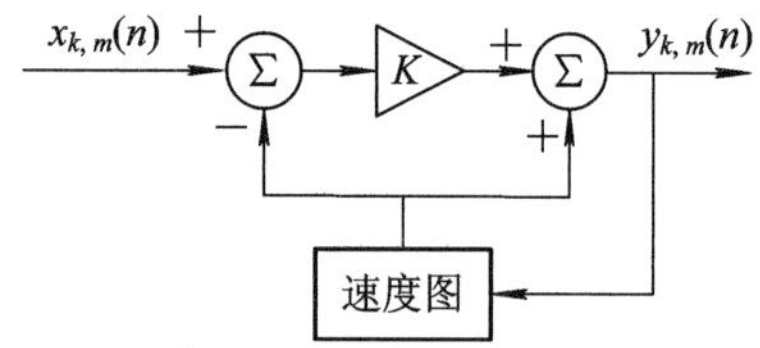

图 6.39 杂波的速度图及其递归滤波器

对于距离为 k、方位为 m 的方位-距离单元(k, m)来说，速度图第 n 时刻的输出为

$$\begin{aligned} y_{k,m}(n) &= [x_{k,m}(n) - y_{k,m}(n-1)]K + y_{k,m}(n-1) \\ &= (1-K)y_{k,m}(n-1) + Kx_{k,m}(n) \end{aligned} \tag{6.4.68}$$

式中，$0<K<1$。在第 n 时刻与第 $n-1$ 时刻相差一个天线扫描周期的时间，即上述递归滤波是以天线扫描周期进行的。速度图与递归滤波器结合后，速度图有存储运动杂波速度(即运动杂波多普勒中心估计值)的功能；递归滤波器能平滑和减少对运动杂波谱中心单次估计结果的偏差，当运动杂波或风速等条件变化后，速度图中存储的数据还能自动更新。

6.4.5 MTI 仿真和实测数据处理

仿真条件：雷达平均重复频率为100 Hz，快拍数为 13，距离单元数为 200，其中第 1～100 个距离单元为地杂波，地杂波中心频率为 0 Hz，谱宽为 0.64 Hz，杂噪比为 60 dB；三个目标分别位于 50、130 和 180 个距离单元，多普勒频率分别为 150 Hz、350 Hz 和 600 Hz，信噪比均为 15 dB。图 6.40 给出了雷达在 MTI 支路的仿真结果，其中图(a)为脉冲压缩结果，可以看出杂波比噪声平均功率高 60 dB，第一个目标淹没在杂波区；图(b)为等 T 模式下四脉冲对消结果，可以看出杂波对消后，杂波区的输出与噪声功率相等，杂波被完全抑制，杂波区的目标清晰可见，但是多普勒频率为脉冲重复频率的整数倍的目标 3

被抑制掉；图(c)为三变 T 模式(参差比为 27∶28∶29)下四脉冲对消结果，杂波被完全抑制，杂波区的目标清晰可见，且多普勒频率为脉冲重复频率的整数倍的目标 3 没有被抑制掉，但是幅度相比前两个目标有所损失。

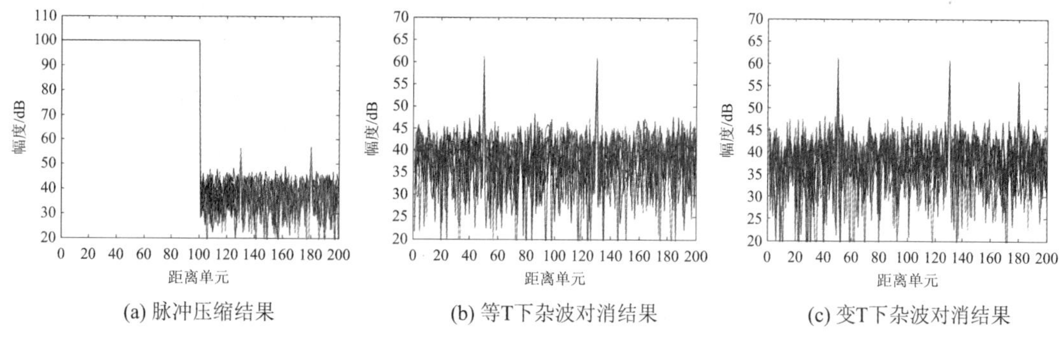

图 6.40　MTI 处理仿真结果

某 C 波段对海监视雷达的实测数据如图 6.41 所示，其中图 6.41(a)给出了在某一波位、距离单元 2500～3500 处连续 16 个脉冲的脉压结果。对各个距离单元进行频谱分析，结果如图 6.41(b)所示。若将幅度超过 90 dB 的回波认定为杂波(比噪声电平大 10 dB)，可见在距离单元 2900～3000 处存在两种类型的杂波。一种杂波的谱中心在零频附近，为地物杂波；另一种杂波的多普勒中心频率约为 300 Hz，为动杂波。

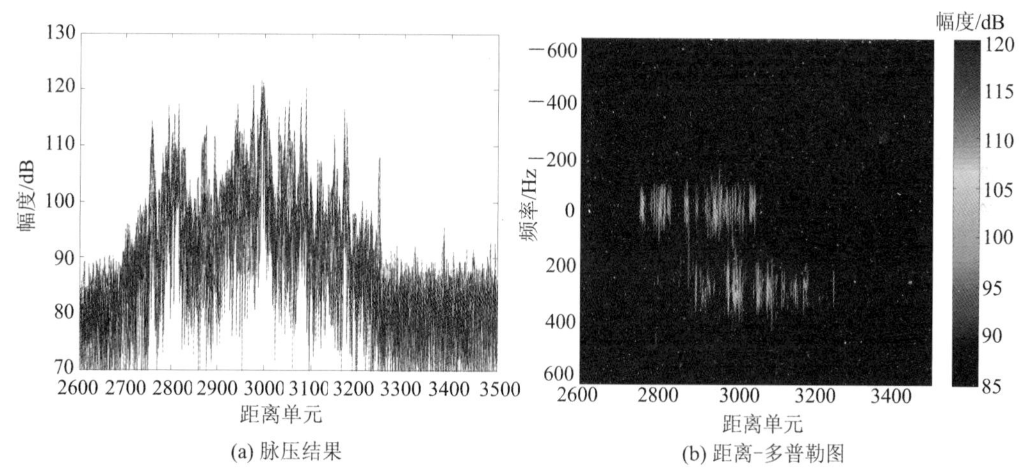

图 6.41　实测数据的脉压结果和距离-多普勒图(见彩插)

两级 MTI 滤波器均采用零点分配法设计。第一级 MTI 滤波器阶数设置为 3 阶，零点位置为[－30，30] Hz，滤波结果如图 6.42(a)所示，可以看出部分杂波(地物杂波)得到抑制；对第一级滤波结果进行功率谱估计，频谱图 6.42(b)所示，可以看出被抑制的杂波是地物杂波，剩余杂波为动杂波(海杂波或气象杂波)，经过第一级滤波后海杂波中心频率约为 285 Hz，据此选择权系数库中的第二级 MTI 滤波器系数，此滤波器阶数设置为 4 阶，三个零点位置设置为[255，285，315] Hz，滤波结果如图 6.42(c)所示，看以看出海杂波也得到了很好的抑制。

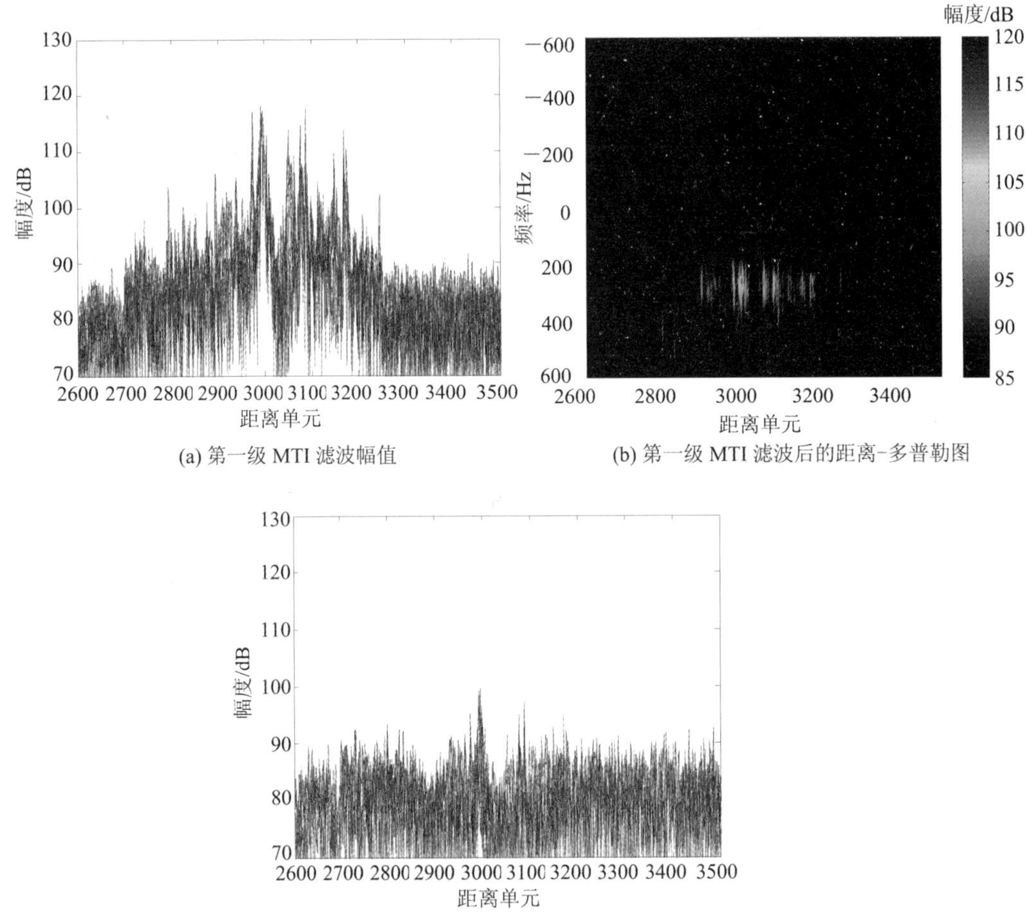

(a) 第一级 MTI 滤波幅值

(b) 第一级 MTI 滤波后的距离-多普勒图

(c) 第二级 MTI 滤波结果

图 6.42 两级 MTI 滤波结果(见彩插)

6.4.6 MTI 性能的限制

MTI 性能除了滤波器本身因素以外,引起 MTI 的改善因子下降的原因主要有下述四种。

(1) **天线扫描调制**。天线扫描引起杂波谱展宽,更多的杂波能量通过 MTI 滤波器,降低了改善因子。

从杂波单元接收的回波信号双程电压的幅度被天线单程电场强度方向图的平方改变。双程电压受单程天线功率方向图的调制,经常用高斯函数近似为

$$G(\theta) = G_0 \exp\left(-\frac{2.776\theta^2}{\theta_B^2}\right) \tag{6.4.69}$$

式中,G_0 为天线最大增益;θ_B 为波束宽度。如果天线以速度$\dot{\theta}_s$ 度/秒扫描,式中指数的分子和分母分别除以$\dot{\theta}_s$ 可得到回波脉冲串随时间的调制。取 $\theta/\dot{\theta}_s=t$ 为时间变量,$\theta_B/\dot{\theta}_s=t_0$

为信号的持续时间(或在目标上的照射时间)，天线方向图对单个杂波单元接收信号的调制为

$$s_a(t) = k\exp\left(-\frac{2.776t^2}{t_0^2}\right) \tag{6.4.70}$$

式中，k 为常数。对上式取傅里叶变换的平方可得 $s_a(t)$的功率谱为

$$|S_a(f)|^2 = K\exp\left(-\frac{\pi^2 f^2 t_0^2}{1.338}\right) = K\exp\left(-\frac{f^2}{2\sigma_s^2}\right) \tag{6.4.71}$$

式中，K 为常数。由于这是指数形式的高斯函数，由天线扫描引起的杂波功率谱展宽可以用标准偏差 σ_s 表示为

$$\sigma_s = \frac{1}{3.77t_0} = \frac{\sqrt{\ln 2}}{\pi}\frac{f_r}{n_B} = 0.265\frac{f_r}{n_B} = 0.265\left(\frac{2\pi}{\theta_B T_{scan}}\right) \tag{6.4.72}$$

式中，f_r 为雷达脉冲重复频率；$n_B = f_r t_0$ 为单程天线方向图 3 dB 宽度内目标的回波脉冲数；θ_B 为以弧度表示的 3 dB 方位波束宽度；T_{scan}为天线机扫一帧的时间。如果天线方向图不是高斯形状，上式也基本可用。所以对于天线机械扫描工作的雷达，接收的杂波功率谱标准偏差应为

$$\sigma_{c,\,all} = \sqrt{\sigma_f^2 + \sigma_s^2} \tag{6.4.73}$$

例如：波长为 1 m，重复频率为 300 Hz，天线转速为每分钟 6 圈，3 dB 波束宽度内目标的回波脉冲数为 10，表 6.9 给出了此时地杂波、云雨杂波和箔条杂波速度的均方根(典型值)以及功率谱展宽后杂波的谱宽。

表 6.9　几种杂波的典型的标准偏差

杂波种类	杂波速度的均方根值 σ_v/(m/s)	杂波的谱宽 σ_f/Hz	天线扫描引起的谱展宽 σ_s/Hz	杂波总的谱宽 $\sigma_{c,\,all}$/Hz
地杂波	0.32	0.64	7.95	7.98
云雨杂波	4	8	7.95	11.28
箔条杂波	1.2	2.4	7.95	8.3

(2) **杂波内部运动**。杂波通常处于运动状态，例如，从海面、雨滴、箔条的回波，以及被风吹动下植被和树木的回波等，这些运动杂波回波的幅度和相位产生波动，导致杂波谱的展宽，限制了改善因子。

图 6.43 给出了森林地区杂波和海杂波的去相关特性。可见，地杂波的相关值在开始时下降较快，而后下降较为缓慢。海杂波在前 10 ms 去相关快，随后的去相关较慢。这是由于风吹海面产生的波纹运动而引起的。经过一段时间之后，海面的结构与之前的相类似，相关值又开始上升了。海面细微结构重复的周期等于海面缓慢起伏的周期，但不可避免的是存在细小的差异，因而第二个相关峰值比第一个峰值低。

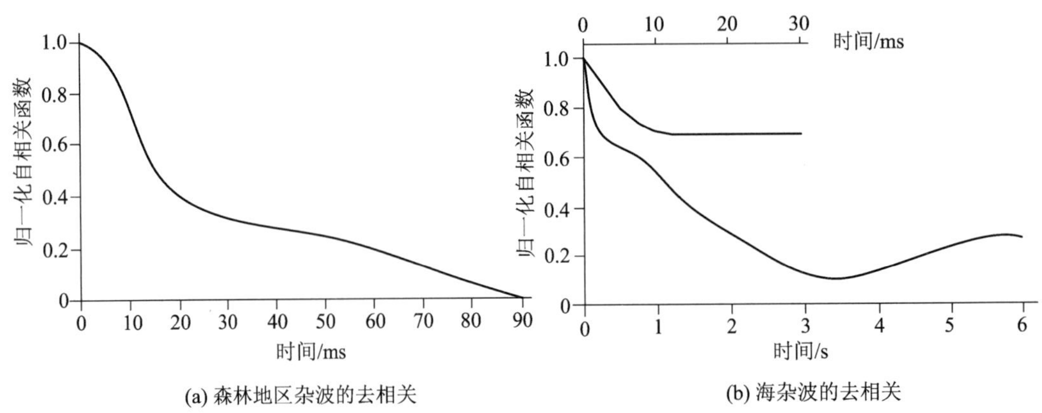

图 6.43 杂波的去相关特性

(3) **设备不稳定**。本振(STALO 或 COHO)的幅度、频率或相位的变化，发射信号特征从脉冲到脉冲的变化，或者定时上的误差，都可导致不能完全对消杂波，限制了改善因子。发射机的不稳定因素对 MTI 改善因子的限制如表 6.10 所示。

表 6.10 发射机不稳定因素对 MTI 改善因子的影响

脉间不稳定因素	对改善因子的限制	参 量 描 述
稳定本振或相干本振的频率	$I'=20\lg\left[\frac{1}{2\pi\Delta f t_r}\right]$	Δf 为脉间频率变化，t_r 为目标的延时
发射信号的相位或相干本振的相位	$I'=20\lg\left(\frac{1}{\Delta\varphi}\right)$	$\Delta\varphi$ 为脉间相位变化
发射信号的幅度	$I'=20\lg\left(\frac{A}{\Delta A}\right)$	ΔA 为脉间幅度变化，A 为脉冲幅度
定时脉冲抖动	$I'=20\lg\left[\frac{\tau}{\sqrt{2B\tau}\Delta t}\right]$	Δt 为脉冲时间抖动，τ 为脉宽，B 为带宽
发射脉冲宽度	$I'=20\lg\left[\frac{\tau}{\sqrt{B\tau}\Delta\tau}\right]$	$\Delta\tau$ 为脉冲宽度的抖动，τ 为脉宽，B 为带宽

(4) **限幅器、A/D 量化噪声等**。模拟信号的量化导致的噪声或不确定性称为量化噪声。若 A/D 的位数为 b，则量化噪声对改善因子的限制为

$$I_q = 20\lg\left[(2^b-1)\sqrt{0.75}\right]\ (\text{dB}) \tag{6.4.74}$$

例如，A/D 的位数为 8、10、12 位时，改善因子分别为 46.9 dB、59 dB、71 dB。

假设 I_1、I_2、…、I_N 分别表示各种因素对改善因子的影响，则总的改善因子 I_{all} 为

$$\frac{1}{I_{\text{all}}}=\frac{1}{I_1}+\frac{1}{I_2}+\cdots+\frac{1}{I_N} \tag{6.4.75}$$

6.5 动目标检测(MTD)

MTD 是一种利用多普勒滤波器组来抑制各种杂波，以提高雷达在杂波背景下检测运动目标能力的技术。与 MTI 相比，MTD 在如下方面进行了改善和提高：

(1) 增大信号处理的线性动态范围；

(2) 使用一组多普勒滤波器，使之更接近于最佳滤波，提高改善因子；

(3) 能抑制地杂波(其平均多普勒频移通常为零)，且能同时抑制运动杂波(如云雨、鸟群、箔条等)；

(4) 增加一个或多个杂波图，对于检测地物杂波中的低速目标甚至切向飞行大目标更有利。

根据最佳滤波理论，在噪声与杂波背景下检测运动目标是一个广义匹配滤波问题。最佳滤波器应由白化滤波器级联匹配滤波器构成。白化滤波器将杂波(有色高斯噪声)变成高斯白噪声，匹配滤波器使输出信噪比达到最大，如图 6.44 所示。

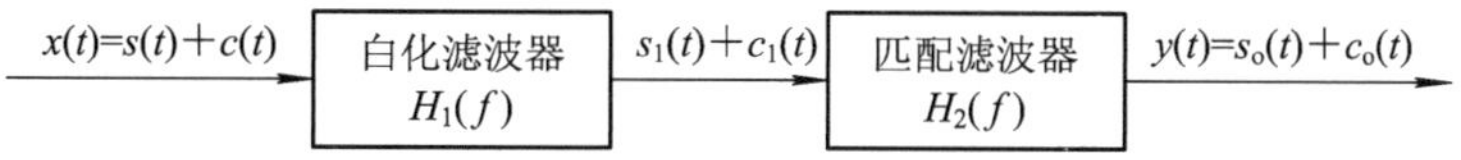

$x(t)=s(t)+c(t)$ → 白化滤波器 $H_1(f)$ → $s_1(t)+c_1(t)$ → 匹配滤波器 $H_2(f)$ → $y(t)=s_o(t)+c_o(t)$

图 6.44　广义匹配滤波器

假设杂波功率谱 $C(f)$和信号频谱 $S(f)$已知，根据匹配滤波器的定义有

$$H_2(f) = S_1^*(f)\mathrm{e}^{-\mathrm{j}2\pi f t_s} = H_1^*(f)S^*(f)\mathrm{e}^{-\mathrm{j}2\pi f t_s} \tag{6.5.1}$$

式中，t_s表示匹配滤波器输出达到最大值的时延。白化滤波器使杂波输出 $c_1(t)$的功率谱变为 1，使得 $c_1(t)$成为白噪声，即

$$C(f)\left|H_1(f)\right|^2 = 1 \tag{6.5.2}$$

白化滤波器功率传输函数为

$$\left|H_1(f)\right|^2 = \frac{1}{C(f)} \tag{6.5.3}$$

因此，广义匹配滤波器的传递函数为

$$H(f) = H_1(f)H_2(f) = \frac{S^*(f)}{C(f)}\mathrm{e}^{-\mathrm{j}2\pi f t_s} \tag{6.5.4}$$

可以粗略地认为，其中 $H_1(f)$用来抑制杂波。对 MTI 而言，它要使杂波得到抑制而让各种速度的运动目标信号通过，所以 $H_1(f)$相当于 MTI 滤波器，如图 6.45(a)；$H_2(f)$用来对雷达回波脉冲串信号匹配。对单个脉冲而言，和目标信号匹配可用中频带通放大器来实现，而对脉冲串则只能采用对消后的非相参积累，所以实际中的 MTI 滤波器，只能使其滤波器的凹口对准杂波谱中心，且使二者宽度基本相等，有时也将这称为杂波抑制准最佳滤波。对于相参脉冲串，$H_2(f)$可以进一步表示为

$$H_2(f) = H_{21}(f)H_{22}(f) \tag{6.5.5}$$

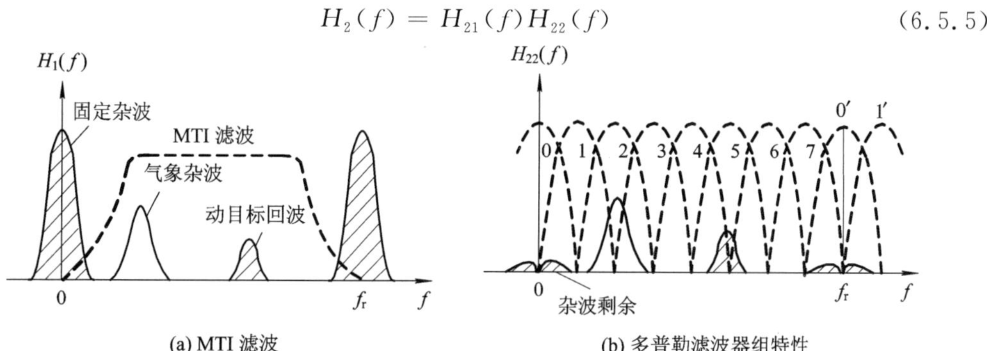

图 6.45　MTI 与 MTD 滤波器特性比较

即信号匹配滤波器由 $H_{21}(f)$ 和 $H_{22}(f)$ 两个滤波器级联，$H_{21}(f)$ 为单个脉冲的匹配滤波器，通常在接收机中放实现；$H_{22}(f)$ 对相参脉冲串进行匹配，它利用了回波脉冲串的相参性进行相参积累。$H_{22}(f)$ 是梳齿形滤波器，齿的间隔为脉冲重复频率 f_r，如图 6.45(b)所示，齿的位置取决于回波信号的多普勒频移，而齿的宽度应和回波谱线的宽度一致。

要对回波相参脉冲串进行匹配滤波，必须知道目标的多普勒频移以及天线扫描对脉冲串的调制情况，由于实际中 f_d 不能预知，因此要采用一组相邻且部分重叠的滤波器组，如图 6.45(b)中 0～7 号滤波器，覆盖整个多普勒频率范围，其中第 5 通道输出的就是动目标回波，这就是窄带多普勒滤波器组所要完成的任务。

设计 MTD 滤波器组的方法有两类：一类是 MTI 级联 FFT 的方法；另一类是优化的 MTD 滤波器组。下面分别介绍。

6.5.1 MTI 级联 FFT 的滤波器组

MTI 级联 FFT 的 MTD 滤波器组是在 FFT 之前接一个二次对消器，它可以滤去最强的地物杂波，这样就可以减少窄带滤波器组所需要的动态范围，并降低对滤波器副瓣的要求。由于 DFT 是一种特殊的横向滤波器，所以滤波器组的系数可以按照 DFT 的定义来选择，并采用快速算法 FFT 来实现 MTD 滤波。

FFT 的每点输出，相当于 N 点数据在这个频率上的积累，也可以说是以这个频率为中心的一个带通滤波器的输出。

根据 DFT 的定义，N 组滤波器的权值为

$$w_{nk} = \mathrm{e}^{-\mathrm{j}2\pi nk/N}, \quad n=0, 1, \cdots, N-1; k=0, 1, \cdots, N-1 \tag{6.5.6}$$

式中，n 表示第 n 个抽头，k 表示第 k 个滤波器，每一个 k 值决定一个独立的滤波器响应，对应于一个不同的多普勒滤波器响应。因此，第 k 个滤波器的频率响应函数为

$$\begin{aligned} H_k(f) &= \sum_{n=0}^{N-1} \mathrm{e}^{-\mathrm{j}2\pi nk/N} \mathrm{e}^{-\mathrm{j}2\pi kfT_r} = \sum_{n=0}^{N-1} \mathrm{e}^{-\mathrm{j}2\pi n(k/N+fT_r)} \\ &= \mathrm{e}^{-\mathrm{j}\pi(N-1)(fT_r+k/N)} \frac{\sin[\pi N(fT_r+k/N)]}{\sin[\pi(fT_r+k/N)]}, \quad k=0, 1, \cdots, N-1 \end{aligned} \tag{6.5.7}$$

滤波器的幅频特性为

$$|H_k(f)| = \left| \frac{\sin[\pi N(fT_r+k/N)]}{\sin[\pi(fT_r+k/N)]} \right| \tag{6.5.8}$$

各滤波器具有相同的幅度特性，均为辛克函数，且等间隔地分布在频率轴上。滤波器的峰值产生于 $\sin[\pi(fT_r+k/N)]=0$ 或者 $\pi(fT_r+k/N)=0, \pm\pi, \pm 2\pi, \cdots$，当 $k=0$ 时，滤波器峰值位置为 $f=0, \pm 1/T_r, \pm 2/T_r, \cdots$，即该滤波器的中心位置在零频率以及重复频率的整数倍处，因此对地杂波没有抑制能力。当 $k=1$ 时，峰值响应产生在 $\frac{1}{NT_r}$ 以及 $f=\frac{1}{NT_r}$、$\frac{1}{T_r}\pm\frac{1}{NT_r}$、$\frac{2}{T_r}\pm\frac{1}{NT_r}$ 处，对 $k=2$ 时，峰值响应产生在 $f=\frac{2}{NT_r}$ 处，依次类推。每个滤波器的主副瓣比只有 13.2 dB，限制了它对气象杂波的抑制性能，需要使用更低副瓣的多普勒滤波器组。

为了降低副瓣，一般都需要加窗。常用的窗函数为海明窗(Hamming)，加窗可降低副瓣电平，但各滤波器的主瓣有一定展宽。

MATLAB 函数“fft_MTD.m”给出了 FFT 滤波器组的归一化频率响应，其输出为滤波器组权值。函数调用如下：

$[ww] = \mathrm{fft\_MTD}(N, win, f)$

其中，各参数定义如表 6.11 所述。

表 6.11　参 数 说 明

符　号	描　　述	状态	图 6.46 参考值
N	滤波器长度	输入	8
win	窗函数矢量	输入	
f	滤波器归一化响应频率范围	输入	[−0.1 : 0.001 : 1.1]
ww	FFT 滤波器组权值	输出	

［**例 6-7**］　利用 8 点 FFT 滤波器组设计 MTD 滤波器，其归一化频率特性如图 6.46 所示。可以看出滤波器组覆盖了整个频率范围，每个滤波器的形状均相同，只是滤波器的中心频率不同，其中图 6.46(a)所示的滤波器有时称为相参积累滤波器，因为通过该滤波器后，它将 N 个相参脉冲积累，使信噪比提高 N 倍(对白噪声而言)，其中图 6.46(b)为加海明窗之后的滤波器响应，可以看出在降低副瓣的同时，主瓣有所展宽。

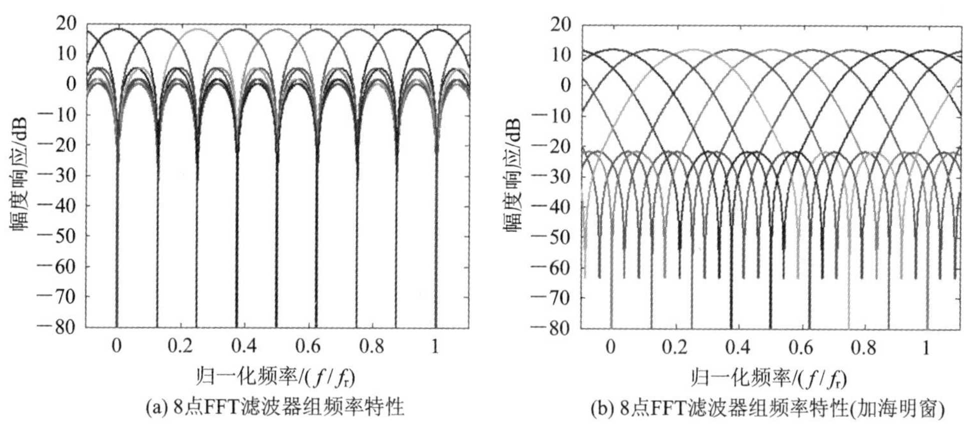

图 6.46　FFT 滤波器组频率特性

6.5.2　优化 MTD 滤波器组

由于对消器滤波特性的影响，MTI+FFT 的合成多普勒滤波器组中各滤波器的主瓣有明显变形，各合成多普勒滤波器的杂波抑制性能各不相同。如果根据杂波抑制要求，直接设计一组具有更好杂波抑制性能的多普勒滤波器组，来代替对消级联 FFT 形式的 MTD 滤波器组，可进一步提高 MTD 处理器的性能。

1. 点最佳多普勒滤波器组

点最佳多普勒滤波器组只在每个多普勒处理频段中的某一点上达到最佳，而在其它频率点都是不匹配的。多普勒滤波器就是用许多滤波器填满感兴趣的多普勒区域。通常实际应用中多普勒滤波器采用 N 点 FIR 滤波器填满多普勒区域，N 等于处理的相干脉冲数。如图 6.47 所示。

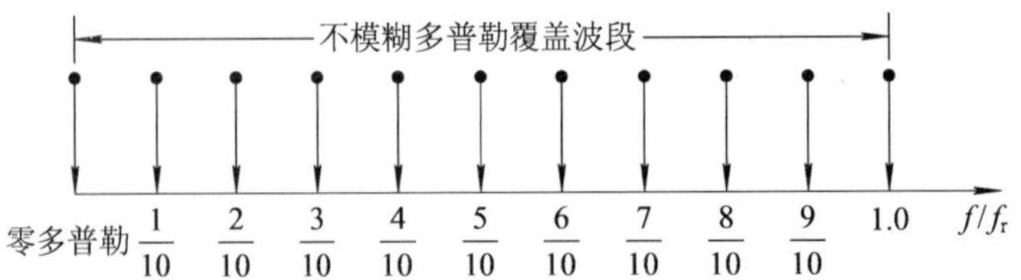

图 6.47　点最佳多普勒滤波器组设计准则($N=10$)

点多普勒横向滤波器复数输入信号表示为

$$s_n = A\mathrm{e}^{\mathrm{j}2\pi f_d t}\sum_{n=0}^{N-1}\delta(t-nT_r) = A\mathrm{e}^{\mathrm{j}2\pi f_d (n-1)T_r}(n=0, 1, \cdots, N-1) \tag{6.5.9}$$

式中，A 是幅度，f_d是多普勒频率，N 是相参脉冲数，T_r是雷达重复周期。信号矢量则可表示为 $\boldsymbol{s}=[s_1, s_2, \cdots, s_N]^T$，$\boldsymbol{R}_s$为归一化信号协方差矩阵。

根据自适应滤波器原理，长度为 N 的滤波器中第 k 个滤波器的权矢量为

$$\boldsymbol{w}_k = \boldsymbol{R}^{-1}\boldsymbol{a}(f_k) \tag{6.5.10}$$

式中，$f_k(k=1, 2, \cdots, K)$为第 k 个滤波器的通带中心频率，$\boldsymbol{a}(f_k)$为导频矢量：

$$\boldsymbol{a}(f_k) = [1, \exp(\mathrm{j}2\pi f_k T_r), \exp(\mathrm{j}2\pi f_k 2T_r), \cdots, \exp(\mathrm{j}2\pi f_k (N-1)T_r)]^T \tag{6.5.11}$$

在杂波区，$\boldsymbol{R}=\boldsymbol{R}_c+\sigma^2\boldsymbol{I}$，为杂波加噪声的协方差矩阵，$\boldsymbol{R}_c$为杂波协方差矩阵，$\boldsymbol{I}$ 为单位矩阵(假设噪声为白噪声)，σ^2 为噪声功率。$\boldsymbol{R}^{-1}$的作用就是使滤波器自适应地在杂波频率处形成零陷，从而抑制杂波。

除了求出最佳加权，还必须确定改善因子的表达式。首先注意到信号协方差矩阵 $\boldsymbol{R}_s$的秩为 1，因为这是矩阵中最大非零行列式的阶数。由于两个矩阵乘积的秩小于等于这两个矩阵中的任何一个，这意味着 $\boldsymbol{R}_c^{-1}\boldsymbol{R}_s$的秩也为 1。又因为非零特征值的个数等于矩阵的秩，故 $\boldsymbol{R}_c^{-1}\boldsymbol{R}_s$只有一个非零特征值 γ_{max}，并且 γ_{max}是实数。矩阵的迹是其所有特征值的和，在这里因为只有一个特征值，必定等于改善因子，因此

$$I = \mathrm{Trace}(\boldsymbol{R}_c^{-1}\boldsymbol{R}_s) \tag{6.5.12}$$

式中，Trace(·)表示矩阵求迹。

MATLAB 函数“point_MTD. m”用于设计点最佳多普勒滤波器组，并画出该滤波器组归一化频率响应，其输出为滤波器组权值。函数调用如下：

$[ww]$ = point_MTD($mtdjie$, fr, df)

其中，各参数定义如表 6.12 所述。

表 6.12　point _MTD. m 的参数定义

符号	描　述	单位	状态	图 6.48 的参考值
mtdjie	滤波器长度		输入	10
fr	脉冲重复频率	Hz	输入	100
df	杂波谱宽	Hz	输入	0.64
ww	FFT 滤波器组权值		输出	

[例 6-8]　设计点最佳多普勒滤波器组。脉冲重复频率为 100 Hz，地杂波的中心频率

为 0 Hz，谱宽为 2 Hz，设计 10 脉冲点最佳多普勒滤波器组，其归一化频率响应如图 6.48(a)所示，共有九组滤波器的频率响应，每个滤波器的凹口深度与通带增益相差大于 70 dB。由于在每个距离单元，MTD 滤波器组通常取多个通道输出的最大值，因此图中虚线为滤波器组总的幅频响应。图 6.48(b)为 10 脉冲的脉压结果，杂噪比约为 45 dB；图 6.48(c)为 MTD 滤波器组输出结果，可见杂波得到抑制的同时，目标的信噪比也提高了约 10 dB。

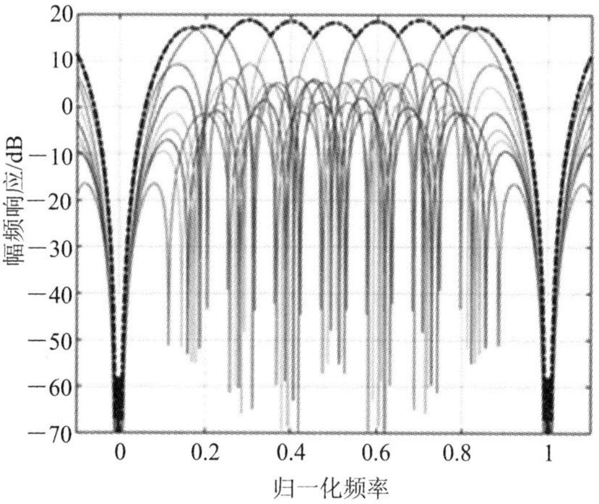

(a) 点最佳多普勒滤波器组频率特性

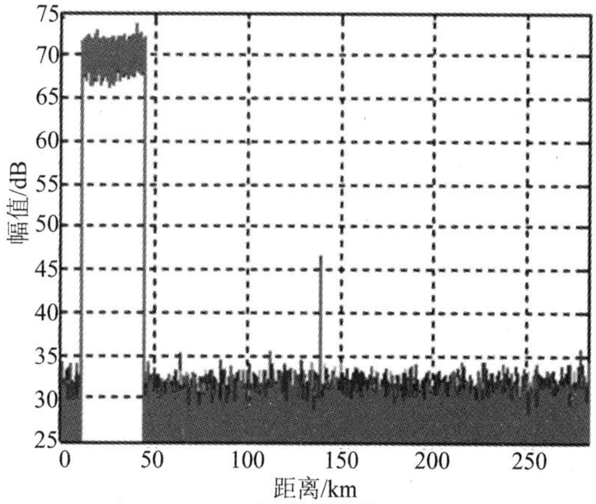

(b) 脉压结果

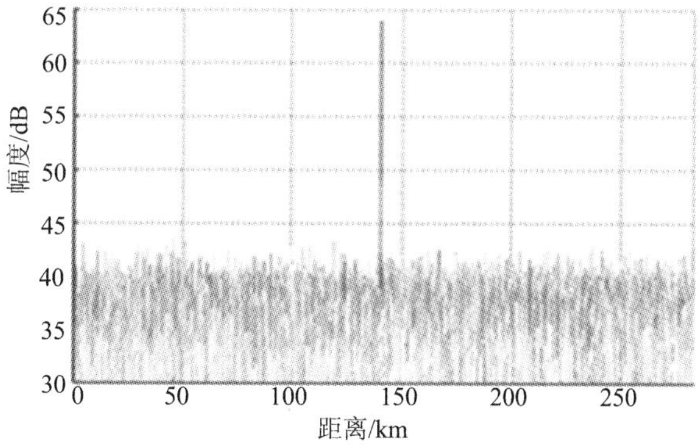

(c) MTD滤波器组输出结果

图 6.48 点最佳多普勒滤波器组频率特性

2. 等间隔多普勒滤波器组

等间隔多普勒滤波器在某个间隔内检测性能最佳，这个间隔是多普勒处理段的一个子集。把多普勒覆盖段分成相等的间隔，每个间隔内部都设计一个最佳横向滤波器，这就构成了一个多普勒处理器组。图 6.49 阐述了这个规则，即将整个 PRF 范围分成 N 个间隔，N 是处理的脉冲数。

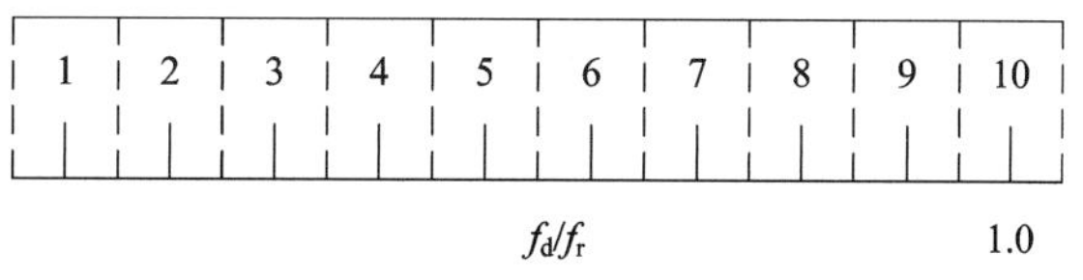

图 6.49 等间隔多普勒滤波器组设计准则

假设目标的多普勒频率在每个间隔内服从均匀分布，因此在每个多普勒频率上对归一化协方差矩阵的元素求平均就能得到信号的协方差矩阵，则第 k 组滤波器中归一化信号协方差矩阵元素为

$$r_{i,l}=e^{j2\pi k(i-l)/N}\frac{\sin[\pi(i-l)/N]}{\pi(i-l)/N} \tag{6.5.13}$$

式中，i 为行数，l 为列数；k 是滤波器阶数，$k=0\sim N-1$；N 是相等的间隔数(即处理的脉冲数)。

$\boldsymbol{R}_c^{-1}\boldsymbol{R}_s$ 的最大特征值对应的特征向量即为最佳权值，而 $\boldsymbol{R}_c^{-1}\boldsymbol{R}_s$ 的最大特征值 $\gamma_{\max}$ 就是改善因子。由于 $\boldsymbol{R}_s$ 不再是奇异矩阵，这样改善因子就不等于 $\boldsymbol{R}_c^{-1}\boldsymbol{R}_s$ 的迹。

在多普勒域中任一点上的最佳权值解为 $\boldsymbol{w}_k=\boldsymbol{R}^{-1}\boldsymbol{a}(f_k)$，多普勒域中某个间隔上的准最佳解可以通过对这个间隔上的点最佳权值求平均得到，从而得到第 k 组滤波器的等间隔最佳复数权为

$$\overline{w}_i^{(k)}=\sum_{n=1}^{N}\alpha_{i,n}\exp\left(-j\frac{n-1}{N}k\right)\frac{\sin[\pi(n-1)/N]}{\pi(n-1)/N} \tag{6.5.14}$$

式中，$\alpha_{i,n}$ 为 $\boldsymbol{R}^{-1}$ 的元素。上式也可解释为以 $\boldsymbol{w}_k=\boldsymbol{R}^{-1}\boldsymbol{a}(f_k)$ 表示的点最佳加权，只不过用平均导频矢量代替了单一导频矢量，使用概率分布对导频矢量求平均可得到平均导频矢量。

对于相等数目的滤波器组，等间隔最佳横向滤波器具有比点最佳滤波器更均匀的响应，并且在零多普勒频率附近有更好的响应，但点最佳设计的改善因子峰值超过等间隔设计的峰值。

MATLAB 函数“inter _MTD. m”用于设计等间隔最佳多普勒滤波器组，并画出该滤波器组归一化频率响应，其输出为滤波器组权值。函数调用如下：

$[ww]$ = inter_MTD($mtdjie$, fr, df)

其中，各参数定义如表 6.13 所述。

表 6.13　inter_MTD. m 的参数定义

符号	描　　述	单位	状态	图 6.50 的参考值
$mtdjie$	滤波器长度		输入	10
fr	脉冲重复频率	Hz	输入	100
df	杂波谱宽	Hz	输入	2
ww	FFT 滤波器组权值		输出	

[例 6-9]　设计等间隔最佳多普勒滤波器组。脉冲重复频率为 100 Hz，地杂波的中心频率为 0 Hz，谱宽为 2 Hz，设计 10 脉冲等间隔最佳多普勒滤波器组，其归一化频率响应如图 6.50(a)所示，共有九组滤波器的频率响应，每个滤波器的凹口深度与通带增益相差大于 70 dB。由于在每个距离单元，MTD 滤波器组通常取多个通道输出的最大值，因此图中虚线为滤波器组总的幅频响应。

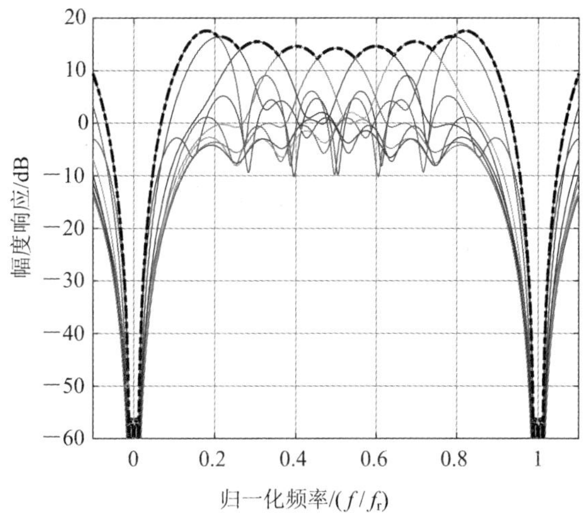

图 6.50　等间隔最佳多普勒滤波器组频率特性

6.5.3　零多普勒处理

MTD 相比 MTI 的改进之一就是它能够检测切向飞行的零多普勒速度目标(严格地说是低径向速度目标)。由于这种零速或低速目标的频谱近似与地物杂波谱重叠，所以必须采用特殊的处理方法。这种方法称为零速滤波或零多普勒频率处理。

1. 零多普勒频率处理的组成

在早期的 MTD 中，零多普勒处理由中心频率为零的低通(零速)滤波器加杂波图平滑滤波器所组成。在强地物杂波中为了获得切向飞行目标(特别是小目标)的检测，需要很大的动态范围并增加 A/D 变换的位数，所以它一般只能做大目标的超杂波检测。由于任何目标不可能始终是严格切向飞行的，而至多是接近(但不等于)零径向速度的飞行，所以可考虑用下面的方法对这种低速目标进行检测：在做杂波图平滑前用一特殊的滤波器先对地物杂波进行抑制，该滤波器的频率响应在零多普勒频率处呈现深的阻带凹口，而随着频率的增加呈现快速的上升，以保证低速目标的检测能力。具有这一特点的滤波器称为卡尔马斯(Kalmus)滤波器。零多普勒频率处理组成框图如图 6.51 所示，主要由两个部分组成：

(1) 强地物杂波环境下低速目标检测的卡尔马斯滤波器；

(2) 对剩余地物杂波进行平滑处理，即进行杂波图恒虚警处理。

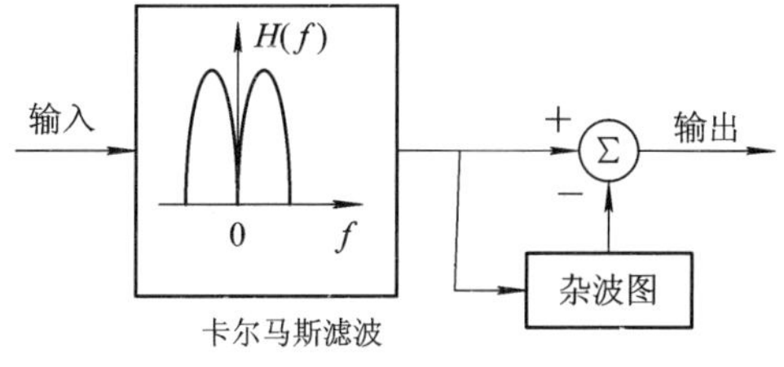

图 6.51　零多普勒处理模型

2. 卡尔马斯滤波器

卡尔马斯滤波器就是在零频形成一个“零点”，而在零频之外保持通带性能的滤波器。

以 $N=10$ 点的 DFT 梳状滤波器的频率特性说明卡尔马斯滤波器的形成过程。图 6.52(a)给出了 DFT 滤波器组的第 0 号和第 9 号滤波器的幅频响应，将二者相减并取绝对值，可形成一个新的等效“滤波器”幅频特性，如图 6.52(b)所示，它在 $f=-f_r/(2N)$ 处呈现零响应，而在此频率两侧呈现窄而深的凹口。若再将它频移 $f_r/(2N)$，便形成了在零多普勒处有窄而深的凹口的卡尔马斯滤波器，如图 6.52(c)所示。

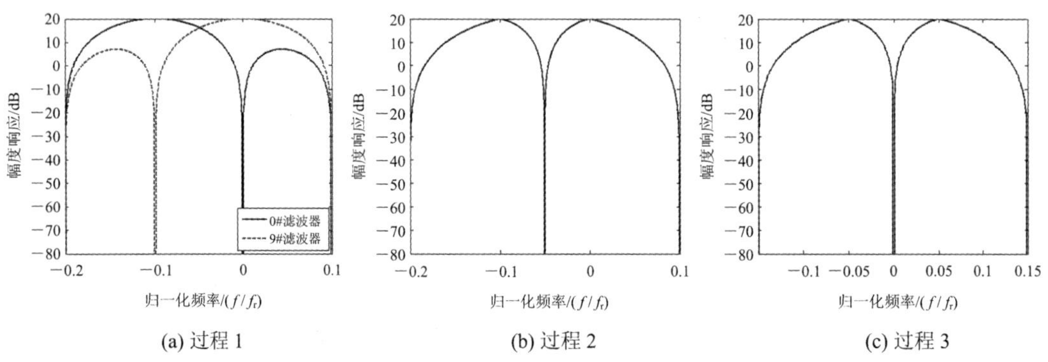

(a) 过程 1　(b) 过程 2　(c) 过程 3

图 6.52　卡尔马斯滤波器形成过程($N=10$)

根据卡尔马斯滤波器的形成过程，推导基于 DFT 多普勒滤波器下的卡尔马斯滤波器的幅度特性表达式为

$$
\begin{aligned}
|H_{ka}(f)| &= \left| \left| H_0\left(f-\frac{f_r}{2N}\right) \right| - \left| H_{N-1}\left(f-\frac{f_r}{2N}\right) \right| \right| \\
&= \left| \left| \frac{\sin\left[\pi N\left(fT_r-\frac{1}{2N}\right)\right]}{\sin\left[\pi\left(fT_r-\frac{1}{2N}\right)\right]} \right| - \left| \frac{\sin\left[\pi N\left(fT_r+\frac{1}{2N}\right)\right]}{\sin\left[\pi\left(fT_r+\frac{1}{2N}\right)\right]} \right| \right|
\end{aligned}
\tag{6.5.15}
$$

在由其它 FIR 滤波器构成 MTD 多普勒滤波器时，卡尔马斯滤波器同样可由上述过程实现。具体实现时，$\frac{f_r}{2N}$的频移运算可预先计入加权因子中。

[例 6-10]　卡尔马斯滤波器设计。假设雷达在一个波位发射 10 个脉冲，脉间变 T，$T_r=[1800, 2000, 2200]$ μs，发射脉宽 $T_e=100$ μs，调频带宽 $B=18$ MHz。两个目标的距离、速度、信噪比分别为 $R=[60,200]$ km，$v_r=[0.5, 3.5]$ m/s，SNR=[0, −5] dB，分别在杂内和杂外；杂波位于 40～80 km 范围内，杂噪比 CNR=50 dB。图 6.53(a)为 10 个脉冲的脉压结果，图(b)、(c)分别给出了四脉冲对消、卡尔马斯滤波器输出结果。由此可见，四脉冲对消后，杂波对消干净，但速度为 0.5 m/s 的目标无法看见，速度为 3.5 m/s 的目标也存在一定的 SNR 损失。而卡尔马斯滤波后，尽管杂波存在一定的剩余，但是两个目标清晰可见。

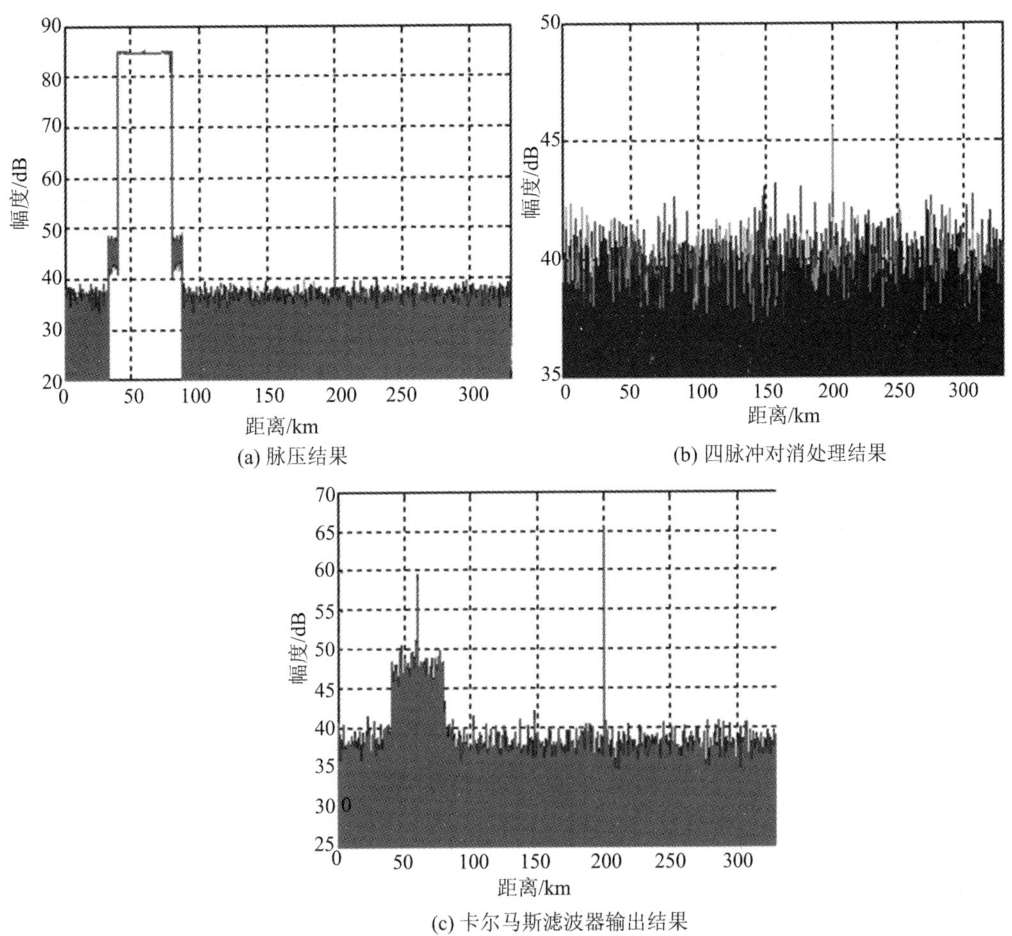

图 6.53　四脉冲对消和卡尔马斯滤波结果比较

3. 杂波图平滑处理

显然，卡尔马斯滤波器对只有直流分量(零多普勒分量)的理想点杂波具有良好的抑制作用，而实际环境中总是存在具有一定谱宽的起伏杂波。尽管使用了卡尔马斯滤波，滤波剩余的这种起伏分量仍将严重干扰低速目标的检测并造成虚警。因此必须针对这种起伏杂波剩余进行恒虚警处理。一种有效的方法是建立起伏杂波图(因为杂波已是卡尔马斯对消的剩余，所以又称为剩余杂波图)，并根据杂波图对输入做平滑，以得到近似恒虚警概率的效果。因此，这种杂波图平滑处理也称为杂波图恒虚警。

由于地物杂波与气象杂波相比在邻近距离范围内变化剧烈，不满足平稳性，因此不能采用基于邻近单元平均的空间单元恒虚警，否则会导致较大的信噪比损失，且难以维持虚警率的恒定。在同一距离、同一方位单元内的地物杂波(剩余)尽管仍有一定起伏，但其在天线多次扫描期间采样已满足准平稳性，这样就可考虑基于同一单元的多次扫描对杂波平均幅度进行估值，然后再用此估值对该单元的输入做归一化门限调整，这就是杂波图恒虚警的基本过程。为了与对付气象杂波的邻近单元平均恒虚警相区别，通常该过程也被称作“时间单元”恒虚警。

杂波图恒虚警需要容量很大的存储器，因为其按照杂波单元调整门限估值，且存储容量还取决于估值(平均)算法。这一估值(即杂波图的建立与更新)通常采用单回路反馈积累的方法，其原理图如图6.54所示。图中，T_A表示天线的一个扫描周期。某单元新接收的杂波数据乘以$1-K_1$，与该单元原存储的数值乘以K_1后相加作为新的存储值。用z变换分析杂波图存储的传输函数：

$$y(n)=(1-K_1)x(n)+K_1y(n-1) \tag{6.5.16}$$

$$Y(z)=(1-K_1)X(z)+K_1Y(z)z^{-1} \tag{6.5.17}$$

即

$$H(z)=\frac{Y(z)}{X(z)}=\frac{1-K_1}{1-K_1z^{-1}} \tag{6.5.18}$$

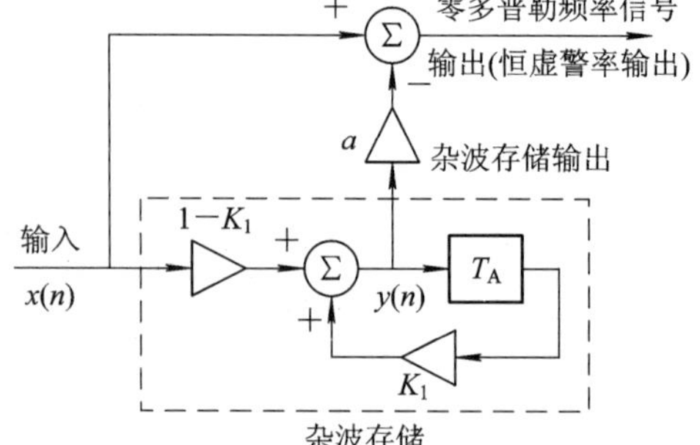

图6.54　杂波图迭代原理图

这是一个单极点系统，单位脉冲响应为一指数函数，所以它相当于对各个单元的多次扫描(天线扫描)作指数加权积累，以获得杂波平均值的估值。

实际中可能是将上一帧获得的杂波平均估值用来对本帧的输入(卡尔马斯滤波输出)作归一化处理，即恒虚警门限调整，经此调整(相减)后的输出就是零多普勒处理的最后结果。在下一节将对杂波图处理进行进一步讨论。

6.5.4　自适应MTD (AMTD)

AMTI是根据对杂波中心频率的估计值，自动改变MTI滤波器特性，使其阻带凹口实时对准杂波谱的平均多普勒中心。如果多个运动的杂波同时存在，则采用这种自适应方法将很难对其进行有效抑制，除非是运用多通道自适应MTI。但是使用MTD情况就不同了。由于一种运动杂波一般只可能出现在MTD窄带滤波器组的某一个滤波器通带范围之内，可考虑对每个距离-方位单元甚至每个距离-方位-多普勒单元的杂波强度进行实时检测，并根据这一检测结果实现自适应MTD处理(AMTD)。针对MTD的如下缺点，AMTD进行了相应的改进：

(1) FIR滤波器组的加权值虽然是分频道设计的，但都是固定的。这意味着在强杂波环境中所必需的零多普勒深阻带，在弱的或没有杂波的条件下仍然存在。因而多普勒频率接近雷达重复频率的特殊速度的小目标的可见度(即检测概率)相对最佳滤波而言是降低了。

解决此问题的方法有两种：一是根据建立的距离-方位杂波图，MTD相参处理支路与正常处理支路(在下一节介绍)的动态快速切换，杂波存在时选择MTD支路，无杂波时选择正常支路。这种方法中的MTD滤波器的实现相对简单些(无需自适应)，而正常支路具有更大的动态范围，这是现代雷达中的常见处理方式。二是自适应加权，即根据杂波频域统计特性实时地选择不同的滤波器组。

(2) 如果在气象杂波不存在时仍然使用恒虚警，则存在一定的信噪比损失。对典型的MTD(16～20个脉冲)，用长度为20的窗口计算恒虚警调整门限，这一损失约为2 dB。

解决此问题的方法有两种：一是采用 MTD 支路与正常支路的切换，即根据建立的杂波(包括气象杂波)进行相参支路与正常支路的选择，在正常支路中不使用快门限恒虚警，而使用固定门限或慢门限恒虚警(即噪声恒虚警)。二是可对地杂波抑制后的剩余杂波建立气象杂波图，再根据这一杂波图实时选择快门限恒虚警或固定门限恒虚警。

(3) 对于一些特殊的信号，如天波干扰、鸟和昆虫造成的干扰等，不能使用 MTD 和恒虚警进行有效抑制，即无法控制这些信号引起的虚警。

解决这一问题的方法是在 MTD 滤波和分频道恒虚警处理后，不再进行通常的频道分选合成加固定门限检测，而是先进行分频道的自适应门限检测，再进行合成。这一检测使用自适应门限图，而这一门限图的建立与更新准则应确保其反映地物、气象杂波剩余和上述特殊信号的存在与变化。

其实 AMTD 的关键就是根据杂波强度(类型)选择(生成)加权因子或滤波特性，所以有时将这种具有自适应能力的多普勒滤波器称为自适应频谱处理器(ASP)。

综上所述，MTI 与 MTD 的异同如表 6.14 所示。

表 6.14　MTI 与 MTD 的异同

	MTI	MTD
杂波抑制机理(相同点)	利用目标和杂波的多普勒频率的差别进行处理，对于地面雷达地杂波的多普勒频率为 0	
适用范围	等 T 模式或者变 T 模式	等 T 模式
滤波器设计方法	① 二项式级数 ② 特征矢量法 ③ 零点分配法等	① FFT ② 点最佳设计法 ③ 等间隔设计法 ④ 数字综合算法等
处理输出	脉间输出	脉组输出
滤波器特征	变 T 时为时变滤波器	滤波器组
对气象杂波	AMTI	AMTD

6.6　杂波自适应控制

雷达信号处理的主要目的之一是解决目标与环境间的矛盾。更确切地说，它是在对目标进行检测判决之前，对目标与环境的混合回波信号进行某些特殊的加工处理，以期尽量降低环境的影响。在不考虑积极干扰的情况下，对目标正常检测与估值影响最为严重的一种环境干扰就是杂波。作为一种随机过程，大多数杂波是可以进行统计描述的。雷达信号处理正是基于目标回波与杂波间的不同统计特性来对杂波进行有效的抑制。例如，根据运动目标与地物杂波的不同频谱特性(主要是多普勒中心频率不同)，可用属于频域处理的 MTI/MTD 滤波进行杂波对消；根据平稳气象杂波的振幅频率分布特性，可用空间单元恒虚警进行处理来降低杂波起伏对检测性能的影响；对经过 MTI 与恒虚警门限调整处理后的信号，还可进行非相参积累，以进一步降低扫掠间不相关或弱相关杂波造成的虚警。因此，一部现代雷达的信号处理系统必须具备实时记录杂波、分析杂波的能力，并且能及时改变处理系统甚至整机的特性，以适应时变的杂波环境。

6.6.1 杂波图

杂波图是存储在存储器中的雷达威力范围内的杂波强度分布图。就像划分目标的分辨单元一样，可将雷达的作用域(处理范围)按照不同的要求划分成许多杂波单元，杂波单元可以等于目标的分辨单元。为了减少存储容量，大多数情况下杂波单元大于目标分辨单元。图 6.55(a)给出了二维杂波单元的方位-距离划分示意图。

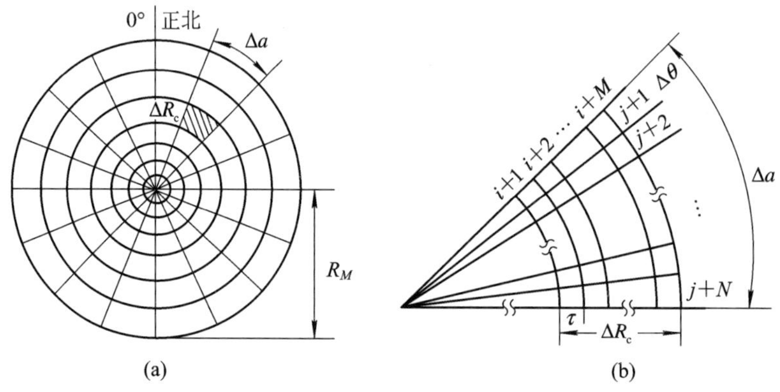

图 6.55 杂波单元的定义性描述

图 6.55(a)中，每个杂波单元的距离尺寸和方位尺寸分别用 ΔR_c 和 Δa 表示，半径 R_M 表示杂波区的距离范围。如果目标距离分辨单元的尺寸为 $\Delta R=c\tau/2$(τ 为脉冲宽度)，一个脉冲重复周期 T_r 对应在方位上的天线转动角度为 $\Delta\theta$，且 $\Delta R_c=M\cdot\Delta R$ 和 $\Delta a=N\Delta\theta$，如图 6.55(b)所示，则一个杂波单元的平均值为 $M\times N$ 个采样输入的二维平均：

$$\overline{C}_{i,j}=\frac{1}{MN}\sum_{n=1}^{N}\sum_{m=1}^{M}x_{i+m,\,j+n} \tag{6.6.1}$$

其中，i、j 分别为杂波单元在距离向和方位向的编号。将此值按照 i、j 相应的地址写入杂波图存储单元中，天线扫描一周，就形成了一幅完整的杂波图。但一般需经过数个至数十个天线扫描周期才能建立起比较稳定的杂波图。天线扫描周期(帧)间的杂波图积累又称为杂波图更新，帧内与帧间杂波图积累、平滑有多种算法。

一种常用的杂波图更新方法是单极点反馈积累法(见图 6.54)。如果用 n_a 表示天线扫描周期序号，则采用单极点反馈积累的杂波图更新算法为

$$\overline{C}_{i,j}(n_a)=K_1\overline{C}_{i,j}(n_a-1)+(1-K_1)\frac{1}{MN}\sum_{n=1}^{N}\sum_{m=1}^{M}x_{i+m,\,j+n}(n_a) \tag{6.6.2}$$

式中，$K_1\overline{C}_{i,j}(n_a-1)$ 是上一个扫描周期得到的且已存储在杂波图存储器中的杂波图平均值。

另一种帧间杂波图更新的常见方法是滑窗式平均法。设滑窗宽度为 K(对应从当前扫描周期算起的最近 K 个扫描周期)，则有

$$\overline{C}_{i,j}(n_a)=K_1\overline{C}_{i,j}(n_a-1)-\frac{1}{MN}\left[\sum_{n=1}^{N}\sum_{m=1}^{M}x_{i+m,\,j+n}(n_a-K)+\sum_{n=1}^{N}\sum_{m=1}^{M}x_{i+m,\,j+n}(n_a)\right] \tag{6.6.3}$$

实际上，杂波图的类型可按照建立与更新杂波图的方式分为“动态杂波图”和“静态杂波图”。动态杂波图是一种能够不断进行自动修正更新的杂波图，上面讨论的帧内和帧间杂波图积累更新方法均是对动态杂波图而言的。静态杂波图是一种相对简单的杂波图，其背景杂波信息已经固化而不能动态改变，但在转移雷达阵地后或其它实际情况下将重新建立。它适应于杂波背景起伏变化不明显的应用场合。

按照杂波图的功能来划分，杂波图的常见类型可分为：

(1) 时间单元恒虚警中的地物杂波图；

(2) 相参/正常处理支路选择的杂波轮廓图；

(3) 相参处理支路增益控制的幅度杂波图；

(4) 相参处理支路分频道检测的杂波门限图；

(5) 非相参处理支路中超杂波检测的精细杂波图；

(6) 静点迹过滤用的精细杂波图。

限于篇幅，下面主要介绍杂波轮廓图。

6.6.2　杂波轮廓图

上一节提到改善 MTD 处理器性能的两条途径：其一为自适应滤波；其二为相对简单的双支路处理，即在 MTD/MTI 支路外，设置一并行的正常处理支路。

1. 正常处理支路

正常处理支路的主要功能是：

(1) 减小相参支路不必要的处理损失，提高目标尤其是低速小目标的检测能力。因为强杂波环境中所必需的滤波器抑制凹口及快门限恒虚警处理，在弱杂波或无杂波条件下势必导致一定程度上降低检测能力。因此在无杂波清洁区采用基于幅度信息的正常处理(线性或对数检波后接慢速恒虚警、滑窗检测等)，则能够保证信号尤其是弱信号的检测概率。

(2) 为了保证相参处理支路的线性处理动态范围，必须对中放增益进行快速自动调整。调整的依据就是幅度杂波图。而建立幅度杂波图的输入信号必须由具有更大动态范围的正常支路提供。

为了实现对正常处理和相参处理结果的选择，必须建立一个能够反映杂波有/无(确切地说是杂波强/弱)的杂波图。由于它只需提供杂波的概略信息(二分层)，因此称为杂波轮廓图。例如数字“1”表示有杂波，用来控制选择相参支路的输出；数字“0”表示无杂波，可控制选择正常支路的输出。所以杂波轮廓图又称为杂波开关。基于杂波轮廓图的双支路处理系统结构如图 6.56 所示。

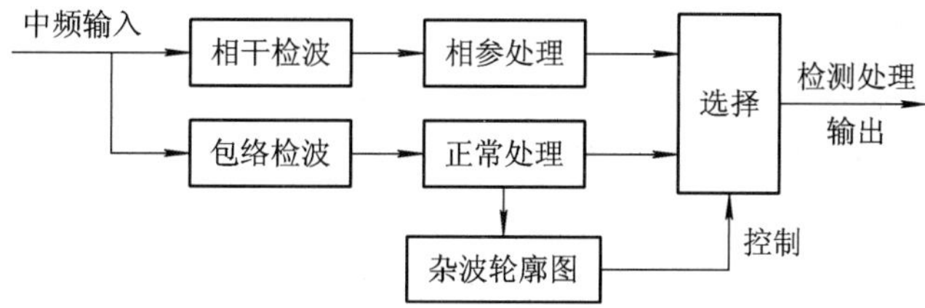

图 6.56　杂波轮廓图通道选择处理框图

2. 杂波轮廓图的建立

在雷达杂波中，根据其帧间相关程度可将其大致分成两类：一类是帧间相关性较强的杂波，诸如地物、气象等；另一类是帧间相关性较弱的杂波，如鸟、昆虫及异常传播引起的杂波等，这种杂波称为仙波(angel wave 或 angel clutter)。下面分别对这两种不同性质杂波的杂波轮廓图建立方法予以介绍。

1）强相关杂波轮廓图

这类杂波图的建立与更新一般由两步构成：一是方位扇区 Δa 内分别对各个杂波单元的本帧数据累加、判别；二是根据本帧数据判别结果对全区域的所有杂波轮廓进行帧间相关调整(更新)。为了消除杂波边缘的影响，轮廓图的输出一般采用“区域扩展”技术。图6.57给出了杂波轮廓图实现的原理框图。图中“小存”针对雷达的每个杂波单元，“大存”针对整个杂波轮廓图。

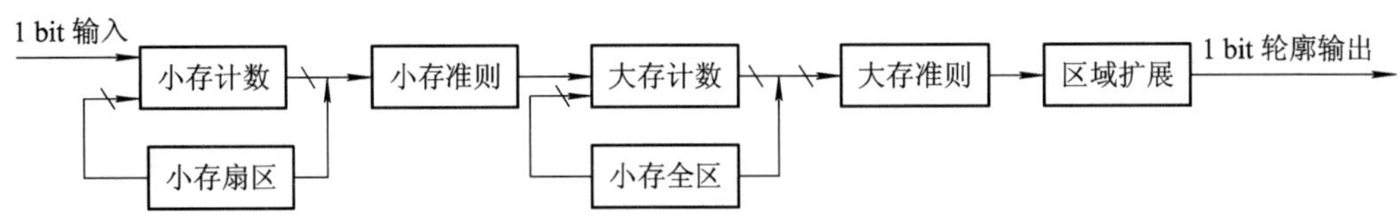

图 6.57 杂波轮廓图实现原理框图

考虑到这类杂波的较强相关性，杂波轮廓图处理的输入可直接取自正常支路经慢门限检测后的 1 bit 输出信号，并且因为杂波轮廓图只需要提供杂波强弱的概略信息，因此一般杂波单元比空间分辨单元大，即在距离维和方位维的杂波单元大小分别为 $\Delta R_c = M \cdot \Delta R$ 和 $\Delta a = N\Delta\theta$，ΔR 和 $\Delta\theta$ 分别是距离分辨率和方位分辨率。则对于每一个杂波单元就包括 $M\times N$ 个分辨单元的 1 bit 输入。如果距离维共有 M_s 个目标单元，则一个杂波方位扇区内的杂波单元数为 M_s/M。

图 6.57 中，“小存扇区”配合“小存计数”按式(6.6.1)完成扇区内所有(M_s/M)杂波单元的输入信息的累加，由于输入为 1 bit 信号，故累加可由计数代替。当计数到每个扇区的边缘(第 N 个 PRI)时，可一次输出该方位扇区每个杂波单元的本帧计数值。这些计数值根据小存准则判别(门限比较)后送出 1 bit 信号，“1”表示该单元为杂波区，“0”表示该单元为非杂波区。该杂波单元的 1 bit 信号再去控制大存(轮廓累计图)数据做相关调整(如加/减/不变)，当该杂波单元的输出为“1”时，对应的大存单元的计数值就累加；当该杂波单元的输出为“0”时，对应的大存单元的计数值就相减。

杂波轮廓图的输出经过两个模块：一是“大存准则”判别，即按照某一准则(如 K/M 准则，即 M 次扫描中有 K 次为“1”)将轮廓累计值转变成 1 bit 的轮廓值；二是“区域扩展”，其设计思想如图 6.58 所示。当最后要送出空间某单元(如图 6.46 中的单元 A)的杂波轮廓图信息时，不仅考虑该单元的轮廓存储值，还同时考虑其周围 8 个杂波单元的轮廓值；只要 9 个单元中有一个单元的轮廓输出为“杂波区”，则 A 单元被看做杂波区，这时就选择相参支路输出。

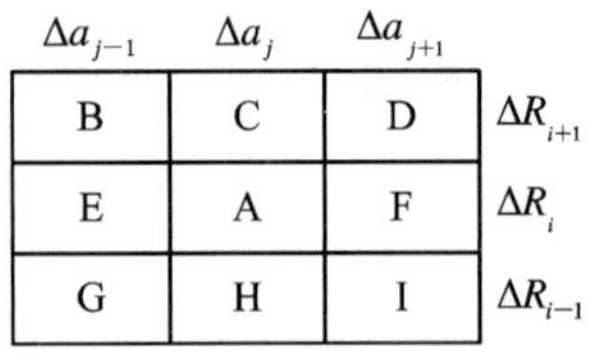

Δa_{j-1}	Δa_j	Δa_{j+1}	
B	C	D	ΔR_{i+1}
E	A	F	ΔR_i
G	H	I	ΔR_{i-1}

图 6.58 杂波轮廓图区域扩展图

2）仙波轮廓图

考虑仙波漂浮不定，帧间相关性弱的特点，无论是在杂波单元划分还是杂波轮廓建立与更新的方法上均需做特殊的设计。首先，仙波单元宜按照等面积划分而不是简单的方位-距离划分，以利于这类杂波轮廓建立。图 6.59 给出了其单元划分示意图。设距离向按照等间隔划分，$\Delta R_c = M \cdot \Delta R$；而方位向按每增加一个距离段增加 8 个单元的形式在环内等分(一个象限增加两个单元)。容易证明这样划分的结果能够保证各单元面积近似相等。

其次，为了保证雷达对仙波的检测，杂波轮廓图处理的输入直接取自未经慢门限处理的正常数字视频，并采用幅度双门限切割的方式进行分层。图 6.60 给出了一种可行的仙波轮廓图实现框图。其过程简述为：在按等面积划分的各个杂波单元内对双门限切割后的 1 bit信息进行累加(小存计数)，当到达每个单元边缘时送出计数结果按照“小存准则”进行判定。大存统计则采用滑窗式判别。若窗口宽度为 L，则可按 K/L 准则对当前 L 帧的 1 bit 数据进行判定，若满足“大存准则”，则该单元为仙波区。已建立的仙波区在判定其为非杂波区时宜采用另外的准则，如判定 K 帧内均无杂波，则可输出非杂波区的状态信息。

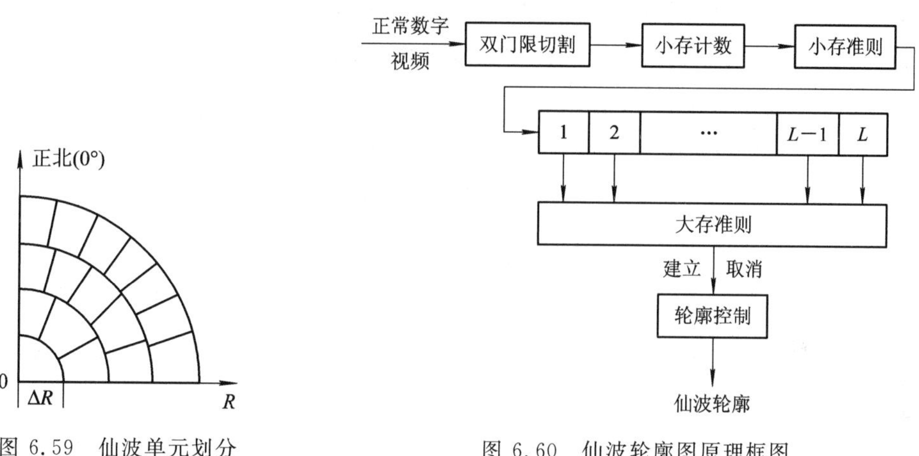

图 6.59 仙波单元划分

图 6.60 仙波轮廓图原理框图

6.7 脉冲多普勒雷达

在 MTI 雷达中，PRF 选择要求不会产生距离模糊，但通常会产生许多多普勒模糊或盲速。当盲速的影响能容忍时，MTI 处理是雷达从杂波中检测运动目标的非常有效的方法。然而，在某些重要场合，多个盲速会大大减少可以利用的多普勒空域(可以检测希望的运动目标的多普勒区域)，可用多普勒区域的减少会使可检测的运动目标变得不可检测。受载机条件的限制，机载雷达必须工作在高的微波频率，以便用飞机可容忍的天线孔径产生窄波束，这时盲速产生的性能下降难以对付。除此以外，机载雷达还因平台的运动产生杂波谱的展宽，加剧了可用于运动目标检测的多普勒频率空间的减少。为了消除多普勒模糊和与之相伴的盲速的严重影响，必须牺牲低 PRF 没有距离模糊的优点。PRF 的增大相应地增加了第一盲速，并减少了多普勒空间内的零凹口数量。但是，高 PRF 却产生了距离模糊的问题。因此，机载雷达通常容忍用距离模糊去换多普勒模糊，以便获得好的运动目标检测性能。

通过增大 PRF 以避免盲速的雷达通常称为脉冲多普勒雷达。更准确地说，高 PRF 脉冲多普勒雷达是在多普勒空间没有盲速的雷达。然而，在某些情况下以稍低的 PRF 工作，并容忍距离和多普勒模糊可能更有利，这种雷达称为中 PRF 脉冲多普勒雷达。

如果雷达关心的目标和杂波的最大距离为 R_{max}，则距离无模糊的最大 PRF 为 $f_{r1}=c/(2R_{max})$；如果雷达关心的目标和杂波的最大速度为 v_{max}，则多普勒无模糊的最小 PRF 为 $f_{r2}=2|v_{max}|/\lambda$。根据 f_{r1} 和 f_{r2} 的大小，高、中、低 PRF 的选择如表 6.15 所示。

表 6.15 高、中、低 PRF 的选择

PRF 类型	高 PRF	中 PRF	低 PRF
$\frac{c}{2R_{max}}<\frac{2\|v_{max}\|}{\lambda}$	$f_r\geqslant\frac{2\|v_{max}\|}{\lambda}$	$\frac{c}{2R_{max}}<f_r<\frac{2\|v_{max}\|}{\lambda}$	$f_r\leqslant\frac{c}{2R_{max}}$
$\frac{c}{2R_{max}}\geqslant\frac{2\|v_{max}\|}{\lambda}$	$f_r\geqslant\frac{c}{2R_{max}}$	$\frac{2\|v_{max}\|}{\lambda}<f_r<\frac{c}{2R_{max}}$	$f_r\leqslant\frac{2\|v_{max}\|}{\lambda}$

表 6.16 对高、中、低 PRF 雷达的性能进行了比较。

表 6.16 高、中、低 PRF 雷达性能的比较

	高 PRF 脉冲多普勒雷达	中 PRF 脉冲多普勒雷达	低 PRF 脉冲多普勒雷达
多普勒频率模糊	没有多普勒模糊，没有盲速但存在距离模糊	多普勒模糊，高速目标的检测性能不如高 PRF 系统	多普勒模糊严重
距离模糊	距离模糊，可以通过发射三种不同的 PRF 解距离模糊	较小的距离模糊，必须采用多种不同的 PRF 解距离模糊	没有距离模糊，不需要采用多种 PRF 解距离模糊
主瓣杂波	通过可调滤波器消除	MTD	采用 STC、MTI 抑制杂波，在远距离可无杂波情况下工作
高度杂波	通过多普勒滤波消除	高度杂波通过距离门消除	不用考虑
副瓣杂波	为了减低副瓣杂波，天线副瓣必须十分低	为了减低副瓣杂波，天线必须有低的副瓣	副瓣杂波较弱，没有在脉冲多普勒系统中重要
低径向速度目标的检测	通常被距离上折叠起来的近距离旁瓣杂波淹没在多普勒区域，检测效果较差	与高 PRF 系统相比，可在更远距离检测相对低速的目标	MTI 抑制杂波时低速目标也被抑制了，通常需要进行超杂波检测
距离波门数	经常只用一个或少数距离波门，但具有大的多普勒滤波器组	要求的距离波门较多，但每个波门的多普勒滤波器数较少	距离单元数取决于雷达的作用距离和距离分辨率
测距精度和距离分辨率	测距精度和距离上分辨多个目标的能力比其它雷达差	与高 PRF 系统相比，可获得较好的测距精度和距离分辨率	可获得更好的测距精度和距离分辨率

与低 PRF 相比，高 PRF 导致更多的杂波从天线副瓣进入雷达，因而要求更大的改善因子。

6.8　本章 MATLAB 程序

本节提供了本章所使用的主要 MATLAB 程序和函数的清单。为了加深理解，建议读者使用不同的输入参数重新运行程序。

程序 6.1　杂波 RCS 和 CNR 的计算(clutter_rcs.m)

```
function [sigmaC, CNR] = clutter_rcs(sigma0, thetaE, thetaA, SL, range, hr, ht, pt, f0, b, F, L, ant_id)
%该函数画出杂波 RCS 和 CNR 与雷达斜距之间的关系图
clight = 3.e8; %光速 m/s
lambda = clight /f0;
thetaA = thetaA * pi /180;       %方位方向 3 dB 波束宽度(弧度)
thetaE = thetaE * pi /180;       %俯仰方向 3 dB 波束宽度(弧度)
re = 6371000; % 地球半径
rh = sqrt(8.0 * hr * re/3.); % rh = 4.1 * (sqrt(hr) + sqrt(ht)) * 1000;    %雷达视线距离
SLv = 10.0^(SL/10);               %天线旁瓣电平
sigma0v = 10.0^(sigma 0/10);      %杂波后向散射系数
tau = 1/b;                        %脉冲宽度
deltar = clight * tau / 2.;       %距离分辨率
range_m = 1000 .* range;          %雷达斜距 m
thetar = asin(hr ./ range_m);
thetae = asin((ht-hr) ./ range_m);
propag_atten = 1. + ((range_m ./ rh).^4);    %考虑折射和椭球形地球效应引起的传播衰减
Rg = range_m .* cos(thetar);
deltaRg = deltar .* cos(thetar);
theta_sum = thetae + thetar;
if(ant_id ==1)
   ant_arg = (2.78 * theta_sum ) ./ (pi * thetaE); % 1: sinc^2 作为天线波束方向图
   gain = (sinc(ant_arg)).^2;
else
   gain = exp(-2.776 .* (theta_sum./thetaE).^2); % 2: Gaussian 作为天线波束方向图
end
sigmac = (sigma0v. * Rg. * deltaRg). * (pi * SLv * SLv + thetaA. * gain.^2)./propag_atten;
sigmaC = 10 * log10(sigmac);
figure(1); plot(range, sigmaC)
pt = pt * 1000;
g = 26000 / (thetaA_deg * thetaE_deg);      %天线增益
argnumC = 10 * log10(pt * g * g * lambda * lambda * tau .* sigmac);
argdem = 10 * log10(((4 * pi)^3). * (range_m).^4)+F+L-204;
CNR = argnumC - argdem;
figure(2); plot(range, CNR, 'r')
```

程序 6.2 用特征矢量法设计 MTI 滤波器(eig_MTI.m)

```
function [ww] = eig_MTI(firjie, fr, bianT, fd, df)
bianT=bianT/fr/mean(bianT);
bianT_num = length(bianT);
Tri = repmat(bianT, 1, firjie);
T = zeros(1, firjie);
f = [-1 * fr: 0.1: 4 * fr];          %频率范围
hd = zeros(bianT_num, length(f));
Rc = zeros(firjie, firjie);          %杂波自相关矩阵
for k = 1: bianT_num
    T(2:firjie)=cumsum(Trck:k+firjie-2),2);
    Tmn = T'-T;
    Rc = exp(1j * 2 * pi * fd * Tmn-2 * (pi * df * Tmn).^2);
    [V, D]=eig(Rc);                  %特征分解
    w = V(: , 1);                    %w 最小特征值所对应的特征向量
    ww(k, : ) = w;
hd(k,:)= w * exp(-j * 2 * pi * T' * f);   %计算频率响应
end
Hd = 20 * log10(abs(hd));
```

程序 6.3 零点分配法设计 MTI 滤波器 zero_MTI.m

```
function [ww]=zero_MTI(mtijie, fr, bianT, fz)
N= mtijie-1;                         %需计算的权值个数=FIR 长度-1;
bianT_num = length(bianT);
zeros_num = length(fz);
Tr = bianT /fr/mean(bianT);          %平均重复周期
Tr = repmat(Tr,1,N);
f = [-0.5 * fr:0.1:4 * fr];          %频率范围
Tr = repmat(Tr,1,N);
w = ones(1,mtijie);                  %权系数
for k=1:bianT_num
    T= Tr(k-1+(1:N));
    Ti =[0 cumsum(T)];               %时间累加矩阵
    TN =(Ti(2:end)'.^(0:N-1)).';
U =[1;zeros(N-1,1)];
U=repmat(U,zero_num,1);
A= zeros(N * zero_num, N);
for n=1:zero_num
    A((n-1) * zero_num+(1:N),:) = TN. * exp(-1i * 2 * pi * fz(n). * Ti(2:end));
end
  w(1)=1;
  w(2:mtijie)= -(A)\U;
  w=w./max(abs(w));
```

```
    ww(:,k)=w;
    hf(k,:) = abs(w * exp(-1j * 2 * pi * Ti.' * f));      %计算频率响应
end
Hf = 20 * log10(abs(hf));
```

说明：上边方框里的程序也可以按下边的方式编程，滤波器的性能若有差异。

```
U =ones(N,1)];
A= zeros(N, N);
for n=1:zero_num
    A =A+ TN. * exp(-1i * 2 * pi * fz(n). * Ti(2:end));
end
```

程序 6.4　用 FFT 滤波器组设计 MTD 滤波器(fft_MTD.m)

```
function [ww] = fft_MTD(N, win, f)
for m=1: N
    ww(m, : ) = exp(-1j * 2 * pi * m * (0: N-1)/N) . * win.';
end
hd = ww * exp(-1j * 2 * pi * (0: N-1)' * f);      %计算归一化频率响应
Hd = 20 * log10(abs(hd));
figure; plot(f, Hd);
xlabel('归一化频率 f/fr'); ylabel('幅度响应 / dB'); xlim([min(f) max(f)]);
```

程序 6.5　点最佳 MTD 滤波器组的设计(point_MTD.m)

```
function [ww]=point_MTD (mtdjie, fr, df)
T=1/fr; %重复周期
N = mtdjie; %滤波器阶数
f = [-0.1 * fr: 0.1: 1.1 * fr];                %频率范围
for m = 1: mtdjie
    Rn(m, : ) = exp(-2 * pi^2 * df^2 * ((m-(0: mtdjie-1)) * T).^2); %杂波自相关矩阵
end
Rn = Rn+1e-6 * eye(mtdjie, mtdjie);
Rni = inv(Rn);
ww = zeros(N-1, mtdjie);
for m = 1: N-1
    s = exp(1j * 2 * pi * (0: mtdjie -1) * m/N);        %点最佳
    w0 = Rni * s.';                                     %最佳权值
    ww(m, : ) = w0./max(abs(w0));                       %归一化
end
hd = ww * exp(-1j * 2 * pi * (0: mtdjie-1)' * T * f);   %计算频率响应
Hd = 20 * log10(abs(hd));
figure; plot(f./fr, Hd);
xlabel('归一化频率 f/fr'); ylabel('幅度响应 / dB');
```

程序 6.6　等间隔 MTD 滤波器组的设计(inter_MTD.m)

```
function [ww]=inter_MTD (mtdjie, fr, df)
T=1/fr; %重复周期
```

```
N = mtdjie ; %等间隔数
f = [-0.1 * fr: 0.1: 1.1 * fr];            %频率范围
Tmn=((0:mtdjie-1).'-(0:mtdjie-1)) * T;
Rn = exp(-2 * pi^2 * df^2 * Tmn.^2); %杂波自相关矩阵
Rn = Rn+1e-6 * eye(mtdjie, mtdjie);
Rni = inv(Rn);
ww = zeros(N-1, mtdjie);
for m = 1: N-1
     ww(m, : ) = (Rni * (exp(-1j * (0:N-1) * 2 * pi * m/N). * sinc((0:N-1)/N)).').';
     ww(m, : )=ww(m, : )/max(abs(ww(m, : )));          %归一化
end
hd = ww * exp(-j * 2 * pi * (0: mtdjie-1)' * T * f);          %计算频率响应
Hd = 20 * log10(abs(hd));
figure; plot(f./fr, Hd);
```

练 习 题

6-1 某脉冲雷达工作频率为 100 MHz，若一目标背站飞行，径向速度为 540 km/h，计算该目标回波的多普勒频率。

6-2 某脉冲雷达为全相参体制，其重复周期为 1 ms，载频为 1500 MHz。一目标的径向速度为 300 m/s。计算每经过一个重复周期该目标相对于雷达距离的变化量 ΔR，目标回波滞后于发射信号的时间变化量 Δt 及目标回波相对于发射脉冲的相位差变化量 $\Delta\varphi$。

6-3 某一雷达脉冲重复频率为 800 Hz，如果杂波均方根值为 6.4 Hz，当使用单延迟线、双延迟线对消器时，求改善因子。

6-4 某雷达工作波长为 1.5 m，采用“三变 T”工作方式，重复周期分别为 3.1 ms、3.2 ms和3.3 ms。试求：

(1) 变 T 工作时第一盲速及其对应的多普勒频率。

(2) 第一盲速在变 T 与不变 T 条件下之比为多少?

(3) 设计分别适用于三个重复周期的时变加权滤波器。假设变 T 顺序为 $T_{r1}\rightarrow T_{r2}\rightarrow T_{r3}\rightarrow T_{r1}\rightarrow\cdots$，滤波器零点设置为 50 Hz 和 100 Hz。

6-5 在直径为 D 的旋转反射面天线中，目标上有限驻留产生的多普勒扩展与旋转天线末端产生的多普勒频率之间的关系是什么(假设天线波束宽度为 $\theta_B=\lambda/D$ 弧度)?

6-6 针对图 6.5 所示的机载雷达，假设雷达天线方位向、俯仰向的 3 dB 波束宽度均为 0.02 rad，脉冲宽度为 2 μs，脉冲重复周期为 1 ms。擦地角(斜视角)为 $\psi_g=20°$，杂波反射系数 $\sigma^0=0.0136\ m^2/m^2$，风速的均方根值为 0.42 m/s。目标距离为 20 km，目标雷达截面积 $\sigma_t=1\ m^2$。计算：

(1) 雷达接收机输入端信杂比 S_i/C_i(以 dB 为单位)；

(2) 若雷达采用 MTI 滤波器，MTI 改善因子为 50 dB，求输出信杂比 S_o/C_o；

(3) 计算两脉冲、三脉冲对消的改善因子 I_2、I_3，以及输出信杂比 S_o/C_o；

(4) 若要求杂波中可见度为 40 dB，可见度系数 $V_0=10$ dB，需要改善因子为多少 dB 才能检测到该目标?

第 7 章　干扰与抗干扰技术

雷达对抗是电子对抗的一个重要组成部分，它由两个方面组成：一方面，敌对双方采取各种手段获取对方的雷达信息和部署情报，进而扰乱和破坏对方雷达的正常工作，通常把前者称为雷达侦察，而把后者称为雷达干扰；另一方面，敌对双方采取种种措施隐蔽己方雷达的信息和部署，并设法使己方雷达消除或减弱对方干扰的影响，通常把前者称为雷达反侦察，而把后者称为雷达抗干扰。现代雷达必须具有良好的抗干扰措施，否则在现代战争复杂的电磁环境中将无法发挥作战效能。

雷达的干扰和抗干扰是一对矛盾的两个方面。有雷达就有干扰，有干扰又必然有抗干扰。一种新型雷达的出现就会引出一些新的干扰技术，而新的干扰技术又必然促使新的抗干扰措施的产生，从而促使干扰技术和抗干扰技术向前发展。所以，干扰与抗干扰是相对的，没有不能干扰的雷达，也没有不能对抗的干扰。任何雷达都是可以干扰的，任何干扰也都是可以对抗的，当然不同干扰需要采用不同的对抗措施。随着雷达技术的发展，雷达的干扰和抗干扰将会出现更加复杂、更加激烈的对抗局面。

干扰严重影响雷达的工作，主要体现在

(1) 使雷达接收机饱和，妨碍雷达正常工作；

(2) 极大地降低雷达的威力范围；

(3) 检测到大量欺骗性干扰假目标，使雷达跟踪错误或航迹数据处理计算机过载；

(4) 各种欺骗干扰，导致雷达不能正常跟踪目标。

本章首先介绍雷达干扰的类型和特征，然后介绍雷达常用的抗干扰措施。重点介绍抗副瓣干扰和主瓣干扰的信号处理方法及其性能。最后介绍箔条、角反阵等无源干扰识别与对抗方法。

7.1　干扰的主要类型

广义地讲，雷达干扰是指一切破坏和扰乱雷达及相关设备正常工作的战术和技术措施的统称。雷达干扰的分类方法很多，如图 7.1 所示，主要分为四类。

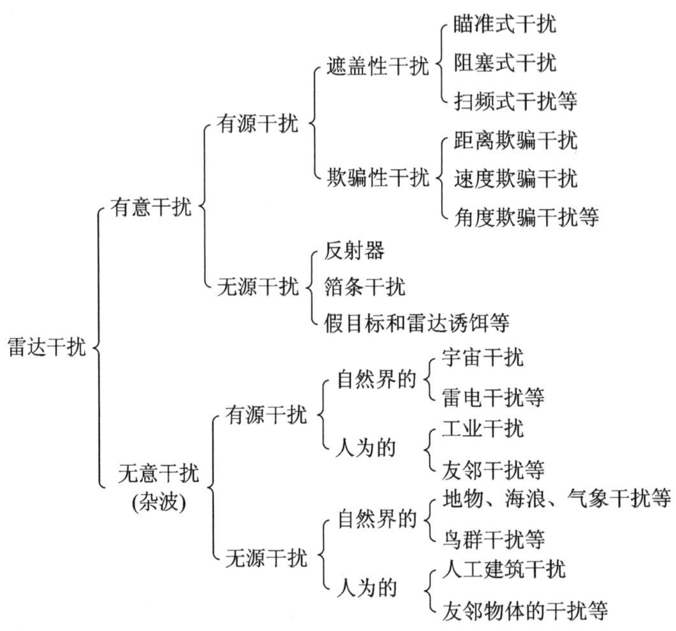

图 7.1 雷达干扰的分类

1. 按照干扰能量的来源分类

按照干扰能量的来源可将干扰信号分为两类：有源干扰和无源干扰。

(1) **有源干扰**，是利用专门的干扰发射机进行功率放大，人为、有意识地发射或转发某种电磁波，以扰乱或欺骗敌方电子设备的一种干扰。

(2) **无源干扰**，是利用非目标的物体对电磁波的散射、反射、折射等现象产生的干扰。人为的无源干扰，就是采取一定的技术措施，改变电磁波的正常传播条件，造成对电子设备的干扰。常用的无源干扰有箔条干扰、角反射体干扰(放置在海上或拖挂在船外的舷外干扰)。

2. 按照干扰的人为因素分类

按照干扰的人为因素可将干扰信号分为两类：有意干扰和无意干扰。

(1) 有意干扰，是指由人为因素而有意产生的干扰。

(2) 无意干扰，是指由自然界或其它因素无意识产生的干扰。例如电离层对高频地波雷达的干扰。本书将电波传播路径中客观存在的无意干扰归为杂波。

3. 按照干扰的作用机理分类

按照干扰信号的作用机理可将干扰分为两类：遮盖性干扰和欺骗性干扰。

(1) 遮盖性干扰，又叫做压制性干扰，是使敌方电子系统的接收机过载、饱和或难以检测出有用信号的干扰。最常用的方式是发射大功率噪声信号，或在空中大面积投放箔条形成干扰走廊等。

(2) 欺骗性干扰，是指使敌方电子设备或操作人员对所接收的信号真假难辨，以至产生错误判断和错误决策的干扰。欺骗干扰的方式隐蔽、巧妙，且多种多样。欺骗干扰效果示意图如图 7.2 所示，有距离欺骗、角度欺骗、速度欺骗以及多域联合欺骗性干扰。

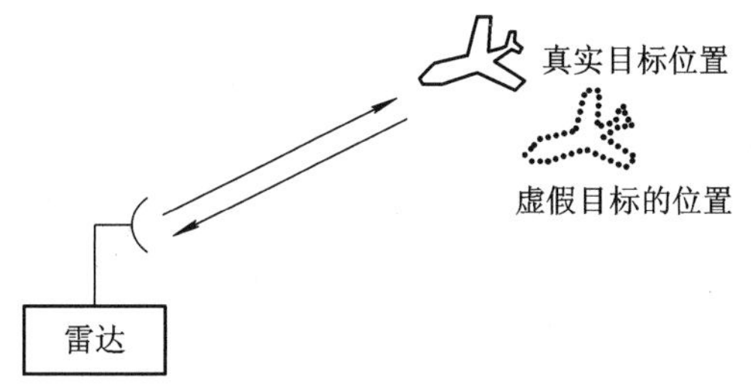

图 7.2　欺骗干扰效果示意图

4. 按照雷达、目标、干扰机的空间位置关系分类

图 7.3 所示为雷达、目标、干扰机的空间位置关系。按照雷达、目标、干扰机的空间位置关系，可将干扰信号分为远距离支援干扰(SOJ)、随队干扰(ESJ)、自卫干扰(SSJ)和近距离干扰(SFJ)。

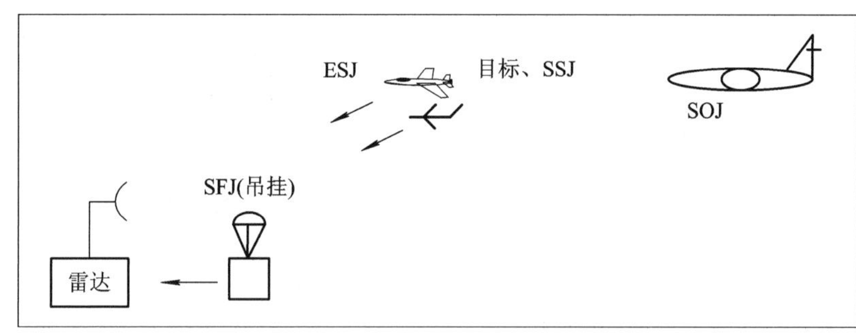

图 7.3　雷达、目标、干扰机的空间位置关系分类

远距离支援干扰(SOJ)：干扰机远离雷达和目标，通过辐射强干扰信号掩护目标。它的干扰信号主要是从雷达天线的旁瓣进入接收机，一般采用遮盖性干扰。

随队干扰(ESJ)：干扰机位于目标附近，通过辐射强干扰信号掩护目标。它的干扰信号是从雷达天线的主瓣(ESJ 与目标不能分辨时)或旁瓣(ESJ 与目标可分辨时)进入接收机，一般采用遮盖性干扰。掩护运动目标的 ESJ 具有同目标一样的机动能力。空袭作战中的 ESJ 往往略微领前于其它飞机，在一定的作战距离上还同时实施无源干扰。出于自身安全的考虑，进入危险区域时的 ESJ 常由无人驾驶飞行器担任。

自卫干扰(SSJ)：干扰机位于目标上，干扰的目的是使自己免遭雷达威胁。它的干扰信号是从雷达天线主瓣进入接收机，一般采用欺骗性干扰，有时也采用遮盖性干扰。SSJ 是现代作战飞机、舰艇、地面重要目标等必备的干扰手段。

近距离干扰(SFJ)：干扰机到雷达的距离远小于雷达到目标的距离，通过辐射干扰信号掩护后续目标。由于距离较近，干扰机可获得预先引导时间，使干扰信号频率对准雷达频率，主要采用遮盖性干扰。距离越近，进入雷达接收机的干扰能量越强。由于自身安全难以保障，SFJ 主要由投掷式干扰机和无人驾驶飞行器担任。

7.2　遮盖性干扰

遮盖性干扰，又称为压制性干扰，就是用噪声或类似噪声的干扰信号遮盖或淹没有用

信号，阻止雷达检测目标信息。它的基本原理是：任何一部雷达都有外部噪声和内部噪声，干扰可看作外部噪声，雷达对目标的检测是在这些干扰和噪声背景中以一定的概率准则进行的。一般来说，如果目标信号功率 S 与干扰加噪声功率$(J+N)$相比，超过检测门限 D，则可以保证在一定虚警概率 P_{fa}的条件下达到一定的检测概率 P_d，认为可发现目标，否则便认为不可发现目标。遮盖性干扰就是使强功率干扰进入雷达接收机，尽可能降低信干噪比(信干噪比通常简称为信噪比)，造成雷达对目标检测的困难。

7.2.1　遮盖性干扰的分类

遮盖性干扰按照干扰信号中心频率 f_j、干扰带宽 B_j，相对于雷达接收机中心频率 f_0、带宽 B_r的关系，分为瞄准式干扰、阻塞式干扰和扫频式干扰。图 7.4 给出了几种遮盖性干扰的示意图。

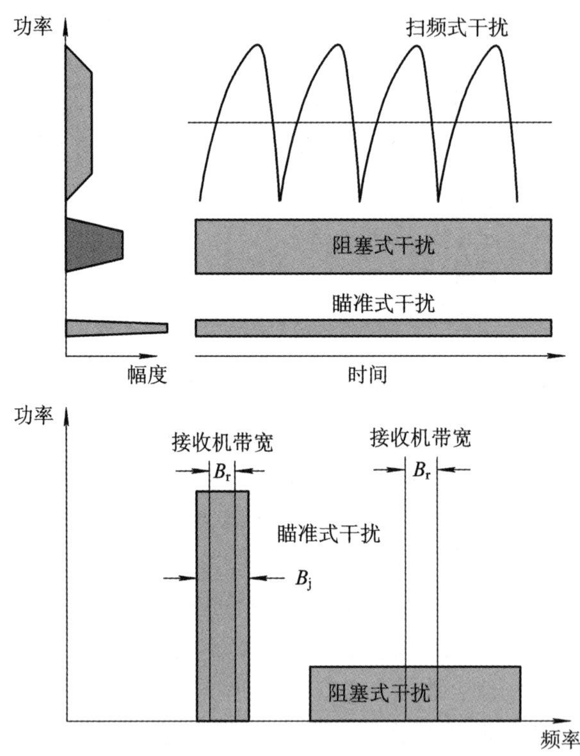

图 7.4　瞄准式干扰、阻塞式干扰和扫频式干扰示意图

1. 瞄准式干扰

一般瞄准式干扰满足

$$f_j \approx f_0, \quad B_j \approx (2 \sim 5) B_r \tag{7.2.1}$$

瞄准式干扰需先测出被干扰雷达的工作频率 f_0，再把干扰机频率调整到 f_0上，保证以较窄的 B_j覆盖 B_r，这一过程称为频率引导。

瞄准式干扰的主要优点是在 B_r内的干扰功率强，是遮盖性干扰的首选方式；其缺点是对频率引导的要求高，有时甚至是难以实现的。

2. 阻塞式干扰

阻塞式干扰一般满足

$$B_j > 5B_r, \quad f_0 \in \left[f_j - \frac{B_j}{2}, f_j + \frac{B_j}{2}\right] \tag{7.2.2}$$

由于阻塞式干扰 B_j相对较宽，对频率引导精度的要求低，频率引导设备简单。此外，由于其 B_j宽，便于同时干扰频率分集雷达、频率捷变雷达和多部不同工作频率的雷达。其缺点是在 B_r内的干扰功率密度低。

3. 扫频式干扰

扫频式干扰一般满足

$$B_j \approx (2 \sim 5)B_r, \quad f_0 = f_j(t), t \in [0, T] \tag{7.2.3}$$

即干扰的中心频率 f_j是以 T 为周期的连续函数。扫频式干扰可对雷达造成周期性间断的强干扰，扫频范围较宽，也能干扰频率分集雷达、频率捷变雷达和多部不同工作频率的雷达。

扫频式干扰的扫频频率(或扫频速率)应大于雷达的脉冲重复频率。同时，考虑到雷达系统的反应时间，扫频速度不能过快，即干扰频带扫过接收机带宽的时间应大于或等于接收机的响应时间(约等于接收机带宽的倒数)。

扫频式干扰兼备了窄带瞄准式干扰和宽带阻塞式干扰的特点，通过动态扫描干扰频带，提高了干扰的功率利用率。扫频式干扰的优点是在较宽的频带上，获得高功率密度的干扰，但其缺点是干扰具有不连续性。

应当指出的是，实际干扰机可以根据具体雷达的载频调制情况，对上述基本形式进行组合，如形成多频点瞄准式干扰、分段阻塞式干扰、扫频锁定式干扰等。

7.2.2 遮盖性干扰的效果度量

干扰效果表现为雷达或含有雷达的作战系统由于受到干扰而造成的作战性能的下降。以某种合理、定量的方法描述此作战性能的下降称为干扰的效果度量。因此，干扰的效果度量是作战双方都十分关心的重要问题。

选择何种指标衡量雷达或含有雷达的作战系统在电磁环境下的作战性能一直是人们讨论的热点。根据遮盖性干扰的原理，目前对雷达本身作战性能的度量指标主要确定为检测概率 P_d，即在保持虚警概率不变的情况下，实施遮盖性干扰前后 P_d的绝对或相对变化。由于 P_d是信噪比的函数，所以也将这种遮盖性干扰的效果度量方法简称为功率准则。含有雷达的作战系统很多，对它的干扰效果的度量方法统称为作战效能准则，当然该准则还需要根据具体作战系统、作战目的进行指标的具体化，如空袭作战的突防概率、攻击的有效概率、飞机生存概率等。本书着重讨论功率准则。

根据奈曼-皮尔逊准则，P_d是 S/N 的单调函数，其中 S 和 N 分别表示雷达接收机输出端(通常为中放输出端)的目标回波信号功率和高斯噪声功率(功率谱对应于线性系统响应)。当进入雷达接收机的干扰信号为非高斯噪声时，只要知道相同虚警概率下高斯噪声干扰所需的干扰功率乘以一个修正因子，就可以得到非高斯噪声干扰所需的功率。此外，可以通过一定的技术手段和设备对 P_d进行实际的统计测量，也可通过对 S、N 的功率调整对 P_d进行控制。因此，功率准则具有良好的合理性、可测性和可控性。

根据检测原理，S/N 越低，P_d越小，有时尽管 N 已经很大，但只要 $P_d \neq 0$，在理论上，雷达对目标总有一定的发现可能。因此，从遮盖性干扰机设计的观点，要求 $P_d = 0$ 显然是不合理的。根据作战实际，国内外普遍将 $P_d \leqslant 0.1$ 作为遮盖性干扰有效的标准，并将此时

雷达接收机输出干扰信号功率 P_j 与目标回波信号功率 P_s 的比值定义为压制系数 K_a，即

$$K_a = \frac{P_j}{P_s}\bigg|_{P_d=0.1} \tag{7.2.4}$$

这里 K_a 是干扰信号调制样式、干扰信号质量、接收机频率特性、信号处理方式等的综合性函数。

将功率准则应用于雷达的威力范围，则将干扰机能够有效干扰的区域称为有效干扰区 V_j，并以对 V_j 的综合评价函数 $E(V_j)$ 作为干扰系统综合干扰效果的考核标准

$$E(V_j) = \int_{V_j} W(V)\mathrm{d}V \tag{7.2.5}$$

式中 $W(V)$ 为空间评价因子，表示对于不同空间位置有效干扰的重要性。

7.2.3 噪声干扰

噪声干扰机发射一种类似噪声的信号，使敌方雷达接收机的信噪比大大降低，难以检测出有用信号或产生误差。若干扰功率过大，接收机会出现饱和，有用信号完全被淹没，实现电磁压制作用。噪声干扰的信号频谱较窄时，可以形成窄带瞄准式干扰；当噪声干扰的频谱很宽时又会形成宽带阻塞式干扰，可以用来干扰频率捷变雷达或同一频带内的多部雷达。噪声干扰从信号形式上又可分为射频噪声干扰、噪声调幅干扰、噪声调频干扰、噪声调相干扰、噪声脉冲干扰和组合噪声干扰。

1. 射频噪声干扰

射频噪声干扰可以表示为

$$J(t) = U_n(t)\cos[\omega_0 t + \varphi(t)] \tag{7.2.6}$$

式中，$U_n(t)$ 为瑞利分布噪声；$\varphi(t)$ 为相位函数，服从 $[0, 2\pi]$ 上的均匀分布，且与 $U_n(t)$ 独立；ω_0 为载频，它远大于 $J(t)$ 的谱宽，所以 $J(t)$ 是一个窄带高斯随机过程，通常是低功率噪声通过直接滤波和放大产生的。

假设载频 $f_0=16$ GHz，噪声带宽 20 MHz，采样频率为 50 MHz，射频噪声干扰的时域信号及其频谱(基带)如图 7.5 所示。从中可以看出，射频噪声干扰的时域杂乱无章，与噪声相似。

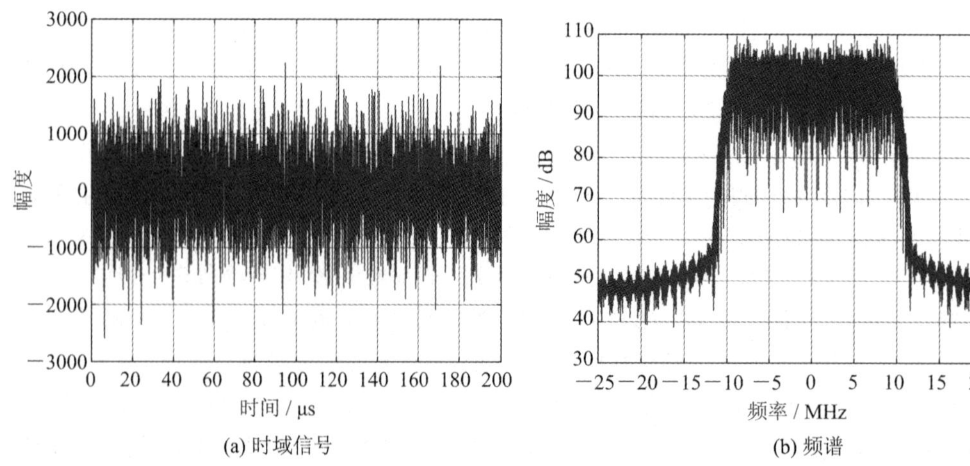

(a) 时域信号　(b) 频谱

图 7.5　射频噪声干扰的时域信号及其频谱(基带)

2. 噪声调幅干扰

噪声调幅干扰是用噪声对射频信号调幅产生的，可表示为

$$J(t)=[U_0+U_n(t)]\cos[\omega_0 t+\varphi_0] \tag{7.2.7}$$

式中，U_0、ω_0 和 φ_0 分别为射频信号的幅度、角频率和初始相位；调幅噪声 $U_n(t)$ 是一个均值为零、方差为 σ_n^2、分布区间为 $[-U_0, \infty]$ 的广义平稳随机过程；φ_0 服从 $[0, 2\pi]$ 上的均匀分布。

3. 噪声调频干扰

噪声调频干扰是用噪声对射频信号进行频率调制而产生的，可表示为

$$J(t)=U_0\cos\left[\omega_0 t+2\pi K_{\mathrm{FM}}\int_0^t u(t')\mathrm{d}t'+\varphi_0\right] \tag{7.2.8}$$

式中，U_0、ω_0 和 φ_0 分别为射频信号的幅度、中心频率和初始相位；调频噪声信号 $u(t')$ 为一个零均值的广义平稳随机过程，K_{FM} 为调频系数；φ_0 服从 $[0, 2\pi]$ 上的均匀分布。

4. 噪声调相干扰

噪声调相干扰是用噪声对射频信号进行相位调制产生的，可表示为

$$J(t)=U_0\cos[\omega_0 t+K_{\mathrm{PM}}u(t)+\varphi_0] \tag{7.2.9}$$

式中，U_0、ω_0 和 φ_0 分别为射频信号的幅度、角频率和初始相位；调相的噪声 $u(t)$ 为零均值广义平稳随机过程，K_{PM} 为调相系数；φ_0 服从 $[0, 2\pi]$ 上的均匀分布。

当干扰 $J(t)$ 的有效相移 φ（$\varphi=K_{\mathrm{PM}}\sigma_n$，$\sigma_n$ 为调制噪声功率的均方根值）较小时，调相信号的能量主要集中在载波频率上，载频之外的其它频率分量的能量很低，不适宜作为遮盖干扰信号；当有效相移足够大时，载频之外的其它频率分量的功率较大，近似为噪声调频干扰的情况，适宜作为遮盖干扰信号。

5. 噪声脉冲干扰

噪声脉冲干扰是指时域离散的随机脉冲信号，其幅度、宽度和时间间隙等参数都是随机变化的。噪声脉冲干扰可以采用限幅噪声或伪随机序列对射频信号调幅的方法来产生。

6. 组合噪声干扰

噪声脉冲干扰和连续噪声调制干扰的统计特性是不同的。如果在连续噪声调频干扰的基础上随机或周期地附加噪声脉冲干扰，或交替使用噪声脉冲干扰和连续噪声调制干扰将形成组合噪声干扰。

组合噪声干扰是非平稳的，会明显增加抗干扰的难度。

7.3　欺骗性干扰

欺骗性干扰可应用于雷达、通信、光电等领域，但重点应用在雷达和光电制导武器这类用于指示、跟踪目标的电子装备上。压制性干扰是通过降低雷达接收机信噪比使其难以发现目标，欺骗性干扰则是着眼于接收机的处理过程，使其失去测量和跟踪真实目标的能力，即欺骗性干扰要达到的目的是掩蔽真正的目标，通过模拟真实信号，并加上合适的调制方式“制造”出假目标，经天线进入到要干扰的雷达系统中，使敌方雷达不能正确检测真

正的目标，或不能正确地测量真实目标的参数信息，从而迷惑和扰乱敌方系统对真实目标的检测和跟踪。

由于目标的距离、角度和速度信息表现在雷达接收到的各种回波信号与发射信号在振幅、频率和相位的相关性中，不同的雷达获取目标距离、角度、速度信息的原理不尽相同，而其发射信号的调制样式又是与其采用的技术密切相关的，因此，实现欺骗干扰必须准确地掌握雷达的工作方式和雷达发射信号的调制参数，才能制造出“逼真”的假目标信号，达到预期的干扰效果。

7.3.1　欺骗性干扰的分类

为了方便对欺骗性干扰分类，首先定义以下参数。

设 V 为雷达对各类目标的检测空间，对于具有四维(距离、方位、仰角和速度)检测能力的雷达，V 可以表示为

$$V = \{[R_{\min}, R_{\max}], [\alpha_{\min}, \alpha_{\max}], [\beta_{\min}, \beta_{\max}], [f_{d\min}, f_{d\max}], [S_{i\min}, S_{i\max}]\} \tag{7.3.1}$$

式中，$R_{\min}$、$R_{\max}$、$\alpha_{\min}$、$\alpha_{\max}$、$\beta_{\min}$、$\beta_{\max}$、$f_{d\min}$、$f_{d\max}$、$S_{i\min}$、$S_{i\max}$ 分别为雷达的最小和最大检测距离，最小和最大检测方位，最小和最大检测仰角，最小和最大检测的多普勒频率，最小检测信号功率和饱和输入信号功率。理想的点目标 T 仅为 V 中的某一个确定点：

$$T = \{R, \alpha, \beta, f_d, S_t\} \in V \tag{7.3.2}$$

式中，R、α、β、f_d、S_t 分别为目标所在的距离、方位、仰角、多普勒频率和回波功率。雷达能够区分 V 中两个不同目标 T_1、T_2 的最小空间距离 ΔV 称为雷达的空间分辨率：

$$\Delta V = \{\Delta R, \Delta\alpha, \Delta\beta, \Delta f_d, [S_{i\min}, S_{i\max}]\} \tag{7.3.3}$$

其中，ΔR、$\Delta\alpha$、$\Delta\beta$、Δf_d 分别称为雷达的距离分辨率、方位分辨率、仰角分辨率和速度分辨率。一般雷达在能量上没有分辨能力，因此其能量的分辨率与检测范围相同。

在一般条件下，欺骗性干扰所形成的假目标 T_f 也是 V 中的某一个或某一群不同于真实目标 T 的确定点的集合，即

$$T_f \in V, T_f \neq T \tag{7.3.4}$$

对欺骗性干扰的分类主要采用以下两种方法。

1. 根据假目标 T_f 与真实目标 T 在 V 中参数信息的差别分类

按这种分类方法进行分类，主要有 5 种，如表 7.1 所示。其中 R_f、α_f、β_f、f_{d_f}、S_f 分别为假目标 T_f 在 V 中的距离、方位、仰角、多普勒频率和功率。

表 7.1　欺骗性干扰根据假目标 T_f 与真实目标 T 在 V 中参数信息的差别分类

欺骗干扰类型	参数差异	特　　点
距离欺骗干扰	$R_f \neq R$, $\alpha_f \approx \alpha$, $\beta_f \approx \beta$, $f_{d_f} \approx f_d$, $S_f > S$	假目标的距离不同于真实目标，能量往往强于真实目标，而其余参数近似等于真实目标
速度欺骗干扰	$f_{d_f} \neq f_d$, $R_f \approx R$, $\alpha_f \approx \alpha$, $\beta_f \approx \beta$, $S_f > S$	假目标的多普勒频率不同于真实目标，能量强于真实目标，而其余参数近似等于真实目标

续表

欺骗干扰类型	参数差异	特　　点
角度欺骗干扰	$\alpha_f \neq \alpha$ 或 $\beta_f \neq \beta$, $R_f \approx R$, $f_{d_f} \approx f_d$, $S_f > S$	假目标的方位或仰角不同于真实目标，能量强于真实目标，而其余参数近似等于真实目标
AGC 欺骗干扰	$S_f \neq S$	假目标的能量不同于真实目标，其余参数覆盖或近似等于真实目标
多参数欺骗干扰	在多个参数域联合欺骗，例如距离-速度联合期骗，$R_f \neq R$, $f_{d_f} \neq f_d$	假目标在 V 中有两维或两维以上参数不同于真实目标，以便进一步改善欺骗干扰的效果

2. 根据 T_f 与 T 在 V 中参数差别的大小和调制方式分类

1）质心干扰

当真、假目标的参数差别小于雷达的空间分辨率，即 $\|T_f - T\| \leqslant \Delta V$ 时，雷达不能区分 T_f 与 T 为两个不同目标，而将真、假目标作为同一个目标 T_f' 来检测和跟踪。这时雷达检测和跟踪结果为位于真假目标参数的能量加权质心(重心)T_f'处，即

$$T_f' = \frac{S_f T_f}{S_f + S} \tag{7.3.5}$$

式中，S 是真实目标的回波信号功率，S_f 和 T_f 是假目标的回波信号功率和在检测信号 V 中的位置。

2）假目标干扰

当真、假目标的参数差别大于雷达的空间分辨率，即 $\|T_f - T\| > \Delta V$ 时，雷达能够区分 T_f 与 T 为两个不同目标，但可能将假目标作为真实目标检测和跟踪，从而造成虚警，也可能没有发现真实目标而造成漏报。大量的虚警还可能造成雷达的检测、跟踪和其它信号处理电路的过载。

3）拖引干扰

拖引干扰是一种周期性地从质心干扰到假目标干扰的连续变化过程，典型的拖引干扰过程如式(7.3.6)所示

$$\|T_f - T\| = \begin{cases} 0, & 0 \leqslant t < t_1，停拖 \\ 0 \rightarrow \delta V_{\max}, & t_1 \leqslant t < t_2，拖引 \\ T_f\ 消失, & t_2 \leqslant t < T_j，关闭 \end{cases} \tag{7.3.6}$$

在停拖时间段$[0, t_1)$内，假目标与真实目标出现的空间和时间近似重合，雷达很容易检测和捕获。由于假目标的能量高于真实目标，捕获后 AGC 电路将按照假目标信号的能量来调整接收机的增益，以便对其进行连续测量和跟踪；在拖引时间段$[t_1, t_2)$内，假目标与真

实目标在预定的欺骗干扰参数上逐渐分离，且分离的速度 v' 在雷达跟踪正常运动目标时的速度响应范围 $[v'_{\min}, v'_{\max}]$ 内，直到假目标与真实目标的参数的差异达到预定的程度 $\delta V_{\max}$

$$\|T_f - T\| = \delta V_{\max}, \quad \delta V_{\max} \geqslant \Delta V \tag{7.3.7}$$

由于在拖引前已经被假目标控制了接收机增益，而且假目标的能量高于真实目标，所以雷达的跟踪系统很容易被假目标拖引开，而抛弃真实目标。拖引段的时间主要取决于最大误差 $\delta V_{\max}$ 和拖引速度 v'；在关闭时间段 $[t_2, T_j)$ 内，欺骗式干扰关闭发射，使假目标 T_f 突然消失，造成雷达跟踪信号突然中断。在一般情况下，雷达跟踪系统需要滞留和等待一段时间，AGC 电路也需要重新调整雷达接收机的增益。如果信号重新出现，则雷达可以继续进行跟踪。如果信号消失达到一定的时间，在雷达确认目标丢失后，才能重新进行目标信号的搜索、检测和捕获。关闭时间段的长度主要取决于雷达跟踪中断后的滞留和调整时间。

图 7.6 为拖引干扰的后拖和前拖的拖引过程：1—仅有回波，波门跟踪在回波中心线上；2—受干扰，波门偏向干扰信号；3—波门被干扰信号拖走，丢失目标；4—波门被干扰拖至最远，干扰突然消失，波门重新搜索，波门出现在回波处。

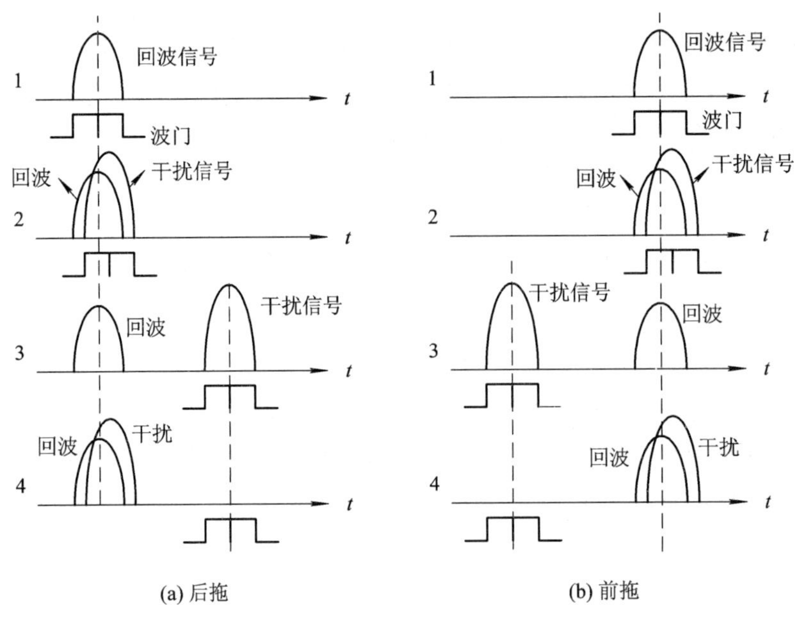

图 7.6 波门的拖引过程示意图

7.3.2 距离欺骗干扰

对脉冲雷达距离信息的欺骗主要是通过对接收到的雷达照射信号进行时延、调制和放大并转发来实现的。由于单纯距离质心干扰造成的距离误差较小，所以对脉冲雷达距离信息的欺骗主要采用距离假目标干扰和距离波门拖引干扰。

1. 距离假目标干扰

距离假目标干扰也称为同步脉冲干扰。设 R 为真实目标所在距离，经雷达接收机输出

的回波脉冲包络时延 $t_r=2R/c$。R_f 为假目标所在距离，则在雷达接收机内干扰脉冲包络相对于雷达定时脉冲的时延应为 $t_f=2R_f/c$，当其满足 $|R_f-R|>\Delta R$ 时，便形成距离假目标，如图 7.7 所示。图中包括两个假目标。

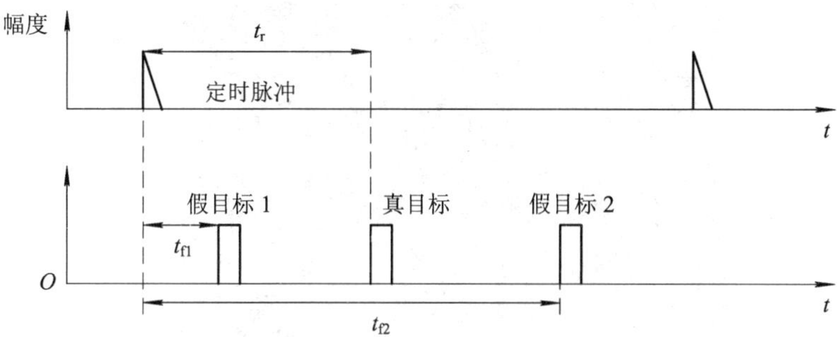

图 7.7　对脉冲雷达距离检测的假目标干扰

通常，t_f 由两部分组成，即 $t_f=t_{f0}+\Delta t_f$，$t_{f0}=2R_j/c$，其中 t_{f0} 是由雷达与干扰机之间距离 R_j 所引起的电波传播时延，Δt_f 则是干扰机接收到雷达信号后的转发时延。在一般情况下，干扰机无法确定 R_j，所以 t_{f0} 是未知的，主要控制时延 Δt_f，这就要求干扰机与被保护的目标之间具有良好的空间配合关系，将假目标的距离设置在合适的位置，避免发生假目标与真实目标的距离重合。因此，假目标干扰多用于自卫干扰，以便于同自身目标配合。

实现距离假目标干扰的方法很多。主要有采用储频技术的转发式干扰机、采用频率引导技术的应答式干扰机和采用锯齿波扫频技术的干扰机。

假设雷达发射信号为线性调频信号，图 7.8 给出了距离欺骗假目标干扰的仿真结果。这里假设目标位置为 8 km，SNR=15 dB，3 个假目标干扰，JNR=20 dB，带宽 5 MHz。从图 7.8(a)的时域回波中可以看出，时域回波中同时出现了多个“目标”。图 7.8(b)中的脉压结果显示，进行干扰后，目标出现在 8 km 处，假目标出现在多个距离上，幅度高于目标信号。因此，雷达无法判断真实目标的所在位置，达到了干扰的目的。

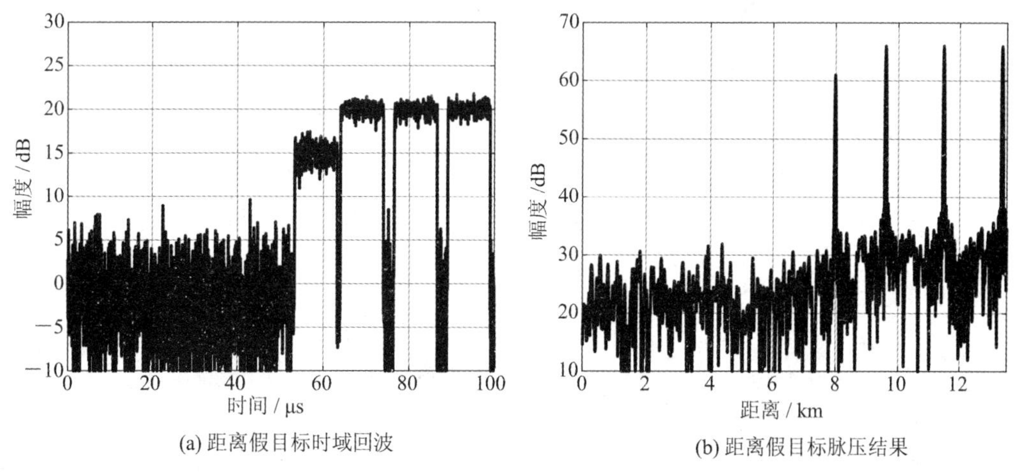

(a) 距离假目标时域回波　　(b) 距离假目标脉压结果

图 7.8　距离欺骗假目标干扰信号及其脉压结果

图 7.9 给出了某雷达实测数据的时频分析结果，可以看出雷达受到欺骗密集的假目标干扰，假目标间隔 150 μs，干扰脉宽为 150 μs，带宽为 1.8 MHz，与发射信号参数相同。

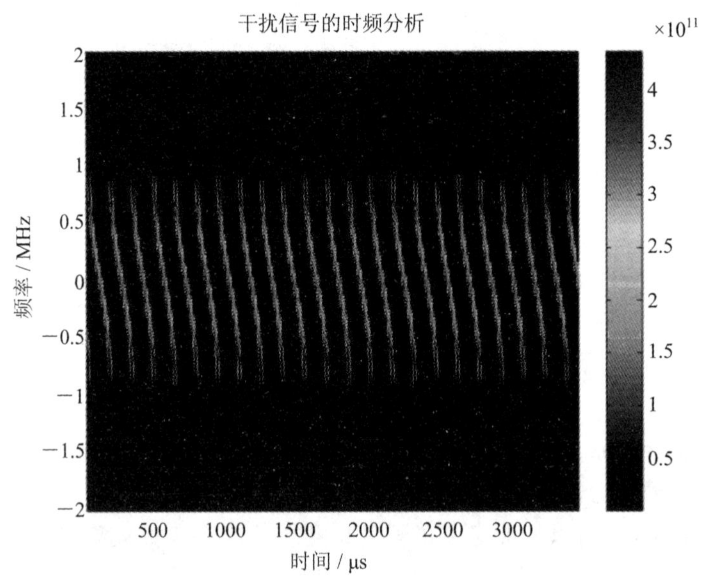

图 7.9　某雷达实测数据的时频分析结果

2. 距离波门拖引干扰

距离波门拖引干扰的假目标距离函数 $R_f(t)$ 可用式(7.3.8)表述。其中 R 为目标所在距离；v 和 a 分别为匀速拖引时的速度和匀加速拖引时的加速度。

$$R_f(t)=\begin{cases}R, & 0\leqslant t<t_1，停拖期\\ R+v(t-t_1)\ 或\ R+\dfrac{1}{2}a(t-t_1)^2, & t_1\leqslant t<t_2，拖引期\\ 干扰机关闭, & t_2\leqslant t<T_j，关闭期\end{cases} \tag{7.3.8}$$

将上式转换成距离波门拖引干扰的转发时延 Δt_f 为

$$\Delta t_f(t)=\begin{cases}0, & 0\leqslant t<t_1\\ \dfrac{2v}{c}(t-t_1)\ 或\ \dfrac{a}{c}(t-t_1)^2, & t_1\leqslant t<t_2\\ 干扰机关闭, & t_2\leqslant t<T_j\end{cases} \tag{7.3.9}$$

最大拖引距离 R_{max} 为

$$R_{max}=\begin{cases}v(t_2-t_1), & 匀速拖引\\ a(t_2-t_1)^2, & 匀加速拖引\end{cases} \tag{7.3.10}$$

干扰机针对接收到的一个雷达回波信号，先发射一个对其放大的复制信号，使雷达跟踪回路跟踪干扰信号，然后干扰信号以均匀或连续递增的速度增大时间延迟，雷达的跟踪波门逐渐远离真正的目标。在合适的时间，停止干扰信号，造成雷达丢失目标，最后测得的目标位置产生很大的误差，整个拖引过程如图 7.10 所示。这种欺骗干扰方式称做距离波门拖引(Range Gate Pull-Off，RGPO)。为了捕获到波门，距离波门拖引一般需要 0～6 dB 的干信比。

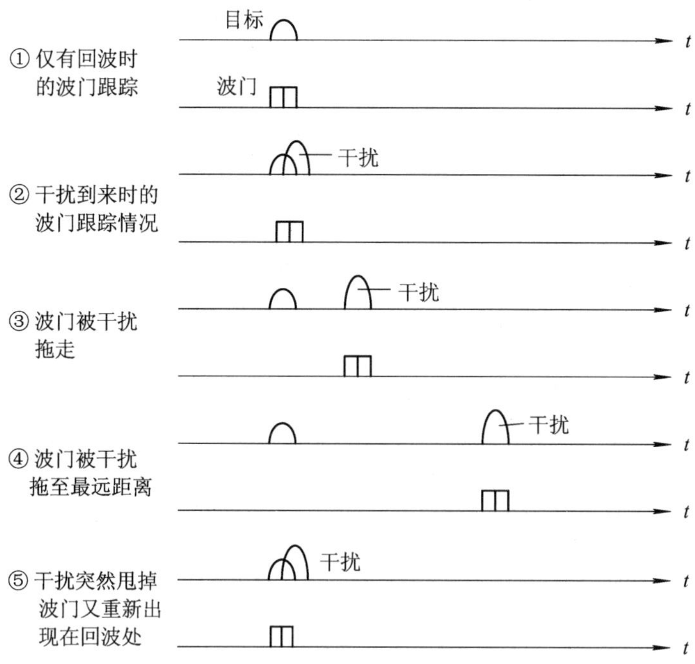

图 7.10　干扰对距离波门的拖引过程示意图

实现距离波门拖引干扰的基本方法有：射频迟延法和射频储频法。

7.3.3　速度欺骗干扰

1. 速度波门拖引干扰

如果干扰机在转发的目标信号上调制一个伪多普勒频移，用于模拟真实目标的多普勒特征，使干扰信号进入雷达速度跟踪波门，由于干扰信号的功率大于真实目标回波的功率，雷达自动增益电路跟踪干扰信号，然后干扰信号的多普勒频率逐渐远离真实目标的多普勒频率，雷达速度跟踪波门将逐渐远离真实目标。合适的时间停止干扰信号，造成雷达丢失目标，雷达将重新进入搜索状态，这就是速度波门拖引(Velocity Gate Pull-Off，VGPO)，如图 7.11 所示。对半主动式的制导雷达实施速度波门拖引欺骗干扰，如果将速度波门拖入强地杂波频率上，可使导引头跟踪到地杂波上，起到很好的躲避攻击的效果。

在实施速度波门拖引时，必须确定合适的拖引速度。一般来说，干扰信号的多普勒频率 $f_{\mathrm{dj}}(t)$的变化过程如下：

$$f_{\mathrm{dj}}(t)=\begin{cases} f_{\mathrm{d}}, & 0\leqslant t<t_1,\ \text{停拖期} \\ f_{\mathrm{d}}+v_{\mathrm{f}}(t-t_1), & t_1\leqslant t<t_2,\ \text{拖引期} \\ \text{干扰机关闭}, & t_2\leqslant t<T_{\mathrm{j}},\ \text{关闭期} \end{cases} \tag{7.3.11}$$

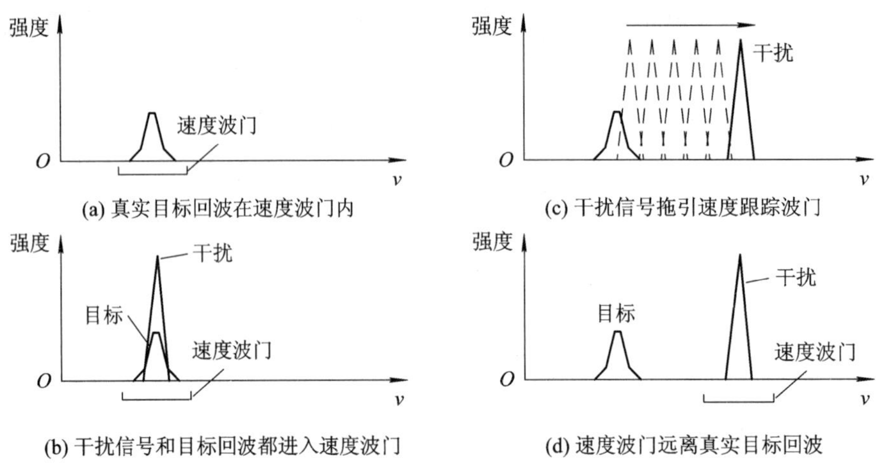

图 7.11　干扰对速度波门的拖引过程示意图

最大的拖引速度取决于雷达速度跟踪电路的设计。相对安全的方法是判断雷达所跟踪目标的主要类型，目标相对于雷达的最大加速度，一般不是出现在直线加速方向，而往往出现在转弯过程中。因此，目标最大的转弯速率一般是设计雷达跟踪电路的依据，也是实施速度波门拖引欺骗的依据。

图 7.12 给出了 VGPO 干扰机的基本组成。接收天线收到对方雷达信号，通过下变频和窄带跟踪滤波，得到包含多普勒频移信息的雷达信号。根据速度欺骗的原则制定相应的速度拖引程序，通过多普勒产生器生成多普勒频率调制信号，控制移频调制，产生相应的干扰信号，并上变频到载频。干扰机发射天线将大功率的干扰信号照射到对方雷达接收天线上，实现速度欺骗干扰。

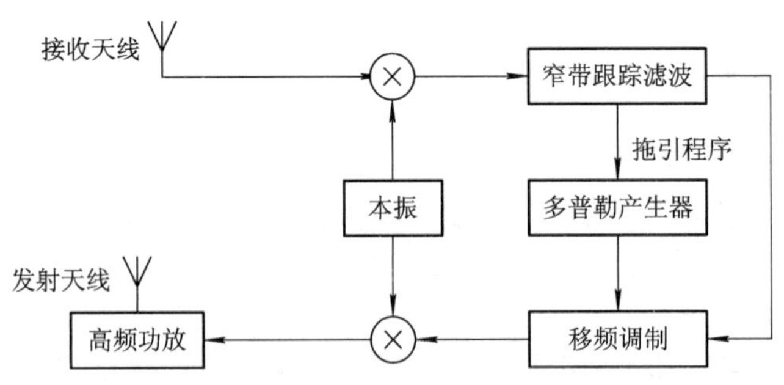

图 7.12　速度波门拖引干扰机的基本组成

2. 假多普勒频率干扰

假多普勒频率干扰的基本原理是根据接收到的雷达信号，同时转发与目标回波多普勒频率 f_d 不同的若干个干扰信号频移 $\{f_{dji} | f_{dji} \neq f_d\}_{i=1}^{n}$，使雷达的速度跟踪电路可同时检测到多个多普勒频率 $\{f_{dji}\}_{i=1}^{n}$(若干扰信号远大于目标回波，由于 AGC 响应大功率的信号，将使雷达难以检测 f_d)，并且造成其检测跟踪的错误。假多普勒频率干扰的干扰机组成如图 7.13 所示，与速度波门拖引干扰时的主要差别是需要有 n 路载频移频器同时工作，以便同时产生多路不同移频的干扰信号。

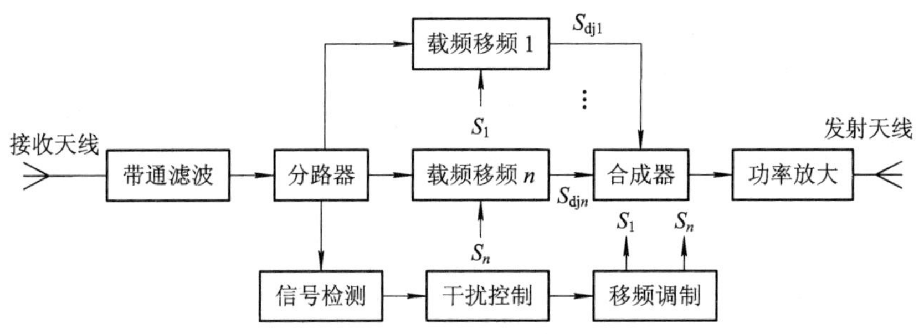

图 7.13　产生多路假多普勒频率干扰的干扰机组成

3. 多普勒频率闪烁干扰

多普勒频率闪烁干扰的基本原理是在雷达速度跟踪电路的跟踪带宽 Δf 内，以 T 为周期，交替产生 f_{dj1}、f_{dj2} 两个不同频移的干扰信号，造成雷达速度跟踪波门在两个干扰频率之间摆动，始终不能正确、稳定地捕获目标速度。由于速度跟踪系统的响应时间约为其跟踪带宽 Δf 的倒数，所以交替周期 T 选为

$$T \geqslant \frac{1}{2\Delta f} \tag{7.3.12}$$

多普勒频率闪烁干扰的干扰机组成同速度波门拖引干扰，其中由干扰控制电路送给载频移频器的调制信号是分时交替的。

4. 距离-速度同步欺骗

对只有距离跟踪或只有速度跟踪能力的雷达，单独采用距离欺骗或速度欺骗即可奏效。但是，对于具有距离-速度两维信息同时测量跟踪能力的雷达，只对其进行一维信息欺骗，或二维信息欺骗参数矛盾时，就可能被雷达识破，从而使干扰失效，因此对于具有距离-速度两维信息同时测量跟踪能力的雷达，如脉冲多普勒雷达，就需要距离-速度同步欺骗，即在进行距离拖引干扰的同时进行速度波门欺骗干扰。

在匀速拖引和加速度拖引时的距离时延 $\Delta t_{rj}(t)$ 和多普勒频移 $f_{dj}(t)$ 的调制函数分别如下：

$$\Delta t_{rj}(t)=\begin{cases}0, & 0\leqslant t<t_1\\ v(t-t_1), & t_1\leqslant t<t_2\\ \text{干扰机关闭}, & t_2\leqslant t<T_j\end{cases};\quad f_{dj}(t)=\begin{cases}0, & 0\leqslant t<t_1\\ -2vf_0/c, & t_1\leqslant t<t_2\\ \text{干扰机关闭}, & t_2\leqslant t<T_j\end{cases} \tag{7.3.13}$$

$$\Delta t_{rj}(t)=\begin{cases}0, & 0\leqslant t<t_1\\ a(t-t_1)^2/2, & t_1\leqslant t<t_2\\ \text{干扰机关闭}, & t_2\leqslant t<T_j\end{cases};\quad f_{dj}(t)=\begin{cases}0, & 0\leqslant t<t_1\\ -2a(t-t_1)f_0/c, & t_1\leqslant t<t_2\\ \text{干扰机关闭}, & t_2\leqslant t<T_j\end{cases} \tag{7.3.14}$$

在欺骗的任意时刻，拖引的时延和多普勒频移具有同一运动特征的对应关系。

7.3.4　角度欺骗干扰(交叉眼干扰)

距离拖引欺骗和速度拖引欺骗只能在有限程度上破坏跟踪雷达对目标的跟踪。因为，即使在距离拖引和速度拖引实施过程中，跟踪雷达依然能够获得干扰发射机准确的角度跟踪数据，除非此过程中产生了角度误差，雷达才会进入重新搜索截获状态。因此，为了使欺骗干扰有效，必须同时使用角度欺骗干扰。

现代雷达大多采用单脉冲测量技术。对于单脉冲跟踪雷达，由于单脉冲跟踪雷达跟踪的是目标回波相位波前的等相面，前面几种欺骗方法失效，于是产生了一种交叉眼干扰。这种干扰是指当干扰机在侦收到雷达信号后，分别从两个天线发射干扰信号，而且两者相位相差 180°，使得在雷达天线处形成一个扫了一定角度的相位波前，由此破坏单脉冲雷达的角度跟踪。但这种干扰方法要求干扰机的两个发射天线分开一定距离，所以只能用在较大的载机或平台上。

交叉眼干扰实际是两点源干扰，即利用两个干扰源产生相干的欺骗干扰信号，通过空间的相位合成，能够对单脉冲雷达形成角度欺骗。两点源角度欺骗干扰是角度欺骗干扰中应用最广泛的一种，为一种主瓣干扰。广义的两点源干扰样式包括两类：相干两点源干扰和非相干两点源干扰，下面简单介绍相干两点源干扰。

相干两点源干扰，就是在所保护的目标附近设置两个辐射源，它们的频率相同而且相位上相关，使导引头跟踪在两点源之外的某一点，致使导弹攻击目标失败。两点源干扰是针对单脉冲测量雷达的一种典型的角度欺骗干扰，属于自卫式干扰，两路干扰信号之间具有固定的相位关系。两点源干扰能使雷达无法准确获得目标真实的角度信息，不能跟踪目标甚至造成跟踪环路失锁。两点源干扰被认为是单脉冲雷达的最有效干扰样式，具有可靠性高、干扰系统反应时间短、有效干扰时间长、不依赖天气条件、寿命周期成本低，以及能够对抗多导弹威胁等优势。

两点源干扰采用 2 个在空间上相隔一定距离的干扰辐射源，模拟雷达的发射信号，并使其在功率/相位等参数上满足一定条件，各发射信号在雷达天线上合成局部特殊辐射场。该辐射场的波前在雷达所在位置的局部发生扭曲以产生假象，使以平面波前检测为原理的雷达误认为辐射源在另外的虚假位置，或者说到达角是虚假的。

两点源干扰的模型及其信号传输路径如图 7.14 所示。两个支路的幅度比 β 可以表示为

$$\beta=\sqrt{\frac{G_2}{G_1}} \tag{7.3.15}$$

式中，G_1 和 G_2 为两个支路的增益(功率增益)。图中位于上方的天线接收的信号被放大 20～40 dB 并从下方的天线转发出去。同样，位于下方的天线接收的信号被放大并从上方天线转发出去，但在该电路中存在着 180°相移。为了使干扰机更有效，这两个信号路径的长度严格相等。

单脉冲雷达天线和波束方向图为 $F_\Sigma(\theta)$，差方向图为 $F_\Delta(\theta)$，雷达天线增益为 G，雷达波长为 λ，雷达发射信号为 $s_0(t)$，雷达发射功率为 P_t，两干扰机的天线增益为 G_j，两干扰增益分别为 G_1 和 G_2。雷达与目标的距离为 R_0，雷达与两干扰机的距离分别为 R_1 和 R_2。两干扰支路幅度比为 β，两干扰支路相位差为 $\Delta\varphi$，两干扰天线与雷达视轴的夹角为 θ_{J1} 和 θ_{J2}，目标与雷达天线视轴方向的夹角为 θ_r。交叉眼干扰设备的两个天线收到的信号分别为

$$\begin{aligned}
s_{r1}(t)&=s_0(t)\sqrt{\frac{G}{4\pi R_2^2}}F_\Sigma(\theta_{J2})\sqrt{\frac{\lambda^2}{4\pi}}\mathrm{e}^{-\mathrm{j}\frac{2\pi}{\lambda}R_2}\\
s_{r2}(t)&=s_0(t)\sqrt{\frac{G}{4\pi R_1^2}}F_\Sigma(\theta_{J1})\sqrt{\frac{\lambda^2}{4\pi}}\mathrm{e}^{-\mathrm{j}\frac{2\pi}{\lambda}R_1}
\end{aligned} \tag{7.3.16}$$

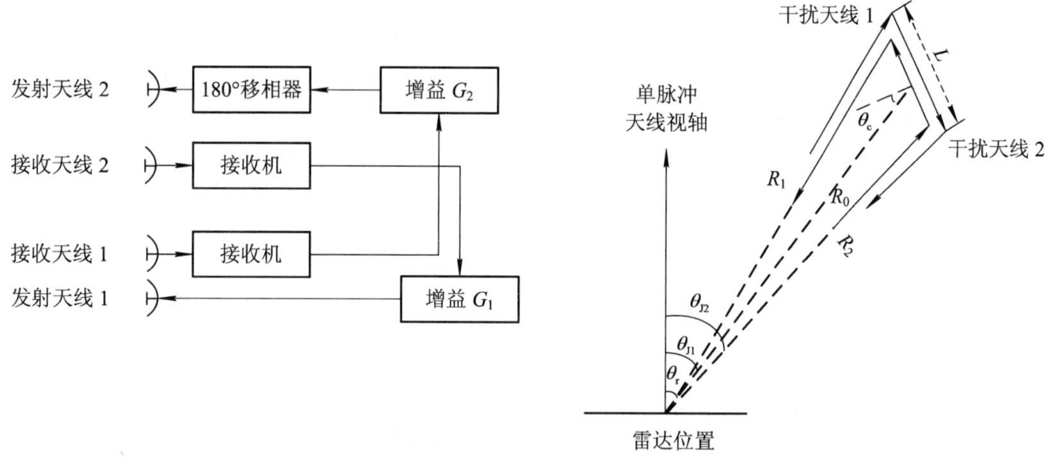

图 7.14 两点源干扰模型及其信号传输路径示意图

经过两个支路后，发射的干扰信号为

$$
\begin{aligned}
s_{J1}(t) &= s_{r1}(t)\sqrt{G_1}\,e^{-j\frac{2\pi}{\lambda}L} = s_0(t)\frac{\lambda\sqrt{GG_1}}{4\pi R_2}F_\Sigma(\theta_{J2})e^{-j\frac{2\pi}{\lambda}(R_2+L)} \\
s_{J2}(t) &= s_{r2}(t)\sqrt{G_2}\,e^{j\Delta\varphi}e^{-j\frac{2\pi}{\lambda}L} = s_0(t)\frac{\lambda\sqrt{GG_2}}{4\pi R_1}F_\Sigma(\theta_{J2})e^{-j\frac{2\pi}{\lambda}(R_1+L)}
\end{aligned}
\tag{7.3.17}
$$

7.4 无源干扰

无源干扰主要是使侦察接收系统降低对目标的可探测性或增强杂波。无源干扰与有源干扰相比较，无源干扰的最大特点是所反射的回波信号频率和雷达发射频率一致，使接收机在进行信号处理时，无法用频率选择的方法消除干扰。此外，无源干扰还具有如下特点：能够干扰各种体制的雷达，干扰的空域大，干扰的频带宽；无源干扰器材制造简单，使用方便，干扰可靠等。

无源干扰本身不产生电磁辐射，但包含能吸收、反射或散射电磁波的干扰器材(如金属箔条、涂敷金属的玻璃纤维或尼龙纤维、角反射器、涂料、烟雾、伪装物等)，降低雷达对目标的可探测性，使敌方探测器效能降低或受骗。干扰的效果轻者使正常的规则信号变形失真，荧光屏图像模糊不清，影响观测；重者荧光屏上图像混乱，甚至一片目标，接收机饱和或过载。

根据实施方法和用途不同，无源干扰包括角反射器、箔条干扰、假目标和诱饵等。下面简单介绍箔条干扰。

箔条干扰是最早、应用最广泛的雷达对抗措施。历次战争都已经证明它是导弹末制导雷达非常有效的干扰手段，其极大地降低了导弹攻击命中率，特别对低距离分辨率雷达干扰效果尤为明显。

箔条的使用方式有两种：一是在一定空域中大量投掷，形成宽数千米、长数十千米的干扰走廊，以掩护战斗机群的通过，这时箔条产生的回波功率远大于目标的回波功率，雷达便不能发现和跟踪目标；另一种是飞机或舰船自卫时投放箔条，这种箔条快速散开，形

成比目标强很多的回波，而目标本身作机动运动，这样雷达不再跟踪目标而跟踪箔条。

箔条干扰的技术指标包括箔条的有效反射面积、频率特性、极化特性、频谱特性、衰减特性、遮挡效应以及散开时间、下降速度、投放速度、粘连系数、体积和重量等。这些指标受各种因素影响较大，一般根据试验来测定。

图 7.15 为某雷达接收的箔条干扰实测数据的处理结果，图中包括 1 个目标和两发箔条干扰。其中图(a)为一个波位的多个脉冲的时域信号；图(b)为脉压和相干积累的处理结果；图(c)为 CFAR 检测结果，可见尽管在时频平面上目标和箔条干扰难以区分，但是两发箔条干扰的多普勒在零频附近。

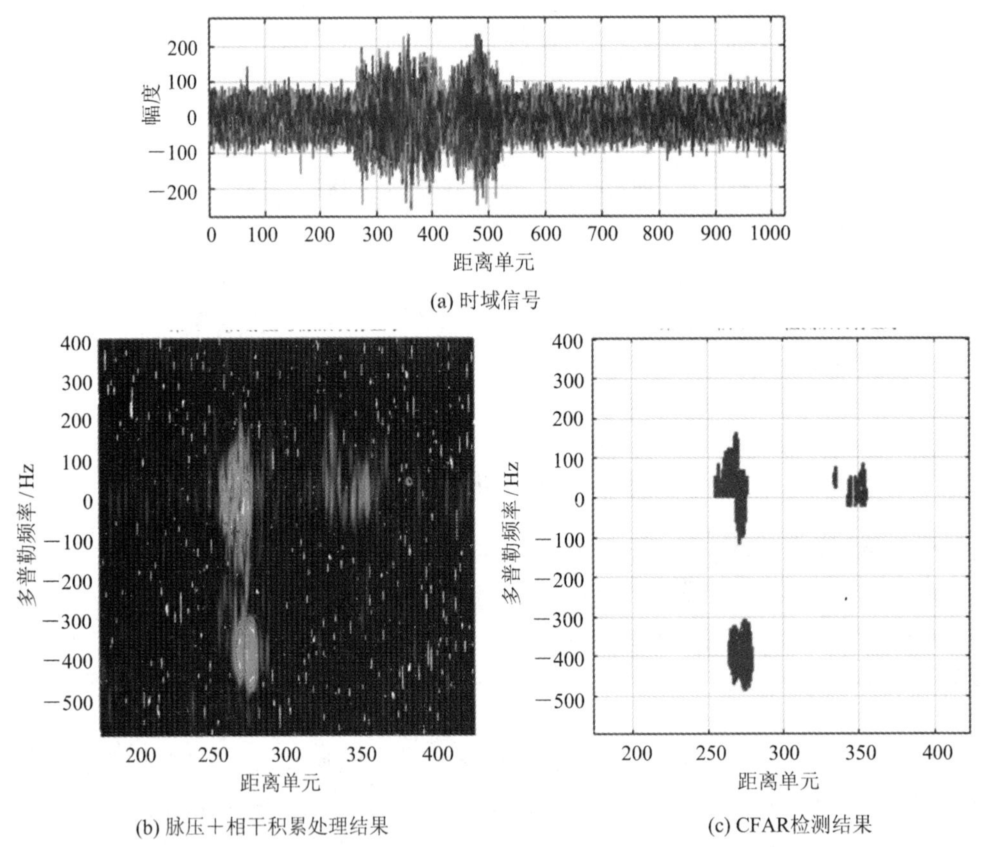

图 7.15 箔条干扰实测数据的处理结果

在现代战争中，箔条干扰的应用场合主要有：

(1) 用于在主要攻击方向上形成干扰走廊，以掩护目标接近重要的军事目标，或制造假的进攻方向；

(2) 用于洲际导弹进入大气层时形成假目标；

(3) 用于飞机自卫、舰船自卫时的雷达诱饵。

7.5 组合式干扰

由于单一干扰有局限性，现代雷达经常遇到多种干扰组合使用的情况。干扰组合样式复杂，而且灵活多变，故在实际场景中需要结合具体情况，采用不同的干扰组合方式，需要考虑以下几个方面。

(1) **互补性**。互补性是指两种及以上干扰样式组合使用时，能够弥补单一干扰的不足，相互配合，充分发挥各干扰的优势，实现组合干扰的"1+1>2"的作用。

无论是无源干扰的质心式干扰或冲淡式干扰，还是有源干扰的压制式干扰或欺骗式干扰，不同的干扰样式其干扰机理也不相同，其干扰信号的压制比和特征相似性各有特点，在实施两种及以上干扰样式组合时，各干扰样式互相配合，有利于提高干扰效果。例如舷内有源压制式干扰和冲淡式箔条干扰组合时，舷内有源干扰实施噪声压制，为了避免雷达导引头跟踪舷内有源干扰，功率压制使雷达导引头丢失目标后，关闭噪声干扰，这样雷达导引头在重新搜索目标的过程中，冲淡式箔条干扰起到欺骗作用，降低了雷达导引头选择舰船的概率。

(2) **增强性**。增强性是指两种及以上干扰样式组合使用时，能够大大提高单一干扰的强度，在干扰信号模拟特征相似性或压制干扰强度上增强干扰效果。

对于压制式干扰组合，能够在信号功率压制比上得到增强。质心式箔条干扰或角反射器干扰与有源压制式干扰组合时，箔条或角反射器与舰船目标形成混合体，理论上有源干扰信号可以覆盖混合体以外的舰船信号，增强了干扰效果。同样，冲淡式箔条或角反射器干扰与有源欺骗干扰组合时，无源假目标干扰与有源拖引假目标干扰相结合，有源干扰拖引一段距离信号撤销后，无源干扰能够保持欺骗的干扰效果，降低雷达导引头目标选择的概率。

例如舷内有源欺骗干扰和冲淡式箔条干扰组合使用时，舷内有源干扰模拟多个虚假目标，在实施距离拖引时，将雷达导引头跟踪点拖引至箔条干扰位置，冲淡式箔条干扰模拟的虚假目标实施了欺骗，提高了拖引效果，同时舷内有源欺骗干扰转发了多个虚假目标，使得干扰环境中虚假目标数较多，提高了干扰环境下目标识别和选择的难度。

组合干扰的类型主要有：

(1) 有源压制式干扰与有源欺骗式干扰的组合；

(2) 有源压制/欺骗式干扰与无源干扰的组合；

(3) 箔条干扰与角反射器干扰的组合。箔条干扰和角反射器干扰是两种典型的无源干扰，将两种无源干扰进行组合，其组合方式分为：质心式箔条干扰与质心式角反射器干扰组合；冲淡式箔条干扰与冲淡式角反射器干扰组合；质心式箔条干扰与冲淡式角反射器干扰组合；质心式角反射器干扰与冲淡式箔条干扰组合。

7.6　雷达副瓣干扰对抗技术

7.6.1　雷达常用的抗干扰技术

干扰技术的快速发展与广泛应用，严重影响了雷达的性能。现代雷达必须采用有效的抗干扰措施。针对欺骗性干扰，一般采用波门保护、记忆、外推，短时间"静默"等抗干扰措施。雷达抗干扰技术主要有：

(1) 低副瓣、超低副瓣天线技术。从天线结构和工艺的角度，设计低副瓣、超低副瓣天线，减小从副瓣进来的干扰信号的功率。

(2) 旁瓣对消。针对连续波干扰，增加若干个辅助天线，利用辅助天线与主天线接收干扰信号的相关性，在雷达工作的休止期采集干扰信号的样本，并计算权值，通过对辅助天线接收信号加权求和后再与主天线接收信号相减，从而达到抑制干扰的目的。

(3) 旁瓣消隐(也称旁瓣匿隐)。针对脉冲干扰，利用辅助天线(匿隐天线)接收信号的强度与主天线接收的信号强度进行比较，从而达到抑制干扰的目的。

(4) 自适应干扰置零。针对阵列天线，在数字波束形成过程中，在干扰方向形成"零点"，使得阵列在干扰方向的增益为零，即通过空域滤波，从而达到抑制干扰的目的。

(5) 频率捷变。针对一些存储、转发式干扰，需要对接收的雷达信号进行调制后再发射出去，需要一定的延时，因此，可以通过频率捷变的工作方式达到抑制干扰的目的。

(6) 脉间波形捷变。过去雷达只采用单一波形，容易受到干扰。现代雷达的波形产生灵活，可以在每个脉冲之间发射不同的波形，这样有利于对抗转发式假目标干扰。

(7) 基于谱特征的箔条干扰识别方法。针对海面目标为了防止反舰导弹的攻击，经常施放箔条干扰。由于箔条干扰在风和重力作用下多普勒谱存在展宽的现象，因此，可以通过增加相干积累时间，利用箔条干扰的谱特征来识别是箔条干扰还是目标。

除自适应数字波束形成的干扰置零技术将在第10章"相控阵雷达与数字阵列雷达"中介绍外，其它抗干扰技术将在本章后续几节中进行介绍。

7.6.2　低副瓣、超低副瓣天线技术

1. 截获因子与低截获概率雷达

低副瓣、超低副瓣天线技术是实现低截获概率(LPI)雷达的一种技术途径。LPI雷达可定性地理解为"雷达在探测到敌方目标的同时，敌方截获到雷达信号的概率最小"。

如图7.16所示，为躲避截获接收机的侦察，雷达的探测距离 R_r 必须比截获接收机的截获距离 R_I 远。为了定量分析低截获概率雷达的LPI性能，定义截获概率因子 α 为

$$\alpha = \frac{R_I}{R_r} \tag{7.6.1}$$

其中，R_I 为侦察接收机能发现雷达辐射信号的最大截获距离，R_r 为雷达对侦察接收机平台的最大探测距离。从截获概率因子 α 的定义可以看出，当 $\alpha>1$ 时，电子侦察设备的截获接收机可以检测到雷达的存在而雷达不能发现截获接收机平台目标，此时侦察设备占优势，雷达有被干扰和摧毁的危险；而当 $\alpha<1$ 时，雷达能发现截获接收机平台目标而截获接收机不能检测到雷达的存在，此时雷达占优势，这种雷达被称为LPI雷达或"寂静"雷达。α 越小，雷达的LPI性能越佳。但需要说明的是，LPI雷达是针对某种截获设备而言的，对另一种截获设备就不一定是LPI或"寂静"的了。

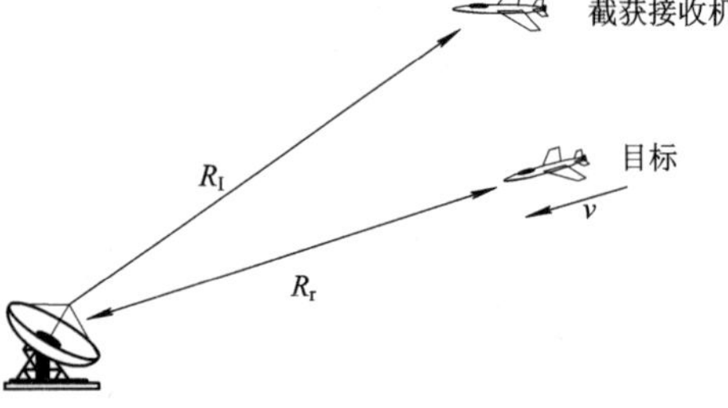

图7.16　雷达、目标与截获接收机之间的关系

下面讨论截获因子与雷达相关参数的关系，从中分析影响截获因子的主要因素。

自由空间中雷达作用距离方程为

$$R_r = \left[\frac{P_t G_t G_r \lambda^2 \sigma}{(4\pi)^3 S_{i,\min} L_r}\right]^{\frac{1}{4}} \tag{7.6.2}$$

其中，P_t为雷达的发射功率，G_t、G_r分别为雷达发射和接收天线的增益，λ 为发射信号的波长，σ 为目标的雷达反射截面积，L_r为雷达的损耗因子，$S_{i,\min}$为雷达接收机的灵敏度。

自由空间中侦察接收机截获雷达信号的距离方程为

$$R_I = \left[\frac{P_t G_{rI} G_I \lambda^2}{(4\pi)^2 S_I L_I}\right]^{\frac{1}{2}} \tag{7.6.3}$$

其中，L_I为侦察接收机的系统损耗因子，S_I为侦察接收机灵敏度，G_I为侦察天线增益，G_{rI}为雷达发射天线在侦察平台方向上的增益。

对于收发共用天线的雷达系统 $G_t = G_r$，当给定雷达的最大作用距离 $R_{r\max}$值时，把式(7.6.2)和式(7.6.3)代入式(7.6.1)，可得到截获因子

$$\alpha = \frac{R_I}{R_r} = R_{r\max}\left[\frac{4\pi}{\sigma} \cdot \frac{G_{rI} G_I}{G_t^2} \cdot \frac{S_{i,\min}}{S_I} \cdot \frac{L_r}{L_I}\right]^{\frac{1}{2}} \tag{7.6.4}$$

2. 低副瓣、超低副瓣天线技术

在现代雷达系统中，为了提高雷达的探测性能和目标参数测量精度，通常雷达天线主波束宽度都很窄。因此，侦察系统要想从雷达天线主波束方向截获雷达信号是很困难的，侦察截获的概率也很低。但是，除了很窄的主波束外，雷达还有占相当大辐射空间的天线旁瓣，这为侦察系统提供了侦察截获雷达信号的有利条件。由式(7.6.4)可得

$$\alpha \propto \left[\frac{G_{rI} G_I}{G_t^2}\right]^{\frac{1}{2}} \tag{7.6.5}$$

低截获概率设计对雷达天线旁瓣电平提出了很高的技术指标。通常天线副瓣电平低于−30 dB 者称为低副瓣天线，低于−40 dB 者称为超低副瓣天线。雷达天线旁瓣电平越低，则侦察系统要想达到相同的侦察距离就必须提高侦察接收机的灵敏度，这就增加了侦察系统的设计制造难度。

式(7.6.5)表明，雷达主瓣增益的增加可以获得截获因子 α 的改善。当雷达旁瓣或副瓣被截获时，α 约正比于雷达副瓣增益的平方根，因此降低副瓣增益可以改善截获因子 α。假如雷达副瓣增益(第一副瓣电平)为−40～−30 dB，那么就可为 α 提供 15～20 dB 的改善。从空域上讲，雷达天线主瓣增益越高、副瓣电平越低、波束宽度越窄，那么为敌方截获雷达提供的时间就越短，从而截获概率就越低。

7.6.3　副瓣对消(SLC)

1. SLC 的工作原理

自适应天线副瓣对消(也称旁瓣对消)是一种常用的雷达抗有源干扰的技术。雷达接收天线的主瓣很窄，且增益很高，具有极强的方向性，所以有源干扰信号从接收天线的主瓣进入的概率较小；而天线的副瓣很宽，则干扰信号极易从接收天线的副瓣进入。为了抑制干扰，通常副瓣增益都较低，但当雷达处于极强的有源干扰环境时，干扰信号可能淹没目标信号，从而导致雷达不能正常发现目标。

副瓣对消器就是利用辅助天线接收的干扰信号来压低通过主天线或相控阵天线副瓣方向进来的定向干扰。在雷达接收天线(以下称为主天线)的附近安装若干个辅助天线，辅助天线的主瓣很宽，增益与主天线的平均副瓣相当，为弱方向性或无方向性天线，如图 7.17

所示。当存在副瓣干扰时，主天线接收干扰信号的幅度与辅助天线接收干扰信号的幅度相当。由于各天线的空间位置不同，所以接收干扰信号的相位存在由波程差导致的固定相移。利用各天线接收的干扰信号，通过一定的自适应算法，得到 N 个辅助天线的加权系数 $W_i(i=1, 2, \cdots, N)$。辅助天线接收的信号经加权求和后，再与主天线接收的干扰信号相减，使得主通道的干扰输出功率最小，从而达到干扰对消的目的。当干扰变化时自适应地调整权值，保持干扰输出功率最小。典型的副瓣对消系统如图 7.18(a)所示。

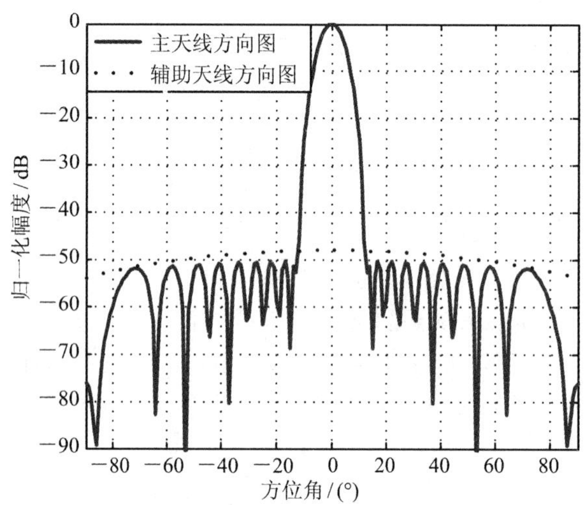

图 7.17 主、辅天线方向图

辅助天线的加权系数通常是在雷达的休止期采样一些干扰的样本数据，然后利用适当的算法计算而得。可以认为从辅助天线接收到的所需目标信号分量与主天线的相比可以忽略不计。同时，目标信号持续时间远远小于 SLC 的自适应时间。因此，目标信号不失真地通过 SLC 系统，而在时间上连续不断的干扰信号则被对消器的自适应过程大大地降低了。

增加辅助通道的目的就是接收与主天线副瓣中的干扰一样的信号用于对消干扰。辅助天线必须放置在离雷达天线相位中心相当近的地方，以保证其获得的干扰信号取样与雷达天线副瓣接收的干扰信号的相关性。这就要求雷达天线的相位中心与辅助天线的相位中心的间距 d 除以光速须远远小于雷达频带 B 以及干扰频带 B_J 两者中的小者的倒数，即

$$\frac{d}{c} \ll \frac{1}{\min\{B, B_J\}}$$

同时需注意，辅助天线的数量必须大于等于需抑制的干扰个数。

辅助天线可以是离散的多个天线，也可以是相控阵天线的一组接收单元。对于相控阵天线，辅助天线可以集成在主天线阵中，如图 7.18(b)。尽量减小天线之间的电磁耦合可保证低的副瓣电平。辅助天线置于主天线的中心，缩短了主天线与辅助天线的相位中心的间距，因而大大增加了主通道和辅助通道内干扰信号之间的相关性。辅助天线的另一个要求是 3 dB 波束宽度应覆盖主天线的副瓣区域。这样放置在主天线周围的辅助天线便形成与主方向图副瓣形状相匹配的方向图。为了达到低副瓣，需对口径进行加权，使得某些副瓣变宽，同样要求辅助天线应放置在主天线的中间或周围。

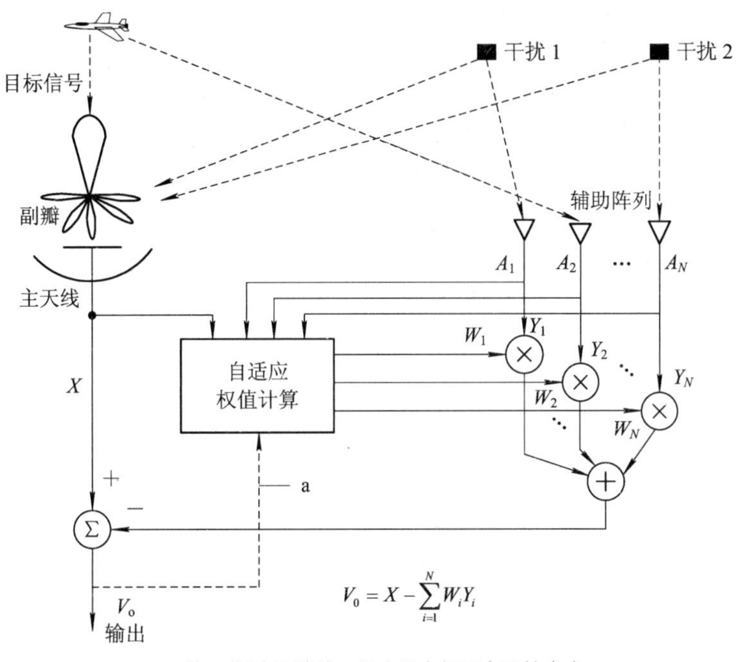

(a) SLC 的工作原理(连线 a 只出现在闭环实现技术中)

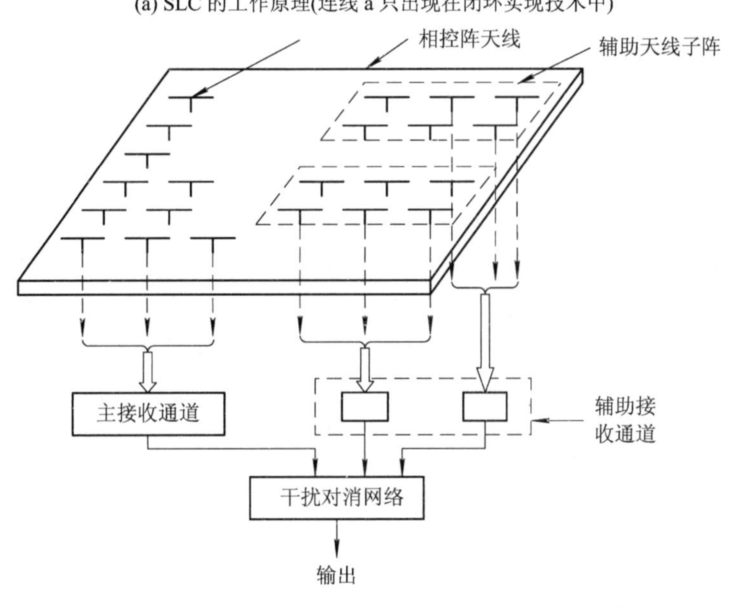

(b) 相控阵的 SLC

图 7.18 SLC 的工作原理及相控阵的 SLC

对于相控阵天线有两种不同的方法形成辅助通道。一种方法是单个或一组辐射单元与一个 RF 接收机相连，如图 7.18(b)所示。相应的低增益输出形成一个通往 SLC 的辅助通道。辅助单元必须非规则放置以避免辅助阵列产生栅瓣。另一种方法是辅助单元在两个干扰方向上形成波束。每个波束形成网络的输出送入每个 RF 接收机，形成 SLC 的辅助通道。第二种方法只对干扰方向附近起作用，因而其静态方向图变形很小。相反，在第一种方法中由于修改了整个静态方向图副瓣结构，故干扰信号数越多，方向图变形越大。当然，

为了形成指向干扰的波束就必须获得足够多的有关干扰来波方向角度的信息。

对辅助通道的输出信号加权求和，再与主通道输出信号相减，使主通道的干扰输出功率最小。其中的问题就在于如何找到一个合适的控制加权系数的方法使对消效果最佳。由于在雷达主通道和辅助通道中的干扰信号是随机的，因而适合采用线性预测理论来分析。假设 X 为主天线接收的信号，$\boldsymbol{Y}$ 为 N 个辅助天线接收信号的 N 维矢量，

$$\boldsymbol{Y}=[Y_1, Y_2, \cdots, Y_N]^{\mathrm{T}} \tag{7.7.1}$$

利用主、副天线接收的干扰信号的样本，估计主、副天线接收的干扰信号 X 与 $\boldsymbol{Y}$ 之间的协方差矩阵 $\boldsymbol{M}$ 及 N 维互相关矢量 $\boldsymbol{R}$ 为

$$\boldsymbol{M}=\mathrm{E}[X\boldsymbol{Y}^*] \tag{7.7.2a}$$

$$\boldsymbol{R}=\mathrm{E}[\boldsymbol{Y}^*\boldsymbol{Y}^{\mathrm{T}}] \tag{7.7.2b}$$

最佳加权矢量 $\hat{\boldsymbol{W}}$ 根据最小均方误差准则确定，系统输出 V_{o}的均方预测误差等于输出剩余干扰的功率，即

$$\boldsymbol{P}_{V_{\mathrm{o}}}=\mathrm{E}[|V_{\mathrm{o}}|^2]=\mathrm{E}[|X-\hat{\boldsymbol{W}}^{\mathrm{T}}\boldsymbol{Y}|^2] \tag{7.7.3}$$

其中，最佳权矢量 $\hat{\boldsymbol{W}}=\mu\boldsymbol{M}^{-1}\boldsymbol{R}$，$\mu$ 为一常数。

衡量 SLC 的性能一般用干扰对消比(JCR)表示，它定义为干扰对消前与 SLC 输出干扰的功率之比

$$\mathrm{JCR}=\frac{\mathrm{E}[|X|^2]}{\mathrm{E}[|X-\hat{\boldsymbol{W}}^{\mathrm{T}}\boldsymbol{Y}|^2]}=\frac{\mathrm{E}[|X|^2]}{\mathrm{E}[|X|^2]-\boldsymbol{R}^{\mathrm{T}}\boldsymbol{M}^{-1}\boldsymbol{R}^*} \tag{7.7.4}$$

2. SLC 的自适应权值计算

从工程实现角度看，SLC 主要有三种类型：模拟式副瓣对消，数字式副瓣对消，模数混合式副瓣对消。现代雷达大多采用数字式副瓣对消抗干扰技术。

随着数字信号处理芯片的迅速发展，数字式副瓣对消技术也有了迅速的发展。数字式副瓣对消技术主要是主天线和辅助天线接收的干扰信号通过 A/D 变换器和正交变换器，把模拟信号转换成数字信号，在数字域进行副瓣对消处理，最终得到对消输出。其原理框图如图 7.19 所示。

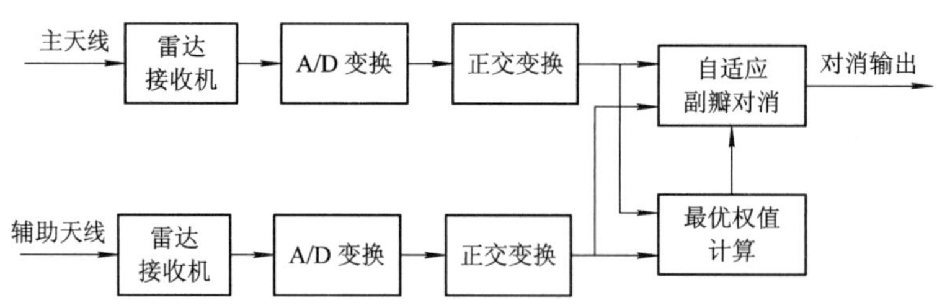

图 7.19　数字式副瓣对消原理框图

SLC 自适应权值计算方法主要有两类：① 开环法(也称直解法)；② 闭环或反馈控制技术。一般来说，闭环法比开环法简单方便。由于闭环法具有自修正特性，因而不要求元件具有大动态范围和高线性度特性，故闭环法非常适合模拟实现。但是，闭环法也有很大的局限，为了稳定工作，其收敛速度受到很大限制。相反，开环法不存在收敛问题。但是通常要求元件的动态范围大，精度高，而这些只能靠数字方法实现。当然，闭环法也可以用数字电路实现，这时数字精度的要求大大降低了。图 7.20 给出了开环和闭环自适应副瓣对

消原理框图。

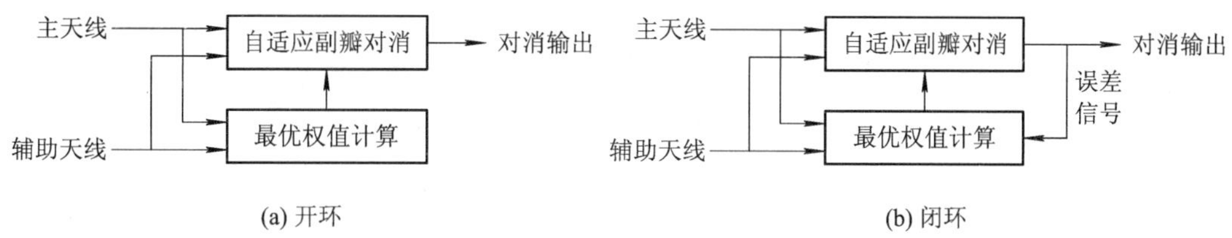

图 7.20 自适应副瓣对消原理框图

1）开环法(直解法)

下面以 N 辅助天线的副瓣对消系统为例，进一步说明开环副瓣对消的基本工作原理。图7.14(a)(不含连线 a)所示为 N 辅助天线的开环自适应副瓣对消的原理框图。图中 X 表示主天线接收的信号；$\boldsymbol{Y}=[Y_1, Y_2, \cdots Y_N]^{\mathrm{T}}$ 表示辅助天线接收的信号；$\boldsymbol{W}=[W_1, W_2, \cdots, W_N]^{\mathrm{T}}$ 表示加权系数；V_o表示对消输出，用数学表达式可表示为

$$V_o = X - \sum_{n=1}^{N} W_n^* Y_n = X - \boldsymbol{W}^{\mathrm{H}}\boldsymbol{Y} \tag{7.7.5}$$

上式表明，对消剩余就是由主天线信号减去权矢量和辅助天线信号的内积，而对消的目的是使对消剩余功率最小。此准则就是最小均方(LMS)准则，用统计表示为 $\mathrm{E}[|V_o|^2]$，即

$$\begin{aligned}\xi &= \mathrm{E}[|V_o|^2] = \mathrm{E}[|V_o V_o^*|] \\ &= \mathrm{E}[(X-\boldsymbol{W}^{\mathrm{H}}\boldsymbol{Y})(X^* - \boldsymbol{W}^{\mathrm{T}}\boldsymbol{Y}^*)] \\ &= \mathrm{E}[(X-\boldsymbol{W}^{\mathrm{H}}\boldsymbol{Y})(X^* - \boldsymbol{Y}^{\mathrm{H}}\boldsymbol{W})] \\ &= \mathrm{E}[|X|^2 - X\boldsymbol{Y}^{\mathrm{H}}\boldsymbol{W} - \boldsymbol{W}^{\mathrm{H}}\boldsymbol{Y}X^* + \boldsymbol{W}^{\mathrm{H}}\boldsymbol{Y}\boldsymbol{Y}^{\mathrm{H}}\boldsymbol{W}] \\ &= \mathrm{E}[|X|^2] - \boldsymbol{R}_{YX}^{\mathrm{H}}\boldsymbol{W} - \boldsymbol{W}^{\mathrm{H}}\boldsymbol{R}_{YX} + \boldsymbol{W}^{\mathrm{H}}\boldsymbol{R}_{YY}\boldsymbol{W}\end{aligned} \tag{7.7.6}$$

其中，$\mathrm{E}[\cdot]$表示统计期望；$\boldsymbol{R}_{YX}=\mathrm{E}[\boldsymbol{Y}X^*]$，表示辅助通道和主通道的互相关函数矩阵，$\boldsymbol{R}_{YY}=\mathrm{E}[\boldsymbol{Y}\boldsymbol{Y}^{\mathrm{H}}]$，表示辅助通道的自相关函数矩阵，对于输入的平稳信号，式(7.7.6)中的 ξ 是权矢量 $\boldsymbol{W}$ 的二次型函数，因此 ξ 是一个凹形超抛物体曲面，它具有唯一的极小点。均方误差 ξ 的梯度可以由式(7.7.6)对权矢量进行微分得到，即

$$\nabla = \left\{\frac{\partial(\xi)}{\partial W_1}, \frac{\partial(\xi)}{\partial W_2}, \cdots, \frac{\partial(\xi)}{\partial W_N}\right\} = -2\boldsymbol{R}_{YX} + 2(\boldsymbol{R}_{YY}\boldsymbol{W}) \tag{7.7.7}$$

若 $\nabla=0$，就可得到最佳权矢量 $\boldsymbol{W}_{\mathrm{opt}}$，即

$$\boldsymbol{R}_{YY}\boldsymbol{W}_{\mathrm{opt}} = \boldsymbol{R}_{YX} \tag{7.7.8}$$

当式(7.7.8)中的自相关矩阵 $\boldsymbol{R}_{YY}$ 为非奇异阵时，$\boldsymbol{W}_{\mathrm{opt}}$ 可表示为

$$\boldsymbol{W}_{\mathrm{opt}} = \boldsymbol{R}_{YY}^{-1}\boldsymbol{R}_{YX} \tag{7.7.9}$$

对消剩余功率最小时的剩余干扰信号为

$$(V_o)_{\min} = X - \boldsymbol{W}_{\mathrm{opt}}\boldsymbol{Y} \tag{7.7.10}$$

式(7.7.9)就是著名的 Wiener-Hopf 方程。由此式求出的最优权值能保证干扰对消的剩余功率最小。

直解法就是直接求解干扰协方差矩阵，这就避免了特征值分散的问题。特征值的分散限制了闭环算子的收敛能力。例如直解矩阵求逆算子，其中协方差矩阵首先由快速采集到的足够多

的数据估算出，然后采用适当的求逆算法进行矩阵求逆。典型的直解法有 Gram-Schmidt 算法。

2) 闭环法

闭环即反馈控制技术，是通过逐渐改变加权系数来达到干扰最佳对消效果。这种方法虽然简单，但收敛速度较慢。常用的一种反馈方式是 LMS 反馈技术。

图 7.18(a)(含连线 a)所示为 N 辅助天线的闭环自适应副瓣对消的原理框图。图中 X 表示主天线接收的信号；$\boldsymbol{Y}=[Y_1, Y_2, \cdots Y_N]^{\mathrm{T}}$ 表示辅助天线接收的信号；$\boldsymbol{W}=[W_1, W_2, \cdots, W_N]^{\mathrm{T}}$表示加权系数；$V_o$表示对消输出。

LMS 自适应滤波器和维纳滤波器一样，是以均方误差最小作为其最佳滤波准则。根据式(7.7.6)均方误差 ξ 与自适应滤波的权系数 $\boldsymbol{W}$ 之间的关系为

$$\xi=\mathrm{E}[|V_o|^2]=\mathrm{E}[|X|^2]-\boldsymbol{R}_{YX}^{\mathrm{H}}\boldsymbol{W}-\boldsymbol{W}^{\mathrm{H}}\boldsymbol{R}_{YX}+\boldsymbol{W}^{\mathrm{H}}\boldsymbol{R}_{YY}\boldsymbol{W} \tag{7.7.11}$$

如果以时刻 j 的误差平方$|e_j|^2$($e_j=X_j-\boldsymbol{W}_j^{\mathrm{H}}\boldsymbol{Y}_j$)作为同一时刻瞬时均方误差 ξ_j的估计，那么$|e_j|^2$对于$\boldsymbol{W}_j$的梯度，用$\hat{\nabla}_j$ 表示，于是有

$$\begin{aligned}\hat{\nabla}_j&=\left[\frac{\partial|e_j|^2}{\partial W_{1,j}}, \frac{\partial|e_j|^2}{\partial W_{2,j}}, \cdots, \frac{\partial|e_j|^2}{\partial W_{N,j}}\right]^{\mathrm{T}}\\&=2e_j^*\left[\frac{\partial e_j}{\partial W_{1,j}}, \frac{\partial e_j}{\partial W_{2,j}}, \cdots, \frac{\partial e_j}{\partial W_{N,j}}\right]^{\mathrm{T}}\\&=-2e_j^*\boldsymbol{Y}_j\end{aligned} \tag{7.7.12}$$

最陡下降法是 Widrow 和 Hoff 两人在 20 世纪 50 年代提出的求最佳权矢量的简单而有效的一种递推方法。最陡下降法就是下一个权矢量 $\boldsymbol{W}_{j+1}$ 等于现在的权矢量 $\boldsymbol{W}_j$ 加一个正比于梯度估计值$\hat{\nabla}_j$ 的负值的变化量，即

$$\boldsymbol{W}_{j+1}=\boldsymbol{W}_j+\mu(-\hat{\nabla}_j) \tag{7.7.13}$$

将式(7.7.12)代入式(7.7.13)得到

$$\boldsymbol{W}_{j+1}=\boldsymbol{W}_j+[2\mu e_j^*]\boldsymbol{Y}_j \tag{7.7.14}$$

式中，μ 为控制迭代步长的参数，μ 的取值范围为 $0<\mu<\dfrac{1}{\mathrm{tr}[\boldsymbol{R}_{YY}]}$，$\mathrm{tr}[\boldsymbol{R}_{YY}]$为辅助通道的自相关函数矩阵 $\boldsymbol{R}_{YY}$的迹(即对角元素之和)。

3. SLC 的性能分析

一般用对消比(对消增益)CG 来衡量副瓣对消的性能，它相当于信干比提高的倍数，其定义为

$$\mathrm{CG}\overset{\mathrm{def}}{=}\frac{对消前干扰功率}{剩余干扰功率}=\frac{\mathrm{E}[|n|^2]}{\mathrm{E}[|n_r|^2]} \tag{7.7.15}$$

式中，n 为主天线接收的干扰信号，n_r为经过相消处理后的干扰输出，则对消比就是对消前和对消后的干扰功率之比。

影响自适应旁瓣对消性能的因素很多，如主天线接收干扰信号与辅助天线接收干扰信号间的失配、用于最佳权向量计算的采样样本有限或样本中不包含干扰信号、辅助天线位置放置的不合理、干扰信号带宽、A/D 采样的量化噪声等，这些因素从本质上讲都是降低了主、辅天线接收的干扰信号的相关性，从而导致干扰对消性能下降。这里主要讨论通道

间干扰相关性及包络延迟对旁瓣对消性能的影响。

1）通道间干扰相关性及包络延迟对旁瓣对消性能的影响

首先分析只有一个辅助天线时的对消性能和干扰相关性之间的关系，假设辅助天线1接收的干扰为 n_1，权系数取最佳值，则对消器的输出为

$$n_r = n - W_{opt} n_1 \tag{7.7.16}$$

根据式(7.7.9)，可得到 $W_{opt}=\dfrac{E[nn_1^*]}{E[|n_1|^2]}$。这时的对消比为

$$\begin{aligned} CG_{opt} &= \frac{E[|n|^2]}{E[|n-W_{opt}n_1|^2]} = \frac{E[|n|^2]}{E[(n-W_{opt}n_1)(n^*-W_{opt}^*n_1^*)]} \\ &= \frac{E[|n|^2]}{E[|n|^2]-E[nW_{opt}^*n_1^*]-E[W_{opt}n_1n^*]+E[W_{opt}n_1W_{opt}^*n_1^*]} \\ &= \frac{E[|n|^2]}{E[|n|^2]-\dfrac{E[nn_1^*]E[n_1n^*]}{E[|n_1|^2]}} = \frac{1}{1-\left|\dfrac{E[nn_1^*]}{\sqrt{E[|n|^2]E[|n_1|^2]}}\right|^2} \end{aligned} \tag{7.7.17}$$

观察式(7.7.17)可知，分母中的第二项是主、辅天线接收干扰的互相关系数 $\rho=\dfrac{E[nn_1^*]}{\sqrt{E[|n|^2]E[|n_1|^2]}}$，因此，最佳对消增益与互相关系数具有以下关系

$$CG_{opt} = \frac{1}{1-|\rho|^2} \tag{7.7.18}$$

从式(7.7.18)中可知，SLC的对消性能取决于主天线和辅助天线所接收干扰信号间的相关系数。相关系数的值越接近1，SLC性能就越好。相关性的降低会导致相消性能变差。

下面考虑两辅助天线时的对消性能和干扰相关性之间的关系，假设辅助天线1、2接收的干扰分别为 n_1 和 n_2，对消剩余可表示为

$$n_r = n - W_{1opt}n_1 - W_{2opt}n_2 = n - \boldsymbol{W}_{opt}\begin{bmatrix} n_1 \\ n_2 \end{bmatrix} \tag{7.7.19}$$

最佳权系数为

$$\boldsymbol{W}_{opt} = \begin{bmatrix} W_{1opt} \\ W_{2opt} \end{bmatrix} = \frac{\begin{bmatrix} E[nn_1^*] \\ E[nn_2^*] \end{bmatrix}}{\begin{bmatrix} E[n_1n_1^*] & E[n_2n_1^*] \\ E[n_1n_2^*] & E[n_2n_2^*] \end{bmatrix}}$$

则最佳对消比为

$$\begin{aligned} CG_{opt} &= \frac{1}{1-\dfrac{|\rho_{01}|^2+|\rho_{02}|^2-\rho_{01}\rho_{20}\rho_{12}-\rho_{02}\rho_{10}\rho_{21}}{1-|\rho_{12}|^2}} \\ &= \frac{1}{1-\dfrac{|\rho_{01}|^2+|\rho_{02}|^2-2\rho_{01}\rho_{20}\rho_{12}}{1-|\rho_{12}|^2}} \end{aligned} \tag{7.7.20}$$

其中，ρ_{01}、ρ_{02} 和 ρ_{12} 分别表示主天线与辅助天线1、2以及辅助天线之间接收干扰信号的互相关系数，且 $\rho_{01}=\rho_{10}$，$\rho_{02}=\rho_{20}$，$\rho_{12}=\rho_{21}$，

$$\rho_{01}=\left|\frac{\mathrm{E}[nn_1^*]}{\sqrt{\mathrm{E}[|n|^2]\mathrm{E}[|n_1|^2]}}\right|$$

$$\rho_{02}=\left|\frac{\mathrm{E}[nn_2^*]}{\sqrt{\mathrm{E}[|n|^2]\mathrm{E}[|n_2|^2]}}\right|$$

$$\rho_{12}=\left|\frac{\mathrm{E}[n_1n_2^*]}{\sqrt{\mathrm{E}[|n_1|^2]\mathrm{E}[|n_2|^2]}}\right|$$

仿真条件：空间存在两个带宽为 5 MHz 的宽带干扰源，且干扰源 1 的入射角为 80°，干扰源 2 的入射角在 0°～180°范围内变化。主、辅天线干噪比均为 40 dB。采用图 7.21(a)所示的两辅助天线系统。图 7.21(b)(c)(d)分别给出了干扰在不同入射方向的对消比以及主、辅天线接收干扰信号的相关性。可以看出，在某些方向的相关系数较小，主辅天线之接收干扰相关性较差，因此旁瓣对消比较低。

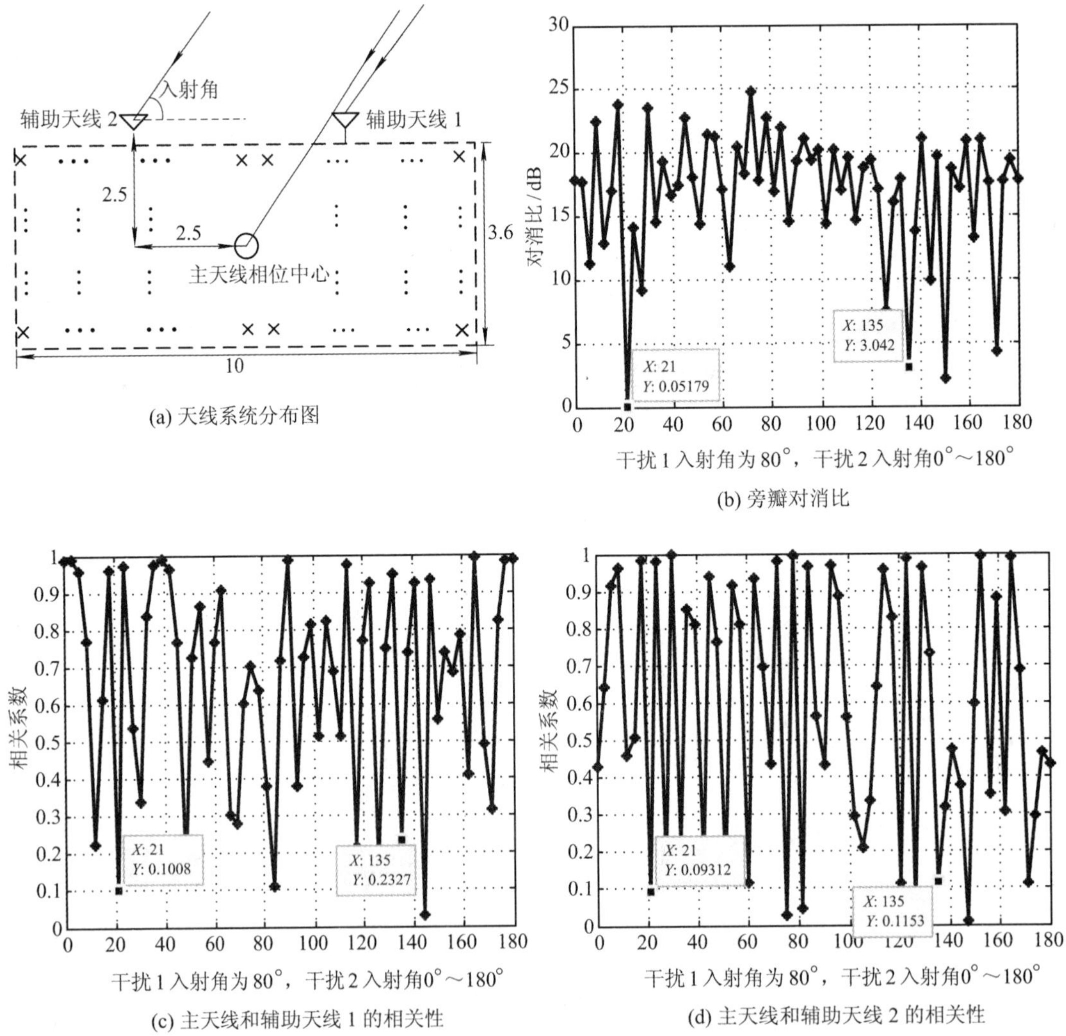

(a) 天线系统分布图

(b) 旁瓣对消比

(c) 主天线和辅助天线 1 的相关性

(d) 主天线和辅助天线 2 的相关性

图 7.21　旁瓣对消比与主辅天线干扰信号的相关性

2）包络延时对相消性能的影响

包络延时对旁瓣相消性能的影响大小与干扰的带宽有关，干扰带宽越大，包络延时越大。对于窄带信号，辅助天线接收信号的复包络延迟可以不予考虑，仅考虑相位延时。但实际工程中的干扰大多都不是单频或窄带的，通常具有一定带宽，此时就不能忽略包络延时。

若干扰 $J(t)$ 是一个带宽受限的随机信号，其功率谱密度 $p(f)$ 在带宽 B 中均匀，若不考虑主、辅通道频率特性的不一致性，则主、辅助天线接收的干扰信号相关系数为

$$|\rho| = |\mathrm{sinc}(B\tau)| \tag{7.7.21}$$

式中，τ 是主、辅助天线接收的干扰信号的时延。将上式代入式(7.7.20)，则单辅助天线旁瓣对消系统的干扰对消比为

$$\mathrm{CR}_0 = \frac{1}{1 - |\mathrm{sinc}(B\tau)|^2} \tag{7.7.22}$$

由上两式即可看出，干扰信号带宽的增加将导致主、辅天线接收干扰信号相关性减弱，旁瓣相消性能随之受到影响。通过以下仿真来进行验证。

仿真条件与图 7.21 相同，空间存在一个入射角为 80°的干扰源，主、辅天线接收信号的干噪比均为 30 dB。分别对采用一个辅助天线和两个辅助天线的旁瓣对消系统进行仿真。图 7.22 给出了带宽为 2 MHz、20 MHz 的干扰信号旁瓣对消前后的对比图。可以看出，带宽越大，旁瓣对消剩余信号幅度越大，且当干扰带宽较大时，两根辅助天线对消效果明显好于一根辅助天线。

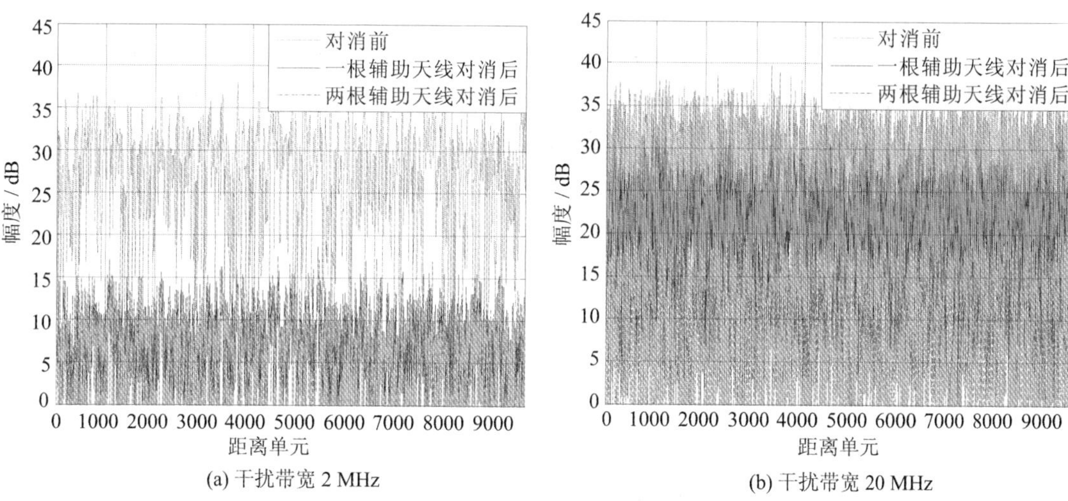

(a) 干扰带宽 2 MHz　　(b) 干扰带宽 20 MHz

图 7.22　旁瓣对消前后信号对比图(见彩插)

假设存在一个入射方向为 80°的干扰源，带宽为 2～20 MHz。图 7.23 给出了采用一根、两根辅助天线下旁瓣对消比随干扰带宽变化的曲线，由图可看出，随着干扰带宽的增加，对消比不断降低，旁瓣对消性能不断下降，这是由于具有一定带宽的干扰信号经空间延迟后，造成主、辅天线接收信号的相位和包络的延时，此时权向量不仅需要补偿雷达工作频率引起的相位差，而且还需要补偿复包络中的延时，因此若只用单个复数权补偿是远远不能达到期望的，并且单辅助天线条件下，干扰带宽对旁瓣对消性能的影响更加明显，

其对消比随干扰带宽的增加下降更快。

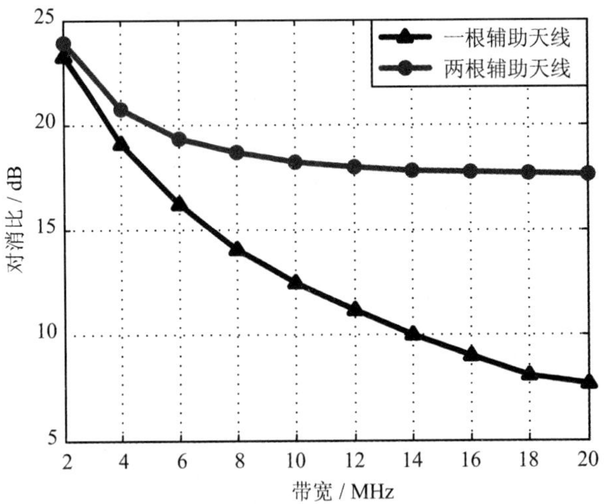

图 7.23　干扰带宽对旁瓣对消性能的影响

3）子带滤波器组

现代雷达系统中，很少会存在单频干扰信号，大部分都是宽带的。为了提高在宽带干扰下的副瓣对消性能，一种有效的方法是，利用子带滤波器组，将宽带干扰信号进行滤波，形成多个窄带干扰信号，以此改善各子带滤波器组输出干扰信号的相关性，从而改善旁瓣对消效果。

图 7.24 为加入子带滤波器组的单辅助天线自适应旁瓣对消系统结构图。首先主天线接收信号 $d(n)$ 和辅助天线接收信号 $x(n)$ 经滤波器组 $H_0(e^{j\omega})$，$H_1(e^{j\omega})$，…，$H_{M-1}(e^{j\omega})$ 滤波形成 M 个通道(频段)输出，对各通道输出进行下采样后再进行旁瓣相消处理，其中 W_k 为第 k 个子带经过相应的自适应算法求得的最佳权值，对经过自适应旁瓣对消的各子带信号进行上采样后，再由综合滤波器组 $F_0(e^{j\omega})$，$F_1(e^{j\omega})$，…，$F_{M-1}(e^{j\omega})$ 重构得到输出信号 $y(n)$。

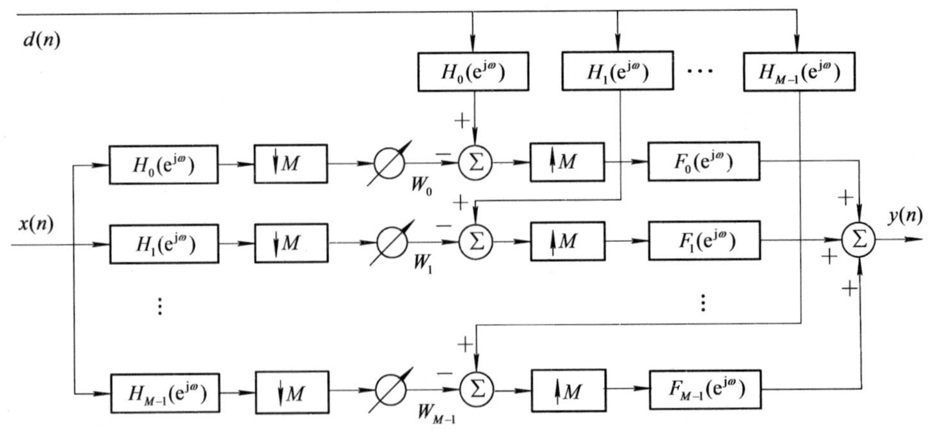

图 7.24　基于子带滤波器组的单辅助天线自适应旁瓣相消系统

为易于理解，利用理想子带滤波器组来分析子带滤波器组对旁瓣对消效果的改善。假设分析滤波器组和综合滤波器组都是由理想带通滤波器设计实现的，第 k 个理想带通滤波器的频率特性为

$$H_k(f)=F_k(f)=\begin{cases}1, & -\dfrac{f_s}{2}+\dfrac{k}{M}f_s\leqslant f\leqslant -\dfrac{f_s}{2}+\dfrac{k+1}{M}f_s\\ 0, & \text{others}\end{cases} \tag{7.7.23}$$

式中，f_s 为采样率，$k=0, 1, \cdots, M-1$。

假设原型滤波器 $H(z)$ 是一个归一化带宽为 $\pi/(2M)$、长度为 N 的线性相位低通 FIR 滤波器，分析滤波器 $H_k(z)$ 和综合滤波器 $F_k(z)$ 都是通过对原型滤波器进行调制得到的，其时域脉冲响应为

$$h_k(n)=f_k(n)=2h(n)\cos\left[\frac{(2k+1)\pi}{2M}\left(n-\frac{N-1}{2}\right)\right]+(-1)^k\frac{\pi}{4}, \tag{7.7.24}$$

$$0\leqslant n\leqslant N-1,\ 0\leqslant k\leqslant M-1$$

图 7.25 为原型滤波器，图 7.26 为对此原型滤波器进行余弦调制产生的 8 通道分析滤波器组(滤波器阶数为 128)，由图可知各子带都拥有各自的频率通带。

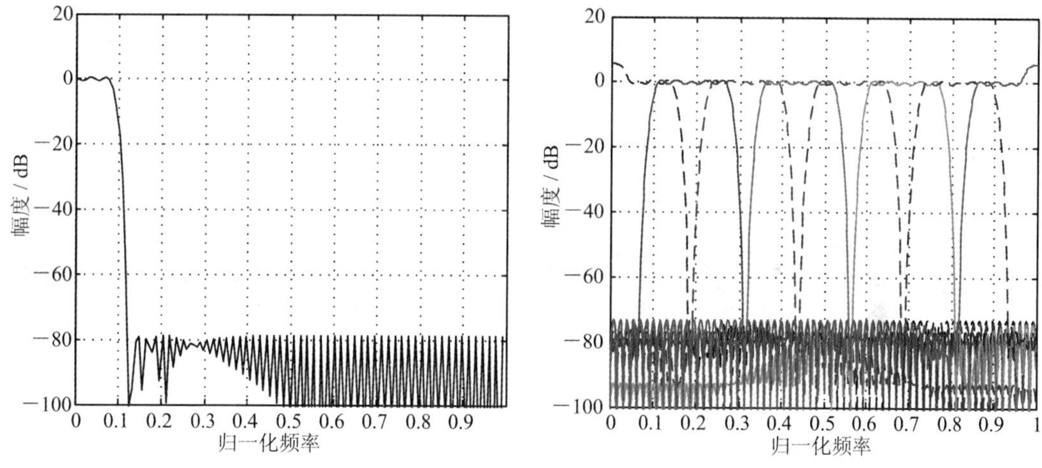

图 7.25　原型滤波器

图 7.26　通道余弦调制滤波器组

假设雷达采用图 7.21 所示的两辅助天线系统，存在两个带宽为 50 MHz 的宽带干扰源，干扰源 1 的入射角为 30°，干扰源 2 的入射角为 60°，干噪比为 30 dB，图 7.27 在无子带滤波器组、2 个子带滤波器组、4 个子带滤波器组、6 个子带滤波器组四种情况下旁瓣对消前后信号的幅度对比图。设采样频率 $f_s=60$ MHz。

图 7.27(a)中旁瓣对消前后信号幅度基本没有改变，这是因为压制式干扰带宽太大，导致主、辅天线接收干扰信号包络延迟及相位延时太大，相关性降低，因此旁瓣对消性能下降。加入子带滤波器组后，子带滤波器组将宽带干扰信号进行滤波，形成多个窄带信号，这样可以减小主、辅天线接收干扰信号包络延迟及相位延时，改善主、辅助天线接收干扰信号的相关性，从而改善旁瓣对消性能，如图 7.27(b)、(c)、(d)所示，子带滤波器越多，滤波形成的干扰信号带宽越窄，则对消掉的干扰能量越多，剩余干扰越少，旁瓣对消性能越好。

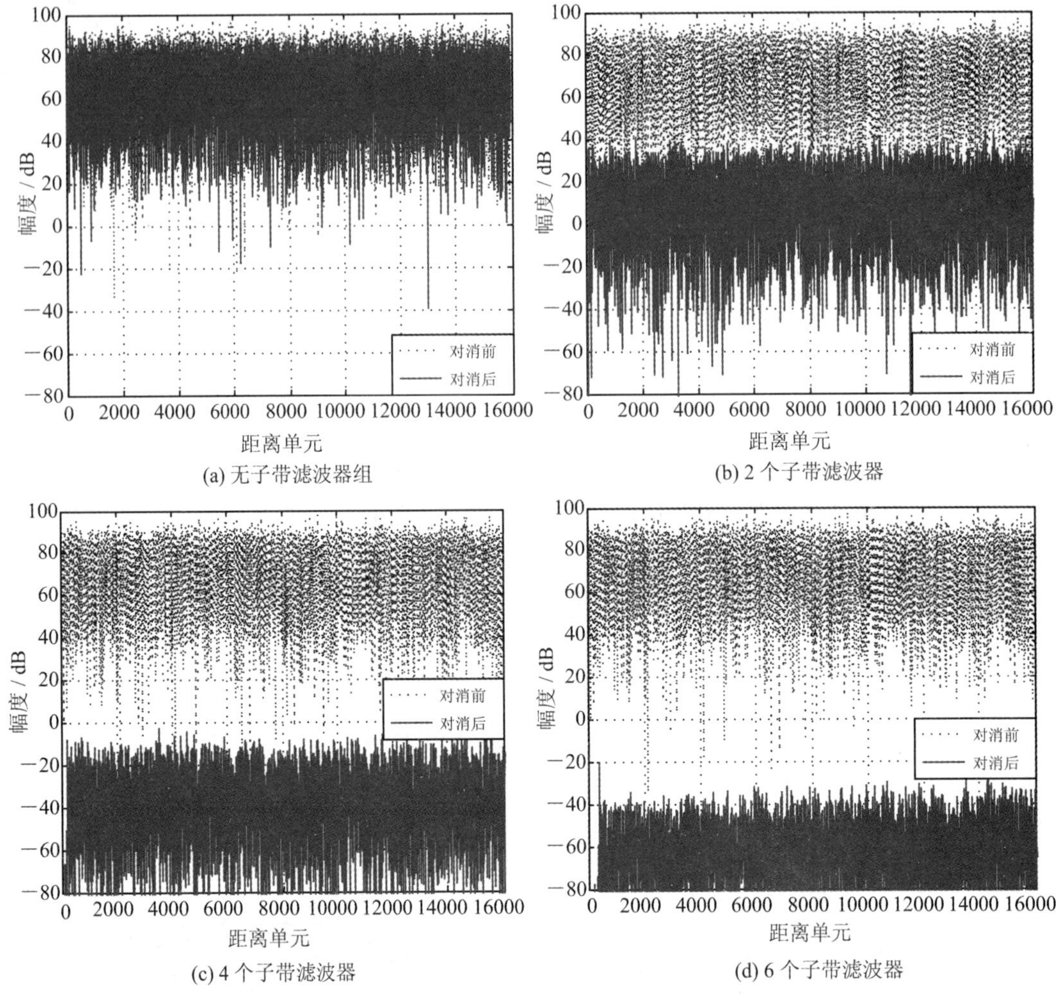

(a) 无子带滤波器组

(b) 2 个子带滤波器

(c) 4 个子带滤波器

(d) 6 个子带滤波器

图 7.27　旁瓣对消前、后信号幅度

7.6.4　副瓣匿隐(SLB)

1. SLB 的工作原理

副瓣匿隐也称旁瓣消隐或副瓣消隐(SLB)，其目的是阻止强脉冲干扰或有源欺骗假目标对雷达的影响。其实现方法如图 7.28，该系统包括两路接收通道(一路为主天线通道，另一路为消隐接收通道)，以及消隐逻辑和消隐门限等。两路信号经同样的处理电路(如脉冲压缩、积累和门限检测等)后，再对两个通道所接收和处理的每一距离单元的脉冲进行比较。这样，旁瓣消隐设备在一次扫描和每一距离单元的基础上决定是否对主通道进行消隐。位于主瓣的目标"A"将在主通道中产生较强的信号，而在辅助通道中产生较弱的信号。通过采用适当的门限 F 比较两通道中的不同信号，合适的消隐逻辑线路会允许该信号通过。由于主通道的信号明显强于辅助通道的信号，因而主通道信号通过门电路，然后再经过普通门限，从而确定被雷达探测到的是否为目标。位于副瓣区的目标或干扰"J"产生出较弱的主通道信号和较强的辅助通道信号，因而该目标被消隐逻辑线路抑制，也就是图 7.28

中的门电路中断了通向雷达探测门限的雷达信号流。以上分析是假设辅助天线的增益 G_A 大于雷达天线副瓣的最大增益 G_{sl}。

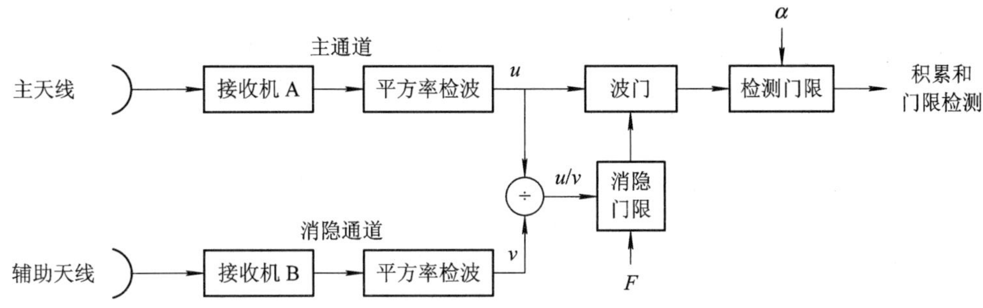

图 7.28　基本旁瓣消隐系统的组成

2. SLB 的性能分析

旁瓣消隐的性能可以通过考察所得到的不同输出来分析，即利用图 7.28 中一对处理后主通道、消隐通道输出信号的序列(u, v)进行检测。要进行三个假设检验：① 对应于两个通道内存在噪声的零假设 H_0；② 主波束内存在目标的 H_1 假设；③ 对应于副瓣区内的目标和干扰的 H_2 假设。假设 H_0 和 H_1 分别相当于通常的"没有检测到目标"和"检测到目标"的判决。当检测为 H_2 时发出消隐命令。

旁瓣消隐的性能可用如下的概率来表示：

(1) 消隐雷达副瓣干扰的概率 P_B，即当 H_2 为真时，接收信号(u, v)与 H_2 的联合概率。P_B 是干扰噪声比(JNR)、消隐门限 F、辅助天线与雷达天线副瓣增益比($\beta=G_A/G_{sl}$)的函数。

(2) 虚警概率 P_{fa}，它是当 H_0 为真时，接收信号(u, v)与 H_1 的联合概率；P_{fa} 是对噪声功率电平归一化的检测门限 α 和消隐门限 F 的函数。

(3) 主瓣中目标的检测概率 P_d，它是 H_1 为真时接收信号(u, v)与 H_1 的联合概率，P_d 与信噪比 SNR、P_{fa}、消隐门限 F 有关。

(4) 通过雷达副瓣进入的干扰所产生的假目标的检测概率 P_{FT}，它是 H_2 为真时接收信号(u, v)与 H_1 的联合概率。P_{FT} 是 JNR、门限 α 和 F、增益比 β 的函数。

(5) 消隐主瓣中目标的概率 P_{TB}，它是 H_1 为真时接收信号(u, v)与 H_2 的联合概率。P_{TB} 与 SNR、F、相对于主瓣增益 G_t 归一化的辅助天线的增益 $w=\dfrac{G_A}{G_t}$ 有关。

因此，需要合理地选择消隐门限 F 和归一化检测门限 α，提高旁瓣干扰消隐的性能。

7.7　主瓣干扰对抗方法

当干扰来自天线主瓣或近主瓣区域时，称为主瓣干扰。其主要特征有：在空域上，干扰和目标均在主瓣波束范围内，获得相近的天线增益，在波束域不能区分；在时域上，干扰强度大；在样式上，主瓣干扰具有多种类型，包括扫频式噪声干扰、转发式欺骗干扰、灵巧干扰、杂乱脉冲干扰等等。对于主瓣进入的有源干扰，现有较为成熟的抗副瓣干扰技术基本失效，而雷达应对主瓣干扰的手段仍十分有限，未能形成有效的对抗措施，严重制约了各类预警探测雷达的实战性能。正因如此，如何有效地抑制主瓣干扰已经成为现代雷达电子反对抗中亟待解决的共性难题。

雷达主瓣干扰对抗方法主要有：

(1) **阻塞矩阵预处理法**。针对自适应波束形成技术对抗主瓣干扰时所暴露出的缺陷，构造阻塞矩阵，对阵列接收数据进行预处理以消除主瓣干扰分量，再进行自适应波束形成处理。

(2) **特征投影矩阵预处理法**。基于对阵列数据协方差矩阵特征值的处理，构造特征投影矩阵对接收数据进行预处理，消除主瓣干扰分量。

(3) **盲源分离法**。在缺乏源信号和信道参数先验知识的情况下，仅凭传感器观测信号分离出各独立源信号。

(4) **和差四通道主瓣干扰对消法**。将和波束作为主通道、差波束作为辅助通道进行主瓣干扰对消，对一个方向(俯仰或方位)的主瓣干扰进行抑制的同时，使其正交方向(方位或俯仰)的单脉冲比保持不变。

下面分别介绍这四种主瓣干扰对抗方法的原理，并给出仿真和部分实测数据处理结果。

7.7.1　阻塞矩阵预处理法

阻塞矩阵预处理(BMP)法是一种自适应波束保形方法，该方法解决了自适应波束形成技术抑制主瓣干扰时出现的副瓣电平增高及主波束变形等问题。BMP 法通过构造阻塞矩阵来对抗主瓣干扰，处理流程如图 7.29 所示。首先通过空间谱估计主瓣干扰的角度，利用角度估计结果对接收信号作预处理，构建阻塞矩阵来消除回波信号中的主瓣干扰分量，然后再进行自适应波束形成，实现期望信号的相关积累。由于对接收信号做预处理时对消掉了主瓣干扰，再做自适应波束形成时就不会在主瓣内形成零陷，从而不会导致主波束变形、峰值偏移及副瓣电平增高的现象。

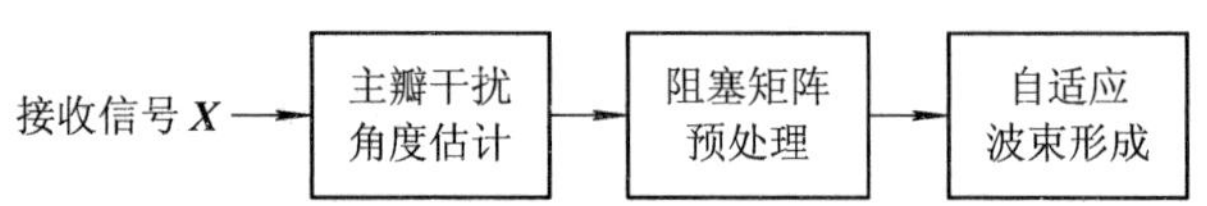

图 7.29　BMP 法处理流程

采用等间距排列的 M 元窄带线性阵列，阵列单元间距 $d=\lambda/2$，λ 为工作波长。假设各通道噪声为相互独立的零均值、方差为 σ_{n}^2 的高斯白噪声，且与信号不相关，则阵列接收的干扰加噪声信号矢量可表示为

$$\boldsymbol{X}=[x_1(t),\cdots,x_M(t)]^{\mathrm{T}}=\boldsymbol{AS}(t)+\boldsymbol{N}(t)\tag{7.7.1}$$

其中，$\boldsymbol{S}(t)=[s_1(t),\cdots,s_P(t)]^{\mathrm{T}}$ 表示 $P(P<M)$ 个干扰信号的复包络；$\boldsymbol{N}(t)=[n_1(t),\cdots,n_M(t)]^{\mathrm{T}}$ 为噪声矢量；导向矩阵 $\boldsymbol{A}=[\boldsymbol{a}(\theta_1),\cdots,\boldsymbol{a}(\theta_P)]$，其中 $\boldsymbol{a}(\theta_p)(p=1,2,\cdots,P)$ 表示 P 个干扰信号的方向矢量，$\boldsymbol{a}(\theta_p)=[1,\mathrm{e}^{\mathrm{j}\pi\sin\theta_p},\cdots,\mathrm{e}^{\mathrm{j}\pi(M-1)\sin\theta_p}]^{\mathrm{T}}$，$\theta_p$ 为第 p 个干扰信号的入射角。

接收信号的协方差矩阵为

$$\boldsymbol{R}_x=\mathrm{E}[\boldsymbol{X}(t)\boldsymbol{X}^{\mathrm{H}}(t)]=\boldsymbol{AR}_{\mathrm{s}}\boldsymbol{A}^{\mathrm{H}}+\sigma_n^2\boldsymbol{I}\tag{7.7.2}$$

式中，$\boldsymbol{R}_{\mathrm{s}}$ 为目标与干扰信号的协方差矩阵。

首先利用空间谱估计方法对主瓣干扰进行角度估计，假设主瓣内存在一个干扰，以及若干个副瓣干扰，干扰和目标的总数小于天线阵元数。由于干扰强度远远大于目标信号及噪声的强度，因此空间谱估计法可以选用较为简单的 Capon 谱估计算法。Capon 法估计主瓣干扰角度的表达式为

$$\theta_1 = \max_{\theta(\theta \in \text{主波束})} \frac{1}{\boldsymbol{a}^{\mathrm{H}}(\theta)\boldsymbol{R}_x^{-1}\boldsymbol{a}(\theta)} \tag{7.7.3}$$

式中，$\boldsymbol{a}(\theta)$表示主波束范围内的导向矢量，$\boldsymbol{R}_x$ 为接收信号协方差矩阵。由于只对主瓣干扰进行波达分析估计，故式(7.7.3)的角度搜索范围只需在主波束内进行。根据上式谱峰搜索得到主瓣干扰的方位角为 θ_1，按下式构造$(M-1)\times M$ 维的预处理变换矩阵 $\boldsymbol{B}$：

$$\boldsymbol{B} = \begin{bmatrix} 1 & -\mathrm{e}^{-\mathrm{j}u_1} & 0 & \cdots & 0 & 0 \\ 0 & 1 & -\mathrm{e}^{-\mathrm{j}u_1} & \cdots & 0 & 0 \\ \vdots & \vdots & \vdots & \vdots & \vdots & \vdots \\ 0 & 0 & \cdots & 1 & -\mathrm{e}^{-\mathrm{j}u_1} & 0 \\ 0 & 0 & \cdots & 0 & 1 & -\mathrm{e}^{-\mathrm{j}u_1} \end{bmatrix}_{(M-1)\times M} \tag{7.7.4}$$

其中，$u_1 = 2\pi(d/\lambda)\sin\theta_1$。再对接收信号 $\boldsymbol{X}$ 进行主瓣干扰相消预处理，处理后输出信号 $\boldsymbol{Y}$ 为

$$\boldsymbol{Y} = \boldsymbol{BX} \tag{7.7.5}$$

其中，$\boldsymbol{B}$ 实质上是一个信号阻塞矩阵，它利用相邻天线单元进行相消处理来抑制主瓣干扰，而目标信号和其它旁瓣干扰则不会受到影响。$\boldsymbol{Y}$ 为 $M-1$ 维矢量，设 $\boldsymbol{Y}=[y_1(t),\ y_2(t),\ \cdots,\ y_{M-1}(t)]$。预处理变换前，第 m 个天线的接收信号可表示为

$$x_m(t) = \sum_{i=1}^{P} s_i(t)\mathrm{e}^{\mathrm{j}(m-1)u_i} + n_m(t) \tag{7.7.6}$$

式中，$u_i = 2\pi(d/\lambda)\sin\theta_i$。经过预处理变换后，根据式(7.7.4)得到变换后的信号为

$$y_m(t) = \sum_{i=1}^{P} \bar{s}_i(t)\mathrm{e}^{\mathrm{j}(m-1)u_i} + \bar{n}_m(t)\ ,\ m = 0,\ \cdots,\ M-1 \tag{7.7.7}$$

式中，$\bar{s}_i(t) = s_i(t)[1-\mathrm{e}^{\mathrm{j}(u_i-u_1)}]$为变换后的复包络；$\bar{n}_m(t) = n_m(t) - n_{m+1}(t)$为变换后的通道噪声。

比较式(7.7.6)和式(7.7.7)，预处理变换改变了信号的复包络，但不改变信号的波达方向，并且对于主瓣干扰，其复包络 $\bar{s}_1(t)$近似为零，因此预处理变换有效地抑制了主瓣干扰，并且不会影响后续自适应波束形成对其它副瓣干扰零陷的形成。

预处理变换后信号 $\boldsymbol{Y}$ 的协方差矩阵为

$$\boldsymbol{R}_Y = \mathrm{E}[\boldsymbol{Y}(t)\boldsymbol{Y}^{\mathrm{H}}(t)] = \boldsymbol{BAR}_{\mathrm{s}}\boldsymbol{A}^{\mathrm{H}}\boldsymbol{B}^{\mathrm{H}} + \sigma_{\mathrm{n}}^2\boldsymbol{BB}^{\mathrm{H}} \tag{7.7.8}$$

式中，$\boldsymbol{R}_{\mathrm{s}}$ 为目标与干扰信号的协方差矩阵，σ_{n}^2 为高斯白噪声的方差。

根据线性约束最小方差准则，求得最佳自适应权为

$$\boldsymbol{W}_{\mathrm{opt}} = \mu\boldsymbol{R}_Y^{-1}\boldsymbol{a}_{\mathrm{q}} \tag{7.7.9}$$

其中，μ 为一常数，$\boldsymbol{a}_{\mathrm{q}}$ 为 $M\times1$ 维静态波束导向矢量。

直接按照式(7.7.9)进行自适应波束形成，虽然能够解决由主瓣干扰引起的主波束变形、峰值偏移及副瓣电平增高的问题，但是会产生新的主波束指向偏移。这种新的偏移是由阻塞矩阵 $\boldsymbol{B}$ 引起的，可以使用白化处理、权系数补偿和对角加载等措施来进行校正。下

面以白化处理为例来介绍校正过程。

对比式(7.7.2)和式(7.7.8)可以看出，在经过阻塞矩阵预处理后，$\boldsymbol{R}_Y$ 中的噪声项 $\sigma_n^2\boldsymbol{B}\boldsymbol{B}^H$ 不再代表一个白噪声的协方差矩阵，因此需进一步进行白化处理：

$$\boldsymbol{R}_w = \boldsymbol{R}_Y - \sigma_n^2\boldsymbol{B}\boldsymbol{B}^H + (L + \sigma_n^2)\boldsymbol{I} \tag{7.7.10}$$

实际上白化处理时需要估计 σ_n^2，这时，需对 $\boldsymbol{R}_x$ 作特征分解，求出 $M-P$ 个小特征值，取它们的平均值即为估计值 σ_n^2；L 为一适当的对角加载量，一般取 $4\sigma_n^2$，以弥补 σ_n^2 的估计误差，从而进一步降低旁瓣。求得最佳自适应权为

$$\boldsymbol{W}_{opt} = \mu\boldsymbol{R}_w^{-1}\boldsymbol{a}_q \tag{7.7.11}$$

这种白化处理的措施也适用于同时存在主瓣和副瓣干扰的情况。因此，进行预处理变换后的自适应波束形成的权值计算。

BMP 法在接收信号中同时存在主瓣干扰和旁瓣干扰时，不仅可以有效抑制旁瓣和主瓣干扰，而且也不会引起主瓣变形。然而该方法应用的前提是需要已知主瓣干扰的入射方向，在实际工程应用时需要对其进行估测，若干扰的方向估计不准确，则会使该算法的性能受到严重影响。

7.7.2　特征投影矩阵预处理法

特征投影矩阵预处理(EMP)法的基本思想与 BMP 法类似，但是矩阵 $\boldsymbol{B}$ 的构造方法不同，处理流程如图 7.30 所示。首先对干扰噪声协方差矩阵进行特征值分解，确定主瓣干扰对应的特征矢量，并构造特征投影矩阵 $\boldsymbol{B}$，然后再对接收信号进行预处理，消除主瓣干扰成分。EMP 法不需要估计干扰的角度，也没有天线自由度的损失，更具有工程实用性。

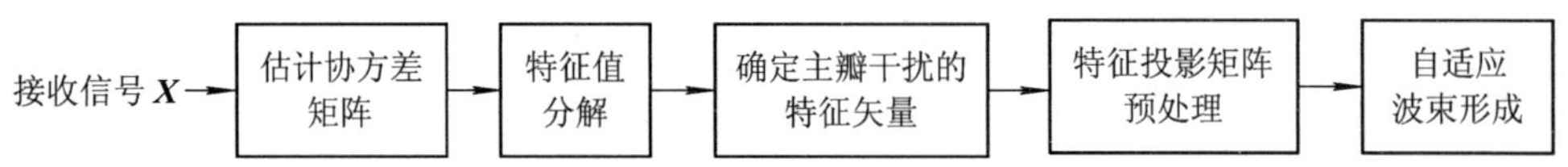

图 7.30　EMP 法处理流程

假设条件与 BMP 法一致，对干扰噪声的协方差矩阵 $\boldsymbol{R}_x$ 进行特征值分解：

$$\boldsymbol{R}_x = \mathrm{E}[\boldsymbol{X}\boldsymbol{X}^H] = \sum_{m=1}^{M}\lambda_m\boldsymbol{u}_m\boldsymbol{u}_m^H \tag{7.7.12}$$

其中，$\lambda_m(m=1, 2, \cdots, M)$是协方差矩阵 $\boldsymbol{R}_x$ 的特征值，且 $\lambda_1\geqslant\lambda_2\geqslant\cdots\geqslant\lambda_P\geqslant\lambda_{P+1}\geqslant\cdots\geqslant\lambda_M$，$\lambda_1, \lambda_2, \cdots, \lambda_P$ 为 P 个干扰对应的 P 个大特征值，$\lambda_{P+1}, \cdots, \lambda_M$ 为噪声对应的 $M-P$ 个小特征值，λ_m 对应的特征矢量记为 $\boldsymbol{u}_m$。

自适应方向图与特征值及特征波束之间有如下关系：

$$\boldsymbol{G}_a(\theta) = \boldsymbol{G}_q(\theta) - \sum_{m=1}^{M}\frac{\lambda_m - \lambda_{min}}{\lambda_m}\cdot(\boldsymbol{a}_q^H\boldsymbol{u}_m)\cdot\boldsymbol{G}_m(\theta) \tag{7.7.13}$$

其中，$\boldsymbol{G}_a(\theta)$表示自适应天线方向图；$\boldsymbol{G}_q(\theta)=\boldsymbol{a}_q^H\boldsymbol{a}(\theta)$为静态方向图，$\boldsymbol{a}_q$ 为静态方向矢量，$\boldsymbol{a}(\theta)$为方向矢量；$\lambda_{min}=\lambda_M$；$\boldsymbol{G}_m(\theta)=\boldsymbol{u}_m^H\boldsymbol{a}(\theta)$ $(m=1, \cdots, P)$称为特征波束，P 个干扰对应 P 个特征波束，它们的特点为：$\boldsymbol{G}_m(\theta)$的最大波束指向为第 m 个干扰的波达方向。因此，可以根据下式来判断主瓣干扰所对应的特征矢量：

$$|\boldsymbol{u}_m^H\boldsymbol{a}_q|^2 \geqslant \rho|\boldsymbol{a}_q|^2 \tag{7.7.14}$$

其中，ρ 为合适的常数因子。实际中可以取 $\boldsymbol{u}_m$ 与 $\boldsymbol{a}_q$ 的最大相关系数对应的特征矢量作为主瓣干扰对应的特征矢量 $\boldsymbol{u}_1$。

通过式(7.7.14)判断出主瓣干扰对应的特征矢量后(假设为 $\boldsymbol{u}_1$)，构造特征投影矩阵：

$$\boldsymbol{B}=\boldsymbol{I}-\boldsymbol{u}_1(\boldsymbol{u}_1^{\mathrm{H}}\boldsymbol{u}_1)^{-1}\boldsymbol{u}_1^{\mathrm{H}} \tag{7.7.15}$$

再对接收信号 $\boldsymbol{X}$ 进行相消预处理，处理后的信号为 $\boldsymbol{Y}$，则有

$$\begin{aligned}\boldsymbol{Y}(t)&=\boldsymbol{BX}\\&=\sum_{i=1}^{P}[\boldsymbol{I}-\boldsymbol{u}_1(\boldsymbol{u}_1^{\mathrm{H}}\boldsymbol{u}_1)^{-1}\boldsymbol{u}_1^{\mathrm{H}}]\boldsymbol{a}(\theta_i)s_i(t)+\boldsymbol{BN}(t)\\&=[\boldsymbol{a}(\theta_1)-\boldsymbol{u}_1(\boldsymbol{u}_1^{\mathrm{H}}\boldsymbol{u}_1)^{-1}\boldsymbol{u}_1^{\mathrm{H}}\boldsymbol{a}(\theta_1)]s_1(t)+\\&\quad\sum_{i=2}^{P}[\boldsymbol{a}(\theta_i)-\boldsymbol{u}_1(\boldsymbol{u}_1^{\mathrm{H}}\boldsymbol{u}_1)^{-1}\boldsymbol{u}_1^{\mathrm{H}}\boldsymbol{a}(\theta_i)]s_i(t)+\overline{\boldsymbol{N}}(t)\end{aligned} \tag{7.7.16}$$

其中，$\overline{\boldsymbol{N}}(t)=\boldsymbol{BN}(t)$ 为预处理后的噪声。因为 $\boldsymbol{u}_1$ 是主瓣干扰信号所对应的特征矢量，所以它与其它旁瓣干扰的特征向量之间是相互独立的，因此可以得到

$$\begin{aligned}&\boldsymbol{u}_1^{\mathrm{H}}\boldsymbol{a}(\theta_i)\approx 0;\ i=2,\ \cdots,\ P\\&\boldsymbol{u}_1(\boldsymbol{u}_1^{\mathrm{H}}\boldsymbol{u}_1)^{-1}\boldsymbol{u}_1^{\mathrm{H}}\boldsymbol{a}(\theta_1)\approx\boldsymbol{a}(\theta_1)\end{aligned} \tag{7.7.17}$$

故预处理后的输出信号为

$$\boldsymbol{Y}(t)=\sum_{i=2}^{P}\boldsymbol{a}(\theta_i)s_i(t)+\overline{\boldsymbol{N}}(t) \tag{7.7.18}$$

EMP 法不需要估计主瓣干扰的来向，因此比 BMP 法具有更强的稳健性。但是在实际应用中该方法的常数因子 ρ 不太好确定。除此之外，EMP 法中需要对协方差矩阵做特征值分解和矩阵求逆运算，所以计算量比较大，并且 ADBF 后仍然存在主波束指向偏移问题，后续需进行波束保形处理。

7.7.3　盲源分离

盲源分离技术是指在缺乏源信号和信道参数先验知识的情况下，仅凭传感器观测信号分离独立的目标信号。在雷达抗主瓣干扰的应用中，盲源分离利用目标回波信号与干扰信号的不同，将回波信号和干扰信号分离，不仅能够抑制干扰信号对目标回波的影响，而且能够从混合信号中提取出干扰信号，通过对干扰信号的分析，采取更有效的抗干扰措施。

1. 盲源分离抗干扰信号模型

盲源分离需要利用多个通道接收目标回波和干扰的混合信号，通道数与干扰数有关，一般情况下要求通道数不小于目标和干扰数量的总和。这里以一个目标和一个干扰为例进行描述，多个干扰的算法流程类似，只是增大混合矩阵的维数。通道可以由多波束或和波束、差波束构成，如图 7.31 所示。盲源分离算法不要求主波束的最大点指向目标或干扰方向，只要目标和干扰方向存在差异。

假设空间有一个目标和一个干扰，通道 1 接收波束 1 的信号为

$$x_1(t)=a_{11}s_1(t)+a_{12}s_2(t)+n_1(t) \tag{7.7.19}$$

式中，$s_1(t)$ 为目标信号；$s_2(t)$ 为干扰信号；a_{11} 为波束 1 对目标的响应；a_{12} 为波束 1 对干扰的响应；$n_1(t)$ 为通道 1 的噪声。

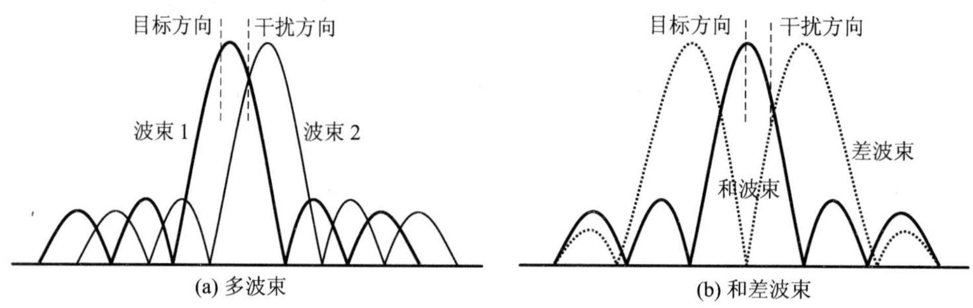

图 7.31　接收波束示意图

通道 2 接收波束 2 的信号为

$$x_2(t)=a_{21}s_1(t)+a_{22}s_2(t)+n_2(t) \tag{7.7.20}$$

式中，a_{21}为波束 2 对目标的响应；a_{22}为波束 2 对干扰的响应；$n_2(t)$为通道 2 的噪声。

分别对通道 1 和通道 2 接收信号进行数字化：

$$x_1(k)=a_{11}s_1(k)+a_{12}s_2(k)+n_1(k) \tag{7.7.21}$$

$$x_2(k)=a_{21}s_1(k)+a_{22}s_2(k)+n_2(k) \tag{7.7.22}$$

表示成矩阵形式为

$$\boldsymbol{X}(k)=\boldsymbol{AS}(k)+\boldsymbol{N}(k) \tag{7.7.23}$$

其中，$\boldsymbol{X}(k)=\begin{bmatrix}x_1(k)\\x_2(k)\end{bmatrix}$，$\boldsymbol{A}=\begin{bmatrix}a_{11} & a_{12}\\a_{21} & a_{22}\end{bmatrix}$，$\boldsymbol{S}(k)=\begin{bmatrix}s_1(k)\\s_2(k)\end{bmatrix}$，$\boldsymbol{N}(k)=\begin{bmatrix}n_1(k)\\n_2(k)\end{bmatrix}$。

当干扰源数量增加时，式(7.7.23)的信号模型不变，只是增大矩阵维数。在接收通道数为 N，目标和干扰源数量之和为 M 的情况下，有：

$$\boldsymbol{X}=\begin{bmatrix}x_1\\x_2\\\vdots\\x_N\end{bmatrix},\quad \boldsymbol{A}=\begin{bmatrix}a_{11} & a_{12} & \cdots & a_{1M}\\a_{21} & a_{22} & \cdots & a_{2M}\\\vdots & \vdots & \ddots & \vdots\\a_{N1} & a_{N2} & \cdots & a_{NM}\end{bmatrix},\quad \boldsymbol{S}=\begin{bmatrix}s_1\\s_2\\\vdots\\s_M\end{bmatrix},\quad \boldsymbol{N}=\begin{bmatrix}n_1\\n_2\\\vdots\\n_N\end{bmatrix} \tag{7.7.24}$$

盲源分离抗干扰的目的是从混合信号 $\boldsymbol{r}(k)$中提取出目标信号 $s_1(k)$，抑制干扰信号 $s_j(k)(j=2, 3, \cdots)$。

2. 基于矩阵联合对角化的盲源分离算法

盲源分离有快速 ICA 算法、虚拟 ESPRIT 算法、基于矩阵联合对角化特征矢量算法(JADE)等，其中 JADE 算法由法国学者 Cardoso 在 1993 年提出。该算法首先估计接收信号 $\boldsymbol{X}$ 的协方差矩阵$\boldsymbol{R}_x$，对其做特征值分解，构造白化矩阵$\boldsymbol{W}$，得到白化信号 $\boldsymbol{Z}=\boldsymbol{WX}$，再求白化信号的四阶累积量矩阵 $\boldsymbol{Q}_z$，然后对其进行特征分解得到一个估计的酉矩阵 $\hat{\boldsymbol{U}}$，利用白化矩阵$\boldsymbol{W}$ 和估计的酉矩阵 $\hat{\boldsymbol{U}}$ 对信号进行分离，最后进行脉压处理。其原理如图 7.32 所示。

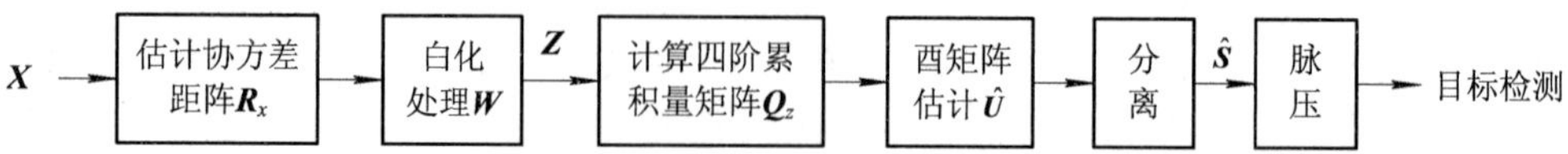

图 7.32　JADE 算法原理图

基于盲源分离的抗主瓣干扰算法需要满足三个条件：① 各信源之间相互统计独立；② 信源数 $M \leqslant$ 接收通道数 N，即混合矩阵 $\boldsymbol{H}$ 是满秩的；③ 各信源中至多有一个信号服从高斯分布。雷达回波信号中有且只有噪声服从高斯分布，都满足盲源分离的假设条件，因此可以利用盲源分离算法来处理雷达接收的信号。

盲源分离算法的目的是在抗主瓣干扰的同时保证目标的距离信息不受损失，将混合信号 $\boldsymbol{X}(k)$ 中的目标回波信号 $s_1(k)$ 分离出来，然后进行脉压处理，提取目标回波信号，以达到抗干扰的目的。具体算法步骤如下：

（1）**估计协方差矩阵**：估计接收信号 $\boldsymbol{X}(k)$ 的协方差矩阵，并对其做特征值分解：

$$\boldsymbol{R}_x = \mathrm{E}[\boldsymbol{X}\boldsymbol{X}^{\mathrm{H}}] = \frac{1}{K}\sum_{k=1}^{K}\boldsymbol{X}(k)\boldsymbol{X}^{\mathrm{H}}(k) = \sum_{n=1}^{N}\lambda_n \boldsymbol{u}_n \boldsymbol{u}_n^{\mathrm{H}} \tag{7.7.25}$$

式中，$\lambda_n(n=1, 2, \cdots, N)$ 是协方差矩阵 $\boldsymbol{R}_x$ 的特征值，且 $\lambda_1 \geqslant \lambda_2 \geqslant \cdots \geqslant \lambda_M \geqslant \lambda_{M+1} \geqslant \cdots \geqslant \lambda_N$，$\{\lambda_1, \lambda_2, \cdots, \lambda_M\}$ 为协方差矩阵 $\boldsymbol{R}_x$ 的 M 个大特征值，$\{\lambda_{M+1}, \cdots, \lambda_N\}$ 为噪声对应的 $N-M$ 个小特征值，λ_n 对应的特征矢量记为 $\boldsymbol{u}_n$。

（2）**白化处理**：$\boldsymbol{Z}(k)=\boldsymbol{W}\boldsymbol{X}(k)$，其中 $\boldsymbol{W}$ 为白化矩阵，可以由协方差矩阵 $\boldsymbol{R}_x$ 的子空间构造得到：

$$\boldsymbol{W} = [(\lambda_1 - \sigma^2)^{-\frac{1}{2}}\boldsymbol{u}_1, (\lambda_2 - \sigma^2)^{-\frac{1}{2}}\boldsymbol{u}_2, \cdots, (\lambda_M - \sigma^2)^{-\frac{1}{2}}\boldsymbol{u}_M]^{\mathrm{H}} \tag{7.7.26}$$

式中，σ^2 是噪声的方差估计，$\sigma^2=\{\lambda_{M+1}, \cdots, \lambda_N\}$，即 $N-M$ 个小特征值的均值。

白化信号 $\boldsymbol{Z}(k)$ 可表示为

$$\boldsymbol{Z}(k) = \boldsymbol{W}\boldsymbol{X}(k) = \boldsymbol{W}(\boldsymbol{A}\boldsymbol{S}(k) + \boldsymbol{N}(k)) = \boldsymbol{U}\boldsymbol{S}(k) + \boldsymbol{W}\boldsymbol{N}(k) \tag{7.7.27}$$

式中，$\boldsymbol{U}=\boldsymbol{W}\boldsymbol{A}$。可见，若要想恢复源信号 $\boldsymbol{S}(k)$，必须计算出酉矩阵 $\boldsymbol{U}$。

（3）**求白化信号的四阶累积量矩阵 $\boldsymbol{Q}_z(\boldsymbol{T})$**：取任意一个非零的 $M\times M$ 维矩阵 $\boldsymbol{T}=[\tau_{ij}]_{M\times M}$，定义白化信号 $\boldsymbol{Z}(k)$ 的四阶累积量矩阵 $\boldsymbol{Q}_z(\boldsymbol{T})$ 中第 (i, j) 元素为

$$[\boldsymbol{Q}_z(\boldsymbol{T})]_{ij} = \sum_{p=1}^{M}\sum_{q=1}^{M}\mathrm{cum}(\boldsymbol{Z}_i(k), \boldsymbol{Z}_j^*(k), \boldsymbol{Z}_p(k), \boldsymbol{Z}_q^*(k))\tau_{pq} \tag{7.7.28}$$

式中，$1 \leqslant i, j, p, q \leqslant M$，$\tau_{pq}$ 为矩阵 $\boldsymbol{T}$ 的第 (p, q) 元，$\mathrm{cum}(\cdot, \cdot, \cdot, \cdot)$ 为求四阶累积量运算。

根据累积量的多线性特点，有

$$\boldsymbol{Q}_z(\boldsymbol{T}) = \sum_{m=1}^{M}\gamma_m \boldsymbol{v}_m^{\mathrm{H}}\boldsymbol{T}\boldsymbol{v}_m\boldsymbol{v}_m\boldsymbol{v}_m^{\mathrm{H}} = \boldsymbol{U}\boldsymbol{\Lambda}_{\mathrm{T}}\boldsymbol{U}^{\mathrm{H}}, \ \forall \boldsymbol{T} \tag{7.7.29}$$

式中，γ_m 为源信号 $s_m(k)$ 的四阶累积量，$\gamma_m=\mathrm{cum}(s_m(k), s_m^*(k), s_m(k), s_m^*(k))$，$m=1, 2, \cdots, M$；$\boldsymbol{v}_m$ 为酉矩阵 $\boldsymbol{U}$ 的第 m 列；对角阵 $\boldsymbol{\Lambda}_{\mathrm{T}}=\mathrm{diag}(\gamma_1\boldsymbol{v}_1^{\mathrm{H}}\boldsymbol{T}\boldsymbol{v}_1, \gamma_2\boldsymbol{v}_2^{\mathrm{H}}\boldsymbol{T}\boldsymbol{v}_2, \cdots, \gamma_M\boldsymbol{v}_M^{\mathrm{H}}\boldsymbol{T}\boldsymbol{v}_M)$。

（4）**估计酉矩阵 $\boldsymbol{U}$**：对 $\boldsymbol{Q}_z(\boldsymbol{T})$ 进行特征分解，得到酉矩阵 $\boldsymbol{U}$ 的估计 $\hat{\boldsymbol{U}}$：

$$\boldsymbol{Q}_z(\boldsymbol{T}) = \hat{\boldsymbol{U}}\boldsymbol{\Sigma}\hat{\boldsymbol{U}}^{\mathrm{H}} \tag{7.7.30}$$

式中，$\boldsymbol{\Sigma}$ 为对角阵。根据线性代数的知识，矩阵 $\hat{\boldsymbol{U}}$ 的列向量与矩阵 $\boldsymbol{U}$ 的列向量之间存在排列不定性和相位模糊性。所以盲源分离的结果存在排列不确定性，即不确定分离后的哪个通道是目标，哪个通道是干扰。

（5）**分离**：利用白化矩阵 $\boldsymbol{W}$ 和估计的酉矩阵 $\hat{\boldsymbol{U}}$ 对混合信号 $X(k)$ 进行分离，得到源信号的估计 $\hat{\boldsymbol{S}}(k)$ 为

$$\hat{\boldsymbol{S}}(k)=\hat{\boldsymbol{U}}^{\mathrm{H}}\boldsymbol{W}\boldsymbol{X}(k) \tag{7.7.31}$$

(6) 脉压：将源信号的估计 $\hat{\boldsymbol{S}}(k)$分别与 $s_1^*(-k)$进行脉压处理，输出信号为

$$\boldsymbol{Y}(k)=\mathrm{conv}(\hat{\boldsymbol{S}}(k),\ s_1^*(-k)) \tag{7.7.32}$$

式中，conv(·，·)是卷积运算，$s_1(k)$为雷达发射信号的复包络。

尽管盲源分离无法确知分离出来的信号中哪个是目标回波信号，但是由于雷达发射信号是已知的，可以通过脉压处理后信噪比的变化来确定哪个是目标回波信号，从而实现对干扰的抑制。

7.7.4　和差四通道主瓣干扰对消法

和差四通道主瓣干扰对消法的中心思想是，将和波束作为主通道、差波束作为辅助通道进行主瓣干扰对消。这类方法基于方位向和俯仰向方向图相互独立的假设，沿一个方向(俯仰或方位)抑制主瓣干扰并形成零点，而沿另一个正交方向(方位或俯仰)保持非自适应的和、差波束，从而得到无失真的单脉冲比。这样，在对一个方向的主瓣干扰进行抑制的同时，使另一方向的单脉冲比保持不变。

1. 和差四通道输出信号模型

四通道主瓣干扰对消天线模型可以由四象限天线或面阵构成。四象限天线模型如图7.33(a)所示，类似于图9.7的单脉冲天线，A、B、C、D 四个象限的天线对应四个接收通道，四个接收通道分别相加、相减得到四个波束：和波束 $\Sigma=(A+B)+(C+D)$；方位差波束 $\Delta_{\mathrm{A}}=(A+D)-(B+C)$；俯仰差波束 $\Delta_{\mathrm{E}}=(A+B)-(C+D)$；双差波束 $\Delta_{\Delta}=(A+C)-(B+D)$。

面阵模型如图7.33(b)所示，采用 N_1 行、N_2 列等距均匀矩形面阵。设平面阵放置于 yOz 平面上，由 $N_1\times N_2$ 个阵元组成。在 y 和 z 方向的阵元间距均为 d，且设第1个阵元位于坐标原点。设 θ 和 φ 分别表示入射信号的方位角、俯仰角，阵列波束指向为$(\theta_{\mathrm{b}},\ \varphi_{\mathrm{b}})$，雷达工作波长为 λ。假设雷达接收信号中存在一个目标信号 $s_0(k)$和一个主瓣干扰 $s_1(k)$，分别位于$(\theta_0,\ \varphi_0)$、$(\theta_1,\ \varphi_1)$方向。

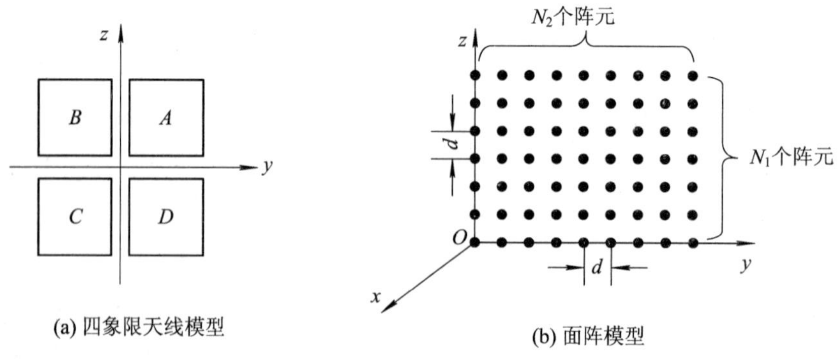

图7.33　四通道主瓣干扰对消天线模型

阵列接收信号矢量可表示为

$$\boldsymbol{X}(k)=\boldsymbol{A}\boldsymbol{S}(k)+\boldsymbol{N}(k) \tag{7.7.33}$$

式中，$\boldsymbol{X}(k)=[x_{11}(k), x_{12}(k), \cdots, x_{1N_2}(k), \cdots, x_{n_1n_2}(k), \cdots, x_{N_1N_2}(k)]^{\mathrm{T}}$ 为 $N_1N_2\times1$ 维快拍数据矢量，其中 $x_{n_1n_2}(k)$为 n_1 行 n_2 列阵元接收数据；$\boldsymbol{A}=[\boldsymbol{a}(\theta_0, \varphi_0), \boldsymbol{a}(\theta_1, \varphi_1)]$ 为阵列流形矩阵；$\boldsymbol{S}(k)=[s_0(k), s_1(k)]^{\mathrm{T}}$ 为目标和干扰信号矢量；$\boldsymbol{N}(k)$为 $N_1N_2\times1$ 维阵元噪声矢量；$\boldsymbol{a}(\theta_i, \varphi_i)=\boldsymbol{a}(\varphi_i)\otimes\boldsymbol{a}(\theta_i)$，$\otimes$为 Kronecker 积，$\boldsymbol{a}(\varphi_i)=[1, \mathrm{e}^{-\mathrm{j}\alpha_i}, \cdots, \mathrm{e}^{-\mathrm{j}(N_1-1)\alpha_i}]^{\mathrm{T}}$，$\boldsymbol{a}(\theta_i)=[1, \mathrm{e}^{-\mathrm{j}\beta_i}, \cdots, \mathrm{e}^{-\mathrm{j}(N_2-1)\beta_i}]^{\mathrm{T}}$，$\alpha_i=2\pi d\sin\varphi_i/\lambda$，$\beta_i=2\pi d\cos\theta_i\cos\varphi_i/\lambda$。

阵列接收信号矢量 $\boldsymbol{X}(k)$分别与加权矢量 $\boldsymbol{w}_{\Sigma}$、$\boldsymbol{w}_{\Delta\mathrm{E}}$、$\boldsymbol{w}_{\Delta\mathrm{A}}$、$\boldsymbol{w}_{\Delta\Delta}$乘加，得到和波束 Σ、俯仰差波束 Δ_{E}、方位差波束 Δ_{A}、双差波束 Δ_{Δ}，分别为

$$\begin{cases}\Sigma=(\boldsymbol{w}_{\Sigma})^{\mathrm{H}}\boldsymbol{X}(k)\\ \Delta_{\mathrm{E}}=(\boldsymbol{w}_{\Delta\mathrm{E}})^{\mathrm{H}}\boldsymbol{X}(k)\\ \Delta_{\mathrm{A}}=(\boldsymbol{w}_{\Delta\mathrm{A}})^{\mathrm{H}}\boldsymbol{X}(k)\\ \Delta_{\Delta}=(\boldsymbol{w}_{\Delta\Delta})^{\mathrm{H}}\boldsymbol{X}(k)\end{cases}\tag{7.7.34}$$

式中，$\boldsymbol{w}_{\Sigma}$，$\boldsymbol{w}_{\Delta\mathrm{E}}$，$\boldsymbol{w}_{\Delta\mathrm{A}}$，$\boldsymbol{w}_{\Delta\Delta}$分别表示和波束、俯仰差、方位差及双差波束的加权矢量：

$$\begin{cases}\boldsymbol{w}_{\Sigma}=\boldsymbol{w}_{\mathrm{Taylor\_y}}\otimes\boldsymbol{w}_{\mathrm{Taylor\_z}}\\ \boldsymbol{w}_{\Delta\mathrm{E}}=\boldsymbol{w}_{\mathrm{Taylor\_y}}\otimes\boldsymbol{w}_{\mathrm{Bay\_z}}\\ \boldsymbol{w}_{\Delta\mathrm{A}}=\boldsymbol{w}_{\mathrm{Bay\_y}}\otimes\boldsymbol{w}_{\mathrm{Taylor\_z}}\\ \boldsymbol{w}_{\Delta\Delta}=\boldsymbol{w}_{\mathrm{Bay\_y}}\otimes\boldsymbol{w}_{\mathrm{Bay\_z}}\end{cases}\tag{7.7.35}$$

式中，$\boldsymbol{w}_{\mathrm{Taylor\_y}}$、$\boldsymbol{w}_{\mathrm{Bay_y}}$分别表示 y 方向上的 N_2 维 Taylor 窗函数和 Bayliss 窗函数；$\boldsymbol{w}_{\mathrm{Taylor\_z}}$、$\boldsymbol{w}_{\mathrm{Bay_z}}$分别表示 z 方向上的 N_1 维 Taylor 窗函数和 Bayliss 窗函数。

对一个矩形面阵而言，二维天线的和差方向图在方位向和俯仰向是相互独立的，故可用如下方程表示：

$$\begin{cases}\Sigma(\theta, \varphi)=\Sigma_{\mathrm{a}}(\theta)\Sigma_{\mathrm{e}}(\varphi)\\ \Delta_{\mathrm{A}}(\theta, \varphi)=\Delta_{\mathrm{a}}(\theta)\Sigma_{\mathrm{e}}(\varphi)\\ \Delta_{\mathrm{E}}(\theta, \varphi)=\Sigma_{\mathrm{a}}(\theta)\Delta_{\mathrm{e}}(\varphi)\\ \Delta_{\Delta}(\theta, \varphi)=\Delta_{\mathrm{a}}(\theta)\Delta_{\mathrm{e}}(\varphi)\end{cases}\tag{7.7.36}$$

式中，Σ_{a}、Δ_{a} 分别表示方位维的和、差波束方向图；Σ_{e}、Δ_{e} 分别表示俯仰维的和、差波束方向图；$\Sigma(\theta, \varphi)$、$\Delta_{\mathrm{A}}(\theta, \varphi)$、$\Delta_{\mathrm{E}}(\theta, \varphi)$、$\Delta_{\Delta}(\theta, \varphi)$分别表示和波束、方位差波束、仰角差波束和双差波束的方向图。

在不受干扰的情况下，方位向和俯仰向的静态单脉冲比分别为

$$f_{\mathrm{A}}(\theta, \varphi)=\frac{\Delta_{\mathrm{A}}(\theta, \varphi)}{\Sigma(\theta, \varphi)}=\frac{\Delta_{\mathrm{a}}(\theta)\Sigma_{\mathrm{e}}(\varphi)}{\Sigma_{\mathrm{a}}(\theta)\Sigma_{\mathrm{e}}(\varphi)}=\frac{\Delta_{\mathrm{a}}(\theta)}{\Sigma_{\mathrm{a}}(\theta)}\tag{7.7.37}$$

$$f_{\mathrm{E}}(\theta, \varphi)=\frac{\Delta_{\mathrm{E}}(\theta, \varphi)}{\Sigma(\theta, \varphi)}=\frac{\Sigma_{\mathrm{a}}(\theta)\Delta_{\mathrm{e}}(\varphi)}{\Sigma_{\mathrm{a}}(\theta)\Sigma_{\mathrm{e}}(\varphi)}=\frac{\Delta_{\mathrm{e}}(\varphi)}{\Sigma_{\mathrm{e}}(\varphi)}\tag{7.7.38}$$

2. 算法原理

和差四通道主瓣干扰对消法的工作原理如图 7.34 所示。假设环境中存在 1 个目标和 1 个主瓣干扰，且目标信号和干扰信号之间互不相关。首先，所有阵元接收数据经过四通道和差波束形成网络，得到和波束 Σ、方位差波束 Δ_{A}、俯仰差波束 Δ_{E} 以及双差波束 Δ_{Δ}。然后，以 Σ 为主通道、以 Δ_{A} 为辅助通道进行自适应干扰对消，输出俯仰向自适应和波束 $\hat{\Sigma}_{\mathrm{E}}$，这种处理方式可以使得和波束沿着方位向抑制掉主瓣干扰，而在俯仰维波束不发生畸变；

以 Δ_E 为主通道、以 Δ_Δ 为辅助通道进行自适应干扰对消，输出俯仰向自适应差波束 $\hat{\Delta}_E$，这种处理方式可以使得俯仰差波束沿着方位向抑制掉主瓣干扰，而在俯仰维不发生畸变。从而在抑制主瓣干扰的同时，保证了俯仰自适应和波束及俯仰自适应差波束的俯仰维波束不发生畸变，由此保证了俯仰向自适应单脉冲比不失真。以 Σ 为主通道、以 Δ_E 为辅助通道进行自适应干扰对消，输出方位向自适应和波束 $\hat{\Sigma}_A$，这种处理方式可以使得和波束沿着俯仰向抑制掉主瓣干扰，而在方位维波束不发生畸变；以 Δ_A 为主通道、以 Δ_Δ 为辅助通道进行自适应干扰对消，输出方位向自适应差波束 $\hat{\Delta}_A$，这种处理方式可以使得方位差波束沿着俯仰向抑制掉主瓣干扰，而在方位维不发生畸变。从而在抑制主瓣干扰的同时，保证了方位维的和、差波束不发生畸变，由此保证了方位向的测角精度。

图 7.34 分别给出了经过自适应处理后的俯仰和波束输出 $\hat{\Sigma}_E$、俯仰差波束输出 $\hat{\Delta}_E$、方位和波束输出 $\hat{\Sigma}_A$、方位差波束输出 $\hat{\Delta}_A$：

$$\hat{\Sigma}_E = \Sigma - w_{a1}^H \Delta_A \tag{7.7.39}$$

$$\hat{\Delta}_E = \Delta_E - w_{a2}^H \Delta_\Delta \tag{7.7.40}$$

$$\hat{\Sigma}_A = \Sigma - w_{e1}^H \Delta_E \tag{7.7.41}$$

$$\hat{\Delta}_A = \Delta_A - w_{e2}^H \Delta_\Delta \tag{7.7.42}$$

式中，方位差波束 Δ_A、双差波束 Δ_Δ 作为俯仰向自适应干扰对消处理的辅助输入；俯仰差波束 Δ_E、双差波束 Δ_Δ 作为方位向自适应干扰对消处理的辅助输入。

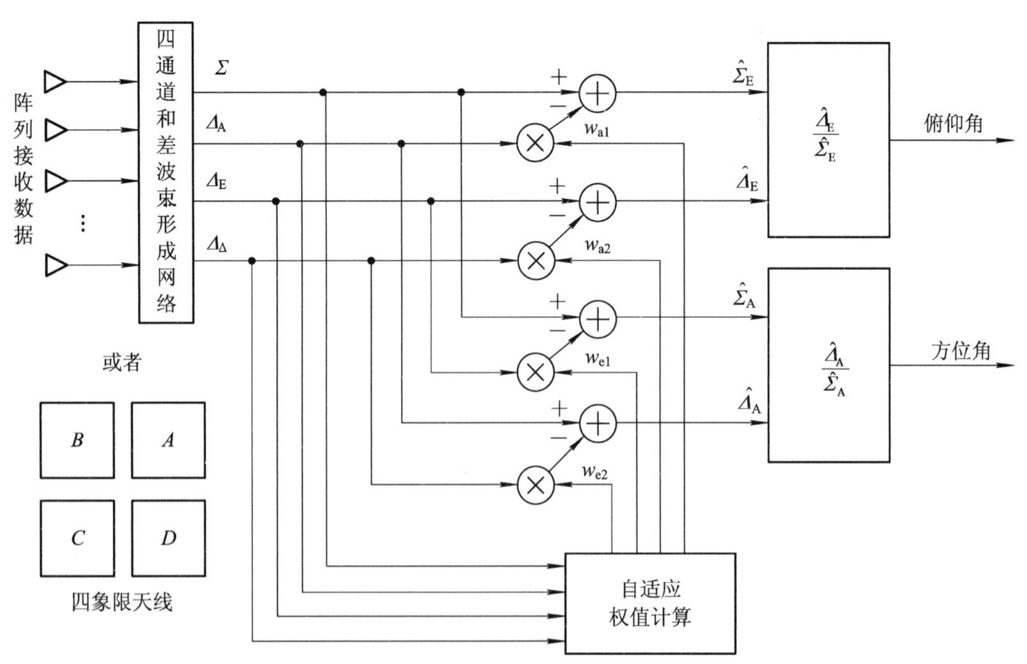

图 7.34 和差四通道主瓣干扰对消法工作原理

根据相关函数计算，w_{a1}，w_{a2}，w_{e1}，w_{e2} 分别为自适应权矢量，即

$$w_{a1} = R_A^{-1} r_{\Sigma A} \tag{7.7.43}$$

$$w_{a2} = R_\Delta^{-1} r_{E\Delta} \tag{7.7.44}$$

$$w_{e1} = R_E^{-1} r_{\Sigma E} \tag{7.7.45}$$

$$w_{e2} = R_\Delta^{-1} r_{A\Delta} \tag{7.7.46}$$

这些自相关或互相关函数为：$R_A = E[\Delta_A \Delta_A^H]$，$r_{\Sigma A} = E[\Delta_A \Sigma^H]$，$R_\Delta = E[\Delta_\Delta \Delta_\Delta^H]$，$r_{E\Delta} = E[\Delta_\Delta \Delta_E^H]$，$R_E = E[\Delta_E \Delta_E^H]$，$r_{\Sigma E} = E[\Delta_E \Sigma^H]$，$r_{A\Delta} = E[\Delta_\Delta \Delta_A^H]$。这里 E[·]表示求期望。

下面以俯仰维为例，推导自适应处理后俯仰维的单脉冲比。

方位差波束 Δ_A 的自相关函数 R_A 可以表示为

$$R_A = E[\Delta_A \Delta_A^H] = P_J G_{\Delta A} G_{\Delta A}^* + P_N \tag{7.7.47}$$

式中，* 表示取共轭；$G_{\Delta A}$表示方位差波束 Δ_A 在干扰方向的增益，由式(7.7.36)可知，该增益为方位维差波束增益 $G_{\Delta a}$与俯仰维和波束增益 $G_{\Sigma e}$相乘，即 $G_{\Delta A} = G_{\Delta a} G_{\Sigma e}$；$P_J$ 为干扰功率，P_N 为噪声功率，由于 P_J 远大于 P_N，因此由式(7.7.47)近似可得

$$R_A \approx P_J G_{\Delta A} G_{\Delta A}^* \tag{7.7.48}$$

和波束 Σ 与方位差波束 Δ_A 的互相关函数 $r_{\Sigma A}$可以表示为

$$r_{\Sigma A} = E[\Delta_A \Sigma^H] = P_J G_{\Delta A} G_\Sigma^* + P_N \approx P_J G_{\Delta A} G_\Sigma^* \tag{7.7.49}$$

式中，G_Σ 表示和波束 Σ 在干扰方向的增益，该增益为方位维和波束增益 $G_{\Sigma a}$与俯仰维和波束增益 $G_{\Sigma e}$相乘，即 $G_\Sigma = G_{\Sigma a} G_{\Sigma e}$。

将式(7.7.48)和式(7.7.49)代入式(7.7.43)可得

$$w_{a1} = R_A^{-1} r_{\Sigma A} \approx \frac{G_\Sigma^*}{G_{\Delta A}^*} = \frac{G_{\Sigma a}^* G_{\Sigma e}^*}{G_{\Delta a}^* G_{\Sigma e}^*} = \frac{G_{\Sigma a}^*}{G_{\Delta a}^*} \tag{7.7.50}$$

类似地，可以得到双差波束 Δ_Δ 的自相关函数 R_Δ 为

$$R_\Delta = E[\Delta_\Delta \Delta_\Delta^H] = P_J G_{\Delta\Delta} G_{\Delta\Delta}^* + P_N \approx P_J G_{\Delta\Delta} G_{\Delta\Delta}^* \tag{7.7.51}$$

式中，$G_{\Delta\Delta}$表示双差波束 Δ_Δ 在干扰方向的增益，该增益为方位维差波束增益 $G_{\Delta a}$与俯仰维差波束增益 $G_{\Delta e}$相乘，即 $G_{\Delta\Delta} = G_{\Delta a} G_{\Delta e}$。

俯仰差波束 Δ_E 与双差波束 Δ_Δ 的互相关函数 $r_{E\Delta}$为

$$r_{E\Delta} = E[\Delta_\Delta \Delta_E^H] = P_J G_{\Delta\Delta} G_{\Delta E}^* + P_N \approx P_J G_{\Delta\Delta} G_{\Delta E}^* \tag{7.7.52}$$

式中，$G_{\Delta E}$表示俯仰差波束 Δ_E 在干扰方向的增益，该增益为方位维和波束增益 $G_{\Sigma a}$与俯仰维差波束增益 $G_{\Delta e}$相乘，即 $G_{\Delta A} = G_{\Sigma a} G_{\Delta e}$。

将式(7.7.51)和式(7.7.52)代入式(7.7.44)可得

$$w_{a2} = R_\Delta^{-1} r_{E\Delta} \approx \frac{G_{\Delta E}^*}{G_{\Delta\Delta}^*} = \frac{G_{\Sigma a}^* G_{\Delta e}^*}{G_{\Delta a}^* G_{\Delta e}^*} = \frac{G_{\Sigma a}^*}{G_{\Delta a}^*} \tag{7.7.53}$$

根据式(7.7.50)和式(7.7.53)可以看出，$w_{a1} \approx w_{a2}$。自适应处理后的俯仰维单脉冲比为

$$\begin{aligned}\hat{f}_E(\theta,\ \varphi) &= \frac{\hat{\Delta}_E(\theta,\ \varphi)}{\hat{\Sigma}_E(\theta,\ \varphi)} = \frac{\Delta_E(\theta,\ \varphi) - w_{a2}^H \Delta_\Delta(\theta,\ \varphi)}{\Sigma(\theta,\ \varphi) - w_{a1}^H \Delta_A(\theta,\ \varphi)} \\ &= \frac{\Delta_e(\varphi)(\Sigma_a(\theta) - w_{a2}^H \Delta_a(\theta))}{\Sigma_e(\varphi)(\Sigma_a(\theta) - w_{a1}^H \Delta_a(\theta))} \approx \frac{\Delta_e(\varphi)}{\Sigma_e(\varphi)}\end{aligned} \tag{7.7.54}$$

式中，分子 $\Delta_e(\varphi)(\Sigma_a(\theta)-w_{a2}^H\Delta_a(\theta))$ 表明俯仰差波束 $\Delta_E(\theta,\varphi)$ 沿着方位向抑制了主瓣干扰，而在俯仰维波束不发生畸变；分母 $\Sigma_e(\varphi)(\Sigma_a(\theta)-w_{a1}^H\Delta_a(\theta))$ 表明和波束 $\Sigma(\theta,\varphi)$ 沿着方位向抑制了主瓣干扰，而在俯仰维波束不发生畸变。上式推导结果表明，该方法保持了俯仰维的单脉冲比不变。

同理，可以采用与俯仰向自适应单脉冲比相同的方法推导得出方位维的单脉冲比为

$$\begin{aligned}\hat{f}_A(\theta,\varphi)&=\frac{\hat{\Delta}_A(\theta,\varphi)}{\hat{\Sigma}_A(\theta,\varphi)}=\frac{\Delta_A(\theta,\varphi)-w_{e2}^H\Delta_\Delta(\theta,\varphi)}{\Sigma(\theta,\varphi)-w_{e1}^H\Delta_E(\theta,\varphi)}\\&=\frac{\Delta_a(\theta)(\Sigma_e(\varphi)-w_{e2}^H\Delta_e(\varphi))}{\Sigma_a(\theta)(\Sigma_e(\varphi)-w_{e1}^H\Delta_e(\varphi))}\approx\frac{\Delta_a(\theta)}{\Sigma_a(\theta)}\end{aligned}\tag{7.7.55}$$

式中，分子 $\Delta_a(\theta)(\Sigma_e(\varphi)-w_{e2}^H\Delta_e(\varphi))$ 表明方位差波束 $\Delta_A(\theta,\varphi)$ 沿着俯仰向抑制了主瓣干扰，而在方位维波束不发生畸变；分母项 $\Sigma_a(\theta)(\Sigma_e(\varphi)-w_{e1}^H\Delta_e(\varphi))$ 表明和波束 $\Sigma(\theta,\varphi)$ 沿着俯仰向抑制了主瓣干扰，而在方位维波束同样不发生畸变。上式推导结果表明，该方法保持了方位维的单脉冲比不变。

和差四通道主瓣干扰对消法能够有效抑制主瓣干扰，并保持良好的和差单脉冲测角性能。但是该方法需要在常规和、方位差、俯仰差三通道的基础上引入双差通道，并且只能处理仅有一个近主瓣干扰存在的情况。面对更复杂的多干扰场景，例如主副瓣混合干扰、多近主瓣干扰等，需先利用 ADBF 技术消除副瓣干扰再进行后续的主瓣干扰对消，或者通过联合和差四通道以及辅助通道来增加抗干扰的自由度，以此来处理复杂的干扰场景。

7.7.5 仿真及实测数据处理结果

1. 仿真 1：BMP 法和 EMP 法的仿真

仿真条件：等距均匀线阵，阵元数为 18，阵元间距为半波长。目标在 0°方向，信噪比为 0 dB。主瓣噪声压制式干扰在 1.5°方向，干噪比为 30 dB。图 7.35 给出了 DBF 的静态方向图和自适应方向图(ADBF)。从图中可以看出，直接 ADBF 处理会导致主瓣干扰位置处形成较深零陷，主波束严重畸变，旁瓣电平明显升高，因此 ADBF 不能直接应用于主瓣干扰环境。

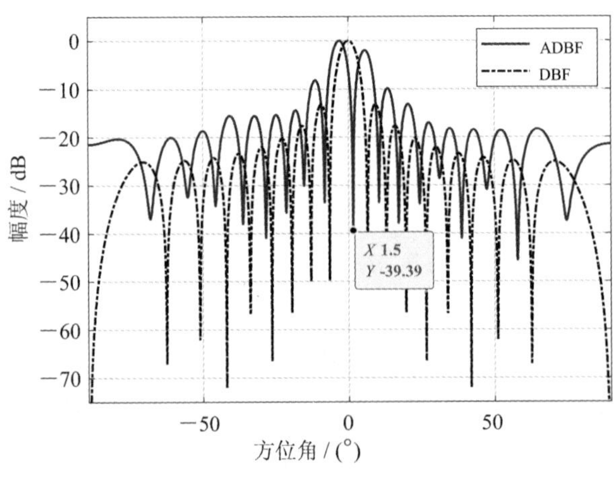

图 7.35 DBF 与 ADBF 方向图

经过 BMP 法预处理后的自适应方向图如图 7.36 所示。由图可知，BMP 法预处理后解决了主瓣畸变的问题，但出现了主峰偏移的现象，偏移了 1°，而且主瓣宽度也有一定的展宽，因此需要通过白化处理来进行波束保形。

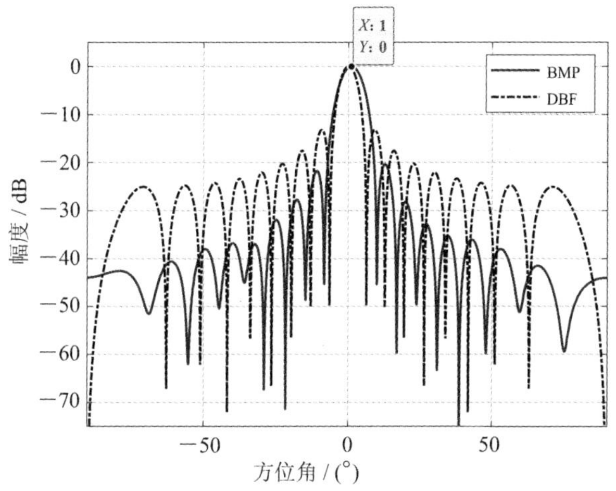

图 7.36　BMP 法预处理方向图

BMP 法白化处理后的自适应方向图如图 7.37(a)所示，图 7.36(b)给出了主瓣局部放大图。从图中可以看出，白化处理后将主波束指向纠正到 0°，也减小了主瓣宽度，但副瓣电平较高。

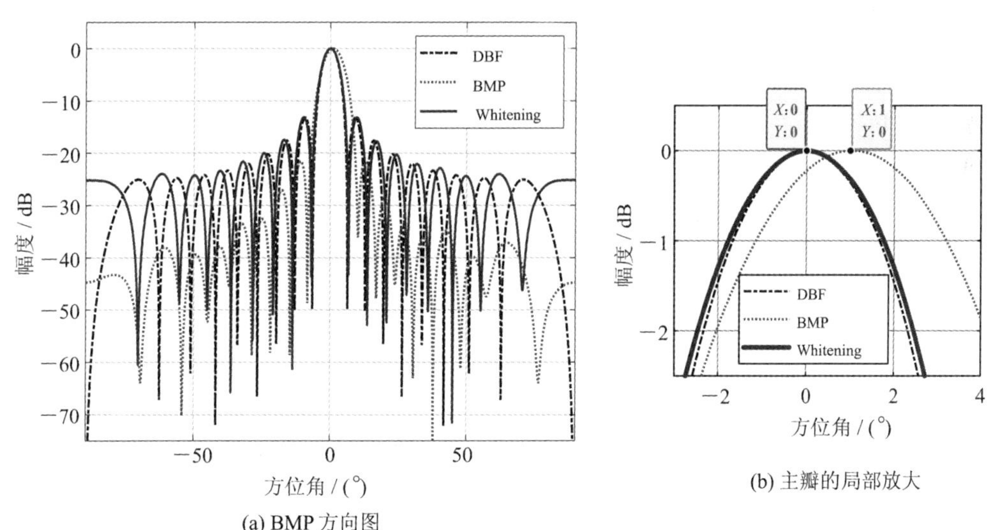

图 7.37　白化处理后 BMP 方向图

EMP 法的处理过程与 BMP 法类似，图 7.38 为静态方向图、EMP 法预处理后的方向图和白化处理后的 EMP 方向图，从主瓣局部放大图可以看出，EMP 法预处理后解决了主瓣畸变的问题，但出现了主峰偏移的现象，偏移了 1.3°，因此需要通过白化处理来波束保形，白化处理后将主波束指向纠正到 0°。图中静态方向图与白化处理后的 EMP 方向图基本重叠。

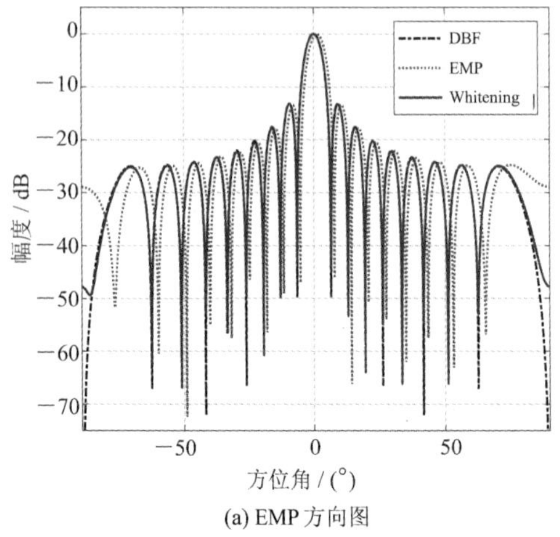

(a) EMP方向图

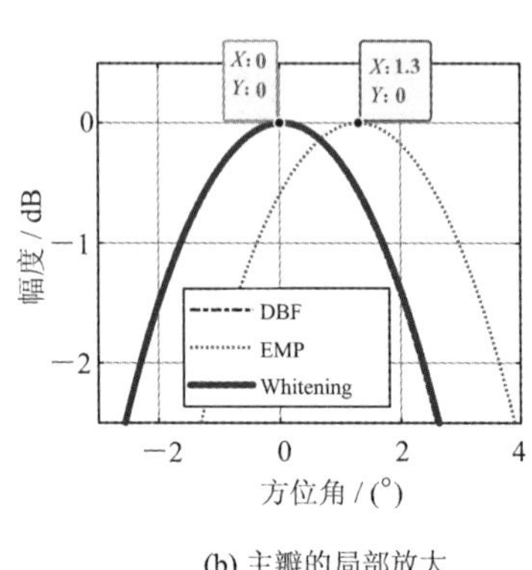

(b) 主瓣的局部放大

图 7.38 EMP法预处理方向图

2. 盲源分离算法的仿真与实测数据分析

仿真条件：有32个阵元组成的等距均匀线阵，阵元间距为半波长。雷达发射线性调频信号，脉宽为100 μs，带宽为1 MHz，采样频率为2 MHz。目标在30°方向，位于第800个距离单元，信噪比为0 dB。噪声压制式干扰在31.5°方向，为主瓣干扰，干噪比为30 dB。采用DBF同时形成双波束，波束1、波束2的指向为30°、33°。图7.39为两个接收波束脉压后的信号，由于干扰信号太强，两个波束均无法检测出目标信号。图7.40为采用盲源分离算法后两个分离通道信号的脉压结果，从图中可以看出，分离通道1的信号脉压后有明显的尖峰，可以检测出目标信号，位于距离单元800处，则分离通道1为目标通道；分离通道2为干扰信号通道。

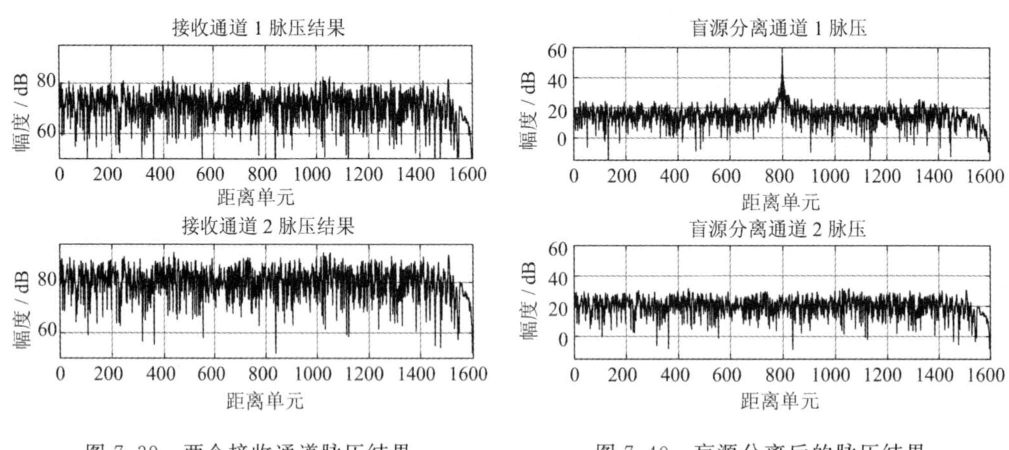

图 7.39 两个接收通道脉压结果　　图 7.40 盲源分离后的脉压结果

某雷达天线阵面为24行20列，某实测数据中有两个目标、一个主瓣干扰和一个旁瓣干扰，干扰信号的类型均为间断噪声干扰和密集假目标干扰。两个目标约在95°方位，距离单元为953和1283，主瓣干扰和旁瓣干扰的方位分别为94°、85°。对阵列天线合成和通道、方位差通道、俯仰差通道共三个接收通道，图7.41为这三个接收通道的脉压结果，目标淹没在干扰信号中，无法检测到目标。

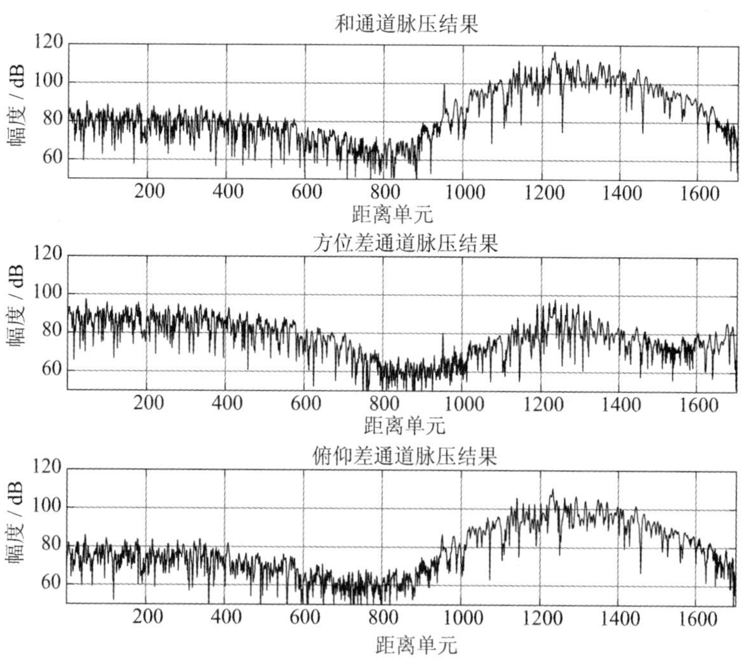

图 7.41　三个接收通道脉压结果

图 7.42 为采用盲源分离算法后三个分离通道信号的脉压结果，从图中可以看出，分离通道 3 的信号脉压处理后有两个明显的尖峰，可以检测出目标信号，位于距离单元 953 和 1283 处，则分离通道 3 为目标通道，分离通道 1 和分离通道 2 为两种干扰信号通道。

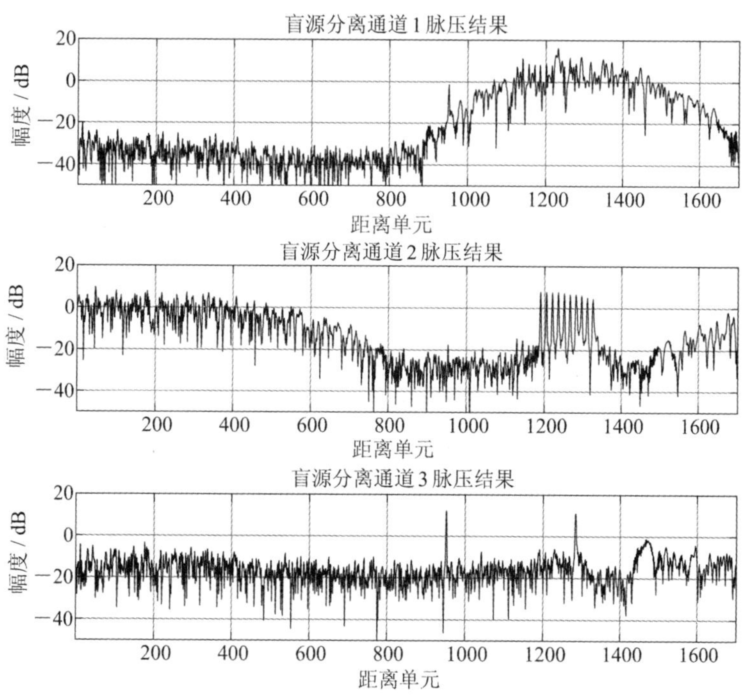

图 7.42　盲源分离后各分离通道的脉压结果

3. 和差四通道主瓣干扰抑制的仿真

仿真条件：阵列为32×32的均匀面阵，阵元间距为半波长。俯仰和、方位和的波束静态加权均为−35 dB的Taylor权，俯仰差、方位差的波束静态加权均为−35 dB的Bayliss权。主波束指向为(0°, 30°)，方位向和俯仰向和波束的3 dB波束宽度均为3.28°。雷达发射线性调频信号，脉宽为40 s，带宽为5 MHz，采样频率为10 MHz。目标位于(0°, 30°)方向，位于距离单元2000处，信噪比为−13 dB。干扰的方向为(1.1°, 31.1°)，为主瓣噪声压制式干扰，干噪比为20 dB。

和通道的脉压输出结果如图7.43所示，可见干扰信号太强，无法判别目标所在的位置。

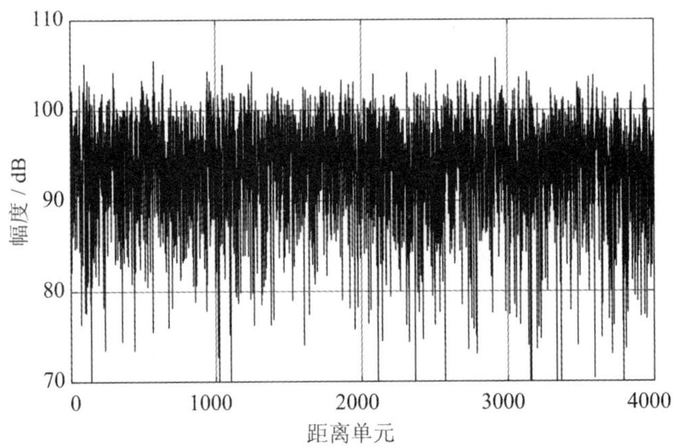

图7.43　和通道脉压结果

经过和差四通道主瓣干扰对消后的自适应俯仰和波束、自适应方位和波束的方向图分别如图7.44和图7.45所示，可见方向图在主瓣干扰所在位置的零深分别为−85.16 dB和−80.76 dB。

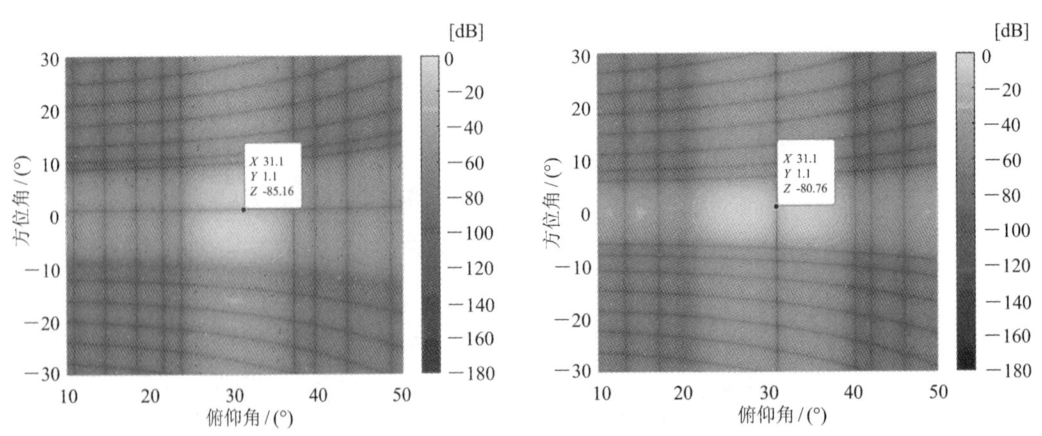

图7.44　自适应俯仰和波束　　　　图7.45　自适应方位和波束图

自适应俯仰和波束、自适应方位和波束的脉压输出结果，分别如图7.46和图7.47所示，可见在第2000距离单元处发现目标，与仿真设置一致，主瓣干扰基本被抑制。

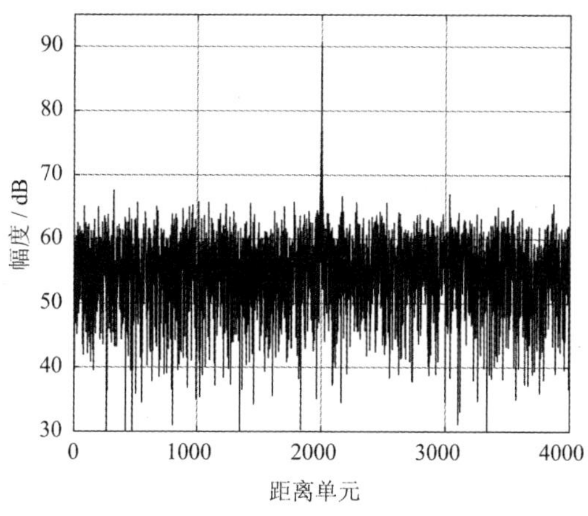

图 7.46　自适应俯仰和波束脉压输出结果

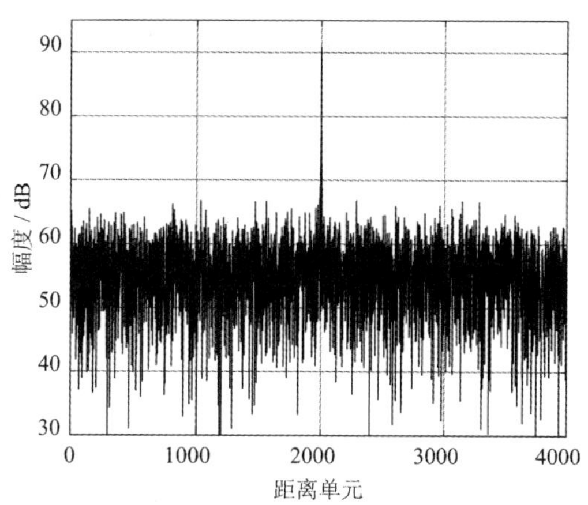

图 7.47　自适应方位和波束脉压输出结果

图 7.48 和图 7.49 分别给出了俯仰向及方位向的单脉冲曲线，可见自适应处理后的单脉冲曲线与静态单脉冲曲线基本重叠，表明干扰抑制后并不影响单脉冲测角。

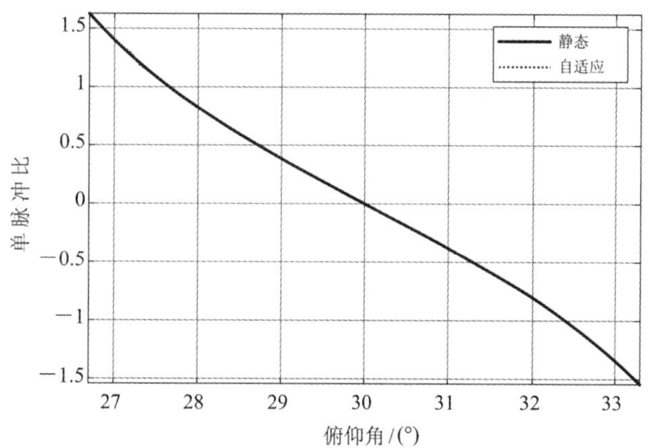

图 7.48　俯仰向单脉冲曲线

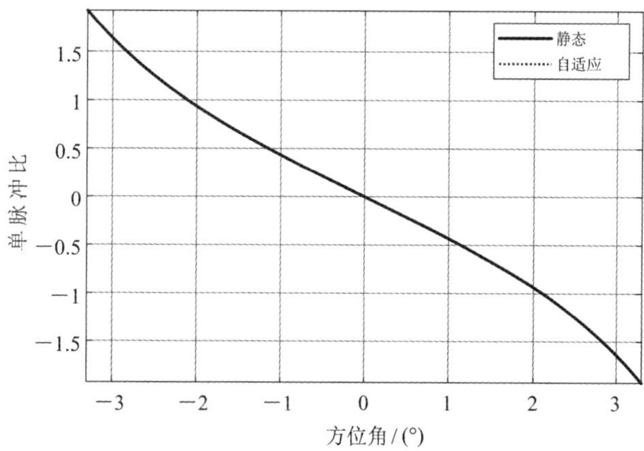

图 7.49　方位向单脉冲曲线

7.7.6 四种主瓣干扰对抗方法比较

表 7.2 对这四种主瓣干扰对抗方法的适用范围和优缺点等进行了比较。

表 7.2 四种主瓣干扰对抗方法的比较

方法	阻塞矩阵预处理法	特征投影矩阵预处理法	盲源分离	和差四通道主瓣干扰对消法
机理	利用阻塞矩阵消除接收信号中的主瓣干扰，自适应波束形成时不会在主瓣内形成零陷	利用特征投影矩阵消除接收信号中的主瓣干扰，自适应波束形成时不会在主瓣内形成零陷	利用目标与干扰的相互独立性以及空时域上的差异性，通过盲源分离技术分离出目标和干扰信号	利用方位和俯仰方向图相互独立的假设，沿一个方向(俯仰或方位)对消主瓣干扰，沿另一个正交方向(方位或俯仰)保持和、差波束不变，得到无失真的单脉冲比
处理域	空域	空域	时域	空时域
条件	阵列天线，阵元数大于干扰总数；需要精确估计主瓣干扰的入射角度	阵列天线，阵元数大于干扰总数	需要已知信源个数，且接收通道数≥信源数	需要一定的自由度合成和、差四个波束
优点	解决了自适应波束形成技术抑制主瓣干扰时出现的主波束变形、峰值偏移及副瓣电平增高等问题		可在缺乏先验参数和源信号的情况下，仅凭接收到的混合信号来分离各信号分量	可在抑制主瓣干扰的同时，保证单脉冲比曲线不发生变化，即保证了目标的角度估计精度
缺点	需要精确估计主瓣干扰的入射角度，且会损失一个自由度；引起主波束峰值偏移	需要进行特征值分解和矩阵求逆运算，计算量大；常数因子 ρ 的取值不好确定；引起主波束峰值偏移	分离后信号不能确定哪个通道是目标或干扰；盲源分离处理后的角度估计尚无成熟的算法	需要引入双差共四个接收通道；只能处理仅有主瓣干扰的情况，若同时处理主副瓣干扰，需采用辅助通道来增加抗干扰自由度

7.8 无源干扰对抗技术

地面雷达通常采用 MTI/MTD 技术抑制箔条干扰。但是对于导弹一类的高速运动平台上的导引头末制导雷达，由于平台的机动性强，就不适合采用 MTI/MTD 技术。海面目标为了防止反舰导弹的攻击，经常施放箔条、角反阵等无源干扰。由于箔条干扰在风和重力作用下其多普勒谱存在展宽现象，因此，末制导雷达在搜索转跟踪之前，为了鉴别是目标还是干扰，一种有效的方法是通过增加相干积累时间，利用箔条干扰的谱特征来识别是箔条干扰还是目标。下面先结合箔条干扰的实测数据分析其频谱展宽效应。

7.8.1　箔条干扰实测数据的频谱特征

利用两种末制导雷达(分别工作在厘米波和毫米波波段)在外场抗箔条试验采集的实测数据，分析在不同箔条干扰方式(冲淡、质心)下箔条云的频谱特性。为了获得较好的谱分辨率，观测时间(相干积累时间)取 0.34 s。图 7.50 给出了实测数据中不同情况下箔条云的频谱图。图中三种类型的箔条归一化谱宽分别为 0.065、0.079、0.070。

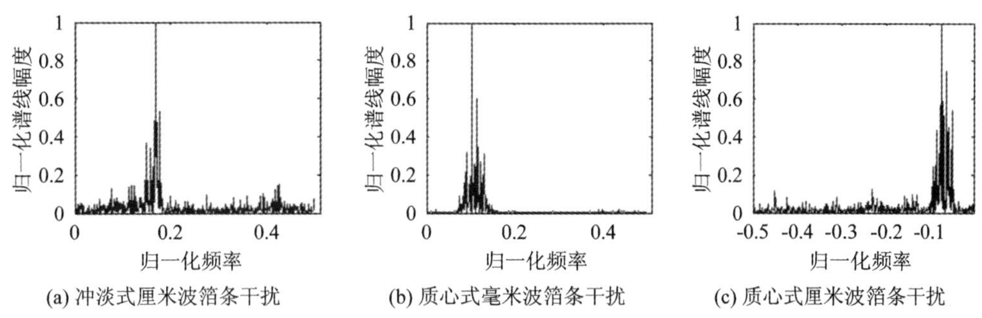

(a) 冲淡式厘米波箔条干扰　(b) 质心式毫米波箔条干扰　(c) 质心式厘米波箔条干扰

图 7.50　几种类型箔条干扰的频谱

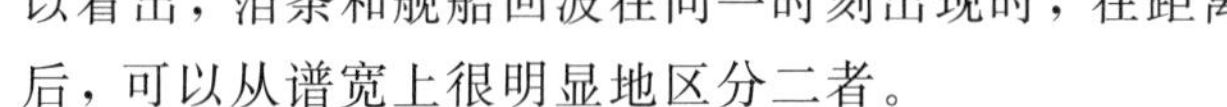

图 7.51 给出了同时存在目标和干扰时舰船和箔条云的频谱图。从箔条和舰船数据的分析结果可以看出，箔条云的归一化谱宽平均为 0.07(100 Hz)，而舰船的归一化谱宽平均一般只有 0.0027(4 Hz)，所以箔条云的谱宽相对于舰船有明显的展宽效应，而舰船的频谱则只有多普勒频移。所以利用谱宽区分箔条和舰船是一种非常有效的方法，这一点通过图 7.26 给出的箔条和舰船出现在同一时刻的谱分析结果可以更直观地体现出来。从图中可以看出，箔条和舰船回波在同一时刻出现时，在距离上彼此不能区分，但是经过谱分析之后，可以从谱宽上很明显地区分二者。

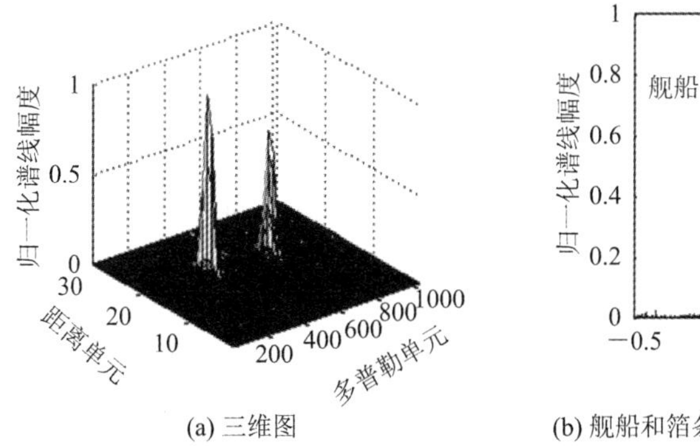

(a) 三维图　(b) 舰船和箔条所在距离单元的切面图

图 7.51　舰船和箔条云频谱

图 7.52 是某次外场试验过程中箔条干扰和目标的距离－多普勒谱图，(三维图及其等高线图)，可见箔条干扰的谱较宽占多个距离单元，且起伏较大，而目标的谱窄一些。

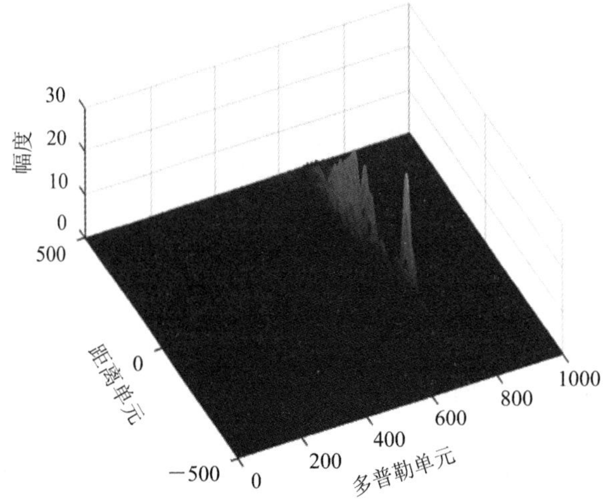

(a) 距离-多普勒三维谱图

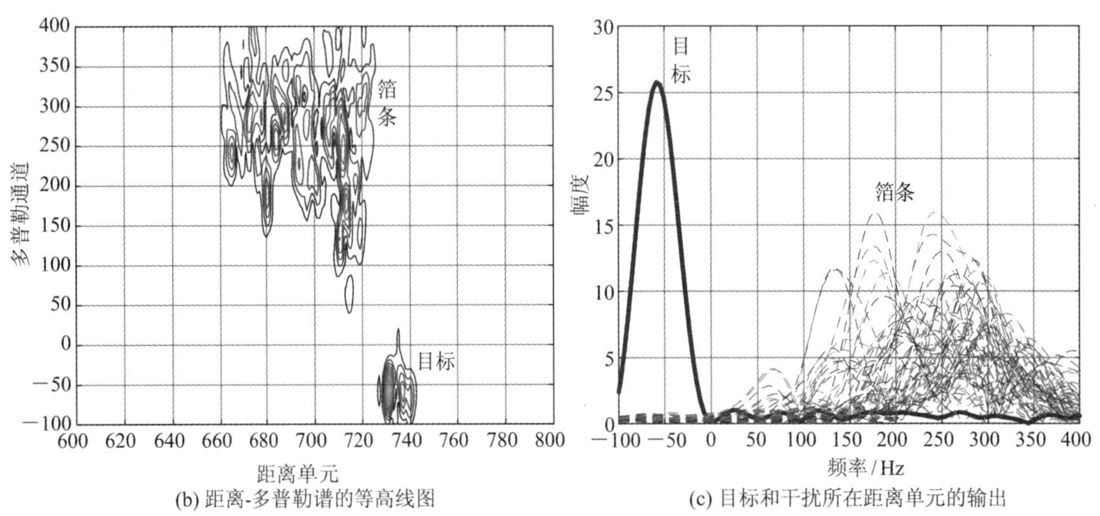

(b) 距离-多普勒谱的等高线图

(c) 目标和干扰所在距离单元的输出

图 7.52 干扰的距离-多普勒谱图

7.8.2 箔条干扰识别方法

如果利用箔条频谱的展宽效应来识别箔条，就对谱分辨率有一定的要求，特别是采用直接法估计的功率谱的分辨率与观测样本的序列长短(观测时间)有直接的关系，在采用直接法进行谱估计时，必须保证有足够的观测时间，否则就会将箔条展宽后的频谱识别成单根谱线，其谱宽与舰船的区别也不再明显。图 7.53 各个图右上角给出了在不同观测时间(0.022 s，0.043 s，0.17 s，0.34 s)内的箔条频谱。从图中可以看出，当观测时间太短时，箔条云团的频谱就只有单根谱线，不能体现出箔条的频谱展宽效应，因为箔条云团展宽后的频谱一般在 100 Hz 左右，如果谱分辨率太低，会将整个谱宽看成单个谱线，此时就不能用谱宽进行区分。随着观测时间变长，箔条云和舰船在谱宽上的差别越来越明显，所以保证足够的观测时间，是利用谱宽识别箔条的前提。但另一方面如果观测时间过长，又会影响处理机的实时处理能力，所以对观测时间的选择要兼顾两方面的要求。

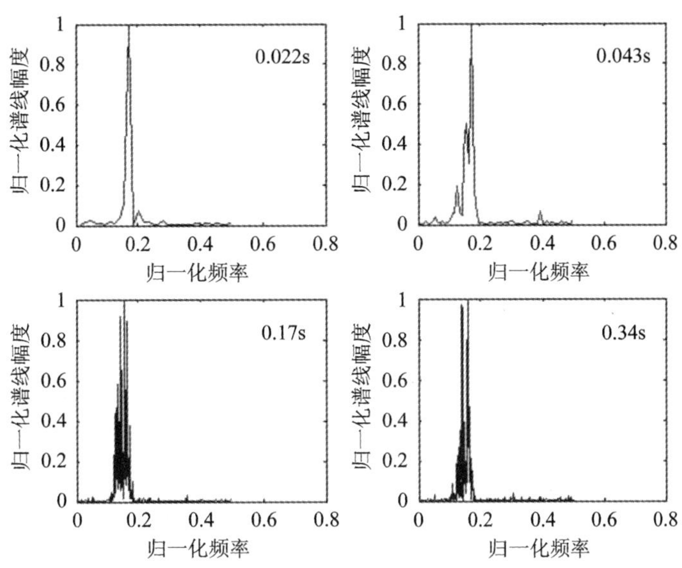

图 7.53　不同观测时间下箔条云频谱

利用箔条云团的频谱展宽效应抗箔条干扰方法的工程实现框图如图 7.54 所示。信号处理机首先完成回波信号的谱分析、CFAR 等处理，得到回波的功率谱，根据这些超过门限的谱线个数得到回波的谱宽。记某时刻谱线最强的回波信号出现在距离单元和多普勒单元(谱中心)分别为 R_n、F_n的检测单元内，然后对处于不同重复周期距离单元为 R_n 的回波信号，在多普勒维上以 F_n为中心开始对它两边过虚警门限的谱线个数进行计数，得到的计数值 W_n便是当前检测出的回波的谱宽，再将 W_n与谱宽门限 T_n进行判决比较，如果超过门限，则判定为箔条，否则认为是舰船。对于谱宽门限 T_n，在初始时刻预置为 T_0，检测过程中，对被判定为舰船目标的谱宽进行加权处理，作为新的谱宽门限，使谱宽门限具有自适应调整能力。

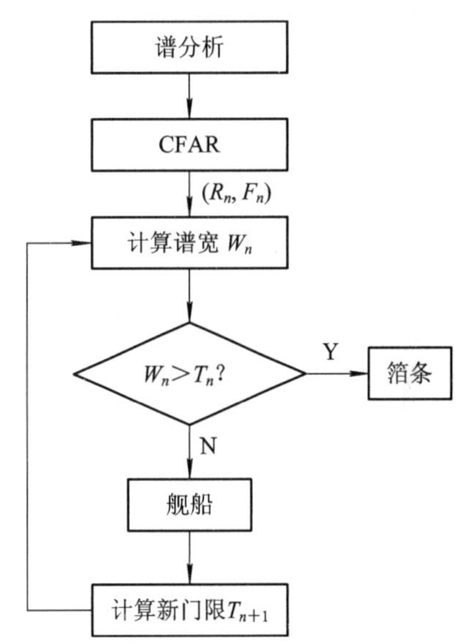

图 7.54　识别算法流程图

箔条干扰的实测数据的分析结果表明利用频谱展宽效应来识别箔条是完全可行的，但同时还须考虑几种特殊情况：

(1) 舰船速度在没有发生模糊，但其谱线“淹没”在箔条云的谱线当中时，如果此时舰船和箔条云在距离或方位上不在一个分辨单元内，那么可以利用航迹关联就可区分二者。

(2) 箔条和舰船完全在一个分辨单元内，但这种极端的情况在实际中发生的概率基本为零，因为这说明舰船在发射箔条后没有进行任何规避，始终跟箔条云团在一起，此时导引头即使区分不出二者，也能最终追击到舰船。

(3) 舰船的运动速度超过了雷达所能测量的最大不模糊速度，而且谱线刚好与箔条云团的谱线发生重叠。对于这种情况，考虑到舰船目标运动速度不会太快，只要合理设计雷达的工作重频，保证舰船目标的最大运动速度不会超过系统保证的最大测量不模糊速度就可以很好地避免。当然在整个雷达系统中还应该具有有效地消除速度模糊的措施，从而保证雷达有更可靠的跟踪检测性能。

对抗箔条干扰，除了上述一维多普勒频谱或距离－多普勒两维谱图进行箔条干扰的识别与抑制之外，另一类方法是利用目标和干扰的极化特征差异进行抑制。限于篇幅，本书对此不展开介绍。

7.8.3　角反阵干扰对抗技术

为了保护海面目标，对抗方经常放置一些角反阵来模拟海面目标，由于角反阵的回波信号强，导致反舰导弹被角反阵诱骗开而无法正确打击敌方目标。角反阵一般由3～5个角反连接在一起，模拟舰船的尺寸，导致末制导雷达无法区分是角反还是舰船。图7.55给出了三组角反阵的外场实测数据的处理结果，其中图(a)为32个脉冲重复周期的脉压输出信号；图(b)为32个脉冲重复周期相干积累的距离－多普勒谱三维图；图(c)为图(b)的等高线图；图(d)为角反阵所在部分距离单元的谱图。

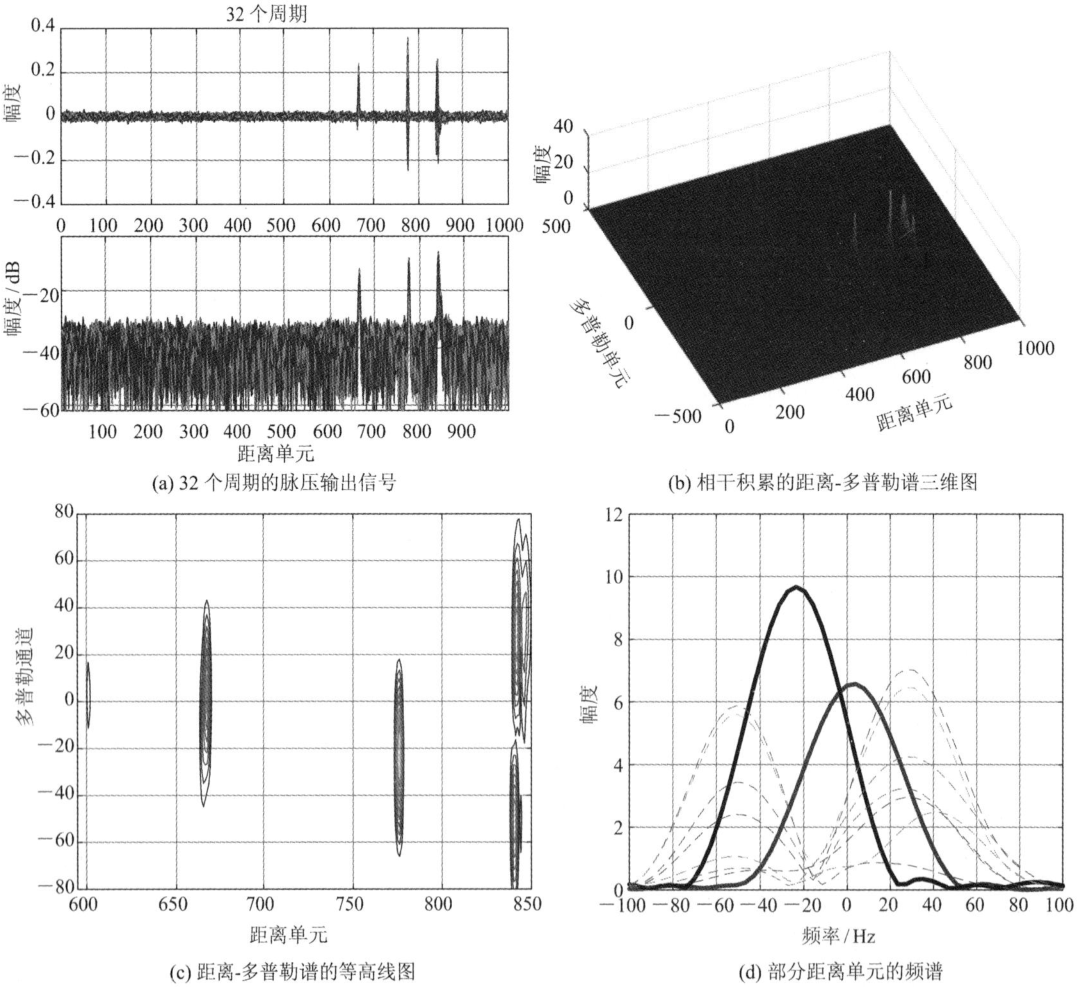

(a) 32个周期的脉压输出信号

(b) 相干积累的距离-多普勒谱三维图

(c) 距离-多普勒谱的等高线图

(d) 部分距离单元的频谱

图7.55　角反阵的外场实测数据的处理结果

从图中可以看出，由于海水的运动特征，有的角反阵所在距离单元的频谱有正有负，可以利用这一特征鉴别角反阵与目标，但是，若海面风平浪静，仅利用单帧的距离－多普勒谱图则不太容易区分角反阵与目标，需要利用多帧距离－多普勒谱图，通过神经网络深度学习的方法，鉴别是角反阵或目标。

练　习　题

7－1　对雷达干扰进行分类，并简述各类雷达干扰的特点。

7－2　简述遮盖性干扰的作用原理，并简述其主要类型。

7－3　编程产生下列干扰信号，并检验其特性：

(1) 视频噪声：$\Delta B_v=1$ MHz，均值为 0，方差 $\sigma^2=1$；

(2) 射频噪声：$\Delta B_j=10$ MHz，$f_j=100$ MHz，均值为 0，方差 $\sigma^2=1$；

(3) 噪声调幅干扰：视频噪声同(1)，$f_j=100$ MHz，调制度 $m=0.1\sim1$；

(4) 噪声调频干扰：视频噪声同(1)，$f_j=100$ MHz，$K_{FM}=1\sim10$ MHz/V；

(5) 噪声调相干扰：视频噪声同(1)，$f_j=100$ MHz，$K_{PM}=0\sim10$ rad/V。

本题中，ΔB_v 为视频噪声的带宽，ΔB_j 为射频噪声的带宽，f_j 为干扰的中心频率。

7－4　简述欺骗性干扰的作用原理及其与遮盖性干扰的区别，比较质心干扰、假目标干扰和拖引干扰的特点，说明为什么欺骗干扰大多用于目标的自卫干扰。

7－5　某作战飞机装载有距离欺骗干扰机，已知威胁雷达可跟踪径向速度为 1500 m/s 的高速目标，最大跟踪距离为 30 km，AGC 系统的响应时间为 0.5 s，脉冲重复周期为 0.3 ms，目标丢失后等待 20 个脉冲重复周期再转入搜索，火力系统的有效射程为 20 km，杀伤半径为 100 m。

(1) 试设计距离波门拖引干扰的各时间参数与拖引速度。

(2) 如果飞机本身以径向速度 500 m/s 接近雷达，干扰机要对雷达形成一个以径向速度 500 m/s 背离雷达运动的拖引假目标，则应如何选择收到雷达信号后进行干扰的拖引函数？

(3) 如果雷达的脉冲重复周期是非常稳定的，能否实现距离波门的前拖干扰？如何设计此时的拖引干扰时间和参数？

7－6　已知某连续波雷达采用正向锯齿波调频测距，其调频周期为 10 ms，调频带宽为 100 MHz。

(1) 如果要给雷达造成一个距离为 20 km 的假目标，则该假目标与雷达当前发射信号的频率偏移应为多少？

(2) 如果假目标干扰机与雷达的距离为 40 km，要给雷达造成一个距离为 20 km 的假目标，应对收到的雷达信号进行多少频率移频调制？

7－7　为了在空中形成一箔条干扰走廊掩护飞机突防，试计算箔条的抛散密度和每包箔条的箔条根数。已知雷达的波长 $\lambda=3$ cm，脉冲宽度 $\tau=2$ μs，波束宽度 $\theta_\alpha=2°$，$\theta_\beta=10°$，压制系数 $K_j=2$，雷达距干扰走廊的平均距离为 $R=50$ km，飞机的有效反射面积 $\sigma=5$ m²。假设空间均匀分布线极化谐振偶极子的平均雷达截面积约为波长的平方的 0.172 倍，即 $\sigma_c=0.172\lambda^2$。

7－8　如题 7－8 图所示，自适应线性组合器有两个实权，输入随机信号 r_k 的样本间相互独立，且它的平均功率为 $p_r=0.01$；信号周期为 $N=16$ 个样点。求最佳权向量解并用 LMS 算法绘制出起始权值为(0，0)、增益常数 μ 取 0.1 及起始权值为(4，－10)、增益常数 μ 取0.05 这两种情况下的权值变化轨迹。

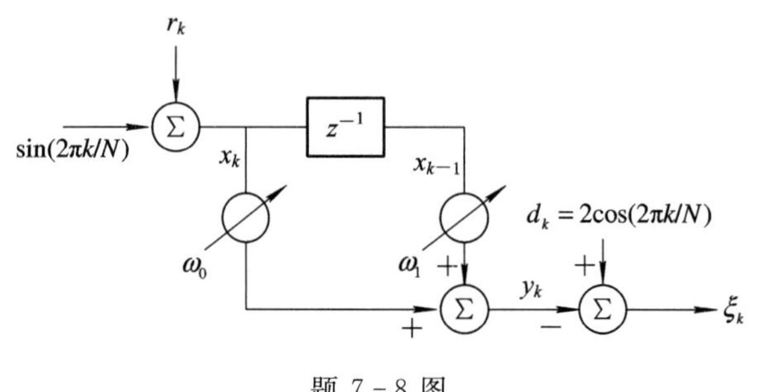

题 7－8 图

第 8 章　雷达信号检测

雷达通常需要在混杂着噪声和干扰的回波信号中发现目标，并对目标进行定位。由于噪声和各种干扰信号均具有随机性，在这种条件下发现目标的问题属于信号检测的范畴，而测定目标坐标则是参数估计的问题。信号检测是参数估计的前提，只有发现了目标才能对目标进行定位。因此，信号检测是雷达最基本的任务。

信号检测就是对接收机输出的由目标回波(即有用信号)、噪声和干扰组成的混合信号，经过信号处理以后，在规定的检测概率(通常比较高)下输出期望的有用信号，而噪声和其它干扰则以低概率产生随机虚警(通常以一定的虚警概率为条件)。检测概率和虚警概率取决于目标与噪声＋干扰的功率之比，以及伴随这些信号的目标信号的幅度分布(概率密度函数)，因此，检测是一个统计过程。

采用何种方式处理目标和噪声(包括干扰)的混合信号，最有效地利用信号所载信息，使检测性能最好。信号检测理论就是判断信号是否存在的方法及其最佳处理方式。本章主要介绍基本检测过程、雷达信号的最佳检测、脉冲积累的检测性能、自动检测等方面的知识，推导不同情况下的检测概率的计算公式，简单介绍现代雷达的智能检测方法。

8.1　基本检测过程

检测系统的任务是对输入 $x(t)$进行必要的处理，然后根据一定的准则来判断输入是否有信号，如图 8.1 所示。输入到检测系统的信号 $x(t)$有两种可能：① 信号加噪声，即 $x(t)=s(t)+n(t)$；② 只有噪声，即 $x(t)=n(t)$。

图 8.1　雷达信号检测模型

由于输入噪声和干扰的随机性，信号检测问题要用数理统计的方法来解决。

雷达的检测过程可以用门限检测来描述，即将接收信号经信号处理后的输出信号(本书中称为检测前输入信号)与某个门限电平进行比较。如果检测前输入信号的包络超过了某一预置门限，就认为有目标(信号)。雷达信号检测属于二元检测问题，即要么有目标，要么无目标。当输入只有噪声时，为 H_0 假设；当输入包括信号加噪声时，为 H_1 假设，即

$$\begin{cases} H_0: x(t) = n(t) \\ H_1: x(t) = s(t) + n(t) \end{cases} \tag{8.1.1}$$

二元检测问题实际上是对观察信号空间 D 的划分，即根据判决门限将 D 空间划分为 D_1(有信号)和 D_0(无信号)两个子空间，并满足 $D=D_0\cup D_1$，$D_0\cap D_1=\varnothing$(空集)。子空间 D_1 和 D_0 称为判决域。如果某个观测量 $(x\mid H_i)$ $(i=0, 1)$ 落入 D_0 域，就判决假设 H_0 成立，否则就判决假设 H_1 成立，如图 8.2 所示。

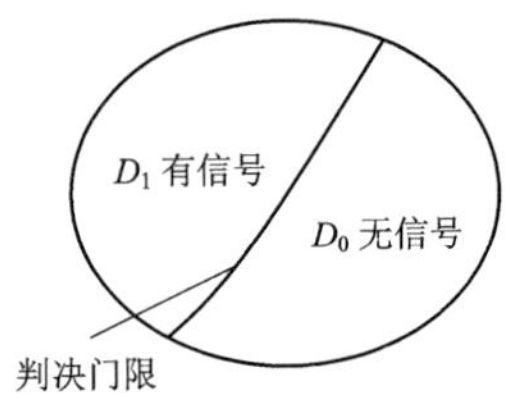

图 8.2　观察空间的划分

对于二元检测来说，有两种正确的判决和两种错误的判决如表 8.1 所示。这些判决的概率可以用条件概率表示为

$$\begin{cases} P_{\rm d} = P(H_1 \mid H_1) = 1 - P_{\rm m} & (8.1.2\text{a}) \\ P_{\rm n} = P(H_0 \mid H_0) = 1 - P_{\rm fa} & (8.1.2\text{b}) \\ P_{\rm fa} = P(H_1 \mid H_0) = 1 - P_{\rm n} & (8.1.2\text{c}) \\ P_{\rm m} = P(H_0 \mid H_1) = 1 - P_{\rm d} & (8.1.2\text{d}) \end{cases}$$

式中，$P(H_0\mid H_1)$ 表示在 H_1 假设下做出无信号的判决(即 H_0 为真)的概率，其它条件概率类似。

表 8.1　二元检测判决概率

信号 $s(t)$	判决结果	概　　率	判决属性
存在	有信号	检测概率，用 $P_{\rm d}$ 表示	正确判决
不存在	无信号	正确不发现概率，用 $P_{\rm n}$ 表示	
不存在	有信号	虚警概率，用 $P_{\rm fa}$ 表示	错误判决
存在	无信号	漏警概率，用 $P_{\rm m}$ 表示	

假设 H_1 出现的先验概率为 $P(H_1)$，H_0 出现的先验概率为 $P(H_0)$，且 $P(H_1)=1-P(H_0)$。假设噪声 $n(t)$ 服从零均值、方差为 $\sigma_{\rm n}^2$ 的高斯分布，则观测信号 $x(t)$ 的两种条件概率密度函数为

$$p(x \mid H_0) = \frac{1}{\sqrt{2\pi}\sigma_{\rm n}} {\rm e}^{-x^2/(2\sigma_{\rm n}^2)} \tag{8.1.3a}$$

$$p(x \mid H_1) = \frac{1}{\sqrt{2\pi}\sigma_{\rm n}} {\rm e}^{-(x-s)^2/(2\sigma_{\rm n}^2)} \tag{8.1.3b}$$

则虚警概率 $P_{\rm fa}$ 和漏警概率 $P_{\rm m}$ 分别为

$$P_{\rm fa} = P(H_1 \mid H_0) = \int_{D_1} p(x \mid H_0)\,{\rm d}x \tag{8.1.4a}$$

$$P_{\rm m} = P(H_0 \mid H_1) = \int_{D_0} p(x \mid H_1)\,{\rm d}x \tag{8.1.4b}$$

假定判决门限为 $V_{\rm T}$，根据式(8.1.3a)和(8.1.3b)的条件概率密度函数可得：

$$P_d = \int_{V_T}^{+\infty} p(x \mid H_1)\mathrm{d}x \tag{8.1.5}$$

$$P_{fa} = \int_{V_T}^{+\infty} p(x \mid H_0)\mathrm{d}x \tag{8.1.6}$$

假设噪声服从高斯分布 $N(0, 1)$，图 8.3 给出了 $\sigma_n=1$、$s=3$ 时的概率密度函数 $p(x \mid H_0)$ 和 $p(x \mid H_1)$，图(b)为图(a)的观测信号线性检波后的概率密度函数，检测门限 V_T 右侧曲线下方的面积分别为检测概率和虚警概率。

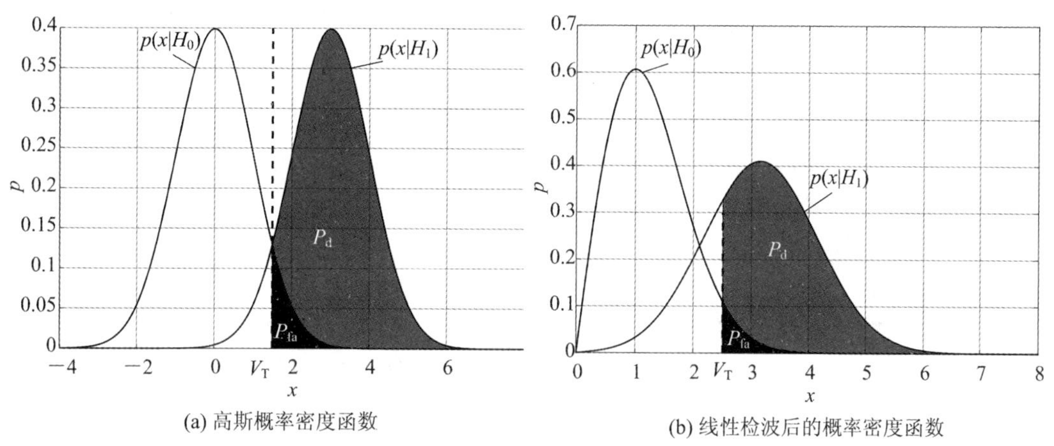

图 8.3　检测概率和虚警概率

判决门限 V_T 的确定与采用的最佳准则有关。在信号检测中常用的最佳准则有：

- 贝叶斯准则；
- 最小错误概率准则；
- 最大后验概率准则(要求后验概率 $P(H_1 \mid x)$ 和 $P(H_0 \mid x)$ 已知)；
- 极小极大化准则；
- 奈曼-皮尔逊(Neyman-Pearson)准则。

在雷达信号检测中，因预先并不知道目标出现的概率，也很难确定一次漏警所造成的损失，所以，通常采用奈曼-皮尔逊准则，即在一定的虚警概率下，使漏警概率最小或使正确检测概率达到最大。

在数学上，奈曼-皮尔逊准则可表示为：在 $P_{fa}=P(H_1 \mid H_0)=\alpha$(常数)的条件下，使检测概率 $P_d=P(H_1 \mid H_1)$ 最大，或使漏警概率 $P_m=P(H_0 \mid H_1)=1-P_d$ 最小。这是一个有约束条件的数值问题，其解的必要条件是应使式(8.1.7)的目标函数最小。

$$P_e = P_m + \Lambda_0 P_{fa} = P(H_0 \mid H_1) + \Lambda_0 P(H_1 \mid H_0) \tag{8.1.7}$$

式中：Λ_0 为拉格朗日乘子，是待定系数；P_e 表示两种错误概率的加权和，称为总错误概率。在约束条件下使 $P_m=1-P_d$ 最小等效于使 P_e 最小，这样就将有约束的极值问题转化为无约束的极值问题，便于求解。

为了提高判决的质量，减小噪声干扰随机性的影响，一般需要对接收信号进行多次观测或多次取样。例如，对于 N 次独立取样，输入信号为 N 维空间，接收样本矢量表示为

$$\boldsymbol{x}=[x_1, x_2, \cdots, x_N]^{\mathrm{T}}$$

当输入为 $x(t)=s(t)+n(t)$ 时，其 N 个取样点的联合概率分布密度函数为 $p(x_1, x_2, \cdots,$

$x_N | H_1$)；而当输入为 $x(t)=n(t)$ 时，其联合概率分布密度函数为 $p(x_1, x_2, \cdots, x_N | H_0)$。根据观察空间 D 的划分，虚警概率和检测概率可分别表示为

$$P_{\mathrm{fa}} = \iint_{D_1} \cdots \int p(x_1, x_2, \cdots, x_N \mid H_0) \mathrm{d}x_1 \mathrm{d}x_2 \cdots \mathrm{d}x_N \tag{8.1.8}$$

$$P_{\mathrm{d}} = \iint_{D_1} \cdots \int p(x_1, x_2, \cdots, x_N \mid H_1) \mathrm{d}x_1 \mathrm{d}x_2 \cdots \mathrm{d}x_N \tag{8.1.9}$$

代入式(8.1.7)，得到总错误概率与联合概率分布密度函数的关系为

$$P_{\mathrm{e}} = 1 - \iint_{D_1} \cdots \int [p(x_1, x_2, \cdots, x_N \mid H_1) - \Lambda_0 p(x_1, x_2, \cdots x_N \mid H_0)] \mathrm{d}x_1 \mathrm{d}x_2 \cdots \mathrm{d}x_N \tag{8.1.10}$$

观察空间的划分应保证总错误概率 P_{e} 最小，即后面的积分值最大。因此，满足

$$p(x_1, x_2, \cdots x_N \mid H_1) - \Lambda_0 p(x_1, x_2, \cdots x_N \mid H_0) \geqslant 0 \tag{8.1.11}$$

的所有点均划在 D_1 范围，判为有信号；而将其它的点，即满足

$$p(x_1, x_2, \cdots x_N \mid H_1) - \Lambda_0 p(x_1, x_2, \cdots x_N \mid H_0) < 0 \tag{8.1.12}$$

的所有点划在 D_0 范围，判为无信号。

式(8.1.11)和式(8.1.12)可改写为

$$\frac{p(x_1, x_2 ... x_N \mid H_1)}{p(x_1, x_2 ... x_N \mid H_0)} \begin{cases} \geqslant \Lambda_0\text{，判为有目标} \\ < \Lambda_0\text{，判为无目标} \end{cases} \tag{8.1.13}$$

定义有信号时的概率密度函数和只有噪声时的概率密度函数之比为似然比 $\Lambda(x)$，即

$$\Lambda(\boldsymbol{x}) = \frac{p(\boldsymbol{x} \mid H_1)}{p(\boldsymbol{x} \mid H_0)} = \frac{p(x_1, x_2 ... x_N \mid H_1)}{p(x_1, x_2 ... x_N \mid H_0)} \tag{8.1.14}$$

似然比 $\Lambda(x)$ 是取决于输入 $x(t)$ 的一个随机变量，它表征输入 $x(t)$ 是信号加噪声还是只有噪声的似然程度。当似然比足够大时，有充分理由判断确有信号存在。式(8.1.10)中拉格朗日乘子 Λ_0 的值应根据约束条件 $P_{\mathrm{fa}}=\alpha$ 来确定。

信号的最佳检测系统(最佳接收系统)是由一个似然比计算器和一个门限判决器组成，如图 8.4 所示。这里所说的最佳准则是总错误概率最小，或者说在固定虚警概率条件下使检测概率最大。可以证明，在不同的最佳准则下，上述检测系统都是最佳的，差别仅在于门限的取值不同。

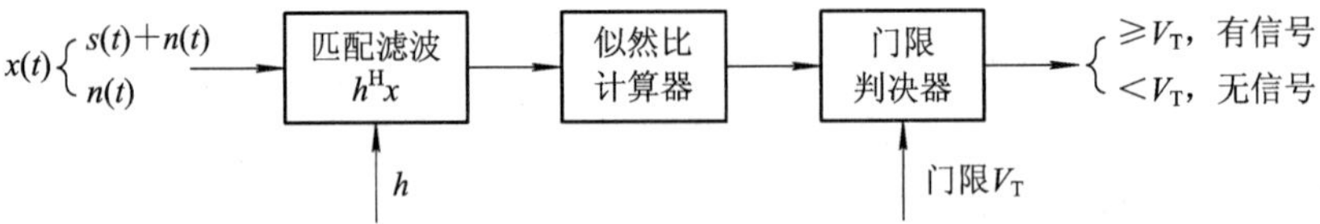

图 8.4 雷达信号的检测系统

8.2 雷达信号的最佳检测

8.2.1 噪声环境下的信号检测

对雷达接收信号进行正交双路匹配滤波、平方律检波和判决的简化框图如图 8.5 所示。假设雷达接收机的输入信号由目标回波信号 $s(t)$ 和均值为零、方差为 σ_{n}^2 的加性高斯白

噪声 $n(t)$组成，且噪声与信号不相关。

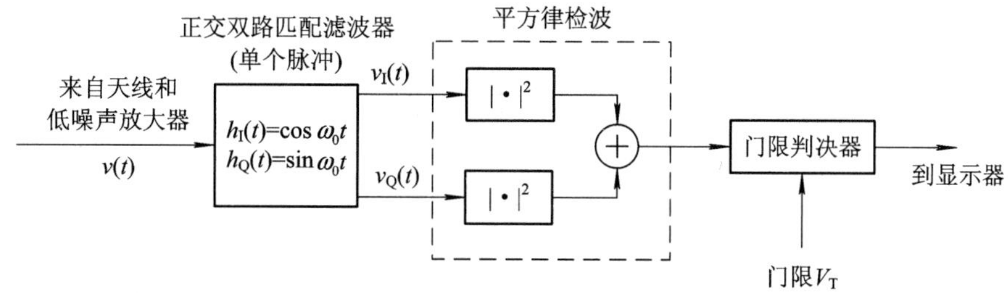

图 8.5　平方律检波器和门限判决器的简化框图

接收信号和正交两路匹配滤波器的输出信号可以表示为

$$\begin{cases} v(t) = v_I(t)\cos\omega_0 t + v_Q(t)\sin\omega_0 t = r(t)\cos(\omega_0 t - \varphi(t)) \\ v_I(t) = r(t)\cos\varphi(t) \\ v_Q(t) = r(t)\sin\varphi(t) \end{cases} \tag{8.2.1}$$

其中，$\omega_0 = 2\pi f_0$是雷达的工作频率；$r(t)$是 $v(t)$的包络；$\varphi(t) = \arctan\left(\frac{v_Q}{v_I}\right)$是 $v(t)$的相位；下标 I、Q 对应的 $v_I(t)$和 $v_Q(t)$分别称为同相分量和正交分量。

匹配滤波器的输出是复随机变量，其组成或者只有噪声，或者是噪声加目标回波信号(幅度为 $Ae^{j\omega_d t}$的正弦波，$\omega_d t$ 为未知相位)。当只有噪声时的同相和正交分量为

$$v_I(t) = n_I(t), \quad v_Q(t) = n_Q(t) \tag{8.2.2}$$

在信号加噪声的情况下同相和正交分量为

$$\begin{cases} v_I(t) = A\cos(\omega_d t) + n_I(t) = r(t)\cos\varphi(t) \Rightarrow n_I(t) = r(t)\cos\varphi(t) - A\cos(\omega_d t) \\ v_Q(t) = A\sin(\omega_d t) + n_Q(t) = r(t)\sin\varphi(t) \Rightarrow n_Q(t) = r(t)\sin\varphi(t) - A\sin(\omega_d t) \end{cases} \tag{8.2.3}$$

其中，噪声的同相和正交分量 $n_I(t)$和 $n_Q(t)$是不相关的零均值低通高斯噪声，具有相同的方差 σ_n^2。这两个随机变量 n_I和 n_Q的联合概率密度函数(pdf)为

$$\begin{aligned} p(n_I, n_Q) &= \frac{1}{2\pi\sigma_n^2}\exp\left(-\frac{n_I^2 + n_Q^2}{2\sigma_n^2}\right) \\ &= \frac{1}{2\pi\sigma_n^2}\exp\left(-\frac{r^2 + A^2 - 2rA\cos(\varphi(t) - \omega_d t)}{2\sigma_n^2}\right) \end{aligned} \tag{8.2.4}$$

随机变量 $r(t)$和 $\varphi(t)$的联合概率密度函数为

$$p(r, \varphi) = p(n_I, n_Q)J \tag{8.2.5}$$

其中，J 为 Jacobian(即导数矩阵的行列式)，

$$J = \begin{vmatrix} \frac{\partial n_I}{\partial r} & \frac{\partial n_I}{\partial \varphi} \\ \frac{\partial n_Q}{\partial r} & \frac{\partial n_Q}{\partial \varphi} \end{vmatrix} = \begin{vmatrix} \cos\varphi(t) & -r(t)\sin\varphi(t) \\ \sin\varphi(t) & r(t)\cos\varphi(t) \end{vmatrix} = r(t) \tag{8.2.6}$$

将式(8.2.6)代入式(8.2.5)，合并后得到

$$p(r, \varphi | H_1) = \frac{r}{2\pi\sigma_n^2}\exp\left(-\frac{r^2 + A^2}{2\sigma_n^2}\right)\exp\left(\frac{rA\cos(\varphi(t) - \omega_d t)}{\sigma_n^2}\right) \tag{8.2.7}$$

将式(8.2.7)对 φ 积分得到包络 r 的 pdf 为

$$
\begin{aligned}
p(r\mid H_1) &= \int_0^{2\pi} p(r,\ \varphi\mid H_1)\mathrm{d}\varphi \\
&= \frac{r}{\sigma_{\mathrm{n}}^2}\exp\left(-\frac{r^2+A^2}{2\sigma_{\mathrm{n}}^2}\right)\cdot\frac{1}{2\pi}\int_0^{2\pi}\exp\left(\frac{rA\cos\varphi}{\sigma_{\mathrm{n}}^2}\right)\mathrm{d}\varphi \\
&= \frac{r}{\sigma_{\mathrm{n}}^2}\exp\left(-\frac{r^2+A^2}{2\sigma_{\mathrm{n}}^2}\right)\mathrm{I}_0\left(\frac{rA}{\sigma_{\mathrm{n}}^2}\right)
\end{aligned}
\tag{8.2.8}
$$

式中，$\mathrm{I}_0(\cdot)$为修正的第一类贝塞尔函数，$\mathrm{I}_0(\beta)=\frac{1}{2\pi}\int_0^{2\pi}\exp(\beta\cos\varphi)\mathrm{d}\varphi$，$\beta=\frac{rA}{\sigma_{\mathrm{n}}^2}$。式(8.2.9)是 Rice 概率密度函数。此时的对数似然比检测为

$$
\ln\Lambda = \ln\left[\mathrm{I}_0\left(\frac{rA}{\sigma_{\mathrm{n}}^2}\right)\right]-\frac{r^2+A^2}{2\sigma_{\mathrm{n}}^2}\ \underset{H_0}{\overset{H_1}{\gtrless}}\ \ln\Lambda_0 \tag{8.2.9}
$$

或以充分统计的形式表示为

$$
\gamma = \ln\left[\mathrm{I}_0\left(\frac{rA}{\sigma_{\mathrm{n}}^2}\right)\right]\ \underset{H_0}{\overset{H_1}{\gtrless}}\ \ln\Lambda_0+\frac{r^2+A^2}{2\sigma_{\mathrm{n}}^2}=\ln\Lambda_0' \tag{8.2.10}
$$

上式给出了未知相位情况下最优检测所需的信号处理，即先求匹配滤波器输出的幅度平方，再取对数 $\ln[\mathrm{I}_0(\cdot)]$后的结果与阈值进行比较。下面对此进行解释。

贝塞尔函数 $\mathrm{I}_0(x)$的标准级数展开式为

$$
\mathrm{I}_0(x)=1+\frac{x^2}{4}+\frac{x^4}{64}+\cdots \tag{8.2.11}
$$

当 x 较小时，$\mathrm{I}_0(x)\approx 1+\frac{x^2}{4}$。此外，自然对数的一种级数展开式为

$$
\ln(1+z)=z-\frac{z^2}{2}+\frac{z^3}{3}+\cdots \tag{8.2.12}
$$

结合这些，可得

$$
\ln[\mathrm{I}_0(x)]\approx\frac{x^2}{4},\quad x\ll 1 \tag{8.2.13}
$$

上式表明，当 x 较小时，似然比的计算近似于平方律检波器，即幅度的平方操作，分母中的常数 4 可合并到阈值中。

当 x 值较大时，$I_0(x)\approx\frac{\mathrm{e}^x}{\sqrt{2\pi x}}$，则

$$
\ln[\mathrm{I}_0(x)]\approx x-\frac{1}{2}\ln(2\pi)-\frac{1}{2}\ln(x) \tag{8.2.14}
$$

上式右边的常数项可以加到阈值中，同时当 $x\gg 1$ 时，线性项 x 迅速决定了对数项的值。这使得在 x 取值较大时，似然比的计算近似于线性检波器，即取绝对值操作，

$$
\ln[\mathrm{I}_0(x)]\approx x,\quad x\gg 1 \tag{8.2.15}
$$

当 $x<3$ dB 时，平方律检波器吻合度很高，而 $x>10$ dB 时，线性检测器的吻合度很高。因此，在图 8.4 中，对于每个检测单元，匹配滤波输出只需要进行线性或平方律检波，

而不需要进行似然比计算，并根据检测性能确定检测门限，就可以实现对目标的最佳检测。

8.2.2 虚警概率

虚警概率 P_{fa}定义为当雷达接收信号中只有噪声时，信号的包络 $r(t)$超过门限电压 V_T的概率。根据式(8.2.8)的概率密度函数，虚警概率为

$$P_{fa} = \int_{V_T}^{\infty} \frac{r}{\sigma_n^2} \exp\left(\frac{-r^2}{2\sigma_n^2}\right) \mathrm{d}r = \exp\left(\frac{-V_T^2}{2\sigma_n^2}\right) = \exp(-V_T'^2) \tag{8.2.16}$$

$$V_T = \sqrt{2\sigma_n^2 \ln\left(\frac{1}{P_{fa}}\right)} \tag{8.2.17}$$

$$V_T' = \frac{V_T}{\sqrt{2\sigma_n^2}} = \sqrt{\ln\left(\frac{1}{P_{fa}}\right)} \tag{8.2.18}$$

其中，V_T'称为标准门限，即噪声功率归一化门限电压。式(8.2.16)反映了门限电压 V_T与虚警概率 P_{fa}之间的关系。图 8.6 给出了虚警概率与归一化检测门限的关系曲线。从图中可以看出，P_{fa}对门限值的微小变化非常敏感。例如，假设高斯噪声的均方根电压 $\sigma_n=2$ V，若门限电压 $V_T=8$ V，则虚警概率 $P_{fa}=3.34\times10^{-4}$；若门限电压 $V_T=10$ V，则虚警概率 $P_{fa}=3.73\times10^{-6}$。

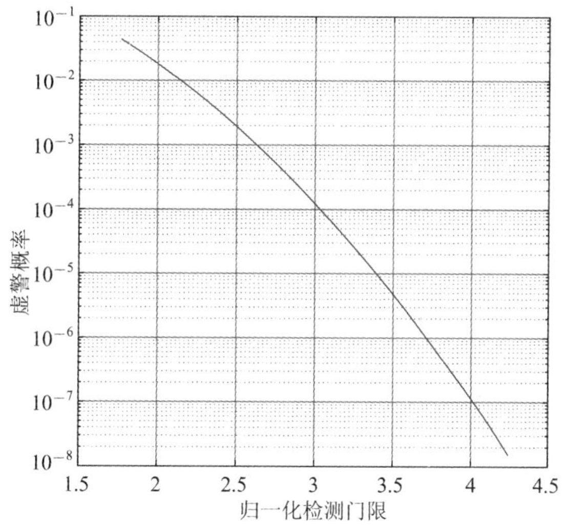

图 8.6　虚警概率与归一化检测门限的关系

虚警时间 T_{fa}是指当只有噪声时，超过判定门限(即发生虚警)的平均时间，

$$T_{fa} = \lim_{N\to\infty} \frac{1}{N} \sum_{k=1}^{N} T_k \tag{8.2.19}$$

式中，T_k 是噪声包络超过门限 V_T 的时间间隔。如图 8.7 所示，虚警时间是一种比虚警概率更能使雷达用户或操作员理解的指标。虚警概率可以通过虚警时间表示，即虚警概率 P_{fa}是噪声包络真正超过门限的时间与其可超过门限的总时间之比，可以表示为

$$P_{\mathrm{fa}}=\frac{\dfrac{1}{N}\sum\limits_{k=1}^{N}t_k}{\dfrac{1}{N}\sum\limits_{k=1}^{N}T_k}=\frac{\langle t_k\rangle_{\mathrm{av}}}{T_{\mathrm{fa}}}=\frac{1}{T_{\mathrm{fa}}B} \tag{8.2.20}$$

式中，t_k 和 T_k 见图 8.7，B 是雷达接收机中频放大器的带宽。噪声超过门限的平均持续时间 $\langle t_k\rangle_{\mathrm{av}}$ 近似为中频带宽 B 的倒数。T_k 的平均值为虚警时间 T_{fa}。

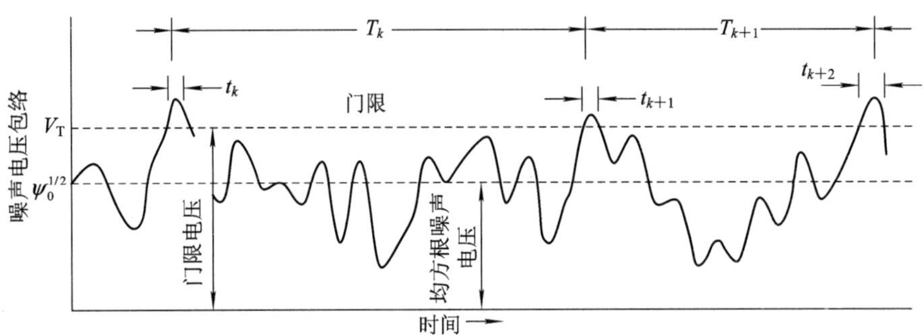

图 8.7　只有噪声时输出包络、门限及其虚警时间

将式(8.2.16)代入式(8.2.20)，可以将 T_{fa} 写为

$$T_{\mathrm{fa}}=\frac{1}{B\cdot P_{\mathrm{fa}}}=\frac{1}{B}\exp\left(\frac{V_{\mathrm{T}}^2}{2\sigma_{\mathrm{n}}^2}\right) \tag{8.2.21}$$

例如，若中频带宽为 1 MHz，要求发生虚警的平均时间间隔为 15 min，则虚警概率为 1.11×10^{-9}。虚警时间 T_{fa} 与门限电平 V_{T} 之间是指数关系，导致虚警时间对门限的微小变化敏感。例如，带宽为 1 MHz，若 $10\lg(V_{\mathrm{T}}^2/(2\sigma_{\mathrm{n}}^2))=13.2$ dB，则发生虚警的平均时间大约为 20 min。

有时也用虚警次数描述发生虚警的现象。虚警次数 n_{fa} 表示在平均虚警时间内所有可能出现的虚警总数。虚警次数一般定义为

$$n_{\mathrm{fa}}=\frac{-\ln2}{\ln(1-P_{\mathrm{fa}})}\approx\frac{\ln2}{P_{\mathrm{fa}}} \tag{8.2.22}$$

虽然噪声超过门限叫作虚警，但它未必是有虚假目标。因为在建立一个目标的航迹文件之前，通常要求雷达对多次观察分别进行检测、目标关联等数据处理，才能建立目标的航迹文件。

8.2.3　检测概率

检测概率 P_{d} 是在噪声加信号的情况下信号的包络 $r(t)$ 超过门限电压 V_{T} 的概率，即目标被检测到的概率。根据式(8.2.8)的概率密度函数，计算检测概率 P_{d} 为

$$P_{\mathrm{d}}=\int_{V_{\mathrm{T}}}^{\infty}\frac{r}{\sigma_{\mathrm{n}}^2}\mathrm{I}_0\left(\frac{rA}{\sigma_{\mathrm{n}}^2}\right)\exp\left(-\frac{r^2+A^2}{2\sigma_{\mathrm{n}}^2}\right)\mathrm{d}r \tag{8.2.23}$$

假设雷达信号是幅度为 A 的正弦波形 $A\cos(2\pi f_0t)$，其功率为 $A^2/2$。将单个脉冲的信噪比 $\mathrm{SNR}=\dfrac{A^2}{2\sigma_{\mathrm{n}}^2}$ 和 $\dfrac{V_{\mathrm{T}}^2}{2\sigma_{\mathrm{n}}^2}=\ln\left(\dfrac{1}{P_{\mathrm{fa}}}\right)$ 代入式(8.2.23)得

$$P_d = \int_{\sqrt{2\sigma_n^2 \ln(1/P_{fa})}}^{\infty} \frac{r}{\sigma_n^2} I_0\left(\frac{rA}{\sigma_n^2}\right) \exp\left(-\frac{r^2 + A^2}{2\sigma_n^2}\right) dr$$

$$= Q\left[\sqrt{\frac{A^2}{\sigma_n^2}}, \sqrt{2\ln\left(\frac{1}{P_{fa}}\right)}\right] = Q\left[\sqrt{2SNR}, \sqrt{-2\ln(P_{fa})}\right] \tag{8.2.24}$$

$$Q[\alpha, \beta] = \int_{\beta}^{\infty} \xi I_0(\alpha\xi) e^{-(\xi^2+\alpha^2)/2} d\xi \tag{8.2.25}$$

Q 称为 Marcum Q 函数。Marcum Q 函数的积分非常复杂，对此 Parl 开发了一个简单的算法来计算这个积分。

$$Q[a, b] = \begin{cases} \dfrac{\alpha_n}{2\beta_n} \exp\left(\dfrac{(a-b)^2}{2}\right), & a < b \\ 1 - \dfrac{\alpha_n}{2\beta_n} \exp\left(\dfrac{(a-b)^2}{2}\right), & a \geqslant b \end{cases} \tag{8.2.26}$$

$$\alpha_n = d_n + \frac{2n}{ab}\alpha_{n-1} + \alpha_{n-2}, \beta_n = 1 + \frac{2n}{ab}\beta_{n-1} + \beta_{n-2}, d_{n+1} = d_n d_1 \tag{8.2.27}$$

$$\alpha_0 = \begin{cases} 1, & a < b \\ 0, & a \geqslant b \end{cases}, \alpha_{-1} = 0.0, \beta_0 = 0.5, \beta_{-1} = 0.0, d_1 = \begin{cases} \dfrac{a}{b}, & a < b \\ \dfrac{b}{a}, & a \geqslant b \end{cases}$$

对于 $p \geqslant 3$，式(8.2.27)的递归是连续计算的，直到 $\beta_n > 10^p$。该算法的准确度随 p 值的增大而提高。其计算过程见 MATLAB 函数“marcumsq. m”。

图 8.8 给出了在不同虚警概率 P_{fa} 情况下，检测概率 P_d 与单个脉冲 SNR 之间的关系曲线。在实际中通常根据给定的 P_{fa} 和 P_d，由此曲线得到单个脉冲 SNR 的门限。

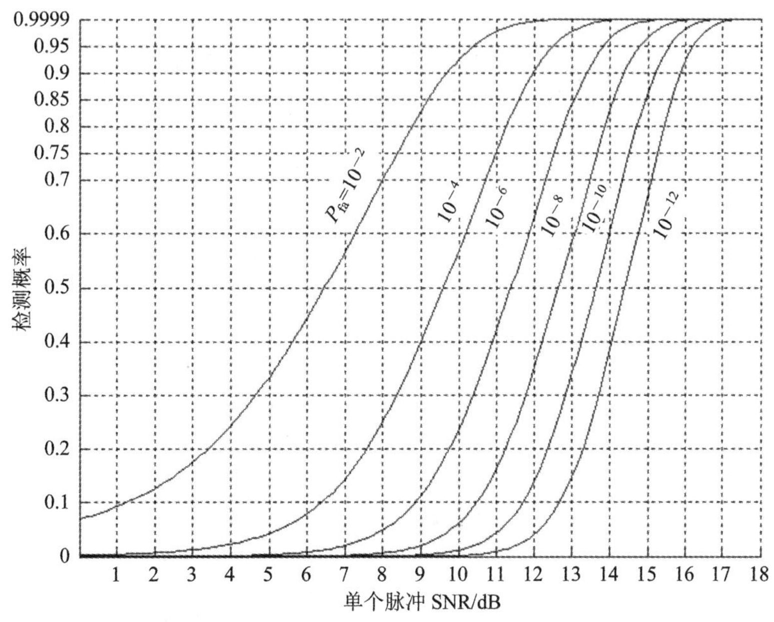

图 8.8　检测概率与单个脉冲信噪比的关系曲线

为了避免式(8.2.24)中的数值积分，简化 P_d的计算，North 提出了一个非常准确的近似计算公式

$$P_d \approx 0.5 \times \mathrm{erfc}\left(\sqrt{-\ln P_{fa}} - \sqrt{\mathrm{SNR}+0.5}\right)$$
$$= \Phi\left(\sqrt{2\mathrm{SNR}+1} - \sqrt{-2\ln P_{fa}}\right) \tag{8.2.28}$$

其中，余误差函数为

$$\mathrm{erfc}(z) = \frac{2}{\sqrt{\pi}}\int_z^{\infty} \mathrm{e}^{-v^2}\,\mathrm{d}v \tag{8.2.29}$$

由式(8.2.28)可得出对于给定的 P_{fa}和 P_d所要求的单个脉冲最小信噪比 SNR，即

$$\mathrm{SNR} \approx 10\lg\left(\left(\sqrt{-\ln P_{fa}} - \mathrm{erfc}^{-1}(2P_d)\right)^2 - 0.5\right)\ \mathrm{dB} \tag{8.2.30}$$

当 P_{fa}较小、P_d相对较大，从而门限也较大时，DiFranco 和 Rubin 也给出了近似式

$$P_d \approx \Phi\left(\sqrt{2\mathrm{SNR}} - \sqrt{-2\ln P_{fa}}\right) \tag{8.2.31}$$

其中，$\Phi(x)$为标准正态分布函数，$\Phi(x) = \frac{1}{\sqrt{2\pi}}\int_{-\infty}^{x}\exp\left(-\frac{\xi^2}{2}\right)\mathrm{d}\xi$。

图 8.9 给出了式(8.2.25)、式(8.2.28)和式(8.2.31)这三种近似式计算的检测概率，在 $P_{fa}=10^{-2}$ 且信噪比较小时，误差最大，但同样的 P_d所要求的 SNR 的差异仍小于 0.5 dB，误差在可接受的范围内，所以，在大多数情况下可以使用后两种近似方法计算 P_d，以避免繁琐的数值积分计算。

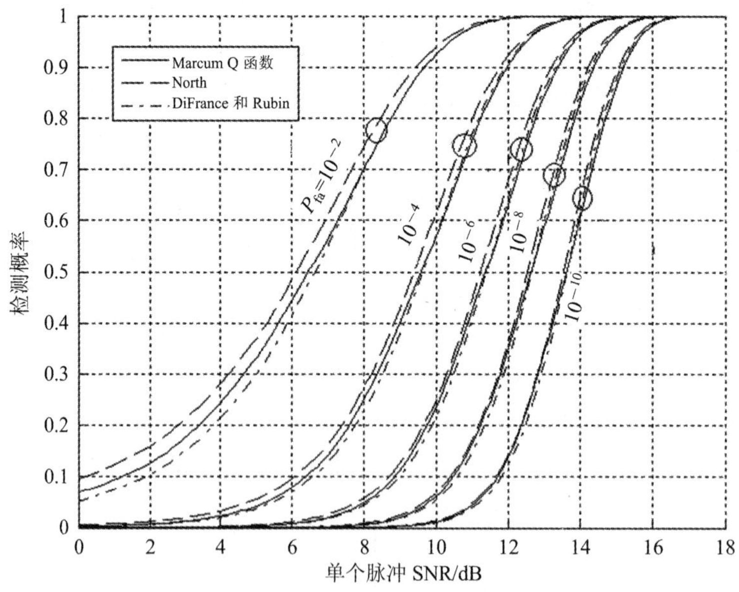

图 8.9 检测概率 P_d的三种近似方法

根据式(8.2.30)的计算，表 8.2 给出了在一定 P_{fa}条件下达到一定检测概率 P_d所要求的单个脉冲的信噪比。例如，若 $P_d = 0.9$ 和 $P_{fa}=10^{-6}$，则要求最小单个脉冲信噪比 SNR=13.2 dB。实际中雷达是在每个波位的多个脉冲进行积累后再做检测，则相当于积累后进行检测判决之前所要求达到的 SNR。

表 8.2 不同检测性能所要求的单个脉冲信噪比(dB)

P_d	P_{fa}									
	10^{-3}	10^{-4}	10^{-5}	10^{-6}	10^{-7}	10^{-8}	10^{-9}	10^{-10}	10^{-11}	10^{-12}
0.1	3.92	6.05	7.54	8.69	9.62	10.40	11.07	11.66	12.18	12.65
0.2	5.60	7.37	8.65	9.66	10.49	11.19	11.81	12.35	12.83	13.27
0.3	6.62	8.19	9.36	10.29	11.06	11.72	12.30	12.81	13.27	13.69
0.4	7.40	8.84	9.93	10.80	11.53	12.15	12.70	13.19	13.63	14.03
0.5	8.07	9.40	10.42	11.24	11.94	12.53	13.06	13.53	13.95	14.33
0.6	8.68	9.93	10.89	11.67	12.33	12.90	13.40	13.85	14.26	14.63
0.7	9.29	10.45	11.36	12.10	12.73	13.27	13.75	14.19	14.58	14.94
0.8	9.95	11.03	11.88	12.58	13.17	13.69	14.15	14.56	14.94	15.28
0.9	10.79	11.77	12.55	13.20	13.75	14.24	14.62	15.00	15.45	15.75
0.95	11.42	12.34	13.07	13.68	14.20	14.66	15.07	15.45	15.79	16.10
0.98	12.08	12.93	13.61	14.19	14.68	15.12	15.51	15.86	16.19	16.48
0.99	12.49	13.30	13.95	14.51	14.98	15.41	15.78	16.13	16.44	16.73
0.995	12.86	13.63	14.26	14.80	15.26	15.67	16.03	16.37	16.67	16.95
0.998	13.27	14.01	14.62	15.13	15.58	15.97	16.32	16.65	16.94	17.22
0.999	13.55	14.27	14.86	15.36	15.79	16.18	16.52	16.84	17.13	17.39
0.9995	13.81	14.51	15.08	15.57	15.99	16.37	16.70	17.01	17.30	17.56
0.9999	14.38	15.00	15.54	16.00	16.40	16.76	17.08	17.38	17.65	17.90

8.2.4 信号幅度起伏的检测性能

在先前的讨论中，一直假设目标信号的幅度在检测过程中是固定的，而实际的目标信号幅度是起伏的，由于幅度并非匹配参数，这种幅度起伏并不会影响匹配滤波的效果。但是它影响了检测概率，因为检测概率需要对未知信号幅度进行积分运算。为了分析这一影响，假设目标信号幅度 A 的起伏服从瑞利分布：

$$p(A)=\frac{A}{\sigma_s^2}\exp\left(\frac{-A^2}{2\sigma_s^2}\right) \tag{8.2.32}$$

$$p(x\mid H_1(A))=\frac{x}{\sigma_n^2+\sigma_s^2}\exp\left(-\frac{x^2}{2(\sigma_n^2+\sigma_s^2)}\right) \tag{8.2.33}$$

其中，σ_s^2 为信号功率，σ_n^2 为噪声功率。从而得到检测概率 P_d 为

$$\begin{aligned}P_d&=\int_{V_T}^{\infty}p(x\mid H_1(A))\,\mathrm{d}x=\int_{V_T}^{\infty}\frac{x}{\sigma_n^2+\sigma_s^2}\exp\left(\frac{-x^2}{2(\sigma_n^2+\sigma_s^2)}\right)\mathrm{d}x\\&=\exp\left(-\frac{\hat{V}_T'^2}{1+\mathrm{SNR}}\right)\end{aligned} \tag{8.2.34}$$

其中，$\hat{V}'_{\mathrm{T}}=\dfrac{V_{\mathrm{T}}}{\sqrt{2}\sigma_{\mathrm{n}}}$，$\mathrm{SNR}=\dfrac{\sigma_{\mathrm{s}}^2}{\sigma_{\mathrm{n}}^2}$。将式(8.2.18)代入式(8.2.34)可得

$$P_{\mathrm{d}}=\mathrm{e}^{\ln P_{\mathrm{fa}}/(1+\mathrm{SNR})} \tag{8.2.35}$$

上式给出了 P_{d}与 P_{fa}和 SNR 之间的直接函数关系。图 8.10 给出了幅度起伏服从瑞利分布时信号的检测性能，将图 8.10 与图 8.8 作比较后可以发现，当信号振幅有所起伏时，在大的 P_{d}区域，这种起伏将会引起检测损失；而在小的检测概率区域，情况恰好相反，有起伏信号比无起伏信号的检测概率要大，但是雷达通常不工作于这么小的检测概率区域。

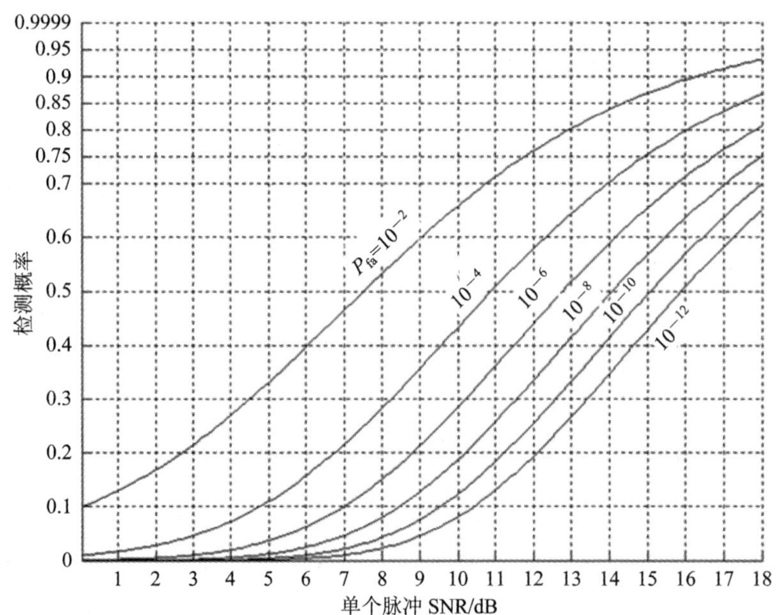

图 8.10　幅度起伏服从瑞利分布时信号的最佳检测特性

8.3　脉冲积累的检测性能

由于单个脉冲的能量有限，雷达通常不采用单个接收脉冲来进行检测判决，而是在判决之前，先对一个波位的多个脉冲进行相干积累或非相干积累。相干积累是在包络检波之前进行，利用接收脉冲之间的相位关系，可以获得信号幅度的叠加。从理论上讲，相干积累的信噪比等于单个脉冲的信噪比乘以相干积累脉冲数 M，即相干积累的信噪比改善可以达到 M 倍。但实际中受到目标回波起伏的影响，使信噪比改善小于 M 倍。非相干积累是在包络检波以后进行，存在积累损失。相干积累和非相干积累的实现方法在第 5 章已经介绍过，这里主要介绍其检测性能。

8.3.1　相干积累的检测性能

在相干积累中，如果使用理想的积累器(100％效率)，那么积累 M 个脉冲将获得相同因子的 SNR 改善。为了证明相干积累时的 SNR 改善情况，考虑雷达回波信号包含信号和

加性噪声的情况。第 m 个脉冲的回波为

$$y_m(t) = s(t) + n_m(t),\ m = 1 \sim M \tag{8.3.1}$$

其中，$s(t)$是感兴趣的雷达回波(假定目标回波不起伏)，$n_m(t)$是与 $s(t)$不相关的加性白噪声。M 个脉冲进行相干积累处理得到的信号为

$$z(t) = \frac{1}{M}\sum_{m=1}^{M} y_m(t) = \sum_{m=1}^{M}\frac{1}{M}[s(t) + n_m(t)] = s(t) + \frac{1}{M}\sum_{m=1}^{M} n_m(t) \tag{8.3.2}$$

$z(t)$中的总噪声功率等于其方差，更准确的表示为

$$\psi_{nz}^2 = \mathrm{E}\left[\left(\sum_{m=1}^{M}\frac{1}{M}n_m(t)\right)\left(\sum_{l=1}^{M}\frac{1}{M}n_l(t)\right)^*\right] \tag{8.3.3}$$

其中，E[·]表示数值期望。由于 M 个周期的噪声相互独立，有

$$\psi_{nz}^2 = \frac{1}{M^2}\sum_{m,\ l=1}^{M} E[n_m(t)n_l^*(t)] = \frac{1}{M^2}\sum_{m,\ l=1}^{M}\psi_{ny}^2\delta_{ml} = \frac{1}{M}\psi_{ny}^2 \tag{8.3.4}$$

其中，ψ_{ny}^2是单个脉冲噪声功率，且每个周期噪声的功率相等。当 $m \neq l$ 时，$\delta_{ml}=0$；当 $m=l$ 时，$\delta_{ml}=1$。观察式(8.3.2)和式(8.3.4)可以看出，相干积累后期望信号的功率没有改变，而噪声功率随因子 $1/M$ 而减小。因此，M 个脉冲相干积累后 SNR 的改善为 M 倍。

将给定检测概率和虚警概率所要求的单个脉冲 SNR(检测因子)表示为 $D_0(1)$。同样，将进行 M 个脉冲积累时产生相同的检测概率所要求的 SNR(检测因子)表示为 $D_0(M)$，则

$$D_0(M) = \frac{1}{M}D_0(1) \tag{8.3.5}$$

因此，在相同检测性能条件下，采用相干积累提高了 SNR，这就可以减小对单个脉冲的 SNR 的要求，对同样作用距离来说，就可以减小雷达发射的峰值功率。

8.3.2　非相干积累的检测性能

非相干积累是在包络检波后进行，又称为视频积累器。非相干积累的效率比相干积累要低。事实上，非相干积累的增益总是小于脉冲的个数。这个积累损耗称为检波后损耗或平方律检波器损耗。Marcum 和 Swerling 指出该项损耗值在$\sqrt{M}$和 M 之间。DiFranco 和 Rubin 给出了该项损耗 L_{NCI}的近似值为

$$L_{\mathrm{NCI}} = 10\ \lg(\sqrt{M}) - 5.5\ \mathrm{dB} \tag{8.3.6}$$

注意，当 M 变得很大时，积累损耗接近$\sqrt{M}$。

使用平方律检波器和非相干积累的雷达接收机的框图如图 8.11 所示。在实际中，平方律检波器经常用作最佳接收机的近似。

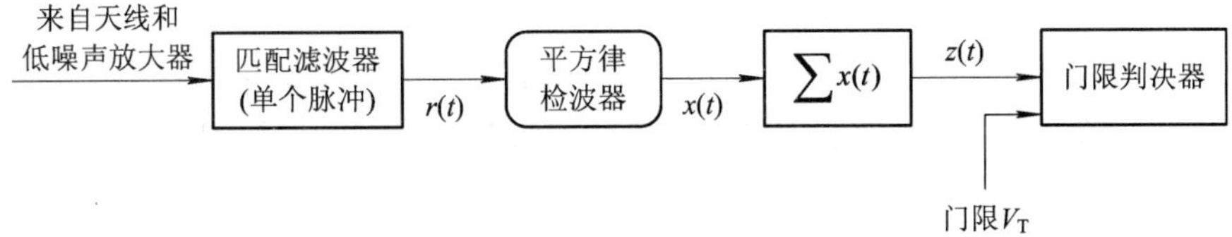

图 8.11　平方律检波器和非相干积累的简化框图

根据式(8.2.8)信号 $r(t)$ 的概率密度函数，定义

$$y_m = \frac{r_m}{\sigma_n} \tag{8.3.7}$$

$$\mathscr{R}_p = \frac{A^2}{\sigma_n^2} = 2\mathrm{SNR} \tag{8.3.8}$$

则变量 y_m 的概率密度函数为

$$f(y_m) = f(r_m)\left|\frac{\mathrm{d}r_m}{\mathrm{d}y_m}\right| = y_m \mathrm{I}_0(y_m\sqrt{\mathscr{R}_p})\exp\left(-\frac{{y_m}^2+\mathscr{R}_p}{2}\right) \tag{8.3.9}$$

第 m 个脉冲的平方律检波器的输出正比于其输入的平方，对式(8.3.7)中的变量进行代换，定义一个新的变量，即平方律检波器输出端的变量为

$$x_m = \frac{y_m^2}{2} \tag{8.3.10}$$

则变量 x_m 的概率密度函数为

$$f(x_m) = f(y_m)\left|\frac{\mathrm{d}y_m}{\mathrm{d}x_m}\right| = \mathrm{I}_0(\sqrt{2x_m\mathscr{R}_p})\exp\left(-\left(x_m+\frac{\mathscr{R}_p}{2}\right)\right) \tag{8.3.11}$$

对 M 个脉冲的非相干积累的实现可表示为

$$z = \sum_{m=1}^{M} x_m \tag{8.3.12}$$

由于各个随机变量 x_m 是相互独立的，变量 z 的概率密度函数为

$$\begin{aligned} f(z) &= f(x_1)\otimes f(x_2)\otimes\cdots\otimes f(x_M) \\ &= \left(\frac{2z}{M\mathscr{R}_p}\right)^{(M-1)/2}\mathrm{I}_{M-1}(\sqrt{2M\mathscr{R}_p})\exp\left(-z-\frac{M\mathscr{R}_p}{2}\right) \end{aligned} \tag{8.3.13}$$

其中，I_{M-1} 是 $M-1$ 阶修正贝塞尔函数，算子⊗表示卷积。因此，对 $f(z)$ 求从门限值到无穷大的积分可得检测概率，而设 $\mathscr{R}_p$ 为 0 并对 $f(z)$ 求从门限值到无穷大的积分可得虚警概率。

8.3.3　相干积累与非相干积累的对比

M 个等幅脉冲在包络检波后进行积累时，信噪比的改善达不到 M 倍，这是因为包络检波的非线性作用，信号加噪声通过检波器时，还将增加信号与噪声的相互作用项从而影响输出端的信噪比。特别是当检波器输入端的信噪比较低时，在检波器输出端信噪比的损失更大。虽然视频积累的效果不如相干积累，但在许多雷达中仍然采用，主要是因为：

(1) 非相干积累的工程实现(检波和积累)比较简单；

(2) 对雷达的收发系统没有严格的相参性要求；

(3) 对大多数运动目标来讲，其回波的起伏将明显破坏相邻回波信号的相位相参性，因此就是在雷达收发系统相参性很好的条件下，起伏回波也难以获得理想的相干积累效果。事实上，对快起伏的目标回波来讲，视频积累还将获得更好的检测效果。

(4) 当脉间参差变 T(抗杂波 MTI 处理)时，在一个波位的脉冲不能进行相干积累，而只能进行非相干积累。

另外，将相干积累和非相干积累的检测系统进行比较，正如以上所述，相干积累是在检波前进行积累，而非相干积累是在检波后进行积累，如图 8.12 所示。

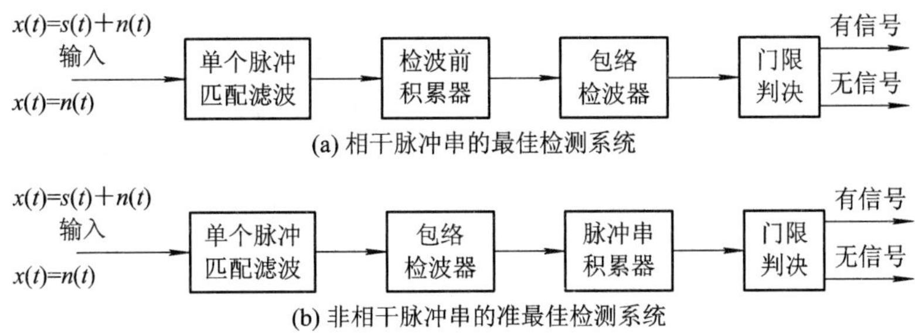

图 8.12　相干积累与非相干积累的比较

从实用角度来看，发射和处理非相干脉冲串要比相干脉冲串容易得多，但相干脉冲串的检测能力较非相干脉冲串强。为了在总体上权衡其利弊，应具体地比较相干积累和非相干积累在各种条件下检测能力的差别。

在相干积累或非相干积累过程中，假设目标回波信号的 M 个脉冲为等幅脉冲串，噪声为高斯白噪声，且信号与噪声相互独立。非相参积累相对于多个独立随机同分布随机变量的叠加，其和可以用正态分布来近似。相干、非相干积累电压幅度的概率密度函数如表8.3和图 8.13 所示。

表 8.3　相干、非相干积累电压幅度的概率密度函数

	相干积累电压幅度概率密度函数	非相参积累电压幅度概率密度函数
信号加噪声	$f(y\|H_1)=\frac{1}{\sqrt{2\pi\rho}}\exp\left[\frac{-(y-\rho)^2}{2\rho}\right]$	$f(y\|H_1)=\frac{1}{\sqrt{2\pi(M+\rho)}}\exp\left[\frac{-[y-(M+\rho/2)]^2}{2(M+\rho)}\right]$
只有噪声	$f(y\|H_0)=\frac{1}{\sqrt{2\pi\rho}}\exp\left[\frac{-y^2}{2\rho}\right]$	$f(y\|H_0)=\frac{1}{\sqrt{2\pi M}}\exp\left[\frac{-(y-M)^2}{2M}\right]$

其中：$E=ME_0$ 为 M 个脉冲的总能量，E_0 为单个脉冲的能量，M 为脉冲数；$\rho=2E/N_0$ 为信噪比。

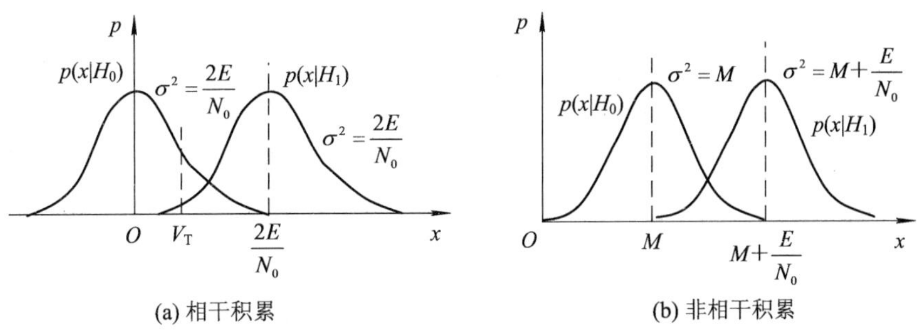

图 8.13　两种积累的概率密度函数示意图

假设噪声的方差为 1。在只有噪声的情况下检波后积累的噪声的平均值 $\bar{y}=M$，即随着脉冲积累数 M 的增大而增大。噪声的平均值偏离原点越远，在门限相同的条件下越会产生更多的虚警；非相干积累后噪声的方差也为 M，即积累脉冲数增加后，噪声分布的离散性加大，这导致虚警也增大。当有信号时，非相干积累后输出信号的平均值为 $\bar{y}=M+E/N_0$，与只有噪声时相比，概率密度函数的平均值相差 E/N_0。而在相干积累时，有信号和只有噪声时相比，概率密度函数的平均值偏移了 $2E/N_0$。再加上非相干积累时，概率密度函数的方差随着 M 的增大而加大，这也是不利于检测的因素。因此，非相干积累的效果要比相干积累差，且积累数 M 越大，效果差别就越明显。图 8.14 给出了相干、非相干积累前后的信号及其概率密度分布，这里假设噪声(实部和虚部)的方差均为 1 的高斯白噪声，信号幅度 $A=5$，积累脉冲数 $M=10$。在只有噪声的情况下，线性检波、相干积累加线性检波的输出服从瑞利分布，非相干积累的输出服从高斯分布。在信号加噪声的情况下，由于 $A/\sigma=5$，相干积累加线性检波、非相干积累输出均服从高斯分布。

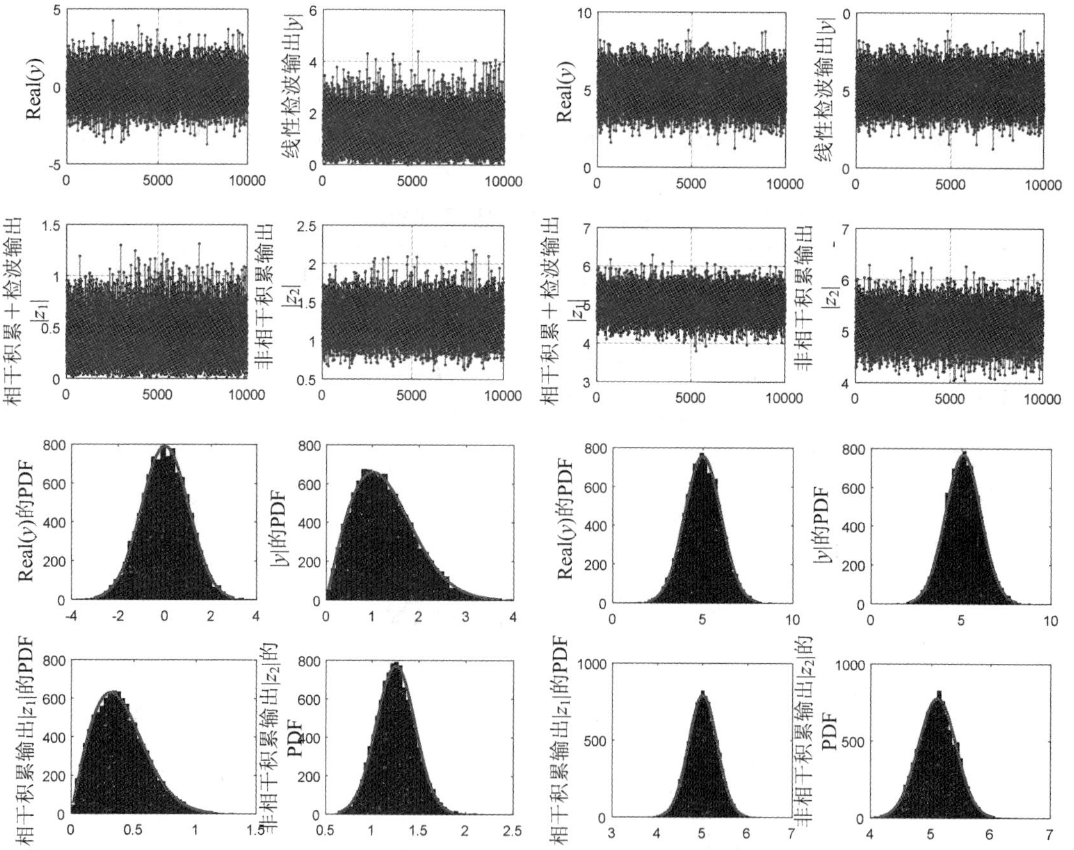

(a) 只有噪声　　(b) 信号加噪声

图 8.14　相干积累和非相干积累比较

8.3.4　积累损失

相对于脉冲串的相干积累，非相干积累有一确定的损失。在相干积累中，脉冲串积累是相干匹配滤波过程的一部分，而且与单个脉冲相比，对于规定的检测性能，所需的最小

SNR 也会因为积累脉冲数 M 增加而降低。这是由于匹配滤波器输出的 SNR 只取决于总信号能量，而与其能量在时域上如何分配无关。

在一定 P_{fa} 下要达到要求的 P_d，M 个脉冲进行非相干积累后的 SNR 记为 $(\mathrm{SNR})_{NCI}$，单个脉冲的信噪比为 $(\mathrm{SNR})_1$。积累改善因子 $I(M)$ 定义为

$$I(M)=\frac{(\mathrm{SNR})_{NCI}}{(\mathrm{SNR})_1} \tag{8.3.14}$$

Peebles 给出了一个积累改善因子精确到 0.8 dB 的近似计算公式

$$[I(M)]_{dB}=6.79(1+0.235P_d)\left(1+\frac{\lg(1/P_{fa})}{46.6}\right)\lg(M)[1-0.14\lg(M)+0.01831(\lg M)^2] \tag{8.3.15}$$

积累损失是用来衡量非相干积累相对于相干积累的检测性能的。对于给定的检测性能，积累损失 L 可以表示为非相干积累时单个脉冲所需 SNR 与相干积累单个脉冲所需 SNR 的比值，即

$$L_{NCI}=\frac{M}{I(M)}=\frac{2E_1/N_0}{(2E/N_0)/M} \tag{8.3.16}$$

其中，$2E/N_0$ 表示为达到某特定的检测概率在门限判决前观测波形所需的峰值信噪比，因此 $(2E/N_0)/M$ 表示 M 个脉冲相干积累时单个脉冲所需的信噪比，而非相干积累为了达到同样的检测效果，单个脉冲所需的信噪比表示为 $2E_1/N_0$。对于给定的检测性能，非相干积累总比相干积累需要更高的 SNR。因此，当采用非相干积累时，在一定 P_{fa} 下要达到给定的 P_d 时对应的 SNR 为

$$(\mathrm{SNR})_{NCI}=\frac{M(\mathrm{SNR})_1}{L_{NCI}} \tag{8.3.17}$$

图 8.15 分别给出了积累改善因子 $I(M)$ 和积累损失 L_{NCI} 与非相干积累脉冲数 M 之间的关系。从图中可以看出，M 越大，非相干积累的效果就越明显，积累损失也越大。

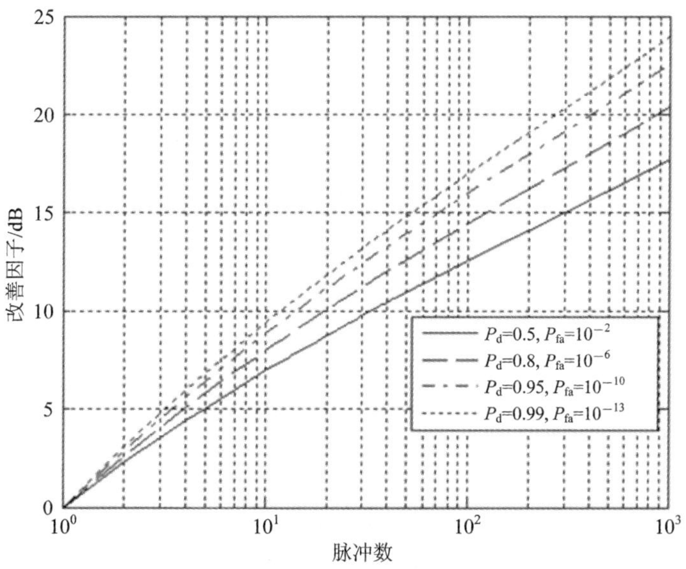

(a) 积累改善因子 $I(M)$ 与非相干积累脉冲数 M 之间的关系

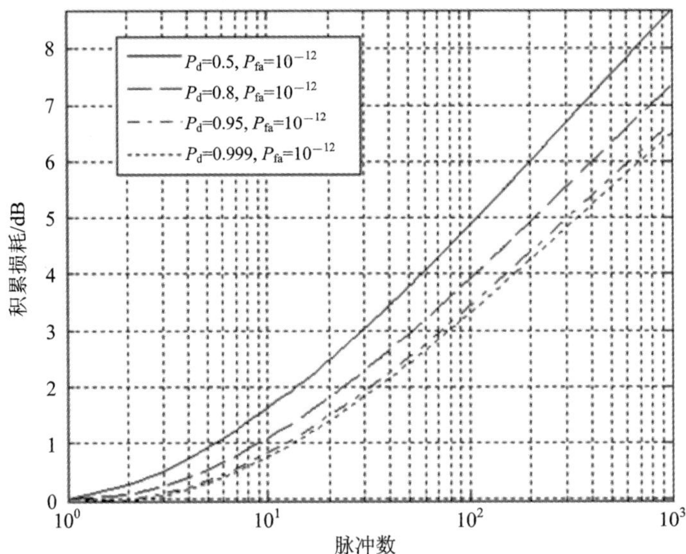

(b) 积累损失 L_{NCI} 与非相干积累脉冲数 M 之间的关系

图 8.15 $I(M)$ 及 L_{NCI} 与 M 之间的关系

[例 8-1] 某L波段雷达的主要指标：工作频率 f_0=1.5 GHz，工作带宽 B=2 MHz，噪声系数 F=8 dB，系统损失 L=4 dB，虚警时间 T_{fa}=12 min，最大无模糊探测距离 R_u=12 km，所要求的最小 SNR 为 13.85 dB，天线增益 G=5000，目标 RCS 的 σ=1 m^2。

(1) 确定 PRF f_r、脉冲宽度 τ、峰值功率 P_t、虚警概率 P_{fa}、对应的 P_d 以及最小可检测信号功率 S_{min}；

(2) 当 10 个脉冲进行非相干积累和相干积累时，为了获得相同的性能，峰值功率分别可以减小到多少？

(3) 如果雷达在单个脉冲模式下工作在更短的距离上，则当距离缩短为 9 km 时，求新的检测概率。

解 (1) 假设最大探测距离对应不模糊距离，据此可以计算 PRF 为

$$f_r = \frac{c}{2R_u} = \frac{3\times 10^8}{2\times 12\ 000} = 12.5\ (\text{kHz})$$

脉冲宽度与带宽成反比，即

$$\tau = \frac{1}{B} = \frac{1}{2\times 10^6} = 0.5\ (\mu\text{s})$$

虚警概率为

$$P_{fa} = \frac{1}{BT_{fa}} = \frac{1}{2\times 10^6\times 12\times 60} = 6.94\times 10^{-10}$$

然后，使用 MATLAB 函数“marcumsq.m”计算检测概率：

$$P_d = Q\left[\sqrt{2\text{SNR}},\ \sqrt{-2\ln(P_{fa})}\right] = \text{marcumsq (alpha, beta)}$$

其中，alpha=$\sqrt{2}\times\sqrt{10^{13.85/10}}$=6.9665，beta=$\sqrt{-2\ln(6.94\times 10^{-10})}$=6.4944。

因此，检测概率为 P_d=marcumsq(6.9665, 6.4944)=0.6626。

使用雷达方程可以计算雷达峰值功率，更准确的表示为

$$P_t = \mathrm{SNR}\frac{(4\pi)^3 R^4 kT_0 BFL}{G^2\lambda^2\sigma}$$

各参数取 dB，如下表：

物理量	$(4\pi)^3$	kT_0	R^4	G^2	λ^2	B
数值			12000^4	5000^2	0.2^2	2e6
dB	33	−204	163.167	74	−14	63

$$P_t = 13.85 + 33 - 204 + 63 + 8 + 4 + 163.167 - 74 + 14 - 0 = 21.017\ (\mathrm{dBW})$$

$$P_t = 10^{21.017/10} = 126.4\ (\mathrm{W})$$

最小可检测信号功率 $S_{\min} = \dfrac{P_t G^2\lambda^2\sigma}{(4\pi)^3 R^4 L} = kT_0 BF \cdot \mathrm{SNR}$，取 dB 进行计算，有

$$S_{\min} = -204 + 63 + 8 + 13.85 = -119.15\ (\mathrm{dBW}) = -89.15\ (\mathrm{dBm})$$

或者按灵敏度公式计算，有

$$S_{\min} = -114 + 10\lg B(\mathrm{MHz}) + F + D\ (\mathrm{dBm})$$

$$= -114 + 3 + 8 + 13.85 = -89.15\ (\mathrm{dBm})$$

(2) 当 10 个脉冲进行相干积累时，理论上改善因子为 10 dB，因此对同样的检测性能，发射功率可以降低到 12.64 W。

当 10 个脉冲进行非相干积累时，根据本书提供的 MATLAB 函数“improv_fac.m”计算对应的改善因子，可以使用语法：I =improv_fac(10，6.94e−10，0.6626)，结果为 I(10)=8.2 dB。因此，保持检测概率相同，当 10 个脉冲非相干积累时，要求单个脉冲的 SNR 为 $(\mathrm{SNR})_1 = 13.85 - 8.2 = 5.65$ (dB)，这时，需要发射的峰值功率减小为

$$P_t' = P_t - I = 21.017 - 8.2 = 12.817\ (\mathrm{dBW}) \Rightarrow 19.2\ \mathrm{W}$$

(3) 当探测距离缩短到 9 km，这时目标回波的 SNR 为

$$(\mathrm{SNR})_{9\ \mathrm{km}} = 10\lg\left(\frac{12\,000}{9000}\right)^4 + 13.85 = 18.85\ (\mathrm{dB})$$

同样使用 MATLAB 函数“marcumsq.m”计算检测概率，其中，

$$\mathrm{alpha} = \sqrt{2} \times \sqrt{10^{18.85/10}} = 12.3884$$

$$\mathrm{beta} = \sqrt{-2\ln(6.94 \times 10^{-10})} = 6.494$$

因此，当距离缩短为 9 km 时，新的检测概率为

$$P_d = \mathrm{marcumsq}(12.3884,\ 6.4944) \approx 1.0$$

8.3.5 起伏脉冲串的检测性能

前面介绍的脉冲串积累都是假设目标 RCS 恒定(非起伏目标)，这种恒定 RCS 的情况通常称为 Swerling 0 或 Swerling Ⅴ。实际目标回波是有起伏的，将起伏目标分为 Swerling Ⅰ、Swerling Ⅱ、Swerling Ⅲ、Swerling Ⅳ型。脉冲之间的非相干积累适合于所有 Swerling 模型，但是，当目标起伏属于 Swerling Ⅱ或 Swerling Ⅳ型时，由于目标的幅度是不相关的(快起伏)，因此不能保持相位的相干性，不能进行相干积累。

当只使用单个脉冲时，检测门限 V_T 与式(8.2.16)定义的虚警概率 P_{fa} 有关。对于 $M > 1$

的情况，Marcum 定义的虚警概率为

$$P_{fa} \approx \ln(2)\frac{M}{n_{fa}} \tag{8.3.18}$$

对于非起伏目标(Swerling Ⅴ)，单个脉冲的检测概率由式(8.2.24)给出。对非起伏目标，当积累脉冲数 $M>1$ 时，使用 Gram-Charlier 级数计算检测概率，此时检测概率为

$$P_d \approx \frac{\mathrm{erfc}(V/\sqrt{2})}{2} - \frac{e^{-V^2/2}}{\sqrt{2\pi}}[C_3(V^2-1)+C_4V(3-V^2)-C_6V(V^4-10V^2+15)] \tag{8.3.19}$$

其中，常数 C_3、C_4 和 C_6 是 Gram-Charlier 级数的系数，变量 V 为

$$V=\frac{V_T-M(1+\mathrm{SNR})}{\bar{\omega}},\quad \bar{\omega}=\sqrt{M(2\mathrm{SNR}+1)}$$

$$C_3=-\frac{\mathrm{SNR}+1/3}{\sqrt{M}\,(2\mathrm{SNR}+1)^{1.5}},\quad C_4=\frac{\mathrm{SNR}+1/4}{M\,(2\mathrm{SNR}+1)^2},\quad C_6=\frac{C_3^2}{2}$$

图 8.16 给出了 $M=1$、10 时检测概率相对于 SNR 的曲线。为了获得同样的检测概率，10 个脉冲非相干积累比单个脉冲需要更低的 SNR，这样有利于降低发射的峰值功率。

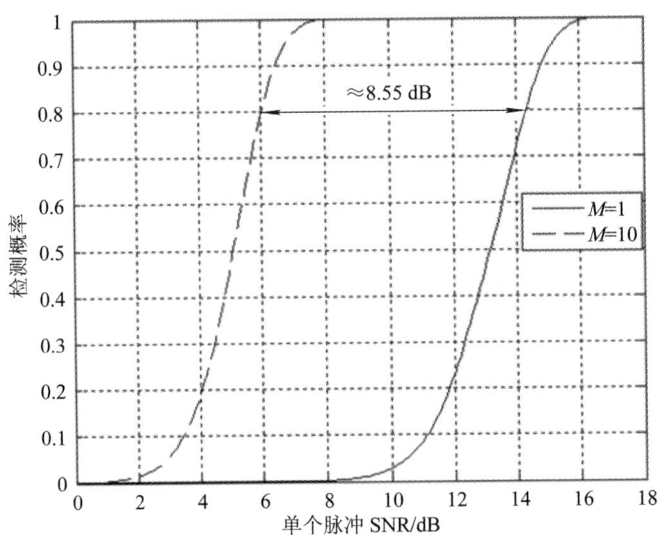

图 8.16 检测概率相对于 SNR 的曲线($P_{fa}=10^{-9}$)

非相干积累时，对于任意脉冲数 M，检测门限 V_T 与虚警概率 P_{fa} 的一般关系式为

$$P_{fa}=1-\Gamma_1\left(\frac{V_T}{\sqrt{M}},\,M-1\right) \tag{8.3.20}$$

式中，Γ_1 为不完全的 Gamma 函数，其定义为

$$\Gamma_1(u,\,M)=\int_0^{u\sqrt{M+1}}\frac{e^{-\gamma}\gamma^M}{M!}\mathrm{d}\gamma \tag{8.3.21}$$

注意，不完全 γ 函数的有限值为 $\Gamma_1(0,\,N)=0$，$\Gamma_1(\infty,\,N)=1$。

实际中由于目标与雷达视线间有相对运动，诸如目标的倾斜、翻滚、偏航等，都将使有效反射面积发生变化，从而使雷达回波的振幅成为一串随时间变化的随机量。因此，雷

达工作时经常会碰到起伏的脉冲串，在第 3 章介绍了四种起伏目标的斯威林(Swerling)模型，非起伏目标情况也被广泛称为 Swerling 0 或 Swerling Ⅴ型目标，表 8.4 列出了四种起伏目标的检测性能。

表 8.4　四种 Swerling 起伏目标的检测性能

Swerling 模型	检测概率 P_d	结果
Swerling Ⅰ(慢起伏)	$1-\Gamma_1(V_T, M-1)+\beta^{M-1}\Gamma_1\left(\frac{V_T}{\beta}, M-1\right)\exp\left(-\frac{V_T}{1+sM}\right)$, $M>1$	图 8.17
Swerling Ⅱ(快起伏)	当 $M\leqslant 50$ 时，$P_d=1-\Gamma_1\left(\frac{V_T}{1+s}, M\right)$； 当 $M>50$ 时，按式(8.3.19)计算，$C_3=-\frac{1}{3\sqrt{M}}$，$C_4=\frac{1}{4M}$，$C_6=\frac{C_3^2}{2}$	图 8.18
Swerling Ⅲ(慢起伏)	当 $M=1, 2$ 时，$P_d=\left(1+\frac{1}{\beta_3}\right)^{M-2}\left(1+\frac{V_T}{1+\beta_3}-\frac{M-2}{\beta_3}\right)\exp\left(-\frac{V_T}{1+\beta_3}\right)$； 当 $M>2$ 时，$P_d=1-\Gamma_1(V_T, M-1)+\left(1+\frac{V_T}{1+\beta_3}-\frac{M-2}{\beta_3}\right)\cdot$ $\Gamma_1\left(\frac{V_T}{1+\beta_3}, M-1\right)+\frac{V_T^{M-1}e^{-V_T}}{(1+\beta_3)(M-2)!}$	图 8.19
Swerling Ⅳ(快起伏)	当 $M<50$ 时，$P_d=1-\sum_{k=0}^{M}C_M^k\frac{(s/2)^k}{(1+s/2)^M}\left[\Gamma_1\left(\frac{V_T}{1+s/2}, M+k\right)\right]$； 当 $M\geqslant 50$ 时，按式(8.3.19)计算， $C_3=-\frac{1}{3\sqrt{M}}\frac{2\beta^3-1}{(2\beta^2-1)^{1.5}}$，$C_4=\frac{1}{4M}\frac{2\beta^4-1}{(2\beta^2-1)^2}$，$C_6=\frac{C_3^2}{2}$	图 8.20

表中，$s=\text{SNR}$，$\beta=1+\frac{1}{sM}$，$\beta_3=\frac{sM}{2}$，$C_M^k=\frac{M!}{k!\ (M-k)!}$，$\Gamma_1(x, M)$是不完全 Gamma 函数。

图 8.17(a)(b)分别显示了 $P_{fa}=10^{-6}$ 和 $P_{fa}=10^{-9}$ 情况下 Swerling Ⅰ型目标积累脉冲数 $M=1$、10、50、100 时，检测概率与所要求的单个脉冲 SNR 的关系曲线。由此可以看出，在积累不同脉冲数时达到其检测性能所要求的单个脉冲的 SNR。

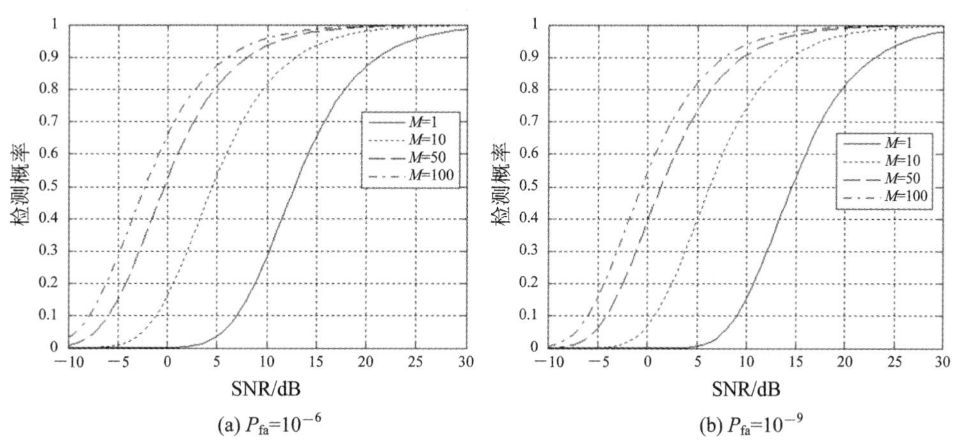

图 8.17　Swerling Ⅰ型目标的检测概率与 SNR 的关系曲线

图 8.18、图 8.19、图 8.20 分别显示了 Swerling Ⅱ、Ⅲ、Ⅳ型目标在 $P_{fa}=10^{-9}$ 情况下积累脉冲数 $M=1$、10、50、100 时，检测概率与所要求的单个脉冲 SNR 的关系曲线。

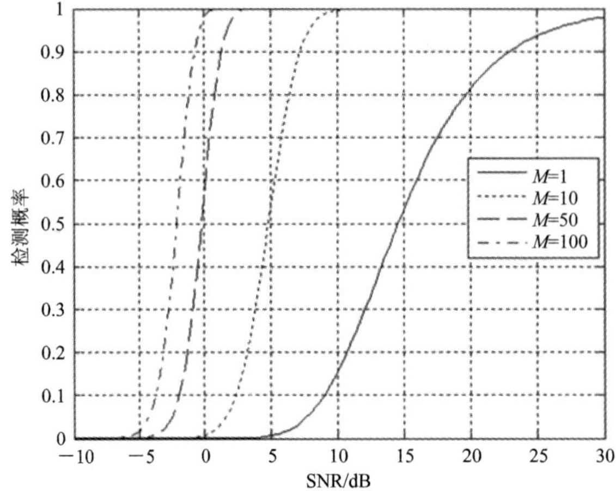

图 8.18 Swerling Ⅱ 型目标的检测概率与 SNR 的关系曲线($P_{fa}=10^{-9}$)

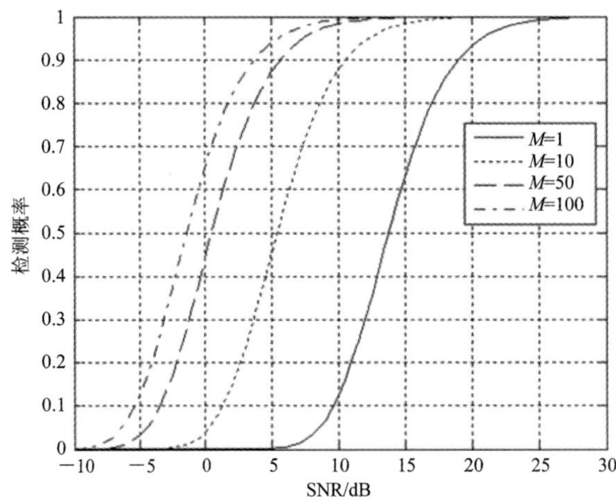

图 8.19 Swerling Ⅲ 型目标的检测概率与 SNR 的关系曲线($P_{fa}=10^{-9}$)

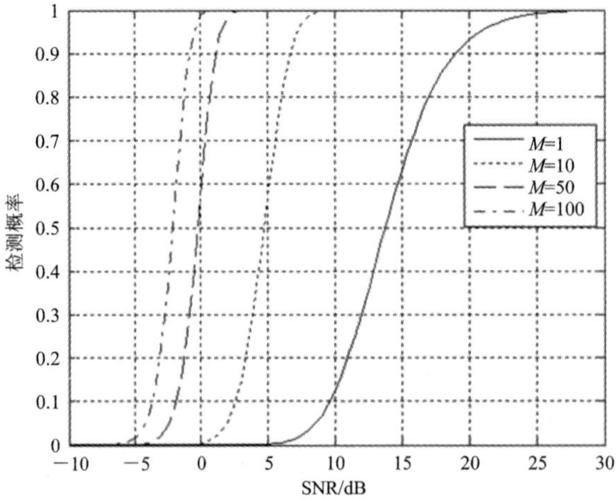

图 8.20 Swerling Ⅳ 型目标的检测概率与 SNR 的关系曲线($P_{fa}=10^{-9}$)

在虚警概率 $P_{fa}=10^{-9}$ 和脉冲积累数 $M=10$ 的条件下，图 8.21 中比较了五种类型目标的检测性能。从图中可以看出，当检测概率 P_d 比较大时，四种起伏目标相对于不起伏目标，需要更大的信噪比。例如，当检测概率 $P_d=0.9$ 时，对于 SwerlingⅤ型目标来说，每个脉冲信噪比需要 6.8 dB，对于 SwerlingⅠ型目标而言，每个脉冲所需信噪比为 15 dB。

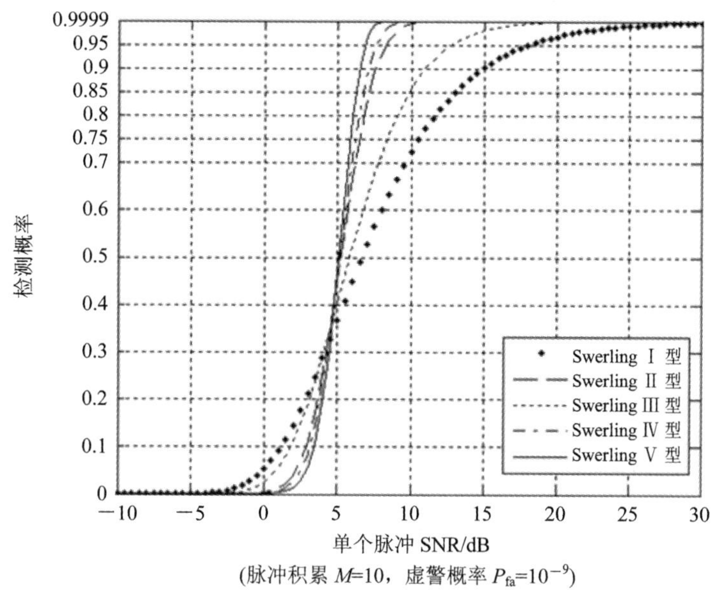

图 8.21　五种类型目标信号的检测性能

另外，二进制积累是先对每个脉冲进行门限检测(一次检测)将得到的“0”或“1”存储起来，再对相同距离单元的 M 个脉冲的“0”或“1”进行最佳积累。二进制积累器的优点已经不是很明显，只是应用于一些目标高起伏的场合。

8.4　自动检测——恒虚警率处理

雷达信号的检测总是在干扰背景下进行的，这些干扰包括接收机内部的热噪声以及地物、雨雪、海浪等杂波，有时还有敌人施放的有源和无源干扰。恒虚警处理的目的是在干扰下保持信号检测时的虚警率恒定，这样才能使计算机进行数据处理时不会因虚警太多而过载。自动检测过程就是雷达不需要操作员参与，而是由电路或软件自动执行检测判决所需要的操作。现代雷达均采用自动检测，以克服人员操作的限制。另外，检测结果需要通过采用通信网络进行传输，它只需传输被检测的目标信息，而不必传送原始视频信号。

在自动检测电路中主要包括恒虚警电路，在没有(感兴趣的)目标存在时，利用自动检测电路估测接收机的输出，以保持一个恒定虚警概率的系统便称为恒虚警率(Constant-False-Alarm Rate，CFAR)系统。基本的 CFAR 过程是对需要进行目标检测单元内的噪声和干扰电平进行估计，并根据估计值设置门限，再与该检测单元信号进行比较，从而判断是否有目标。这种噪声和干扰电平估计有两种基本方法：

(1) 利用距离、多普勒、角度或雷达坐标的某种组合的相邻参考单元进行平均来估计电平；

(2) 将多次扫描的检测单元本身的输出进行平均来估计电平。

CFAR 处理主要有三种类型：自适应门限 CFAR 技术、非参数 CFAR 技术、非线性接收机技术。自适应门限 CFAR 假定干扰的分布是已知的，并且利用这些噪声分布近似表示未知参数。非参数 CFAR 倾向于未知干扰分布的应用场合。非线性接收机技术试图对干扰的均方根幅度进行归一化。在本书中只介绍几种均值类 CFAR 技术。

8.4.1 单元平均 CFAR

单元平均(Cell Averaging，CA)CFAR(CA-CFAR)处理器如图 8.22 所示。单元平均是在一系列距离和(或)多普勒间隔(单元)上进行的。在选取参考单元的时候，为了防止参考单元中出现目标，在检测单元与参考单元之间需要保留一些保护单元。保护单元的大小取决于目标的尺寸和分辨单元的大小。以被检测单元(Clutter Under Test，CUT)为中心，从抽头延迟线可同时获取 M 个参考单元进行平均来获取雷达波束中目标附近的噪声和干扰的估计值 Z，乘以常数 K_0(根据检测性能的要求确定)得到检测门限 V_T，再与检测单元(CUT)进行比较，如果 CUT 的幅度

$$Y_1 \geqslant V_T = K_0 Z \tag{8.4.1}$$

就认为在该 CUT 中检测到目标。

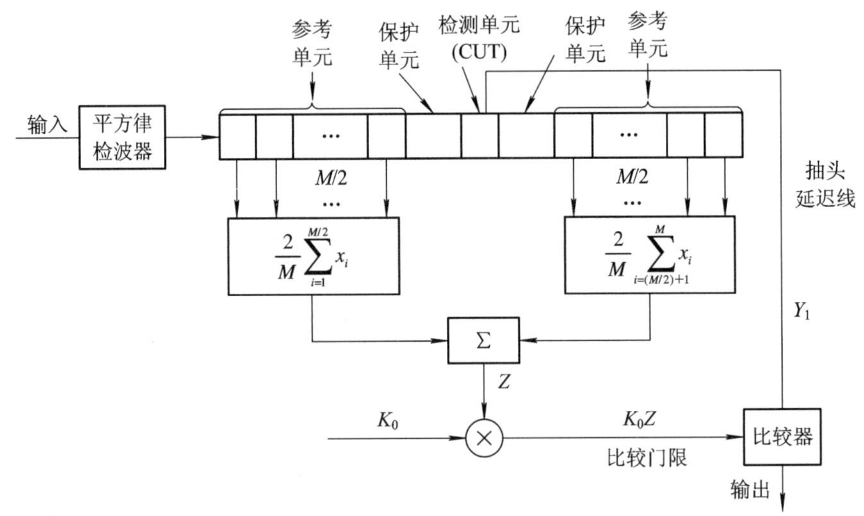

图 8.22 CA-CFAR 处理器原理框图

单元平均 CFAR 假设感兴趣的目标在 CUT 中，并且所有参考单元包含方差为 σ^2 的零均值独立高斯噪声，因此，参考单元的输出平均 Z 所代表的随机变量服从 γ 分布(χ^2 的特殊情况)，具有 $2M$ 个自由度。在这种情况下，γ 概率密度函数为

$$f(z) = \frac{z^{(M/2)-1}\exp(-z/(2\sigma^2))}{2^{M/2}\sigma^M\Gamma(M/2)}, \quad z > 0 \tag{8.4.2}$$

这时，它的虚警概率为

$$P_{fa} = \frac{1}{(1+K_0)^M} \tag{8.4.3}$$

由此可见，虚警概率与噪声功率无关，这正是 CFAR 处理的目的。

CA-CFAR 处理通常是在距离参考单元进行平均。因为在大多数雷达中，距离分辨率比角坐标对应的横向分辨率高。当然，在一些脉冲多普勒雷达中，有时在距离和多普勒平面进行平面 CA-CFAR 处理。

在实际中，经常是在非相干积累之后进行 CFAR 处理，如图 8.23 所示。这时每个参考单元的输出是 n_p 个平方包络之和，总的求和参考样本数为 n_pM，其中 n_p 为非相干积累脉冲数。参考单元的输出平均 Z 所代表的随机变量服从自由度为 $2n_pM$ 的 γ 分布，描述随机变量 K_1Z 的概率密度函数为

$$f(y)=\frac{(y/K_1)^{n_pM-1}\exp(-y/(2K_1\sigma^2))}{(2\sigma^2)^{n_pM}K_1\Gamma(n_pM)},\quad y\geqslant 0 \tag{8.4.4}$$

这时，它的虚警概率为

$$P_{\mathrm{fa}}=\frac{1}{(1+K_1)^{n_pM}}\sum_{k=0}^{n_p-1}\frac{\Gamma(n_pM+k)}{k!\Gamma(n_pM)}\left(\frac{K_1}{1+K_1}\right)^k \tag{8.4.5}$$

由此可见，虚警概率与噪声功率无关。

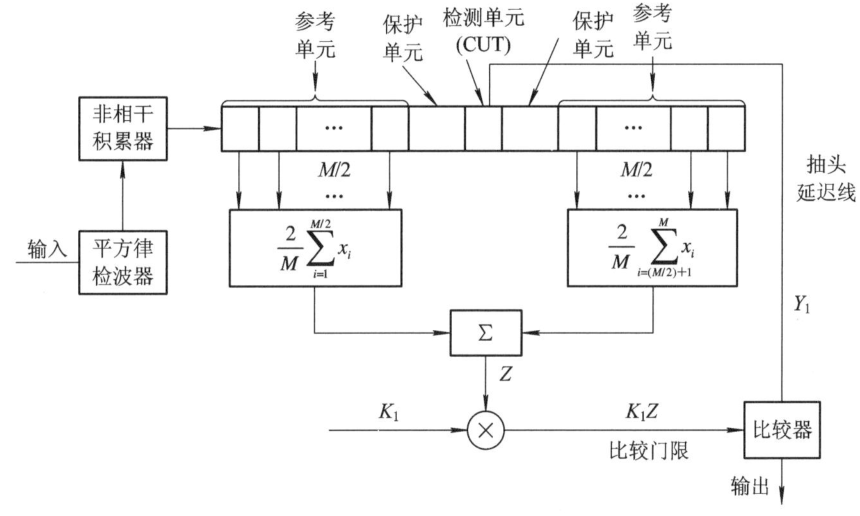

图 8.23　非相干积累 CA-CFAR 处理原理框图

8.4.2　其它几种 ML 类 CFAR

在均匀的瑞利包络杂波背景下，CA-CFAR 利用与检测单元相邻的一组独立同分布的参考单元采样值估计杂波功率，为非起伏目标和 Swerling 起伏目标提供最优或准最优检测，其检测性能与接收机噪声中的检测性能接近。但是，CA-CFAR 检测在杂波边缘中要引起虚警率的上升，而在多目标环境中将导致检测性能下降，针对这些情况，相继出现了 GO(greatest of)-CFAR、SO(smallest of)-CFAR、WCA(weighted cell-averaging)-CFAR 等同属于均值(mean level，ML)类的 CFAR 处理方法。ML 类 CFAR 处理原是框图如图 8.24 所示。设检测单元前面的 $M/2$ 个参考单元输出$\{x_1, x_2\cdots x_{M/2}\}$的均值为 X，后面的 $M/2$ 个参考单元输出$\{x_{M/2+1}, x_{M/2+2}\cdots x_M\}$的均值为 Y，这四种 ML 类 CFAR 处理方法就是分别计算$(X+Y)/2$、$\max\{X, Y\}$、$\min\{X, Y\}$、$\alpha X+\beta Y$。再乘以常数 K_0(根据检测性

能的要求确定)得到检测门限，并将 K_0Z 与被测单元 CUT 的输出作比较，从而做出被测单元存在或不存在目标的判决。其中，α、β 是根据参考单元中干扰的估值电平的先验信息设置的，α 和 β 的最优加权值是在保持 CFAR 的同时使检测概率最大的条件下得到的。

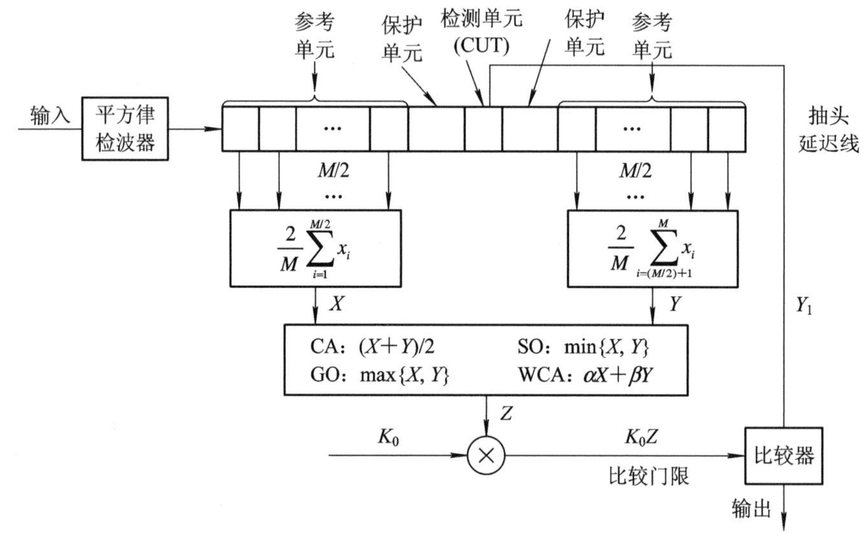

图 8.24　ML 类 CFAR 处理原理框图

表 8.5 对这几种 ML 类 CFAR 处理方法及其性能进行了对比。

表 8.5　几种 ML 类 CFAR 处理方法的比较

CFAR 类型	参考电平 Z	适用场合	缺　　点
CA-CFAR	$(X+Y)/2$	均匀杂波背景	在杂波边缘会引起虚警率的上升，在多目标环境中检测性能下降
SO-CFAR	$\min\{X, Y\}$	在干扰目标位于前沿或后沿滑窗之一的多目标环境中能分辨出主目标	在杂波边缘和均匀杂波环境中检测性能差
GO-CFAR	$\max\{X, Y\}$	在杂波边缘和均匀杂波环境能保持较好的检测性能	在多目标环境中检测性能下降
WCA-CFAR	$\alpha X+\beta Y$	在多目标环境中检测性能最好	需要干扰的先验信息

为客观评价各种 CFAR 检测器性能，从背景杂波区域均匀性出发，将杂波分为三种典型情况：① 均匀背景杂波：参考滑窗内背景杂波样本同分布；② 杂波边缘：参考滑窗内存在背景功率不同的杂波过渡区域情况；③ 多干扰目标杂波：两个或两个以上的目标在空间上很靠近，位于同一参考滑窗内。下面给出在这些情况下几种 CFAR 处理方法的仿真。

图 8.25 为在均匀杂波下 CA-CFAR 检测的仿真结果。仿真杂波数据是背景功率为

20 dB 的独立同分布瑞利包络杂波序列，在第 50 个距离单元内存在一个目标，其功率为 35 dB。假定虚警概率 $P_{fa}=10^{-6}$，参考滑窗长度 $M=8$，保护单元 $N=1$。CA-CFAR 的检测门限在图中用虚线表示。CA-CFAR 能够正确地检测出均匀杂波背景下的目标。

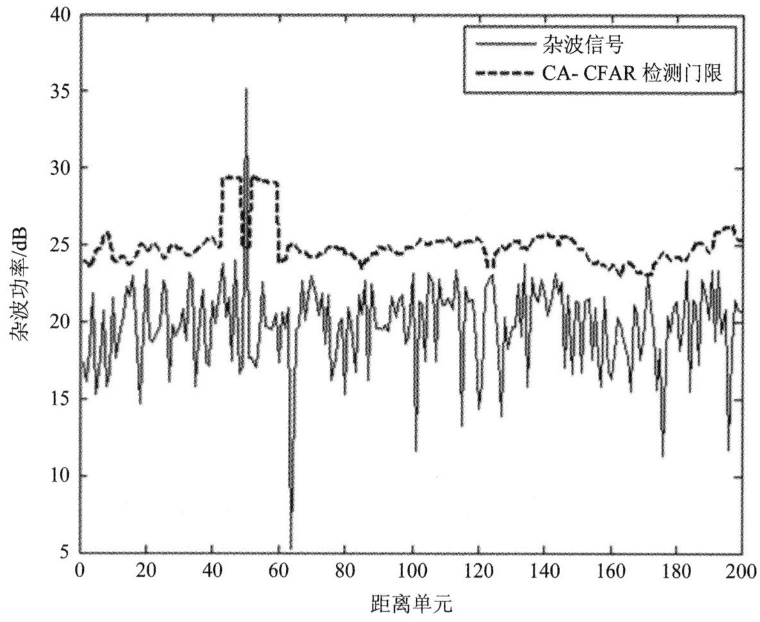

图 8.25　均匀杂波背景下的 CA-CFAR 检测($P_{fa}=10^{-6}$，N=8)

图 8.26 中假设在第 1～90 个距离单元为杂波区，杂波边缘位于第 90～100 个距离单元处，在第 101～200 个距离单元只有噪声。杂波区的平均杂噪比为 60 dB，在杂波边缘处，杂波功率从 60 dB 降低至 0 dB。这种过渡在雷达的实际检测过程中比较典型，例如从树木繁茂地区过渡到开阔地。假设在第 50、98、150 和 154 个距离单元存在目标，分别位于杂波

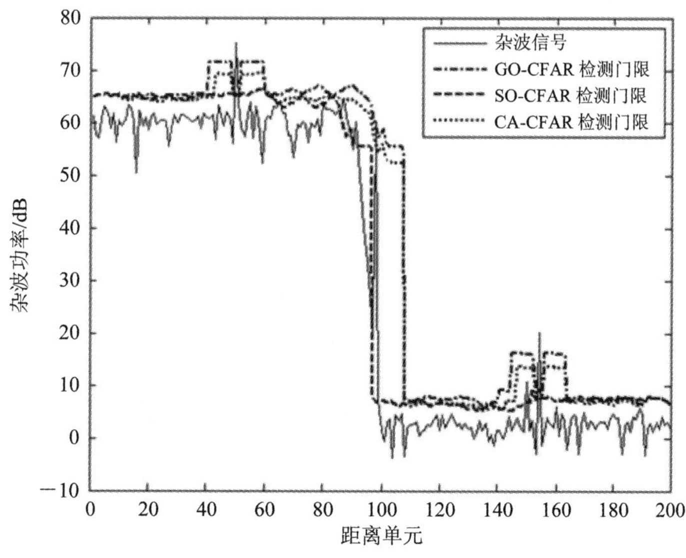

图 8.26　杂波边缘和多干扰目标杂波背景下的 CFAR 检测($P_{fa}=10^{-6}$)

区、杂波边缘、无杂波区，这些信号的功率(包括杂波或噪声)相对于噪声的功率分别为 75 dB、60 dB、10 dB 和 20 dB。选择虚警概率 $P_{fa}=10^{-6}$，参考滑窗长度 $M=8$，保护单元 $N=1$，分别采用 CA-CFAR、GO-CFAR 和 SO-CFAR 进行自动检测，图 8.26 给出了这三种方法的检测门限。

在 CA-CFAR 检测中，杂波边缘会导致附近高功率杂波区域的检测发生虚警，也可能会遮蔽杂波边缘附近低功率杂波区域的目标。图 8.27 为图 8.26 的杂波边缘部分的局部放大图，第 87 个距离单元位于高功率杂波区域，为纯杂波样本(不存在目标)，但因其靠近杂波边缘，导致参考滑窗内存在较多低功率杂波样本，从而降低了背景功率估计和检测门限，造成虚警，SO-CFAR 因为选择较低的后半窗进行背景功率估计，在第 87～91 个距离单元造成虚警；第 70 个距离单元远离杂波边缘，没有其它功率的杂波样本影响背景功率估计，因此 CA-CFAR 能够实现目标正常检测。当检测单元位于第 87 个距离单元时，GO-CFAR 将选择功率较高的前半窗进行背景功率估计，从而使背景功率估计高于 CA-CFAR 的检测门限，能够消除后半窗低功率样本对检测门限的影响，同时在第 98 个距离单元的目标均被检测出来。总之，在杂波边缘情况下，CA-CFAR 和 SO-CFAR 会引起虚警的上升，GO-CFAR 可以保持较好的检测性能。

图 8.28 为图 8.26 中无杂波区的两个目标附近距离单元的局部放大图。在第 150 和 154 个距离单元目标分别记为目标 1 和目标 2。对于 CA-CFAR 和 GO-CFAR 检测来说，当目标 1 位于检测单元时，目标 2 也正好位于参考滑窗内，其较高的功率提升了整体背景功率的估计，造成目标 1“漏检”。当目标 2 位于检测单元时，由于其自身较高的信噪比(SNR)，目标 1 未能对目标 2 形成遮蔽。对于 SO-CFAR 检测，当目标 1 位于检测单元时，目标 2 也位于参考滑窗后半窗内，此时 SO-CFAR 选择前半窗估计背景杂波功率，避免了目标 2 对目标 1 的遮蔽，能够正确地检测出两个相距很近的目标。

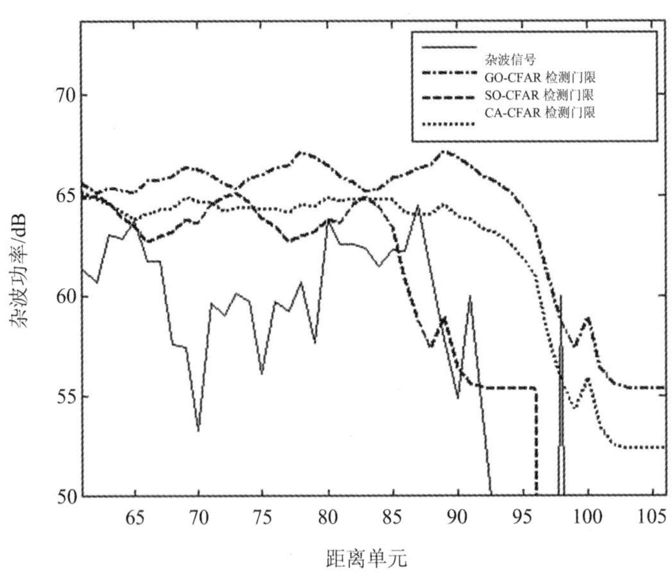

图 8.27　杂波边缘局部放大图

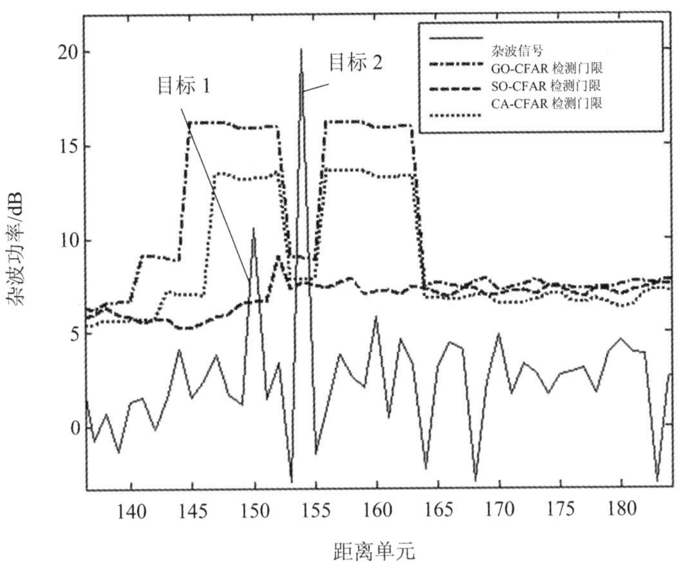

图 8.28　两个目标附近单元的局部放大图

8.5 智能检测

由于雷达的工作环境复杂，杂波也是非均匀、非高斯的，并且可能是时变的。为了提高雷达的检测性能，需要采用更有效的检测方法。本节先介绍非均匀杂波背景下的可变性指示检测算法，后介绍现代雷达常用的检测方案，以及雷达的智能检测方法。

8.5.1 可变性指示检测算法

可变性指示检测算法又被称为 VI-CFAR 或者多参量 CFAR，其中 VI(Variability Index) 和 MR(Mean Ratio)是该算法需要的两个参量。VI-CFAR 需要利用检测单元两边的参考单元分别计算其均值和方差，用于衡量两侧参考窗杂波分布的均匀性。可变性指示检测算法如图 8.29 所示，该算法通过 VI 和 MR 两个参量估计参考窗内杂波的环境，根据一定的准则，找到待检测单元最可能所属的杂波区，选择相适应的 CFAR 方法，从而实现自适应 CFAR。

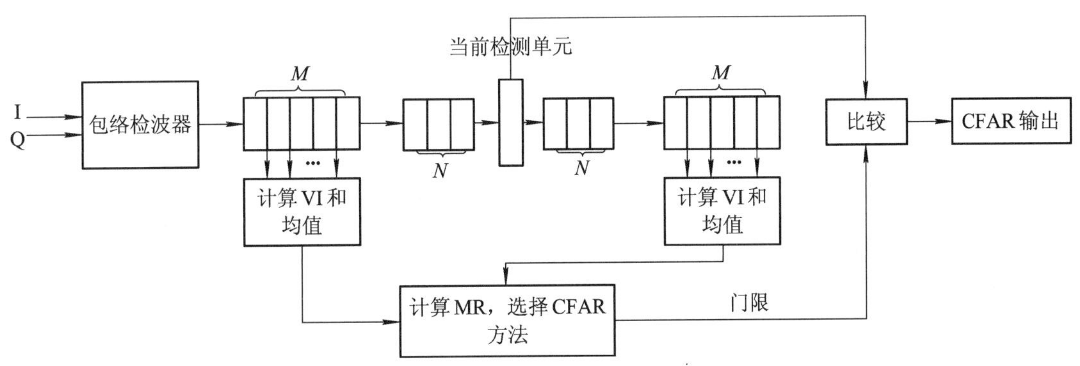

图 8.29　可变性指示检测算法原理示意图

与均值类 CFAR 类似，对于每个待检测单元，首先需要计算两侧参考单元信号电平的均值和方差，设左侧参考单元为 A 侧，右侧参考单元为 B 侧，分别计算两侧参考单元杂波电平的均值和方差：

$$\mu_A = \frac{1}{M}\sum_{i=1}^{M} x_{Ai}, \quad \mu_B = \frac{1}{M}\sum_{i=1}^{M} x_{Bi} \tag{8.5.1}$$

$$\sigma_A^2 = \frac{1}{M}\sum_{i=1}^{M} (x_{Ai} - \mu_A)^2, \quad \sigma_B^2 = \frac{1}{M}\sum_{i=1}^{M} (x_{Bi} - \mu_B)^2 \tag{8.5.2}$$

根据均值 μ_A、μ_B 和方差 σ_A^2、σ_B^2 计算可变性指示检测算法中参量：A 侧、B 侧的方均比(方差与均值的平方之比)VI 和两侧的均值比 MR 如下：

$$\text{VI}_A = 1 + \frac{\sigma_A^2}{\mu_A^2}, \quad \text{VI}_B = 1 + \frac{\sigma_B^2}{\mu_B^2} \tag{8.5.3}$$

$$\text{MR} = \frac{\mu_A}{\mu_B} \tag{8.5.4}$$

参量 VI_A、VI_B表征两侧杂波分布的均匀性。当 VI 超过一定门限 K_{VI}时，表示该侧参考窗中存在干扰或者有多目标的情况。此时选取 VI 较小的一侧参考单元估计的杂波电平，可以更接近待检测单元所处杂波环境。当两侧 VI 都较大时，说明两侧干扰或多目标的情况严重，此时只能用单元选小 CFAR 方法，以尽量避免目标遮蔽效应。

对 VI 和 MR 的判断可以通过设定门限 K_{VI}和 K_{MR}来进行，判断方式见表 8.6。其中 T_{2M}和 T_M 分别表示参考单元数为 $2M$ 和 M 时的 CFAR 门限系数。如果 VI_A、VI_B都未超过设定的门限，则认为此时两侧参考窗内都没有干扰，需要进一步通过参量 MR，判断两侧杂波是否同分布。当 MR 值过大或者过小时，表示待检测单元两侧杂波服从的分布不同，待检测单元附近可能存在杂波边缘，此时用 CO-CFAR 方法来避免虚警。否则，说明两侧参考窗杂波分布均匀且一致，符合 CA-CFAR 的假设。可变性指示检测算法集中了 CA-CFAR、GO-CFAR 和 SO-CFAR 几种 CFAR 检测方法的优点，在均匀的杂波环境下，该算法的 CFAR 损失较小；在非均匀的杂波环境如杂波边缘或多目标情况时，亦展现了良好的稳健性。限于篇幅，本书不展开介绍。

表 8.6　可变性指示检测算法自适应选择 CFAR 方法的依据

CFAR 方法	$\text{VI}_A > K_{VI}$?	$\text{VI}_B > K_{VI}$?	$[\text{MR} < K_{MR}^{-1}] \cup [\text{MR} > K_{MR}]$	计算 CFAR 门限
CA-CFAR	N	N	N	$T_{2M}\Sigma_{AB}$
GO-CFAR	N	N	Y	$T_M\max(\Sigma_A, \Sigma_B)$
CA-CFAR	Y	N	—	$T_M\Sigma_B$
CA-CFAR	N	Y	—	$T_M\Sigma_A$
SO-CFAR	Y	Y	—	$T_M\min(\Sigma_A, \Sigma_B)$

注：N→No，Y→Yes

8.5.2　现代雷达常用的检测方法

现代雷达面临着日益复杂的工作环境，需要采用更加复杂的检测方法。这里以地面雷达为例，由于地面雷达对空目标检测过程中容易受到杂波的干扰，因此，现代雷达常用图 8.30 的检测处理方案，包括三个处理支路：一是正常处理支路，即对信号进行线性检波、非相干积累、CFAR 等处理；二是相干处理支路，即对信号进行 MTI/MTD、线性检波、CFAR 等处理；三是慢速目标检测支路，即对信号进行卡尔马斯滤波、线性检波、慢速目标检测等处理。这三个支路分别用于非杂波区、杂波区和慢速目标的检测。

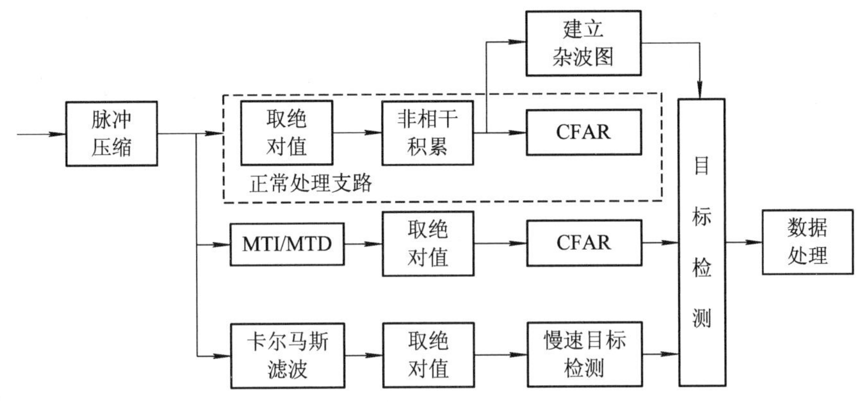

图 8.30　现代雷达常用的检测处理方案

8.5.3　智能检测方法

现代雷达的空间分辨率和多普勒分辨率显著提升，回波信号更加复杂，承载的信息量更多，对其统计建模的难度增加，方法应用受限。但回波信号中包含的丰富信息为基于特征的检测技术提供了有利条件。

特征检测方法根据目标和干扰在变换域上的特征差异对回波进行分类，以区分目标和干扰。现代高分辨雷达回波特征主要有：一维高分辨距离像(High Range Resolution Profiles，HRRP)和二维的距离多普勒(Range-Doppler，R-D)谱图、微多普勒(Micro-Doppler，M-D)谱图和 SAR 图像等。提取回波信息中这些有用的特征，从模式分类的角度，利用目标和干扰的特征差异性对两者予以区分，实现目标检测。特征检测技术的流程图如图 8.31 所示，主要包括预处理、特征提取、分类器和检测判决四个部分。

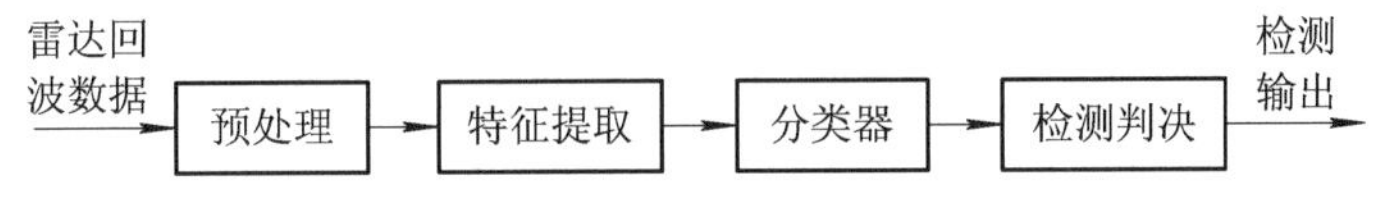

图 8.31　特征检测处理的流程图

预处理是将回波信号由观测空间转换到特征空间，在特征空间中，目标和干扰在某些特征上具有差异性。特征提取用于压缩预处理后的冗余信息，降低数据维度，并提取能够区分目标和干扰的特征。分类器根据提取的特征，构建分类模型，实现对目标和干扰的区分；依据分类结果进行检测判决。在雷达目标检测中，为了提高检测性能，必须增加目标和干扰的可分性，即选择差异性较大的特征，构建区分度较高的分类模型。

1. 基于一维距离像的目标检测

由于雷达一维距离像不仅包含了距离及其尺寸信息，而且包含目标不同距离单元的幅度分布信息，可以设计神经网络实现对不同类型目标的检测与分类。

2. 基于 R-D 谱图的目标检测

雷达回波信号在快时间域经过快速傅里叶变换后得到距离维信息，再对各距离单元进行慢时间域傅里叶变换后得到R-D谱图，即回波在距离—多普勒域的能量分布。可利用目标和干扰在R-D谱图上能量分布的差异进行检测。在雷达回波信号的R-D图像数据集基础上设计特征金字塔目标检测网络，实现对不同尺度特征的目标检测。

3. 基于M-D谱图的目标检测

根据多普勒效应，目标相对于雷达做匀变速运动时，其回波的多普勒频率呈线性调频特征。利用时频分析工具将雷达回波信号变换为二维的雷达时频图，根据目标的微动特征在图像中进行目标检测。

4. SAR图像检测

SAR作为一种主动探测式雷达，能够获取目标的二维图像，且不受天气、光照等因素的限制，可全天时、全天候监测目标。在SAR图像基础上利用CNN、YOLO、FCOS等深度学习方法实现对SAR图像中小目标的检测。

由于深度神经网络中参数的确定无法进行定量的分析，只能通过实验结果的好坏来确定，可分析性和可解释性较差。此外，深度学习技术依赖于大量的训练样本和大规模的并行计算。目前，带标签的雷达图像数据集的质量和数量有限，大多都是研究者自行采集、制作的数据集，通用性较差。另外，深度学习模型的训练需要高速计算平台，对硬件的要求较高。为提高检测可信度和效率，基于深度学习的雷达目标检测技术在未来发展主要有以下几个方面：

(1) **弱监督或无监督目标检测**。对图像数据进行分类标注需要专业的人员花费大量的时间和精力，效率低下。持续研究轻度依赖甚至不依赖带标签数据的目标检测算法非常必要，弱监督或无监督目标检测是未来的发展趋势。

(2) **多维度目标检测**。过去雷达一般是在距离一个维度上进行检测，或者在距离—多普勒两个维度上进行目标检测，如果在高分辨率下能获取目标距离、方位、高度、多普勒多个维度的“图像”数据，提取更多的特征，则可更好地区分雷达目标和干扰。

(3) **深度学习训练方法的优化**。深度学习目标检测技术需要大量数据驱动，生成对抗网络；再根据有限的样本，生成大量的虚拟样本，提高数据集的完备性，使目标检测模型得到充分的训练，提高泛化能力。

8.6 计算检测性能的MATLAB程序

本章中穿插了很多MATLAB仿真图，它们直观地表现并比较了各种检测性能，这一节给出这些函数和图形的MATLAB程序，读者可以根据需要改变输入参量。

程序8.1 非相干积累改善因子的计算(improv_fac.m)

```
function i=improv_fac(m, pfa, pd)
f1=1.0+log10(1.0/pfa)/46.6;
f2=6.79*(1.0+0.235*pd);
f3=1.0-0.14*log10(m)+0.0183*(log10(m).^2);
i=f1*f2*f3.*log10(m);
```

程序8.2 用Parl数值积分方法计算检测概率(marcumsq.m)

```
function PD=marcumsq(a, b)
```

```
max_test_value = 1000. ; % increase to more than 1000 for better results
if (a < b)
   alphan0 = 1.0; dn = a / b;
else
   alphan0 = 0. ; dn = b / a;
end;
alphan_1 = 0. ;
betan0 = 0.5; betan_1 = 0. ;
D1 = dn;
n = 0;
ratio = 2.0 / (a * b);
r1 = 0.0;
alphan = 0.0; betan = 0.0;
while (betan < max_test_value)
   n = n + 1;
   alphan = dn + ratio * n * alphan0 + alphan;
   betan = 1.0 + ratio * n * betan0 + betan;
   alphan_1 = alphan0;
   alphan0 = alphan;
   betan_1 = betan0;
   betan0 = betan;
   dn = dn * D1;
end;
PD = (alphan0 / (2.0 * betan0)) * exp(-(a-b)^2 / 2.0);
if ( a >= b)
   PD = 1.0-PD;
end;
```

程序 8.3　不完全 Gamma 函数的计算(incomplete_gamma.m)

不完全 Gamma 函数可以近似表示为

$$\Gamma_1\left(\frac{V_T}{\sqrt{M}}, M-1\right)=1-\frac{V_T^{M-1}e^{-V_T}}{(M-1)!}\left[1+\frac{M-1}{V_T}+\frac{(M-1)(M-2)}{V_T^2}+\cdots+\frac{(M-1)!}{V_T^{M-1}}\right]$$

门限值可以用递归公式来近似表示为

$$V_{T,m}=V_{T,m-1}-\frac{G(V_{T,m-1})}{G'(V_{T,m-1})};\qquad m=1, 2, 3\cdots$$

当$|V_{T,m}-V_{T,m-1}|<V_{T,m-1}/10\,000.0$时，可以终止迭代。函数 G 和G'为

$$G(V_{T,m})=(0.5)^{M/n_{fa}}-\Gamma_1(V_T, M)$$

$$G'(V_{T,m})=-\frac{e^{-V_T}V_T^{M-1}}{(M-1)!}$$

递归的初始值为

$$V_{T,0}=M-\sqrt{M}+2.3\sqrt{-\ln P_{fa}}(\sqrt{-\ln P_{fa}}+\sqrt{M}-1)$$

函数“incomplete_gamma.m”实现式(8.3.21)$\Gamma_1(x, M)$的计算，语法如下：

[*value*]=incomplete_gamma(*vt*, *M*)

其中，*vt*、*M* 分别为 $\Gamma_1(vt, M)$ 的输入变量。

程序如下：

```
function [value] = incomplete_gamma(vt, M)
format long
eps = 0.000000001;
% Test to see if M = 1
if (M ==1)
   value1 = vt * exp(-vt);
   value = 1.0 - exp(-vt);
   return
end
sumold = 1.0;
sumnew =1.0;
calc1 = 1.0;
calc2 = M;
xx = M * log(vt+0.0000000001) - vt - log(factorial(calc2));
temp1 = exp(xx);
temp2 = M / (vt+0.0000000001);
diff = .0;
ratio = 1000.0;
if (vt >= M)
   while (ratio >= eps)
        diff = diff + 1.0;
        calc1 = calc1 * (calc2 - diff) / vt ;
        sumnew = sumold + calc1;
        ratio = sumnew / sumold;
        sumold = sumnew;
   end
   value = 1.0 - temp1 * sumnew * temp2;
   return
else
   diff = 0.;
   sumold = 1.;
   ratio = 1000.;
   calc1 = 1.;
   while(ratio >= eps)
        diff = diff + 1.0;
        calc1 = calc1 * vt / (calc2 + diff);
        sumnew = sumold + calc1;
        ratio = sumnew / sumold;
        sumold = sumnew;
```

```
    end
    value = temp1 * sumnew;
end
return
```

程序 8.4 Swerling 目标检测性能的计算(pd_swerling.m)

函数"pd_swerling.m"计算 Swerling Ⅰ、Ⅱ、Ⅲ、Ⅳ型目标的检测概率，语法如下：

pd=pd_swerling(*nfa*, *snr*, *m*, *swelling*)

其中，各参数的定义如表 8.7 所述。

表 8.7 参 数 定 义

符 号	含 义	单 位
nfa	Marcum 虚警数	无
snr	SNR(信噪比)	dB
m	积累脉冲个数	无
swelling	1：为 Swerling Ⅰ型目标 2：为 Swerling Ⅱ型目标 3：为 Swerling Ⅲ型目标 4：为 Swerling Ⅳ型目标	无
pd	检测概率	无

程序如下：

```
function pd = pd_swerling (nfa, snr, m, swelling)
format long
snrbar=10.0^(snr/10.);
np=m;
eps=0.00000001;
delmax=.00001;
delta=10000.;
pfa=np * log(2)/nfa;
sqrtpfa=sqrt(-log10(pfa));
sqrtnp=sqrt(np);
vt0=np-sqrtnp+2.3 * sqrtpfa * (sqrtpfa+sqrtnp-1.0);
vt=vt0;
while(abs(delta)>=vt0)
    igf=incomplete_gamma(vt0, np);
    num=0.5^(np/nfa)-igf;
    temp=(np-1) * log(vt0+eps)-vt0-log(factorial(np-1));
    deno=exp(temp);
    vt=vt0+(num/(deno+eps));
    delta=abs(vt-vt0) * 10000.0;
    vt0=vt;
end
```

```
switch swelling
       case 1
         temp1=1.0+np * snrbar;
         temp2=1.0/(np * snrbar);
         temp=1.0+temp2;
         val1=temp^(np-1.0);
         igf1=incomplete_gamma(vt, np-1);
         igf2=incomplete_gamma(vt/temp, np-1);
         pd=1.0-igf1+val1 * igf2 * exp(-vt/temp1);
         return
       case 2
         temp=vt/(1.0+snrbar);
         pd=1.0-incomplete_gamma(temp, np);
         return
       case 3
         temp1=vt/(1.0+0.5 * np * snrbar);
         temp2=1.0+2.0/(np * snrbar);
         temp3=2.0 * (np-2.0)/(np * snrbar);
         pd=exp(-temp1) * temp2^(np-2.0) * (1.0+temp1-temp3);
            return
       case 4
         h8=snrbar/2.0;
         beta=1.0+h8;
         beta2=vt/beta;
         beta3=log(factorial(np))-np * (log(beta));
         sum=0;
         sum1=0;
         for i=0: 1: np
            sum=i * log(h8)- log(factorial(i))-log(factorial(np-i)) +log(incomplete_gamma
                (beta2, np+i));
            sum1=sum1+exp(sum);
         end
            pd=1-exp(beta3) * sum1;
       return
 end
```

程序 8.5 检测概率与单个脉冲信噪比的关系(Fig8.8.m)

```
SNR=0: .1: 18;
Pfa=10.^(-[2: 2: 12]);
for n=1: length(Pfa)
     y=sqrt(-2.0 * log(Pfa(n)));
     for k=1: length(SNR)
          x=sqrt(2.0 * 10^(.1 * SNR(k)));
```

```
        p(k, n)=marcumsq(x, y);
    end
end
loglog(SNR, p, 'k');
xlabel('单个脉冲 SNR /dB'); ylabel('检测概率');
```

程序 8.6　计算信号幅度服从瑞利分布的检测性能(Fig8.10.m)

```
n=2: 2: 12;
s=0: .1: 18;
p=zeros(6, 181);
y=10.^(-n);
x=10.^(.1*s);
x=1./(1+x);
p=exp((log(y)).'*x);
loglog(s, p, 'k');
xlabel('单个脉冲 SNR/dB'); ylabel('检测概率'); grid on
```

程序 8.7　Swerling Ⅴ型目标检测性能的计算(Fig8.16.m)

```
pfa=1e-9;
y=sqrt(-2.0*log(pfa));
m=10;
SNR=0: .1: 18;
for k=1: length(SNR)
    x=sqrt(2.0*10^(.1* SNR(k)));
    p1(n)=marcumsq(x, y);
    p2(n)=pd_swerling5(pfa, 1, m, SNR(k));
end
plot(SNR, p1, 'k', SNR, p2, 'k--');
xlabel('单个脉冲 SNR/dB'); ylabel('检测概率');
legend('M=1', 'M=10');
grid on
```

程序 8.8　Swerling Ⅰ型目标检测性能的计算(Fig8.17.m)

```
pfa = 1e-6;
nfa = log(2) / pfa;
snr = -10: .5: 30
for k=1: length (snr)
  prob1(k)=pd_swerling(nfa, snr(k), 1, 1);
  prob10(k)=pd_swerling(nfa, snr(k), 10, 1);
  prob50(k)=pd_swerling (nfa, snr(k), 50, 1);
  prob100(k)=pd_swerling (nfa, snr(k), 100, 1);
end
plot(snr, prob1, 'k', snr, prob10, 'k:', snr, prob50, 'k--', snr, prob100, 'k-.'); grid on
xlabel ('SNR/dB'); ylabel ('检测概率');
legend('M = 1', 'M = 10', 'M = 50', 'M = 100');
```

练 习 题

8-1 在只有噪声的情况下，雷达回波的正交分量为具有零均值和方差σ_n^2的独立高斯随机变量。假设雷达处理由包络检波和门限判决所组成。

(1) 写出包络的概率密度函数表达式；

(2) 若虚警概率$P_{fa}\leqslant 10^{-8}$，求门限值V_T(用σ_n表示)。

8-2 某脉冲雷达的各项参数如下：虚警时间$T_{fa}=16.67$ min，检测概率$P_d=0.9$，带宽$B=1$ GHz。求雷达的综合时间t_{int}、虚警概率P_{fa}以及单脉冲输出信噪比(SNR)。

8-3 某雷达的各项参数如下：虚警时间$T_{fa}=10$ min，检测概率$P_d=0.95$，工作带宽$B=1$ MHz。

(1) 求虚警概率P_{fa}；

(2) 单脉冲输出信噪比是多少?

(3) 假设非相参脉冲积累数为100，若要保持P_d和P_{fa}不变，则SNR衰减了多少?

8-4 某雷达对10个脉冲进行非相干积累，单个脉冲的信噪比SNR=15 dB，漏警概率$P_m=0.15$。

(1) 求虚警概率P_{fa}；

(2) 求门限值V_T。

8-5 某X波段雷达的各项参数如下：工作带宽$B=2$ MHz，工作频率$f_0=10$ GHz，接收峰值功率为10^{-10} W，检测概率$P_d=0.95$，虚警时间$T_{fa}=8$ min，脉宽$\tau=2\ \mu s$，检测距离$R=100$ km。假设用单个脉冲进行处理。

(1) 计算虚警概率P_{fa}；

(2) 求当信噪比为多大时，检测概率降到0.9(P_{fa}不变)；

(3) 对应检测概率的下降，距离增大了多少?

8-6 假设有下列指标：工作频率$f_0=1.5$ GHz，工作带宽$B=1$ MHz，噪声系数$F=10$ dB，系统损耗$L=5$ dB，虚警时间$T_{fa}=20$ min，检测范围$R=12$ km，检测概率$P_d=0.5$。

(1) 确定脉冲重复频率f_r、脉冲宽度τ、峰值功率P_t、虚警概率P_{fa}、对应的P_d以及最小可检测信号电平S_{min}；

(2) 若考虑20个脉冲相干积累，求输出信噪比。

8-7 单个脉冲检测：将基于North与DiFranco和Rubin近似的包络检测的计算结果和由Rice分布积分计算的精确包络检测结果比较。

(1) 采用North近似，在相参检波器输入端，计算检测概率$P_d=0.01, 0.02, \cdots, 0.99$和虚警概率$P_{fa}=10^{-6}$时的单个脉冲的信噪比；

(2) 采用DiFranco和Rubin近似的包络检测结果来计算相应的包络检测的信噪比的精确值；

(3) 通过Rice分布积分计算相应的包络检测的信噪比的精确值；

(4) 在一幅曲线图上绘出(1)、(2)和(3)的结果并进行比较；

(5) 采用Rice分布的精确积分和包络检测的North与DiFranco和Rubin近似，计算中频信噪比为12 dB，门限设置为$P_{fa}=10^{-8}$时的检测概率。

第 9 章　参数测量与跟踪

9.1 概　　述

雷达的基本任务是检测目标并测量出目标的参数(位置坐标、速度等)。现代雷达还需要从回波中提取诸如目标形状、运动状态等信息。跟踪雷达系统用于测量目标的距离、方位、仰角和速度，然后利用这些参数进行滤波，实现对目标的跟踪，同时还可以预测它们下一时刻的值。

目标的信息包含在雷达的回波信号中。在一般雷达中，对理想的目标模型，目标相对于雷达的距离表现为回波相对于发射信号的时延；而目标相对于雷达的径向速度则表现为回波信号的多普勒频移等。由于目标回波中总是伴随着各种噪声和干扰，接收机输入信号可写为

$$x(t)=s(t;\ \beta)+n(t)+c(t)$$

式中，$s(t;\ \beta)$为包含未知参量β的回波信号，$n(t)$是噪声，$c(t)$为干扰。由于噪声或干扰的影响，参量β会产生误差而不能精确地测量，因而只能是估计。因此，从雷达中提取目标信息的问题就变为一个统计参量估计的问题。对于接收到的观测信号$x(t)$，应当怎样对它进行处理才能对参量β尽可能精确的估计，这就是参数估计的任务。

参数测量误差分系统误差和随机误差。系统误差包括天线扫描产生的指向误差等，在实际中需要对测量量的系统误差进行修正。影响测量性能的主要是随机误差，是由于噪声、干扰等随机因素产生的，随机误差通常用测量精度表示。测量精度是雷达一个重要的性能指标，在某些雷达(如精密测量、火控跟踪和导弹制导等雷达)中测量精度是关键指标。测量精度表明雷达测量值和目标实际值之间的偏差(误差)大小，误差越小则精度越高。影响一部雷达测量精度的因素是多方面的，例如不同体制雷达采用的测量方法不同，雷达设备各分系统的性能差异，以及外部电波的传播条件等。混杂在回波信号中的噪声和干扰是限制测量精度的基本因素。

当雷达连续观测目标一段时间(通常取 3 个扫描周期)后，雷达就能关联出目标的航迹，然后对该航迹进行滤波并保持对目标的跟踪。在军用雷达中，负责目标跟踪的有制导

雷达、火控雷达和导弹制导等测量与跟踪雷达。事实上，如果不能对目标进行正确的跟踪也就不可能实现导弹的制导。对民用机场交通管制雷达系统来说，目标跟踪是控制进港和出港航班的常用方法。跟踪雷达主要有四种类型：

(1) **单目标跟踪(STT)雷达**。这种跟踪雷达用来对单个目标进行连续跟踪，并且提供较高的数据率。该类雷达主要应用于导弹制导武器系统，对飞机目标或导弹目标进行跟踪，其数据率通常在每秒 10 次以上。

(2) **自动检测与跟踪(ADT)**。这种跟踪是空域监视雷达的主要功能之一。几乎所有的现代民用空中交通管制雷达和军用空域监视雷达中都采用了这种跟踪方式。数据率依赖于天线的扫描周期(周期可从几秒到十几秒)，因此，ADT 的数据率比 STT 低，但 ADT 具有同时跟踪大批目标的优点(根据处理能力一般能跟踪几百甚至几千批次的目标)。与 STT 雷达不同的是它的天线位置不受处理过的跟踪数据的控制，跟踪处理是开环的。

(3) **边跟踪边扫描(TWS)**。在天线覆盖区域内存在多个目标的情况下，这种跟踪方式通过快速扫描有限的角度扇区来维持对目标的跟踪，并提供中等的数据率。这种跟踪方式已广泛应用于防空雷达、飞机着陆雷达、机载火控雷达，以保持对多目标的跟踪。

(4) **相控阵跟踪雷达**。电子扫描的相控阵雷达能对大量目标进行跟踪，具有较高的数据率。在计算机的控制下，以时分的方式对不同波位多批次目标进行跟踪。因为电扫描阵列的波束能够在几微秒的时间内从一个方向快速切换到另一个方向，特别适合对多批次目标的跟踪，所以在宙斯顿和爱国者等防空武器系统中均采用了相控阵跟踪雷达。

跟踪雷达主要包括距离跟踪、角度跟踪，有的甚至包括多普勒跟踪。本章首先介绍雷达测量的基本原理；然后重点阐述角度测量与跟踪；接着讨论距离测量、多普勒测量；最后讨论多目标的跟踪问题。

9.2 雷达测量基础

雷达通过比较接收回波信号和发射信号来获取目标的信息。本节先介绍雷达测量的基本物理量，然后介绍雷达测量的理论精度和基本测量过程。

9.2.1 雷达测量的基本物理量

雷达可以获得目标的距离、方位、仰角等信息，在一定时间内对运动目标进行多次观察后还可以获得目标的航迹或轨道。对低分辨率雷达，点散射体或点目标是与分辨单元相比较，目标具有小的尺寸，目标本身的散射特点不能分辨出来。分布式散射体或目标的尺寸比雷达分辨单元大，从而使各个散射体得以辨认。一个复杂的目标含有多个散射体，复杂的散射体可以是点散射体也可以是分布式散射体。

1. 点目标的测量

就点目标而言，只进行一次观察就可做出的基本雷达测量包括距离测量、径向速度测量、方向(角度)测量和特殊情况下的切向速度测量。

(1) **距离测量**。第 1 章中曾提到距离是根据雷达信号到目标的往返时间 T_R 获得的，即距离 $R=cT_R/2$。远程空中监视雷达的距离测量精度可达几十米，但采用精密测量系统可达几厘米的精度。雷达按信号所占据的谱宽进行测量，带宽越宽，距离测量越精确。

(2) **角度测量**。几乎所有雷达都使用具有较窄波束宽度的定向天线。定向天线不仅能提供大的发射增益，检测微弱回波信号也需要较大的接收天线孔径，而且窄的波束宽度还能够更精确地获得目标的方向，接收回波信号最大时的波束指向就是目标所在方向。典型的微波雷达有一度或几度的波束宽度，有的甚至仅为零点几度的波束宽度。波束宽度越窄，测角精度越高。在可靠检测所要求的典型信噪比条件下，目标的测角精度大约为 1/10 个波束宽度。如果信噪比足够大还可以使测量误差更小，例如用于靶场测量的单脉冲雷达的测角精度可达 0.1 毫弧度(0.006°)。

(3) **径向速度测量**。在许多雷达中，速度的径向分量是根据距离的变化率来获得。但是这种求距离变化率的方法在这里并不作为基本雷达测量来考虑。多普勒频率是获得径向速度的基本方法。根据多普勒频率获得径向速度的精度远高于根据距离变化率获得径向速度的精度。

多普勒频率的测量精度与测量持续时间有关。持续时间越长，测量精度越高。根据径向速度与波长 λ 的相互关系，波长越短，达到所要求的径向速度的精度所需的观察时间就越短。或者说，在给定观察时间的情况下，波长越短，测速精度越高。

尽管采用多普勒频率的方法具有高的测量精度，但是在获取径向速度方面，使用广泛的是距离变化率的方法。这是因为在低、中脉冲重复频率雷达中存在多普勒模糊的问题。

2. 分布式目标的测量

雷达若有足够的分辨率，就能确定分布式目标的大小和形状。需要重申的是，分辨率和精度是两个不同的概念。距离分辨率要求信号频谱的全部带宽被无间隙地连续占据，而测距精度只要求至少在谱宽的两端有足够的谱能量，精度可以采用稀疏频谱实现。在时域对频率的测量和在空域(天线)对角度的测量都有类似的情况。通常良好的分辨率将提供好的精度，但是反过来说就不一定，因为精确测量能够通过不具有良好分辨率的波形来实现。

(1) **径向轮廓(一维距离像)**。当雷达的距离分辨单元大小比目标尺寸小时(例如当目标的各个散射中心能够被分辨时)，就能够获得目标在距离上的轮廓。获得目标径向轮廓的前提是$c\tau/2\ll D$，D 是目标的径向尺寸，τ 是脉冲宽度。要在距离上有良好的分辨率就要求有大的频谱宽度。有时可以利用一个目标的径向剖面来有限地“识别”不同类型的目标。

(2) **切向(横向距离)剖面**。如果在角度维有足够的分辨率，就能确定分布式目标的切向(横向距离)剖面，从而得到目标的角度尺寸和各个散射中心的角度位置。再根据目标距离就可以确定散射体在切向维上的位置，因为横向距离等于各散射体的距离与角度(单位是弧度)的乘积。基于传统角度测量的横向距离分辨率通常不如在距离维的分辨率好。然而，合成孔径雷达(SAR)和逆合成孔径雷达(ISAR)不需要大的天线就能提供很好的横向分辨率，等效的角分辨率可认为是从多普勒频率分辨率获得的。

(3) **大小和形状**。当雷达在径向和横向都获得高分辨率时，就形成了目标的像(大小和形状)。成像雷达，例如 SAR、ISAR、SLAR(机载侧视雷达)都有足够的径向距离和横向距离分辨率，可以分辨分布式目标的主要散射单元。

9.2.2 雷达测量的理论精度

噪声是影响雷达测量精度的最主要因素。雷达测量误差的度量即精度是指测量值(估计值)与真实值之差的均方根值。在本章附录里利用最大似然函数推导了时延、频率、角度的估计精度。理论上雷达测量量 M 的均方根误差(RMSE)为

$$\sigma_M = \frac{K_{\mathrm{M}}\Delta M}{\sqrt{2E/N_0}} = \frac{K_{\mathrm{M}}\Delta M}{\sqrt{\rho_0}} \tag{9.2.1}$$

式中，K_{M} 是大约为 1 的常数，ΔM 是 M 的分辨率，E 是信号的能量，N_0 是单位带宽的噪声功率。

对于时延(距离)的测量，K_{M} 与发射信号 $s(t)$ 的频谱形状 $S(f)$ 有关，ΔM 是脉冲的上升时间(与带宽 B 成反比)。若距离分辨率为 ΔR，则距离的测量精度为

$$\sigma_R = \frac{\Delta R}{\sqrt{2E/N_0}} = \frac{c}{2B\sqrt{2\mathrm{SNR}}} = \frac{c}{2B\sqrt{\rho_0}} \tag{9.2.2}$$

对于多普勒频率(径向速度)的测量，K_{M} 与时域信号 $s(t)$ 的持续时间有关，ΔM 是频率分辨率 Δf_{d}(与信号持续时间成反比)。根据径向速度与多普勒频率的关系 $v_r=\lambda f_{\mathrm{d}}/2$，则速度的测量精度为

$$\sigma_v = \frac{\lambda\Delta f_{\mathrm{a}}}{2}\sigma_{f_{\mathrm{d}}} = \frac{\lambda}{2\sqrt{2E/N_0}} = \frac{\lambda}{2T_{\mathrm{i}}\sqrt{2\mathrm{SNR}}} \tag{9.2.3}$$

注意：这里 T_{i} 是信号持续时间，即一个波位的驻留时间。$\sigma_{f_{\mathrm{d}}}$ 是多普勒频率的测量精度。对单个脉冲而言，$s(t)$ 的持续时间短，速度的测量精度低；对一个波位的相干处理脉冲串而言，T_{i} 为脉冲串的持续时间，信号的持续时间相对较长，有利于提高速度的测量精度。

对于角度的测量，K_{M} 与孔径照射函数 $A(x)$ 有关，ΔM 是方位或仰角的波束宽度。若天线的半功率波束宽度为 $\theta_{3\mathrm{dB}}$，则方位或仰角的测量精度为

$$\sigma_\theta = \frac{\theta_{3\mathrm{dB}}}{1.6\sqrt{2E/N_0}} = \frac{\theta_{3\mathrm{dB}}}{1.6\sqrt{2\mathrm{SNR}}} = \frac{\lambda}{1.6a\sqrt{2\mathrm{SNR}}} \tag{9.2.4}$$

式中，a 为天线孔径长度，λ 为波长。

9.2.3 基本测量过程

参数测量方法主要有最大信号法和等信号法。最大信号法需要通过内插的方式获取信号的最大值，并根据最大值的位置得到参数的测量值。等信号法测量时需要获取两个相等或近似相等的信号，根据这两个信号的差异获得参数的测量值。

等信号法的测量过程如图 9.1 所示。基本内插过程是将相邻单元的信号进行比较，根据这些信号的相对幅度来估算目标的位置。图 9.1(a)绘出了在坐标 z 上的这一过程，坐标 z 可以是角度 θ、时延 τ、距离 R 或频率 f_{d}。在偏离测量轴 z_0(即搜索时得到的目标所在位置，是以分辨单元为中心给出的大致位置)$\pm z_k$(为偏移值)的两个对称响应为

$$\begin{aligned} f_1(z) &= f(z_1) = f(z_0 + z_k) \\ f_2(z) &= f(z_2) = f(z_0 - z_k) \end{aligned} \tag{9.2.5}$$

这两个响应可顺序或同时产生。在轴 z_0 的位置，若 $f_1(z_0)=f_2(z_0)$，则表明目标位于测量轴上；否则若 $f_1(z)\neq f_2(z)$，则表明目标不在测量轴上，即 $z\neq z_0$。

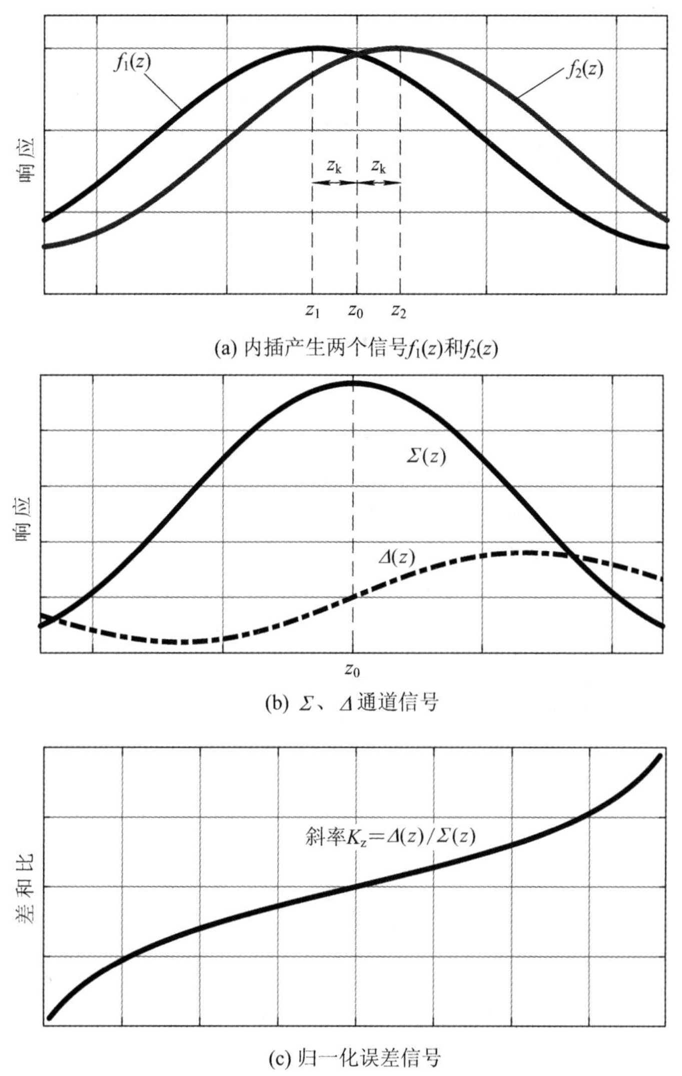

(a) 内插产生两个信号$f_1(z)$和$f_2(z)$

(b) Σ、Δ 通道信号

(c) 归一化误差信号

图 9.1　基本测量过程

为了获得目标位置偏离测量轴的误差信号，可以生成这两个响应间的差：

$$\Delta(z) = E_0[f_2(z) - f_1(z)] \approx -\sqrt{2}E_0 z_k f'(z) \tag{9.2.6}$$

式中，E_0是轴上目标的信号电压，$f'(z)=\mathrm{d}f/\mathrm{d}z$，而近似的适用条件为$|z|<z_k$。图 9.1(b)所示的响应有一个通过轴上零值的 S 形，通常称为鉴别器响应。正的 Δ(z)表示 $z>z_0$处的目标，负的 Δ(z)表示 $z<z_0$处的目标。不过，由于 Δ(z)的幅度与目标的信号强度及其位置有关，所以当目标在轴上时，Δ(z)值为零才给出目标的位置。为了获得正确的内插位置，必须形成“和响应”或“和信号”Σ，如图 9.1(b)所示，

$$\Sigma(z) = E_0[f_1(z) + f_2(z)] \approx \sqrt{2}E_0 f(z) \tag{9.2.7}$$

归一化误差信号响应为

$$\frac{\Delta}{\Sigma}=\frac{f_2(z)-f_1(z)}{f_1(z)+f_2(z)}\approx\frac{-z_k f'(z)}{f(z)}\approx K_z \tag{9.2.8}$$

如图 9.1(c)所示。在$(z_0-z_k,\ z_0+z_k)$范围内，对响应 $f(z)$可进行控制，使得误差信号在 $z=z_0$附近呈线性，其斜率为 K_z，并且只要“和信号”Σ 高于给定的检测门限，就可以避免模糊。因此，等信号法只考虑以目标所在分辨单元为中心，正负二分之一个分辨单元范围以内的测量，即目标偏离分辨单元中心的程度。例如，对角度的测量，目标的角度等于波束中心的指向加上角度的测量值。

9.3 角度测量与跟踪

为了确定目标的空间位置，雷达在确定目标所在距离单元后，需要测量目标的方向，即目标的角坐标，包括方位和仰角。雷达测角的物理基础是电波在均匀介质中传播的直线性和雷达天线的方向性。由于电波沿直线传播，目标散射或反射电波波前到达的方向，即为目标所在方向。但在实际情况下，电波并不是在理想的均匀介质中传播，存在大气密度、湿度随高度的不均匀性造成传播介质的不均匀，复杂地形地物的影响等，因而使电波传播路径发生偏折，造成测角误差。通常在近距离测角时，此误差不大。而在远距离测角时，应根据传播介质的情况，对测量结果(主要是仰角)进行必要的修正。

天线的方向性可用它的方向性函数或根据方向性函数画出的方向图表示。表 9.1 给出了一些常用的天线方向性近似函数及其方向图。方向图的主要技术指标是半功率波束宽度 θ_{3dB}(或 $\theta_{0.5}$)和副瓣电平。在角度测量时，雷达的角度分辨率 θ_{3dB}直接影响测角精度。副瓣电平主要影响雷达的抗干扰性能。

雷达角度测量是利用目标所在波束与天线主轴(等信号轴)之间的偏角来产生一个误差函数。这个偏角通常是从天线主轴中心算起的，由此得到的误差信号描述了目标偏离天线主轴中心的程度。雷达角度跟踪时，波束的指向不断地调整，以得到零误差信号。如果雷达波束指向目标的法线方向(最大增益方向)，则波束的角位置就是目标的角位置。

雷达角度测量按照天线波束的工作方式，主要有顺序波瓣、圆锥扫描、单脉冲测角。其中顺序波瓣需要依次接收两个波束，容易产生测角误差，现代雷达不采用。单脉冲测角又分为比幅单脉冲和比相单脉冲两种。下面主要介绍圆锥扫描法测角、比幅单脉冲测角和比相单脉冲测角。

表 9.1 几种典型的天线方向性函数及其方向图

近似函数	工作方式	数学表达式	图 形($\theta_{0.5}=6°$)
余弦函数	电压	$F_1(\theta)\approx\lvert\cos(n\theta)\rvert,\ n=\dfrac{\pi}{2\theta_{3dB}(\mathrm{rad})}=\dfrac{90°}{\theta_{3dB}}$	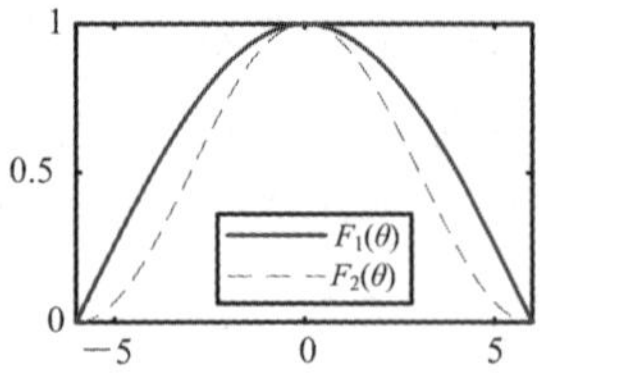 1; 0.5; 0; −5 0 5; $F_1(\theta)$; $F_2(\theta)$
	功率	$F_2(\theta)\approx\cos^2(n\theta)\approx\lvert\cos(n_b\theta)\rvert,\ n_b=\dfrac{2\pi}{3\theta_{3dB}}=\dfrac{120°}{\theta_{3dB}}$	

续表

近似函数	工作方式	数学表达式	图形($\theta_{0.5}=6°$)
高斯函数	电压	$F_1(\theta)\approx\exp\left(-\dfrac{1.4\theta^2}{\theta_{3dB}^2}\right)$	
	功率	$F_2(\theta)\approx\exp\left(-\dfrac{2.8\theta^2}{\theta_{3dB}^2}\right)$	
辛克函数	电压	$F_1(\theta)\approx\left\|\dfrac{\sin b\theta}{b\theta}\right\|,\ b=\dfrac{\pi}{\theta_{第一零点}(\text{rad})}=\dfrac{180°}{\theta_{4dB}°}$	
	功率	$F_2(\theta)\approx\dfrac{\sin^2(b\theta)}{(b\theta)^2},\ b=\dfrac{\pi}{\theta_{第一零点}(\text{rad})}=\dfrac{180°}{\theta_{4dB}°}$	

注：表中 $\theta_{第一零点}$ 为第一零点的波束宽度，θ_{4dB} 为 −4 dB 的波束宽度。

9.3.1　圆锥扫描法测角

圆锥扫描是指天线波束按一个偏角连续旋转，或者说是有一个使之围绕天线主轴旋转的馈电。图 9.2 显示了一个典型的圆锥扫描波束，波束中心 OA 围绕着旋转轴(跟踪轴)OT 旋转。波束扫描的频率(弧度/秒)记为 ω_s，天线瞄准线与旋转轴之间的夹角称为偏角 φ。天线波束位置连续变化，从而使目标始终在跟踪轴上。

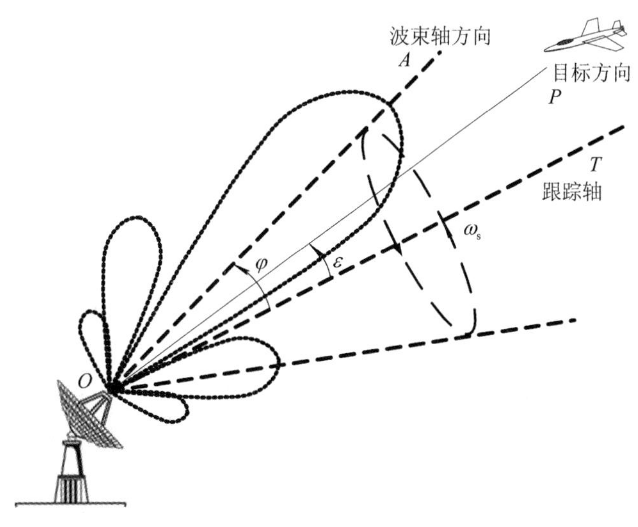

图 9.2　圆锥扫描波束

当目标在跟踪轴线上即 $\varepsilon=0°$ 时，如图 9.3 所示。天线围绕跟踪轴旋转，在理想情况下，所有的目标回波信号都有相同的振幅，则输出误差信号为零。

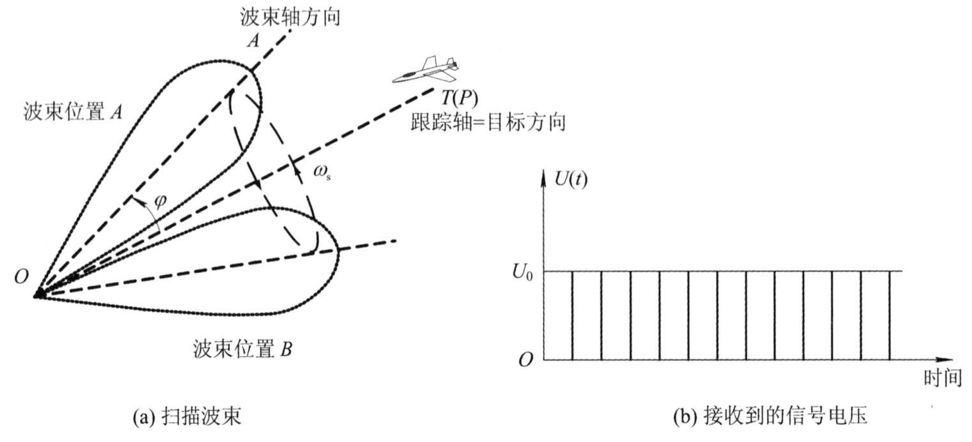

图 9.3　目标在跟踪轴上时的扫描波束及其接收到的信号电压幅度

当目标不在跟踪轴线上，目标偏离跟踪轴的角度为 ε 时，如图 9.4 所示。当波束处在 B 处时，来自目标的回波信号将会出现最大幅度。而当波束处在位置 A 的时候目标回波信号幅度出现最小值。在这两个位置之间，目标回波幅度将在位置 B 的最大幅度值和位置 A 的最小幅度值之间变化。换言之，在回波信号上存在着幅度调制(AM)。这个调幅包络对应着目标在波束内的相对位置。因此，提取的调幅包络可以用来驱动伺服控制系统，以使目标处于跟踪轴上。考虑如图 9.5 所示的波束轴位置的俯视图，假设 $t=0$ 时为波束的初始位置，目标回波的最大值和最小值位置也在图中标出。OB 与 Ox 的夹角为 φ_0。圆为波束轴运动的轨迹，在 t 时刻，波束轴方向位于 C 点，则此时波束轴方向与目标方向之间的夹角为 θ。如果目标距离为 R，目标所在位置 P 的垂直于跟踪轴的截面如图 9.5 所示，则可求得通过目标的垂直平面上各弧线的长度，其中 $|OP|=R\varepsilon$，表示目标偏离跟踪轴的距离；$|OC|=R\varphi$，表示波束轴在位置 C 时刻在该截面上与跟踪轴中心的距离。

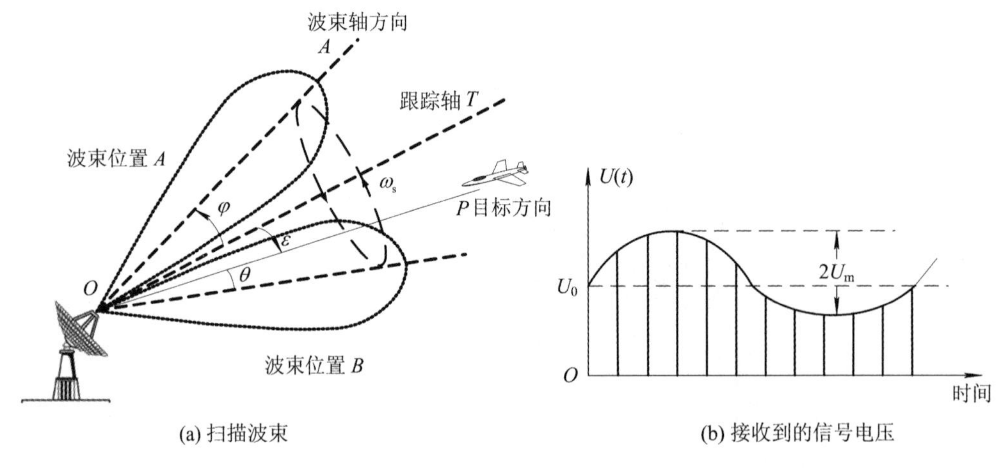

图 9.4　目标偏离跟踪轴及其接收到的信号电压幅度

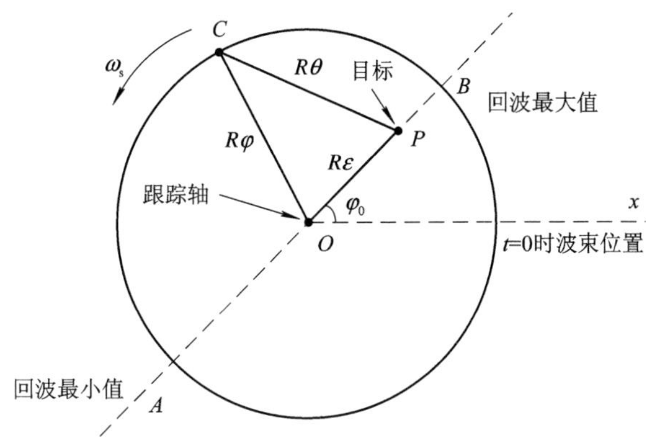

图 9.5　垂直于跟踪轴的截面

在跟踪状态时，通常误差 ε 很小而且满足 $\varepsilon \leqslant \varphi$，由简单的几何关系可求得角 θ 的变化规律为

$$\theta \approx \varphi - \varepsilon \cos(\omega_s t - \varphi_0) \tag{9.3.1}$$

设收发共用天线，且天线波束电压方向性函数为 $F(\theta)$，则收到的信号电压幅度为

$$U = kF^2(\theta) = kF^2(\varphi - \varepsilon \cos(\omega_s t - \varphi_0)) \tag{9.3.2}$$

将上式在 φ 处展开成泰勒级数并忽略高次项，则得到

$$\begin{aligned} U &= U_0 \left[1 - 2\frac{F'(\varphi)}{F(\varphi)} \varepsilon \cos(\omega_s t - \varphi_0) \right] \\ &= U_0 \left[1 + \frac{U_m}{U_0} \cos(\omega_s t - \varphi_0) \right] \end{aligned} \tag{9.3.3}$$

式中，$U_0 = kF^2(\varphi)$为跟踪轴线对准目标时收到的信号电压振幅。式(9.3.3)表明，对脉冲雷达，当目标处于跟踪轴线方向时，$\varepsilon=0$，收到的回波是一串等幅脉冲；如果存在偏角，$\varepsilon \neq 0$，则收到的回波是振幅受调制的脉冲串，调制频率等于波束扫描的频率 ω_s，而调制的深度

$$m = -2\frac{F'(\varphi)}{F(\varphi)} \varepsilon \tag{9.3.4}$$

正比于误差角度 ε。

定义测角率

$$\eta = -2\frac{F'(\varphi)}{F(\varphi)} = \frac{m}{\varepsilon} \tag{9.3.5}$$

为单位误差角产生的调制度，它表征角误差鉴别器的灵敏度。

误差信号 $u_c(t) = U_m \cos(\omega_s t - \varphi_0) = U_0 m \cos(\omega_s t - \varphi_0)$ 的振幅 U_m 表示目标偏离跟踪轴的大小，而初相 φ_0 则表示目标偏离的方向，例如，$\varphi_0 = 0$ 表示目标只有方位误差。

跟踪雷达中通常有方位角和仰角两个角度跟踪系统，因而要将误差信号 u_c 分解为方位和仰角误差两部分，以控制两个独立的跟踪支路。其数学表达式为

$$u_c(t) = U_m \cos(\omega_s t - \varphi_0) = U_m \cos(\varphi_0)\cos(\omega_s t) + U_m \sin(\varphi_0)\sin(\omega_s t) \tag{9.3.6}$$

方位误差信号和俯仰误差信号可通过误差信号 $u_c(t)$ 分别与 $\cos(\omega_s t)$ 和 $\sin(\omega_s t)$ 进行混频，然后通过低通滤波器得到，即取出方位角误差和仰角误差信号分别为

$$\varepsilon_a = U_m \cos(\varphi_0) = U_0 \eta \varepsilon \cos(\varphi_0) \tag{9.3.7a}$$

$$\varepsilon_e = U_m \sin(\varphi_0) = U_0 \eta \varepsilon \sin(\varphi_0) \tag{9.3.7b}$$

伺服系统将根据误差电压去控制跟踪轴，使其指向目标方向。

9.3.2　比幅单脉冲测角

比幅单脉冲测角，也称为振幅法测角，需要同时产生四个倾斜的波束来测量目标的角度位置。为达到这个目的，通常利用一种专门的天线馈电网络，使得只需发射单个脉冲就可以产生四个接收波束(若只是在方位维测角，可以只产生两个水平维的接收波束)，这就是"单脉冲"名称的由来。目标的角度若不在跟踪轴线(即四个波束的中心)，单个脉冲就可以产生误差信号。角度跟踪过程中，可利用该误差电压调整波束中心的指向，使得误差电压为零，从而实现对目标的精确测量与跟踪。在顺序波瓣和圆锥扫描法中，需要多个脉冲回波的变化量才能得到误差信号，会降低跟踪精度，而用单脉冲产生误差信号就不会存在这个问题，因为单个脉冲就会生成误差信号。单脉冲跟踪雷达既可以用反射面天线又可以用相控阵天线。

图 9.6 给出了采用等信号法——比幅单脉冲测角的直观解释。图(a)中"1""2"为两个相同且彼此部分重叠的波束。若目标处在两波束的交叠轴 OA 方向，则这两个波束接收信号强度相等，否则一个波束接收信号的强度高于另一个，如图(b)。故称 OA 为等信号轴或跟踪轴线。当两个波束收到的回波信号相等时，等信号轴所指方向即为目标方向。如果目标在 OB 方向，波束 2 的回波比波束 1 强；如果目标在 OC 方向，波束 1 的回波比波束 2 强。因此，通过比较两个波束回波的强弱就可以判断目标偏离等信号轴的方向，并通过计算或查表的方式估计出目标偏离等信号轴的大小，从而得到目标的方向。

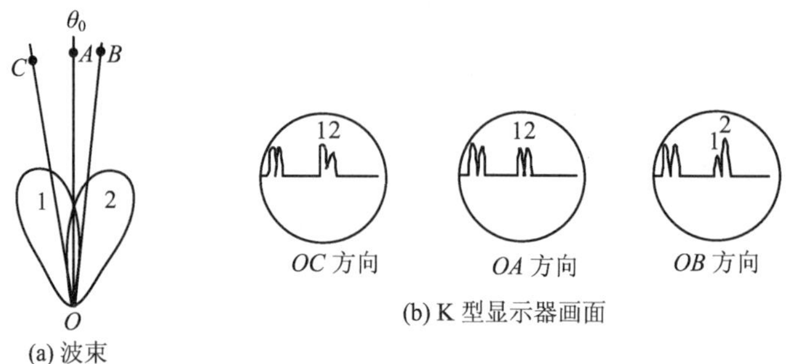

图 9.6　等信号法测角示意图

图 9.7 所示为一种典型的单脉冲天线方向图。A、B、C、D 四个波束分别表示四个波束的位置。四个馈电大体上呈喇叭状，发射时这四个波束均指向波束的中心，接收时用来产生单脉冲天线方向图。比幅单脉冲处理器要求这四路接收信号相位一致，幅度因目标角度偏离跟踪轴的程度而产生差异。

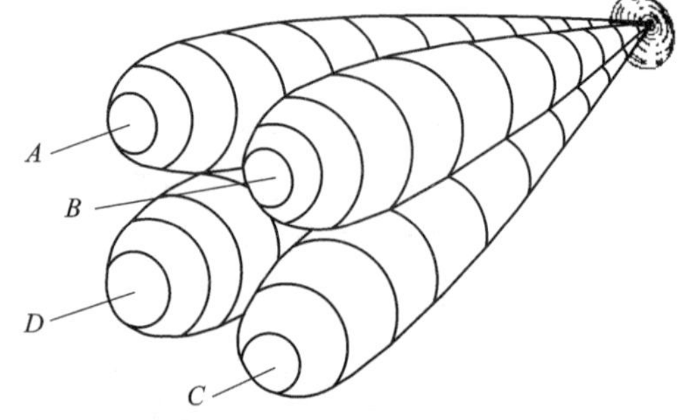

图 9.7　单脉冲天线方向图

以天线跟踪轴线为中心的圆来表示目标回波信号，可以很好地阐述比幅单脉冲技术的原理。如图 9.8(a)所示，图中四个象限表示四个波束。在这种情况下，四个喇叭接收相等的能量，表示目标位于天线的跟踪轴线上。而目标不在轴线上时(见图 9.8(b)～图 9.8(d))，在不同波束上的能量就会不平衡。这种能量的不平衡用来产生驱动伺服控制系统的误差信号。单脉冲处理包括合成和波束Σ、方位差波束 Δ_{az} 和仰角差波束 Δ_{el}，然后用差通道的信号除以和通道信号得到归一化误差信号，从而确定目标的角度。

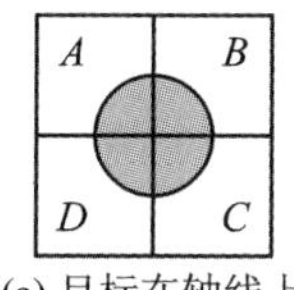

(a) 目标在轴线上

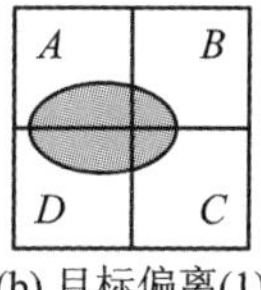

(b) 目标偏离(1)

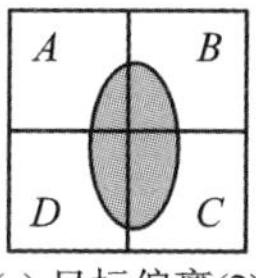

(c) 目标偏离(2)

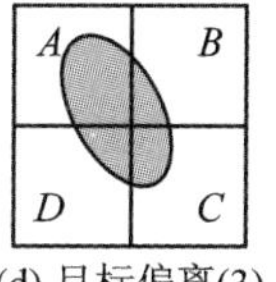

(d) 目标偏离(3)

图 9.8　用图形解释单脉冲的概念

图 9.9 给出了一个典型的微波比较器的信号流程框图。为了产生仰角差波束，我们可以用波束差(A－D)或(B－C)。然而，通过先形成和(A＋B)与(D＋C)，然后计算(A＋B)与(D＋C)的差，可得到一个较大的仰角差信号 Δ_{el}。同样，通过先形成和(A＋D)与(B＋C)，然后计算(A＋D)与(B＋C)的差，可得到一个较大的方位角差信号 Δ_{az}。

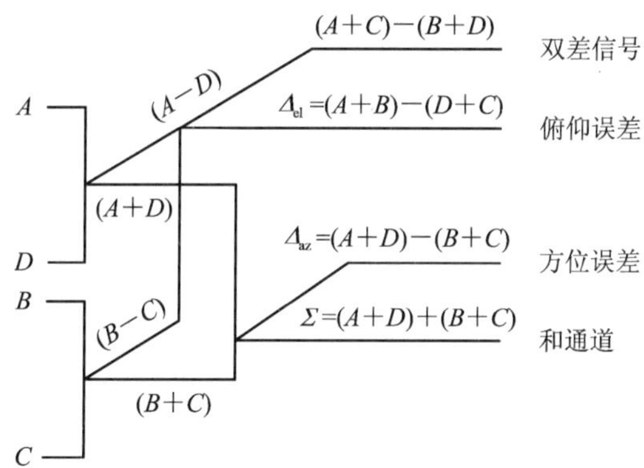

图 9.9　单脉冲比较器

单脉冲雷达的微波合成器(习惯称“魔－T”，Magic-T)如图 9.10 所示，输入端口 A 和 B，输出端口Σ和Δ。端口 A 和 B 到达Σ端口的两条路径的波程均为 $\lambda/4$ 和 $5\lambda/4$，即波程差为一个波长，因此，是同相相加，得到Σ通道(A＋B)。端口 A 到达Δ端口的两条路径的波程均为 $3\lambda/4$，而端口 B 到达Δ端口的两条路径的波程为 $\lambda/4$ 和 $5\lambda/4$，即端口 A 和 B 到达Δ端口的波程差均为半个波长，因此，是反相的，得到Δ通道(A－B)的输出。

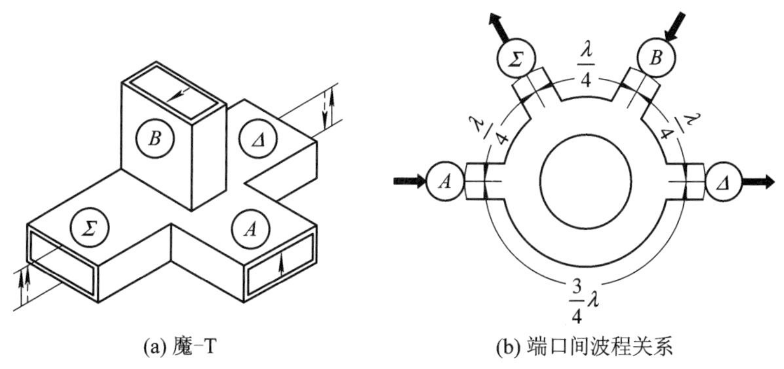

(a) 魔-T　(b) 端口间波程关系

图 9.10　魔－T 及其端口之间的波程关系

图 9.11 给出了一个简化的单脉冲雷达框图。发射和接收都使用“和通道”。接收时，包括三个接收通道：和通道、方位差通道、俯仰差通道。三个接收通道分别对接收信号进行滤波、混频等处理，要求三个接收通道的幅相特性一致。“和通道”为两个差通道提供相位基准，为差通道分别提取归一化的方位、仰角误差电压，同时“和通道”还可以测量距离。角度测量时只对目标所在距离单元或跟踪波门内的目标进行测量。

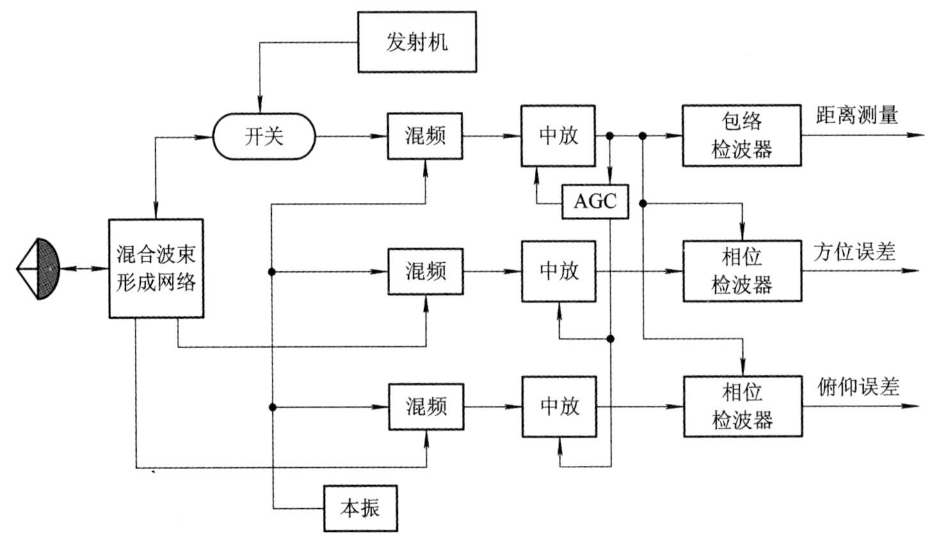

图 9.11　简单的比幅单脉冲雷达框图

设天线的电压方向图函数为 $F(\theta)$，等信号轴 OA 的指向为 θ_0，波束 1、2 最大值方向的偏角为 θ_K(一般取 θ_K 小于等于波束宽度 $\theta_{0.5}$ 的二分之一)，则波束 1、2 的方向图函数可分别表示为

$$F_1(\theta) = F(\theta_1) = F(\theta - \theta_0 + \theta_K) \tag{9.3.8}$$

$$F_2(\theta) = F(\theta_2) = F(\theta - \theta_0 - \theta_K) \tag{9.3.9}$$

对波束 1 与波束 2 相加、相减，分别得到和波束、差波束，

$$\Sigma(\theta) = F_1(\theta) + F_2(\theta) = F(\theta - \theta_0 + \theta_K) + F(\theta - \theta_0 - \theta_K) \tag{9.3.10}$$

$$\Delta(\theta) = F_1(\theta) - F_2(\theta) = F(\theta - \theta_0 + \theta_K) - F(\theta - \theta_0 - \theta_K) \tag{9.3.11}$$

用等信号法测角时，假设目标偏离等信号轴 θ_0 的角度为 θ_t，波束 1 接收的目标回波信号 $u_1 = UF_1(\theta) = UF(\theta_K - \theta_t)$，波束 2 接收的目标回波信号 $u_2 = UF_2(\theta) = UF(-\theta_K - \theta_t) = UF(\theta_K + \theta_t)$。对波束 1 与波束 2 相加、相减，分别得到和波束、差波束(也称为和差法测角)如下：

$$\Sigma(\theta_t) = u_1(\theta) + u_2(\theta) = U[F(\theta_K - \theta_t) + F(\theta_K + \theta_t)] \tag{9.3.12}$$

$$\Delta(\theta_t) = u_1(\theta) - u_2(\theta) = U[F(\theta_K - \theta_t) - F(\theta_K + \theta_t)] \tag{9.3.13}$$

在等信号轴 $\theta = \theta_0$ 附近，差波束、和波束可近似表示为

$$\Delta(\theta_t) \approx -2U \left.\frac{\mathrm{d}F(\theta)}{\mathrm{d}\theta}\right|_{\theta=\theta_0} \cdot \theta_t \tag{9.3.14}$$

$$\Sigma(\theta_t) \approx 2UF(\theta_0) \tag{9.3.15}$$

差信号与和信号的比值(简称差和比)，即归一化误差信号为

$$\varepsilon(\theta_t)=\frac{\Delta(\theta_t)}{\Sigma(\theta_t)}=\frac{\theta_t}{F(\theta_0)}\left.\frac{\mathrm{d}F(\theta)}{\mathrm{d}\theta}\right|_{\theta=\theta_0}\approx K_\theta\theta_t \tag{9.3.16}$$

式中，K_θ 为差波束在 θ_0 附近的斜率，也称为方向跨导。

由此可见，误差信号与目标偏离跟踪轴线的角度 θ_t 成正比，因此。可根据误差信号得到 θ_t 的大小和方向。图 9.12 给出了等信号法测角过程中的和波束、差波束以及归一化误差信号。

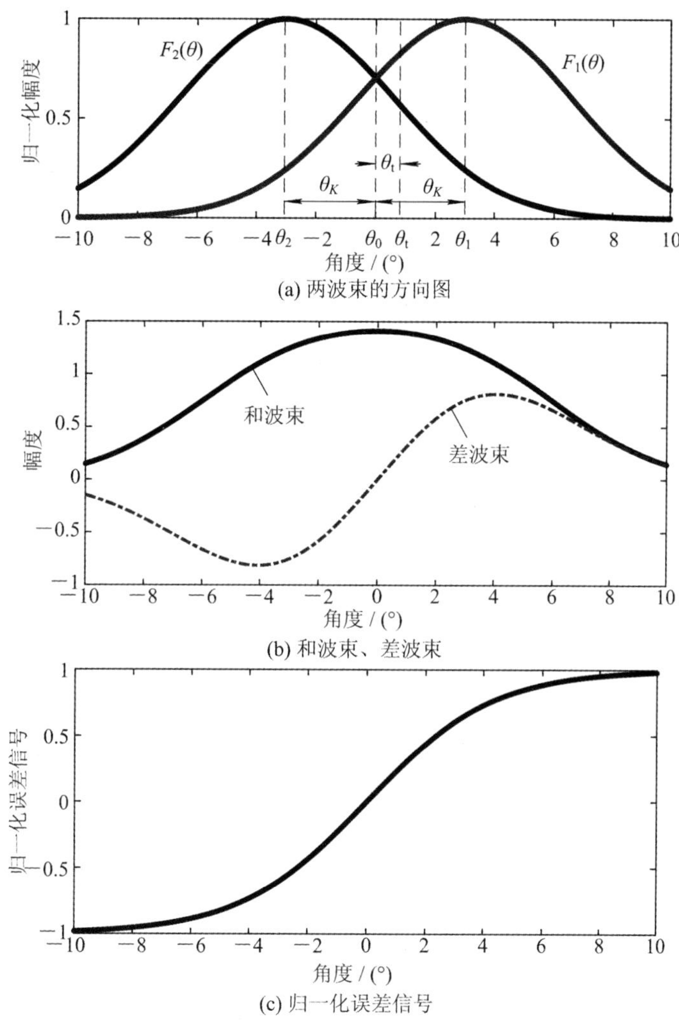

图 9.12　等信号法测角

角度测量的归一化误差信号也经常表示为

$$\varepsilon_\theta=\left|\frac{\Delta}{\Sigma}\right|\cos\xi \tag{9.3.17}$$

式中，ξ 表示和通道与差通道信号之间的相角差，理论上 ξ 等于 0°或 180°，0°表示同相，误差电压为正；180°表示反相，误差电压为负(实际中由于通道特性的差异，ξ 不一定等于 0°或 180°，$\cos\xi$ 只需要取其符号，因此，式(9.3.17)中 $\cos\xi$ 的更准确的表示应为 sign[cos(angle(Σ)－angle(Δ))]，sign[]为符号函数，angle()表示取相角)。若 ε_θ 为零，则目标在跟踪轴上，否则它就偏离了跟踪轴。伺服系统根据误差电压控制天线的跟踪轴线，使其正确跟踪目标。

现代雷达并不需要对和、差通道信号进行包络检波，而是直接对和、差通道接收信号先进行脉压等预处理，在目标所在距离单元，再按下式提取归一化误差信号，

$$\varepsilon_\theta = \frac{\text{Real}[\Sigma^* \cdot \Delta]}{|\Sigma|^2} \tag{9.3.18}$$

其中，Real[·]表示取实部。有时也取虚部。

等信号法测角的主要优点如下：

(1) 测角精度比最大信号法高，因为在等信号轴附近差波束方向图的斜率最大，目标略微偏离等信号轴时，两波束的信号强度变化角显著。等信号法测角精度可以达到波束宽度的 2%，比最大信号法高约一个量级。

(2) 便于自动测角，因为根据两波束的信号强度就可判断目标偏离等信号轴的方向和程度，因此，这种测角方法常应用于跟踪雷达。

等信号法的主要缺点如下：

(1) 测角系统相对复杂些，需要两个或三个接收通道。

(2) 等信号轴方向不是方向图的最大值方向，作用距离比最大信号法小些。若两个波束交叉点选择在最大值的 70%～80%处，则对于收发可用天线的雷达，其作用距离比最大信号法减小约 20%～30%。

MATLAB 函数“mono_pulse. m”的功能是计算式(9. 3. 12)、式(9. 3. 13)和式(9.3.18)。假设天线的波束为高斯方向图函数，波束宽度为 6°，输出包括和波束、差波束方向图以及归一化误差信号(差和比)。函数形式为

mono_pulse(theta0)　(theta0 为偏角，单位是度)

图 9.13 给出了偏角 $\theta_K = 3°$时的和、差波束及其归一化误差信号。差和比曲线线性部分的斜率(方向跨导)为 $K_\theta = 0.22$。若偏角大于波束宽度的二分之一，则和波束中心会出现凹陷，因此，实际中为了防止和信号在波束指向中心凹陷且差信号的斜率尽可能大，通常取 θ_K 为半功率波束宽度的一半。

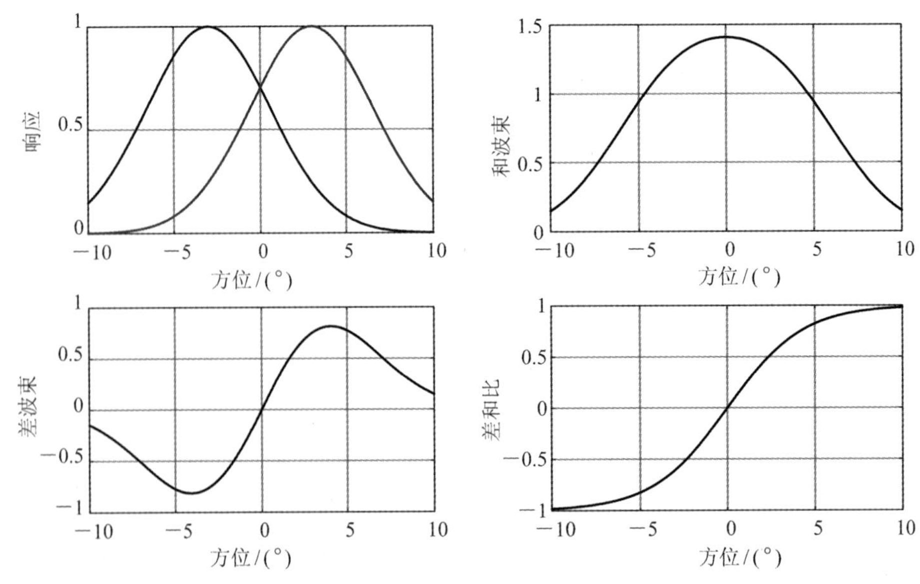

图 9.13　$\theta_K = 3°$对应的响应

9.3.3 比相单脉冲测角

比相单脉冲测角中，目标的角坐标是利用两个通道接收信号的相位之差而提取出来的，这一点与比幅单脉冲很类似。两者的主要差异是比幅单脉冲产生的四个信号有相似的相位、不同的振幅，而在比相单脉冲中四个信号的振幅相同、相位不同。比相单脉冲跟踪雷达在每个坐标(方位和俯仰)方向至少采用两根天线，如图 9.14 所示。相位误差信号是利用两根天线接收信号之间的相位差计算得到的。

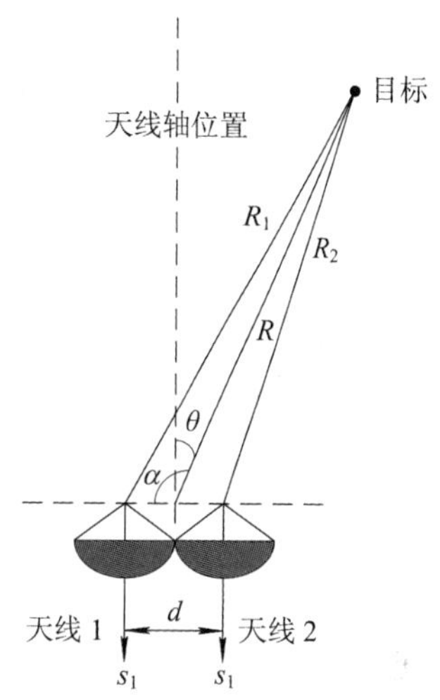

图 9.14　比相单脉冲天线

在图 9.14 中，目标的方向为 θ，距离为 R，角 α 等于 $\theta+\frac{\pi}{2}$，则

$$\begin{aligned} R_1^2 &= R^2+\left(\frac{d}{2}\right)^2-2\,\frac{d}{2}R\cos\left(\theta+\frac{\pi}{2}\right) \\ &= R^2+\frac{d^2}{4}+dR\sin\theta \end{aligned} \tag{9.3.19}$$

由于两天线中心的间距 $d\ll R$，故可以使用二项式级数展开得到

$$R_1\approx R\left(1+\frac{d}{2R}\sin\theta\right) \tag{9.3.20}$$

类似地，

$$R_2\approx R\left(1-\frac{d}{2R}\sin\theta\right) \tag{9.3.21}$$

两个天线单元接收目标回波的相位差为

$$\varphi=\frac{2\pi}{\lambda}(R_1-R_2)=\frac{2\pi}{\lambda}d\sin\theta \tag{9.3.22}$$

式中 λ 为波长。如果 $\varphi=0$，则目标在天线轴线的方向上；否则可以利用相位差 φ 来确定目标的方向 θ。图 9.15 为比相单脉冲测角系统简单框图，图中 AGC 为自动增益控制。

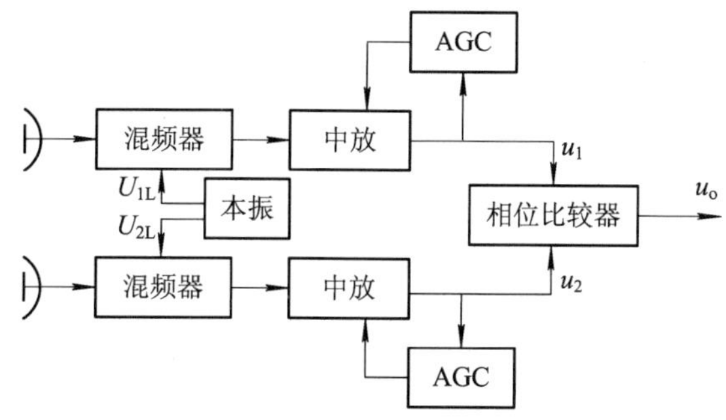

图 9.15　比相单脉冲测角系统框图

相位比较器可以采用相位检波器实现。图 9.16 为一种相位检波器电路及其矢量图。相位差 φ 来自两路接收信号的相位差异。这里检波器的输入端是两个信号 u_1 和 u_2，根据两个信号间相位差的不同，其合成信号的电压振幅将改变，将两路信号间相位差的变化转变

为不同的检波输出电压。

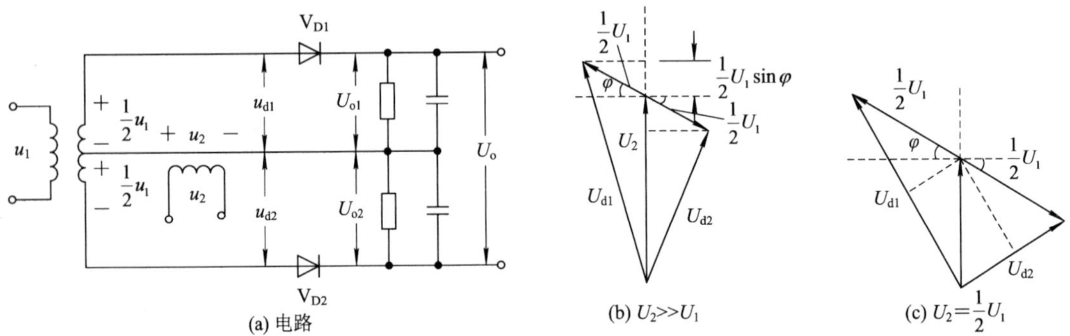

图 9.16　相位检波器电路及其矢量图

当两路接收信号为

$$\begin{cases} u_{r1} = U_{r1}\cos(\omega t - \varphi) \\ u_{r2} = U_{r2}\cos(\omega t) \end{cases} \tag{9.3.23}$$

本振信号为

$$\begin{cases} u_{1L} = U_{L}\cos(\omega_{L} t - \varphi_{0L}) \\ u_{2L} = U_{L}\sin(\omega_{L} t - \varphi_{0L}) \end{cases} \tag{9.3.24}$$

其中 φ 为两路信号的相位差。两路信号分别经混频、中放，输出的中频信号为

$$u_1 = U_1\cos((\omega - \omega_L)t - \varphi - \varphi_{0L}) \tag{9.3.25}$$

$$u_2 = U_2\sin((\omega - \omega_L)t - \varphi_{0L}) \tag{9.3.26}$$

可见，两中频信号之间的相位差仍为 φ。

为讨论方便，设变压器的变压比为 1∶1，两路信号的振幅 U_1 和 U_2 为常值。在相位上 u_1 超前 u_2 的数值为 $(90° - \varphi)$。由图 9.16(a)可知，

$$\begin{cases} u_{d1} = u_2 - \dfrac{1}{2}u_1 \\ u_{d2} = u_2 + \dfrac{1}{2}u_1 \end{cases} \tag{9.3.27}$$

当 $U_2 \gg U_1$ 时，由矢量图 9.16(b)知

$$|u_{d1}| = U_{d1} \approx U_2 - \frac{1}{2}U_1\sin\varphi \tag{9.3.28}$$

$$|u_{d2}| = U_{d2} \approx U_2 + \frac{1}{2}U_1\sin\varphi \tag{9.3.29}$$

则相位检波器输出电压为

$$U_o = U_{o1} - U_{o2} = K_d U_{d1} - K_d U_{d2} = K_d U_1 \sin\varphi \tag{9.3.30}$$

其中，K_d 为检波系数。只要测出电压 U_o，就可以求出 φ。显然，这种电路的单值测量范围为 $-\pi/2 \sim \pi/2$。当 $\varphi < 30°$ 时，$U_o \approx K_d U_1 \varphi$，即输出电压 U_o 与 φ 近似呈线性关系。

当 $U_2 = U_1/2$ 时，由矢量图 9.16(c)知

$$U_{d1} = 2 \times \frac{1}{2}U_1\left|\sin\left(45° + \frac{\varphi}{2}\right)\right| \tag{9.3.31}$$

$$U_{d2} = 2 \times \frac{1}{2} U_1 \left| \sin\left(45^\circ - \frac{\varphi}{2}\right) \right| \tag{9.3.32}$$

则输出为

$$U_o = K_d U_1 \left[\left| \sin\left(45^\circ + \frac{\varphi}{2}\right) \right| - \left| \sin\left(45^\circ - \frac{\varphi}{2}\right) \right| \right] \tag{9.3.33}$$

相位检波器输出特性如图 9.17(b)所示，输出电压 U_o 与 φ 近似呈线性关系，单值测量范围仍为 $-\pi/2 \sim \pi/2$。若将单值测量范围扩大到 2π，还需要改进测角措施。一种有效的方法是采用三根天线测角，且它们之间的间隔不相等。

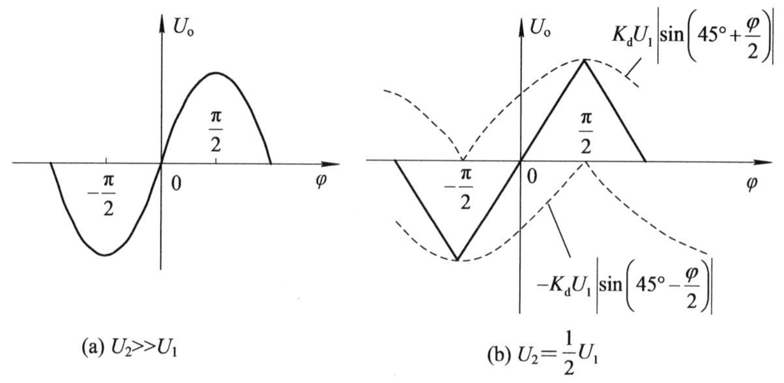

图 9.17　相位检波器输出特性

比相单脉冲测角的另一种解释为：在图 9.14 中，若以一根天线接收信号为参考，两个天线接收信号 u_1 和 u_2 由于幅度相同而相位差为 φ，可以表示为

$$u_1 = u_2 e^{-j\varphi} \tag{9.3.34}$$

两者相加、相减，得到和、差通道信号分别为

$$\Sigma(\varphi) = u_1 + u_2 = u_2(1 + e^{-j\varphi}) \tag{9.3.35}$$

$$\Delta(\varphi) = u_1 - u_2 = u_2(1 - e^{-j\varphi}) \tag{9.3.36}$$

归一化相位误差信号为

$$\frac{\Delta}{\Sigma} = \frac{1 - e^{-j\varphi}}{1 + e^{-j\varphi}} = j\tan\left(\frac{\varphi}{2}\right) \tag{9.3.37}$$

这是一个纯虚数，其模值为

$$\left| \frac{\Delta}{\Sigma} \right| = \tan\left(\frac{\varphi}{2}\right) \tag{9.3.38}$$

可见比相单脉冲跟踪器经常被称为半角跟踪器。

9.4　距离测量与跟踪

雷达测距的物理基础是电波沿直线传播，并且在距离无模糊的情况下进行。中、高重频的雷达的探测距离模糊，需要采用多组不同的重频解距离模糊。距离测量主要有两种方法：

一种测量方法是延时法，即测量目标回波相对于发射信号的延时，获得目标的距离。这种测量方法多应用于脉冲雷达。

现代雷达的数字化程度高，一般设置软波门(即根据目标的距离，由软件设置测量或跟踪波门)，在波门内进行距离测量与跟踪。一般警戒雷达的距离分辨率为数十米或百米左右，A/D采样时量化的距离单元稍小于距离分辨单元，检测后针对波门内功率最强的距离单元作为目标所在距离单元，若目标相邻的两个距离单元均超过门限，则通过密度加权计算目标的距离。对于高分辨率雷达，目标可能占多个距离单元，也可以通过密度加权计算目标的距离。雷达最终给出的目标距离是在目标跟踪后对目标的距离进行航迹滤波或平滑处理，因此这种延时法的距离测量或定位精度通常取距离分辨率的三分之一。

另一种测量方法是将距离的测量转化为频率的测量。这种测量方法多应用于调频连续波雷达，特别是在距离高分辨的成像雷达和汽车自动驾驶雷达的应用场合。例如，汽车自动驾驶雷达需要高精度地测量距离和速度信息，若距离分辨率为0.15 m，则信号带宽要大于1 GHz，通常采用拉伸信号处理，通过测量有源混频输出信号的频率，再计算目标的距离和速度。下面分别介绍这两种测距的原理和过程。

9.4.1　延时法测距与距离跟踪

脉冲雷达一般是通过估计发射脉冲到达目标的往返延迟时间来得到目标距离的测量结果。连续地估计运动目标距离的过程就称为距离跟踪。在图9.18中，雷达位于A点，而在B点有一目标，则目标至雷达站的距离(即斜距)R可以通过测量电波往返一次所需的时间t_d得到，即

$$R=\frac{t_d c}{2} \tag{9.4.1}$$

时间t_d也就是回波相对于发射信号的延迟，因此，目标距离测量就是要精确测定延迟时间t_d。

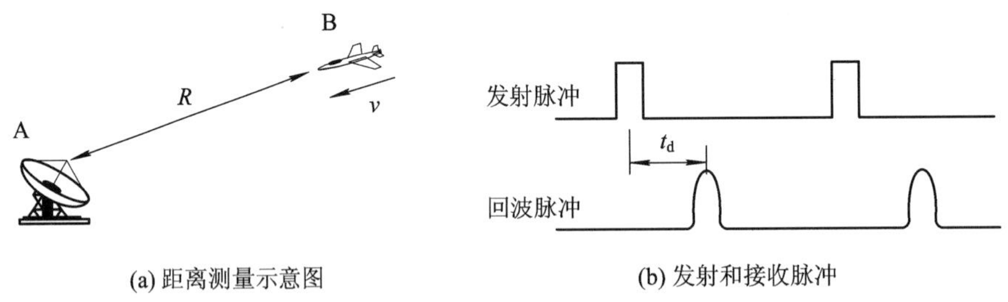

图9.18　目标距离的测量

时延的测量分两步完成：首先估计接收波形的形心(即回波脉冲的中心)；然后，测量发射波形中该点与接收波形中该点之间的延迟，并转换为距离。

目标回波脉冲形心的估计如图9.19所示，包络检波器输出的视频回波(即和支路Σ)与门限电压V_T进行比较，截取Σ支路过门限的输出脉冲；另一路是由微分器和过零点检测器等组成的差支路Δ，微分器的中心在Σ支路过门限的输出脉冲相对应的Δ支路距离单元滑动，当差支路的输出为零(或其模值最小)时，该时刻即为目标的距离延时。微分器的输出经过零值时便产生一个窄脉冲，计数器停止计数。该脉冲出现的时间正好是回波脉冲的最大值，通常也是回波脉冲的中心。和支路脉冲加到零点检测器上，选择回波峰值对应的窄脉冲，是为了防止距离副瓣和噪声所引取的过零脉冲输出。

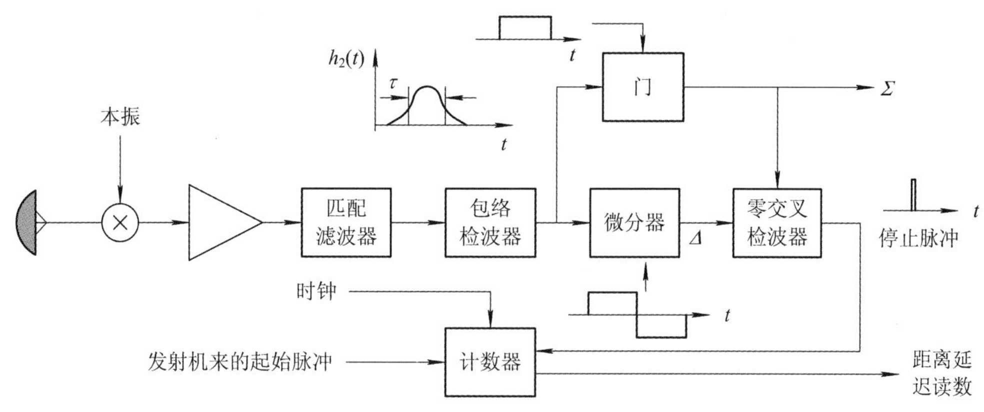

图 9.19　最佳形心估算器框图

图 9.20 为回波脉冲中心估计的仿真实例，这里假设脉冲宽度为 1 μs，距离量化的采样频率为 20 MHz(注：距离测量时采样频率要远大于信号的带宽，才能对回波脉冲中心进行估计)，图中自上至下分别给出了和支路信号、和支路过门限信号、微分器的特性、差支路信号，“○”为差支路输出信号为零时对应的距离单元(过零点处)，即回波脉冲中心在 50 号距离单元。

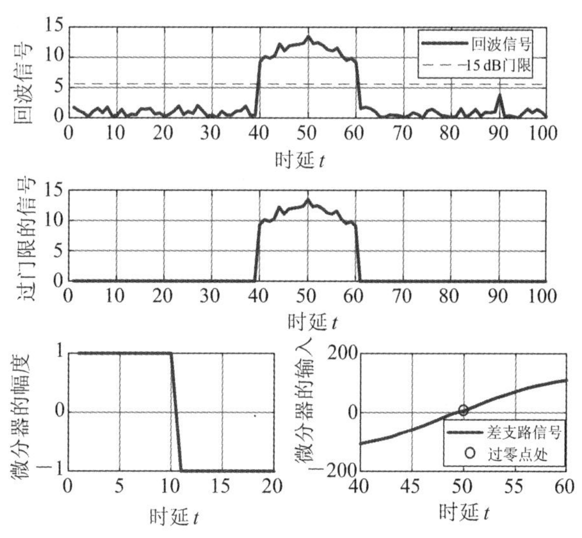

图 9.20　回波脉冲中心估计的仿真

实际中现代雷达的距离自动跟踪一般采用分裂波门代替图 9.19 中的微分器，在数字域实现。分裂波门距离测量中的误差电压为

$$u_\varepsilon = \frac{1}{\Sigma_0}\left.\frac{\mathrm{d}\Delta}{\mathrm{d}t}\right|_{t=t_0}\Delta t = K_R\Delta t \tag{9.4.2}$$

式中，$K_R = \frac{1}{\Sigma_0}\left.\frac{\mathrm{d}\Delta}{\mathrm{d}t}\right|_{t=t_0}$ 为归一化测距误差信号的斜率，Σ_0 是匹配滤波器输出的和通道信号，Δ 为前后波门输出信号之差。图 9.21 给出了与图 9.20 相同的仿真条件下，目标回波、前波门、后波门的输出信号，以及误差电压，其中图(a)目标位于分裂波门的中心，误差电压近似为零；而图(b)目标偏离分裂波门的中心，误差电压不为零。再根据误差电压的大小，

调整跟踪波门的中心，使得误差电压为零。这就是现代雷达的距离跟踪过程。

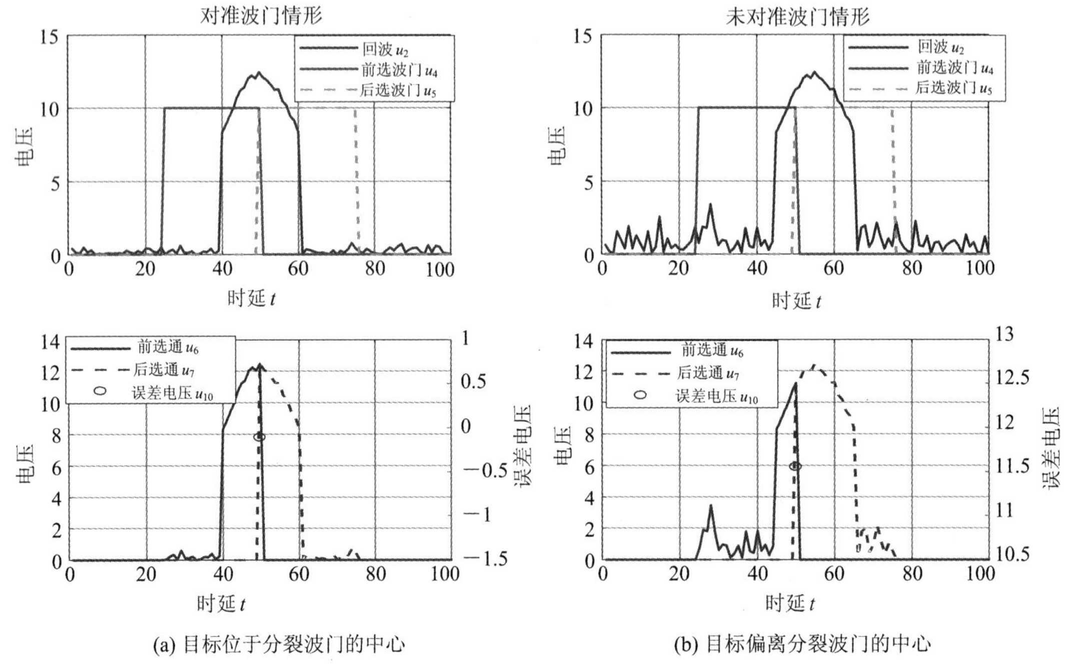

图 9.21　分裂波门的仿真举例

9.4.2　调频连续波测距

调频连续波雷达将距离的测量转化为频率的测量。

若雷达发射三角波调频连续波，在正调频期间的发射信号为

$$s_e(t)=a(t)\cos(2\pi f_0 t+\pi\mu t^2) \tag{9.4.3}$$

式中，μ 为调频率，$\mu=\Delta f/T_m$，Δf 为调频带宽，T_m 为正调频或负调频的时宽。

图 9.22 为三角型(V 型)线性调频信号的时一频关系示意图。图中实线表示发射信号，虚线表示距离 R 处的静止目标回波。f_b为差频，定义为发射信号与接收信号的频率差，与目标的距离相对应，也称为位置频率(beat frequency)。τ 为目标回波相对于发射信号的时延。

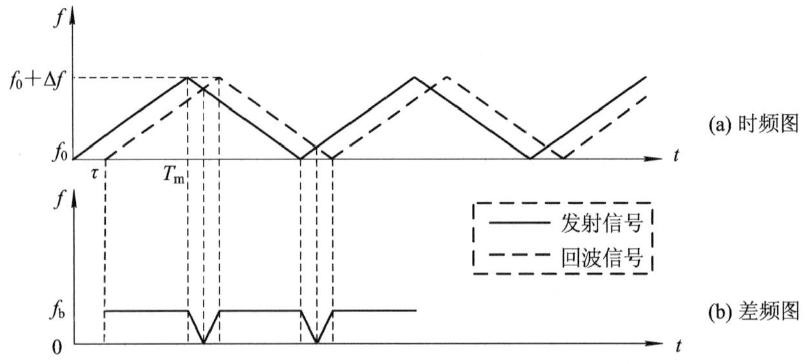

图 9.22　发射和接收的 LFM 信号时频图及静止目标的差频

雷达发射信号和距离为 R 的静止目标的回波信号的瞬时频率分别为

$$f_t = f_0 + \mu t = f_0 + \frac{\Delta f}{T_m}t \tag{9.4.4}$$

$$f_r = f_0 + \mu(t-\tau) = f_0 + \frac{\Delta f}{T_m}\left(t - \frac{2R}{c}\right) \tag{9.4.5}$$

发射信号的样本与回波信号混频后，差频 f_b 为

$$f_b = \mu\tau = \frac{\Delta f}{T_m}\frac{2R}{c} = \frac{2\Delta f}{T_m c}R \tag{9.4.6}$$

因此，采用数字频率计(只有单个目标时)或频谱分析得到位置频率 f_b，再计算目标的距离为

$$R = \frac{c}{2\mu}f_b = \frac{T_m c}{2\Delta f}f_b \tag{9.4.7}$$

实际中，应保证测距的单值性，且满足 $T_m \gg 2R/c$。

现在考虑存在多普勒频移(即运动目标)的情况。三角型 LFM 的发射和接收信号的时频关系及其对应的差频如图 9.23 所示。当目标运动时，除了由时延造成的频移外，接收信号中还包括一个多普勒频移项。

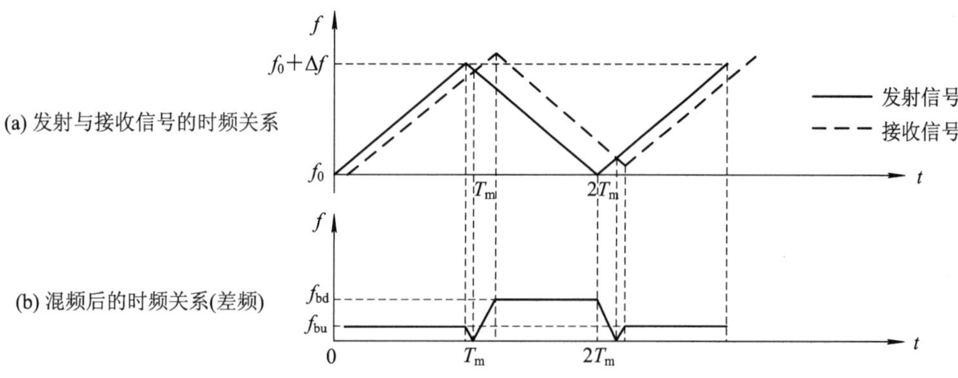

图 9.23　LFM 信号的发射和接收波形及动目标的差频

若不考虑幅度的影响，在正调频期间，初始距离为 R_0、速度为 v 的目标回波信号为

$$s_r(t) = a(t-\tau)\cos(2\pi f_0(t-\tau) + \pi\mu(t-\tau)^2) \tag{9.4.8}$$

式中，τ 为目标延时，$\tau = \dfrac{2(R_0 - vt)}{c} = \tau_0 - \dfrac{2v}{c}t$。目标回波信号与发射信号样本进行混频、滤波，滤除“和频”分量，保留“差频”分量，得到接收的基带信号为

$$\begin{aligned} s_+(t) &= a(t-\tau)\cos(2\pi\mu\tau t + 2\pi f_0\tau - \pi\mu\tau^2) \\ &\overset{\tau\text{代入}}{=} a(t-\tau)\cos\left(2\pi\mu\tau_0\left(1+\frac{2v}{c}\right)t - 2\pi f_d t - 4\pi\mu\frac{v}{c}\left(1+\frac{v}{c}\right)t^2 + \varphi_{01}\right) \\ &\overset{v\ll c}{\approx} a(t-\tau)\cos\left(2\pi\mu\tau_0 t - 2\pi f_d t - 4\pi\mu\frac{v}{c}t^2 + \varphi_{01}\right) \\ &= a(t-\tau)\cos(2\pi f_b t - 2\pi f_d t - 2\pi f_{\mu v}(t)t + \varphi_{01}) \end{aligned} \tag{9.4.9}$$

式中，$\varphi_{01} = 2\pi f_0\tau_0 - \pi\mu\tau_0^2$ 是与时间无关的相位项，可以看成初相；$f_b = \mu\tau_0 = \mu\dfrac{2R_0}{c}$、$f_d = \dfrac{2v}{\lambda}$

分别为位置频率和多普勒频率；$f_{\mu v}(t)=2\mu\dfrac{v}{c}t$ 为与速度相关的交叉调频率，它会使得信号的频谱展宽。在推导过程中由于 $v\ll c$，$1+2v/c\approx 1$。这时接收信号的瞬时频率为

$$f_i(t)=f_b-f_d-f_{\mu v}(t)=f_b-f_d-2\mu\frac{v}{c}t \tag{9.4.10}$$

若对发射信号样本进行 90°相移，分别用发射信号样本的同相分量和正交分量进行混频、滤波，得到的基带复信号模型为

$$s_+(t)=a(t-\tau)\mathrm{e}^{\mathrm{j}2\pi f_b t}\mathrm{e}^{-\mathrm{j}2\pi f_d t}\mathrm{e}^{-\mathrm{j}2\pi f_{\mu v}(t)t}\mathrm{e}^{\mathrm{j}\varphi_{01}} \tag{9.4.11}$$

下面以普遍工作在 77 GHz 的汽车雷达为例进行说明。

[例 9-1]　假设汽车雷达的工作频率为 77 GHz，调频带宽为 1 GHz，调制时宽 T_m 为 20 ms，目标速度为 180 km/h(即 50 m/s). 若目标的距离为 600 m，对应的位置频率为 200 kHz，多普勒频率为 25.67 kHz，在调制时宽 T_e 期间 $f_{\mu v}(t)$ 如图 9.24 所示，尽管其最大值接近 350 Hz，但远小于位置频率 f_b 和多普勒频率 f_d，因此式(9.4.9)可以简写为

$$s_+(t)\approx a(t-\tau)\cos(2\pi f_b t-2\pi f_d t+\varphi_{01})=a(t-\tau)\cos(2\pi f_{bu}t+\varphi_{01}) \tag{9.4.12}$$

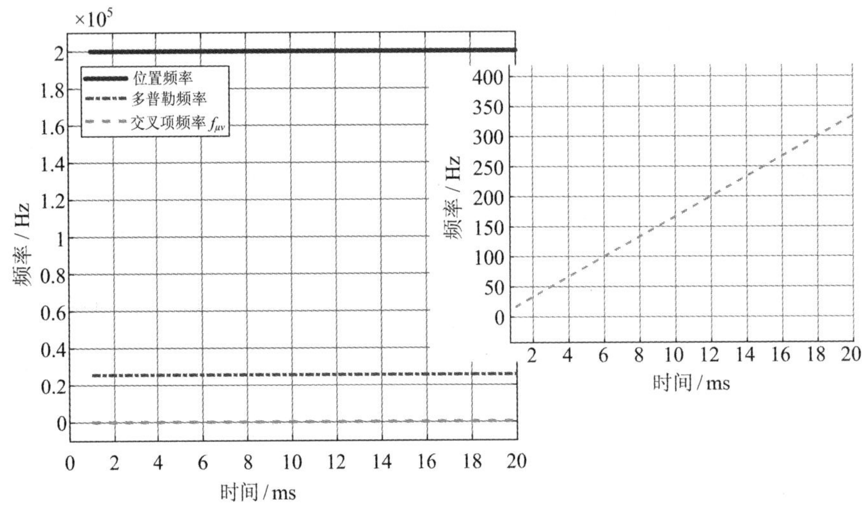

图 9.24　目标回波的瞬时频率(右图为左图的局部放大)

同理，在负调频期间，接收的基带信号为

$$\begin{aligned}s_-(t)&=a(t-\tau)\cos(-2\pi\mu\tau t+2\pi f_0\tau+\pi\mu\tau^2)\\&\approx a(t-\tau)\cos(2\pi f_b t+2\pi f_d t-\varphi_{02})\\&=a(t-\tau)\cos(2\pi f_{bd}t-\varphi_{02})\end{aligned} \tag{9.4.13}$$

式中，$\varphi_{02}=2\pi f_0\tau_0+\pi\mu\tau_0^2$ 是与时间无关的相位项，可以看成初相。则在正调和负调期间的差频分别为

$$f_{bu}=f_b-f_d=\frac{2\mu}{c}R-\frac{2v}{\lambda} \tag{9.4.14}$$

$$f_{bd}=f_b+f_d=\frac{2\mu}{c}R+\frac{2v}{\lambda} \tag{9.4.15}$$

因此，接收信号近似为单频信号，可以采用数字式频率计分别测量位置频率 f_{bu} 和

f_{bd}。实际中对接收信号采样后，分别对正、负调频段的回波信号利用 FFT 进行频谱分析，测出谱峰位置对应的频率，然后根据下式计算目标的距离和径向速度：

$$R=\frac{c}{4\mu}(f_{bu}+f_{bd})=\frac{T_m c}{4\Delta f}(f_{bu}+f_{bd}) \tag{9.4.16}$$

$$v=\frac{\lambda}{4}(f_{bd}-f_{bu}) \tag{9.4.17}$$

若 FFT 梳状滤波器带宽(或测频带宽)为 ΔF，则距离分辨率为

$$\Delta R=\Delta F\frac{c}{2\mu} \tag{9.4.18}$$

对应的测距误差(通常取距离分辨率的二分之一)为

$$\delta R=\frac{\Delta R}{2}=\frac{c\cdot\Delta F}{4\mu} \tag{9.4.19}$$

图 9.25 为该目标的回波信号及其频谱分析结果。正、负调频回波的频谱的峰值位置对应的频率分别为 173.83 kHz 和 225.16kHz，根据式(9.4.16)和式(9.4.17)就可以计算目标的距离、速度分别为 598.5 m 和 49.997 m/s。

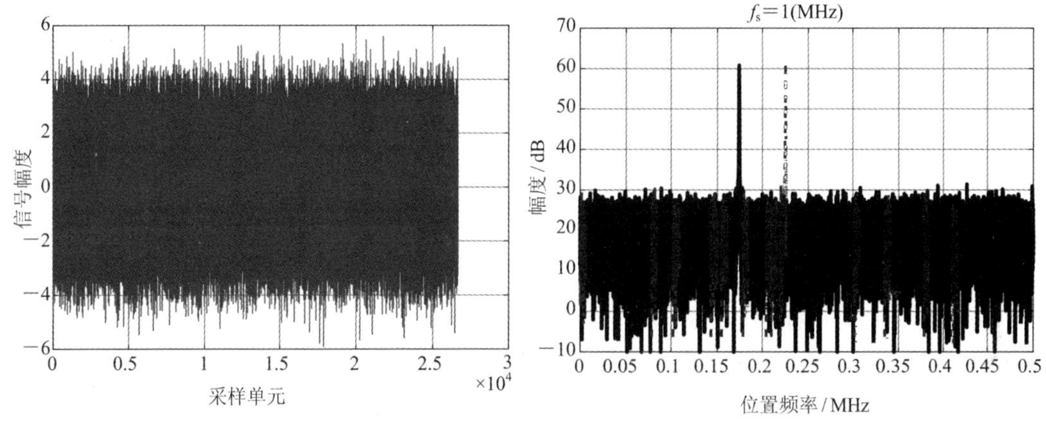

图 9.25　雷达回波及其频谱分析结果

假设有两个目标，距离分别为 R_0=[600，800] m，速度分别为[40，−30] m/s，信噪比均为 10 dB，回波的频谱分析结果如图 9.26 所示。根据正、负调频回波的频谱的峰值位置对应的频率，计算目标的距离和速度分别为[598.8，647.1，752.2，800.5] m 和[40.0，−62.2，72.2，−30.0] m/s。这里就存在两个正确的目标距离和速度信息，也存在两个错误的目标距离和速度信息，因此需要考虑在正、负调频期间对同一个目标的位置频率 f_{bu} 和 f_{bd} 的配对问题，需要采取其它措施，这里不展开分析。

因此，调频法测距的主要优点有：

(1) 能测量很近的距离，一般可测到数米，且有较高的测量精度；

(2) 实现相对简单，普遍应用于飞机高度表、微波引信及汽车自动驾驶等场合。

调频法测距的主要缺点有：

(1) 简单的三角调频连续波波形难以同时测量多个目标，因为在正、负调频期间同一目标的位置频率难以配对。如欲测量多个目标，需要采用更复杂的调制波形。

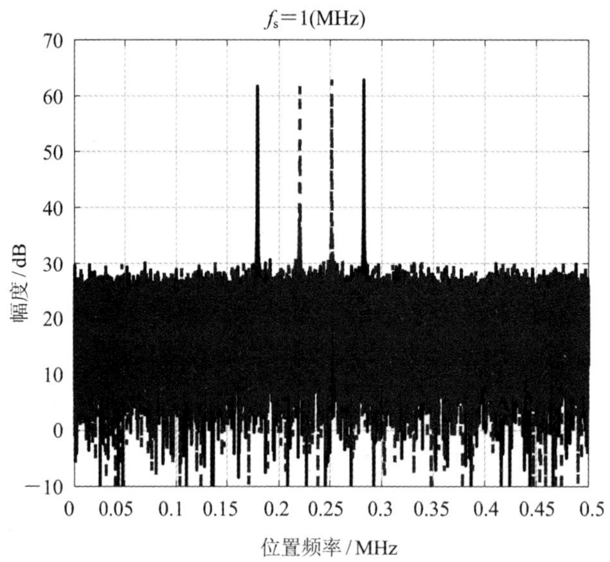

图 9.26　两个目标时回波的频谱分析结果

(2) 收发隔离是所有连续波雷达的难题。发射机泄漏功率容易阻塞接收机，因而限制了发射功率的大小。

9.5　速度测量

雷达要探测的目标通常是运动着的物体，例如，空中的飞机、导弹，海面的舰船，地面的车辆等。利用运动目标的多普勒效应产生的频率偏移，能够精确地测量目标的速度。但是，在不同体制或不同应用场合，雷达的速度测量方式有所不同。

(1) 对于低重频雷达，由于多普勒频率容易模糊，一般根据目标在帧间距离的变化率和航向，计算目标的速度。这种方法的实时性差，速度估计误差较大。

(2) 对于高重频雷达，由于多普勒频率无模糊，一般根据 MTD 或相参积累处理，找出目标所在距离单元的峰值所对应的多普勒通道，根据相应的多普勒频率计算目标的径向速度，再根据航向计算目标的线速度。这种方法可以实时得到目标的速度。

(3) 对于中重频雷达，由于多普勒频率可能存在模糊，一般需要采用多组重频交替工作，在 MTD 或相参积累处理基础上，找出目标所在距离单元的峰值所对应的多普勒通道及其相应的多普勒频率，采用多组重频之间解模糊，再计算得到目标的径向速度。

在多普勒测量中，需要考虑两种时间刻度和频率刻度：

(1) 脉冲宽度 τ 和相应的频谱包络宽度 B；

(2) 驻留在目标上的时间 t_0 和相干脉冲串频谱中精细谱线的相应宽度 B_f。

图 9.27 给出了高斯型脉冲的时域波形及其频谱示意图。利用连续波或长脉冲发射的雷达可对频谱包络实现有效的分辨和测量，但在多数情况下，雷达提供的数据是相干脉冲串发射的精细线谱。

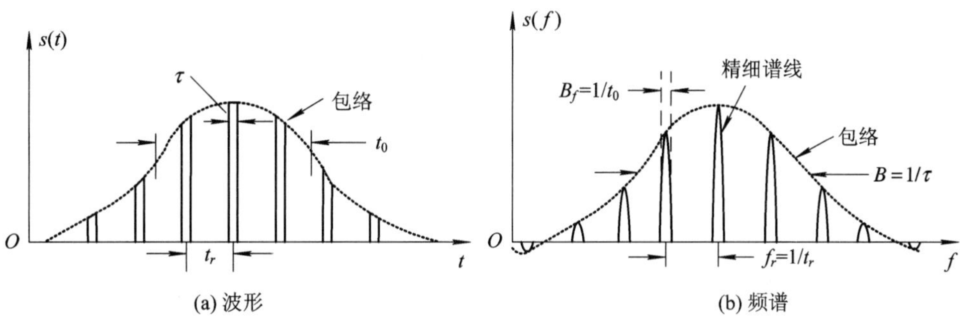

(a) 波形　(b) 频谱

图 9.27　高斯形脉冲串波形及频谱示意图

多普勒跟踪的目的并不总是要进行速率测量，而经常是要从杂波和其它目标中分辨出所希望的目标。在高重频雷达中，通过谱线(多普勒频率)跟踪实现对目标的跟踪。

在脉冲雷达中，由于单个脉冲的持续时间短，通常只考虑对相干脉冲串的多普勒测量。矩形脉冲串的时间及其频谱如图 9.28 所示。图中频谱包络的带宽 B 为脉冲宽度 τ 的倒数，精细谱线的窄的宽度 B_f 为波束照射时间 t_0 的倒数，N_i 为照射时间内雷达发射脉冲数。

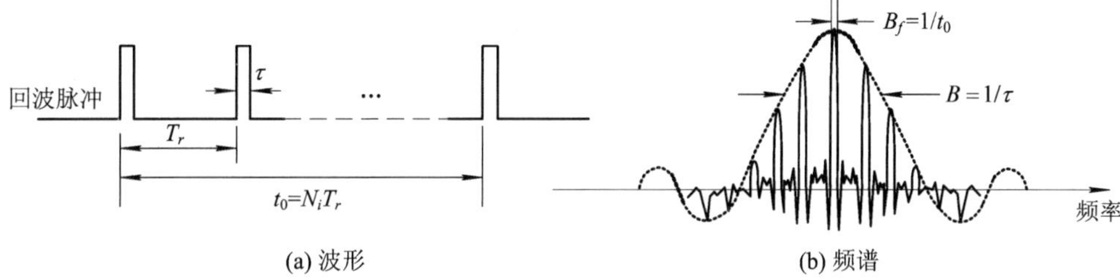

(a) 波形　(b) 频谱

图 9.28　矩形脉冲串及其频谱

对相干脉冲串的多普勒跟踪如图 9.29 所示。可变本振对接收机本振信号进行偏移，使接收信号集中在中频上。在对独立脉冲进行匹配滤波后(频谱包络滤波器和距离门的级联组合)，使信号通过 Σ 通道的窄带滤波器和 Δ 通道的鉴别器。鉴别器输出则控制本振，使得本振的工作频率与信号的中心频率相一致，从而实现谱线跟踪。

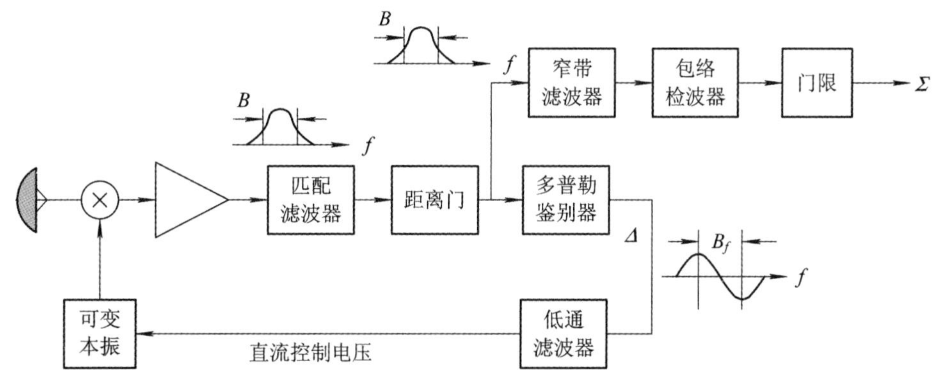

图 9.29　脉冲雷达多普勒跟踪框图

多普勒雷达采用精细谱线跟踪处理的主要优点如下：

(1) 包络检波器和误差检测器的输入信噪比是整个脉冲串的信噪比，经过了相干积累，相对于单个脉冲，信噪比提高了接近 $n=f_r t_0$ 倍。避免了在低信噪比时工作的影响。

(2) 当目标多普勒可以从杂波中分辨出来时，也可获得信噪比的改善。

多普勒鉴别器的作用就是产生多普勒测量的误差信号。下面介绍一种多普勒误差信号提取方法。

假设在一个波位驻留的脉冲数为 N_i，T_r为脉冲的重复周期。通过线性加权分别形成多普勒"和、差"通道。多普勒"和通道"即多普勒滤波后输出信号为

$$\Sigma_{f_d}(t)=\sum_{i=1}^{N_i} S_i(t)\cdot\exp(-\mathrm{j}2\pi f_d\cdot i\cdot T_r)\cdot W_{f,\Sigma}(i) \tag{9.5.1}$$

式中，$W_{f,\Sigma}$为窗函数(如泰勒窗、Hamming 窗等)，$S_i(t)$为目标回波信号。而多普勒"差通道"可通过对接收信号线性加权并计算而得，即

$$\Delta_{f_d}(t)=\sum_{i=1}^{N_i} S_i(t)\cdot\exp(-\mathrm{j}2\pi f_d\cdot i\cdot T_r)\cdot W_{f,\Delta}(i) \tag{9.5.2}$$

式中，$W_{f,\Delta}(i)$为"差通道"的线性加权，可以采用 Bylass 窗函数。然后由下式提取多普勒误差信号

$$E(\Delta f_d)=\frac{\mathrm{Im}[\Sigma_{f_d}\cdot\Delta_{f_d}^{*}]}{|S_{R_l}|^2} \tag{9.5.3}$$

其中，Im 表示取信号虚部。在跟踪状态，Δf_d很小，多普勒误差信号可近似为

$$E(\Delta f_d)\approx\frac{N_i}{2}\pi\cdot T_r\cdot(\Delta f_d-\Delta f_{d0}) \tag{9.5.4}$$

式中，$(\Delta f_d-\Delta f_{d0})$表示多普勒频率偏离多普勒中心的程度。根据误差电压 $E(\Delta f_d)$的大小，就可以得到目标的相对多普勒频率，从而实现对速度的测量与跟踪。

9.6 多目标跟踪

目标跟踪是在当前帧测量的目标点迹参数(距离、角度等)基础上，与以前帧建立的目标航迹进行航迹关联，若当前点迹属于某一批次目标的航迹，再将当前帧点迹的测量值与已建立的该目标航迹进行航迹滤波，并外推下一帧该目标可能的位置，设置相应的关联波门。

雷达实际工作时，一般有多个目标。需要对所有目标进行航迹建立、航迹关联、航迹跟踪与滤波等。边扫描边跟踪雷达(TWS)每一个扫描间隔对目标采样一次，并在扫描间隔期间采用平滑及预测滤波器来估计目标参数。常使用卡尔曼滤波器或 Alpha-Beta-Gamma (αβγ)滤波器。实际中警戒雷达一旦检测到某些特定目标(通常是敌方非合作目标)，制导(跟踪)雷达需要根据警戒雷达对目标进行跟踪，为目标建立跟踪文件。

9.6.1 边扫描边跟踪雷达

目前，典型的多目标跟踪系统主要有边扫描边跟踪雷达、相控阵雷达。边扫描边跟踪雷达是人们最熟悉的一种用匀速旋转的天线机械扫描，实现波束搜索和目标跟踪的雷达。相控阵雷达是一种通过控制阵列天线中各个单元的相位得到所需波束指向的雷达，能实现

波束的捷变。它的突出特点是和计算机控制相结合，可实现波束驻留时间(指波束照射目标时间)和数据率的控制。相控阵雷达已经发展成一种重要的雷达体制，尤其是在目标探测与跟踪中得到广泛的应用。相控阵雷达的最大特点是搜索和跟踪功能是分开进行的，数据处理器受雷达控制器的控制。下面简要介绍边扫描边跟踪雷达系统。

现代雷达系统一般可执行多种任务，如检测、跟踪、分类或识别等。借助复杂的计算机系统，多功能雷达能同时跟踪多个目标。这种情况下，在一个扫描间隔内，每个目标被采样一次(主要是距离和角度)，然后通过平滑和预测，可以对后面的采样进行估计。能够执行多任务和进行多目标跟踪的雷达称为边扫描边跟踪(TWS)雷达。

当 TWS 雷达检测到新目标时，它将初始化一个独立的航迹文件用于存储点迹数据，从而保证可以同时处理这些数据并预测以后时刻目标的参数。位置、方位、仰角、速度是该航迹文件的主要元素。特别指出，在航迹文件建立之前，至少需要一次检测以确认存在目标(确认检测)。

与单目标检测系统不同，TWS 雷达必须确定每一次探测(观测)到的是新目标还是在以前的扫描中已经检测到的目标，因此 TWS 雷达用到了关联算法。在该运算过程中，每一个新的检测都和以前所有的检测作相关运算以避免建立多余的航迹。如果某个检测与两个或多个航迹相关，则要用到预定义的规则来确定该检测属于哪个航迹。图 9.30 是一个简化的边扫描边跟踪雷达数据处理框图。

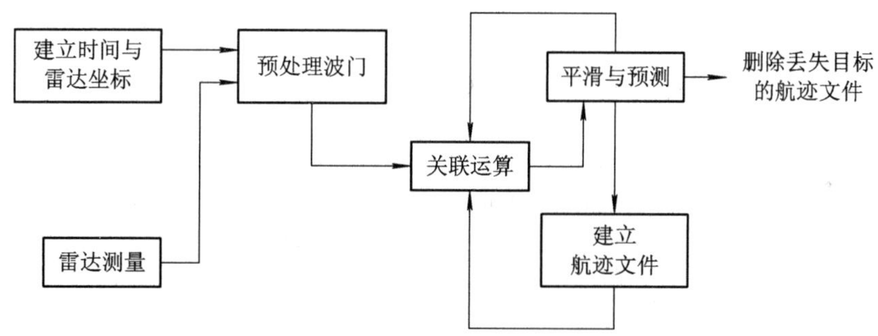

图 9.30　TWS 数据处理简化框图

选择一个合适的航迹跟踪坐标系是 TWS 雷达首先要解决的问题，通常以惯性坐标系作为参考系。参数测量包括目标距离、速度、方位角和仰角。TWS 雷达在目标位置设定了一个波门并试图在这个门限内跟踪目标信号，波门的坐标一般是三维的，包括方位、俯仰和距离。由于起始检测时目标的确切位置不确定，因此波门范围应该保证目标在不同的扫描中不会移出波门，也就是说在连续的扫描中目标应在波门范围内。若在多次扫描中都能观测到目标，则可以减小波门范围。

波门用来确定某次观测是属于已存在的航迹文件还是属于一个新的航迹文件(新目标)。波门算法通常基于对观测数据和预测数据之间的统计误差的计算。对于每个航迹文件，一般都设定该误差的上限。若算得某个观测值的误差小于已知航迹文件的误差上限，则此观测值将被记录在这个航迹文件上，也就是与该航迹相关。如果观测和已存在的任何航迹都不相关，则应该建立一个新的航迹文件。因为新检测(测量)值与所有已存在的航迹文件进行比较，该检测可能与任何航迹都不相关或者与一个或多个航迹相关。观测值和所有存在的轨迹文件之间的相关关系是通过采用一个相关矩阵来确定的，矩阵的行向量表示

雷达的观测值，列向量表示航迹文件。当多个观测和多个航迹文件相关时，用预先定义的相关规则把单个观测值归属到某一个航迹文件上。

9.6.2 固定增益跟踪滤波器

固定增益跟踪滤波器简称固定增益滤波器或固定系数滤波器，是利用上一时刻的平滑值和当前时刻的测量值，计算当前时刻的平滑值，以减小噪声对观测的影响。常见的固定增益滤波器有αβ、αβγ滤波器及其变形。αβ和αβγ滤波器分别是一维的二阶和三阶滤波器，它们等效于一维卡尔曼滤波的特例，其基本结构与卡尔曼滤波器相似。

αβ滤波器对目标的位置和速度进行平滑和预测，αβγ滤波器对目标的位置、速度和加速度进行平滑和预测，都是具有多项预测和校正的线性递归滤波器。根据测量数据，αβγ滤波器能够预测目标的位置、速度(多普勒)和加速度，也能很好地估计当前位置，已广泛应用于导航和火控装置。

符号说明：在本节中，用 $x(n|m)$ 表示利用 m 时刻及 m 时刻以前的数据对第 n 时刻数据的估计值，$x_0(n)$ 表示第 n 时刻的测量值，e_n 表示第 n 时刻的误差。

1. αβ滤波器

αβ滤波器是根据在第 n 时刻观测值 $x_0(n)$，对位置 x 及其变化量(速度)$\dot{x}$ 进行平滑，并对第 $n+1$ 时刻的位置进行预测。该滤波器的结构如图 9.31 所示，其状态方程为

$$x_s(n) = x(n \mid n) = x_p(n) + \alpha(x_0(n) - x_p(n)) \tag{9.6.1}$$

$$\dot{x}_s(n) = x'(n \mid n) = \dot{x}_s(n-1) + \frac{\beta}{T}(x_0(n) - x_p(n)) \tag{9.6.2}$$

$$x_p(n) = x_s(n-1) + T\dot{x}_s(n-1) \tag{9.6.3}$$

式中，下标“p”和“s”分别表示预测和平滑的意义。上式写成矩阵形式为

$$\begin{bmatrix} x_s(n) \\ \dot{x}_s(n) \end{bmatrix} = \begin{bmatrix} 1-\alpha & (1-\alpha)T \\ -\beta/T & 1-\beta \end{bmatrix} \begin{bmatrix} x_s(n-1) \\ \dot{x}_s(n-1) \end{bmatrix} + \begin{bmatrix} \alpha \\ \beta/T \end{bmatrix} x_0(n) \tag{9.6.4a}$$

$$\boldsymbol{X}(n) = \begin{bmatrix} x_s(n) \\ \dot{x}_s(n) \end{bmatrix} = \boldsymbol{A} \begin{bmatrix} x_s(n-1) \\ \dot{x}_s(n-1) \end{bmatrix} + \boldsymbol{K} x_0(n) \tag{9.6.4b}$$

预测位置计算式(预测方程)为

$$\begin{cases} x_p(n+1) = x_s(n+1 \mid n) = x_s(n) + T\dot{x}_s(n) \\ \dot{x}_s(n+1) = \dot{x}_s(n) \end{cases} \Rightarrow \begin{bmatrix} x_s(n+1) \\ \dot{x}_s(n+1) \end{bmatrix} = \begin{bmatrix} 1 & T \\ 0 & 1 \end{bmatrix} \begin{bmatrix} x_s(n) \\ \dot{x}_s(n) \end{bmatrix} \tag{9.6.5}$$

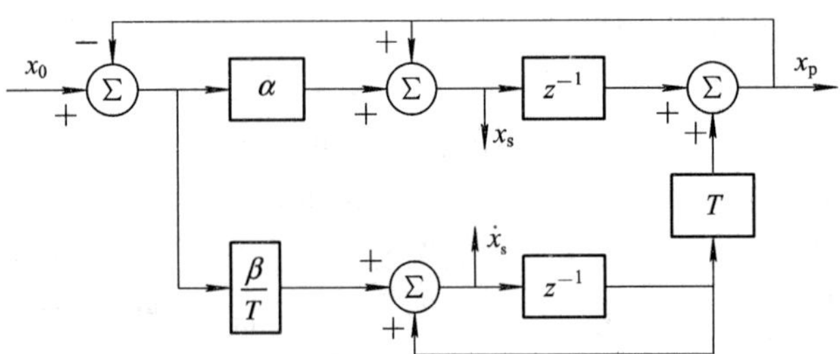

图 9.31 αβ 滤波器的结构框图

初始条件为 $x_s(1)=x_p(2)=x_0(1)$，$\dot{x}_s(1)=0$，$\dot{x}_s(2)=\dfrac{x_0(2)-x_0(1)}{T}$。

通过观察，αβ 滤波器具有下列形式：

增益矢量：
$$\boldsymbol{K}=\begin{bmatrix}\alpha\\ \beta/T\end{bmatrix}\tag{9.6.6}$$

观测矢量：
$$\boldsymbol{G}=\begin{bmatrix}1 & 0\end{bmatrix}\tag{9.6.7}$$

状态转移矩阵：
$$\boldsymbol{\Phi}=\begin{bmatrix}1 & T\\ 0 & 1\end{bmatrix}\tag{9.6.8}$$

状态矩阵：
$$\boldsymbol{A}=(\boldsymbol{I}-\boldsymbol{KG})\boldsymbol{\Phi}=\begin{bmatrix}1-\alpha & (1-\alpha)T\\ -\beta/T & (1-\beta)\end{bmatrix}\tag{9.6.9}$$

跟踪滤波器的一个主要目标是降低测量过程中噪声的影响。假设噪声是均值为零、方差为 σ_v^2 的随机过程，并且假设噪声之间不相关。

一维二阶线性时不变系统的协方差矩阵可表示如下：

$$\boldsymbol{C}(n\mid n)=\mathrm{E}[\boldsymbol{XX}^{\mathrm{T}}]=\begin{bmatrix}C_{xx} & C_{x\dot{x}}\\ C_{\dot{x}x} & C_{\dot{x}\dot{x}}\end{bmatrix}\tag{9.6.10}$$

这里每个元素 $C_{xy}=\mathrm{E}[\boldsymbol{xy}^{\mathrm{T}}]$。将式(9.6.4b)代入上式，得协方差矩阵为

$$\boldsymbol{C}(n\mid n)=\boldsymbol{AC}(n-1\mid n-1)\boldsymbol{A}^{\mathrm{T}}+\sigma_v^2\boldsymbol{KK}^{\mathrm{T}}\tag{9.6.11}$$

在稳态情况下，$\boldsymbol{C}(n|n)=\boldsymbol{C}(n-1|n-1)=\boldsymbol{C}$。

当输入只有噪声时，输出噪声的方差(功率)与输入噪声的方差(功率)之比即方差缩减率(VRR)，在稳定状态情况下，它表示滤波器对噪声的抑制程度。将式(9.6.6)～(9.6.9)代入式(9.6.11)，化简得出稳态噪声协方差矩阵：

$$\boldsymbol{C}=\frac{\sigma_v^2}{\alpha(4-2\alpha-\beta)}\begin{bmatrix}2\alpha^2-3\alpha\beta+2\beta & \dfrac{\beta(2\alpha-\beta)}{T}\\ \dfrac{\beta(2\alpha-\beta)}{T} & \dfrac{2\beta^2}{T^2}\end{bmatrix}\tag{9.6.12}$$

因此，位置和速率的 VRR 计算公式如下：

$$(\mathrm{VRR})_x=\frac{C_{xx}}{\sigma_v^2}=\frac{2\alpha^2-3\alpha\beta+2\beta}{\alpha(4-2\alpha-\beta)}\tag{9.6.13}$$

$$(\mathrm{VRR})_{\dot{x}}=\frac{C_{\dot{x}\dot{x}}}{\sigma_v^2}=\frac{1}{T^2}\frac{2\beta^2}{\alpha(4-2\alpha-\beta)}\tag{9.6.14}$$

由式(9.6.4)系统传递函数为

$$\begin{bmatrix}h_x(z)\\ h_{\dot{x}}(z)\end{bmatrix}=\frac{1}{z^2-z(2-\alpha-\beta)+(1-\alpha)}\begin{bmatrix}\alpha z\left(z-\dfrac{\alpha-\beta}{\alpha}\right)\\ \dfrac{\beta z(z-1)}{T}\end{bmatrix}\tag{9.6.15}$$

αβ 滤波器的稳定性取决于系统传递函数，该系统传递函数的根为

$$z_{1,2}=1-\frac{\alpha+\beta}{2}\pm\frac{1}{2}\sqrt{(\alpha-\beta)^2-4\beta}\tag{9.6.16}$$

为了满足稳定性，要求 $|z_{1,2}|<1$。当 $z_{1,2}$ 是实数时，要求 $\beta>0$，$\alpha>-\beta$；当 $z_{1,2}$ 是复数时，要求 $\alpha>0$。

αβ滤波器的系数 α、β 的选择，应考虑使用该滤波器的主要目标，αβ滤波器要实现以下两个目标：

(1) 跟踪器必须尽可能地降低测量噪声。

(2) 能够跟踪机动目标，跟踪错误率降到最低。

减少观测噪声一般取决于 VRR。但是，滤波器的跟踪性能很大程度上决定了参数 α、β 的选择。当参数 α、β 的选择满足下式时输出误差最小：

$$\beta = \frac{\alpha^2}{2-\alpha} \tag{9.6.17}$$

在这种情况下，位置和速率的 VRR 分别为

$$(\mathrm{VRR})_x = \frac{\alpha(6-5\alpha)}{\alpha^2-8\alpha+8} \tag{9.6.18}$$

$$(\mathrm{VRR})_{\dot{x}} = \frac{2}{T}\frac{\alpha^3/(2-\alpha)}{\alpha^2-8\alpha+8} \tag{9.6.19}$$

αβ滤波器的参数选取的另一种方式是基于平滑因子 $\xi(0<\xi<1)$ 的临界阻尼滤波器，参数选取为

$$\alpha = 1-\xi^2, \quad \beta = (1-\xi)^2 \tag{9.6.20}$$

深度平滑意味着 $\xi\to 1$，而轻度平滑意味着 $\xi\to 0$。这时式(9.6.10)噪声协方差矩阵的元素为

$$C_{xx} = \frac{1-\xi}{(1+\xi)^3}(1+4\xi+5\xi^2)\sigma_v^2 \tag{9.6.21}$$

$$C_{x\dot{x}} = C_{\dot{x}x} = \frac{1}{T}\frac{1-\xi}{(1+\xi)^3}(1+2\xi-3\xi^2)\sigma_v^2 \tag{9.6.22}$$

$$C_{\dot{x}\dot{x}} = \frac{2}{T^2}\frac{1-\xi}{(1+\xi)^3}(1-\xi)^2\sigma_v^2 \tag{9.6.23}$$

2. αβγ 滤波器

αβ滤波器对匀速运动目标具有良好的跟踪性能，但是不能对加速运动目标进行有效跟踪。αβγ滤波器可以对加速度恒定的目标进行有效跟踪。αβγ滤波器能够较好地平滑第 n 时刻的位置 x、速率 $\dot{x}$、加速度 $\ddot{x}$ 等信息，也能够预测第 $n+1$ 时刻的位置和速率，其结构框图如图 9.32 所示。

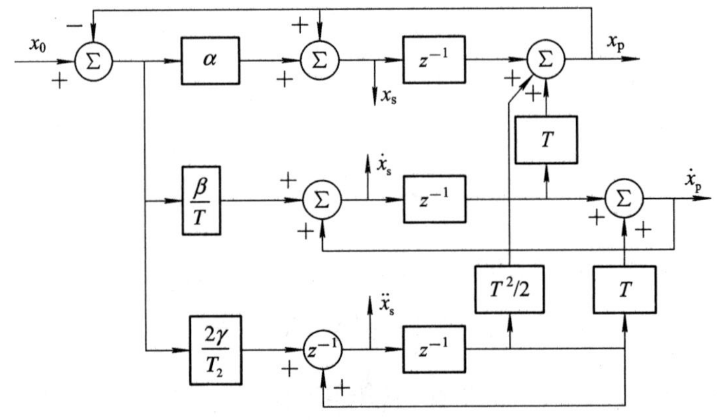

图 9.32 $\alpha\beta\gamma$ 滤波器的结构框图

针对加速度恒定、无稳态误差的输入 $x_0(n)$，为了降低输出误差，在估计平滑目标的位置、速度和加速度时，采用测量值与预测值之差的加权差，具体如下：

$$x_s(n)=x_p(n)+\alpha(x_0(n)-x_p(n)) \tag{9.6.24}$$

$$\dot{x}_s(n)=\dot{x}_s(n-1)+T\ddot{x}_s(n-1)+\frac{\beta}{T}(x_0(n)-x_p(n)) \tag{9.6.25}$$

$$\ddot{x}_s(n)=\ddot{x}_s(n-1)+\frac{2\gamma}{T^2}(x_0(n)-x_p(n)) \tag{9.6.26}$$

$$x_p(n+1)=x_s(n)+T\dot{x}_s(n)+\frac{T^2}{2}\ddot{x}_s(n) \tag{9.6.27}$$

初始条件为

$$x_s(1)=x_p(2)=x_0(1),\quad \dot{x}_s(1)=\ddot{x}_s(1)=\ddot{x}_s(2)=0$$
$$\dot{x}_s(2)=\frac{x_0(2)-x_0(1)}{T},\quad \ddot{x}_s(3)=\frac{x_0(3)+x_0(1)-2x_0(2)}{T^2}$$

则 αβγ 滤波器的状态转移矩阵、增益矢量、观测矢量等可以表示为

状态转移矩阵：
$$\boldsymbol{\Phi}=\begin{bmatrix}1 & T & T^2/2\\ 0 & 1 & T\\ 0 & 0 & 1\end{bmatrix} \tag{9.6.28}$$

增益矢量：
$$\boldsymbol{K}=\begin{bmatrix}\alpha\\ \beta/T\\ \gamma/T^2\end{bmatrix} \tag{9.6.29}$$

观测矢量：
$$\boldsymbol{G}=[1\quad 0\quad 0] \tag{9.6.30}$$

$$\boldsymbol{A}=(\boldsymbol{I}-\boldsymbol{KG})\boldsymbol{\Phi}=\begin{bmatrix}1-\alpha & (1-\alpha)T & (1-\alpha)T^2/2\\ -\beta/T & -\beta+1 & (1-\beta/2)T\\ -2\gamma/T^2 & -2\gamma/T & 1-\gamma\end{bmatrix} \tag{9.6.31}$$

将式(9.6.31)代入式(9.6.10)，计算位置、速度、加速度的 VRR 为

$$(\mathrm{VRR})_x=\frac{C_{xx}}{\sigma_v^2}=\frac{2\beta(2\alpha^2+2\beta-3\alpha\beta)-\alpha\gamma(4-2\alpha-\beta)}{(4-2\alpha-\beta)(2\alpha\beta+\alpha\gamma-2\gamma)} \tag{9.6.32}$$

$$(\mathrm{VRR})_{\dot{x}}=\frac{C_{\dot{x}\dot{x}}}{\sigma_v^2}=\frac{4\beta^3-4\beta^2\gamma+2\gamma^2(2-\alpha)}{T^2(4-2\alpha-\beta)(2\alpha\beta+\alpha\gamma-2\gamma)} \tag{9.6.33}$$

$$(\mathrm{VRR})_{\ddot{x}}=\frac{C_{\ddot{x}\ddot{x}}}{\sigma_v^2}=\frac{4\beta\gamma^2}{T^4(4-2\alpha-\beta)(2\alpha\beta+\alpha\gamma-2\gamma)} \tag{9.6.34}$$

与任何离散时间系统类似，当且仅当所有极点都落在单位圆内，滤波器才稳定。

αβγ 滤波器对应的临界衰减滤波器的增益系数为

$$\alpha=1-\xi^3 \tag{9.6.35}$$

$$\beta=1.5(1-\xi^2)(1-\xi)=1.5(1-\xi)^2(1+\xi) \tag{9.6.36}$$

$$\gamma=(1-\xi)^3 \tag{9.6.37}$$

ξ 为平滑系数，当 $\xi\to1$ 时，产生深度平滑，而当 $\xi=0$ 时没有平滑。

函数“ghk_tracker. m”是进行稳态 αβγ 滤波的仿真程序，其语法如下：

[*residual estimate*] = *ghk_tracker* (*X*0, *smoocof*, *npts*, *T*, *y*)

其中，各参数说明见表 9.2。

表 9.2 参 数 说 明

符 号	说 明	状 态
X0	初始状态向量	输入
smoocof	期望的平滑系数	输入
npts	输入点迹的点数	输入
T	取样间隔	输入
y	观测数据	输入
residual	输出的位置误差(残余)	输出
estimate	状态估计值	输出

为了说明如何使用函数 ghk_tracker.m，假设一目标它的初始时刻的距离为 1000 m，初始速度为 5 m/s，加速度为 2 m/s^2，因此在理想的情况下(不考虑噪声或干扰)，目标的运动轨迹为

$$x(t) = 1000 + 5t + t^2\ (\mathrm{m}) \tag{9.6.38}$$

若采样间隔为 0.1 s，采样点数为 100，平滑系数分别为 $\xi=0.1$ 和 $\xi=0.9$，则利用式(9.6.38a)、式(9.6.38b)和式(9.6.38c)可计算出与之相对应的临界衰减滤波器的增益系数。当 $\xi=0.1$ 时，增益系数 $\alpha=0.999$，$\beta=1.6335$，$\gamma=0.729$；当 $\xi=0.9$ 时，增益系数 $\alpha=0.271$，$\beta=0.0285$，$\gamma=0.001$。观测噪声为零均值、方差为 100 m^2。图 9.33 为这两种增益时对观测点迹的 $\alpha\beta\gamma$ 滤波结果，图 9.34 为这两种不同增益情况下点迹的估计误差。可见，利用 $\alpha\beta\gamma$ 滤波器可以减小观测点迹的误差。

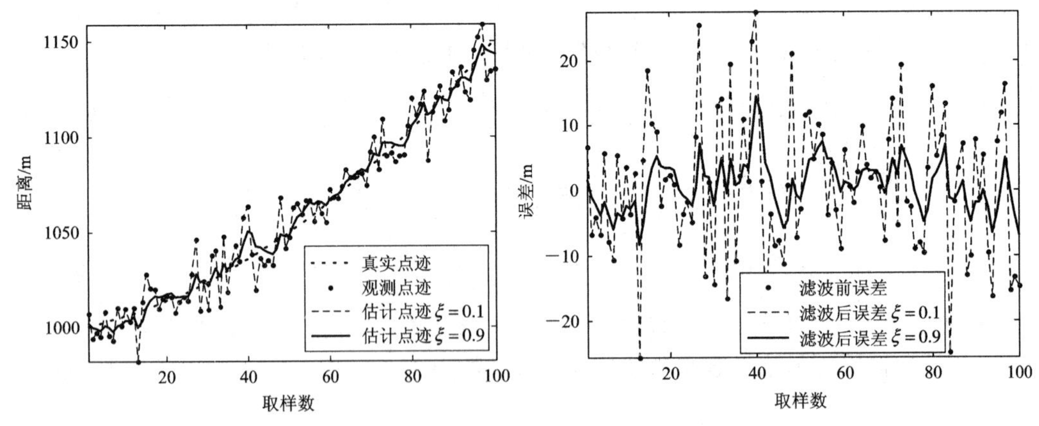

图 9.33 不同增益下的目标位置估计

图 9.34 不同增益下的估计误差

9.6.3 卡尔曼滤波器

1. 卡尔曼滤波器

只要能够准确地建立目标的动态模型，卡尔曼滤波器便可成为均方误差最小的线性估

计器。其它所有递归滤波器，如 αβγ 和 αβ 滤波器都是卡尔曼滤波器对均方估计问题一般解的特例。另外，卡尔曼滤波器有以下一些优点：

（1）增益系数是动态计算得到的，这就意味着同一个滤波器可以用于各种不同机动目标环境；

（2）卡尔曼滤波器的增益能够随不断变化着的检测过程自适应计算，包括漏检；

（3）卡尔曼滤波器能够提供协方差矩阵的精确测量，这使得选通及相关处理得以更好的实现；

（4）卡尔曼滤波器能够对无相关性和无关联性的影响进行部分补偿。

很多文献都给出了卡尔曼滤波器的详细推导过程，本书只给出推导的结果。图 9.35 所示为卡尔曼滤波器的结构方框图，其状态方程为

$$\boldsymbol{x}(n \mid n)=\boldsymbol{x}_{\mathrm{s}}(n)=\boldsymbol{x}(n \mid n-1)+\boldsymbol{K}(n)[\boldsymbol{y}(n)-\boldsymbol{G}\boldsymbol{x}(n \mid n-1)] \tag{9.6.39}$$

测量矢量为

$$\boldsymbol{y}(n)=\boldsymbol{G}\boldsymbol{x}(n)+\boldsymbol{v}(n) \tag{9.6.40}$$

其中，$\boldsymbol{v}(n)$是零均值、协方差为 $\mathscr{R}_{\mathrm{c}}$的高斯白噪声，

$$\mathscr{R}_{\mathrm{c}}=\mathrm{E}\{\boldsymbol{y}(n)\boldsymbol{y}^{\mathrm{T}}(n)\} \tag{9.6.41}$$

其增益矢量可由下式计算

$$\boldsymbol{K}(n)=\boldsymbol{P}(n \mid n-1)\boldsymbol{G}^{\mathrm{T}}[\boldsymbol{G}\boldsymbol{P}(n \mid n-1)\boldsymbol{G}^{\mathrm{T}}+\mathscr{R}_{\mathrm{c}}]^{-1} \tag{9.6.42}$$

测量噪声矩阵 $\boldsymbol{P}$ 表示预测器的协方差矩阵，即

$$\boldsymbol{P}(n+1 \mid n)=\mathrm{E}\{\boldsymbol{x}_{\mathrm{s}}(n+1)\boldsymbol{x}_{\mathrm{s}}^{\mathrm{T}}(n)\}=\boldsymbol{\Phi}\boldsymbol{P}(n \mid n)\boldsymbol{\Phi}^{\mathrm{T}}+\boldsymbol{Q} \tag{9.6.43}$$

$\boldsymbol{Q}$ 是系统噪声 $\boldsymbol{u}(n)$的协方差矩阵

$$\boldsymbol{Q}=\mathrm{E}\{\boldsymbol{u}(n)\boldsymbol{u}^{\mathrm{T}}(n)\} \tag{9.6.44}$$

校正方程(平滑估计的协方差)为

$$\boldsymbol{P}(n \mid n)=[\boldsymbol{I}-\boldsymbol{K}(n)\boldsymbol{G}]\boldsymbol{P}(n \mid n-1) \tag{9.6.45}$$

预测器方程为

$$\boldsymbol{x}(n+1 \mid n)=\boldsymbol{\Phi}\boldsymbol{x}(n \mid n) \tag{9.6.46}$$

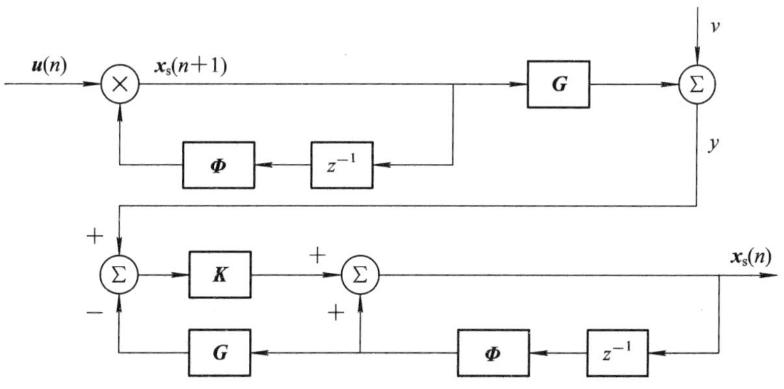

图 9.35 卡尔曼滤波器的构成

2. 辛格(Singer)αβγ-卡尔曼滤波器

辛格滤波器是卡尔曼滤波器的一个特例，该滤波器由一个动目标模型控制，模型的加

速度是一个随机过程，其自相关函数如下：

$$E\{\ddot{x}(t)\ddot{x}(t+t_1)\} = \sigma_a^2 e^{-\frac{|t_1|}{\tau_m}} \tag{9.6.47}$$

其中，τ_m是由于目标机动或大气扰动所引起的加速度的相关时间。对于快速机动目标，τ_m不到10秒，而对于慢机动目标，τ_m可高于60秒。利用一阶马尔科夫过程定义随机目标的加速度模型，具体如下：

$$\ddot{x}(n+1) = \rho_m \ddot{x}(n) + \sqrt{1-\rho_m^2}\sigma_m w(n) \tag{9.6.48}$$

其中，$w(n)$是一个具有零均值、单位方差的高斯随机变量；σ_m是动态标准偏差，动态相关系数ρ_m由下式给出

$$\rho_m = e^{-\frac{T}{\tau_m}} \tag{9.6.49}$$

满足上述条件的连续时域系统与Wiener-Kolmogorov"白化"滤波器一样，Wiener-Kolmogorov"白化"滤波器由下面的微分方程定义

$$\frac{d}{dt}v(t) = -\beta_m v(t) + w(t) \tag{9.6.50}$$

其中，β_m等于$\frac{1}{\tau_m}$。由辛格模型得到的动态方差为

$$\sigma_m^2 = \frac{A_{\max}^2}{3}[1 + 4P_{\max} - P_0] \tag{9.6.51}$$

$A_{\max}$是概率为$P_{\max}$的目标加速度的最大值，P_0是目标加速度为零的概率。辛格滤波器的转换矩阵为

$$\boldsymbol{\Phi} = \begin{bmatrix} 1 & T & \frac{1}{\beta_m^2}(-1+\beta_m T+\rho_m) \\ 0 & 1 & \frac{1}{\beta_m}(1-\rho_m) \\ 0 & 0 & \rho_m \end{bmatrix} \tag{9.6.52}$$

当$T\beta_m = \frac{T}{\tau_m}$较小（目标有恒定加速度）时，通常观测间隔$T$要比机动时间常数$\tau_m$小得多，因此，式(9.6.52)可近似为

$$\boldsymbol{\Phi} = \begin{bmatrix} 1 & T & T^2/2 \\ 0 & 1 & T(1-T/2\tau_m) \\ 0 & 0 & \rho_m \end{bmatrix} \tag{9.6.53}$$

Singer推导的协方差矩阵等于

$$\boldsymbol{C} = \frac{2\sigma_m^2}{\tau_m^2}\begin{bmatrix} C_{11} & C_{12} & C_{13} \\ C_{21} & C_{22} & C_{23} \\ C_{31} & C_{32} & C_{33} \end{bmatrix} \tag{9.6.54}$$

其中

$$C_{11}=\sigma_x^2=\frac{1}{2\beta_m^5}\left[1-\mathrm{e}^{-2\beta_m}T+2\beta_m T+\frac{2\beta_m^3T^3}{3}-2\beta_m^2T^2-4\beta_m T\mathrm{e}^{-\beta_m T}\right] \tag{9.6.55a}$$

$$C_{12}=C_{21}=\frac{1}{2\beta_m^4}\left[\mathrm{e}^{-2\beta_m}T+1-2\mathrm{e}^{-\beta_m T}+2\beta_m T\mathrm{e}^{-\beta_m T}+2\beta_m T\mathrm{e}^{-\beta_m T}+\beta_m^2T^2\right] \tag{9.6.55b}$$

$$C_{13}=C_{31}=\frac{1}{2\beta_m^3}\left[1-\mathrm{e}^{-2\beta_m T}-2\beta_m T\mathrm{e}^{-\beta_m T}\right] \tag{9.6.55c}$$

$$C_{22}=\frac{1}{2\beta_m^3}\left[4\mathrm{e}^{-\beta_m T}-3-2\mathrm{e}^{-2\beta_m T}+2\beta_m T\right] \tag{9.6.55d}$$

$$C_{23}=C_{32}=\frac{1}{2\beta_m^2}\left[\mathrm{e}^{-2\beta_m T}+1-2\mathrm{e}^{-\beta_m T}\right] \tag{9.6.55e}$$

$$C_{33}=\frac{1}{2\beta_m}\left[1-\mathrm{e}^{-2\beta_m T}\right] \tag{9.6.55f}$$

下面讨论两种极限情况：

(1) $T\ll\tau_m$。

$$\lim_{\beta_m T\to 0}\boldsymbol{C}=\frac{2\sigma_m^2}{\tau_m}\begin{bmatrix}\frac{T^5}{20} & \frac{T^4}{8} & \frac{T^3}{6}\\ \frac{T^4}{8} & \frac{T^3}{3} & \frac{T^2}{2}\\ \frac{T^3}{6} & \frac{T^2}{2} & T\end{bmatrix} \tag{9.6.56}$$

状态转移矩阵为

$$\lim_{\beta_m T\to 0}\boldsymbol{\Phi}=\begin{bmatrix}1 & T & \frac{T^2}{2}\\ 0 & 1 & T\\ 0 & 0 & 1\end{bmatrix} \tag{9.6.57}$$

这与 αβγ 滤波器(恒定的加速度)一致。

(2) $T\gg\tau_m$。

这种情况表示加速度为一白噪声过程，相应的协方差和转移矩阵分别为

$$\lim_{\beta_m T\to\infty}\boldsymbol{C}=\sigma_m^2\begin{bmatrix}\frac{2T^3\tau_m}{3} & T^2\tau_m & \tau_m^2\\ T^2\tau_m & 2T\tau_m & \tau_m\\ \tau_m^2 & \tau_m & 1\end{bmatrix} \tag{9.6.58}$$

$$\lim_{\beta_m T\to\infty}\boldsymbol{\Phi}=\begin{bmatrix}1 & T & T\tau_m\\ 0 & 1 & \tau_m\\ 0 & 0 & 0\end{bmatrix} \tag{9.6.59}$$

$T\gg\tau_m$时，互协方差项 C_{13} 和 C_{23} 变得很小，这意味着无法估计加速度。因此用一个两状态滤波器模型来代替上述三态滤波器模型，即

$$\boldsymbol{C}=2\sigma_m^2\tau_m\begin{bmatrix}T^3/3 & T^2/2\\ T^2/2 & T\end{bmatrix} \tag{9.6.60}$$

$$\boldsymbol{\Phi} = \begin{bmatrix} 1 & T \\ 0 & 1 \end{bmatrix} \tag{9.6.61}$$

函数“kalman_filter.m”实现某一状态的 Singer-αβγ 卡尔曼滤波器，其语法如下：

$[x, P]$=kalman_filter($x1$, $P1$, PHI, Q, H, R, y)

其中，各参数说明见表 9.3。

表 9.3　参 数 说 明

符　号	说　　明	状　态
$x1$	前一时刻状态值	输入
$P1$	前一时刻状态协方差矩阵	输入
PHI	状态转移矩阵	输入
Q	系统噪声协方差矩阵	输入
H	观测矩阵	输入
R	观测噪声协方差矩阵	输入
y	观测数据	输入
x	当前时刻状态值	输出
P	当前时刻协方差矩阵	输出

为了直观说明卡尔曼滤波器对点迹跟踪滤波的效果，考虑与图 9.33 相同的输入观测点迹。采样间隔也为 0.1 s，采样点数为 100。图 9.36 为与之相对应的观测轨迹和估计轨迹图，观测噪声为零均值、方差为 100 m^2 的高斯白噪声，系统噪声为零均值、方差为 20 m^2 的高斯白噪声。图 9.37 为卡尔曼滤波前、后的观测误差比较。由此可见，经过卡尔曼滤波可以减小观测点迹的误差。

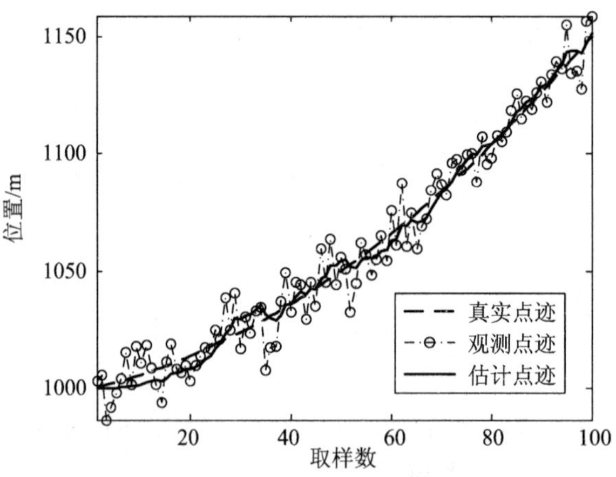

图 9.36　观测点迹与估计点迹

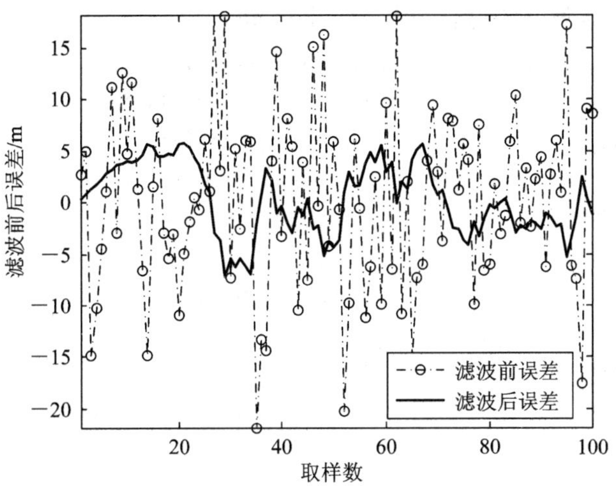

图 9.37　滤波前后误差比较

9.7　本章 MATLAB 程序

本节给出本章所用的 MATLAB 程序和函数。为了增进对原理的理解，希望读者使用不同的输入参数重新运行这些程序。

程序 9.1　单脉冲测量的仿真(mono_pulse.m)

```
function mono_pulse(phi0)                    % phi0 为跟踪轴偏离波束轴的偏角
eps = 0.0000001;
angle = -pi: 0.01: pi;
y1 = sinc(angle + phi0);
y2 = sinc(angle - phi0);
ysum = y1 + y2;                              % 计算和波束方向图
ydif = -y1 + y2;                             % 计算差波束方向图
subplot (2, 2, 1); plot (angle, y1, 'b', angle, y2, 'r'); grid;
xlabel ('方位(弧度)'), ylabel ('响应');
subplot (2, 2, 2); plot(angle, ysum, 'k'); grid;
xlabel ('方位(弧度)'), ylabel ('和波束');
subplot (2, 2, 3); plot (angle, ydif, 'k'); grid;
xlabel ('方位(弧度)'), ylabel ('差波束');
angle = -pi/4: 0.01: pi/4;
y1 = sinc(angle + phi0);
y2 = sinc(angle - phi0);
ydif = -y1 + y2;
ysum = y1 + y2;
dovrs = ydif ./ ysum;                        % 计算差和比
subplot (2, 2, 4); plot (angle, dovrs, 'k'); grid;
xlabel ('方位(弧度)'), ylabel (' 差和比')
```

程序 9.2　αβγ 滤波器的仿真(ghk_tracker.m)

```
function [residual estimate] = ghk_tracker (X0, smoocof, npts, T, y)
X = X0;                                         %初始状态向量
theta = smoocof;                                %平滑系数
K=[1-(theta^3), 1.5*(1+theta)*((1-theta)^2)/T, ((1-theta)^3)/(T^2)]';%增益矩阵
PHI = [1. T (T^2)/2.; 0. 1. T; 0. 0. 1.];       % 状态转移矩阵
for rn = 1: npts
    XN=PHI*X;                                   %利用传递矩阵预测下一个状态
    residual(rn)=y(rn)-XN(1);
    tmp=K* residual(rn);
    X=XN+tmp;                                   % 计算下一个状态值
    estimate(rn)=X(1);
end
return
```

程序 9.3　卡尔曼滤波器的仿真(kalman_filter.m)

```
function [x, P]=kalman_filter(x1, P1, PHI, Q, H, R, y)
%x1为前一时刻状态值；P1为前一时刻协方差矩阵；PHI为状态转移矩阵；Q为系统噪声的协方差矩阵；H为观测矩阵；R为观测噪声协方差；y为观测值
  x = PHI * x1;
  P = PHI * P1 * PHI' + Q;
  IM = H*x;
  IS = (R + H*P*H');
  K = P*H'/IS;
  x = x+ K * (y-IM);
  P = P - K*IS*K';
```

程序 9.4　αβγ 滤波器的计算实例

```
T=0.1;                                  %采样周期
npts=100;                               %采样点数
t=T: T: npts*T;
inp=1000+5*t+t.^2;                      %真实点迹
nvar=100;                               %观测噪声方差
noise=sqrt(nvar)*randn(1, npts);        %噪声
y=inp+noise;                            %观测点迹
X0=[1000 0 0]';
smoocof1=0.1;                           %小平滑系数
smoocof2=0.9;                           %大平滑系数
[residual1 estimate1] = ghk_tracker (X0, smoocof1, npts, T, y);  %小平滑系数时滤波
[residual2 estimate2] = ghk_tracker (X0, smoocof2, npts, T, y);  %大平滑系数时滤波
figure;
plot(1: npts, inp, ':', 1: npts, y, 'b.', 1: npts, estimate1, 'k--', 1: npts, estimate2, 'r-');
figure;
plot(1: npts, noise, 'k.', 1: npts, estimate1-inp, 'k--', 1: npts, estimate2-inp, 'r-');
```

程序 9.5　卡尔曼滤波器的计算实例

```
T=0.1;                                    %点迹采样间隔
npts=100;                                 %点迹数目
t=T:T:npts*T;
inp=1000+5*t+t.^2;                        %真实点迹
R=100;                                    %观测噪声协方差
nvar=20;                                  %系统噪声协方差
noise=sqrt(R)*randn(1,npts);              %产生噪声
y=inp+noise;                              %观测值
x = [1010;0;0];                           %初始状态值
P = diag([0.1 2 0.1]);                    %初始协方差
PHI=[1 T (T^2)/2;0 1 T;0 0 1];            %状态转移矩阵
Q=nvar*[(T^5)/20 (T^4)/8 (T^3)/6;(T^4)/8 (T^3)/3 (T^2)/2;(T^3)/6 (T^2)/2 T];
                                          %噪声协方差矩阵
H = [1 0 0];                              %观测矩阵
estimate=zeros(1,size(y,2));              %初始化估计值
error=zeros(1,size(y,2));                 %初始化估计误差
for k=1:size(y,2)
   [x,P]=kalman_filter(x,P,PHI,Q,H,R,y(k));
   estimate(k)=x(1);
   error(k)=inp(k)-estimate(k);%估计误差等于真实值减去估计值
end
figure;plot(1:npts,inp,'b--',1:npts,y,'ro',1:npts,estimate,'k-');
xlabel('取样数');
ylabel('位置 /m');
legend('真实点迹','观测点迹','估计点迹');axis tight
figure;plot(1:npts,noise,'ro',1:npts,error,'k-');
xlabel('取样数');
ylabel('滤波前后误差 /m');
legend('滤波前误差','滤波后误差');axis tight;
```

本章附录　噪声背景下的最佳估计

参量估值就是要根据观测数据来构造一个函数。该函数应能充分利用这一组观测数据的信息，以便由它获得参量的最佳估值。参量估值的方法很多，例如代价最小的贝叶斯估值法、最大后验估值法、最大似然估值法、最小均方差估值法等。在雷达中由于既得不到代价函数又无法知道参量的先验知识，故实现最佳估值的途径是最大似然估值法，它是一种非线性估值方法。下面简要介绍在高斯白噪声背景下最大似然法的测量精度。

一、最大似然估计

接收机输入端的波形 $x(t)$是信号加噪声 $n(t)$，即 $x(t)=s(t;\beta)+n(t)$，并已检测到目

标。对于给定参量β的情况下，$x(t)$在t时刻的概率密度函数(PDF)记为$p(x|\beta)$。由于参数β是待测量的(β可以是距离、方位、仰角或径向速度)，它的先验PDF为$p(\beta)$。某一固定时刻t，$x(t)$为一随机变量，$x(t)$和β的联合PDF为

$$p(x, \beta) = p(\beta)p(x|\beta) \tag{9.A.1}$$

根据贝叶斯定理，有

$$p(\beta|x) = \frac{p(\beta)p(x|\beta)}{p(x)} \tag{9.A.2}$$

如果能得到$p(\beta|x)$的最大值，那么该最大值对应的β具有最大概率，或者最大似然。运用这种理论对参数β进行估计就称为最大似然估计(Maximum Likelihood Estimate, MLE)，表示为β_{est}。

当$\beta=\beta_{est}$时，$p(\beta|x)$有最大值，即满足

$$\left[\frac{\partial p(\beta|x)}{\partial\beta}\right]_{\beta=\beta_{est}} = 0 \tag{9.A.3}$$

由式(9.A.2)和式(9.A.3)得，

$$\left[\frac{\partial p(\beta|x)}{\partial\beta}\right]_{\beta=\beta_{est}} = \left[\frac{\partial p(\beta)}{\partial\beta}p(x|\beta) + p(\beta)\frac{\partial p(x|\beta)}{\partial\beta}\right]_{\beta=\beta_{est}} = 0 \tag{9.A.4}$$

即

$$\left[p(\beta)\frac{\partial p(x|\beta)}{\partial\beta}\right]_{\beta=\beta_{est}} = -\left[p(x|\beta)\frac{\partial p(\beta)}{\partial\beta}\right]_{\beta=\beta_{est}} \tag{9.A.5}$$

一般地，$s(t)$中包含一组参数$\{\beta_1, \beta_2, \cdots, \beta_M\}$，用参数矢量$\boldsymbol{\beta}$表示为

$$\boldsymbol{\beta} = [\beta_1 \quad \beta_2 \quad \cdots \quad \beta_M]^{\mathrm{T}} \tag{9.A.6}$$

对于这种多维情况，由式(9A.2)得对应的多维联合PDF为

$$p(\boldsymbol{\beta}|\boldsymbol{x}) = \frac{p(\boldsymbol{\beta})p(\boldsymbol{x}|\boldsymbol{\beta})}{p(\boldsymbol{x})} \tag{9.A.7}$$

式中，$p(\boldsymbol{\beta}|\boldsymbol{x})$为给定矢量$\boldsymbol{x}$时矢量$\boldsymbol{\beta}$的PDF；$p(\boldsymbol{\beta})$为矢量$\boldsymbol{\beta}$的先验PDF；$p(\boldsymbol{x}|\boldsymbol{\beta})$为给定$\boldsymbol{\beta}$时矢量$\boldsymbol{x}$的PDF；$p(\boldsymbol{x})$为矢量$\boldsymbol{x}$的PDF。同理由式(9.A.5)得，

$$\left[p(\boldsymbol{\beta})\frac{\partial p(\boldsymbol{x}|\boldsymbol{\beta})}{\partial\beta_k}\right]_{\beta_k=\beta_{k,\,est}} = -\left[p(\boldsymbol{x}|\boldsymbol{\beta})\frac{\partial p(\boldsymbol{\beta})}{\partial\beta_k}\right]_{\beta_k=\beta_{k,\,est}}, \ k=1, 2, \cdots, M \tag{9.A.8}$$

一般情况下，对一个参数β_k进行估计，在式(9.A.8)中，假设参数$\{\beta_j, j=1,\cdots,M, j\neq k\}$是已知的，也就是$\beta_k$的最大似然估计是在其它参数已知的情况下得到的。

已知所有未知参数$\{\beta_j, j=1\sim M\}$的PDF，这些PDF在某一区域上为常数，而在该区域外是零，如图9.38所示。参数β_k在$\beta_{k0}-(\Delta\beta_k/2)$和$\beta_{k0}+(\Delta\beta_k/2)$之间出现的概率处处相等，并且参数$\beta_k$的似然值不随$|\beta_k-\beta_{k0}|$的增大而增大。

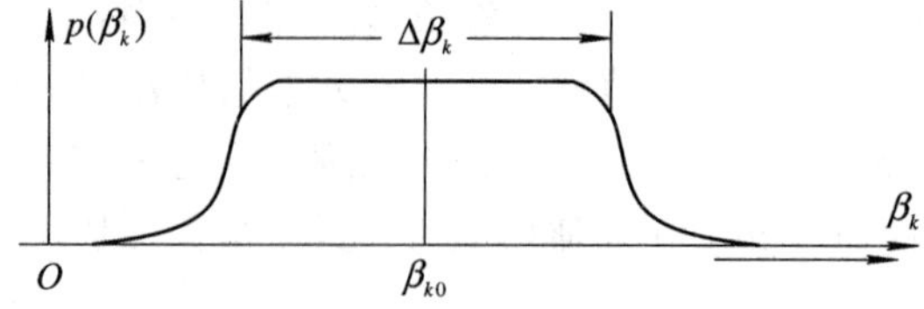

图9.38　变量β_k的先验PDF

给定所有参数 $\boldsymbol{\beta}$ 的先验概率，则式(9.A.8)右边的$\frac{\partial p(\boldsymbol{\beta})}{\partial \beta_k}$项在整个 β_k 先验已知的区域中等于零，且 $p(\boldsymbol{\beta})\neq 0$，于是，式(9.A.8)变为

$$\left[\frac{\partial p(\boldsymbol{x}\mid\boldsymbol{\beta})}{\partial \beta_k}\right]_{\beta_k=\beta_{k,\,\mathrm{est}}}=0 \tag{9.A.9}$$

假设 $p(\boldsymbol{x}\mid\boldsymbol{\beta})$是呈高斯分布的多变量 PDF，并且采样间隔大于噪声相关时间，则

$$p(\boldsymbol{x}\mid\boldsymbol{\beta})=\prod_{l=1}^{N}p(x_l\mid\boldsymbol{\beta}) \tag{9.A.10}$$

式中，$p(x_l\mid\boldsymbol{\beta})$是第 l 次采样的 PDF。将式(9.A.10)代入式(9.A.9)，可得

$$\left[\sum_{l=1}^{N}\frac{\partial}{\partial \boldsymbol{\beta}_k}(\ln p(x_l\mid\beta))\right]_{\beta_k=\beta_{k,\,\mathrm{est}}}=0 \tag{9.A.11a}$$

$$\sum_{l=1}^{N}\frac{\partial}{\partial \beta_k}\left[x_l^{\,2}-2x_l s_l(\boldsymbol{\beta})+s_l^{\,2}(\boldsymbol{\beta})\right]\Big|_{\beta_k=\beta_{k,\,\mathrm{est}}}=0 \tag{9.A.11b}$$

式(9.A.11b)等效于

$$\left[\frac{\partial}{\partial \beta_k}\Big(\sum_{l=1}^{N}x_l s_l(\boldsymbol{\beta})\Big)=\frac{\partial}{\partial \beta_k}\Big(\frac{1}{2}\sum_{l=1}^{N}s_l^2(\boldsymbol{\beta})\Big)\right]_{\beta_k=\beta_{k,\,\mathrm{est}}} \tag{9.A.11c}$$

将上式的离散型变成连续型形式，可得

$$\left[\frac{\partial}{\partial \beta_k}\Big(\int_{-\infty}^{\infty}x(t)s(t;\boldsymbol{\beta})\mathrm{d}t\Big)=\frac{\partial}{\partial \beta_k}\Big(\frac{1}{2}\int_{-\infty}^{\infty}s^2(t;\boldsymbol{\beta})\mathrm{d}t\Big)\right]_{\beta_k=\beta_{k,\,\mathrm{est}}} \tag{9.A.11d}$$

利用式(9.A.11d)可对雷达坐标(参数 β 分别为角度 θ、时延 τ 和多普勒频率 f_{d})进行估计并且推导其测量精度。

二、时延的估计精度

下面以时延参数 τ 为例进行讨论。由于雷达在角度上的分辨主要由天线方向图决定，而距离和多普勒分辨能力则取决于雷达的信号形式以及相应的信号处理方法。因此，首先假设期望接收到的中频脉冲信号为

$$s_{\exp}(t-\tau)=\begin{cases}\alpha\cos(\omega(t-\tau)+\psi); & |t|\leqslant\dfrac{T}{2}\\ 0; & |t|>\dfrac{T}{2}\end{cases} \tag{9.A.12}$$

其中，$s_{\exp}(t)$为期望信号，α 为期望信号的幅度，ψ 为期望信号的初始相位，τ 为时延。

单基地雷达中，一般通过估计脉冲到达时间来实现对距离的估计。此时，式(9.A.11d)中需估计的参数 β 定义为 τ，信号为：

$$s(t;\tau)=s(t-\tau) \tag{9.A.13}$$

由式(9.A.11d)和式(9.A.13)得：

$$\begin{aligned}\frac{\partial}{\partial \tau}\Big(\int_{-\infty}^{\infty}x(t)s(t-\tau)\mathrm{d}t\Big)\Big|_{\tau=\tau_{\mathrm{est}}}&=\frac{\partial}{\partial \tau}\Big(\frac{1}{2}\int_{-\infty}^{\infty}s^2(t-\tau)\mathrm{d}t\Big)\Big|_{\tau=\tau_{\mathrm{est}}}\\ &=\frac{1}{2}\frac{\partial}{\partial \tau}\Big(\int_{-\infty}^{\infty}s^2(t')\mathrm{d}t'\Big)=0\end{aligned} \tag{9.A.14}$$

对上式中的 $x(t)$和 $s(t-\tau)$作傅里叶变换得

$$\frac{\partial}{\partial \tau}\left(\int_{-\infty}^{\infty} x(t) s(t-\tau) \mathrm{d}t\right)\bigg|_{\tau=\tau_{\mathrm{est}}} = \frac{\mathrm{j}}{2\pi}\int_{-\infty}^{\infty} \omega X(\omega) S^{*}(\omega) \mathrm{e}^{\mathrm{j}\omega\tau_{\mathrm{est}}} \mathrm{d}\omega = 0 \tag{9. A. 15}$$

式中，$S^{*}(\omega)$为$S(\omega)$的共轭，$S(\omega)$是期望信号的傅里叶变换，$X(\omega)$是实际接收的信号加噪声的傅里叶变换。

$$X(\omega) = S(\omega)\mathrm{e}^{-\mathrm{j}\omega\tau_{\mathrm{act}}} + N(\omega) \tag{9. A. 16}$$

这里 τ_{act}是实际到达时间，$N(\omega)$是噪声的傅里叶变换。

将式(9. A. 16)代入式(9. A. 15)得：

$$\int_{-\infty}^{\infty} \omega |S(\omega)|^{2} \mathrm{e}^{\mathrm{j}\omega\Delta\tau} \mathrm{d}\omega = -\int_{-\infty}^{\infty} \omega N(\omega) S^{*}(\omega) \mathrm{e}^{\mathrm{j}\omega\tau_{\mathrm{est}}} \mathrm{d}\omega \tag{9. A. 17}$$

对式(9. A. 17)双边的绝对值平方作平均，则等式左边为信号功率，等式右边为噪声平均功率。在时间 T 内，上式中的噪声平均功率为

$$\langle P_N \rangle = T\int_{-\infty}^{\infty}\int_{-\infty}^{\infty} \omega_1\omega_2 S^{*}(\omega_1)S(\omega_2)\mathrm{e}^{\mathrm{j}(\omega_1-\omega_2)\tau_{\mathrm{est}}} \frac{\langle N(\omega_1)N^{*}(\omega_2)\rangle}{T}\mathrm{d}\omega_1\mathrm{d}\omega_2 \tag{9. A. 18}$$

在信号频带内，噪声谱近似均匀分布，则

$$T\lim_{T\to\infty}\frac{\langle N(\omega_1)N^{*}(\omega_2)\rangle}{T} = 2\pi N_0\delta(\omega_1-\omega_2) \tag{9. A. 19}$$

N_0为噪声的功率谱密度(单位为 W/Hz，即单位带宽上的功率)。因此，噪声功率可化为

$$\langle P_N \rangle = 2\pi N_0 \int_{-\infty}^{\infty} \omega^{2} |s(\omega)|^{2} \mathrm{d}\omega \tag{9. A. 20}$$

对式(9. A. 17)左边取模平方，得到信号功率为

$$P_s = \left|\int_{-\infty}^{\infty} \omega |S(\omega)|^{2} \sin(\omega\varepsilon_{\tau})\mathrm{d}\omega\right|^{2} \tag{9. A. 21}$$

其中，ε_{τ}表示估计值τ_{est}与真实值τ_{act}之间的误差，即$\varepsilon_{\tau}=\tau_{\mathrm{est}}-\tau_{\mathrm{act}}$。如果估计误差$\varepsilon_{\tau}$足够小，则 $\sin(\omega\varepsilon_{\tau})$在$|S(\omega)|^{2}$谱范围内近似等于其幂级数的第一项，$\sin(\omega\varepsilon_{\tau})\approx\omega\varepsilon_{\tau}$。那么，由式(9. A. 17)、式(9. A. 20)和式(9. A. 21)可得：

$$\langle P_s \rangle = \langle(\varepsilon_{\tau})^{2}\rangle\left|\int_{-\infty}^{\infty}\omega^{2}|S(\omega)|^{2}\mathrm{d}\omega\right|^{2} = 2\pi N_0\int_{-\infty}^{\infty}\omega^{2}|S(\omega)|^{2}\mathrm{d}\omega \tag{9. A. 22}$$

则由接收机噪声所引起的参数 τ 估计的均方根误差为

$$\sigma_{\tau} = \sqrt{\langle(\varepsilon_{\tau})^{2}\rangle} = \sqrt{\frac{2\pi N_0}{\int_{-\infty}^{\infty}\omega^{2}|S(\omega)|^{2}\mathrm{d}\omega}} = \frac{1}{\beta_{\omega}\sqrt{\rho_0}} \tag{9. A. 23}$$

其中，$\beta_{\omega} = \left[\dfrac{\int_{-\infty}^{\infty}\omega^{2}|S(\omega)|^{2}\mathrm{d}\omega}{\int_{-\infty}^{\infty}|S(\omega)|^{2}\mathrm{d}\omega}\right]^{\frac{1}{2}}$为信号有效带宽(单位为弧度 / 秒)；

$\rho_0=\dfrac{E_s}{N_0}$为信号能量 $E_s=\dfrac{1}{2\pi}\int_{-\infty}^{\infty}|S(\omega)|^{2}\mathrm{d}\omega$ 与噪声的功率谱密度 N_0之比。

对于普通脉冲信号，时宽带宽积 $BT=1$，由于信号的平均功率 $S=E/T$，输入噪声的平均功率 $N=N_0B$，则

$$\rho_0 = \frac{E_s}{N_0} = \frac{S\cdot T}{N/B} = \frac{S}{N} = \mathrm{SNR}$$

因此，ρ_0也就是匹配滤波器的输出信噪比。

三、频率的估计精度

单基地雷达中速度的测量等效于多普勒频移的测量。频率估计的另一个应用是在调频连续波(FMCW)雷达中，用瞬时频率来测量距离。

频率 ω 包含在中频信号中，参考信号为

$$s(t,\ \omega) = p(t)\cos(\omega t + \psi) \tag{9. A. 24}$$

$p(t)$的持续时间为 T_i，$T_i \gg 2\pi/\omega$。

将式(9. A. 24)代入式(9. A. 11d)，对估计的频率 ω_{est}，

$$\frac{\partial}{\partial\omega}\left[\int_{-\infty}^{\infty} x(t)p(t)\cos(\omega t + \psi)\mathrm{d}t\right]_{\omega=\omega_{est}} = \frac{\partial}{\partial\omega}\left[\frac{1}{4}\int_{-\infty}^{\infty} p^2(t)[1+\cos(2\omega t + 2\psi)]\mathrm{d}t\right]_{\omega=\omega_{est}} \tag{9. A. 25}$$

当 $T_i \gg 2\pi/\omega$ 时，上式右边的第二项积分可近似为零，而第一项与 ω 无关，则右边为零，即

$$\int_{-\infty}^{\infty} tx(t)p(t)\sin(\omega_{est}t + \psi)\mathrm{d}t = 0 \tag{9. A. 26}$$

或等效于

$$U_s(\omega_{est})\cos\psi + U_c(\omega_{est})\sin\psi = 0 \tag{9. A. 27}$$

这里，

$$U_s(\omega) = \int_{-\infty}^{\infty} tp(t)x(t)\sin(\omega t)\mathrm{d}t$$

$$U_c(\omega) = \int_{-\infty}^{\infty} tp(t)x(t)\cos(\omega t)\mathrm{d}t$$

给定相位 ψ，根据式(9. A. 27)，频率 ω 的最优估计就是找到ω_{est}，使其满足

$$\left[\frac{U_s(\omega)}{U_c(\omega)}\right]_{\omega=\omega_{est}} = -\tan\psi \tag{9. A. 28}$$

若用式(9. A. 24)来表示实际信号，ω 为实际信号频率，记为 ω_{act}。在考虑噪声的情况下，观测信号为

$$x(t) = p(t)\cos(\omega_{act}t + \psi) + n(t) \tag{9. A. 29}$$

将式(9. A. 29)代入式(9. A. 11d)，

$$\frac{1}{2}\int_{-\infty}^{\infty} tp^2(t)[\sin(\Delta\omega t) + \sin((\omega_{est}+\omega_{act})t + 2\psi)]\mathrm{d}t = -\int_{-\infty}^{\infty} tp(t)n(t)\sin(\omega_{est}t + \psi)\mathrm{d}t \tag{9. A. 30}$$

其中，$\Delta\omega = \omega_{est} - \omega_{act}$，为频率的估计误差。

当 $T_i \gg 2\pi/\omega$ 时，$\omega=\omega_{est}$或$\omega=\omega_{act}$，上式左边第二项积分可忽略，然后对两边求绝对值的平方，再求平均得：

$$\frac{1}{4}\left\langle\left|\int_{-\infty}^{\infty} tp^2(t)\sin(\Delta\omega t)\mathrm{d}t\right|^2\right\rangle = \int_{-\infty}^{\infty}\int_{-\infty}^{\infty} t_1 t_2 p(t_1)p(t_2)\langle n(t_1)n(t_2)\rangle \cdot \sin(\omega_{est}t_1 + \psi)\sin(\omega_{est}t_2 + \psi)\mathrm{d}t_1\mathrm{d}t_2 \tag{9. A. 31}$$

假设噪声为高斯白噪声，$\langle n(t_1)n(t_2)\rangle = N_0\delta(t_1 - t_2)$，$N_0$为噪声功率密度。$\Delta\omega$ 足够

小，$\sin(\omega\Delta t)$可用其幂级数的第一项代替，则有

$$\langle(\Delta\omega)^2\rangle\left|\int_{-\infty}^{\infty}t^2p^2(t)\mathrm{d}t\right|^2=2N_0\int_{-\infty}^{\infty}t^2p^2(t)\mathrm{d}t \tag{9.A.32}$$

对上式两边取平方根并移项，频率 ω 估计的均方根误差为

$$\sigma_\omega=\sqrt{\langle(\Delta\omega)^2\rangle}=\sqrt{\frac{2N_0}{\int_{-\infty}^{\infty}t^2p^2(t)\mathrm{d}t}}=\frac{1}{\beta_t\sqrt{\rho_0}} \tag{9.A.33}$$

其中，$\beta_t=\sqrt{\dfrac{\int_{-\infty}^{\infty}t^2p^2(t)\mathrm{d}t}{\int_{-\infty}^{\infty}p^2(t)\mathrm{d}t}}$为信号的有效时宽；$E_s=\dfrac{1}{2}\int_{-\infty}^{\infty}p^2(t)\mathrm{d}t$为信号能量；$\rho_0=\dfrac{E_s}{N_0}$为匹配滤波器的输出信噪比。

以上是假设相位 ψ 已知的结果。而在相位未知的情况下，假设实际信号 $x(t)$的初相为 ψ，参考信号 $s(t)$的初相为 $\psi+\Delta\psi$，$\Delta\psi$ 为均匀分布的随机变量。则式(9.A.30)变为

$$\begin{aligned}&\frac{1}{2}\int_{-\infty}^{\infty}tp^2(t)[\sin(\Delta\omega t+\Delta\psi)+\sin((\omega_{\text{est}}+\omega_{\text{act}})t+2\psi+\Delta\psi)]\mathrm{d}t\\&=-\int_{-\infty}^{\infty}tp(t)n(t)\sin(\omega_{\text{est}}t+\psi+\Delta\psi)\mathrm{d}t\end{aligned} \tag{9.A.34}$$

上式中左边的第二项积分可以忽略不计，噪声为高斯白噪声，对两边取绝对值的平方，再取平均值，并利用式(9.A.31)，得：

$$\left\langle\left|\int_{-\infty}^{\infty}tp^2(t)\sin(\Delta\omega t+\Delta\psi)\mathrm{d}t\right|^2\right\rangle=2N_0\int_{-\infty}^{\infty}t^2p^2(t)\mathrm{d}t \tag{9.A.35}$$

式(9.A.35)的左边可表示成：

$$\left|(\cos\Delta\psi)\int_{-\infty}^{\infty}tp^2(t)\sin(\Delta\omega t)\mathrm{d}t+(\sin\Delta\psi)\int_{-\infty}^{\infty}tp^2(t)\cos(\Delta\omega t)\mathrm{d}t\right|^2$$

$p^2(t)$是 t 的偶函数，故第二项为零。假设 $\Delta\omega$ 和 $\Delta\psi$ 相互独立，且 $\Delta\omega$ 足够小，从而使得 $\sin(\Delta\omega t)\approx\Delta\omega t$，则式(9.A.35)变为

$$\langle(\Delta\omega)^2\rangle\langle\cos^2(\Delta\psi)\rangle\left|\int_{-\infty}^{\infty}t^2p^2(t)\mathrm{d}t\right|^2=2N_0\int_{-\infty}^{\infty}t^2p^2(t)\mathrm{d}t \tag{9.A.36}$$

其中，$\langle\cos^2(\Delta\psi)\rangle=\dfrac{1}{2}$，对上式的两边取平方根，得：

$$\sigma_\omega=\sqrt{\langle(\Delta\omega)^2\rangle}=\sqrt{\frac{4N_0}{\int_{-\infty}^{\infty}t^2p^2(t)\mathrm{d}t}}=\frac{2}{\beta_\omega\sqrt{\rho_0}} \tag{9.A.37}$$

上式表明均方误差是式(9.A.33)的两倍。

以上的讨论表明，在缺乏相位先验知识的情况下，频率的最优估计与相位有关。这就意味着在频率估计时必须对相位在 0°到 360°范围内作平均，此过程可由正交滤波完成并得到匹配滤波器的输出包络。缺乏相位先验知识的代价是均方误差增加两倍。

四、角度的估计精度

天线扫描时的角度估计精度问题，与时延估计类似。时延估计中输入波形 $s(t)$与频谱 $S(\omega)$成傅里叶变换对关系。而天线方向图函数 $F(\theta)$和其口径电流分布 $f(x)$恰好也有对应

的傅里叶变换对关系。

图 9.39 中某平面天线在 x 轴的孔径为 a，口径电流分布函数为 $f(x)$，根据天线理论，电压方向图 $F(\theta)$ 为

$$F(\theta)=\int_{-\frac{a}{2}}^{\frac{a}{2}} f(x)\exp\left(\mathrm{j}2\pi\ \frac{x}{\lambda}\sin\theta\right)\mathrm{d}x \tag{9.A.38}$$

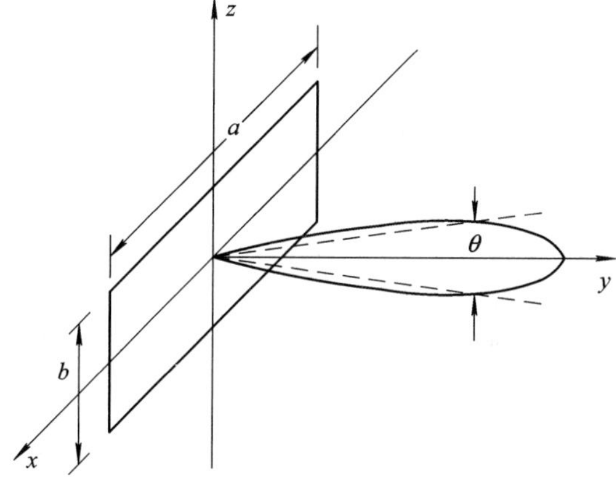

图 9.39　平面天线及其方向图

当 θ 较小时，$\sin\theta\approx\theta$，方向图坐标对波长 λ 归一化后得

$$F\left(\frac{\theta}{\lambda}\right)=\int_{-\frac{a}{2}}^{\frac{a}{2}} f(x)\exp\left(\mathrm{j}\ \frac{2\pi}{\lambda}\theta x\right)\mathrm{d}x \tag{9.A.39}$$

可见 $F\left(\dfrac{\theta}{\lambda}\right)$是 $f(x)$的反傅里叶变换。这与波形和其频谱之间的关系类似。因此对比类推可知测角误差为

$$\sigma_\theta=\frac{1}{\beta_\theta\sqrt{\rho_0}} \tag{9.A.40}$$

其中，λ 为波长，β_θ为天线的均方根孔径宽度，且

$$\beta_\theta=\sqrt{\frac{\displaystyle\int_{-\infty}^{\infty}\left(\frac{2\pi x}{\lambda}\right)^2 f^2(x)\mathrm{d}x}{\displaystyle\int_{-\infty}^{\infty} f^2(x)\mathrm{d}x}}$$

例如对于孔径上具有均匀(矩形孔径，UA)幅度照射的天线而言，它的有效孔径带宽为

$$\beta_\theta=\frac{2\pi}{\lambda}\sqrt{\frac{\displaystyle\int_{-a/2}^{a/2}x^2\mathrm{d}x}{\displaystyle\int_{-a/2}^{a/2}\mathrm{d}x}}=\frac{2\pi}{\lambda}\sqrt{\frac{2(a/2)^2(1/3)}{a}}=\frac{\pi a}{\lambda\sqrt{3}} \tag{9.A.41}$$

测角误差为

$$\sigma_{\theta,\ \mathrm{UA}}=\frac{\sqrt{3}\lambda}{\pi a\sqrt{\rho_0}} \tag{9.A.42}$$

又因半功率波束宽度 $\theta_{3\mathrm{dB}}$与 a 和 λ 的关系为

$$\theta_{3\text{dB}} = 0.88\,\frac{\lambda}{a} \tag{9.A.43}$$

所以测角的均方根误差为

$$\sigma_{\theta,\,\text{UA}} = \frac{0.628\theta_{3\text{dB}}}{\sqrt{\rho_0}} \tag{9.A.44}$$

可见，测角精度与$\theta_{3\text{dB}}$成正比，与$\sqrt{\rho_0}$成反比。例如，若$\theta_{3\text{dB}}=3°$，信噪比$\rho_0=20$ dB，则测角精度为0.6053°，约为波束宽度的1/20。

练　习　题

9-1　天线的方向图分别采用辛克函数和高斯函数的近似，写出功率方向图函数表达式，并分别画出波束宽度为6°时的功率方向图。

9-2　雷达测角的物理基础是什么？比较最大信号法、等信号法测角方法。

9-3　天线波束有哪些扫描方法？各有什么优缺点？

9-4　三坐标雷达的最大无模糊作用距离为300 km，方位扫描为360°，仰角覆盖为15°～45°，脉冲积累数为10，方位、仰角波束宽度分别为3°、6°，试计算扫描周期和数据率。

9-5　某单基地雷达参数如下：发射机峰值功率为100 kW，频率为3 GHz，噪声温度为1200 K，发射机与接收机损耗为6 dB，脉冲宽度为2 μs，无脉压处理，重频PRF=300 Hz；收发天线相同，矩形孔径且均匀照射，长度为1 m，宽为0.5 m；匹配滤波之前接收机噪声带宽为300 MHz。目标RCS=1 m^2并且在天线最大增益方向上。考虑由目标反射回来的信号，假设信号相位未知，因此用正交滤波来完成在驻留时间Δt内接收到的脉冲串的相关匹配滤波，把正弦滤波器和余弦滤波器输出的平方和近似看作幅度的最佳测量值。试问：

(1) 目标距离为25 km时，若要相对均方误差等于或小于0.01 m^2，则驻留时间应该是多久？

(2) 距离相同，$P_d=95\%$、$P_{fa}=10^{-6}$时所需的最小驻留时间是多少？将所得结果与(1)进行比较。

9-6　假设天线的方向图函数用高斯函数近似，波束宽度为6°，比幅单脉冲测角时两波束的指向分别为$-\theta_{3\text{dB}}/2$、$+\theta_{3\text{dB}}/2$。编程完成下列仿真计算：

(1) 画出比幅单脉冲测角时的和波束、差波束及其归一化误差信号，指出其方向跨导(误差信号的斜率)。

(2) 假设目标方向分别为−1°、0°、2°，分别画出和波束、差波束，计算归一化误差电压，根据(1)的方向跨导计算目标的角度。

(3) 假设目标在一个波束宽度内$\theta\in(-\theta_{3\text{dB}}/2,\ +\theta_{3\text{dB}}/2)$，通过蒙特卡洛分析，计算在不同信噪比下的测角精度。

9-7　某汽车雷达采用三角波调频测距，中心频率为75 GHz，调制周期为40 ms(正负调频时间各半)，调频带宽为1 GHz，目标的距离为600 m，径向速度为40 m/s。

(1) 画出发射信号和接收信号的时-频关系，指出正调频和负调频时目标对应的位置

频率 f_{bu} 和 f_{bd}。

(2) 若采用 FFT 进行频谱分析，FFT 梳状滤波器带宽为 50 Hz，计算距离分辨率及其测距误差。

(3*) 假设输入 SNR 为 10 dB，模拟目标回波，画出回波信号的时域波形及其 FFT 处理结果，指出正调频和负调频对应频谱的峰值位置是否与(1)一致，并计算目标的距离和速度。

(4*) 假设有两个目标(另一个目标的距离和速度自行设置)，重复(4)，分析可能出现的问题。

9.8　某 αβγ 滤波器定义了六个传输函数：$H_1(z)$、$H_2(z)$、$H_3(z)$、$H_4(z)$、$H_5(z)$ 和 $H_6(z)$(预期位置、预期速度、预期加速度、实际位置、实际速度、实际加速度)，每个传输函数的形式如下：

$$H(z)=\frac{a_3+a_2z^{-1}+a_1z^{-2}}{1+b_2z^{-1}+b_1z^{-2}+b_0z^{-3}}$$

每个传输函数的分母都是相同的；计算这六个传输函数的所有的相关函数。

9-10　结合式(9.6.38)目标位置的运动方程及图 9.33 的仿真实例，进行 αβγ 滤波和卡尔曼滤波的计算机仿真。

9-11　假设目标的运动方程为 $x(t)=1000+300t+50t^2$(m)，观测噪声为零均值，方差为 100 m^2，采样间隔为 0.1 s。仿真计算 αβγ 滤波和卡尔曼滤波的跟踪误差。

第 10 章 相控阵雷达与数字阵列雷达

相控阵是由若干单独的天线或者辐射单元组成的电控扫描阵列。它的辐射方向图由每一个天线单元上电流的幅度和相位确定，并且通过计算机改变每一个天线单元上电流的相位来实现波束的扫描。因此，相控阵天线的波束可以快速地从一个方向扫描到另一个方向，具有很大的灵活性。相控阵的波束扫描几乎是无惯性的，比天线机械扫描的雷达有更多的优越性。因此，相控阵雷达技术在过去三十多年里得到迅速的发展，并在军事和民用领域得到广泛的应用。

相控阵雷达一般采用大功率的移相器实现波束的扫描。随着微电子技术的迅速发展，近些年数字频率直接合成器(DDS)的出现，在一些现代雷达中，不采用移相器，而采用多个 DDS 直接产生射频激励信号，经放大后直接送各发射天线单元，通过控制每个 DDS 的初始相位来实现电扫描。这就是数字阵列雷达的基本原理。

本章主要介绍相控阵雷达的工作原理、组成与分类，重点介绍相控阵雷达和数字阵列雷达，以及自适应数字波束形成(ADBF)、阵列雷达的数字单脉冲测角等的基本知识。

10.1 近场和远场

由天线辐射的能量产生的电场强度是天线物理孔径的形状和分布于天线孔径上的电流幅度、相位分布的函数。辐射能量的电场强度的模值(绝对值)曲线图 $|E(\theta, \varphi)|$ 称为天线场强方向图。

根据辐射电场测量处与天线面之间的距离，可将辐射场分为三个特殊的区域，分别为近场区、菲涅耳(Fresnel)区和夫琅禾费(Fraunhofer)区。在近场区和菲涅耳区，从天线发射的电磁波有球形波前(同等相位波前)。在 Fraunhofer 区，波前可以用局部的平面波来代替。通常雷达对近场区和 Fresnel 区不感兴趣。大多数雷达工作于 Fraunhofer 区，也称为远场区。

远场区示意图如图 10.1 所示。假定在 O 点有一个辐射源，孔径为 d 的接收天线距离辐射源为 r。信源到达接收天线中心与天线两端的相位差异可以由距离 Δr 来表示。距离

Δr 由下式给出：

$$\Delta r = \overline{AO} - \overline{OB} = \sqrt{r^2 + \left(\frac{d}{2}\right)^2} - r \tag{10.1.1}$$

由于在远场区 $r \gg d$，因此式(10.1.1)可以通过二项式近似展开成

$$\Delta r = r\left(\sqrt{1 + \left(\frac{d}{2r}\right)^2} - 1\right) \approx \frac{d^2}{8r} \tag{10.1.2}$$

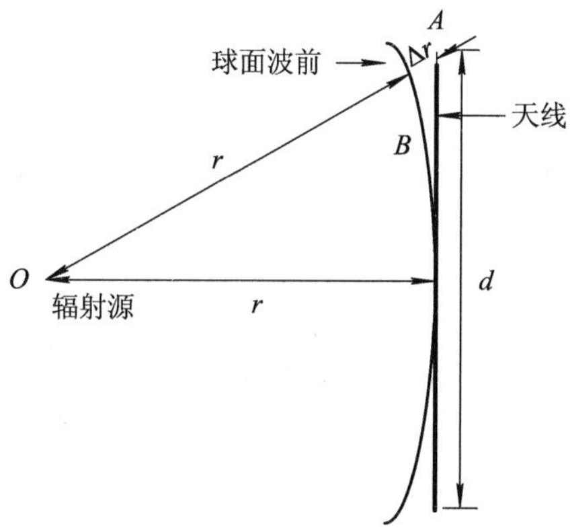

图 10.1　远场区的示意图

当距离 Δr 小于等于 1/16 个波长时，通常可以认为是远场区。确切地说，若

$$\Delta r = \frac{d^2}{8r} \leqslant \frac{\lambda}{16} \tag{10.1.3}$$

则

$$r \geqslant \frac{2d^2}{\lambda} \tag{10.1.4}$$

因此，当天线与辐射源的距离 r 满足式(10.1.4)时，就认为辐射源在天线的远场区。

10.2　相控阵天线的基本原理

相控阵天线由多个在平面或曲面上按一定规律布置的天线单元(辐射单元)和信号功率分配/相加网络所组成。天线单元分布在平面上称为平面相控阵天线；分布在曲面上则称为曲面相控阵天线。如果该曲面与雷达安装平台的外形一致，则称为共形相控阵天线。每个天线上都设置一个移相器，用以改变天线单元之间信号的相位关系；天线单元之间信号幅度的变化则通过不等功率分配/相加网络或衰减器来实现。在波束控制计算机调度下，改变天线单元之间的相位和幅度关系，便可获得与所需天线方向图相对应的天线口径照射函数，从而可以快速改变天线波束的指向和天线波束的形状。

阵列天线按场源分布方式，可分为离散元阵列和连续元阵列。按天线阵元的排列方式可分为线阵、平面阵和立体阵。将各阵元排列在一直线上称为直线阵，也可排列在一平面或立体空间中，则分别称为平面阵或立体阵(如球面阵)。线阵的原理比较简单且常用，故

先介绍线阵天线，再分析平面阵列天线的性能。

10.2.1 线阵天线的方向图函数

图 10.2 表示一个由 N 个相同的阵元构成的线性阵列天线。设其中第 i 个天线单元的激励电流为 I_i，方向图函数为 $F_i(\theta, \varphi)$，到远场目标 P 的距离为 $r_i(i=0, 1, 2, \cdots, N-1)$。假如该单元的激励信号具有可控制的初相 $i\Delta\varphi_B$，则第 i 个天线单元在远区目标处产生的电场强度 $E_i(\theta, \varphi)$可表示为

$$E_i(\theta, \varphi) = K_i I_i \mathrm{e}^{-\mathrm{j}i\Delta\varphi_B} F_i(\theta, \varphi) \frac{\mathrm{e}^{-\mathrm{j}\kappa r_i}}{r_i} \tag{10.2.1}$$

式中，$\kappa=2\pi/\lambda$，为波数，λ 为波长；K_i为第 i 个单元辐射场强的比例常数。

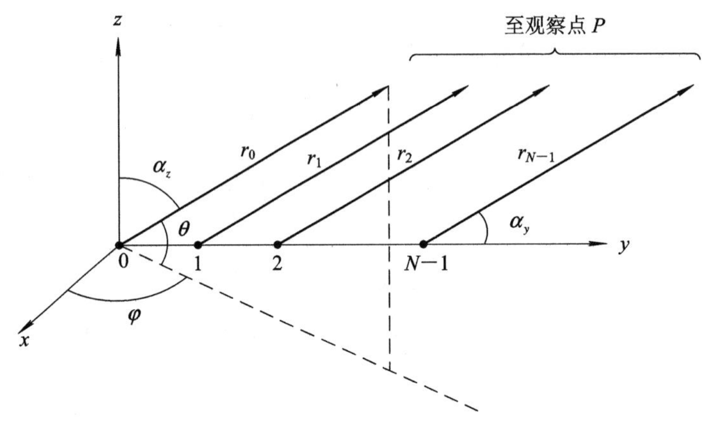

图 10.2 N 个天线单元的线阵示意图

对于线性传播媒质，电磁波满足线性叠加原理。因此，在远区观察点 P 处的总场强 $E(\theta, \varphi)$可以看作线阵中所有 N 个单元在 P 点产生的辐射场强的叠加，即

$$E(\theta, \varphi) = \sum_{i=0}^{N-1} E_i(\theta, \varphi) = \sum_{i=0}^{N-1} K_i I_i \mathrm{e}^{-\mathrm{j}i\Delta\varphi_B} F_i(\theta, \varphi) \frac{\mathrm{e}^{-\mathrm{j}\kappa r_i}}{r_i} \tag{10.2.2}$$

若各个天线单元是相似元，即各个天线单元的形状同样，单元方向图一致，即 $F_i(\theta, \varphi)=F(\theta, \varphi)$，比例常数 K_i也一样，即 $K_i=K$，则式(10.2.2)可简化为

$$E(\theta, \varphi) = KF(\theta, \varphi) \sum_{i=0}^{N-1} I_i \mathrm{e}^{-\mathrm{j}i\Delta\varphi_B} \frac{\mathrm{e}^{-\mathrm{j}\kappa r_i}}{r_i} \tag{10.2.3}$$

在式(10.2.3)等号右边的分母中，用作幅度变化的距离 r_i可以近似都用 r_0代替，因为对于远场点 P，$|r_i-r_0|$与 r_0的比值非常小，故可以近似认为对场强 $E(\theta, \varphi)$的幅度几乎没有影响。但是，需要考虑单元之间不同的波程所产生的相位，即式(10.2.3)中指数项就不能这样代替。设各相邻单元间的间隔均相同，且为 d，则

$$r_i = r_0 - id\cos\alpha_y \tag{10.2.4}$$

式中，$\cos\alpha_y$为方向余弦，且

$$\cos\alpha_y = \cos\theta\ \sin\varphi \tag{10.2.5}$$

因此，式(10.2.3)也可表示为

$$E(\theta, \varphi)=\frac{K}{r_0}F(\theta, \varphi)\mathrm{e}^{-\mathrm{j}\kappa r_0}\sum_{i=0}^{N-1}I_i\mathrm{e}^{-\mathrm{j}i\Delta\varphi_B}\mathrm{e}^{\mathrm{j}\kappa di\cos\alpha_y} \tag{10.2.6}$$

若用幅度和相位的常数项 K/r_0 和 $\mathrm{e}^{-\mathrm{j}\kappa r_0}$ 进行归一，则合成场强 $E(\theta, \varphi)$ 可简化为

$$E(\theta, \varphi)=F(\theta, \varphi)\sum_{i=0}^{N-1}I_i\mathrm{e}^{\mathrm{j}(i\kappa d\cos\theta\sin\varphi-i\Delta\varphi_B)}=F(\theta, \varphi)\cdot F_a(\theta, \varphi) \tag{10.2.7}$$

由此可知，合成场强(即线阵的方向图函数)$E(\theta, \varphi)$为天线单元方向图 $F(\theta, \varphi)$ 与阵列因子 $F_a(\theta, \varphi)$ 的乘积，这也称为方向图相乘原理。

以上是将线阵置于(x, y, z)三维坐标系进行讨论的。为了简便起见，通常将线阵放在一个平面内加以讨论。实际上，对于远场目标而言，由于其高度与距离相比要小得多，故可近似看做目标和线阵同处于一个平面内。如图 10.3 所示，对 N 个间隔为 d 的线性阵列，假设各辐射源为无方向性的点辐射源，而且同相等幅馈电(以零号阵元为相位基准)。

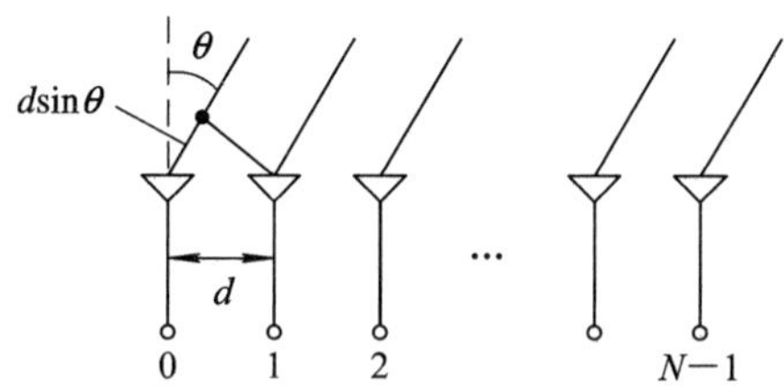

图 10.3 线阵天线之间的波程差

在相对于阵列法线的方向 θ 上，两个阵元之间波程差引起的相位差为

$$\Delta\varphi=\kappa d\ \sin\theta \tag{10.2.8}$$

假设等幅馈电，且各阵元的激励电流都等于 1，则 N 个阵元在 θ 方向远区某一点辐射场的矢量和为

$$E(\theta)=\sum_{i=0}^{N-1}\mathrm{e}^{\mathrm{j}i\Delta\varphi}=1+\mathrm{e}^{\mathrm{j}\Delta\varphi}+\cdots+\mathrm{e}^{\mathrm{j}(N-1)\Delta\varphi} \tag{10.2.9}$$

式(10.2.9)右边是一个几何等比级数，则式(10.2.9)可表示为

$$E(\theta)=\frac{\mathrm{e}^{\mathrm{j}N\Delta\varphi}-1}{\mathrm{e}^{\mathrm{j}\Delta\varphi}-1}=\frac{\sin\left(\frac{N}{2}\Delta\varphi\right)}{\sin\frac{\Delta\varphi}{2}}\mathrm{e}^{\mathrm{j}\frac{N-1}{2}\Delta\varphi} \tag{10.2.10}$$

将式(10.2.10)取绝对值并归一化后，得到阵列的归一化方向图函数为

$$|F_a(\theta)|=\frac{|E(\theta)|}{|E_{\max}(\theta)|}=\frac{1}{N}\left|\frac{\sin\left(\frac{N}{2}\Delta\varphi\right)}{\sin\frac{\Delta\varphi}{2}}\right|$$

$$=\frac{1}{N}\left|\frac{\sin\left(\frac{\pi Nd}{\lambda}\sin\theta\right)}{\sin\left(\frac{\pi d}{\lambda}\sin\theta\right)}\right| \tag{10.2.11}$$

图 10.4 给出了 $N=8$，天线间隔分别为 $d=\lambda$ 和 $d=\lambda/2$ 的线性阵列归一化方向图。图中，沿方向图圆边的数字均以度(°)为单位(书中以极坐标表示的方向图其圆边的数字单位均如此)。

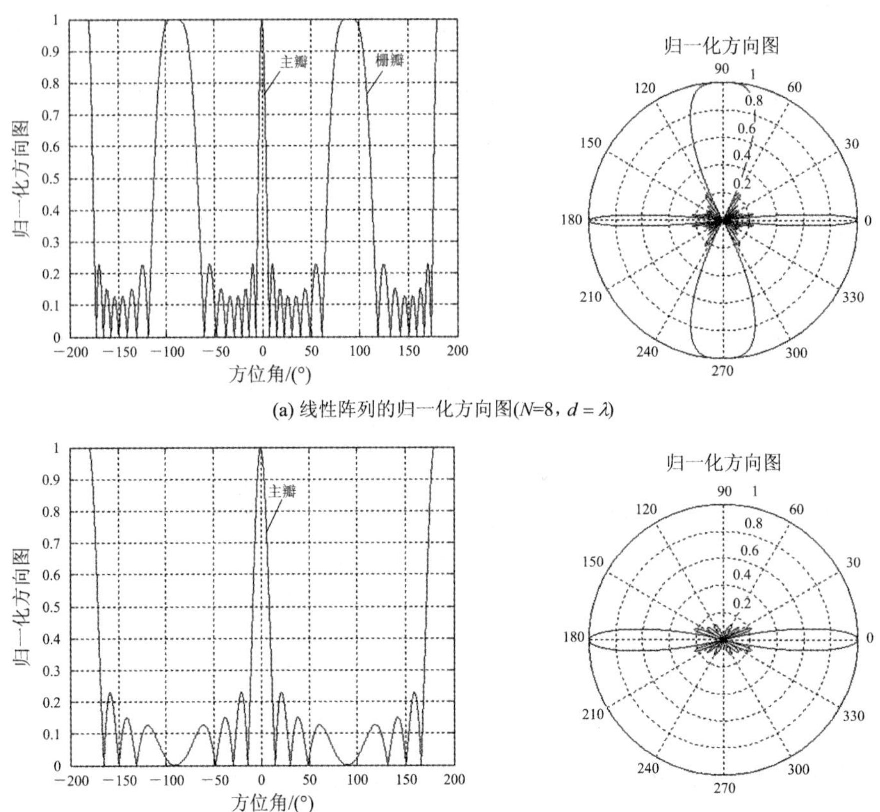

(a) 线性阵列的归一化方向图(N=8，$d=\lambda$)

(b) 线性阵列的归一化方向图(N=8，$d=\lambda/2$)

图 10.4　$N=8$ 时线性阵列的归一化方向图

阵列主波束可通过改变每个阵元的电流相位来进行电子扫描。如图 10.5 所示，它可看成是为满足一定副瓣要求所需的天线口径分布的幅度加权系统，激励电流的相位 $i\Delta\varphi_B$ 可看成是为获得波束扫描所需的相位加权值，即天线阵内移相器的移相值。由式(10.2.7)，在假定单元方向图为各向同性条件下，可得这一线阵方向图函数 $F(\theta)$ 为

$$F(\theta) = \sum_{i=0}^{N-1} a_i \mathrm{e}^{\mathrm{j}i(\kappa d\sin\theta - \Delta\varphi_B)} \tag{10.2.12}$$

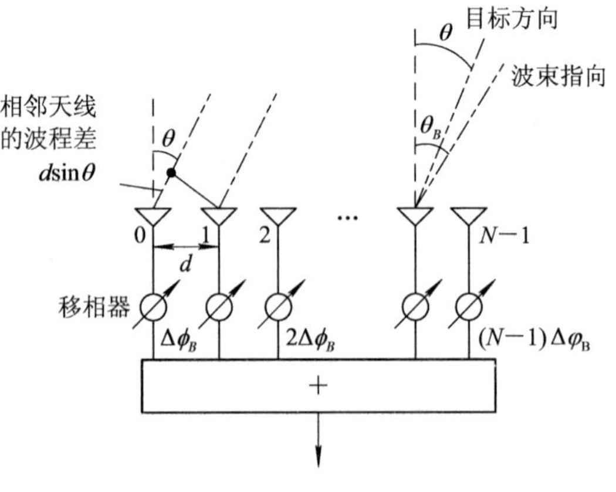

图 10.5　线性相控阵天线

式中，$\kappa=2\pi/\lambda$，为波数；$a_i=f(\theta)I_i$，θ 是目标所在角度；$\Delta\varphi_B=\kappa d\ \sin\theta_B$，为两个相邻单元可变移相器之间的相位差，$\theta_B$ 是天线波束的最大值(峰值)指向，$\Delta\varphi_B$ 是天线波束指向为 θ_B 所需的相邻单元之间的相位差；$a_i \mathrm{e}^{-\mathrm{j}i\Delta\varphi_B}$ 亦称作“激励系数”或复加权系数。

对于无方向性天线单元($a_i=1$)的均匀分布阵列，即口径分布均匀或均匀照射，则由式(10.2.12)得

$$F(\theta)=\sum_{i=0}^{N-1}e^{ji(\kappa d\sin\theta-\Delta\varphi_B)}=\frac{1-e^{jNX}}{1-e^{jX}}=\frac{\sin\left(\frac{N}{2}X\right)}{\sin\left(\frac{1}{2}X\right)}e^{j\frac{N-1}{2}X} \tag{10.2.13}$$

式中，$X=\kappa d(\sin\theta-\sin\theta_B)$。上式取绝对值后，可得波束指向为 θ_B 时等距线阵的幅度归一化方向图函数为

$$|F(\theta)|=\frac{1}{N}\frac{\left|\sin\left(\frac{N}{2}X\right)\right|}{\left|\sin\left(\frac{1}{2}X\right)\right|}=\frac{1}{N}\frac{\left|\sin\left[N\pi\frac{d}{\lambda}(\sin\theta-\sin\theta_B)\right]\right|}{\left|\sin\left[\pi\frac{d}{\lambda}(\sin\theta-\sin\theta_B)\right]\right|} \tag{10.2.14}$$

图 10.6 给出了 $N=8$，$d=\lambda/2$，$\theta_B=30°$时等距线阵的归一化方向图。

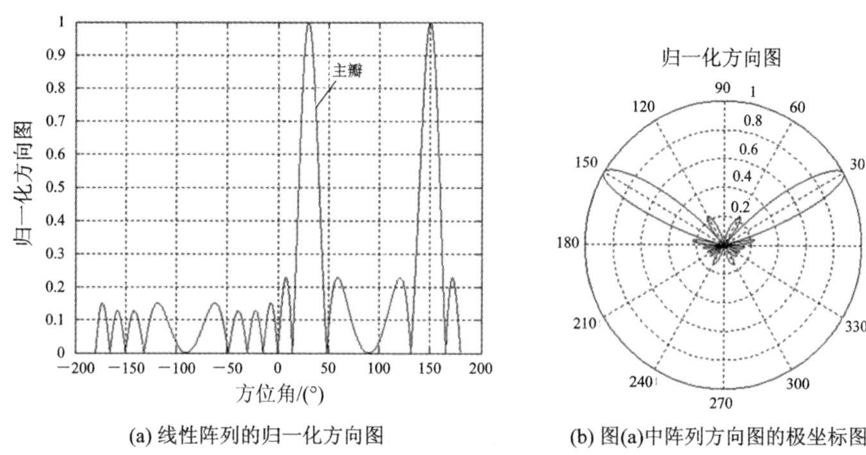

(a) 线性阵列的归一化方向图　　(b) 图(a)中阵列方向图的极坐标图

图 10.6　线性阵列的归一化方向图

当 N 较大，且 X 很小时，式(10.2.14)近似可得

$$|F(\theta)|=\frac{\left|\sin\left(\frac{N}{2}X\right)\right|}{\frac{N}{2}|X|}=\frac{\left|\sin\left[N\pi\frac{d}{\lambda}(\sin\theta-\sin\theta_B)\right]\right|}{N\pi\frac{d}{\lambda}|(\sin\theta-\sin\theta_B)|} \tag{10.2.15}$$

从式(10.2.15)可以看出，线阵的幅值方向图函数近似为一辛格函数(取绝对值)。由此，可以分析一维线阵的基本特性如下：

1. 波束指向

当 $X=0$ 时，辛格函数达到最大值，即 $\sin\theta-\sin\theta_B=0$，即 $\theta=\theta_B$时，可得天线方向图的最大值。于是线阵波束指向 θ_B应满足：

$$\sin\theta_B=\frac{\lambda}{2\pi d}\Delta\varphi_B \tag{10.2.16}$$

即

$$\theta_B=\arcsin\left(\frac{\lambda}{2\pi d}\Delta\varphi_B\right)=\theta \tag{10.2.17}$$

因此，改变线阵内相邻单元间的相位差 $\Delta\varphi_B$(由移相器提供)，就能改变阵列波束最大值的指向 θ_B。如果 $\Delta\varphi_B$由连续式移相器提供，则波束可实现连续扫描；但是实际中 $\Delta\varphi_B$由数字式移相器提供，则波束可实现离散扫描。当然，移相器的位数有限，一般为五位，移相

器是将 360°按 2^5 量化，量化单位为 $360°/2^5=11.25°$。例如，对 $N=8$、间隔为半波长的等距线阵，若要求波束指向 θ_B 为 15°，则相邻天线之间的相位差 $\Delta\varphi_B$ 为

$$\Delta\varphi_B=\frac{2\pi d}{\lambda}\sin\theta_B=\pi\sin\theta_B(\mathrm{rad})=180\times\sin(15°)(°)=46.5874°$$

若采用五位移相器，移相器量化的相位及其控制码见表 10.1。从图 10.7 的方向图的主瓣可以看出，由于移相器的量化误差，导致波束的指向误差约为 0.2°。这种误差属于系统误差，雷达实际工作过程中可以预先计算波束指向误差，并进行误差修正。

表 10.1　移相器的相位

阵元	相位的理论值/(°)	移相器的相位/(°)	移相器的五位控制码
0	0	0	00000
1	46.5874	45.00	00100
2	93.1749	90.00	01000
3	139.7623	135.00	01100
4	186.3497	191.25	10001
5	232.9371	236.25	10101
6	279.5246	281.25	11001
7	326.1120	326.25	11101

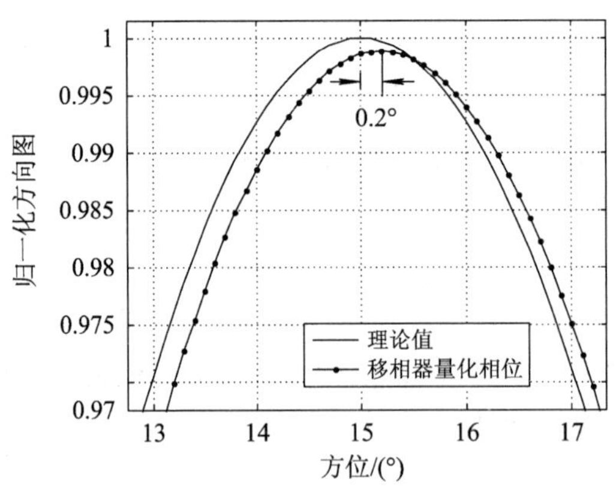

图 10.7　移相器的量化误差对波束指向的影响

2. 3 dB 波瓣宽度

对式(10.2.15)的辛格函数，当$\dfrac{\sin\left(\dfrac{N}{2}X\right)}{\dfrac{N}{2}X}=\dfrac{1}{\sqrt{2}}$时，有$\dfrac{N}{2}X=1.39$，即

$$\frac{1}{2}N\kappa d(\sin\theta-\sin\theta_B)=1.39 \tag{10.2.18}$$

所以，可得

$$\sin\theta-\sin\theta_B=\frac{1.39}{N\pi}\cdot\frac{\lambda}{d} \tag{10.2.19}$$

设 $\theta=\theta_B+\frac{1}{2}\theta_{3dB}$，$\theta_{3dB}$为半功率波束宽度。对正弦函数 $\sin\theta$，在 $\theta=\theta_B$附近取一阶泰勒展开，即

$$\sin\theta=\sin\left(\theta_B+\frac{1}{2}\theta_{3dB}\right)\approx\sin\theta_B+\frac{1}{2}\theta_{3dB}\cos\theta_B$$

因此，可得线阵的半功率波束宽度为

$$\theta_{3dB}\approx\frac{1}{\cos\theta_B}\frac{2\times1.39}{N\pi}\frac{\lambda}{d}=\frac{1}{\cos\theta_B}\frac{0.88\lambda}{Nd}\quad(\text{rad})\tag{10.2.20}$$

或

$$\theta_{3dB}\approx\frac{1}{\cos\theta_B}\frac{50.8\lambda}{Nd}\quad(^\circ)\tag{10.2.21}$$

可见，波束宽度与天线孔径长度(Nd)成反比，且与天线扫描角 θ_B的余弦成反比。若在方位和仰角均要达到 1°的波束宽度，且阵元间隔为半波长，则需要的阵元数近似为 100×100=10 000 个天线单元。波束指向偏离阵列法线方向越大，则半功率波束宽度也越大。例如，$\theta_B=60^\circ$时的波束宽度为 $\theta_B=0^\circ$时的波束宽度的 1 倍，因此，线阵通常只考虑在阵列法线方向的±45°范围内工作。

3. 天线波束的副瓣位置

根据式(10.2.15)，当分子中正弦函数取 1，即角度为 $\pi/2$ 的整数倍时，出现主瓣或副瓣峰值，其中线阵天线的副瓣位置取决于下式：

$$\frac{1}{2}N(\kappa d\ \sin\theta_l-\kappa d\ \sin\theta_B)=\left(l+\frac{1}{2}\right)\pi,\qquad l=\pm1,\pm2,\cdots\tag{10.2.22}$$

由此可知，第 l 个副瓣位置 θ_l为

$$\theta_l=\arcsin\left[\frac{1}{\kappa d}\cdot\frac{(2l+1)\pi}{N}+\sin\theta_B\right]\tag{10.2.23}$$

再由式(10.2.14)可得第 l 个副瓣电平

$$|F(\theta_l)|\approx\frac{1}{(l+0.5)\pi}\tag{10.2.24}$$

若用波束主瓣电平进行归一化，则当 $l=1$ 时，第一副瓣电平为−13.2 dB；$l=2$ 时，第二副瓣电平为−17.9 dB。可见副瓣电平太高，为了降低发射的副瓣功率，通常对每个阵元的激励信号进行幅度加权。而在接收数字波束形成过程中，利用窗函数来降低副瓣电平。

4. 天线波束扫描导致的栅瓣位置

当单元之间的“空间相位差”与“阵内相位差”平衡时，由式(10.2.15)知，当下式满足时，波瓣图出现最大值：

$$\kappa d(\sin\theta_m-\sin\theta_B)=m2\pi,\quad m=0,\pm1,\pm2,\cdots\tag{10.2.25}$$

式中，θ_m为可能出现的波瓣最大值。当 $m=0$ 时，由式(10.2.25)可以确定波瓣最大值的位置。当 $m\neq0$ 时，除了由 $\kappa d(\sin\theta-\sin\theta_B)=0$ 决定的 θ 方向($\theta=\theta_B$)上有波瓣最大值外，在由 $\kappa d(\sin\theta_m-\sin\theta_B)=m2\pi$ 决定的 θ_m方向上也会有波瓣最大值，即栅瓣。栅瓣将影响目标检测，所以必须被抑制掉。

下面讨论在几种具体情况下出现的栅瓣位置及不出现栅瓣的条件。

(1) 当波束指向在法线方向上(天线不扫描，$\theta_B=0$)时，由式(10.2.15)可得出现栅瓣的条件由 $\kappa d\sin\theta_m=m2\pi$ 决定，即

$$\sin\theta_m = \frac{\lambda}{d}m, \qquad m = \pm 1, \pm 2, \cdots \tag{10.2.26}$$

由于 $|\sin\theta_m| \leqslant 1$，故只有在 $d \geqslant \lambda$ 时才有可能产生栅瓣。

当 $d=\lambda$ 时，栅瓣的位置为 $\theta_m=\{-90°, +90°\}$；当 $d=2\lambda$ 时，栅瓣的位置为 $\theta_m=\{-90°, -30°, +30°, +90°\}$。主瓣和栅瓣的位置示意图如图 10.8 所示。

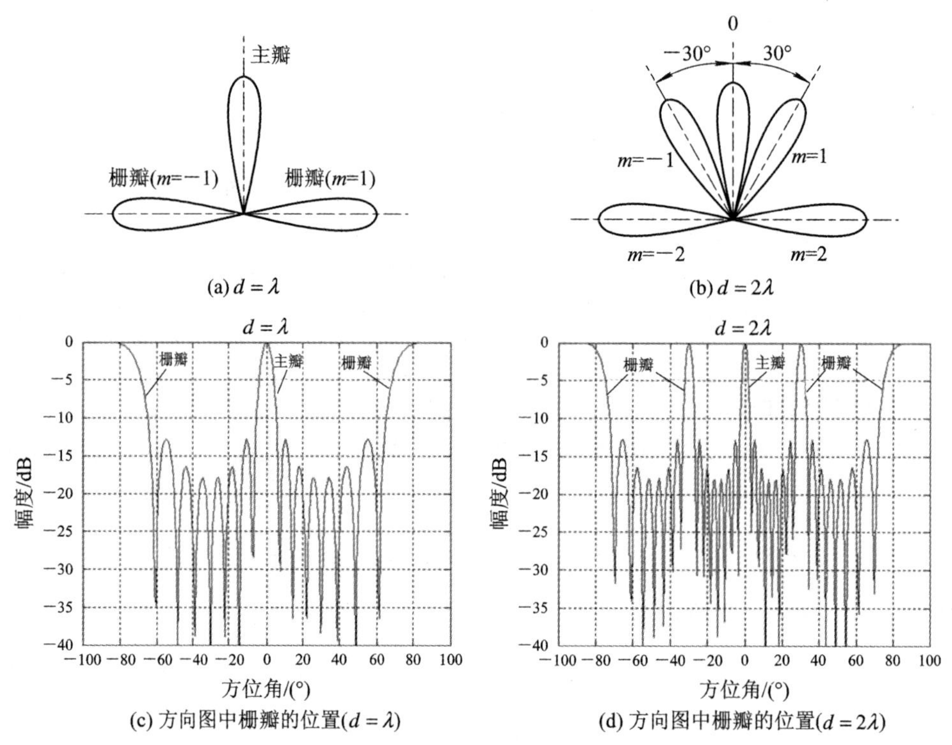

图 10.8　天线间隔 d 分别为 λ 和 2λ 时栅瓣的位置

(2) 当波束扫描至最大值时，$\theta_B=\theta_{\max}$，求出现栅瓣的条件。

由式(10.2.25)得

$$\kappa d\ \sin\theta_m - \kappa d\ \sin\theta_B = 0 \pm m2\pi \tag{10.2.27}$$

所以

$$\sin\theta_m = \pm\frac{\lambda}{d}m + \sin\theta_{\max} \tag{10.2.28}$$

由于 $|\sin\theta_m| \leqslant 1$，故出现栅瓣的条件即是满足下列不等式的条件：

$$d \geqslant \frac{m\lambda}{1+|\sin\theta_{\max}|} \tag{10.2.29}$$

因此，在波束扫到 $\theta_{\max}$ 时，仍不出现栅瓣的条件是

$$d < \frac{\lambda}{1+|\sin\theta_{\max}|} \tag{10.2.30}$$

由于 $|\sin\theta_{\max}| \leqslant 1$，所以当 $d \leqslant \lambda/2$ 时就不会出现栅瓣。实际中只要在所关心的角度范围内不出现栅瓣，天线之间的间隔应尽可能大一些，这样既有利于适当增大孔径，又有利于减小天线之间的耦合。例如若雷达的天线阵面只在 $\pm 45°$ 范围内工作，天线之间的间隔就可以稍大于半波长。

10.2.2　平面阵列天线的原理与特性

线阵天线只能在一个方向上实现天线波束扫描，如果要在方位和俯仰两维上同时实现波束扫描，那就要采用平面相控阵天线。

根据天线阵的几何位置，平面阵天线主要在水平或垂直平面上布阵，有时也在一个倾斜的平面上布阵。一个水平放置的平面阵，其阵列几何分布图如图 10.9 所示。各天线单元排列在平面内的矩形栅格上，整个阵面在 xy 平面上，共有 $M\times N$ 个天线单元，单元间距分别为 d_1(沿 x 轴方向)和 d_2(沿 y 轴方向)。设目标所在的方向以方向余弦($\cos\alpha_x$，$\cos\alpha_y$，$\cos\alpha_z$)表示，则相邻单元之间的“空间相位差”。

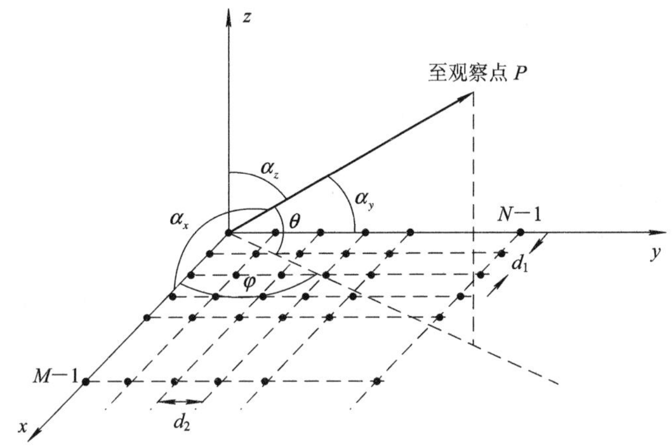

图 10.9　水平放置的平面阵列

按水平纵向方向(x 轴方向)为

$$\Delta\varphi_1=\kappa d_1\cos\alpha_x \tag{10.2.31}$$

按水平横向方向(y 轴方向)为

$$\Delta\varphi_2=\kappa d_2\cos\alpha_y \tag{10.2.32}$$

在 xy 平面内第(i, k)个天线单元与第(0, 0)个天线单元(作为参考单元)之间的“空间相位差”为

$$\Delta\varphi_{ik}=i\Delta\varphi_1+k\Delta\varphi_2 \tag{10.2.33}$$

若天线阵内移相器在 x 轴方向和 y 轴方向上相邻单元之间的相位差分别为 $\Delta\varphi_{B\alpha}$ 和 $\Delta\varphi_{B\beta}$，则第(i, k)个天线单元的移相器相对于参考单元的相移量 $\Delta\varphi_{Bik}$ 为

$$\Delta\varphi_{Bik}=i\Delta\varphi_{B\alpha}+k\Delta\varphi_{B\beta} \tag{10.2.34}$$

令第(i, k)个天线单元的幅度加权系数为 a_{ik}，则图 10.9 所示阵列的方向图函数$F(\alpha_x, \alpha_y)$为

$$\begin{aligned}F(\alpha_x,\alpha_y)&=\sum_{i=0}^{M-1}\sum_{k=0}^{N-1}a_{ik}\exp\left[\mathrm{j}(\Delta\varphi_{ik}-\Delta\varphi_{Bik})\right]\\&=\sum_{i=0}^{M-1}\sum_{k=0}^{N-1}a_{ik}\exp\left\{\mathrm{j}\left[i(\kappa d_1\cos\alpha_x-\Delta\varphi_{B\alpha})+k(\kappa d_2\cos\alpha_y-\Delta\varphi_{B\beta})\right]\right\}\end{aligned} \tag{10.2.35}$$

式中，$\kappa=2\pi/\lambda$，为波数。

由式(10.2.35)可知，阵列波束的最大值指向为

$$\alpha_x = \arccos\left(\frac{\lambda}{2\pi d_1}\Delta\varphi_{B\alpha}\right) \tag{10.2.36}$$

$$\alpha_y = \arccos\left(\frac{\lambda}{2\pi d_2}\Delta\varphi_{B\beta}\right) \tag{10.2.37}$$

即通过改变阵内移相器的相位差 $\Delta\varphi_{B\alpha}$、$\Delta\varphi_{B\beta}$，就可以实现平面阵列天线波束的相控扫描。

当各天线单元的幅度加权系数 $a_{ik}=1$，即均匀照射时，水平放置的平面阵的方向图函数可表示为

$$\begin{aligned} F(\alpha_x,\alpha_y) &= \sum_{i=0}^{M-1}\exp[\mathrm{j}i(\kappa d_1\cos\alpha_x-\Delta\varphi_{B\alpha})]\sum_{k=0}^{N-1}\exp[\mathrm{j}k(\kappa d_2\cos\alpha_y-\Delta\varphi_{B\beta})] \\ &= F_1(\alpha_x)F_2(\alpha_y) \end{aligned} \tag{10.2.38}$$

方向余弦具有以下关系：

$$\begin{cases} \cos\alpha_x = \cos\theta\cos\varphi \\ \cos\alpha_y = \cos\theta\sin\varphi \end{cases} \tag{10.2.39}$$

平面阵方向图函数的幅值为

$$\begin{aligned} |F(\alpha_x,\alpha_y)| &= |F_1(\alpha_x)||F_2(\alpha_y)| \\ &= \frac{\left|\sin\left[\frac{M}{2}(\kappa d_1\cos\alpha_x-\Delta\varphi_{B\alpha})\right]\right|}{\left|\sin\left[\frac{1}{2}(\kappa d_1\cos\alpha_x-\Delta\varphi_{B\alpha})\right]\right|}\cdot\frac{\left|\sin\left[\frac{N}{2}(\kappa d_2\cos\alpha_y-\Delta\varphi_{B\beta})\right]\right|}{\left|\sin\left[\frac{1}{2}(\kappa d_2\cos\alpha_y-\Delta\varphi_{B\beta})\right]\right|} \\ &\approx \frac{\left|\sin\left[\frac{M}{2}(\kappa d_1\cos\alpha_x-\Delta\varphi_{B\alpha})\right]\right|}{\frac{1}{2}|\kappa d_1\cos\alpha_x-\Delta\varphi_{B\alpha}|}\cdot\frac{\left|\sin\left[\frac{N}{2}(\kappa d_2\cos\alpha_y-\Delta\varphi_{B\beta})\right]\right|}{\frac{1}{2}|\kappa d_2\cos\alpha_y-\Delta\varphi_{B\beta}|} \end{aligned} \tag{10.2.40}$$

由式(10.2.40)可以看出，对于一个单元口径均为等幅均匀分布的平面阵列天线，其方向图函数可以视为两个单元口径均匀分布线阵的方向图函数的乘积。其中，$F_1(\alpha_x)$是 x 轴方向线阵的方向图，而 $F_2(\alpha_y)$则是 y 轴方向线阵的方向图。

当波束指向为阵列法线方向，即 $\Delta\varphi_{B\alpha}=\Delta\varphi_{B\beta}=0$ 时，平面阵列的幅值方向图函数可表示为

$$|F(\theta,\varphi)| = \frac{\left|\sin\left[\frac{M}{2}\cdot\kappa d_1\cos\theta\cos\varphi\right]\right|}{\left|\sin\left[\frac{1}{2}\cdot\kappa d_1\cos\theta\cos\varphi\right]\right|}\cdot\frac{\left|\sin\left[\frac{N}{2}\cdot\kappa d_2\cos\theta\sin\varphi\right]\right|}{\left|\sin\left[\frac{1}{2}\cdot\kappa d_2\cos\theta\sin\varphi\right]\right|} \tag{10.2.41}$$

通常，为了更有效地实现在水平方向和垂直方向上的同时扫描，平面相控阵天线各个天线单元排列在垂直平面内(如 yz 平面)，如图 10.10 所示，y 轴上阵元为 N 个，间距为 d_2，z 轴上阵元为 M 个，间距为 d_1。

对任一目标 P，其极坐标(距离 R，方位 φ，仰角 θ)对应的直角坐标为

$$\begin{bmatrix} x_P \\ y_P \\ z_P \end{bmatrix} = \begin{bmatrix} R\cos\theta\cos\varphi \\ R\cos\theta\sin\varphi \\ R\sin\theta \end{bmatrix}$$

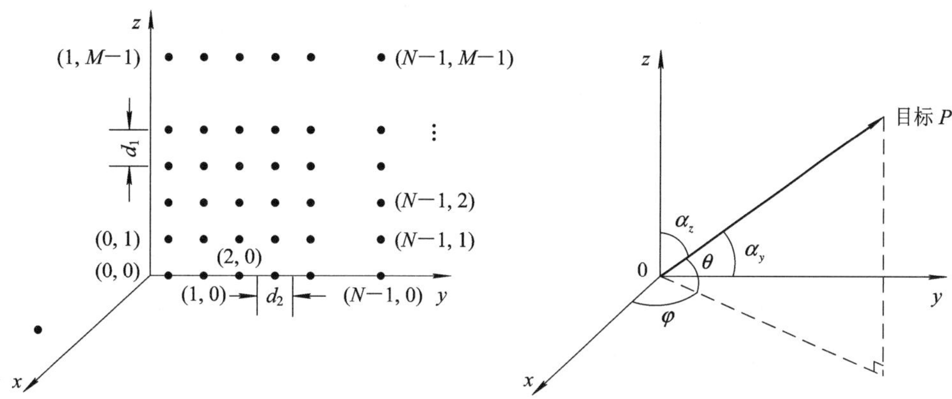

图 10.10　垂直放置的平面阵列天线

此时由于 $\alpha_z=\dfrac{\pi}{2}-\theta$，且

$$\begin{cases}\cos\alpha_z = \sin\theta \\ \cos\alpha_y = \cos\theta\ \sin\varphi\end{cases}$$

与式(10.2.38)相同，得到垂直放置的平面相控阵天线的方向图函数可表示为

$$F(\theta,\ \varphi)=\sum_{i=0}^{M-1}\sum_{k=0}^{N-1}a_{ik}\exp \mathrm{j}\left[i(\kappa d_1\ \sin\theta-\Delta\varphi_{B\alpha})+k(\kappa d_2\ \cos\theta\ \sin\varphi-\Delta\varphi_{B\beta})\right] \tag{10.2.42}$$

式中 $\Delta\varphi_{B\alpha}$、$\Delta\varphi_{B\beta}$ 分别表示 z 轴和 y 轴方向的阵内相位差。

当单元均匀照射时，该方向图函数又可表示为

$$F(\theta,\ \varphi)=F_1(\theta)F_2(\theta,\ \varphi) \tag{10.2.43}$$

式中，$F_1(\theta)$ 为垂直方向线阵的方向图，它仅与仰角 θ 有关；$F_2(\theta,\ \varphi)$ 是水平方向线阵的方向图，它不仅与仰角 θ 有关，还与方位角 φ 有关。

MATLAB 函数"rect_array. m"给出了矩形平面阵的仿真分析，其语法如下：

[*pattern*]=rect_array(*Ny*, *Nz*, *d_lamda*, *theta*0, *fai*0, *theta*)

其中，各参数的定义如表 10.2 所述。

表 10.2　参 数 定 义

符号	描　　述	单位	状态	图 10.11 的示例
Ny	y 轴阵元数	无	输入	8
Nz	z 轴阵元数	无	输入	8
d_lamda	阵元间隔与波长之比	无	输入	0.5
*theta*0	俯仰维波束指向	度(°)	输入	0
*fai*0	方位维波束指向	度(°)	输入	0
theta	方向图扫描的角度范围	度(°)	输入	−90:0.1:90

图 10.11 给出 8×8 矩形平面阵的三维天线方向图和等高线图，波束指向为(0°, 0°)，阵元间距为半个波长。

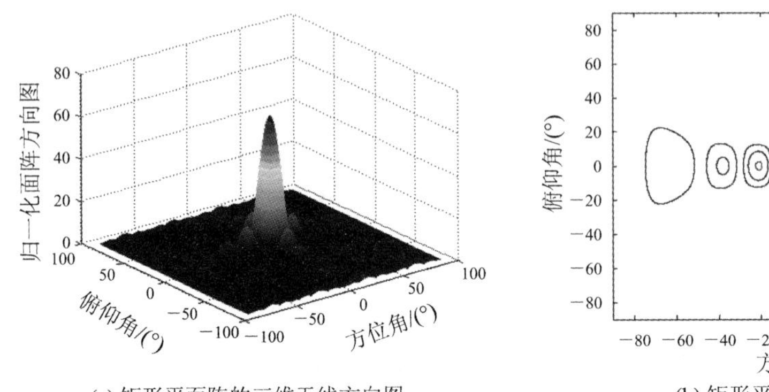

图 10.11　8×8 矩形平面阵的方向图

而实际中由于天线阵面较大，天线阵面通常倾斜一定角度 A，如图 10.12 所示。在阵列中第(i, k)阵元，在 xyz 坐标系中的坐标$(x, y, z)_{(i, k)}$与在 $x_1y_1z_1$ 坐标系中的坐标$(x_1, y_1, z_1)_{(i, k)}$的对应关系为

$$\begin{bmatrix} x \\ y \\ z \end{bmatrix}_{(i, k)} = \begin{bmatrix} \cos A & 0 & -\sin A \\ 0 & 1 & 0 \\ \sin A & 0 & \cos A \end{bmatrix} \begin{bmatrix} x_1 \\ y_1 \\ z_1 \end{bmatrix}_{(i, k)} \tag{10.2.44}$$

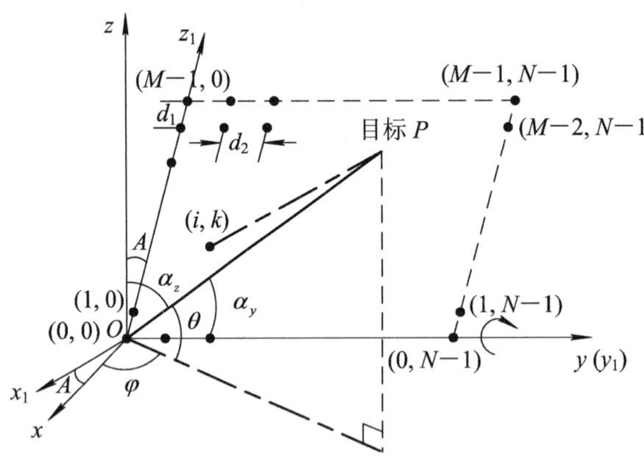

图 10.12　倾斜放置的平面阵列天线(倾斜角为 A)

假设阵列天线在水平维和垂直维的间距分别为 d_2和 d_1，则在 $x_1y_1z_1$坐标系中第(i, k)阵元的坐标为

$$[x_1, y_1, z_1]_{(i, k)} = [0, kd_2, id_1], \quad i=0\sim M-1, k=0\sim N-1 \tag{10.2.45}$$

则式(10.2.44)中第(i, k)阵元在 xyz 坐标系中的坐标为

$$[x, y, z]_{(i, k)} = [-id_1 \sin A, kd_2, id_1 \cos A] \tag{10.2.46}$$

在远场情况下，目标距离远大于天线阵的孔径，目标 P 到达第(i, k)阵元相对于到达阵列中心 O 的波程差为

$$\begin{aligned}\Delta R_{i,k} &= |\overline{PO}| - |\overline{PE}_{(i,k)}| \\ &= R - \sqrt{(x_P - x_{(i,k)})^2 + (y_P - y_{(i,k)})^2 + (z_P - z_{(i,k)})^2} \\ &\approx kd_2 \cos\theta \sin\varphi + id_1(\sin\theta \cos A - \cos\theta \cos\varphi \sin A)\end{aligned} \tag{10.2.47}$$

设目标所在三维方向在(x_1, y_1, z_1)坐标系下以方向余弦$(\cos\alpha_{x_1}, \cos\alpha_{y_1}, \cos\alpha_{z_1})$表示，而在$(x, y, z)$坐标系下以方向余弦$(\cos\alpha_x, \cos\alpha_y, \cos\alpha_z)$表示，则相邻阵元之间的空间相位差$\Delta\varphi_{z_1}$、$\Delta\varphi_{y_1}$应为

$$\begin{cases}\Delta\varphi_{z_1} = \kappa d_1 \cos\alpha_{z_1} = \kappa d_1 \dfrac{z_1}{R} = \kappa d_1 \dfrac{z\cos A - x\sin A}{R} = \kappa d_1(\sin\theta \cos A - \cos\theta \cos\varphi \sin A) \\ \Delta\varphi_{y_1} = \kappa d_2 \cos\alpha_{y_1} = \kappa d_2 \dfrac{y_1}{R} = \kappa d_2 \dfrac{y}{R} = \kappa d_2 \cos\theta \sin\varphi\end{cases} \tag{10.2.48}$$

其中，$\kappa=2\pi/\lambda$，称为波数。因此，控制天线相控扫描的阵内相位差$\Delta\varphi_{B\alpha}$、$\Delta\varphi_{B\beta}$应为

$$\begin{cases}\Delta\varphi_{B\alpha} = \kappa d_1(\sin\theta \cos A - \cos\theta \cos\varphi \sin A) \\ \Delta\varphi_{B\beta} = \kappa d_2 \cos\theta \sin\varphi\end{cases} \tag{10.2.49}$$

当天线孔径均匀分布时，倾斜放置阵列方向图$F(\theta, \varphi)$可表示为

$$\begin{aligned}F(\theta, \varphi) = &\sum_{i=0}^{M-1} \exp(\mathrm{j}(i(\kappa d_1(\sin\theta \cos A - \cos\theta \cos\varphi \sin A) - \Delta\varphi_{B\alpha}))) \cdot \\ &\sum_{k=0}^{N-1} \exp(\mathrm{j}(k(\kappa d_2 \cos\theta \sin\varphi - \Delta\varphi_{B\beta})))\end{aligned} \tag{10.2.50}$$

该阵列的方向图函数$|F(\theta, \varphi)|$为

$$|F(\theta, \varphi)| = |F_1(\theta, \varphi)| \cdot |F_2(\theta, \varphi)| \tag{10.2.51}$$

式中，

$$\begin{aligned}|F_1(\theta, \varphi)| &= \left|\frac{\sin \dfrac{M}{2}(\kappa d_1(\sin\theta \cos A - \cos\theta \cos\varphi \sin A) - \Delta\varphi_{B\alpha})}{\sin \dfrac{1}{2}(\kappa d_1(\sin\theta \cos A - \cos\theta \cos\varphi \sin A) - \Delta\varphi_{B\alpha})}\right| \\ &\approx M\left|\frac{\sin \dfrac{M}{2}(\kappa d_1(\sin\theta \cos A - \cos\theta \cos\varphi \sin A) - \Delta\varphi_{B\alpha})}{\dfrac{M}{2}(\kappa d_1(\sin\theta \cos A - \cos\theta \cos\varphi \sin A) - \Delta\varphi_{B\alpha})}\right|\end{aligned} \tag{10.2.52}$$

$$|F_2(\theta, \varphi)| = \left|\frac{\sin\left[\dfrac{N}{2}(\kappa d_2 \cos\theta \sin\varphi - \Delta\varphi_{B\beta})\right]}{\sin\left[\dfrac{1}{2}(\kappa d_2 \cos\theta \sin\varphi - \Delta\varphi_{B\beta})\right]}\right| \approx N\left|\frac{\sin\left[\dfrac{N}{2}(\kappa d_2 \cos\theta \sin\varphi - \Delta\varphi_{B\beta})\right]}{\dfrac{N}{2}(\kappa d_2 \cos\theta \sin\varphi - \Delta\varphi_{B\beta})}\right| \tag{10.2.53}$$

式(10.2.51)表明天线孔径均匀分布时，平面相控阵天线方向图可以看成两个线阵方向图的乘积。$|F_1(\theta, \varphi)|$是垂直方向线阵的方向图，$|F_2(\theta, \varphi)|$是水平方向线阵的方向图。

10.2.3 圆环阵列

设 N 个天线阵元等间隔分布在半径为d_r的圆周上，如图 10.13 所示。以天线所在水平

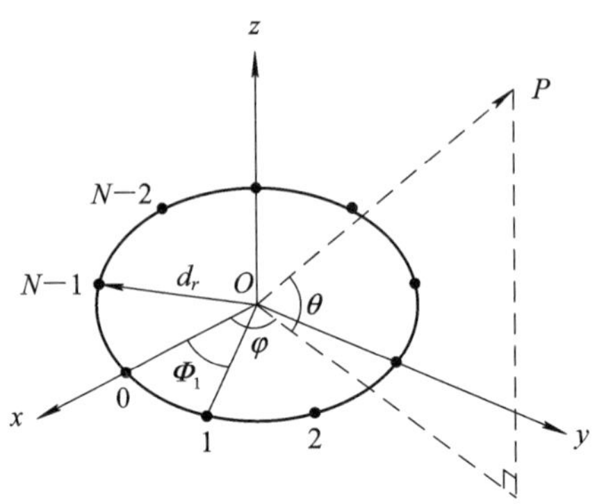

图 10.13　圆环阵列的几何关系

面 xOy 面建立如图的坐标系，以圆心 O 为阵列的参考相位中心。由图中的几何关系可得第 n 个阵元的方位为

$$\Phi_n = \frac{2\pi}{N} n, \quad n = 0, 1, 2, \cdots, N-1 \tag{10.2.54}$$

则第 n 个阵元的坐标为

$$(x_n, y_n, z_n) = (d_r \cos\Phi_n, d_r \sin\Phi_n, 0) \tag{10.2.55}$$

第 n 个阵元与参考点(以坐标原点为参考点)之间由波程差引起的相位差为

$$\Delta\varphi_n = \kappa(\boldsymbol{r}_n \cdot \boldsymbol{r}_0) = \kappa(d_r \cos\theta \cos\varphi \cos\Phi_n + d_r \cos\theta \sin\varphi \sin\Phi_n + 0) \tag{10.2.56}$$

其中，$\kappa = 2\pi/\lambda$，为波数；$\boldsymbol{r}_n$ 向量为阵列中第 n 个阵元的向量；$\boldsymbol{r}_0$ 为远场观测点 P 的单位向量。

式(10.2.56)可重新整理为

$$\Delta\varphi_n = \kappa d_r \cos\theta(\cos\varphi \cos\Phi_n + \sin\varphi \sin\Phi_n) \tag{10.2.57}$$

$$= \kappa d_r \cos\theta \cos(\Phi_n - \varphi) \tag{10.2.58}$$

由上可得远场的电场强度为

$$E(\theta, \varphi; d_r) = \sum_{n=1}^{N} I_n \exp\{\mathrm{j}\kappa d_r \cos\theta \cos(\Phi_n - \varphi)\} \tag{10.2.59}$$

式中，I_n 代表第 n 个单元的激励电流。当阵列主波束指向在(θ_0, φ_0)方向时，方程(10.2.59)具有下列形式：

$$E(\theta, \varphi; d_r) = \sum_{n=1}^{N} I_n \exp\{\mathrm{j}\kappa d_r[\cos\theta \cos(\Phi_n - \varphi) - \cos\theta_0 \cos(\Phi_n - \varphi_0)]\} \tag{10.2.60}$$

10.3　相控阵雷达系统的组成与特点

10.3.1　相控阵雷达系统的基本组成

如图 10.14 所示，相控阵雷达系统的基本组成可分为：天线阵列、移相器及其波控计算机、发射机组件、接收机组件、激励器、信号与数据处理、显示器和中心计算机等主要功能块，再加上雷达与计算机之间、计算机与外围设备之间的接口，计算机输入输出控制台，计算机外围设备以及整机电源等部分。

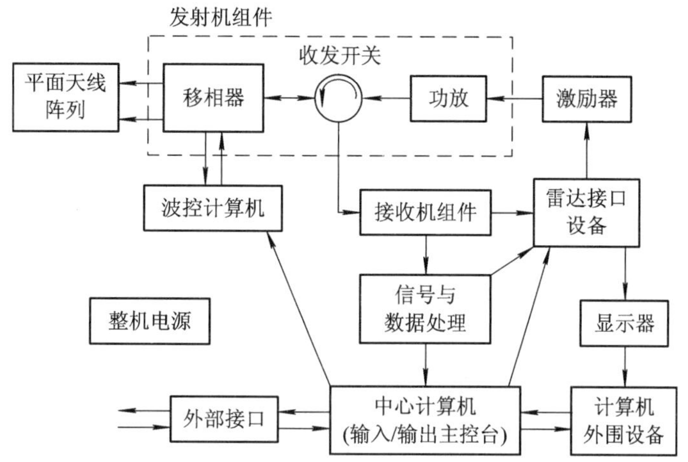

图 10.14　相控阵雷达系统组成方框图

大多数相控阵雷达的天线是收发共用的。在整个雷达天线阵列中，发射机组件可以仅用一部发射机(称“无源阵列”)，通过馈线强制性地将发射功率分配给每一个天线单元；也可以用多部发射机，将每一部发射机的输出信号功率馈给一个子阵上的所有天线单元，整个天线阵面辐射的信号功率为所有子阵上发射机的功率之和，即在空间实现发射信号功率的合成。与整个雷达采用单部发射机相比，这种方法除增加了总发射功率以外，还减少了发射馈线网络的传输损耗。另外，还可以在每一个天线单元上安放一个功率放大器，并采用一个功率较小的发射机(称“有源阵列”)，这样发射馈线损耗将会做得更小，且移相器等馈线元件可处于低功率工作状态，从而为雷达系统的设计带来较大方便。

在图 10.14 中，移相器为天线阵列中的各个单元提供合适的相移，以形成指定方向的波束，并且通过快速改变这些相移来实现波束扫描。在激励器中产生合适频段、一定调制的雷达工作波形，以便经变频或倍频处理后提升到发射的所需载频。然后在发射机(组件)内放大到一定的功率，通过收/发开关，经相位控制的天线阵列辐射到空间去。由天线阵列接收的回波信号也经收/发开关进入接收机(组件)，与激励器提供的相干本振混频至合适的中频，再经信号处理后送到雷达中心计算机。

相控阵雷达的控制中心是计算机。它对相控阵雷达的工作方式进行管理，并控制发射波束和接收波束，实现对预定空域的搜索。从目标的截获到跟踪过程，都是在计算机控制下自动建立的。对多个目标的边搜索边跟踪过程，只有在计算机控制下才能完成。中心计算机同时还对目标回波数据进行处理，以完成信号相关判决、目标位置外推、滤波、数据内插、航迹相关和航迹测量等计算。当目标丢失时，还要控制和实现对目标的重新照射(辐射)、数据补点，并满足雷达采样率的要求等。根据目标位置和特征判定其威胁程度，并按威胁程度大小改变对目标的跟踪状态。根据被跟踪的目标数目和不同的跟踪状态，中心计算机可灵活地调整供搜索与跟踪用的信号能量分配程度。

10.3.2　相控阵雷达的分类

相控阵雷达的组成方案很多，目前典型的相控阵雷达用移相器控制波束的发射和接收，主要有两种组成形式：无源相控阵列和有源相控阵列。相应的雷达分别为无源相控阵雷达和有源相控阵雷达。无源相控阵雷达仅有一个中央发射机和一个接收机，发射机产生的高频能量经计算机自动分配给天线阵的各个辐射器，目标反射信号经接收机统一放大，如图 10.15 所示。有源相控阵雷达的每个辐射器都配装有一个发射/接收组件，每一个组件都能自己产生、接收电磁波，如图 10.16(a)所示。图 10.15 和图 10.16(a)除虚线部分发射与天线功能不一样之外，其它是相同的。图 10.16(b)是有源相控阵雷达的发射/接收(T/R)组成框图。因此在频宽、信号处理和冗余度设计等方面，有源相控阵雷达都比无源相控阵雷达具有较大的优势。正因为如此，也使得有源相控阵雷达的造价昂贵，工程化难度大。但有源相控阵雷达在功能上有其独特优点，已逐步取代了无源相控阵雷达。

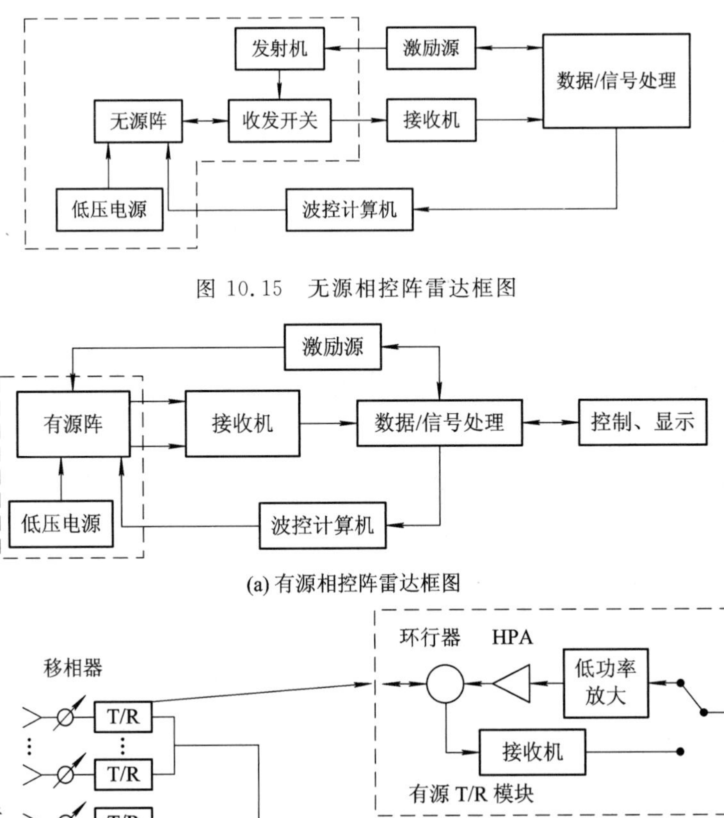

图 10.15　无源相控阵雷达框图

(a) 有源相控阵雷达框图

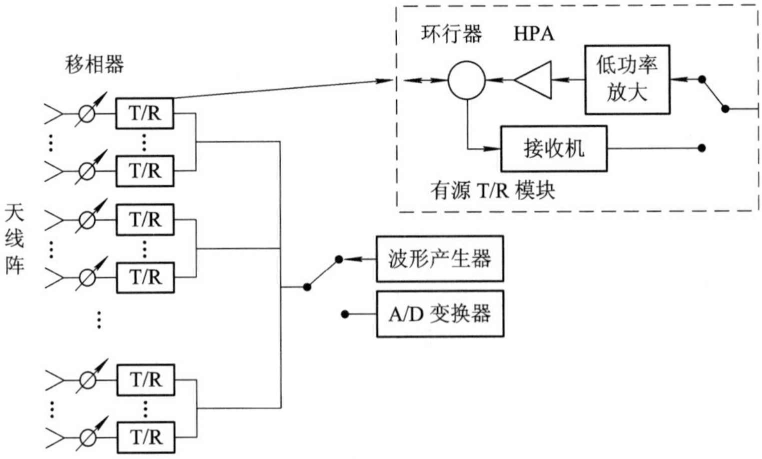

(b) 有源相控阵雷达的T/R组成

图 10.16　有源相控阵雷达框图与 T/R 组成

有源相控阵雷达最大的难点在于发射/接收组件的制造上，相对来说，无源相控阵雷达的技术难度要小得多。无源相控阵雷达在功率、效率、波束控制及可靠性等方面不如有源相控阵雷达，但是在功能上却明显优于普通机械扫描雷达，不失为一种较好的折衷方案。无源相控阵雷达作为相控阵雷达家族的一种低端产品，仍具有较大的实用价值。

10.3.3　移相器的基本原理及主要要求

移相器是相控阵雷达中的关键器件，依靠移相器来实现对阵列中各天线单元的“馈相”，提供为实现波束扫描或改变波束形状要求的天线口径上照射函数的相位分布。实现移相的方法有多种，移相器类型的选择取决于多种因素，其主要的影响因素有：① 雷达工作波段的不同；② 相控阵天线类型的差异，即是无源相控阵天线还是有源相控阵天线，是窄带相控阵天线还是宽带相控阵天线，是一维相位扫描天线还是二维相位扫描天线等，这都要根据天线要承受的发射机功率的大小、允许的损耗大小及成本的高低、移相器的控制方式等确定。

波长为 λ 的电磁波以速度 v 经过一段长度为 l 的传输线以后的相移为

$$\varphi=\frac{2\pi l}{\lambda}=\frac{2\pi lf}{v}=\frac{2\pi lf}{\sqrt{\mu\varepsilon}} \tag{10.3.1}$$

式中，$f=v/\lambda$，为频率；μ 为导磁率；ε 为介电常数。电磁波传播速度 v 通常取为光速 c，但是对于移相器，它们可能是不同的，例如同轴电缆中传播速度为 $v=\sqrt{\mu\varepsilon}$。根据式(10.3.1)，改变相移的方法有以下 4 种。

(1) 频率(f)扫描。频率扫描是一个用于电子扫描波束相对简单的方法，曾经用于许多相控阵雷达，但是由于它限制了带宽的使用，并且仅仅对于在一个角度坐标中电控波束，因此已不再流行。

(2) 变线长 l。用电子开关接入或去掉传输线的各种长度，实现相移的变化。

(3) 变导磁率 μ。当磁场改变时，铁氧体材料的导磁率发生变化，实现相移的变化。此方法已经流行于频率较高的微波频段。

(4) 变介电常数 ε。铁电材料的介电常数随加上的电压而变化。放电电流的变化也导致电子密度的变化，从而产生介电常数的变化。

相控阵雷达对移相器的主要要求如下：

(1) 能够快速地改变相位(时间在微秒量级)；

(2) 能够承受高峰值功率和高平均功率；

(3) 要求控制信号以小的驱动功率运行；

(4) 低损耗(对无源移相器，应小于 1 dB)；

(5) 对温度变化不敏感，在雷达的整个工作温度范围内变化不大；

(6) 重量轻(特别是对机载或机动雷达)；

(7) 成本低。

移相器的种类较多，移相器从移相方式上可分为机电式移相器和电子式移相器。机电式移相器包括变长度线，变波导长和变极化器件等，这种移相器移相速度较慢；另一类电子式移相器，有铁氧体、半导体变容二极管、PIN 开关管移相器以及行波移相和等离子体移相器件，其中二极管移相器和铁氧体移相器应用较为广泛。表 10.3 对这两种移相器的性能进行了比较。

表 10.3　两种移相器的性能比较

特　征	二极管移相器	铁氧体移相器
可控单元	切换路径	相速可调
控制的输入	固有的数字式	固有的模拟式，通过 D/A 变换器
开关速度	快	比二极管慢
功率限制	表面密度	体积密度
额定功率	较低	较高
互异性	可逆	不可逆，互逆损耗较大
损耗	较高	较低
控制电流	连续	锁定或连续
成本、体积、重量	较低	较高

使用二极管方法的数字移相器可使用级联的线路，切换的长度为 $\lambda/2$、$\lambda/4$、$\lambda/8$ 等。N 位的移相器具有 N 个线路长度，以 $360°/2^N$ 的离散步进量调控相位变化。如图 10.17 是一个 4 位级联的数字开关的移相器，它被切换成进或出线长等于 $\lambda/16$、$\lambda/8$、$\lambda/4$ 和 $\lambda/2$ 以得到量化大小为 $\lambda/16$ 的步进量。其对应相位增量为 $360°/16=22.5°$。在这种 4 位的器件中，可以实现 0°～337.5°的相位时延。360°以上的相位时延通过去掉 360°的倍数后来调节，而相位超前是通过减去 360°的倍数将其变为等效时延来调节。移相器的每一位由提供不同相移的两段线长和由 4 个二极管(如图中的 S_1、S_2、S_3、S_4)做成的两个单刀双掷开关组成。图中当上面两个开关是开时，下面两个是关的，反之亦然。

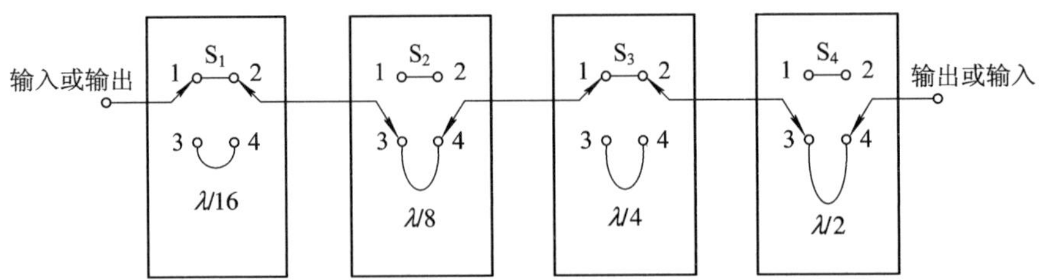

(图中给出的排列为 225°相移，即波长的 5/8)

图 10.17　具有 4 位二极管开关的线长以 $\lambda/16$ 量化的数字移相器

10.3.4　相控阵雷达的特点

1. 相控阵天线的主要技术特点

1) 天线波束快速扫描能力

用电子控制方式实现相控阵天线波束指向快速转换，使天线波束具有快速扫描能力是相控阵天线的一个主要技术特点。通过电子扫描克服了机械扫描天线波束指向转换的惯性对雷达性能的限制。这种天线波束指向的快速变换能力或快速扫描能力，在硬件上取决于开关器件及其控制信号的计算、传输与转换时间。

2）天线波束形状的捷变能力

相控阵天线波束形状的捷变能力是指相控阵天线根据波束指向需要，在针形波束或赋型波束之间快速捷变。描述天线波束形状的主要指标除了天线波束宽度(如半功率点宽度)、天线副瓣、波束形状、用于单脉冲测角的差波束零值深度等外，还有天线波束零点位置、零值深度、天线波束形状的非对称性、天线波束副瓣在主平面与非主平面的分布、天线背瓣电平等。

提高雷达抗干扰能力和抑制杂波能力，合理使用和分配雷达信号能量，合理安排搜索与跟踪方式等需求都对天线波束形状的捷变能力提出了要求。相控阵雷达可以根据工作环境、电磁环境变化而自适应地改变工作状态来改变波束形状。

3）空间功率合成能力

相控阵天线的空间功率合成能力，是指阵列天线可以在每一单元通道或每一个子天线阵设置发射信号功率放大器，依靠移相器的相位变换，使发射天线波束定向发射，即将各单元通道或各子通道中的发射信号聚焦于某一空间方向。这一特点为相控阵雷达的系统设计特别是发射系统设计带来了极大的方便，也增加了雷达工作的灵活性。

4）多波束形成能力

相控阵天线易于形成多个天线波束。多波束形成可以在阵元级别上实现，也可在子阵级别上实现。多波束形成方法也很多，波束指向与形状的控制也比较灵活。依靠转换波束控制信号，可以方便地在一个脉冲重复周期内形成多个指向不同的发射波束和接收波束，它们在时间上可快速指向不同方向。

例如，图 10.18 给出了某相控阵雷达的威力图，在俯仰维同时采用 5 个接收波束实现对 0～20°仰角范围的覆盖、作用距离为 30 km 的要求。

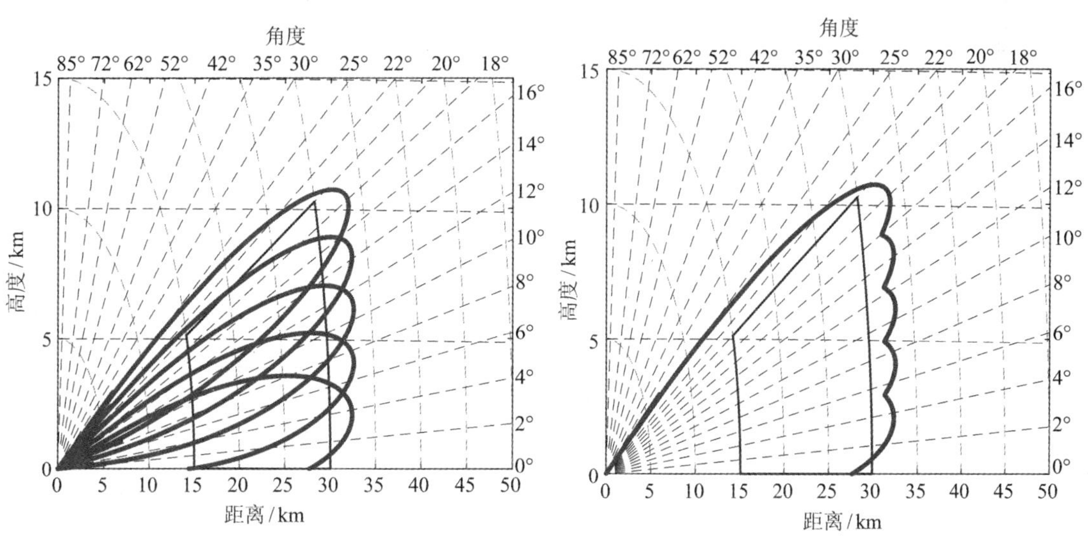

图 10.18　某相控阵雷达的威力图

5）空域滤波与空间定向能力

由于相控阵天线是由多个空间上分散布置的天线单元构成的，各单元通道中信号传输

时间、相位与幅度在计算机控制下均可快速变化。因此，相控阵天线具有快速变化的空域滤波能力。这是一般机械扫描天线所不具备的。

在相控阵接收天线阵中，各天线单元接收到的来自同一方向的辐射源信号或目标反射的回波信号存在时间差或相位差。因此，通过测量各天线单元或子天线阵接收信号的相位差，或者接收 DBF，可以确定目标的来波方向(DOA)。

2. 相控阵雷达的主要工作特点

(1) 能对付多目标。相控阵雷达利用电子扫描的灵活性、快速性和按时分割原理或多波束，可实现边搜索边跟踪工作方式，与电子计算机相配合，能同时搜索、探测和跟踪不同方向和不同高度的多批目标，并能同时制导多枚导弹攻击多个空中目标。因此，适用于多目标、多方向、多层次空袭的作战环境。

(2) 多功能，机动性强。相控阵雷达能够同时形成多个独立控制的波束，分别用以执行搜索、探测、识别、跟踪、照射目标和跟踪、制导等多种功能，一部相控阵雷达能起到多部雷达的作用，而且还远比它们能够同时处理的目标多。因此，可大大减少武器系统的设备，从而提高系统的机动能力。

(3) 反应时间短，数据率高。相控阵雷达不需要天线驱动系统，波束指向灵活，能实现无惯性快速扫描，从而缩短了对目标信号检测、录取、信息传递等所需的时间，具有较高的数据率。相控阵天线通常采用数字化工作方式，使雷达与数字计算机结合起来，能大大提高自动化程度，简化了雷达操作，缩短了目标搜索、跟踪和发射控制的准备时间，便于快速、准确地实施雷达程序和数据处理。因而可提高跟踪空中高速机动目标的能力。

(4) 抗干扰能力强。相控阵雷达可以利用分布在天线孔径上的多个辐射单元综合成非常高的功率，并能合理地管理能量和控制主瓣增益，可以根据不同方向上的需要分配不同的发射能量，易于实现自适应旁瓣抑制和自适应抗各种干扰。

(5) 可靠性高。相控阵雷达的阵列组件较多，且并联使用，即使有少量组件失效，仍能正常工作，突然完全失效的可能性很小。此外，随着固态器件的发展，现代相控阵雷达几乎都采用固态器件，甚至全固态的相控阵雷达，如美国的“爱国者”雷达，其天线的平均故障间隔时间高达 15 万小时，即使有 10%的单元损坏，也不会影响雷达的正常工作。

10.3.5 相控阵雷达作用距离的计算

与机械扫描雷达不同，相控阵雷达要完成多种功能和跟踪多批目标，需要用搜索作用距离与跟踪作用距离来分别描述雷达在搜索和跟踪状态下的性能。基于相控阵雷达天线波束扫描的灵活性，可在不同搜索区域内灵活分配信号能量，因而可得出不同的搜索作用距离。在跟踪状态下，同样可对不同目标按其所在距离的远近、目标的威胁程度、目标类型的差异及跟踪目标数目来合理分配信号能量，得出不同的跟踪作用距离。

根据第 3 章式(3.1.14)可知，常用脉冲雷达的最大作用距离 $R_{\max}$ 为

$$R_{\max}^4 = \frac{P_t G_t G_r \sigma \lambda^2}{(4\pi)^3 k T_0 BFL(S/N)} = \frac{P_t A_t A_r \sigma}{(4\pi) k T_0 BFL(S/N)} \frac{1}{\lambda^2} \tag{10.3.2}$$

式中，P_t 为雷达发射机峰值功率；G_t 为雷达发射天线增益；A_r 为雷达接收天线有效面积；σ 为目标有效反射面积；L 为雷达系统(包括发射与接收天馈线与信号处理)损耗；B 为信号带宽；S/N 为信号噪声比；$k=1.38\times10^{-23}$ J/K，为波尔兹曼常数；F 为接收系统的噪声

系数。

下面结合相控阵雷达计算其作用距离。

1. 相控阵雷达的搜索作用距离

1) 搜索作用距离与搜索空域及搜索时间的关系

预定搜索空域大小和允许的搜索时间是影响相控阵雷达搜索作用距离的两个主要因素。

当相控阵雷达处于搜索状态时，设它应完成的搜索空域的立体角为 Ω，雷达天线波束宽度的立体角为 $\Delta\Omega$($=\theta_{3dB}\varphi_{3dB}$，$\theta_{3dB}$、$\varphi_{3dB}$分别为方位和仰角的半功率波速宽度)，发射天线波束在每个波束位置的驻留时间为 t_i，则搜索整个空域所需的时间 t_s应为

$$t_s = \frac{\Omega}{\Delta\Omega}t_i \tag{10.3.3}$$

考虑到发射天线增益 G_t可用波束宽度的立体角 $\Delta\Omega$ 来表示，即

$$G_t = \frac{4\pi}{\Delta\Omega} = \frac{4\pi}{\Omega}\cdot\frac{t_s}{t_i} \tag{10.3.4}$$

将式(10.3.4)代入式(10.3.2)，可得

$$R_{max}^4 = \frac{P_t A_r \sigma}{4\pi k T_0 BFL\cdot(S/N)\cdot\Omega}\cdot\frac{t_s}{t_i} \tag{10.3.5}$$

对脉冲雷达来说，波束驻留时间 t_d为

$$t_d = n_p T_r \tag{10.3.6}$$

式中，T_r为脉冲重复周期，n_p为天线波束在该波束位置照射的重复周期个数。这表明，为了检测目标，需要使用 n_p个重复周期，必须在一个波束指向上发射总功率为 $n_p P_t$，故在波束驻留时间内的信号能量 E 为

$$E = n_p P_t T \tag{10.3.7}$$

式中，T 为脉冲宽度。由于

$$\frac{n_p P_t}{Bt_i} = \frac{n_p P_t T/(n_p T_r)}{BT} = \frac{P_{av}}{BT} = \frac{P_{av}}{D} \tag{10.3.8}$$

式中，$D=BT$，为信号的时宽带宽积。当采用为脉冲压缩信号时，D 即为脉冲压缩比。所以式(10.3.5)变为

$$R_{max}^4 = \frac{P_{av} A_r \sigma}{4\pi k T_0 FL(E/N_0)}\frac{t_s}{\Omega} \tag{10.3.9}$$

式中，E/N_0为 n_p个脉冲信号能量与噪声能量之比，它与单个脉冲的信号噪声比(S/N)的关系为

$$E/N_0 = n_p(S/N)D \tag{10.3.10}$$

式(10.3.9)说明，雷达搜索时的最大作用距离在理论上与 $P_{av}A_r$及用于搜索完整空域 Ω 的时间 t_s成正比，与搜索空域 Ω 成反比，而与波长无关(在假设目标有效反射面积 σ 与波长无关条件下)。

2) 以波束驻留时间表示的相控阵雷达搜索距离

为了在搜索距离方程中能将波束驻留时间 t_d 的影响直接表达出来，首先讨论式(10.3.9)中的有关 t_s和 Ω 的表达式。

将搜索空域的立体角 Ω 表示为方位搜索空域 φ_c 与仰角搜索空域 θ_c 的乘积，即

$$\Omega = \varphi_c\theta_c \tag{10.3.11}$$

令天线在方位与仰角上的半功率波束宽度分别为 $\Delta\varphi$ 与 $\Delta\theta$，则

$$t_s = n_\varphi n_\theta n_p T_r \tag{10.3.12}$$

式中，n_φ 与 n_θ 分别为覆盖 φ_c 与 θ_c 所要求的天线波束位置的数目，其近似值可表示为

$$n_\varphi = \frac{\varphi_c}{\Delta\varphi}, \qquad n_\theta = \frac{\theta_c}{\Delta\theta} \tag{10.3.13}$$

将式(10.3.11)和式(10.3.12)代入式(10.3.9)，得

$$R_{\max}^4 = \frac{P_{av}A_r\sigma}{4\pi kT_0FL(E/N_0)}\frac{n_\varphi n_\theta}{\varphi_c\theta_c}t_i \tag{10.3.14}$$

2. 相控阵雷达的跟踪作用距离

跟踪多目标是相控阵雷达的一个重要特点，由于相控阵雷达在对一定空域进行搜索时还要对多批目标按时间分割原则进行离散跟踪，故与采用机械扫描天线的雷达只对一个目标(一个方向)进行跟踪的情况有着显著的区别。

1) 跟踪一个目标时的作用距离

先讨论最简单的情况，即相控阵雷达只对一个目标进行跟踪。与一般机械扫描跟踪雷达不同，相控阵雷达不能将全部时间资源，即全部信号能量都用于跟踪一个目标，而用于跟踪一个目标的时间只能为 t_{tr}，这是雷达对一个目标方向进行一次跟踪采样所需花费的时间，即在一个目标方向上的跟踪波束驻留时间为

$$t_{tr} = n_{tr}T_r \tag{10.3.15}$$

因为

$$\frac{P_t}{B} = \frac{P_{av}}{n_{tr}BT}t_{tr} = \frac{P_{av}}{n_{tr}D}n_{tr}T_r \tag{10.3.16}$$

则相控阵雷达在对单个目标进行一次跟踪采样时的最大作用距离为

$$\begin{aligned}R_{tr}^4 &= \frac{P_{av}A_rG_t\sigma}{(4\pi)^2kT_0FL(E/N_0)}t_i = \frac{P_{av}A_rG_t\sigma}{(4\pi)^2kT_0FL(E/N_0)}n_{tr}T_r\\ &= \frac{P_{av}A_rA_t\sigma}{4\pi kT_0FL(E/N_0)}\frac{n_{tr}T}{\lambda^2}\end{aligned} \tag{10.3.17}$$

式(10.3.19)表明，相控阵雷达在对一个目标进行一次跟踪照射(采样)时，其跟踪作用距离 R_{tr} 的 4 次方与发射机平均功率、接收天线面积和发射天线增益的乘积 $P_{av}A_rG_t$ 以及跟踪驻留时间 t_{tr} 成正比，与雷达信号波长 λ 的平方成反比。这是由于在跟踪状态下，没有前面提到的对搜索时间和搜索空域的限制，故在天线面积一定的条件下，降低信号波长有利于提高雷达发射天线的增益。

2) 跟踪多目标时的作用距离

式(10.3.17)反映的是雷达用 n_{tr} 个周期的信号对一个目标进行一次跟踪照射(采样)情况下的跟踪作用距离。R_{tr}^4 与跟踪照射时波束驻留时间 t_{tr} 成正比，当相控阵雷达进行多目标跟踪时，能允许的跟踪次数 n_{tr} 是有限的，因而相控阵雷达的跟踪距离与要跟踪的目标数目 N_{tr} 密切相关。

令对所有 N_{tr} 个被跟踪目标进行一次跟踪照射所花费的时间为 t_t，即对 N_{tr} 个目标的总

的跟踪时间或总的波束驻留时间为 t_t，在最简单的跟踪控制方式下，假设对所有 N_{tr}个目标均采用 n_{tr}次跟踪照射，对它们的跟踪采样间隔时间（即跟踪数据率的倒数）均一样，且雷达重复周期 T_r也一样，这时 t_t为

$$t_t = N_{tr} n_{tr} T_r \tag{10.3.18}$$

故每次跟踪照射次数 n_{tr}为

$$n_{tr} = \frac{t_t}{N_{tr} T_r} \tag{10.3.19}$$

显然，由式(10.3.19)可知，要跟踪的目标数目 N_{tr}越多，用于在每一目标方向进行跟踪照射的次数 n_{tr}就越少，跟踪作用距离就越近。

如果相控阵雷达将全部信号能量都用于对 N_{tr}个目标进行跟踪，则跟踪时间间隔(跟踪数据率的倒数)t_{ti}必须大于或等于跟踪时间 t_t，这时 n_{tr}应满足：

$$n_{tr} \leqslant \frac{t_{ti}}{N_{tr} T_r} = \frac{t_{ti} F_r}{N_{tr}} \tag{10.3.20}$$

n_{tr}至少应为 1。

由式(10.3.20)可见，相控阵雷达特别是远程或超远程相控阵雷达在跟踪多批目标的情况下，能用于对一个目标进行跟踪的照射次数 n_{tr}或跟踪驻留时间 $n_{tr} T_r$是很短的，因而，跟踪目标数目与跟踪采样间隔时间是限制雷达跟踪距离的主要因素，在多目标跟踪情况下，跟踪距离与 $N_{tr}^{1/4}$ 成反比。

影响相控阵雷达的跟踪驻留时间 $n_{tr} T_r$的因素是要跟踪的目标数目和跟踪数据率。如果搜索与跟踪时的波束驻留时间相等，即 $n_s T_r = n_{tr} T_r$，且要求的信噪比一样时，则跟踪作用距离与搜索作用距离便完全相等，从而可以实现两者的平衡。

10.4　阵列天线的自适应信号处理

10.4.1　自适应数字波束形成(ADBF)

复杂信号环境中不仅存在所需信号，而且还存在大量的干扰信号，当干扰强于所需信号时，阵列输出中所需信号被干扰信号掩盖。要降低干扰的影响，最好的方法是使其天线方向图零点位置始终指向干扰方向，同时保证主瓣对准所需信号的来波方向。由于干扰和信号方向都是未知的，要求天线方向图自动地满足上述要求，换句话说，天线方向性必须具有自适应能力。这种具有自适应能力的多波束形成技术称之为自适应多波束形成。

自适应数字波束形成简称 ADBF(Adaptive Digital Beam Forming)，是自适应天线阵列用于复杂信号环境，对阵列接收信号的一种波控技术。其基本思想是依据不同的最优化准则，通过自适应算法，对各阵元输出加权求和，使阵列的输出对不同空间方向的信号产生不同的响应。从而使得天线阵列波束指向期望的方向的同时，在干扰方向形成“零点”，即通过空域滤波达到抑制干扰。ADBF 与 DBF 处理的最大区别就在于 ADBF 能够自适应地在干扰方向形成“零点”，但前提是干扰在副瓣方向，而不在呈瓣方向。

ADBF 是自适应信号处理和空域信号处理技术相结合的产物。它能够自动调整阵列的方向图，使得阵列性能得到改善，自适应阵的基本框图如图 10.19 所示。自适应阵系统的

主要组成单元是阵元、方向图形成网络和自适应处理器(自适应方向图控制器)。自适应处理器是用来调整方向图形成网络中的可变加权系数的，自适应处理器包括信号处理器和自适应算法控制器。方向图形成网络把方向图波束的零陷(Null)调至干扰源方向，降低波束副瓣，抑制干扰和噪声，同时保证主波束特性使其能接收到所需信号。自适应阵系统正是依靠这种空间特性改进输出信号与干扰、噪声的功率之比(SINR)的。

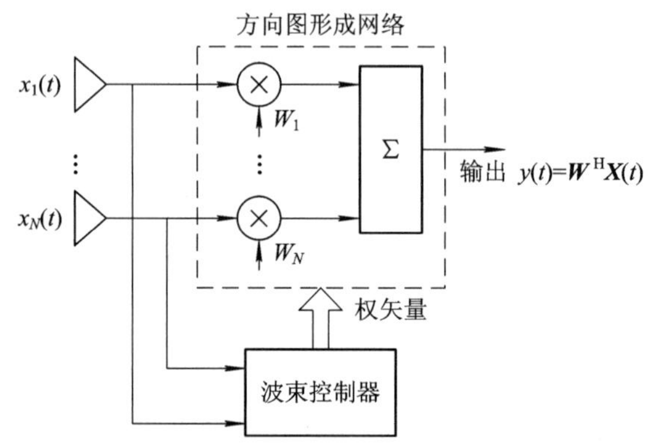

图 10.19 自适应阵的基本框图

自适应数字波束形成就是对阵列接收信号加权求和，即

$$y(t)=\boldsymbol{W}^{\mathrm{H}}\boldsymbol{X}(t) \tag{10.4.1}$$

对于平稳随机信号，阵列输出信号功率为

$$\begin{aligned}\mathrm{E}[|y(t)|^2]&=\mathrm{E}[\boldsymbol{W}^{\mathrm{H}}\boldsymbol{X}(t)(\boldsymbol{W}^{\mathrm{H}}\boldsymbol{X}(t))^{\mathrm{H}}]=\mathrm{E}[\boldsymbol{W}^{\mathrm{H}}\boldsymbol{X}(t)\boldsymbol{X}^{\mathrm{H}}(t)\boldsymbol{W}]\\&=\boldsymbol{W}^{\mathrm{H}}\mathrm{E}[\boldsymbol{X}(t)\boldsymbol{X}^{\mathrm{H}}(t)]\boldsymbol{W}=\boldsymbol{W}^{\mathrm{H}}\boldsymbol{R}_X\boldsymbol{W}\end{aligned} \tag{10.4.2}$$

式中，$\boldsymbol{R}_X=\mathrm{E}[\boldsymbol{X}(t)\boldsymbol{X}^{\mathrm{H}}(t)]$，为阵列协方差矩阵，它包含了阵列信号的二阶统计信息。

10.4.2 ADBF 最佳权向量准则

自适应数字波束形成是在某一准则下寻求最优权矢量，使阵列系统在复杂的信号环境中使波束具有自动抑制干扰和增强信号的能力。目前常用的最佳准则有最小均方误差(MMSE)准则，最大信噪比(MSNR)准则，线性约束最小方差(LCMV)准则，最大似然(ML)准则，最小二乘法(LS)准则等。下面简单介绍几种较常使用的准则。

1. 最小均方误差(MMSE)准则

MMSE 准则是利用参考信号求解权矢量的一种准则，如图 10.20 所示。参考信号可以根据期望信号特性产生本地参考信号。参考天线可以从主天线阵列中选取，也可以单独附加辅助天线。阵列自适应权矢量的求解是使得参考信号与阵列加权相加的输出信号之差的均方值最小为最佳。维纳于 1949 年首先根据这一准则导出了最佳线性滤波器，奠定了最佳滤波器的理论基础。

对图 10.20 所示的滤波器，要求根据输入信号 $\boldsymbol{X}(t)=[x_1(t), x_2(t), \cdots, x_N(t)]^{\mathrm{T}}$，对期望输出(参考)信号 $d(t)$进行估计，并取线性组合器的输出信号 $y(t)$为 $d(t)$的估计值 $\hat{d}(t)$，即

$$\hat{d}(t)=y(t)=\boldsymbol{W}^{\mathrm{H}}\boldsymbol{X}(t) \tag{10.4.3}$$

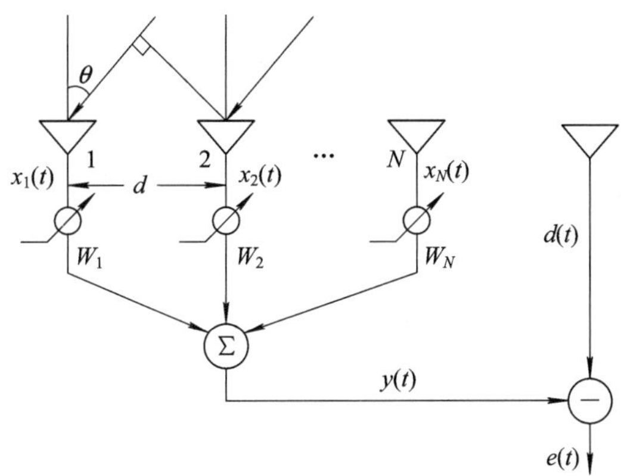

图 10.20　自适应阵列处理结构示意图

则估计误差为

$$e(t)=d(t)-\hat{d}(t)=d(t)-\boldsymbol{W}^{\mathrm{H}}\boldsymbol{X}(t) \tag{10.4.4}$$

最小均方误差准则的性能函数为

$$\begin{aligned}\xi(\boldsymbol{W})&=\mathrm{E}[|e(t)|^2]=\mathrm{E}[|d(t)-\hat{d}(t)|^2]=\mathrm{E}[|d(t)-\boldsymbol{W}^{\mathrm{H}}\boldsymbol{X}(t)|^2]\\&=\mathrm{E}[(d(t)-\boldsymbol{W}^{\mathrm{H}}\boldsymbol{X}(t))(d(t)-\boldsymbol{W}^{\mathrm{H}}\boldsymbol{X}(t))^{\mathrm{H}}]\\&=\boldsymbol{W}^{\mathrm{H}}\boldsymbol{R}_X\boldsymbol{W}+\mathrm{E}[|d(t)|^2]-\boldsymbol{W}^{\mathrm{H}}\boldsymbol{r}_{Xd}-\boldsymbol{r}_{Xd}^{\mathrm{H}}\boldsymbol{W}\\&=\boldsymbol{W}^{\mathrm{H}}\boldsymbol{R}_X\boldsymbol{W}+\mathrm{E}[|d(t)|^2]-2\,\mathrm{Re}[\boldsymbol{W}^{\mathrm{H}}\boldsymbol{r}_{Xd}]\end{aligned} \tag{10.4.5}$$

其中，$\boldsymbol{R}_X=\mathrm{E}[\boldsymbol{X}(t)\boldsymbol{X}^{\mathrm{H}}(t)]$，为输入矢量 $\boldsymbol{X}(t)$ 的自相关矩阵；$\boldsymbol{r}_{Xd}=\mathrm{E}[\boldsymbol{X}(t)d^*(t)]$，为输入矢量 $\boldsymbol{X}(t)$ 与期望信号 $d(t)$ 的互相关矢量。

最佳处理问题可归结为无约束最优化问题，即

$$\min_{W}\xi(\boldsymbol{W}) \tag{10.4.6}$$

估计误差取最小值时的最佳权为 $\boldsymbol{W}_{\mathrm{opt}}$，可令 $\xi(\boldsymbol{W})$ 对 $\boldsymbol{W}$ 的梯度为零求得

$$\nabla_W\xi(\boldsymbol{W})=0 \tag{10.4.7}$$

由式(10.4.5)和式(10.4.7)可得 $\boldsymbol{W}_{\mathrm{opt}}$ 应满足如下关系

$$\boldsymbol{R}_X\boldsymbol{W}_{\mathrm{opt}}=\boldsymbol{r}_{Xd} \tag{10.4.8}$$

若 $\boldsymbol{R}_X$ 满秩，则有

$$\boldsymbol{W}_{\mathrm{opt}}=\boldsymbol{R}_X^{-1}\boldsymbol{r}_{Xd} \tag{10.4.9}$$

由式(10.4.9)可以看出：此方法需要阵列信号与期望输出信号的互相关矩阵，因此寻找输入信号与参考(期望)信号的互相关矩阵是应用该准则的前提。式(10.4.9)是矩阵形式的维纳-霍夫方程，同时也是最优维纳解，此结果更多地被应用于旁瓣相消处理结构中，包括自适应旁瓣相消、广义旁瓣相消和自适应均衡等。

2. 最大信噪比准则(MSNR)

若阵列接收的数据为

$$\boldsymbol{X}(t)=\boldsymbol{AS}(t)+\boldsymbol{N}(t)=\boldsymbol{X}_s(t)+\boldsymbol{X}_n(t) \tag{10.4.10}$$

式中，$\boldsymbol{X}_s(t)$ 为对应的信号分量，$\boldsymbol{X}_n(t)$ 为噪声分量(包括干扰)。假定信号与噪声相互独立，即 $\mathrm{E}[\boldsymbol{X}_s(t)\boldsymbol{X}_n^{\mathrm{H}}(t)]=0$，且信号自相关矩阵和噪声自相关矩阵已知为

$$\boldsymbol{R}_s = \mathrm{E}[\boldsymbol{X}_s(t)\boldsymbol{X}_s^{\mathrm{H}}(t)] \tag{10.4.11}$$

$$\boldsymbol{R}_n = \mathrm{E}[\boldsymbol{X}_n(t)\boldsymbol{X}_n^{\mathrm{H}}(t)] \tag{10.4.12}$$

则阵列输出信号为

$$y(t) = \boldsymbol{W}^{\mathrm{H}}\boldsymbol{X}(t) = \boldsymbol{W}^{\mathrm{H}}\boldsymbol{X}_s(t) + \boldsymbol{W}^{\mathrm{H}}\boldsymbol{X}_n(t) \tag{10.4.13}$$

阵列的输出功率为

$$\mathrm{E}[|y(t)|^2] = \boldsymbol{W}^{\mathrm{H}}\boldsymbol{R}_s\boldsymbol{W} + \boldsymbol{W}^{\mathrm{H}}\boldsymbol{R}_n\boldsymbol{W} \tag{10.4.14}$$

其中，$\boldsymbol{W}^{\mathrm{H}}\boldsymbol{R}_s\boldsymbol{W}$、$\boldsymbol{W}^{\mathrm{H}}\boldsymbol{R}_n\boldsymbol{W}$ 分别为输出信号和噪声的功率。则输出信号与噪声的功率之比为

$$(\mathrm{SNR})_{\mathrm{out}} = \frac{\text{输出信号功率}}{\text{输出噪声功率}} = \frac{\boldsymbol{W}^{\mathrm{H}}\boldsymbol{R}_s\boldsymbol{W}}{\boldsymbol{W}^{\mathrm{H}}\boldsymbol{R}_n\boldsymbol{W}} \tag{10.4.15}$$

SNR(信噪比)最大准则即

$$(\mathrm{SNR})_{\max} = \max_{\boldsymbol{W}} \frac{\boldsymbol{W}^{\mathrm{H}}\boldsymbol{R}_s\boldsymbol{W}}{\boldsymbol{W}^{\mathrm{H}}\boldsymbol{R}_n\boldsymbol{W}} \tag{10.4.16}$$

由于 $\boldsymbol{R}_n$ 为正定的厄密特(Hermitian)矩阵，所以存在分解式

$$\boldsymbol{R}_n = (\boldsymbol{R}_n^{1/2})^{\mathrm{H}}\boldsymbol{R}_n^{1/2} \tag{10.4.17}$$

$$\boldsymbol{W}^{\mathrm{H}}\boldsymbol{R}_n\boldsymbol{W} = \boldsymbol{W}^{\mathrm{H}}(\boldsymbol{R}_n^{1/2})^{\mathrm{H}}\boldsymbol{R}_n^{1/2}\boldsymbol{W} = \boldsymbol{z}^{\mathrm{H}}\boldsymbol{z} \tag{10.4.18}$$

式中，$\boldsymbol{z} = \boldsymbol{R}_n^{1/2}\boldsymbol{W}$。

由式(10.4.15)、(10.4.17)、(10.4.18)得

$$(\mathrm{SNR})_{\mathrm{out}} = \frac{\boldsymbol{W}^{\mathrm{H}}(\boldsymbol{R}_n^{1/2})^{\mathrm{H}}(\boldsymbol{R}_n^{1/2})^{\mathrm{H}}\boldsymbol{R}_s\boldsymbol{R}_n^{-1/2}\boldsymbol{R}_n^{1/2}W}{\boldsymbol{z}^{\mathrm{H}}\boldsymbol{z}} = \frac{\boldsymbol{z}^{\mathrm{H}}(\boldsymbol{R}_n^{-1/2})^{\mathrm{H}}\boldsymbol{R}_s\boldsymbol{R}_n^{-1/2}\boldsymbol{z}}{\boldsymbol{z}^{\mathrm{H}}\boldsymbol{z}} = \frac{\boldsymbol{z}^{\mathrm{H}}\boldsymbol{R}_{\mathrm{sn}}\boldsymbol{z}}{\boldsymbol{z}^{\mathrm{H}}\boldsymbol{z}} \tag{10.4.19}$$

其中，$\boldsymbol{R}_{sn} = (\boldsymbol{R}_n^{-1/2})^{\mathrm{H}}\boldsymbol{R}_s\boldsymbol{R}_n^{-1/2}$。$\boldsymbol{R}_{sn}$ 仍为 Hermitian 矩阵。式(10.4.19)为典型的瑞利商表达式。输出 SNR 的最大值为 $\boldsymbol{R}_{sn}$ 的最大特征值 $\lambda_{\max}$，且该最大值是在 $\boldsymbol{z} = \boldsymbol{z}_{\mathrm{opt}}$ 时由对应于 $\lambda_{\max}$ 的特征矢量得到的，即

$$\boldsymbol{R}_{sn}\boldsymbol{z}_{\mathrm{opt}} = \lambda_{\max}\boldsymbol{z}_{\mathrm{opt}} \tag{10.4.20}$$

由式(10.4.20)得

$$(\boldsymbol{R}_n^{-1/2})^{\mathrm{H}}\boldsymbol{R}_s\boldsymbol{R}_n^{-1/2}\boldsymbol{z}_{\mathrm{opt}} = \lambda_{\max}\boldsymbol{z}_{\mathrm{opt}} \tag{10.4.21}$$

所以，

$$\boldsymbol{R}_s\boldsymbol{W}_{\mathrm{opt}} = \lambda_{\max}\boldsymbol{R}_n\boldsymbol{W}_{\mathrm{opt}} \tag{10.4.22}$$

由式(10.4.22)可知，最优权矢量 $\boldsymbol{W}_{\mathrm{opt}}$ 是矩阵($\boldsymbol{R}_s$，$\boldsymbol{R}_n$)的最大广义特征值对应的特征矢量。

3. 最小方差准则(LCMV)

维纳滤波器的本质是使估计误差均方值最小化，没有对它的解加任何约束条件。然而，在一些滤波应用中，希望滤波器在一定约束条件下使均方误差最小化。例如，要求最小化线性滤波器的平均输出功率而同时约束滤波器在一些特定的感兴趣频率上响应保持恒定。下面从空域滤波上来分析这个问题。

在已知期待信号的来波方向和参考信号的条件下，最小方差准则是通过最小化阵列输出的噪声方差来取得对信号 $\boldsymbol{X}_s(t)$ 的较好的增益。经加权后的波束形成器的输出为

$$y(t) = \boldsymbol{W}^{\mathrm{H}}\boldsymbol{X}(t) = \boldsymbol{W}^{\mathrm{H}}\boldsymbol{X}_s(t) + \boldsymbol{W}^{\mathrm{H}}\boldsymbol{X}_n(t) \tag{10.4.23}$$

输出功率可以表示为

$$P_{\text{out}} = \mathrm{E}[\,|y(t)|^2\,] = \mathrm{E}[(\boldsymbol{W}^{\mathrm{H}}\boldsymbol{X}(t))(\boldsymbol{W}^{\mathrm{H}}\boldsymbol{X}(t))^{\mathrm{H}}] = \boldsymbol{W}^{\mathrm{H}}\boldsymbol{R}_X\boldsymbol{W} \tag{10.4.24}$$

为了保证波束形成对信号 $\boldsymbol{X}_s(t)$ 的增益，必须对波束形成器的权向量加以限制，使其在信号 $\boldsymbol{X}_s(t)$ 方向产生一定的增益。常用的约束方法是保证滤波器对期望信号的响应为常数，即

$$\boldsymbol{W}^{\mathrm{H}}\boldsymbol{a}(\theta) = g \tag{10.4.25}$$

式中，$\boldsymbol{a}(\theta)$ 为期望信号的导向矢量，g 是一个复增益，通常取 1。

求解最优权矢量，使得在式(10.4.25)的线性约束条件下，波束形成器的输出干扰和噪声功率的均方值最小。采用拉格朗日乘子法，得到最优权向量为

$$\boldsymbol{W}_{\text{opt}} = \frac{g\boldsymbol{R}_n^{-1}\boldsymbol{a}(\theta)}{\boldsymbol{a}^{\mathrm{H}}(\theta)\boldsymbol{R}_n^{-1}\boldsymbol{a}(\theta)} \tag{10.4.26}$$

4. 三个最优准则的比较

三个最优准则 MMSE、MSNR 和 LCMV 的比较如表 10.4 所示。

表 10.4　三个最优准则的比较

最优准则	MMSE	MSNR	LCMV
解的表达式	$\boldsymbol{W}_{\text{opt}} = \boldsymbol{R}_X^{-1}\boldsymbol{r}_{Xd}$	$\boldsymbol{W}_{\text{opt}}$ 是矩阵 $(\boldsymbol{R}_s, \boldsymbol{R}_n)$ 的最大广义特征值对应的特征矢量	$\boldsymbol{W}_{\text{opt}} = \frac{g\boldsymbol{R}_n^{-1}\boldsymbol{a}(\theta)}{\boldsymbol{a}^{\mathrm{H}}(\theta)\boldsymbol{R}_n^{-1}\boldsymbol{a}(\theta)}$
所需已知条件	已知期望信号 $d(t)$	已知信号自相关矩阵 $\boldsymbol{R}_s$ 和噪声自相关矩阵 $\boldsymbol{R}_n$	已知期望信号方向 θ
特点	需要矩阵求逆，计算量大，会产生信号之间的相互抵消	需要的样本数较大，广义特征值分解，计算量大	需要矩阵求逆，计算量大，均方误差导致失配问题，自由度损失
相同点	收敛速度快，最佳权向量都可表示为维纳解		

虽然以上三种准则在原理上是完全不同的，实际上，它们的联系非常紧密，可以证明，这些准则下的最佳权向量都可表示为维纳解。在应用时，可根据不同的已知条件采用不同的准则。从下面的仿真结果中可以看出，基于这三个准则的自适应波束形成可获得良好的阵列输出性能。

10.4.3　ADBF 的仿真

下面主要针对 20 个阵元的等距线阵，结合上述三种准则给出 ADBF 的仿真结果。

1. 基于最小均方误差准则(MMSE)的仿真

MATLAB 函数“MMSE.m”给出了基于最小均方误差准则(MMSE)的仿真程序，其语法如下：

[*pattern*1, *pattern*0, *W*] = MMSE(*N*, *M*, *d_lamda*, *theta*0, *thetaj*, *theta*, *JNR*, *Ns*)

其中，各参数说明见表 10.5。

表 10.5 参数说明

符号	描　述	单位	状态	图 10.24 的示例
N	主天线阵元数	无	输入	20
M	辅助天线阵元数(从主天线阵中选取)	无	输入	2
d_lamda	阵元间隔与波长之比	无	输入	0.5
*theta*0	波束指向	度(°)	输入	0
thetaj	干扰的方向(多个干扰时为矢量)	度(°)	输入	[20, 40]
theta	方向图扫描的角度范围	度(°)	输入	−60 : 1 : 60
JNR	干噪比	dB	输入	60
Ns	干扰的采样数	无	输入	100
*pattern*1	自适应动态方向图	dB	输出	
*Pattern*0	静态方向图	dB	输出	
W	自适应旁瓣相消的权矢量	无	输出	

图 10.21 给出了基于最小均方误差准则(MMSE)的自适应旁瓣相消仿真结果。仿真条件为：均匀线阵，主天线阵元数为 20，从中选择前 2 个天线单元作为辅助天线，阵元间距为半波长，目标信号方向为 0°，两个干扰方向分别为 20°和 40°，干噪比为 60 dB，干扰的采样数为 32。

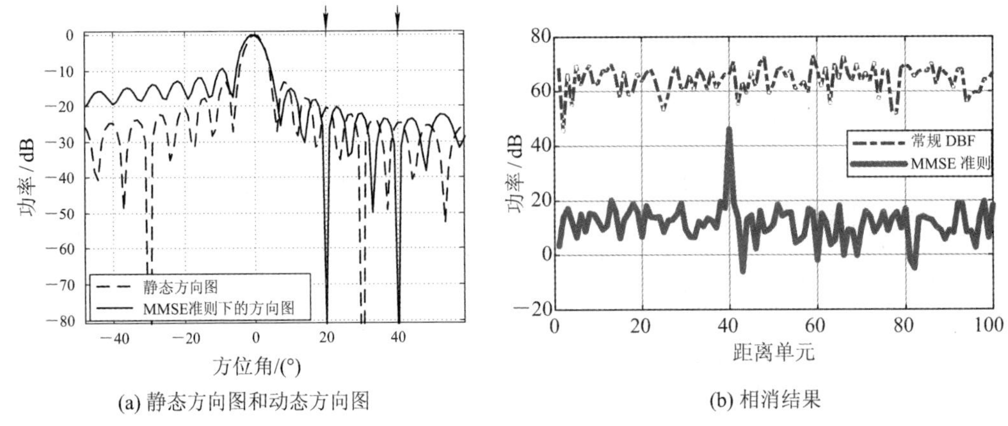

图 10.21　基于 MMSE 准则的自适应旁瓣相消

图 10.21(a)给出了静态方向图和 MMSE 准则下的自适应动态方向图，可见在两个干扰方向的“零点”深度达−80 dB。图 10.21(b)为目标所在波位、目标所在距离单元附近的 100 个距离单元的 DBF 和 ADBF 的处理结果，这里 SNR 取 20 dB。由图可见，由于干扰太强，常规 DBF 是无法发现目标的，而经 ADBF 的处理后有效地抑制了这些方向的干扰，易于对目标的检测。

2. 基于最大信噪比准则(MSNR)的仿真

MATLAB 函数“MSNR.m”给出了基于最大信噪比准则(MSNR)的仿真分析，其语法如下：

[*pattern*1, *pattern*0, *W*]=MSNR(*N*, *d_lamda*, *theta*0, *thetaj*, *theta*, *SNR*, *SJR*, *Ns*)

其中，各参数的说明见表 10.6。

表 10.6　参 数 说 明

符号	描　　述	单位	状态	图 10.25 与图 10.26 的示例
N	主天线阵元数	无	输入	20
d_lamda	阵元间隔与波长之比	无	输入	0.5
*theta*0	波束指向	度(°)	输入	0
thetaj	干扰的方向(多个干扰时为矢量)	度(°)	输入	[20, 40]
theta	方向图扫描的角度范围	度(°)	输入	−60：1：60
SNR	信噪比	dB	输入	20
JNR	干噪比	dB	输入	60
Ns	采样点数	无	输入	100
*Pattern*1	自适应动态方向图	无	输出	
*Pattern*0	静态方向图	无	输出	
W	权矢量	无	输出	

图 10.22 给出了基于最大信噪比准则(MSNR)的仿真结果。这里取 JNR=60 dB，SNR=20 dB。其中图(a)为静态方向图和 LCMV 准则下的动态方向图。由图(a)可见，静态方向图在干扰方向的副瓣较高(−30～−20 dB)，难以抑制强干扰，而动态方向图在两个干扰方向形成的“零点”深度有−80 dB；图(b)为目标所在波位、所在距离单元附近的 100 个距离单元的 DBF 和 ADBF 的处理结果。由图(b)可见，经 ADBF 的处理后可以有效地抑制这些方向的干扰，易于对目标的检测。

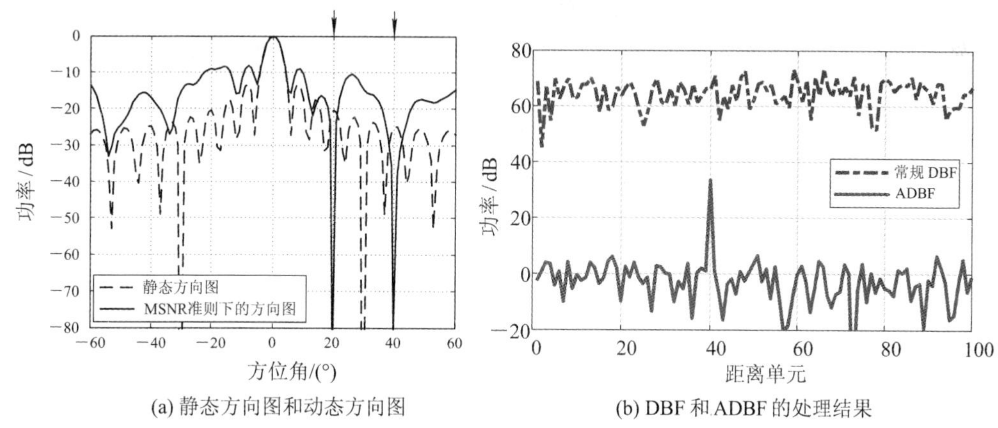

(a) 静态方向图和动态方向图　　(b) DBF 和 ADBF 的处理结果

(目标方向为 0°，干扰方向为 20°和 40°)

图 10.22　MSNR 准则的仿真结果

3. 基于最小方差准则(LCMV)的仿真

MATLAB 函数“LCMV.m”给出了基于最小方差准则(LCMV)的仿真分析，其语法如下：

[*pattern*1, *pattern*0]= LCMV(*N*, *d_lamda*, *theta*0, *thetaj*, *theta*, *SNR*, *SJR*, *Ns*)

其中，参数描述同函数“MSNR.m”。

图 10.23 给出了基于最小方差准则(LCMV)的仿真结果。这里取 JNR=60 dB，SNR=20 dB。图(a)为静态方向图和 LCMV 准则下的动态方向图。由图(a)可见，静态方向图在干扰方向的副瓣较高(−30～−20 dB)，难以抑制强干扰，而动态方向图在两个干扰方向形成的“零点”深度有−80 dB。图(b)为目标所在波位、所在距离单元附近的 100 个距离单元的 DBF 和 ADBF 的处理结果。由图(b)可见，经 ADBF 的处理后可以有效地抑制这些方向的干扰，易于对目标的检测。

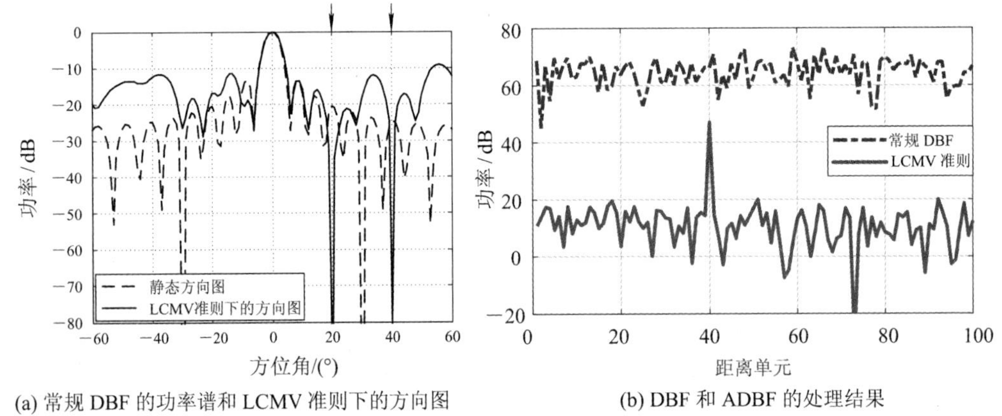

(a) 常规 DBF 的功率谱和 LCMV 准则下的方向图　　(b) DBF 和 ADBF 的处理结果

(回标方向为 0°，干扰方向为 20°和 40°)

图 10.23　LCMV 准则的仿真结果

实际中可能在一定的方向区间存在干扰。图 10.24 给出了干扰区域在 52°～63°范围内基于最小方差准则(LCMV)的仿真结果。从图中可以看出在该干扰区域形成的“零点”深度都大于−60 dB，所以基于 LCMV 准则的 ADBF 也可以有效地抑制这些方向的干扰。

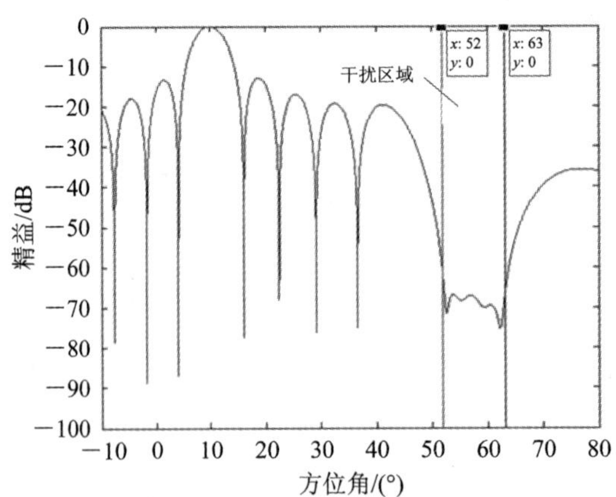

(来波方向为 10°，干扰区域为 52°～63°)

图 10.24　LCMV 准则的仿真结果

图 10.25 给出了 25 个阵元构成的圆环阵的波瓣图，假定目标方位 $\theta_0=0°$。其中，图(a)为静态方向图，图(b)表示在−20°、35°和 150°方向形成三个零点，可见在理想情况下在干扰方向的“零点”深度都超过了−80 dB。

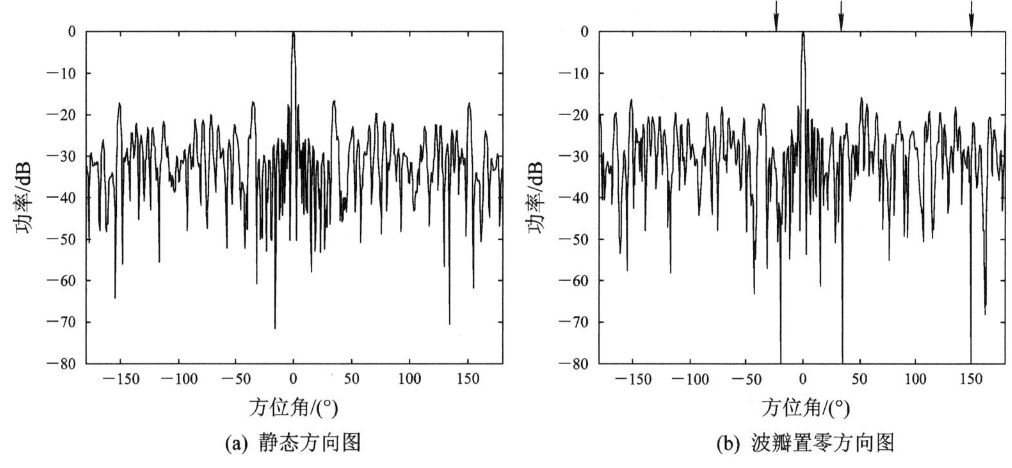

图 10.25　25 个阵元构成的圆环阵在方位维的波瓣图

10.4.4　阵列天线的 SLC

自适应阵列天线的 SLC 如图 10.26 所示，包括一个通过常规 DBF 合成的主天线阵，以及从自适应阵列中任意抽取的 M 个天线单元组成的辅助天线。当然，也可以单独采用独立的低增益天线作为辅助天线。主天线阵先进行 DBF 后，对各辅助天线的输入信号加权求和，然后再与主天线接收的干扰相减，在干扰方向自适应地形成波束方向图的零点，达到抑制干扰的目的。

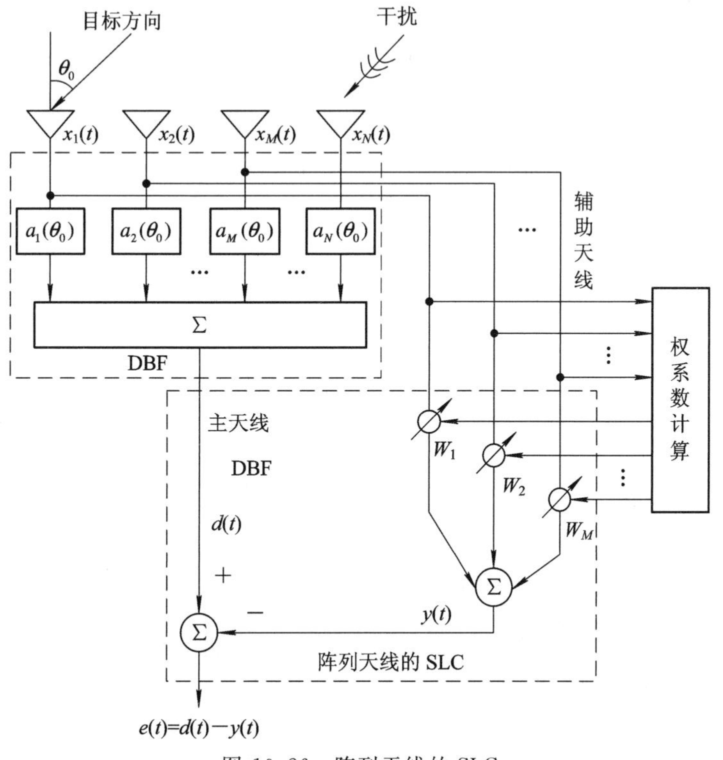

图 10.26　阵列天线的 SLC

在图 10.26 中，选取前 M 个阵元作为辅助天线，并以此为例进行说明。假设信号的来波方向为 θ_0，由式(10.4.4)可知，在该方向的导向矢量为 $\boldsymbol{a}(\theta_0)=[1, e^{j\kappa d\sin\theta_0}, \cdots, e^{j\kappa(M-1)d\sin\theta_0}, \cdots, e^{j\kappa(N-1)d\sin\theta_0}]^{\mathrm{T}}$，通过对全部阵元加权求和得到主天线输出信号 $d(t)$。M 个辅助天线自适应加权求和得到辅助天线输出信号 $y(t)=\boldsymbol{W}_M^{\mathrm{H}}\boldsymbol{X}_M(t)$，其中，$\boldsymbol{W}_M=[W_1, W_2, \cdots, W_M]^{\mathrm{T}}$，$\boldsymbol{X}_M(t)=[x_1(t), x_2(t), \cdots, x_M(t)]^{\mathrm{T}}$，而将主天线输出信号 $d(t)$ 作为参考信号，相当于对辅助天线加权求和以预测雷达主天线输出信号 $d(t)$。由于辅助天线阵元具有很宽的主瓣，其增益较低，略大于主天线副瓣增益，所以辅助天线阵元接收到的目标信号会很小，可以近似认为辅助天线只接收到干扰信号。将主、辅两天线的输出信号 $d(t)$ 与 $y(t)$ 相减，相当于用辅助天线的干扰信号减掉主天线中所含的干扰信号，余下的误差信号就是目标信号。

在阵列中抽取阵元作为辅助天线就会涉及到辅助天线如何选取的问题。辅助天线的位置也是影响对消性能的重要因素。选取辅助天线的基本原则是：

(1) 将辅助天线置于离主天线相位中心尽可能近的地方，以保证其获得的干扰信号取样与雷达天线副瓣接收的干扰信号相关，即数值上应满足主天线和辅助天线的相位中心间距与光速之比远小于雷达频带及干扰频带两者的小者。

(2) 辅助天线应置于主天线之中或其周围，一方面以形成与主天线方向图副瓣形状相匹配的方图，另一方面缩短相位中心的距离，保证主辅通道内干扰信号之间的相关性。

(3) 辅助天线应非规则排列，以避免产生栅瓣。

[例 10-1]　某两维阵列雷达天线包括 20×20＝400 个接收通道，要求能对消三个干扰源。所以选取 6 个天线单元作为辅助天线，图 10.27 给出了辅助天线的选取方案及其对消比。可见，对消比基本在 30 dB 以上，且对消比随入射角的变化规律与主瓣方向图相似。

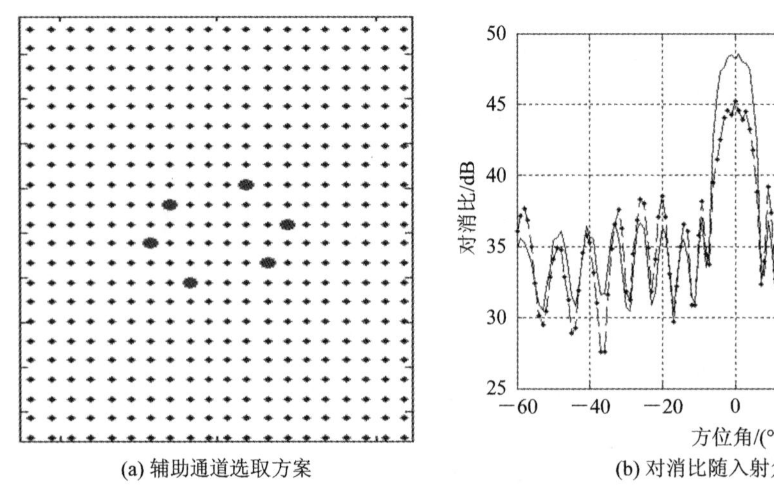

(a) 辅助通道选取方案　　(b) 对消比随入射角的变化

图 10.27　辅助通道的选取及其对消比

假设该雷达的主波束指向为(0°, 4°)，三个干扰的入射方向(方位，俯仰)分别为(0°, 25°)、(−20°, 10°)和(40°, 17°)，干扰是由正态分布的随机噪声产生的，带宽为 1 MHz。单个阵元干噪比为 40 dB，信噪比为−20 dB。图 10.28 给出了该雷达的静态方向图和自适应干扰置零的方向图。可见，对消前该阵列的天线方向图呈规则均匀波瓣，对消后可以在三个干扰方向上形成空域零点。

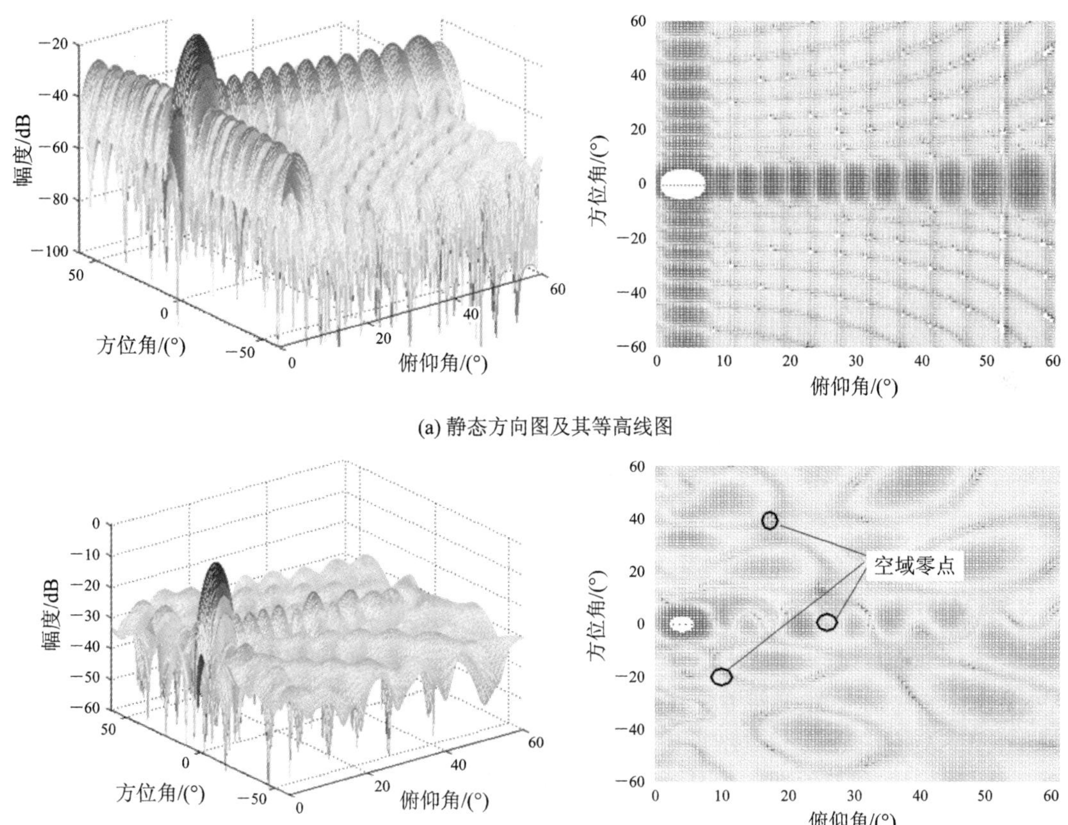

(a) 静态方向图及其等高线图

(b) 自适应干扰置零的方向图及其等高线图

图 10.28　静态方向图和自适应干扰置零的方向图

10.5　数字阵列雷达

数字阵列雷达(DAR)是一种接收和发射波束都采用数字波束形成技术的全数字阵列扫描雷达。它是数字雷达的主要类型。相比模拟雷达，数字雷达可用计算机对系统和信号处理进行控制，可更好地抗射频干扰和在强杂波中检测弱小目标，而模拟雷达对来自内部和外部的射频干扰及温度、湿度都很敏感，且模拟器件价格较贵，因此，数字雷达正在逐步取代模拟雷达。与相控阵雷达相比，数字阵列雷达的收发均没有波束形成网络和移相器，系统组成简单，可重构性强。

10.5.1 数字阵列雷达的工作模式简介

数字阵列雷达(DAR)在发射端和接收端都实现数字波束形成。在发射端，波束形成直接在阵列的每个阵元中合成，可采用多种模式形成发射波束。同样，可采用多种 DAR 系统接收孔径形成接收波束。主要有以下几种模式。

1）收、发均为数字波束形成(DBF)的单波束模式(单发单收模式 SISO)

在模拟波束形成(ABF)雷达中，采用同一高聚束的发射波束和接收波束发射脉冲信号和接收脉冲信号(目标和/或杂波源)。在波束形成之后，接收机采用下变频，并采样接收信号。由于其波束形成是在接收机之前完成的，所以接收机需要提供很高的动态范围电平，以对付位于接收波束主瓣内的强干扰源。为解决这个问题，DAR 系统需使接收孔径数字化(即采用许多接收机，每个阵元(或每个子阵)上有一个接收机)。这样便可降低进入每个接收机的干扰增益，由此降低了对接收机的动态范围的要求。然后，对不同接收机的输出采用 DBF 来进行合成。

2）宽发射波束和 DBF 的多波束接收模式(单发多收模式 MISO)

为加速搜索功能，DAR 系统可展宽其发射波束，将发射波束与接收时采用多个波束同时覆盖宽发射波束同样的区域相对应，因此减少了搜索一定空域所需的时间。发射波束照射一个很宽角度的扇形区域，容许雷达始终探测各区域，在整个宽发射波束的覆盖范围内，同时采用多个波束接收，可以等效为波束是连续扫描的。由于发射天线增益较低，所以需要较高的发射/积累时间。当然，这对提高多普勒分辨率有好处。

3）MIMO 方式工作的 DBF 收、发波束模式(多发多收模式 MIMO)

全向雷达的最佳方式是以多输入/多输出(MIMO)模式工作的 DAR 系统。在发射端，DAR 孔径被细分成 M 个低增益阵元(或子阵)，每一个阵元(或子阵)辐射单一的正交编码波形。在接收端有 N 个接收通道，在每个独立的接收机上的信号经 M 个匹配滤波器，每个滤波器与一个发射波形匹配。因而针对每路接收信号，分别恢复由各个发射信号分量所产生的回波，从而构成总共为 $M\times N$ 个匹配滤波器的输出。因为每个发射单元和接收单元的位置是已知的，所以这些 $M\times N$ 个信号可构成一个或多个指向的波束。最后，再对这些波束进行相应的处理。

10.5.2 数字阵列雷达的基本概念

数字波束形成是阵列天线技术与数字技术共同发展的结果。根据波束形成机理，不仅接收波束形成能以数字方式实现，发射波束形成同样可以数字技术实现。接收和发射波束均以数字方式来实现的全数字化相控阵天线雷达就称作数字阵列雷达。下面分别就接收数字波束形成、发射数字波束形成、数字阵列雷达主要组成的基本概念作一介绍。

1. 接收数字波束形成

接收数字波束形成就是在接收模式下以数字技术来形成接收波束。接收数字波束形成系统主要由天线阵单元、接收组件、A/D 变换器、数字波束形成器、控制器和校正单元组成。

接收数字波束形成系统将空间分布的天线阵列各单元接收到的信号分别不失真地进行

放大、下变频、检波等处理变为视频(中频)信号，再经 A/D 变换器转变为数字信号。然后，将数字化信号送到数字处理器进行处理，形成多个灵活的波束。数字处理分成两个部分：波束形成器和波束控制器。波束形成器接收数字化单元信号，经过加权求和来形成波束；波束控制器则用于产生合适的加权值来控制波束。

2. 发射数字波束形成

数字阵列雷达的发射数字波束形成，是将传统相控阵发射波束形成所需的幅度加权、移相器等从射频部分放到数字部分来实现，通过控制 DDS 的频率控制字、相位控制字，可以灵活地对天线阵列进行相位和幅度加权，从而形成发射波束。发射数字波束形成系统的核心是全数字 T/R 组件，它根据发射信号的要求，确定 DDS 的工作频率和幅度、相位控制字，并考虑到低副瓣的幅度加权、波束扫描的相位加权以及幅/相误差校正所需的幅相加权因子，形成统一的频率、幅度和相位控制字，并控制 DDS 的工作状态，通过 DDS 实现发射波束所需的幅度和相位加权、波形产生，再通过上变频得到射频激励信号。

发射数字波束形成的主要优点有：

(1) 发射波束的形成和扫描采用全数字方式，波束扫描速度更灵活。

(2) DDS 既能实现移相，又能实现频率的产生。因此，DDS 控制阵列天线无需宽带的本振功分网络，只需向每个数字 T/R 模块送入单一的时钟信号。

(3) 幅度和相位的精确控制，易于实现低副瓣的发射波束和发射状态的波束零点。

(4) 通道的幅相校正易于实现，只需改变每个 T/R 模块中 DDS 的幅度、相位控制字，而无需专门的校正元器件。

(5) 对大孔径阵列、宽带脉冲信号而言，孔径的渡越时间是个难题，而发射数字波束形成技术则可以在波形产生阶段通过内插的方式，产生任意时延，实现孔径渡越的补偿。

3. 数字阵列雷达的组成

数字阵列雷达系统及其数字阵列模块(DAM)的基本组成框图如图 10.32 所示。每个 DAM 包括相互独立的射频激励的 DDS、功放、收发开关、接收机、A/D 变换及中频正交采样等，同步信号、时钟基准、波束控制信息等经光纤发送给各 DAM。N 路基带 I、Q 信号经一根光纤输出。数字接收机将各路天线接收信号经收发开关、滤波后的信号直接进行 A/D变换、数字正交采样，而不需要混频器。通过控制各个 DDS 的初始相位，实现发射波束的扫描。数字阵列雷达的发射波束是在空间合成的，而不需要大功率的合成器和移相器，这是它与常规相控阵雷达的最主要区别。其接收波束是在后继信号处理中通过数字波束形成而得到的。

在发射时，由控制处理系统产生每个天线单元的幅/相控制字，对各 T/R 组件的信号产生器进行控制而产生一定频率、相位、幅度的射频信号，输出至对应的天线单元，最后由各阵元的辐射信号在空间合成所需的发射方向图。

接收时，每个 T/R 组件接收天线各单元的微波信号，经过下变频形成中频信号，经中频 A/D 采样处理后输出 I/Q 两路回波信号。多路数字化 T/R 组件输出的大量回波数据通过高速数据传输系统传送至实时信号处理机。实时信号处理机完成自适应波束形成、脉冲压缩、MTI/MTD 等。

1) 数字阵列模块(DAM)T/R 模块

数字阵列雷达的核心部分是数字阵列模块(DAM)，它包括基于 DDS 的模拟 T/R 模块和数字 T/R 模块，如图 10.29 所示。DAM 包含了整个发射机、接收机、激励器和本振信号发生器。模块的唯一模拟输入是为系统所有单元提供相干的基准本振信号。这样，T/R 模块可以看做一个完整的发射机和接收机分系统，其功能非常类似于许多软件可编程无线电结构的前端。T/R 模块的模块化结构使人们能对各种应用所需要的专用工作频率和功率电平做相同的基本设计。数字 T/R 组件能完成各种不同形式发射信号的产生和转换。其次，它能实现频率的转换，在发射通道把数字信号转换为射频模拟信号，在接收通道把接收到的目标模拟信号转换为信号处理机所需的数字信号。另外，发射信号所需的相移完全用数字的方法实现。因此其移相的位数可以做得很高。再者，采用中频采样的数字接收机可使 I、Q 正交两路信号达到很高的镜频抑制比，因此数字 T/R 组件的收发通道是一个广义的概念，可简单地分成发射数字波束形成通道和接收数字波束形成通道。

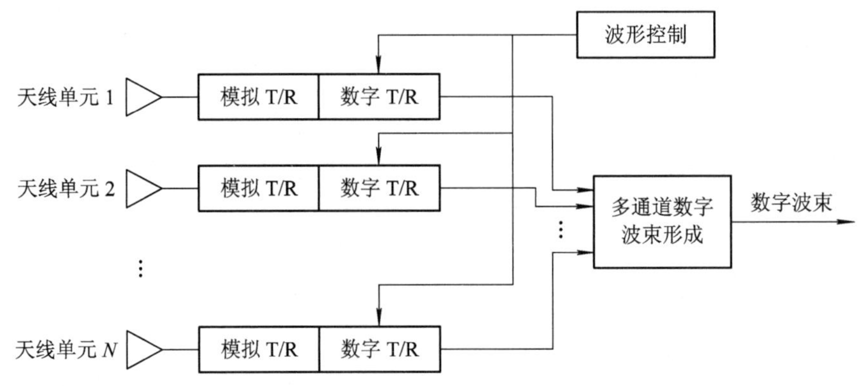

图 10.29 数字阵列雷达结构框图

2) 数字波束形成(DBF)

数字波束形成是一种以数字信号处理方式来实现波束形成的技术，波束形成处理器将数字的幅度和相位的权值在所有通道信号求和之前加到每一个输入信号中，它保留了天线阵列单元信号的全部信息。并可以构成空间受控的一个或多个定向波束，从而获得优良的波束性能。例如，可自适应地形成波束以实现空域抗干扰；可进行非线性处理以改善角分辨力。此外，数字波束形成还可以同时形成多个独立可控的波束而不损失信噪比；波束特性由权矢量控制，因而灵活可变；天线具有较好的自校正和低旁瓣性能。数字波束形成的很多优点是模拟波束形成不可能具备的，对提高雷达的性能有着深远的影响，因而越来越广泛地应用于现代雷达。

3) 高速大容量数据传输技术

高速大容量数据传输是实现数字阵列单元(DAU)与数字处理系统之间的数据交换必不可少的。大型阵列雷达大多采用光纤或低电压的差分传输(LVDS)来实现高速大容量数据传输。

10.5.3 数字单脉冲测角

以图 10.12 所示的倾斜面阵为例，利用式(10.2.47)得到阵列的导向矩阵为

$$\boldsymbol{A}(\theta, \varphi) = \boldsymbol{a}_z(\theta, \varphi) \cdot [\boldsymbol{a}_y(\theta, \varphi)]^{\mathrm{T}} \tag{10.5.1}$$

其中，$\boldsymbol{a}_y(\theta,\ \varphi)=[1,\ \exp \mathrm{j}\kappa d_2\cos\theta\sin\varphi,\ \cdots,\ \exp \mathrm{j}\kappa(N-1)d_2\cos\theta\sin\varphi]^{\mathrm{T}}$，为行天线方向矢量；$\boldsymbol{a}_z(\theta,\ \varphi)=[1,\ \exp \mathrm{j}\kappa d_1(\sin\theta\cos A-\cos\theta\cos\varphi\sin A),\ \cdots,\ \exp \mathrm{j}\kappa(M-1)d_1(\sin\theta\cos A-\cos\theta\cos\varphi\sin A)]^{\mathrm{T}}$，为列天线的方向矢量；$\kappa=2\pi/\lambda$ 为波数，λ 为波长。

在数字波束形成(DBF)过程中，整个阵列的加权矩阵为

$$\boldsymbol{W}(\theta,\ \varphi)=[\boldsymbol{w}_z\boldsymbol{w}_y^{\mathrm{T}}]\odot\boldsymbol{A}(\theta,\ \varphi)=[\boldsymbol{w}_z\odot\boldsymbol{a}_z(\theta,\ \varphi)]\cdot[\boldsymbol{w}_y\odot\boldsymbol{a}_y(\theta,\ \varphi)]^{\mathrm{T}} \tag{10.5.2}$$

其中，$\boldsymbol{w}_z$、$\boldsymbol{w}_y$分别为控制仰角维和方位维副瓣电平的窗函数矢量，通常采用泰勒窗；$\odot$表示点积。

根据单脉冲测角原理，在方位维进行单脉冲测量时，需要在$(\varphi+\delta_\varphi,\ \theta)$和$(\varphi-\delta_\varphi,\ \theta)$方向形成两个波束，再相减得到差波束，因此，方位差波束的加权矩阵为

$$\boldsymbol{W}_{\theta,\Delta}(\theta,\ \varphi)=[\boldsymbol{w}_z\boldsymbol{w}_y^{\mathrm{T}}]\odot[\boldsymbol{A}(\varphi-\delta_\varphi,\ \theta)-\boldsymbol{A}(\varphi+\delta_\varphi,\ \theta)] \tag{10.5.3}$$

式中，δ_φ通常为方位波束宽度的一半。天线水平维的孔径为 $L=N\cdot d_2$，则在波束指向为$(\theta,\ \varphi)$方向上的等效孔径为 $L\cdot\cos\theta\cos\varphi$，于是两个波束的交叉角 δ_φ应取

$$\delta_\varphi\approx\frac{0.443\cdot\lambda}{L\cdot\cos\theta\cdot\cos\varphi} \tag{10.5.4}$$

另外，形成差波束的两个波束指向为$(\varphi+\delta_\varphi,\ \theta)$和$(\varphi-\delta_\varphi,\ \theta)$。图 10.30 中虚线为$\varphi=40°$的差波束，可见差波束的零点不在波束指向中心 φ 方向，这将带来测角误差。这种现象产生的机理是这两个波束的等效孔径不同造成的。为了保证差波束的零点在波束中心，在这种等距线阵的阵列数字波束形成过程中差波束的两个波束指向不应该以 φ 为中心对称，假定两个波束指向分别为$(\varphi+\delta_{\varphi,1},\ \theta)$和$(\varphi-\delta_{\varphi,2},\ \theta)$，其中

$$\delta_{\varphi,1}=\delta_\varphi-D_\varphi,\quad \delta_{\varphi,2}=\delta_\varphi+D_\varphi \tag{10.5.5}$$

式中，D_φ表示上述差波束零点偏离波束中心的程度，主要取决于波束指向偏离阵列法线方向的大小。从图 10.30 中虚线可以看出应取 $D_\varphi=0.1°$。经修正后的差波束如图中的实线，可见差波束零点指向波束中心。

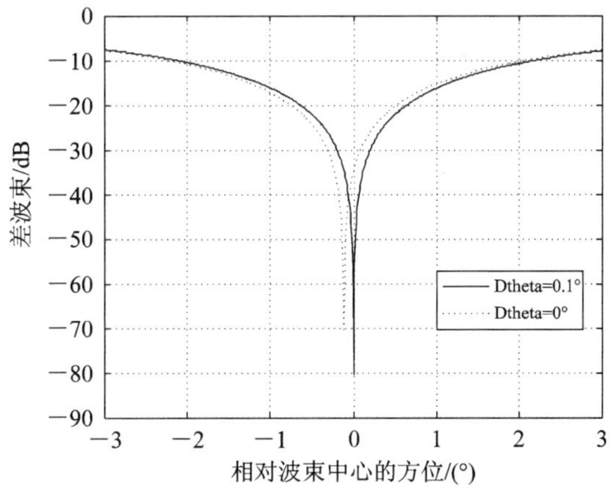

图 10.30　某一波束指向对应的差波束

由此可见，在两维面阵中，若采用基本的单脉冲测角原理进行方位测量，方位差波束的加权矩阵需要在$(\varphi+\delta_\varphi,\ \theta)$和$(\varphi-\delta_\varphi,\ \theta)$两个方向计算，并且在不同的方向、不同的工作频点 δ_φ的取值也不完全相同。工程实现时不仅计算量大，而且需要较大的存储空间。

10.5.4　基于窗函数的单脉冲测角

在天线设计中，Bayliss 分布是一种典型的差分布。它让阵列左右两边单元的相位互相反相形成差波瓣，同时降低差波瓣的副瓣电平。因此，工程实现时采用不同的窗函数形成和、差波束。和波束、方位差波束、仰角差波束的加权矩阵可分别表示为

$$\boldsymbol{W}_{\Sigma}(\theta,\varphi)=\begin{bmatrix}\ddots & & ⋰\\ & w_{i,k}^{\Sigma} & \\ ⋰ & & \ddots\end{bmatrix}_{M\times N}=[\boldsymbol{w}_z\odot\boldsymbol{a}_z(\theta,\varphi)]\odot[\boldsymbol{w}_y\odot\boldsymbol{a}_y(\theta,\varphi)]^{\mathrm{T}} \tag{10.5.6}$$

$$\boldsymbol{W}_{\varphi,\Delta}(\theta,\varphi)=\begin{bmatrix}\ddots & & ⋰\\ & w_{i,k}^{\varphi,\Delta} & \\ ⋰ & & \ddots\end{bmatrix}_{M\times N}=[\boldsymbol{w}_z\odot\boldsymbol{a}_z(\theta,\varphi)]\odot[\boldsymbol{w}_{y,\Delta}\cdot\boldsymbol{a}_y(\theta,\varphi)]^{\mathrm{T}} \tag{10.5.7}$$

$$\boldsymbol{W}_{\theta,\Delta}(\theta,\varphi)=\begin{bmatrix}\ddots & & ⋰\\ & w_{i,k}^{\theta,\Delta} & \\ ⋰ & & \ddots\end{bmatrix}_{M\times N}=[\boldsymbol{w}_{z,\Delta}\odot\boldsymbol{a}_z(\theta,\varphi)]\cdot[\boldsymbol{w}_y\odot\boldsymbol{a}_y(\theta,\varphi)]^{\mathrm{T}} \tag{10.5.8}$$

式中，$\boldsymbol{w}_y=[w_y(1),w_y(2),\cdots,w_y(N)]^{\mathrm{T}}$，$\boldsymbol{w}_z=[w_z(1),w_z(2),\cdots,w_z(M)]^{\mathrm{T}}$，分别为和波束在方位维和仰角维控制副瓣电平所采用的泰勒(Taylor)窗函数矢量，以 $\boldsymbol{w}_y$ 为例，

$$w_y(p)=1+2\sum_{m=1}^{\bar{n}-1}F_m\cos\left[\pi m\left(\frac{2p-N-1}{N-1}\right)\right],\quad 1\leqslant p\leqslant N \tag{10.5.9}$$

其中，

$$F_m=F_{-m}=\frac{0.5(-1)^{m+1}}{\prod\limits_{\substack{n=1\\(n\neq m)}}^{\bar{n}-1}\left(1-\dfrac{m^2}{n^2}\right)}\prod_{n=1}^{\bar{n}-1}\left[1-\frac{m^2}{\delta^2(A^2+(n-1/2)^2)}\right]$$

(其中，$0<m<\bar{n}$，否则 F_m 为零) $\bar{n}$ 为等副瓣电平个数；N 为天线个数；δ 为膨胀系数，

$$\delta=\frac{\bar{n}}{\sqrt{A^2-(\bar{n}-0.5)^2}}$$

$$A=\frac{1}{\pi}\mathrm{arcosh}\xi\qquad(\xi\text{ 为主副瓣比})$$

$$\boldsymbol{w}_{y,\Delta}=[w_{y,\Delta}(1),w_{y,\Delta}(2),\cdots,w_{y,\Delta}(N)]^{\mathrm{T}},\quad \boldsymbol{w}_{z,\Delta}=[w_{z,\Delta}(1),w_{z,\Delta}(2),\cdots,w_{z,\Delta}(M)]^{\mathrm{T}}$$

$\boldsymbol{w}_{y,\Delta}$ 和 $\boldsymbol{w}_{z,\Delta}$ 分别为形成方位差波束、仰角差波束所采用的 Bayliss 窗函数矢量，以方位为例，

$$w_{y,\Delta}(p)=\sum_{m=0}^{\bar{n}-1}B_m\sin\left[\pi\cdot(m+0.5)\cdot\left(\frac{2p-N-1}{N-1}\right)\right],\quad 1\leqslant p\leqslant N \tag{10.5.10}$$

其中，

$$B_m = \begin{cases} \dfrac{1}{2j}(-1)^m(m+0.5)^2 \dfrac{\prod\limits_{n=1}^{\bar{n}-1}\left\{1-\dfrac{[m+0.5]^2}{[\sigma z_n]^2}\right\}}{\prod\limits_{\substack{n=0 \\ n\neq m}}^{\bar{n}-1}\left\{1-\dfrac{[m+0.5]^2}{[n+0.5]^2}\right\}}, & m=0,1,2,\cdots,\bar{n}-1 \\ 0, & m\geqslant \bar{n} \end{cases}$$

$\bar{n}$为副瓣区内零点个数；

$$\sigma = \frac{\bar{n}+0.5}{\sqrt{A^2-(\bar{n})^2}};$$

$$z_n = \begin{cases} \pm\Omega_n, & n=1,2,3,4 \\ \pm(A^2+n^2)^{1/2}, & n=5,6,\cdots \end{cases}$$

系数 A 和 $\Omega_n(n=1,\cdots,4)$无法用闭式表达，Bayliss 将这五个系数用一个针对副瓣电平(SL_{dB})的五阶多项式表示，

$$A = \sum_{n=0}^{4} C_n[-SL_{dB}]^n, \quad \Omega_m = \sum_{n=0}^{4} C_n[-SL_{dB}]^n, \quad m=1\sim 4$$

多项式系数 C_n 见表 10.7，这里 SL_{dB} 只取{15，20，25，30，35，40}(dB)。图 10.31 给出了阵元数为 20，主副瓣比分别为 25 dB、20 dB 的泰勒窗函数和 Bayliss 窗函数。图 10.32 给出了分别形成的和、差波束。

表 10.7　多项式系数

多项式系数	C_0	C_1	C_2	C_3	C_4
A	0.303 875 30	−0.050 429 22	−0.000 279 89	−0.000 003 43	−0.000 000 2
Ω_1	0.985 830 20	−0.033 388 50	0.000 140 64	0.000 001 90	0.000 000 1
Ω_2	2.003 374 87	−0.011 415 48	0.000 415 90	0.000 003 73	0.000 000 1
Ω_3	3.006 363 21	−0.006 833 94	0.000 292 81	0.000 001 61	0.000 000 0
Ω_4	4.005 184 23	−0.005 017 95	0.000 217 35	0.000 000 88	0.000 000 0

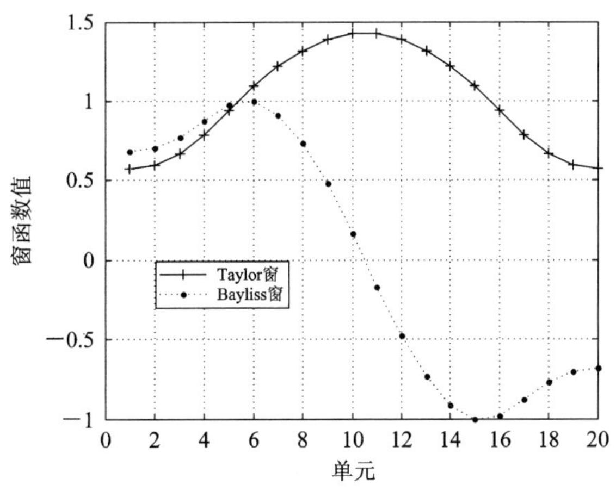

图 10.31　泰勒窗函数和 Bayliss 窗函数

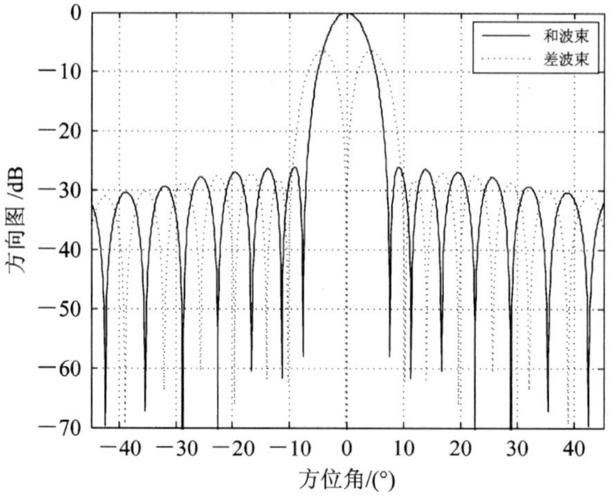

图 10.32　和、差波束

假设第$(i,\ k)$阵元接收信号为$s_{i,\ k}(t)$，则 DBF 输出的和波束、方位差波束信号分别为

$$x_{\Sigma}(t;\ \theta,\ \varphi)=\sum_{i=0}^{M-1}\sum_{k=0}^{N-1}w_{i,\ k}^{\Sigma}\cdot s_{i,\ k}(t) \tag{10.5.11}$$

$$x_{\varphi,\ \Delta}(t;\ \theta,\ \varphi)=\sum_{i=0}^{M-1}\sum_{k=0}^{N-1}w_{i,\ k}^{\varphi,\ \Delta}\cdot s_{i,\ k}(t) \tag{10.5.12}$$

然后提取归一化方位误差信号

$$E_{\varphi}=\frac{\mathrm{imag}[x_{\Sigma}\cdot x_{\varphi,\ \Delta}^{*}]}{|x_{\Sigma}|^{2}} \tag{10.5.13}$$

式中，imag[·]表示取信号的虚部；上标＊表示取共扼。图 10.33(a)给出了在不同波束指向(方位$\varphi=-45°$、$-30°$、$0°$、$30°$、$45°$，仰角$\theta=15°$)时的归一化方位误差曲线。可见，在不同波束指向上误差信号的斜率不同，这是由于在不同方向的天线等效孔径不同而造成的。

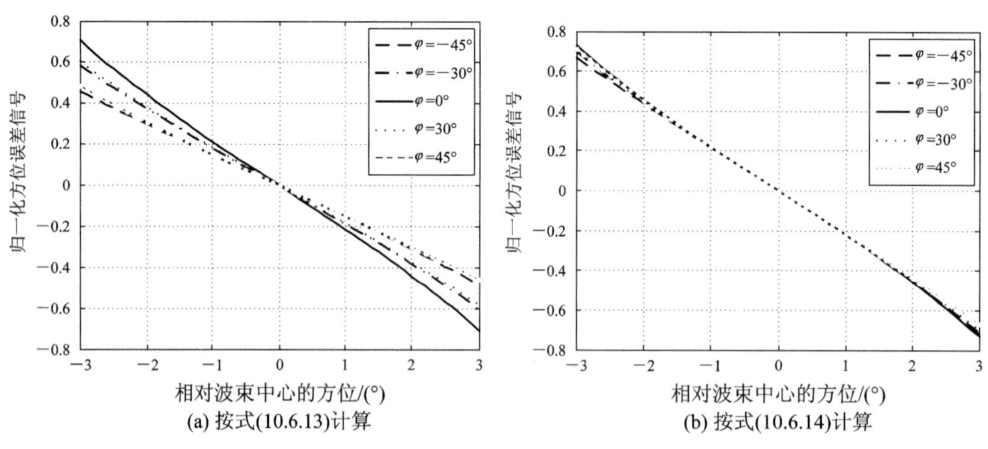

图 10.33　方位误差信号

为了减少工程实际中需要存储的误差曲线表，根据式(10.5.4)和式(10.5.13)，提取误差信号时考虑到等效孔径的变化，一种改进的归一化方位误差信号提取方法为

$$E_{\varphi}=\frac{\mathrm{imag}[x_{\Sigma}\cdot x_{\varphi,\ \Delta}^{*}]}{\cos\theta\ \cos\varphi\cdot|x_{\Sigma}|^{2}} \tag{10.5.14}$$

式中，(θ, φ)为目标所在波位的波束指向。这时提取的误差信号如图 10.33(b)所示，在不同方向的误差信号基本重叠，在工程上可以近似用一条误差曲线(如阵列法线方向)表示。根据误差信号的近似线性关系，假设误差信号的斜率的倒数为 K_φ，则根据误差电压 E_φ 计算相对于波束中心(θ, φ)的方位

$$\Delta\varphi_0 = K_\varphi \cdot E_\varphi \tag{10.5.15}$$

从而得到目标的方位 $\varphi_0 = \varphi + \Delta\varphi_0$。

这种方法由于误差曲线的非线性而存在较小的测量误差。为了进一步减小测角误差，可以利用 MATLAB 中的 polyfit( )函数，对误差曲线取三阶拟合或更高阶的拟合，以三阶拟合为例得到误差信号的多项式拟合系数$\{K_1, K_2, K_3, K_4\}$。然后根据误差电压 E_φ 计算目标的相对方位

$$\Delta\varphi_0 = K_1 E_\varphi^3 + K_2 E_\varphi^2 + K_3 E_\varphi + K_4 \tag{10.5.16}$$

综上所述，平面阵列雷达的全数字单脉冲测角过程如下：

(1) 初始化：针对每个频点，事先计算好误差信号的多项式拟合系数；

(2) 针对不同的波束指向，计算和波束、方位差波束、仰角差波束的权值；

(3) 形成和波束、方位差波束、仰角差波束，对和波束的输出信号进行目标检测，得到目标所在距离单元、所在波位中心的方位 φ 和仰角 θ 信息；

(4) 按式(10.5.14)计算归一化误差信号，按式(10.5.16)计算目标的相对方位 $\Delta\varphi_0$ 和目标的实测方位 $\varphi_0 = \varphi + \Delta\varphi_0$。

以上主要讨论方位维的测量。对仰角，在高仰角区也可以采用类似的方法形成仰角差波束，并提取仰角误差信号，从而对目标的仰角进行数字单脉冲测量；而在低仰角区，由于多径的影响，需要采用超分辨、波瓣分裂等方法进行仰角和目标高度的测量。

图 10.34 给出了在对天线方向图进行测试时通过示波器观测的和波束、方位差波束，图中标注①所示波形未取对数，标注②所示波形为对数结果。示波器中单位电压表示的功率为 37.8 dB。图中和、差波束的主副瓣比分别为 26 dB 和 20 dB。

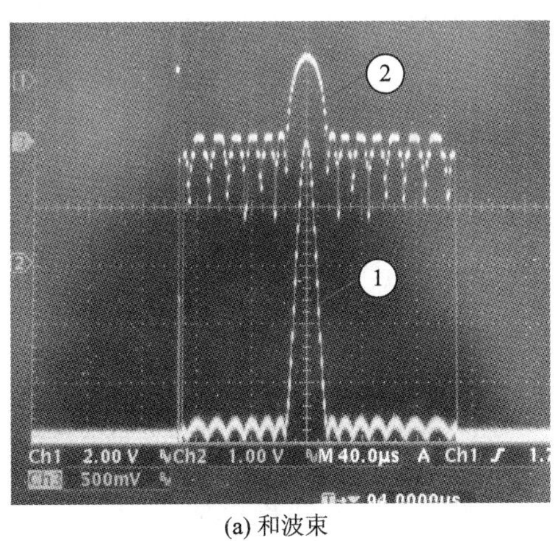

(a) 和波束

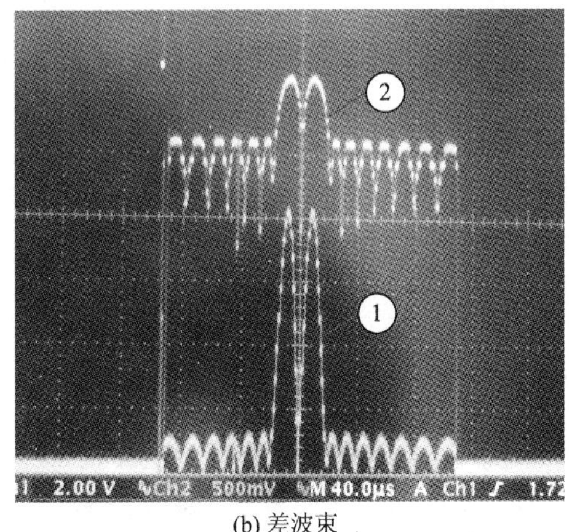

(b) 差波束

图 10.34　和波束与差波束

图 10.35 给出了某雷达采用数字单脉冲方法测角，得到的方位和仰角的实际测量结果。其中，图(a)为某目标一次雷达和二次雷达指示的目标航迹；图(b)为一次雷达相对于

二次雷达的方位测量误差；图(c)为目标仰角；图(d)为一次雷达相对于二次雷达的仰角测量误差。以二次雷达给出的目标方位和仰角为真值，经计算，该航线目标的方位和仰角测量的均方根误差分别为 0.43°和 0.17°。这里需要说明的是，由于多径的影响，利用单脉冲测量仰角时只适合于对仰角大于一个波束宽度以上目标进行测量，低仰角需要采用其它方法进行测量。

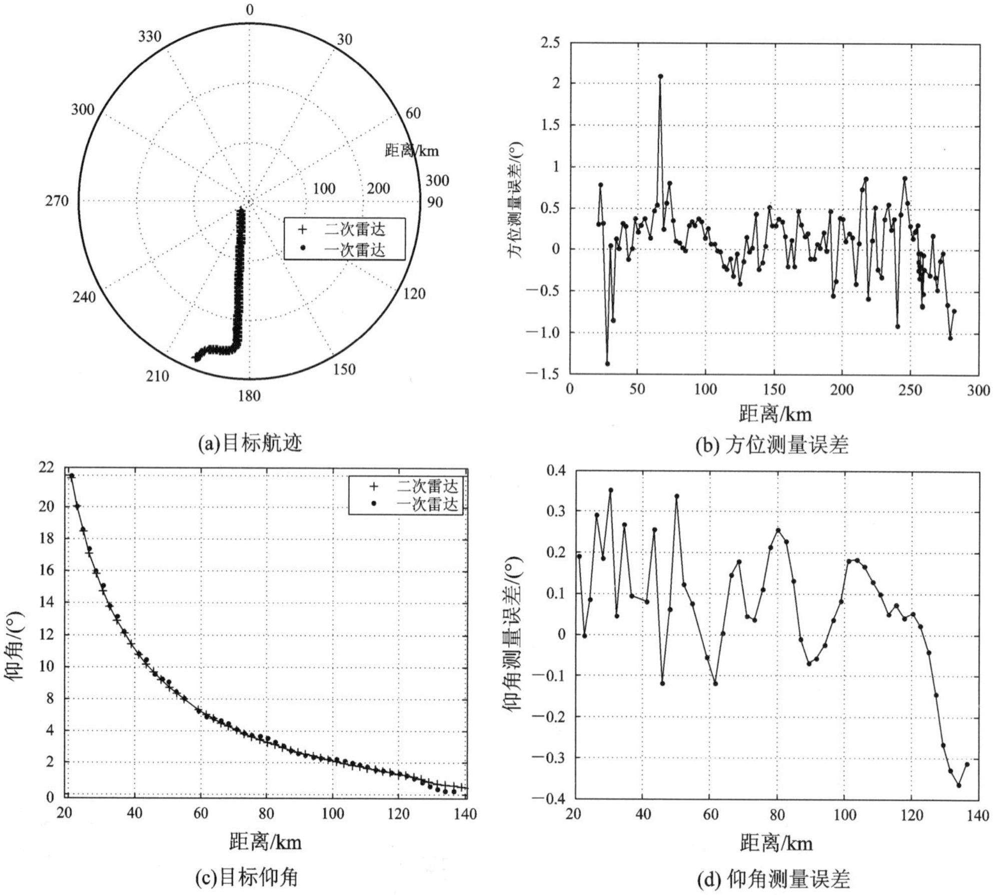

(a)目标航迹

(b) 方位测量误差

(c)目标仰角

(d) 仰角测量误差

图 10.35 某雷达的方位和仰角实际测量结果

10.5.5 数字阵列雷达的技术特点

数字阵列雷达的主要技术特点可归纳如下：

(1) **发射波束和接收波束的控制灵活，且易于控制波束的形状**。利用 DDS 灵活产生各个天线单元的激励信号，相位控制灵活，且精度高，不需要移相器等，也无一般微波电路的调整要求，具有内在可重复性。

(2) **易实现多波束和自适应波束形成**。数字阵列雷达的自由度高，为自适应信号处理提供了最大的自由度，可对干扰信号进行空域、时域采样，通过空域、时域自适应滤波，可以抑制空间多个干扰源的干扰，提高雷达的抗干扰能力。

(3) **降低系统损耗，提升雷达的探测能力**。发射信号在空间合成，不需要大功率合成器等，减少损耗。利用数字波束形成的同时多波束能力，形成多个指向不同仰角的高增益笔形接收波束，以弥补接收天线增益随偏离最大指向角的下降，降低波束交叠带来的目标损失，有利于提高雷达的探测威力。

（4）**宽带宽角扫描情况下易于解决孔径渡越问题**。数字阵列雷达很容易调整每个 DDS 的工作时序，解决波束指向不同方向时的孔径渡越问题。

（5）**定位精度高**。数字阵列雷达既可以利用多波束联合参数估计，又可以利用阵列的超分辨处理，提高对目标的定位精度。数字阵列雷达若发射正交波形，还可以同时利用发射孔径和接收孔径，在同样孔径的情况下，波束宽度比只采用接收阵列孔径的波束宽度窄（为$\sqrt{2}$）。

（6）**大的动态范围**。数字阵列雷达比常规相控阵雷达有更大的系统动态，如 1000 个单元的数字阵列，其系统动态可增加 30 dB，有利于在强目标背景下对小 RCS 目标的探测。

（7）**易实现多功能**。利用数字阵列雷达灵活的功率和时间管理优点，雷达既可以搜索目标，又可以同时跟踪多个目标，雷达可集搜索、跟踪等多种功能与一体。

（8）**系统集成度高**。DAM 能在一个芯片上将系统的微波和数字部分组合起来，称为“芯片系统”，便于系统集成。

（9）**模块化设计，可制造性强，全周期寿命费用低**。数字阵列雷达无射频波束形成网络和馈线网络，采用模块化设计，其基本单元是数字阵列模块(DAM)，数字阵列雷达可以由数百个甚至数千个 DAM 拼装而成，可以大大增加系统的可制造性，并缩短研制周期，降低全周期寿命费用。

（10）**系统便于测试、维护和自检。**

10.6　本章 MATLAB 程序

这一节给出本章中进行仿真计算的 MATLAB 程序清单。

程序 10.1　线性阵列归一化方向图的计算(line_array.m)

```
% 利用该程序产生图 10.4“线性阵列的归一化方向图”
function [ww, pattern]=line_array(N, d_lamda, theta0, theta, win)
eps=0.00001;
a0=exp(1j*2*pi*d_lamda*(0:N-1)'*sind(theta0));
a=exp(1j*2*pi*d_lamda*(0:N-1)'*sind(theta));
ww= a0.*win;
pattern=abs(ww'*a);
figure; plot(theta, pattern); grid ;
```

程序 10.2　平面阵的三维天线方向图的计算(rect_array.m)

```
% 利用该程序产生图 10.11“平面阵的三维天线方向图”
function [pattern]=rect_array(Ny, Nz, d_lamda, theta0, fai0, theta)
bas=2*pi*d_lamda;
ay0=exp(1j*bos*(0:Ny-1)'*sind(fai)*cosd(theta0));        %y 空域导向矢量
az0=exp(1j*bos*(0:Nz-1)'*sind(theta0));                  %z 空域导向矢量
aa0=kron(ay0, az0);
```

```
for m=1: length(theta)
    for n=1: length(theta)
        ay=exp(j * bos * (0: Ny-1)' * sind(theta(m)) * cosd(theta(n))); %y 导向矢量
        az=exp(j * bos * (0: Nz-1)' * sind(theta(n) * )); %z 导向矢量
        aa=kron(ay, az);
        pattern(m, n)=abs(aa0' * aa);
    end
end
figure; mesh(theta, theta, pattern);
xlabel('方位角 /\circ'); ylabel('俯仰角 /\circ'); zlabel('归一化方向图')
figure;
[c, h]=contour(theta, theta, pattern, [3.5, 8.5, 14: 5: 64]);
xlabel('方位角 /\circ'); ylabel('俯仰角 /\circ');
```

程序 10.3　基于 MMSE 准则的自适应旁瓣对消(MMSE.m)

```
% 利用该程序产生图 10.21"基于 MMSE 准则的自适应旁瓣相消"
function [pattern1, pattern0, W]=MMSE(N, M, d_lamda, theta0, thetaj, theta, JNR, Ns)
nj=length(thetaj);
eps=0.00001;
bos=2 * pi * d_lamda;
Vs=exp(j * bos * (0: (N-1))' * sind(theta));
Vs0=exp(j * bos * (0: (N-1))' * sind(theta0));
Vsj=exp(j * bos * (0: (N-1))' * sind(thetaj));
AJ=10^(JNR/20) * 0.707 * (randn(nj, Ns)+1j * randn(nj, Ns));
noise=0.707 * (randn(N, Ns)+1j * randn(N, Ns));
Xs=Vsj * AJ+noise;       % 主天线接收的干扰信号
Xj=Xs(1: M, : );         % 辅天线接收的干扰信号
D=Vs0' * Xs;       %%合成主天线
R11=Xj * Xj'/Ns;
r01=Xj * D'/Ns;
W=R11\r01;       %等价于 W=inv(R11) * r01;
pattern1=abs(Vs0' * Vs-W' * Vs(1: M, : ))+eps;
pattern1=20 * log10(pattern1/max(pattern1));
pattern0=abs(Vs0' * Vs)+eps;
pattern0=20 * log10(pattern0/max(pattern0));
plot(theta, pattern0, 'r--', theta, pattern1);
grid on; xlabel('方位角 /\circ'); ylabel('增益 /dB');
```

程序 10.4　基于 MSNR 准则的自适应方向图的计算(MSNR.m)

```
% 利用该程序产生图 10.22"基于 MSNR 准则的自适应方向图"
function [pattern1, pattern0, Wopt]=MSNR(N, d_lamda, theta0, thetaj, theta, SNR, SJR, Ns)
nj=length(thetaj);
bos=2 * pi * d_lamda;
eps=0.00001;
```

```
as0=exp(1j * bos * [0: N-1]' * sind(theta0));
noise=0.707 * (randn(N, Ns)+1i * randn(N, Ns));
amp_j=10^(JNR/20) * 0.707 * (randn(nj, Ns)+1i * randn(nj, Ns));      % 干扰的幅度
aj=exp(1j * bos * [0: N-1]' * sind(thetaj));
xj=aj * amp_j+noise;
xs=10^(SNR/20) * as0
Rin = 1/Ns * (xj * xj');
Rs = 1/Ns * xs * xs';
Rin = 1/Ns * (xj * xj');                        %干扰噪声相关矩阵
Rin_inv=inv(Rin);
[A B]=eig(Rs, Rin);                             %广义特征值分解
[a, b] = max(diag(B));
Wopt=A(:, b);
atheta=exp(1j * bos * [0: N-1]' * sind(theta));
pattern1=abs(Wopt' * atheta);                   %自适应(动态)方向图
pattern0=(abs(as0' * atheta))+eps;              % 静态方向图
pattern1=20 * log10(pattern1/max(pattern1))
pattern0=20 * log10(pattern0/max(pattern0));
plot(theta, pattern0, 'r--', theta, pattern1, 'b');
```

程序 10.5　基于 LCMV 准则的自适应方向图的计算(LCMV.m)

```
% 利用该程序产生图 10.23"基于 LCMV 准则的自适应方向图"
function [pattern1, pattern0, Wopt]=LCMV(N, d_lamda, theta0, thetaj, theta, SNR, JNR, Ns)
nj=length(thetaj);
bos=2 * pi * d_lamda;
eps=0.00001;
as0=exp(j * bos * [0: N-1]' * sind(theta0));
noise=0.707 * (randn(N, Ns)+1i * randn(N, Ns));
amp_j=10^(JNR/20) * 0.707 * (randn(nj, Ns)+1i * randn(nj, Ns));      % 干扰的幅度
aj=exp(j * bos * [0: N-1]' * sind(thetaj));
xj=aj * amp_j+noise;
Rin = 1/Ns * (xj * xj');                        % 干扰噪声相关矩阵
Rin_inv=inv(Rin);
Wopt=Rin_inv * as0;
% Wopt=Rin_inv * as0./(as0' * Rin_inv * as0);
atheta=exp(j * bos * [0: N-1]' * sind(theta));
pattern1=abs(Wopt' * atheta);                   % 动态方向图
pattern0=(abs(as0' * atheta))+eps;              % 静态方向图
pattern1=20 * log10(pattern1/max(pattern1))
pattern0=20 * log10(pattern0/max(pattern0));
plot(theta, pattern0, 'r--', theta, pattern1, 'b');
```

练　习　题

10-1　假设矩形天线孔径为 4 m(宽)×4 m(高)，$\lambda=0.03$ m，分别采用均匀、cos$x$、

$x\cos x$、$\cos^2 x$ 和海明(Hamming)照射函数，计算矩形孔径天线的方向图。

10-2 圆形和矩形孔径的比较：X波段天线($\lambda=0.03$ m)设计用于安装在不大于3 m×3 m的空间内。最大的副瓣电平不得超过−23 dB。

(1) 比较两坐标系余弦照射和Hansen圆形照射的增益；

(2) 比较两种照射的波束宽度；

(3) 绘出照射函数；

(4) 当电压偏离波束轴±2°时，绘出波束图，并用较大增益天线的最大电压增益作为参考；

(5) 绘出偏离波束轴±10°时的波束图，并用较大增益天线的最大电压增益作为参考。

10-3 某一维相扫天线由12个阵元组成，要求扫描范围为±30°，不出现栅瓣，采用四位数字式铁氧体移相器(22.5°，45°，90°，180°)，波束步进扫描间隔$\Delta\theta=6°$，试求：

(1) 每个阵元间距d；

(2) 取$d=\lambda/2$，扫描角为30°时相邻移相器相移量的差φ、每个阵元移相器的相移量和二进制控制信号；

(3) 取$d=\lambda/2$，扫描角为0°、±30°时的半功率波束宽度。

10-4 某一维相扫天线由4个阵元组成，$d=\lambda/2$，各馈源都安有四位数字移相器，所对应的控制信号如题10-4图所示。

(1) 根据各移相器对应的控制信号，求波束指向角θ；

(2) 若波束指向角为$-\theta$，计算各移相器对应的控制信号；

(3) 若波束指向角为2θ，计算各移相器对应的控制信号。

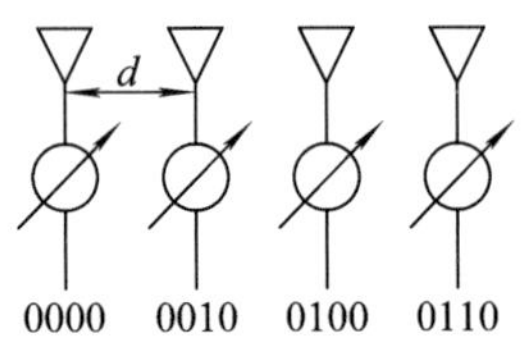

题10-4图

10-5 针对阵元数为20的等距线阵，天线间隔为半波长，频率为10 GHz，接收时进行数字波束形成，编程完成下列仿真计算：

(1) 设计主、副瓣比分别为25 dB、20 dB的泰勒窗函数和Bayliss窗函数，将窗函数值画在同一幅图中。

(2) 画出波束指向为0°时的和波束、差波束、归一化误差信号，并指出误差信号的方向跨导(误差信号的斜率)。

(3) 假设目标在一个波束宽度内$\theta\in(-\theta_{3\text{dB}}/2, +\theta_{3\text{dB}}/2)$，通过蒙特卡洛分析，计算在不同信噪比下的测角精度。

(4) 画出波束指向为30°时的和波束、差波束、归一化误差信号，并指出误差信号的方向跨导，与(2)的结果进行比较。

(5^*) 假设目标的距离为10 km，方位为1°，采用LFM信号，调频带宽为10 MHz，时宽为10 μs，各天线单元输入SNR为0 dB。模拟产生各天线单元的回波信号，并在0°方向进行和波束、差波束数字波束形成，分别对和波束、差波束进行脉冲压缩处理，画出和波束、差波束的脉压处理结果；根据目标所在距离单元的和波束、差波束提取归一化误差电压，根据(2)的方向跨导计算目标的方位。

10-6 假设天线在xy平面内具有的电场强度为$E(\zeta)$。这个电场是由yz平面上的电流分布$I(y)$产生的。电场强度可以采用下列积分来计算：

$$E(\zeta)=\int_{-r/2}^{r/2} I(y)\exp\left(2\pi \mathrm{j}\,\frac{y}{\lambda}\sin\zeta\right)\mathrm{d}y$$

式中，λ 为波长，r 为孔径。

(1) 当 $I(y)=d_0 I(y)$(常量)时，请写出 $E(\zeta)$的表达式；

(2) 给出归一化功率方向图的表达式，并以 dB 为单位进行绘图。

10－7　线性相控阵包含 50 个单元，单元间距为 $\lambda/2$。

(1) 当主波束扫描的角为 0°和 45°时，计算 3 dB 波束宽度；

(2) 当扫描角为 60°时，计算任意两个相邻单元的相位差。

10－8　大型的 X 波段阵列($\lambda=0.032$ m)，采用宽度 $w=8$ m、高度 $h=4$ m、扫描范围为±60°扇形矩形阵列天线，其每个单元都占据$(0.63\lambda)^2$ 的空间。相对于主瓣的最大副瓣电平为－40 dB。计算：

(1) 每个填充阵列的单元数；

(2) 采用泰勒照射的填充阵列的增益，以 dB 表示；

(3) 稀疏矩阵的单元数，阵列孔径的中心已填满，并且照射锥削通过稀疏获得；

(4) 稀疏阵列的增益，以 dB 表示；

(5) 填充阵列中在主瓣下方且距离主瓣 5°～15°区域内的归一化副瓣电平；

(6) 稀疏矩阵中在主瓣下方且距离主瓣 5°～15°区域内的归一化副瓣电平。

第 11 章 雷达成像技术

现代雷达不完全停留在发现目标并对目标进行定位的功能，而是在一些应用场合需要区分或识别目标的类型。1951 年，美国 Goodyear 公司的 Carl Wiley 第一次发现侧视雷达通过利用回波信号中的多普勒频移可以改善雷达横向(方位向)分辨率。这意味着通过雷达可以实现对观测对象的二维高分辨成像，极大地提升了雷达的信息感知和获取能力。这个里程碑式的发现标志着合成孔径雷达(Synthetic Aperture Radar，SAR)技术的诞生。简单来说，合成孔径雷达(SAR)是利用信号处理技术，对主动发射和接收的信号进行处理，实现以小的真实天线长度(实孔径)对场景目标进行高分辨成像的系统。SAR 是一个有源系统，它以电磁波作为探测载体来观测地表特征，具有全天候、全天时、远距离、宽幅、高分辨成像等特点。SAR 在军用和民用领域均有重大实用价值。在军用方面，SAR 可以用于战场侦察、军事测绘及军事目标检测等，为战略方针或战术方案的制定提供可靠情报。在民用方面，SAR 在农业、林业、地质、海洋、水文、洪水检测、测绘、天文、减灾防灾、气象等很多方面都有广泛的应用。SAR 成像理论和系统经历了 70 多年的发展完善，经历了从低分辨率成像到高分辨率成像、单一成像工作向多功能协同工作、单部雷达成像到组网雷达协同成像的发展过程，雷达成像处理技术也不断拓展到不同的应用领域中。

按照工作原理和成像方式的不同，合成孔径成像雷达可以分为合成孔径雷达(SAR)和逆合成孔径雷达(Inverse SAR，ISAR)。它们都是利用了合成孔径的原理，SAR 主要是指雷达装载在运动平台上，通过主动发射电磁波和录取回波信号，获取地物地貌信息；ISAR 主要是指雷达不动，所观测的对象是运动的，雷达通过对回波进行处理获得目标的电磁散射分布信息。由于它们均利用了雷达和观测目标之间的相对运动形成的虚拟孔径进行合成孔径高分辨成像，因此 SAR 和 ISAR 的基本原理是相同的。

本章主要介绍 SAR 的基本概念、SAR 两维分辨原理、SAR 成像原理和成像算法。最后简单介绍单脉冲雷达三维成像技术。

11.1 合成孔径

合成孔径技术的基本原理源自于实孔径技术。实孔径天线雷达对目标形成两维分辨的原理就是采用宽带信号分辨距离向分布的点目标，采用波束形成区分方位向(平行于孔径方向)的点目标。根据天线的基础知识，天线波束宽度等于雷达工作波长 λ 与天线方位孔径 D_a 的比值，因此实孔径雷达的方位分辨率(横向分辨率)可以近似表示为

$$\rho_a = \frac{\lambda}{D_a} R_s \tag{11.1.1}$$

其中 R_s 表示目标到天线的距离。从式(11.1.1)可以看出，方位分辨率与雷达天线的孔径长度成反比，如果要获得较高的分辨率，天线孔径必须达到一定的长度，如图 11.1 所示。例如，若天线孔径为 300 个波长(在 X 波段约为 10 m)，其波束宽度约为 0.2°，则在 30 km 处的横向分辨率约为 100 m。因此，要将上述横向分辨率提高到 1 m，则天线孔径长度要加大到 100 倍，即约为 1000 m，这实际上是难以做到的。特别地，在飞行平台上，不可能装配如此巨大的辐射天线。同时，如此长的天线需要的 T/R 组件的数量将导致雷达成本很高。

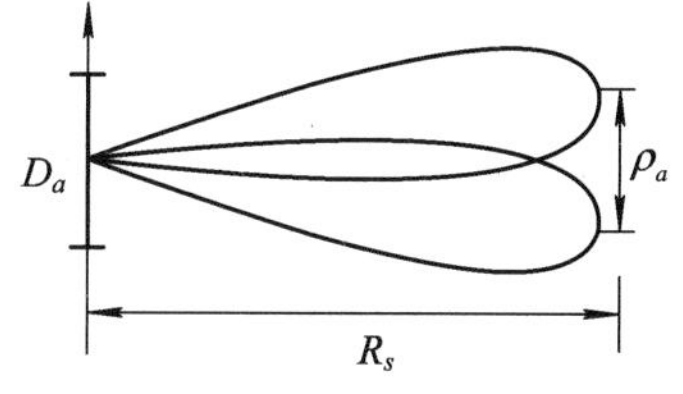

图 11.1　实孔径天线长度与分辨率

为了突破天线孔径对方位分辨率的限制，合成孔径的概念被引入到成像领域。从原理上讲，用小天线(称为阵元)排成很长的线性阵列是可行的，为了避免方向模糊(即不出现波束栅瓣)，阵元间距应不超过二分之一波长。若目标是固定的，为了简化设备可设置一个小雷达，装载单个阵元，将实孔径天线的所有阵元同时收发信号改为小雷达发射并接收信号，并铺一条直轨，将小雷达放在轨道上的小车上，步进式地推动小车，而将每一步得到的回波记录下来，这些回波含有接收处信号的相位、幅度信息，将它们作合成处理，显然能得到与实际阵列相类似的结果，即可以得到很高的方位分辨率。这样虽然天线的实际孔径很短，但是对每个被观测的点而言，虚拟的天线孔径却很长。由此类推，将雷达安装在飞机或卫星上，在飞行过程中发射和接收宽频带的信号对固定的地面场景作观测，则将接收信号作合成阵列处理，便得到径向距离分辨率和横向分辨率均很高的地面场景图像，而合成孔径雷达也正是由此得名的。

利用飞行的雷达平台对地面场景实现高的方位分辨还可用多普勒效应来解释。如图 11.2(a)所示与飞机航线平行的一条地面线上，在某一时刻 O，线上各点到雷达天线相位中心连线与运动平台速度矢量的夹角是不同的，因而具有不同的瞬时多普勒。但是，为了得到高的多普勒分辨率，必须有长的相干积累时间，也就是说飞机要飞一段距离，它对某一点目标的视角是不断变化的。图 11.2(b)的上图用直角坐标表示飞行过程中点目标 O 的雷达回波相位变化图，当 O 点位于飞机的正侧方时，目标 O 到雷达的距离最近，设以这时回波相位为基准(假设为 0)，而在此位置前后的相应距离要长一些，即回波相位要加大。不难从距离变化计算出相位变化的表示式，它近似为抛物线。上述相位的时间导数即多普勒频率，如图 11.2(b)的下图所示，这时的多普勒变化近似为线性变化，图中画出了水平线上多个点目标回波的多普勒变化图，它们均近似为线性调频信号，只是时间上有平移。也就是说，对于具有相同最近距离的不同方位点，由于它们相对于雷达而言的斜距变化(相位变化)具有相同的形式，不同的只是最近距离的时刻不同，如果将信号变换到频域，它们之间只相差一个线性变化的相位。因此从信号系统的角度看，它们的信号具有方位时间平移不变性。这是一个非常重要的特性，在后面成像算法中有很重要的应用。

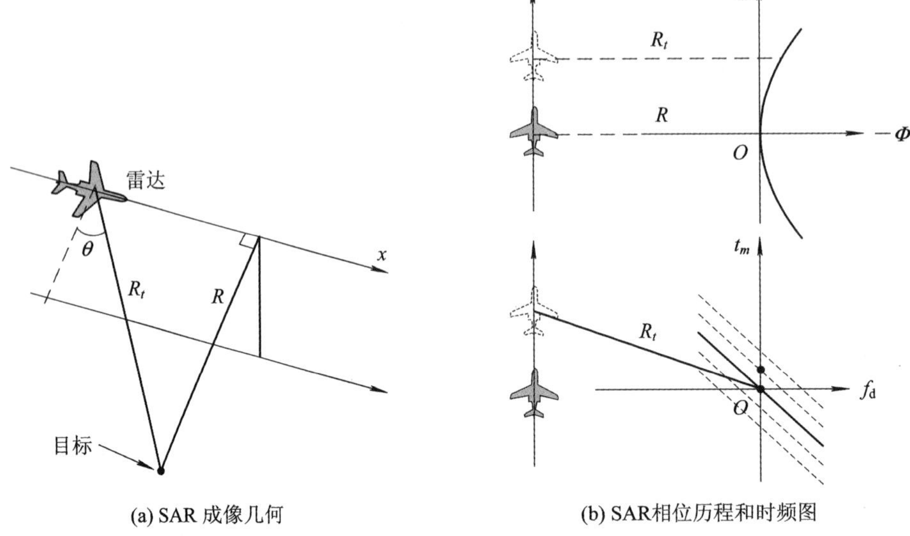

(a) SAR 成像几何

(b) SAR相位历程和时频图

图 11.2 SAR 成像几何关系以及 SAR 信号的相位和多普勒图

从图 11.2(b)也可以看出，在与飞行航线平行的直线上的点目标具有相同的冲激响应，而当该平行线与航线的垂直距离不同时，冲激响应也不相同，主要是调频率发生了变化。冲激响应的空变性给图像重建的计算带来一定的复杂性。

在上面的讨论中，只考虑了目标到天线相位中心距离的变化引起的相位变化。如果上述距离变化是波长级的，没有达到距离分辨率的级别，那么只考虑相位变化就可以了；若距离变化与距离分辨单元的长度可以相比拟，甚至长达多个距离分辨单元，这时就要考虑越距离单元徙动的问题，该问题将在后面详细讨论。

在图 11.3(a)里画出了飞行航线和场景里的点目标 O 之间的几何关系，此时合成孔径沿航线排列。如果合成孔径长度不大，可用图 11.3(a)中与球面波相切的一小段直线近似球面波的弧线，这时可用平面波的信号直接相加来近似重建目标，这种方法称为非聚焦方法。

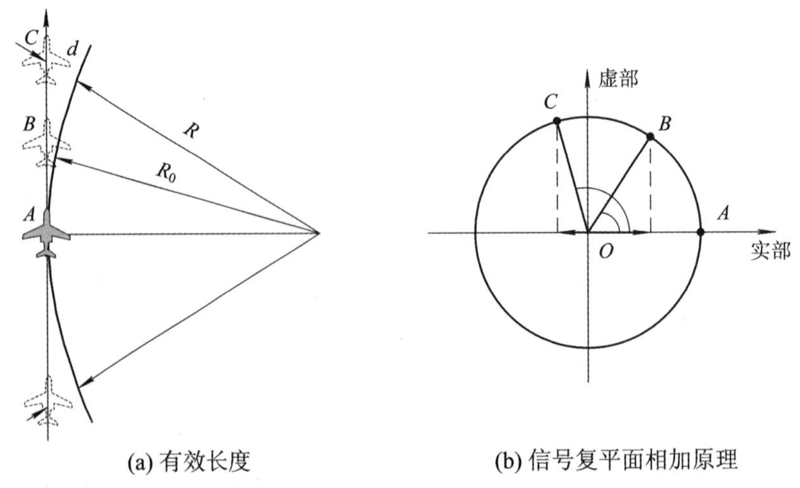

(a) 有效长度

(b) 信号复平面相加原理

图 11.3 合成阵列有效长度的复数解释

上面提到非聚焦方法的合成孔径只能用“一小段直线”，这“一小段”允许多长呢？下面作一些说明：设虚拟阵列以 A 为中点、前后对称排列，若波前为平面波，则所有阵元上的信号相位均相同，而在球面波情况下，直线上阵元的信号会有相位差。若仍以 A 点为基准，则偏离 A 点越远，相位差就越大，当相位差大到 $\pi/2$(考虑到收、发双程，即该阵元与球面波前的距离差为 $\lambda/8$)时，再加大孔径而得到积累增益已经很小，因此通常以到球面波前的距离差为 $\lambda/8$ 来确定有效孔径长度。从信号在复数平面的叠加情况可以很好地解释上面的结论。如图 11.3(b)所示，以目标在 A 点作为参考，此时雷达接收信号相位为 0；当雷达继续向前运动，到达 B 点时，由于此时的雷达位置与 A 点雷达位置距离目标存在波程的差异，故 B 点雷达接收信号与 A 点信号存在相位差，B 点信号在复数平面的位置如图 11.3(b)所示，当 B 点与 A 点的相位差没有超过 $\pi/2$ 时，B 点信号在实部轴上还存在叠加分量，也就是此时 B 点信号对于合成孔径信号的能量积累还有贡献；当雷达继续运动到达 C 点时，它与 A 点相位差超过了 $\pi/2$，此时 C 点信号在实部轴上的分量对信号的积累起反作用，超过了有效孔径。通过简单的几何运算，得到非聚焦时的有效孔径长度 $L_e=\sqrt{R\lambda}$，R 为目标距离，利用式(11.1.1)并考虑信号双程传播的问题，可计算得到这时的横向(方位)分辨率 $\rho_a=\sqrt{R\lambda}/2$。例如，若波长 $\lambda=3$ cm，距离 $R=30$ km，这时非聚焦的有效孔径长度 $L_e=30$ m，而横向分辨率 $\rho_a=15$ m。若距离加长，横向分辨率还要下降。

如果合成孔径更长，则等效阵元间的信号有很大的相差，当相位差超过 $\pm\pi/2$ 范围时，直接对信号进行相加就得不到良好的分辨结果了。在这种情况下，只有对不同位置信号的相位差进行补偿后再将其相加才能正确重建各目标点，这相当于光学系统里的聚焦。聚焦处理技术才是真正意义上的高分辨合成孔径成像技术。虽然合成孔径成像技术与实孔径技术存在一定的差异，但是它们的分辨原理都是相同的，下面将详细分析合成孔径成像的原理。

11.2　合成孔径二维分辨原理

11.2.1　距离分辨率

同普通雷达一样，SAR 若发射和接收线性调频脉冲信号，通过使用匹配滤波进行脉冲压缩实现距离向高分辨率，其斜距分辨率由发射信号带宽决定，

$$\rho_r=\frac{c}{2B}=\frac{c}{2\gamma T_p} \tag{11.2.1}$$

其中，c 为光速，B 为发射信号带宽，γ 为发射信号调频率，T_p 为脉冲持续时间。通过斜距转换得到地面距离分辨率 ρ_g

$$\rho_g=\frac{\rho_r}{\sin\theta} \tag{11.2.2}$$

其中，θ 为波束入射角。

11.2.2　方位分辨率

图 11.4 给出了合成孔径雷达正侧视条件下的几何关系图。正侧视条件下，雷达波束中

心线与测绘带垂直，设雷达在方位向波束角宽度为β，合成孔径的长度为L_s，雷达平台的X坐标为x，雷达平台前向运动速度为v，点目标P的X坐标为x_0，雷达到目标的斜距为$R(t_m)$，其最短距离为R_s。

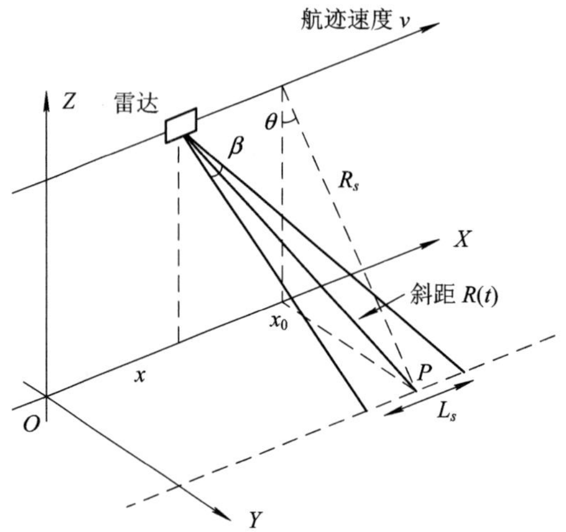

图 11.4　SAR 正侧视条件下的几何关系图

由图 11.4 可以知道目标点的瞬时斜距为

$$R(t_m) = \sqrt{R_s^{\,2} + (x - x_0)^2} \tag{11.2.3}$$

在匀速直线运动条件下，有$x=vt_m$，t_m为慢时间，当目标点和载机满足$R_s \gg (x-x_0)$的关系时，上式可近似为

$$R(t_m) \approx R_s + \frac{(vt_m - x_0)^2}{2R_s} \tag{11.2.4}$$

由于这里主要讨论 SAR 的横向分辨，可以假设发射信号为单频连续波$\exp(\mathrm{j}2\pi f_c t)$，$f_c$为载频，则在$t_m$时刻点目标的回波信号为$A\ \exp\left(\mathrm{j}2\pi f_c\left(t-\frac{2R(t_m)}{c}\right)\right)$，通过相干检波，得基频回波为

$$s(t_m) = A\exp\left(-\frac{\mathrm{j}4\pi f_c R(t_m)}{c}\right) \tag{11.2.5}$$

式中，A为回波信号的振幅。当雷达平台与目标发生相对运动时，就产生了多普勒效应，目标方位向回波的多普勒频率为

$$\begin{aligned} f_{\mathrm{d}} &= \frac{1}{2\pi}\frac{\mathrm{d}}{\mathrm{d}t_m}\varphi(t_m) = -\frac{2f_c}{c}\frac{\mathrm{d}}{\mathrm{d}t_m}R(t_m) \\ &\approx -\frac{2f_c v}{cR_s}(vt_m - x) \end{aligned} \tag{11.2.6}$$

式(11.2.6)中，f_{d}与t_m成线性关系，由此我们推出在正侧视条件下，目标在方位向的多普勒信号近似是线性调频信号，且在$t_m=x/v$时(即雷达最接近点目标时)，$f_{\mathrm{d}}=0$。

从式(11.2.6)可得回波的多普勒调频率γ_m为

$$\gamma_m = -\frac{2v^2}{\lambda R_s} \tag{11.2.7}$$

能正确得到多普勒中心和调频率两个参数是方位压缩的关键。下面将从多普勒带宽入手，分析方位向的分辨率。设雷达波束横扫过点目标的时间即合成孔径时间为 T_s，它与平台速度及天线长度 D 的关系是

$$T_s = \frac{L_s}{v} = \frac{\beta \cdot R_s}{v} = \frac{\lambda/D \cdot R_s}{v} \tag{11.2.8}$$

点目标回波的多普勒带宽为

$$\Delta f_{\mathrm{d}} = |\gamma_m| T_s = \frac{2\beta v}{\lambda} \tag{11.2.9}$$

该线性调频信号通过匹配滤波器后，其输出信号包络的主瓣宽度为

$$\tau_a = \frac{1}{\Delta f_{\mathrm{d}}} = \frac{\lambda}{2v\beta} = \frac{D}{2v} \tag{11.2.10}$$

SAR 的方位向分辨率为

$$\rho_a = \tau_a v = \frac{D}{2} \tag{11.2.11}$$

从上述推导可以看出，方位分辨率仅与天线尺寸有关而与距离无关。需要指出的是，单从式(11.2.11)看，要提高方位分辨率，只需降低天线实际孔径长度 D，也就是相当于扩大天线波束宽度，增加相干积累时间就可以了。但实际上这个关系式必须满足 $R_s \gg L_s \geq (x-x_0)$ 的近似条件。当 D 无限减小时，合成孔径长度 $L_s \to \infty (L_s = R_s \cdot \lambda/D)$，上述近似条件中 L_s 远比斜距 R_s 小的条件就不能满足，回波信号的多普勒频率也不能再近似为线性调频信号，而是含有很多高次的相位项，多普勒带宽也不能随波束的增大而线性增加，式(11.2.11)不再成立。极端情况下天线波束宽度 $\beta=\pi$，相当于无方向性天线，这种极限情况下的 ρ_a 为

$$\rho_a = \frac{v}{\Delta f_{\mathrm{d}}} = \frac{\lambda}{4} \tag{11.2.12}$$

上面的推导中严格从信号的带宽和分辨率的关系分析了方位分辨率，下面将从另外两个角度分析分辨率。

首先从傅里叶变换的角度分析。傅里叶变换要对两个单频信号进行分辨的前提是两个信号对应的相位差异为 2π。根据这个原理，利用式(11.2.4)可以知道，在方位维间隔为方位分辨率的两个点的回波的相位差可以用下式表示：

$$\varphi(t_m) = \frac{4\pi}{\lambda}\left(\frac{(vt_m - x_0 + \rho_a)^2}{2R_s} - \frac{(vt_m - x_0)^2}{2R_s}\right) \tag{11.2.13}$$

那么信号在合成孔径时间内的差异为 2π。令 $\varphi(T_a) - \varphi(0) = 2\pi$，并利用式(11.2.8)可以得到

$$\rho_a = \frac{D}{2} \tag{11.2.14}$$

另外还可以从波束宽度的角度分析分辨率。合成孔径处理实际上就是对空间角度进行细化或者说是进行波束形成。考虑到收发是双程的特点，虚拟波束宽度为

$$\theta_{vb} = \frac{\lambda}{2L_s} \tag{11.2.15}$$

其中，合成孔径 L_s 是指实波束宽度 θ_{bw} 在参考距离线上的投影长度，即 $L_s = \theta_{bw} R_s = \lambda R_s / D$。

因此合成孔径成像的方位分辨率为

$$\rho_a = \theta_{vb} R_s = \frac{D}{2} \tag{11.2.16}$$

从上面分析可以看出，尽管从三个不同的角度理解方位分辨率，但都得到了相同的结果。

11.3　合成孔径雷达成像

11.3.1　SAR 成像原理

SAR 是一种先进的主动微波对地观测设备，采用相干的雷达系统和单个移动的天线来模拟真实线性天线阵中所有的天线功能。单个天线依次占据合成阵列空间的位置，将各个位置接收的信号采集、存储起来，再经过处理，从而呈现出被雷达所照射区域的地物反射特性图像。

SAR 成像可以获取高分辨率的二维地貌图像。SAR 可以看成一个线性的输入输出系统，SAR 系统输入的是目标场景的散射分布，SAR 系统输出的是回波数据，根据具体的 SAR 信号模型和成像算法，可以获得该 SAR 系统的系统响应函数。这样 SAR 成像问题可认为是已知系统的输出和系统的响应函数来求解系统输入的求逆问题。

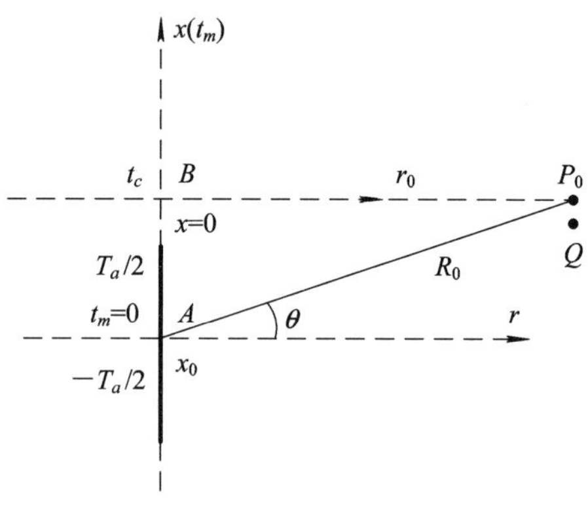

图 11.5　雷达收集信号的几何平面图

以条带式正侧视 SAR 为例，为了实现合成孔径，雷达沿直线航线飞行，并发射和接收周期的宽频带脉冲信号。图 11.5 为雷达收集信号的几何平面模型图。时间用 t 表示，距离快时间用 $\hat{t}$ 表示，方位慢时间用 t_m 表示，则快时间 $\hat{t}=t-mT_r$，m 为整数，T_r 为脉冲重复周期，慢时间为 $t_m=mT_r$。载机沿 x 轴飞行，飞行速度为 v，轴上的粗黑线表示采集数据所相应的航线段，其时间区间为$[-T_a/2, T_a/2]$，A 为其中心，它为快时间和慢时间的原点，Q 为场景中任一散射点，P_0 为场景中心线上的点，B 为 P_0 点在飞行航线上的垂直投影，称为近距交点，并设它为横向(飞行方向)坐标 $x(t)$ 的原点，A 点的横向坐标为 x_0，B 点的横向时间为 t_c，波束的斜视角为 θ，从天线相位中心至条带中心线的斜距为 R_0，场景中心线到飞行航线的距离为 r_0。雷达以快时间 $\hat{t}$ 和慢时间 t_m 录取场景中各散射点的回波数据。由于雷达天线有一定的方向性，而合成孔径雷达的观测对象为地面场景，在任一 t_m 时刻会在地面上形成波束“足迹”，记录的就是这一“足迹”里的目标回波，其中快时间 $\hat{t}$ 记录的是各目标的斜距，慢时间 t_m 记录的是阵元的位置，通过位置的变化，可得知回波相位随慢时间的变化历程，也就是可记录下波束“足迹”扫过目标的距离和多普勒频率。实际上，目标回波的多普勒频率是通过慢时间的相位历程处理后得到的，高分辨的多普勒频率需要长的相干积累时间才能获得。

由上面的分析可知，合成孔径雷达在实际的三维空间里所录取的二维数据用圆柱坐标来描述是合适的，即在航向轴的法平面里只有距离数据而没有方向数据。不过法平面里的方向范围还是有限制的，只有雷达高低角波束所覆盖到的区域才能被观测到，而实际雷达高低角的波束宽度是不大的，通常只有几度。为了形象地描述录取的二维数据，可将该法平面的径向轴选择在雷达波束范围里，以雷达到场景中心点的连线作为法平面的径向轴，联同航线轴构成数据录取平面(图 11.6)。而场景中心线以外的场景目标不在数据录取平面里，实际录取的也只是这些目标到雷达的距离，故可认为它们是通过以雷达为中心的圆弧线投影到上述数据录取平面上，如图 11.7 所示。

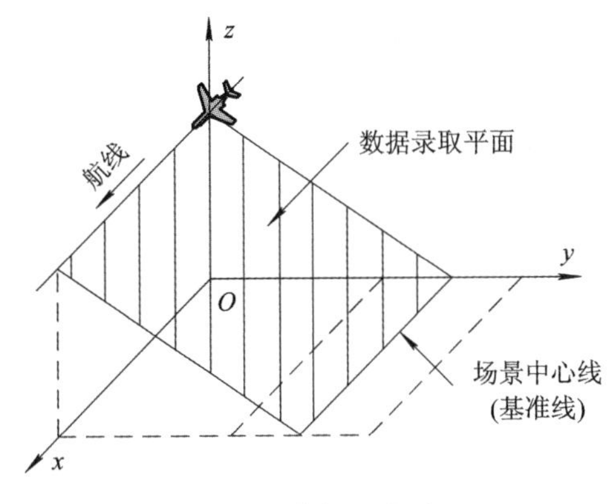

图 11.6　数据录取平面

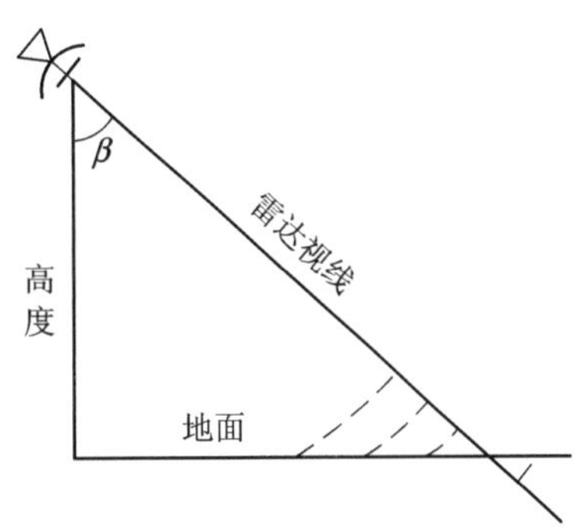

图 11.7　从数据录取平面到成像平面

SAR 成像实质上是从回波信号中提取观测带地表各散射单元的雷达后向散射系数，并按照它们各自的距离—方位位置显示。如果用 x 表示方位向的位置，r 表示距离向的位置，地表各散射单元的雷达后向散射系数用 $\sigma(x, r)$表示，回波信号用 $s(t)$表示，则雷达成像系统相当于一个冲激响应函数 $h(t)$。整个成像过程可以表示为

$$\hat{\sigma}(x, r) = s(t) \otimes h(t) \tag{11.3.1}$$

成像越精确，则说明 $\hat{\sigma}(x, r)$越接近真实的 $\sigma(x, r)$值。所以，SAR 图像就是对地表反射系数的真实反映。SAR 成像通常要经过下列几个步骤：

(1) 数据录取，即在载机飞行过程中，将雷达收到的基频回波数据记录下来。

(2) 脉冲压缩，由于匹配函数在距离维是空变的，要特别加以注意。

(3) 二维场景成像。

以上是在理想工作条件下的几个主要步骤。如果考虑到载机飞行中不可避免的颠簸和起伏，在匹配滤波前还要对数据进行运动补偿；在某些情况下所成的图像存在几何形变，在成像最后还要进行几何形变校正。

11.3.2　几何失真

前面多次提到合成孔径雷达是用二维平面图像来表示实际的三维场景。对理想平面的场景，由于地面距离与径向距离有单调变化的关系，因而也不会有什么问题，但当场景中有高程起伏，特别是地面倾角与雷达天线的侧偏角可以比拟时，会产生成像结果与实际场景几何特征的失真，下面分别加以介绍。

1. 迎坡缩短

如图 11.8 所示，在观测场景中有一块坡地 ADB，若为平面(ACB)时，A、C、B 三点在数据录取平面横截线上的投影分别为 A'、C'、B'。由于坡地的隆起，坡顶点 D 的投影为 D'。从图中可见，录取的数据长度与原地面的长度的比例有明显不同，迎坡缩短，而背坡拉长。

当图 11.8 中的迎坡的倾角为 α_1，背坡的倾角为 α_2(负数)时，只要满足 $0<\alpha_1<\beta$ 和 $-\beta<\alpha_2<0$ 的条件，即 $-\beta<\alpha<\beta$，就会出现上述迎坡缩短、背坡拉长的现象。如果坡地倾角 $\alpha=\beta$，其情况更为特殊，如图 11.9 所示。倾斜的坡面与雷达射线垂直，相当长的一段坡面等效于斜距的一点，也就是在所成图像的纵坐标里整个迎坡缩短为一个像素，而呈现迎坡盲区。图 11.9 的情况也相当于将不同层次高程的目标叠加在同一个距离单元里，因而称为层叠(layover)。

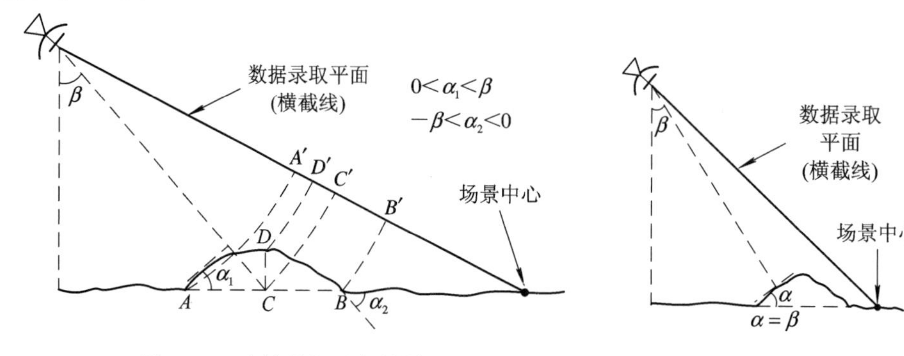

图 11.8　迎坡缩短现象的说明　　　　图 11.9　迎坡盲区

2. 顶底倒置

对一些陟峭的山岗或高的建筑物，如水塔等，其倾角很大，满足 $\alpha>\beta$(图 11.10)的条件，当用光学设备斜视时应先看到底部再看到顶部。合成孔径雷达成像的结果则相反，如图 11.10 所示，因为顶部到雷达的距离短于底部到雷达的距离，因而在它的成像中顶部先于底部，形成顶底倒置。

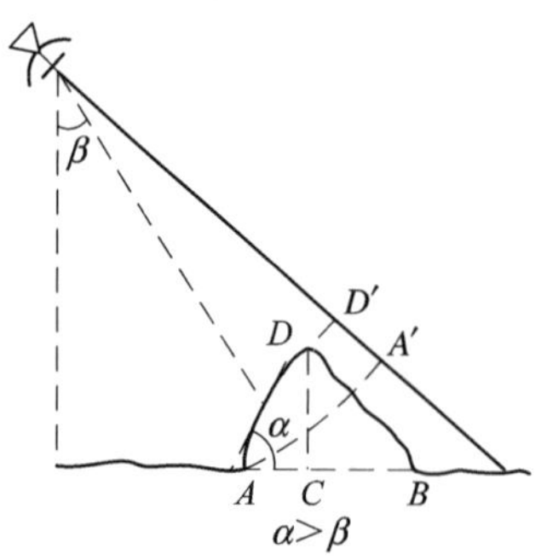

图 11.10　顶底倒置

3. 阴影

光学图像也有阴影，只要仪器的视线被遮挡或在光线被遮挡的部分均会在图像里形成阴影。合成孔径雷达是主动辐射的探测器，它不需要外辐射源，因而只有自身辐射受到阻挡才会形成阴影(图 11.11)。上述的一些失真使得合成孔径雷达图像和光学图像有差别，当对它作图像理解时应特别加以注意。

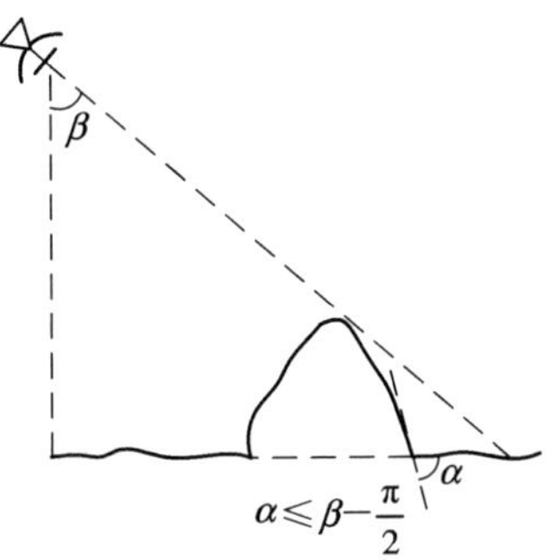

图 11.11　阴影的形成

11.3.3　成像性能指标

对录取数据进行成像处理后，可以得到二维 SAR 图像。SAR 图像的质量参数通常可以通过测量点目标响应来估计。点目标在处理后的 SAR 图像中表现为二维 sinc 函数，如图 11.12 所示。由于点目标的峰值在处理后的图像中通常在 SAR 图像中占用极少的像素单元，为了便于精确得到图像质量参数，通常需要通过插值操作后再对图像进行分析。点目标的主要质量参数包括：① 冲激响应宽度(IRW)；② 峰值旁瓣比(PSLR)；③ 积分旁瓣比(ISLR)；④ 保相性。

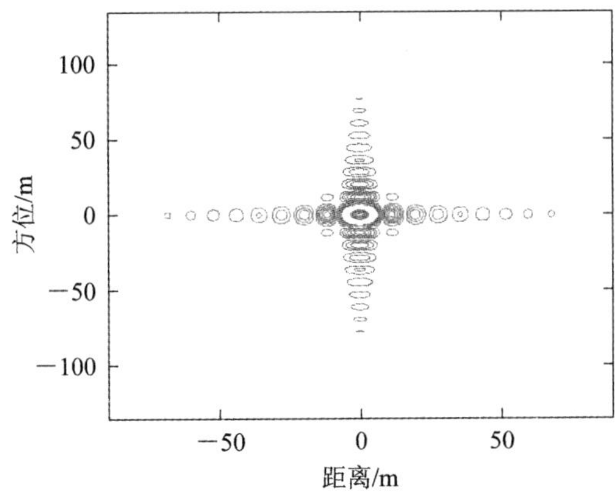

图 11.12　两维点响应函数

- 冲激响应宽度(IRW)：指冲激响应的 3 dB 主瓣宽度，又称 SAR 图像的分辨率。
- 峰值旁瓣比(PSLR)：指最大旁瓣与主瓣之比，以 dB 表示。SAR 图像中，为了使弱目标不被强目标掩盖，PSLR 要小于−13 dB。在 SAR 成像处理时，通常情况下 PSLR 取在−20 dB左右。
- 积分旁瓣比(ISLR)：指旁瓣功率之和与总功率之比，以 dB 表示。令 P_{main} 为主瓣功率，P_{total} 为总功率，则 ISLR 可表示为

$$\text{ISLR} = 10\ \lg\left\{\frac{P_{\text{total}} - P_{\text{main}}}{P_{\text{total}}}\right\} \tag{11.3.2}$$

ISLR 应维持较低的水平，典型一维 ISLR 为－17 dB。

• 保相性：对于正侧视条带雷达而言，它是指点目标聚焦后的相位与目标最近斜距的双程相位一致。SAR 成像处理时如何保留信号的相位信息是至关重要的。衡量保相性的好坏主要是看主瓣内信号相位偏离预计值的大小。较好的保相性相位偏离约小于 3°。如图 11.13 所示，上面两个图分布是距离和方位响应函数的切片，下面两个图是对应的相位变化，从图中可以看出主瓣内相位基本保持不变，且通过计算其与双向斜距的相位一致。

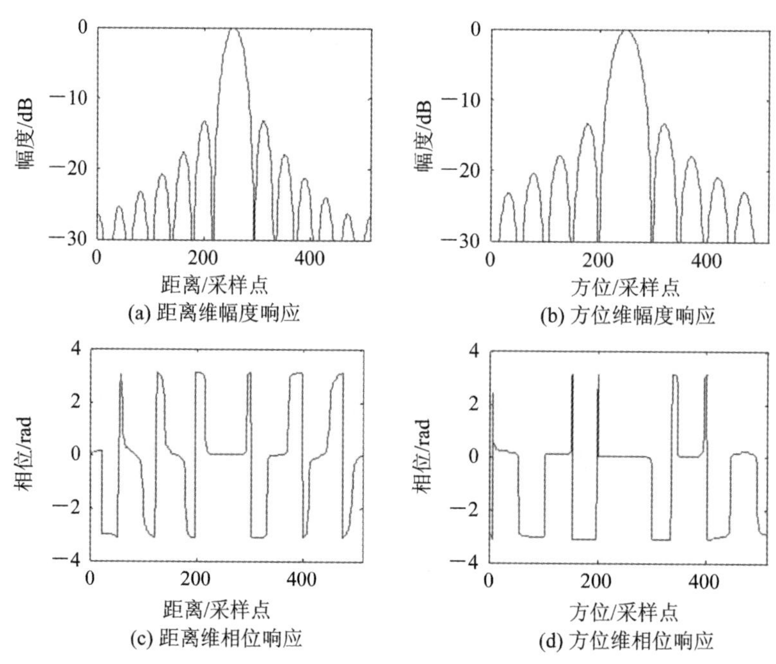

图 11.13　距离、方法两维响应的切片图

11.3.4　成像模式

随着 SAR 成像需求的发展，SAR 已发展了多种工作模式。这里从 SAR 的波束指向变化的角度将 SAR 成像的工作模式分为条带(Stripmap)、聚束(Spotlight)、滑动聚束(Sliding Spotlight)、TOPS 和扫描(Scan)五种类型。它们的工作几何关系分别如图 11.14(a～e)所示。条带模式最为简单，雷达运动过程中波束指向没有发生变化；聚束模式是波束始终指向一个固定场景中的点；滑动聚束和 TOPS 是雷达运动过程中天线波束指向随慢时间沿方位变化，它们的波束指向都绕着一个虚拟的中心旋转，只不过滑动聚束的旋转中心较参考中心线更远一些，而 TOPS 的旋转中心在场景中心偏向航线的一侧；Scan 模式是雷达波束在短时间内照射一个测绘带，下一个时间照射另一个测绘带。从对单个点的合成孔径长短考虑，可以得出结论：对于同一系统或同样条件下，聚束模式的分辨率最高，其次是滑动聚束，再者是条带模式，最后是 TOPS 和 Scan 模式。但是它们对场景的覆盖能力的顺序与分辨率高低顺序相反，因此这几种模式都是测绘带和分辨率折中的结果。本章只以条带式为例介绍 SAR 的成像原理与常用算法。

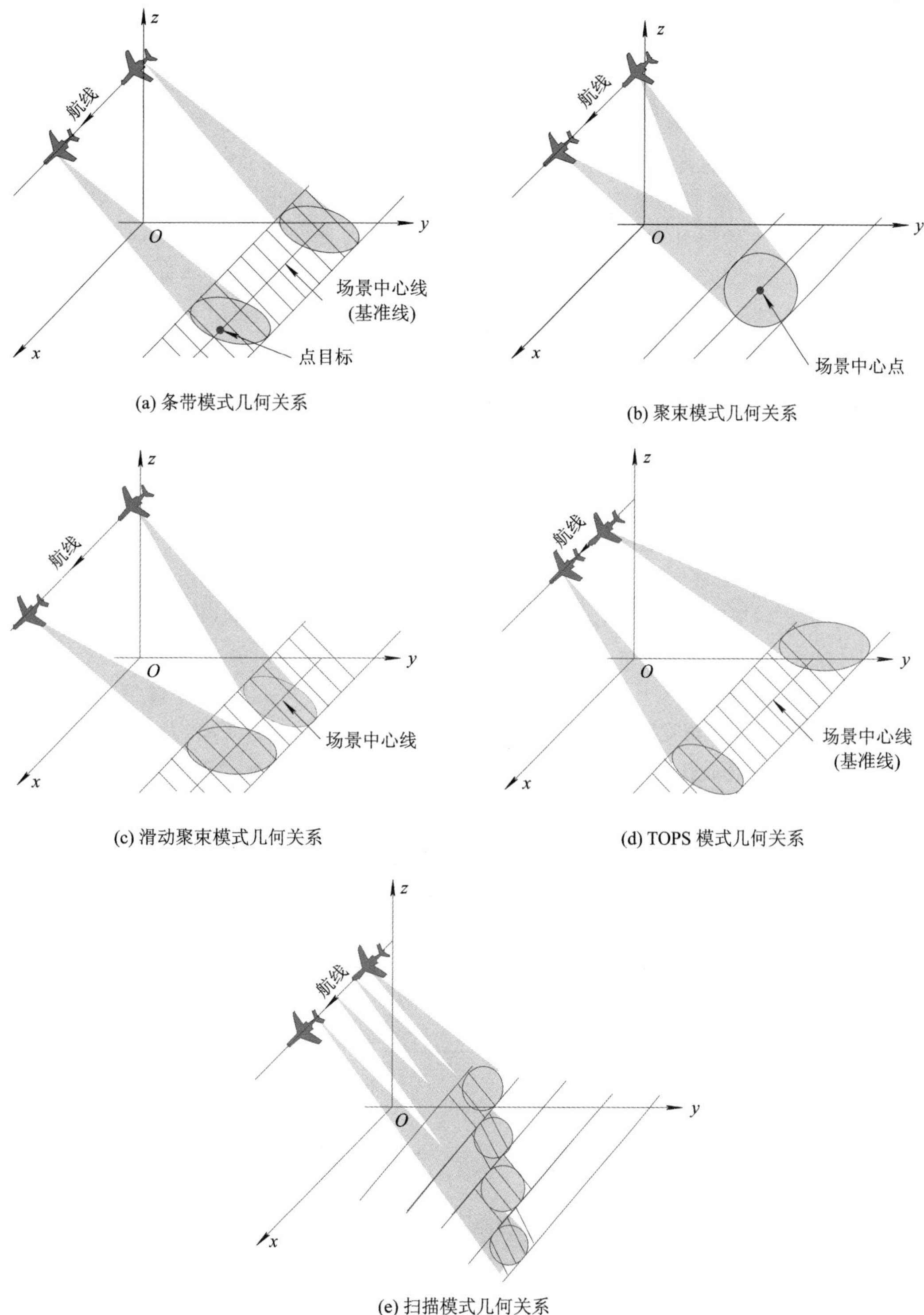

图 11.14　工作模式的几何关系

11.4 SAR 成像算法

SAR 成像算法有多种，但是大致可以分为三类：时域算法、距离多普勒域算法和两维频域算法。时域算法的典型代表是后向投影算法(Back Projection Algorithm，BPA)，其计算量一般较大；两维频域算法的代表是距离徙动算法(Range Migration Algorithm，RMA)，需要两维插值处理，计算量也较大；距离多普勒域算法的代表是距离多普勒(Range-Doppler Algorithm，RDA)和线频调变标算法(Chirp Scaling Algorithm，CSA)，它们都利用了 SAR 信号方位平移不变性，处理起来效率较高。因此，下面对 SAR 成像处理中最常见的几种距离多普勒域算法进行简单介绍。

11.4.1 距离徙动和距离徙动差

距离徙动对于合成孔径雷达成像是一个重要的问题，距离徙动可分解为一次的线性分量和二次以上(包括二次)的弯曲分量，线性分量称为距离走动，弯曲分量称为距离弯曲。这里以正侧视为例进行介绍。

正侧视情况下距离徙动可用图 11.15 来说明。所谓距离徙动是雷达直线飞行对某一点目标(如图中的 P)观测时的距离变化，即相对于慢时间系统响应曲线沿快时间的时延变化。如图 11.15 所示，天线的波束宽度为 θ_{BW}，当载机飞到 A 点时波束前沿触及点目标 P 点，而当载机飞到 B 点时，波束后沿离开 P 点，A 到 B 的长度即有效合成孔径 L，P 点对 A、B 的转角即相干积累角，它等于波束宽度 θ_{BW}。P 点到航线的垂直距离(或称最近距离)为 R_B。这种情况下的距离徙动通常以合成孔径边缘的斜距 R_e 与最近距离 R_B 之差来表示，即

$$R_q = R_e - R_B = R_B \sec\frac{\theta_{BW}}{2} - R_B \tag{11.4.1}$$

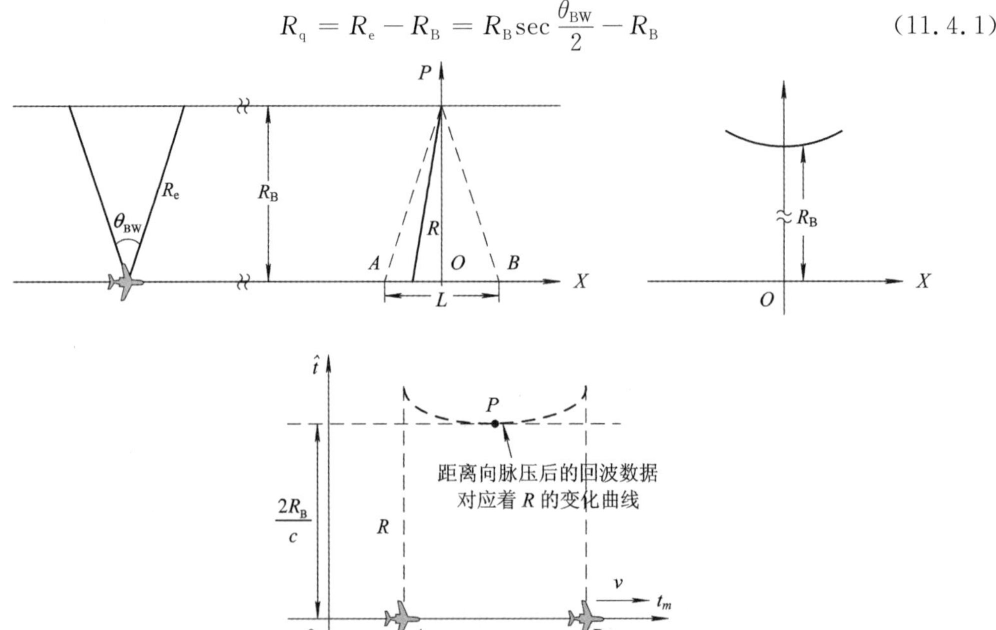

图 11.15 正侧视时距离徙动的示意图

在 SAR 里，波束宽度 θ_{BW}一般较小，$\sec\frac{\theta_{BW}}{2}\approx 1+\frac{1}{2}\theta_{BW}^2$，而相干积累角 θ_{BW}与横向距离分辨率 ρ_a有关系：$\rho_a=\frac{\lambda}{2\theta_{BW}}$。利用这些关系，式(11.4.1)可近似写成

$$R_q \approx \frac{1}{8}R_B\theta_{BW}^2 = \frac{\lambda^2 R_B}{32\rho_a^2} \tag{11.4.2}$$

假设条带场景的幅宽为 W_r，则场景近、远边缘与航线的垂直距离分别为 $R_s-W_r/2$ 和 $R_s+W_r/2$，其中 R_s为场景中心线的垂直距离，由此得场景远近处的距离徙动差为

$$\Delta R_q = \frac{\lambda^2 W_r}{32\rho_a^2} \tag{11.4.3}$$

距离徙动 R_q和距离徙动差 ΔR_q的影响表现在它们与距离分辨率 ρ_r的相对值的大小上。如果 R_q比 ρ_r小得多，则可将二维的系统响应曲线近似看作是与航线平行的直线，作匹配滤波时，就无需对二维回波作包络移动补偿，这是最简单的情况。如果 R_q可以和 ρ_r相比拟，甚至更大，但 ΔR_q比 ρ_r小得多，则对二维响应曲线(因而对二维回波)必须作包络移动补偿，但不必考虑场景中垂直距离变化而导致的响应曲线的空变性，这也要简单一些。为此，通常定义相对距离徙动(R_q/ρ_r)和相对距离徙动差($\Delta R_q/\rho_r$)，作为衡量距离徙动的指标。

通过上面的讨论，距离徙动与合成孔径雷达诸因素的关系是明显的，从图 11.15 和式(11.4.2)可知，对距离徙动直接有影响的是相干积累角 θ_{BW}，θ_{BW}越大则距离徙动也越大。需要大相干积累角的因素主要有两点：一点是要求高的横向分辨率(即 ρ_a要小)，另一点是雷达波长较长。在这些场合要特别关注距离徙动问题。此外，场景与航线的垂直距离 R_B越大，距离徙动也越大。这里我们要特别关注场景条带较宽时的相对距离徙动差，它决定了对场景是否要考虑响应曲线的空变性问题，从而决定是否要将场景沿垂直距离作动态的距离徙动补偿。在处理实测数据时，需要根据距离徙动的大小来决定采用什么算法。一般而言如果徙动量不超过距离分辨率，可以采用 11.4.2 节的算法；如果徙动量超过距离分辨率，但是距离徙动差小于距离分辨率，可以采用 11.4.3 节的算法；如果距离徙动差超过距离分辨率，可以采用 11.4.4 节的算法。

11.4.2　距离-多普勒(R-D)成像算法

距离-多普勒(R-D)算法是一种比较早而且广泛使用的 SAR 成像算法。这种算法物理概念很直观，它是通过对二维滤波器的近似，将 SAR 成像中的距离和方位的二维处理分离为两个级联的一维处理。它不考虑距离徙动，采用分维处理即先距离压缩后方位压缩(要考虑方位向的相位聚焦)，就可完成 SAR 成像过程。它适用于可以忽略方位和距离耦合的情况，也就是说适用于低分辨、窄波束、正侧视的情况。早期分辨率低(约为 10 m×10 m 量级)的机载和星载 X 波段 SAR 基本属于这种情况。

正侧视 SAR 的几何关系如图 11.16 所示。场景中的点目标 P 到飞行航线的垂直距离(或称最近距离)为 R_B，并以此垂直距离线和航线的交点的慢时间 t_m为零时刻(原点)，而在任一时刻 t_m雷达天线相位中心至 P 的斜距为 $R(t_m;R_B)$，这里的 R_B为常数，但它对距离徙动有影响，故在函数里注明。设雷达的发射信号为 $s_t(\hat{t})=a_r(\hat{t})\exp(j\pi\gamma\hat{t}^2)$，$\gamma$ 是发射的 LFM 信号的调频率，其接收的上述点目标回波的基频信号在距离快时间－方位慢时间域

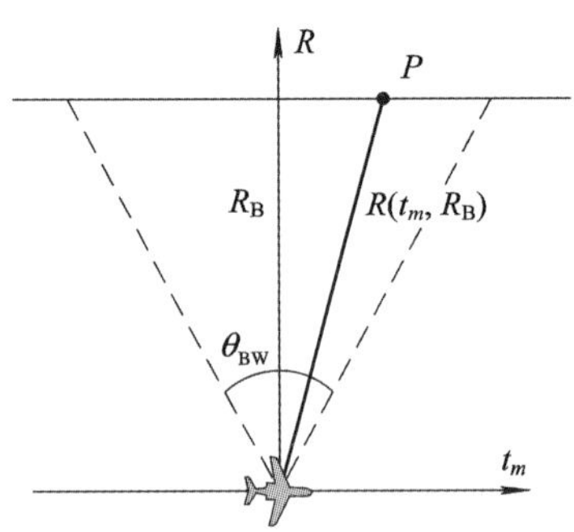

图 11.16　正侧视 SAR 几何关系图

($\hat{t}-t_m$ 域)可写为

$$s(\hat{t}, t_m; R_B) = a_r\left(\hat{t} - \frac{2R(t_m; R_B)}{c}\right)a_a(t_m)\exp\left[j\pi\gamma\left(\hat{t} - \frac{2R(t_m; R_B)}{c}\right)^2\right]\cdot$$
$$\exp\left[-j\frac{4\pi}{\lambda}R(t_m; R_B)\right] \tag{11.4.4}$$

式中，$a_r(\cdot)$和 $a_a(\cdot)$分别为雷达线性调频(LFM)信号的窗函数和方位窗函数，前者在未加权时为矩形窗，后者除滤波加权外，还与天线波束形状有关，$\lambda=c/f_c$为中心频率对应的波长。

对距离作匹配滤波(即脉压)的系统匹配函数为

$$s_r(\hat{t}) = s_t^*(\hat{t}) = a_r(\hat{t})\exp(-j\pi\gamma\hat{t}^2) \tag{11.4.5}$$

由于匹配滤波在频域为输入信号和系统函数的乘积，为便于计算，快时间域的匹配滤波一般在频率域进行，在时域与频域之间的变换采用快速傅里叶变换(FFT)和逆变换(IFFT)，从而得出匹配输出为

$$s(\hat{t}, t_m; R_B) = \text{IFFT}_{f_r}\{\text{FFT}_{\hat{t}}[s(\hat{t}, t_m; R_B)]\cdot\text{FFT}_{\hat{t}}[s_r(\hat{t})]\} \tag{11.4.6}$$

由于 FFT 运算有很好的高效性，这样比在时域作卷积运算更加方便。若距离向为矩形窗，式(11.4.4)的接收信号通过上述处理后，得

$$s(\hat{t}, t_m; R_B) = A\ \text{sinc}\left[\pi\Delta f_r\left(\hat{t} - \frac{2R(t_m; R_B)}{c}\right)\right]a_a(t_m)\exp\left[-j\frac{4\pi}{\lambda}R(t_m; R_B)\right] \tag{11.4.7}$$

其中，A 为距离压缩后点目标信号的幅度，Δf_r为线性调频信号的频带，而 sinc 函数为

$$\text{sinc}(a) = \frac{\sin(a)}{a}$$

距离压缩完成后，下一步要进行方位处理，首先要检验距离徙动的影响，如为正侧视工作，只要检验距离弯曲。

在合成孔径期间，距离弯曲 $R_q=\dfrac{\lambda^2 R_B}{32\rho_a^2}<\dfrac{\rho_r}{M}$，其中 M 通常取 4 或 8(距离弯曲差是相干期间脉冲回波序列最大的包络延时，M 取 4 或 8 是较严格的，有时可适当放宽)，即距离徙动 R_q小于 ρ_r的 1/4 或 1/8 时距离弯曲可以忽略。在这里针对原始的 R-D 算法，可以假设上述条件满足。对最近距离为 R_B的点目标 P，其斜距与 t_m的关系为

$$R(t_m;R_B)=\sqrt{R_B^2+(Vt_m)^2}\approx R_B+\frac{(Vt_m)^2}{2R_B} \tag{11.4.8}$$

式中，V 为载机速度，第二项为距离弯曲，在这里，距离弯曲对合成孔径期间的回波包络移动可以忽略，即 $R(t_m;R_B)\approx R_B$，但对回波相位的影响必须考虑。基于上述情况，将式(11.4.8)代入式(11.4.7)，距离快时间-方位慢时间域信号可写成

$$s(\hat{t},t_m;R_B)=A\ \mathrm{sinc}\left[\pi\Delta f\left(\hat{t}-\frac{2R_B}{c}\right)\right]a_a(t_m)\exp\left[-\mathrm{j}\frac{4\pi}{\lambda}\left(R_B+\frac{(Vt_m)^2}{2R_B}\right)\right] \tag{11.4.9}$$

即回波包络在二维平面里为一直线，不存在距离与方位向的耦合，从而使方位向的匹配滤波处理简化。这时方位向匹配滤波的系统匹配函数为

$$s_a(t_m;R_B)=a_a(t_m)\exp[-\mathrm{j}\pi\gamma_m(R_B)t_m^2] \tag{11.4.10}$$

其中，多普勒调频率为

$$\gamma_m(R_B)=-\frac{2V^2}{\lambda R_B} \tag{11.4.11}$$

和距离脉压一样，方位向脉压也可在多普勒域进行，脉压后的输出为

$$s(\hat{t},t_m;R_B)=\mathrm{IFFT}_{f_a}\{\mathrm{FFT}_{t_m}[s(\hat{t},t_m;R_B)]\cdot\mathrm{FFT}_{t_m}[s_a(t_m;R_B)]\} \tag{11.4.12}$$

若方位窗函数也是矩形，则上式可写成

$$s(\hat{t},t_m;R_B)=G_r\ \mathrm{sinc}\left\{\pi\Delta f_r\left[\hat{t}-\frac{2R_B}{c}\right]\right\}\mathrm{sinc}(\Delta f_a t_m) \tag{11.4.13}$$

式中，Δf_a 为多普勒带宽，G_r 为压缩增益。

可见，对于不考虑距离徙动的情况，接收的二维信号成为二维可分离的，通过简单地在距离和方位向分别进行线性调频信号的匹配滤波，就可实现对场景的二维成像。

原始的 R-D 成像算法的整个流程如图 11.17 所示。

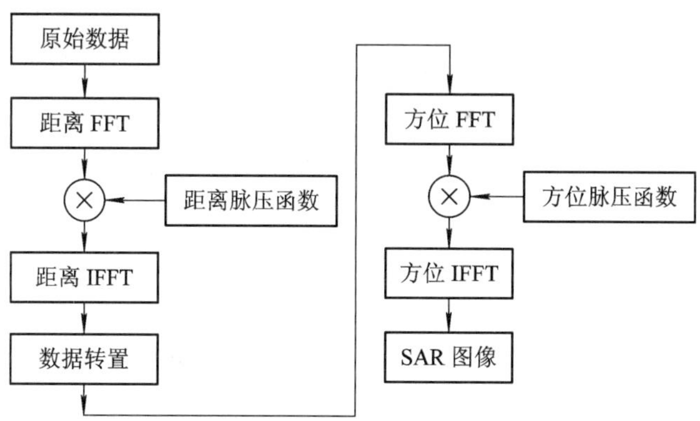

图 11.17　原始的 R-D 成像算法流程

下面利用 MATLAB 函数“RD. m”对一组 SAR 实测数据进行成像，并给出成像结果。语法如下：

function [*echo*, *result*]=RD(*Vr*, *fc*, *H*, *Tp*, *B*, *Da*, *Theta*, *PRF*, *Point_yc*)

其中，各参数的说明见表 11.1。

表 11.1　函数 RD.m 的参数说明

符号	描述	单位	状态	图 11.18 的示例
Vr	雷达有效速度	m/s	输入	110 m/s
fc	雷达工作频率	GHz	输入	10 GHz
H	轨道高度	m	输入	4300 m
Tp	脉宽	μs	输入	20 μs
B	带宽	MHz	输入	70 MHz
Da	天线方位向孔径	m	输入	1.2 m
Theta	下视角	°	输入	11.7°
PRF	脉冲重复频率	Hz	输入	700 Hz
Point_yc	成像场景中心线	km	输入	21.2 km
echo	原始回波数据		输出	
result	二维聚焦结果		输出	

图 11.18 给出了采用距离-多普勒(R-D)成像算法获得的成像结果。参数见表 11.1。

图 11.18　3 m×3 m 分辨率 SAR 数据 R-D 成像结果举例(截取部分)

11.4.3　频域校正距离弯曲的 R-D 成像算法

上面一小节讨论距离徙动可以忽略的情况，它主要针对分辨率不高的情况。但是在分辨率较高情况下，距离徙动非常明显。如果不进行校正处理，点目标聚焦效果会较差。这一小节的目的一方面是要将简单的距离多普勒算法推广到距离徙动，虽然不大，但还是应加以考虑的场合；另一方面是向读者介绍在多普勒域作上述处理中的有关问题。这里利用了前面讲到的方位平移不变性，即在多普勒域里不同方位点具有相同的响应曲线，只是在多普勒谱里用不同的线性相位标志各自的横向位置，因此可以采用统一的校正补偿函数校正距离徙动的问题。

1. 距离徙动与多普勒频率的关系

前面讨论雷达至点目标的斜距 R 时均以横距(或慢时间)为自变量，如

$$R(t_m;R_B)=\sqrt{R_B^2+(X_n-X)^2}=\sqrt{R_B^2+(X_n-Vt_m)^2} \tag{11.4.14}$$

式中，R_B、X_n为点目标的垂直距离和横坐标，V，X 为雷达载机速度和 t_m时刻的横向位置。

回波的多普勒频率 $f_a=\dfrac{2V\sin\theta}{\lambda}$，其中 θ 为斜视角。令 $f_{aM}\overset{\text{def}}{=}\dfrac{2V}{\lambda}$，即位于载机正前方点目标的回波的多普勒频率(最大多普勒频率)，于是斜视角可写成

$$\sin\theta=\frac{f_a}{f_{aM}} \tag{11.4.15}$$

$$\cos\theta=\sqrt{1-\left(\frac{f_a\lambda}{2V}\right)^2}=\sqrt{1-\left(\frac{f_a}{f_{aM}}\right)^2} \tag{11.4.16}$$

而以 f_a为自变量的斜距 $R(f_a,R_B)$为

$$R(f_a,R_B)=\frac{R_B}{\cos\theta}=\frac{R_B}{\sqrt{1-\left(\dfrac{f_a}{f_{aM}}\right)^2}}\approx R_B\left[1+\frac{1}{2}\left(\frac{f_a}{f_{aM}}\right)^2\right] \tag{11.4.17}$$

最后一个等式应用了 f_a/f_{aM}远小于 1 的近似条件，在斜视角 θ 较小时，这一近似条件总是满足的。

可见在多普勒域里，$R(f_a,R_B)$在垂直距离方向同样具有空变性。

2. 回波信号的多普勒谱

将录取于 $\hat{t}$-t_m 二维平面的 P 点回波数据 $s(\hat{t},t_m;R_B)$作 $t_m\to f_a$的傅里叶变换，得

$$\begin{aligned}S_n(\hat{t},f_a;R_B)=&Aa_r\left(\hat{t}-\frac{2R(f_a;R_B)}{c}\right)a_a\left(\frac{R_B\lambda f_a}{2V^2\sqrt{1-(f_a/f_{aM})^2}}\right)\cdot\\&\exp\left[-\mathrm{j}\frac{2\pi}{V}R_B\sqrt{f_{aM}^2-f_a^2}\right]\cdot\\&\exp\left(-\mathrm{j}2\pi f_a\frac{X_n}{V}\right)\exp\left[\mathrm{j}\pi\gamma_e(f_a;R_B)\left(\hat{t}-\frac{2R(f_a;R_B)}{c}\right)^2\right]\end{aligned} \tag{11.4.18}$$

式中，

$$\frac{1}{\gamma_e(f_a,R_B)}=\frac{1}{\gamma}-R_B\frac{2\lambda\sin^2\theta}{c^2\cos^3\theta} \tag{11.4.19}$$

而 $\sin\theta$、$\cos\theta$ 的值如式(11.4.15)、式(11.4.16)所示。

将 LFM 脉冲回波的响应由 $\hat{t}$-t_m 域变换到 $\hat{t}$-f_a 域，在响应曲线的形式上会有明显不同。图 11.19 画的是单个点目标回波在上述两种不同域的二维平面的响应，图 11.19(a)以慢时间 t_m 为横坐标，设 $t_m=0$ 时雷达距点目标最近，而在 $t_m\neq0$ 时斜距增加，于是形成图中的响应曲线。

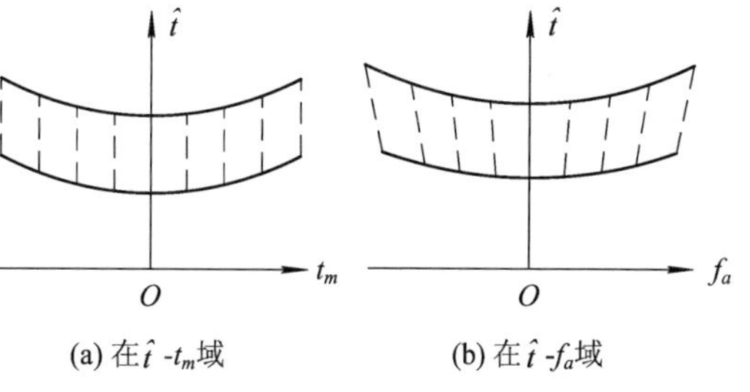

图 11.19　点目标回波的响应图

在多普勒 f_a 域里，当 $f_a=0$ 时，回波情况与上面的相同，因为雷达与点目标最近时，斜视角 $\theta=0$，因而 $f_a=0$。但当 $f_a\neq 0$ 时，情况就不一样了。应当指出，根据瞬时多普勒 f_a 与慢时间 t_m 有对应关系，如 t_m 为负时，雷达接近目标，其多普勒 f_a 为正。但由于 $f_a=\frac{2Vf}{c}\sin\theta$，对一定的斜视角，信号频率 f 改变时，f_a 随之改变，因此每次发射的 LFM 脉冲回波在图 11.19(b)里，除 $f_a=0$ 外，两侧的单次回波在 $\hat{t}$-f_a 平面里都呈现为斜直线。由于发射的是相干脉冲，虽然在 $\hat{t}$-f_a 平面里，除 $f_a=0$ 外，一定 f_a 对应的回波沿快时间变化的数据并不来自一次回波，但它们仍然呈现为沿快时间变化的 LFM 脉冲，只是线性调频率有所不同，而且是 f_a 的函数，下面加以证明。这一现象在式(11.4.18)里表现为在其中第三个指数项(即快时间信号项)的调频率不再是原来的 γ，而是 f_a 和 R_B 的函数 $\gamma_e(f_a, R_B)$，即式(11.4.19)。下面对这一关系式进行证明。

如果 $f_a=0$，即斜视角为 $\theta=0$，这时 $\gamma_e(f_a, R_B)$ 与原信号的 γ 相同，而当 θ 不为 0 时，$\gamma_e(f_a, R_B)$ 会有所减小。当斜视角 θ 不为 0 时，对于某一点目标的单次发射脉冲的回波，它在 t_m 和 f_a 域的表现是不同的。如图 11.20(a)所示，在 $\hat{t}$-t_m 平面单次脉冲回波当然应位于同一时刻，但在 f_a 域则不一样，由于 $f_a=\frac{2Vf}{c}\sin\theta$，雷达到该点目标回波的斜视角为 θ，而不同的信号频率 f 对应于不同的 f_a，如图 11.20(a)所示，单次脉冲信号在 $\hat{t}$-f_a 平面为一条斜直线。同一点目标的单次脉冲回波，由于信号频率 f 随快时间 $\hat{t}$ 改变，它在 $\hat{t}$-f_a 平面里应为斜直线。也就是说，在 $\hat{t}$-f_a 里的表现在同一 f_a 沿 $\hat{t}$ 分布回波实际并不是来自同一发射脉冲(只有 $f_a=0$，即 $\theta=0$ 时例外)。因此，有必要分析在 $\hat{t}$-f_a 域里某一 f_a 值与所对应的沿 $\hat{t}$ 变化的数据的关系。

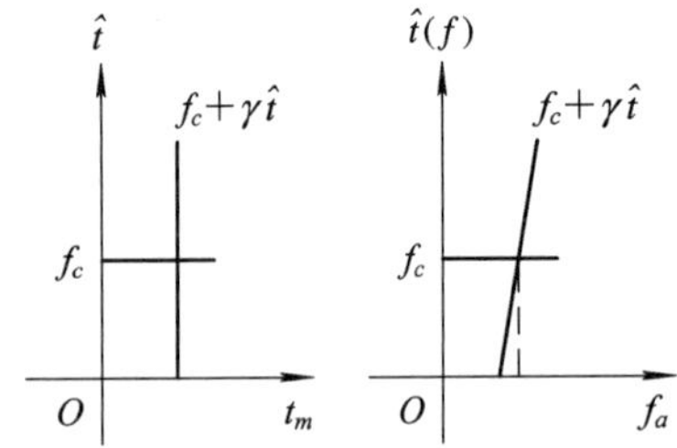

(a) 单次 LFM 信号回波在两个不同平面上

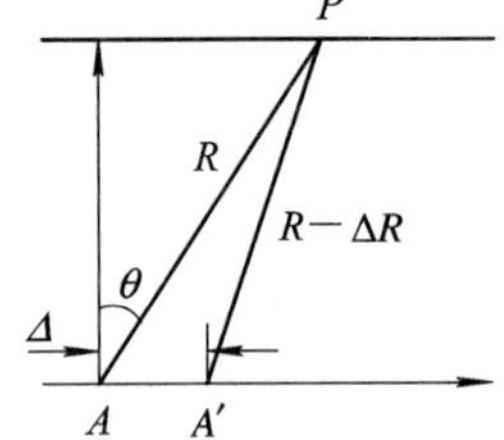

(b) 计算同一 f_a 而 f 不同时的时延

图 11.20 说明 $\hat{t}$-f_a 平面里 LFM 信号线性调频率 $\gamma_e(f_a, R_B)$ 的成因

如图 11.20(b)所示，对信号频率 f_c，当雷达位于图中 A 点时斜视角为 θ，则其多普勒频率 $f_a=\frac{2V}{\lambda}\sin\theta=\frac{2Vf_c}{c}\sin\theta$。若信号为线性调频波，当频率 f 变换到 $f_c+\Delta f$(设 $\Delta f=\gamma\Delta t$)时，其多普勒频率会变到 $\frac{2Vf}{c}\sin\theta$。因此，对频率 $f(=f_c+\Delta f)$ 的点频，其 f_a 会相应加大，于是在上述 f_a 点上，点频为 $f_c+\Delta f$ 的信号不是发自图中的 A 点，而是 A' 点(见图 11.20(b))，即斜视角为 $\theta-\Delta\theta$，而 $\Delta\theta$ 与 Δf 应满足下列关系：

$$f_a = \frac{2Vf_c}{c}\sin\theta = \frac{2V(f_c+\Delta f)}{c}\sin(\theta-\Delta\theta) \tag{11.4.20}$$

式中，$\Delta f=\gamma\Delta t$。如图 11.20(b)所示，设 A'和 A 点至点目标的斜距差为$-\Delta R$，将对应于同一 f_a的 A'时点频 $f_c+\Delta f$ 回波数据与 A 时 f_c的相比较，其时延为 $\Delta t-\frac{2\Delta R}{c}$。

为计算上述时延，从式(11.4.20)，忽略微小量的二次项，可得

$$\sin(\theta-\Delta\theta) = \left(1-\frac{\Delta f}{f_c}\right)\sin\theta \tag{11.4.21}$$

$$\sin\Delta\theta = \frac{\Delta f}{f_c}\tan\theta \tag{11.4.22}$$

由图 11.20(b)的几何关系，得

$$\Delta = R\sin\theta-(R-\Delta R)\sin(\theta-\Delta\theta) \tag{11.4.23}$$

$$\frac{\Delta}{\sin\Delta\theta} = \frac{R-\Delta R}{\cos\theta} \tag{11.4.24}$$

同样忽略微小量的二次项，上两式可写成

$$\Delta = R\frac{\Delta f}{f_c}\sin\theta+\Delta R\sin\theta \tag{11.4.25}$$

$$\Delta\cos\theta = R\sin\Delta\theta \tag{11.4.26}$$

由式(11.4.23)至式(11.4.26)可解得

$$\Delta R = R_B\frac{\Delta f}{cf_c}\frac{\sin^2\theta}{\cos^3\theta} \tag{11.4.27}$$

因此，为了得到同样的 f_a而在A'点发射 $f=f_c+\Delta f(\Delta f=\gamma\Delta t)$的点频信号，其回波与发射点频 f_c(在 A 点)相比较，在快时间上的时延为 $\Delta t'=\Delta t-\frac{2\Delta R}{c}$，设在 f_a域里沿快时间的调频率为 $\gamma_e(f_a, R_B)$，则从上述关系可得

$$\frac{\Delta f}{\gamma_e(f_a;R_B)} = \frac{\Delta f}{\gamma}-\frac{2R_B\Delta f}{cf_c}\frac{\sin^2\theta}{\cos^3\theta} = \frac{\Delta f}{\gamma}-2R_B\Delta f\frac{\lambda}{c^2}\frac{\sin^2\theta}{\cos^3\theta} \tag{11.4.28}$$

约去 Δf 后，其结果与式(11.4.19)相同。

3. 匹配滤波

匹配滤波通常在频域进行，因为在频域只需要乘以系统匹配频率函数即可，在二维可分离的情况下，再通过逆傅里叶变换，便可得到重建的场景图形。为此，可以先将式(11.4.18)的点目标回波基频信号 $S_n(\hat{t}, f_a; R_B)$从 $\hat{t}$-f_a 域变换到 f_r-f_a域，即作 $\hat{t}\to f_r$ 的傅里叶变换。这是 LFM 信号的傅里叶变换，其结果为

$$\begin{aligned}S_n(f_r, f_a; R_B) = {} & Aa_r\left(-\frac{f_r}{\gamma_e(f_a;R_B)}\right)a_a\left(\frac{R_B\lambda f_a}{2V^2\sqrt{1-(f_a/f_{aM})^2}}\right)\cdot\\ & \exp\left[-j\frac{2\pi}{V}R_B\sqrt{f_{aM}^2-f_a^2}\right]\exp\left(-j2\pi f_a\frac{X_n}{V}\right)\exp\left(-j\pi\frac{f_r^2}{\gamma_e(f_a;R_B)}\right)\cdot\\ & \exp\left\{-j\frac{4\pi}{c}\left[R_B+R_s\left(\frac{f_a}{f_{aM}}\right)^2\right]f_r\right\}\end{aligned} \tag{11.4.29}$$

式中的第四个指数项是由于信号在 $\hat{t}$ 域有$\frac{2R(f_a;R_B)}{c}$的时延而产生的，只是作了一些近

似，这将在下面说明。

匹配滤波在二维可分离的情况下，只要用匹配频率函数抵消信号中的非线性相位项即可，这是比较容易实现的，但此前还需要将二维信号变换成二维可分离的，即设法解除二维之间的耦合；形象地说，也就是将回波的二维响应曲线(如图 11.18)扳平。

响应曲线的弯曲表现为公式在 $\hat{t}$ 的时延 $\dfrac{2R(f_a;R_B)}{c}$ 上，$R(f_a;R_B)$ 在 $f_a=0$ 时等于 R_B，而在 $|f_a|$ 加大时随之增大，且弯曲程度与 R_B 有关。

在这一小节里，距离徙动的影响要加以考虑，但场景内的相对距离徙动差可以忽略，即近似认为场景中响应曲线的弯曲相同，而与点目标到航线的最近距离 R_B 的远近无关。为此，对式(11.4.29)的 $R(f_a;R_B)$ 作如下近似

$$R(f_a;R_B)\approx R_B\left[1+\frac{1}{2}\left(\frac{f_a}{f_{aM}}\right)^2\right]\approx R_B+\frac{1}{2}R_s\left(\frac{f_a}{f_{aM}}\right)^2 \tag{11.4.30}$$

式中，后一个近似等式是将距离徙动项的 R_B 用场景中心线的最近距离 R_s 代替，即距离徙动弯曲统一用 $\frac{1}{2}R_s\left(\frac{f_a}{f_{aM}}\right)^2$ 表示，忽略了相对距离徙动差。在式(11.4.29)中的第四个指数项已经采用了这一近似。

为了在 $\hat{t}-f_a$ 域将弯曲的响应曲线扳平，即以 $f_a=0$ 为准(这时 $R(f_a;R_B)=R_B$)，将其它 f_a 值时的回波数据沿 $\hat{t}$ 轴前移 $2\frac{R_s}{2c}\left(\frac{f_a}{f_{aM}}\right)^2$。这在 f_r 域里是容易实现的，只要乘以指数 $\exp\left[\mathrm{j}\,\frac{2\pi}{c}R_s\left(\frac{f_a}{f_{aM}}\right)^2 f_r\right]$ 即可。

为此，对式(11.4.29)进行二维去耦和脉压匹配滤波应分别乘以下列频率函数：

(1) 二维去耦

$$H_{21}(f_r,f_a;R_s)=\exp\left[\mathrm{j}\,\frac{2\pi R_s}{c}\left(\frac{f_a}{f_{aM}}\right)^2 f_r\right] \tag{11.4.31}$$

(2) 距离脉压

$$H_{22}(f_r,f_a;R_s)=\exp\left[\mathrm{j}\pi\,\frac{1}{\gamma_e(f_a;R_s)}f_r^2\right] \tag{11.4.32}$$

式中，将原 $\gamma_e(f_a;R_B)$ 中的 R_B 用 R_s 代替，即忽略场景内回波等效线性调频率的空变性。

将上两频率函数乘以式(11.4.29)的回波信号，使信号完成二维去耦和距离脉压，并用逆傅里叶变换，将信号从 f_r-f_a 域变到 $\hat{t}$-f_a 域，然后再进行方位脉压，在作方位脉压时可作动态聚焦处理。

(3) 方位脉压

$$H_3(\hat{t},f_a;R_B)=\exp\left[\mathrm{j}\,\frac{2\pi}{V}R_B\sqrt{f_{aM}^2-f_a^2}\right] \tag{11.4.33}$$

将此函数与上述处理后的信号相乘，并进行距离逆傅里叶变换，将信号变换到 $\hat{t}-t_m$ 域，完成了方位压缩，压缩后场景图像为

$$s(\hat{t},t_m;R_B)=A\,\mathrm{sinc}\left[\pi\Delta f_r\left(\hat{t}-\frac{2R_B}{c}\right)\right]\mathrm{sinc}\left[\Delta f_a\left(t_m-\frac{X_n}{V}\right)\right] \tag{11.4.34}$$

这样就完成了整个频域距离走动校正和弯曲的距离-多普勒成像处理，此算法流程如图11.21 所示。

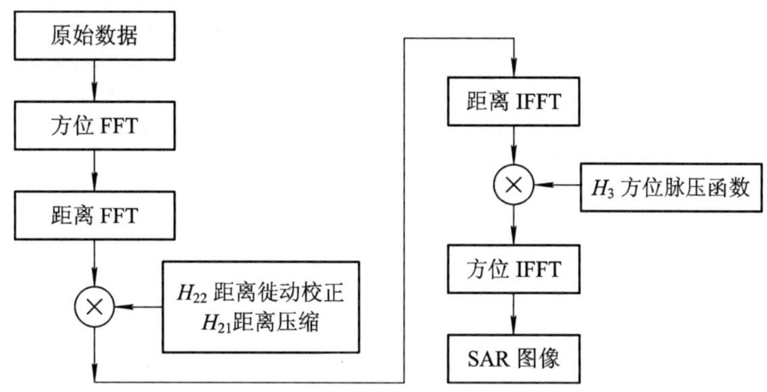

图 11.21 频域校正距离走动和弯曲的算法流程

下面利用 MATLAB 函数“RD_frequency_domain. m”对一组 SAR 实测数据进行成像，并给出成像结果。语法如下：

function [*echo*，*result*]＝RD_frequency_domain(*Vr*，*fc*，*H*，*Tp*，*B*，*Da*，*Theta*，*PRF*，*Point_yc*)

其中，各参数的说明见表 11.2。

表 11.2 函数 RD_frequency_domain. m 的参数说明

符号	描述	单位	状态	图 11.22 的示例
Vr	雷达有效速度	m/s	输入	110 m/s
fc	雷达工作频率	GHz	输入	9.4 GHz
H	轨道高度	m	输入	5000 m
Tp	脉宽	μs	输入	10 μs
B	LFM 信号调频带宽	MHz	输入	180 MHz
Da	天线方位向孔径	m	输入	0.4 m
Theta	波束中心下视角	°	输入	23°
PRF	脉冲重复频率	Hz	输入	1666.7 Hz
Point_yc	成像场景中心线	m	输入	5000 m
echo	原始回波数据		输出	
result	二维聚焦结果		输出	

下面用一组 SAR 实测数据进行成像。该雷达工作在 X 波段，天线安装于载机的正侧面，天线方位孔径为 0.4 m，相应的方位波束宽度约为 4.5°，波束中心下视角为 23°。雷达发射 LFM 信号，频带宽度为 180 MHz，采样频率为 200 MHz，脉宽为 10 μs，脉冲重复频

率为1666.7 Hz，载机飞行高度约为5000 m，载机飞行速度约为110 m/s。图11.22给出了采用频域校正距离弯曲的距离-多普勒算法获得的成像结果。

图 11.22 X波段1 m×1 m分辨率SAR数据成像结果举例(截取部分)

11.4.4 调频变标算法

在上面的论述中假设距离徙动差很小，可以忽略，即认为距离徙动是在非空变的前提下进行讨论的。如果SAR的分辨率很高，距离徙动差与SAR的分辨率可以比拟时，或者是宽带SAR由于合成孔径很长而导致距离徙动差增大时，在这些情况下距离徙动差不可以忽略，这个时候就必须采用更为精确的算法，如调频变标(Chirp Scaling，CS)算法。CS算法直接从SAR的回波信号出发，不需要进行插值处理，仅通过傅里叶变换和相位补偿即可完成成像处理，运算量较小，得到了广泛的应用。

根据式(11.4.30)，在多普勒域里，以f_a为自变量的斜距$R(f_a; R_B)$在垂直距离方向同样具有空变性。如果以场景中心线上的点目标为基准，将其它不同距离上的距离弯曲校正认为跟它一样，即消除距离弯曲的空变性，然后再对整个场景的距离弯曲作统一的相位补偿。基于以上思想，线性调频变标算法首先利用CS操作消除距离徙动的空变特性，然后利用平移对所有散射点剩余的距离徙动进行统一校正。CS操作的本质是对线性调频回波乘上一个小调频率的线性调频信号，使回波的相位发生改变，经过压缩后使散射点包络的位置发生改变，这种操作对离参考距离越远的散射点的位置移动越大，对离参考距离越近的散射点的位置移动越小，从而满足距离徙动校正的空变特性。

采用CS算法，先在$\hat{t}$-f_a域里将不同R_B的曲线的弯曲调整成一样的，即将距离R_B的空变调整为非空变，亦即先对快时间$\hat{t}$作傅里叶变换，变到距离频率-方位频率域(f_r-f_a域)，对不同距离R_B的回波作统一的时延和脉冲压缩处理。

雷达接收到的点目标回波在$\hat{t}$-f_a域的表达式仍然可以用式(11.4.18)表示。式(11.4.18)中的第三个指数项表征了点目标在方位多普勒域的横向距离信息，将此单独写为

$$P(\hat{t}, f_a; R_B) = \exp\left[j\pi\gamma_e(f_a; R_B)\left(\hat{t} - \frac{2R(f_a; R_B)}{c}\right)^2\right] \tag{11.4.35}$$

此算法中，用于改变线调频率尺度的 Chirp Scaling 二次相位函数为

$$H_1(\hat{t}, f_a; R_s) = \exp\left[j\pi\gamma_e(f_a; R_B)a(f_a)\left(\hat{t} - \frac{2R(f_a; R_s)}{c}\right)^2\right] \tag{11.4.36}$$

式中，$a(f_a)=\left[1/\sqrt{1-(f_a/f_{aM})^2}\right]-1$ 称为 CS 因子。上式在 f_a 偏离 0 值时也是 Chirp 函数，其调频率是很小的，从而对不同距离 R_B 的回波起到 CS 的作用。实际上，式中 $\gamma_e(f_a, R_B)$ 随 R_s 变化较小，为简化计算，$\gamma_e(f_a, R_B)$ 中的 R_B 可用场景中心处的 R_s 代替，令下面所有 $\gamma_e(f_a, R_B)$ 等于 $\gamma_e(f_a; R_s)$。

将式(11.4.35)和式(11.4.36)的 Chirp Scaling 二次相位函数相乘后，化简为

$$P \cdot H_1 = \exp\left[j\pi\gamma_e(f_a; R_B)(1+a(f_a))\left(\hat{t} - \frac{2R_B + 2R_s a(f_a)}{c}\right)^2\right]\exp[j\Theta_\Delta(f_a; R_B)] \tag{11.4.37}$$

式中，$\Theta_\Delta(f_a; R_B) = 4\pi\gamma_e(f_a; R_B)a(f_a)[1+a(f_a)](R_B - R_s)^2/c^2$，为 Chirp Scaling 函数操作引起的剩余相位。

比较式(11.4.35)和式(11.4.37)，可见线性调频信号的相位中心时刻由 $2R(f_a; R_B)/c$ 变为 $(2R_B+2R_s a(f_a))/c$，即由随距离的弯曲 $R_B a(f_a)$ 变为相同弯曲量 $R_s a(f_a)$，如图 11.23 所示，图中虚线表示 CS 操作之前，实线表示 CS 操作之后。

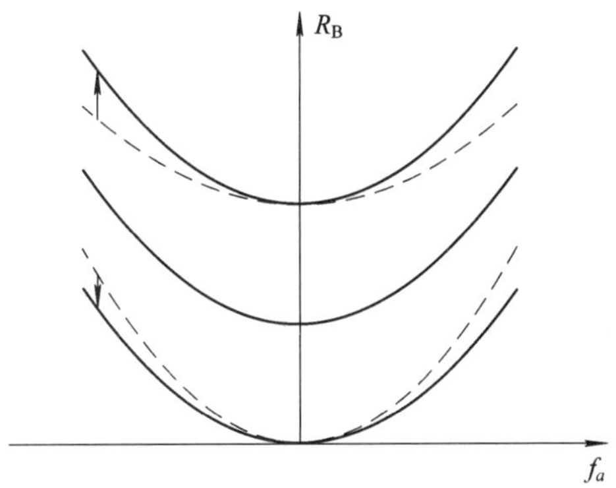

图 11.23 CS 操作原理示意图

对 $\hat{t}$-f_a 域信号与式(11.4.36)的 Chirp Scaling 函数 H_1 相乘后，进行距离傅里叶变换，将信号变换到 f_r-f_a 域。采用驻定相位点原理(驻定相位点原理参看附录)，可以得到结果

$$\begin{aligned} S(f_r, f_a; R_B) = & A a_r\left(-\frac{f_r}{\gamma_e(f_a; R_B)[1+a(f_a)]}\right) a_a\left(\frac{R_B\lambda f_a}{2V^2\sqrt{1-(f_a/f_{aM})^2}}\right) \cdot \\ & \exp\left[-j\pi\frac{f_r^2}{\gamma_e(f_a; R_B)[1+a(f_a)]}\right]\exp\left[-j\frac{4\pi}{c}[R_B + R_s a(f_a)]f_r\right] \cdot \\ & \exp\left[-j\frac{2\pi}{V}R_B\sqrt{f_{aM}^2 - f_a^2}\right]\exp[j\Theta_\Delta(f_a; R_B)]\exp\left[-j2\pi f_a\frac{X_n}{V}\right] \end{aligned} \tag{11.4.38}$$

式中的第一个指数项为距离频率域调制相位函数，第二个指数项中 $R_s a(f_a)$ 为 CS 操作后所有点所具有的相同的距离徙动量。

将用于距离压缩和距离徙动校正的相位函数写为

$$H_2(f_r, f_a; R_s) = \exp\left[j\pi \frac{1}{\gamma_e(f_a, R_s)[1+a(f_a)]} f_r^2\right] \exp\left[\frac{j4\pi R_s a(f_a)}{c} f_r\right] \tag{11.4.39}$$

将此函数和式(11.4.38)相乘，并进行距离逆傅里叶变换，将信号变换到 $\hat{t}$-f_a 域，即完成了距离压缩和距离徙动校正。信号在 $\hat{t}$-f_a 域为

$$S(\hat{t}, f_a; R_B) = A\ \mathrm{sinc}\left[\pi B\left(\hat{t} - \frac{2R_B}{c}\right)\right] a_a\left(\frac{R_B \lambda f_a}{2V^2\sqrt{1-\left(\frac{f_a}{f_{aM}}\right)^2}}\right) \exp\left[-j2\pi f_a \frac{X_n}{V}\right] \cdot$$

$$\exp\left[-j\frac{2\pi}{V} R_B \sqrt{f_{aM}^2 - f_a^2}\right] \exp[j\Theta_\Delta(f_a; R_B)] \tag{11.4.40}$$

下面作方位压缩处理，并补偿由 Chirp Scaling 引起的剩余相位函数

$$H_3(\hat{t}, f_a; R_B) = \exp\left[j\frac{2\pi}{V} R_B \sqrt{f_{aM}^2 - f_a^2}\right] \exp[-j\Theta_\Delta(f_a; R_B)] \tag{11.4.41}$$

将此函数和式(11.4.40)表示的信号相乘，并进行距离逆傅里叶变换，将信号变换到 $\hat{t}$-t_m 域，即完成了方位压缩，压缩后场景图像为

$$\begin{aligned} s(\hat{t}, t_m; R_B) &= \mathrm{IFFT}_{f_a}[S(\hat{t}, f_a; R_B) \cdot H_3(\hat{t}, f_a; R_B)] \\ &= A\ \mathrm{sinc}\left[\pi B_r\left(\hat{t} - \frac{2R_B}{c}\right)\right] \mathrm{sinc}\left[\pi B_a\left(t_m - \frac{X_n}{V}\right)\right] \end{aligned} \tag{11.4.42}$$

这样就完成了整个线调频变标算法的成像处理，此算法流程如图 11.24 所示。

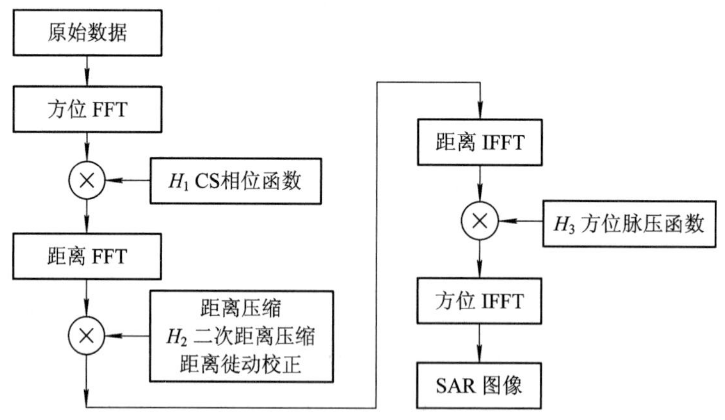

图 11.24　CS 成像算法流程

作为 CS 算法的举例，这里选择一段机载合成孔径雷达 X 波段的数据。该段数据的主要参数如下：SAR 成像方式为正侧视条带式，雷达工作在 X 波段，电磁波波长为 0.03 m，天线方位向孔径为 0.4 m，脉冲重复频率为 1666.7 Hz，脉冲宽度为 10 μs，飞机速度为 110 m/s，发射信号带宽为 180 MHz，采样频率为 200 MHz，场景中心距离为 11.5 km。对此段数据采用 CS 算法，获得的成像结果如图 11.25 所示。

图 11.25　X 波段 1 m×1 m 分辨率采用 CS 算法成像结果(截取部分)

11.4.5　解调频算法

雷达工作的条件是多种多样的，其录取的数据特性也具有多样性。上面两个小节分别介绍了两种典型的算法：RDA 和 CSA，它们分别用来处理距离非空变的徙动和距离空变的徙动。但是它们在方位脉压处理上都是采用了匹配滤波的方式进行成像处理。匹配滤波方法有个缺陷，在于信号必须在时域补零，用以避开信号在时域的模糊。如图 11.26 所示，数据获取的时间较短，信号为子孔径信号，为了进行匹配滤波处理，避开图像模糊问题，必须进行时域补零处理。在 SAR 对场景实现高分辨成像(如 0.3 m)时，一个全孔径的信号点数为 10 000 点以上，这就意味着方位聚焦时，理论的补零点数为 10 000 点以上。如果方位处理点数比较大，那么这个补零点数可以忽略，采用匹配滤波的方法是可以接受的；如果处理的点数比较小，那么需要采用新的处理方法避开大的补零点数和计算量。

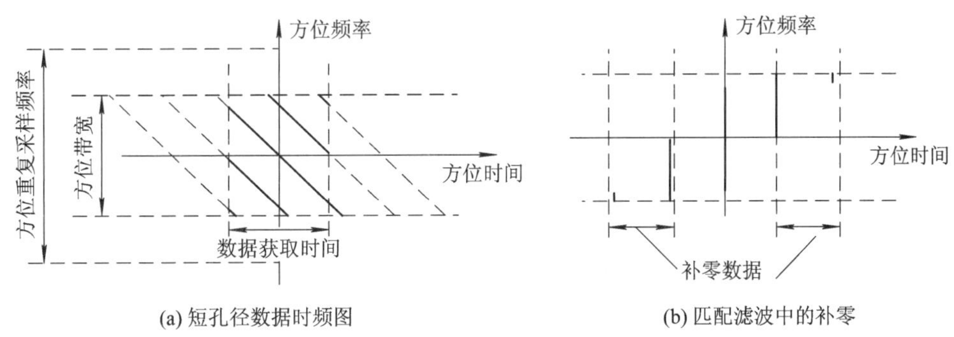

图 11.26　方位匹配滤波中的补零操作

解调频(Dechirp)算法是针对线性调频信号的一种解调频方法，其原理是将输入信号与具有相同调频率的参考信号做差频处理，然后对结果进行谱分析。它不需要大量补零操作将信号聚焦在频域。下面介绍它的基本原理。

1. Dechirp 处理

设发射信号为

$$s(\hat{t}, t_m) = \mathrm{rect}\left(\frac{\hat{t}}{T_p}\right)\exp\left(\mathrm{j}2\pi\left(f_c t + \frac{1}{2}\gamma\hat{t}^2\right)\right) \tag{11.4.43}$$

则距离为 R_i 的目标回波为

$$s_r(\hat{t}, t_m) = A\mathrm{rect}\left(\frac{\hat{t} - 2R_i/c}{T_p}\right)\exp\left(\mathrm{j}2\pi\left(f_c\left(t - \frac{2R_i}{c}\right) + \frac{1}{2}\gamma\left(\hat{t} - \frac{2R_i}{c}\right)^2\right)\right) \tag{11.4.44}$$

Dechirp 参考函数为

$$s_{\mathrm{ref}}(\hat{t}, t_{\mathrm{m}}) = \mathrm{rect}\left(\frac{\hat{t} - 2R_{\mathrm{ref}}/c}{T_{\mathrm{ref}}}\right)\exp\left(\mathrm{j}2\pi\left(f_c\left(t - \frac{2R_{\mathrm{ref}}}{c}\right) + \frac{1}{2}\gamma\left(\hat{t} - \frac{2R_{\mathrm{ref}}}{c}\right)^2\right)\right) \tag{11.4.45}$$

R_{ref} 为参考信号对应的距离，T_{ref} 为参考信号的脉宽，它比 T_p 要大一些。解调后的信号为

$$\begin{aligned} s_{if}(\hat{t}, t_m) &= s_r(\hat{t}, t_m) \times s_{\mathrm{ref}}^*(\hat{t}, t_m) \\ &= A\mathrm{rect}\left(\frac{\hat{t} - 2R_i/c}{T_p}\right)\exp\left(-\mathrm{j}\,\frac{4\pi}{c}\gamma\left(\hat{t} - \frac{2R_{\mathrm{ref}}}{c}\right)R_\Delta - \mathrm{j}\,\frac{4\pi}{c}f_c R_\Delta + \mathrm{j}\,\frac{4\pi\gamma}{c^2}R_\Delta^2\right) \\ &= A\mathrm{rect}\left(\frac{\hat{t} - t_i}{T_p}\right)\exp(\mathrm{j}2\pi\gamma\delta\hat{t} + \mathrm{j}\varphi_i) \end{aligned} \tag{11.4.46}$$

其中，$t_i = \dfrac{2R_i}{c}$，$t_i + \delta = \dfrac{2R_{\mathrm{ref}}}{c}$，则 $\delta = \dfrac{2(R_{\mathrm{ref}} - R_i)}{c}$，而 $\varphi_i = 2\pi f_c\delta - 2\pi\gamma t_i\delta - \pi\gamma\delta^2$，为常数相位项。因此可以看出解调频后的信号为一等频信号，其频率 $f_i = \gamma\delta$，经过傅里叶变换，便可在频域得到对应的 sinc 状窄脉冲。因此 Dechirp 又被称为“时频变换脉冲压缩”。

2. CS 算法与 Dechirp 算法相结合

对于高分辨的雷达来说，其场景信号的距离徙动相当大，徙动的差也超过距离单元，此时需要利用 CS 算法进行距离徙动校正。加之在对部分孔径数据处理时，方位聚焦不适合使用 CS 算法中的匹配滤波。这里采用上面介绍的 Dechirp 技术。

采用 CS 算法，在完成距离脉压和距离徙动校正之后，距离时域方位频域的信号可以用式(11.4.40)来表示。此时方位信号并不是理想的线性调频信号，这给理想 Dechirp 聚焦带来麻烦。为此，可以将式(11.4.41)写成

$$H_3(\hat{t}, f_a; R_{\mathrm{B}}) = \exp\left[\mathrm{j}\,\frac{2\pi}{V}R_{\mathrm{B}}\sqrt{f_{a\mathrm{M}}^2 - f_a^2} - \mathrm{j}\,\frac{\pi}{k_{\mathrm{scl}}}f_a^2\right]\exp[-\mathrm{j}\Theta_\Delta(f_a; R_{\mathrm{B}})] \tag{11.4.47}$$

其中，$k_{\mathrm{scl}} = -\dfrac{2V^2}{\lambda R_{\mathrm{scl}}}$ 表示变标调频率，R_{scl} 表示变标距离，一般可以将场景中心线距离作为变标距离。上式可以将式(11.4.40)中的双曲函数转化为理想的二次函数。然后利用驻定相位点原理(参看本章附录)将信号变换到方位时域，得到

$$S(\hat{t}, t_m; R_{\mathrm{B}}) = A\ \mathrm{sinc}\left[\pi B\left(\hat{t} - \frac{2R_{\mathrm{B}}}{c}\right)\right]a_a(t_m)\exp\left(\mathrm{j}\pi k_{\mathrm{scl}}\left(t_m - \frac{X_n}{V}\right)^2\right) \tag{11.4.48}$$

根据 Dechirp 原理，可以构造参考函数

$$H_{\mathrm{de}}(\hat{t},\ t_m;\ R_{\mathrm{B}}) = w_a(t_m)\exp(-\mathrm{j}\pi k_{\mathrm{scl}} t_m^2) \tag{11.4.49}$$

其中，$w_a(t_m)$表示方位加窗函数，用于控制副瓣。将式(11.4.49)与式(11.4.48)相乘得到

$$S(\hat{t},\ t_m;\ R_{\mathrm{B}}) = A\ \mathrm{sinc}\left[\pi B\left(\hat{t}-\frac{2R_{\mathrm{B}}}{c}\right)\right]w_a(t_m)a_a(t_m)\exp\left(-\mathrm{j}2\pi k_{\mathrm{scl}}\frac{X_n}{V}t_m\right)\exp\left(\mathrm{j}\pi k_{\mathrm{scl}}\left(\frac{X_n}{V}\right)^2\right) \tag{11.4.50}$$

对式(11.4.50)进行方位谱分析，得到最终的脉压结果

$$S(\hat{t},\ f_a;\ R_{\mathrm{B}}) = A\ \mathrm{sinc}\left[\pi B\left(\hat{t}-\frac{2R_{\mathrm{B}}}{c}\right)\right]G_a\left(f_a+k_{\mathrm{scl}}\frac{X_n}{V}\right)\exp\left(\mathrm{j}\pi k_{\mathrm{scl}}\left(\frac{X_n}{V}\right)^2\right) \tag{11.4.51}$$

其中，$G_a(*)$表示方位波束函数加窗后的谱。方位脉压后，方位两个像素点对应的距离为

$$\Delta X = \frac{V\mathrm{PRF}}{Mk_{\mathrm{scl}}} \tag{11.4.52}$$

像素点间距与变标调频率有关。可以根据需要微调 R_{scl} 选取合适的像素间距。方位 Dechirp 的原理可以用时频图的变化过程来表述，如图 11.27 所示。可以利用 PRF 大于方位带宽的特点，将目标信号聚焦在方位频域(图 11.27(b))。

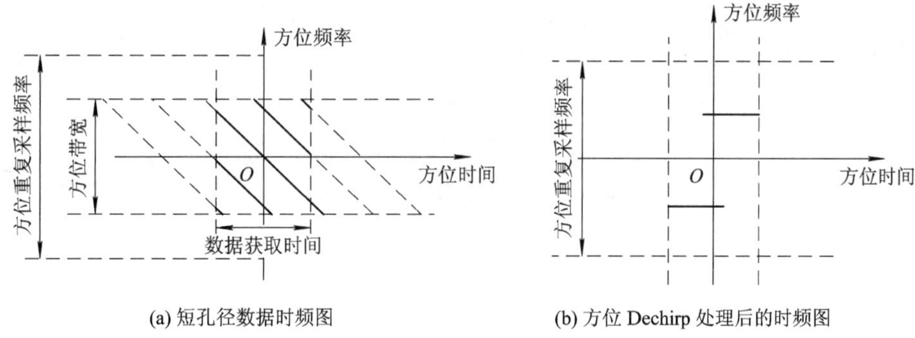

图 11.27 方位 Dechirp 处理

CS-Dechirp 算法的流程如图 11.28 所示，其中 CS 相位函数、距离压缩和距离徙动函数均与 CSA 部分相同。该算法对数据先采用 CS 进行距离压缩和徙动校正，然后在方位多普勒域将信号转化为理想的线性调频信号，最后将信号变换到时域进行 Dechirp 成像处理。

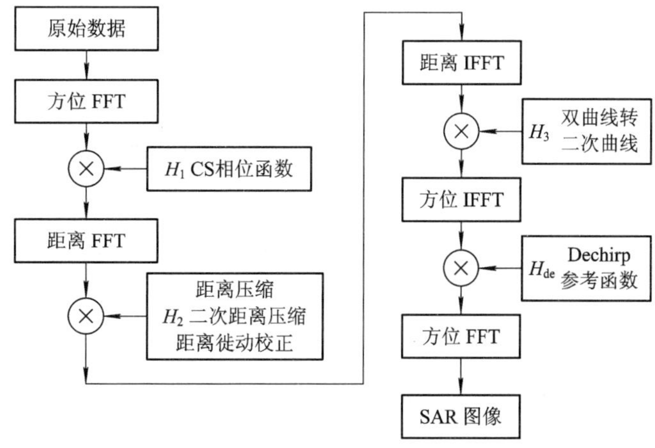

图 11.28 CS-Dechirp 算法的流程图

作为CS-Dechirp算法的举例，这里选择一段机载合成孔径雷达X波段的数据。该段数据的主要参数如下：SAR成像方式为正侧视条带式，雷达工作在X波段，电磁波波长为0.03 m，天线方位向孔径为0.4 m，脉冲重复频率为1000 Hz，脉冲宽度为15 μs，飞机速度为110 km/h，发射信号带宽500 MHz，采样频率为600 MHz，场景中心距离为20 km。合成孔径时间约为11 s，而得到的数据的时间约为8 s，是部分孔径的数据。如果采用方位匹配滤波方法，方位补零点数至少需要11 000点，约为137%。成像结果如图11.29所示，成像区域横坐标为距离向，对应实际长度为2368 m；纵坐标为方位向，对应实际长度为451 m。

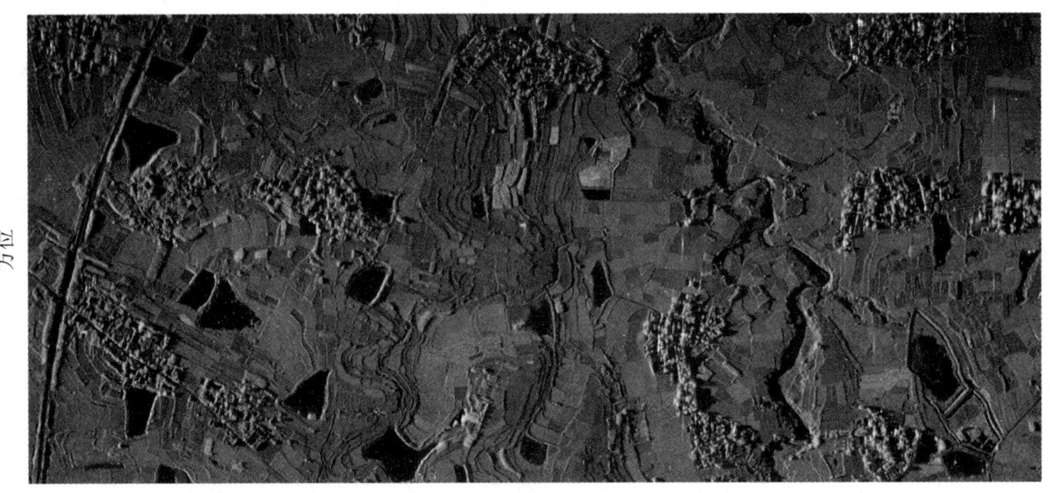

图 11.29　CS-Dechirp算法的成像结果

11.4.6　后向投影(BP)算法

BP时域成像算法可应用于任意运行轨迹任意成像模式的SAR系统，是一种无近似成像算法。BP算法利用精确回波模型，通过逐点计算回波历程，将距离脉冲压缩后的回波数据投影回成像平面，能量相干积累后得到高分辨图像。

如图11.30所示，雷达平台沿直线(X轴)飞行，雷达在波数域的波数 K 在 $K_{\min}$ 和 $K_{\max}$ 之间。假设SAR系统工作于聚束模式，假设场景中点目标 P 的坐标为 (x_P, y_P)，那么距离脉冲压缩后的 P 点回波数据可以表示为

$$s(x, r)=\operatorname{sinc}\left(\frac{K_{\mathrm{B}}(r-r_P)}{2\pi}\right)\cdot \exp(-\mathrm{j}K_{\mathrm{c}}(r-r_P)) \tag{11.4.53}$$

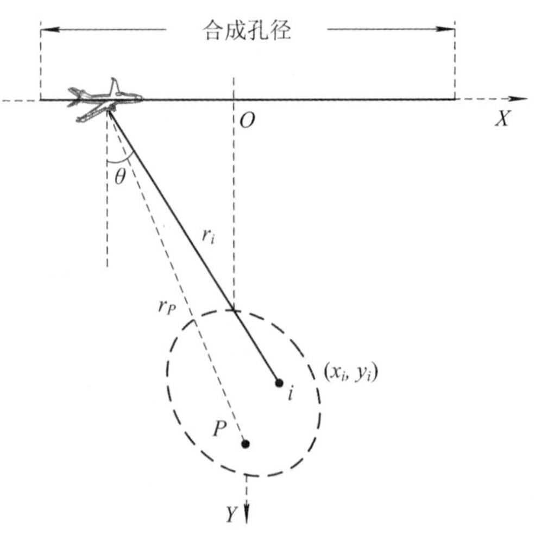

图 11.30　聚束SAR成像几何

其中，$K_B=K_{max}-K_{min}$为波数域支撑区宽度，$K_c=0.5(K_{max}+K_{min})$为中心波数。将上式转换到距离波数域为

$$S(x, K)=\operatorname{rect}\left(\frac{K-K_c}{K_B}\right)\exp(-jKr_P) \tag{11.4.54}$$

BP 成像算法将每次脉冲回波数据经脉冲压缩后投影回成像场景，能量在合成孔径时间内相干积累，得到全分辨率的图像。能量相干积累方式如下式所示

$$I(x_i, y_i)=\int_{-l/2}^{l/2}\int_{K_{min}}^{K_{max}} S(x, K)\exp(jKr_i)\mathrm{d}K\mathrm{d}x \tag{11.4.55}$$

其中，l 为合成孔径长度，$r_i=\sqrt{y_i^2+(x-x_i)^2}$为雷达到图像第 i 个像素点(x_i, y_i)的斜距。

将上式转换到二维波数域可以写为

$$\tilde{I}(K_x, K_y)=\int_{-\infty}^{\infty}\int_{-\infty}^{\infty} I(x_i, y_i)\exp(-jK_x x_i)\exp(-jK_y y_i)\mathrm{d}x_i\mathrm{d}y_i \tag{11.4.56}$$

用驻定相位法计算上述积分，得到 K_x 和 K_y 的支撑区为

$$\begin{cases} K\sin\theta_{min}\leqslant K_x\leqslant K\sin\theta_{max} \\ K_{min}\cos\theta\leqslant K_y\leqslant K_{max}\cos\theta \end{cases} \tag{11.4.57}$$

其中，θ_{min}和θ_{max}分别为斜视角 θ 的最小值和最大值，$\theta=\arcsin(x-x_i/r_i)$。从 K_x 和 K_y 的支撑区可以直接得到 x 和 y 的 Nyquist 采样需求：

$$\begin{cases} \Delta x\leqslant\dfrac{2\pi}{K(\theta_{max}-\theta_{min})} \\ \Delta y\leqslant\dfrac{2\pi}{B} \end{cases} \tag{11.4.58}$$

聚束模式下，$\theta_{max}-\theta_{min}=$波束宽度+合成孔径角，当用较短的子孔径数据生成图像时，尽管子孔径合成孔径角较小，但较宽的波束决定了图像仍需要较高的 Nyquist 采样率。而对于 y 方向，从式(11.4.58)可以看出，其 Nyquist 采样率由系统带宽决定。

雷达收录的信号为离散采样后的回波信号，在积分过程中，BP 算法往往通过插值操作以提升计算精度。由式(11.4.58)可以看出，BP 算法具有较高的采样率，这会带来数据点数的增加和额外的运算负担。假设合成孔径 L 内有 N 次脉冲，那么生成一副 $N\times N$ 点的图像需要的总的插值次数为 N^3。如此庞大的计算量限制了 BP 算法的应用。

为降低计算复杂度，扩展 BP 算法的应用范围，研究人员提出了一些快速 BP 算法，主要包含极坐标系快速 BP 算法和直角坐标系快速 BP 算法两种。目前应用最广的极坐标系快速 BP 算法是快速分级后向投影(FFBP)算法，它通过相干融合多级低分辨率子孔径图像实现对 BP 算法的加速。常用的直角坐标系快速 BP 算法主要包含直角坐标系分级后向投影(CFBP)算法、地平面直角坐标系后向投影(G-CFBP)算法和地理坐标系快速后向投影(GC-CFBP)算法。这类算法在同一直角坐标系中通过对粗子孔径图像升采样和相干合成实现 BP 算法的加速。这三种算法的区别在于：CFBP 算法在斜距平面建立直角坐标系成像网格；G-CFBP 算法考虑三维成像模型能够在曲线轨迹下实现对平面地表的场景精确成像；GC-CFBP 算法在曲线地表面建立成像网格，通过多级粗图像相干融合实现对场景的精确聚焦。

下面用 FFBP 和 CFBP 算法分别对一组机载聚束 *SAR* 实测数据进行处理，结果如图

11.31 所示。数据由工作在 X 波段的机载 SAR 系统录取，其理论分辨率为 0.2 m×0.1 m（距离向×方位向）。载机飞行速度为 130 m/s，场景中心到飞行轨迹的最近斜距为 8 km。为了更为直观地展示三种算法的成像质量，图 11.32 给出了两种算法成像结果的方框内中心点的能量等高线图。可以看出 CFBF 得到原始 BP 的好效果，而 FFBP 因多次插值，成像结果会存在杂乱的旁瓣，抬高了图像底噪。

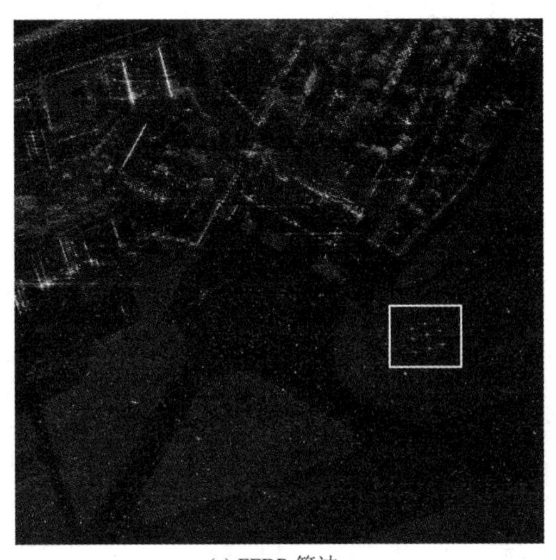

(a) FFBP 算法　　(b) CFBP 算法

图 11.31　FFBP 和 CFBP 的成像结果局部图

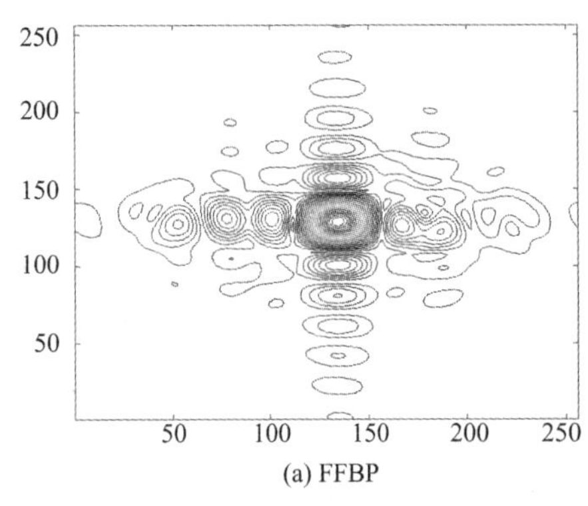

(a) FFBP

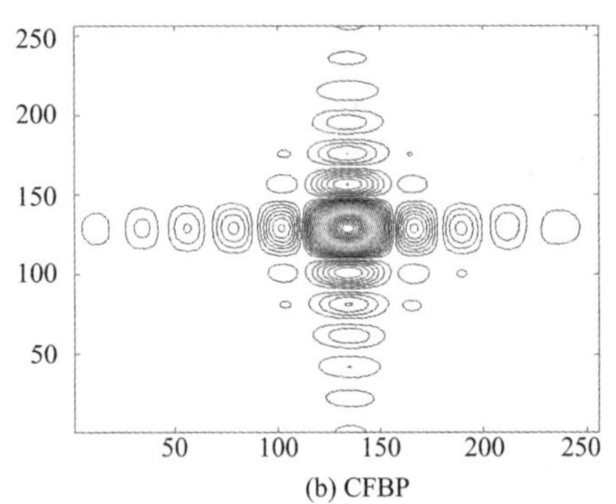

(b) CFBP

图 11.32　中心点能量等高线图

11.5　单脉冲雷达三维成像

现有雷达成像技术主要是指 SAR 成像和 ISAR 成像。不论是 SAR 或是 ISAR，实际上都是利用目标和雷达间相对运动并采用适当算法对目标成像的。从成像机理上说，均是将目标看成由很多散射点组成，故当目标与雷达间有相对运动或相对姿态有变化时，在频域上将使各散射点具有不同的频域特性，因而就有可能通过适当处理而将各散射点分开，并获得目标的雷达像。ISAR 技术最基本的机理是所谓“转台效应”，它使各散射点的频移与其横向尺寸有某种对应关系，故可成像。但这种 ISAR 像有所谓“尺度模糊”现象，特别是当目标机动时，机动目标相对于雷达做三维和非匀速转动，给成像带来新的困难。ISAR 像有以下缺点：

(1) ISAR 像平面不能决定目标的真正方位，会出现反像。

(2) ISAR 像是目标在距离-多普勒平面上的二维投影像，距离-多普勒平面垂直于转轴。在机动情况下，当距离-多普勒平面和客观坐标平面不一致时，ISAR 像不容易反映目标的形状信息，不利于自动识别和精密制导。特别是对舰船目标，因海浪的运动使舰船同时具有偏航(yaw)、颠簸(pitch)、摇摆(roll)等，瞬时转动轴时刻在变化使得距离-多普勒平面时刻在变化，很多情况下 ISAR 像并不能反映目标的真实形状信息。对于空中的机动目标，也存在相同的问题。

单脉冲三维成像技术利用一维距离像和单脉冲测角技术可以得到各散射点的真实空间位置，即得到目标的三维像，并且该三维像不随目标姿态的变化而剧烈变化，其中正面像与光学像含义相同，有利于目标识别和精确制导雷达确定要攻击的要害部位。

本节首先介绍单脉冲三维成像的基本原理，研究目标姿态变化对三维成像的影响及其三维运动补偿方法，并给出计算机仿真结果。

11.5.1　单脉冲雷达三维成像基本原理

单脉冲三维成像利用 ISAR 技术，在多普勒域分开各散射点，然后对各散射点测角。单脉冲三维成像处理再利用方位差波束、仰角差波束以及径向距离三个测量参数中的任意两个，可以构成通常的三维物体的三视图：利用方位波束和仰角差波束，可以得到正视投影图(迎面图)；利用方位差波束和径向距离，可以得到俯视投影图；利用仰角差波束和径向距离，可以得到正视投影图。

有关单脉冲偏轴测角的基本原理在第 9 章已经介绍，下面主要介绍 ISAR 距离-多普勒成像原理。

ISAR 距离-多普勒成像的原理是基于目标的转台模型，如图 11.33 所示。设目标围绕中心 O 以角速度 ω 转动，雷达距 O 点距离为 r_a，在 $t=0$ 时刻目标上某点 P 的坐标为 (r_0, θ_0, z_0)，P 到雷达的距离随时间的变化为

$$r(t) = [r_0^2 + r_a^2 + 2r_0 r_a \sin(\theta_0 + \omega t) + z_0^2]^{1/2} \tag{11.5.1}$$

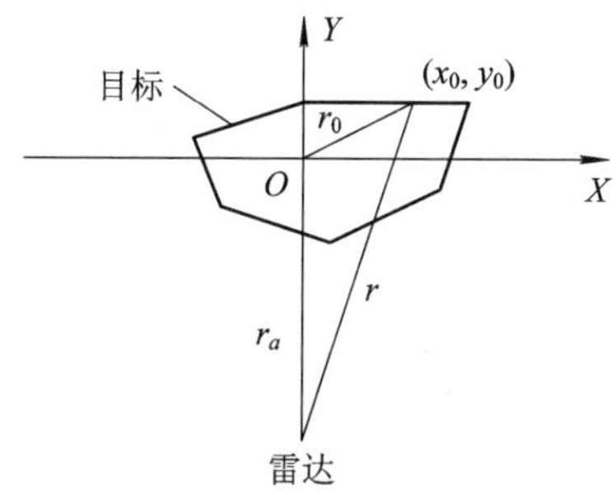

图 11.33　雷达成像几何平面

在远距离情况下$(r_a \gg r_0, z_0)$，式(11.5.1)可近似为

$$r = r_a + x_0 \sin\omega t + y_0 \cos\omega t \tag{11.5.2}$$

目标回波的多普勒频移为

$$f_d = \frac{2}{\lambda}\frac{\mathrm{d}r}{\mathrm{d}t} = \frac{2x_0\omega}{\lambda}\cos\omega t - \frac{2y_0\omega}{\lambda}\sin\omega t \tag{11.5.3}$$

在 $t=0$ 的一小段时间内，式(11.5.2)、(11.5.3)可近似为

$$r = r_a + y_0 \tag{11.5.4}$$

$$f_d = \frac{2x_0\omega}{\lambda} \tag{11.5.5}$$

由此可见，散射点的位置(x_0，y_0)可以通过对雷达回波信号的距离迟延和多普勒分析得到。通过发射宽带信号可获得距离上的高分辨率，再利用多普勒处理可获得横向上的高分辨率。设雷达发射信号带宽为 B，光速为 c，那么纵向分辨率为 $\Delta r=c/(2B)$。设相干处理时间为 ΔT，如果按常规处理，多普勒分辨率 $\Delta f_d=\frac{1}{\Delta T}$，转化到横向分辨率为

$$\Delta x = \frac{\lambda}{2\omega\Delta T} = \frac{\lambda}{2\Delta\theta}$$

其中，$\Delta\theta=\omega\Delta T$ 为在相干处理时间内目标转过的角度。

在实际 ISAR 成像中，目标相对于雷达的运动可等效为目标相对于雷达的平动及转动两部分，其中，平动分量是目标上所有散射点共有的，不提供区分各散射点的信息，需要补偿掉；转动分量(含目标本身的转动)可以用来区分横向上的散射点，即 ISAR 成像。

11.5.2 目标姿态对三维成像的影响

对于在海上航行的舰船目标，除了舰船本身的向前运动外，由于海浪的作用，舰船会出现颠簸、偏航和摇摆，并且颠簸、偏航和摇摆随时间的变化可以用一个正弦函数来描述：

$$\alpha = q\sin\left(2\pi\frac{t}{T}+\varphi\right) \tag{11.5.6}$$

其中 q 为转动的幅度，T 为转动周期，φ 为初始相位。对于不同的舰船和不同的海情，q 和 T 的取值不同，表 11.3 给出两类舰船在 5 级海情时的运动参数。

表 11.3 两类舰船在 5 级海情时的运动参数

舰船类型	三维转动	幅度 q/(°)	平均周期 T/s
驱逐舰(Destroyer)	颠簸	1.7	3.35
	偏航	1.9	14.2
	摇摆	19.2	12.2
航空母舰(Carrier)	颠簸	0.45	11.2
	偏航	0.665	33.0
	摇摆	2.5	26.4

由于同时存在着三种非均匀转动，使得舰船的总转动规律非常复杂，其中最关键的是其瞬时转动轴时刻在变化，使得在同一距离瞬时多普勒单元的各散射点的多普勒频移的变化率不同。

以目标中心为原点建立坐标系。雷达视线的方向向量为 $\boldsymbol{e}_r=[e_{r1}, e_{r2}, e_{r3}]$。设三种转

动角度随时间的变化为

$$\begin{cases} \boldsymbol{\alpha}_i = \boldsymbol{i}q_i \sin\left(\dfrac{2\pi t}{T_i}+\varphi_i\right) \\ \boldsymbol{\alpha}_j = \boldsymbol{j}q_j \sin\left(\dfrac{2\pi t}{T_j}+\varphi_j\right) \\ \boldsymbol{\alpha}_k = \boldsymbol{k}q_k \sin\left(\dfrac{2\pi t}{T_k}+\varphi_k\right) \end{cases} \tag{11.5.7}$$

则转速为

$$\boldsymbol{\omega}(t) = \begin{cases} \dot{\boldsymbol{\alpha}}_i = \boldsymbol{i}\,\dfrac{2\pi q_i}{T_i}\cos\left(\dfrac{2\pi t}{T_i}+\varphi_i\right) \\ \dot{\boldsymbol{\alpha}}_j = \boldsymbol{j}\,\dfrac{2\pi q_j}{T_j}\cos\left(\dfrac{2\pi t}{T_j}+\varphi_j\right) \\ \dot{\boldsymbol{\alpha}}_k = \boldsymbol{k}\,\dfrac{2\pi q_k}{T_k}\cos\left(\dfrac{2\pi t}{T_k}+\varphi_k\right) \end{cases} \tag{11.5.8}$$

任一时刻任一点 $p=(x_1, y_1, z_1)$的多普勒频移为 $f_d(t)=\dfrac{2(\boldsymbol{\omega}(t)\times\boldsymbol{p})\cdot\boldsymbol{e}_r}{\lambda}$。转轴转动的角速度为

$$\boldsymbol{\omega}_{axis} = \frac{\boldsymbol{\omega}\times\dot{\boldsymbol{\omega}}}{|\boldsymbol{\omega}|} \tag{11.5.9}$$

$\dot{\boldsymbol{\omega}}$ 为 $\boldsymbol{\omega}$ 的各分量的导数，其解析表达式比较复杂，但是可以给出一个大概的界线。

$$|\boldsymbol{\omega}_{axis}| \leqslant \max_i\left\{q_i\left(\frac{2\pi}{T_i}\right)^2\right\} \tag{11.5.10}$$

图 11.34 给出某目标颠簸、偏航、摇摆初始相位分别为$\frac{\pi}{12}$、$\frac{\pi}{14}$、$\frac{\pi}{3}$，波长为 8 mm 情况下，20.48 s 时间内各散射点的多普勒频移。可以看到，在长时间内各散射点多普勒频移是比较复杂的。在短时间内，可以对多普勒频移进行零阶或一阶近似，即对转速做匀速或匀加速近似。如果转动能被近似成是匀速的，则用 FFT 方法即可成像，若只能被近似成匀加速转动，则需要利用解调频等技术成像。在相干处理时间内何时可由匀速转动近似，何时必须由匀加速转动近似，不仅和舰船本身的转动有关，也和雷达和舰船的相对方位有关。

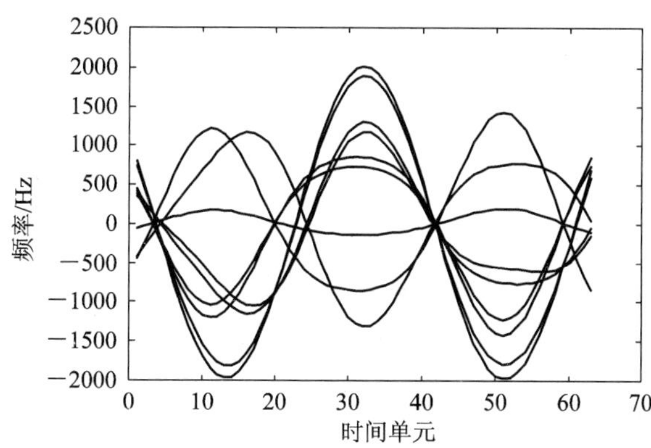

图 11.34　各散射点多普勒频移随时间的变化

下面具体讨论转轴变化对多普勒频移的影响。首先假设雷达视线垂直于(X, Z)平面，

因转动矢量在雷达视线方向的分量对各散射点的多普勒频移不产生影响，我们设目标的转轴只限于在(X, Z)平面上运动，以Z轴为初始原点，则

$$\omega(t)=\left(\frac{2\pi q_1}{T_1}\cos\left(\frac{2\pi}{T_1}t+\frac{\pi}{2}\right),\ 0,\ \frac{2\pi q_3}{T_3}\cos\left(\frac{2\pi}{T_3}t+\varphi_3\right)\right)$$

在空间任何一点(x, y, z)，其多普勒频移为

$$f(t)=\frac{2}{\lambda}\left[x\frac{2\pi q_3}{T_3}\cos\left(\frac{2\pi}{T_3}t+\varphi_3\right)-z\frac{2\pi q_1}{T_1}\cos\left(\frac{2\pi}{T_1}t+\frac{\pi}{2}\right)\right] \tag{11.5.11}$$

多普勒频移的变化率(调频率)为

$$\mu=f(t)=\frac{2}{\lambda}\left[-x\left(\frac{2\pi}{T_3}\right)^2 q_3\sin\left(\frac{2\pi}{T_3}t+\varphi_3\right)+z\left(\frac{2\pi}{T_1}\right)^2 q_1\sin\left(\frac{2\pi}{T_1}t+\frac{\pi}{2}\right)\right] \tag{11.5.12}$$

当$t=0$时，空间各散射点的多普勒频移的初始频率f和调频率μ的(f, μ)坐标分布在以直线$\frac{\mu}{f}=-\frac{2\pi}{T_3}\tan(\varphi_3)$为中心，宽度为$\frac{2}{\lambda}H\left(\frac{2\pi}{T_1}\right)^2 q_1$的一个带状区域内，$H$为目标的高度。随着$t$的变化，中心直线的斜率会变化，带状区域的宽度也会发生变化。在一般转动情况下，类似如上的讨论。图 11.35 和图 11.36 给出了某目标在 0.32 s 内各散射点多普勒频移随时间的变化和初始时刻μ-f_d的分布图。这里只给出了其中几个散射点的情况。

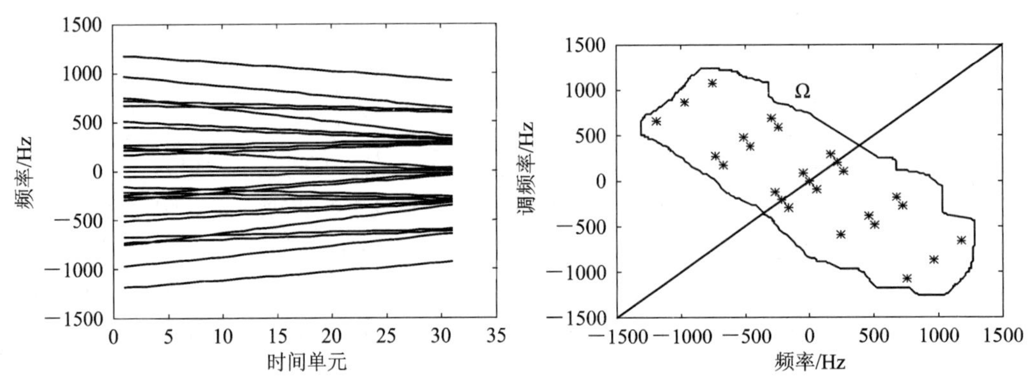

图 11.35 各散射点多普勒频移随时间的变化

图 11.36 各散射点的μ-f_d图

虽然多普勒频移在一小段时间内仍然可以看成是线性函数，但其μ-f_d坐标不在同一条直线上，和转动轴固定匀加速转动时的情况不同。由此可以看到，由于机动，同一距离单元上各散射点多普勒频移在短时间内为线性调频信号，需要解调频处理。对单脉冲成像来说，要分别找出不同距离单元各散射点和、差信号在μ-f_d图中的位置及信号复幅度，然后利用单脉冲测角原理得到三维像。

11.5.3 计算机仿真

假设一舰船目标以 15 m/s 的速度前进，雷达距目标 5 km，以 600 m/s 的速度向目标俯冲。差波束的电轴方向是固定的，目标相对雷达的转动主要是由舰船本身的摇动产生

的。载频波长为 8 mm，信号带宽为 150 MHz，纵向距离分辨率为 1 m。前后颠簸、偏航、左右摇摆初始相位分别为 π/2、π/4、π/5。以雷达视线为 Y 轴，水平、俯仰差波束中心连线为 X、Z 轴。图 11.37 为目标散射点三视图。图 11.38 为单脉冲三维像及 ISAR 像，成像时间为 0.064 s。

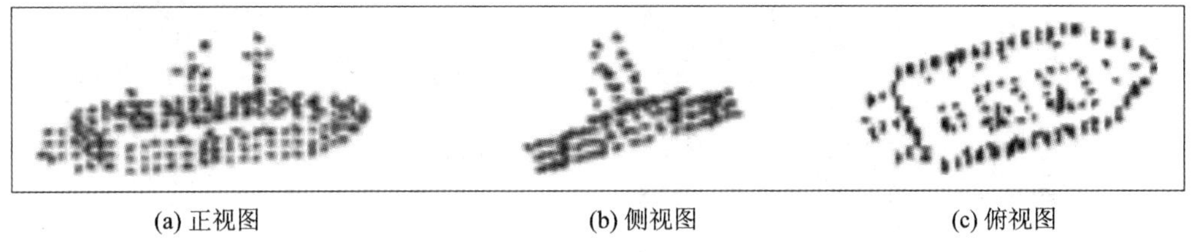

(a) 正视图　(b) 侧视图　(c) 俯视图

图 11.37　目标三视图

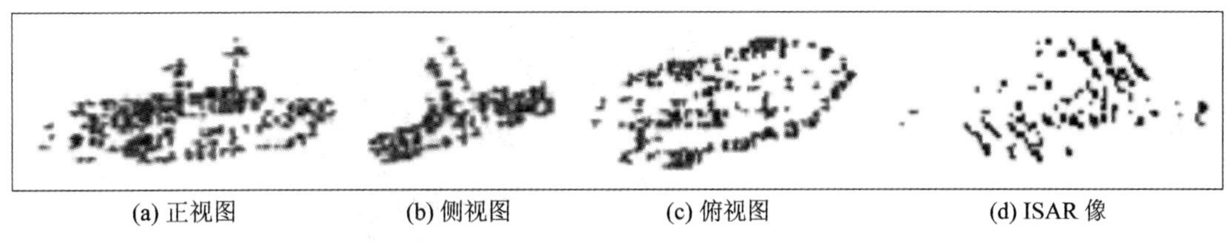

(a) 正视图　(b) 侧视图　(c) 俯视图　(d) ISAR 像

图 11.38　单脉冲三维像的三视图及 ISAR 像

可见，目标瞬时转动轴的方向与目标的正前、正上、左右方向并不一致，目标在距离-多普勒平面上的投影很难反映目标的形状信息，而单脉冲三维像和原始散射点的三维投影像基本吻合。因此，末制导雷达可以利用三维像选择重要部位作为攻击点。

图 11.39 给出了某飞机目标的三维散射点模型，其中图(a)、(b)和(c)分别为飞机模型的距离-方位平面投影像、距离-俯仰平面投影像、方位-俯仰平面投影像。假定飞机平稳飞行，雷达工作在跟踪状态，图 11.40 给出了单脉冲和、俯仰差、方位差三个通道的 R-D 图。利用这三个通道进行单脉冲三维成像的结果如图 11.41 所示，图(a)、(b)和(c)分别为距离一方位像、距离-俯仰像、方位-俯仰像。利用目标的单脉冲三维成像结果可以获得目标的三维尺寸，更有利于对目标的识别。

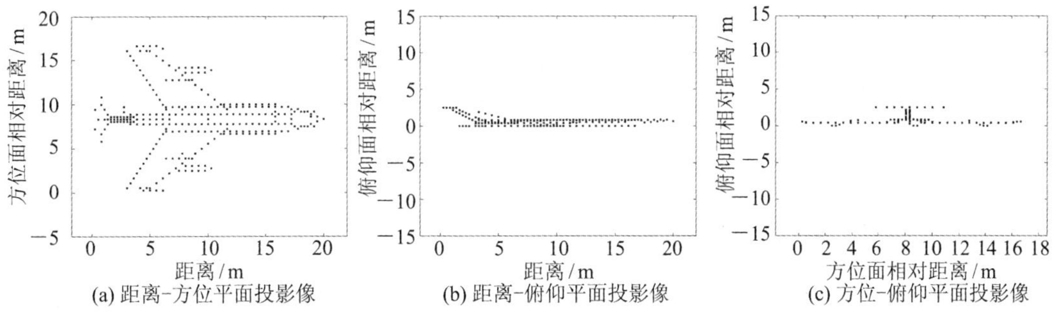

(a) 距离-方位平面投影像　(b) 距离-俯仰平面投影像　(c) 方位-俯仰平面投影像

图 11.39　飞机散射点模型图

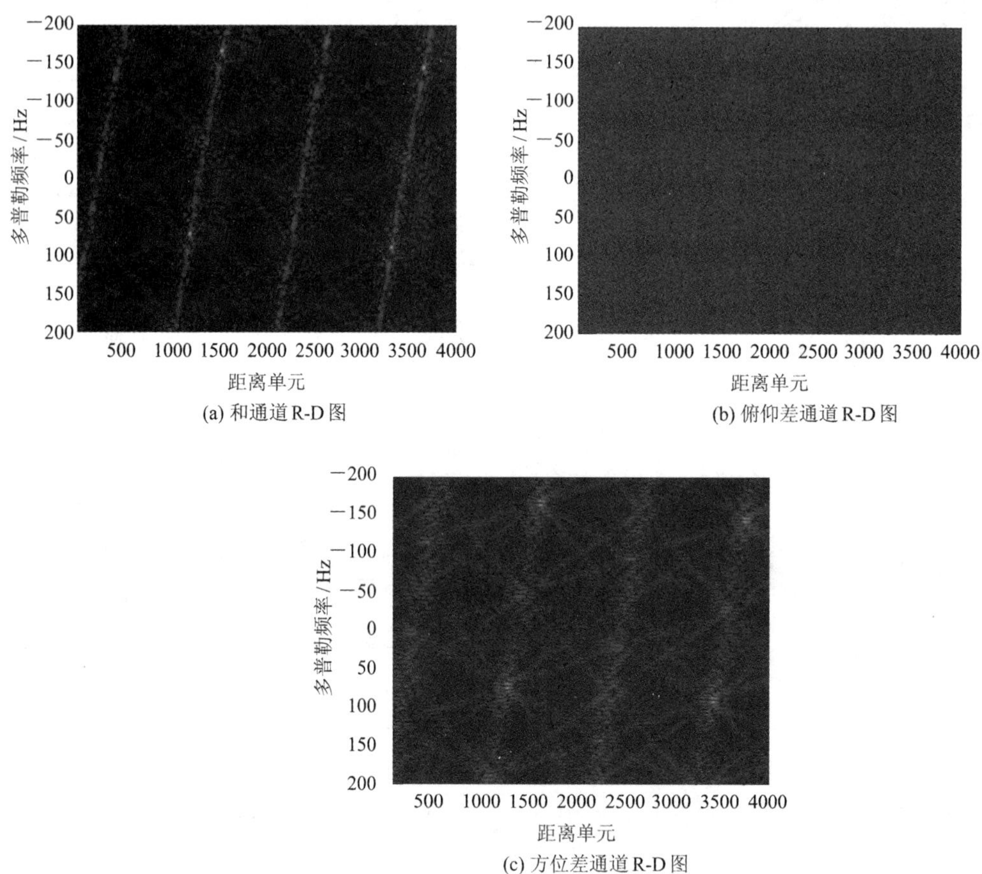

(a) 和通道R-D图

(b) 俯仰差通道R-D图

(c) 方位差通道R-D图

图 11.40 和、俯仰差、方位差通道的 R-D 图

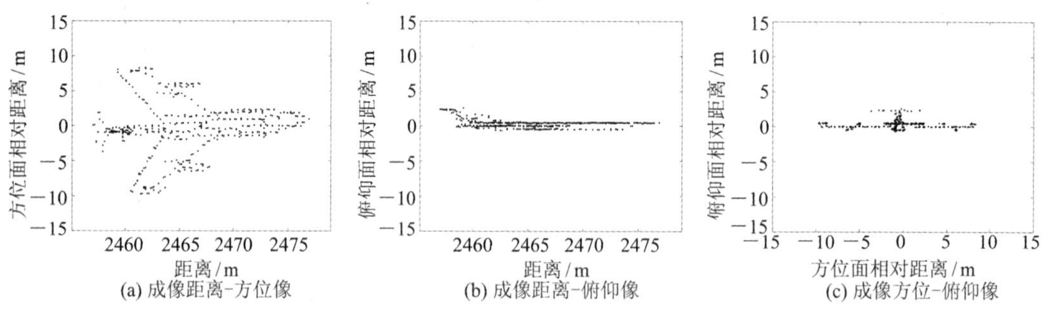

(a) 成像距离-方位像

(b) 成像距离-俯仰像

(c) 成像方位-俯仰像

图 11.41 单脉冲三维成像图

11.5.4 单脉冲成像的应用前景

单脉冲成像技术实际上是在 ISAR 成像技术的基础上再采用单脉冲测角法而对目标进行三维成像的，与 ISAR 技术相比，具有以下特点：

(1) 单脉冲成像技术一般只适用于近距离。例如当波束宽度为 1°时，在 10 km 距离对应的横距约为 175 m，故只能对一些大型(其尺寸在几十米到一百多米)目标进行单脉冲成像，而对于一些小型目标(例如尺寸在十几米左右)目标，则要求波束宽度在零点几度以下，末制导很难做到。而 ISAR 成像技术可以进行较远距离的成像。

(2) 单脉冲雷达三维成像技术获得的像是与实际尺寸相符的“物理像”，其中“光学”投影像相当于“像”。这是 ISAR 不能得到的。而 ISAR 像是“距离-多普勒”平面的二维像，且横向尺寸是模糊的，如若目标有很大机动时，所成之像会随姿态和机动情况而变(称为瞬时像)，不直观，不便于某些场合应用。因此，可以认为，单脉冲成像适用于近距离，特别是适用于精确制导末制导雷达，利用目标像可以确定其要害部位，以实施有效的打击。

正因为单脉冲三维成像可以得到目标的真实像，如作为干扰机目前还不可能完全模拟一个大型舰船或航母的回波信号，因此，利用单脉冲三维成像有利于识别是目标还是舷外干扰。所以，单脉冲三维成像在某些雷达中具有重要的应用价值。

11.6 本章 MATLAB 程序

下面给出本章部分插图的 MATLAB 函数程序代码。

程序 11.1 距离一多普勒(R-D)成像算法(RD.m)

```
function [echo, result]=RD(Vr, fc, H, Tp, B, Da, Theta, PRF, Point_yc)
c=3e8;
lamda=c/fc;
gama_r=B/Tp;
Fs=1.2*B;
nrn=ceil((2*800/c+Tp)*Fs);                %距离向采样
N_r=2^nextpow2(nrn);
tr=[-N_r/2:1:N_r/2-1]/Fs;                 %距离向采样时序
R0=sqrt(Point_yc^2+H^2);                  %中心斜距 m
Ta=(0.886*R0*lamda)/(Da*cos(Theta))/Vr;
Ls=Ta*Vr;
N_a=2^nextpow2((80/Vr+Ta)*PRF);
ta=[-N_a/2:(N_a/2-1)]/PRF;                %方位向采样时序
%布点
Point_x=[-20 20 0 -20 20];
Point_yc=2000;
Point_y=[Point_yc+50 Point_yc+50 Point_yc Point_yc-50 Point_yc-50];
Point_z=[0 0 0 0 0];
Point_num=length(Point_x);
%%生成回波信号
echo=zeros(N_a,N_r);
amp=1;
tr_R=[-N_r/2:1:N_r/2-1]/Fs+2*R0/c;
for ii=1:Point_num
    R=sqrt((Vr*ta-Point_x(ii)).^2+Point_y(ii).^2+(Point_z(ii)-H).^2);
    tr_point=2*R/c;
```

```
    delta= ones(N_a,1) * tr_R-tr_point' * ones(1,N_r);
    echo=echo+amp * exp(1j * (pi * gama_r * delta.^2-(2 * pi * fc * tr_point') * ones(1,N_
r))). * (abs(delta)<=Tp/2). * ((abs(ta * Vr-Point_x(ii))<=Ls/2)' * ones(1,N_r));
end
figure;
imagesc(real(echo));
%%距离向压缩
Hc_r=ones(N_a,1) * (exp(-1j * pi * gama_r * (tr).^2). * (abs(tr)<=Tp/2));
Hc_r_fft=fftshift(fft(fftshift(Hc_r.'))).';
echo_fft=fftshift(fft(fftshift(echo.'))).';
y_rc=fftshift(ifft(fftshift((echo_fft. * Hc_r_fft).'))).';
%显示
figure; imagesc(abs(y_rc));
xlabel('距离向'); ylabel('方位向'); title('距离向压缩');
%%方位向压缩
y_rc_fft=fftshift(fft(fftshift(y_rc)));
%匹配函数
gama_a=-2 * Vr^2/(lamda * R0);
H_a=exp(1j * pi * (ta.^2) * gama_a)' * ones(1,N_r);    %方位向匹配函数
Hm_a_fft=fftshift(fft(fftshift(H_a)));
result=fftshift(ifft(fftshift((y_rc_fft. * Hm_a_fft))));
figure; imagesc(abs(result));
xlabel('距离向');  ylabel('方位向'); title('方位向压缩');
```

程序 11.2　频域校正距离弯曲的距离一多普勒算法(RD_frequency_domain.m)

```
function [echo, result]=RD_frequency_domain(Vr, fc, H, Tp, B, Da, Theta, PRF, Point_yc)
c=3e8;
lamda=c/fc;
gama_r=B/Tp;
Fs=1.2 * B;
nrn=ceil((2 * 800/c+Tp) * Fs);              %距离向采样
R0=sqrt(Point_yc^2+H^2);                    %中心斜距 m
Ta=(0.886 * R0 * lamda)/(Da * cos(Theta))/Vr;
Ls=Ta * Vr;
nan=2^nextpow2((80/Vr+Ta) * PRF);
%布点
Point_x=[-20 20 0 -20 20];
Point_yc=2000;
Point_y=[Point_yc+50 Point_yc+50 Point_yc Point_yc-50 Point_yc-50];
Point_z=[0 0 0 0 0];
Point_num=length(Point_x);
%%生成回波信号
echo=zeros(nan,nrn);
```

```
amp=1;
tr_R=[-nrn/2:1:nrn/2-1]/Fs+2*R0/c;
for ii=1:Point_num
    R=sqrt((Vr*ta-Point_x(ii)).^2+Point_y(ii).^2+(Point_z(ii)-H).^2);
    tr_point=2*R/c;
    delta= ones(nan,1)*tr_R-tr_point'*ones(1,nrn);
    echo=echo+amp*exp(1j*(pi*gama_r*delta.^2-(2*pi*fc*tr_point')*ones(1,
nrn))).*(abs(delta)<=Tp/2).*((abs(ta*Vr-Point_x(ii))<=Ls/2)'*ones(1,nrn));
end
figure;
imagesc(real(echo));
xlabel('距离向'); ylabel('方位向');  title('回波');

%%距离压缩及二维去耦
fr=[-nrn/2:1:nrn/2-1]/nrn*Fs;          %距离向采样时序
gama_fa=1./(1/gama-R0*(2*lambda));
H22=exp(1j*pi*(fr*ones(1,nan)).^2./(ones(nrn,1)*gama_fa));     %距离压缩函数
H21=exp(1j*2*pi*R0*(ones(nrn,1)).^2.*(fr*ones(1,nan))/c);    %二维去耦函数
y_r=fftshift(fft2(echo)).*H22.*H21;
figure,imagesc(abs(y_r));
xlabel('距离向'); ylabel('方位向');  title('距离压缩及二维去耦结果');

fa=(-nan/2:(nan/2-1))/nan*prf;
rs=c/Fs/2*(-nrn/2:(nrn/2-1))';   %各距离采样点离场景中心垂直距离
H3=exp(1j*2*pi*(R0+(rs*ones(1,nan))).*sqrt((2*Vr/lambda)^2-(ones(nrn,1)*fa).^
2)/Vr);
result=ifft(ifft(y_r,[],1).*H3,[],2);
figure;imagesc(abs(result));
xlabel('距离向'); ylabel('方位向'); title('方位压缩后成像结果');
```

本章附录　驻相点原理

当被积函数的幅度为常数或缓变函数时，其相位变化要快得多，且变化率是改变的，也就是说被积函数为包络缓变(或为常数)的调频信号，调制频率有快有慢，且在某一点(或某些点)频率为 0 时，可以想象到当其频率不为 0 时，在积分过程中由于幅度不变(或基本不变)，其相继的正负部分在积分过程中相互抵消，只有频率为 0 点的附近才对积分有贡献，而被积函数瞬时频率为 0 的时刻被称为驻相点。下面以图 11.42 说明驻相点法的原理。

观察积分式 $P=\int U(t)\cos V(t)\mathrm{d}t=\mathrm{Re}\left[\int U(t)\mathrm{e}^{\mathrm{j}V(t)}\mathrm{d}t\right]$，由于 $\cos V(t)$ 的正部分和负部分的面积相互抵消，上式的积分接近零。只有在 $\mathrm{d}V(t)/\mathrm{d}t=0$ 点附近，由于相位变化率很小，相位值有很长时间的滞留，才使上式积分显著不为零。

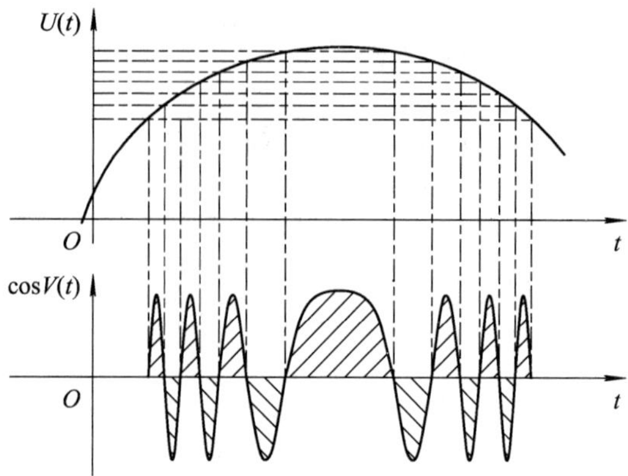

图 11.42 驻相点原理

利用驻相点原理分析调频信号的性质，设窄带信号的复振幅为

$$\mu(t) = a(t)e^{j\varphi(t)} \tag{11.A.1}$$

其傅里叶变换为

$$S(\omega) = \int_{-\infty}^{\infty} a(t)e^{j\varphi(t)}e^{-j\omega t}\,dt \tag{11.A.2}$$

根据驻相点原理，该积分在 $d[\omega t-\varphi(t)]/dt=0$ 点附近才显著地不为零。用 t_k 表示驻相点，则

$$\omega = \varphi'(t_k) \tag{11.A.3}$$

对相位项 $\omega t-\varphi(t)$ 在驻相点附近进行泰勒展开，并忽略二次以上的高次项，则

$$\omega t - \varphi(t) = \omega t_k - \varphi(t_k) + [\omega - \varphi'(t_k)](t-t_k) - \frac{\varphi''(t_k)}{2}(t-t_k)^2 \tag{11.A.4}$$

代入信号的频域表达式

$$S(\omega) = a(t_k)\exp\{-j[\omega t_k - \varphi(t_k)]\}\int_{t_k-\delta}^{t_k+\delta}\exp\left[j\,\frac{\varphi''(t_k)}{2}(t-t_k)^2\right]dt \tag{11.A.5}$$

作变量代换 $t-t_k=u$ 及$\frac{\varphi''(t_k)}{2}u^2=\frac{\pi y^2}{2}$，则

$$du = \sqrt{\pi}[\varphi''(t_k)]^{-1/2}\,dy \tag{11.A.6}$$

代入信号的频域表达式

$$S(\omega) = 2\sqrt{\pi}\,\frac{a(t_k)}{\sqrt{\varphi''(t_k)}}\exp\{-j[\omega t_k - \varphi(t_k)]\}\int_0^{\sqrt{\frac{\varphi''(t_k)}{\pi}}\cdot\delta}\exp\left(j\,\frac{\pi y^2}{2}\right)dy \tag{11.A.7}$$

式中，积分为菲涅尔积分。若积分上限较大，则菲涅尔积分趋于$\frac{1}{\sqrt{2}}\exp\left(j\,\frac{\pi}{4}\right)$。则信号的频域表达式为

$$S(\omega)=\sqrt{2\pi}\frac{a(t_k)}{\sqrt{|\varphi''(t_k)|}}\exp\left[-j\left(\omega t_k-\varphi(t_k)-\frac{\pi}{4}\right)\right] \tag{11.A.8}$$

第 12 章　雷达系统设计案例与虚拟仿真实验

设计一部雷达是一个非常复杂的过程。本章先简单概述雷达系统设计的一般流程，然后分别介绍某地面雷达、末制导雷达、阵列雷达的设计案例，在这些案例介绍过程中侧重雷达信号处理方面的设计。其中一个案例给出了某阵列雷达实测数据的分析结果。最后给出了一组雷达系统的虚拟仿真实验，更有利于读者学习和对相关知识的理解。

12.1　雷达系统设计的一般流程

雷达设计首先是由需求方根据雷达的任务，确定雷达的工作频段和工作频率范围；然后根据雷达的战术技术指标，确定雷达的体制和工作方式；再对雷达的总体指标进行计算，确定分系统的性能指标，并对分系统进行设计、加工、测试；最后对雷达整机进行调试、测试、外场检飞试验等。雷达系统设计的一般流程如图 12.1 所示。下面结合案例进行介绍。

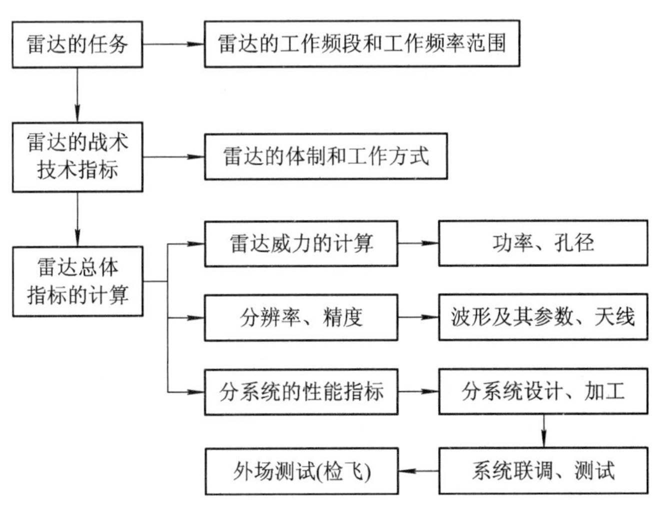

图 12.1　雷达系统的一般设计流程

12.2　某地面制导雷达系统设计

设计一部地面制导雷达，要求检测高度分别为 7 km 和 2 km 的飞机和导弹，对飞机和导弹的最大探测距离分别为 50 km 和 90 km。假定飞机的平均 RCS 和导弹的平均 RCS 分别是 6 dBsm($\sigma_a=4\ m^2$)和−10 dBsm($\sigma_a=0.1\ m^2$)，雷达工作频率 $f=3$ GHz。假定雷达采用抛物面天线，方位波束宽度小于 3°的扇形波束，在方位维进行 $\Theta_A=360°$的机械扫描，扫描速率是2 s/圈。假定噪声系数 $F=6$ dB，总的损失因子 $L=8$ dB，检测门限是 SNR=15 dB(检测概率 $P_d=0.99$，虚警概率 $P_{fa}=10^{-7}$)。在搜索模式下距离分辨率是 75 m。如图 12.2 所示，要求对目标的最小拦截距离 $R_{min}=30$ km。工作比不超过 10%。

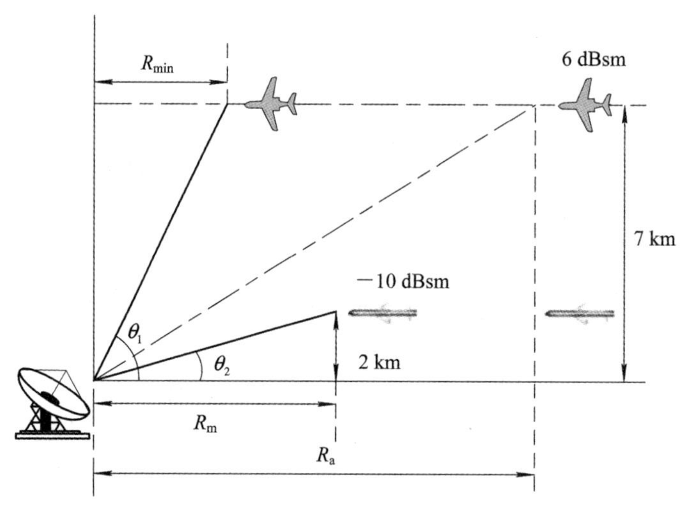

图 12.2　雷达及其威胁的几何关系

Step 1　确定脉冲重复频率、天线的孔径和单个脉冲的峰值功率

根据距离分辨率是 $\Delta R=75$ m 的要求，可以计算出所要求的带宽 $B=c/(2\Delta R)=2$ MHz，发射脉冲宽度为 $\tau=0.5\ \mu s$。从图 12.2 知，雷达的最大、最小仰角覆盖为

$$\theta_1=\arctan\left(\frac{7000}{30\ 000}\right)=0.2292(\text{rad})\rightarrow 13.1° \tag{12.2.1}$$

$$\theta_2=\arctan\left(\frac{2000}{50\ 000}\right)=0.04(\text{rad})\rightarrow 2.3° \tag{12.2.2}$$

因此，取仰角覆盖范围 $\Theta_E=11°$，雷达的搜索区域为

$$\Omega=\frac{\Theta_A\Theta_E}{(57.296)^2}=\frac{360\times 11}{(57.296)^2}=1.2063\quad(\text{sr}) \tag{12.2.3}$$

天线必须具有扇形波束，所以，使用类似抛物面的矩形天线。考虑机动性的要求，选择天线的有效面积为 $A_e=2.25\ m^2$，若孔径效率为 $\rho=0.8$，得到天线的物理孔径面积为

$$A=\frac{A_e}{\rho}=\frac{2.25}{0.8}=2.8125\quad(\text{m}^2) \tag{12.2.4}$$

天线的增益为

$$G=\frac{4\pi A_e}{\lambda^2}=\frac{4\pi\times 2.25}{0.1^2}=2827\quad(34.5\ \text{dB})\tag{12.2.5}$$

由于仰角波束宽度为 $\theta_e=\Theta_E=11^\circ$，根据 $G=k\dfrac{4\pi}{\theta_a\theta_e}$（取 $k=1$），得到方位波束宽度为

$$\theta_a=\frac{4\pi}{\theta_e G}=\frac{4\pi}{11\times\pi/180\times 2827}\times\frac{180}{\pi}=1.33^\circ\tag{12.2.6}$$

为了保证至少 90 km 的无模糊距离，最大 PRF 为

$$f_r\leqslant\frac{c}{2R_u}=\frac{3\times 10^8}{2\times 90\times 10^3}=1.67(\text{kHz})\tag{12.2.7}$$

因此，选择 $f_r=1000$ Hz，脉冲重复周期 $T_r=1000\ \mu$s。

单次扫描期间在一个波束宽度内辐射到目标上的脉冲数为

$$M=\frac{\theta_a f_r}{\dot{\theta}_{\text{scom}}}=\frac{1.33\times 1000}{180}=7.4\Rightarrow M=7\tag{12.2.8}$$

式中，$\dot{\theta}_{\text{scom}}$ 为天线扫描速度，$\dot{\theta}_{\text{scom}}=180^\circ/\text{s}$。

因此，可以对一个波位的 7 个脉冲进行非相干积累或相干积累，以降低单个脉冲的峰值功率。若采用非相干积累，7 个脉冲进行非相干积累达到检测所要求的 SNR=15 dB，利用式(8.3.15)计算，在 $P_d=0.99$，$P_{fa}=10^{-7}$ 的情况下，7 个脉冲进行非相干积累的改善因子近似为

$$\begin{aligned}[I(7)]_{\text{dB}}&=6.79(1+0.235\times 0.99)\left(1+\frac{\lg(1/10^{-7})}{46.6}\right)\cdot\\&\quad\lg(7)[1-0.14\lg(7)+0.01831(\lg 7)^2]\\&=7.25\ \text{dB}\end{aligned}\tag{12.2.9}$$

即所要求的单个脉冲的 SNR 为

$$(\text{SNR})_1=15-7.25=7.75\quad(\text{dB})\tag{12.2.10}$$

因此，根据雷达方程 $(\text{SNR})_1=\dfrac{P_t T_e G^2\lambda^2\sigma}{(4\pi)^3kT_0FLR^4}=\dfrac{EG^2\lambda^2\sigma}{(4\pi)^3kT_0FLR^4}$，检测导弹和飞机所对应的单个脉冲的能量分别为

$$E_m=\frac{(4\pi)^3kT_0FLR_m^4(\text{SNR})_1}{G^2\lambda^2\sigma_m}\tag{12.2.11}$$

$$E_a=\frac{(4\pi)^3kT_eFLR_a^4(\text{SNR})_1}{G^2\lambda^2\sigma_a}\tag{12.2.12}$$

列表计算如下：

	$(4\pi)^3$	kT_0	F	L	$(\text{SNR})_1$	G^2	λ^2	R_m^4	σ_m	R_a^4	σ_a
数值							0.1^2	$(50\times10^3)^4$		$(90\times10^3)^4$	
dB	33	−204	6	8	7.75	68	−20	188	−10	198.17	6

$$\begin{aligned}E_m&=-171+6+8+188+7.75-68+20+10\\&=0.75\ (\text{dB J})=10^{0.75/10}\ (\text{J})=1.19\ (\text{J})\\E_a&=-171+6+8+198.17+7.75-68+20-6\\&=-5.08\ (\text{dB J})=10^{-5.08/10}\ (\text{J})=0.31\ (\text{J})\end{aligned}$$

可见检测导弹的能量和飞机的大，只需按检测导弹的能量计算。

根据距离分辨率 $\Delta R=75$ m 的要求，可以计算出带宽 $B=c/(2\Delta R)=2$ MHz。若发射

单载频脉冲信号，则发射脉冲宽度为 $T_e=1/B=0.5\ \mu s$。因此，单个脉冲的峰值功率为

$$P_t=\frac{E}{T_e}=\frac{1.19}{0.5\times10^{-6}}=2.38\ (\mathrm{MW}) \tag{12.2.13}$$

考虑 7 个脉冲进行积累的雷达方程为

$$(\mathrm{SNR})_{\mathrm{NCI}}=\frac{P_tG^2\lambda^2\sigma}{(4\pi)^3kT_0FLR^4}I_{\mathrm{NCI}}=(\mathrm{SNR})_1\cdot I_{\mathrm{NCI}} \tag{12.2.14}$$

$$(\mathrm{SNR})_{\mathrm{CI}}=\frac{P_tG^2\lambda^2\sigma\cdot M}{(4\pi)^3kT_0FLR^4}=(\mathrm{SNR})_1\cdot M \tag{12.2.15}$$

图 12.3 给出了两种目标在积累和不积累情况下 SNR 与距离的关系曲线。由图可以看出，经脉冲积累后，在导弹和飞机的最大作用距离处均可以达到 SNR=15 dB 的要求。

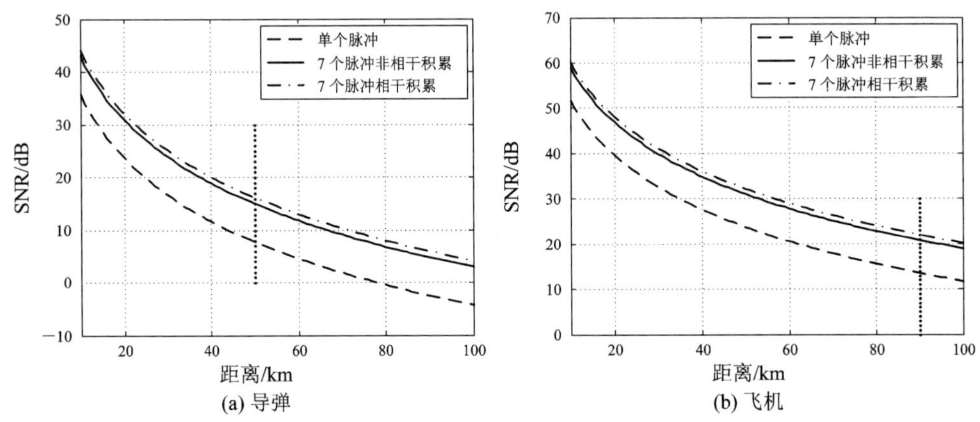

图 12.3　两种目标在积累和不积累情况下 SNR 与距离的关系曲线

Step 2　考虑目标的 RCS 起伏效应，若飞机和导弹目标分别服从 Swerling I 型和 Swerling III 型。假设在最大作用距离处要求 $P_d\geqslant0.99$，$P_{fa}=10^{-7}$ 或更好。计算当目标起伏时为获得同样检测性能所需的额外 SNR。

Step 3　信号参数设计。

由式(12.2.13)可见峰值功率太高。为了降低峰值功率，假定采用大时宽带宽积的 LFM 信号，雷达在搜索模式下的分辨率 ΔR 为 75 m，则调频带宽分别为 2 MHz。要求雷达的最小作用距离 $R_{\min}$ 不超过 15 km，雷达发射期间不接收，雷达脉冲宽度的最大值为

$$(T_e)_{\max}\leqslant\frac{2R_{\min}}{c}=100\ \mu s \tag{12.2.16}$$

若单个脉冲的峰值功率不超过 20 kW，最小脉冲宽度为

$$(T_e)_{\min}\geqslant\frac{E_m}{P_t}=\frac{1.19}{20\times10^3}\times10^6=59.5\ (\mu s) \tag{12.2.17}$$

另外，要求雷达的工作比小于 10%，综合以上两式，可以选取发射脉冲宽度 $T_e=80\ \mu s$，$T_r=1$ ms，$T_e/T_r=0.08$，满足工作比小于 10%的要求。

综上所述，雷达的主要参数设计为：

发射峰值功率 P_t：20 kW (43 dBW)；

脉冲重复频率为 T_r：1000 Hz；

发射脉冲宽度为 T_e：80 μs（−41 dB）；

调频带宽 B：2 MHz(搜索模式)。

根据这些参数，代入雷达方程，验算雷达的威力，在搜索模式下导弹回波信号脉压后单个脉冲的信噪比为

$$(\mathrm{SNR})_1 = \frac{P_t T_e G^2 \lambda^2 \sigma_m}{(4\pi)^3 k T_0 F L R_m^4 \mathrm{m}}$$

$$(\mathrm{SNR})_1 = 43 - 41 + 68 - 20 - 10 - 33 + 204 - 6 - 8 - 188 = 9\ (\mathrm{dB})$$

8 个脉冲(M=8)进行非相干积累(NCI)和相干积累(CI)后的信噪比为

$$(\mathrm{SNR})_{\mathrm{NCI}} = (\mathrm{SNR})_1 I_{\mathrm{NCI}} = 9 + 7.25 = 16.25\ (\mathrm{dB})$$

$$(\mathrm{SNR})_{\mathrm{CI}} = (\mathrm{SNR})_1 \cdot M = 9 + 10\lg(8) = 18\ (\mathrm{dB})$$

因此，经脉冲积累后，在导弹和飞机的最大作用距离处均可以达到 SNR 为 15 dB 的要求。

Step 4　若两个目标的最小距离间隔为 150 m，仿真验证对多个目标的分辨能力。结合仿真分析脉压对 SNR 的改善，设计脉冲压缩处理方案。

假设两个目标的距离分别为 75 km 和 75.15 km，输入 SNR 均为 0 dB，图 12.4 给出了脉压的仿真结果，其中图(a)给出了脉压输入信号的实部，图(b)给出了脉压匹配滤波信号的实部，图(c)给出了脉压输出结果，图(d)为图(c)的局部放大。由此可见，雷达能够较好地分辨这两个目标。脉压处理后，两个目标的 SNR 约为 24 dB，脉压对 SNR 的改善达 24 dB。

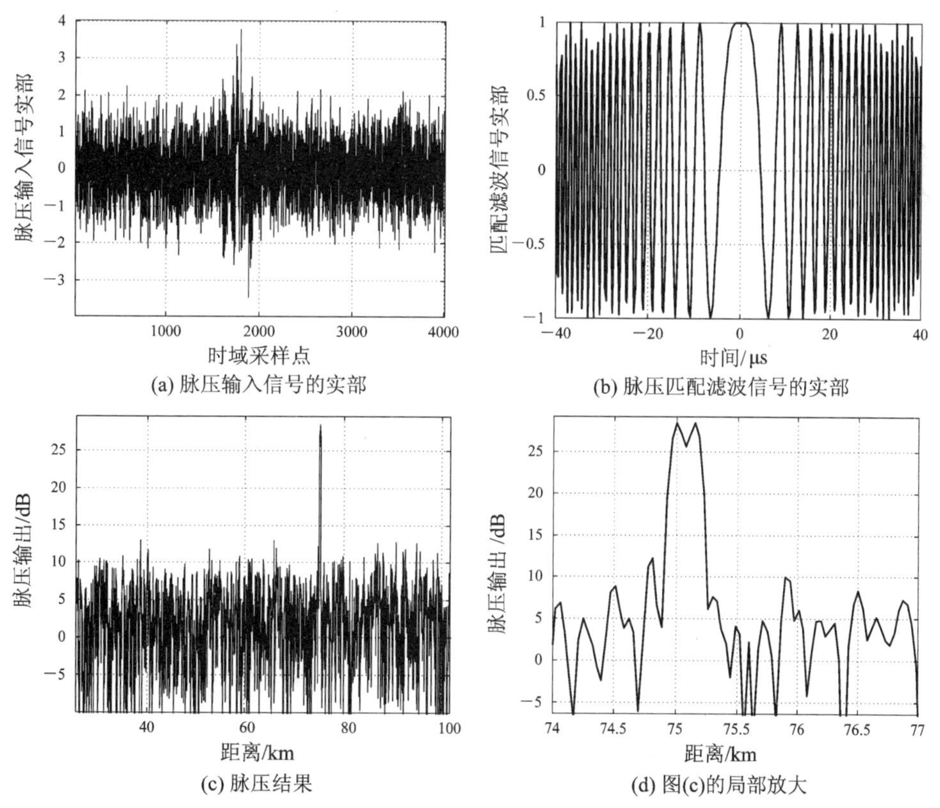

图 12.4　脉压的仿真结果

在搜索工作模式，调频带宽为 $B=2$ MHz，若取采样速率为 4 MHz，每个采样点之间的距离量化间隔为 37.5 m。若考虑 105 km 的距离量程，则有 2800 个采样点，因此需进行 4096 点的频域脉冲压缩处理。

Step 5 假设天线方向图是高斯型，雷达的架设高度为 5 m，发射峰值功率为 20 kW，距离分辨率为 75 m，考虑天线的副瓣电平 SL= −20 dB，地杂波散射系数 $\sigma^0=-15$ dBsm/sm，计算目标在不同距离时进入雷达的杂波的 RCS，以及信号、杂波、噪声的功率之比(CNR、SNR、SIR)。假设风速的均方根值 σ_v 为 0.32 m/s，采用 2 脉冲、3 脉冲或 4 脉冲 MTI 进行杂波抑制，计算改善因子。

根据式(6.2.21)可以计算得到目标分别为导弹、飞机时进入雷达的杂波 RCS，如图 12.5 所示。可见，杂波的 RCS 在负几分贝到 10 dBsm 左右。图 12.6 分别给出了导弹和飞机单个脉冲回波的 CNR、SNR、SIR(信号与杂波加噪声的功率之比)。可见，导弹目标在 50 km 处的 SIR约为−10 dB，要达到 15 dB 的检测 SIR 的要求，需要采取措施抑制杂波。

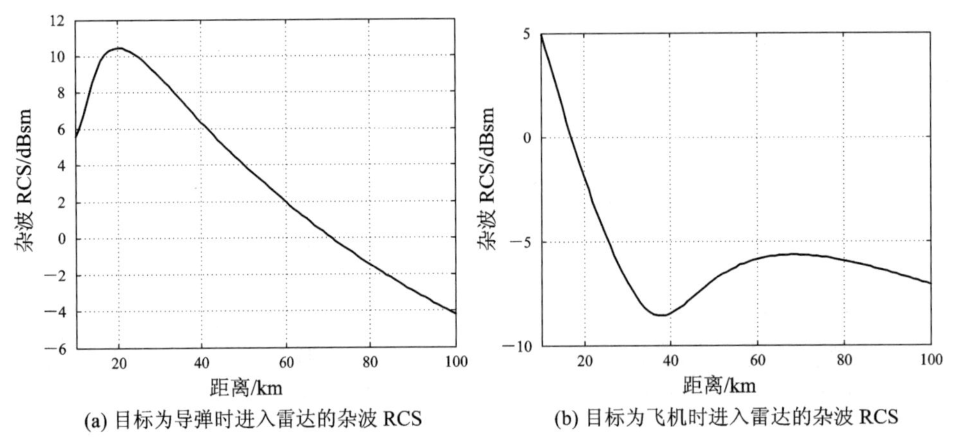

图 12.5 杂波的 RCS

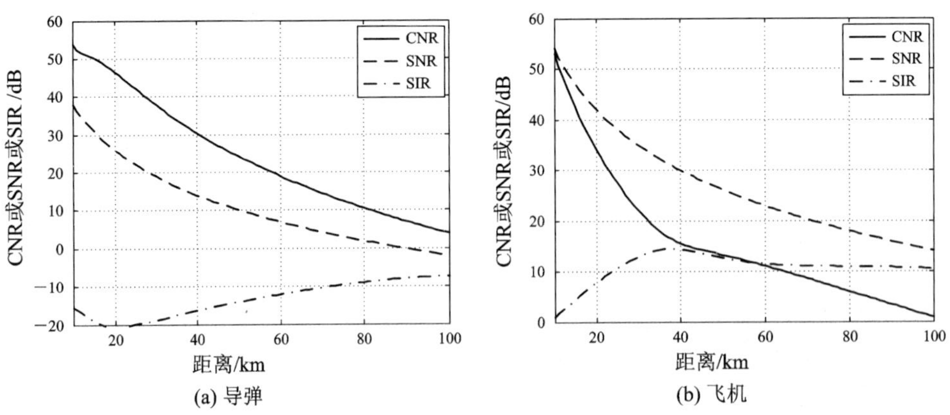

图 12.6 单个脉冲回波的 CNR、SNR、SIR

根据上面确定的雷达参数：$f_r=1000$ Hz，天线扫描速率 $T_{\text{scan}}=2$ s，波束宽度 $\theta_a=1.33°$，杂波的谱宽的均方根值为

$$\sigma_w=\frac{2\sigma_v}{\lambda}=\frac{2\times 0.32}{0.1}=6.4(\text{Hz}) \tag{12.2.18}$$

由于天线扫描引起杂波谱的展宽为

$$\sigma_s=0.265=\frac{2\pi}{\theta_a T_{\text{scan}}}=0.265\frac{2\pi}{1.33\times\pi/180\times 2}=35.9(\text{Hz}) \tag{12.2.19}$$

因此，杂波谱总的均方根带宽为

$$\sigma_{\text{Bc}}=\sqrt{\sigma_w^2+\sigma_s^2}=36.5(\text{Hz}) \tag{12.2.20}$$

采用 2 脉冲、3 脉冲或 4 脉冲 MTI 进行杂波抑制，改善因子分别为

$$I_{\text{2pulse}}=2\left(\frac{f_r}{2\pi\sigma_{\text{Bc}}}\right)^2=2\left(\frac{1000}{2\pi\times 36.5}\right)^2=38\quad(15.8\ \text{dB}) \tag{12.2.21}$$

$$I_{\text{3pulse}}=2\left(\frac{f_r}{2\pi\sigma_{\text{Bc}}}\right)^4=2\left(\frac{1000}{2\pi\times 36.5}\right)^4=723\quad(28.6\ \text{dB}) \tag{12.2.22}$$

$$I_{\text{4pulse}}=\frac{4}{3}\left(\frac{f_r}{2\pi\sigma_{\text{Bc}}}\right)^6=0.75\left(\frac{1000}{2\pi\times 36.5}\right)^6=5155\quad(37.1\ \text{dB}) \tag{12.2.23}$$

12.3　某末制导雷达系统设计

某弹载末制导雷达系统要求：不模糊探测距离为 80 km；工作比不超过 20%；波长 $\lambda=3$ cm；天线等效孔径 $D=0.25$ m(直径)；噪声系数 $F=3$ dB；系统损耗 $L=4$ dB；天线波束宽度 $\theta_{3\text{dB}}=6°$；目标的 RCS 的 $\sigma=1500\ \text{m}^2$。弹目之间的相对运动关系如图 12.7。目标航速 $V_s=15$ m/s，导弹运动速度 $V_a=600$ m/s，目标航向与弹轴方向之间的夹角为 $\alpha'=30°$，目标偏离弹轴方向的角度为 $\beta=1°$，则在舰船位置 P，导弹对目标视线与目标航向的夹角$\alpha=\alpha'+\beta$。从 $t=0$ 时刻开始，导弹从 O 向 O'位置运动，目标从 P 向 P'位置运动，在该时刻导弹运动方向与目标的夹角为 β_i。其接收信号处理流程如图 12.8 所示。雷达采用 LFM 信号，在搜索和跟踪工作模式下的波形参数见表 12.1。

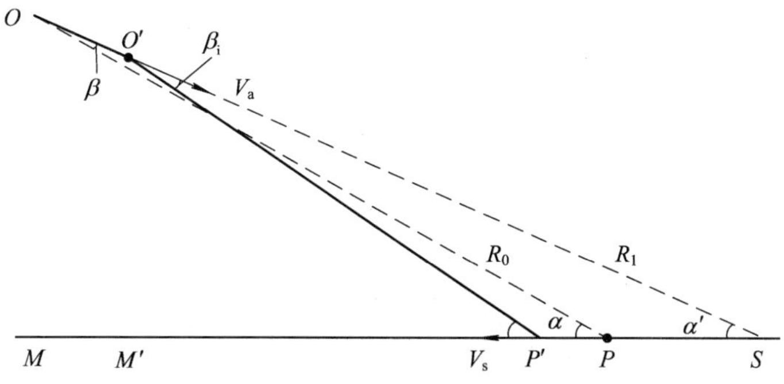

图 12.7　弹目之间的相对运动关系

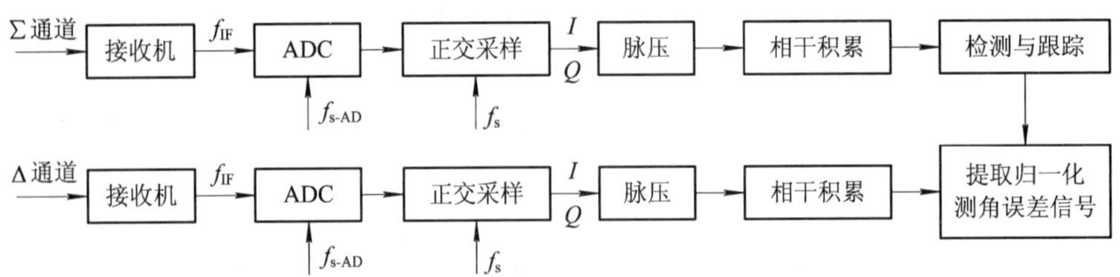

图 12.8　接收信号处理流程

表 12.1　在搜索和跟踪工作模式下的波形参数

工作状态	距离/km	脉冲重复周期/μs	脉冲宽度/μs	调频带宽/MHz	距离分辨率/m	脉压比	相干积累脉冲数
搜索(−45°～+45°)	30～80	800	160	1	150	160	64
小角度扇扫跟踪(TWS)(−10°～10°)	20～50	800	100	2	75	200	32
单脉冲跟踪	3～30	250	10	10	15	100	32

(1) 采用线性调频脉冲信号，推导信号的模糊函数，并给出$|\chi(\tau, f_d)|$、$|\chi(\tau, 0)|$、$|\chi(0, f_d)|$的图形，$|\chi(\tau, f_d)|$的−4 dB 切割等高线图。

线性调频信号的复包络可表示为

$$u(t)=a(t)e^{j\pi\mu t^2} \tag{12.3.1}$$

其中 $a(t)=1$，($|t|\leqslant T/2$)为矩形脉冲函数，T 是脉冲宽度。

线性调频信号的模糊函数为

$$|\chi(\tau, f_d)|=\left|\left(1-\frac{|\tau|}{T}\right)\mathrm{sinc}\left[\pi T(\mu\tau+f_d)\left(1-\frac{|\tau|}{T}\right)\right]\right|,\quad |\tau|\leqslant T \tag{12.3.2}$$

当 $f_d=0$ 时，距离模糊函数为

$$|\chi(\tau, 0)|=\left|\left(1-\frac{|\tau|}{T}\right)\mathrm{sinc}\left(\pi T\mu\tau\left(1-\frac{|\tau|}{T}\right)\right)\right|,\quad |\tau|\leqslant T \tag{12.3.3}$$

当 $\tau=0$ 时，多普勒模糊函数为

$$|\chi(0, f_d)|=|\mathrm{sinc}(\pi f_d T)| \tag{12.3.4}$$

图 12.9 分别给出了这些模糊图及其等高线图。

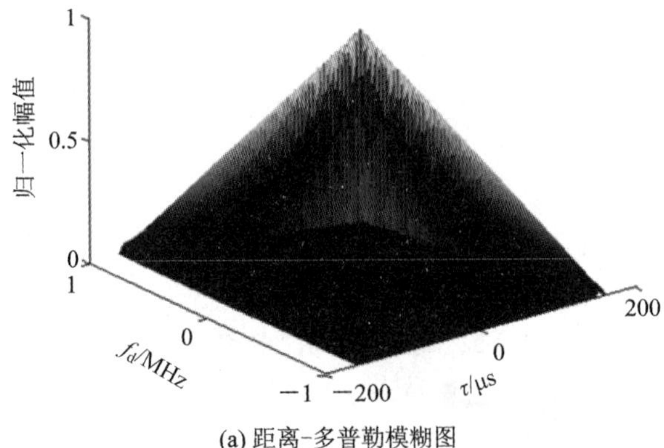

(a) 距离-多普勒模糊图

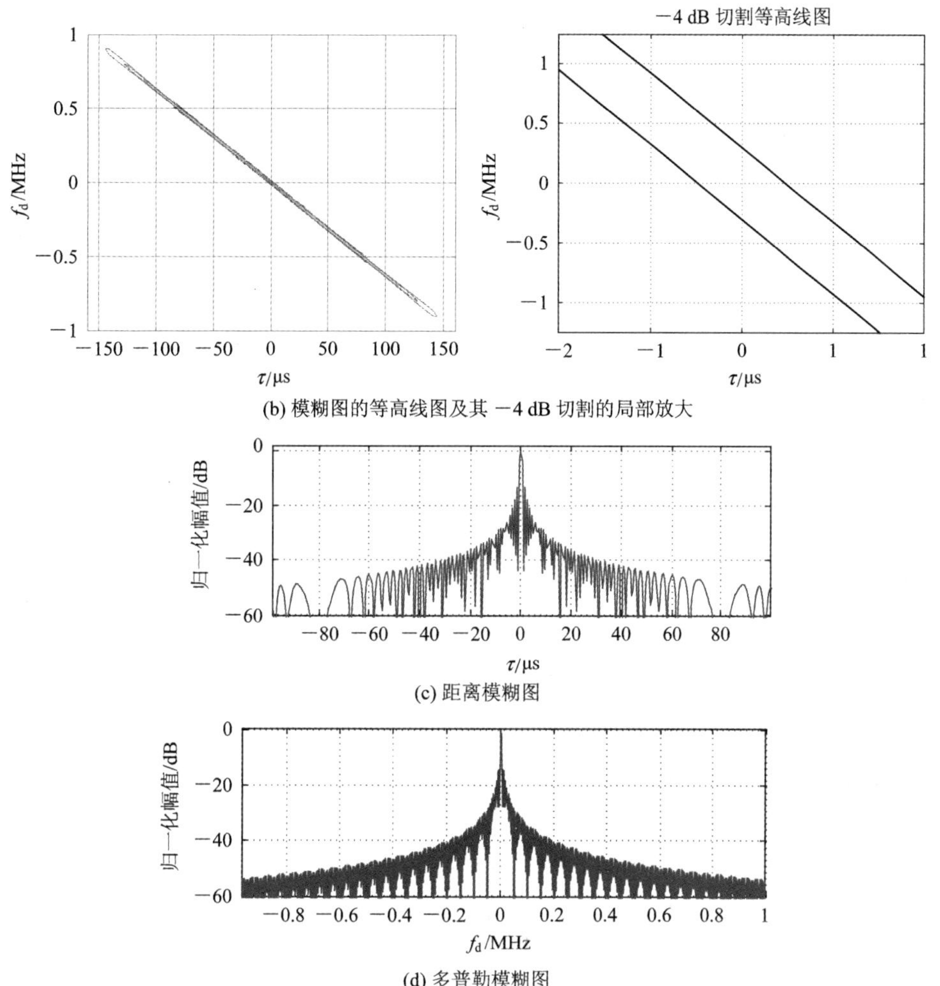

(b) 模糊图的等高线图及其 −4 dB 切割的局部放大

(c) 距离模糊图

(d) 多普勒模糊图

图 12.9　模糊图

（2）计算天线的有效面积 A_e 和增益 G。

$$A_e = \pi\left(\frac{D}{2}\right)^2 = 0.05 \quad (\text{m}^2) \tag{12.3.5}$$

$$G = \frac{4\pi A_e}{\lambda^2} = \left(\frac{\pi D}{\lambda}\right)^2 = \left(\frac{\pi \times 0.25}{0.03}\right)^2 = 685.4 \quad (28\ \text{dB}) \tag{12.3.6}$$

（3）若接收机的带宽 B=10.3 MHz，输出中频 f_{IF}=60 MHz，线性动态范围 DR_{-1}=60 dB，A/DC 的最大输入信号电平为 $2V_{pp}$（峰峰值，50 Ω 负载），① 计算接收机的临界灵敏度 S_{min}、输入端的最大信号功率电平、最大输出信号功率电平、增益；② 选择合适的 A/DC，估算 A/D 噪声对系统噪声系数的影响。

① 接收机的临界灵敏度为

$$S_{min} = -114 + F + 10\lg(B) = -114 + 3 + 10\lg(10.3) \approx -101\ (\text{dBm}) \tag{12.3.7}$$

接收机输入端的最大信号（即 1 dB 增益压缩点输入信号）功率电平为

$$P_{in-1} = S_{min} + DR_{-1} \approx -101 + 60 = -41 \quad (\text{dBm}) \tag{12.3.8}$$

接收机最大输出信号功率电平为

$$P_{\text{out}-1}=\frac{1}{50}\left(\frac{V_{\text{pp}}}{2\sqrt{2}}\right)^2=0.01(\text{W})=10(\text{mW})=10\quad(\text{dBm})\tag{12.3.9}$$

因此，接收机的增益为 $P_{\text{out}-1}-P_{\text{in}-1}=10-(-41)=51(\text{dB})$。

② 接收机前端到 A/D 输入端的噪声功率为 $P_{nR}=-101\ \text{dBm}+51\ \text{dBm}=-50\ \text{dBm}$，折算到 $R=50\ \Omega$ 的 A/D 输入阻抗上的均方噪声电压为

$$V_{nR}^2=P_{nR}R=10^{(-50/10)}\times 0.001\times 50=5.0\times 10^{-7}\quad(\text{V}^2)\tag{12.3.10}$$

A/D 的均方噪声电压为 $V_{\text{nA/D}}^2=\left(\frac{V_{\text{pp}}}{2\sqrt{2}}\times 10^{-\frac{\text{SNR}}{20}}\right)^2$，SNR 为 A/D 的信噪比(可以从器件手册上查到)。

根据中频正交采样定理，要求 A/D 的采样频率 $f_s=\frac{4}{2m+1}f_0=\frac{240}{2m+1}(\text{MHz})$，且大于 $2B$。因此，取 $f_s=48$ MHz。考虑选取两种不同位数的 A/D 变换器：

(i) 选取 12 位 A/D 变换器 AD9042 时，实际 A/D 的 SNR 为 62 dB，则 A/D 的均方噪声电压为

$$V_{\text{nA/D}}^2=\left(\frac{2}{2\sqrt{2}}\times 10^{-\frac{62}{20}}\right)^2=3.1548\times 10^{-7}\quad(\text{V}^2)\tag{12.3.11}$$

$$M=\frac{V_{nR}^2}{V_{\text{nA/D}}^2}=\frac{5.0\times 10^{-7}}{3.1548\times 10^{-7}}=1.585\tag{12.3.12}$$

A/DC 对系统噪声系数的恶化量为 $\Delta F_{\text{A/D}}=10\lg(M+1)-10\lg(M)=2.1165(\text{dB})$，显然 $\Delta F_{\text{A/D}}$ 太大，是不能容忍的。因此，该 A/DC 不合适。

(ii) 选取 14 位 A/D 变换器 AD9244 时，实际 A/D 的 SNR 为 70 dB，则 A/D 的均方噪声电压以及其与输入阻抗上的均方噪声电压的比值 M 为

$$V_{\text{nA/D}}^2=\left(\frac{2}{2\sqrt{2}}\times 10^{-\frac{70}{20}}\right)^2=5.0015\times 10^{-8}\quad(\text{V}^2)\tag{12.3.13}$$

$$M=\frac{V_{nR}^2}{V_{\text{nA/D}}^2}=\frac{5.0\times 10^{-7}}{5.0015\times 10^{-8}}\approx 10\tag{12.3.14}$$

A/DC 对系统噪声系数的恶化量为 $\Delta F_{\text{A/D}}=0.4(\text{dB})$。

(4) 若天线在 $\pm 45°$ 范围内搜索，扫描速度为 $60°/\text{s}$，可积累的脉冲数 $N=?$ 若要求发现概率 $P_d=90\%$，虚警概率 $P_{fa}=10^{-6}$，达到上述检测性能要求的 SNR=？在搜索状态，若采用 64 个脉冲相干积累，计算要求的辐射峰值功率 $P_t=?$ 若取 $P_t=25$ W，计算目标回波相干积累前、后的信噪比 SNR 与距离的关系曲线(考虑信号处理总的损失 5 dB)。

① 天线扫描速度 $v=60°/\text{s}$，天线波束宽度 $\theta_{3\text{dB}}=6°$，在每个波位驻留时间 $t_{\text{int}}=\theta_{3\text{dB}}/v=6/60=0.1$ s，可积累脉冲数

$$N_{\text{int}}=\frac{t_{\text{int}}}{T_r}=\frac{\theta_{3\text{dB}}}{v}f_r=\frac{6\times 1250}{60}=125\tag{12.3.15}$$

② 若要求发现概率 $P_d=90\%$，虚警概率 $P_{fa}=10^{-6}$，查表得到上述检测性能要求的最小信噪比为 $\text{SNR}_{o,\min}=12.5$ dB。

③ 若采用 $M=64$ 个脉冲相干积累，计算要求的辐射峰值功率 P_t。

根据雷达方程，单个脉冲回波信号的信噪比为 $\text{SNR}_1=\frac{P_t\tau' G^2\lambda^2\sigma}{(4\pi)^3kT_eFLR^4L_p}$，$M$ 个脉冲相

干积累后的信噪比为

$$\mathrm{SNR}_M = \mathrm{SNR}_1 \cdot M = \frac{P_t \tau' G^2 \lambda^2 \sigma \cdot M}{(4\pi)^3 k T_e F L R^4 L_p} \tag{12.3.16}$$

则要求的辐射峰值功率为

$$P_t = \frac{(4\pi)^3 k T_e F L R^4 \cdot L_p (\mathrm{SNR})_{o\min}}{G^2 \lambda^2 \tau' \sigma \cdot M} \tag{12.3.17}$$

经计算得$(P_t)_{dB}=12.4966$(dBW)，即 $10^{P_t/10}=18$(W)。

若取 $P_t=25$ W，目标回波相干积累前、后的信噪比 SNR 与距离的关系曲线如图12.10所示。

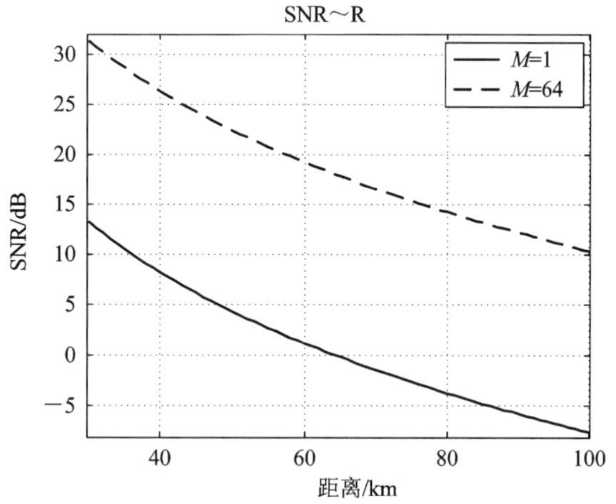

图 12.10　SNR 与距离的关系曲线

(5) 给出所采用信号的匹配滤波函数 $h(t)$ 及其频谱 $H(f)$。比较加窗(主副瓣比 35 dB)和不加窗时的脉冲压缩结果，分析主瓣宽度、SNR 损失。

发射信号的复包络见式(12.3.1)，则其匹配滤波函数为

$$h(t) = u^*(-t) = a(t)\mathrm{e}^{-\mathrm{j}\pi\mu t^2} \tag{12.3.18}$$

当时宽带宽积远大于 1 时，$h(t)$的频谱可近似表示为

$$H(f) = \frac{1}{\sqrt{2\mu}}\mathrm{e}^{\mathrm{j}\left(\frac{\pi f^2}{\mu}-\frac{\pi}{4}\right)}, \quad |f| \leqslant \frac{B}{2} \tag{12.3.19}$$

匹配滤波函数 $h(t)$ 如图 12.11 所示。脉压结果如图 12.12 所示，可见加窗后主瓣被展宽，主瓣宽度和 SNR 损失见第 5 章的介绍。

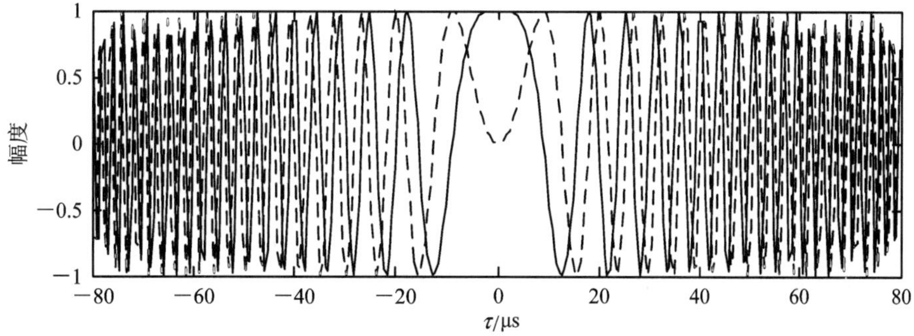

图 12.11　$h(t)$的实部(实线)和虚部(虚线)

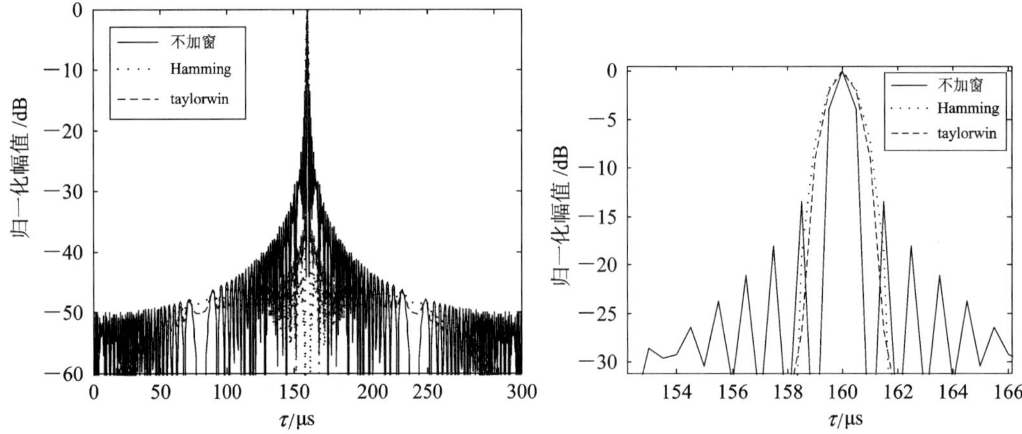

图 12.12 脉压结果(右图是主瓣的局部放大)

(6) 在搜索状态，假设目标距离为 80 km。假定中频正交采样频率 $f_s=2\text{MHz}$。① 给出目标回波的基带信号模型，推导脉压、相干处理后的输出信号模型。② 假设在相干积累前导弹自身的速度进行了补偿，若 A/D 采样时噪声占 10 位，目标回波信号幅度占 8 位，即噪声和目标回波功率分别为 60 dB、48 dB。画出 A/D 采样的回波基带信号、脉压处理后的输出信号、相干积累的输出信号。分析每一步处理的信噪比变化。③ 解释目标所在多普勒通道对应的频率与实际的多普勒频率是否相符。④ 对目标所在多普勒通道进行 CFAR 处理，画出目标所在多普勒通道信号及其 CFAR 的比较电平(按(4)的检测性能)。

① 根据发射信号的复包络，接收信号经混频至基带的信号模型为

$$s_r(t) = Aa(t-\tau)e^{j2\pi f_c \tau} e^{j\pi\mu t^2} + n(t) \tag{12.3.20}$$

其中，A 为接收信号幅度；$\tau=\dfrac{2(R-vt)}{c}=\tau_0-\dfrac{2vt}{c}$ 为目标相对于发射信号的时延，v 为目标相对于雷达视线的径向速度；$n(t)$ 为复高斯白噪声。为分析简便，下面的推导不考虑噪声。

由于在一个波位驻留时间较短(0.1 s)，假定导弹自身的速度进行了补偿，舰船目标运动较慢，因此在一个波位驻留期间发射的 M 个脉冲不存在包络移动，式(12.3.20)中时间 t 用 $t'=m\cdot T_r+t$ 表示，第 m 个脉冲重复周期的回波信号可表示为

$$s_m(t) = Aa(t-\tau_0)e^{-j2\pi f_c \tau_0} e^{j2\pi f_d m T_r} e^{j\pi\mu t^2} \tag{12.3.21}$$

式中，$f_d=\dfrac{2v}{\lambda}$ 为目标的多普勒频率；$e^{-j2\pi f_c \tau_0}$ 为常数项，可不考虑。

当时宽带宽积远大于 1 时，$s_m(t)$ 的频谱 $S_m(f)$ 可近似表示为

$$X_m(f) = \frac{A}{\sqrt{2\mu}} e^{j\left(\frac{-\pi f^2}{\mu}+\frac{\pi}{4}\right)} e^{-j2\pi f \tau_0} e^{j2\pi f_d m T_r}, \quad |f| \leqslant \frac{B}{2} \tag{12.3.22}$$

脉冲压缩滤波器输出信号的频谱 $S_{o,m}(f)$ 为输入信号频谱 $S_m(f)$ 与脉冲压缩滤波器频率特性 $H(f)$ 的乘积，即

$$S_{o,m}(f) = S_m(f)H(f) = \frac{A}{2\mu} e^{-j2\pi f \tau_0} e^{j2\pi f_d m T_r} \tag{12.3.23}$$

因此，脉冲压缩输出信号 $s_{o,m}(t)$ 为

$$\begin{aligned} s_{o,m}(t) &= \int_{-\infty}^{+\infty} S_{o,m}(f) e^{j2\pi ft} \, df \\ &= \frac{A}{2\mu} \int_{-B/2}^{B/2} e^{j2\pi f(t-\tau_0)} e^{j2\pi f_d m T_r} \, df \\ &= \frac{AT}{2} \frac{\sin[\pi B(t-\tau_0)]}{\pi B(t-\tau_0)} e^{j2\pi f_d m T_r} \end{aligned} \tag{12.3.24}$$

相干积累是对每个波位发射的 M 个脉冲的回波信号在每个距离单元通过谱分析(FFT)实现的。对目标所在距离单元进行 FFT 时，第 k 个多普勒通道的输出

$$\begin{aligned} Y(k) &= \sum_{m=0}^{M-1} s_{o,m}(t) \exp\left\{-j\frac{2\pi}{M} k \cdot m\right\} \\ &= \frac{AT}{2} \frac{\sin[\pi B(t-\tau_0)]}{\pi B(t-\tau_0)} \sum_{m=0}^{M-1} \exp\left[j2\pi\left(f_d T_r - \frac{k}{M}\right)m\right] \\ &= \frac{AT}{2} \frac{\sin[\pi B(t-\tau_0)]}{\pi B(t-\tau_0)} \frac{\sin[\pi(f_d T_r M - k)]}{\sin[\pi(f_d T_r M - k)/M]} \end{aligned} \tag{12.3.25}$$

只有当 $t=\tau_0$ 且 $k=f_d T_r M$，即目标所在距离单元、所在多普勒通道，$|Y(k)|$ 才出现峰值，从而得到目标的距离和多普勒频率。

相干积累对目标回波信号而言是电压相加(包含相位信息)，对噪声而言是功率相加，因此，M 个脉冲进行相干积累时，信噪比改善 M 倍。

② 假定 A/D 采样时噪声、目标回波信号分别占 10 位、8 位(不包括符号位)。图 12.13 是某一个脉冲重复周期的原始回波基带信号，目标完全被噪声淹没。图 12.14 是脉压处理的输出信号。图 12.15 是 64 个脉冲相干积累输出及其等高线图。表 12.2 列出了单次仿真的信号处理过程中功率或 SNR 的变化。从理论上讲脉压比为 320 对应的 SNR 的改善为 25 dB，64 个脉冲相干积累的 SNR 的改善为 18 dB，由此可见，脉压、相干积累的信噪比的改善与理论结果一致。

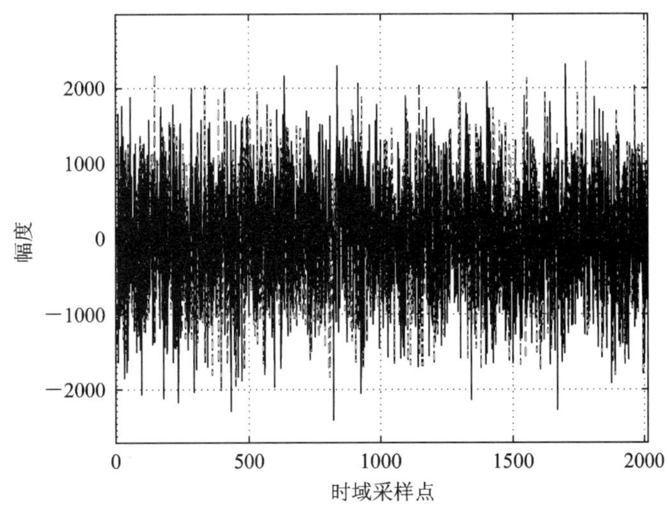

图 12.13　一个脉冲重复周期的原始回波 I、Q 信号

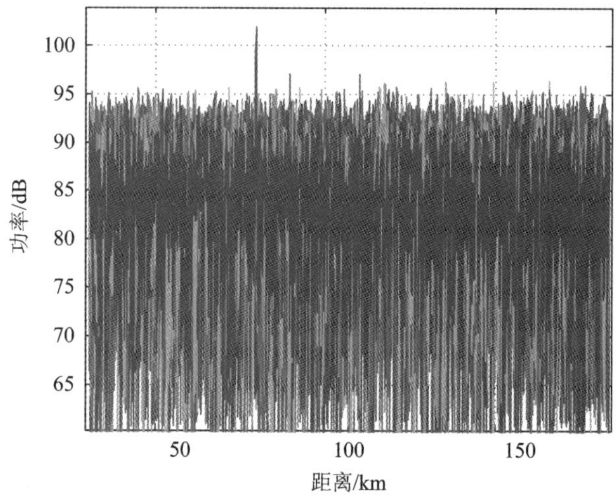

图 12.14　脉压结果

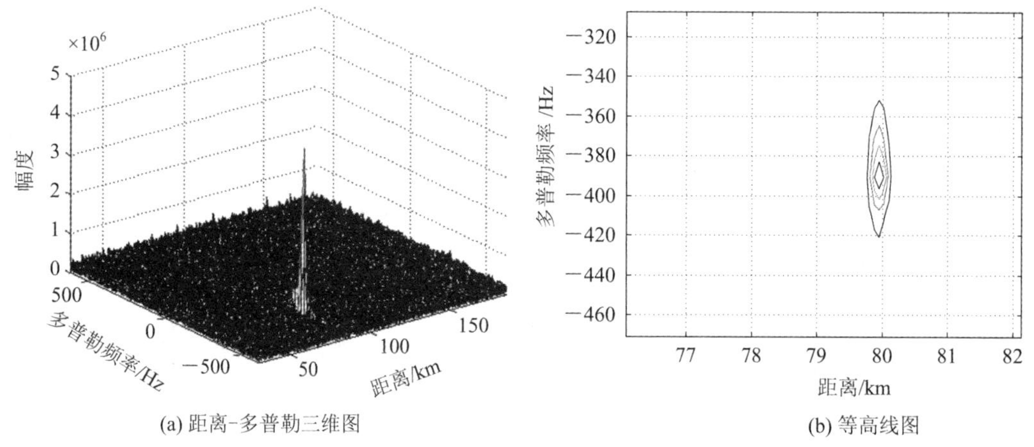

图 12.15　相干积累结果

表 12.2　信号处理过程中功率或 SNR 的变化

信号处理过程	脉压前	脉压后	相干积累后
噪声平均功率/dB	60.1756	85.6767	104.3866
目标回波信号平均功率/dB	48.1648	98.0426	132.2363
信噪比/dB	−12.0108	12.3659	27.8497

③ 目标的多普勒频率为 $f_{d\_real}=2\times V_s\times\cos(30°)/\lambda=866.0254$ Hz，而图 12.15(b)中实际计算得到的目标的多普勒频率为 $f_{d\_cal}=-390$ Hz。这是由于目标的多普勒频率大于 625 Hz (即 $f_r/2$)，故多普勒频率出现了模糊，$f_{d\_real}-f_r=-384$ Hz，与 f_{d_cal} 相一致。

④ 目标所在多普勒通道信号及其 CFAR 电平如图 12.16 所示。

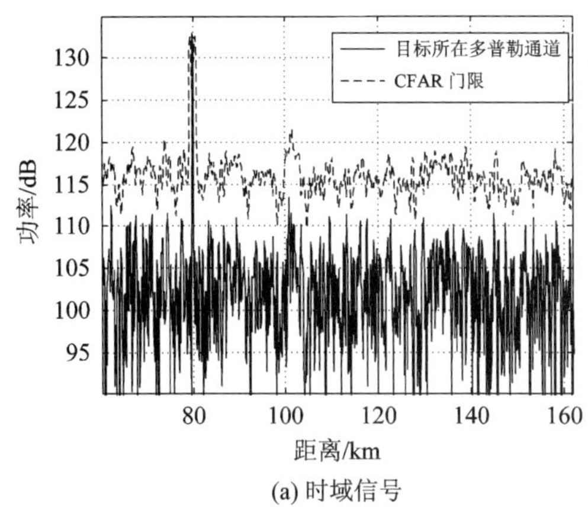

(a) 时域信号

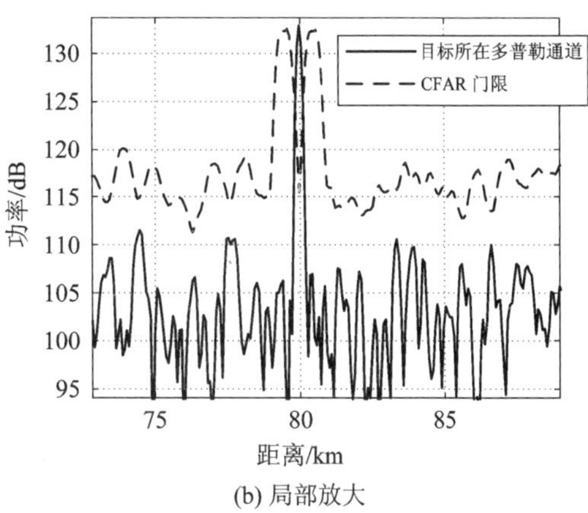

(b) 局部放大

图 12.16　目标所在多普勒通道信号及其 CFAR 电平

(7) 天线的方向函数用高斯函数近似，在近距离采用单脉冲测角。① 给出和、差通道信号模型和归一化误差信号模型，指出误差信号的斜率。② 计算目标偏离电轴中心 0.5°和 1.0°时的归一化误差信号(此时不考虑噪声的影响)。③ 对测角精度进行 Monto Carlo 分析(SNR 与测角的均方根误差)。④ 假定弹目距离 20 km，SNR=20 dB，方位为 1°，给出和、差通道的时域脉压结果。

① 单脉冲测角时，天线两个波瓣的方向图函数可表示为

$$F_1(\theta)=\exp\left(-\frac{2.778(\theta+\delta_\theta)^2}{\theta_{0.5}^2}\right),\quad F_2(\theta)=\exp\left(-\frac{2.778(\theta-\delta_\theta)^2}{\theta_{0.5}^2}\right)\tag{12.3.26}$$

这里 $\delta_\theta=\frac{1}{2}\theta_{0.5}$，即为波束宽度的一半。和、差波束可表示为

$$\Sigma(\theta)=F_1(\theta)+F_2(\theta),\quad \Delta(\theta)=F_1(\theta)-F_2(\theta)\tag{12.3.27}$$

归一化误差信号为

$$\Sigma(\theta)=\frac{\text{Real}[\Sigma\cdot\Delta^*]}{|\Sigma|^2}\tag{12.3.28}$$

图 12.17 给出了该雷达的和、差波束及其归一化误差信号。利用 MATLAB 中 polyfit 函数拟合，得到该误差信号的斜率为 $K_s=4.7261$。

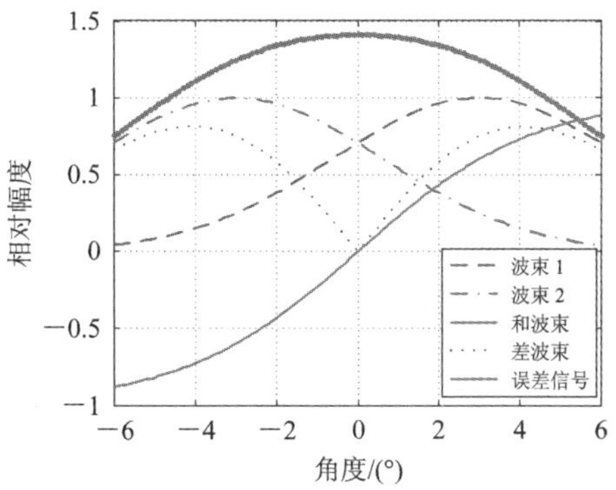

图 12.17　和、差波束及其归一化误差信号

② 假设目标方位为1°，模拟产生和、差通道的目标回波信号，并进行脉压、相干积累，图12.18给出和、差波束目标所在多普勒通道的输出信号。提取的归一化误差电压为$E_{rra}=0.2275$，计算目标的方位为$\theta_0=E_{rra}K_s=1.075°$。

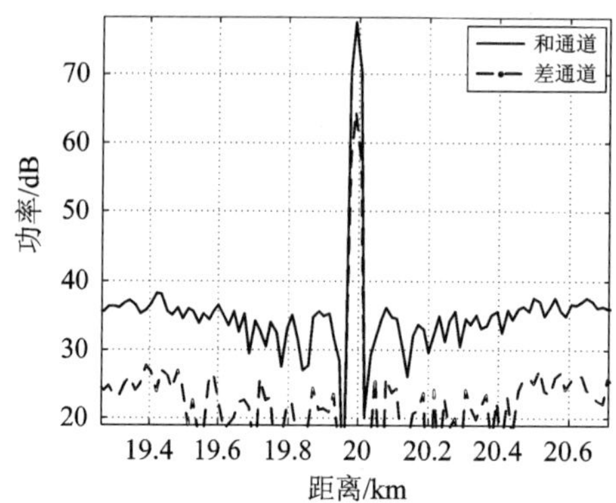

图12.18　目标在不同方位时的和、差通道信号

③ 假设目标的方位为0°，进行100次Monto Carlo(蒙特卡罗)分析，图12.19(a)给出了100次独立测量的误差，图12.19(b)为测角精度(均方根误差)。横坐标SNR为单脉冲测量(提取误差信号前)的和差通道的信噪比。由于波束宽度为6°，当SNR为20 dB时，其测角精度为0.23°，约为波束宽度的1/25。

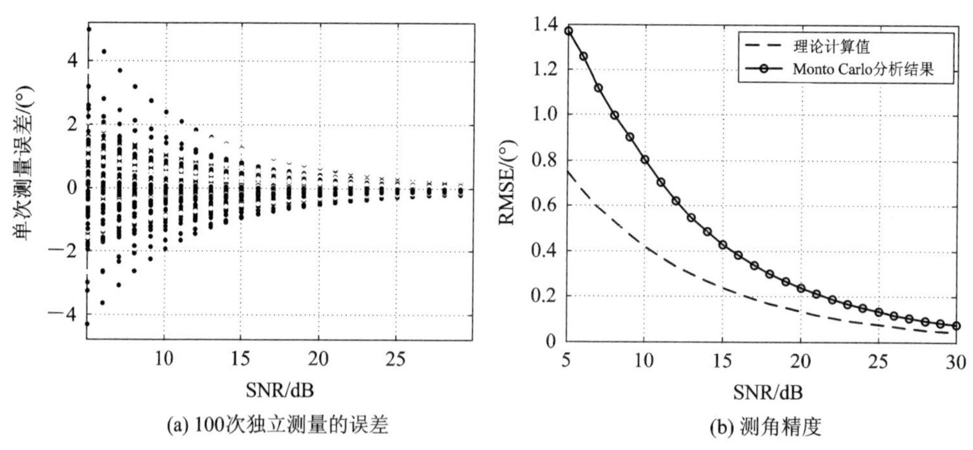

图12.19　100次Monto Carlo分析结果

(8) 假设接收机输出中频信号的中心频率为60 MHz，确定A/D采样时钟，设计中频正交采样滤波器，画图说明其幅频特性及其镜频抑制比。给出一个脉冲重复周期的目标回波中频信号、正交采样的基带信号、脉压后的原始视频信号。

(9) 利用MATLAB中的GUI设计导弹与目标之间从搜索到跟踪的动态演示系统，系统可以对雷达和目标的参数进行设置；并可以动态显示中间处理结果和最终弹目跟踪的运动轨迹。

图12.20给出了动态演示系统的其中一个人机界面。

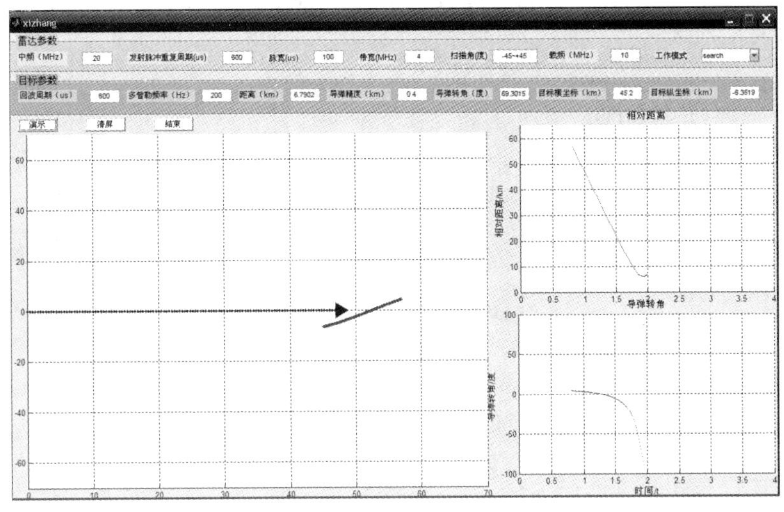

图 12.20　动态演示系统

(10) 根据图 12.8 雷达信号处理机的任务，给出信号处理机的初步设计方案。

根据设计要求，该雷达信号处理机的硬件实现框图如图 12.21 所示，包括一片 FPGA、三片 DSP(TS101)等。采用两路高速高精度 14 位模数转换器(AD9244)完成对 Σ、Δ 两个通道回波的采集。

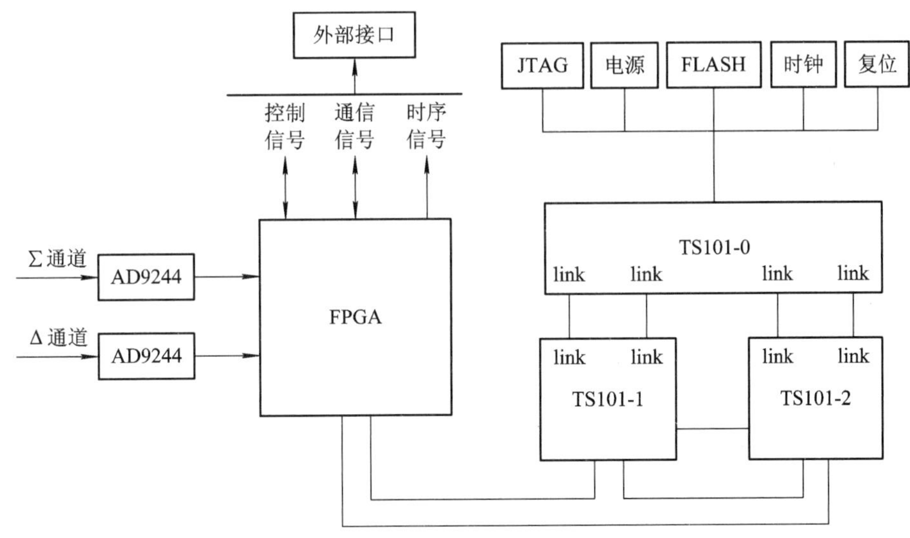

图 12.21　处理机的硬件实现框图

FPGA 的作用主要包括：① 完成对两路采集信号的中频正交变换；② 整个雷达系统中的时序产生电路，完成各种同步、发射、调制等要求的时序信号的产生；③ 集成了一个 UART，完成末制导雷达与弹上综控机之间的通信，以及数据的装定等；④ 给伺服系统等提供控制信号；⑤ 给 ADC 提供采样时钟，给 DSP 提供中断信号、工作状态的标志信息等。

三片 DSP 的具体任务分配如表 12.3 所示。

表 12.3 信号处理板上各片 DSP 的任务分配

TS101	搜索、TWS 时任务的分配	单脉冲跟踪
DSP1	(1) 从 FPGA 中读入经过正交分解后的数据 (2) 定点数转换成浮点数 (3) 弹速补偿 (4) 脉冲压缩 (5) 对 M 点×N 周期数据进行谱分析 (6) 求平方和 (7) CFAR 处理 (8) 把居心后的目标信息通过 Link 口向 DSP0 传输	(1)～(6)步同搜索，但是需要对和差两路信号进行处理，并从检测结果的和差信息中提取出角误差信号，通过链路口发送给 DSP0
DSP2	任务同 DSP1。DSP1 与 DSP2 采取交替工作方式	任务同 DSP1。DSP1 与 DSP2 采取交替工作方式
DSP0	(1) 与综控机进行通信与控制 (2) 对伺服系统进行控制 (3) 对信号处理机的工作模式进行控制 (4) 接收从 DSP2、DSP1 传来的数据，完成目标关联、跟踪滤波，完成航迹提取和航迹管理 (5) 输出数字信号给综控机 (6) 输出控制信号、制导信号 (7) 根据处理结果对距离波门、伺服系统进行调整	任务与搜索时基本相同

12.4 某阵列雷达信号处理

某阵列雷达位包括 20 个天线单元的等距线阵(水平放置)，天线间隔 0.65 m，波长为 1.25 m。采用 LFM 信号，调频带宽 B=800 kHz，脉冲宽度 T_e=400 μs)；雷达为三变 T，脉冲重复周期分别为[4100，4300，4500]μs。对基带复信号的采样时钟为 1 μs。在一个波位发射的脉冲数为 12。

假设两个目标的距离分别为 80 km 和 200 km，速度分别为 300 m/s 和 200 m/s，方位分别为 0°和 1°(相对于阵列的法线方向)，信噪比均为－10 dB。

在 100 km 内均存在地杂波，杂波的速度谱宽为 0.42 m/s，杂噪比为 60 dB。

该雷达的信号处理流程如图 12.22 所示，对回波信号一次进行 DBF、脉压、MTI、非相干积累 CFAR 等处理。

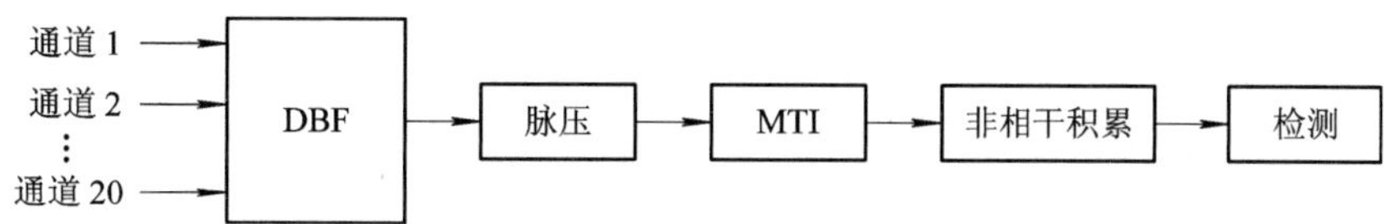

图 12.22　雷达的信号处理流程

(1) 模拟产生雷达的回波信号(包括上述目标、杂波和噪声)，生成数据文件 radar_data.mat，为三维数组 $N_R \times 20 \times 12$，N_R为距离单元(例如 $N_R = 3000$)，20 为天线单元数，12 为一个波位的脉冲数。画出其中任一天线接收的时域信号波形。

(2) 推导波束指向为 θ 时的 DBF 权矢量，给出波束指向为 $\theta = 0°$时的 DBF 处理结果，要求 DBF 的副瓣< -25 dB(采用泰勒窗)。画出 DBF 处理的输出时域信号波形。分析波束指向分别为 0°和 45°时的波束宽度。

(3) 分析脉压的匹配滤波系数，给出脉压后的原始视频，要求脉压的副瓣$\leqslant -35$ dB。

(4) 设计四/六脉冲 MTI 滤波器(假设滤波器凹口的中心在零频)，画出该滤波器的幅频特性。给出 MTI 后的原始视频。根据目标和杂波的功率，填写表 12.4，并估算对杂波的改善因子。

表 12.4　信号处理过程中目标和杂波的功率

	距离单元	脉压后(dB)	MTI 后(dB)	改善因子(dB)
目标 1				
目标 2				
杂波区				

(5) 对 MTI 后的原始视频进行非相干积累、CFAR 处理，给出 MTI 后、非相干积累后的原始视频和 CFAR 的噪声电平估计值(画图并解释)。

(6) 估算 DBF、脉压、MTI、非相干积累后噪声的功率，以及脉压、MTI、非相干积累后目标回波信号的功率及其 SNR，并填写表 12.5。(只计算当前仿真的单次结果)

表 12.5　信号处理过程中目标和噪声的功率

	距离单元	DBF 后(dB)	脉压后(dB)	MTI 后(dB)	非相干积累后(dB)
目标 2 (200 km)					
噪声					
SNR					

(7) 画出该阵列雷达单脉冲测角的和波束、差波束、测角归一化误差信号，指出误差信号的斜率。给出目标所在波位的差波束的时域输出信号，并计算目标的相对方位。

下面给出某阵列雷达实测数据的一些处理结果。

图 12.23 为某一根天线接收的原始信号(模值)。

图 12.24 为 DBF 输出的原始信号(模值)。

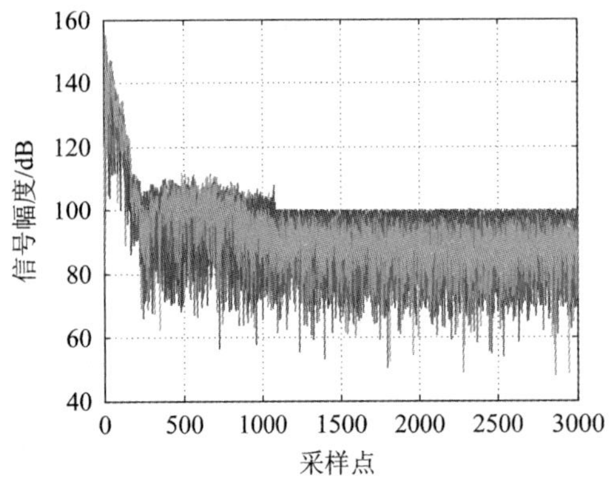

图 12.23　某根天线接收的原始信

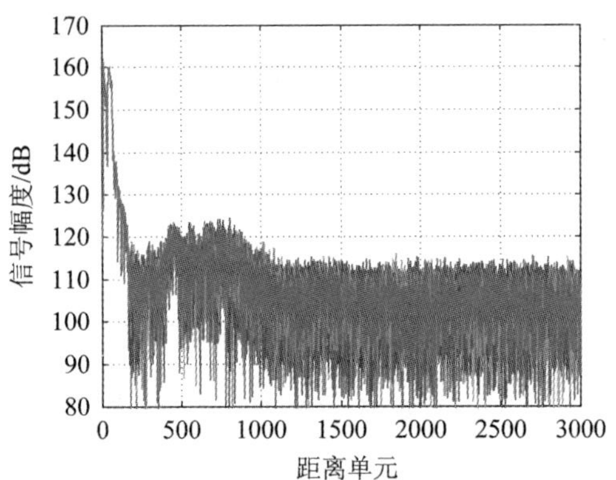

图 12.24　DBF 输出的原始信号

图 12.25 为脉压输出的原始信号(模值)。从图中可以看出，在距离较近的距离单元存在较强的杂波。

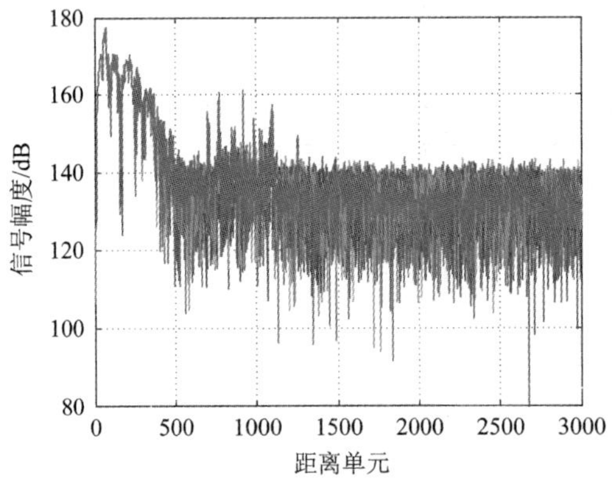

图 12.25　脉压输出的原始信号

图 12.26 为四脉冲 MTI 滤波器的幅频特性(包括三变 T 时的三组滤波器的幅频特性及其平均值)，在零频附近的零点深度约 80 dB。

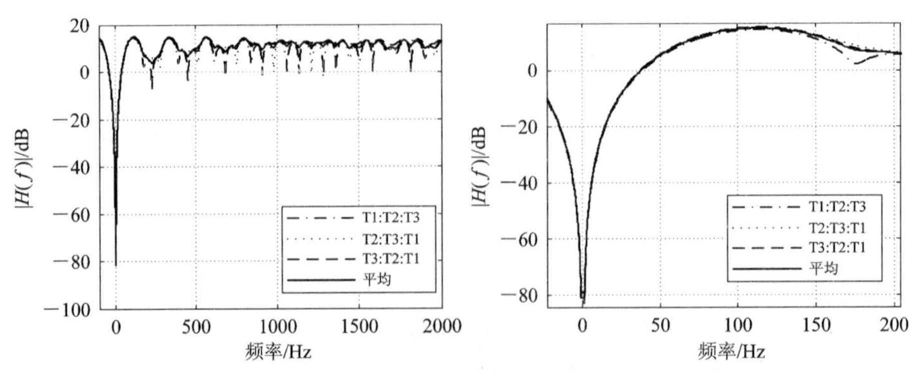

(右图是左图的局部放大)

图 12.26　四脉冲 MTI 地杂波滤波器的幅频特性

图 12.27 为 MTI 滤波输出的原始信号(模值)。与图 12.23 比较，杂波得到了较好的抑制。

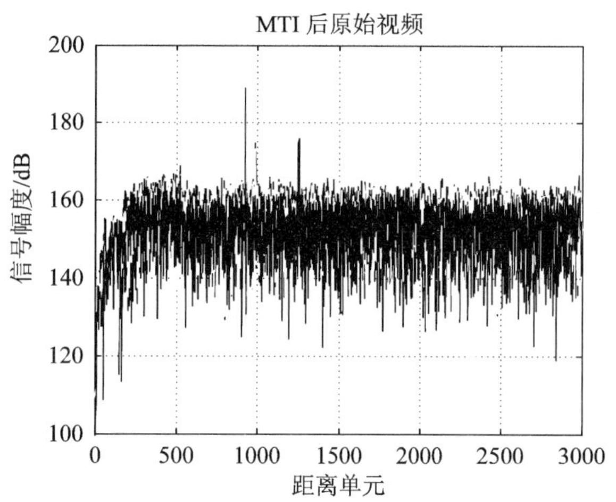

图 12.27　MTI 滤波输出的原始信号

图 12.28 为非相干积累输出的原始信号和 CFAR 检测门限。这里采用的是 CA-CFAR。

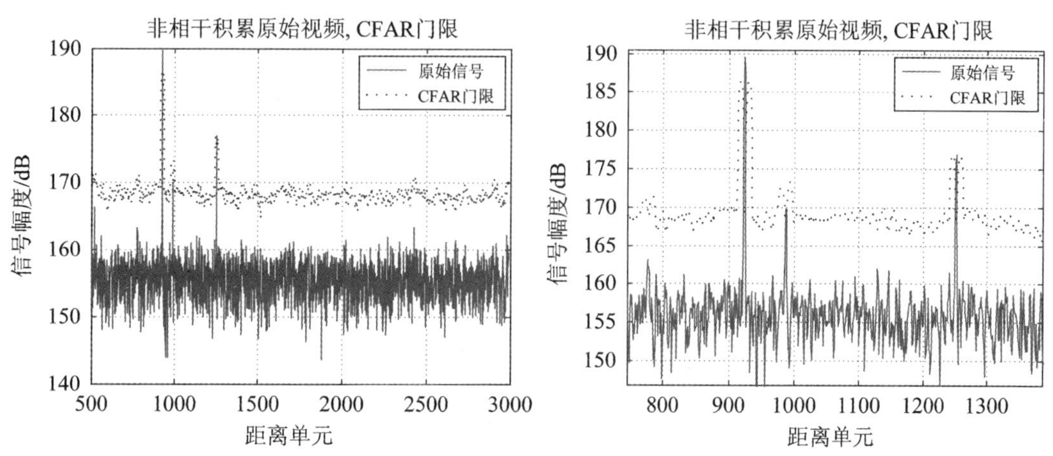

(右图是左图的局部放大)

图 12.28　非相干积累输出的原始信号和 CFAR 检测门限

图 12.29(a)为和、差波束的窗函数，形成和波束采用的是泰勒(Taylor)窗函数，形成差波束采用的是 Bayliss 窗函数；图 12.29(b)为单脉冲测角的和、差波束及其归一化误差信号。根据误差信号可以计算得到误差信号的斜率。

图 12.30 为和波束、差波束通道 MTI 输出的原始信号。根据和通道检测得到目标所在距离单元，然后对相同距离单元的和波束、差波束的输出提取测角误差值，再乘以误差信号的斜率，从而得到目标的相对方位。

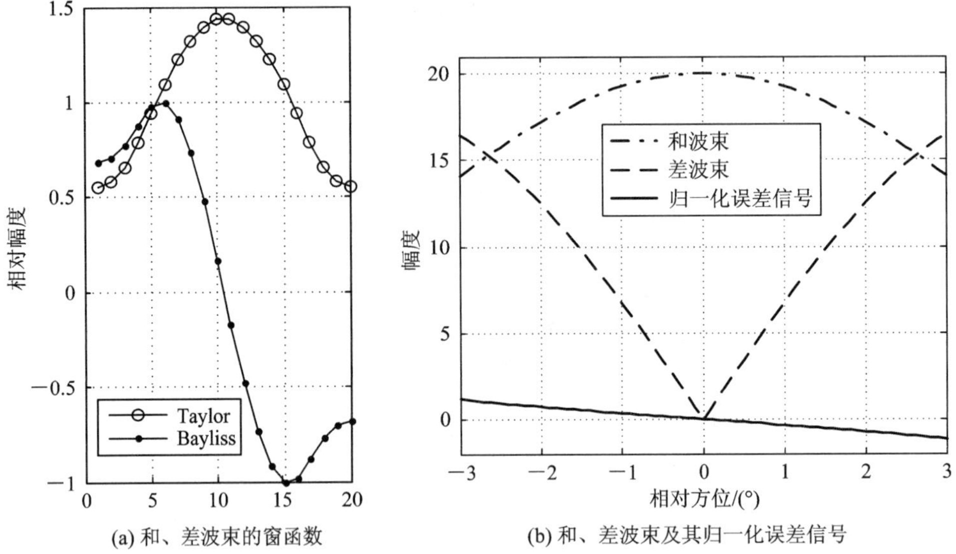

(a) 和、差波束的窗函数 (b) 和、差波束及其归一化误差信号

图 12.29 单脉冲测角的和、差波束及其归一化误差信号

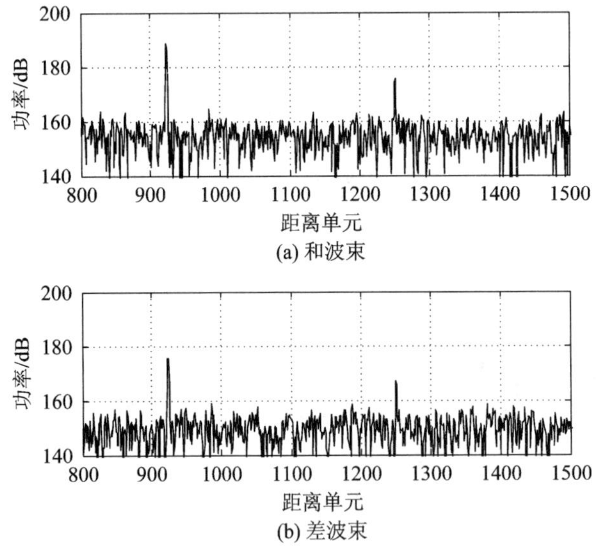

(a) 和波束

(b) 差波束

图 12.30 和波束、差波束通道的 MTI 输出信号

12.5 虚拟仿真实验

学生在学习雷达系统相关课程中，由于没有雷达设备，难以对雷达的工作过程进行直观的分析和了解。为此，我们开发了雷达系统设计虚拟仿真实验平台。通过虚拟仿真实验，对雷达的工作过程、参数设置、目标运动状态的设置、目标和杂波回波信号的模拟产生、信号处理(脉压、相干积累、MTI/MTD)、目标检测、角度测量、航迹关联与跟踪等进行虚拟仿真，从信号产生到每一步的处理结果，都可以在屏幕上显示，便于读者进行分析，从而掌握雷达系统的分析与设计方法。虚拟仿真设立 10 个实验项目，相互有一定的关联，下

面分别介绍。

实验 1　雷达和目标的参数设置、功率计算

【实验目的】 设置雷达的工作状态和目标的运动参数，计算目标在不同时刻的三维坐标，及其相对于雷达的极坐标距离、方位、仰角、径向速度。根据雷达和目标参数，计算目标回波的信号功率、噪声功率和输入信噪比。

【实验原理】

1. 雷达和目标参数的设置

虚拟仿真首先选择雷达的工作类型，分两大类：一类是地面雷达，雷达位置不动，只是波束在扫描；另一类是雷达平台运动，例如导弹上的末制导雷达或机载雷达，由于雷达和目标均在运动，需要计算目标相对于雷达的位置和速度。

雷达波束的扫描方式见表 12.6。表中输入和输出参数主要是计算目标的位置和波束指向等信息。波束扫描方式从(1)到(5)，由简单到复杂，读者可以根据自己的学习情况，选择不同的扫描方式进行虚拟仿真。信噪比可以设为固定值，也可以按照雷达方程和天线方向图函数进行计算。

雷达系统设计时，首先根据雷达的功能要求，设计相应的工作参数。雷达的主要工作参数见表 12.7。

表 12.6　雷达及其波束的扫描方式

	波束扫描方式	输入参数或文件	输出参数
雷达静止（地面雷达）	(1) 波束指向目标，不扫描，跟踪方式； (2) 波束在方位 360°内扫描； (3) 波束在方位[−45°, 45°]范围内扫描； (4) 波束在方位 360°、仰角[0°, 45°]范围内扫描； (5) 波束在方位[−45°, 45°]、仰角[0°, 45°]范围内扫描	天线在一维或二维的波束宽度； 天线的方向图函数（数据文件）； 波束扫描的速率； 时间量化单位，如取 0.001 s； 仿真时长	时间； 目标位置坐标（距离、方位和仰角）； 目标径向速度； 信噪比
雷达运动（末制导雷达或机载雷达）	(1) 波束指向目标，不扫描，跟踪方式； (2) 波束在方位 360°内扫描； (3) 波束在方位[−45°, 45°]范围内扫描； (4) 波束在方位 360°、仰角[0°, 45°]范围内扫描； (5) 波束在方位[−45°, 45°]、仰角[0°, 45°]范围内扫描	雷达的三维运动参数或数据文件（位置坐标）； 天线在一维或二维的波束宽度； 天线的方向图函数（数据文件）； 波束扫描的速率； 时间量化单位，如取 0.001 s； 仿真时长	时间； 波束指向； 目标相对于雷达的距离； 目标相对于雷达波束指向的方位和仰角； 目标径向速度； 信噪比

表 12.7　雷达的主要工作参数

参数(变量名)	设 计 依 据	实验参数举例
载频(F_c)	雷达工作的中心频率，由雷达的功能需求决定	10 GHz
工作带宽(B)	由距离分辨率 ΔR 决定，$\Delta R = c/(2B)$，c 为光速	1～10 MHz
发射脉冲宽度(T_e)	由最小作用距离、发射管的工作比、威力等决定	50 μs
脉冲重复周期(T_r)	根据最大不模糊距离、发射管的工作比设置	例如 1 ms、0.3 ms
调制方式(sig_mod)	线性调频、非线性调频、相位编码信号等	线性调频 sig_mod＝1
发射峰值功率(P_t)	由雷达的作用距离等因素决定	
天线增益(G_a)	由天线的孔径决定，$G_a = 4\pi A_e/\lambda^2$，A_e 为天线的有效面积，λ 为波长	例如，取 35 dB
波束宽度(θ_{3dB})	由天线的孔径决定，$\theta_{3dB} \approx \lambda/D$，$D$ 为天线有效孔径	
接收机噪声系数(F_n)	由接收机的噪声决定	例如，取 3 dB
系统损耗(Loss)	雷达系统的各种损耗	例如，取 5 dB
每个波位的脉冲数(M_c)	根据天线扫描速度 v_{scan}、波束宽度 θ_{3dB}、脉冲重复频率 f_r，在每个波位的驻留时间 T_i，在 T_i 期间发射脉冲数 $M_c \leqslant T_i f_r = \frac{\theta_{3dB}}{360} v_{scan} f_r$。例如，若 $\theta_{3dB} = 6°$，$v_{scan} =$ 2 秒/圈，f_r＝1000 Hz，则 $M_c \leqslant 33$	例如，取 32

目标的参数如表 12.8 所示。对于地面雷达，一般目标的参数是以雷达为坐标原点，以极坐标的形式给出。

表 12.8　目标的主要参数

参数(变量名)	参 数 描 述
距离(R_T)	目标相对于雷达的径向距离
方位(Az_T)	目标相对于雷达的方位，正北为 0°；弹载雷达以弹轴作为参考
仰角(El_T)	目标相对于水平面的仰角为 0°
散射截面积(RCS)	根据目标的散射特性设置

对于弹载末制导雷达，由于雷达的位置运动，可以以开始仿真为零时间，以导弹发射点作为坐标原点，分别根据导弹和目标的运动方程计算二者在不同时刻的位置，再通过坐标变换，得到目标相对于弹轴坐标系的位置。因此末制导雷达系统仿真中需要考虑三个坐标系，分别是大地坐标系，弹体坐标系及天线阵面坐标系(若天线中心法线方向与弹轴相同，弹体坐标系和天线阵面坐标系合二为一)，如图 12.31 所示。下面分别对这三种坐标系进行说明。

(1) 大地坐标系：导弹在发射之前，通常以发射导弹架的位置作为坐标原点 O_A，建立大地直角坐标系 $O_A\text{-}X_AY_AZ_A$。导弹在运动过程中，根据弹道的设置，可以计算导弹中心 O_B 的位置坐标。

(2) 阵面坐标系：天线阵面坐标系 $O_C\text{-}X_CY_CZ_C$ 是以天线中心 O_C 为坐标原点，阵面在 $X_CO_CY_C$ 平面，阵面法线方向为 Z_C 轴，阵面的水平方向为 X_C 轴，垂直方向为 Y_C 轴。

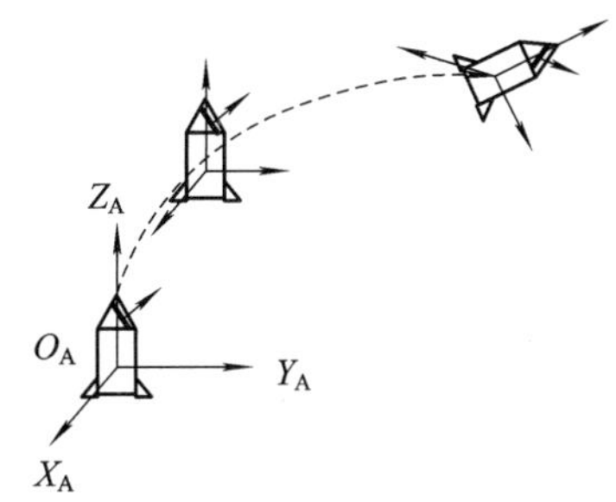

(a) 大地坐标系

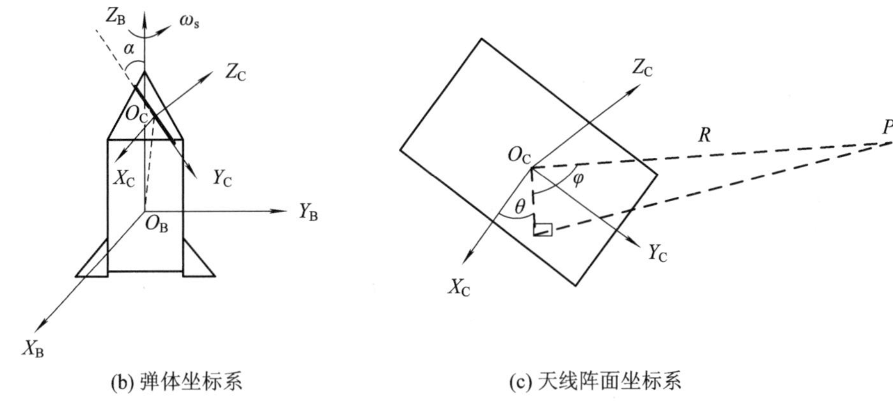

(b) 弹体坐标系　　(c) 天线阵面坐标系

图 12.31　坐标系

(3) 弹体坐标系：弹体直角坐标系 O_B- $X_BY_BZ_B$ 是以导弹质心为坐标原点 O_B，以弹轴为 Z_B轴，令向上为正，与 X_C轴平行方向为 X_B 轴，平面 $X_BO_BY_B$ 垂直于 Z_B轴。天线阵面与 Z_B轴的夹角为 α。弹体球坐标系分别以 X_B 轴和 Z_B 轴正向为方位 0°和俯仰 90°。

在开始时刻，大地坐标系与弹体坐标系相同。在仿真实验过程中，如果导体不动，只是目标运动，相当于地面雷达系统仿真；如果导体运动，则为末制导雷达系统仿真。

根据目标的初始位置 T，计算在任意 t 时刻目标的位置坐标和径向速度。

雷达系统仿真过程中，需要根据导弹和目标在大地坐标中的位置，计算目标相对于阵面坐标系的极坐标(距离、方位、仰角)和径向速度。

导弹的运动分两种：一是根据弹道参数运动，二是导弹自身的转动。假设在大地坐标系下导弹的速度、加速度分别为$\{v_x, v_y, v_z\}$、$\{a_x, a_y, a_z\}$，则在 t 时刻导弹质心 O_B的大地坐标可以表示为

$$\begin{bmatrix} x_B(t) \\ y_B(t) \\ z_B(t) \end{bmatrix} = \Gamma_B = \begin{bmatrix} v_x t + 0.5a_x t^2 \\ v_y t + 0.5a_y t^2 \\ v_z t + 0.5a_z t^2 \end{bmatrix} \tag{12.5.1}$$

而天线阵面中心 O_C围绕着弹轴转动，转动的速度为 ω_s，O_C与 O_B之间的长度为 r_{BC}，该长度较小，可以不考虑。假设 O_C也在轴线上，弹体坐标系与天线阵面坐标系同时转动，在 t 时刻阵面在方位维的指向角为 $\theta_C=\omega_s t$。假设天线阵面与弹轴的夹角为 α，若目标在大地坐标系下的直角坐标和极坐标分别为$(x_T(t), y_T(t), z_T(t))$和$(R_T(t), \theta_T(t), \varphi_T(t))$，且有

$$方位角：\theta_{\mathrm{T}}(t)=\arctan\left(\frac{y_{\mathrm{T}}(t)}{x_{\mathrm{T}}(t)}\right)$$

$$俯仰角：\varphi(t)=\arctan\left(\frac{z_{\mathrm{T}}(t)}{\sqrt{x_{\mathrm{T}}^{2}+y_{\mathrm{T}}^{2}}}\right)$$

$$距离：R_{\mathrm{T}}(t)=\sqrt{x_{\mathrm{T}}^{2}+y_{\mathrm{T}}^{2}+z_{\mathrm{T}}^{2}}$$

导弹的位置坐标分别为$(x_{\mathrm{a}}(t), y_{\mathrm{a}}(t), z_{\mathrm{a}}(t))$，则目标在弹体坐标系下的坐标$(x_{\mathrm{TD}}(t), y_{\mathrm{TD}}(t), z_{\mathrm{TD}}(t))$为

$$(x_{\mathrm{TD}}(t), y_{\mathrm{TD}}(t), z_{\mathrm{TD}}(t))=(x_{\mathrm{T}}(t)-x_{\mathrm{a}}(t), y_{\mathrm{T}}(t)-y_{\mathrm{a}}(t), z_{\mathrm{T}}(t)-z_{\mathrm{a}}(t)) \tag{12.5.2}$$

2. 功率计算

功率计算依据雷达方程，注意这里需要考虑天线的方向图函数，当波束不指向目标时，目标回波是从天线副瓣进入雷达。

【实验步骤】

(1) 设置雷达的工作参数(载频 f_0、重频 f_r、脉宽 T_e、带宽 B、调制方式)和工作模式(搜索、跟踪)，生成雷达位置的数据文件(见实验 1)，并画出雷达位置随时间的变化曲线；

(2) 设置、计算目标的位置及其运动参数，生成目标位置的数据文件，并画出目标位置随时间的变化曲线；

(3) 设置雷达在每个波位的发射脉冲数，计算雷达在每个波位的驻留时间间隔，设置开始仿真时刻，分别读取雷达和目标位置的数据文件，根据直角坐标，计算在当前时刻目标相对于雷达的距离、方位、仰角、径向速度；

(4) 设置雷达天线增益和发射功率、目标散射截面积(RCS)、接收机噪声系数，根据雷达方程计算雷达接收目标回波的功率和噪声功率，计算输入信噪比，画出输入信噪比随距离的变化曲线。

实验结果如图 12.32 所示(图为方位在 360°时搜索工作模式下雷达和目标的位置显示)。

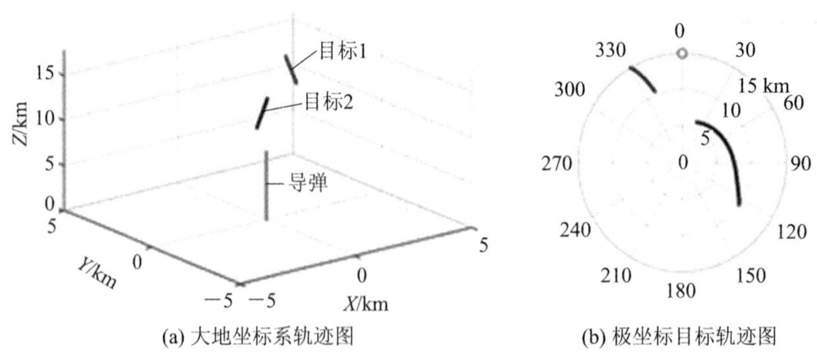

(a) 大地坐标系轨迹图　　(b) 极坐标目标轨迹图

图 12.32　实验一示例

实验 2　模拟产生目标、噪声等回波信号

【实验目的】 学习掌握不同距离、不同速度目标回波的模拟产生方法。

【实验原理】

雷达接收到的目标回波信号包含与其距离相对应的时延信息、与其径向速度对应的多

普勒频率信息以及其方向和信号的强度等信息。

假设雷达发射脉宽为 T_e、带宽为 B_m 的线性调频信号模型为

$$s(t) = a(t)\exp\left(2\pi\left(f_0 t + \frac{\mu t^2}{2}\right)\right) \tag{12.5.3}$$

设雷达与目标的初始距离为 R_0，目标的时延为 t_0，即 $t_0 = 2R_0/c$，目标相对雷达的径向速度为 v_r(面向雷达运动时为正，背离雷达运动时为负)。若不考虑回波能量的衰减，则接收信号模型为

$$s_r(t) = a(\gamma(t - t_0))\exp(2\pi f_0(\gamma - 1)(t - t_0) + \pi\mu\gamma^2(t - t_0)^2 - 2\pi f_0 t_0) \tag{12.5.4}$$

其中，$\gamma = 1 + \frac{2v}{c}$，由于 $v \ll c$，$\gamma \approx 1$，目标的多普勒频率 $f_d = \frac{2v_r}{\lambda} = (\gamma - 1)f_0$，其中的时间延迟 $e^{-j2\pi f_0 t_0}$ 与 t 无关，因此，接收回波的基带信号可表示为

$$s_r(t) \approx a(\gamma(t - t_0))\exp(2\pi f_d(t - t_0) + \pi\mu(t - t_0)^2) \tag{12.5.5}$$

对一般警戒雷达，在模拟产生目标回波信号时，通常不考虑目标的方向与天线的方向图函数(认为目标在方向图函数最大值方向)，这时目标回波信号的基带复包络可表示为

$$S(t) = As_e(t - \tau(t)) \approx As_e(t - \tau_0)\exp(j2\pi f_d t) \tag{12.5.6}$$

其中，$s_e(t)$为发射信号的复包络；A 为信号幅度，通常根据 SNR 设置；$\tau(t) = 2R(t)/c = 2(R_0 - v_r t)/c$为目标时延。因此，在产生目标回波时，可以直接按时变的时延来产生，也可以直接用多普勒频率来模拟产生多个脉冲重复周期的目标回波信号。如果考虑目标回波的幅度起伏，则第 m 个脉冲重复周期的目标回波信号及其离散形式可以近似为

$$S_m(t) = A_m s_e(t - \tau_0)\exp(j2\pi f_d m T_r) \tag{12.5.7}$$

$$S_m(n) = S_m(nT_s) = A_m s_e(nT_s - \tau_0)\exp(j2\pi f_d m T_r) \tag{12.5.8}$$

对于多普勒敏感信号(如相位编码信号等)，建议直接用式(12.5.5)产生。读者可以从给出的 MATLAB 程序中体会。

而对于方向测量和跟踪雷达，例如，单脉冲雷达需要模拟和、差通道的目标回波，这时需要考虑天线的方向图函数 $G(\theta, \varphi)$，目标回波信号的基带复包络可表示为

$$S(t) = G(\theta_0, \varphi_0)A_m s_e(t - \tau_0)\exp(j2\pi f_d t) \tag{12.5.9}$$

其中，(θ_0, φ_0)为目标的方位角和仰角，$G(\theta_0, \varphi_0)$为天线在目标方向的增益。

【实验步骤】

(1) 根据目标回波和噪声的功率，计算目标回波和噪声的电压值；

(2) 模拟生成噪声，通常为高斯白噪声；

(3) 根据目标位置和雷达参数，编写程序，模拟产生目标回波信号；

(4) 根据雷达方程计算回波的信噪比(或者信号的功率、噪声的功率)，产生目标+噪声的回波数据，并作图显示原始回波信号；

(5) 验证基带回波信号的同相分量(I)和正交分量(Q)之间的正交性。

(6) 模拟雷达接收的中频回波信号，设计中频正交采样滤波器，给出该滤波器输出的同相分量(I)和正交分量(Q)，并通过模拟示波器验证同相分量和正交分量的正交性。

实验结果图如图 12.33 所示。其中，图为模拟的基带回波信号；(b)为中频接收信号及其数字正交检波得到的同相分量和正交分量。

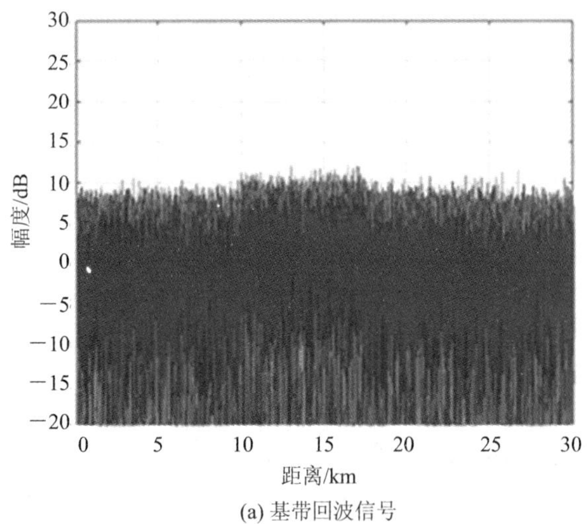

(a) 基带回波信号

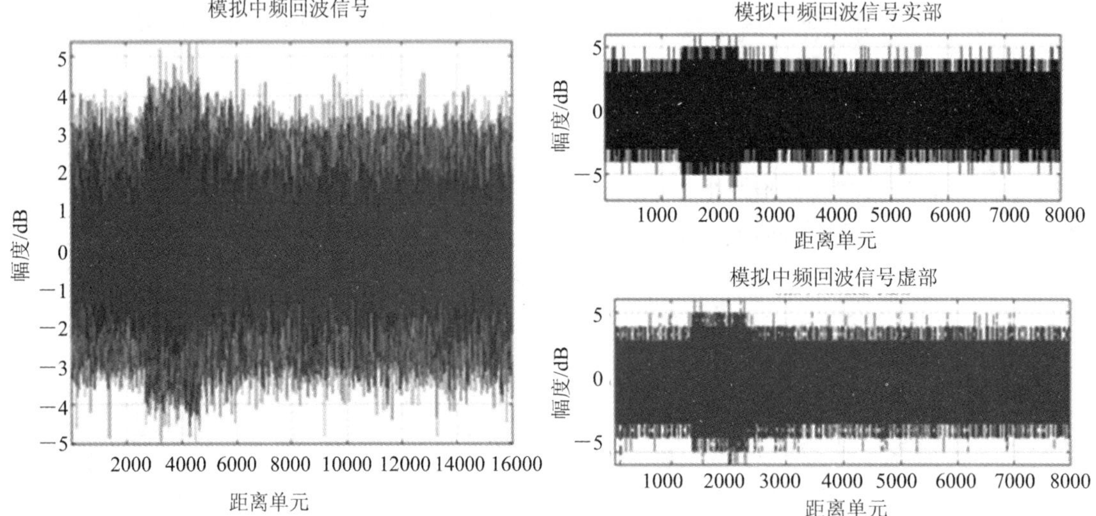

(b) 数字下变频前、后结果

图 12.33 实验二示例

实验 3 脉冲压缩信号处理仿真实验

【实验目的】 学习掌握脉冲压缩信号处理的模拟仿真过程。

【实验原理】

见第 4 章内容。

【实验步骤】

(1) 产生脉冲压缩处理的匹配滤波系数;

(2) 熟悉窗函数类型及其特征(仿真时选择 1～2 种窗函数);

(3) 编写脉冲压缩处理程序;

(4) 在不加窗、加窗情况下分别进行时域或频域脉压处理；

(5) 作图分析脉压结果，判断脉压峰值的位置与设定的目标距离是否一致；

(6) 计算脉压后的信噪比和脉压的增益以及加窗对信噪比的损失。

(7) 若实验 2 模拟产生的是中频回波信号，则需要先进行中频正交检波处理，后进行脉压处理。

实验结果如图 12.34 所示(图为脉冲压缩结果)。

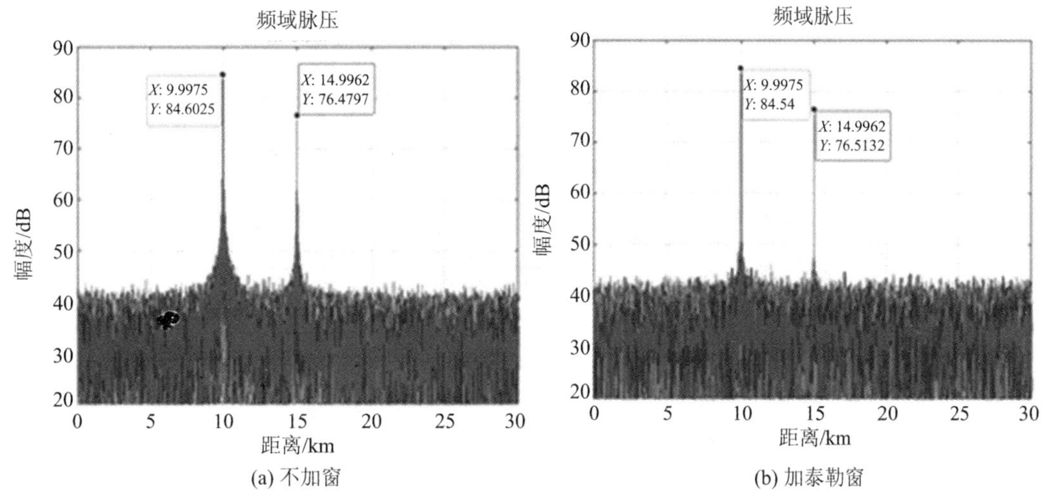

(a) 不加窗　　(b) 加泰勒窗

图 12.34　脉冲压缩结果

实验 4　MTI/MTD/CI(相干积累)处理仿真实验

【实验目的】 学习掌握 MTI/MTD/CI(相干积累)处理的模拟仿真方法，验证其性能。

【实验原理】

MTI/MTD 的原理见第 6 章。

【实验步骤】

(1) 设计 MTI/MTD 滤波器，或者利用 FFT 编写相干积累处理程序，画出滤波器的频率特征曲线；

(2) 将一个目标看作杂波，设置其多普勒频率在 0 附近，画出模拟回波的 MTI/MTD 滤波器的输出结果，或者相干积累处理的距离-多普勒二维处理结果；

(3) 计算 MTI/MTD 处理后目标的信噪比，以及对不同频率的杂波的改善因子；

(4) 计算相干积累处理后目标的信噪比，分析目标所在多普勒通道的频率及其对应的速度，分析速度模糊问题；

(5) 假设接收信号的输入信噪比分别为－10 dB、0 dB，计算不同速度下目标回波结果脉压、MTI/MTD/CI 处理后的输出信噪比，并从理论上进行解释。

说明：根据学习情况，从 MTI、MTD、相干积累三者中选一种进行编程与仿真实验。MTI 处理建议采用四脉冲对消器，在一个波位的多个脉冲经过 MTI 处理后可以进行非相干积累。

仿真条件：杂波分布在 2～5 km 范围内，中心频率为 3700 Hz，谱宽为 30 Hz。设置

MTD 滤波器的凹口中心为 3700 Hz，凹口宽度为 30 Hz，脉冲个数为 32。

实验结果：MTD 滤波器组的频率响应如图 12.35 所示；图 12.36 给出了杂波抑制前、后的结果。由此可见，杂波得到了良好抑制。如图 12.35 和图 12.36 所示。

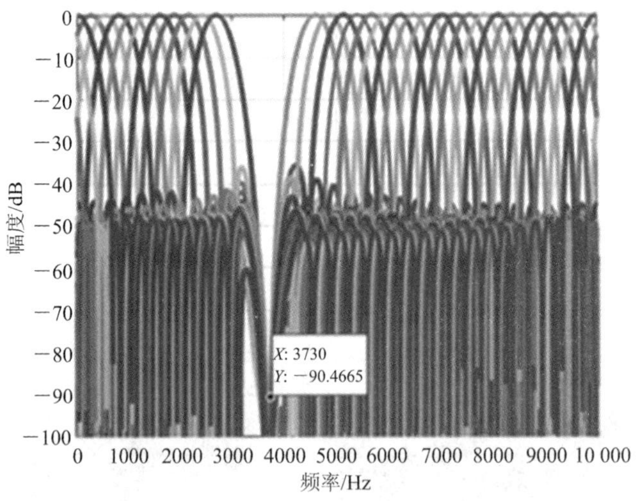

图 12.35 MTD 滤波器组的频率响应

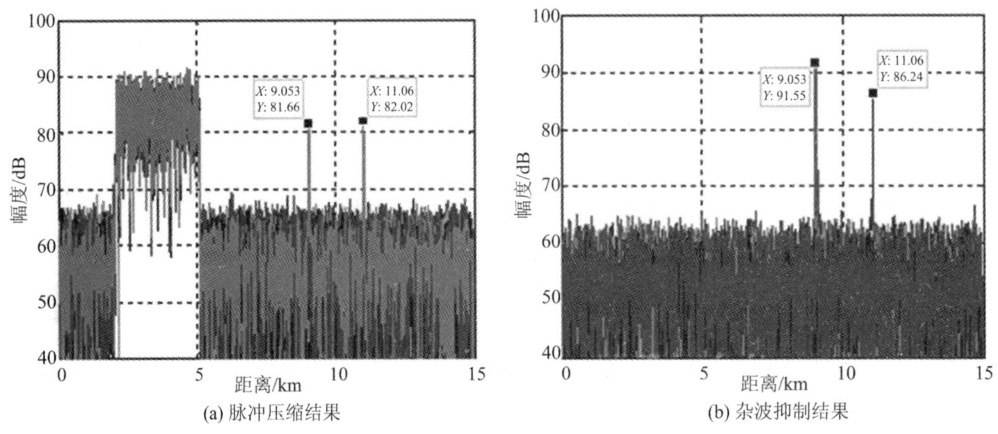

图 12.36 杂波抑制前、后结果对比

实验 5 CFAR 目标检测处理仿真实验

【实验目的】 学习掌握雷达自动检测——CFAR 检测的模拟仿真方法。

【实验原理】

见第 8 章 CFAR 检测的工作原理。

【实验步骤】

(1) 选取 CFAR 处理方法并编写程序；

(2) 根据检测概率和虚警概率，设置检测门限；

(3) 设置保护单元和参考单元数，对噪声和干扰的参考电平进行估计，判断是否有目标；

(4) 作图给出目标所在多普勒通道输出时域信号及其对应的 CFAR 噪声门限电平，如图 12.37 所示。

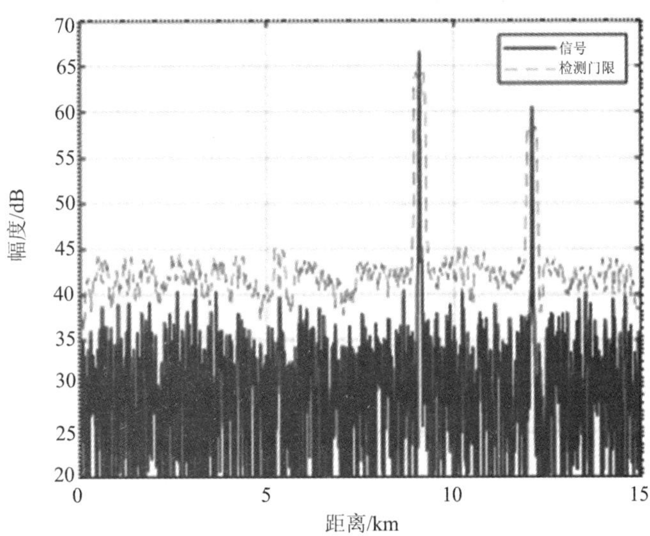

图 12.37　CFAR 检测的噪声电平

实验 6　点迹凝聚与参数测量仿真实验

【实验目的】 学习掌握点迹凝聚、目标参数测量的模拟仿真方法。

【实验原理】

1. 点迹凝聚

雷达在当前工作的一圈内，受处理方法或目标自身运动的影响，检测结果中一个目标可能存在多个点迹数据。点迹凝聚也称点迹合并，就是对多普勒、仰角、方位等多个维度上存在的多个点迹数据进行合并，形成一个点迹数据。点迹凝聚的目的就是为了使得一个目标在一圈内只有一个点迹数据，以便后继的点迹关联、航迹滤波等处理。点迹凝聚处理的具体流程如图 12.38 所示。若是两坐标雷达，就不需要在仰角维凝聚。

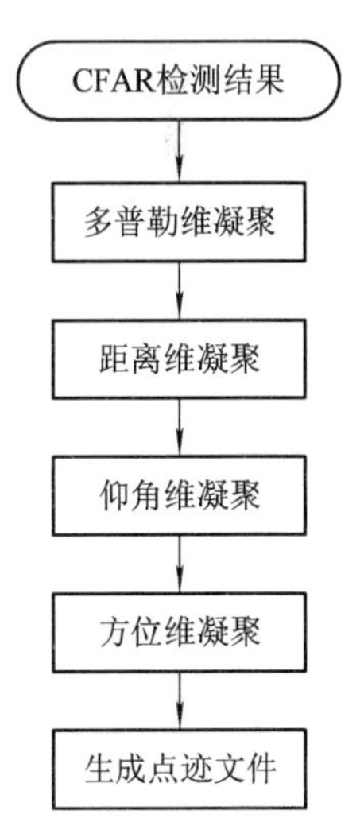

图 12.38　点迹凝聚处理流程

(1) CFAR 检测结果。CFAR 是对杂波抑制结果中的每个距离单元都进行目标检测，根据检测结果输出“0/1”标识，“1”表示存在目标，“0”表示没有目标。检测结果中，若存在目标，需要保留该目标的信号幅度，若没有目标，则其对应的信号幅值为 0。

(2) 多普勒维凝聚。该流程是在同一个波位的相同距离单元的不同多普勒通道之间进行的。一般认为同一距离单元只有一个目标，多普勒维凝聚时只需选大输出。

(3) 距离维凝聚。该流程存在目标的距离单元，有可能是间断的，也可能是连续的。当存在目标的距离单元之间出现间断时，则认为间断前存在两个不同的目标。

由于一般情况下距离单元小于距离分辨率，因此当连续的几个距离单元都有目标(检测标识连续为“1”)时，将会被视为是同一个目标。一个目标只保留一个点迹数据，在连续的几个距离单元对应的幅值中选取最大值作为该目标的幅值，将连续的几个距离单元对应的长度看作该目标的长度。若连续检测结果为“1”的距离单元数远大于目标尺寸，则有可能是存在干扰或者是剩余强杂波。因此，距离维凝聚后，一个目标只保留一个点迹数据，并给出目标所占距离单元数，为终端计算机提供目标在距离维的尺寸标识，为终端判断提供参考。

(4) 仰角维凝聚。雷达在搜索过程中，波束在仰角维相扫，可能会产生交叉覆盖，因此一个目标可能在多个仰角波位的回波信号中均被检测到。为了保证一个目标在一圈内只有一个点迹，需要进行仰角维凝聚。凝聚的原则是在相同的距离单元选大，或者根据幅度进行密度加权。

(5) 方位维凝聚。方位维凝聚是为了保证雷达在旋转运动中，一个目标可能在相邻的方位波束均被检测到时，确认为同一目标。经方位维凝聚后，一个目标在一个方位上只有一个方位波位。在方位维凝聚时，需考虑相邻两个方位波位、相邻的若干个距离单元以及相邻的两个俯仰波位，确保一个目标在一圈内只保留一个点迹。在方位维凝聚时，也需要根据幅度进行密度加权。

2. 参数测量

主要对方位角进行单脉冲测角的虚拟仿真。工作原理见第 9 章。

【实验步骤】

(1) 设置点迹凝聚处理的参数及其方法；

(2) 编写程序，实现在距离、多普勒、方位、仰角 1～4 个维度上对检测门限的点迹进行目标凝聚，形成检测标志；

(3) 根据信号幅度，利用密度加权的方法，在距离维进行内插得到目标的距离；

(4) 根据单脉冲测角原理，模拟产生和、差波束及其归一化误差电压，计算测角误差电压的斜率(方向跨导)，模拟产生方位差通道的回波信号，并进行与和通道同样的信号处理，对目标所在距离单元进行单脉冲测角；

(5) 按格式生成点级数据文件。

实验 7　地面雷达系统动态仿真实验

【实验目的】 学习掌握地面雷达系统动态仿真方法。

【实验原理】

实验 1～实验 6 可以理解为对某一时刻或某一波位，对雷达接收信号及其信号处理、检测等进行虚拟仿真。而本实验针对地面雷达(即雷达自身的位置不动)，在不同的搜索方式下进行雷达系统的模拟仿真。

雷达的搜索方式主要有以下几种：

(1) 雷达在方位 0～360°范围内机扫，即一维机扫；

(2) 雷达在方位－45°～＋45°范围内电扫，即一维电扫；

(3) 雷达在方位 0～360°范围内机扫，在俯仰维电扫，即二维扫描(一维机扫＋一维电扫)；

(4) 雷达在方位、俯仰维电扫，通常方位维在－45°～＋45°范围内电扫，俯仰维在 0°～30°范围内电扫，即二维电扫。

仿真时根据自己的学习情况，选取一种情况进行系统仿真。

【实验步骤】

(1) 雷达位置不变，模拟雷达在 360°范围内机扫或电扫，计算在不同时刻的波束指向。

(2) 设置系统仿真的起始时间(通常为 0)和终止时间，计算扫描过程中波束的指向、相对时间。

(3) 在不同时刻，根据波束指向和目标的位置信息(可以调用实验 1 生成的目标位置数据文件)，动态模拟雷达目标回波产生、脉压、相干积累或 MTI/MTD 处理等，对检测结果产生点迹数据文件。

(4) 考虑天线方向图函数，重复步骤(2)(3)。

实验结果如图 12.39 所示。

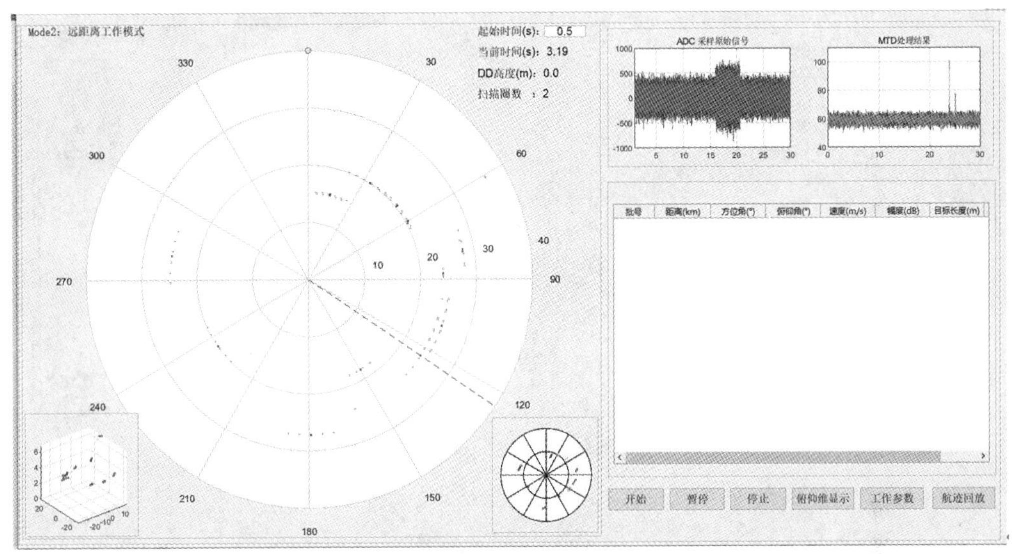

图 12.39 某地面雷达系统动态仿真运行结果

实验 8 末制导雷达系统动态仿真实验

【实验目标】 学习掌握末制导雷达系统的动态仿真方法。

【实验原理】

本实验与实验 7 的区别在于，实验 7 雷达自身的位置不动，而在本实验中需要考虑导弹的运动方式，并在不同的搜索方式下进行末制导雷达系统的模拟仿真。

末制导雷达的搜索方式主要有以下几种：

(1) 末制导雷达利用导弹自身的旋转特性在方位 0°～360°范围内机扫；

(2) 末制导雷达在方位－45°～＋45°范围内机扫或电扫；

(3) 末制导雷达在方位 0～360°范围内机扫，在俯仰维电扫；

(4) 末制导雷达利用导弹自身的旋转特性在方位 0～360°范围内机扫的同时俯仰维在一定仰角范围内(例如 0°～30°)电扫。

当然，一般末制导雷达不需要在方位 360°范围内搜索目标，只需要在方位－45°～＋45°范围内机扫或电扫。

仿真时根据自己的学习情况，选取一种情况进行系统仿真。

【实验步骤】

(1) 雷达位置运动，模拟雷达在 360°范围内机扫或电扫，计算在不同时刻的波束指向，以及雷达与目标之间的相对位置。

(2) 动态模拟雷达目标回波产生、脉压、相干积累或 MTI/MTD 处理等，对检测结果产生点迹数据文件。

(3) 考虑天线方向图函数，重复步骤(2)。

实验结果如图 12.40 所示。

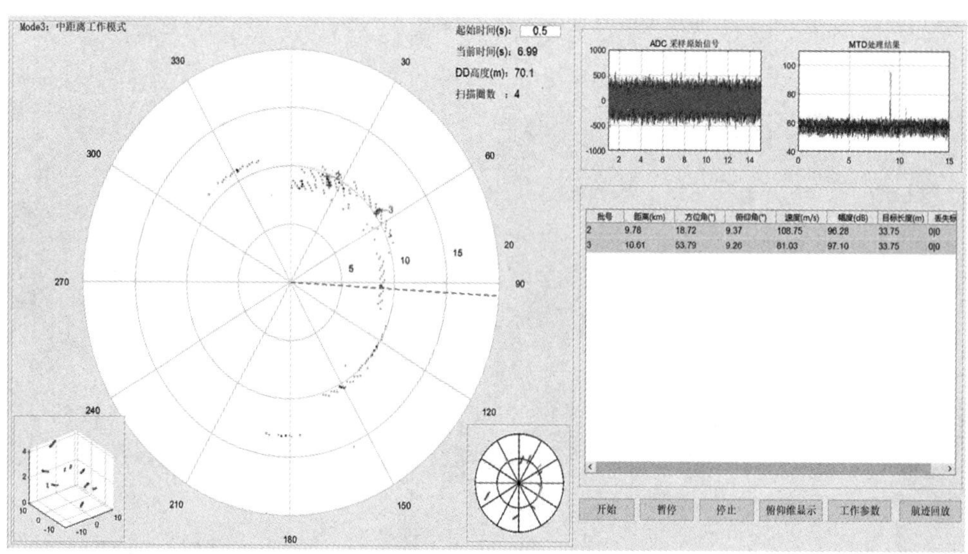

图 12.40　某末制导雷达系统动态仿真运行结果

实验 9　雷达航迹关联的仿真实验

【实验目标】 学习掌握雷达航迹关联的虚拟仿真过程。

【实验原理】

雷达航迹关联包括航迹起始、航迹保持、航迹滤波等，属于数据域处理，而非信号级处理。

1. 航迹起始

航迹起始主要采用一步延迟算法，示意图如图 12.41 所示，图中虚线椭圆框表示开窗范围，实心圆点为目标点迹，空心圆点为预测的点迹。点迹 p_m^n 中上标“n”表示 n 圈，下标“m”表示点迹编号，上标“pre”表示该点迹为预测值。

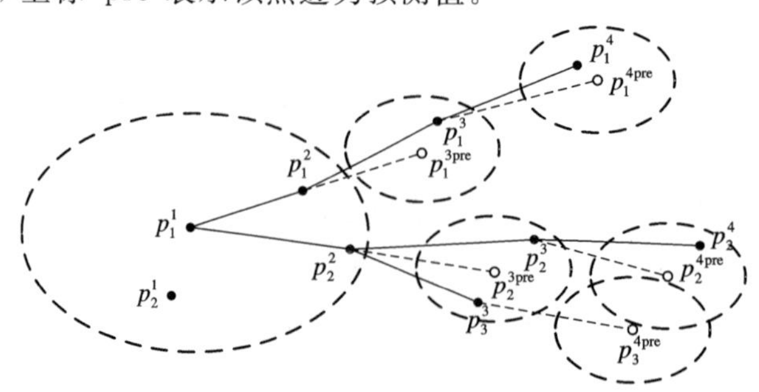

图 12.41　一步延迟法示意图

航迹起始是在 3～4 圈点迹数据中进行的。在一定的空域(距离-方位-仰角)范围内进行点迹关联，采用一步延迟算法，在本书中分两种情况确认起始航迹：一种是 4 圈中有 3 圈测得目标点迹，另一种是 3 圈中有 2 圈测得目标点迹，即可确认航迹起始成功。在 4 圈数据中航迹起始的具体处理流程如图 12.42 所示。

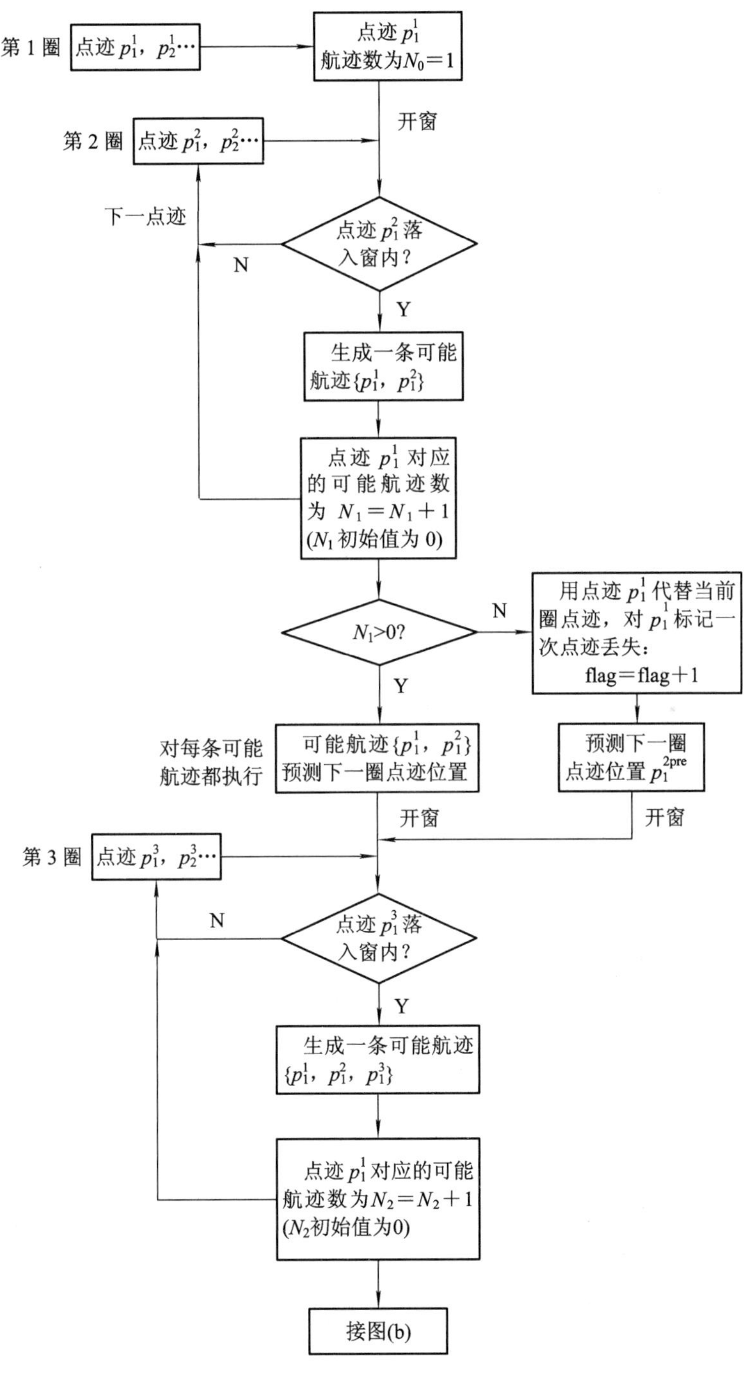

(a) 航迹起始前 3 圈数据处理

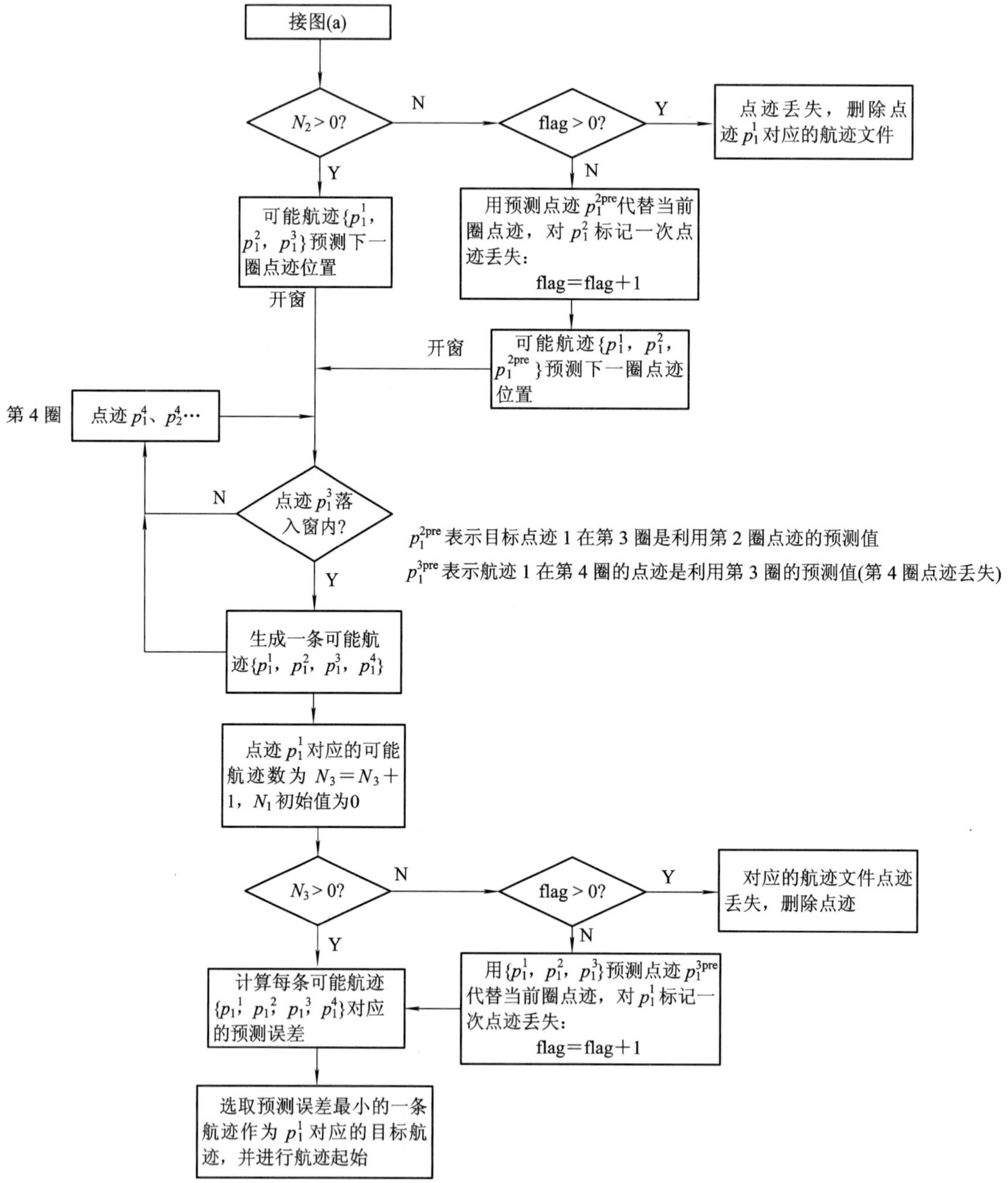

(b) 航迹起始第4圈数据处理

图 12.42　航迹起始处理流程图

对于第 1 圈的点迹凝聚结果$\{p_1^1, p_2^1, p_3^1, \cdots\}$，建立初始航迹信息，以点迹为球心，开预测窗。预测窗的大小由距离窗、俯仰角窗和方位角窗 3 个参数共同决定。

第 2 圈点迹$\{p_1^2, p_2^2, p_3^2, \cdots\}$中落入第 1 圈预测窗的点迹，均与预测窗中心点迹构成一条可能航迹，如 $p_1^1p_1^2$ 等；第 1 圈同一点迹可能与多个第 2 圈点迹构成可能航迹，如$\{p_1^1p_1^2, p_1^1p_2^2\}$，均暂时保留；对第 2 圈中未落入第 1 圈预测窗内的点迹，则视为新目标，建立初始航迹信息，从第 2 圈开始起始。

对第 3 圈点迹$\{p_1^3, p_2^3, p_3^3, \cdots\}$，判断其是否落入由前两圈构成可能航迹的预测窗或从第 2 圈开始起始的点迹的预测窗内；若是，则与可能航迹结合，增加可能航迹长度；否则，视为新目标，建立初始航迹信息，从第 3 圈开始起始。

第 4 圈点迹$\{p_1^4, p_2^4, p_3^4, \cdots\}$与第 3 圈点迹处理方法相同，第 4 圈处理过后，长度到达 4 的可能航迹，与第 1 圈点迹关联，若有多条可能航迹，则选取预测误差最小的一条作为可能的航迹，并确认航迹起始；若只有一条可能航迹，则直接起始。长度未达到 4 的可能航迹，需与下一圈点迹继续进行关联判断。对于判断过程中未有点迹落入其预测窗内的可能航迹，暂用其预测点迹代替当前圈点迹(第 1 圈点迹的预测点直接取其本身)；若 4 圈中有两圈及以上点迹丢失，则舍弃该条可能航迹。

考虑到雷达运动，对可能航迹下一圈点迹进行预测时，保留当前圈雷达位置，在下一圈开预测窗判断时，将坐标转换为相对同一时刻雷达位置的坐标，以消除雷达运动的影响。

2. 航迹保持

采用点迹-航迹配对法进行航迹关联，首先需构造点迹与航迹的关联矩阵 $\boldsymbol{R}$ 及地址矩阵 $\boldsymbol{D}$，其构造流程如图 12.43 所示。关联矩阵的行数对应于航迹数，每行对应一条航迹；关联矩阵的列数对应于与相应航迹相关的点迹数，若有较多的点迹与某条航迹相关，取与之关联程度最大的前 N 个点迹；关联矩阵的元素则为点迹与航迹关联程度的表征值，即其元素 r_{ij} 为第 i 个航迹和与其对应的第 j 个点迹的关联程度表征值，且关联矩阵的每行按照关联程度由大到小排列。地址矩阵 $\boldsymbol{D}$ 大小与关联矩阵相同，行与列的含义也相同，而地址矩阵的元素为关联矩阵中与航迹相关的点迹的序号或地址，即其元素 d_{ij} 表示航迹 i 关联的第 j 个点迹的序号或地址。当没有点迹与某条航迹相关时，其关联矩阵每列对应的关联程度均为 0(不相关)，其地址矩阵每列对应的航迹序号均为 0(或不存在)。若某条航迹在相邻 4 圈内有两圈及以上无匹配点迹，即点迹丢失，则该条航迹终止。

点迹-航迹配对算法流程如图 12.44 所示，其重点在于待分配点迹与已确认航迹之间的关联程度的表示。这里利用四维信息的误差，对点迹与航迹的关联程度进行表征。设当前圈检测到的某一目标点迹 p_i 信息为$(R_i, \theta_i, \varphi_i, v_i)$，分别表示距离、方位、仰角、速度。对于前一圈已经确认起始的某一航迹 T_i，利用航迹滤波法对该航迹对应的目标在当前圈的位置信息进行预测，得到对当前圈的预测点迹信息为$(R_{\text{pre}i}, \theta_{\text{pre}i}, \varphi_{\text{pre}i}, v_{\text{pre}i})$。则点迹 p_i 与航迹 T_i 的关联程度表征值为

$$\text{relate} = \alpha_1 \frac{|R_i - R_{\text{pre}i}|}{\delta_R} + \alpha_2 \frac{|\theta_i - \theta_{\text{pre}i}|}{\delta_\theta} + \alpha_3 \frac{|\varphi_1 - \varphi_{\text{pre}i}|}{\delta_\varphi} + \alpha_4 \frac{|v_1 - v_{\text{pre}i}|}{\delta_v}$$

其中，δ_R、δ_θ、δ_φ、δ_v 分别表示距离、方位、仰角、速度的测量误差的标准差；α_1、α_2、α_3、α_4

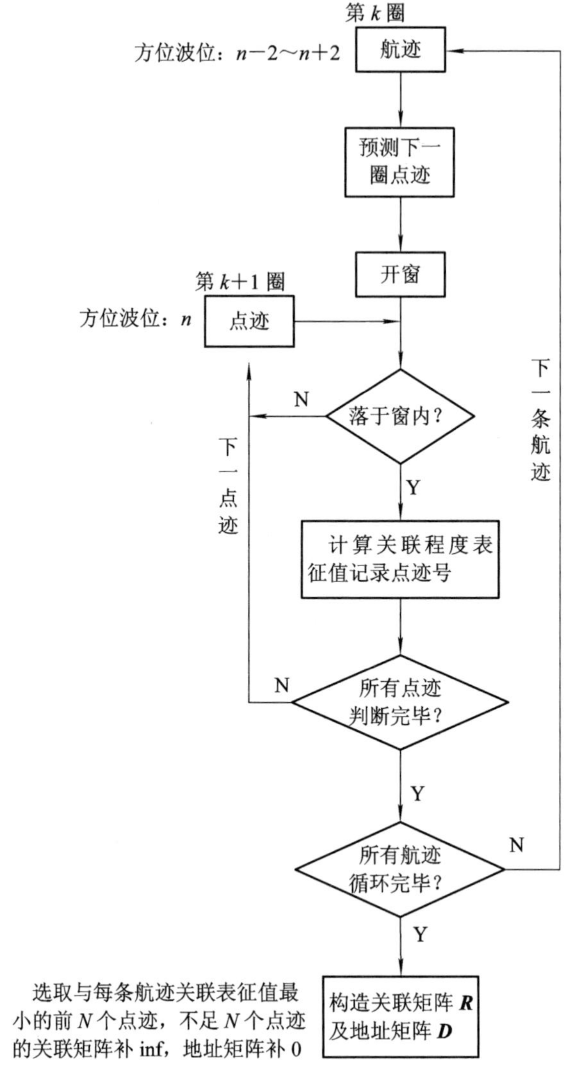

图 12.43 关联矩阵及地址矩阵构造流程

为四维信息关联程度表征值各自对应的权重。表征值 relate 越大，则点迹与航迹的关联程度越低；表征值越小，点迹与航迹的关联程度越高。

得到关联矩阵及地址矩阵后，需根据关联程度对点迹与航迹进行分配。由关联矩阵含义可知，关联矩阵的第一列点迹即为与各航迹关联程度最大的点迹。若第一列中与各航迹相关联的点迹各不相同，即地址矩阵中第一列点迹号互不相同，则直接将相应的点迹分配给对应的航迹，即可完成点迹与航迹的配对。但也可能存在一个点迹与多条航迹相关程度均最大的情况，即点迹分配产生冲突。此时，将该点迹分配给与之关联程度最大的那条航迹，剩余几条航迹则需从该点迹之外与各自关联程度最大的点迹中选取匹配点迹。后续出现冲突情况时，皆以相同方法处理即可。

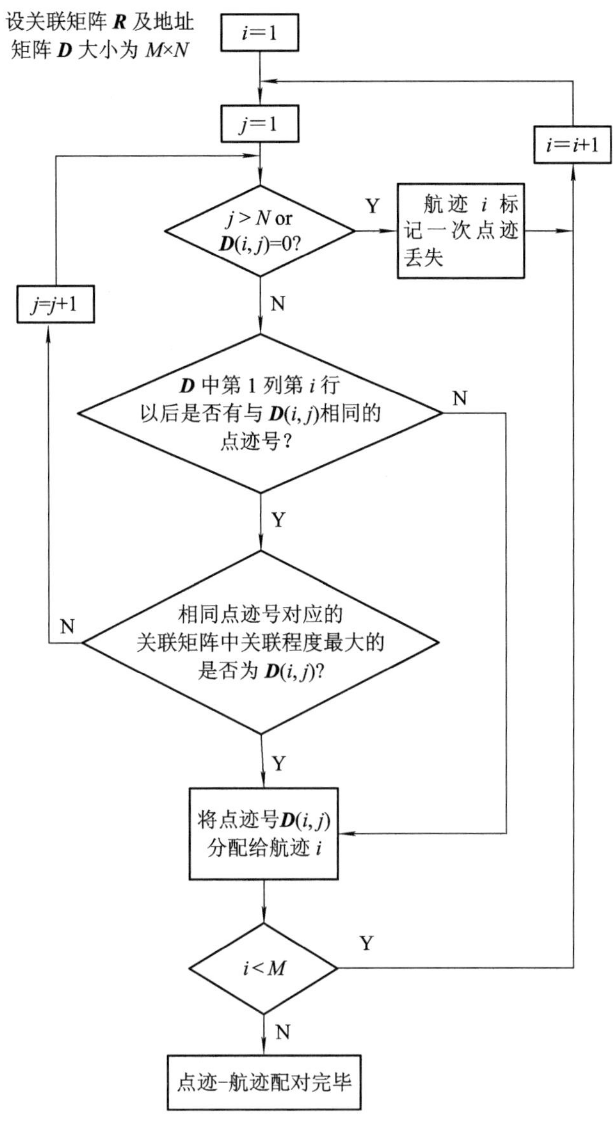

图 12.44　点迹-航迹配对流程

3. 航迹滤波

航迹滤波见第 9 章的相关内容。

【实验步骤】

(1) 设置航迹关联处理方法及其参数;

(2) 选定航迹起始方法，通常雷达搜索 3 圈或 4 圈起批;

(3) 编写航迹关联程序，实现在距离、多普勒、方位、仰角四个维度中 1～4 个维度上对当前帧的点迹与形成的航迹进行关联，即判别不同时间、空间的数据是否来自同一个目标，并进行点迹与航迹配对;

(4) 航迹终止的判断程序，若连续 3～4 圈没有关联到目标，就终止该航迹。

实验 10 雷达终端显示的仿真实验

【实验目标】 学习掌握雷达终端显示的模拟仿真实验方法。

【实验原理】

雷达终端是雷达整机中目标参数录取、数据处理、显示和信息传输接口等基本功能设备的总称，主要完成以下几个功能：① 录取目标的坐标参数；② 用计算机进行数据处理；③ 提供每个目标较精确的位置、速度、机动情况和属性识别的信息；④ 以适合雷达操作员观察的形式进行显示或传输到设备。雷达终端显示包括幅度显示器(A 显)和平面位置显示器(PPI、P 显)等。A 显主要显示幅度信息，包括原始回波信号、脉压结果、MTI/MTD/CI 处理结果和检测结果，A 显的横坐标为时间或距离。P 显是以极坐标形式显示目标的距离-方位信息。

【实验步骤】

(1) 模拟雷达终端显示器 A 显、P 显、点迹信息的列表。

(2) 根据脉冲重复周期设置雷达的距离量程，画出 P 显坐标，根据目标的距离和方位，在仿真 P 显示器上显示目标的航迹。

(3) 利用多个模拟的 A 显示器分别显示目标的回波信号、脉压结果、相干处理结果。

(4) 点迹/航迹信息的列表显示。

实验结果如图 12.45 所示。

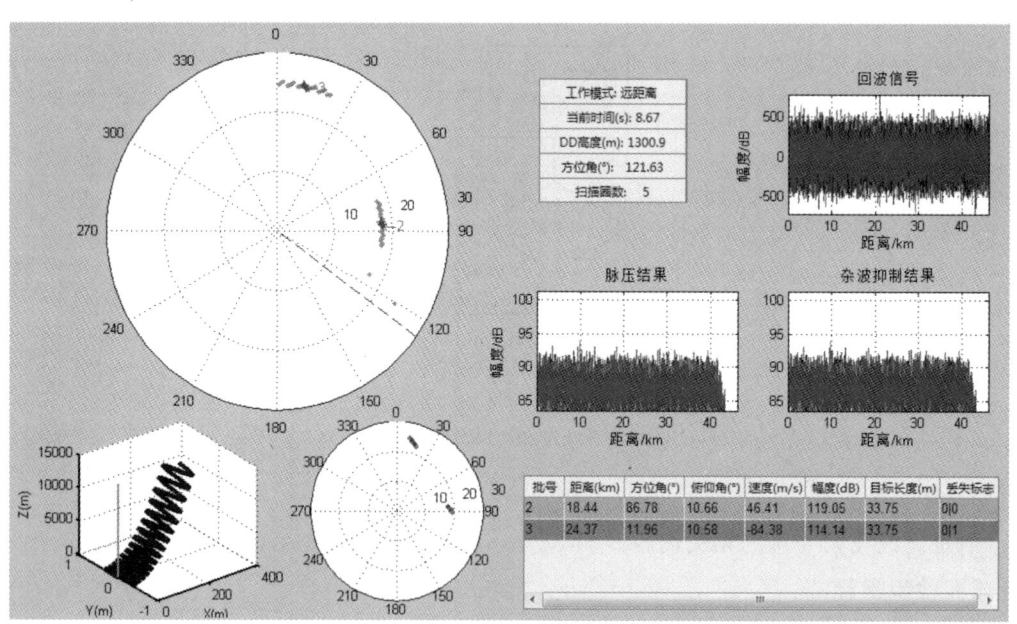

批号	距离(km)	方位角(°)	俯仰角(°)	速度(m/s)	幅度(dB)	目标长度(m)	丢失标志
2	18.44	86.78	10.66	46.41	119.05	33.75	0|0
3	24.37	11.96	10.58	-84.38	114.14	33.75	0|1

图 12.45 某雷达终端显示界面

习 题

说明：习题 12-1～12-5 以 12.3 节的末制导雷达为背景，系统参数见 12.3 节表 12.

1。目标距离 R 可以自行设置，建议 30～80 (km)；海面目标，速度自行设置。

12-1　在搜索工作状态时，采用 LFM 信号；假设目标距离为 R、速度为 V_s；假设导弹自身的速度已经补偿，即仿真时不考虑导弹的运动速度。接收机输出中频信号的频率为 60 MHz。

(1) 写出目标回波的中频、基带信号模型，以及脉压、相干处理后的输出信号模型。

(2) 选取中频采样的时钟频率，设计中频正交采样滤波器，画出其频率响应曲线。

(3) 若 A/D 采样时噪声占 10 位，目标回波信号占 8 位(即输入 SNR＝－12 dB，考虑 A/D 变换器的量化误差)。分别画出 A/D 采样的中频信号、中频正交采样的基带信号、脉压处理后及相干积累后目标所在多普勒通道的输出信号的时域波形及其 CFAR 检测电平(检测概率为 0.9，虚警概率为 10^{-6})。分析每一步处理的信噪比变化，解释目标所在多普勒通道对应的频率与实际的多普勒频率是否相符。(**注**：除回波基带信号外，其它波形的纵坐标取对数；横坐标为距离，单位为 km)。

12-2　在搜索工作状态时，采用码长为 127 的 M 序列编码信号。假设目标距离为 R、速度为 V_s；假设导弹自身的速度已经补偿，即仿真时不考虑导弹的运动速度；接收机输出中频信号的频率为 60 MHz。

(1) 写出目标回波的中频、基带信号模型，推导脉压、相干处理后的输出信号模型。

(2) 选取中频采样的时钟频率，设计中频正交采样滤波器，画出其频率响应曲线。

(3) 若 A/D 采样时噪声占 10 位，目标回波信号占 8 位(即输入 SNR＝－12 dB，考虑 A/D 变换器的量化误差)。分别画出 A/D 采样的中频信号、中频正交采样的基带信号、脉压处理后及相干积累后目标所在多普勒通道的输出信号的时域波形及其 CFAR 检测电平(检测概率为 0.9，虚警概率为 10^{-6})；分析每一步处理的信噪比变化；解释目标所在多普勒通道对应的频率与实际的多普勒频率是否相符。(**注**：除回波基带信号外，其它波形的纵坐标取对数；横坐标为距离，单位为 km)。

(4) 若目标的速度在 10～680 m/s，仿真分析多普勒敏感性对脉压的影响。

12-3　在搜索工作状态时，采用 LFM 信号。假设目标距离为 R、速度 V_s；假设导弹自身的速度已经补偿，即仿真时不考虑导弹的运动速度；接收机输出为基带复信号。

(1) 若天线在±45°范围内搜索，扫描速度为 60 °/s，可积累的脉冲数 N ＝? 若要求发现概率 $P_d＝90\%$，虚警概率 $P_{fa}＝10^{-6}$，达到上述检测性能要求的 SNR＝? 在搜索状态，若采用 64 个脉冲相干积累，计算要求的辐射峰值功率 P_t＝? 若取 $P_t＝40$ W，计算目标回波单个脉冲和 64 个脉冲相干积累后的信噪比 SNR 与距离的关系曲线(考虑信号处理损失 4 dB)。

(2) 假设雷达的仰角波束宽度为 6°，波束为高斯函数，导弹飞行的海拔高度为 500 m。针对海面目标，画出雷达的威力图(或者仰角与作用距离的关系曲线)，指出威力覆盖范围。(**注**：部分参数可以自己设置，不考虑地面多径的影响。)

(3) 若 A/D 采样时噪声占 10 位，目标回波信号占 8 位(即输入 SNR＝－12 dB，考虑 A/D 变换器的量化误差)。写出目标回波的基带信号模型和脉压的输出信号模型；分别画出基带信号、脉压处理后输出信号的时域波形及其 CFAR 检测电平(检测概率为 0.9，虚警概率为 10^{-6})。(**注**:除回波基带信号外，其它波形的纵坐标取对数；横坐标为距离，单位为 km)。

12-4 进行搜索工作状态的动态仿真。设弹目之间距离从 60 km 到 30 km，每个波位积累脉冲数为 64；采用 LFM 信号，目标速度为 V_s；接收机输出为基带复信号；波束采用高斯函数近似；假设目标距离为 60 km 时的 SNR 为－12 dB。

(1) 根据图中几何关系，画出目标相对于导弹的距离和方位随时间的变化曲线。

(2) 画出输入 SNR 随距离(从 60 km 到 30 km)的变化曲线。

(3) 模拟目标回波，并进行脉压处理、相干积累、CFAR 检测(检测概率为 0.9，虚警概率为 10^{-6})，画出 A 显结果，分三个子图：原始回波信号(实部或求模)、脉压后的信号、积累后目标所在多普勒通道及其 CFAR 电平；画出 PPI 显示的点迹。(**注意**：天线在搜索过程中，目标信号可能从副瓣进入雷达，需要根据方向图函数和距离设置 SNR。)

12-5 进行跟踪工作状态的动态仿真。设弹目之间距离从 30 km 到 6 km，方位从 1°变化到 0°，变化规律自行设置；每个波位积累脉冲数为 32；采用 LFM 信号；目标速度为 V_s；接收机输出为基带复信号；波束采用高斯函数近似；假设目标距离为 30 km 时的 SNR 为－12 dB。

(1) 根据图中几何关系，计算目标相对于导弹的距离和方位随时间的变化曲线。

(2) 计算输入 SNR 随距离(从 30 km 到 3 km)的变化曲线。

(3) 模拟目标回波(和通道、方位差通道)，并分别进行脉压、相干积累等信号处理，画出和通道信号的 A 显结果，分三个子图：原始回波信号(实部或求模)、脉压后的信号、积累后目标所在多普勒通道及其 CFAR 电平；对目标所在单元进行单脉冲测角，并进行航迹滤波，画出航迹滤波前、后目标距离与方位的点迹。(选做：计算该航迹的方位测量精度。)

12-6 假设雷达发射二相编码(码长 $P=255$ 的 M 序列)脉冲信号，每个码元的时宽为 1 μs，波长 $\lambda=3$ cm，采样频率为 2 MHz，目标距离为 R，速度为 $V_s=15$ (m/s)，输入 SNR 为－12 dB，相干积累脉冲数为 16，重频为 1000 Hz，接收机输出为基带复信号。

(1) 模拟产生目标回波信号；分别画出速度不补偿和补偿时的脉压输出结果(模值，横坐标为距离，纵坐标取 dB)，并对结果进行解释。

(2) 处理包括脉压、相干积累、CFAR，画出原始回波信号(实部或求模)、脉压后的信号、积累后目标所在多普勒通道及其 CFAR 电平(检测概率为 0.9，虚警概率为 10^{-6})，计算输出信噪比，分析信噪比变化的原因。

(3) 假设每个脉冲发射不同的 M 序列码(码长等参数不变)，重复(2)，在同一幅图中画出脉间不变码和变码的情况下，相干积累后目标所在多普勒通道的时域信号(纵坐标均取 dB)，指出副瓣电平的变化情况。

(4) 若目标的速度在 10 m/s～680 m/s，仿真分析多普勒敏感性对脉压的影响。

12-7 进行地面雷达系统动态仿真。假设频率为 5.6 GHz。采用 LFM 信号，调频带宽为 2 MHz，脉宽为 100 μs，重频为 800 Hz；雷达的搜索方式为在方位 0°～360°范围内机扫，即一维机扫，转速为 5 s/圈；天线的方向图为高斯函数，波束宽度为 6°；假设有 5 个目标(目标的距离、径向速度和方位自行设置，5 个目标开始的 SNR 为 0 dB)；起始时间为 0，终止时间为 30 s。

(1) 计算 5 个目标在仿真过程中，目标距离、SNR 随时间的变化曲线，以及每个波位相干积累的脉冲数。

(2) 模拟产生目标回波信号，并进行脉压、相干积累、CFAR 检测(检测概率为 0.9，

虚警概率为 10^{-6}），画出 A 显结果，分三个子图：原始回波信号（实部或求模）、脉压后的信号、积累后的结果（目标所在多普勒通道及其 CFAR 电平）；画出 PPI 显示的点迹。（**注意：**天线在搜索过程中，目标信号可能从副瓣进入雷达，需要根据方向图函数和距离设置 SNR。）

（3）对 5 个目标在距离和方位维分别进行点迹凝聚，搜索 3 圈后在显示器上列表显示在当前圈目标的批号、距离、方位、SNR、属性（当前圈过门限为 1；不过门限为 0，建议外推航迹）。

12－8　进行相控阵雷达的仿真。针对阵元数为 16 的等距线阵，天线间隔为半波长，频率为 10 GHz，采用 LFM 信号，调频带宽为 10 MHz，时宽为 10 μs；目标距离为 R，方位为 0.1°～1 °，各天线单元输入 SNR 为－5 dB。

（1）假设移相器为 5 位，列表指出波束指向分别为－15°、＋30°时每个移相器对应的相位及其控制码；

（2）假设接收数字波束形成（DBF）时采用 25 dB 的泰勒窗函数，画出波束指向分别为 0°、＋30°时的方向图（横坐标取－45°～＋45°）。

（3）写出阵列天线接收目标回波的基带信号模型，模拟产生目标回波信号，进行 DBF（波束指向为目标方向）、脉压处理和 CFAR 检测（检测概率为 0.9，虚警概率为 10^{-6}），分别画出基带信号、DBF、脉压处理后输出信号的时域波形及其 CFAR 检测电平。（**注：**除回波基带信号外，其它波形的纵坐标取对数；横坐标为距离，单位为 km）。

12－9　某汽车雷达采用三角波调频测距，中心频率为 75 GHz，调制周期为 40 ms（正负各半），调频带宽为 1 GHz，目标的距离为 600 m，径向速度为 40 m/s。

（1）画出发射信号和接收信号的时-频关系，指出正调频和负调频时目标对应的位置频率 f_{bu} 和 f_{bd}。

（2）采用 FFT 进行频谱分析，FFT 梳状滤波器带宽为 50 Hz，计算距离分辨率及其测距误差。

（3）假设输入 SNR 为 10 dB，模拟目标回波，画出回波信号的时域波形、FFT 处理结果及其 CFAR 检测电平（检测概率为 0.95，虚警概率为 10^{-10}），指出正调频和负调频对应频谱的峰值位置是否与（1）一致，并计算目标的距离和速度。（注意：同一个目标若有多个距离单元过门限，取峰值所在距离单元，（4）也类似。）

（4）假设有 5 个目标，目标的距离和速度自行设置，距离在 50～800 m 范围内，分析在计算目标的距离和速度过程中可能出现的问题，提出改进的措施。

12－10　某 S 波段（3 GHz）雷达，发射 LFM 信号，调频带宽为 1 MHz，脉宽 100 μs。雷达为四变 T：脉冲重复周期依次为{876 μs、961 μs、830 μs、1177 μs、…}，假设在一个波位驻留 8 个脉冲，在同一个波位的目标、杂波的参数如下表。

参数名称	距离/km	平均速度，杂波谱宽	输入 SNR 或 CNR
目标 1	60	100 m/s	0 dB
目标 2	90	150 m/s	0 dB
地杂波区	15～30	0，$\sigma_v=0.32$ m/s	50 dB

编程完成下列仿真：

(1) 假设噪声为高斯白噪声，功率为1，模拟产生噪声和目标1、目标2、地杂波的基带回波信号；验证杂波谱宽和CNR与设置值是否一致；画出时域波形。

(2) 称设计五脉冲MTI滤波器，画出时变滤波器幅频响应曲线及其平均响应曲线。

(3) 对回波信号进行脉压、MTI滤波、非相干积累、CFAR检测(检测概率为0.9，虚警概率为10^{-6})，分别画出脉压后、MTI滤波+非相干积累后的时域信号波形及其CFAR检测电平；计算目标功率和杂波的平均功率，估算改善因子，并填入下表；分析信杂噪比的变化，并解释原因。

参数名称	距离单元	脉压前的功率/dB	脉压后的功率/dB	MTI+非相干积累后的功率/dB	改善因子/dB
目标1					
目标2					
地杂波区					

综合训练(一)：以12.3节的末制导雷达为背景，系统参数见12.3节表12.1。

1. 若天线在±45°范围内搜索，扫描速度为60 °/s，可积累的脉冲数N=？若要求发现概率P_d=90%，虚警概率$P_{fa}=10^{-6}$，达到上述检测性能要求的SNR=？在搜索状态，若采用64个脉冲相干积累，计算要求的辐射峰值功率P_t=？若取P_t=30 W，计算目标回波单个脉冲和64个脉冲相干积累后的信噪比SNR与距离的关系曲线(考虑信号处理损失4 dB)。

2. 假设雷达的仰角波束宽度为10°，波束为高斯函数，画出雷达的威力图，指出威力覆盖范围。(**注**：部分参数可以自己设置，不考虑地面多径的影响。)

3. 搜索工作状态时，采用LFM信号或M序列(二者选一)，假设目标距离为R km。

(1) 给出所采用LFM信号的匹配滤波函数$h(t)$和$H(f)$，并画图。比较加窗(主副瓣比为35 dB)和不加窗时的脉冲压缩结果，指出主瓣宽度(纵坐标取对数)。

(2) 若采用码长为127的M序列，分析相位编码脉冲信号的多普勒敏感性，给出目标速度分别为[0、50、500]m/s的脉压结果。

4. 在搜索/跟踪状态，假设目标距离为R km、速度为V_s。假设导弹自身的速度已经补偿，即仿真时不考虑导弹的运动速度。(**注**：目标速度V_s= 5～20 m/s，目标距离R=30～80 km。)

(1) 写出目标回波的中频、基带信号模型，推导脉压、相干处理后的输出信号模型。

(2) 设计中频正交采样滤波器，选取中频采样的时钟频率。

(3) 假设在相干积累前导弹自身的速度进行了补偿，若A/D采样时噪声占10位，目标回波信号占8位(即输入SNR=−12 dB，考虑A/D变换器的量化误差)。分别画出A/D采样的中频信号、中频正交采样的基带信号、脉压处理后和相干积累后目标所在多普勒通道的输出信号的时域波形；分析每一步处理的信噪比变化。(学生根据学习情况，也可以从基带信号进行仿真。)

(4) 解释目标所在多普勒通道对应的频率与实际的多普勒频率是否相符。

(5) 对目标所在多普勒通道进行CFAR处理，画出目标所在多普勒通道信号及其CFAR的比较电平(检测概率为0.9，虚警概率为10^{-6})。(**注**：除回波基带信号外，其它波形的纵坐标取对数。)

5. 天线的方向函数用高斯函数近似，在近距离采用单脉冲测角。

(1) 给出和、差通道信号模型和方位归一化误差信号模型，指出误差信号的斜率，并画出这些信号的波形。

(2) 对测角精度进行蒙特卡洛分析(分析 SNR 与测角的均方根误差)。

(3) 假定弹目距离为 10 km，SNR＝20 dB，方位为 $x(x=0\sim1°)$，给出和、差通道的时域脉压结果，计算目标的归一化误差电压和目标的方位。

6. 根据上述参数进行动态仿真：(二者选一)

(1) 搜索过程的动态仿真。弹目之间距离从 60 km 到 30 km，方位根据图中几何关系计算，计算 SNR 的变化，模拟目标回波，并进行信号处理，画出 PPI 显示的点迹；画出 A 显结果，分三种：原始回波信号(实部或求模)、脉压后的信号、积累后目标所在多普勒通道及其 CFAR 电平。

(2) 跟踪状态的动态仿真。弹目之间距离从 30 km 到 3 km，方位从 $0.x°$到 $0°$，计算 SNR 的变化，给出距离、角度的测量结果随时间变化的曲线，以及对距离、角度的测量值进行航迹滤波的结果；画出 A 显的结果，分三种：原始回波信号(实部或求模)、脉压后的信号、积累后目标所在多普勒通道及其 CFAR 电平。

综合训练(二)：以 12.4 节的阵列雷达为背景，进行系统仿真或实测数据分析。

S 波段阵列雷达，方位维有 20 根天线的等距线阵，天线间隔 $d=0.6\lambda$。雷达发射 LFM 信号：带宽 B＝1 MHz，脉宽 T_e＝400 μs。雷达的脉冲重复周期有两种方式：(1) 三变 T：4100、4300、4500 μs；(2)等 T：4300 μs。模拟产生 20 根天线的接收信号。

读者模拟产生包括目标、杂波、噪声的数据文件，目标的距离、速度、方位等参数自行设置，例如，方位为 1°，单根天线接收目标回波的信噪比为－20 dB。或者联系本书作者提高某阵列雷达的实测数据。数据文件为：radar_data.mat，为三维数组 3000×20×12，其中 3000 为距离单元，20 为天线单元数，12 为一个波位的脉冲数。

对数据依次进行 DBF、脉压、MTI、CFAR 等处理。

1. 模拟产生 20 根天线接收的基带复信号，并画图。

2. 画出波束指向为 0°时阵列天线的方向图，要求副瓣小于－25 dB；给出波束指向为 0°时的 DBF 处理结果。

3. 画出脉压后的原始视频，要求副瓣小于－35 dB。

4. 设计四/六脉冲 MTI 滤波器，给出 MTI 后的原始视频，选择 2 个目标估算对杂波的改善因子；估计杂波的谱中心和谱宽，填写下表。

估计量	距离单元	脉压后/dB	MTI 后/dB	改善因子/dB
目标 1				
目标 2				
杂波区				

5. 对 MTI 后的原始视频进行非相干积累、CFAR 处理，给出非相干积累后的原始视频和 CFAR 的噪声电平估计值(画图并解释)。

6. 估算 DBF、脉压、MTI、非相干积累后噪声的功率；估计脉压、MTI、非相干积累后目标回波信号的功率，及其 SNR。(选择或设置 1～2 个目标)

估计量	距离单元	DBF 后/dB	脉压后/dB	MTI 后/dB	非相干积累后/dB
目标 1					
噪声	2501～2800				
SNR					

7. 画出该阵列雷达数字单脉冲测角的和波束、差波束、测角归一化误差信号。针对某一个目标所在距离单元的信号，画出其和波束、差波束的时域输出，并计算目标的相对方位。(模拟产生数据时，对比测角结果与设置的目标方位是否一致。)

8. 在同一距离单元模拟产生方位分别为 0°、2°的两个目标回波，脉压后对目标所在距离单元信号进行超分辨处理，在同一幅图中画出 DBF 和 MUSIC 算法的空间谱。

附录 1　雷达中无处不在的分贝

分贝，或曰 dB，是雷达工程师最广泛使用的术语之一。作为工程技术人员，必须非常熟悉分贝，并迅速地进行分贝的转换。

1. 分贝的概念

分贝是一个对数单位，最先使用它是为了表示功率的比值，但现在已经用来表示多种比值。由于分贝是对数，当要表达一个大的比值时，可将比值数值的大小降低下来。用公式表示分贝数为

$$N_{dB}=10\ \lg\frac{P}{P_0}=20\ \lg\frac{V}{V_0}\quad (dB)$$

式中，P 为类似功率的输出量；P_0 是基准输入功率；V 和 V_0 为电压之比；其中 N_{dB} 是以分贝为单位的数。上式表示两个功率量比值的分贝数，称为相对功率级(电平)。相对级(电平)只能说明两个功率的相对关系，仍无法知道其绝对值。正分贝表示的功率比大于 1，负分贝表示的功率比小于 1，零分贝表示的功率比等于 1。

分贝的优点主要有：

(1) 分贝是对数，当要表示一个大的比值或数据时，可将数值的大小大幅度降低下来。附图 1 给出了分贝与数值的关系，图中，2 对应 3 dB，10000 对应 40 dB。

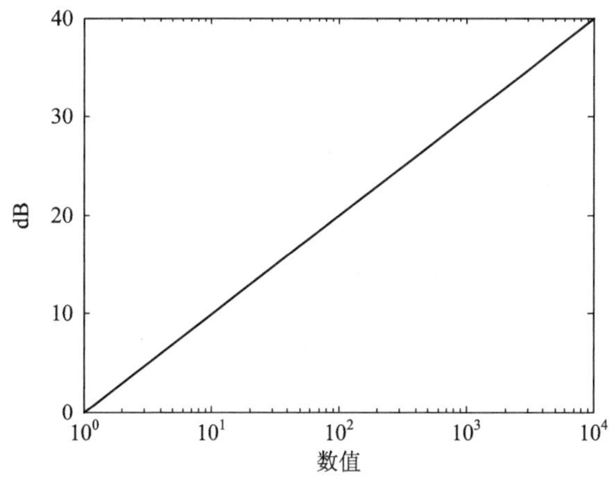

附图 1　分贝与数值的关系

(2) 用对数表示数的相乘可以简单地将数的对数相加。例如，

乘法与开方	2500 × 63 = 157 500	63^2	$\sqrt[4]{63}$
取对数后	34 dB + 18 dB= 52 dB	18 dB×2=36 dB	18 dB÷4=4.5 dB

2. 分贝的应用

分贝在雷达中的应用见附表 1。

附表 1　分贝在雷达中的应用

分贝的应用	含　义
表示功率增益	增益$=\dfrac{输出功率}{输入功率}$
表示功率损耗	损耗$=\dfrac{输入功率}{输出功率}$
表示功率绝对值	功率 1 W 对应的分贝单位 dBW； 功率 1 mW 对应的分贝单位通常写为 dBm，如 10^{-13} mW =−130 dBm
表示散射面积(RCS)	RCS 为 1 m^2 对应的分贝单位为 dBsm，或 dBm^2，如 1000 m^2=30 dBsm
表示天线增益	以各向等辐射功率的分贝单位 dBi 作为基准值，分贝数就表示天线增益

3. 分贝数与数值的转换

分贝数与一般数值的转换如附表 2 所示。

附表 2　分贝数与一般数值的转换

数值 ↓ 分贝数	(1) 将数值用科学计数法表示，使数值分为小数部分和 10 的幂次部分。例如：2500=2.5×10^3。 (2) 小数部分对应的分贝数值可从附表 3 中找到。例如：2.5 对应 4 dB。 (3) 10 的幂次部分的分贝数为幂次数值乘以 10。例如，3 为 10 的幂次，则 10 的幂次部分的分贝数为 30 dB。 (4) 上述两个分贝数之和即为数值的分贝数，例如：2500=4 dB+30 dB=34 dB。
分贝数 ↓ 数值	(1) 将分贝数分为个位数值和其它位数值两部分相加，例如：36 dB=30 dB+6 dB。 (2) 从附表 3 中找到与个位分贝数对应的数值，例如：6 dB=4。 (3) 分贝数值除个位部分外的数值除以 10 即为用科学计数法表示的数值的 10 的幂次，例如：30 dB÷10=3，3 即为数值的科学计数法的幂次。 (4) 上述两部分相乘得到用科学计数法表示的数值，例如：36 dB=4×10^3=4000。

附表 3 给出了从分贝数 0 dB 到 9 dB 的基本数值。为了将该表简化，将 1 dB 之间的数都舍入到两个相邻的整数之间。

附表 3 基本数值对应的分贝数

分贝数	0	1	2	3	4	5	6	7	8	9
数值	1	1.26	1.6	2	2.5	3.2	4	5	6.3	8

分贝数转换为一般数值的一些简单法则归纳如下：

(1) 整数分贝数→数值。

首先，3 dB 基本上精确对应比值 2。由于将分贝数相加具有将其所代表的比例相乘的同等效果，可以从 3 dB 所代表的比值中直接得出 6 dB 与 9 dB 所代表的比值。其次，1 dB 对应于 $1\frac{1}{4}\left(=\frac{5}{4}\right)$，因此加上一个负号可以颠倒比值，－1dB 代表 $\frac{4}{5}=0.8$。根据 $1\frac{1}{4}$ 和 0.8 这两个比值，就可以确定其余所有的数值。例如：

$6\ \text{dB}=3\ \text{dB}+3\ \text{dB}=2\times 2=4$　　$7\ \text{dB}=6\ \text{dB}+1\ \text{dB}=4\times\frac{5}{4}=5$

$9\ \text{dB}=6\ \text{dB}+3\ \text{dB}=4\times 2=8$　　$5\ \text{dB}=6\ \text{dB}-1\ \text{dB}=4\times 0.8=3.2$

$4\ \text{dB}=3\ \text{dB}+1\ \text{dB}=2\times\frac{5}{4}=2.5$　　$2\ \text{dB}=3\ \text{dB}-1\ \text{dB}=2\times 0.8=1.6$

(2) 小数分贝数 → 数值。

“四分之 dB 法则”：数值 $=1+\frac{\text{dB 的分数}}{4}$。例如：

小数分贝数	0.8	0.6	0.5	0.4	0.2
数值	$1+\frac{0.8}{4}=1.2$	$1+\frac{0.6}{4}=1.15$	$1+\frac{0.5}{4}\approx 1.12$	$1+\frac{0.4}{4}=1.1$	$1+\frac{0.2}{4}=1.05$

附录 2　缩略语对照表

缩略语	英文全称	中文对照
AA	Area of Ambiguity	模糊面积
ABF	Analogous Beamforming	模拟波束形成
ADBF	Adaptive Digital Beamforming	自适应波束形成
ADC	Aanlog to Digital Converter	模数转换器
ADT	Automatic Detection and Tracking	自动检测与跟踪
A/D	Aanlog/Digital	模/数
AFC	Automatic Frequency Fine Control	自动频率微调
AGC	Automatic Gain Control	自动增益控制
AM	Amplitude Modulation	幅度调制
AMTD	Adaptive Moving Target Detection	自适应动目标检测
AMTI	Adaptive Moving Target Indication	自适应动目标显示
ARM	Anti-Radiation Missile	反辐射导弹
ASIC	Application Specific Integrated Circuit	专用集成电路
ASK	Amplitude Shift Keying	幅移键控调制
ASP	Adaptive Spectrum Processor	自适应频谱处理器
BMP	Blocking Matrix Preprocessing	阻塞矩阵预处理
BP	Band Pass	带通
BPA	Back Projection Algorithm	后向投影算法
BPF	Band-Pass Filter	带通滤波器
BPSK	Binary Phase Shift Keying	二进制相移键控调制
CA	Clutter Attenuation	杂波衰减
CA-CFAR	Cell Averaging Constant-False-Alarm Rate	单元平均恒虚警
CCD	Charge Coupled Device	电荷耦合器件

续表一

缩略语	英文全称	中文对照
CF	Carrier Frequency	载波频率
CFA	Crossed-Field Amplifier	正交场放大器
CFAR	Constant-False-Alarm Rate	恒虚警率
CG	Cancellation Gain	对消增益
CML	Current Mode Logic	电流模逻辑(电路)
CNR	Clutter-to-NoiseRatio	杂噪比
CPI	Coherent Processing Interval	相干积累时间
CR	Cancellation Ratio	对消比
CRT	Cathode Ray Tube	阴极射线管
CS	Chirp Scaling	调频变标
CSA	Chirp Scaling Alorithm	线频调变标算法
CUT	Clutter Under Test	被检测单元
CW	Continuous Wave	连续波
C&I	Chopping and Interleaving	切片组合
DA	Doppler Ambiguity	多普勒模糊
DAC	Digital to Aanlog Converter	数模转换器
DAM	Digital Array Module	数字阵列模块
DAR	Digital Array Radar	数字阵列雷达
DAU	Digital Array Unit	数字阵列单元
D/A	Digital/Aanlog	数/模
DBF	Digital Beam Forming	数字波束形成
DCFT	Discrete Chirp-Fourier Transform	离散调频傅里叶变换
DDS	Direct Digital-Frequency Synthesis	直接数字频率合成
DFT	Discrete Fourier Transform	离散傅里叶变换
DOA	Direction of Arrival	来波方向
DRFM	Digital Radio Frequency Memory	数字射频存储器
DSP	Digital Signal Processing	数字信号处理
EA	Electronic Attack	电子攻击
ECCM	Electronic Counter-Counter Measure	电子反对抗措施
ECM	Electronic Counter Measure	电子对抗措施
EMP	Eigen-Projection Matrix Preprocessing	特征投影矩阵预处理
EP	Electronic Protection	电子防护
ERP	Effective Radiated Power	有效辐射功率

续表二

缩略语	英文全称	中文对照
ERPD	Effective Radiated Power Density	有效辐射功率密度
ES	Electronic Support	电子支援
ESD	Energy Spectrum Density	能量谱密度
ESJ	Escort-Support Jamming	随队支援干扰
ESM	Electronic Support Measure	电子支援侦察措施
ESPRIT	Estimating Signal Parameter via Rotational Invariance Techniques	旋转不变子空间算法
EW	Electronic Warfare	电子战
FFT	Fast Fourier Transform	快速傅里叶变换
FIR	Finite Impulse Response	有限冲激响应滤波器
FMCW	Frequency Modulated Continuous Wave	调频连续波
FPGA	Field Programmable Gate Array	现场可编程门阵列
FRC	Frequency Resolution Constant	频率分辨常数
FSK	Frequency Shift Keying	频移键控调制
FSP	Frequency SPan	频谱持续宽度
GO-CFAR	Greatest of Constant-False-Alarm Rate	单元平均选大恒虚警
GUI	Graphical User Interface	图形用户界面
HFP	Hopped-Frequency Pulse	随机调频脉冲信号
HPA	High-Power Amplifier	高功率放大器
HRR	High Range Resolution	高距离分辨率
HRRP	High-Range-Resolution Profile	高分辨率距离像
IAGC	Instantaneous Automatic Gain Control	瞬时自动增益控制
ICA	Independent Component Analysis	独立分量分析
IDFT	Inverse Discrete Fourier Transform	离散傅里叶逆变换
IEEE	Institute of Electric and Electron Engineer	电气和电子工程师协会
IFFT	Inverse Fast Fourier Transform	快速傅里叶逆变换
IFSTC	Intermediate Frequency Sensitivity Time Control	中频时间灵敏度控制
IIR	Infinite Impulse Response	无线冲激响应滤波器
IMIC	Intermediate-Frequency Monolithic Integrated Circuit	中频单片集成电路
INUSRJ	Interrupted Non-Uniform Sampling Repeater Jamming	间歇非均匀采样转发干扰
I/Q	In-phase/Quadrature	同相/正交
IR	Image-Frequency-Rejection Ratio	镜频抑制比
IRW	Impulse Response Width	冲激响应宽度

续表三

缩略语	英文全称	中文对照
ISAR	Inverse Synthetic Aperture Radar	逆合成孔径雷达
ISLR	Integral Side-Lobe Ratio	积分旁瓣比
ISRJ	Intertupted Sampling Repeater Jamming	间歇采样转发干扰
JADE	Joint Approximate Diagonalization of Eigenmatrices	特征矩阵联合对角化
JNR	Jamming-to-Noise Ratio	干噪比
JSR	Jamming-to-Signal Ratio	干信比
LCMV	Linearly Constrained Minimum Variance	线性约束最小方差
LCP	Left-hand Circular Polarization	左旋圆极化
LFM	Linear Frequency Modulation	线性频率调制
LMS	Least Mean Square	最小均方误差
LO	Local Oscillator	本机振荡器
LPF	Low-Pass Filter	低通滤波器
LPI	Low Probability of Intercept	低截获概率
LS	Least Square	最小二乘法
LTA	Linear Taper Aperture	线性锥形孔径
MF	Match Filter	匹配滤波器
MIMO	Multiple-Input-Multiple-Output	多输入多输出
MISO	Multiple-Input-Single-Output	单发多收模式
ML	Mean Level	均值(第 8 章)
ML	Maximum Likelihood	最大似然
MLS	Maximum Length Sequence	最大长度序列
MMIC	Monolithic Microwave Integrated Circuit	微波单片集成电路
MMSE	Minimum Mean Squared Error	最小均方误差
MSNR	Maximum Signal to Noise Ratio	最大信噪比
MSVR	Mean Square to Variance Ratio	均方方差比
MTBF	Mean Time Between Failure	平均无故障时间
MTD	Moving Target Detection	动目标检测
MTI	Moving Target Indicator	动目标显示
MTTR	Mean Time to Repair	平均修复时间
NBF	Narrow Band Filter	窄带滤波器
NLFM	Non-Linear Frequency Modulation	非线性频率调制
OFDM	Orthogonal Frequency Division Multiplexing	正交频分复用技术
OP	Orthogonal Polarization	正交极化

续表四

缩略语	英文全称	中文对照
PA	Power Amplifier	功率放大器
PAR	Phased Array Radar	相控阵
PCB	Printed Circuit Board	印刷电路板
PDF	Probability Density Function	概率密度函数
PLL	Phase Locked Logic	相同步逻辑
PPI	Plan Position Indicator	平面位置指示器
PRF	Pulse Repetition Frequency	脉冲重复频率
PRI	Pulse Repetition Interval	脉冲重复间隔
PSD	Power Spectrum Density	功率谱密度
PSK	Phase Shift Keying	相移键控调制
PSLL	Peak Side-Lobe Level	峰值旁瓣电平
RA	Range Ambiguity	距离模糊
RAM	Random Access Memory	随机存储器
RCP	Right-Hand Circular Polarisation	右旋圆极化
RCS	Radar Cross Section	雷达散射截面积
RDA	Range-Doppler Alorithm	距离多普勒算法
R-D	Range-Doppler	距离-多普勒
RFSTC	Radio Frequency Sensitivity Time Control	射频时间灵敏度控制
RGPO	Range Gate Pull-Off	距离波门拖引
RHI	Radar Height Indicator	雷达高度指示器
RMA	Range Migration Alorithm	距离徙动算法
RMS	Root Mean Square	均方根
RMSE	Root Mean Square Error	均方根误差
ROM	Read-Only Memory	只读存储器
RRF	Range Reduction Factor	距离缩减因子
SAR	Synthetic Apecture Radar	合成孔径雷达
SCR	Signal-to-Clutter Ratio	信杂比
SCV	Sub-Clutter Visibility	杂波可见度
SFDR	Spurious-Free Dynamic Range	无杂散动态范围
SFJ	Stand-Forward Jamming	近距离干扰
SFW	Stepped-Frequency Waveform	步进频率信号
SIAR	Synthetic Impulse and Aperture Radar	综合脉冲孔径雷达
SINR	Signal-to-Interference-and-Noise Ratio	信干噪比

续表五

缩略语	英文全称	中文对照
SIR	Signal-to-Interference Ratio	信干比
SISO	Single-Input Single-Output	单发单收模式
SLAR	Side-Looking Airborne Radar	机载侧视雷达
SLB	Sidelobe Blanking	旁瓣消隐
SLC	Sidelobe Cancellation	旁瓣对消
SMI	Sample Matrix Inversion	采样矩阵求逆
SMSP	SMeared SPectrum	频谱弥散
SNR	Signal-to-Noise Ratio	信噪比:信号与噪声功率之比
SOJ	Stand off Jamming	远距离支援干扰
SO-CFAR	Smallest of Constant-False-Alarm Rate	单元平均选小恒虚警
SPI	Serial Peripheral Interface	串行外围设备接口
SSJ	Self-Screening Jamming	自卫式干扰
STALO	Stabilized Local Oscillator	稳定本机振荡器
STAP	Space-Time Adaptive Processing	空时自适应处理
STC	Sensitivity Time Control	近程增益控制
STFT	Short Time Fourier Trasform	短时傅里叶变换
STT	Single Target Track	单目标跟踪
TOPS	Terrain Observation by Progressive Scans	步进扫描地形观测模式
TRC	Time Resolution Constant	时延分辨常数
TRF	Tuned Radio Frequency	调谐无线电频率
T/R	Transmit/Receive	发射/接收
TSP	Time Span	时间持续宽度
TWS	Track-While-Scan	边扫描边跟踪
TWT	Traveling Wave Tube	行波管
UA	Uniform Aperture	矩形孔径
UART	Universal Asynchronous Receiver Transmitter	通用异步收发器
UHF	Ultra High Frequency	超高频
USB	Universal Serial Bus	通用串行总线
VGPO	Velocity Gate Pull-Off	速度波门拖引
VHF	Very High Frequency	甚高频
VRR	Variance Reduction Ratio	方差缩减率
WCA-CFAR	Weighted Cell Averaging Constant-False-Alarm Rate	加权单元平均恒虚警

参 考 文 献

[1] 黄培康，殷红成，许小剑．雷达目标特性[M]．北京：电子工业出版社，2005.

[2] 王成．隐身目标与雷达反隐身技术[C]．2004年中国电子学会电子产业战略研究分会第11届年会．2000，06：9－13.

[3] 阮颖铮．雷达截面与隐身技术[M]．北京：国防工业出版社，1998.

[4] 庄钊文，袁乃昌，莫锦军，等．军用目标雷达散射截面预估与测量[M]．北京：科学出版社，2007.

[5] Kuschel H，VHF/UHF radar，Part 1：Characteristics；Part 2：Operational aspects and applications [J]．Electronic Communication English Journal，2002，14(2)：61－72；(3)：101－111.

[6] 陈伯孝．SIAR四维跟踪及其长相干积累等技术研究[D]．西安：西安电子科技大学博士学位论文，1997.

[7] 陈伯孝，张守宏．综合脉冲孔径雷达的主要特点及其"四抗"性能[J]．西安电子科技大学学报(雷达信号处理专辑)，1997(24)：140－146.

[8] 陈伯孝，吴铁平，张伟，等．高速反辐射导弹探测方法研究．西安电子科技大学学报，2003，30(6)：726－729.

[9] 丁鹭飞，耿富录．雷达原理[M]．4版．西安：西安电子科技大学出版社，2019.

[10] B. R. Mahafza. 雷达系统分析与设计(MATLAB版)[M]．2版．陈志杰，等，译．北京：电子工业出版社，2008.

[11] Skolnik M I. 雷达系统导论[M]．3版．左群声，等，译．北京：电子工业出版社，2006.

[12] Kraus J D，等．天线(上册)．[M]．3版．章文勋，译．北京：电子工业出版社，2004.

[13] 郑新，李文辉，潘厚忠，等．雷达发射机技术[M]．北京：电子工业出版社，2006.

[14] 弋稳．雷达接收机技术[M]．北京：电子工业出版社，2005.

[15] 赵树杰，赵建勋．信号检测与估计理论[M]．北京：清华大学出版社，2005.

[16] Skolnik M I. 雷达手册[M]．3版．南京电子技术研究所，译．北京：电子工业出版社，2010.

[17] 焦培南，张忠治．雷达环境与电波传播特性[M]．北京：电子工业出版社，2007.

[18] 克拉特等．雷达散射截面：预估，测量和减缩[M]．北京：电子工业出版社，1988.

[19] 庄钊文，袁乃昌．雷达散射截面测量：紧凑场理论与技术[M]．长沙：国防科技大学出版社，2000，10.

[20] 陈伯孝，胡铁军，朱伟，等．VHF频段隐身目标缩比模型的雷达散射截面测量．电波科学学报，2011，26(3)：480－485.

[21] 张中山．米波段目标RCS测量及某试验雷达实测数据处理[D]．西安：西安电子科技大学硕士学位论文．2011.

[22] Mahafza B R. 雷达系统设计MATLAB仿真[M]．朱国富，等，译．北京：电子工业出版社，2009.

[23] Barton D K. 雷达系统分析与建模[M]．南京电子技术研究所，译．北京：电子工业出版社，2007.

[24] 林茂庸，柯有安．雷达信号理论[M]．北京：国防工业出版社，1981.

[25] Harold，Raemer R. Radar Systems Principles[M]．CRC Press，1997.

[26] Levanon N，Mozeson E. Radar Signals[M]．New York：Wiley，2004.

[27] 费元春，苏广川，等．宽带雷达信号产生技术[M]．北京：国防工业出版社，2002.

[28] 张澄波. 综合孔径雷达：原理、系统分析与应用[M]. 北京：科学出版社，1989.

[29] 陈伯孝，吴剑旗. 综合脉冲孔径雷达[M]. 北京：国防工业出版社，2011.

[30] Houch C R, Joines J A, KayA M G. Genetic Algorithm for Function Optimization: A Matlab Implementation[M/OL].

[31] 4-Channel 500MSPS DDS with 10-bit DACs－AD9959Datasheet[OL]. Analog Devices Inc. 2005.

[32] 朱伟，陈伯孝，田宾馆，李锋林. 雷达通用中频模拟器的设计与实现. 第11届全国雷达学术年会论文集. 长沙：2010(11)：1197－1201.

[33] Mahafza B R, Elsherbeni A Z. 雷达系统设计 MATLAB 仿真[M]. 朱国富，黄晓涛，黎向阳，译. 北京：电子工业出版社，2009.

[34] 吴顺君，梅晓春，等. 雷达信号处理和数据处理技术[M]. 北京：电子工业出版社，2008.

[35] Skolnik M. 雷达手册[M]. 2 版. 北京：电子工业出版社，2003.

[36] 张明友，汪学刚. 雷达系统[M]. 北京：电子工业出版社，2006.

[37] Curtis D. 动目标显示和脉冲多普勒雷达[M]. 南京：电子工业部第十四研究所，1995.

[38] 马晓岩，向家彬，朱蓉生，等. 雷达信号处理[M]. 长沙：湖南科学出版社，1999.

[39] Wiltse J C , Schlesinger S P, Johnson C M. Backscattering Charateristics of the Sea in range from 100 to 50 KMC. Proc. IRE, 1957, 42(2): 220－228.

[40] 赵国庆. 雷达对抗原理[M]. 西安：西安电子科技大学出版社，1999.

[41] 张锡熊，陈方林. 雷达抗干扰原理[M]. 北京：科学出版社，1981.

[42] 韩培尧. 雷达抗干扰技术[M]. 北京：国防工业出版社，1980.

[43] 张锡祥，肖开奇，等. 新体制雷达对抗导论[M]. 北京：北京理工大学出版社，2010.

[44] 周一宇，安玮，等. 电子对抗原理[M]. 北京：电子工业出版社，2009.

[45] 赵惠昌，张淑宁. 电子对抗理论与方法[M]. 北京：国防工业出版社，2010.

[46] 陈静. 雷达无源干扰原理[M]. 北京：国防工业出版社，2009.

[47] 王洪先，寇朋韬. LPI 雷达技术及其在战场侦察雷达上的应用[J]. 火控雷达技术，2006，35(1).

[48] 汪枫. 雷达原理与系统[M]. 北京：国防工业出版社，2022.

[49] Mayhan J T . Some techniques for evaluating the bandwidth characteristics of adaptive nullingsystems[J]. IEEE Transon Antennas and Propagation, 1979, 27(3): 363－373.

[50] Wiltse J C , Schlesinger S P , Johnson C M . Backscattering Characteristics of the Sea in Rangion from 10 to 50 KMC[C]. Proceding of IRE, 1957, 45(2): 220－228.

[51] Farina A, Studer F A. Application of Gram-Schmidt algorithm to optimum radar signal processing [C]. IEE PROCEEDINGS, 1984, 131(2).

[52] 陈伯孝，杨林，魏青. 雷达原理与系统[M]. 西安：西安电子科技大学出版社，2021.

[53] 陈伯孝，杨林，王赟. 岸—舰双基地地波超视距雷达[M]. 西安：西安电子科技大学出版社，2020.

[54] Chen X, Sun G C, Xing M D, et al. Ground Cartesian Back-Projection Algorithm for High Squint Diving TOPS SAR Imaging [J]. IEEE Transactions on Geoscience and Remote Sensing, 2021, 59 (7): 5812－5827.

[55] 尚炜，陈伯孝，蒋丽凤. 基于频谱展宽效应的一种抗箔条方法[J]. 制导与此信，2006，27(3).

[56] Chen Q, Liu W, Sun G C, et al. A Fast Cartesian Back-Projection Algorithm Based on Ground Surface Grid for GEO SAR Focusing[J]. IEEE Transactions on Geoscience and Remote Sensing, 2022, 60: 1－14.

[57] 丁鹭飞，张平. 雷达系统[M]. 西安：西北电讯工程学院出版社，1984.

[58] Parl S . Method of Calculating the Generalized Q Function[J]. IEEE Trans. Information Theory, 1980, 26(1): 121－124.

[59] DiFranco J V , Rubin W L , Radar Detection, Englewood Cliffs[M], NJ: Prentice - Hall, 1968; Dedham, MA: Artech House, 1980.

[60] Fehlner L F . Marcum's and Swerling's Data on Target Detection by a Pulsed Radar[D], John-sHopking University, 1964.

[61] Schwartz M . A Coincidence Procedure for Signal Detection[J]. IEEE Trans. Information Theory, 1956, 2(4): 135 - 139.

[62] 何友，关键，彭应宁，等. 雷达自动检测与恒虚警处理. 北京：清华大学出版社，1999.

[63] Barton D K . Radar System Analysis and Modeling[M]. Artech House, Inc. 2005.

[64] Harold R, Raemer. Radar systems principles[M]. CRC Press LLC, 1997.

[65] 权太范. 目标跟踪新理论与技术[M]. 北京：国防工业出版社，2009，8.

[66] Benedict T R, Bordner G W . Synthesis of an Optimal Set of Radar Track-While-Scan Smoothing Equations[J]. IRE Transaction on Automatic Control, 1962, AC - 7: 27 - 32.

[67] Chen Baixiao, Wu Jianqi. Synthetic Impulse and Aperture Radar: A Novel Multi-Frequency MIMO Radar [M]. John Wiley & Sons Singapore Pte Ltd. 2014.

[68] Kalata P R. The tracking index: A generalized parameter for αβand αβγ target trackers[J]. IEEE Transaction on Aerospace Electronic System. 1984, ASE - 20(3): 1072 - 1086.

[69] 吴剑旗. 先进米波雷达[M]. 北京：国防工业出版社，2015.

[70] 葛建军，张春城. 数字阵列雷达[M]. 北京：国防工业出版社，2017.

[71] William Morchin. Electronic Engineer's Handbook[M]. New York: McGraw - Hill, 1982.

[72] 朱伟，陈伯孝，周琦. 两维数字阵列雷达的数字单脉冲测角方法[J]. 系统工程与电子技术，2011，33(7)：1503 - 1509.

[73] B. Chen, Guimei Zheng, Minglei Yang. Experimented system and results for wide - band multi - ploarization VHF radar[C]. Proceedings of 2011 IEEE CIE international conference on Radar, 190 - 193.

[74] Mark A R. 雷达信号处理基础[M]. 邢孟道，等译. 北京：电子工业出版社，2017.

[75] 陈伯孝，等. 现代雷达系统分析与设计[M]. 西安：西安电子科技大学出版社，2012.

[76] Chen Baixiao, Zhao Guanghui, Zhang Shouhong. Altitude Measurement based on Beam Split and Frequency Diversity in VHF Radar. IEEE Transactions on Aerospace and Electronic Systems, 2010, 46(1): 3 - 13.

[77] R. Keith Raney, H. Runge, R. Bamler, I. G. Cumming et al. Precision SAR processing using chirp scaling[J]. IEEE Trans. Geosci. Remote Sens., 1994, 32(4): 786 - 799.

[78] C. Cafforio, C. Prati, F. Rocca. SAR data focussing using seismic migration techniques[J]. IEEE Trans. Aerosp. Electron. Syst., 1991, 27(4): 199 - 207.

[79] R. Bamler. A comparison of range - Doppler and wave - number domain SAR focusing algorithms [J]. IEEE Trans. Geosci. Remote Sens., 1992, 30(4): 706 - 713.

[80] 保铮，邢孟道，王彤. 雷达成像技术[M]. 北京：电子工业出版社，2005.

[81] 陈伯孝，张守宏，马长征. 单脉冲三维成像及其在末制导雷达的应用研究. 雷达科学与技术，暨2003CSAR会议论文集，2003，1(4)：12 - 16.

[82] 马长征. 雷达目标三维成像技术研究. 西安电子科技大学博士学位论文，1999.

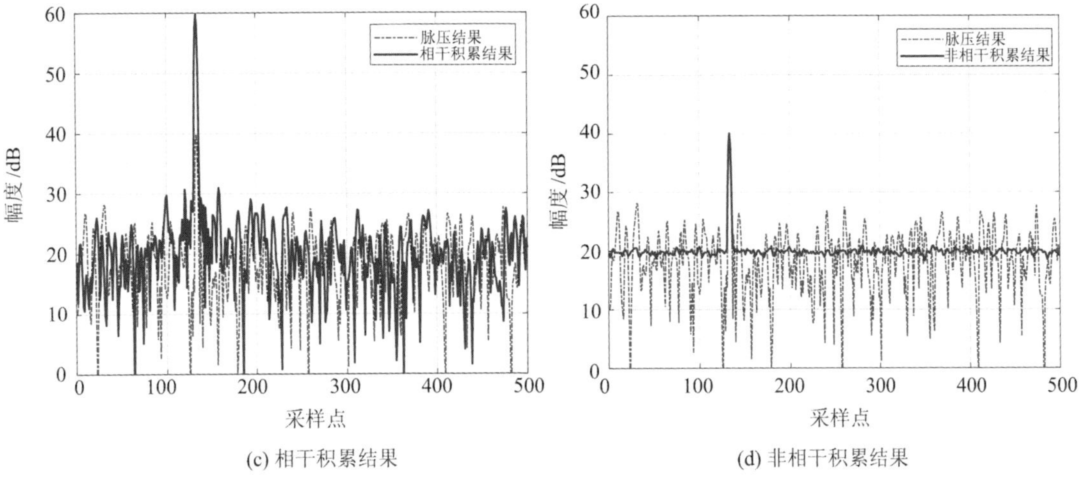

(c) 相干积累结果　　(d) 非相干积累结果

图 5.20　单个脉冲输入信噪比为 0 dB 的积累处理结果

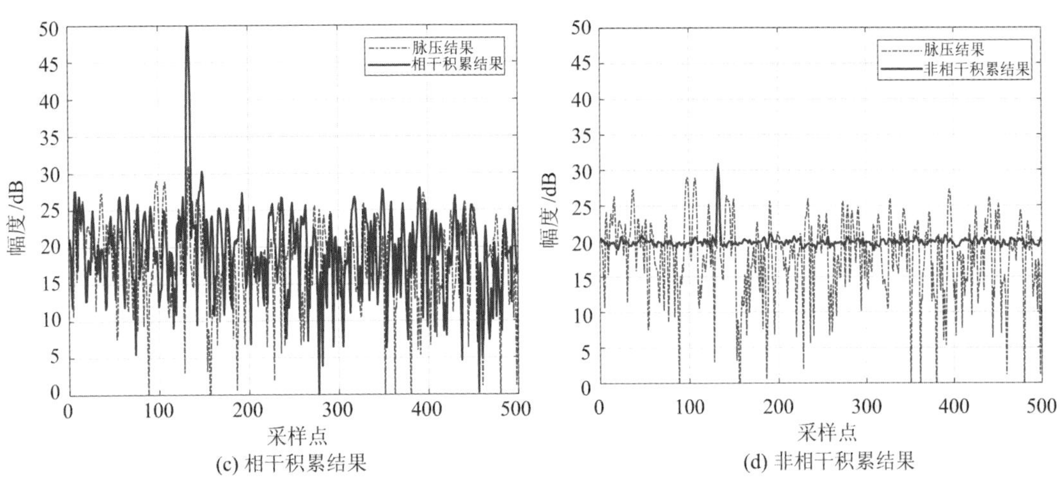

(c) 相干积累结果　　(d) 非相干积累结果

图 5.21　单个脉冲输入信噪比为−10 dB 的积累处理结果

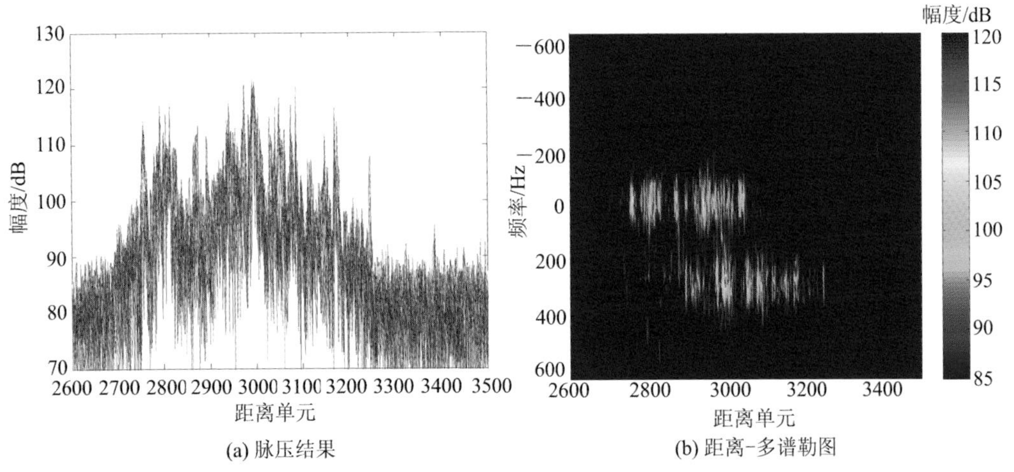

(a) 脉压结果　　(b) 距离-多谱勒图

图 6.41　实测数据的脉压结果和距离-多普勒图

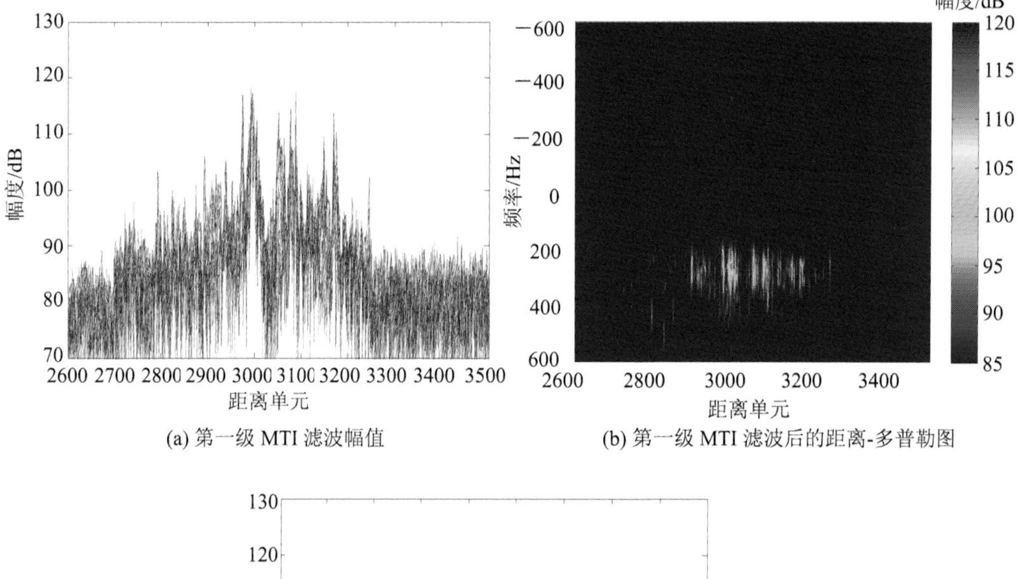

(a) 第一级 MTI 滤波幅值

(b) 第一级 MTI 滤波后的距离-多普勒图

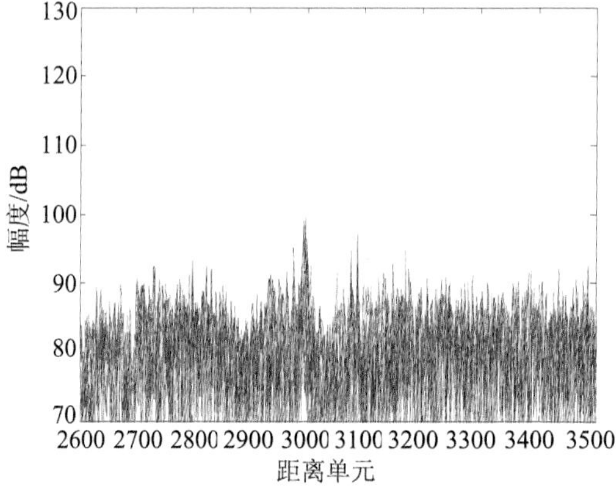

(c) 第二级 MTI 滤波结果

图 6.42　两级 MTI 滤波结果

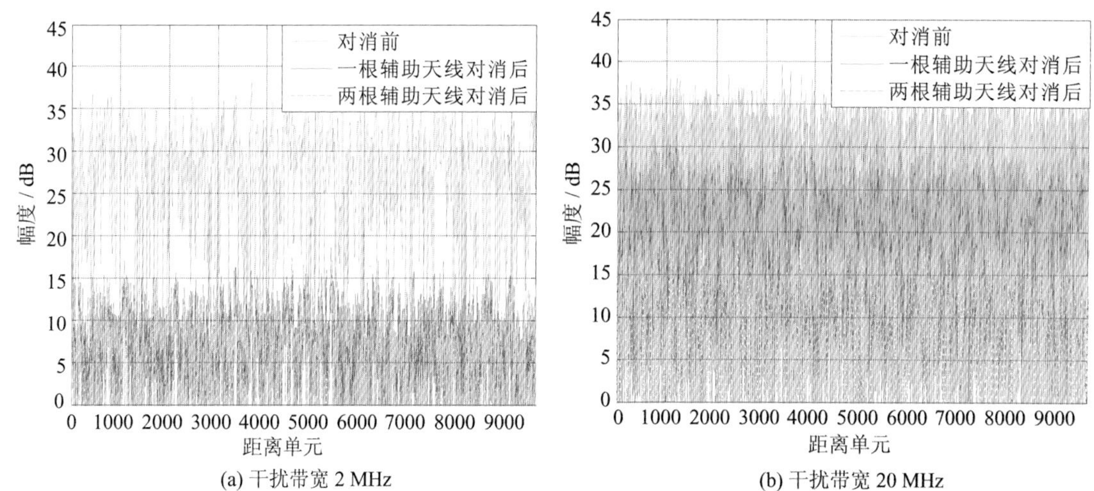

(a) 干扰带宽 2 MHz

(b) 干扰带宽 20 MHz

图 7.22　旁瓣对消前后信号对比图

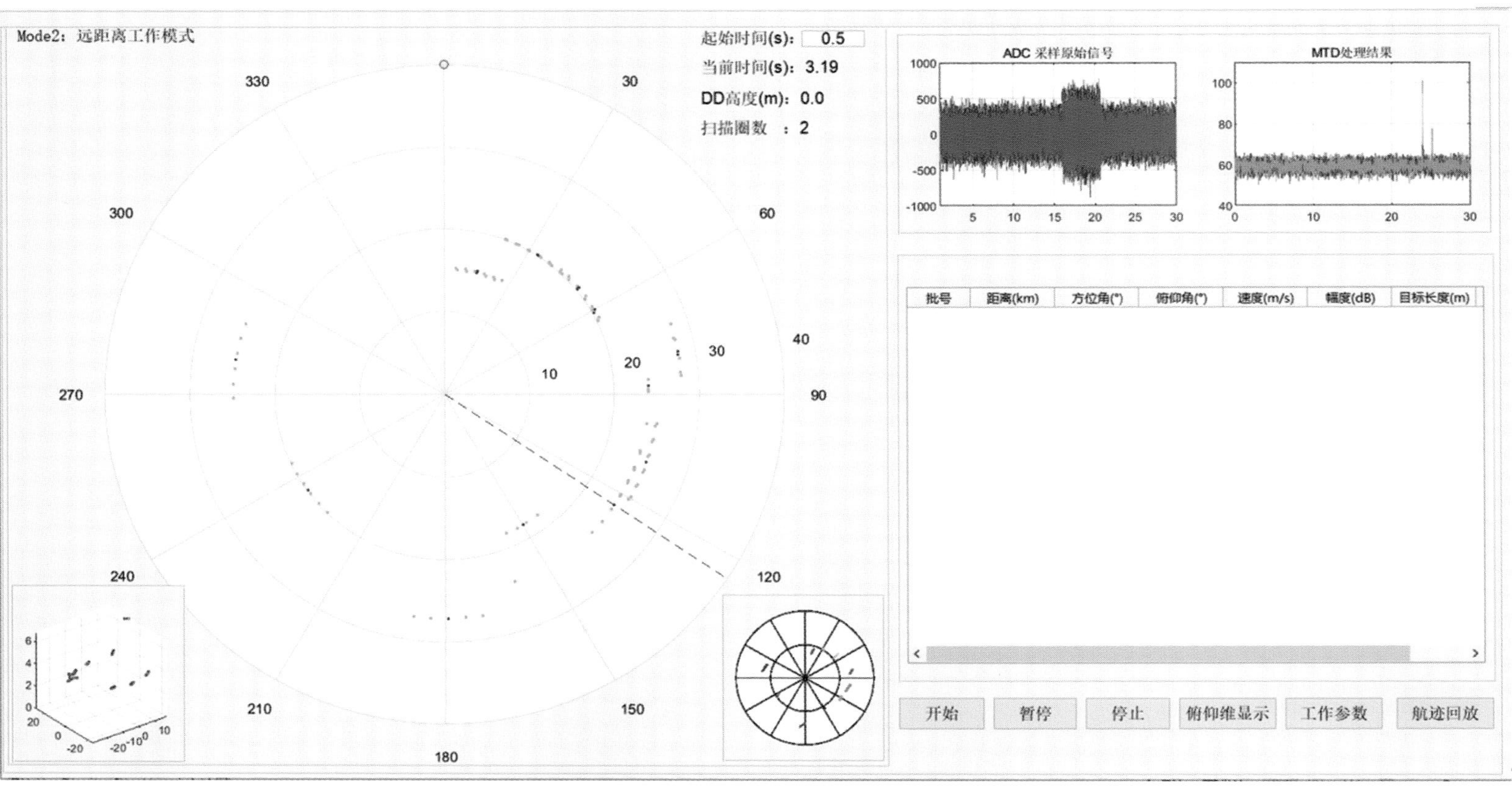

图 12-39　某地面雷达系统动态仿真运行结果

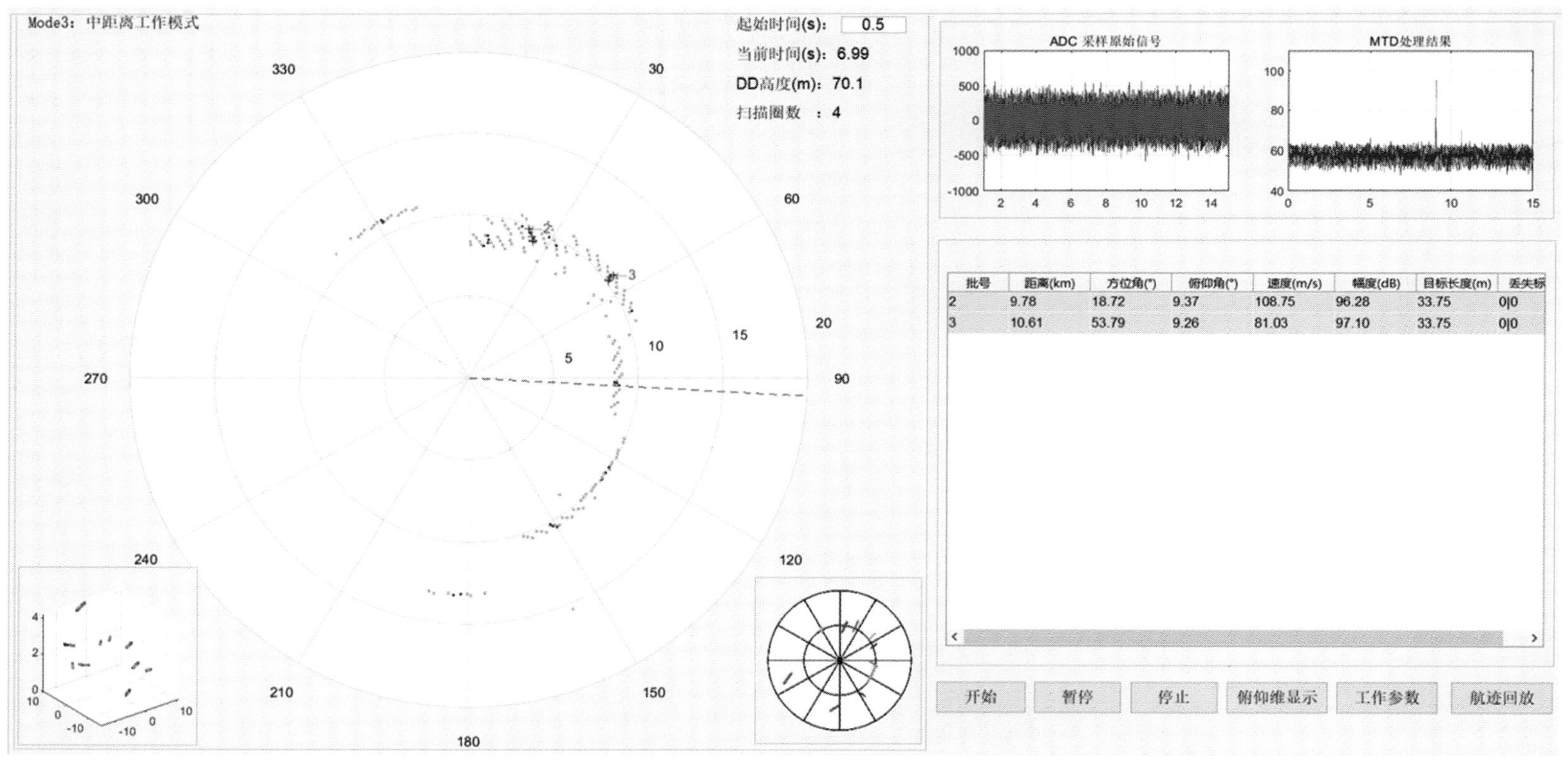

图 12-40　某末制导雷达系统动态仿真运行结果